生物化学

（第5版）

刘玉乐 主编

清華大學出版社
北京

内 容 简 介

全书共分为19章，系统简要地介绍了生物化学的基本原理和研究技术，主要包括蛋白质、酶、脂类、核酸和生物膜等生物分子的结构和功能，DNA复制、RNA合成和蛋白质合成，糖代谢，柠檬酸循环，电子传递和氧化磷酸化，光合作用，脂代谢，氨基酸代谢，以及目前广泛应用的生物化学技术，如柱层析、HPLC、LC-MS、毛细管电泳、蛋白质翻译后修饰分析、PCR、核苷酸序列测定、重组DNA技术、RNAi技术、CRISPR/Cas9技术和各种蛋白质-蛋白质相互作用技术等内容。

本书可供全国高等院校生命科学及相关专业学生使用。

图书在版编目（CIP）数据

生物化学/刘玉乐主编．—5版．—北京：清华大学出版社，2023.1
ISBN 978-7-302-62329-8

Ⅰ.①生…　Ⅱ.①刘…　Ⅲ.①生物化学　Ⅳ.①Q5

中国版本图书馆CIP数据核字（2022）第253735号

责任编辑：罗　健
封面设计：龚　骞　刘艳芝
责任校对：李建庄
责任印制：曹婉颖

出版发行：**清华大学出版社**
　　网　　址：http://www.tup.com.cn，http://www.wqbook.com
　　地　　址：北京清华大学学研大厦A座　　**邮　　编**：100084
　　社 总 机：010-83470000　　**邮　　购**：010-62786544
　　投稿与读者服务：010-62776969，c-service@tup.tsinghua.edu.cn
　　质量反馈：010-62772015，zhiliang@tup.tsinghua.edu.cn
印 装 者：三河市人民印务有限公司
经　　销：全国新华书店
开　　本：185mm×260mm　　**印　张**：29.25　　**字　数**：866千字
版　　次：2001年8月第1版　2023年1月第5版　　**印　次**：2023年1月第1次印刷
定　　价：99.80元

产品编号：092138-01

编委会名单

前言

清华大学生命科学学院王希成教授编写的《生物化学》（第 4 版）是很好的生物化学简明教材。王希成教授 2010 年退休，我接过了王老师以前承担的生物化学教学的担子。王希成教授主编的第 4 版《生物化学》2015 年出版至今已经 7 年了，随着生命科学的迅猛发展和知识更新，生物化学的教学也需要与时俱进，需要将最新的生物化学知识引入教学。王老师生前希望我能接着他编写第 5 版《生物化学》，由于科研任务繁重和自己的懒惰，我一直没有启动这项工作。2020 年王老师去世后，清华大学出版社的罗健编辑又来找我，希望我负责编写第 5 版《生物化学》，我再也不能推辞了。为此，我请来了生物化学各个分支领域的专家学者共同编写这本教材，现在终于完成了第 5 版《生物化学》的编写工作，以此致敬王希成教授！

《生物化学》第 5 版编写的指导思想是从学生的需求出发来介绍生物化学原理和技术，本书是一本条理清晰、可读性强、利于教和学的生物化学教材，它是由多位生物化学领域的专家学者在王希成老师编写的第 3 版和第 4 版的基础上进行改编而成，保留了第 4 版的风貌和大部分条目，合并了一些以前内容相近的章节，添加了大量新的内容和相关话题，增加了生物化学技术章节，把一些最新的生物化学的进展和方法介绍给读者，如 CRISPR/CAS9 技术、邻近蛋白标记技术等。

《生物化学》第 5 版各章都附有习题，其中许多是新选编的，书后附有解答，以帮助学生更好地学习。本书有一定广度，基本原理论述清晰，很适合选作一学期时长的生物化学教材。

清华大学出版社罗健担任本书的责任编辑，做了大量工作，使本书顺利出版，博士研究生李金林对本书进行了细致的校对，大大减少了书中的错误，在此一并感谢。

虽然我们尽力避免错误，但相信书中仍有疏漏和不足，竭诚欢迎广大读者批评、指正和建议。

刘玉乐

2022 年 10 月于清华园

目录

9 RNA 合成与加工 189

1 生物化学与细胞

生物化学（biochemistry）即生命的化学，它是以化学的理论和方法作为主要手段，研究生物体的化学本质（组成、结构、功能）及生命活动过程中的化学变化规律，从而揭示生命的奥秘。其特点为在分子水平上研究生物体的化学本质、生命活动的化学变化规律。

生物化学的研究内容主要为用统一的术语解释生命的多种形式：在分子水平上描述所有生物体共同的结构、机制和化学过程，了解支配所有不同生命形式的基本原理——生命的分子逻辑。生物化学分为静态生物化学和动态生物化学。静态生物化学主要研究生物体内各种化合物的结构、化学性质和功能（主要有糖类、脂类、蛋白质、核酸、酶、维生素和激素）。动态生物化学则研究构成生物体的基本物质在生命活动中的化学变化，即新陈代谢及代谢过程中能量的转换和调节，也包括遗传信息的储存、传递和表达，DNA 的复制、转录，蛋白质的合成，基因的表达与调控等。

生物化学是生物学各分支学科的基础，是带头学科。生物化学在生产实践中具有广泛的应用，如：医学中的预防、治疗、诊断，工业中的制药、酿造、食品制造，农业中的育种、病虫害防治、生物农药设计等。

1.1 生物化学的化学基础

从某种意义上说，生物化学是生物聚合物的化学，这些聚合物都是由许多小分子彼此连接形成的。具有化学知识的读者可能对这些小分子比较熟悉，但要深入到生物化学中，就要非常熟悉分子量从几千到上百万的常见生物大分子，要了解它们的结构和功能。

生物分子可按它们的官能团进行分类，并用有机化学的方法加以描述。图 1.1 给出了生物化学中常见生物分子的一些官能团，熟悉它们的结构和反应特性对理解和掌握蛋白质、核酸等生物大分子的结构、特有功能以及特征反应大有益处。

图 1.2 给出了具体的三种生物分子含有的官能团，从图中可以看到一个分子有时含有多个官能团，这些官能团都有自己的化学性质，能进行特定的反应。生物体内的化学反应会涉及各种各样的化合物，生物分子是有机化合物，碳骨架连接上其它原子基团（官能团），官能团决定分子的化学性质。

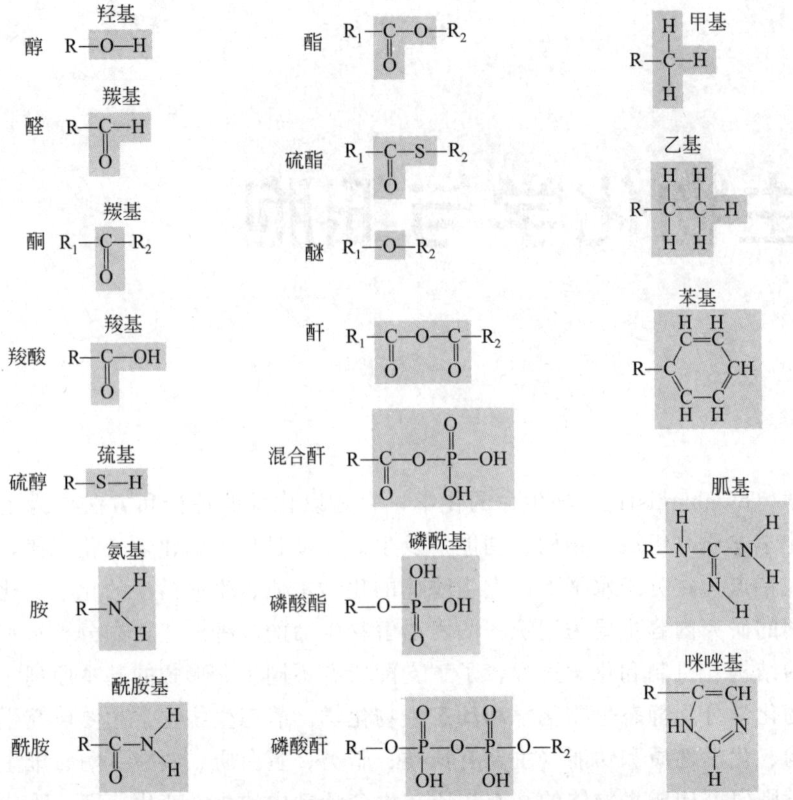

阴影部分为官能团，所有官能团都以非离子（不带电荷）形式给出。其中 R_1 和 R_2 代表取代基

图 1.1　生物化学中常见的生物分子的官能团

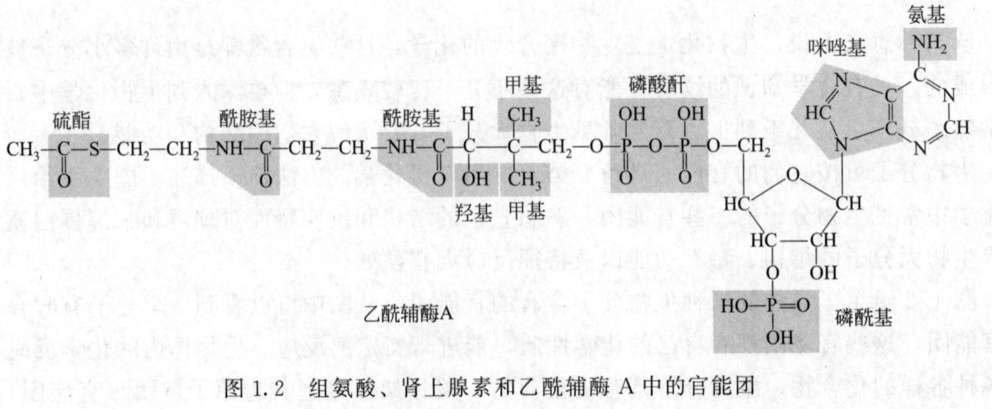

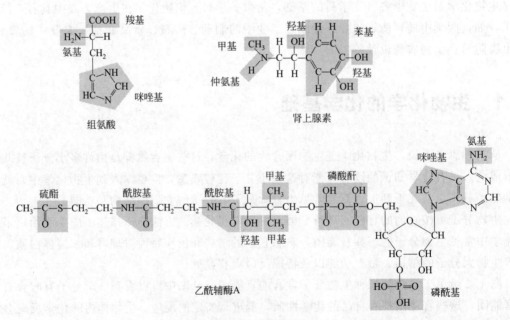

图 1.2　组氨酸、肾上腺素和乙酰辅酶 A 中的官能团

1.2 生物大分子

生物大分子主要包括蛋白质和核酸，还包括糖和脂类。其中核酸是遗传物质，蛋白质是生命活动的执行者。生物大分子是小分子形成的聚合物，其产生和降解是一个代谢过程，涉及很多生物化学反应。这些反应的目的是合成或者降解这些大分子，因此代谢也分为合成代谢和分解代谢。在生物体内可以看到这两个循环往复的过程。

许多重要的生物大分子都是由构件聚合形成的聚合物，例如，蛋白质的构件是氨基酸，核酸的构件是核苷酸，多糖的构件大多为葡萄糖等，这些构件又称为单体。由单体形成聚合物需要进行连续多步的缩合反应，整合进聚合物的单体常被称为残基。有的聚合物是由一种单体聚合形成的，如某些多糖就是由单一葡萄糖残基聚合的产物，而像蛋白质和核酸那样的生物大分子则是由不同种类残基按照特定顺序聚合的产物，残基的序列决定它的功能。

1.2.1 蛋白质

所有细胞中的蛋白质基本上都是由20种标准氨基酸组成的。所有氨基酸都至少含有两个功能基团——出现在α碳上的一个氨基和一个羧基。氨基酸之间的差别主要体现在侧链（R）上。氨基酸组成蛋白质，自然界中发现的各种各样的蛋白质，它们的氨基酸组成和排列顺序都不同。蛋白质的功能取决于它的三维结构，而三维结构又是由它的氨基酸序列确定的，当然氨基酸的序列最终是由基因编码的。蛋白质分为纤维蛋白，如构成毛发的角蛋白，以及具有催化功能和其它功能的球蛋白。

1.2.2 核酸

核酸是4种核苷酸构件分子的线性多聚体，负载着遗传信息。核苷酸含有一个核糖或脱氧核糖、一个含氮的杂环碱基和至少一个磷酸基团。核苷酸中的碱基是嘌呤和嘧啶。出现在DNA中的碱基有腺嘌呤（A）、鸟嘌呤（G）、胞嘧啶（C）和胸腺嘧啶（T）；出现在RNA中的碱基有腺嘌呤（A）、鸟嘌呤（G）、胞嘧啶（C）和尿嘧啶（U）。在核酸分子中，核苷酸之间通过磷酸二酯键共价连接，共价连接的核苷酸称为核苷酸残基。

1.2.3 多糖

糖主要由碳、氢和氧组成，包括简单的单糖、多糖和其他的糖衍生物。单糖和多糖的残基一般都含有几个羟基，因此也被称为多元醇。大多数常见的单糖含有5个或6个碳原子，最常见的五碳糖是核糖，核糖是核糖核酸（RNA）的糖成分，而出现在脱氧核糖核酸（DNA）中的是2′-脱氧核糖。葡萄糖是常见的六碳糖。

葡萄糖是储存多糖糖原和淀粉及结构多糖纤维素的构件分子。在这些多糖中，每一个葡萄糖残基的C1都是与下一个葡萄糖残基的C4羟基形成糖苷键。不过淀粉和糖原与纤维素之间的糖苷键不同，前者形成的是可被淀粉酶降解的α（1→4）糖苷键，而纤维素形成的是可被纤维素酶降解的β（1→4）糖苷键。纤维素是地球上最丰富的生物聚合物。结构多糖除了纤维素外还有壳多糖（几丁质）和糖胺聚糖。

多糖还包括称为复合糖的蛋白聚糖、肽聚糖和糖蛋白，其中的糖成分大多为杂多糖。复合糖在细胞之间的相互识别、黏附、发育过程中的细胞迁移、血液凝固、免疫反应和愈伤过程中发挥重要的作用。

1.2.4 脂类

脂类是一类不溶于水的有机分子化合物。某些脂类是储能分子，某些脂类是膜的结构成分，还有些脂类参与细胞内和细胞之间的通信。最简单的脂类是脂肪酸，它是带有羧基的长的碳氢链。生物体内游离的脂肪酸含量很少，大都以三酰甘油（或称为脂肪）和甘油磷脂的化合物形式出现在生物体内。三酰甘油是哺乳动物中含量最丰富的一类脂类，由一分子甘油与三分子脂肪酸通过酯键构成。而甘油磷脂是甘油-3-磷酸与两个脂肪酸形成的磷酸酯，通常磷酸还共价连接着一个极性头（例如乙醇胺）。

由于磷脂既连有疏水的脂肪酸链，又连有极性头，所以磷脂是个两性脂类，是生物膜的主要成分。生物膜是由以磷脂为主的膜脂构成的脂双层，脂双层构成了所有生物膜结构的基础。生物膜将细胞或细胞内的区室与周围的环境隔离开，大多数生物膜都含有镶嵌在膜内或附着在膜上的蛋白质。某些膜蛋白可以形成营养物质进入或废物排出的通道，而有些膜蛋白可以催化发生在膜表面的特异反应。

1.3 生物化学反应

生物分子的合成或降解是由一系列生化反应完成的，这些反应绝大多数是由具有催化功能的被称为酶的蛋白质催化的。一系列有序的相关联的酶催化反应通常称为一个代谢途径。代谢途径中的反应物、中间物及产物称为代谢物，在一个代谢途径中，上一步反应的产物往往是下一步反应的反应物（酶作用底物）。生物化学反应通常受到严格调控，一些中心代谢途径几乎出现在所有生物中。

代谢包括分解代谢和合成代谢。分解代谢的显著特点是各种燃料的分解途径集中在几个相同的中间物上，然后通过一个中心代谢途径进一步代谢，同时产生大量能量。如糖、蛋白质和脂肪在降解为各自单体后，最后的产物都是乙酰辅酶 A，然后经柠檬酸循环被彻底氧化，释放出大量能量，其中很多释放的能量常以称为能量“货币”的腺苷三磷酸（ATP）和还原型辅酶形式储存，还原型辅酶还可再经氧化磷酸化过程将储存的能量转化为 ATP。生物合成途径进行的过程与分解代谢途径相反，但并不是分解代谢的逆过程。合成代谢是由相对比较少的代谢物合成大量各种各样生物分子的过程。

1.4 细胞——生命的基本单元

维持生命活动的绝大多数反应都发生在细胞内。细胞是生命组织的最小单位，生物分子的功能及这些分子代谢的反应都离不开细胞，因此了解细胞的结构和功能对理解生命极其重要。

细胞是生物体形态结构和生命活动的基本单元，它由质膜（plasma membrane）和其包围的原生质团所组成；其原生质团中含有一个核或拟核（nucleoid），具备一个物种的全部遗传信息。细胞能够利用环境营养物质进行生长、复制和传递遗传信息及进行分裂增殖。细胞是组织、器官及个体发生和发育的基础。细胞的大小差别很大，有的肉眼就能看见，有的则需要利用显微镜才能看得到，例如原始的细菌。相同组织中的细胞其大小也可能不同，而且细胞的大小在不同生理状态下会发生改变。一般都用微米（μm）作为细胞大小的计量单位。此外，细胞的形状也是多样的，有球状、柱状体和多面体形状等。一般情况下，细胞都保持特定的形状以适应其特定的生物学功能的需要。有些细胞的形状也会随着生存环境的变化而发生改变，例如变形虫。细胞的大小和形状都与其功能紧密相关。

生物分为原核生物和真核生物两大类。由原核细胞组成的生物为原核生物。由真核细胞组成的生物为真核生物。原核生物都是单细胞生物，绝大多数真核生物为多细胞生物，但也有单细胞生物。

细胞分为两大类，即原核细胞（prokaryotic cell）和真核细胞（eukaryotic cell）。原核细胞结构简单，种类也少，其中包括支原体、细菌和蓝藻等。真核细胞种类繁多，其结构组成也复杂，包括单细胞的酵母、草履虫和多细胞的真菌、植物和动物等。下面将分别简单介绍一下原核细胞和真核细胞。

1.4.1 原核细胞

原核生物（prokaryote）包含三大类，即支原体、细菌和蓝藻，都属于单细胞生物，它们独居或群居。细菌包括一个拟核，内含卷曲的 DNA 链，没有膜将它与细胞质分开。除细胞膜外，细胞中没有膜层结构，但含有许多核糖体。通常将这类细胞称为**原核细胞（prokaryocyte）**（图 1.3）。

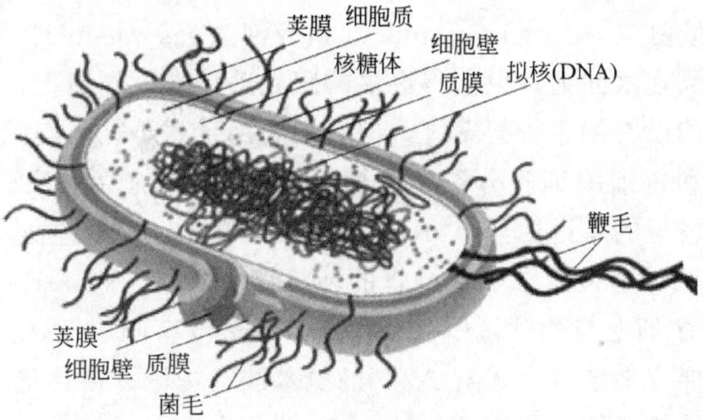

图 1.3 原核细胞

从图 1.3 中可看到，虽然原核细胞中没有膜包被的细胞核，但有一个 DNA 集中的拟核区，一个原核细胞至少含有一个拟核区。拟核区中封闭的环状 DNA 分子就是原核细胞的基因组，黏附在细胞膜上。原核细胞分裂前，DNA 自我复制，两个环状 DNA 分子都与质膜相连接。细胞分裂时两个子细胞分别得到 DNA 的一份拷贝。在一个原核细胞中，拟核区外的细胞质中含有许多呈小粒状的核糖体。这些核糖体中含有 RNA 和蛋白质，因此又被称为核蛋白颗粒，它们是蛋白质合成的场所。每一个原核细胞外都有一层与外面环境相隔绝的细胞膜，又叫做质膜系统，它是由脂类分子和蛋白质分子组成的集合体。除了细胞膜外，在细胞膜外面，原核细菌还有一层细胞壁，主要是由多糖组成的，对细胞起保护作用，这个特点有点像植物细胞。有些原核生物能够在极端环境下生活，以简单的无机物为营养进行生长和繁殖。原核生物的基因组小，一般编码500～6000个基因。原核生物一般都以出芽生殖方式或二分裂（binary fission）的方式进行增殖。

支原体是能独立生活的单细胞生物，属于原核生物的柔膜体纲（Mollicute），被认为是目前发现的最小细胞，它没有细胞壁。支原体没有细菌的拟核结构，一般认为支原体是革兰氏阳性细菌退化而来。支原体能够感染动物、植物和人体并引起多种疾病。支原体种类繁多，多为寄生生物，其基因组严重退化，没有氨基酸合成、核酸合成、脂肪酸合成和三羧酸循环途径所需的酶，需要宿主提供营养和能量，同时需要宿主提供胆固醇来保持其质膜的稳定性，是绝对的寄生生物。

细菌（bacterium 或 eubacterium）也属于原核细胞，依照其细胞的形状，细菌分为球菌、杆菌和螺旋菌三类。细菌的大小差别也很大，但细菌的内部结构需用超薄切片在透射电镜下进行观察。细菌内含拟核结构，其核糖体和质膜的结构与化学组成和真核细胞的相似。细菌的质膜外有细胞壁，由称为胞壁质（murein），又称肽聚糖（peptidoglycan）的蛋白聚糖组成。对有些细菌来说，其细胞壁外面会附加一层胶质，被称为荚膜（capsule）。有些细菌还有一些其它表面附属物，例如运动的细菌顶端有一条鞭毛，有些细菌在壁上有丝状突起称拿毛（pils）。除拟核外，有些细菌还有一种可遗传的附加体质粒（plasmid），是一种独立存在于细胞质中的环状 DNA 分子，能自我复制。可以把它从细菌中分离出来，通过改造后，质粒可作为基因载体在遗传工程上应用。

蓝细菌（cyanobacterium）也常称为蓝藻（blue-green algae），是能进行光合作用的原核细胞。蓝藻也含有细胞壁，其细胞壁的外面含有胶质层。蓝藻细胞内除拟核区外，分布着大量的光合片层和光合色素，如蓝色体（cyanosome）。细胞质中还含有多磷酸盐颗粒（polyphosphate granule）、糖原粒（glycogen granule）、脂肪小滴（lipid droplet）、多面体（polyhedral body）、蛋白粒（protein granule）和气泡（gas vacuole）等。气泡的作用在于增强浮力，帮助蓝藻漂在水面上，以获得更多的阳光进行光合作用。

过去认为原核细胞没有细胞骨架系统，但后来的一系列研究证实原核细胞也具有独特的细胞骨架系统。细菌和古细菌细胞分裂的关键蛋白 FtsZ 具有鸟苷三磷酸酶（GTPase）活性，在体外能够形成较短的单链原丝（protofilament）结构，且原丝的构象是可变的。在细胞内和脂质体中，FtsZ 原丝能形成类似微管的环状骨架结构（FtsZ-ring），控制细菌细胞的分裂。FtsZ 在氨基酸序列上与微管蛋白（tubulin）虽然没有同源性，但 FtsZ 与微管蛋白具有相似的三维结构和保守地结合、水解 ATP 的氨基酸结构域。在芽孢杆菌中，FtsZ 同源蛋白形成的束状微管样结构能够将复制的质粒 DNA 进行分离。FtsZ 同源蛋白在高等植物中参与叶绿体和线粒体的分裂。同样，细菌细胞也有类似肌动蛋白（actin）的蛋白 FtsA、MreB 和 ParM。尽管它们在氨基酸序列上与肌动蛋白并不同源，但都具有肌动蛋白家族的三维结构特征。目前已经证明这些蛋白在体外都能形成丝状结构。另外，细菌中也发现了中间纤维（intermediate filament）蛋白。所以，原核细胞也具有细胞骨架系统，参与控制细胞分裂、染色体和质粒 DNA 的分离及细胞极性和形态的维持。过去也认为原核细胞没有内膜系统，但后来发现特殊类群的原核细胞中存在原始的膜包围的亚细胞结构，如磁小体和酸性钙小体。在趋磁细菌（magnetotactic bacteria），如磁螺菌（*Magnetospirillum*）细胞中存在一种膜结构的细胞器——磁小体（magnetosome），它是由细胞膜内陷形成的膜泡结构。趋磁细菌能够通过磁小体感受地球磁极性。酸性钙小体（acidocalcisome）是一种电子致密的、含钙和多聚磷酸盐结构。酸性钙小体包被有脂质膜，为原核细胞和真核细胞所共有。酸性钙小体为钙离子和磷酸盐的储存提供场所，参与细胞内离子平衡、磷酸盐代谢、pH 平衡和渗透压调节等细胞代谢过程。

1.4.2 真核细胞

真核生物的细胞与原核细胞相比，在结构层次上要复杂得多，细胞内有膜包被的细胞核及许多具膜的细胞器，例如线粒体、高尔基体及由 DNA 分子、组蛋白和其他蛋白质等组成的染色体，人们将具备这样特征的细胞称为**真核细胞（eukaryocyte）**。图 1.4 为典型的动物细胞与植物细胞的细胞结构。

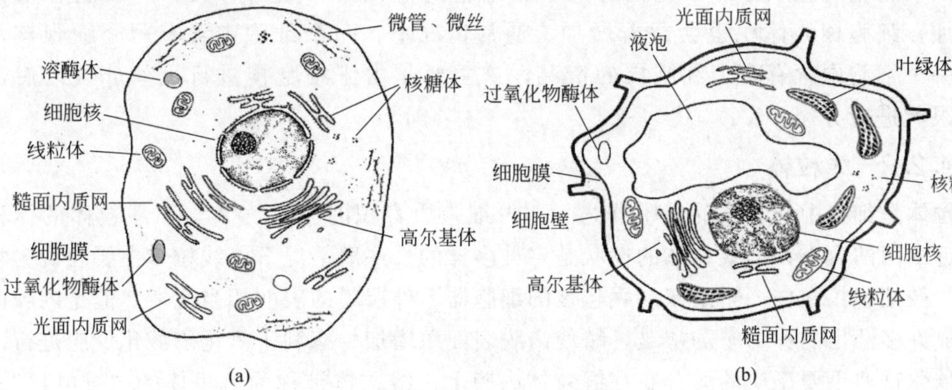

(a) 动物细胞；(b) 植物细胞

图 1.4 细胞结构示意图

植物细胞像细菌一样有细胞壁，细胞壁主要由纤维素多糖组成，其作用是维持细胞的形状和机械的稳定性。另外植物细胞还含有特殊的细胞器——叶绿体（一种可进行光合作用的器官），它存在于绿色植物与藻类中。而动物细胞既没有细胞壁，也没有叶绿体。由于细胞壁的存在，导致植物细胞和动物细胞在胞间通信结构方面存在差异。植物细胞之间有一层胶状物把两相邻细胞的壁黏合在一起，称为中胶层或称胞间层。在两相邻细胞间的壁上，有原生质丝相连，称胞间连丝，使细胞间互相流通。而动物细胞则通过相邻之间的质膜变形形成紧密连接，把两个相邻细胞紧密“焊接”在一起，便于细胞通信和协调运动。对应地，动物细胞之间还存在着细胞外基质。植物细胞中液泡结构特别明显，包含大液泡和中央液泡，由单层膜围成，主要成分是水。

在真核细胞中，细胞核、线粒体和叶绿体是三种含有 DNA 的重要细胞器。细胞核中含有细胞中绝大部分的 DNA，并且是 RNA 合成的场所。线粒体中含有催化重要放能反应的酶。存在于绿色植物与藻类细胞中的叶绿体是光合作用场所。线粒体和叶绿体中都含有 DNA，它们分别指导线粒体和叶绿体内的转录及蛋白质合成的过程。

1.4.2.1 细胞核

除了哺乳动物血液中的红细胞和维管植物的筛管细胞没有细胞核之外，其它所有真核细胞都含有一个由核被膜界定的**细胞核**。核被膜由两层膜组成，外层膜延伸与细胞质中糙面内质网相连，外膜上分布着许多核糖体颗粒。核膜上分布有核孔（nuclear pore）的结构，负责细胞核和细胞质之间的物质运输。细胞核中有一个富含 RNA 的核仁。除了线粒体和叶绿体中的一小部分 RNA 之外，细胞中的 RNA 都是在核仁中合成，然后通过核被膜上的核孔运输到细胞质的核糖体。核仁中存在着由 DNA 和 RNA 组成的染色质。跟原核细胞一样，真核细胞中主要的基因组（它的核 DNA）在细胞分裂前被复制，两份 DNA 拷贝被平均分配到两个子代细胞中。当一个细胞即将分裂时，原来松散的染色质紧密缠绕形成染色体，染色体可以通过电子显微镜或光学显微镜观察到。负责传递遗传信息的基因只是每个染色体中 DNA 的一部分。

细胞核的性状和大小因生物种类而表现出一定的差异，并且和细胞的形状、性质和发育时期有关。细胞核一般表现为圆球形或椭圆形并定位于细胞的中央。但在一些特化的细胞中，其定位形式表现出不同。例如，在成熟的植物细胞中，细胞核被中央大液泡挤到靠近细胞壁的胞质中。细胞核的大小和细胞的体积大小紧密相关，一般随着细胞体积的增加，细胞核的体积也会跟着增加。通常情况下，一个细胞中含有一个细胞核，但也出现一个细胞中含有多个细胞核的情况，这主要是由于细胞核进行无丝分裂以后，细胞没有跟着进行分裂。

1.4.2.2　线粒体

线粒体是细胞中最丰富的细胞器之一，占细胞质容积的 20%～25%。线粒体的体积较大，接近细菌的大小，但线粒体的性状是多种多样的。一般情况下，线粒体主要表现为粒状或杆状，像细胞核一样，它是双层膜包被的细胞器。外层膜的表面相当光滑，但是内膜向内折叠形成许多凸出的称为嵴的褶皱，嵴使内膜表面积增加，有利于氧化磷酸化反应进行。许多负责催化这些重要反应的酶分布在线粒体内膜上。线粒体被称为有机体的“发电厂”，因为在线粒体中发生的氧化反应可为细胞提供大量能量。细胞对能量的需求状况能够调控线粒体的数目和形态等。

线粒体基质中还含有 DNA 分子和核糖体，有一套自己的遗传体系。线粒体与细菌大小相近，DNA 分子也是环状的，人们推测它们有可能来自于被真核细胞吞噬的好氧细菌。

1.4.2.3　内质网

内质网是由一个连续的单层膜形成的小管、小囊或扁囊（也称为膜层或潴泡）构成的内腔连通的连续网状膜。内质网分为糙面内质网与光面内质网两种类型。糙面内质网上镶嵌了许多核糖体，核糖体（也有一部分分布在细胞质中）是蛋白质合成、修饰加工、转运或输出的场所。另外糙面内质网也是制造许多细胞器（如高尔基体、溶酶体及内质网和质膜）膜蛋白和磷脂的工厂。但光面内质网上没有核糖体，广泛存在于可以合成类固醇的细胞，例如精巢的间质细胞、肾上腺皮质及其他分泌激素的细胞。内质网在细胞内的分布是动态的，包括糙面内质网与光面内质网的比例及内质网的面积，在不同的细胞类型、发育时期和代谢活动水平都表现出差异。通常，内质网辐射状分布在动物细胞核的周围，但植物细胞由于中央大液泡的存在，其内质网分布在细胞的四周。

1.4.2.4　叶绿体

叶绿体是高等植物和一些藻类所特有的重要细胞器。叶绿体的形状在不同绿色植物中表现出差异。在藻类中，叶绿体表现出网状、带状、裂片状和星形等。在高等植物中，叶绿体呈双凸透镜或平凸透镜形状。不同种类细胞中含有叶绿体的数目存在着很大的差异。例如，藻类细胞中有些只含有一个叶绿体，但在高等植物中，会出现一个细胞中含有 100 个以上叶绿体的现象。在外界环境的影响（如光强和照射方向）下，叶绿体在细胞中的分布位置会发生改变。叶绿体的外被是双层膜，内部有一个悬浮在基质中的复杂的膜系统。膜系统由一摞一摞的称为类囊体的扁平囊组成，一摞扁平囊（10～50 个）组成一个基粒，各基粒之间由埋在基质中的基质类囊体相连。光合作用色素和电子传递体都位于类囊体膜中。叶绿体和线粒体一样，拥有与核内 DNA 不同的环状 DNA 和核糖体，可以合成叶绿体中的部分蛋白质。

1.4.2.5 高尔基体

高尔基体（Golgi apparatus 或 Golgi complex）最先于 1898 年由高尔基（Camillo Golgi）在猫头鹰的神经细胞中发现，也因此而得名。高尔基体经常分布于细胞膜与内质网之间，呈弓形或半球形。在动物细胞中，高尔基体一般定位于靠近细胞核和中心体的位置，而在植物细胞中，高尔基体则遍布于整个细胞质基质中。高尔基体由一些（4～8 个）具有光滑膜的堆积排列的扁平囊和一些小泡组成。其凸起面面对内质网，被称为顺面（cis face）；凹进的面面对质膜，被称为反面（trans face）。高尔基体被看作是细胞中蛋白质（特别是糖蛋白）合成、加工、储存和转运的中心，对分泌的糖蛋白具有修饰及转运作用。

1.4.2.6 其他细胞器和细胞组成

溶酶体是动物细胞中一类由单层光滑膜包被的小泡，泡内含有多达 60 种的酸性水解酶，其中包括蛋白酶、核酸酶、糖苷酶、脂酶、磷酸酶、硫酸酯酶和磷脂酶等。这些酶在酸性条件（最适 pH 为 5.0）下能够将溶酶体吞入的蛋白质、核酸、多糖和脂类等生物大分子及细胞中失去功能的细胞结构碎片降解。

过氧化物酶体是一个由单层膜包裹的卵圆形或圆形小体。过氧化物酶体含有多种氧化酶，例如 *L*-氨基酸氧化酶、尿酸氧化酶（人类、鸟类等过氧化物酶体不含该酶）以及催化 H_2O_2 分解为 H_2O 和 O_2 的过氧化氢酶等。各种氧化酶有一个共同特征：在氧化底物过程中，氧化酶使氧还原为过氧化氢，然后过氧化氢酶再将过氧化氢还原为水和氧。

乙醛酸循环体是存在于植物细胞的一种细胞器，含有催化乙醛酸循环的酶，乙醛酸循环可将某些脂类转化为糖类，乙醛酸是乙醛酸循环的中间体。

细胞膜由脂双层及镶嵌在上面的多种蛋白质构成，主要功能是将它与外界环境相隔绝。质膜和所有生物膜都有选择透性，一些物质可以很容易通过膜，而大部分物质不能通过，但膜上的一些膜转运蛋白质可将特定的物质转运过细胞膜，进入细胞内。

植物细胞（及藻类）的细胞膜外有细胞壁。植物细胞细胞壁中的纤维素是植物的主要组成成分，木头、棉花、亚麻及大多数品种的纸张中主要含有纤维素。

植物或真菌细胞中还含有位于细胞中央的巨大的液泡，液泡是一种位于细胞质中由单层膜包被的充满稀溶液的囊泡，其中溶有无机盐、氨基酸、糖类和包括花色素苷在内的各种色素。液泡的一个重要功能就是将那些大量产生不能及时排出的毒性代谢物质与细胞中其他物质相隔绝。这些代谢产生的废物可能有足够的异味，甚至有足够的毒性，可降低食草动物对它们的食欲，这样便为这些植物提供了一定的保护。

小结

细胞是生物体形态结构和生命活动的基本单元。细胞由原生质小团组成，其中包含一个核（或拟核）。根据是否存在细胞核，细胞分为原核细胞和真核细胞。其中原核细胞质膜内的细胞质和与核质之间没有膜分隔，没有形成真正的细胞核，但存在拟核区，故称原核细胞。原核细胞中也没有真正意义上的内膜系统把细胞各部分间隔开来，许多代谢反应都在细胞液中进行。过去认为细胞骨架系统是真核细胞所特有，但现在发现原核细胞中也存在特异的细胞骨架系统。真核细胞的细胞质和细胞核之间被核膜分开，细胞质中存在复杂的内膜系统，其中包括细胞核、线粒体、叶绿体、内质网、高尔基体、溶酶体、液泡和过氧化物酶体等细胞器。这些细胞器都有自己特定的生物功能，例如线粒体是细胞进行呼吸的场所，被称为生物体的“发电厂”。真核细胞又有动物细胞和植物细胞之分，其中植物细胞含有细胞壁和叶绿体等特异的细胞结构。

习题

1. 为什么细胞膜不是一个绝对的隔绝细胞质与细胞外界环境的屏障？
2. 原核细胞与真核细胞划分的标准是什么？
3. 与原核细胞相比，真核细胞有什么优势？
4. 比较植物细胞和动物细胞的异同。

2 氨基酸及蛋白质

蛋白质（protein）是生物体内主要的生物分子，因生物种类的不同，其种类和含量有很大的差别，例如人体内含有约 30 万种蛋白质，大肠埃希菌的蛋白质含量虽少，但也含有 1000 种以上。整个生物界有 10^{10} ～10^{12} 种蛋白质。但无论是人体内的蛋白质，还是大肠埃希菌中的蛋白质，都主要由 20 种**氨基酸**（amino acid）构成。最新的研究发现，第 21 种氨基酸硒代半胱氨酸和第 22 种氨基酸吡咯赖氨酸同样是组成蛋白质的氨基酸，只是不常见。下面关于氨基酸的介绍，以 20 种主要氨基酸为例。

2.1 氨基酸结构及其生物化学性质

2.1.1 氨基酸结构及其分类

蛋白质是由氨基酸构成的聚合物，所有生物都利用这 20 种氨基酸作为构件组装成各种蛋白质分子。尽管氨基酸的种类有限，但由于氨基酸在蛋白质中连接的次序及氨基酸数目的不同，可以组装成几乎无限的不同种类的蛋白质。

2.1.1.1 氨基酸结构

由于氨基酸分子中的 α-碳（分子中第二个碳，表示为 C_α）结合着一个氨基和一个羧基，所以 20 种氨基酸都被称为 α-氨基酸。此外，C_α 还结合着一个 H 原子和一个侧链基团（用 R 表示），每一种氨基酸的 R 都是不同的。从 α-碳开始的侧链上的碳依次表示为 α-碳、β-碳、γ-碳、δ-碳和 ε-碳，分别指的是第 2、3、4、5 和 6 位碳。

图 2.1 给出了两种氨基酸通式的表示方法，全质子化形式的氨基酸可以看作一个二元弱

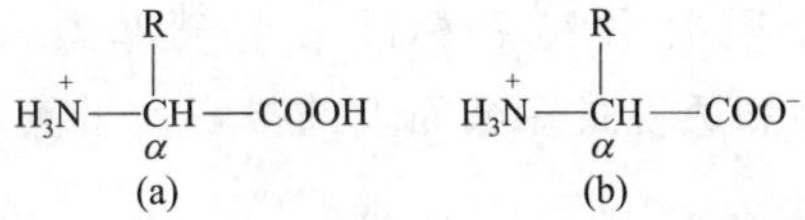

（a）氨基酸的全质子化形式；（b）氨基酸的兼性离子形式

图 2.1 氨基酸通式

酸。如果处于生理条件下，氨基质子化（$-NH_3^+$），而羧基离子化（$-COO^-$），氨基酸是兼性离子，或称为偶极离子。将氨基酸描述成带有-COOH 和$-NH_2$ 基团的形式是不合适的，因为不存在保证两个基团都存在的 pH。

如果与 C_α 共价连接的侧链 R 不是 H 原子，则 C_α 就结合了 4 种不同的基团，此时 C_α 称为不对称碳原子（也称为手性碳原子、不对称中心或手性中心）。含有一个不对称碳原子的氨基酸就存在着两种不能叠合的镜像立体异构体，犹如人的左手和右手，能对映但不能重叠。如果一个分子中有 n 个不对称碳原子，该分子就可能有 2^n 个不同的立体异构体。立体异构体是指分子式相同，但分子中的原子（或基团）在空间排列（或构型）不同的化合物，如果要改变构型，需要破坏一个或多个化学键。

为了与立体化学参照化合物 *L*-甘油醛或 *D*-甘油醛比较，按照惯例将氨基酸的碳键画在垂直方向，α-COO^- 画在顶端，侧链 R 画在下端，α-NH_3^+ 相当于甘油醛的-OH，可得到一对镜像异构体，它们分别为 *L* 型和 *D* 型的氨基酸，α-氨基位于 C_α 左边的是 *L*-氨基酸，位于 C_α 右边的为 *D*-氨基酸。图 2.2 给出了 Ser（侧链 R 为-CH_2OH）的两种立体异构体和参照化合物甘油醛两种构型的透视式。到目前为止，发现的游离的氨基酸和蛋白质中的氨基酸残基都是 *L* 型氨基酸。*D* 型氨基酸主要出现在细菌细胞壁的小肽和抗生素小肽中。

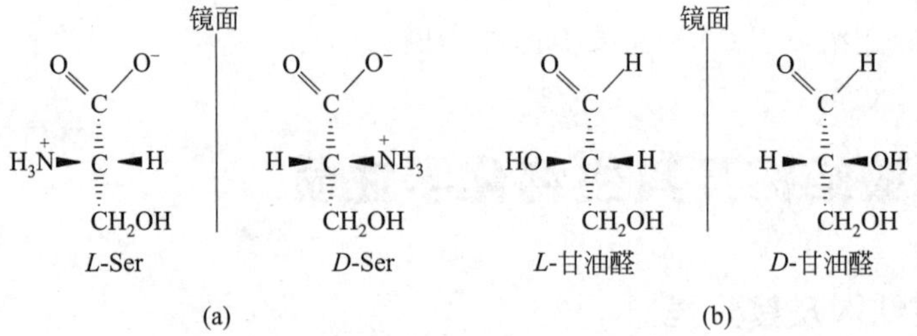

（a）*L*-Ser 和 *D*-Ser 透视式；（b）*L*-甘油醛和 *D*-甘油醛透视式

手性碳原子处于纸面内，实的楔形键凸出纸面，朝向读者；而虚的楔形键伸向纸面后，背离读者

图 2.2　*L*-Ser 和 *D*-Ser 透视式

20 种标准氨基酸中除了甘氨酸（R 基团是个 H），其他 19 种氨基酸都至少存在着一个不对称碳原子，即至少存在着 *L* 型和 *D* 型两种立体异构体。具有不对称碳原子的分子都具有使偏振光振动面旋转的光学活性，但 *L* 构型或 *D* 构型与偏振光振动面旋转的方向之间没有必然的联系，即 *L* 构型并不一定就是使偏振光振动面向左旋转，而 *D* 构型也不一定使偏振光振动面向右旋转。例如，*L*-亮氨酸可使偏振光振动面向左旋转 10.4°，但 *L*-精氨酸却使偏振光振动面向右旋转 12.5°。

图 2.3 给出了出现在蛋白质中的 20 种标准 *L* 型氨基酸（pH7.0）的 Fischer 投影式。该投影式可以看作是立体模型和透视式在纸面上的投影，虽然不能表现出分子的立体结构，但书写方便，也便于比较。

表 2.1 给出了 20 种标准氨基酸的英文名称以及三字母缩写和单字母表示符号。在表示蛋白质的组成和氨基酸序列时常常使用这些氨基酸的简写符号。

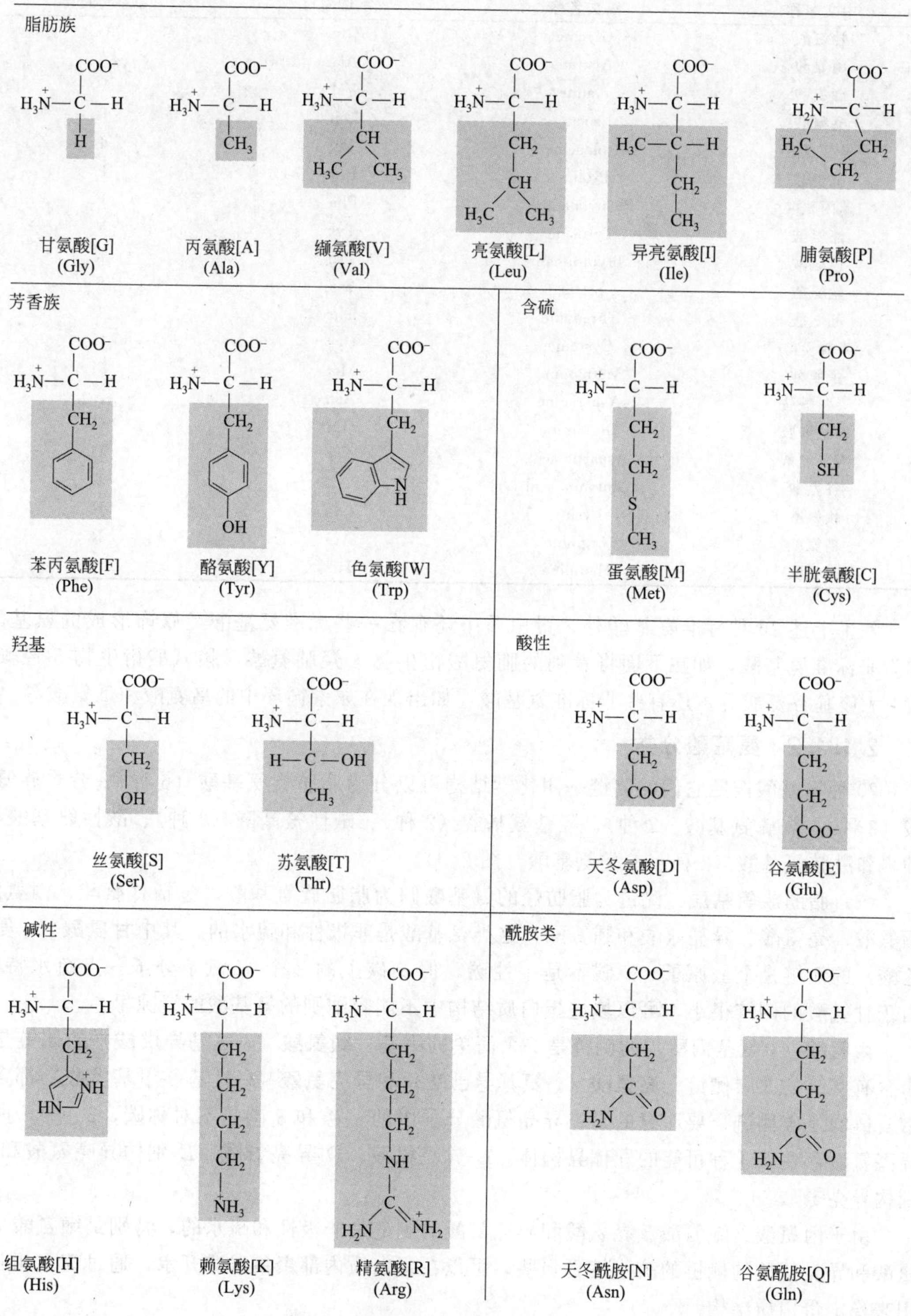

图中阴影部分为各个氨基酸的侧链

图 2.3 20 种标准的 L 型氨基酸在 pH7.0 时的投影式

表 2.1 20 种标准氨基酸的中英文名称、三字母缩写及单字母符号表示方式

中文名称	英文名称	三字母缩写	单字母符号
甘氨酸	Glycine	Gly	G
丙氨酸	Alanine	Ala	A
缬氨酸	Valine	Val	V
亮氨酸	Leucine	Leu	L
异亮氨酸	Isoleucine	Ile	I
脯氨酸	Proline	Pro	P
苯丙氨酸	Phenylalanine	Phe	F
酪氨酸	Tyrosine	Tyr	Y
色氨酸	Tryptophan	Trp	W
丝氨酸	Serine	Ser	S
苏氨酸	Threonine	Thr	T
半胱氨酸	Cysteine	Cys	C
蛋氨酸	Methionine	Met	M
天冬酰胺	Asparagine	Asn	N
谷氨酰胺	Glutamine	Gln	Q
天冬氨酸	Aspartic acid	Asp	D
谷氨酸	Glutamic acid	Glu	E
赖氨酸	Lysine	Lys	K
精氨酸	Arginine	Arg	R
组氨酸	Histidine	His	H

除了上述 20 种标准氨基酸外，蛋白质中还存在一些标准氨基酸经修饰形成的氨基酸，称为非标准氨基酸，如在下面将看到的脯氨酸衍生物 4-羟脯氨酸、赖氨酸衍生物 5-羟赖氨酸、γ-羧基谷氨酸等。还有些非标准氨基酸，如出现在尿素循环中的鸟氨酸和瓜氨酸等。

2.1.1.2 氨基酸分类

20 种氨基酸按照它们的侧链基团化学结构可以分为脂肪族氨基酸（6 种）、芳香族氨基酸（3 种）、含硫氨基酸（2 种）、羟基氨基酸（2 种）、碱性氨基酸（3 种）、酸性氨基酸（2 种）和酰胺氨基酸（2 种）七类氨基酸（图 2.3）。

（1）**脂肪族氨基酸**：侧链为脂肪烃的氨基酸归为脂肪族氨基酸，包括甘氨酸、丙氨酸、缬氨酸、亮氨酸、异亮氨酸和脯氨酸，这类氨基酸是非极性和疏水的。其中**甘氨酸**（*α*-氨基乙酸）的侧链是个氢原子，*α*-碳不是手性碳，但 *α*-碳上的 2 个 H 赋予分子一点疏水特性。由于甘氨酸的侧链很小，可以填进蛋白质结构中不能容纳别的氨基酸的缝隙里。

丙氨酸（α-氨基丙酸）的侧链是一个简单的甲基；**缬氨酸**（α-氨基异戊酸）的侧链是一个含有支链的 3 碳侧链；**亮氨酸**（*α*-氨基异己酸）和**异亮氨酸**（α-氨基-β-甲基戊酸）都含有带支链的 4 碳侧链。要注意的是，异亮氨酸分子中的 *α*-碳和 *β*-碳是不对称碳，$2^2=4$，所以异亮氨酸存在着 4 种可能的立体异构体：*L*-异亮氨酸、*D*-异亮氨酸、*L*-别构异亮氨酸和 *D*-别构异亮氨酸。

由于丙氨酸、缬氨酸、亮氨酸和异亮氨酸的侧链是非极性和疏水的，特别是缬氨酸、亮氨酸和异亮氨酸的侧链的疏水性更强些，可以在蛋白质内部聚集以避开水，通过疏水相互作用来稳定蛋白质结构。

脯氨酸（*β*-吡咯烷基-*α*-羧酸）明显地不同于其他 19 种氨基酸，是自身的侧链取代了 *α*-氨基的一个氢形成的产物，所以严格讲脯氨酸是一种 *α*-亚氨基酸。不过，在蛋白质中发现的脯氨酸也像其他氨基酸一样，它的 *α*-碳也是手性碳，但脯氨酸的杂环吡咯烷环限制了多

肽的几何构型，有时会改变多肽链的走向，引起一个转折的变化。

（2）**芳香族氨基酸**：含有芳香环侧链的氨基酸称为芳香族氨基酸，包括苯丙氨酸、酪氨酸和色氨酸。其中苯丙氨酸和色氨酸是非极性氨基酸，而酪氨酸由于含有一个羟基，是极性氨基酸。

苯丙氨酸（α-氨基-β-苯丙酸）是一个含有苯基的氨基酸。**酪氨酸**（α-氨基-β-对羟基苯丙酸）的结构类似于苯丙氨酸，称为对羟基苯丙氨酸，即酪氨酸是个带有酚基的氨基酸。**色氨酸**（β-吲哚-α-氨基丙酸）因其侧链带有一个双环的吲哚基，又称为吲哚丙氨酸。

苯丙氨酸、酪氨酸和色氨酸由于含有苯环共轭双键系统，能够吸收紫外光，在中性 pH 条件下，色氨酸和酪氨酸的吸收峰约在 280nm，而苯丙氨酸的吸收峰约在 260nm（图 2.4）。大多数蛋白质中都含有芳香族氨基酸，测量溶液 280nm 吸收后可以根据如下的 Lambert-Beer 公式测定蛋白质的含量。

$$A=\varepsilon cl$$

其中：A 为吸光度（absorbance），也称之为光密度（optical density，OD）；ε 为摩尔吸光系数，以前称为摩尔消光系数；c 为浓度（mol/L）；l 为比色杯的内径或光程距离（cm）。

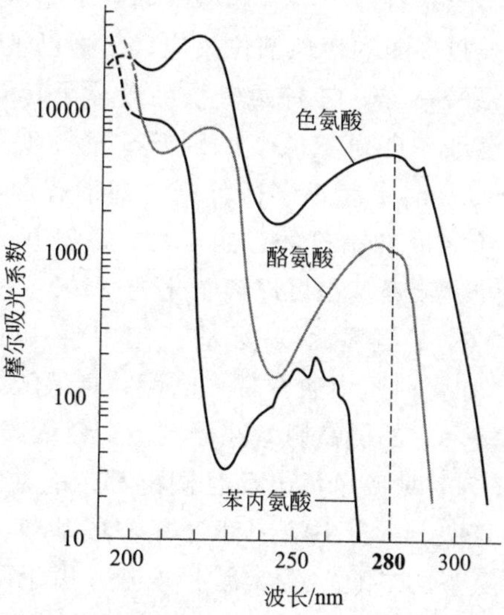

色氨酸和酪氨酸的最大光吸收约在 280nm，而苯丙氨酸的约在 260nm，20 种氨基酸在 200nm 以下波长都有光吸收

图 2.4　芳香族氨基酸在 pH6.0 时的紫外吸收光谱

（3）**含硫氨基酸**：蛋氨酸和半胱氨酸是两个侧链含硫的氨基酸，**蛋氨酸**（α-氨基-γ-甲硫基丁酸）的侧链上带有一个非极性的甲硫醚基，是个疏水氨基酸。**半胱氨酸**（α-氨基-β-巯基丙酸）的侧链上含有一个巯基（-SH），又称为巯基丙氨酸，半胱氨酸的-SH 是一个高反应性基团。由于硫原子是个可极化的原子，所以巯基能与氧和氮形成弱的氢键。

半胱氨酸的巯基像弱酸（pK=8.4），它可以失去质子。当某些蛋白质水解时，会分离出一种称为胱氨酸的化合物，它是由两个半胱氨酸通过一个二硫键连接形成的［图 2.5(a)］。蛋白质中的两个半胱氨酸残基被氧化后会形成二硫键［图 2.5(b)］。二硫键也称为二硫桥，在稳定一些蛋白质的三维结构中起着重要的作用。

（4）**羟基氨基酸**：丝氨酸和苏氨酸是两个侧链含有 β-羟基的不带电荷的极性氨基酸。**丝氨酸**（α-氨基-β-羟基丙酸）和**苏氨酸**（α-氨基-β-羟基丁酸）的羟基与酪氨酸的酚基不同，

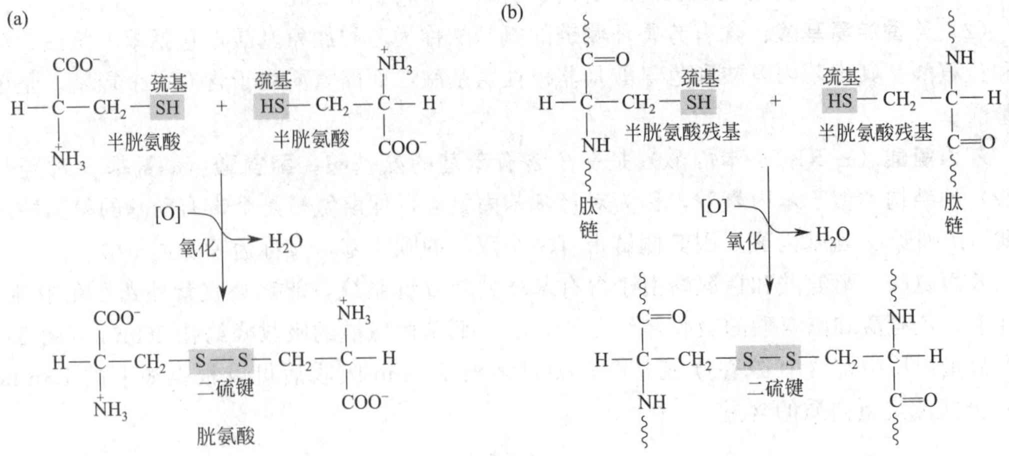

(a) 两个半胱氨酸之间形成二硫键；(b) 蛋白质中两个半胱氨酸残基之间形成二硫键

图 2.5　二硫键

它具有一级和二级醇的弱的离子化特性。尽管丝氨酸的羟甲基（$-CH_2OH$）在水溶液中不显示离子化，但这个醇可以参与很多酶的活性部位反应，就像已被离子化了一样。

注意，苏氨酸也像异亮氨酸一样，具有两个手性碳原子，即 α-碳和 β-碳原子，所以存在着 4 种立体异构体：L-苏氨酸、D-苏氨酸、L-别苏氨酸和 D-别苏氨酸。

（5）**碱性氨基酸**：在 pH7.0 时带净正电荷且侧链都带有含氮碱基基团的氨基酸，称为碱性氨基酸，包括组氨酸、赖氨酸和精氨酸。**组氨酸**（α-氨基-β-咪唑基丙酸）的侧链有一个咪唑环，又称为咪唑丙氨酸。咪唑基是可以离子化的（pK=6.0）。**赖氨酸**（α，ε-二氨基己酸）是一个双氨基酸，含有 α-氨基和 ε-氨基。在中性 pH，ε-氨基是以碱性氨离子（$-CH_2-NH_3^+$）形式存在的，在蛋白质中通常带正电荷。**精氨酸**（α-氨基-δ-胍基戊酸）是 20 种氨基酸中碱性最强的氨基酸，它的侧链胍基离子的 pK 值最高（pK=12.5）。

（6）**酸性氨基酸**：在 pH7.0 时带净负电荷且侧链都带有羧基基团的氨基酸，称为酸性氨基酸，包括天冬氨酸和谷氨酸。分子中除了都含有 α-羧基外，**天冬氨酸**（α-氨基丁二酸）还含有 β-羧基，**谷氨酸**（α-氨基戊二酸）还含有 γ-羧基。由于两个氨基酸的侧链在 pH7 时都离子化了，所以在蛋白质中是带负电荷的。这两个氨基酸经常出现在蛋白质分子表面。谷氨酸的单钠盐是调味品味精。

（7）**酰胺氨基酸**：**天冬酰胺**（β-氨基-β-羧基丙酰胺）和**谷氨酰胺**（γ-氨基-γ-羧基丁酰胺）分别是天冬氨酸和谷氨酸的酰胺化产物，又称为酰胺氨基酸。尽管这两个氨基酸的侧链是不带电荷的，但它们的极性很强，也经常出现在蛋白质分子的表面，可以和水相互作用。另外，这两种氨基酸的酰胺基可以与其他的极性氨基酸的侧链上的原子形成氢键。

以上氨基酸分类是根据侧链基团化学结构分类的，并对每一个氨基酸的极性进行了说明，按照侧链基团在 pH7.0 条件下表现出的极性也可以把 20 种氨基酸归纳为以下 4 组。

（1）**非极性氨基酸**：甘氨酸、丙氨酸、缬氨酸、亮氨酸、异亮氨酸、脯氨酸、蛋氨酸、苯丙氨酸和色氨酸。

（2）**不带电荷极性氨基酸**：丝氨酸、苏氨酸、天冬酰胺、谷氨酰胺、半胱氨酸和酪氨酸。

（3）**带正电荷极性氨基酸**：组氨酸、赖氨酸和精氨酸。

（4）**带负电荷极性氨基酸**：天冬氨酸和谷氨酸。

如果从营养学角度分类，又可将氨基酸分为必需和非必需氨基酸。必需氨基酸包括赖氨酸、苯丙氨酸、蛋氨酸、亮氨酸、异亮氨酸、缬氨酸、苏氨酸和色氨酸 8 种氨基酸；另外 2 种氨基酸：组氨酸和精氨酸，虽然人体能合成，但效率低，尤其在婴幼儿时期，需要由外界供给，为半必需氨基酸；非必需氨基酸是其余的 10 种氨基酸：甘氨酸、丝氨酸、半胱氨酸、酪氨酸、谷氨酸、谷氨酰胺、天冬氨酸、天冬酰胺、脯氨酸和丙氨酸。

必需和非必需氨基酸都是人体所需要的氨基酸，只不过必需氨基酸人体自身不能合成或合成的量很少，不能满足人体的需要，必须由食物供给；人体自身可以合成非必需氨基酸，不必由食物供给。

2.1.2 氨基酸的酸碱特性

由于氨基酸含有酸性的 α-羧基和碱性的 α-氨基，有些氨基酸的侧链还含有可解离基团，所以当一个氨基酸全质子化（如处于 1mol/L HCl 条件下）时，至少可看作是个二元弱酸，如果侧链也被质子化，那就是三元弱酸了。如果不考虑侧链解离，一个全质子化的氨基酸的解离如图 2.6 所示。

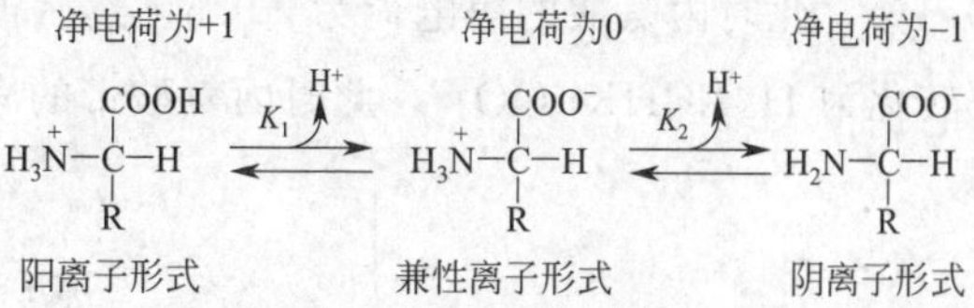

图 2.6 氨基酸的解离

图 2.6 中 K_1 和 K_2 表示解离常数，也称为平衡常数。

以丙氨酸（Ala）为例，用 Ala^+、$Ala^\pm$ 和 Ala^- 分别表示 Ala 静电荷为＋1、0 和－1 的离子形式。解离常数 K_1 可表示为：

$$K_1=[Ala^\pm][H^+]/[Ala^+]$$

使用上述方程式计算相应的弱酸的解离常数 K（有时也写作 K_a），所得数值很小。如果像氢离子浓度那样用负对数表示这种弱酸的解离常数更方便，pK 值低的酸的酸性比 pK 值高的酸更强。

$$pK=\lg(1/K)=-\lg K$$

将上述两式变换一下：

$$1/[H^+]=1/K_1\cdot[Ala^\pm]/[Ala^+]$$

取负对数，可得到 pH 与 pK 的关系式：

$$pH=pK_1+\lg[Ala^\pm]/[Ala^+]$$

若 $[Ala^+]=[Ala^\pm]$，即有 50% 的 Ala^+ 解离为 $Ala^\pm$ 时，$pH=pK_1$，即这时的 pH 相当于 Ala 解离的第一个解离常数的负对数。

同样可得到解离常数 K_2 的表示式：

$$pH=pK_2+\lg[Ala^-]/[Ala^\pm]$$

如果按照 Bronsted-Lowry 的酸碱学说，将给出质子的称为质子供体（共轭酸），而将接受质子的称为质子受体（共轭碱），pH 与 pK_a（解离常数常用 pK_a 表示）之间的关系式可用 Henderson-Hasselbalch 等式表示，通过该方程可计算任何 pH 下离子化基团的比例（[共轭碱] / [共轭酸]）。

$$pH=pK_a+\lg([\text{共轭碱}]/[\text{共轭酸}])$$

pK_a 可以通过测定滴定曲线的方法求得，假设滴定从全质子化的氨基酸开始，以加入的 NaOH 摩尔数对 pH 作图，可以得到相应的氨基酸的滴定曲线（图 2.7）。

从滴定曲线可看出，在极低 pH 下，丙氨酸带有质子化的羧基（-COOH）和带正电荷的质子化氨基（$-NH_3^+$），此时丙氨酸带的净电荷为＋1。当继续加碱时，pH 升高，-COOH 失去质子变成了$-COO^-$，当滴定至 $H_3N^+CHRCOOH$ 浓度与 $H_3N^+CHRCOO^-$ 浓度相等时，此时的 pH 就等于第一个解离常数 pK_1（2.34），丙氨酸的净电荷为＋0.5。

当继续滴定时，$H_3N^+CHRCOOH$ 就会全部转化为 $H_3N^+CHRCOO^-$，此时丙氨酸变成兼性离子形式，净电荷为 0，这样的分子置于电场中，既不向正极移动，也不会向负极移动，此时的 pH 被称为等电点，用 **pI**（isoelectric point）表示。对于丙氨酸这样，只有两个可解离基团的氨基酸，pI 值的计算很简单，就是该氨基酸的两个 pK 值的算术平均值。

当再继续滴加碱，pH 进一步增加，质子化的$-NH_3^+$ 也失去质子。当滴定至 $H_3N^+CHRCOO^-$ 浓度与 $H_2NCHRCOO^-$ 浓度相等时，这时的 pH 是第二个解离常数 pK_2（9.17），此时丙氨酸的净电荷为－0.5。然后再继续加碱滴定，所有的 $H_3N^+CHRCOO^-$ 就都转化为 $H_2NCHRCOO^-$，此时丙氨酸带的净电荷为－1。

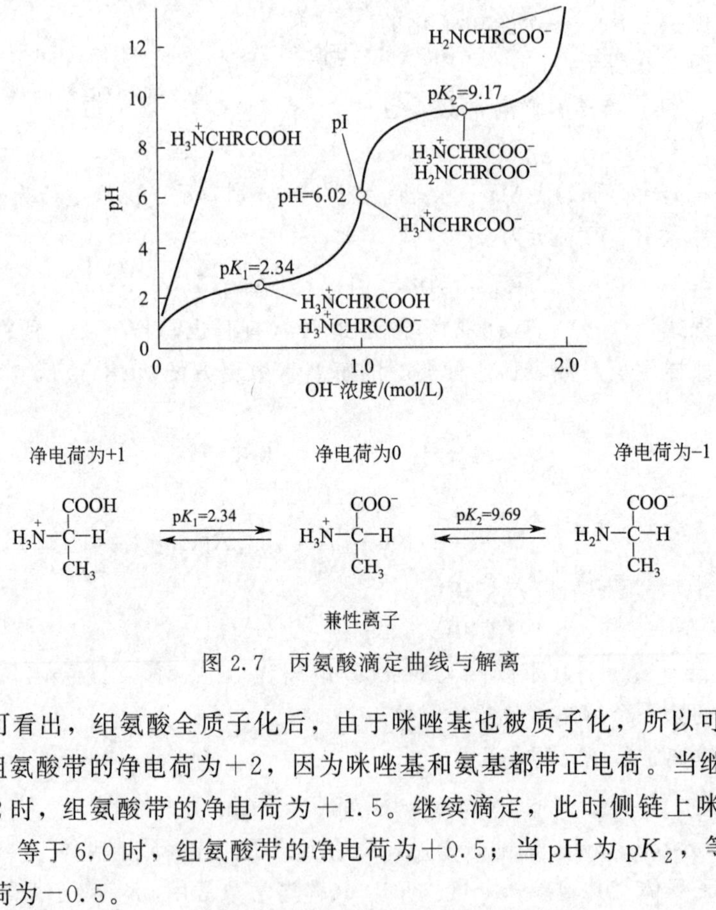

图 2.7 丙氨酸滴定曲线与解离

从图 2.8 可看出，组氨酸全质子化后，由于咪唑基也被质子化，所以可看作三元弱酸。在低 pH 下，组氨酸带的净电荷为＋2，因为咪唑基和氨基都带正电荷。当继续滴定，pH 为 K_1，等于 1.82 时，组氨酸带的净电荷为＋1.5。继续滴定，此时侧链上咪唑基开始解离，当 pH 为 pK_R，等于 6.0 时，组氨酸带的净电荷为＋0.5；当 pH 为 pK_2，等于 9.17 时，组氨酸带的净电荷为－0.5。

要计算像组氨酸那样的有 3 个可解离基团的碱性氨基酸的等电点，其 pI 值就是处于净电荷为零（兼性离子）His^0 形式的两侧 pK 的算术平均值，即

$$pI=(pK_2+pK_R)/2=(9.17+6.0)/2=7.59$$

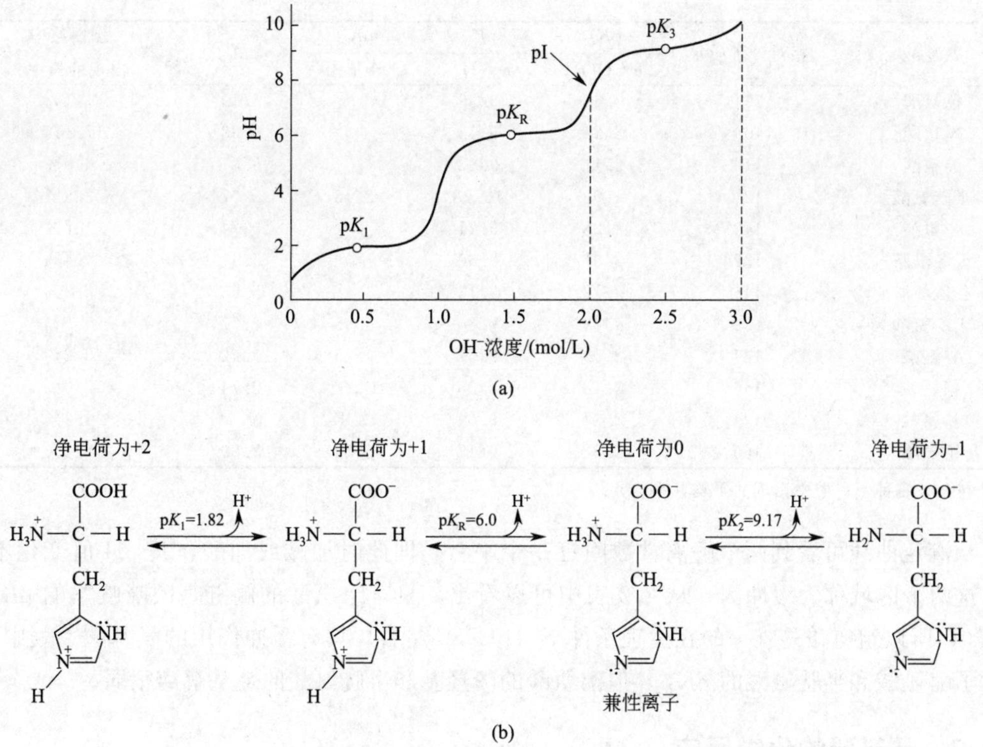

图 2.8　组氨酸滴定曲线与解离

关于 pI 值的计算公式，pI=（pK_x+pK_y）/2，其中，pK_x、pK_y 为相应的两个可解离基团。对于只含 1 个氨基和 1 个羧基的氨基酸，上式中的 pK_x 和 pK_y 为它的 pK_1 和 pK_2，即它是由 α-羧基和 α-氨基的解离常数的负对数 pK_1 和 pK_2 决定的。如果一个氨基酸中有三个可解离基团，其等电点由 α-羧基、α-氨基和侧链 R 基团的解离状态决定。对于天冬氨酸和谷氨酸这类酸性氨基酸，上式中的 pK_x 和 pK_y 为它的 pK_1 和 pK_R；对于赖氨酸、组氨酸和精氨酸这类碱性氨基酸，上式中的 pK_x 和 pK_y 为它的 pK_2 和 pK_R。

根据上述氨基酸滴定曲线分析和等电点计算，可以看到当一个氨基酸处于它的 pI 以上的 pH 时，带净负电荷，当处于它的 pI 以下的 pH 时，带净正电荷。氨基酸所处 pH 离 pI 越远，氨基酸携带的净电荷越多。

表 2.2 给出了 25℃下游离的 20 种标准氨基酸的 pK 值和氨基酸的 pI。

表 2.2　氨基酸的 pK 和 pI 值

氨基酸	相对分子质量	pK_1	pK_2	pK_R	pI	蛋白质中
		α-COOH	α-NH_3^+	R 基团		出现的概率*
甘氨酸	75	2.34	9.60		5.97	7.5%
丙氨酸	89	2.34	9.69		6.01	9.0%
缬氨酸	117	2.32	9.62		5.97	6.9%
亮氨酸	131	2.36	9.60		5.98	7.5%
异亮氨酸	131	2.36	9.68		6.02	4.6%
脯氨酸	115	1.99	10.96		6.48	4.6%
苯丙氨酸	165	1.83	9.13		5.48	3.5%
酪氨酸	181	2.20	9.11	10.07	5.66	3.5%

续表

氨基酸	相对分子质量	pK_1	pK_2	pK_R	pI	蛋白质中
		α-COOH	$\alpha\text{-}NH_3^+$	R基团		出现的概率*
色氨酸	204	2.38	9.39		5.89	1.1%
丝氨酸	105	2.21	9.15		5.68	7.1%
苏氨酸	119	2.11	9.62		5.87	6.0%
半胱氨酸	121	1.96	10.28	8.18	5.07	2.8%
蛋氨酸	149	2.28	9.21		5.74	1.7%
天冬酰胺	132	2.02	8.80		5.41	4.4%
谷氨酰胺	146	2.17	9.13		5.65	3.9%
天冬氨酸	133	1.88	9.60	3.65	2.77	5.5%
谷氨酸	147	2.19	9.67	4.25	3.22	6.2%
赖氨酸	146	2.18	8.95	10.53	9.74	7.0%
精氨酸	174	2.17	9.04	12.48	10.76	4.7%
组氨酸	155	1.82	9.17	6.00	7.59	2.1%

* 在200多种蛋白质中出现的平均几率。

从滴定曲线可看到两个解离常数附近是个平台，即此时加碱或加酸，其pH值变化不大，所以这两个区域称为缓冲区。从2.2表中可以看出，只有组氨酸的侧链基团咪唑基的 pK_R 值是6.0，所以组氨酸是唯一的在生理条件下（pH7.0左右）具有缓冲作用的氨基酸。表中虽然给出了酪氨酸和半胱氨酸的 pK_R，但酪氨酸的酚羟基和半胱氨酸的巯基解离很弱。

2.1.3 氨基酸的化学反应

氨基酸的 α-氨基、α-羧基以及氨基酸的各种侧链基团可进行很多种化学反应，这里着重描述一些生物化学中常见的反应。

1）α-羧基反应

图2.9给出了几种氨基酸 α-羧基常见的反应，与氨反应生成相应的酰胺，与伯胺反应可生成取代酰胺；与醇反应可生成酯。

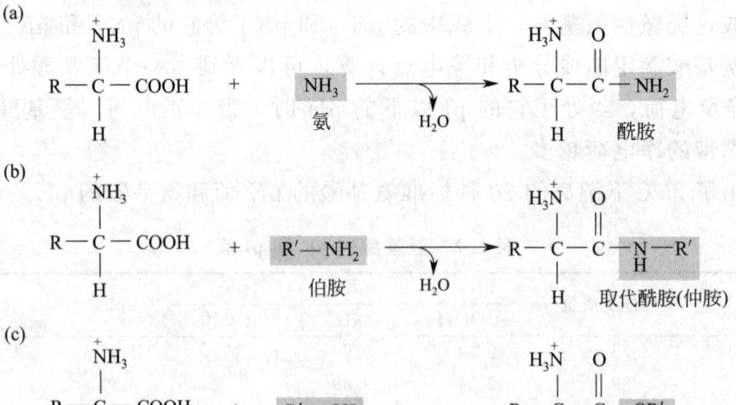

（a）与氨反应生成酰胺；（b）与伯胺反应生成仲胺；（c）与醇反应生成酯

R代表氨基酸的侧链；R′代表伯胺或醇的其余部分

图2.9 氨基酸 α-羧基反应

2）α-氨基反应（图 2.10）

（1）2,4-二硝基氟苯（DNFB）与蛋白质或多肽的 N-末端自由氨基（$-NH_2$）反应，水解后能得到黄色化合物二硝基苯基氨基酸（DNP 氨基酸），结合薄层层析，反应常用于鉴定蛋白质或多肽的 N-末端氨基酸残基和蛋白质氨基酸序列测定。由于 DNFB 曾被 Sanger 用于测定氨基酸序列，所以也称为 Sanger 试剂。

（2）异硫氰酸苯酯（PITC）在弱碱性条件下能够与氨基酸反应生成苯乙内酰硫脲（PTH）衍生物，即 PTH-氨基酸。此反应又称为 Edman 反应，可以用来鉴定多肽或蛋白质 N-末端氨基酸。

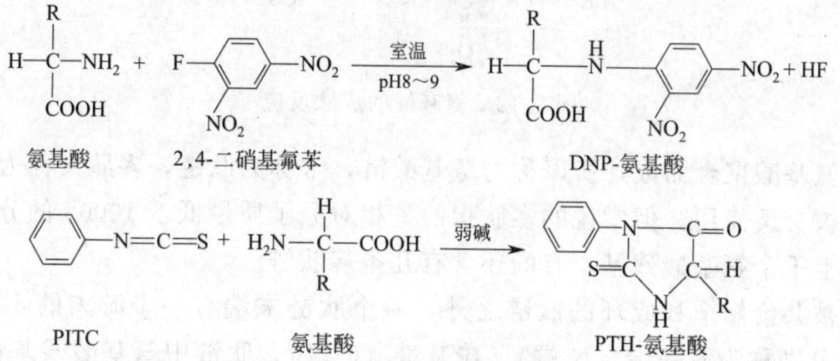

图 2.10　氨基酸 α-氨基反应

3）氨基和羧基共同参与的反应

氨基酸与**茚三酮**（ninhydrin）的反应是检测和定量氨基酸和蛋白质的重要反应（图 2.11），氨基酸的 α-氨基和 α-羧基都参与了反应。在弱酸性溶液中，茚三酮与氨基酸共同加热，引起氨基酸氧化分解，茚三酮被还原。茚三酮还原产物与氨基酸分解产生的氨及另一分子茚三酮缩合成蓝紫色化合物（最大吸收峰在 570nm）。蓝紫色化合物颜色的深浅与氨基酸分解产生的氨成正比。茚三酮反应是用来测定氨基酸的一种反应，它要求氨基酸的游离 α-氨基及羧基共同存在。除脯氨酸与茚三酮反应生成的是黄色化合物，其余 α-氨基酸与茚三酮反应生成的是蓝紫色化合物。

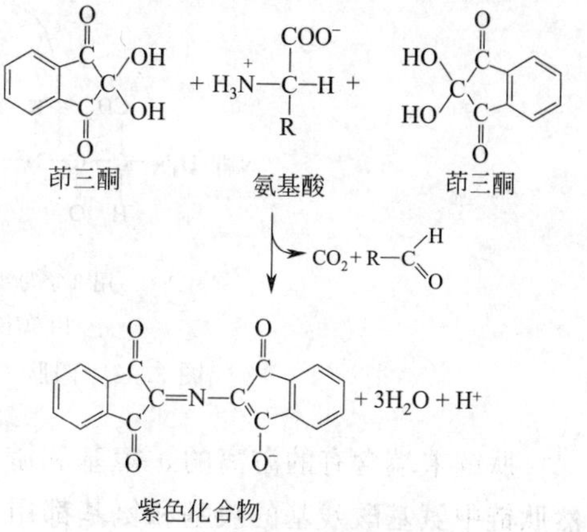

图 2.11　氨基酸与茚三酮反应

4）侧链基团的特异反应

很多氨基酸侧链都带有功能基团，例如 Cys 的巯基、赖氨酸的 ε-氨基、Arg 的胍基、组氨酸的咪唑基等，这些功能基团与一些特异试剂可进行特异反应，这些反应常用于酶活性反应中心的必需氨基酸残基的鉴定以及蛋白质标记。

2.1.4　肽

一个氨基酸的 α-羧基与另一个氨基酸的 α-氨基缩合脱去一分子水形成酰胺键，将两个氨基酸连接在一起，这个酰胺键称为**肽键**（peptide bond）（图 2.12）。氨基酸缩合的产物称为**肽**（peptide），肽中的氨基酸成分被称为氨基酸残基。根据聚合形成肽的氨基酸数目的多少，例如由 2 个、3 个或许多氨基酸聚合而成，习惯称为二肽、三肽或多肽。由 3～10 个氨基酸残基组成的肽常称为寡肽，由较多氨基酸组成的肽称为多肽。

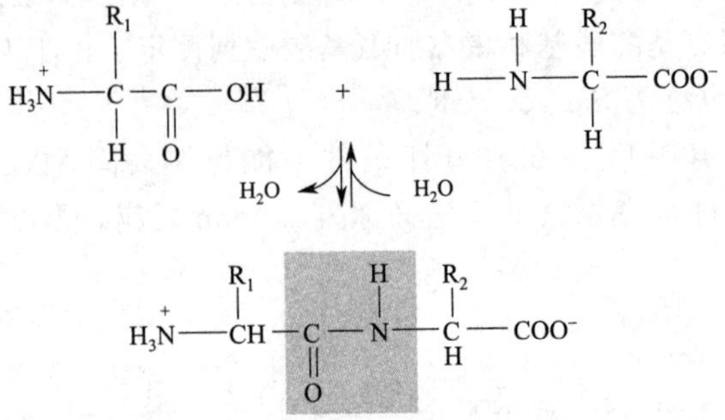

图 2.12 氨基酸的成肽反应

由于肽是氨基酸聚合而成，所以称为氨基酸链，常称为肽链，多肽又称为多肽链。有时多肽和蛋白质被交叉使用，但常说的多肽指的是相对分子质量低于 10000 的分子，而蛋白质可能含有成百上千个氨基酸残基，有的还含有几条多肽链。

除了末端被共价修饰和成环的肽链之外，一个肽链末端有一个游离的 α-氨基和一个游离的 α-羧基，分别称为氨基端（N 端）、羧基端（C 端），肽链中氨基酸残基都是从 N 端至 C 端编号的。肽链中的氨基酸残基可用 3 个英文字母缩写和单字母缩写形式表示。例如图 2.13 中的四肽就可以写成 Ala-Ser-Gly-Asp，相应的单字母表示为 A-S-G-D，或直接写成 ASGD。

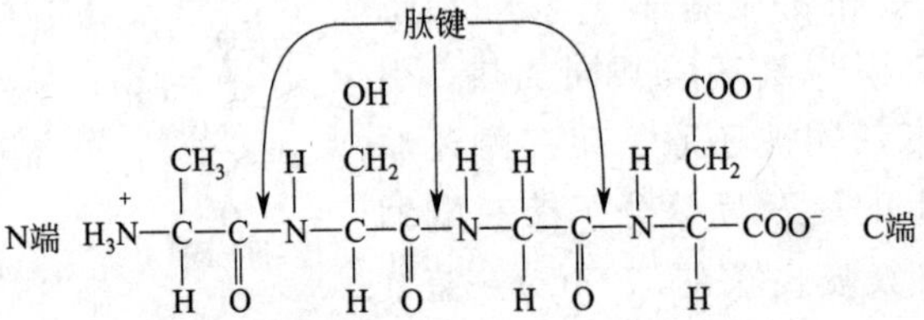

用 3 字母缩写表示：Ala-Ser-Gly-Asp

用单字母缩写表示：A-S-G-D

图 2.13 四肽：丙氨酰丝氨酰甘氨酰天冬氨酸

肽链末端含有的游离的 α-氨基和游离的 α-羧基可以像游离氨基酸那样进行离子化，虽然肽链中氨基酸残基的羧基和氨基都用于形成了肽键，但其中有些氨基酸的侧链 R 基团仍可离子化，所以多肽的酸碱性质是由两个末端基团和可解离的 R 基团决定的。一般来说，当 pH＞pI 时，多肽链带净负电荷，在电场中将向阳极移动，在低于等电点的任一 pH 多肽链带净正电荷，在电场中将向阴极移动。

以下简单介绍几个常见的谷胱甘肽、血管升压素（加压素）、缩宫素（催产素）、胰岛素及人工合成的二肽阿斯巴甜的结构和功能。

1） 谷胱甘肽

谷胱甘肽（glutathione）是最常见的一个三肽，其组成为 γ-谷氨酰半胱氨酰甘氨酸（图 2.14）。要注意的是，谷氨酸与下一个半胱氨酸形成肽键时没有用常规的 α-羧基，而用的是 γ-羧基，所以缩写可表示为 γGlu-Cys-Gly。两分子还原型谷胱甘肽（reduced glutathione，

GSH）可氧化生成氧化型谷胱甘肽（oxidized glutathione，GSSG）。

还原型谷胱甘肽在体内的主要作用是保护含有巯基的蛋白质，使这些蛋白质保持生理活性。例如还原型谷胱甘肽转换为氧化型谷胱甘肽可以维持红细胞中血红蛋白以及其他蛋白质中的半胱氨酸残基处于还原状态，避免被其他氧化剂氧化。

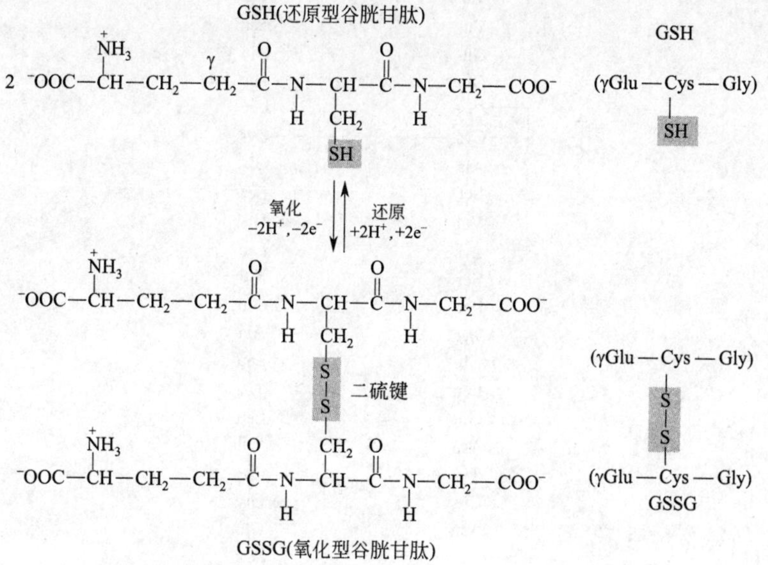

图左侧结构式表示 GSH 和 GSSG，右侧为缩写形式

图 2.14　谷胱甘肽

2）缩宫素和血管升压素

缩宫素（oxytocin）和血管升压素（vasopressin）都是下丘脑分泌的激素，被储存在神经垂体。缩宫素与血管升压素都是九肽，结构也很相似，分子中的两个半胱氨酸残基都形成一个二硫键，但缩宫素 3 位为异亮氨酸，血管升压素 3 位为苯丙氨酸，缩宫素 8 位为亮氨酸，而血管升压素 8 位为精氨酸（图 2.15）。

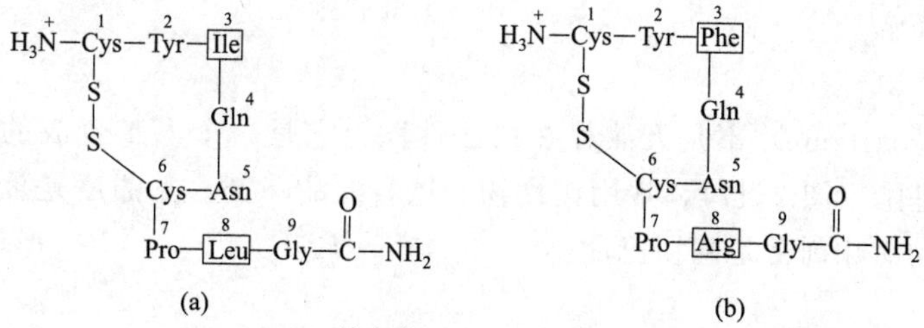

（a）缩宫素；（b）血管升压素

图 2.15　两个下丘脑激素

缩宫素也称催产素，主要生理作用是使平滑肌收缩，特别是子宫肌肉，具有催产及促使乳腺泌乳的作用。血管升压素也称为抗利尿激素（antidiuretic hormone，ADH），调解水代谢，能使小动脉收缩，增高血压，促进水分的重吸收，减少排尿。

3）胰岛素

胰岛素由胰岛的 β 细胞制造，是一个由 A 链和 B 链构成的含有 51 个氨基酸残基的多肽，A 链含有 21 个氨基酸残基，B 链含有 30 个氨基酸残基，两条链通过二硫键连接，另外在 A 链中还存在一个链内二硫键（图 2.16）。中国科学家于 1965 年人工合成了牛胰岛素。

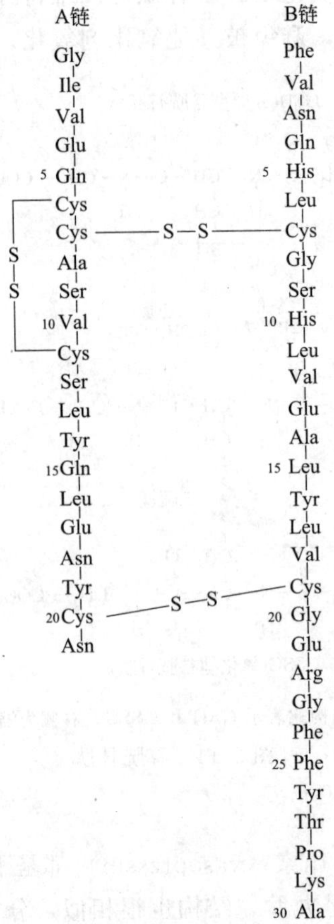

图 2.16　胰岛素结构

胰岛素的主要生理功能是促进组织吸收葡萄糖，促进肝糖原、肌糖原及脂肪合成，并抑制肝糖原和脂肪降解。

4）阿斯巴甜

阿斯巴甜（aspartame）不是天然存在的活性肽，它是一个人工合成的二肽——天冬氨酰苯丙氨酸的甲基酯（图 2.17），常用作食物和饮料的甜味剂，其甜度是蔗糖的 200 倍。饮料的标签中使用的甜味剂常是阿斯巴甜。

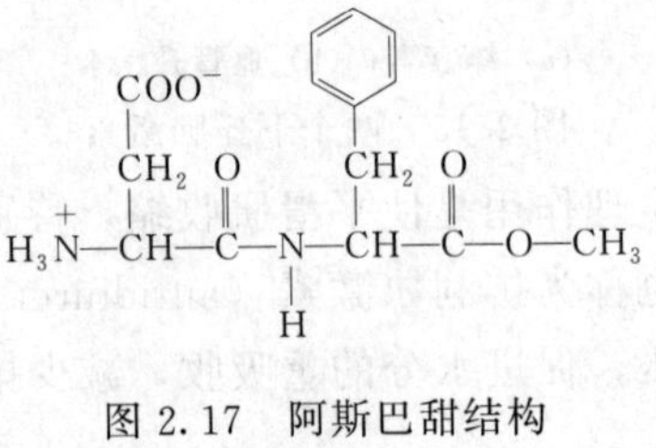

图 2.17　阿斯巴甜结构

2.2　蛋白质结构及其功能

蛋白质是生物大分子，其结构按照一级结构（primary structure）、二级结构（secondary structure）、三级结构（tertiary structure）和四级结构（quaternary structure）等4个结构层次来解析和描述（图2.18）。一级结构指的是蛋白质中通过肽键连接的氨基酸残基的排列顺序；二级结构指的是蛋白质分子中局部氨基酸残基有规律排列的构象；三级结构指的是蛋白质分子处于天然折叠状态下的三维构象；四级结构指的是具有三级结构的多肽链（也称为亚基）之间以适当方式聚合所呈现出的三维结构。

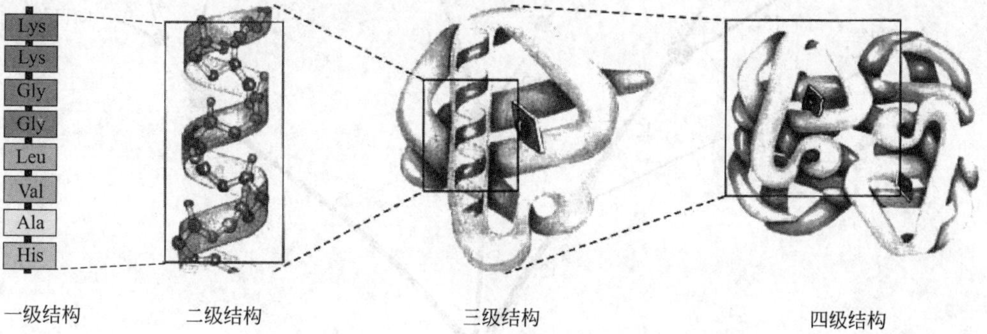

图2.18　蛋白质结构的4个层次

（来源：NELSON D L，COX M M. Lehninger principles of biochemistry［M］. 6th edition. New York：W. H. Freeman and Company，2013.）

2.2.1　蛋白质一级结构

蛋白质一级结构指通过共价键（肽键和二硫键）连接在一起的氨基酸线性序列。这是蛋白质最基本的结构，决定蛋白质空间结构和生物功能的信息。一级结构两端是自由的氨基和羧基，分别称为N端和C端。氨基酸按照从N端至C端的顺序进行排列。

一级结构是功能的基础：每一种蛋白质都有特定的一级结构，蛋白质的任何功能都是通过其肽链上各种氨基酸残基的不同功能基团来实现的，所以蛋白质的一级结构一旦确定，蛋白质的功能也就基本确定了。

一级结构改变与分子病：例如镰状细胞贫血就是由血红蛋白中一个氨基酸的突变导致的。血红蛋白的β-链中的N末端第六位上的谷氨酸被缬氨酸取代，使血红蛋白不能正常携带氧。说明蛋白质的一级结构改变了，蛋白质的功能也可能发生变化。

另外，通过蛋白质一级结构的比较可以揭示进化关系。一组进化上相关的同源蛋白质在不同物种中行使着相同的功能，这些来自不同物种的同源蛋白质的氨基酸序列都很相似。亲缘关系越接近者，差异越小。例如人与黑猩猩的细胞色素C的氨基酸序列完全一样，但与猴、狗、金枪鱼和酵母的细胞色素C相比，可变换的氨基酸残基数依次为1、10、21和44。那些进化中不易改变的、保守的氨基酸残基是维持细胞色素C功能所必需的（图2.19）。

解析一个蛋白质的结构和功能通常都需要了解或测定它的氨基酸序列，氨基酸序列是阐明蛋白质生物活性的分子基础。蛋白质的一级结构决定它的三维结构，为了推测多肽链折叠成高度专一的具有生物活性的三维结构，需要知道蛋白质的氨基酸序列。

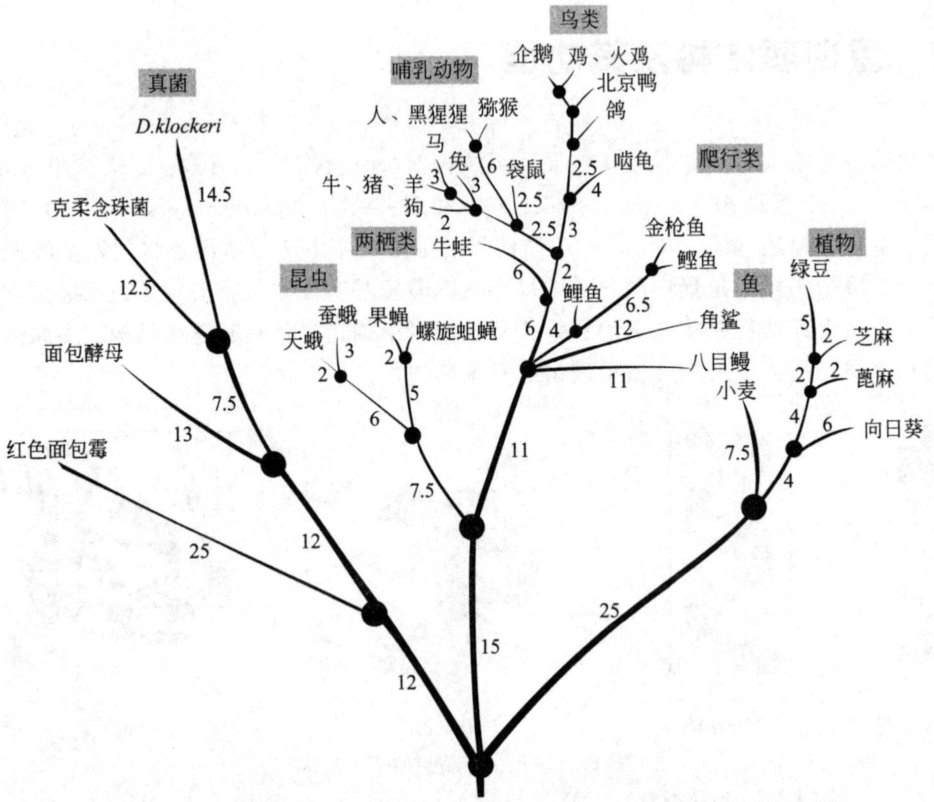

每个枝节点都是由该节点向上延伸的物种的原始祖先，枝条旁边的数字表示两个相邻枝节点或物种的细胞色素 c 之间每 100 个残基的差异数

图 2.19　细胞色素 c 的系统进化树

（来源：DAYHOFF M O. Atlas of protein sequence and structure [M]. Washington D. C.：National Biomedical Foundation，1977.）

生物体内蛋白质的多肽链并不是一条简单的线性序列，而是折叠成具有生物学活性的形状。根据蛋白质的物理特性和功能，蛋白质分为纤维蛋白（fibrous protein）和球蛋白（globular protein）两种类型。典型的纤维蛋白是由单一的、重复的二级结构构成的，通常组装成“缆”或“丝”，常见的纤维蛋白有 α-角蛋白和胶原蛋白。球蛋白的典型特征是具有一个疏水的内部环境和一个亲水的表面，球蛋白一般都有特异地识别和瞬间结合其它化合物的裂隙。

目前已从原子分辨水平了解了成百上千个蛋白质的三维结构，而且其中许多蛋白质的功能可以根据它们的构象给予解释。

构象（conformation）是分子中的原子的空间排列，但原子的空间排列取决于它们绕键的旋转，构象不同于构型，一个蛋白质的构象在不破坏共价键的情况下是可以改变的。如果仅考虑蛋白质每个氨基酸残基中键的旋转，一个蛋白质分子可能存在天文数字的构象数目。然而实际上，一个蛋白质中任一个氨基酸残基的实际构象自由度是非常有限的，在生理条件下，每种蛋白质似乎只呈现被称为天然构象的单一稳定形状。

2.2.2 蛋白质二级结构

二级结构描述的是多肽链中某一部分的构象，该部分构象表现出的是线性多肽链骨架有规律的折叠模式。其中最常见的折叠模式是 **α-螺旋**（α-helix）和 **β-折叠**（β-sheet）。

2.2.2.1 肽平面

在具体描述二级结构 α-螺旋和 β-折叠之前，首先需要了解肽键的特性。Linus Pauling 和 Robert Corey 通过对简单的二肽和三肽晶体进行 X 射线研究发现：C—N 肽键比 C ═N 双键长，但比一般的 C—N 单键短，使得肽键具有 40％的双键特性，而且肽键所连接的原子处于同一平面，表明羰基氧和酰胺氮间有共振或部分共用的两对电子。因此，肽键以共振杂化形式表示更合适（图 2.20）。

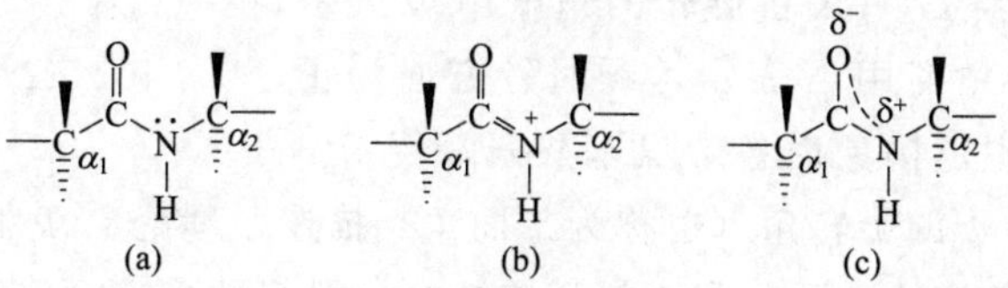

（a）肽键以 C-N 形式表示；（b）肽键以双键表示；（c）肽键以共振杂化形式表示

图 2.20 肽键共振结构

通常将形成肽键的 2 个原子和另外 4 个取代成员：羰基氧原子、酰胺氢原子及 2 个相邻的 C_α 原子称为**肽基**（peptide group），6 个原子位于同一平面，所以该平面又称为**肽平面**（peptide plane）。由于具有双键特性的肽键不能自由旋转，所以肽平面是一个刚性平面。对于一个平面肽键，实际上存在着**反式**（*trans*）和**顺式**（*cis*）两种构型，反式构型中两个 C_α 处于肽键两侧，顺式构型中两个 C_α 处于肽键同一侧（图 2.21）。

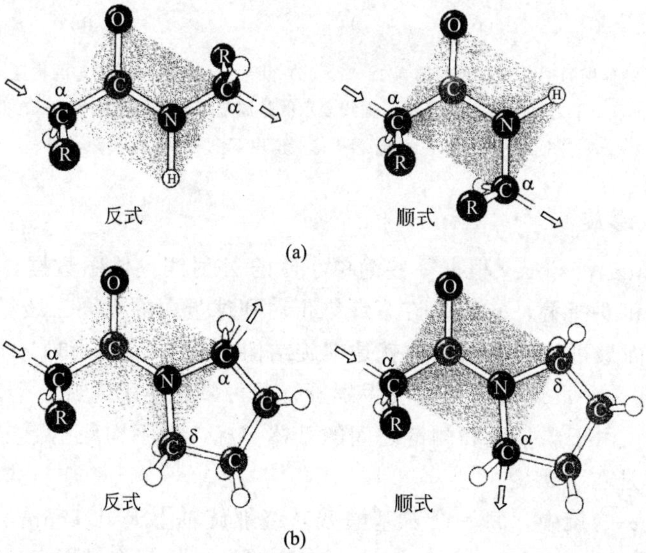

（a）无脯氨酸参与的肽键的反式和顺式构型；（b）有脯氨酸参与的肽键的反式和顺式构型

图 2.21 肽键构型

蛋白质中几乎所有肽键都是反式的，因为反式构型可以将相邻侧链之间的立体干扰减少到最小。但也有例外，X射线晶体分析发现蛋白质中大约有6%的脯氨酸残基处于顺式构型。

一条肽链就是通过肽键连接的氨基酸聚合物，骨架由重复单位 N—C_α—C 构成，骨架结合着羰基氧、酰胺氢以及侧链 R［图 2.22(a)］，也可表示为由 C_α 串接起来的一串肽平面［图 2.22(b)］。

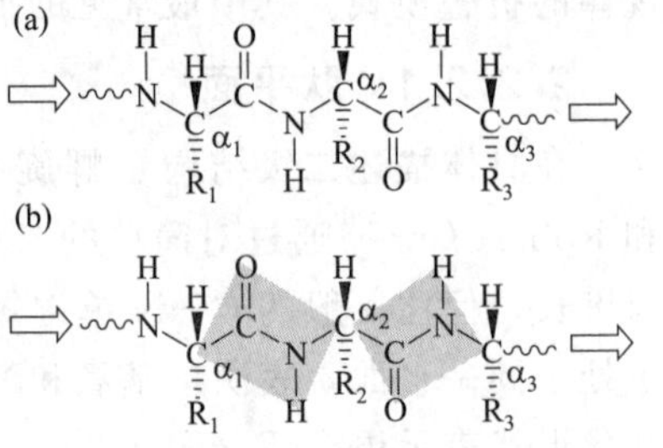

(a) 由重复 N—C_α—C 骨架构成的肽链；

(b) 肽平面串接起来的肽链

图 2.22　肽链片段简化结构

实际上蛋白质空间构象并不是简单的串接的肽平面，而是一系列肽平面旋转、折叠构成的空间结构。由于肽平面不能绕肽键旋转，但可绕 C_α—C 单键和 N—C_α 键旋转，所以一个蛋白质的构象就取决于肽平面绕 C_α—C 键和 N—C_α 键的旋转。绕 C_α—N 键旋转的角度用 Φ 表示，而绕 C_α—C 键旋转的角度用 ψ 表示，顺时针方向为正，反时针为负。蛋白质主链构象由各个氨基酸残基绕 C_α—N 键 Φ 和绕 C_α—C 键 ψ 的旋转角（也称为二面角）描述，理论上 Φ 和 ψ 可以取 $-180°\sim+180°$ 之间的任一个角度，但由于 Φ 和 ψ 的某些组合会引起酰胺氢、羰基氧原子等原子之间的碰撞，所以允许的 Φ 和 ψ 组合形成的空间构象是有限的（图 2.23）。

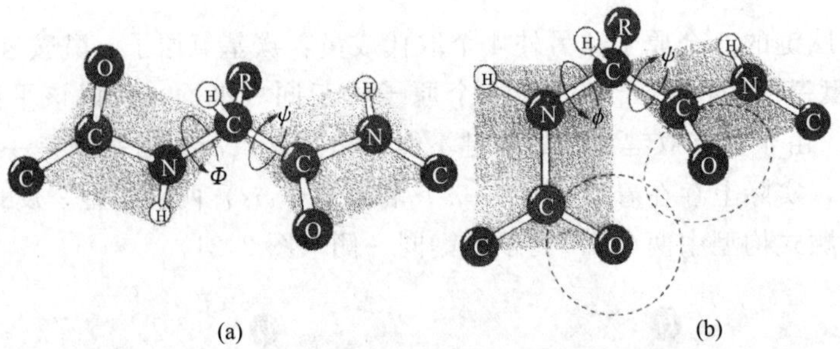

(a) 肽平面处于一种伸展的构象（Φ 和 ψ 都为 180°）；(b) 肽平面处于一种不稳定的构象（Φ 和 ψ 都为 0°），相邻氨基酸残基的羰基氧之间存在立体干扰［虚线表示的是羰基氧原子的范德华（van der Waals）半径］

图 2.23　肽平面绕 N—C_α 键和 C_α—C 键的旋转

2.2.2.2　α-螺旋

1951年，Pauling 和 Corey 根据一些简单小肽的X射线晶体图数据，提出了两个周期性多肽结构：**α-螺旋**和**β-折叠**，它们是许多纤维蛋白和球蛋白的主要二级结构元件。

一串刚性肽平面最可能形成的结构就是螺旋结构，被 Pauling 和 Corey 称为 α-螺旋（图 2.24）。理论上讲，一个 α-螺旋可以是右手螺旋，也可以是左手螺旋，但对于 *L*-氨基酸残基构成的多肽链来说，由于羰基氧和侧链之间的立体干扰，左手构象不稳定。因此，在蛋白质中发现的 α-螺旋都是右手螺旋。

在一个理想的 α-螺旋中，每一个氨基酸残基绕螺旋轴上升 0.15nm，每圈螺旋需要 3.6 个氨基酸残基，螺距为 0.54nm。在 α-螺旋中多肽链骨架的每个羰基氧（氨基酸残基 *n*）与它后面 C-端方向的第 4 个残基（*n*+4）的 α-氨基氢形成氢键。螺旋内的氢键几乎平行于螺旋的长轴，氨基酸残基侧链从螺旋中伸出到螺旋外，从螺旋顶部看，螺旋中间是空的。

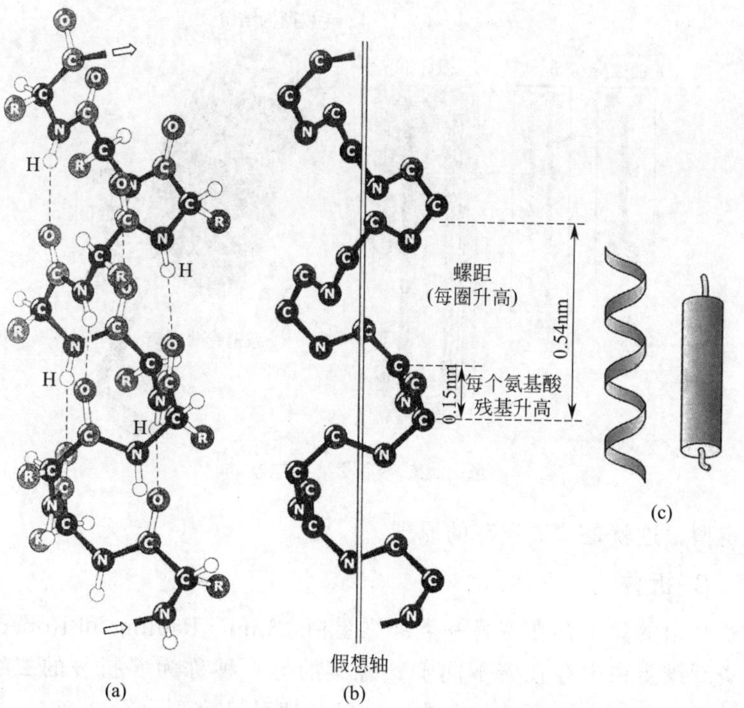

(a) 一条带有肽平面中所有原子和侧链的肽链的 α-螺旋；(b) 只表示出肽链骨架绕假想轴的 α-螺旋；
(c) 在蛋白质三维结构模型中 α-螺旋的简单表示

图 2.24 α-螺旋

稳定 α-螺旋的力是大量的链内氢键，虽然单个氢键比较弱，但 α-螺旋内的大量氢键的总体效应使得 α-螺旋成了最稳定的二级结构。

并不是所有的多肽都能形成稳定的 α-螺旋，虽然氨基酸残基侧链之间相互作用能够稳定螺旋结构，但也可能破坏螺旋结构。如果肽链中有一连续的 Glu 或 Asp 区，这一片段在 pH7.0 时不能形成 α-螺旋。因为相邻酸性氨基酸侧链带负电荷而相互排斥，破坏了 α-螺旋中氢键的稳定作用。同样道理，在 pH7.0 时连续的 Lys 或 Arg 区也不能形成 α-螺旋，但此时起破坏作用的是带正电荷的相邻碱性氨基酸间的相互排斥。

脯氨酸基本上不会出现在 α-螺旋中，因为它的氮原子是刚性环的成员，不可能绕 N-Cα 旋转，而会在螺旋中引入一个结节。另外一个原因是脯氨酸形成肽键后酰胺氮上缺少氢原子，使得脯氨酸不能参与 α-螺旋的氢键网络，这也导致脯氨酸很少出现在 α-螺旋中。

影响 α-螺旋稳定的还有一些其它因素，如相邻残基 R 基团的体积，过多 Gly 出现也不利于 α-螺旋的形成，因为它的侧链只是一个氢原子。

毛发、角及指甲中的 α-角蛋白几乎都是由 α-螺旋组成的纤维蛋白。图 2.25 为毛发结构层次的示意图。α-角蛋白基本结构元件是由 2 个 α-螺旋左手相互缠绕形成卷曲螺旋（coiled coil），两列彼此错开的首尾相连的卷曲螺旋组装成 1 根原丝（protofilament），2 根原丝形成一根原纤维（protofibril），4 根原纤维再形成 1 根微纤维（microfibril），更高级结构还不十分清楚。

α-角蛋白富含 Cys 残基，通过形成二硫键连接相邻肽链。头发经硫醇处理，可使二硫键断开，变成-SH。然后卷成想要的波形后，再用氧化剂处理，由于-SH 错接形成二硫键，可

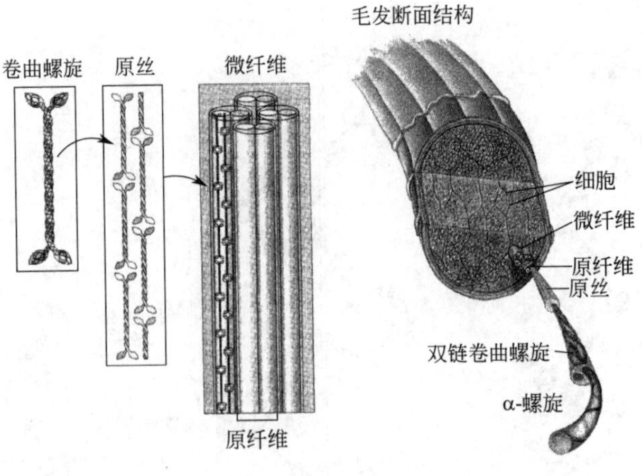

图 2.25 毛发结构层次

使卷曲的头发定型，这就是“烫发”的原理。

2.2.2.3 β-折叠

蚕丝、蜘蛛吐出的丝中存在着另一类纤维蛋白，Linus Pauling 和 Robert Corey 经 X 射线分析证实这类纤维蛋白中存在着不同于 α-螺旋的另一种称为 β-折叠的二级结构，它是一种更加伸展的肽链构象。在 β-折叠构象中，肽链骨架呈 Z 字形（图 2.26）。

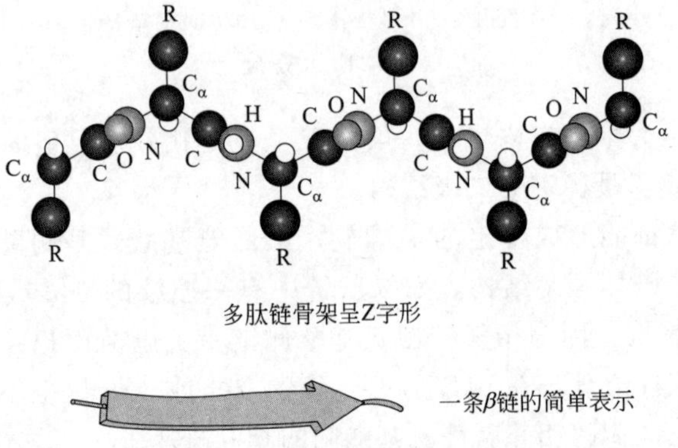

图 2.26 β-折叠构象中 Z 字形肽链

Z 字形肽链（也称为 β-链）并排成一系列皱折的一个片层结构（有时称为 β-片层），片层中相邻肽段的羰基氧和酰胺氢之间形成的氢键是稳定 β-折叠构象的力，氢键几乎垂直于延伸的多肽链。β-折叠中每个残基占 0.32～0.34nm。片层中的肽段可以是同一条肽链线性序列中离的比较近的肽段，也可以是相隔很远的肽段，甚至可以是不同肽链中的肽段。

β-片层中的相邻多肽链可以是反平行排列，即一个肽段是 N-端到 C-端方向，相邻的另一肽段是 C-端到 N-端方向（图 2.27）；或者是平行排列，即多肽链的方向都是从 N-端到 C-端方向（图 2.28）。由于这些肽平面之间的键角方向不同，使得侧链交替地出现在折叠面的上面或下面。

蚕丝主要成分是丝心蛋白，主要二级结构是 β-折叠，而且都是反平行排列的 β-折叠片，含有 6 残基的重复序列：

$$-(\text{Gly-Ser-Gly-Ala-Gly-Ala})_n-$$

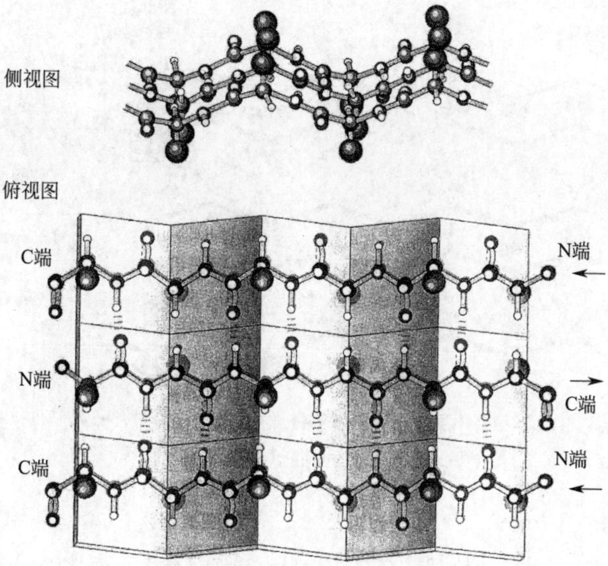

图 2.27 反平行 β-片层

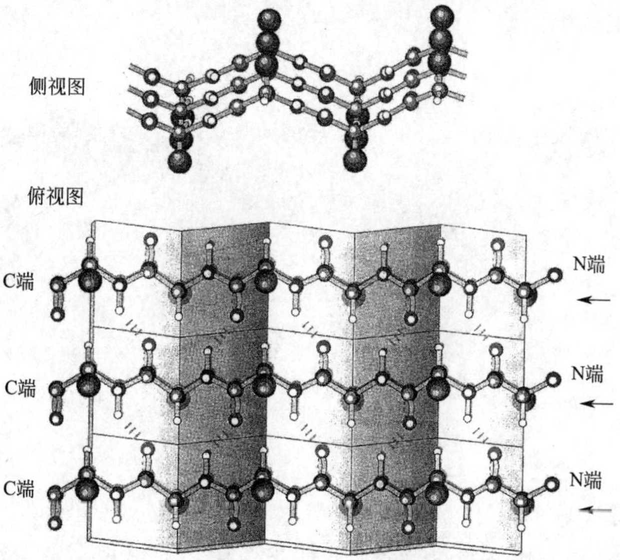

图 2.28 平行 β-片层

由于 β-折叠结构中的氨基酸残基的侧链交替地伸向 β-折叠平面的上面和下面，所以甘氨酸残基的侧链氢都位于 β-折叠平面的一侧，而丙氨酸和丝氨酸残基的甲基侧链和羟甲基侧链都位于 β-折叠平面的另一面，这使得折叠片紧密地堆积在一起（图 2.29）。丝织品的伸缩性很小，因为二级结构为 β-折叠结构，已经近乎完全伸展了。丝织品很柔软，因为堆积的折叠片只是靠侧链之间的范德华力结合在一起的。

2.2.2.4 转角

在紧凑折叠的球蛋白中，还存在着连接 α-螺旋和（或）β-折叠的使肽链改变走向的连接肽段，它们往往形成有规律的**转角**（reverse turn），有时由于连接反平行 β-折叠中相邻肽段

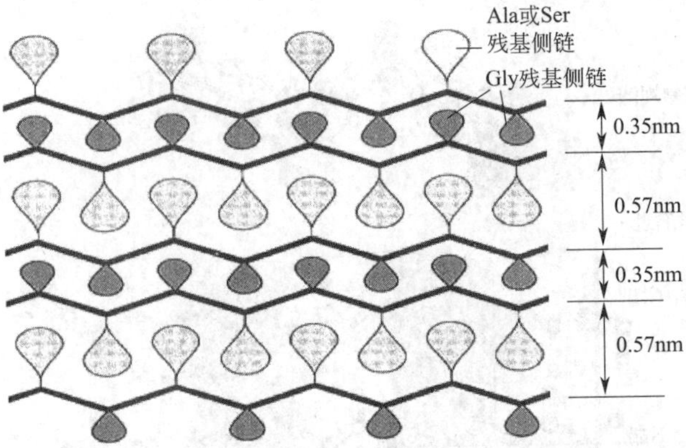

上一个片层的 Gly 残基侧链与下一个片层的 Gly 残基侧链交替嵌合，Ala 或 Ser 残基侧链也以同样方式交替嵌合

图 2.29 丝心蛋白 β-片层横断面图

末端，也称为 **β 转角**（β-turn）。

转角主要有Ⅰ型转角和Ⅱ型转角（图 2.30）。两种转角都是由 4 个氨基酸残基组成，第 2 位残基都是 Pro。Ⅱ型转角中第 3 位残基通常是 Gly，而且连接第 2 位残基和第 3 位残基的肽平面相对于Ⅰ型转角翻转了 180°。两种类型转角都是通过第 1 位残基羰基氧与第 4 位残基酰胺氢形成氢键稳定的。

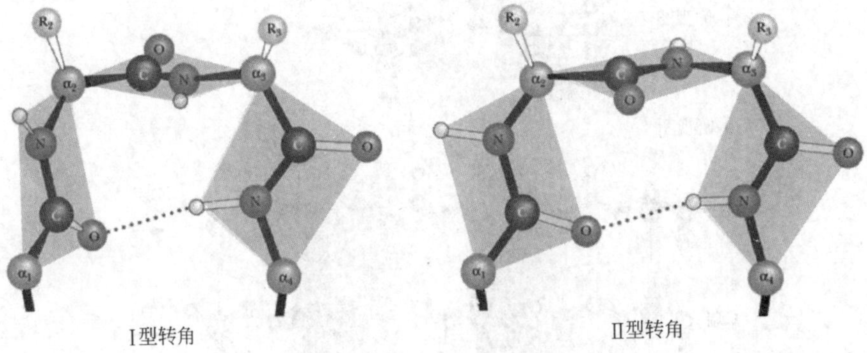

图 2.30 两种类型转角

2.2.2.5 胶原

胶原（collagen）是动物结缔组织最主要的蛋白质，常出现在腱、软骨、骨、牙齿、皮肤、眼角膜和血管等部位。胶原不溶于水，具有很高的拉伸强度，与 α-角蛋白一样也属于纤维蛋白。

胶原是一种具有螺旋结构的生物分子，但存在着一种不同于 α-螺旋的特殊二级结构——左手螺旋。胶原的基本结构元件是原胶原分子，是由 3 股左手螺旋肽链彼此缠绕形成的右手超螺旋分子。三螺旋中每股每一圈螺旋约有 3.3 个残基，螺距为 0.95nm，即每一个氨基酸残基沿着三股螺旋轴上升的距离约为 0.29nm（图 2.31）。

从图 2.31(a) 可看到胶原纤维电镜照片呈明暗带交替的条纹图案，重复的每个明暗周期距离为 d，其中明带（重叠区带）占 $0.4d$，而暗带（空穴区带）占 $0.6d$。由于空穴区存在，一些糖，例如葡萄糖等可与羟赖氨酸共价连接，这些糖可能有组织胶原纤维组装的作

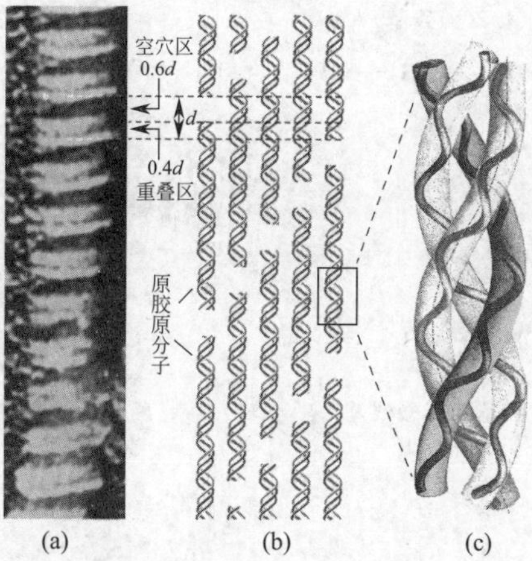

（a）胶原纤维电镜照片呈明暗带交替图案；（b）胶原纤维中原胶原分子的排列；
（c）原胶原分子局部右手三螺旋，每股都是左手螺旋

图 2.31 胶原纤维结构

用，另外空穴区可能是骨矿化成核部位。

明暗带交替出现从图 2.31(b) 中可得到解释，在胶原纤维中原胶原分子沿纤维轴向首尾相随，但不是相接，而是留有一个空隙，相邻分子彼此有规律错位、平行排列，形成纤维束。从垂直纤维方向观察，纤维束中就存在着重叠区和空穴区，两个区的电子密度不同，结果电镜照片呈现明暗相间的条纹。

一级结构分析发现胶原具有重复的-Gly-*X*-*Y*-序列，其中 *X* 常常是 Pro 残基，而 *Y* 是 4-羟脯氨酸（hydroxyproline，Hyp）残基或 5-羟赖氨酸（hydroxylysine，Hyl）残基。由于重复出现 Pro 和 Hyp，胶原不可能形成 α-螺旋，另外 Gly 过多也不利于 α-螺旋形成，但这样重复序列却促成了每圈约 3 个残基的特殊的左手螺旋构象，而且 3 条这样的肽链再按右手卷曲缠绕，形成了右手三螺旋构象。

三螺旋中每条肽链每隔 3 个残基就穿过三螺旋中心一次，中心空隙太小，只有侧链仅为 H 的 Gly 能够进入中心位置，所以沿着三螺旋中心轴方向堆积的都是来自 3 条链的 Gly，而 Gly 两侧的 *X* 和 *Y* 只能位于螺旋外侧。出现这种现象是由于具有同样 Gly-*X*-*Y* 重复序列的 3 条肽链彼此错开一个残基导致的。这样一来，分别来自 3 条肽链的 Gly、*X* 和 *Y* 就出现在垂直于三螺旋中心轴的每一个平面中。平面中的每一个 Gly 的酰胺氢原子都能与相邻链上 *X* 残基的羰基氧原子之间形成氢键，使三螺旋更稳定。

4-羟脯氨酸和 5-羟赖氨酸分别由胶原螺旋中特定的脯氨酸以及赖氨酸残基经相应的羟化酶催化形成，反应需要维生素 C。如果缺乏维生素 C，胶原三螺旋不能正确装配，将会引起血管和皮肤变脆。人由于维生素 C 缺乏会发展为坏血病，其特征包括皮肤损伤、血管变脆、牙齿松动和牙龈出血。

稳定胶原的力除了氢键以外，还有发生在原胶原分子间和原胶原分子内链间的共价交联，使得胶原的稳定性和强度进一步增强。原胶原分子内的交联是非螺旋 N 端区的 Lys-Lys 交联，首先在赖氨酰氧化酶（依赖铜）催化下，Lys 的侧链被氧化为醛基，然后两个 ε-醛基赖氨酸自发形成醛醇交联（图 2.32）。

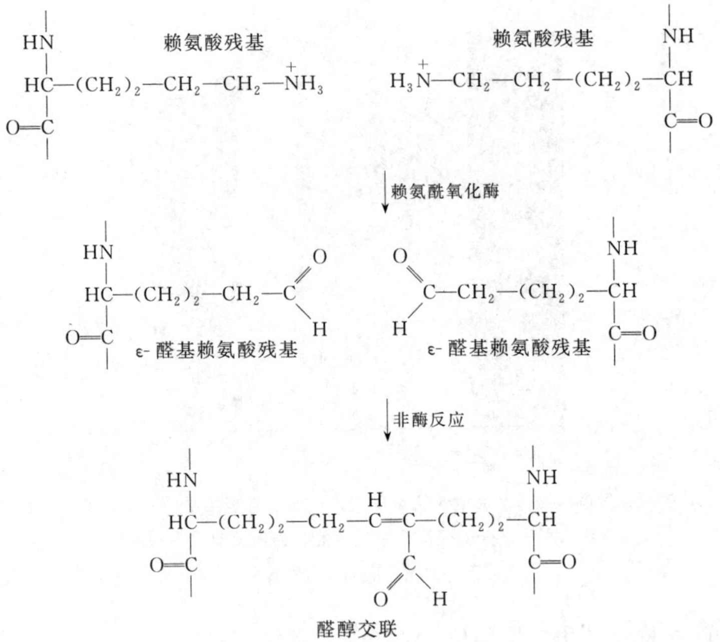

图 2.32　原胶原分子内的 Lys-Lys 共价交联

2.2.3　蛋白质三级结构

三级结构指的是单一一条某些局部已经具有了 α-螺旋和（或）β-折叠的多肽链折叠成一个紧密堆积的三维结构。三级结构的一个重要特征是一级结构上离得很远的氨基酸残基被拉到了一起，而且它们的侧链之间可进行相互作用。二级结构的稳定依靠的是多肽链骨架的酰胺氢和羰基氧之间形成的氢键，而三级结构的稳定基本上靠的是氨基酸残基侧链之间的非共价相互作用，此外某些蛋白质中的共价二硫键对稳定三维构象也起着重要的作用。

2.2.3.1　超二级结构

超二级结构（supersecondary structure）或称**基序**（motif）是三级结构的结构元件，是出现在大量不同蛋白质中的能够被识别的 α-螺旋和 β-折叠的一些特定组合。通常基序都与特定的功能有关，但不同蛋白质中结构上类似的基序可能具有不同的功能。图 2.33 给出了几种常见的超二级结构。

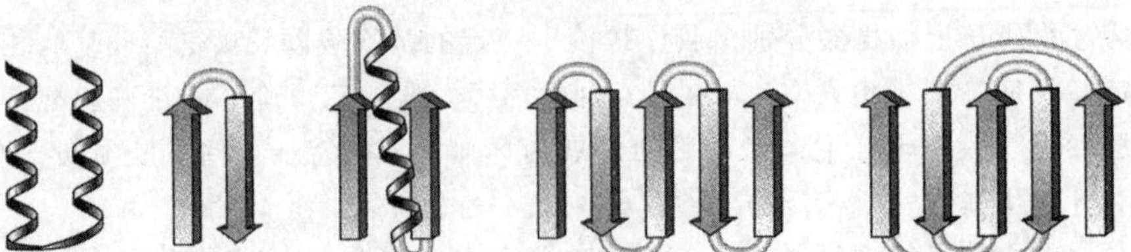

(a)　(b)　(c)　(d)　(e)

（a）αα；（b）β-发卡；（c）βαβ；（d）β-回曲；（e）希腊钥匙

图 2.33　几种常见的超二级结构

图 2.33 中（a）$\alpha\alpha$ 是最简单的一种超二级结构，是一种螺旋-环-螺旋结构，由一个环连接的两个反平行 α-螺旋构成；（b）β-发卡由两个相邻的反平行 β-链通过发夹环连接形成；（c）$\beta\alpha\beta$ 结构单元是最常见的基序，由两个平行 β-链通过两个环与一个插入的 α-螺旋连接组成；（d）β-回曲（meander）是一个由环或转角依次连接 β-链组成的反平行 β-折叠；（e）希腊钥匙（Greek key），其名字来自古希腊陶器上的图形，连接有 4 个或更多的反平行 β-链。

2.2.3.2 结构域

结构域（domain）是在二级结构单元或超二级结构单元基础上形成的三级结构内的局部折叠区，呈紧密球状，具有特定功能。例如可以结合小分子，催化一个反应等，所以有时结构域也称为功能域，大多数结构域是由连续的 40～200 个氨基酸残基组成的。许多蛋白质都是由几个结构域构成的，但有的蛋白质就是由一个结构域组成的。结构域之间通常是通过环连接，但也可以通过每个结构域表面的氨基酸侧链形成的弱的相互作用彼此结合。

根据所含二级结构单元种类、比例和组合方式，结构域被分为 5 种主要的类型：反平行 α-螺旋（螺旋束）、反平行 β-桶、β-夹心、平行扭型 β 片层、α/β 桶和 β 螺旋（图 2.34）。

图 2.34 中的反平行 α-螺旋束是一种典型的 4 螺旋束，螺旋内为疏水面，螺旋外为亲水面。反平行 β-桶的两层 β-片层疏水面相对形成疏水区（桶内），而相背的两面（面向溶剂）为亲水区。β-夹心是由短的环和转角连接的 β-链构成。平行扭型 β-片层好像是一束平行 β-链被从两端按相反方向扭转形成的卷绕折叠，其周边环绕一些 α-螺旋。α/β 桶具有 $\beta\alpha\beta$ 那样的超二级结构，多肽链中 α-螺旋和 β-折叠交替出现。β-螺旋是单一多肽链中多个由环连接的 β-链按左手缠绕形成的螺旋。

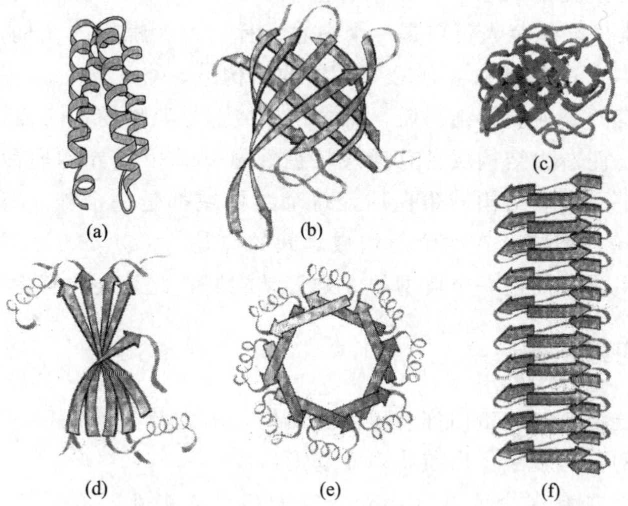

（a）反平行 α-螺旋（螺旋束）；（b）反平行 β-桶；（c）β-夹心；
（d）平行扭型 β-片层；（e）α/β 桶；（f）β-螺旋

图 2.34 几种主要类型结构域

2.2.3.3 几种蛋白质的三级结构

图 2.35 给出了几种具体蛋白质的三级结构，图中有的蛋白质三级结构就是由一个结构域构成的，而有的则是由 2 个以上结构域构成的。

图 2.35 中（a）*E. coli* 细胞色素 b_{562} 是一个由单一的四螺旋束结构域构成的血红素结

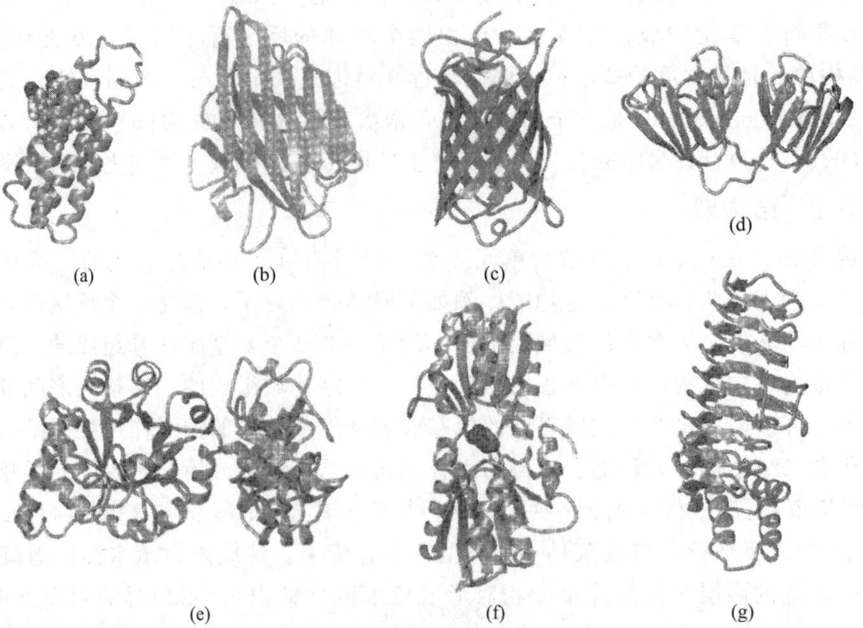

(a) *E. coli* 细胞色素 b_{562}；(b) 伴刀豆凝集素；(c) 水母绿色荧光蛋白；
(d) 牛 γ-晶体蛋白；(e) *E. coli* 色氨酸生物合成酶；(f) *E. coli* *L*-阿拉伯糖结合蛋白；
(g) *E. coli* UDP-*N*-乙酰葡糖胺酰基转移酶

图 2.35　一些蛋白质的三级结构

合蛋白质。(b) 伴刀豆凝集素是一个糖结合蛋白质，是由一个大的 β-折叠构成的单一结构域的蛋白质。(c) 水母绿色荧光蛋白是一个中心带有一个 α-螺旋的 β-桶，β-片层中的肽链都是反平行的。(d) 牛 γ-晶体蛋白含有两个 β-桶的结构域。(e) *E. coli* 色氨酸生物合成酶是一个双功能酶，含有两个独立的结构域，每个结构域都是典型的 α/β 桶，左边结构域具有吲哚磷酸合成酶活性，而右边结构域具有磷酸核糖邻氨基苯甲酸异构酶活性。(f) *E. coli* *L*-阿拉伯糖结合蛋白是一个双结构域蛋白质，每个结构域都是一个被 α-螺旋围绕的 5 链平行扭型 β-片层，*L*-阿拉伯糖结合在两个结构域之间的空腔。(g) *E. coli* UDP-*N*-乙酰葡糖胺酰基转移酶结构的主要特征是一个典型的 β-螺旋结构域，此外还含有少量的 α-螺旋。

2.2.4　蛋白质四级结构

仅由一条多肽链组成的球蛋白称为单体蛋白质，由少数多肽链构成的称为寡聚蛋白质，由多个多肽链构成的称为多聚蛋白质或多亚基蛋白质。

四级结构指的是具有多个亚基（subunit）的蛋白质中亚基在三维空间的组织和排列，每个亚基都是一个独立的多肽链。亚基在寡聚蛋白中的排列一般都具有确定的几何结构，而且表现出对称性。亚基可以是相同的，也可以是不同的。亚基相同的寡聚蛋白常见的是二聚体和四聚体，而不同亚基组成的寡聚蛋白，每种亚基的功能也都不一样。

寡聚蛋白的亚基通常都是通过弱的非共价相互作用结合在一起的，例如疏水相互作用和静电力，疏水相互作用是主要的力。由于亚基之间的力比较弱，通常在实验室可人为地将寡聚蛋白的亚基分开，然而在体内亚基通常维持着紧密联系。图 2.36 给出了几种多亚基蛋白质的三维飘带模型结构。

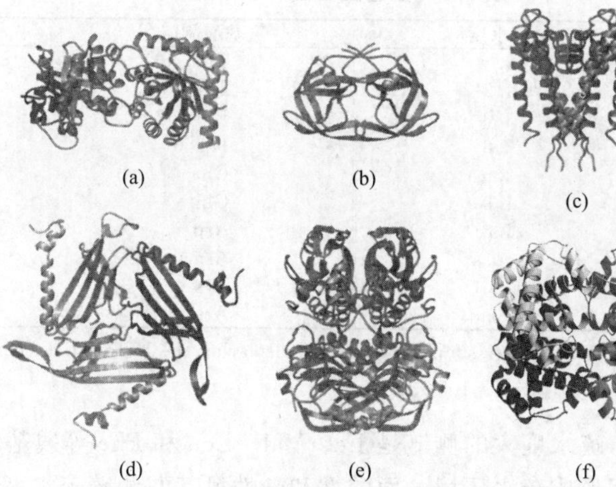

(a) 鸡丙糖磷酸异构酶（二聚体）；(b) HIV-1 天冬氨酸蛋白酶（二聚体）；(c) 噬菌体 MS2 衣壳蛋白质（三聚体）；
(d) 链霉素钾通道蛋白（四聚体）；(e) 人次黄嘌呤-鸟嘌呤磷酸核糖转移酶（两种不同亚基组成的四聚体）；
(f) 人血红蛋白（两对 α/β 亚基组成的四聚体）

图 2.36 几种寡聚蛋白质的四级结构

很多蛋白质由多亚基组成有很多优越性：首先形成多聚蛋白质要比分离的单个亚基更稳定；其次，某些寡聚酶的活性部位可能是由相邻多肽链的残基汇集在一起形成的。另外，许多寡聚蛋白结合配体时，亚基的三级结构和四级结构（亚基之间相互作用）都会被改变，具有协同性和别构效应，这种变化常常是某些寡聚蛋白生物学功能调节的关键因素。此外，不同蛋白质可能具有相同的亚基成分，一些亚基的功能是确定的，亚基的不同组合可执行相关的功能有利于进化上的选择，这要比选择完全新的具有同样功能的单体蛋白质更经济。

2.2.5 蛋白质变性与复性

一个蛋白质合成开始于核糖体上一条多肽链氨基酸序列的合成，在合成中和合成后多肽链必须要折叠成它的具有生物学功能的唯一的稳定的天然构象。本节将从维持稳定蛋白质结构的作用力开始，通过一个蛋白质的变性和复性的实际例子，简单讨论蛋白质的折叠过程。

2.2.5.1 稳定蛋白质结构的作用力

二级结构是靠肽链骨架中的酰胺与羰基之间形成的氢键维持稳定的，而稳定蛋白质结构的作用力除了共价键二硫键外，主要依赖于大量的非共价键：疏水作用、氢键、范德华力相互作用和离子相互作用。

(1) 疏水作用：在水相介质中，球蛋白中的疏水基团彼此靠近、聚集以避开水的现象称为**疏水作用**（hydrophobic interaction）或**疏水效应**（hydrophobic effect）。疏水作用是稳定蛋白质三维结构的主要作用力。

球蛋白的典型特征是具有一个疏水的内部环境和一个亲水的表面，哪些氨基酸残基倾向聚集于内部，哪些残基会出现在表面取决于它们的疏水度（hydropathy）（表 2.3）。疏水度是蛋白质中氨基酸残基侧链的疏水趋向。侧链疏水度越大，越容易聚集于蛋白质内部，而分布于蛋白质表面的通常都是那些疏水度小的氨基酸。

表 2.3 氨基酸侧链的疏水度

氨基酸侧链	疏水度	氨基酸侧链	疏水度
Ile	4.5	Trp	−0.9
Val	4.2	Tyr	−1.3
Leu	3.8	Pro	−1.6
Phe	2.8	His	−3.2
Cys	2.5	Glu	−3.5
Met	1.9	Gln	−3.5
Ala	1.8	Asp	−3.5
Gly	−0.4	Asn	−3.5
Thr	−0.7	Lys	−3.9
Ser	−0.8	Arg	−4.5

［来源：KYTE J，DOOLITTLE R E. A simple method for displaying the hydropathic character of a protein ［J］. Journal of Molecular Biology，1982，157（1）：105-132.］

从表 2.3 中可看到，疏水度大的侧链是 Ile、Val、Leu 和 Phe 等残基侧链，这些氨基酸通常都聚集于蛋白质内部形成疏水环境，而酸性和碱性氨基酸侧链疏水度都很小，通常出现在蛋白质表面。

一些变性剂，例如脲、盐酸胍等会破坏蛋白质的疏水效应，实验室常用这些变性剂研究蛋白质的变性和复性过程。

（2）氢键：氢键是稳定 α-螺旋和 β-折叠等蛋白质二级结构的作用力，除此之外，在最终形成的结构中也还含有其他类型的一些氢键，如多肽链骨架和水之间、多肽链骨架和极性侧链之间，两个极性侧链之间、极性侧链和水之间形成的氢键，大多数氢键都是 N—H⋯O 类型（图 2.37）。

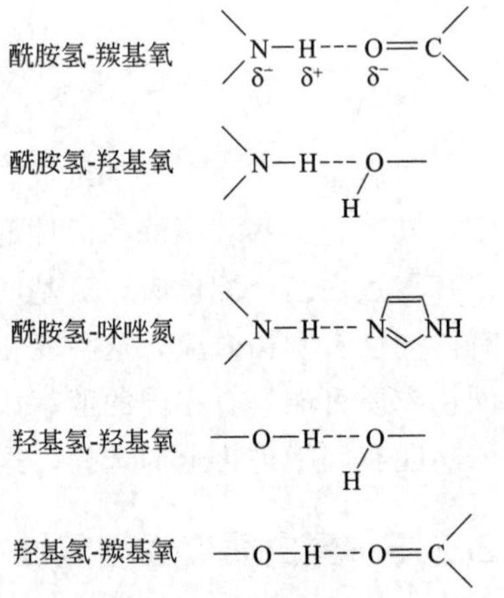

图 2.37 蛋白质中的几种氢键类型

（3）范德华力：范德华力是非极性残基侧链或基团之间的作用力，包括吸引力和斥力两种。其中范德华吸引力只有当两个非键合原子或分子处于一定距离时才能达到最大，这个距离称为接触距离或范德华距离，等于两个原子的范德华半径之和。但当两个原子或分子靠得太近时，将产生斥力。虽然范德华力相对来说比较弱，但由于范德华力相互作用数量大，并且具有加和性，因此范德华力对球蛋白的稳定性也有贡献。

（4）静电作用：静电作用是带有相反电荷的侧链或基团之间的离子相互作用，也称为盐桥或离子键。虽然这种作用很弱，但也是稳定蛋白质的一种作用力。由于离子化的侧链一般都出现在球蛋白的表面，所以对整个球蛋白的稳定性的贡献是最小的。

（5）二硫键：有些蛋白质在形成天然构象时，多肽链内和链间形成了二硫键，对蛋白质的天然构象起着稳定作用。一旦二硫键被还原变成-SH，将破坏蛋白质天然构象，导致生物活性丧失。所以，二硫键的存在使得蛋白质对去折叠及降解不那么敏感，起着稳定蛋白质的作用。

2.2.5.2 蛋白质变性与复性概述

环境变化或化学处理会引起蛋白质天然构象破坏，导致生物活性降低或完全丧失，这一现象称为**蛋白质变性**（protein denaturation）。通常讲的变性不破坏共价键，只是破坏二级结构、三级结构和四级结构。

引起蛋白质变性的物理因素有加热、紫外线照射、超声波和剧烈振荡；化学因素有强酸、强碱、有机剂溶剂和重金属盐等。

改变 pH 会影响蛋白质中可解离侧链的离子状态，使氢键断裂，或制造电荷排斥区和破坏离子对，使得蛋白质变性。加热可引起振动和旋转能量的增加，破坏蛋白质天然构象中的弱相互作用。在高温、强酸或强碱条件下，除了会破坏非共价键的相互作用外，还会由于共价键的破坏引起蛋白质不可逆的失活。

一些化学试剂，例如称为**离液剂**（chaotropoc agent）的脲、盐酸胍及十二烷基硫酸钠等去污剂也是常用的蛋白质变性试剂，其主要作用是破坏疏水作用，增加非极性物质在水中的溶解度。如十二烷基硫酸钠是将它的疏水尾巴插入蛋白质的疏水内部，破坏内部的疏水作用，引起蛋白质变性。离液剂的影响有时是可逆的，使用这些变性剂可以洞察蛋白质的折叠状况（图 2.38）。

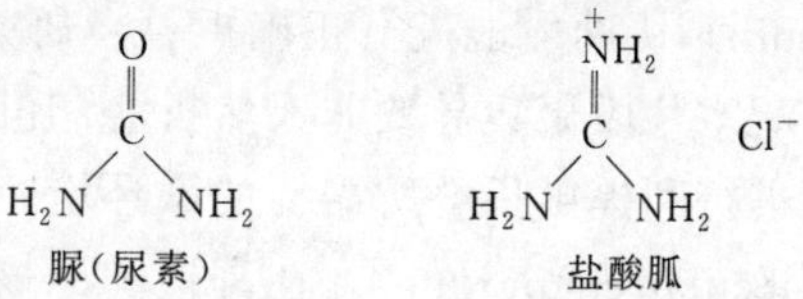

图 2.38　脲和盐酸胍

含有二硫键的蛋白质彻底变性除了要破坏疏水作用之外，还需要切断二硫键，所以常在变性介质中加入 2-巯基乙醇或二硫苏糖醇等巯基试剂。

蛋白质变性的本质是蛋白质的特定构象被破坏，不涉及蛋白质的一级结构的变化。由于蛋白质变性不破坏一级结构，有些蛋白质变性后，可因去除变性因素而恢复活性，这种现象称为蛋白质复性。变性的蛋白质在一定条件下也可以复性，这一现象是 1957 年 Christian Anfinsen 等通过对**核糖核酸酶 A**（ribonuclease A，RNase A）的实验证明的。天然的 RNase A 是一条由 124 个氨基酸残基组成的单链蛋白质，含 4 个二硫键，天然构象含有 α-螺旋、β-折叠及由它们构成的结构域。

RNase A 在含有 2-巯基乙醇的 8mol/L 脲溶液中折叠完全被解开，4 个二硫键断裂，被还原为 8 个游离的-SH，酶的三级结构和催化活性完全丧失。对变性溶液透析除去脲和 2-巯基乙醇，并将溶液置于 O_2 环境和 pH8.0 条件下使变性的 RNase A 发生氧化，重新生成的蛋白质具有 100%的 RNase A 活性，重折叠回天然结构（图 2.39）。

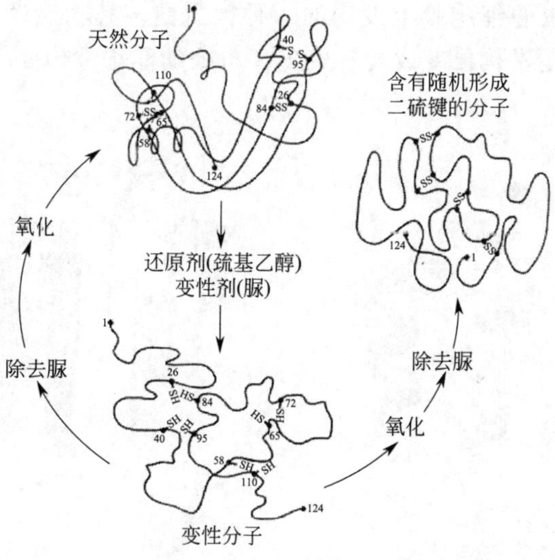

图 2.39　RNase A 的变性和复性过程

如果脲变性的 RNase A 首先氧化，然后除去脲，结果会生成带有随机形成的二硫键的蛋白分子混合物，该混合物的活性只是天然酶活性的 1%（图 2.39）。来自 8 个 Cys 随机配对形成4个二硫键有7×5×3=105种不同的组合，其中仅有1%（1/105=1%）为天然的二硫键。

Anfinsen等的工作表明，变性的蛋白质在一定的条件（生理条件）下能够自发折叠、恢复成它的天然构象，意味着折叠的信息存在于蛋白质的一级结构中，可以说一级结构决定了它的三维结构。

然而并不是所有的蛋白质都可自发进行折叠的，许多蛋白质还需要**分子伴侣**（chaperonin）协助才能进行正确折叠。研究表明伴侣蛋白通常结合去折叠和部分折叠的肽链，防止疏水片段聚集导致非天然折叠和沉淀，防止不正确的折叠中间产物的形成，加快正确折叠的进行和提供折叠所需要的微环境。从细菌到人类等生物体中存在几种类型的分子伴侣（molecular chaperone）。在真核和原核生物中研究的比较多的两类伴侣蛋白分别是**热休克蛋白**（heat shock protein 70，HSP70）和伴侣蛋白（chaperonin）。

另外，一些蛋白质的折叠需要能催化同分异构反应的酶，例如**肽酰脯氨酰基顺反异构酶**（peptidyl-prolyl *cis-trans* isomerase），它催化蛋白质中脯氨酸顺反异构体之间的转化，由于该酶可催化正确脯氨酸异构体的形成，大大加快了蛋白质的折叠。如果没有这个酶的帮助，转化过程是很慢的。

此外，**蛋白质二硫键异构酶**（protein disulfide isomerase）也帮助一些蛋白质的折叠，它催化二硫键交换，直至形成正确二硫键。Anfinsen首先发现了蛋白质二硫键异构酶，由于该酶的存在使得RNase A在体内折叠比体外快得多。

相关话题

疯牛病

蛋白质错误折叠会导致疾病的发生，例如一种名叫朊蛋白，也称为朊病毒（prion）的蛋白质（28kD）由于变性，结构发生了变化，非正常折叠的朊蛋白（异常朊蛋白）为牛海绵状脑病，俗称**疯牛病**（mad cow disease）或**羊瘙痒病**（scrapie）和人类海绵状脑病克-雅病（Creutzfeldt-Jacob disease）的致病介质，疯牛病是由蛋白质变性引起的。

朊蛋白是在神经组织的细胞膜上发现的一种糖蛋白，其功能还不清楚。当朊蛋白变性时，含有大量α-螺旋的正常构象变成含有更多β-折叠的非正常构象（图2.40），就会导致疯

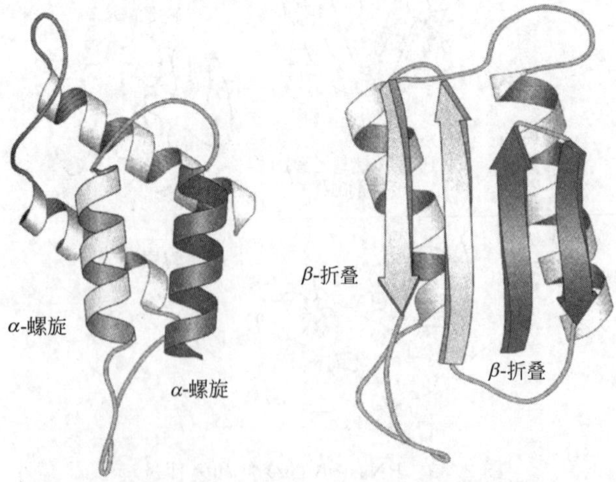

图2.40　朊蛋白结构
（来源：Prusiner S. B，1996）

牛病的发生。有一种假设认为，错误折叠的朊蛋白可与正常朊蛋白结合，使正常朊蛋白重新折叠，变成异常朊蛋白，而错误折叠的分子会诱发更多的错误折叠。

研究初步认为牛吃了含有已发生疯牛病的牲畜肉末的饲料后，摄入的异常朊蛋白利用免疫系统的巨噬细胞在体内运输并最终到达神经组织，然后一直传播到达脑部，具有β-折叠和α-螺旋结构的异常朊蛋白又引起脑组织中的正常朊蛋白变性，形成损坏脑细胞的不溶性纤维聚集凝块，导致疯牛病。如果人吃了疯牛病病牛的牛肉，有可能引发人海绵状脑病（克-雅病）。

2.2.6 肌红蛋白和血红蛋白

肌红蛋白（myoglobin，Mb）和血红蛋白（hemoglobin，Hb）是蛋白质中首先被阐明结构的蛋白质。剑桥大学卡文迪许实验室的 John Kendrew 于 1957 年首次用 X 射线晶体分析法测定了单一肽链的肌红蛋白的三级结构，而同一个实验室的 Max Peutz 等于 1959 年第一个阐明了马血红蛋白，这是一个由 4 条肽链组成的寡聚蛋白的三维结构，为此二人共同获得了 1962 年诺贝尔化学奖。

2.2.6.1 肌红蛋白和血红蛋白结构

抹香鲸肌红蛋白是第一个被确定的具有三级结构的蛋白质，它是由 153 个氨基酸残基组成的单体蛋白质，由命名为 A～H 的 8 个α-螺旋组成，螺旋之间由短的肽链连接。肌红蛋白中含有一个血红素辅基，位于肌红蛋白的 E、F 螺旋之间的疏水裂隙，一分子肌红蛋白结合一个 O_2（图 2.41）。

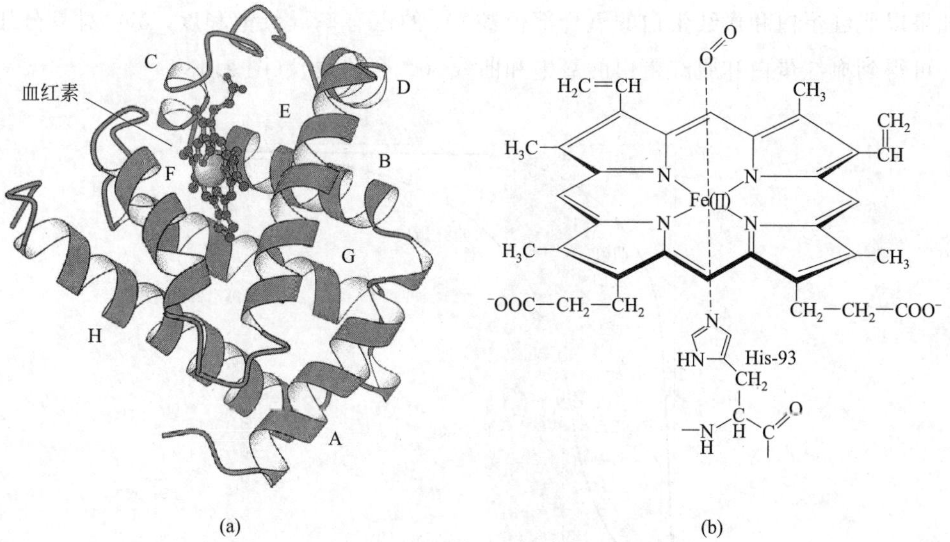

（a）抹香鲸肌红蛋白结构；（b）血红素辅基

图 2.41　抹香鲸肌红蛋白结构

血红素辅基由与 Fe(Ⅱ) 配位的**原卟啉Ⅸ**（protoporphyrin Ⅸ）的四吡咯环系统组成，为一共轭系统。一个 Fe(Ⅱ) 有 6 个配位位置，其中 4 个配体来自 4 个吡咯环的 4 个 N 原子，处于同一个平面。Fe(Ⅱ) 的第 5 个配体是位于平面下面的第 93 位 His（F8，螺旋 F 的第 8 位残基）。当有 O_2 存在时，Fe(Ⅱ) 与 O_2 结合，O_2 是第 6 个配体；不结合氧时，第 6 个配体是第 64 位的 His（E7）。在 O_2 的结合位点，Val（E11）和 Phe（CD1，连接螺旋 C

和D的肽链的第一位残基）两个残基疏水侧链使血红素维持在相应的位置。

哺乳动物血红蛋白是一个由两个α亚基和两个β亚基组成的四聚体寡聚蛋白质，表示为$\alpha_2\beta_2$（$\alpha\beta$二聚体），每个亚基都含有一个像肌红蛋白那样的可结合氧的血红素辅基，所以一分子血红蛋白可结合4个O_2。无论是α亚基还是β亚基，它们的三级结构与肌红蛋白极为相似，沿用肌红蛋白中α-螺旋的A～H命名（图2.42）。

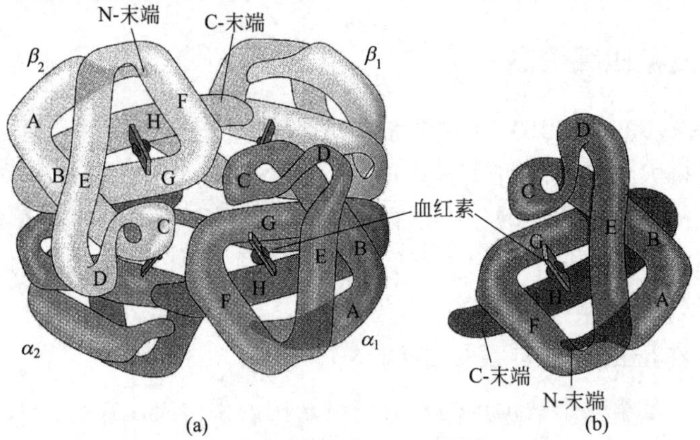

（a）血红蛋白；（b）肌红蛋白

图2.42 血红蛋白与肌红蛋白结构比较

2.2.6.2 肌红蛋白和血红蛋白氧合曲线

如果以肌红蛋白和血红蛋白的氧合部位被O_2的占有率（氧饱和度，Y）对氧分压PO_2作图，可得到血红蛋白和肌红蛋白的氧饱和曲线（氧合曲线）（图2.43）。

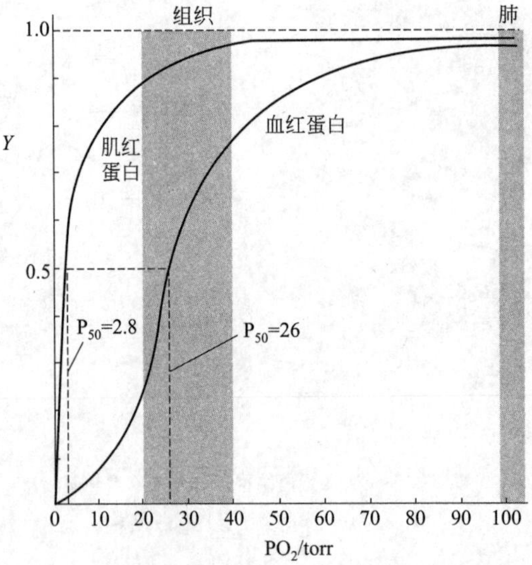

肌红蛋白的P_{50}为2.8torr，血红蛋白的P_{50}为26torr（1torr＝133.3Pa）

图2.43 肌红蛋白和血红蛋白氧合曲线

在氧合曲线中，Y为氧饱和度，PO_2为氧分压。当$Y=1$，蛋白质的氧结合部位都被氧占据，即完全饱和。当$Y=0.5$，蛋白质的氧结合部位的一半都被氧占据，即半饱和，此时对应的氧分压，称为半饱和氧分压，用P_{50}表示。从图可以看出，当PO_2为2.8torr时，肌红蛋白就处于半饱和状态，而血红蛋白达到半饱和状态时 PO_2 为 26torr。对于任何一个给定的 PO_2，肌红蛋白的 Y 值总是比血红蛋白高，这反映出肌红蛋白对氧亲和性远比血红蛋白高。肌红蛋白氧合曲线为双曲线，而血红蛋白的是 S 形曲线。

当在高 PO_2 情况下（如肺部 PO_2 约为 100torr)，肌红蛋白和血红蛋白对氧的亲和性都很高，两者几乎都被 O_2 饱和了。然而，当 PO_2 处于低于 50torr 时，如在肌肉等组织的毛细血管内，由于 PO_2 低（20～40torr)，血红蛋白对氧的亲和性降低，它载有的很多 O_2 被释放出来，并被肌肉中的肌红蛋白结合。因此肌红蛋白和血红蛋白对氧亲和性的差异形成了一个有效地将 O_2 从肺转运到肌肉的氧转运系统。

2.2.6.3 别构作用

一个肌红蛋白分子只能结合一分子氧，而一个血红蛋白却可以结合 4 分子氧。从血红蛋白 S 形曲线可看出，当氧浓度很低时，血红蛋白的氧合曲线上升得很慢。可是当一个 O_2 与血红蛋白分子中一个亚基结合时就会引起相邻亚基构象变化，使得它更容易结合下一个 O_2，表明亚基之间结合 O_2 存在着协同性，这样的协同性称为正协同性。曲线在很短时间内就变得很陡，即氧饱和度 Y 上升很快。像血红蛋白这样的一个配体（O_2）与蛋白一个部位（或亚基）的结合影响另一个配体与该蛋白另一个部位（或亚基）结合的现象称为**别构作用**（或称变构作用）(allosteric interaction)。别构作用大都出现在寡聚蛋白中，而肌红蛋白由于只是单一多肽链，不存在别构作用。

血红蛋白结合和释放氧受到 2,3-二磷酸甘油酸（2,3-bisphosphoglycerate，2,3-BPG）的调节。由于 2,3-BPG 结合的不是氧结合部位，而是两个 β 亚基之间空腔内的部位（称为别构部位)，所以 2,3-BPG 被称为别构效应剂。活性受到别构效应剂调节的蛋白质称为别构蛋白，血红蛋白就是一个别构蛋白。

红细胞中 2,3-BPG 与血红蛋白的浓度接近等摩尔（约为 4.7mmol/L)。2,3-BPG 的存在使得氧与全血中成熟的血红蛋白结合的 P_{50} 约提高到 26torr，这比氧与水溶液中纯的血红蛋白结合的 P_{50}（约 12torr）高很多。换言之，红细胞中的 2,3-BPG 降低了脱氧血红蛋白对氧的亲和力（图 2.44)。

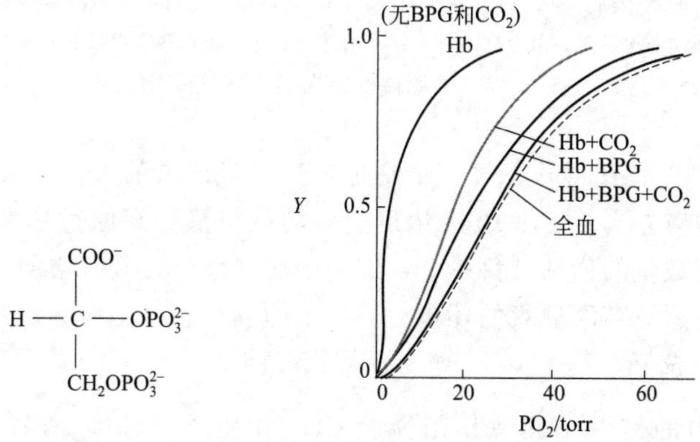

(a) (b)

(a) 2,3-BPG 结构；(b) 2,3-BPG 对血红蛋白氧合曲线的影响，没有结合 2,3-BPG 和 CO_2 的 Hb 的氧合曲线几乎与肌红蛋白的一样，对 O_2 的亲和性比全血中的 Hb 高得多，当加入 2,3-BPG 或 CO_2，或二者都加入时，氧合曲线明显向右移，表明 Hb 对 O_2 的亲和性降低了，1torr＝133.3Pa

图 2.44　2,3-BPG 对血红蛋白氧合曲线的影响

从图 2.44 可看到，在缺少 2,3-BPG 时，血红蛋白在氧分压为 20torr 时就几乎被饱和了。因此，在低氧分压下（组织中 20～40torr），没有 2,3-BPG 时，血红蛋白就不能卸下结合的氧。然而在等摩尔 2,3-BPG 存在下，血红蛋白在 20torr 下只有 1/3 被饱和。2,3-BPG 的别构效应使得血红蛋白在低氧分压下组织中能够释放氧。

除了 O_2 与血红蛋白亚基结合增加其他亚基对 O_2 亲和性的别构作用之外，2,3-BPG 这样降低血红蛋白对 O_2 亲和性的现象也是一种别构作用。

2,3-BPG 对人们适应较高海拔带来的高原反应起着重要作用。图 2.45 给出了血红蛋白氧合曲线在高原时的变化，曲线 1 为适应前的血红蛋白氧合曲线，细胞中的 2,3-BPG 仍约为 5mmol/L。深色表示从肺（高原）到组织的氧饱和度变化，显然要比人处于海平面时释放的氧要少。曲线 2 为适应后氧合曲线，与曲线 1 相比曲线向右移了，虽然在肺部氧饱和度有所下降，但带来的益处是在周围组织释放的氧更多了。

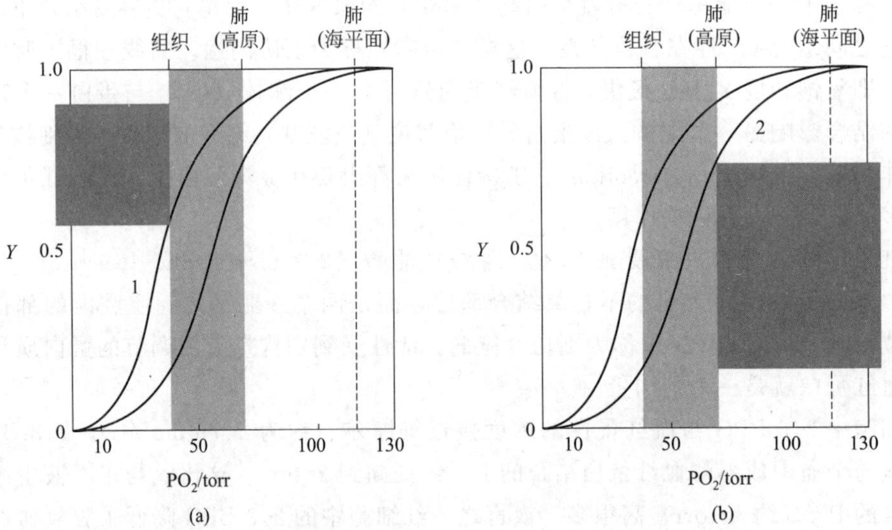

(a) 适应前，BPG 约为 5mmol/L；(b) 适应后，BPG 约为 8mmol/L，

曲线 1 为适应前血红蛋白氧合曲线，曲线 2 为适应后血红蛋白氧合曲线；1torr＝133.3Pa

图 2.45 高原血红蛋白氧合曲线变化

由于 2,3-BPG 的变化使得几乎每一个到过较高海拔地区的人，只要在那里待上一两天就会表现出明显的适应。当然 2,3-BPG 浓度上升的调节只是高原适应性的一个方面，高原适应性还包括红细胞数量的增加及每一个红细胞中血红蛋白数量的增加，在正常情况下需要数周的时间才能较好适应高原缺氧的环境。

2.2.6.4 玻尔效应

氧结合血红蛋白的另一个调节作用涉及 CO_2 和质子（H），两者都是有氧代谢的产物。在 20 世纪初，Christian Bohr 观察到红细胞内 CO_2 浓度上升可降低血红蛋白对 O_2 的亲和力。这是由于在红细胞内碳酸酐酶（carbonic anhydrase）催化 CO_2 水化生成碳酸（H_2CO_3），碳酸解离形成碳酸氢根离子和 H^+（$CO_2+H_2O \leftrightarrow H^+ + HCO_3^-$）。结果由于 H^+ 浓度升高使得细胞内 pH 降低，导致血红蛋白中的几个基团结合 H^+，质子化的基团可以形成有助于血红蛋白脱氧构象稳定的离子对，减少了血红蛋白对 O_2 的亲和性，结果 O_2 被释放出来。CO_2 浓度增加及相应 pH 降低有助于形成脱氧血红蛋白构象，使得血红蛋白的 P_{50} 升高，降低血红蛋白对氧的亲和性，利于 O_2 的释放，这一现象称为**玻尔效应**（Bohr effect）（图 2.46）。

在肺部由于 P_{50} 高，血红蛋白与 O_2 结合破坏了稳定脱氧血红蛋白构象的离子对，形成对 O_2 高亲和性的氧合血红蛋白构象，释放出 H^+，H^+ 与 HCO_3^- 结合排出 CO_2。

在外周组织中，除了 H^+ 与 Hb 结合外，CO_2 也可结合在 Hb 中游离 α-氨基上，形成氨基甲酸酯，促进脱氧血红蛋白构象形成，利于氧的释放。

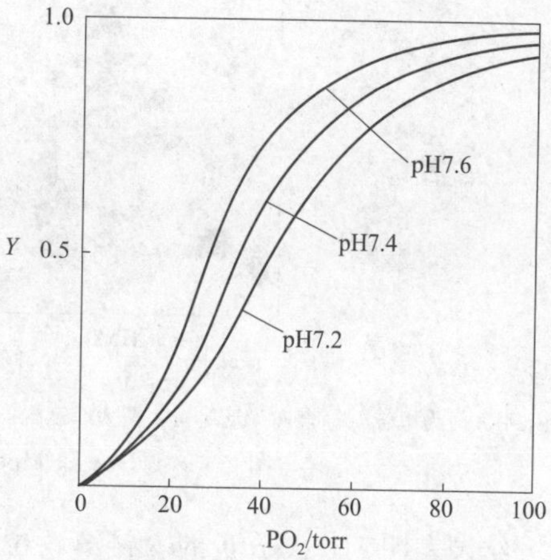

pH 越低，血红蛋白对 O_2 的亲和力也越低

图 2.46　玻尔效应

相关话题

镰刀形细胞贫血病

1904 年，芝加哥的 James Herrick 医生接待了一名患有严重贫血的黑人大学生，当检查患者红细胞时发现，除了正常红细胞之外，还存在着许多异常的新月形或镰刀形细胞（图 2.47）。James Herrick 将这种非正常血液病称为**镰刀形细胞贫血病**（sickle cell anemia）。镰刀形红细胞不能像正常红细胞那样通过毛细血管，血液循环被破坏。另外镰刀形红细胞易破裂，使红细胞数量减少，这两方面因素导致贫血。

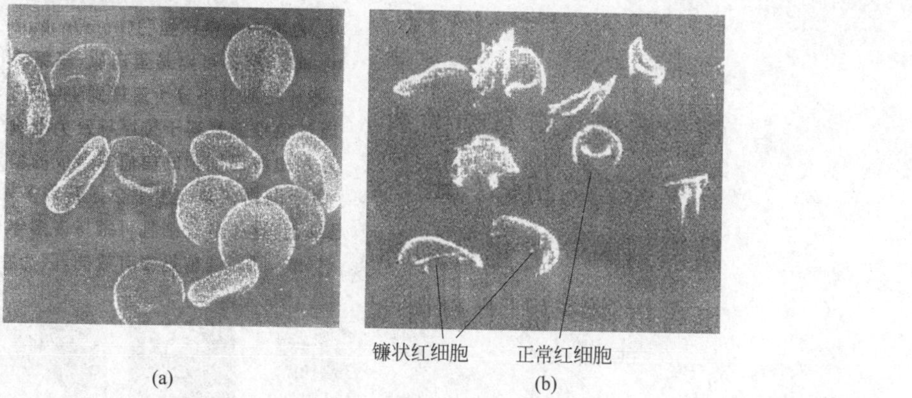

(a)　　(b)

（a）正常人红细胞；（b）镰刀形细胞贫血病人的红细胞

图 2.47　镰刀形细胞贫血病人的红细胞

镰刀形细胞贫血病是血红蛋白内氨基酸替换的结果。Linus Pauling 等利用电泳-纸层析比较了正常的成熟血红蛋白（Hb A）与镰刀形细胞血红蛋白（sickle cell hemoglobin，Hb S）的胰蛋白酶降解片段（图 2.48）。

经对有差异的两个片段进行化学结构分析，确定了它们的氨基酸序列：

β 链	1	2	3	4	5	6	7	8
Hb A	Val-	His-	Leu-	Thr-	Pro-	**Glu**-	Glu-	Lys
Hb S	Val-	His-	Leu-	Thr-	Pro-	**Val**-	Glu-	Lys

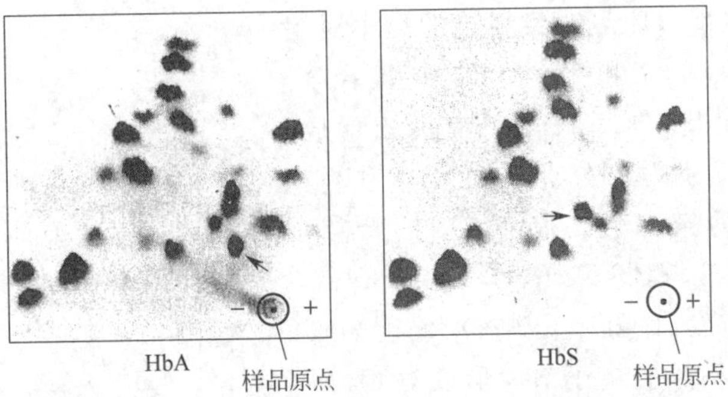

图水平方向为电泳，垂直向为纸层析，图为茚三酮染色图，图中箭头所指斑点为两个血红蛋白中对应的有差异的酶解片段

图 2.48　HbA 和 HbS 的胰蛋白酶降解片段电泳-纸层析图

结果表明 Hb A 分子的 β 链第 6 位氨基酸残基是 Glu，而相应的 Hb S 分子的 β 链第 6 位残基是一个非极性的 Val。由于 Glu 在电泳条件下带负电荷，而 Val 不带电荷，所以这也就不难理解为什么电泳时带 Hb A 的片段要比 Hb S 相应片段向阳极迁移得快。

为什么这个 Glu 被 Val 取代会产生这么严重的后果呢？原因是疏水的 Val（疏水侧链）取代了处于分子表面的亲水的 Glu（亲水侧链），等于在 Hb S 分子表面额外增加了一个疏水“黏斑”。当 Hb A 和 Hb S 处于脱氧构象时都会暴露出一个由 EF 拐角（螺旋 E 和 F 连接处）处残基形成的疏水口袋（处于氧合构象时该疏水口袋不暴露），这个口袋非常适合相邻 Hb S 分子 Val 6 的疏水侧链，结果它们之间相互作用导致 Hb S 分子聚集成长的、链状的聚合结构，进一步凝聚成含有 14～16 条链的长螺旋纤维（图 2.49）。这些不溶的 Hb S 纤维的形成使红细胞扭曲变形，呈新月状或镰刀形。

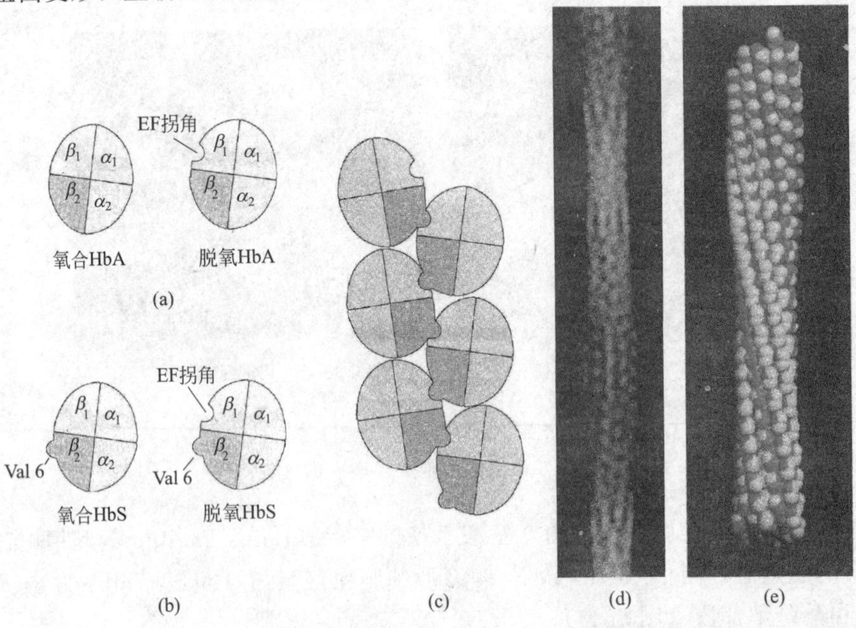

(a) HbA 氧合和脱氧构象；(b) HbS 氧合和脱氧构象；(c) 相邻 HbS 分子的 Val 6 与 EF 拐角相互作用形成纤维；(d) 纤维电镜照片；(e) 计算机模拟模型

图中氧合和脱氧 HbS 中的 Val 6 疏水“黏斑”以一个凸起表示，与它互补的处于 β 链 EF 拐角的疏水口袋用一个半圆形缺口表示

图 2.49　脱氧 HbS 形成纤维的机制

镰刀形细胞贫血病在非洲某些地区十分流行，在这些地方，疟疾也最流行。带有镰刀形细胞的个体对疟疾具有比较强的抵抗力，这是因为疟原虫的部分生活史是在红细胞中度过的，带有镰刀形细胞的个体的红细胞变化可以防止疟原虫的生长。

2.2.7 抗体

脊椎动物一般都具有复杂的消灭外来物质的免疫系统，免疫包括细胞免疫和体液免疫两种类型。细胞免疫是通过T淋巴细胞，也称为T细胞（T cell）实现的。T细胞是在胸腺中发育成熟的，而体液免疫是通过称为**抗体**（antibody）的蛋白质，也称为**免疫球蛋白**（immunoglobulin）的不同组合实现的。抗体是由在骨髓中发育成熟的B淋巴细胞或称为B细胞产生的。

抗体能够特异识别的外源化合物被称为**抗原**（antigen），抗原可以是蛋白质、多糖或核酸。通过免疫或使宿主暴露于抗原导致免疫响应，可产生大量针对抗原表面不同区域结构的抗体。抗体是由B淋巴细胞的白细胞合成的糖蛋白，每种淋巴细胞和它的后代都合成相同的抗体。由于动物在其一生中会遇到许多外源物质，由此形成了大量的可生产针对性抗体的淋巴细胞，这些淋巴细胞可维持多年，在以后再感染时也能够响应抗原。给儿童注射（或口服）疫苗之所以很有效，就是因为在儿童时期建立的免疫性能持续到成年期。

免疫球蛋白分为五类：IgA、IgD、IgE、IgG和IgM，其中在血液中含量最丰富的是IgG。IgG的空间结构呈Y字型，由两条相同的低分子量的轻链和两条相同的高分子量的重链组成，轻链与重链之间，重链与重链之间都有二硫键连接（图2.50）。

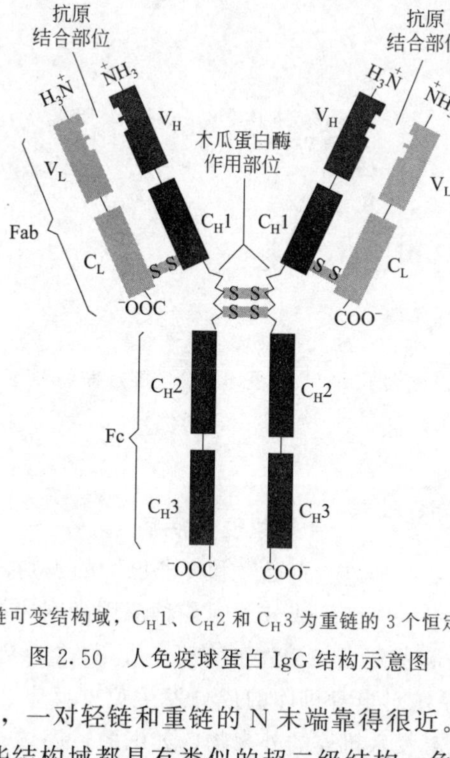

V_H 为重链可变结构域，V_L 为轻链可变结构域，C_H1、C_H2 和 C_H3 为重链的3个恒定结构域，而 C_L 为轻链恒定结构域

图2.50 人免疫球蛋白IgG结构示意图

从图2.50中可以看出，一对轻链和重链的N末端靠得很近。轻链含有两个结构域，而重链含有4个结构域，这些结构域都具有类似的超二级结构。免疫球蛋白重链和轻链N末

端结构域为**可变结构域**（variable domain），因为它们的序列差异很大，N末端结构域决定了结合抗原的特异性。另外，轻链和重链还分别含有氨基酸序列基本不变的一个和三个**恒定结构域**（constant domain），糖结合在重链的恒定区。如果用木瓜蛋白酶作用于IgG（图中箭头处），会生成一个**Fc**（crystallizable fragment）片段和两个结合抗原的**Fab**（fragment，antigen binding）片段。

抗体分为**多克隆抗体**（polyclonal antibody）和**单克隆抗体**（monoclonal antibody）。多克隆抗体是识别不同抗原表面决定簇（也称为抗原表位）的各种抗体的混合物，而单克隆抗体则是只识别抗原中的一个表位的单一抗体。抗原抗体反应形成复合物涉及疏水相互作用、范德华力、氢键和离子间相互作用。抗原抗体反应是特异的，尤其单克隆抗体的特异性更高。由于抗体的特异性，现在抗体已经成为实验室检测或分离微量的生物聚合物（生物大分子）的常用的试剂。

例如常用**免疫印迹法**（immunoblotting）或**Western印迹法**（Western blotting）测定抗原的量（图2.51）。其做法是先将含有未知蛋白（抗原）的混合样品经SDS-PAGE分离，然后将凝胶上的蛋白转移到薄膜上（例如硝酸纤维素薄膜），在用BSA或脱脂牛奶等封闭薄膜后，用含有标记的抗体（针对未知蛋白的抗体）处理薄膜。通过将未结合的抗体洗净，只留下与未知蛋白结合的抗体，由此确定未知蛋白在电泳凝胶中的位置，可以为纯化该未知蛋白提供非常有价值的信息。

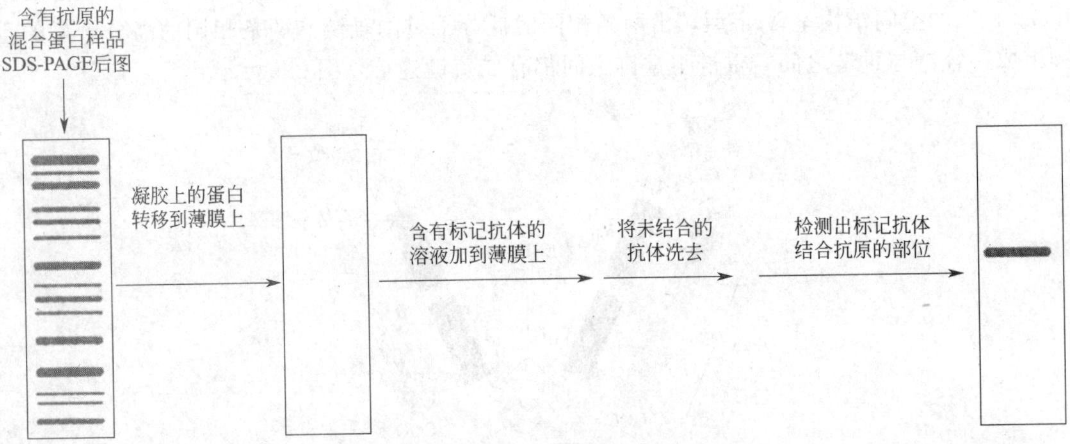

图2.51　免疫印迹法实施过程

相关话题

自身免疫性疾病

免疫功能的最基本特征之一是对“自已”和“非已”的识别，一般不会对自身成分发生免疫反应。但是，人体自身组织、细胞或分子因各种原因随时发生改变，一旦成为“非已”物质，即自身抗原，就会引起免疫系统产生应答反应，称之为自身免疫（autoimmunity）。“自身免疫性疾病”是免疫系统对自身机体的成分发生免疫反应，造成损害而引发疾病。本来，正常情况下免疫系统只对侵入机体的外来物，如细菌、病毒、寄生虫以及移植物等产生反应，消灭或排斥这些异物。在某些因素影响下，机体的组织成分或免疫系统本身出现了某些异常，致使免疫系统误将自身成分当成外来物加以攻击。这时候免疫系统会产生针对机体自身一些成分的抗体及活性淋巴细胞，损害破坏自身组织脏器，导致疾病。例如，某种链球菌的表面有一种抗原分子，与心脏瓣膜上一种物质的结构十分相似，当人体感染这种病菌后，免疫系统不仅向病菌发起进攻，而且也向心脏瓣膜发起进攻。结果，在消灭病菌的同时，心脏也受到损伤，这就是风湿性心脏病。常见的自身免疫病还有类风湿关节炎和系统性红斑狼疮等。

自身免疫疾病的病因和致病机制十分复杂，与遗传、免疫失调、内分泌异常及环境等多种因素有关。自身免疫疾病的发病率较高，其中许多类型都缺乏有效的根治手段。对病情严重的自身免疫病患者进行自体造血干细胞移植是一种有前景的治疗方法。

小结

蛋白质中发现的20种标准氨基酸都是α-氨基酸，含有一个α-羧基、一个α-氨基和一个连接在α-碳上的侧链R基团。除甘氨酸以外，其他19种氨基酸都至少含有一个手性碳，就是说至少存在两种立体异构体，但蛋白质中只存在*L*-氨基酸。

在pH7.0时，氨基酸的α-羧基带净负电荷（$-COO^-$），而α-氨基带净正电荷（$-NH_3^+$），可解离的侧链的带电状况取决于pH和它们的pK_a值。当一个氨基酸处于净电荷为零时，此时所处介质的pH称为该氨基酸的pI。通过比较氨基酸所处介质的pH与pI可判断氨基酸的带电状况，当pI$<$pH时带负电荷，当pI$>$pH时，带正电荷。

氨基酸的α-氨基、α-羧基以及氨基酸的一些侧链基团可进行很多种化学反应。在与茚三酮的反应中除了脯氨酸生成黄色化合物以外，其他19种氨基酸都生成紫色化合物。

蛋白质结构水平分为一级、二级、三级和四级结构。肽键具有部分双键特性，所以整个肽平面是一个刚性的平面结构。

α-螺旋和β-折叠是主要的二级结构，α-螺旋为右手螺旋，在α-螺旋中，第n个氨基酸残基与第$n+1$个残基的骨架基团之间形成氢键。β-折叠存在反平行和平行两种类型折叠，不同肽段骨架之间形成氢键。在胶原中，一个原胶原分子由3条左手螺旋多肽链相互缠绕形成一个右手超螺旋。

α-螺旋和β-折叠的一些特定组合形成可识别的超二级结构（基序）。三级结构通常由一个或几个结构域构成，这些结构域都具有特定功能。

维持三级结构稳定主要依赖于疏水相互作用、氢键、范德华力、离子相互作用和二硫键。一个蛋白质的天然构象受到一些物理或化学作用时，会导致构象变化，活性丧失。而在一定条件下变性蛋白可以复性。变性和复性实验表明蛋白质的一级结构决定蛋白质的三级结构。

蛋白质折叠成它的生物活性状态是一个最初由疏水效应驱动的有次序的和协同的过程，有的蛋白质折叠需要伴侣蛋白协助。

含有血红素的肌红蛋白和血红蛋白都能结合和释放氧。肌红蛋白的氧合曲线为双曲线型，而血红蛋白为S形。氧与血红蛋白结合具有正协同性和别构调节作用。BPG结合脱氧血红蛋白降低血红蛋白的氧亲和性，而CO_2浓度通过Bohr效应促进氧脱离血红蛋白。

抗体是一类由B细胞产生的能特异结合特定抗原的蛋白质，分为多克隆抗体和单克隆抗体。IgG由两条轻链和两条重链组成，含有特异结合抗原的可变区。

习题

1. 如果一位同学在画处于pH7条件下的丙氨酸结构式时，氨基画成NH_2，羧基画成了COOH形式，你判断一下正确与否？如果不正确，那么应当怎样画？

2. 一种氨基酸的可解离基团可以带电或以中性状态存在，这取决于它的pK值和溶液的pH。在pH1、4、8和12时，组氨酸的净电荷分别是多少？将每一pH下的组氨酸置于电场中，它们将向阴极还是阳极迁移？

3. 组氨酸的pK_1（α-COOH）值是1.82，pK_R（咪唑基）值是6.00，pK_2（R-NH_3^+）值是9.17；天冬氨酸的pK_1（α-COOH）=1.88，pK_R（R-COOH）=3.65，pK_2（R-NH_3^+）=9.60。分别求它们的等电点。

4. 人的头发每年以15～20cm的速度生长。头发主要是α角蛋白纤维在表皮细胞的里面合成和组装成的“绳子”。α角蛋白的基本结构单元是α-螺旋。如果α-螺旋的生物合成是头发生长的限速因素，计算α-螺旋链的肽键以什么样的速度（每秒钟）合成才能解释头发每年的生长长度。

5. 向小鼠体内注射^{14}C同位素标记的4-羟脯氨酸，结果在小鼠的胶原纤维中未检测到^{14}C同位素。然而当注射^{14}C同位素标记的脯氨酸时，小鼠的胶原纤维中检测到^{14}C同位素。请解释原因。

6. 通过定点突变可以检测预测的哪一个残基对蛋白功能是必需的。请预测下列每一对氨基酸替换中哪一个最有可能破坏蛋白质的结构？并解释。

(a) Val用Ala或Phe替换；

(b) Lys用Asp或Arg替换；

(c) Gln用Glu或Asn替换；

(d) Pro用His或Gly替换。

7. 下列变化对肌红蛋白和血红蛋白的氧亲和性有什么影响？

(a) 血液中的pH由7.4下降到7.2；

(b) 肺部CO_2分压由6kPa（屏息）减少到2kPa（正常）；

(c) 2,3-BPG水平由5mmol/L（平原）增加到8mmol/L（高原）。

3 酶

酶（enzyme）是高效、高特异性的生物催化剂，大多数酶是活细胞产生的蛋白质，具有球蛋白的主要特征，部分酶是具有催化活性的核酸。在科学史上，第一个分离出的酶是脲酶，由 J. B. Sumner 于 1926 年从刀豆中纯化得到的脲酶晶体，并证明脲酶是蛋白质。1929 年 J. H. Northrop 结晶出了胃蛋白酶，也证明它是一种蛋白质，进一步确认了酶是一种具有催化活性的蛋白质这一概念。J. B. Sumner 和 J. H. Northrop 及 Stanley 因酶学上的贡献获得了 1946 年的诺贝尔化学奖。20 世纪 80 年代开始逐步发现某些 RNA 分子也具有酶活性，并将这些化学本质为 RNA 的酶称为核酶；后续也发现具有催化活性的 DNA，将它称为脱氧核酶。因此，酶的化学本质为蛋白质或核酸，其中大多数酶是蛋白质或蛋白质与辅助因子的复合物。

酶催化反应所需条件温和（常温、常压）。酶催化的反应（或称为酶促反应）要比相应的没有催化剂的反应快 $10^3 \sim 10^{17}$ 倍。例如在 0℃时，1mol 过氧化氢酶能使 5×10^6 mol H_2O_2 分解为 H_2O 和 O_2；而在同样温度下，1g 铁离子只能使 6×10^{-4} mol H_2O_2 分解；酶催化的反应比无机催化剂铁离子催化的反应快了 10^{10} 倍。

酶的催化作用具有高度特异性。有些酶只能作用于一种或一类底物（底物是指酶作用的反应物），如脲酶只水解尿素，淀粉酶水解淀粉。而一般的催化剂对其作用物无严格的选择性。酶的特异性分为绝对特异性、相对特异性和立体异构特异性。所谓绝对特异性是指酶只能催化一种或两种结构极相似的化合物，如脲酶只催化尿素水解。相对特异性是指酶可作用于一类化合物或一种化学键，如脂肪酶或酯酶催化酯键水解，对酯键两侧的基团要求不严格，对不同有机酸和醇（或酚）形成的酯键都能水解。

立体异构特异性指酶作用的底物应具有特定的立体结构才能被催化，包括光学异构特异性和几何异构特异性。光学异构特异性是指一种酶只能催化一对镜像异构体中的一种，而对另一种不起作用，例如精氨酸酶只催化 *L*-精氨酸水解生成 *L*-鸟氨酸和尿素，而对 *D*-精氨酸没有水解作用。几何异构特异性是指一种酶只能催化顺式和反式、α-和 β-构型等立体异构体中的一种，而对另一种无催化作用，例如延胡索酸酶只能催化延胡索酸（反丁烯二酸）加水生成苹果酸，对顺丁烯二酸不起作用。

本章首先给出酶的命名和分类，然后讨论酶的作用机制，进行酶促反应动力学分析，通过丝氨酸蛋白酶等酶的例子，讨论蛋白质结构和功能之间的关系；进而，讨论调节酶的抑制和激活作用原理，另外，还将讨论酶的多样性和应用。

3.1　酶的命名和分类

大多数酶是根据酶催化的反应命名的，如催化水解反应的酶称为水解酶，催化脱氢反应的酶称为脱氢酶等。部分酶是根据作用的底物命名的，如水解淀粉的酶称为淀粉酶，而水解核酸的酶称为核酸酶等。还有少数酶是根据酶的来源命名的，例如来自胰腺的胰蛋白酶、来自胃部的胃蛋白酶等。

国际生物化学协会为了使酶的命名标准化，将酶按照酶催化的化学反应类型分为以下六大类型：

（1）**氧化还原酶**（oxidoreductase）：催化氧化还原反应。其中的大多数酶称为脱氢酶，有一些也称为氧化酶、过氧化酶、加氧酶或还原酶。例如乳酸脱氢酶催化的乳酸与丙氨酸的相互转换反应（图 3.1）。

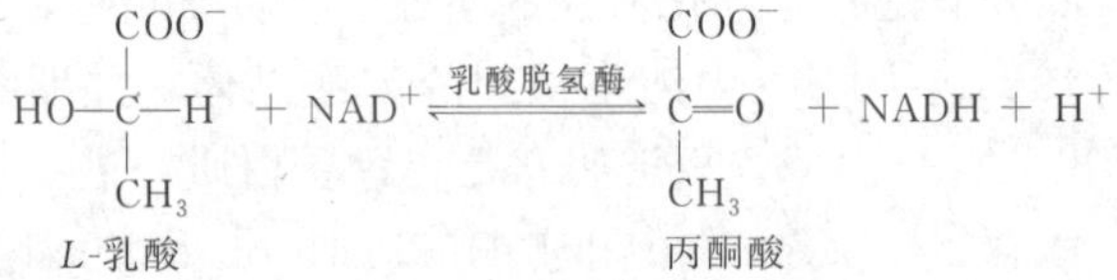

图 3.1　乳酸脱氢酶催化的反应

（2）**转移酶**（transferase）：催化功能基团从一个底物转移到另一个底物的反应，其中许多转移酶需要辅酶。通常底物分子的一部分与酶或辅酶共价结合，这类酶包括激酶。例如常见的氨基转移反应（图 3.2）。

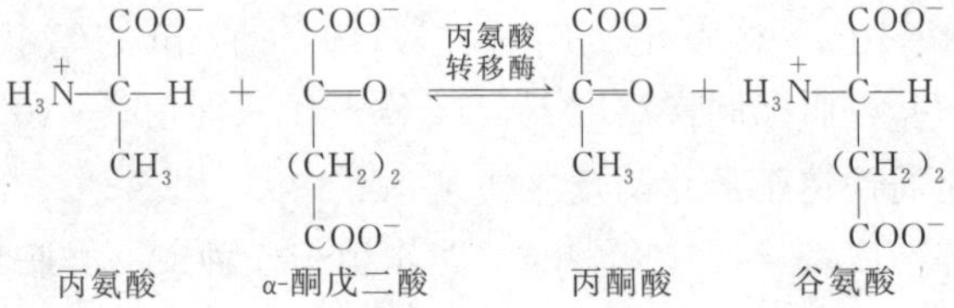

图 3.2　氨基转移酶催化的反应

（3）**水解酶**（hydrolases）：催化水解反应。这是特殊的一类转移酶，水作为转移基团的受体。例如焦磷酸酶催化的焦磷酸水解反应（图 3.3）。

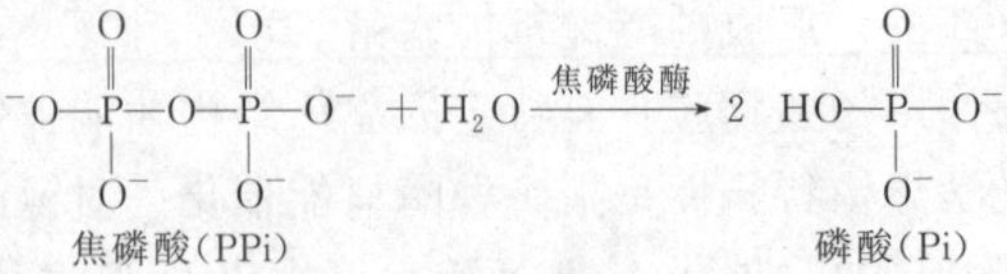

图 3.3　焦磷酸酶催化的反应

（4）**裂合酶**（lyases）：也称为裂解酶，催化分子裂解或移去基团的反应。催化细胞内加成反应的裂合酶常命名为合酶（synthases）。例如丙酮酸脱羧酶催化的丙酮酸脱羧反应（图 3.4）。

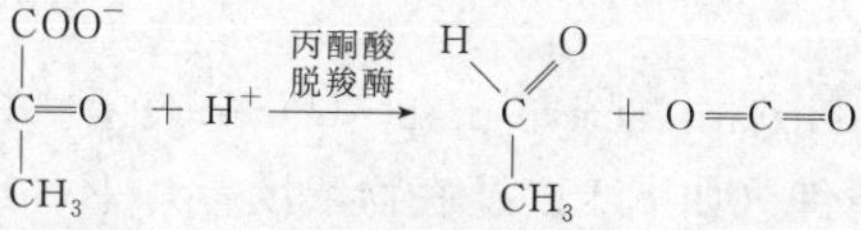

丙酮酸　　乙醛

图 3.4　丙酮酸脱羧酶催化的反应

(5) **异构酶** (isomerase)：催化一种同分异构体转变为另一种同分异构体的反应。这类反应是最简单的酶促反应，因为反应只有一个底物或一个产物。例如，丙氨酸消旋酶催化的 L-丙氨酸与 D-丙氨酸之间相互转换反应（图 3.5）。

L-Ala　　D-Ala

图 3.5　丙氨酸消旋酶催化的反应

(6) **连接酶** (ligases)：催化两个底物的连接或交联反应，反应与 ATP 等三磷酸核苷中的焦磷酸键的水解反应耦联。连接酶也常称合成酶 (synthetases)。例如谷氨酰胺合成酶催化的谷氨酸生成谷氨酰胺的反应（图 3.6）。

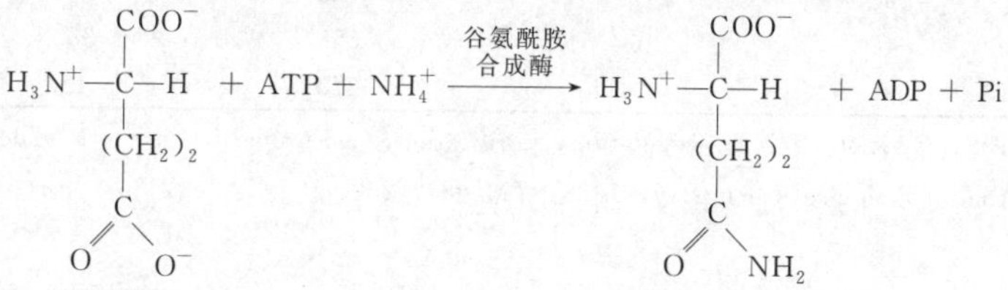

谷氨酸　　谷氨酰胺

图 3.6　谷氨酰胺合成酶催化的反应

每一大类酶又分若干亚类、亚亚类，每个亚亚类又包括若干个酶。所以，每一个酶都有由 4 个数字组成的唯一编号，例如乳酸脱氢酶的编号为 EC1.1.1.27。

3.2　酶活性与比活

绝大多数酶是具有催化功能的蛋白质，所以在蛋白质一章中介绍的各种纯化方法同样适用于酶的纯化。但由于酶活性易受温度的影响，所以酶的纯化一般要在 4℃左右的低温条件下进行。如果在纯化过程中需要使用有机溶剂，应当在 −15℃以下进行，因为有机溶剂容易使酶失活，低温可以减少酶活性的损失。酶纯化过程中还必须随时监测酶的活性，以便纯化工作能正确地进行。

酶活性 (enzyme activity) 也称为酶活力，是指酶催化指定化学反应（酶促反应）的能力。酶活性的大小可以用在一定条件下酶促反应的速度来表示，反应速度愈快，就表明给定的样品中的酶活性愈高。因此，酶活性的测定要测定酶促反应的速度。通过测定单位体积中底物的减少量或产物的增加量可以得到酶促反应速度。但一般是选择测定产物的增加量，因为酶促反应中，底物往往是过量的，不容易测准它的减少量；而产物的生成量只要方法足够灵敏，容易准确测得。

酶活性用**酶活性单位**（enzyme active unit，U）来表示。按照国际酶学会的规定，1U是指在25℃、测量的最适条件（如pH以及底物浓度等）下，1min内能引起1μmol底物转化的酶量。而术语“酶活力”指的是样品中总的酶活性单位数。

在酶的纯化过程中还常用到另一个术语“**比活**”（specific activity），比活是指每毫克蛋白含有的酶活性单位数。在纯化过程不造成酶失活的情况下，酶纯度越高，比活会越高，所以比活可视为酶纯化程度的指标。

在一般的酶纯化过程中，纯化的每一步都要测定酶活性及总的蛋白质量，两者的比值就是纯化至这一步时得到的比活。随着纯化的进行，酶活性和总蛋白量会逐渐减少。纯化的目的是要将杂蛋白尽可能地去除掉，但在去除杂蛋白的同时也会损失一些酶，不过总蛋白的减少比例较酶活性的减少比例大，所以酶纯度提高、比活增大。表3.1给出了从粗糙脉胞菌纯化黄嘌呤脱氢酶过程中几步主要步骤中测得的酶活性、总蛋白、比活和回收率。从中可以看出随着纯化的进行，酶的比活越来越高。

表3.1 黄嘌呤脱氢酶纯化数据

纯化步骤	级分体积/mL	总蛋白/mg	活性/U	比活/(U/mg)	回收率/%
1. 粗提取液	3800	22800	2400	0.108	100
2. 盐析	165	2800	1190	0.425	46
3. 离子交换层析	65	100	720	7.2	29
4. 凝胶层析	40	14.5	555	38.3	23
5. 亲和层析	6	1.8	275	152	11

（来源：LYON E S，GARRETT R H. Regulation，purification，and properties of xanthine dehydrogenase in *Neurospora crassa* [J]. Journal of Biological Chemistry，1978，253（8）：2604-2614.）

3.3 酶活性部位

酶分子一般由多个氨基酸形成空间结构，其中结合和催化底物反应的部位称为**活性部位**（active site）。活性部位是多肽链折叠形成的一个特殊的空间结构，一些在氨基酸序列上相距较远的氨基酸残基也可经折叠靠近形成活性中心，部分氨基酸残基作为催化三联体（catalytic triad），直接参与酶的催化作用。活性部位中没有直接参与催化反应的结构也是形成和稳定酶天然结构所需要的。

酶活性部位通常位于酶蛋白的两个结构域或亚基之间的**裂隙**（cleft或crevice），或蛋白质表面的凹槽，含有结合底物、参与催化并将底物转化为产物的氨基酸残基。结构研究已经证明，通常一个酶的活性部位裂隙与疏水性氨基酸残基相联系，换言之，活性部位是一个疏水裂隙。但裂隙中也会发现少量极性、可离子化的氨基酸残基，它们起着化学催化剂作用，直接参与酶催化过程。

表3.2给出了在酶的活性部位发现的可解离的和具有反应性的氨基酸残基及其作用。组氨酸、天冬氨酸和谷氨酸参与质子的转移。某些氨基酸（例如丝氨酸和半胱氨酸）具有从一个底物共价转移基团到第二个底物的反应性。在中性pH下，天冬氨酸和谷氨酸通常带有负电荷，而赖氨酸和精氨酸带有正电荷，这些阴离子和阳离子可以作用于底物上带有相反电荷基团结合的部位。

表 3.2 可解离氨基酸的催化作用

氨基酸	反应基团	带电量(pH7.0)	主要作用
Asp	$-COO^-$	-1	结合阳离子,质子转移
Glu	$-COO^-$	-1	结合阳离子,质子转移
His	咪唑基	近似 0	质子转移
Cys	$-SH$	近似 0	酰基的共价结合
Tyr	$-OH$	0	与配体形成氢键
Ser	$-CH_2OH$	0	酰基的共价结合
Lys	$-NH_3^+$	$+1$	结合阴离子
Arg	胍基	$+1$	结合阴离子

图 3.7 给出了溶菌酶活性部位的示意图，活性部位为一裂隙，包括直接参与催化作用的在一级序列相距较远但在活性部位相距很近的 35 位的 Glu 和 52 位的 Asp 两个关键氨基酸残基。此外，还包括在裂隙入口处的 62 位的 Trp 和 63 位的 Trp，以及 101 位 Asp 和 107 位 Ala 等氨基酸残基。

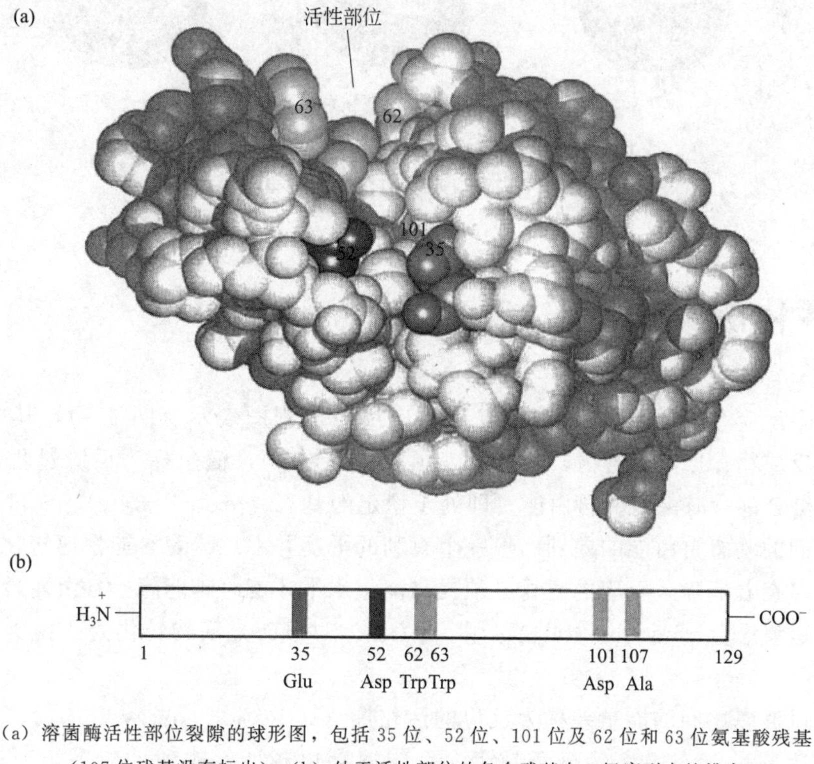

(a) 溶菌酶活性部位裂隙的球形图，包括 35 位、52 位、101 位及 62 位和 63 位氨基酸残基（107 位残基没有标出）；(b) 处于活性部位的各个残基在一级序列中的排序

图 3.7 溶菌酶活性部位的示意图

酶的活性部位如何与底物结合，是研究酶的催化活性的重要问题。1894 年 Emil Fischer 提出一种**直接契合**（direct fit）模式，酶和底物的关系就像锁与钥匙结合在一起［图 3.8(a)］，即酶分子的活性部位的形状恰好与底物形状形成几何互补（geometric complementarity），或者是活性部位的氨基酸残基与底物一些基团通过电性互补（electronic complementarity）的专一吸引作用方式结合。

锁钥学说在理解某些酶的催化特征时具有意义，但基于 X 射线衍射的酶结构研究证明，大多数酶的活性部位在底物结合时都会发生构象改变。所以，由 Daniel Koshland 在 1958 年提出的**诱导契合**（induced fit）学说是目前普遍被接受的酶与底物结合的解释。按照该学说，酶与底物相互作用，酶和底物都发生变形，底物的结合诱导酶的构象发生变化，转变为更有利于与底物过渡态结合、能增强酶催化能力的构象，酶与底物真正互补［图 3.8(b)］。

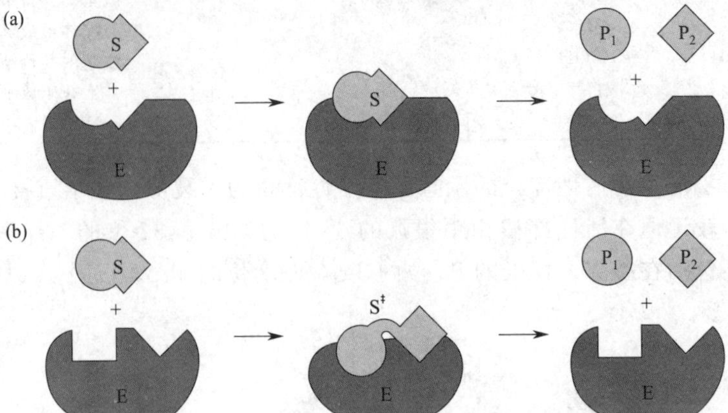

（a）直接契合模式；（b）诱导契合模式

E 为酶，S 为底物，$S^{\ddagger}$ 为过渡态，P_1 和 P_2 为产物

图 3.8 酶与底物结合的两种模式

3.4 活化能

任何一个反应（例如 S→P）都可以用相应反应历程图表示（图 3.9），其中 S 代表底物，或称为反应物，P 代表产物，纵坐标表示自由能（G），横坐标为反应过程。从图中可以看到，S 和 P 都含有一定的自由能，即处于稳定的基态（ground state）。S 和 P 之间的平衡反映了它们的基态自由能的差别。但一个有利的平衡并不意味着 S 能快速转化为 P，因为它们之间还存在着能障，反应的底物必须提高能量水平才能跨越能障。自由能最高处的化合物状态称为**过渡态**（transition state），用 $X^{\ddagger}$ 表示，过渡态是底物转化为产物所经历的一种状态。

基态与过渡态之间的能量差称为反应的**活化能**（activation energy，$\Delta G^{\ddagger}$），显然活化能越高，能够达到过渡态的底物分子越少，反应速度也越低，达到反应平衡所需时间也就越长。

通过升高温度或使用催化剂可以使底物克服活化能障转化为产物。反应温度提高，虽没有降低活化能，但增加了具有克服活化能障的底物分子数，一般而言，温度每提高 10℃，反应速度就提高 1 倍。催化剂通过使活化能降低，而提高反应速度。从图 3.9（b）可看到酶通过形成底物-过渡态复合物（ES）降低了底物和过渡态之间的能障，复合物经由过渡态 $EX^{\ddagger}$ 转化为产物。很显然，$EX^{\ddagger}$ 的能量要比 $X^{\ddagger}$ 的能量低，酶存在下的反应活化能 $\Delta G_e^{\ddagger}$ 比非催化反应时的 $\Delta G_u^{\ddagger}$ 低。催化剂降低了反应活化能，也就提高了反应速度，所以酶催化效率更高。

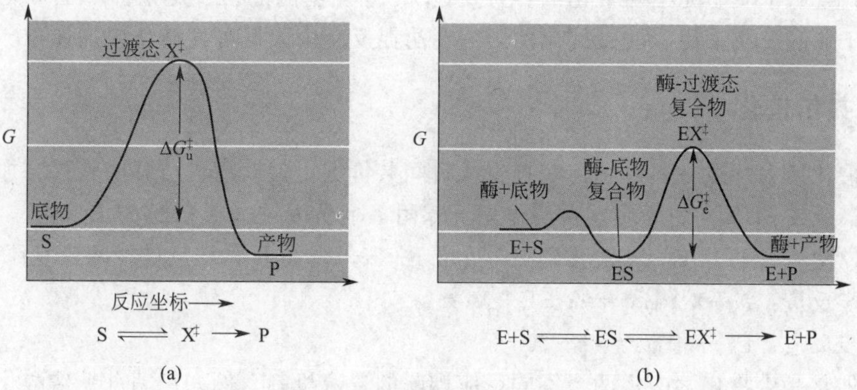

（a）非催化反应；（b）酶催化反应，$\Delta G_e^{\ddagger}$ 低于非催化反应 $\Delta G_u^{\ddagger}$

图 3.9　酶催化反应

3.5　酶催化机制

通过对很多酶催化反应的研究，已经解析了酶催化特异反应的一些机制，例如酸碱催化（acid-base catalysis）、共价催化（covalent catalysis）和金属离子催化（metal ion catalysis）等，不同酶的催化机制具有差异性。

3.5.1　酸碱催化

此处所述的酸碱催化为广义酸碱催化，即一种质子转移的催化机制，其中给出质子的物质为酸，接受质子的物质为碱，因此酸碱催化总是同时发生的。

酶活性部位的一些氨基酸残基可作为质子供体或受体（图 3.10），参与质子转移，使反应速度提高 $10^2 \sim 10^5$ 倍，酶活性部位提供了一个相当于酸或碱溶液的生物环境，实际上酸碱催化普遍存在于酶促反应中。例如，酶活性部位的 His 在生理 pH 下给出一个质子充当酸

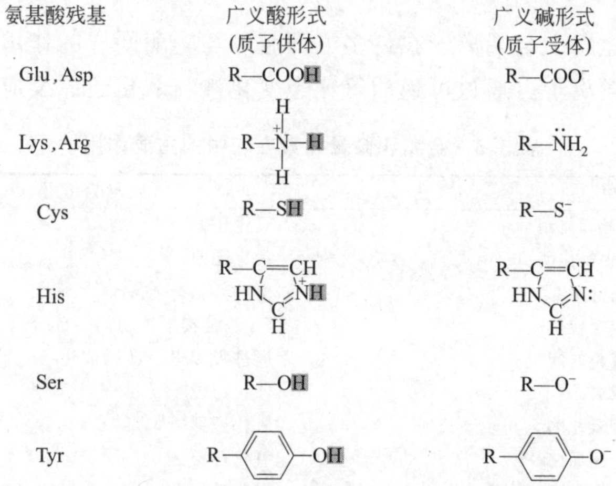
氨基酸残基
广义酸形式
(质子供体)
广义碱形式
(质子受体)
Glu, Asp
R—COOH
R—COO⁻
Lys, Arg
R—NH₂
Cys
R—SH
R—S⁻
His
Ser
R—OH
R—O⁻
Tyr

图 3.10　在活性部位参与酸碱催化的氨基酸残基

催化剂，结合一个质子充当碱催化剂。另外，Ser 等残基侧链在一定条件下也可充当酸催化剂。相对于非酶反应来说，酸碱催化的影响在酶促反应中大概可使酶反应加速 10～100 倍。

3.5.2 共价催化

共价催化最大特点是通过酶与底物生成瞬间共价键，借助酶进行基团转移、加快反应速度。例如 A—X→B—X 的反应，在酶作用下基团 X 首先从 A—X 转移到 E（酶），形成 E—X 复合物，然后 X 再从 E—X 转移到 B，形成 B—X，完成 X 转移反应，酶恢复原来状态。

第一步反应：A—**X**＋E $\rightleftharpoons$ A＋E—**X**

第二步反应：E—**X**＋B $\rightleftharpoons$ **B—X**＋E

共价催化是生物化学中将两个不同反应耦联的普遍机制。例如细菌蔗糖磷酸化酶催化的反应就是一个通过共价催化的典型的酶反应。蔗糖是由一个葡萄糖残基和一个果糖残基构成的二糖。

蔗糖＋Pi→葡糖-1-磷酸＋果糖

第一步反应是形成共价连接的相当于 X—E 的葡糖-酶中间反应物，蔗糖相当于 A-X，而葡萄糖相当于 X。

蔗糖＋E→葡糖-E＋果糖

在第二步反应中，葡糖-酶将葡萄糖转移给相当于 B 的 Pi，形成葡糖-1-磷酸（相当于 B—X）。

葡糖-E→葡糖-1-磷酸＋E

相对于非酶反应来说，共价催化的影响在酶促反应中大概可以使酶反应加速 10～100 倍。

3.5.3 金属离子催化

到目前为止，在已知的酶中有将近 1/3 的酶需要金属离子才能表现出最大的催化活性。如果酶紧密结合或者需要金属离子维持它的天然活性状态，此类酶称为金属酶（metalloenzyme），例如含 Mo^{2+} 的固氮酶，含 Fe^{2+} 或 Cu^{2+} 的细胞色素氧化酶。而那些与金属离子松散结合，或金属离子只在酶催化循环中出现，此类酶称为金属活化酶（metal activated enzyme），例如己糖激酶催化时需要 Mg^{2+}，因为与 ATP 相比，Mg-ATP 复合物是更好的底物。

金属酶和金属活化酶中金属离子在许多方面起着与辅酶同样的作用，当然还具有辅酶不具有的特性，例如金属离子可通过可逆的氧化态变化参与氧化还原反应（表 3.3）。

表 3.3 金属和微量元素在酶中的主要作用

金属	酶	金属的作用
Fe	细胞色素氧化酶	氧化还原
Cu	抗坏血酸氧化酶	氧化还原
Zn	醇脱氢酶	帮助酶结合 NAD^+
Co.	谷氨酸变位酶	Co 是钴胺素辅酶的一部分
Mn	组氨酸脱氨酶	通过吸引电子帮助催化
Ni	脲酶	催化部位
Mo	黄嘌呤氧化酶	氧化还原
V	硝酸盐还原酶	氧化还原
Se	谷胱甘肽过氧化物酶	取代活性部位中一个半胱氨酸中的 S
Mg^{2+}	许多激酶	帮助结合 ATP

3.5.4 趋近和定向效应

除了酸碱催化和共价催化之外，底物特异结合和定向于酶的活性部位（趋近和定向效应），以及酶与底物结合后使得底物变形，也是酶催化机制的一部分。

酶催化作用发生在酶的活性部位，活性部位处的底物浓度越高，越有利于反应的发生。活性部位中结合底物的基团对底物有亲和力，能将“捕获”的底物分子定位于催化基团作用的部位。如果缺少有效的结合，反应过程将取决于酶与底物的随机碰撞，酶与底物接触的机会少，势必要花很长时间完成催化反应。除了结合底物外，活性部位还将底物定向，以便使底物相对于催化基团处于最好的取向，增强酶催化作用，帮助酶结合底物和以高速率进行正确的特异反应。酶与底物结合有一定的方式，底物靠近活性部位的催化基团，容易形成过渡态。

3.6 米氏方程

酶促反应动力学简称酶动力学，主要研究酶促反应的速度及其影响因素（例如抑制剂等）对反应速度的影响。动力学研究可以给出许多与酶的特异性和酶的催化机制有关的信息。20 世纪前半叶，大多数关于酶的研究都涉及动力学实验。这些实验通过分析反应速度是如何受到反应物浓度和实验条件变化的影响来描述酶的活性，例如作为催化剂的酶是如何起到高效催化作用的，以及酶表现出最大活性的最适条件。

早期实验获得的充分证据表明酶（enzyme，E）首先结合底物形成酶-底物复合物（ES），然后在酶活性部位中，酶与底物短暂反应后形成产物（P）。在酶促反应中，如果底物浓度远大于酶浓度时，酶浓度对反应速度成正比（图 3.11）。

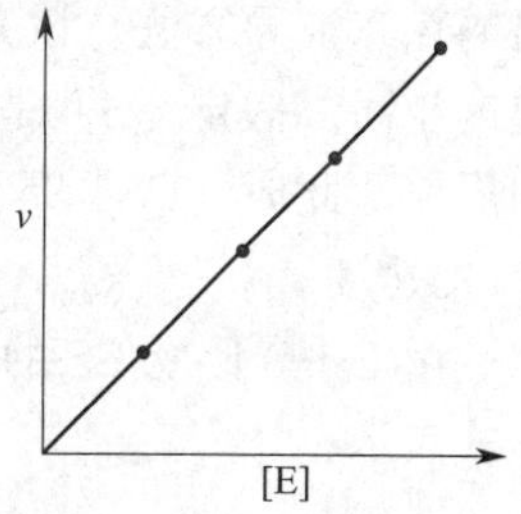

图 3.11 底物浓度远大于酶浓度时，酶浓度［E］对反应速度 v 的影响

如果固定酶浓度，改变底物浓度，酶促反应的速度与底物浓度有什么样的关系呢？

以酶（E）催化一个底物（S）转化为一个产物（P）的酶促反应动力学问题作为切入点介绍酶促反应的速度与底物浓度的关系。这个双分子反应起始时的反应可以写作（把酶看作一个反应分子）以下形式：

$$\mathrm{E+S} \underset{k_{-1}}{\overset{k_1}{\rightleftharpoons}} \mathrm{ES} \xrightarrow{k_2} \mathrm{E+P} \tag{3.1}$$

方程中的 k_1 和 k_{-1} 是形成 ES 复合物（第一步反应）的正向和反向速率常数。k_2 为 ES 复合物生成 P（第二步反应）的速率常数。由 ES 转换为游离的 E 和 P 的反应用单箭头表示。这是因为在刚开始时，生成的产物非常少，所以可逆反应（E＋P→ES）可以忽略。此时测定的速度称为起始速度。底物转换为产物通常都是限速步骤，正是在这一步反应过程中，底物发生了化学变化。图 3.12 给出了固定酶浓度、反应速度与底物浓度的关系曲线。

从图 3.12（a）可以看出当底物浓度很高时，反应速度趋向一个最大值 V_{max}，即反应速度对底物浓度不敏感。而当底物浓度很低时，反应相对于底物是一级反应（first order reaction），即反应速度与底物浓度成正比；当底物浓度处于中间范围时，相对于底物的反应是

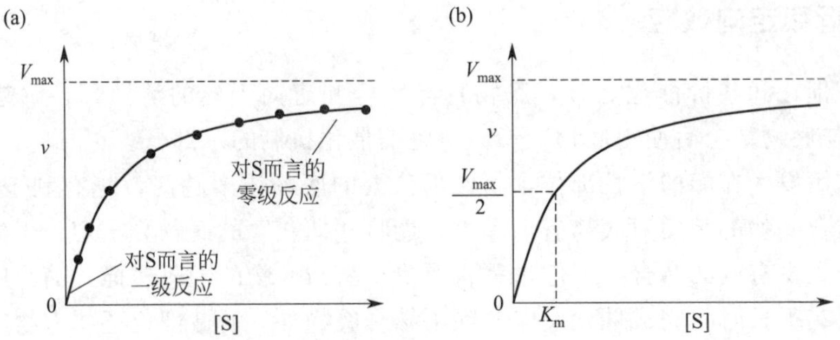

(a) 固定酶浓度，改变底物浓度获得的实验曲线；(b) 底物浓度增大，V_{max} 趋向一个最大值，$V_{max}/2$ 的底物浓度为 K_m

图 3.12　酶促反应速度与底物浓度的关系

混合级反应（mixed order reaction），即当底物浓度［S］逐渐增大时，反应由一级反应向零级反应（zero order reaction）过渡，速度 V 相对于［S］的曲线为双曲线中的一支。

当讨论一个简单的酶促反应 E+S→ES→E+P 时，双曲线方程可以写成：

$$V=\frac{V_{max}[S]}{K_m+[S]} \tag{3.2}$$

这个方程称为 Michaelis-Menten 方程，是 Michaelis 和 Menten 提出的酶动力学基本原理的一个数学表达式，其中 K_m 值称为米氏常数，V_{max} 是酶被底物饱和时的最大反应速度。

3.6.1　米氏方程的推导

有几种推导米氏方程的方法，其中最常见的是由 George E. Briggs 和 J. B. S. Haldane 提出的稳态推导方法。该方法是假定存在一个稳态期，在此期间底物结合酶的速度与它解离的速度相同。假定［S］是一个固定值，当少量的酶与底物混合后不久，存在着一个称为稳态的周期，此时［ES］是个恒定值，因为 ES 解离为 E+S 或 E+P 的速度等于由 E+S 形成 ES 的速度。

由 E+S 形成 ES 的速度取决于游离酶的浓度，即［E］-［ES］。稳态可以用下面的数学式表示：

$$(k_{-1}+k_2)[ES]=k_1([E]-[ES])[S] \tag{3.3}$$

整理方程（3.3），将速度常数集中在一边，并定义为米氏常数 K_m。

$$\frac{(k_{-1}+k_2)}{k_1}=K_m=\frac{([E]-[ES])[S])}{[ES]} \tag{3.4}$$

从方程（3.4）可以解出［ES］：

$$K_m[ES]=([E]-[ES])[S]$$

$$[ES](K_m+[S])=[E][S]$$

$$[ES]=\frac{[E][S]}{K_m+[S]} \tag{3.5}$$

由于酶促反应速度取决于 ES 转换为 E+P 的速度：

$$V=k_2[ES] \tag{3.6}$$

将方程（3.5）代入（3.6）

$$V=\frac{k_2[E][S]}{K_m+[S]} \tag{3.7}$$

因为 k_2 [E] $=V_{max}$，代入方程（3.7），就得到了米氏方程：

$$v=\frac{V_{max}[S]}{K_m+[S]} \tag{3.8}$$

当底物浓度 [S] $=K_m$ 时，由米氏方程（3.8）可计算出 $V=V_{max}/2$，所以米氏常数 K_m 是酶促反应速度 V 为最大酶促反应速度值一半时的底物浓度（图 3.12(b)）。

在 K_m 定义的公式 $(k_{-1}+k_2)/k_1$ 中，如果 k_2 比 k_1 或 k_{-1} 小得多（实际情况常常是这样），k_2 可以忽略，K_m 就变成了 k_{-1}/k_1，这是 ES 解离为 E+S 的解离常数。因此 K_m 是 E 对 S 的亲和力的量度。K_m 越小，表明 E 与 S 结合得越紧密。

一个酶可能作用于几个底物，且对于每一个底物都有不同的 K_m 值，显然 K_m 值越小表明底物与酶的亲和力越强，通常将 K_m 值最小的底物称之为酶的最适底物。同样可能有几个酶都可以作用于同一个底物，K_m 值越小的酶与该底物的亲和力更强。

在酶促反应中，经常会出现一个称之为**催化常数**（catalytic constant，k_{cat}）的术语，催化常数被定义为：

$$k_{cat}=V_{max}/[E]$$

其中 [E] 是反应起始酶总浓度。催化常数也称为酶的**转化数**（turnover number），是每摩尔酶（或每个活性中心）每单位时间催化转化成产物的底物的摩尔数。k_{cat} 的单位是 s^{-1}。k_{cat} 的倒数是完成一个催化过程所需要的时间，所以催化常数可以衡量一个酶促反应的快慢。酶的催化效率常用 k_{cat}/K_m 比值来度量，许多酶的 k_{cat}/K_m 都介于 $10^7\sim10^8$ mol/s 之间。

3.6.2 双倒数作图

通过几种方法可以测量酶促反应中的 K_m 和 V_{max} 值。例如通过固定反应中的酶浓度，然后分析几种不同底物浓度下的起始速度，就可获得 K_m 和 V_{max} 值。为了使测量的动力学常数可靠，选择的 [S] 的点应当分散一些，K_m 值之上和以下的 [S] 值都可以形成双曲线。

在计算机广泛应用之前，通常都是利用米氏方程的转换形式求出 K_m 和 V_{max} 值。常用的是 Lineweaver-Burk 等导出的米氏方程的倒数形式，也称为双倒数方程：

$$\frac{1}{V}=\frac{K_m}{V_{max}}\frac{1}{[S]}+\frac{1}{V_{max}}$$

使 $1/V$ 对 $1/[S]$ 作图，可以获得一条直线（图 3.13）。从直线与 x 轴的截距可以得到 $1/K_m$ 的绝对值；而 $1/V_{max}$ 是直线与 y 轴的截距。虽然由双倒数作图得到的 K_m 和 V_{max} 值的精确性要比直接拟合米氏方程方法求出的值差，但双倒数作图直观、容易理解，为酶抑制研究提供了易于识别的图形。随着计算机的普及，对 [S] 和 V 数据进行米氏方程非线性拟合，也可以获得精确的 K_m 和 V_{max} 值。

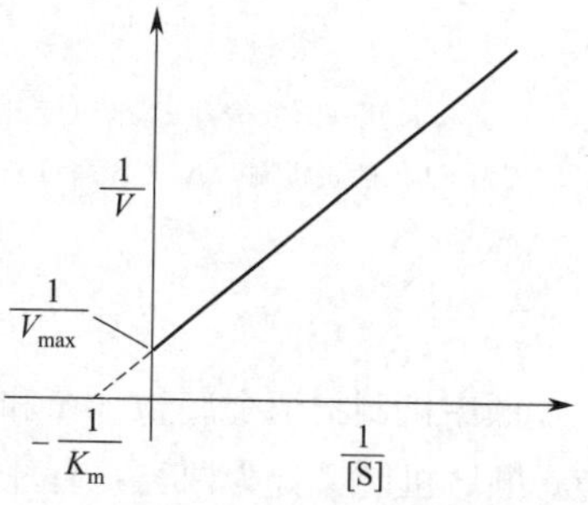

图中虚线是由实线外推部分，并不是实验部分

图 3.13 双倒数作图

3.6.3 双底物反应

上面讨论了单底物反应中，[S] 对酶促反应速度影响遵从米氏反应模式；实际上两个或多个底物与酶结合并生

成多种产物的酶催化反应更普遍。例如糖酵解过程己糖激酶催化的反应中，就有 ATP 和葡萄糖两种底物参与，生成 ADP 和葡糖-6-磷酸两种产物：

$$\text{葡萄糖} + \text{ATP} \xrightarrow{\text{己糖激酶}} \text{ADP} + \text{葡糖-6-磷酸}$$

据统计，有两个底物参与并生成两种产物的反应大约占生物化学反应的 60%。双底物的酶促反应速度也可以用米氏反应模式分析，通常的做法是固定其中一个底物（例如葡萄糖）的浓度（过量），而分析另一个底物（ATP）浓度变化对酶促反应速度的影响，所以酶对每一个底物都有一个 K_m，例如人体的己糖激酶对葡萄糖的 K_m 为 0.034mmol/L，而对 ATP 的 K_m 为 1.25mmol/L。

双底物的酶促反应往往涉及两个底物之间的功能基团或原子的转移。由于两个底物都要结合酶进行反应，所以可根据是否形成三元复合物将双底物反应机制分为两类：顺序机制（sequential mechanism）和乒乓机制（ping-pong mechanism）。图 3.14 给出了酶催化 A 和 B 两个底物生成 P 和 Q 两个产物的不同反应机制。

$$A + B \rightarrow P + Q$$

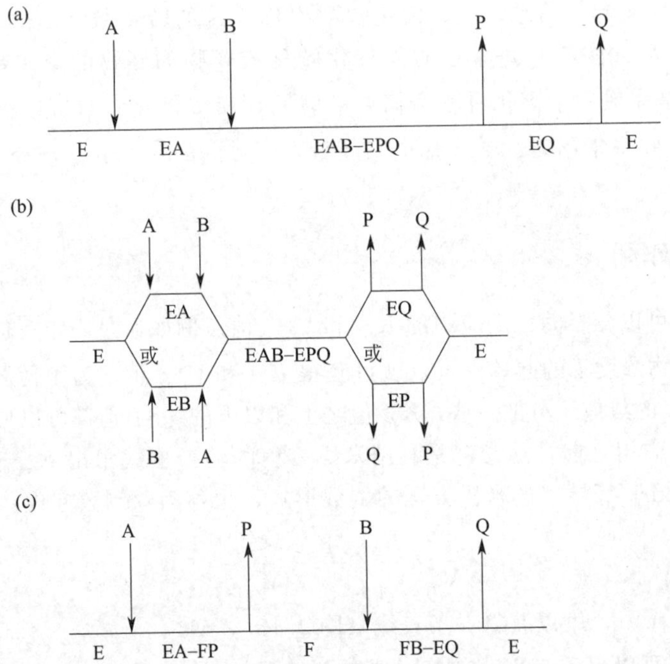

用一直线表示 E；(a) 有序机制，A 一定要先结合酶，A 称为先导底物，B 称为后随底物；(b) 随机机制，A 或 B 都可先与酶结合；(c) 乒乓机制，F 代表 E 结合了 A 的功能基团后的状态，F 将该功能基团转移给 B 后，恢复为 E

图 3.14　双底物反应机制

顺序机制指两个底物（A 和 B）都必须先与酶结合，形成三元复合物（EAB）后才发生反应。顺序机制又分为两类：有序机制（ordered mechanism）和随机机制（random mechanism）。在有序机制中，底物结合酶依特定顺序进行，只有第一个底物（A）的结合才能促使酶形成第二个底物（B）的结合位点［图 3.14(a)］。例如依赖于辅酶 NAD^+ 或 $NADP^+$ 的脱氢酶催化的反应，就遵循双底物反应有序机制，辅酶为先导底物。而在随机机制中，两个底物结合无优先顺序，游离酶上存在着两个底物的结合位点，例如激酶催化的反应［图 3.14(b)］。

乒乓机制指一个底物（A）结合后发生反应转化为产物（P）释放出来，第二个底物（B）结合转化为第二个产物（Q）［图 3.14(c)］。例如转氨酶催化的氨基转移反应就遵循乒乓机制，一个氨基酸先结合酶反应后，将氨基转移给酶之后形成酮酸；然后另外一个酮酸结合酶，接受酶转给的氨基，最后生成相应氨基酸。

双底物反应机制也可以用速率方程描述，但要比单底物反应复杂得多，本书不介绍具体的双底物反应速率方程的推导过程。

3.7 可逆抑制作用

抑制剂（inhibitor，I）是一种与酶结合的化合物，通过防止 ES 的形成或防止 ES 生成 E+P 来抑制酶的活性。实验中抑制剂常用来研究酶的作用机制和解释代谢途径。抑制作用可分为不可逆抑制和可逆抑制。不可逆抑制剂通过共价键与酶结合；可逆抑制剂通过非共价键与酶结合。由于是非共价键结合，可逆抑制剂可以通过透析或凝胶过滤从酶溶液中除去。可逆抑制作用又可分为竞争性抑制作用、反竞争性抑制作用和非竞争性抑制作用。

3.7.1 竞争性抑制

如图 3.15(a) 所示，在竞争性抑制作用中，I 只与游离的 E 分子结合。当 I 与 E 结合后，就阻止了 S 与 E 的结合；反之 S 与 E 的结合也阻止了 I 与 E 的结合，即 S 或 I 与酶的结合是竞争性的。当 S 和 I 都存在于溶液中时，酶能够形成 ES 的比例取决于 S 和 I 的相对浓度和酶对它们的亲和性。

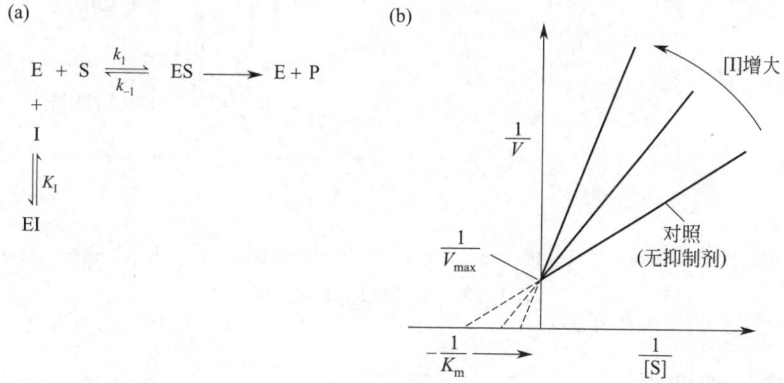

（a）竞争性抑制动力学反应式；（b）竞争性抑制的双倒数图，V_{max} 不变，而 K_m 增大

图 3.15 竞争性抑制作用

通过增加 S 的浓度，可以使 EI 分解为 E+I。所以在竞争性抑制作用中，S 的浓度足够大后，E 仍旧可以被 S 饱和。因此，最大反应速度 V_{max} 与没有 I 存在时一样。但由于存在竞争性抑制剂，要使酶与底物的结合达到半饱和就需要更多的底物。显然竞争性抑制剂浓度增加，K_m 值也相应地增加了。

从有竞争性抑制剂存在的双倒数图可以看出，一个竞争性抑制剂的影响是使曲线在 x 轴上的截距（$1/K_m$）的绝对值减小，但 y 轴上的截距（$1/V_{max}$）无论 I 的浓度如何变化都保持不变［图 3.15(b)］。

常见的竞争性抑制剂都是底物的类似物，例如由琥珀酸脱氢酶催化的反应，琥珀酸为底物，而丙二酸为琥珀酸的类似物，是酶的竞争性抑制剂（图 3.16）。

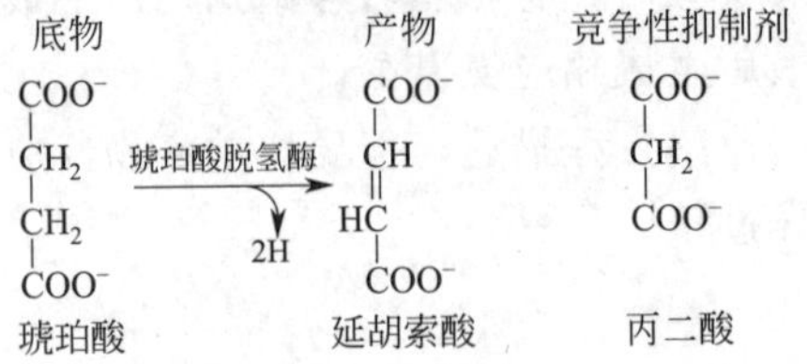

底物为琥珀酸，而底物类似物丙二酸为酶的竞争性抑制剂

图 3.16 琥珀酸脱氢酶催化的反应

3.7.2 反竞争性抑制

在反竞争性抑制作用中，抑制剂只与 ES 结合，而不与游离酶结合［图 3.17(a)］。某些酶分子转换为非活性形式 ESI，V_{max} 减小了（$1/V_{max}$ 增大）。因为 ES 复合物结合 I，所以加入再多的底物也不能扭转 V_{max} 减小。反竞争性抑制作用也使 K_m 减小（即 $1/K_m$ 的绝对值增大），这是由于 ES 和 ESI 形成的平衡倾向于结合 I 的复合物的形成。图 3.17(b) 给出了反竞争性抑制作用的双倒数图，从图中可以看出，无论反竞争性抑制剂的浓度如何变化，画出的速度直线的斜率都是一样的。这表明 K_m 和 V_{max} 值都按同样比例减小，这种抑制作用通常只出现在多底物的反应中。

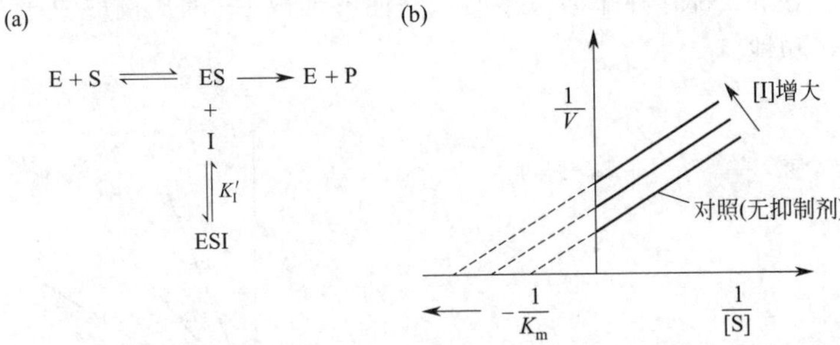

(a) 反竞争性抑制动力学反应式；(b) 反竞争性抑制的双倒数图，V_{max} 和 K_m 都按比例减小

图 3.17 反竞争性抑制作用

3.7.3 非竞争性抑制

非竞争性抑制剂既可与 E 结合，也可与 ES 结合，生成的 EI 和 ESI 都是失活形式的复合物［图 3.18(a)］。当非竞争性抑制剂 I 与 E 和 ES 的亲和性都一样时，此时 $K_I = K_I'$，这样的抑制作用称为纯非竞争性抑制作用。这种抑制作用的特点是 V_{max} 减小（$1/V_{max}$ 增大），但 K_m 不变［图 3.18(b)］。由于非竞争性抑制剂结合在底物结合部位以外的地方，所以这种抑制作用不能通过增加底物浓度消除掉。

当抑制剂与 E 和 ES 的亲和性不同时，即 K_I 与 K_I' 不相等时，称为混合型非竞争性抑制作用（图 3.19）。在这种抑制类型中，V_{max} 减小，当 $K_I < K_I'$，K_m 增大；$K_I > K_I'$，K_m 减小。

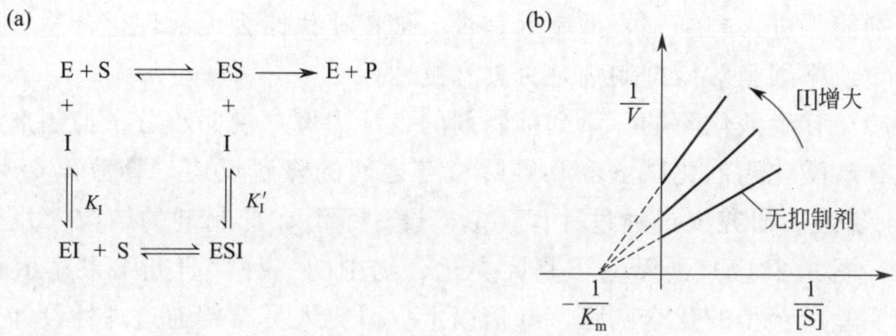

（a）非竞争性抑制动力学反应式；（b）纯非竞争性抑制的双倒数图，当［I］增大时，V_{max} 减小，而 K_m 不变

图 3.18 非竞争性抑制作用

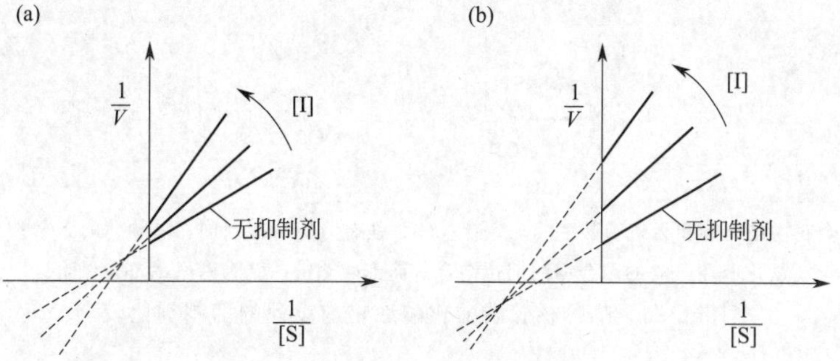

（a）$K_I<K_I'$，即 I 对 E 的亲和力比对 ES 的大时，K_m 增大；

（b）$K_I>K_I'$，即 I 对 E 的亲和力比对 ES 的小时，K_m 减小

图 3.19 混合型非竞争性抑制作用

表 3.4 给出了 3 种可逆抑制作用的米氏方程以及相应的 K_m 和 V_{max}。

表 3.4 三种可逆抑制作用的米氏方程

抑制类型	速度方程	K_m	V_{max}
无抑制剂	$v=V_{max}[S]/(K_m+[S])$	K_m	V_{max}
竞争性	$v=V_{max}[S]/([S]+K_m(1+[I]/K_I))$	$K_m(1+[I]/K_I)$	$V_{max}(1+[I]/K_I)$
反竞争性	$v=V_{max}[S]/(K_m+[S](1+[I]/K_I'))$	$K_m(1+[I]/K_I')$	$V_{max}(1+[I]/K_I')$
非竞争性	$v=(V_{max}[S]/(1+[I]/K_I))/(K_m+[S])$	K_m	$V_{max}(1+[I]/K_I)$
混合型	$v=V_{max}[S]/((1+[I]/K_I)K_m+(1+[I]/K_I'[S]))$	$K_m(1+[I]/K_I)/(1+[I]/K_I')$	$V_{max}(1+[I]/K_I')$

注：K_I 定义为酶与抑制剂结合的复合物的解离常数，$K_I=$［E］［I］/［EI］，K_I' 定义为酶底物复合物与抑制剂结合的复合物的解离常数，$K_I'=$［ES］［I］/［ESI］。

3.7.4 酶抑制剂的应用

可逆的酶抑制作用提供一个探查酶活性的有力工具。关于酶活性部位的形状和化学反应性的信息可以从一系列具有结构差异的竞争性抑制剂的酶促实验中获得。

酶抑制作用可以应用于临床药物研究。在许多情况下，天然存在的酶抑制剂被用作药物设计的起点，通过随机合成和评价去筛选强有力的抑制剂。但一些研究者转向更有效的理性药物设计（rational drug design）。从理论上讲，随着有关酶结构的知识库的扩大，根据推理可以设计出与靶酶活性部位匹配的抑制剂。一个合成的化合物的效果如何，要依次测试它对分离的酶和生物系统的效果。在药物研发过程中，除了考虑抑制剂对酶的活性的影响外，

还需考虑抑制剂能否进入靶细胞，抑制剂是否会被快速代谢为无活性化合物，抑制剂是否对宿主机体有毒，或靶细胞对该抑制剂是否具有抗性。

下面以嘌呤核苷磷酸化酶的一系列抑制剂的设计为例，说明小分子抑制剂类药物取得的进展。嘌呤核苷磷酸化酶催化磷酸和鸟嘌呤核苷之间的降解反应，释放出鸟嘌呤［图 3.20(a)］和核糖-1-磷酸。研究人员通过计算模拟，设计了潜在抑制剂的结构，并与酶的活性部位进行了拟合。图 3.20(b) 所示分子是此类化合物中的一种，研究结果显示其抑制作用要比普通的筛选实验所获得的化合物强 100 倍以上。研究人员希望通过理性设计方法生产出一种适合于治疗类风湿关节炎和多发性硬化症等自身免疫性疾病的药物。

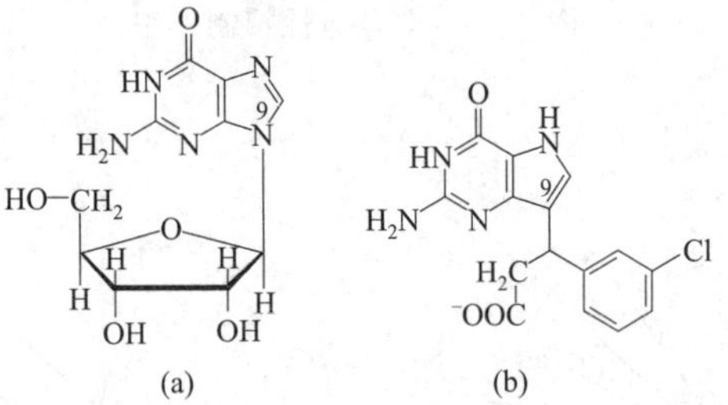

酶的两个底物是鸟苷和无机磷酸。(a) 鸟苷；(b) 强有力的酶抑制剂，鸟嘌呤的 N-9 被 C 取代。氯化苯环与酶的结合糖的部位结合，而乙酸侧链与结合磷酸的部位结合。

图 3.20　嘌呤核苷磷酸化酶底物与设计的抑制剂比较

3.8　不可逆抑制作用

不可逆抑制剂通常与酶活性部位的一个氨基酸残基形成一个稳定的共价键，使酶失活，所以不可逆抑制剂也称为灭活剂（inactivator）。例如有机磷、有机汞、有机砷化合物和氰化物等都是酶的不可逆抑制剂。由于不可逆抑制剂可以使酶失活，所以在研究酶的作用机制时常用来鉴定活性部位的氨基酸残基。

有机磷化合物常见的有二异丙基氟磷酸（diisopropyl fluorophosphate，DFP），对硫磷（parathion）、敌敌畏、美曲膦酯（敌百虫）和沙林（sarin）等农药（图 3.21）。有机磷化合物通过与酶活性部位的丝氨酸残基共价结合，使酶失活。这类农药主要作用是不可逆抑制与神经传导有关的乙酰胆碱酯酶，使乙酰胆碱不能分解为乙酸和胆碱，结果乙酰胆碱堆积引起一系列神经中毒症状。

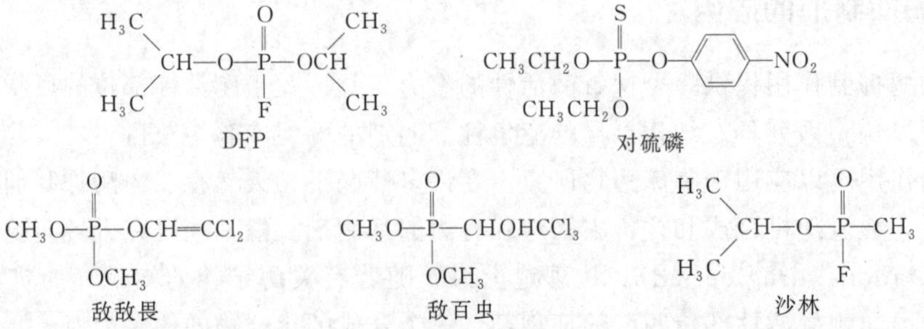

图 3.21　有机磷化合物

有机磷化合物虽然与酶共价结合，但根据已知的乙酰胆碱酯酶活性部位结构，已设计出了用于治疗有机磷化合物中毒的解毒药。碘化醛肟甲基吡啶（pyridine aldoximine methiodide，PAM）（解磷定）就是其中的一种，它可作为一种强的亲核试剂取代酶与有机磷化合物结合，从而使酶恢复活性（图 3.22）。

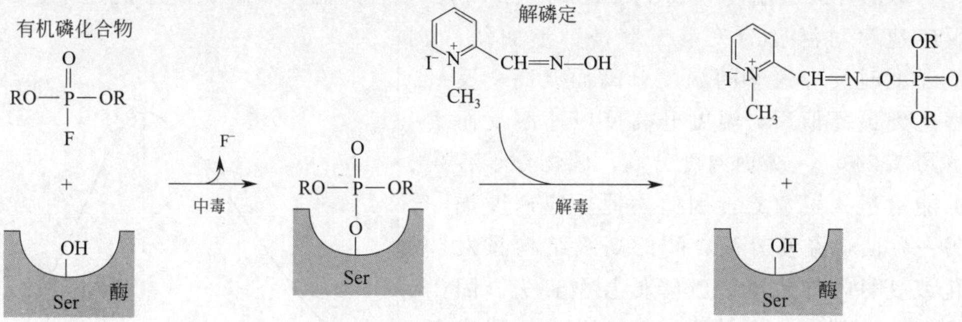

图 3.22　有机磷化合物中毒和解毒过程

3.9　pH 对酶促反应速度的影响

酶的反应速度也受溶液 pH 的影响，酶只有在一定 pH 条件下才表现出最大反应活性，该 pH 称为酶的最适 pH。但最适 pH 不是酶的特征常数，会受到酶的浓度、底物以及缓冲液的种类等因素的影响。在不使酶变性的 pH 条件下，以反应初速度对 pH 作图，大多数情况下可得到一个近似钟形的曲线。但也有部分酶的 pH 曲线不是钟形，例如胃蛋白酶的 pH 曲线是个偏向酸性区的半钟形曲线（图 3.23）。

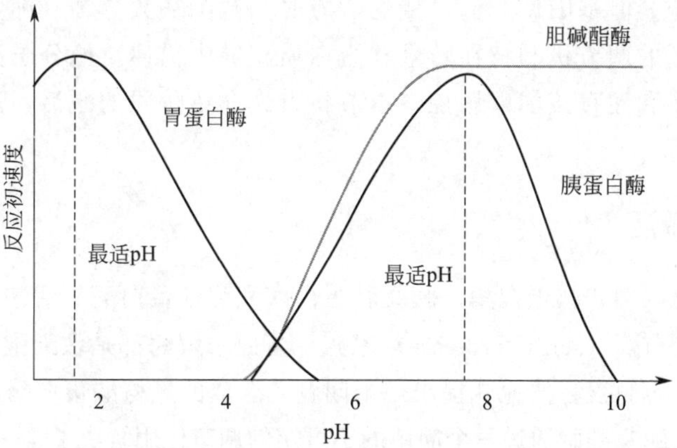

胃蛋白酶的最适 pH 在 1.5 左右；而胰蛋白酶的最适 pH 在 7.8 左右；胆碱酯酶的最适 pH 为大于 7 的碱性区

图 3.23　酶促反应初速度-pH 曲线

在溶液环境中，酶的氨基酸残基侧链都是以弱酸或弱碱形式存在的，在特定溶液 pH 下酶活性中心的氨基酸才能呈现出所需要的离子状态；同时非活性部位的氨基酸残基侧链在一定 pH 下的解离状态也会通过改变酶的构象来影响酶的活性。

3.10 温度对酶促反应速度的影响

每个酶都有最适温度（optimum temperature），在此温度下催化反应的速率达到最大值。反应速率对温度的关系图形是钟形曲线，即较低温度时反应速率随温度升高而升高，反应速率达到最高值后，温度升高反应速率反而下降（图3.24）。一方面温度升高，底物分子有足够的能量进入过渡态，因此酶促反应速度加快；另一方面，温度升高，酶的高级结构将发生变化或变性，导致酶活性降低甚至丧失。因此，大多数酶都有一个最适温度。在最适温度条件下，反应速度最大。最适温度不是一个固定的常数，它受底物的种类、浓度、溶液的离子强度、pH、反应时间等的影响。

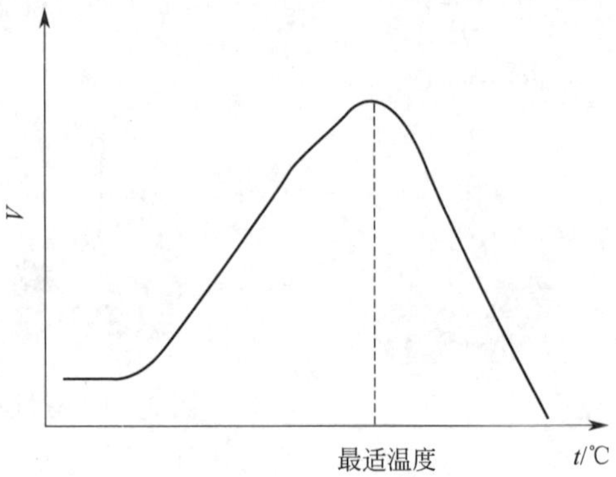

图3.24 温度对酶促反应速率的影响

3.11 酶的调节

酶活性受到多种因素的影响，其中一些因素对代谢的协调是必要的。在一给定时间内，有两种更显著调节酶活性的方式：①增加或减少酶分子的数目；②提高或降低每个酶分子的活性。

一个细胞合成的酶量由转录调节确定，如果一个编码特定酶蛋白的基因打开或关闭，酶量不久也会随之而变。但基因调节酶含量的响应时间范围从数分钟（细菌）至数小时（高等生物）不等，这方面的调节机制将在转录和蛋白质合成中描述。酶分子活性可以通过酶结构改变影响它对底物亲和性直接加以调控，本节将首先介绍酶原的激活，然后介绍酶的别构调节和共价修饰调节。

3.11.1 酶原的激活

很多蛋白水解酶（例如胰蛋白酶、胰凝乳蛋白酶和弹性蛋白酶）活性部位中都含有丝氨酸残基而称为丝氨酸蛋白酶（serine protease）家族。蛋白水解酶都是在细胞内合成的，但其在细胞外发挥催化作用。人们很自然地就提出一个问题，合成的丝氨酸蛋白酶会不会水解合成部位细胞中的其他蛋白质呢？细胞通过一个简单的不可逆的调节作用解决了这一问题，即细胞合成的是蛋白酶的非活性前体——酶原（zymogen），这些酶原必须发生一级结构的改变才能具有活性。

3.11.1.1 消化道蛋白酶酶原的激活

水解饮食中蛋白质的消化道蛋白酶是在胃和胰腺中以酶原形式合成的。这些酶原只有经蛋白酶解激活作用才能形成具有催化活性的底物结合部位。这一激活作用对这些蛋白酶的活性是有效的调控。下面以胰凝乳蛋白酶原为例说明酶原激活的过程。胰凝乳蛋白酶原是一个含有245个氨基酸残基，由5个二硫键交联的多肽链（图3.25）。

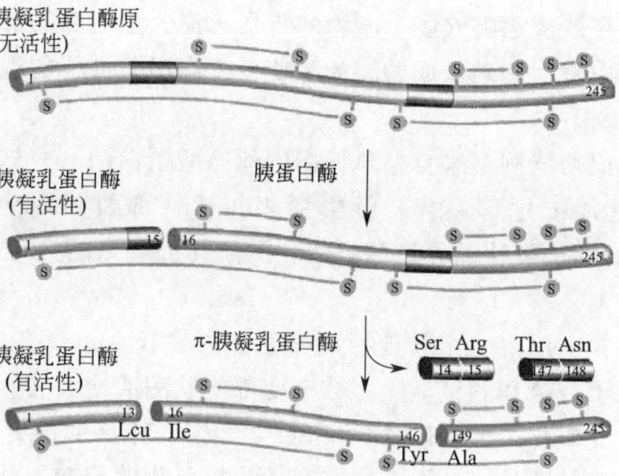

图 3.25 胰凝乳蛋白酶原的激活过程

首先在胰蛋白酶催化下，胰凝乳蛋白酶原 Arg-15 和 Ile-16 之间的肽键被切断，生成一个具有活性的 π-胰凝乳蛋白酶。然后这个有活性的蛋白酶作用于其他 π-胰凝乳蛋白酶分子，切下 Ser-14—Arg-15 和 Thr-147—Asn-148 两个二肽后产生成熟的 α-胰凝乳蛋白酶。

与胰凝乳蛋白酶原激活类似，胰蛋白酶原的激活发生在由胰腺进入十二指肠时，经肠肽酶（enteropeptidase）催化切断胰蛋白酶原中的 Lys-15 和 Ile-16 之间的肽键，并切除 N 末端的六肽后生成有活性的胰蛋白酶。胰蛋白酶原也可由肠肽酶催化生成的少量胰蛋白酶激活，即自催化完成。同样的原理，弹性蛋白酶原也可经胰蛋白酶从 N 末端切除短肽而被激活。

如果酶原过早激活，例如胰腺中蛋白水解酶原过早激活就会破坏胰腺本身及它的血管，导致非常疼痛且可致命的急性胰腺炎。

胰蛋白酶、胰凝乳蛋白酶和弹性蛋白酶三种丝氨酸蛋白酶不仅激活方式类似，活性部位结构也很类似，都含有一个结合底物的“口袋”。不过底物结合部位的微小差异却反映出了它们的底物特异性。胰蛋白酶口袋底部带有一个侧链带负电荷的 Asp，使得酶可结合底物中带正电荷的 Arg 和 Lys 残基侧链。带有疏水口袋的胰凝乳蛋白酶可结合疏水性芳香族 Phe、Tyr 和 Trp 的侧链。弹性蛋白酶中 Val 和 Thr 残基处于结合部位，该部位只形成一个浅口袋，所以酶也只能结合像 Gly 和 Ala 那样带有小侧链的氨基酸残基（图 3.26）。

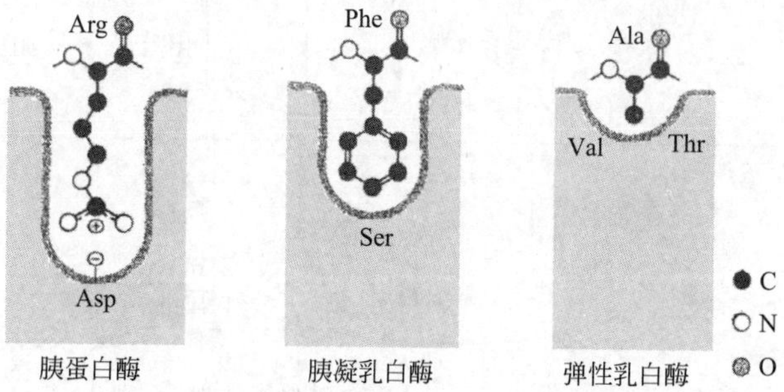

图 3.26 三种丝氨酸蛋白酶的底物结合部位

相关话题

加酶洗衣粉

顾名思义，加酶洗衣粉就是原有洗衣粉中添加了生物酶。市场销售的大多数洗衣粉都含有蛋白酶，蛋白酶可有效清除脏衣服上顽固的蛋白污渍。蛋白酶添加物是以从各种芽孢杆菌分离出来的丝氨酸蛋白酶为基础做成的。为了使处于高温条件下的洗衣粉溶液保持活性，对这些酶进行了广泛修饰。

一个定点突变的成功范例是来自枯草杆菌的丝氨酸蛋白酶——枯草杆菌蛋白酶的氨基酸替换，结果使得酶更加抗化学氧化。野生型酶在活性部位裂隙中有一个甲硫氨酸残基(Met-222)，该残基容易被氧化而导致酶失活。提高其抗氧化能力可使枯草杆菌蛋白酶更适合作为洗衣粉的添加剂。

在一系列突变实验中用每一个其他标准氨基酸去替代 Met-222，并对所有 19 个突变枯草杆菌蛋白酶都进行了分离和测试，大多数突变都使肽酶活性大大降低。虽然 Cys-222 突变体具有高活性，也易受氧化，但 Ala-222 和 Ser-222 突变体（都没有可氧化侧链）不能被氧化失活，而且有比较高的活性，从而获得有活性、抗氧化的突变体枯草杆菌蛋白酶变异体。

定点突变已对细菌蛋白酶的 319 个氨基酸残基中的 8 个进行了替换。野生型蛋白酶在不加热时比较稳定，但适当突变的酶在 100℃时稳定且保持催化功能。

3.11.1.2　血液凝固

血液凝固也是一系列酶原激活作用的结果。通过这些酶激活获得的放大作用使得响应受伤后的血液凝固进行得特别快。处于活性形式的 7 种凝血因子都是丝氨酸蛋白酶：激肽释放酶（kallikrein）、Ⅻa、Ⅺa、Ⅸa、Ⅶa、Ⅹa 和凝血酶（thrombin）。血块形成途径分为内在途径和外在途径（图 3.27）。当血液进入到受伤创面时启动内在途径，而外在途径是由受伤组织释放的凝血因子启动的。两个途径在凝血因子Ⅹ合并，直至血块形成后终止。凝血酶将血纤蛋白原中富含负电荷的肽切除，把它转变血纤蛋白，血纤蛋白是一个具有不同表面电荷分布的分子。血纤蛋白很容易集结形成通过共价交联稳定的纤维网络。凝血酶特异切断 Arg-Gly 肽键，而且与胰蛋白酶同源，也是一种丝氨酸蛋白酶。

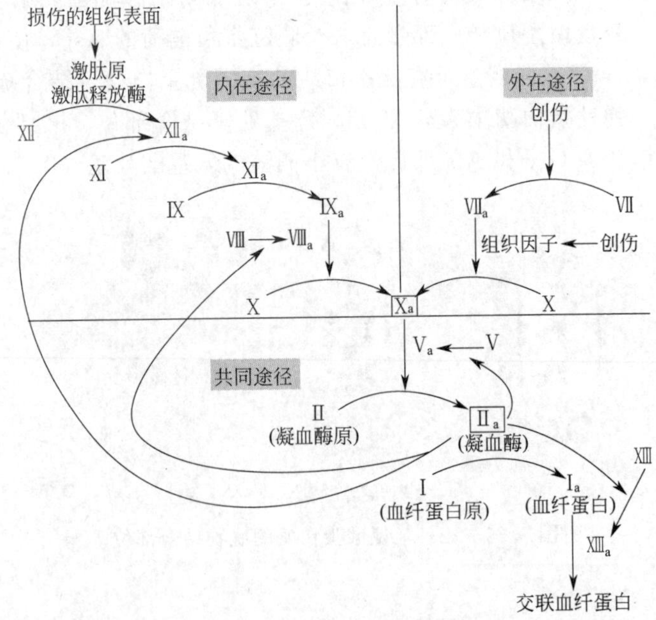

凝血因子用罗马数字表示，数字大小大致表示发现的先后次序，脚标 a 特指有活性的凝血因子

图 3.27　哺乳动物的凝血酶级联反应系统

血友病（hemophilia）是一种遗传病，该病的特征是身体受到创伤时会无法及时凝血而导致异常出血，究其原因就是血液凝固机制出了问题。常见的血友病A缺少凝血因子Ⅷ，凝血因子Ⅷ也可激活凝血因子Ⅹ，缺少该因子使得凝血时间延长。另外，一种较少见的血友病B是由于缺少凝血因子Ⅸ造成的。

3.11.2 别构调节和共价修饰调节

前面讲到的酶原激活实际上是酶活性调节的一种方式，除此之外还有两种酶活性调节方式：别构调节（allosteric regulation）和共价修饰调节（covalent modification regulation）。

3.11.2.1 别构调节

别构调节指的是一个配体与酶的一个部位的结合影响另一个配体与该酶的另一个部位结合的现象。像血红蛋白那样具有别构作用的蛋白质也称为别构蛋白（allosteric protein），具有别构作用的酶称为别构酶（allosteric enzyme）。别构酶的动力学曲线为S形，类似于血红蛋白的氧合曲线。与别构酶结合并调节酶活性的配体（或效应物）常称为别构效应物（allosteric effector）或别构调节物（allosteric modulator）。

通过酶动力学和物理特性的研究，别构酶都具有如下一些共同特征。

（1）别构酶的活性对代谢的抑制剂和激活剂很敏感。这些别构效应物一般与酶的底物或产物都不相同，而且结合在催化部位以外的调节部位。

（2）别构效应物与它们调节的酶非共价结合。许多效应剂改变了酶对底物的 K_m 值，而有些效应剂改变 V_{max}。酶不会引起别构效应物本身的化学变化。

（3）大多数别构酶都是多亚基蛋白质，亚基可相同或不同。具有相同亚基的别构酶的每一条多肽链既含有催化部位，又含有调节部位，所以这样的寡聚体是一个简单的对称的复合物，通常是二聚体或四聚体。由不同亚基组成的别构酶是更复杂的复合物，但仍然是对称的聚合物。

（4）通常一个别构酶至少有一个底物，酶反应速度对该底物浓度的曲线是S形，而不是双曲线形。

别构酶往往催化代谢途径中的关键反应，通过调节该酶来调控整个代谢途径中反应物的流向。来自 *E. coli* 的天冬氨酸转氨甲酰酶（ATCase）是一个研究得比较透彻的别构酶。在 *E. coli* 中，ATCase催化嘧啶核苷酸生物合成的一个关键反应：由氨甲酰磷酸和天冬氨酸生成氨甲酰天冬氨酸（图3.28）。

研究发现胞苷三磷酸（CTP）是ATCase的一个别构抑制剂，也称为反馈抑制剂，而ATP是酶的激活剂，CTP和ATP都影响底物天冬氨酸与酶的结合。图3.29给出了ATCase反应的 V 对底物［Asp］的反应曲线，以及另外分别再加CTP、ATP的反应曲线。从图3.29中曲线1可看到，V 对底物［Asp］作图得到的是S形曲线，即底物与酶的结合具有协同性。当有CTP存在时（曲线2），曲线向右移，使得原来的S曲线更为明显，酶对天冬氨酸的 K_m 值明显增大，酶的反应速度降低，但 V_{max} 并没有改变，所以CTP类似于一个竞争性抑制剂，但结合在活性部位以外的部位。当有ATP存在时（曲线3），S形曲线向左移，变成双曲线形，降低了底物对酶结合的协同性，但 K_m 值明显减小，反应速度提高了。

由于CTP是代谢的终产物，它抑制ATCase催化的反应，因而当CTP水平高时，CTP与酶结合后降低CTP合成的速度。当细胞中CTP水平低时，CTP脱离酶，CTP合成加快。而只有当ATP水平远高于CTP时才会发生ATP激活作用，目的是平衡细胞中嘌呤核苷酸

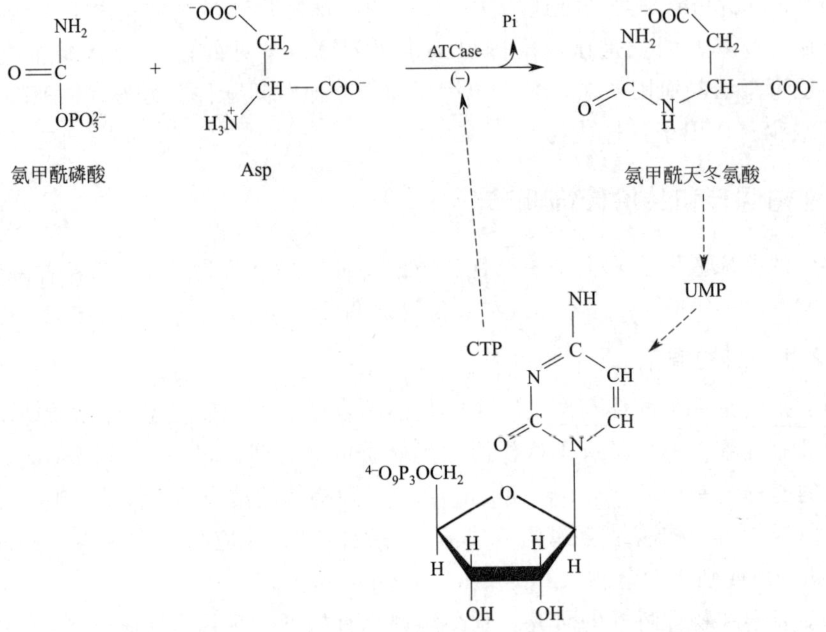

首先合成尿苷酸（UMP），然后合成尿苷三磷酸（UTP），再由 UTP 合成胞苷三磷酸（CTP）。CTP 抑制 ATCase

图 3.28 天冬氨酸转氨甲酰酶（ATCase）催化的反应

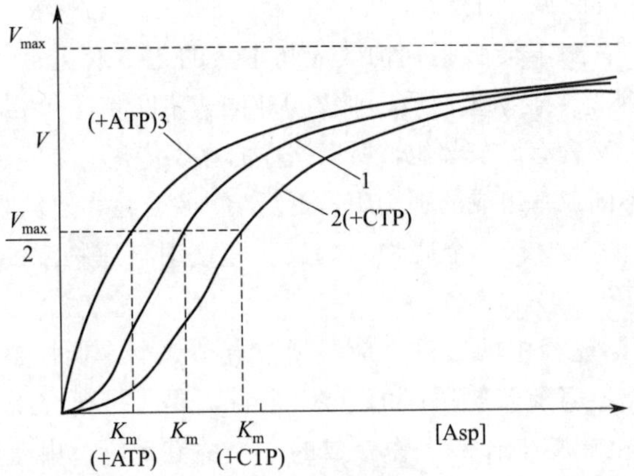

1. V 对底物［Asp］作图；2. CTP 存在下，V 对底物［Asp］作图；3. ATP 存在下，V 对底物［Asp］作图

图 3.29 *E. coli* ATCase 反应的 V 对［Asp］作图

和嘧啶核苷酸水平。

ATCase 由 2 个三聚体的催化亚基和 3 个二聚体的调节亚基组成，底物天冬氨酸和氨甲酰磷酸结合在催化亚基，而 ATP 和 CTP 结合在调节亚基上。

3.11.2.2 两种底物协同结合模型

两个说明底物（配体）与别构蛋白（或别构酶）结合协同性的模型受人关注：**齐变模型**（concerted model）［也称为**对称模型**（symmetry model）］和**序变模型**（sequential model）。

齐变模型可用来解释相同配体（例如底物）的协同结合，该模型认为每个亚基存在两种构象：一种是对底物具有高亲和性的松弛型（relaxed，R）构象；另一种是低亲和性的紧张型（tensed，T）构象。两种构象处于平衡，当一种构象转变为另一种构象时，分子对称性不变。所以当蛋白质改变构象时，所有亚基同时发生构象变化，而且每个亚基均呈现相同构象［图 3.30(a)］。

序变模型是近年来更为普遍运用的模型，当不结合配体时，别构酶只呈现 T 构象，只有当配体与酶结合后才能诱导 T 向 R 转换，亚基构象转换不是齐变，而是序变。与齐变模型不同的是，在具有部分饱和的一个寡聚分子中，允许存在着高亲和力 R 构象和低亲和力 T 构象亚基［图 3.30(b)］。序变理论可以解释负协同性，所谓负协同性是指当配体分子依次结合到一个寡聚体时，其亲和性降低。负协同性只出现在如甘油醛-3-磷酸脱氢酶等少数的酶中。

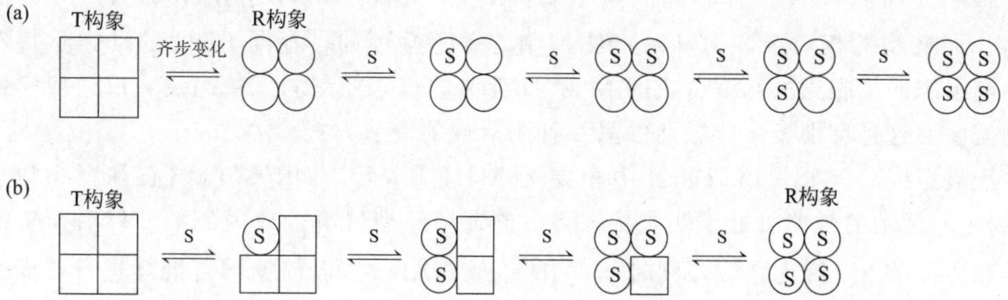

(a) 齐变模型，亚基构象齐步转换；(b) 序变模型，配体结合诱导亚基构象序变

图 3.30 配体协同结合的两种模型

3.11.2.3 共价修饰调节

有些酶需要在其它酶的作用下，对酶分子上某些基团进行可逆的共价修饰使其发生低活性状态与高活性状态互变，这类酶称为共价调节酶。这种调节方式伴有共价键的变化，如酶蛋白的丝氨酸、苏氨酸残基的-OH 被磷酸化或者修饰后产生的磷酸酯键去磷酸化，故称共价修饰（covalent modification）。这种共价修饰导致酶活力的改变称为酶的共价修饰调节。共价修饰反应迅速，具有级联放大效应，也是体内调节物质代谢的重要方式。

酶的可逆共价修饰调节具有以下特点：①由另一种酶催化修饰，酶的活性形式与其非活性形式相互转变，正、逆两个方向是由不同的酶分别催化的；②修饰过程出现酶分子上共价键的变化；③酶分子出现组成的变化。化学修饰常见形式为磷酸化与去磷酸化，此外还有乙酰化与去乙酰化、尿苷酸化与去尿苷酸化、甲基化与去甲基化。这些化学修饰都可引起酶分子组成的变化。

磷酸化（phosphorylation）是最常见的一种修饰形式。酶蛋白中带羟基的氨基酸残基（如 Thr、Ser 与 Tyr）是磷酸化修饰位点，另外 His 也可以被磷酸化修饰。磷酸化是由 ATP 提供磷酸基，并在蛋白激酶的催化下完成。脱磷酸反应则是在磷酸酶的催化下完成。有的酶在磷酸化修饰后活性增高，而另一些酶则在磷酸化修饰后活性受抑制。

图 3.31 给出了通过共价修饰调节丙酮酸脱氢酶活性的过程。丙酮酸脱氢酶是柠檬酸循环丙酮酸脱氢酶复合物的成员，催化丙酮酸脱羧生成乙酰辅酶 A 和二氧化碳的反应。当丙酮酸脱氢酶在丙酮酸脱氢酶激酶催化下因磷酸化而失活；磷酸化的丙酮酸脱氢酶在丙酮酸脱氢酶磷酸酶催化下去磷酸又可恢复活性。

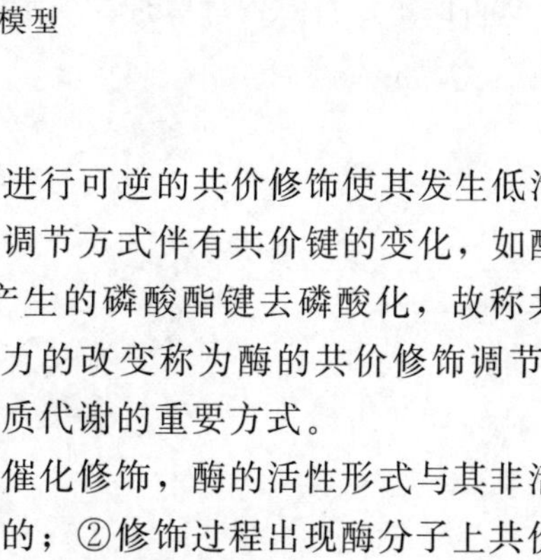

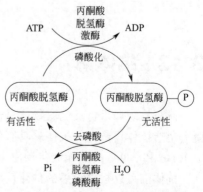

图 3.31 丙酮酸脱氢酶的共价修饰

3.12 同工酶

催化相同反应，但它们的氨基酸序列、底物亲和力、V_{max} 和（或）调节特性不同的两种或多种形式的酶称为同工酶（isozyme）。这些同工酶大都由被不同基因编码的亚基组成，例如哺乳动物乳酸脱氢酶（lactate dehydrogenase，LDH）的 M（骨骼肌型）和 H（心肌型）亚基。M 和 H 组成 5 种不同的同工酶：M_4、M_3H、M_2H_2、MH_3 和 H_4（图 3.32）。根据对不同底物的相对亲和力和对产物抑制的敏感性不同，不同 LDH 的动力学特性也不同。不同组织的细胞通过调节合成的 M 和 H 亚基的量来控制同工酶组装，以适应它们的特别代谢需要。这是有别于酶原激活的另一种酶活性的调节方式。

在厌氧组织，例如骨骼肌和肝中主要为 M_3H 和 M_4，而好氧组织心和肾中以 H_4 和 MH_3 为主。运动的骨骼肌处于缺氧状态，由葡萄糖经糖酵解生成丙酮酸，然后需要将对丙酮酸亲和力高的 M_4 转为乳酸，同时 NADH 生成 NAD^+，以使糖酵解继续进行。而心肌为有氧代谢，需要对乳酸亲和力高的 H_4 催化逆反应，以生成的丙酮酸作为燃料，经柠檬酸循环获得能量。过量丙酮酸抑制生成乳酸的逆反应保证燃料不被浪费。

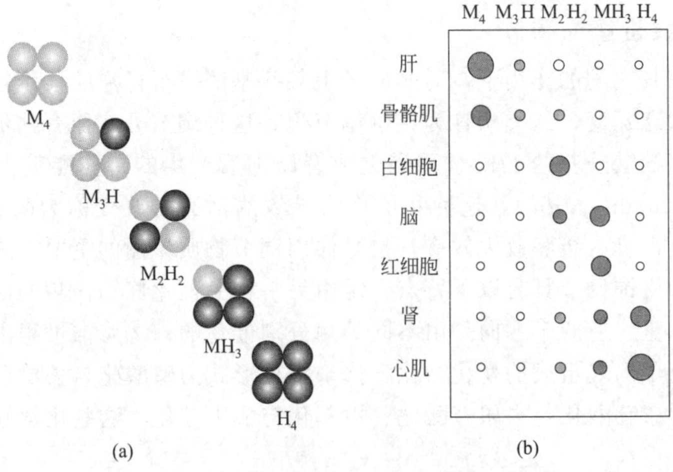

（a）5 种乳酸脱氢酶同工酶；（b）5 种同工酶在各个组织中的分布图

图 3.32 乳酸脱氢酶同工酶

3.13 抗体酶

研究发现如果将反应底物的过渡态类似物作为抗原决定簇连接在一个蛋白载体上作为抗原去制造抗体，产生的抗体就具有催化活性，这种抗体被人们称为**催化抗体**（catalytic antibody），由于可像酶那样催化反应生成产物，又称为**抗体酶**（abzyme）。

抗体酶可以根据设想的催化反应设计反应过渡态类似物，例如转氨酶催化一个氨基酸的氨基转移给另一个酮酸，而该氨基酸本身脱氨后变成了相应的酮酸，酶催化时有辅酶磷酸吡哆醛参与。如果将 N^{α}-（5′-磷酸吡哆醛）-*L*-赖氨酸作为一个抗原决定簇耦联在一个载体蛋白［图 3.33(a)］上，以此分子作为抗原制造抗体，筛选出的特异抗上述抗原决定簇的单克隆抗体就具有像转氨酶催化反应那样使一个氨基酸的氨基转移到磷酸吡哆醛上，生成磷酸吡哆胺和相应的酮酸［图 3.33(b)］。

抗体酶虽然催化效率没有酶那样高，但在生物产业、医学上有着潜在的广泛的应用前景。例如通过设计可卡因等毒品分子的类似物作为抗原决定簇生产特殊的抗体酶来降解吸入的可卡因，就可作为辅助治疗方法帮助吸毒人员戒毒。

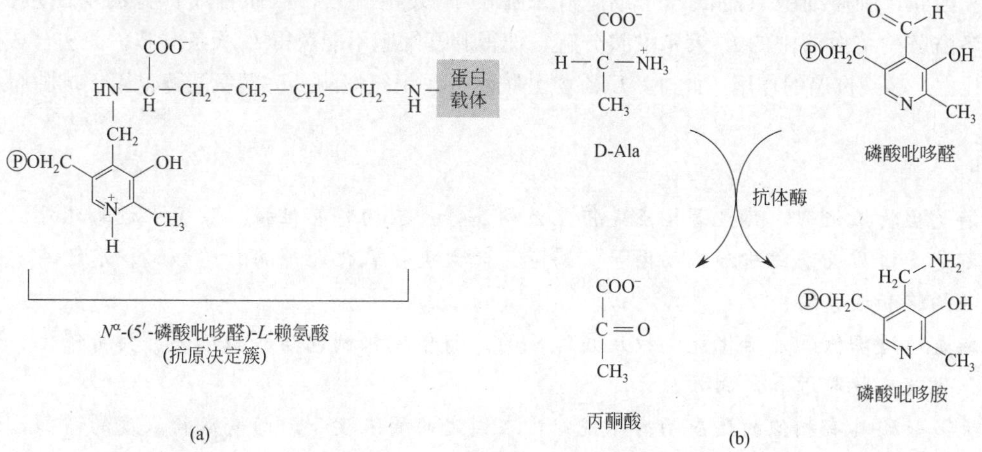

（a）N^{α}-（5′-磷酸吡哆醛）-*L*-赖氨酸作为抗原决定簇耦联在载体蛋白上；（b）获得的抗体酶可催化的反应

图 3.33　制作抗体酶的抗原和抗体酶催化的反应

3.14　酶作为生产工具

酶催化具有效率高、专一性强、条件温和等特点，在绿色制造的发展理念引导下，酶在生产方面的应用日益增多，其中采用酶生产药物就是重要的应用领域。

酶在半合成抗生素的合成方面具有独特作用。所谓半合成抗生素是以微生物合成的抗生素为基础，对其进行结构改造后得到的新抗生素，主要目的是解决细菌耐药性问题。青霉素、头孢菌素分子由两部分构成——母核及与母核连接的侧链部分。它们具有相似的母核结构，母核是青霉素、头孢菌素抗菌活性的关键部分。保留母核，改变侧链的结构，可以解决细菌的耐药性问题，同时还可以扩大抗菌谱，增加耐酸性等。因此，通过对青霉素、头孢菌素的结构改造，可起到提高青霉素药效和治疗作用，具有巨大的临床应用价值。

3.15　酶作为活性药物

酶是重要的活性分子，也可以作为活性药物，补充体内酶活力的不足或调整酶的作用，达到治疗疾病的目的。最早用酶来治疗疾病是以淀粉酶、蛋白酶等制成的口服剂型。现在临床上使用的药用酶包括口服、注射等各种给药方式，酶的种类也有几十种，可以应用于抗肿瘤、抗血栓等治疗。

相关话题

酶在抗肿瘤治疗中的应用

酶作为高效的生物催化剂，在抗肿瘤方面也有应用。*L*-天冬酰胺酶是第一个用于肿瘤治疗的酶，临床上主要用于治疗急性粒细胞白血病。它的作用是水解 *L*-天冬酰胺生成 *L*-天冬氨酸。人体中，大部分细胞可以利用自身的天冬酰胺合成酶催化 *L*-谷氨酰胺转化成 *L*-天冬酰胺，因此不需要从细胞外获取。但是，肿瘤细胞中天冬酰胺合成酶的活力非常低，不能合成 *L*-天冬酰胺。因此，肿瘤细胞只能依赖于细胞外来源的 *L*-天冬酰胺，从而合成自身的功能蛋白质。*L*-天冬酰胺酶将血液中的 *L*-天冬酰胺分解，使得肿瘤细胞不能获得 *L*-天冬酰胺，无法合成蛋白质而死亡，起到抗癌的作用。此外，*L*-谷氨酰胺酶、*L*-组氨酸酶、*L*-精氨酸酶也用于抗肿瘤。

小结

酶是生物催化剂，其显著特点是催化效率高，反应的特异性强。除了少数酶之外，大多数酶都是蛋白质或蛋白质加辅助因子。酶分为六大类：氧化还原酶、转移酶、水解酶、裂解酶、异构酶和连接酶。

酶是通过降低反应活化能加快反应速率的。酶催化机制包括酸碱催化、共价催化、金属离子催化及底物趋近和定向效应。

大多数酶具有相似的反应动力学规律，在固定的酶浓度下，随着底物浓度的增加，催化活力呈双曲线方式升高，并接近最大的 V_{max}。米氏方程描述了动力学曲线，使反应速度达到最大值一半时的底物浓度定义为米氏常数 K_m。K_m 是酶对底物亲和力的量度：K_m 越小，表明酶对底物的亲和力越大。

一个酶的催化常数（k_{cat}）（也称为酶转换数）指的是每秒钟每一分子酶（或每一活性部位）可以催化转化为产物的底物的最大分子数。k_{cat}/K_m 比提供了一个酶的催化效率的测量方法。

抑制剂可降低酶催化反应的速度。可逆抑制剂分为竞争性抑制剂（K_m 增加，而 V_{max} 不变）、反竞争性抑制剂（K_m 和 V_{max} 都成比例降低）、非竞争性抑制剂（K_m 不变，而 V_{max} 降低）或混合型的非竞争抑制剂。不可逆酶抑制剂与酶形成共价键。

酶活性的调节分为别构调节和共价调节。别构调节剂与酶的活性部位以外的部位结合，改变酶的活性。描述别构酶协同性的模式有两种：齐变模式和序变模式。酶的共价修饰通常为磷酸化等方式调节酶的活性。

酶作为高效的催化剂，可以用于生产，也可作为活性药物。

习题

1. 在溶菌酶分子中，尽管 Asp-101 和 Arg-114 残基离活性位点 Glu-35 和 Asp-52 有一定的距离，这两个氨基酸残基是溶菌酶发挥活性所需要的。虽然将 Asp-101 或 Arg-114 替换成 Ala 并不明显改变酶的三级结构，但是却会明显降低酶的催化活性。请解释其可能的机理。

2. 在一个酸催化的酶促反应中，质子化的 His 残基作为质子供体，当 pH 超过该残基的 p*K* 时，酶活性将发生怎样的变化？

3. 对于一个酶催化反应，请画出以下变量之间合适的关系图（假设底物过量）（图 3.34），其中 [P] 为产物浓度，[ES] 为酶-底物复合物浓度，[E] 为酶的总浓度，V_0 为反应初速度。

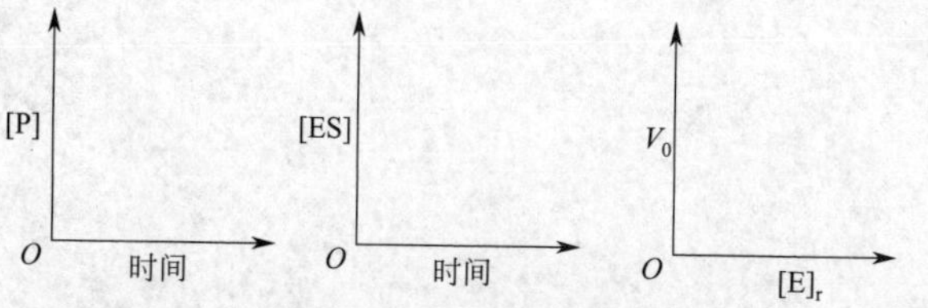

图 3.34 变量关系图

4. 对于胰凝乳蛋白酶与底物酪氨酸苯甲酯反应，在6个不同底物浓度下测得的初速度值如表3.5所示，利用这些数据给出 V_{max} 和 K_m 大约值。

表 3.5 不同底物浓度下测得的反应初速度

[S]/(mmol/L)	0.00125	0.01	0.04	0.10	2.0	10
V_0/(mmol/min)	14	35	56	66	69	70

5. 对于一单底物的酶催化反应，图3.35中3个双倒数曲线图中哪一个是3种不同酶浓度下的曲线图？请解释。

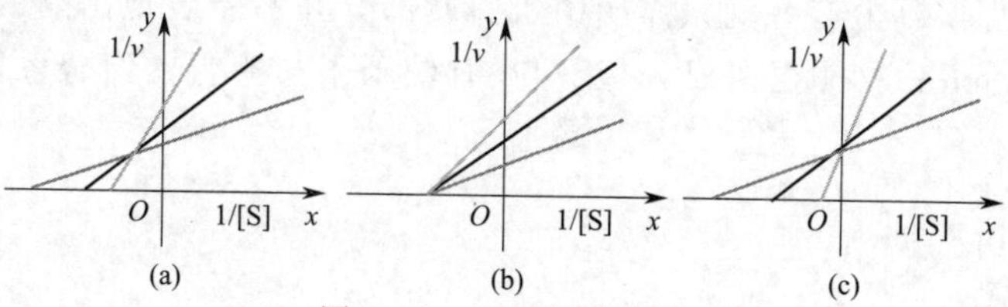

图 3.35 双倒数曲线图

6. 酶A催化反应S→P，K_m 为 50μmol/L，而 V_{max} 为 100nmol/s。酶B催化反应S→Q，K_m 是 5mmol/L，V_{max} 为 120nmol/s。当 100μmol/L 的S加入到含有等量酶A和B的混合液中，过1min后，P或Q哪个反应产物更多些？

7. 在双底物反应中，少量的第一个产物P被同位素标记（P^*），然后加入到酶和第一个底物A中。没有B或Q存在。如果反应遵循（a）乒乓机制或（b）有序机制，那么A（=P—X）会变成同位素标记（A^*）吗？

8. 遵循米氏动力学的一个酶的 K_m 为 1μmol/L。当底物浓度［S］为 100μmol/L 时，初速度为 0.1μmol/s。当［S］分别为（a）1mmol/L、（b）1μmol/L 或（c）2μmol/L 时，初速度各为多少？

9. 假定有一酶，若使其活化，需将活性部位组氨酸（$pK_R=6.0$）的咪唑基质子化，使其能和底物中谷氨酸残基侧链的带负电荷的γ羧基（$pK_a=4.25$）相作用。仅考虑这一种作用，你认为此反应的最佳反应pH是多少？为什么？

10. 人免疫缺陷病毒（HIV-1）编码该病毒组装和成熟所必需的一个蛋白酶（M_r 21500）。该蛋白酶催化七肽底物的水解，其中 k_{cat} 为 1000/s，而 K_m 为 0.075mol/L。

（a）计算当HIV-1蛋白酶为 0.2mg/ml 时底物水解的 V_{max}。

（b）当七肽的-CONH-被-CH_2NH-取代，生成的衍生物不能被该蛋白酶水解，反而成了一个抑制剂。在像（a）同样实验条件下，但抑制剂为 2.5μmol/L，V_{max} 为 9.3×10^{-3} mol/s。这是哪种类型的抑制作用？

11. 人体内许多酶最初合成的是没有活性的酶原，这样做有什么必要性和益处？

12. 新掰下的玉米的甜味是由于玉米粒中的糖浓度高引起的。可是掰下的玉米储存数天后就不那么甜了，因为50%糖已经转化为淀粉。如果将新鲜玉米去掉外皮后浸入沸水数分钟，然后于冷水中冷却，储存在冰箱中可保持其甜味。其原理是什么？

4 辅酶和维生素

在第 3 章酶中已经了解到酶结合底物并将它转化为产物的催化活性依赖于酶活性部位的一些氨基酸残基，但实际上有些酶只靠酶中蛋白质部分并不能表现出酶的活性或全部活性，还需要辅因子（cofactor）（非蛋白成分），即只有辅因子与酶蛋白组合才能形成具有活性的全酶（holoenzyme）。

4.1 辅因子

辅因子分为两种类型：必需离子（主要是金属离子）和有机化合物。现在已知的酶中大约 1/4 都需要金属离子，这些酶又分为**金属酶**（metalloenzyme）和**金属激活酶**（metal-activated enzyme）。

根据与酶蛋白（apoenzyme）作用的差别，辅因子分为两类：一类实际上是酶催化反应中的底物，通常称为共底物（cosubstrate）的辅酶（coenzyme），共底物在反应过程中可被替换和从活性部位脱离，在细胞内可重复循环利用；另一类辅因子称为辅基（prosthetic group），辅基在反应过程中始终与酶结合，有的辅基是通过共价键与脱辅酶结合，有的是通过许多弱的相互作用与活性部位紧密结合。辅酶通常参与催化反应中的基团、氢质子或电子的转移。

绝大多数辅酶是 B 族维生素的衍生物，这些维生素是包括人在内的哺乳动物的营养素，哺乳动物体内不能合成，必须通过食物获得。维生素（vitamin）分为水溶性维生素（water-soluble vitamin）和脂溶性维生素（lipid-soluble vitamin）。水溶性维生素，例如 B 族维生素日需求量很少，且很容易随尿排泄掉，每天都需要补充。而脂溶性维生素，例如维生素 A、维生素 D 等可以被动物储存，摄入过量可能导致中毒。

本章主要介绍由 B 族维生素衍生的辅酶，表 4.1 介绍了主要的辅酶及其来源于何种维生素和它们在代谢中的作用。

表 4.1 主要的辅酶

辅酶	维生素	主要的代谢作用	在反应中扮演的角色
尼克酰胺腺嘌呤二核苷酸(NAD^+) 尼克酰胺腺嘌呤二核苷酸磷酸($NADP^+$)	尼克酸(烟酸)	涉及双电子转移的氧化还原反应	共底物

续表

辅酶	维生素	主要的代谢作用	在反应中扮演的角色
黄素单核苷酸(FMN) 黄素腺嘌呤二核苷酸(FAD)	维生素 B_2(核黄素)	涉及单电子和双电子转移的氧化还原反应	辅基
辅酶 A	维生素 B_3(泛酸)	酰基转移	共底物
硫胺素焦磷酸(TPP)	维生素 B_1(硫胺素)	包含羰基的二碳单位转移	辅基
磷酸吡哆醛(PLP)	维生素 B_6(吡哆醛)	氨基转移	辅基
生物胞素	生物素	依赖 ATP 的底物羧化或底物之间的羧基转移	辅基
四氢叶酸	叶酸	一碳单位转移	共底物
腺苷钴胺素	维生素 B_{12}(钴胺素)	分子内基团重排	辅基
甲基钴胺素	维生素 B_{12}(钴胺素)	甲基化	辅基
硫辛酰胺	硫辛酸	来自 TPP 的羟烷基的氧化和酰基转移	辅基
维生素 K	维生素 K	某些谷氨酸残基的羧化	辅基
视黄醛	维生素 A	视觉	辅基

4.2 NAD^+和$NADP^+$

烟酰胺腺嘌呤二核苷酸（nicotinamide adenine dinucleotide，$\mathbf{NAD^+}$）和**烟酰胺腺嘌呤二核苷酸磷酸**（nicotinamide adenine dinucleotide phosphate，$\mathbf{NADP^+}$）是最早被确认的辅酶，二者都含有烟酰胺（尼克酰胺，nicotinamide），烟酰胺是维生素烟酸（尼克酸，nicotinic acid）的衍生物（图 4.1）。**烟酸**也称为**抗癞皮病因子**（pellagra-preventive factor），因为缺少烟酸会使人患**癞皮病**（pellagra）。

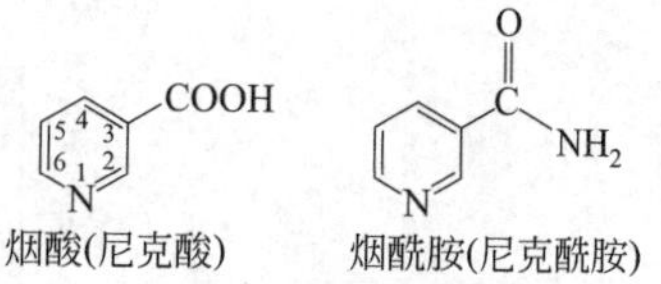

图 4.1 烟酸和烟酰胺

图 4.2 给出了氧化型 NAD^+ 和 $NADP^+$ 以及它们对应的还原型 NADH 和 NADPH 结

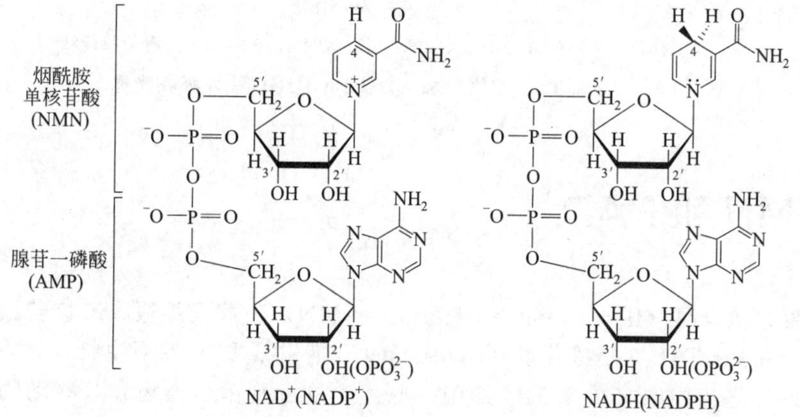

当表示 $NADP^+$ 和 NADPH 结构时，2′位的羟基部分为 $OPO_3{}^{2-}$。

图 4.2 氧化型 NAD^+、$NADP^+$ 结构及还原型 NADH、NADPH 结构

构。两种辅酶都含有由磷酸酐键连接的腺苷酸（AMP）和烟酰胺单核苷酸（NMN），但要注意的是在 $NADP^+$ 和 NADPH 结构中腺苷酸中的核糖 2′位上还连有一个磷酸基团。

NAD^+ 和 $NADP^+$ 几乎总是作为脱氢酶的共底物，通过将底物中的两个电子和一个质子以 H^- 形式转移到 NAD^+ 或 $NADP^+$ 的 C-4 上，使底物氧化并生成还原型的 $NADH+H^+$ 或 $NADPH+H^+$。例如催化乳酸转化为丙酮酸的乳酸脱氢酶就是一个依赖于 NAD^+ 的酶（图 4.3）。

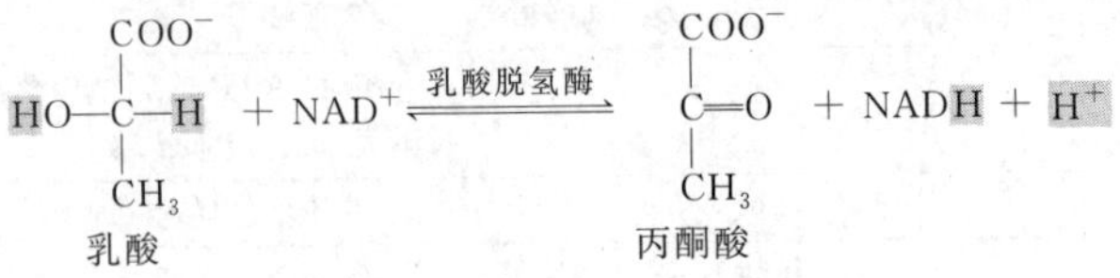

辅酶 NAD^+ 参与脱氢反应，在反应中被还原为 NADH。

图 4.3　乳酸脱氢酶

涉及吡啶核苷酸的氧化和还原反应总是同时发生双电子的转移，所以 NADH 和 NADPH 通常被称为具有还原能力的分子。NADH 主要是在分解代谢中生成，在线粒体被氧化可以产生大量的 ATP；而 NADPH 可以提供还原能力，用于生物合成。

NADH 和 NADPH 含有二氢吡啶环，在 340nm 处有一吸收峰，但 NAD^+ 和 $NADP^+$ 在这个波长没有吸收峰，所以 340nm 处吸收的出现和消失可以作为监测与氧化和还原相关的脱氢酶催化反应的指标（图 4.4）。

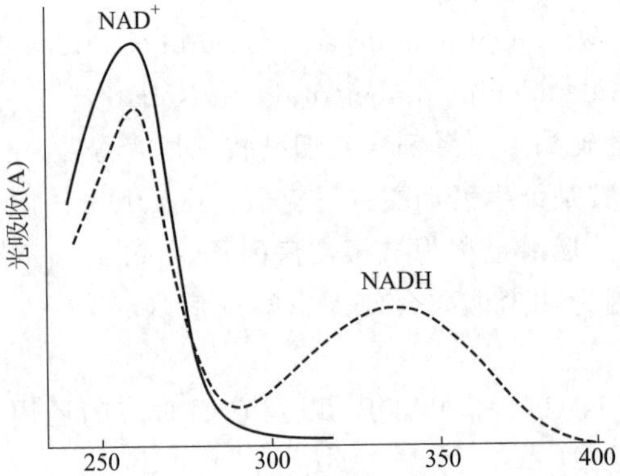

除了与 NAD^+ 一样在 260nm 有吸收峰以外，NADH 在 340nm 还有一特征峰

图 4.4　NAD^+（实线）和 NADH（虚线）紫外吸收光谱

4.3　FMN 和 FAD

辅酶**黄素单核苷酸**（flavin mononucleotide，FMN）和**黄素腺嘌呤二核苷酸**（flavin adenine dinucleotide，FAD）是**核黄素**（riboflavin）（维生素 B_2）的衍生物，核黄素由核糖醇和 7,8-二甲基异咯嗪构成（图 4.5）。细菌、原生生物、真菌、植物和某些动物可以合成核黄素，但哺乳动物不能合成，需从食物中获得。

许多氧化还原酶需要 FAD 或 FMN 作为辅基，此类酶常称为黄素酶（flavoenzyme）或黄素蛋白（flavoprotein）。在氧化还原反应中，FAD 或 FMN 被还原为 $FADH_2$ 或 $FMNH_2$。

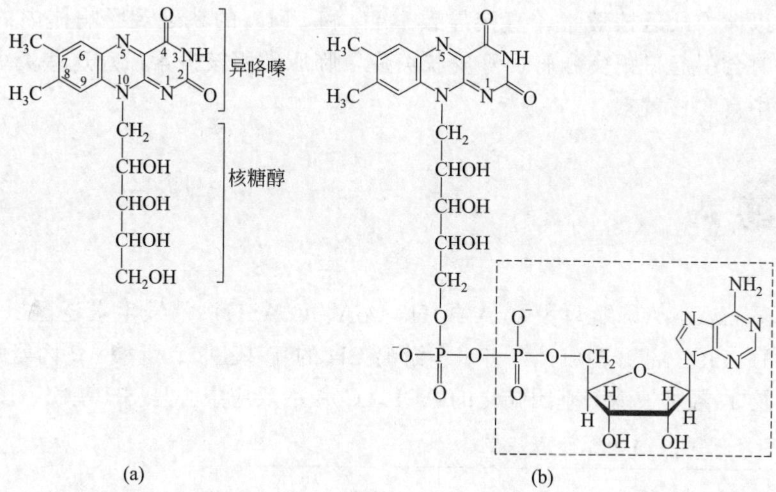

(a) 核黄素；(b) FMN（不包括虚线部分）和 FAD（包括虚线框内部分）

图 4.5 辅酶 FMN 和 FAD

FAD 和 FMN 在 445～450nm 波长范围内有吸收，显黄色，但 $FADH_2$ 和 $FMNH_2$ 却是无色的，因为被还原后异咯嗪的共轭双键体系消失了。

FAD 或 FMN 可以一次接收 $2H^+$ 和 $2e^-$ 被还原为 $FADH_2$ 和 $FMNH_2$，也可以先接收 1 个 H^+ 和 1 个 e^- 后转换为 FMNH· 和 FADH·（半醌型），半醌型再接收 1 个 H^+ 和 1 个 e^- 转换为 $FADH_2$ 和 $FMNH_2$（氢醌型）。反之，$FADH_2$ 和 $FMNH_2$ 也可以经历半醌型中间产物，一次给出 1 个 H^+ 和 1 个 e^-，最后转换为氧化型 FAD 或 FMN（图 4.6）。

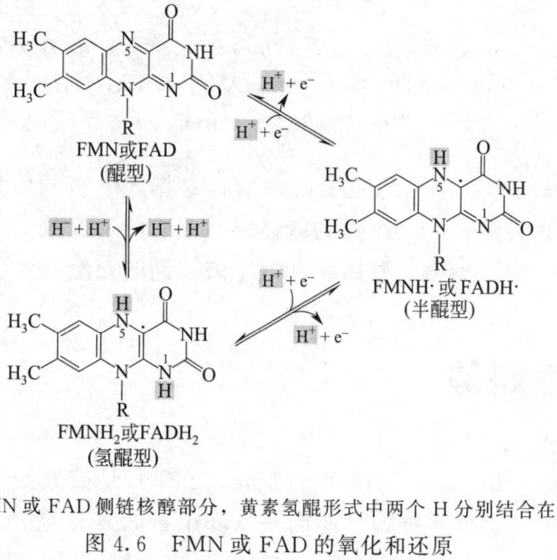

图中 R 代表 FMN 或 FAD 侧链核醇部分，黄素氢醌形式中两个 H 分别结合在 1 位和 5 位上

图 4.6 FMN 或 FAD 的氧化和还原

FAD 或 FMN 经历半醌型转换为 $FADH_2$ 和 $FMNH_2$，或其逆过程具有重要生物学意义。在第 16 章中将介绍，在线粒体中，FAD 和 FMN 可以参与电子传递链的单电子传递。例如当 FMN 接收 $2H^+$ 和 $2e^-$ 被还原为 $FMNH_2$ 后，$FMNH_2$ 可以经半醌型每次给出一个电子使 Fe^{3+} 还原为 Fe^{2+}，进行单电子转移。

由于 FAD 和 FMN 作为体内许多酶的辅基，参与糖、脂肪和蛋白质代谢中的各种氧化还原反应，所以体内缺乏核黄素，直接导致FAD和FMN的缺乏，影响体内的代谢。当体内缺乏核黄素时会引起口角炎和唇炎等皮肤炎症，临床常用核黄素治疗这些炎症。牛奶、谷物和肝等食物中富含核黄素。

4.4 辅酶A

辅酶A（coenzyme A，缩写为CoA或HS-CoA、CoASH）是维生素**泛酸**（pantothenate）的衍生物。辅酶A由三部分构成：含有一个游离-SH的巯基乙胺、泛酸（β-丙氨酸和泛解酸形成的酰胺）以及3′-羟基被磷酸基团酯化的ADP，CoA的反应中心是-SH基团（图4.7）。

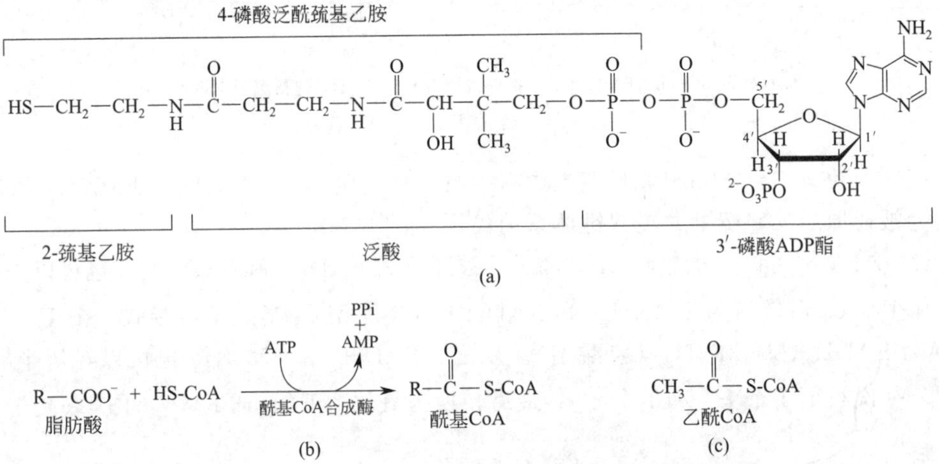

（a）辅酶A（HS-CoA）结构；（b）HS-CoA参与酰基转移反应；
（c）乙酰CoA；ATP：腺苷三磷酸；AMP：腺苷酸；PPi：焦磷酸。

图4.7 辅酶A（HS-CoA）

辅酶A是参与酰基转移反应的最重要的辅酶，常作为酰基载体参与酰基转移反应。例如，在酰基CoA合成酶催化下，CoA作为载体参与脂肪酸生成酰基CoA的反应。最简单的酰基CoA是乙酰CoA，在讨论糖、脂肪酸和氨基酸代谢时会经常涉及乙酰CoA。

4.5 硫胺素焦磷酸

辅酶**硫胺素焦磷酸**（thiamine pyrophosphate，TPP）是**硫胺素**（thiamine）的衍生物。硫胺素常称为维生素B_1，也称为**抗脚气病因子**（antiberiberi factor），因为人缺少硫胺素会患有脚气病［一种多发性神经炎（不是因真菌感染引起的脚癣）］。硫胺素含有一个嘧啶环和一个带正电荷的噻唑环。在动物细胞内，辅酶硫胺素焦磷酸是在硫胺素焦磷酸合成酶催化下由饮食中的硫胺素合成的，噻唑环中的2位C是辅酶的反应中心（图4.8）。

第一个成功纯化出来的TPP来自酵母，它是丙酮酸脱羧酶的辅基。丙酮酸脱羧酶催化丙酮酸生成CO_2和乙醛。丙酮酸脱羧首先转化为羟乙基硫胺素焦磷酸（hydroxy ethylthiamine pyrophosphate，HETPP），然后生成乙醛（图4.9）。

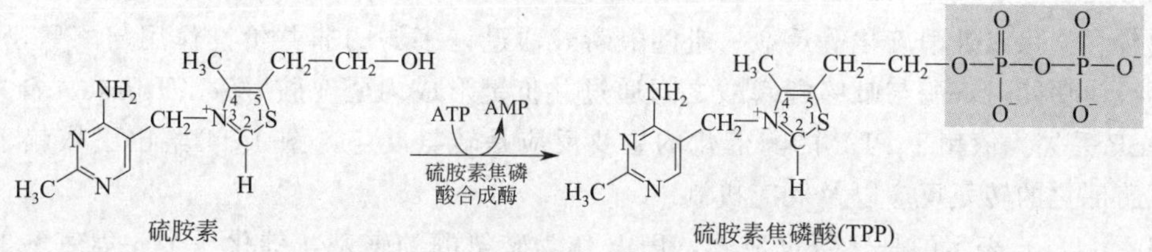

ATP：腺苷三磷酸；AMP：腺苷酸；PP_i：焦磷酸

图 4.8　硫胺素焦磷酸的形成

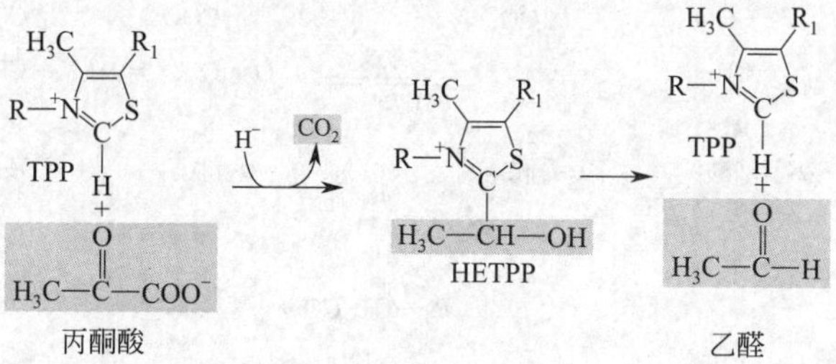

图中未给出整个酶，只给出了 TPP 作为酶辅基所起的作用，图中 R 代表 TPP 中的嘧啶环部分，R_1 代表焦磷酸部分

图 4.9　丙酮酸脱羧反应机制

维生素 B_1 在米糠和肝中含量丰富，经常食用精米的人容易得脚气病，因为去除了米糠中含有的人体必需的维生素 B_1。

4.6　磷酸吡哆醛

辅酶吡哆醛磷酸（pyridoxal phosphate，PLP）和吡哆胺磷酸（pyridoxamine phosphate）是维生素 B_6 的衍生物。维生素 B_6 广泛存在于植物和动物中，包括**吡哆醇**（pyridoxine）、**吡哆醛**（pyridoxal）和**吡哆胺**（pyridoxamine）3 个成员，它们的区别只是在吡啶环第 4 位碳的氧化或氨基化上（图 4.10）。

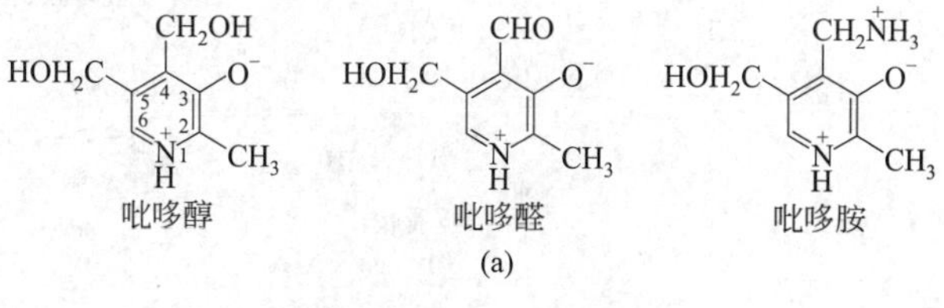

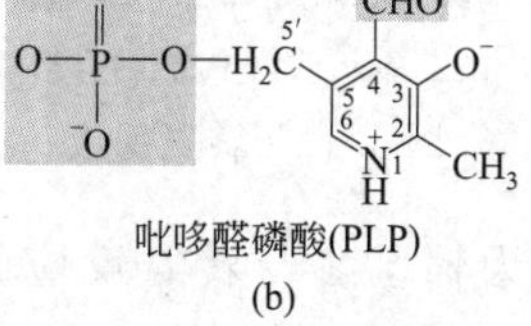

（a）维生素 B_6 结构；（b）辅酶吡哆醛磷酸的醛基（-CHO）是 PLP 的反应中心

图 4.10　维生素 B_6 和吡哆醛磷酸

吡哆醛磷酸是很多酶的辅基，这些酶催化涉及氨基酸的各类反应，其中包括转氨、异构化、脱羧、消除或外消旋化等反应。吡哆醛磷酸通过许多弱的非共价键作用与酶紧密结合，当酶不行使功能时，酶与吡哆醛磷酸之间通过共价键形成内醛亚胺（Schiff base，希夫碱），防止 PLP 丢失。依赖于 PLP 的酶催化的主要反应是转氨反应，图 4.11 给出了依赖于 PLP 的转氨酶催化的转氨反应以及反应机制。

图 4.11(a) 表示的是转氨反应式，PLP 作为转氨酶的辅基，催化一个 α-氨基酸的氨基转移到另一个 α-酮酸上，α-氨基酸脱去氨基后生成相应的 α-酮酸，而接受氨基的起始 α-酮酸生成一个新的 α-氨基酸。

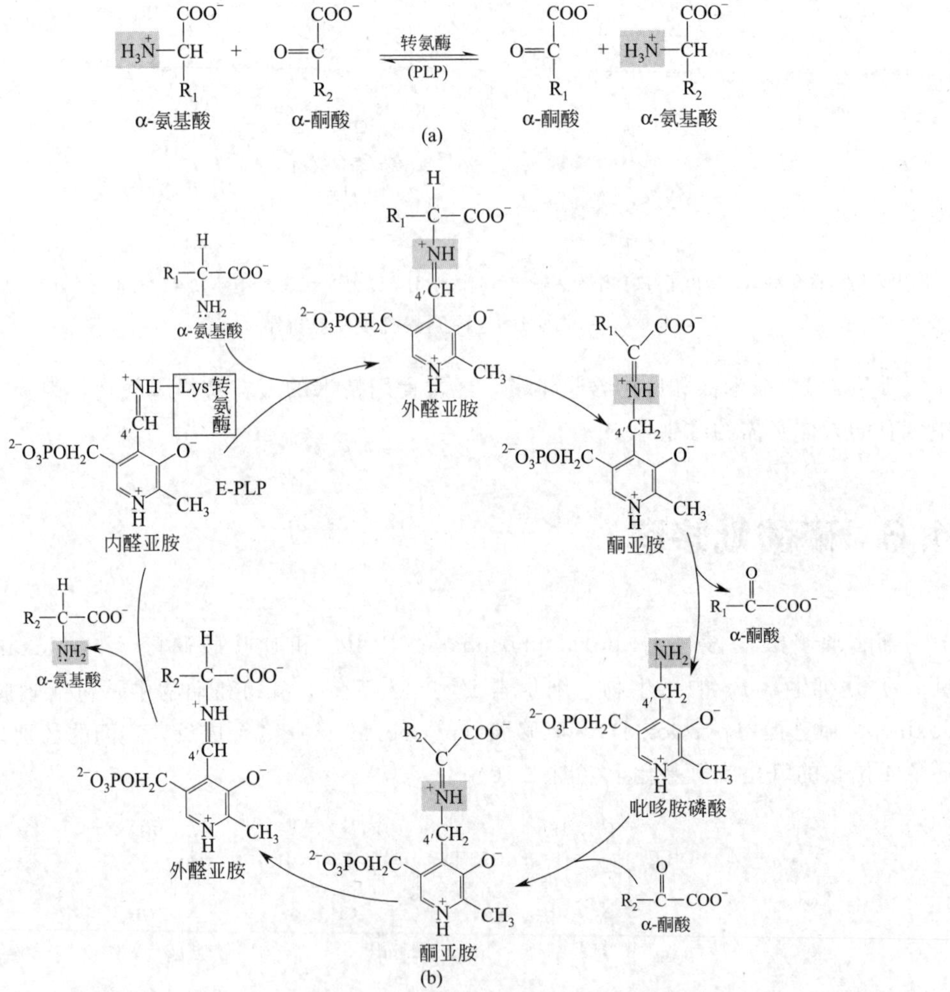

（a）转氨反应式，R_1 代表参加反应起始 α-氨基酸的侧链，R_2 代表起始 α-酮酸的侧链；

（b）PLP 作为辅基参与转氨反应的机制，E-PLP 表示酶与 PLP 结合形成的复合物，反应过程中酶始终与 PLP 结合

图 4.11　转氨反应

图 4.11(b) 表示的是 PLP 作为辅基参与转氨反应的机制，在整个反应过程中，酶与 PLP 始终是结合着的。首先侧链为 R_1 的 α-氨基酸取代 E-PLP 中的赖氨酸与 PLP 形成外醛亚胺，然后外醛亚胺互变异构化生成酮亚胺，酮亚胺水解释放出侧链为 R_1 的 α-酮酸和生成

磷酸吡哆胺。之后磷酸吡哆胺与另一个底物 α-酮酸（R_2 为侧链）生成酮亚胺，然后互变异构化生成外醛亚胺，经水解生成侧链为 R_2 的新的 α-氨基酸和 PLP，PLP 与酶重新形成内醛亚胺（E-PLP 形式），完成一个转氨的反应循环。

谷草转氨酶（glutamic-oxaloacetic transferase，GOT）和谷丙转氨酶（glutamic-pyruvic transaminase，GPT）是两个常规体检指标。GOT 催化氨基由谷氨酸转给草酰乙酸生成天冬氨酸的反应（图 4.12），GOT 水平常作为心肌梗死诊断指标之一。GPT 催化氨基由谷氨酸转给丙酮酸生成丙氨酸的反应（图 4.12），GPT 水平常作为肝炎诊断指标之一。

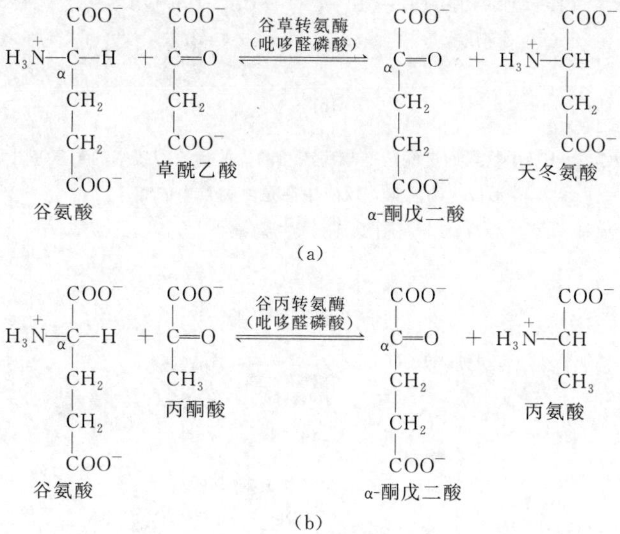

(a) 谷草转氨酶反应；(b) 谷丙转氨酶反应

图 4.12 两个主要转氨反应

4.7 生物素

生物素（biotin）常作为酶的辅基参与羧基转移反应和依赖 ATP 的羧化反应。生物素通过酰胺键与酶活性部位中的一个赖氨酸残基的 ε-氨基共价连接，生物素酰-赖氨酰部分也称为生物胞素（biocytin）（图 4.13）。

丙酮酸羧化酶（pyruvate carboxylase）是一个以生物素为辅基的酶，在 ATP 存在的条件下，催化丙酮酸结合一分子二氧化碳（生理条件下表示为 HCO_3^-）羧化生成四碳的草酰乙酸，反应中酶-生物素作为转移羧基的中间载体（图 4.14）。

生物素（曾经称为维生素 H）主要由肠道细菌合成，每天的需要量很少（μg 量级），正常饮食获取的生物素可满足机体所需。但经常食用生蛋清可能会导致生物素缺乏，因为蛋清中含有一种由 4 个相同亚基组成的四聚体**抗生物素蛋白**（avidin），蛋白中的每个亚基都可以紧密地结合一个生物素，抑制小肠对生物素的吸收。煮熟的鸡蛋中抗生物素蛋白变性，失去了对生物素的亲和力，也就消除了毒性。实验室常利用抗生物素蛋白能够紧密结合生物素的特点，用固定了抗生物素蛋白的亲和层析柱从混合物中提取与生物素结合的物质。

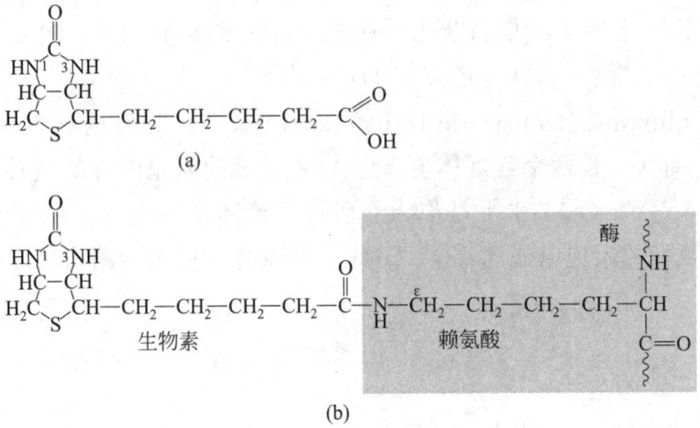

（a）生物素；（b）生物素通过酰胺键与酶活性部位的赖氨酸残基的ε-氨基共价连接，形成生物胞素，反应中心是生物素中的 N-1

图 4.13 生物素

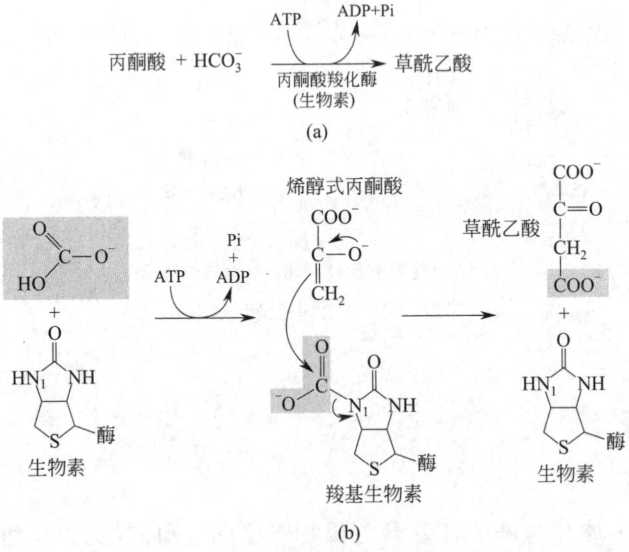

（a）丙酮酸羧化酶催化的反应式；（b）生物素作为酶的辅基在反应中的作用，烯醇式丙酮酸是丙酮酸的异构化形式

图 4.14 丙酮酸羧化酶催化的反应

4.8 四氢叶酸

四氢叶酸（tetrahydrofolic acid，THFA，或 THF，或 FH_4）是维生素**叶酸**（folate）（维生素 B_9）的衍生物。叶酸也称为**蝶酰谷氨酸**（pteroylglutamic acid），由蝶呤（2-氨基-4-氧取代蝶啶）、对氨基苯酸和谷氨酸残基构成（图 4.15）。四氢叶酸是通过在蝶呤环的 5、6、7 位和 8 位加氢由叶酸合成的，在两步依赖 NADPH 的反应中经二氢叶酸还原酶催化，叶酸被还原生成四氢叶酸（图 4.16）。

四氢叶酸在代谢中主要作为一碳单位的供体，一碳单位包括甲基、亚甲基、次甲基、羟甲基、亚胺甲基或甲酰基等基团，一般结合在四氢叶酸的 N_5 或 N_{10}，或同时结合在 N_5 和 N_{10}（图 4.17）。例如，在以四氢叶酸为辅酶的胸苷酸合酶催化下由 dUMP（脱氧尿嘧啶核苷酸）合成 dTMP（胸苷酸）的反应中，四氢叶酸提供一碳单位甲基。

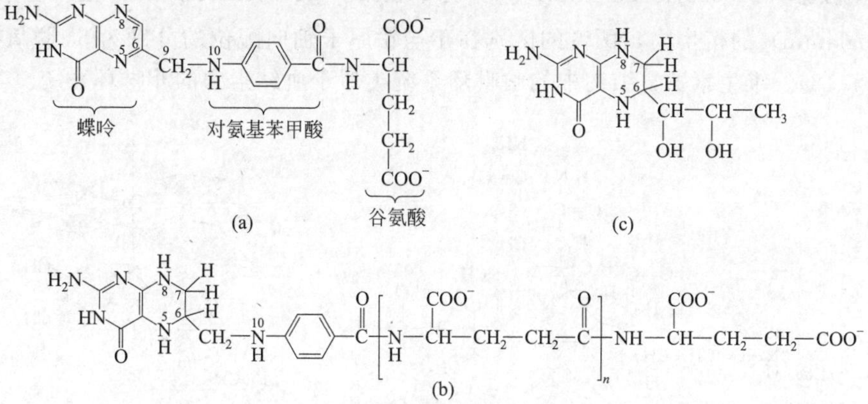

（a）叶酸由蝶呤、对氨基苯甲酸和谷氨酸组成；（b）四氢叶酸通常含有 5～6 个谷氨酸残基，反应中心是 N_5 和 N_{10}；（c）四氢生物蝶呤

图 4.15 叶酸和四氢叶酸

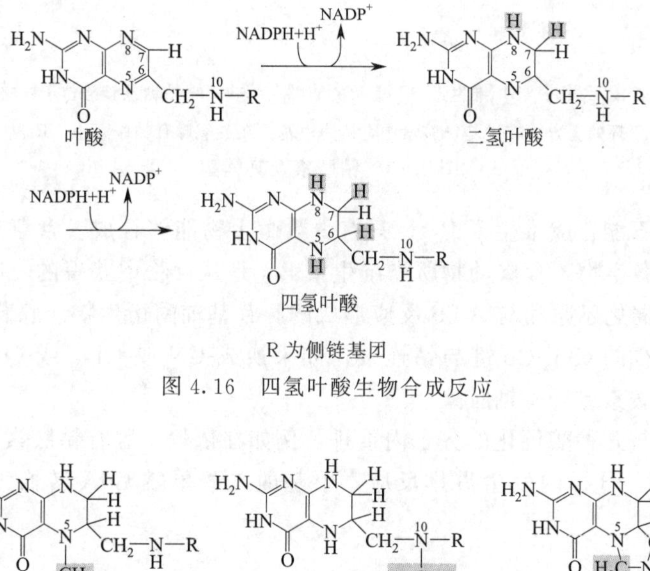

R 为侧链基团

图 4.16 四氢叶酸生物合成反应

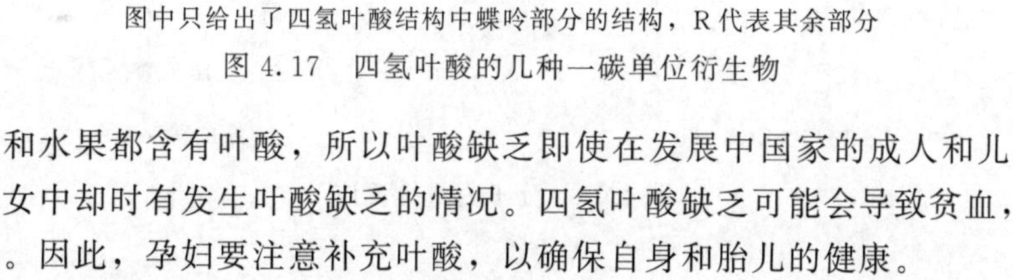

5-甲基四氢叶酸　　10-甲酰基四氢叶酸　　5,10-亚甲基四氢叶酸

图中只给出了四氢叶酸结构中蝶呤部分的结构，R 代表其余部分

图 4.17 四氢叶酸的几种一碳单位衍生物

许多蔬菜和水果都含有叶酸，所以叶酸缺乏即使在发展中国家的成人和儿童也很少见，但在怀孕的妇女中却时有发生叶酸缺乏的情况。四氢叶酸缺乏可能会导致贫血，有时会严重影响胎儿发育。因此，孕妇要注意补充叶酸，以确保自身和胎儿的健康。

4.9　腺苷钴胺素和甲基钴胺素

腺苷钴胺素（adenosylcobalamin）和**甲基钴胺素**（methylcobalamin）是维生素 B_{12}（**钴胺素**，cobalamin）的衍生物，两者的区别在于与钴原子轴向配位的分别为 5′-脱氧腺苷基和甲基（图 4.18）。维生素 B_{12} 结构中的咕啉环系统类似于血红素中的卟啉环系统。

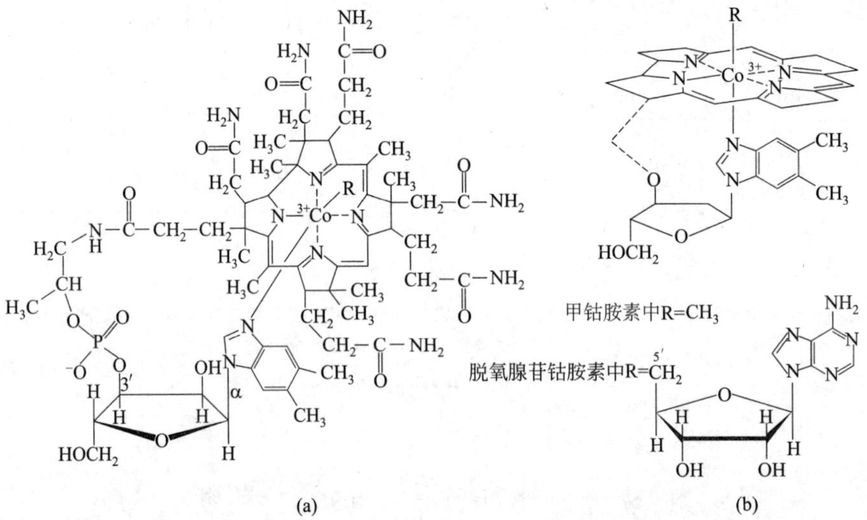

（a）维生素 B_{12} 结构；（b）维生素 B_{12} 辅酶的简图，苯并咪唑核糖核苷酸位于咕啉环下方，而 R 基团位于环的上方。在甲基钴胺素中，R 为甲基；在脱氧腺苷钴胺素中，R 为 5′脱氧腺苷

图 4.18　钴胺素及其辅酶

植物和动物都不能合成维生素 B_{12}，只有少数微生物能够合成。食草动物胃中含有可以合成维生素 B_{12} 的微生物。食肉动物所需维生素 B_{12} 是从食物中获得的，吸收的大多数维生素 B_{12} 都是经过酶催化还原和与 ATP 反应形成的腺苷基辅酶衍生物。腺苷钴胺素中 5′-脱氧腺苷基成分通过稀少的 C-5′-Co 键与钴连接，如果换成-CN 或-CH_3 或-OH，则生成相应的氰钴胺素、甲基钴胺素或羟基钴胺素。

腺苷钴胺素参与几种酶催化的分子内重排，例如在依赖于腺苷钴胺素的甲基丙二酸单酰 CoA 变位酶催化下，分子内发生重排反应，甲基丙二酸单酰 CoA 转换为琥珀酰 CoA（图 4.19）。

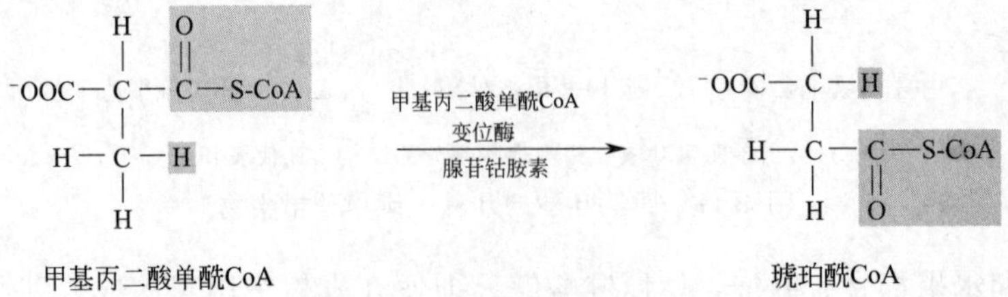

图 4.19　分子内重排反应

此外，甲钴胺素与四氢叶酸一起参与甲基的转移，例如在哺乳动物中，在同型半胱氨酸甲基转移酶的催化下由同型半胱氨酸可生成甲硫氨酸（图 4.20）。在该反应中 5-甲基四氢叶酸提供甲基给维生素 B_{12} 形成甲基钴胺素（图中 CH_3-B_{12}），甲基钴胺素再将甲基转到同型半胱氨酸侧链巯基上生成甲硫氨酸（Met）。

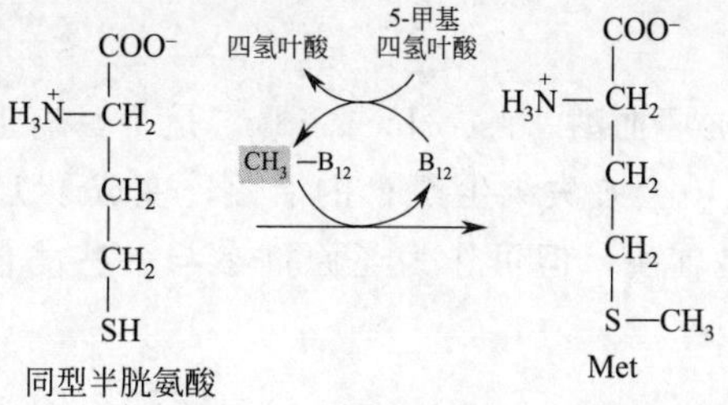

图 4.20　由同型半胱氨酸生物合成蛋氨酸

4.10 硫辛酰胺

辅酶硫辛酰胺实际上是硫辛酸与蛋白质结合的形式。硫辛酸常与 B 族维生素列在一起，然而它只是少数微生物生长需要的，动物似乎可以由前体合成它。图 4.21 显示了硫辛酸、硫辛酰胺结构。硫辛酸没有游离形式，而是通过它的羧基与蛋白质中一个赖氨酸残基的 ε-氨基形成的酰胺键结合在蛋白质上。

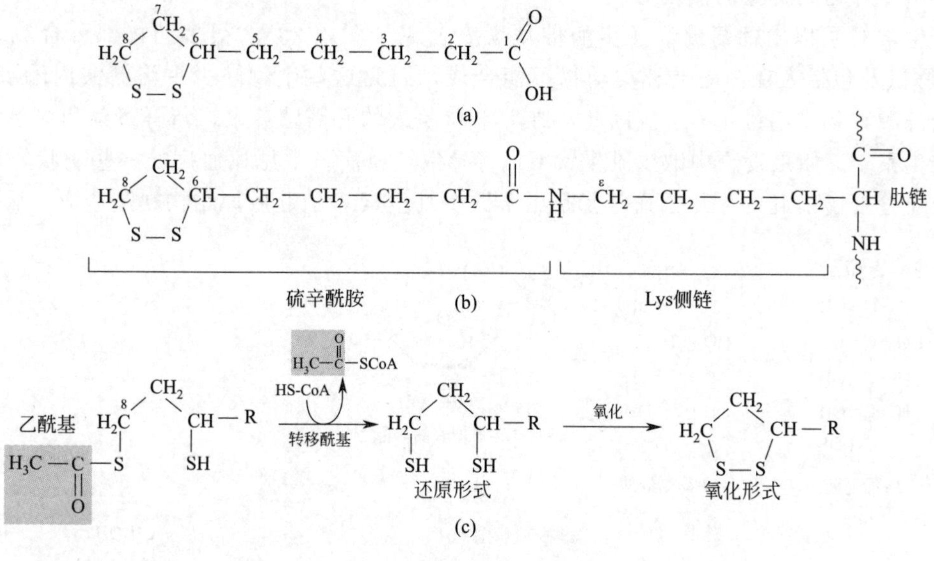

（a）硫辛酸；（b）硫辛酰胺；（c）硫辛酰胺在丙酮酸脱氢酶复合物催化反应中的作用

图 4.21　硫辛酸和硫辛酰胺

硫辛酰胺作为酶的辅基主要出现在柠檬酸循环中的丙酮酸脱氢酶复合物和 α-酮戊二酸脱氢酶复合物中的二氢硫辛酰胺转移酶中，携带着酰基，像一个长臂一样摆动于多酶复合物中的活性部位之间。图 4.21(c) 给出了硫辛酰胺在丙酮酸脱氢酶复合物催化反应中的作用。

硫辛酰胺首先接受来自丙酮酸脱羧后的乙酰基，将乙酰基转移给 CoA 生成乙酰 CoA 后变成还原型，再经过氧化又恢复到氧化型，准备进行下一轮反应。

4.11　维生素 C

维生素 C 也被称为 ***L*-抗坏血酸**（ascorbic acid），是个具有五元环的不饱和内酯，被氧化（在空气中就可被氧化）就会丧失维生素 C 的活性，变成了 *L*-脱氢抗坏血酸（图 4.22）。现在研究表明维生素 C 不是辅酶，但可作为还原剂参与一些酶催化的反应，其中最重要的反应是胶原的羟化。

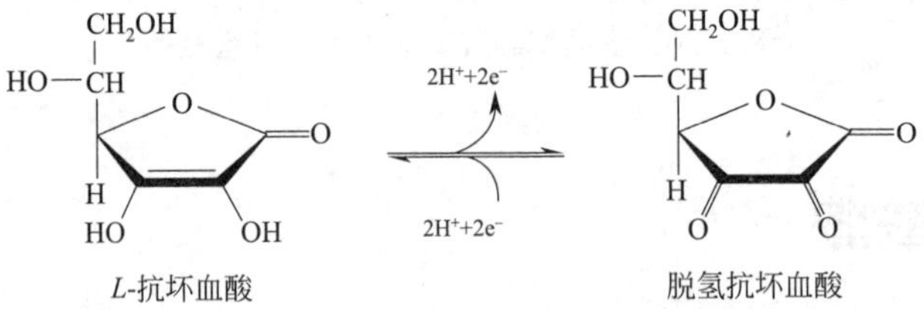

图 4.22　*L*-抗坏血酸和 *L*-脱氢抗坏血酸结构

维生素 C 具有防治**坏血病**（scurvy）的功能。此外，维生素 C 可通过维持酶分子的-SH，使体内各种含巯基的酶保持活性，清除自由基和阻断致癌物 *N*-亚硝基化合物合成预防癌症；通过维持谷胱甘肽的还原状态，使得谷胱甘肽与一些重金属（如 Hg^{2+}、Pb^{2+} 等）结合并排出体外达到解毒的作用等。

维生素 C 可以由葡萄糖经 4 步酶催化反应合成（图 4.23）。很多动物都可合成维生素 C，但豚鼠及包括人在内的灵长类动物不能合成，因为这些生物缺少古洛糖酸内酯氧化酶，需要由外源食物供给维生素 C。因此，维生素 C 是人的必需营养素，新鲜蔬菜和水果含有丰富的维生素 C。如果食物中缺少维生素 C，将导致坏血病。常见坏血病的一些病状，如皮肤损伤及血管变脆引起的牙龈出血等都是由于缺少维生素 C 引起胶原结构缺陷造成的后果。

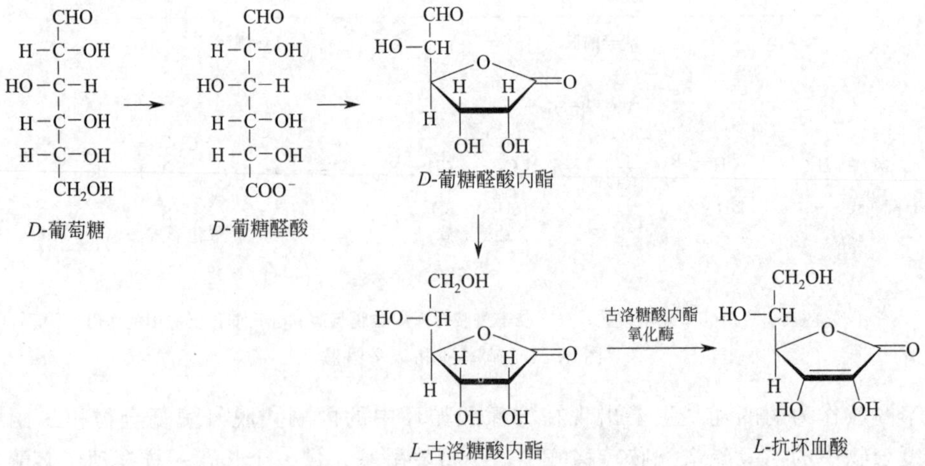

图 4.23　维生素 C 的生物合成

4.12 脂溶性维生素

脂溶性维生素（lipid-soluble vitamin）包括维生素 A、D、E 和 K，这 4 种维生素尽管每一种都至少含有一个极性基团，但都是高度疏水的，而且不用进行化学修饰就可直接被生物体利用。某些脂溶性维生素并不是辅酶的前体。

4.12.1 维生素 A

维生素 A，也称为**视黄醇**（retinol），是一个 20 碳脂类分子，可由饮食中的 40 碳 β-胡萝卜素（β-carotene）通过酶促氧化裂解获得，或是直接从肝、蛋黄或奶制品中获得，胡萝卜和深色蔬菜都富含 β-胡萝卜素（图 4.24）。由于末端功能基团的氧化态不同，维生素 A 存在 3 种形式：视黄醇（$-CH_2OH$）、视黄醛（retinal）（-CHO）和视黄酸（retinoic acid）（-COOH）。

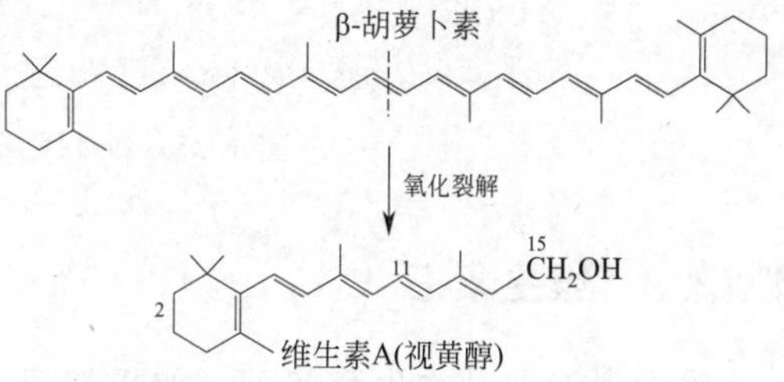

图 4.24 维生素 A 的生成

3 种维生素 A 衍生物都具有重要的生物学功能。视黄醛是一个光敏感化合物，在视觉中起着重要作用。它是蛋白视紫红质（rhodopsin）的辅基，通过它吸收光触发神经脉冲。视黄酸是一个可以结合细胞内受体蛋白的信号化合物。配体-受体化合物与染色体结合，可以在细胞分化时调控基因表达。

维生素 A 经视黄醇脱氢酶催化生成全反式视黄醛，然后再经视黄醛异构酶（retinal isomerase）催化生成 11-顺-视黄醛。11-顺-视黄醛与**视蛋白**（opsin）结合形成膜结合蛋白**视紫红质**（rhodopsin），当顺式视黄醛吸收光后，异构化为反式视黄醛，引起视紫红质构象变化，构象变化启动了对大脑的神经脉冲。反式视黄醛再经视黄醛异构酶催化重新生成顺式视黄醛。据报道维生素 A 缺乏不仅导致包括夜盲症在内的视觉障碍，而且还会影响生长发育和生殖功能等。

4.12.2 维生素 D

维生素 D 是骨骼形成所必需的一组相关的脂，其中主要有维生素 D_2（**麦角钙化醇**，ergocalciferol）和维生素 D_3（**胆钙化醇**，cholecalciferol）。当机体暴露于阳光下时，在皮肤内由 7-脱氢胆固醇不经酶催化可产生维生素 D_3，然后 D_3 在肝脏中经过羟化反应转化为 25-羟胆钙化醇，再经肾脏转化为维生素 D 的活性形式 1,25-二羟胆钙化醇（图 4.25）。1,25-二羟胆钙化醇是调节人体内 Ca^{2+} 利用的几种物质之一。维生素 D_2 也以类似方式被激活。实际上这两种活性形式化合物是激素，可以帮助人体调控 Ca^{2+} 的利用和它在骨骼中的沉积。

在维生素 D 缺乏病中，例如儿童中的维生素 D 缺乏症（佝偻病）和成人中的骨质疏松、骨质弱都是由于磷酸钙不能在骨骼的胶原基质中形成合适的结晶导致的。维生素 D 可由食物中获得，例如牛奶、动物肝、蛋黄和鱼肝油中都含有维生素 D，其中尤以鱼肝油中含量最丰富。

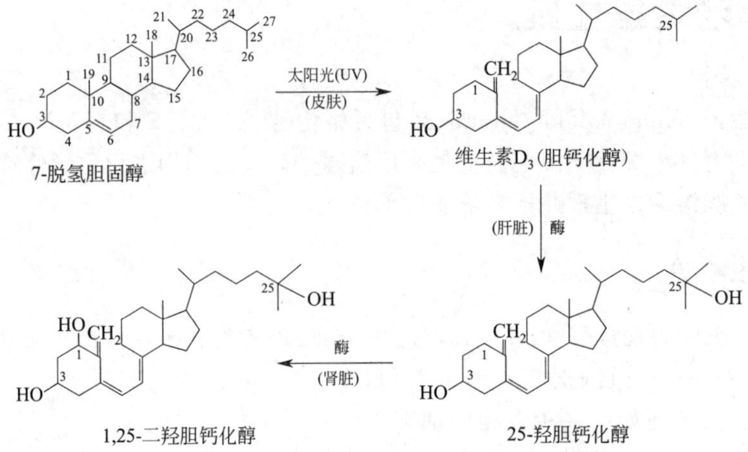

图 4.25 维生素 D_3 和 1,25-二羟胆钙化醇

4.12.3 维生素 E

维生素 E 与动物生育有关，如果缺乏会导致不育，所以维生素 E 也称为**生育酚**（tocopherols）。天然存在的生育酚有 8 种，这一组化合物都含有一个含氧的双环系统，环上带有一个疏水侧链，其中尤以 α-生育酚生理活性最高（图 4.26）。

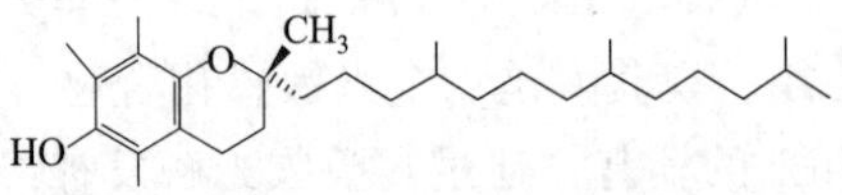

图 4.26 维生素 E（α-生育酚）结构

临床上维生素 E 常用作预防流产的保胎药。此外，维生素 E 作为还原剂还起着清除自由基的作用，防止生物膜中的脂肪酸受到氧化伤害。维生素 E 的缺乏可导致不育，还可能导致红细胞变脆和神经损伤，但不多见。

4.12.4 维生素 K

维生素 K（**叶绿醌**，phylloquinone）是一种来自植物的脂溶性维生素，人体肠道细菌也可合成维生素 K（图 4.27）。维生素 K 作为还原剂参与羧化酶催化的羧化反应，主要功能是促进凝血。羧化酶在肝内合成凝血酶原时催化凝血酶原上特殊的谷氨酸残基转化为 γ-羧基谷氨酸残基。γ-羧基谷氨酸成分起着 Ca^{2+} 螯合剂的作用。钙离子与凝血酶原上的 γ-羧基谷氨酸残基结合触发血液凝固级联反应。

相关话题

维生素类药物

维生素是机体维持正常代谢、促进生长发育和调节生理功能所必需的一类小分子有机营养物质。人体通过从食物中吸收所需的维生素，如果维生素长期摄入不足，则会出现相应的维生素缺乏症，严重者会影响机体的代谢反应和生理功能，需要服用维生素药物进行治疗。下面介绍一些常用的维生素药物。

（1）维生素 A：用于治疗夜盲症、眼干燥症、角膜软化症和皮肤粗糙等维生素 A 缺乏症。

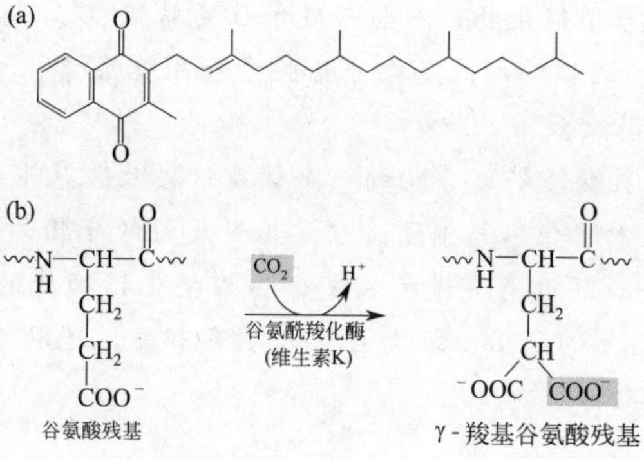

（a）维生素 K（叶绿醌）的结构；（b）维生素 K 参与谷氨酰羧化酶催化的反应

图 4.27 维生素 K

（2）维生素 D_3：用于治疗儿童佝偻病、成人软骨病以及因其缺乏引起的低血钙、骨质疏松症、龋齿、手足搐搦症及甲状旁腺功能减退等。

（3）维生素 E：可用于抗衰老、防治动脉硬化、减轻肠道慢性炎症等。使用维生素 E 时应注意其毒性。

（4）维生素 K：维生素 K_1 注射液用于治疗维生素 K 缺乏引起的出血和香豆素类、水杨酸钠等所致的低凝血酶原血症。

（5）维生素 B_1：用于维生素 B_1 缺乏所致的脚气病或韦尼克脑病，也用于周围神经炎、消化不良等的辅助治疗。

（6）维生素 B_2：用于脂溢性皮炎、角膜血管化、阴囊炎等维生素 B_2 缺乏症。

（7）维生素 PP：用于治疗高脂血症等。

（8）维生素 B_6：用于治疗婴儿惊厥或给孕妇服用以预防婴儿惊厥；防治因大量或长期服用异烟肼等引起的周围神经炎、失眠、不安，减轻抗癌药和放射治疗引起的恶心、呕吐或妊娠呕吐等。局部涂搽治疗痤疮、酒渣鼻、脂溢性湿疹等。

（9）维生素 C：维生素 C 葡萄糖注射液常用于坏血病、慢性铁中毒和特发性高铁血红蛋白血症的治疗。

小结

NAD^+ 和 $NADP^+$ 都是脱氢酶的辅酶，从特定底物转移氢负离子（H^-）使 NAD^+ 或 $NADP^+$ 分别还原为 NADH 或 NADPH，并释放出一个 H^+。

维生素 B_2（核黄素）的辅酶形式 FAD 和 FMN 作为辅基与酶紧密结合，FAD 和 FMN 可通过氢负离子转移（2 个电子）分别被还原形成 $FADH_2$ 和 $FMNH_2$。还原的黄素辅酶一次可贡献 1 个或 2 个电子。

辅酶 A 是泛酸的衍生物，参与酰基转移反应。如脂肪酸合成中就需要酰基载体蛋白。

维生素 B_1（硫胺素）的辅酶形式是硫胺素焦磷酸（TPP），TPP 噻唑环与 1 个 α-酮酸底物脱羧时生成的醛结合。

吡哆醛磷酸（PLP）是氨基酸代谢中许多酶的辅基。例如作为转氨酶辅基。

生物素是羧化酶和羧基转移酶的辅基，它通过共价键连接在酶活性部位的赖氨酸残基上。

四氢叶酸是叶酸的还原型衍生物，参与一碳单位的转移。

维生素 B_{12}（钴胺素）的辅酶形式是腺苷钴胺素和甲钴胺素，含有钴和咕啉环系统。它们参与分子内的重排和甲基化反应。

硫辛酰胺是 α-酮酸脱氢酶多酶复合物的一个辅基，接收酰基形成硫酯。

维生素 C 是一个维生素，但不是辅酶。它是几种反应的底物，例如参与胶原合成。

维生素 A 与视觉有关，还具有促进生长发育和维护生殖功能的作用；维生素 D 参与骨骼生长发育，可以调节 Ca^{2+} 的利用；维生素 E 与生育有关，还具有抗氧化作用；维生素 K 参与凝血酶原合成，促进凝血。

习题

1. 列出反应中起下列作用的辅酶：（a）作为氧化还原试剂；（b）作为酰基载体；（c）转移甲基；（d）转移氨基；（e）参与羧化或脱羧反应。

2. 癞皮病于 20 世纪初在美国南部流行，当时的膳食以玉米为主食。研究发现该病不是病毒感染，也不是毒素中毒引起的。后来发现患癞皮病的患者多喝点牛奶或多吃点肉，病情大为好转，其可能的机理是什么？

3. 乳酸脱氢酶催化乳酸氧化为丙酮酸（NAD^+ 为辅酶），由乳酸转移双电子过程中 NAD^+ 被还原。同时从乳酸除去了两个质子，是否应当将辅酶的还原形式正确地写成 $NADH_2$ 呢？请解释。

4. 当把从猪肌肉中纯化的乳酸脱氢酶装入到一个透析袋（只允许小分子透过膜）中，放入水中透析后，酶几乎没有催化活性了，这是什么原因？有什么办法可以使该酶恢复活性？

5. 如果只给鸽子饲喂精白米和水，数天后逐渐发现鸽子无法维持身体平衡，总要向后仰。如果继续下去会导致死亡。此时如果在饲料中拌点米糠，则此症状可以防止或改善。你能解释产生这个现象的原因吗？

6. 人如果缺乏维生素 B_6 有可能导致易怒、神经过敏、抑郁和惊厥。这些症状可能是由于神经递质 5-羟色胺（色氨酸衍生物）和去甲肾上腺素（酪氨酸衍生物）水平降低引起的。维生素 B_6 缺乏为何会引起它们水平降低呢？

7. 巨幼红细胞贫血是由 DNA 合成速度降低导致生成的成熟红细胞减少的一种疾病；表现为红细胞非正常增大，并且很容易破裂。研究表明该疾病是由于叶酸缺乏引起的，请解释叶酸缺乏导致该病的原因。

8. 肾性骨发育不全，或称肾性佝偻症，主要是骨骼矿物质排除过多引起的。即使给予肾病患者均衡的饮食，仍然会有肾性骨发育不全发生。请问：(a) 哪一种维生素与骨骼矿物质化有关？(b) 为什么肾受损会造成骨骼矿物质排出过多？

9. 有的保健食品广告宣称从自然界提取的维生素要比化学合成的更安全。例如从蔷薇中提取的纯 *L*-抗坏血酸（维生素 C）比化学合成的更好。你认为两种来源的同一种维生素会有不同吗？身体能区分哪个来源于天然，哪个来自化学合成吗？

10. 将哺乳动物肝脏样品在三氯甲烷和水的混合物中匀浆，维生素 A、维生素 B_6、维生素 C 和维生素 D 各分布在哪一相中？其原因是什么？

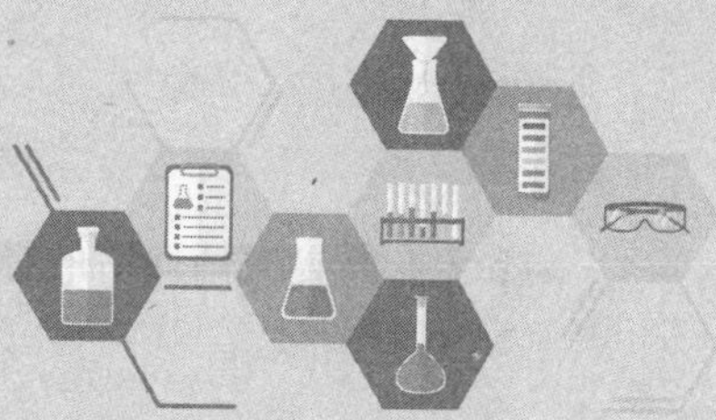

5 糖

糖常被称为“碳水化合物”（carbohydrate），源于经验化学式（CH_2O)$_n$。由于大部分糖都符合这个分子式，因此糖曾被误认为是碳的水合物。糖是自然界分布最广泛、地球上含量最丰富的一类生物有机分子。一些生物通过光合作用将太阳能转化为化学能，利用化学能将大气中的二氧化碳转变为糖。

糖可分为单糖、寡糖和多糖。单糖（monosaccharide）是寡糖（oligosaccharide）和多糖（polysaccharide）的构件单位，（CH_2O)$_n$ 中的 n 为 3 或大于 3（n 通常为 5 或 6，但也可达到 9）。寡糖是 2～20 个单糖的聚合物，而多糖中单糖数目都大于 20。寡糖和多糖不能用经验式表示。

5.1 单糖

单糖是水溶性的白色带有甜味的结晶固体，例如日常食用的葡萄糖和果糖。从化学角度看，单糖是多羟基的醛（醛糖，aldose）或多羟基的酮（酮糖，ketose），最小的单糖是三碳醛糖甘油醛（glyceraldehyde）和三碳酮糖二羟丙酮（dihydroxyacetone）。甘油醛是个手性分子，存在 *L*-甘油醛和 *D*-甘油醛两个立体异构体。二羟丙酮没有不对称碳，是非手性分子（图 5.1）。

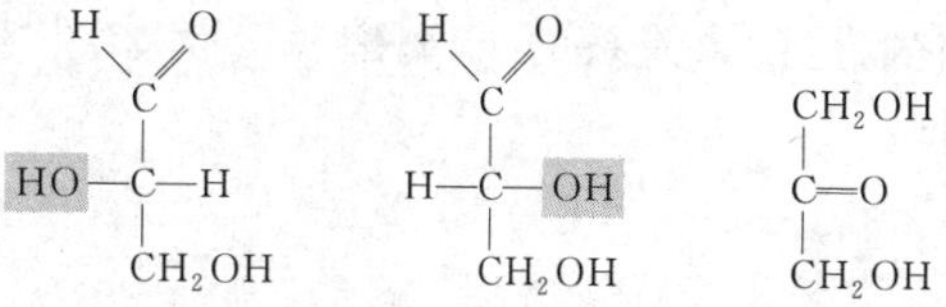

L-甘油醛　　*D*-甘油醛　　二羟丙酮

图 5.1　甘油醛和二羟丙酮（Fischer 投影式）

5.1.1 单糖的开链结构：醛糖和酮糖

碳链比较长的醛糖和酮糖都可看作是 H—C—OH 或 HO—C—H 分别插入甘油醛或二羟基丙酮的羰基和伯醇基之间的延长产物。

1）醛糖

图 5.2 给出了在 *D*-甘油醛基础上形成的 *D* 构型系列的丁醛糖（四碳醛糖）、戊醛糖（五碳醛糖）和己醛糖（六碳醛糖）的名称和结构。其中的许多单糖大多数生物（体）都不能合成。在单糖中，碳原子的编号是从羰基碳（编号为 1）开始的。按照惯例，*D* 型糖是具有最高编号的手性碳原子（离羰基碳最远的手性碳）上连接的—OH（图中阴影 OH）在

Fischer 投影式中朝向右的糖，朝向左的就是 L 型糖了。

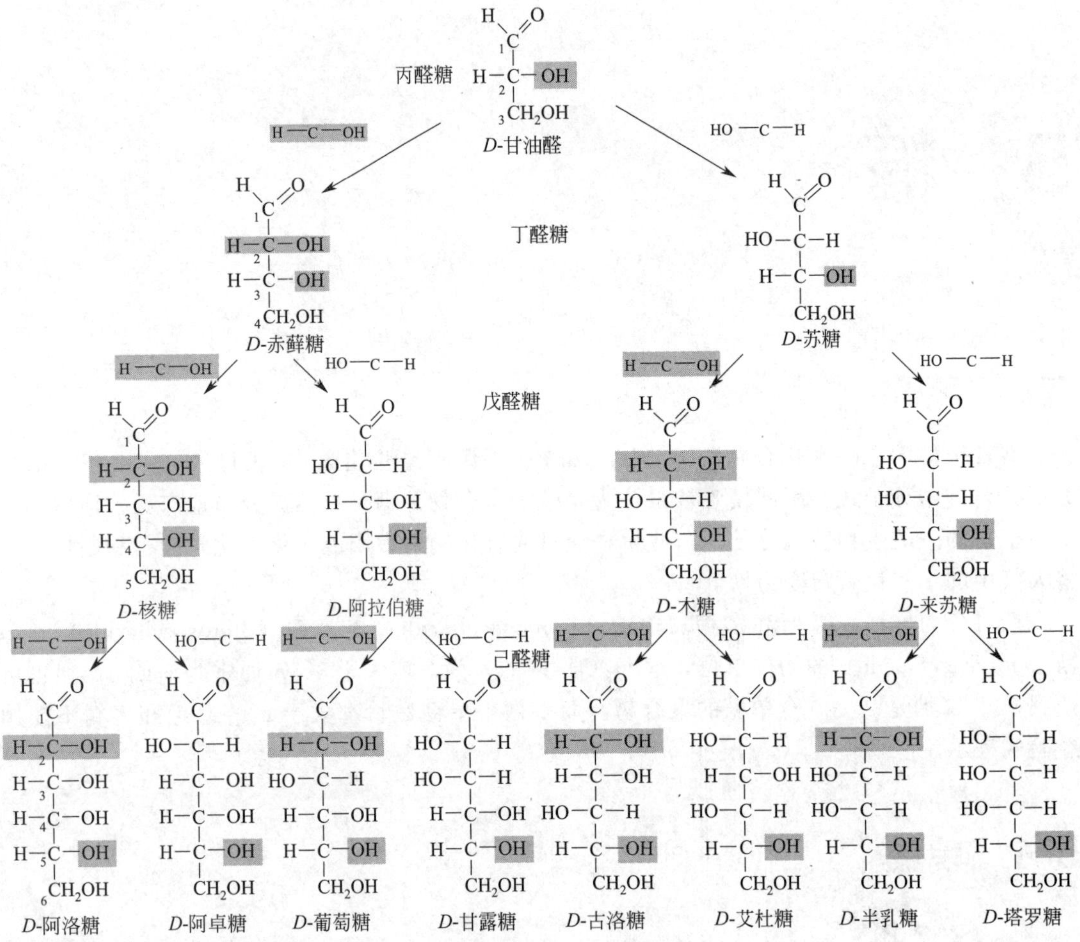

图 5.2　三碳至六碳 D-醛糖的结构

像 D-甘油醛那样，图 5.2 中从 D 型四碳醛糖到 D 型六碳醛糖中的任一个糖也都存在着与它们呈镜像关系的 L 型醛糖。例如图 5.3 表示的就是呈镜像关系的 D-葡萄糖和 L-葡萄糖。

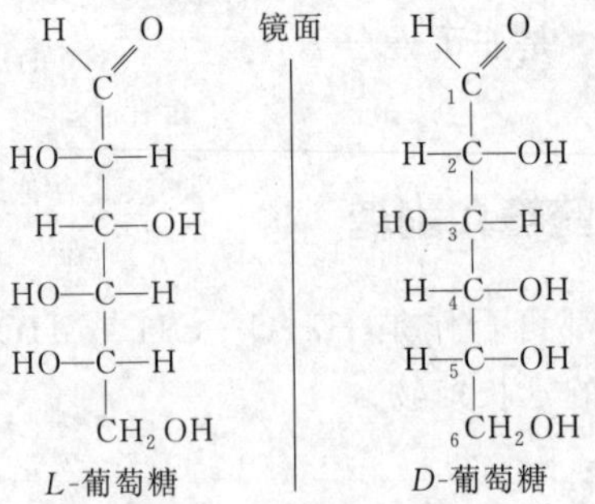

图 5.3　呈镜像关系的 D-葡萄糖和 L-葡萄糖

如果糖分子之间只是在几个手性碳中的一个碳上的构型不同，这样的一对糖分子称为差向异构体（epimer），例如图 5.2 中的 D-甘露糖和 D-半乳糖就是 D-葡萄糖的差向异构体

(分别在 C2 和 C4 上的构型不同)。

2) 酮糖

图 5.4 给出了在二羟丙酮基础上形成的 *D* 构型的长链酮糖系列，像长链醛糖那样，长链的酮糖也都可认为是一个 H—C—OH 或 HO—C—H 插入羰基和伯醇基之间的延长产物，但酮糖含有的手性碳原子比同一经验公式的醛糖的少，例如丁酮糖只有 2 个立体异构体 (*D*-赤藓酮糖和 *L*-赤藓酮糖)，而丁醛糖则有 4 个立体异构体 (*D*-赤藓糖和 *L*-赤藓糖；*D*-苏糖和 *L*-苏糖)。

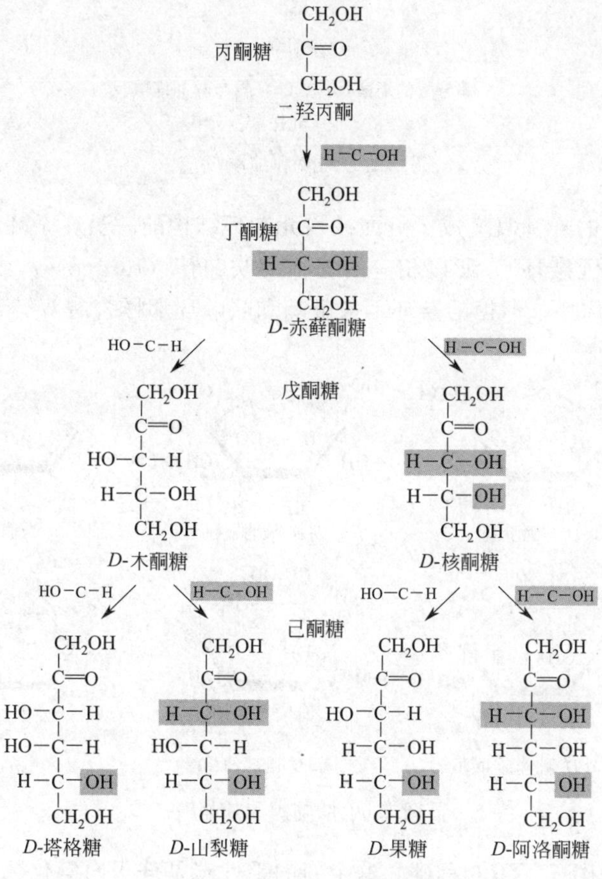

图 5.4 三碳酮糖至六碳酮糖结构

5.1.2 单糖的环式结构

根据有机化学知识，醛可以与醇首先形成半缩醛，半缩醛还可以与醇形成缩醛。同样，酮也可以与醇经两步反应形成缩酮 (图 5.5)。像葡萄糖那样的醛糖应当可以与醇发生缩醛反应，但实际上只能与一分子醇反应，而像果糖那样的酮糖也是这样，只能形成半缩酮。

实验表明醛糖和酮糖之所以只能与一分子醇反应，源于它们分子内发生了环化反应，这一环化反应类似于一分子醇与一个醛糖或一个酮糖形成半缩醛或半缩酮。由此，也就不难理解环化的葡萄糖或果糖不能再与 2 分子醇形成缩醛了。

单糖环化时它们的羰基碳与分子内的一个羟基可形成五元或六元的一个环式半缩醛或环

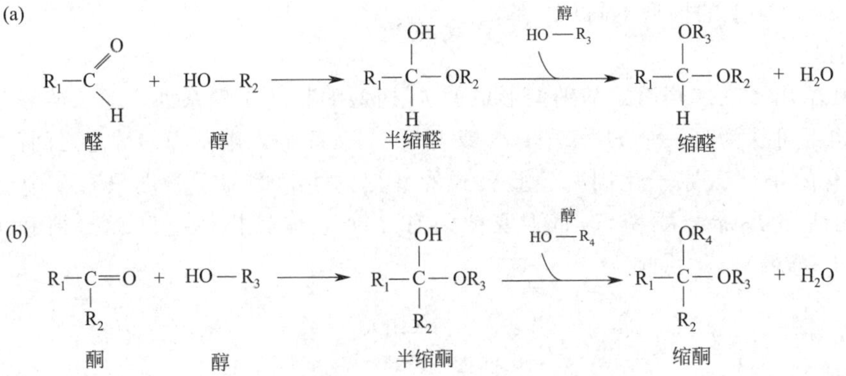

（a）醛与醇的缩醛反应；（b）酮与醇的缩酮反应

R_1、R_2、R_3 和 R_4 表示侧链

图 5.5　缩醛和缩酮反应

式半缩酮。参与反应的羟基氧变成了五元或六元杂环结构的一员，杂环结构类似于呋喃（五元杂环）或吡喃（六元杂环），所以相应的糖称为呋喃糖（furanose）或吡喃糖（pyranose）（图 5.6）。虽然这样称呼，但糖的杂环不像吡喃和呋喃环那样含有双键。

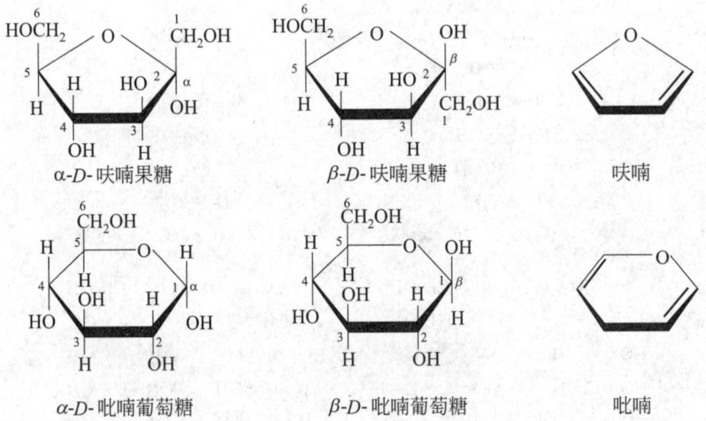

图 5.6　呋喃糖和吡喃糖

单糖环化后羰基碳成了不对称碳，这个新的手性碳是分子内氧化数最高且是唯一与两个氧原子结合的碳，称为异头碳（anomeric carbon）。环状葡萄糖比开链葡萄糖多出一个手性碳，出现了两个新的立体异构体：*α-D*-葡萄糖和 *β-D*-葡萄糖（图 5.7）。*α*-异构体和 *β*-异构体这两个新的立体异构体被称为异头物（anomer）。

在溶液中，有能力形成环状结构的醛糖和酮糖，它们的不同环式和开链形式处于平衡中。例如，在 31℃下，*D*-葡萄糖以接近 63% *β-D*-吡喃葡萄糖和 36% *α-D*-吡喃葡萄糖的平衡混合物存在，也存在非常少量的开链葡萄糖或呋喃葡萄糖（图 5.8）

像葡萄糖在溶液中表现的那样，*D*-核糖也是以近似 58.5% *β-D*-吡喃核糖、21.5% *α-D*-吡喃核糖、13.5% *β-D*-呋喃核糖和 6.5% *α-D*-呋喃核糖及极微量的开链形式核糖的混合物存在的（图 5.9）。处于平衡中的单糖的各种不同形式的丰度反映了每种形式的相对稳定性。尽管 *β-D*-吡喃核糖是未取代的 *D*-核糖的最稳定形式，然而在核苷酸中的结构是 *β-D*-呋喃核糖。

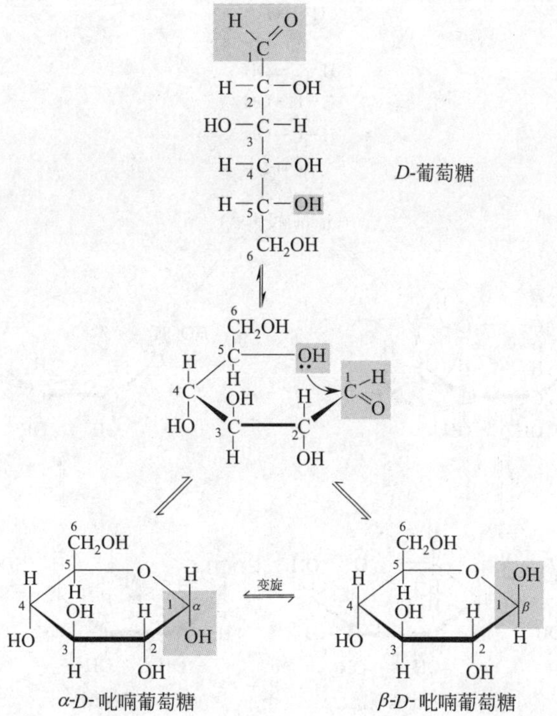

图中与异头碳 C1 连接的 OH（阴影）朝下的定义为 *α-D*-吡喃葡萄糖，朝上的定义为 *β-D*-吡喃葡萄糖

图 5.7 *D*-葡萄糖环化形成吡喃葡萄糖

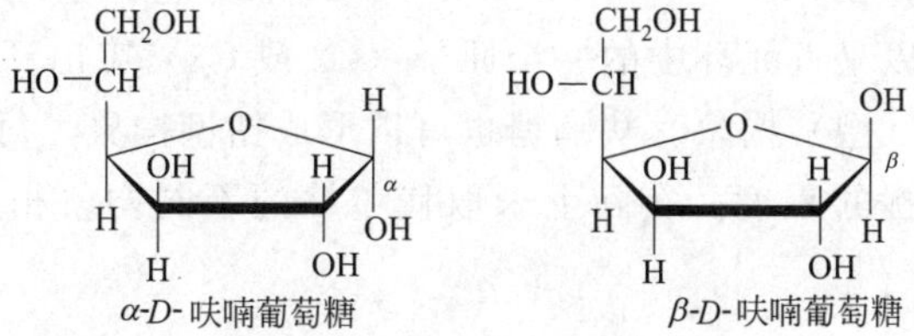

图 5.8 呋喃葡萄糖

图 5.7 和图 5.9 中环化后的葡萄糖和核糖都是以 Haworth 透视式表示的。在 Haworth 透视式中，环垂直于纸面，靠近读者的边用黑体线表示。环下面 OH 为 Fisher 投影式右边的-OH，而环上面-OH 为左边的-OH。之所以称为 Haworth 透视式，是因为 Norman Haworth 在糖的环化反应研究中做出了贡献，第一次提出了这些表示方式，由于在糖结构和维生素 C 合成方面的卓越工作，他获得了 1937 年的诺贝尔化学奖。

在教材和文献中常将单糖画成 *α-D*-呋喃糖或 *β-D*-呋喃糖及 *α-D*-吡喃糖或 *β-D*-吡喃糖构型，但五碳糖或六碳糖的异头碳构型是处于快速平衡之中的。

5.1.3 单糖的构象

由于用 Haworth 透视式能够精确地给出糖骨架的每个碳原子处的原子和基团的构型，所以生物化学中经常使用这种表示方式。然而，一个单糖环的碳原子的几何形状是四面体（键角近似 110°），所以单糖环实际上不是平面。环式单糖虽然在三维空间上具有同样的构

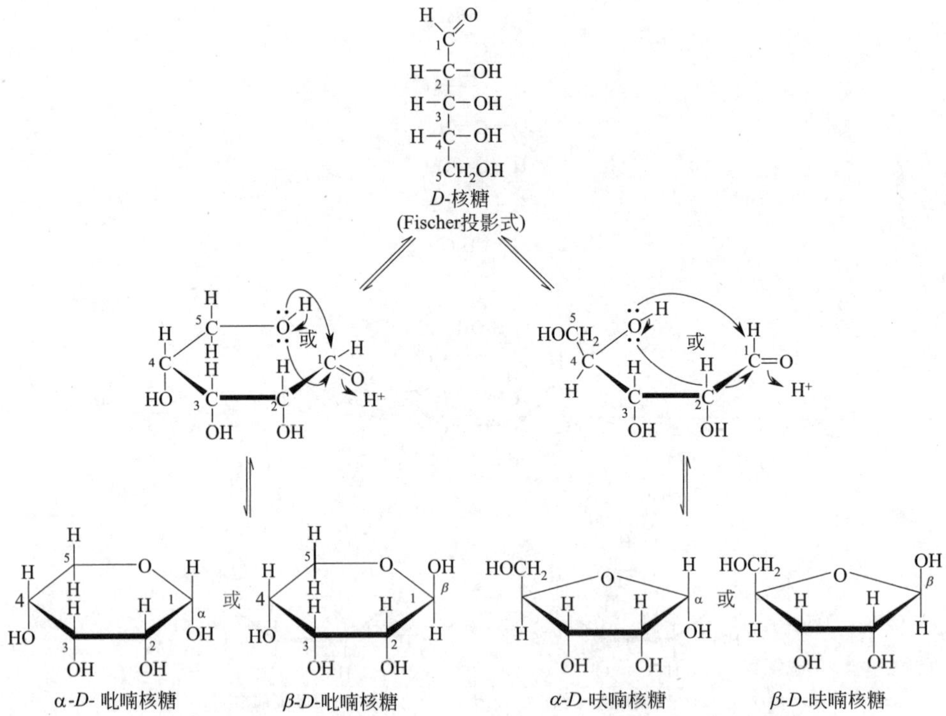

D-核糖环化形成 *α*-*D*-吡喃核糖、*β*-*D*-吡喃核糖、*α*-*D*-呋喃核糖和 *β*-*D*-呋喃核糖

图 5.9 *D*-核糖的环化

型，但可以以多种构象存在。

呋喃糖环的构象可以是五元环中的一个原子（C2 或 C3）突出环外，而其余 4 个原子近似共处一个平面的信封（型）构象。呋喃糖也可以形成扭型构象，每种构象的相对稳定性都取决于羟基之间立体干扰的程度。实际上未取代单糖的不同构象相互之间可以快速地转换(图 5.10)。

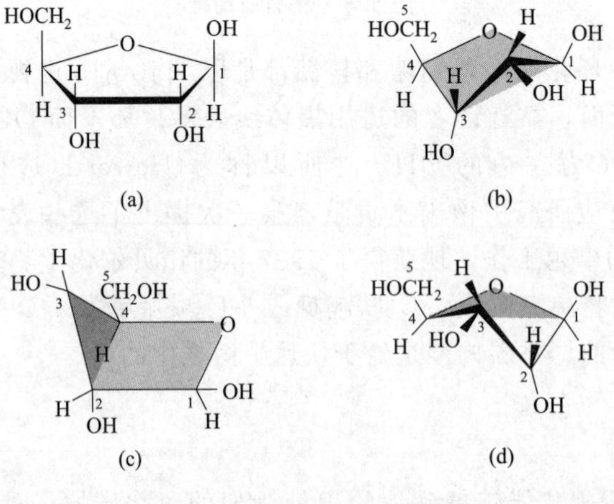

(a) Haworth 透视式；(b) C2-内信封（型）构象；(c) C3-内信封（型）构象；(d) 扭型构象

图 5.10 *β*-*D*-呋喃核糖的构象

吡喃糖环倾向于采用椅式构象（chair conformation）或船式构象（boat conformation）（图5.11）。实际上对于每个吡喃糖都存在着2种不同的椅式构象和6种不同的船式构象。由于在椅式构象中可以使环取代基的立体排斥降至最小，所以椅式构象比船式构象更稳定。

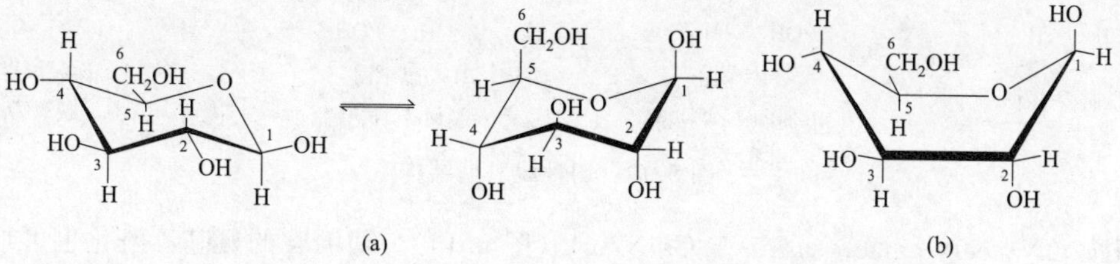

(a) 左边的椅式构象是主要的构象，最大取代物-CH_2OH与-OH都处于平伏（赤道）位置，相互干扰小，更稳定，而右边的椅式构象中-CH_2OH与-OH都处于垂直（轴向）位置，相互干扰大；(b) 船式构象

图5.11 *β-D*-吡喃葡萄糖的构象

5.1.4 单糖衍生物

单糖是多羟基的醛或酮，羟基可以参与酯化反应形成酯，与醇反应形成糖苷，另外醛基或伯醇基可被氧化成羧基，形成糖酸。

5.1.4.1 单糖磷酸酯

在糖代谢中，生物体内单糖在酶催化下可生成各种磷酸酯（图5.12）。由于糖含有多个羟基，与磷酸反应可以生成不同位置的糖磷酸酯，例如在葡萄糖异头碳C1可形成葡糖-1-磷酸，在C6位可形成葡糖-6-磷酸。

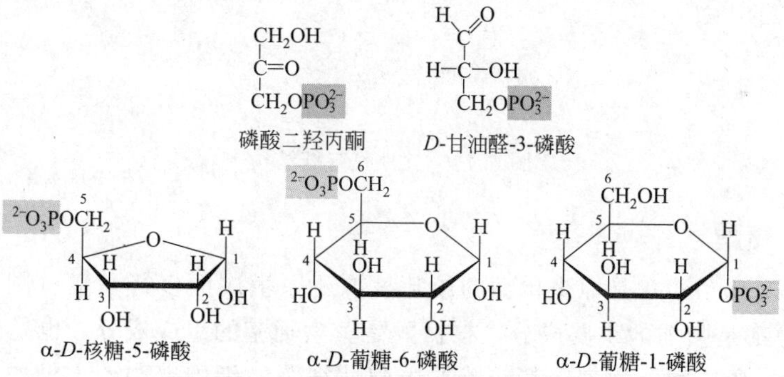

磷酸部分在生理pH下呈解离状态，常写作为PO_3^{2-}

图5.12 几种单糖磷酸酯结构

5.1.4.2 脱氧糖

单糖中的一个或多个羟基被氢原子取代后的产物称为脱氧糖（deoxy sugar）（图5.13）。2-脱氧-*D*-核糖是生物学上最重要的脱氧糖，用于DNA的合成。*α-L*-岩藻糖（6-脱氧-*L*-半乳糖）和*L*-鼠李糖（6-脱氧-*L*-甘露糖）广泛存在于植物、动物和微生物中。

5.1.4.3 氨基糖

氨基糖（amino sugar）指的是单糖上的羟基被氨基取代后形成的衍生糖。如葡萄糖2位羟基被氨基取代后可形成*α-D*-葡糖胺。有时氨基被乙酰化，如半乳糖乙酰化形成*N*-乙酰

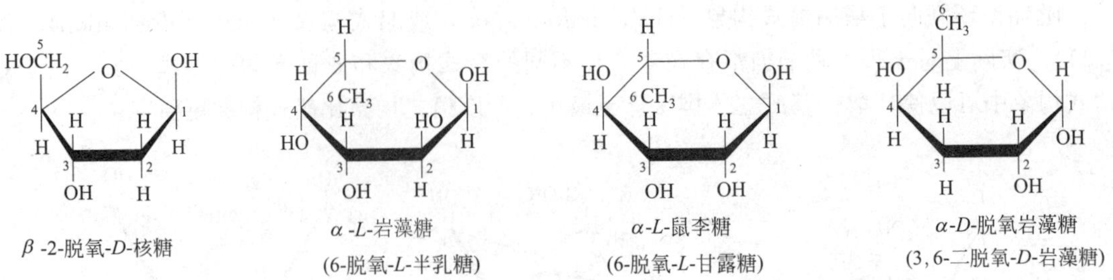

图 5.13　四种脱氧糖结构

半乳糖胺（*N*-acetylgalactosamine，GalNAc）（图 5.14）。葡糖胺的氨基乙酰化也可形成 *N*-乙酰葡糖胺（*N*-acetylglucosamine，GlcNAc）。

氨基糖常出现在结合多糖中，*N*-乙酰葡糖胺是几丁质的构件分子，*N*-乙酰神经氨酸（*N*-acetylneuraminic acid，NeuNAc）是许多糖蛋白和神经节苷脂（ganglioside）的重要组成成分。神经氨酸（neuraminicacid）和它的衍生物，包括 NeuNAc 统称为唾液酸（sialicacid，Sia）。唾液酸是动物细胞膜上糖蛋白和糖脂的重要成分。

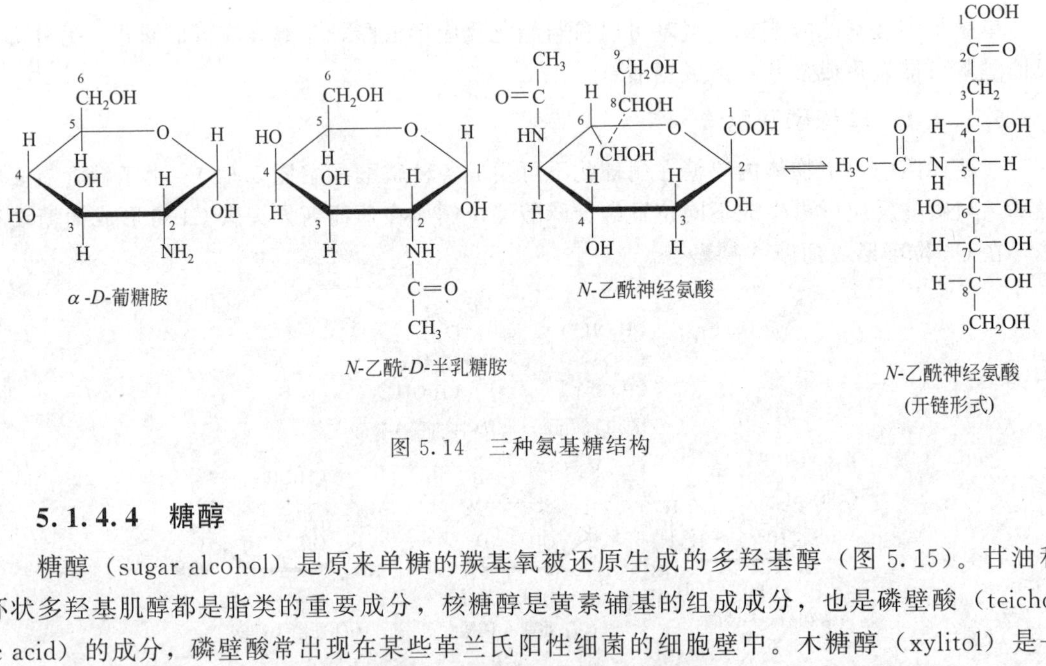

图 5.14　三种氨基糖结构

5.1.4.4　糖醇

糖醇（sugar alcohol）是原来单糖的羰基氧被还原生成的多羟基醇（图 5.15）。甘油和环状多羟基肌醇都是脂类的重要成分，核糖醇是黄素辅基的组成成分，也是磷壁酸（teichoic acid）的成分，磷壁酸常出现在某些革兰氏阳性细菌的细胞壁中。木糖醇（xylitol）是一种增甜剂，其甜度类似于蔗糖，常用于制备无糖口香糖和糖果。*D*-山梨糖醇（*D*-sorbitol）是植物中普遍存在的一种糖醇，常用作口香糖和点心的增甜剂，其甜度不及木糖醇。

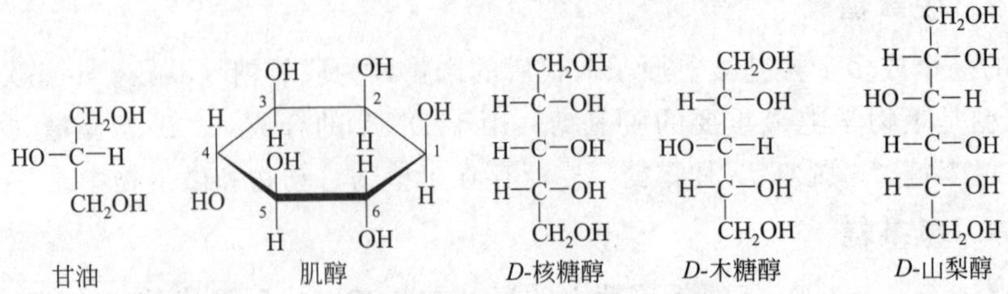

图 5.15　五种糖醇结构

5.1.4.5 糖酸

糖酸（aldonic acid）是醛糖被氧化生成的羧酸，单糖的羰基或羟基都可被氧化为羧基，生成不同的糖酸。例如葡萄糖的末端醛基被氧化可生成葡糖酸，末端-CH_2OH 被氧化可生成葡糖醛酸，如果这两个末端基团都被氧化可以生成葡糖二酸（图 5.16）。葡糖醛酸可以以吡喃糖形式存在，因此含有异头碳原子。糖酸是许多多糖的成分。

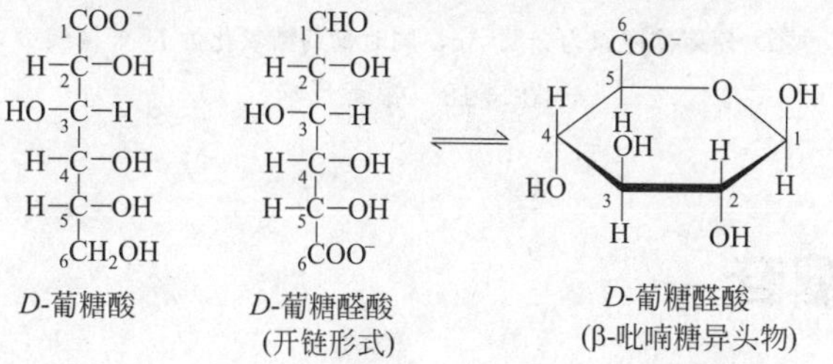

图 5.16 由 D-葡萄糖衍生的糖酸结构

5.1.5 单糖的氧化还原反应

单糖都含有一个富于反应性的羰基（环状结构为半缩醛羟基），容易被较弱的氧化剂如 Cu^{2+}、Ag^+ 离子氧化。例如 Fehling 试剂（含有酒石酸钾钠、氢氧化钠和 $CuSO_4$）与葡萄糖反应，葡萄糖被氧化成葡糖酸，而 Cu^{2+} 离子被还原为 Cu^+，该反应称为 Fehling 反应（图 5.17）。

利用 Fehling 反应可定性测定还原糖的存在，通过测定被糖溶液还原的氧化剂的量，可估算出糖的浓度，这一特性常用于糖的分析。

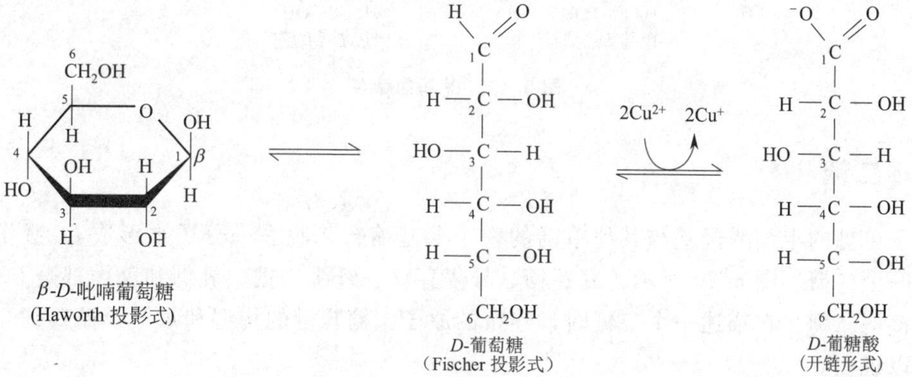

葡萄糖作为还原剂被氧化为葡糖酸，而 Cu^{2+} 被还原为 Cu^+

图 5.17 Fehling 反应

另一个以往实验室用于检测还原糖的试剂是 Tollens 试剂，即银氨试剂［$Ag(NH_3)_2^+$］作为氧化剂。如果将银氨试剂加入试管中，当有还原糖时，Ag^+ 被还原为金属 Ag，并沉积在试管壁上，形成银镜，该反应又被称为银镜反应（图 5.18）。

像葡萄糖和其他一些能够使 Cu^{2+}、Ag^+ 离子还原的糖，都称为还原糖（reducing sugar）。虽然上面提到的是单糖的还原性，实际上只要存在半缩醛羟基的糖都具有还原性，例如像下面介绍的麦芽糖和乳糖那样的二糖也都属于还原糖。

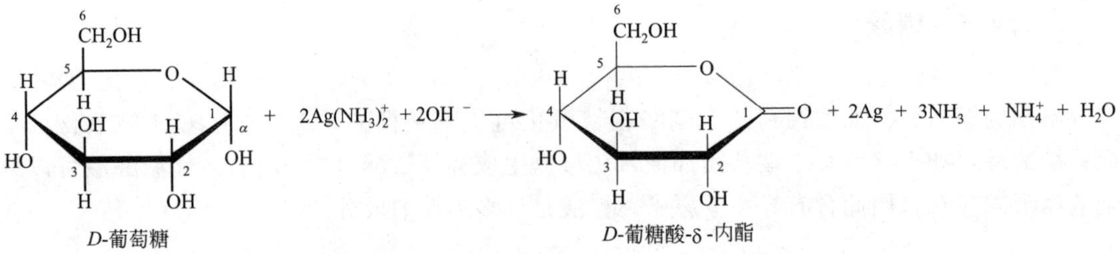

Ag^+ 被 *D*-葡萄糖还原为金属 Ag，同时葡萄糖氧化为 *D*-葡糖酸-δ-内酯

图 5.18 银镜反应

5.2 二糖和糖苷

单糖的半缩醛（或半缩酮）羟基可以与一个醇、一个胺、一个碱基（嘌呤或嘧啶）或另外一个糖等化合物形成缩醛（或缩酮），也称为糖苷（glycoside），两者之间形成的化学键称为糖苷键（glycosidic bond）。糖的异头碳原子可以通过 O、N、C 与这些化合物连接，所以糖苷又分为 *O*-苷（与醇或糖结合）、*N*-苷（与胺、嘌呤或嘧啶碱基结合）或 *C*-苷（与假尿嘧啶结合）等。例如：在酸性溶液中吡喃葡萄糖与甲醇可形成甲基葡糖苷，由于葡萄糖存在 *α*、*β* 两种异构体，因此产物为 *α*-甲基-*D*-葡糖苷和 *β*-甲基-*D*-葡糖苷两种异构体（图 5.19）。

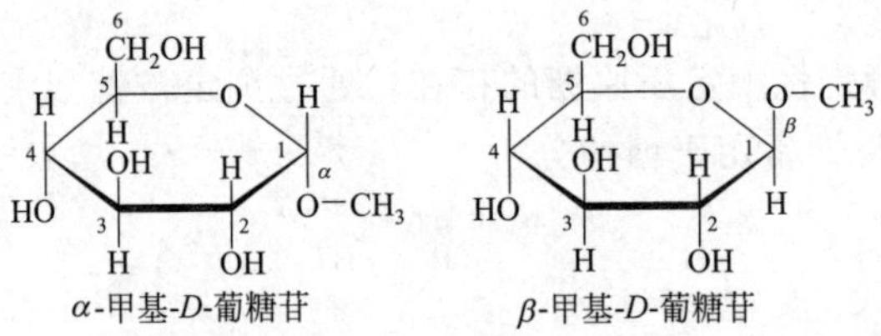

图 5.19 甲基葡糖苷

5.2.1 二糖

一个单糖的半缩醛羟基与其他单糖的一个羟基缩合，脱去一分子水形成 *O*-糖苷键，即可生成一个二糖。图 5.20 所示的麦芽糖、异麦芽糖、纤维二糖、乳糖和蔗糖都是 *O*-糖苷键共价连接的二糖。在描述一个二糖时，连接的原子、糖苷键的构型和每个单糖残基的名称都应当予以说明。

5.2.1.1 麦芽糖

麦芽糖（maltose）是由一个 *α*-*D*-吡喃葡萄糖的半缩醛羟基与第二个葡萄糖的 C4 上的羟基反应形成的二糖。要注意，第一个葡萄糖必须是 α-吡喃形式，而第二个葡萄糖残基可以处于 α 或 β 吡喃形式，所以有时也将麦芽糖中的糖苷键称为 α(1→4) 糖苷键。由于麦芽糖存在着游离的半缩醛羟基，因此麦芽糖是一个具有还原性的二糖。

图 5.20(a) 只给出了麦芽糖的 β 吡喃形式，被命名为 α-*D*-吡喃葡糖基-(1→4)-*β*-*D*-吡喃葡糖，也存在 *α*-*D*-吡喃葡糖基-(1→4)-*α*-*D*-吡喃葡糖。淀粉（葡萄糖聚合物）经淀粉酶水解可以释放出麦芽糖。

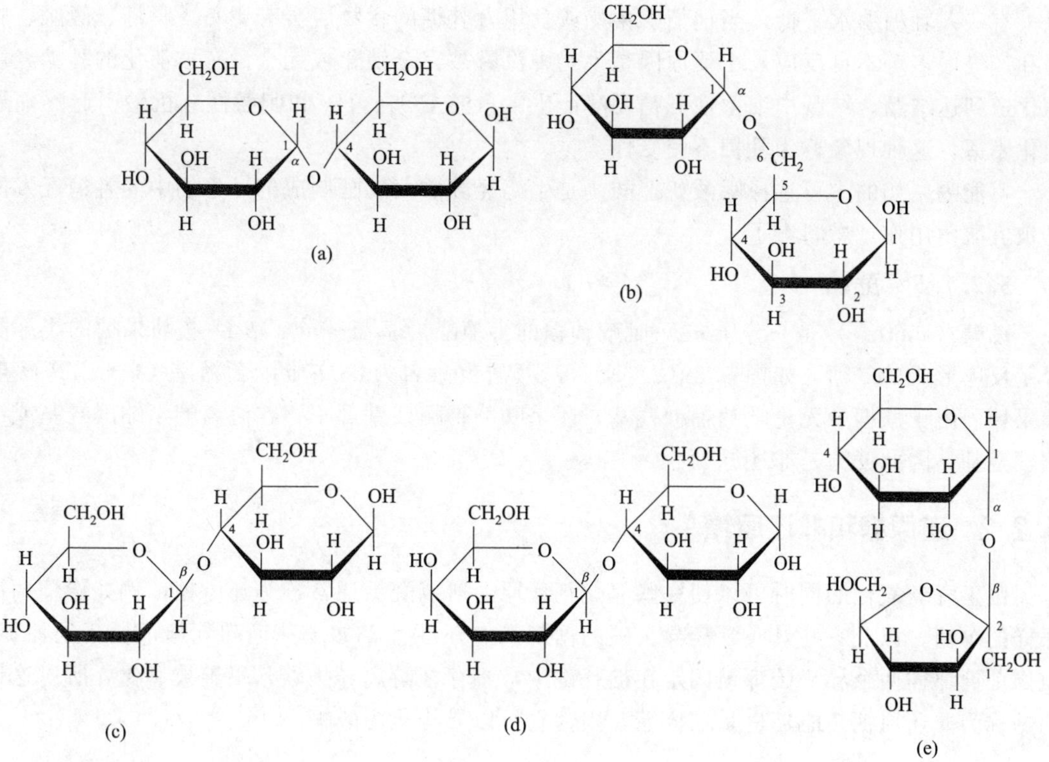

(a) 麦芽糖 [*α-D*-吡喃葡糖基-(1→4)-*β-D*-吡喃葡糖]；(b) 异麦芽糖 [*α-D*-吡喃葡糖基-(1→6)-*β-D*-吡喃葡糖]；
(c) 纤维二糖 [*β-D*-吡喃葡糖基-(1→4)-*β-D*-吡喃葡糖]；(d) 乳糖 [*β-D*-吡喃半乳糖基-(1→4)-*α-D*-吡喃葡糖]；
(e) 蔗糖 [*α-D*-吡喃葡糖基-(1→2)-*β-D*-呋喃果糖]

图 5.20 几种二糖结构

5.2.1.2 异麦芽糖

异麦芽糖（isomaltose）是一个 *α-D*-吡喃葡糖的半缩醛羟基与第二个葡萄糖的 C6 上的羟基反应形成的二糖，图 5.20(b) 的异麦芽糖被命名为 *α-D*-吡喃葡糖基-(1→6)-*β-D*-吡喃葡糖。

5.2.1.3 纤维二糖

纤维二糖（cellobiose）是葡萄糖的另一个二聚体，纤维二糖与麦芽糖的区别在于糖苷键，纤维二糖中是 β(1→4) 糖苷键，而麦芽糖中是 α(1→4) 糖苷键。纤维二糖的第一个葡萄糖必须是 β-吡喃形式，而第二个葡萄糖残基可以处于 α 或 β 吡喃形式，图 5.20(c) 是纤维二糖的 β 吡喃形式，被命名为 *β-D*-吡喃葡糖基-(1→4)-*β-D*-吡喃葡糖。

纤维二糖是纤维素中重复的二糖单位，纤维素经纤维素酶降解可以释放出纤维二糖。

5.2.1.4 乳糖

乳糖（lactose）是 *β*-吡喃半乳糖与葡萄糖形成的二糖，葡萄糖残基可以处于 α 或 β 吡喃形式，也是个还原糖。图 5.20(d) 中的乳糖是 *β*-吡喃形式，被命名为 *β-D*-吡喃半乳糖基-(1→4)-*α-D*-吡喃葡糖。乳糖在体内小肠中经乳糖酶（或 *β-D*-半乳糖酶）水解为葡萄糖和半乳糖进入血液。半乳糖经酶催化可以转换为葡萄糖。

乳糖是奶中主要的糖，乳糖只在泌乳的乳腺中合成。*α*-吡喃乳糖要比 *β*-吡喃乳糖更甜，溶解度更好。冰淇淋中存在着β-吡喃乳糖，在储存时结晶使得冰淇淋吃起来有粗砂糖的感觉。

有些人乳糖酶水平低，当他们喝牛奶或食用含乳糖的食物后会有恶心、腹痛、腹胀、腹泻和产气增多等不良反应，主要原因是牛奶中没有被完全消化或完全没有被消化的乳糖经由消化道到达结肠，结肠中细菌使乳糖发酵产生大量的 CO_2、H_2 和刺激性有机酸引起疼痛性消化不适，这种现象称为乳糖不耐受性。

不能喝牛奶的人可选择喝酸奶，酸奶是牛奶经乳酸菌发酵制成的，牛奶中的乳糖经发酵已被乳酸菌用作“燃料”了。

5.2.1.5 蔗糖

蔗糖（sucrose）是一分子 *α-D*-吡喃葡糖的半缩醛羟基与一分子 *β-D*-呋喃果糖的半缩酮羟基反应形成的二糖，如图 5.20(e) 所示，蔗糖被命名为 *α-D*-吡喃葡糖基-(1→2)-*β-D*-呋喃果糖。由于蔗糖中无论吡喃葡糖残基，还是呋喃果糖残基都不存在游离的半缩醛羟基或半缩酮羟基，因此蔗糖是非还原糖。

5.2.2 还原糖和非还原糖

由于醛糖氧化的同时可以使一些氧化剂还原，所以醛糖通常称为还原糖，例如像葡萄糖那样的单糖，以及一些具有游离异头碳的糖都具有还原性，如麦芽糖和乳糖都属于还原糖。但像蔗糖那样两个异头碳都被固定在糖苷键中，不存在游离异头碳，很难被氧化，所以这样的糖称为非还原糖。酮糖也是还原糖，因为它可以异构化为醛糖。

5.2.3 核苷和其它糖苷

糖的异头碳不仅能与其他糖，而且也可以与各种醇、胺和硫醇形成糖苷键，如最常见的核苷。核苷是嘌呤或嘧啶通过仲胺基与 *β-D*-呋喃核糖或 *β-D*-呋喃脱氧核糖形成的糖苷。因为氮原子参与糖苷键的形成，核苷也称为 *N*-(糖) 苷，例如腺苷就是一个典型的核苷（图 5.21），此外，辅酶 NAD^+ 和 FAD 也都是核苷。图 5.21 还给出了存在于自然界中的另外两种糖苷——香草醛糖苷和 *β-D*-半乳糖基-1-甘油酯。

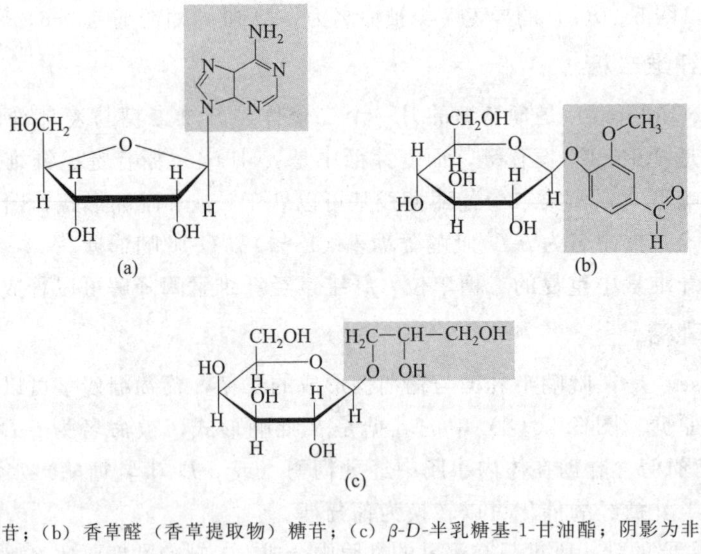

（a）腺苷；（b）香草醛（香草提取物）糖苷；（c）*β-D*-半乳糖基-1-甘油酯；阴影为非糖部分

图 5.21 三种糖苷结构

5.3 多糖

多糖也称为聚糖，是由单糖单位聚合形成的，按照单糖单位组成不同又可将多糖分为由单一单糖缩合而成的同多糖（homopolysaccharide）和由两种或两种以上不同单糖组成的杂多糖（heteropolysaccharide）。多糖不像蛋白质是由基因编码的，多糖的生成没有模板，而是由特定的单糖和寡糖残基聚合而成的。按照用途，多糖又可分为储存多糖（storage polysaccharide）和结构多糖（structural polysaccharide）。

5.3.1 储存多糖：淀粉和糖原

对许多生物来说，*D*-葡萄糖是它们的代谢能源，而葡萄糖大多是以聚合物的形式储存在细胞内。植物和真菌中储存最多的同多糖称为淀粉，而在动物中称为糖原，这两种类型的同多糖也都存在于细菌中（图 5.22）。

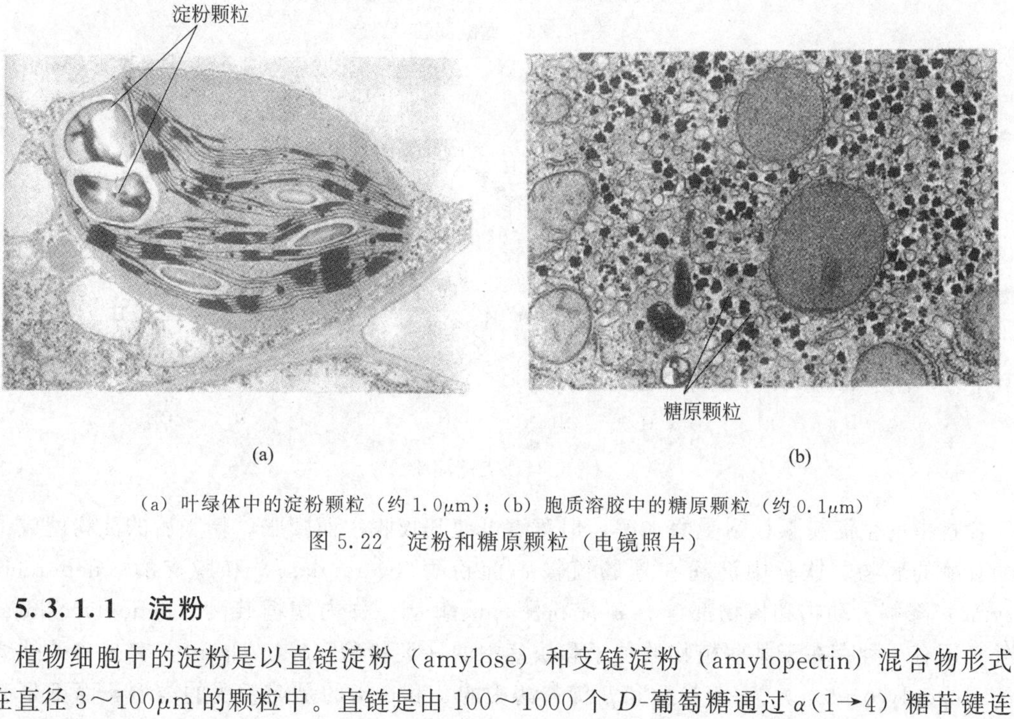

(a) 叶绿体中的淀粉颗粒（约 1.0μm）；(b) 胞质溶胶中的糖原颗粒（约 0.1μm）

图 5.22 淀粉和糖原颗粒（电镜照片）

5.3.1.1 淀粉

植物细胞中的淀粉是以直链淀粉（amylose）和支链淀粉（amylopectin）混合物形式储存在直径 3～100μm 的颗粒中。直链是由 100～1000 个 *D*-葡萄糖通过 α(1→4) 糖苷键连接形成的无分支聚合物。由于通过 α(1→4) 糖苷键连接，所以直链淀粉中一个葡萄糖残基相对下一个葡萄糖残基都呈一定的角度，结果形成像左手螺旋那样的螺旋结构，每圈螺旋含有 6 个葡萄糖残基（图 5.23）。螺旋内能容纳碘原子，形成淀粉和碘的复合物，呈现出蓝色，该现象常用于淀粉的定性检测。

支链淀粉是带有分支的淀粉（图 5.24）。在支链淀粉中除了由 α(1→4) 糖苷键连接的葡萄糖链以外，还含有在分支点处由 α(1→6) 糖苷键连接的分支，平均每 25 个残基就会出现一个分支，一个支链含有 15～25 个葡萄糖残基，一些侧支本身还会再分支。从活细胞中分离出的支链淀粉含有 300～6000 个葡萄糖残基。

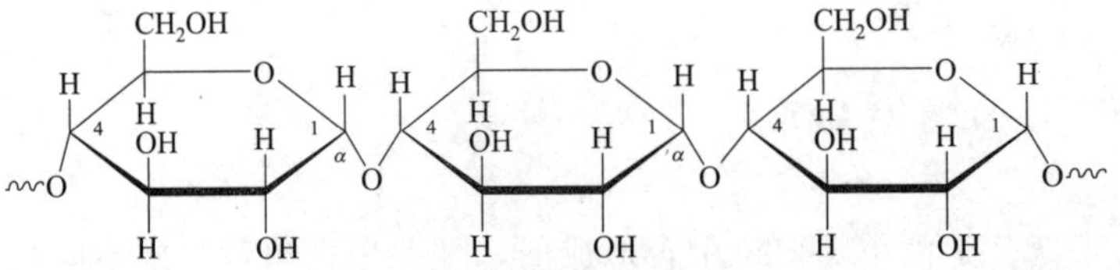

(a)

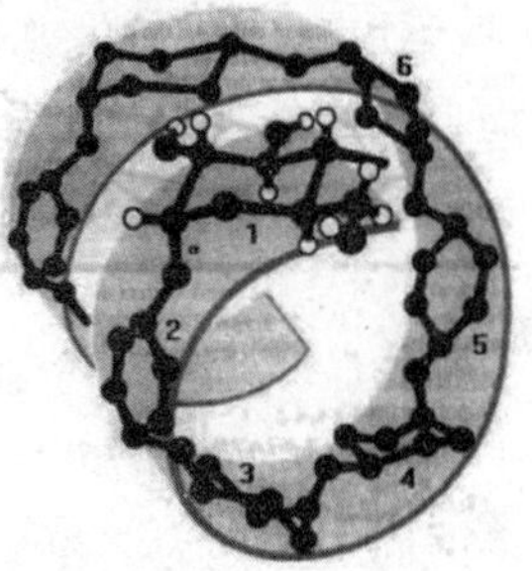

(b)

（a）直链淀粉结构；（b）直链淀粉的卷曲螺旋构象

图 5.23 直链淀粉

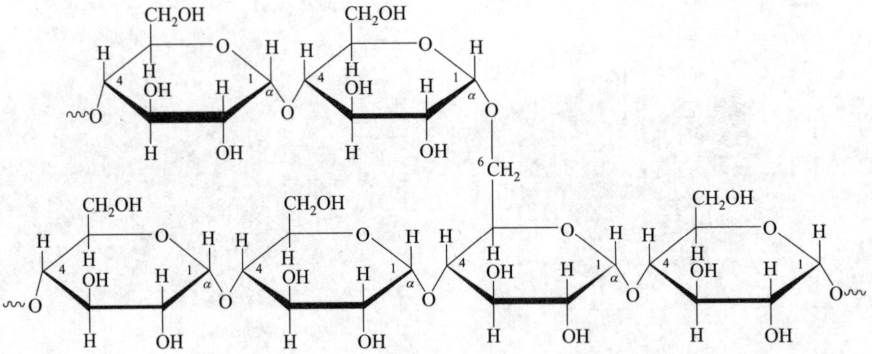

图 5.24 支链淀粉

食物中的生淀粉颗粒耐受酶水解，但蒸煮可使其吸收水而膨胀，膨胀后的淀粉就成了两种糖苷酶的底物。饮食中淀粉在胃肠道被 α-淀粉酶（α-amylase）和脱支酶（debranching enzyme）降解。动物和植物都含有 α-淀粉酶，该酶是一种内切糖苷酶（endoglycosidase）。另外，还有一种存在于某些植物的种子和块茎中的 β-淀粉酶（β-amylase），它是一种外切糖苷酶（exoglycosidase）。α-淀粉酶和 β-淀粉酶中的 α 和 β 指的是淀粉酶的类型，而不是底物糖苷键的构型。两种类型的淀粉酶都只作用于淀粉 α(1→4) 糖苷键，水解释放出麦芽糖。

图 5.25 给出了 α-淀粉酶和 β-淀粉酶作用于淀粉的部位，但 α(1→6) 糖苷键不是两种淀粉酶的底物。当支链淀粉经淀粉酶催化水解后，留下了一个称为极限糊精（limit dextrin）的高度分支的核。此时极限糊精要进一步降解，只能在脱支酶将分支点 α(1→6) 糖苷键水解后进行。

5.3.1.2 糖原

糖原是在动物和细菌中发现的存储多糖，常称为动物淀粉。糖原的结构类似于支链淀粉，但带有的分支更多，沿着 α(1→4) 链每隔 8～10 个葡萄糖残基就出现一个分支。糖原

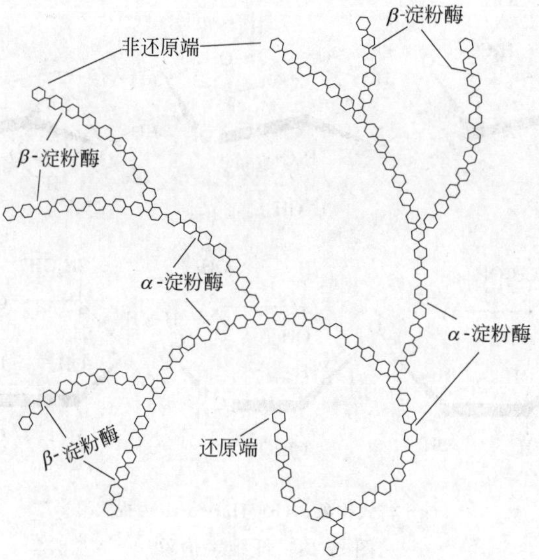

α-淀粉酶随机作用于内部 α(1→4) 糖苷键，β-淀粉酶作用于非还原端。支链淀粉只有一个还原端

图 5.25　淀粉酶作用于支链淀粉的部位

分子比淀粉分子大，可含高达 50000 个葡萄糖残基。分支多使得糖原带有的非还原端多，可被糖原磷酸化酶大量快速降解出葡萄糖，满足代谢需要。

在哺乳动物中，糖原以糖原颗粒（glycogen granule）形式存在于胞质溶胶，主要储存在肝脏和骨骼肌中，分别被称为肝糖原和肌糖原，含量可占到肝脏湿重的 10%和骨骼肌湿重的 2%。

5.3.2　结构多糖：纤维素、几丁质和糖胺聚糖

从组成上看，结构多糖与储能多糖是类似的，但这两类多糖特性显著不同。结构多糖不是用于储能，而是为有机体提供物理结构和强度。

5.3.2.1　纤维素

纤维素（cellulose）是一种结构多糖，是植物细胞壁的主要成分。纤维素占生物圈中有机物质的 50%以上。与位于细胞内的储存多糖不同，纤维素和其他结构多糖是在细胞内合成，然后分泌到细胞外的分子。纤维素是葡萄糖残基聚合形成的同多糖，但葡萄糖残基之间是通过 β(1→4) 糖苷键连接的，纤维二糖可看作是它的二糖单位（图 5.26）。

纤维素的 β 糖苷键使得每个葡萄糖残基相对于毗邻的残基旋转了 180°，形成一个刚性伸展的构象。纤维素链内和链间的大量氢键网络将葡聚糖链结合在一起并形成纤维束。纤维素纤维不溶于水，并且具有一定的强度和刚性。棉花纤维几乎都是纤维素，而木材纤维有一半是纤维素。

催化 α(1→4) 糖苷键水解的 α 和 β 淀粉酶不能水解纤维素，只有纤维素酶（cellulase）能够水解纤维素的 β(1→4) 糖苷键。人和其他动物可以降解淀粉、糖原、乳糖和蔗糖，但由于缺少纤维素酶，不能消化纤维素。食草的反刍动物（例如牛和羊）胃中含有能生产纤维素酶的微生物，因此反刍动物可通过吃富含纤维素的草和其他植物获得葡萄糖。

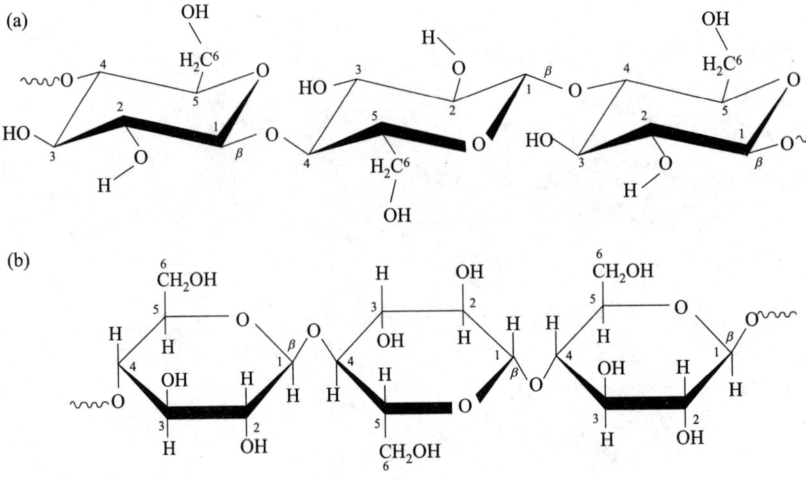

（a）椅式构象；（b）Harworth 透视式

图 5.26　纤维素构象

5.3.2.2　几丁质

几丁质（chitin），又名壳多糖，是在无脊椎动物（如甲壳虫、昆虫和蜘蛛）外骨骼中发现的与多糖结构相同的物质，也存在于大多数真菌和许多藻类的细胞壁中。几丁质类似于纤维素，也是一种线性聚合物，由重复的 β（1→4）连接的 *N*-乙酰葡糖胺残基组成，如图 5.27 所示。

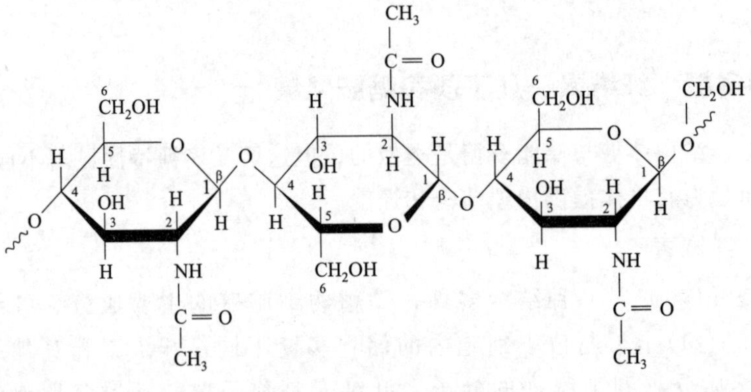

图 5.27　几丁质结构

每个 GlcNAc 相对于毗邻的残基旋转 180°，几丁质相邻链中的 GlcNAc 残基彼此之间形成氢键，形成具有很大强度的线性原纤维。几丁质常与非多糖化合物，例如蛋白质和无机材料紧密结合在一起。几丁质的部分去乙酰化可以生成脱乙酰壳多糖（chitosan），可用作处理废水和工业废液的吸附剂，也可用作食品保存或美容的面膜等。

5.3.2.3　糖胺聚糖

糖胺聚糖（glycosaminoglycan）是细胞外基质的一组结构杂多糖，也称为黏多糖（mucopolysaccharide）。糖胺聚糖似黏液样物质，遍布于像软骨、肌腱、皮肤和血管壁等组织细胞外空隙，形成黏度和弹性都很高的胶状基质，胶原蛋白和其他蛋白质都包埋在胶状基质中。糖胺聚糖和胶原蛋白等交织成网，为营养物和氧分子扩散到细胞提供通道。

图 5.28 给出了几种糖胺聚糖的二糖重复单元，此外还有另一个硫酸位置不同的角质素-4-硫酸及硫酸皮肤素等糖胺聚糖。这些糖胺聚糖由于含有大量的硫酸根和羧酸基团，因此带有大量负电荷，所以易于与阳离子和水分子结合。

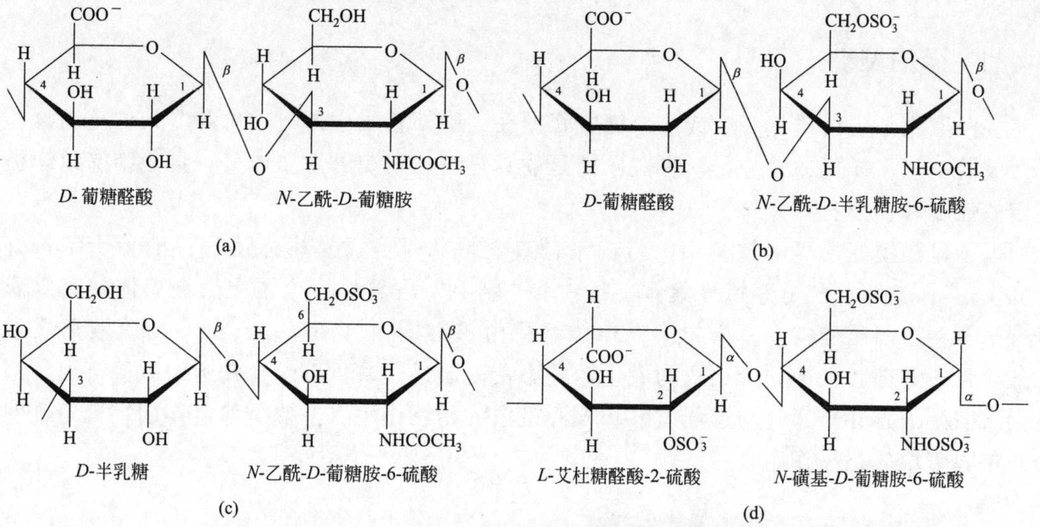

(a) 透明质酸；(b) 硫酸软骨素（软骨素-6-磷酸）；(c) 硫酸角质素；(d) 肝素

图 5.28 几种糖胺聚糖的二糖重复单元

透明质酸（hyaluronic acid）是组成软骨和肌腱等结缔组织、关节液和眼睛中玻璃体的主要糖胺聚糖，由 250～25000 个二糖单元组成，二糖通常是由 *D*-葡糖醛酸与 *N*-乙酰-*D*-葡糖胺通过 $\beta(1\rightarrow3)$ 糖苷键连接而成的。

硫酸软骨素（chondroitin sulfate）（软骨素-6-硫酸）由 *D*-葡糖醛酸与 *N*-乙酰-*D*-半乳糖糖胺-6-硫酸通过 $\beta(1\rightarrow3)$ 糖苷键连接而成。硫酸软骨素赋予软骨、肌腱、韧带和血管壁一定的弹性。

硫酸角质素（keratan sulfate）由 *D*-半乳糖与 *N*-乙酰-*D*-葡糖胺-6-硫酸通过 $\beta(1\rightarrow4)$ 糖苷键连接而成，广泛存在于角膜、软骨、骨骼和各种死细胞形成的如头发、指甲和脚爪等角状结构中。

硫酸皮肤素（dermatan sulfate）由 *L*-艾杜糖醛酸与 *N*-乙酰-*D*-半乳糖胺-4-硫酸通过 $\alpha(1\rightarrow3)$ 糖苷键连接而成。硫酸皮肤素使得皮肤、血管和心脏瓣膜具有适当的柔韧性。

肝素（heparin）由 *L*-艾杜糖醛酸-2-硫酸与 *N*-磺基-*D*-葡糖胺-6-硫酸通过 $\alpha(1\rightarrow4)$ 糖苷键连接而成。肝素与其他糖胺聚糖不同，它不是结缔组织的组成成分，而是由柱状细胞分泌进入血液的一种天然抗凝血剂，肝素激活抗凝血酶Ⅲ，可防止血液凝固。输血时加入肝素可起到抗凝作用。

5.4 复合糖

前文讨论的多糖都是纯粹的同多糖或杂多糖，不含其他（例如蛋白质、肽等）非糖成分。实际上生物体内糖还共价结合着许多其它非糖成分，通常将这样的糖称为复合糖

(complex carbohydrate 或 glycoconjugate)。

复合糖分为蛋白聚糖、肽聚糖和糖蛋白三种类型，其中的糖成分大多为杂多糖。很多复合糖在细胞之间的相互识别、黏附、发育过程中的细胞迁移、血液凝固、免疫反应和愈伤过程中发挥着重要的作用。

5.4.1 蛋白聚糖

蛋白聚糖是蛋白质与一个或数个糖胺聚糖在细胞外基质中通过共价和非共价键结合、聚集形成的一组多样化的大分子。蛋白聚糖是软骨等结缔组织的主要成分，可为结缔组织提供一定的强度和弹性。

电子显微镜照片显示软骨中的蛋白聚糖有着形状像实验室中瓶刷那样的分子结构（图5.29）。一条透明质酸链穿过聚集体，每一个“刷毛”可看作一个蛋白聚糖单体，它以非共价键结合在透明质酸链上。蛋白聚糖单体都是由核心蛋白（core protein）与硫酸角质素和硫酸软骨素等糖胺聚糖共价结合构成，而核心蛋白通过非共价键结合在透明质酸链上。连接蛋白（link protein）通过与透明质酸和核心蛋白的相互作用（主要是静电作用）稳定透明质酸与核心蛋白的相互作用。

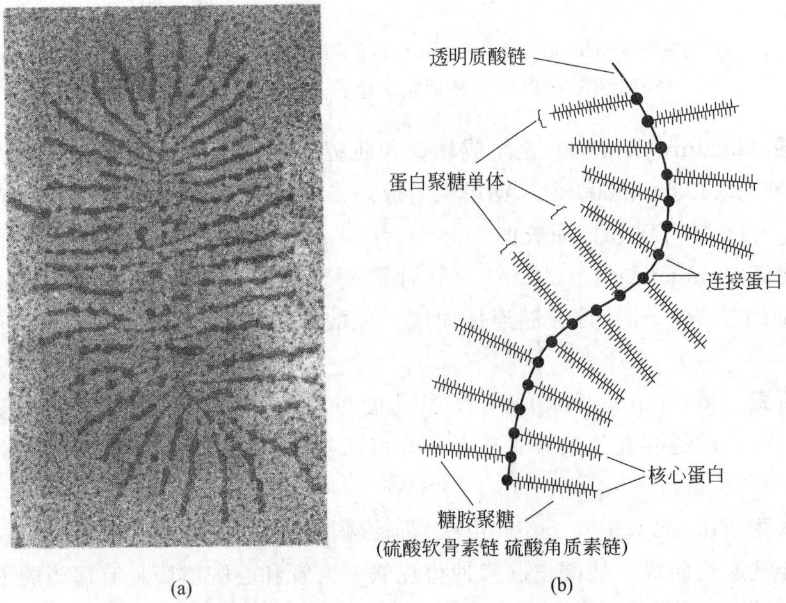

(a) 电子显微镜照片；(b) 结构示意图

图 5.29 软骨蛋白聚糖

一条长度为400～4000nm的透明质酸链可结合100多个核心蛋白，每个核心蛋白结合约50条硫酸角质素链和约100条硫酸软骨素链，而每条硫酸角质素链由约250个二糖单位构成，每条硫酸软骨素链由1000个二糖单位构成。

由于软骨是由胶原蛋白纤维形成的网状结构，其中充满了蛋白聚糖，不仅具有弹性，而且由于含有硫酸，带负电荷，所以是高度亲水的。如果软骨受到压迫，水从蛋白聚糖中被挤出，当压力取消后，水又重新进入蛋白聚糖中。软骨缺乏血管，完全靠身体运动造成的体液流动来滋养，因此不好运动或长时间不运动会导致人的软骨会变薄、变脆。

5.4.2 肽聚糖

细菌有一个坚硬的细胞壁，使得细菌有一定的形状并保护其脆弱的质膜免受渗透压波动带来的影响。根据是否吸收革兰氏染料，而将细菌分为革兰氏阳性菌和革兰氏阴性菌。革兰氏阳性菌的细胞壁比革兰氏阴性菌的细胞壁厚，它们的细胞壁主要成分是连有一个肽的肽聚糖（peptidoglycan）（图 5.30）。

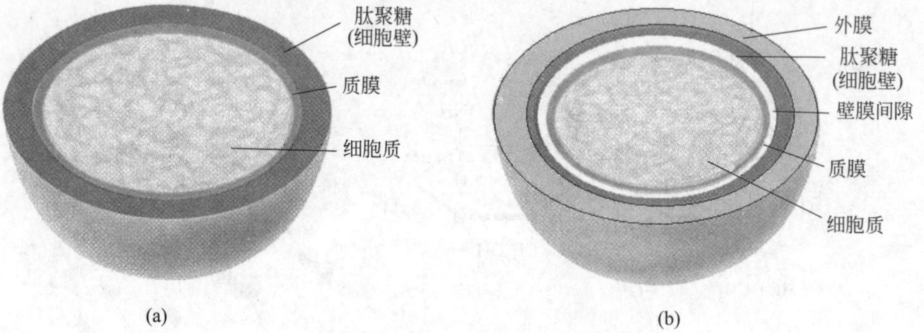

（a）革兰氏阳性菌；（b）革兰氏阴性菌

图 5.30 革兰氏阳性菌和革兰氏阴性菌细胞壁结构

肽聚糖是由 GlcNAc 和 *N*-乙酰胞壁酸（*N*-acetymuramic acid，MurNAc）通过 $\beta(1\to4)$ 糖苷键交替连接形成的杂多糖，其中 MurNAc 连接着相关的肽（图 5.31）。MurNAc 是由

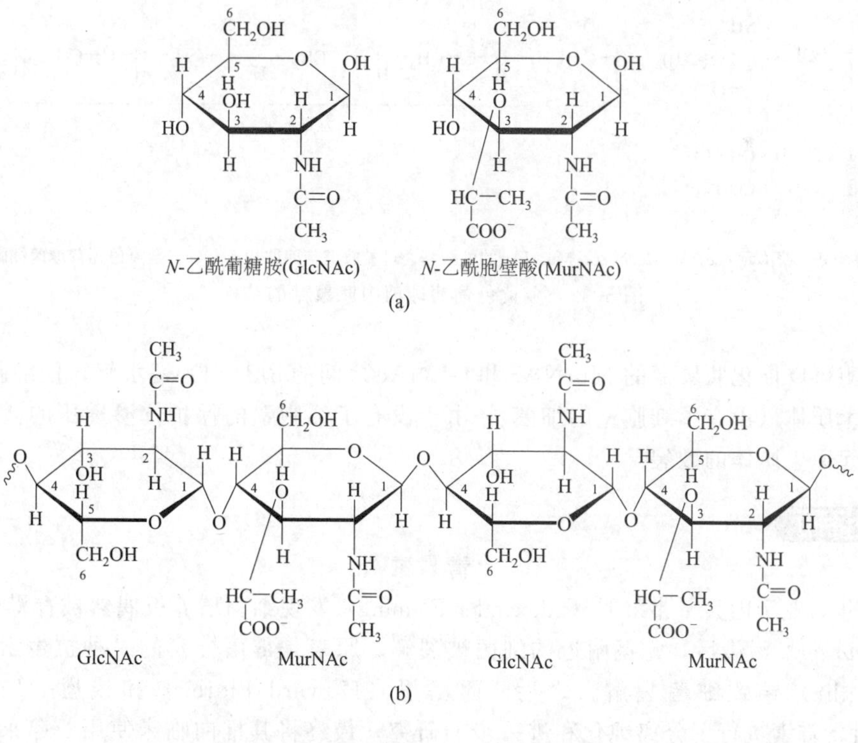

（a）*N*-乙酰葡糖胺和 *N*-乙酰胞壁酸单体结构；（b）肽聚糖中的聚糖片段结构

图 5.31 肽聚糖中的聚糖片段

D-乳酸通过醚键连接在 GlcNAc 的 C3 上形成。肽聚糖与几丁质的糖链成份类似，可以看成几丁质的单糖残基交替被乳酸修饰，并通过乳酸连接肽链。

革兰氏阳性菌金黄色葡萄球菌中肽聚糖的肽成分是一个序列为 *L*-Ala-*D*-Isoglu-*L*-Lys-*D*-Ala 的四肽，其中 Isoglu 代表异谷氨酸，它通过 γ-羧基与 *L*-赖氨酸形成酰胺键。四肽与聚糖的连接是通过 *L*-丙氨酸与重复二糖单元 GlcNAc-MurNAc 中的 MurNAc 乳酸基形成的酰胺键，四肽通过一个由 5 个甘氨酸残基组成的连接肽与相邻的肽聚糖分子上的另一个四肽交联（图 5.32）。伸展的交联肽聚糖赋予细胞壁以适度的刚性。

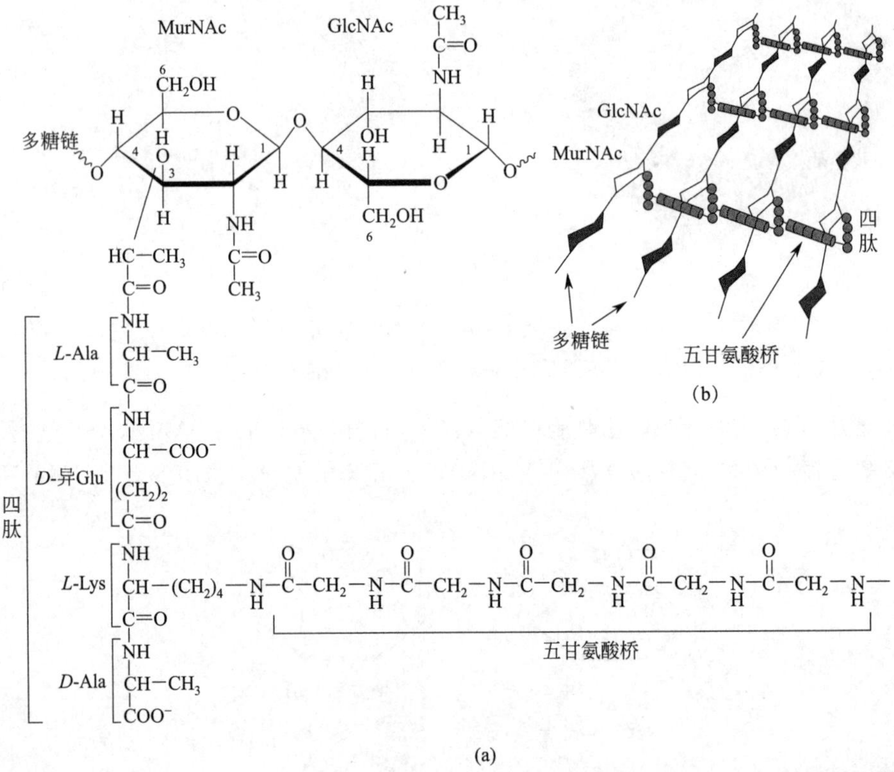

(a) 肽聚糖的重复二糖单元 GlcNAc-MurNAc，MurNAc 的乳酸基通过酰胺键与四肽相连；(b) 金黄色葡萄球菌细胞壁的肽聚糖

图 5.32　金黄色葡萄球菌中肽聚糖的结构

溶菌酶可以催化肽聚糖的 MurNAc 和 GlcNAc 之间的 $\beta(1\rightarrow4)$ 键水解，使细胞壁降解，暴露出原生质体（没有了细胞壁的细菌）。由于没有了细胞壁的保护，渗透压的微小变化都有可能引起原生质体的破裂。

相关话题

青霉素

1928 年，亚历山大·弗莱明（Alexander Fleming）发现细菌培养板偶然被青霉菌（*Penicillium notatum*）污染后，霉菌附近的细菌被裂解。原来是霉菌分泌的一种抗生素——青霉素（penicillin）导致细菌裂解。之后，弗洛里（Howard Florey）和钱恩（Ernst Boris Chain）对青霉素进行了分离纯化和进一步的研究，最终将其推向临床使用。弗莱明、弗洛里和钱恩三人为此共同获得了 1945 年的诺贝尔生理学或医学奖。

青霉素杀菌是由于青霉素的结构类似于催化肽聚糖合成的转肽酶的底物末端的二肽 *D*-

Ala-*D*-Ala（图 5.33）。青霉素结合在转肽酶的活性部位，抑制酶活性，阻止了肽聚糖的进一步合成，也就抑制了细菌细胞壁的合成。

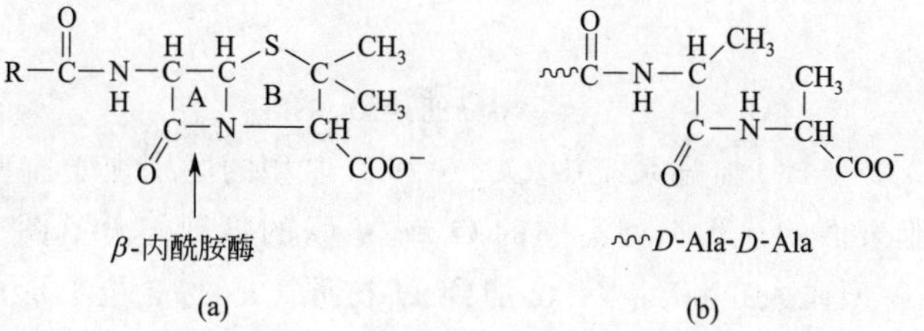

（a）青霉素中的 *β*-内酰胺酶作用位点；（b）转肽酶作用的底物肽聚糖末端的二肽 *D*-Ala-*D*-Ala

图 5.33　青霉素和二肽结构

有很多抗生素都可以抑制肽聚糖生物合成的特定反应。青霉素只对某些细菌有效，但对真核细胞没有影响。青霉素对革兰氏阳性菌比革兰氏阴性菌更有效，因为革兰氏阴性菌更多地依靠其它化合物构建其细胞壁。

对青霉素有抗性的细菌由于含有 *β*-内酰胺酶（青霉素酶），该酶可以催化青霉素的 *β*-内酰胺环开环，导致青霉素失活。编码 *β*-内酰胺酶的基因位于青霉素抗性细菌的质粒中。

5.4.3 糖蛋白

生物体内带有寡糖链或多糖链的蛋白称为糖蛋白，但糖的比例要比蛋白聚糖和肽聚糖少得多。按照糖链与蛋白连接的方式，糖蛋白可分为 *N*-联糖蛋白（*N*-linked glycoprotein）和 *O*-联糖蛋白（*O*-linked glycoprotein）（图 5.34）。

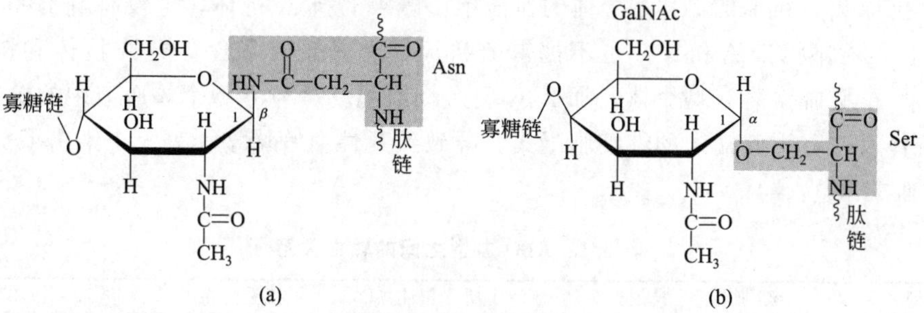

（a）*N*-联糖蛋白；（b）*O*-联糖蛋白

图 5.34　糖蛋白

5.4.3.1　*N*-联糖蛋白

如图 5.34(a) 所示，在 *N*-联糖蛋白中，一般都是聚糖中的 GlcNAc 或 GalNAc 通过 *N*-糖苷键与肽链中的一个天冬酰胺（Asn）残基相连。在免疫球蛋白 G（IgG）中，*N*-联聚糖种类多达 30 余种，都具有不同的功能，缺失会引发不同的疾病，如类风湿关节炎、红斑狼疮等。

5.4.3.2　*O*-联糖蛋白

如图 5.34(b) 所示，在大多数 *O*-联糖蛋白中，聚糖中的 GalNAc 是与肽链中一个丝氨酸或苏氨酸残基侧链的羟基之间形成的 *O*-糖苷键相连的。例如生活在南极海洋中的鱼都含有一种“抗冻”的糖蛋白，称为鱼抗冻蛋白（fish antifreeze protein），属于黏蛋白，其寡糖部分 Gal-GalNAc 通过 *O*-糖苷键与蛋白中 Thr 连接。鱼抗冻蛋白使得鱼即使在极冰冷的海水中也可以防止体液凝固。

相关话题

ABO 血型

人们所熟悉的人类 ABO 血型系统中 O、A 和 B 血型的区别在于血型抗原的不同。这些抗原是指位于红细胞表面的 3 种类型不同的 *O* 或 *N* 联的寡糖组分（图 5.35）。O 型血人含有 H 抗原，A 酶（A 型血人）将 GalNAc 加到 H 抗原 Gal 的 3 位上形成 A 抗原，B 酶（B 型血人）加 Gal 形成 B 抗原，两种酶都是糖基化酶。AB 型抗原则包括了 A 型抗原和 B 型抗原（图 5.35）。

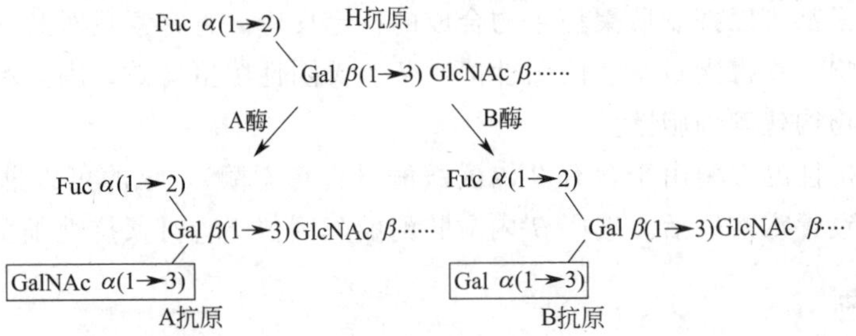

GlcNAc：*N*-乙酰葡糖糖胺；Gal：半乳糖；Fuc：果糖；GalNAc：*N*-乙酰半乳糖胺

图 5.35　血型抗原

具有 A 型抗原的个体，血液中含有抗 B 抗体；具有 B 型抗原的血液含有抗 A 抗体；同时含有 A 抗原和 B 抗原的 AB 型个体的血液中，既没有抗 A 抗体，也没有抗 B 抗体。但 O 型血个体，虽然不携带 A 抗原，也不携带 B 抗原，但其血液中含有抗 A 抗体和抗 B 抗体。因此如果将 A 型血输给 B 型个体，那么 A 型血红细胞就会与 B 型个体血液中的抗 A 抗体发生抗原-抗体反应，引起输入的红细胞凝集，导致致死性血管堵塞。表 5.1 给出了 ABO 血型之间的输血关系。

表 5.1　ABO 血型之间的输血关系

血型	红细胞所含抗原	血清中所含抗体	可接受的血型	可供给的受体
O	无	抗 A 、抗 B	O	A、B、AB、O
A	A	抗 B	A、O	A、AB
B	B	抗 A	B、O	B、AB
AB	A、B	无	AB、A、B、O	AB

小结

糖分为单糖、寡糖和多糖。单糖又分为醛糖和酮糖或它们的衍生物。根据离开羰基碳最远的手性碳构型又分为 *D*-构型和 *L*-构型。每个单糖可能具有 2^n 个立体异构体（n 为手性碳数）。

碳原子至少 5 个的醛糖和至少 6 个的酮糖主要存在着像呋喃糖和吡喃糖那样的环化半缩醛或半缩酮。在环状结构中，异头碳的构型又分为 α 构型或 β 构型。

单糖经化学或酶学反应可生成相应的衍生物，例如糖酸、糖醇、脱氧糖、糖脂、氨基糖和糖苷等。

糖苷是由一个糖的异头碳与另一分子形成糖苷键时生成的。糖苷包括二糖、聚糖和一些糖的衍生物。

同多糖是含有单一类型糖残基的聚合物。例如储存多糖淀粉和糖原，以及结构多糖纤维素和几丁质。

杂多糖含有一种类型以上糖残基。杂多糖常出现在包括蛋白聚糖、肽聚糖和糖蛋白在内的复合多糖中。

蛋白聚糖是一种连有重复二糖单位的蛋白质。蛋白聚糖主要出现在细胞外基质和例如软骨那样的结缔组织中。

肽聚糖是连有肽的复合糖，许多细菌的细胞壁都是由肽聚糖组成的。

糖蛋白是含有寡糖链的蛋白质，大多数糖蛋白的寡糖链或是通过 *O*-糖苷键与丝氨酸或苏氨酸残基相联，或是通过 *N*-糖苷键与天冬酰胺残基相联，在结构和糖组成上表现出极大的多样性。

习题

1. 一个吡喃葡萄糖和一个呋喃果糖各有多少个立体异构体？各有多少个 *D* 型和 *L* 型糖？

2. 尽管葡萄糖在溶液中的主要形式是 β-*D*-葡萄糖（63%），而 α-*D*-葡萄糖占 36%，但结晶的葡萄糖几乎是由 α-*D*-葡萄糖组成。怎样解释这一差别？

3. 在测血糖时，要将一滴血加到浸透了如下反应所需的葡萄糖氧化酶和试剂的纸条上。纸的颜色变化指示出存在多少葡萄糖。葡萄糖氧化酶对 β-*D*-葡萄糖是特异的，但为什么能够测出整个血糖？

$$\beta\text{-}D\text{-葡萄糖} + O_2 \longrightarrow D\text{-葡糖酸内酯} + H_2O_2$$

4. 蜂蜜中的 *D*-果糖主要是 β-*D*-吡喃型果糖（67%）和 β-*D*-呋喃型果糖（25%）等几种形式果糖的混合物，β-*D*-吡喃型果糖最甜。相比较而言，β-*D*-呋喃型果糖甜度差一些，但却最稳定。烹调和高温下放置都会使蜂蜜的甜味减弱，这是什么道理？

5. 为什么常用蔗糖，而不用葡萄糖保存水果（如做成水果罐头）等食物呢？

6. 什么是乳糖不耐受症？不能喝鲜奶的人是否可选择喝酸奶？

7. 若要显现直链淀粉-碘复合物的特征蓝色，所需的直链淀粉最小相对分子质量应当为多少？（葡萄糖残基相对分子质量为 180）

8. 一个糖原分子中含有多少还原末端和非还原末端？糖原是重要的燃料储备形式，其最大特点是能够快速被降解和合成。你认为会在哪一端（还原末端，还是非还原末端）以最大速度进行糖原降解和合成？

9. 尽管人不能消化纤维，但是高纤维饮食的人患癌症（尤其结肠癌）的比率低，并且血液胆固醇水平也低。请举出几点纤维对人体的好处。

10. 想象你得到了含有 β-葡糖苷酶的药丸。假如服用了这个药丸后，你吃课本，味道像什么？如果你把它浸入含有 β-葡糖苷酶的溶液中过夜，然后再吃，味道有什么不同吗？

11. 硫酸软骨素能够缓冲摩擦和振动，起着关节润滑剂的作用，主要是溶液中的硫酸软骨素分子所占据的体积远大于脱水状态的体积。为什么溶液状态下硫酸软骨素分子体积会增大呢？

6 脂类和生物膜

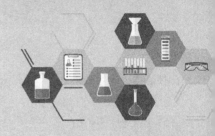

像蛋白质和糖一样，脂类（lipid）广泛存在于所有生物体中，它也是维持生命所必需的营养物质。但脂类不同于蛋白质和糖，包括的范围很广，在化学组成和结构上呈现出多样性。脂类常被定义为生物系统中存在的不溶于水（或只是微溶的）有机化合物。有些脂类是疏水性分子（非极性的），有些脂类是两性分子（同时含有非极性和极性基团）。

图 6.1 给出了主要脂类之间的结构关系。最简单的脂类是脂肪酸，脂肪酸是三酰甘油（脂肪和油）、甘油磷脂、鞘脂和蜡等许多复杂类型脂类的成分。类固醇、脂类维生素和萜类化合物都属于类异戊二烯化合物，因为它们都与五碳分子异戊二烯衍生物有关。含有磷酸基团的甘油磷脂和鞘磷脂都归类于磷脂；含有鞘氨醇和糖成分的脑苷脂和神经节苷脂都归类于鞘糖脂。

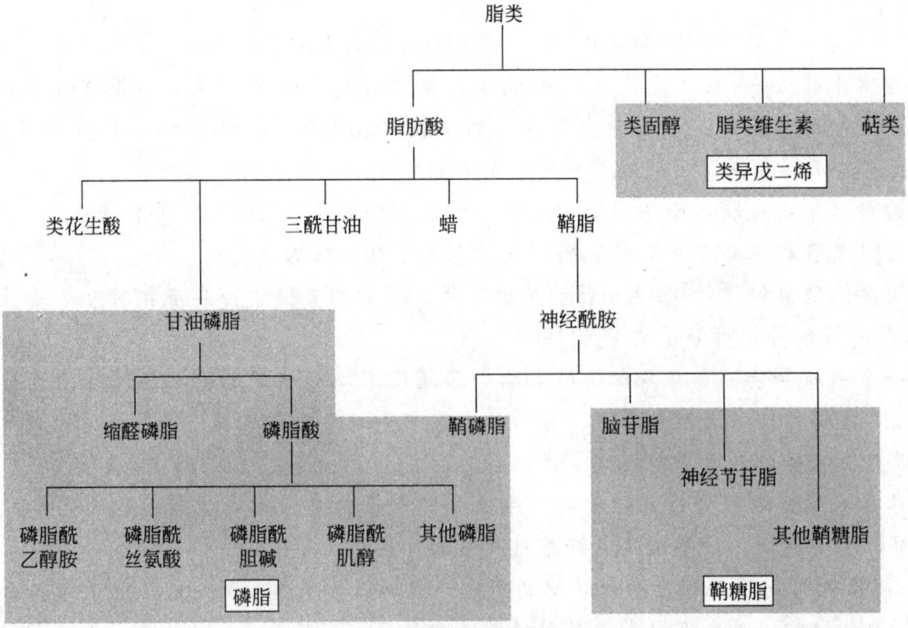

图 6.1 主要脂类之间的结构关系

除了结构上多样性之外，脂类的生物功能也多种多样。甘油磷脂和鞘磷脂是生物膜的主要结构成分。脂肪和油不仅是产生代谢能的燃料分子，而且还有防止热量散发、维持动物体温的作用。固醇类激素能够调节许多代谢过程，而神经节苷脂和其他的鞘糖脂位于细胞表面，参与细胞识4别。

本章将主要讨论不同脂类的结构和功能及生物膜的结构和特性。

6.1 脂肪酸

脂肪酸（fatty acid）是通式为R-COOH的单羧酸，R代表烃链尾巴。微生物、植物和动物中存在着100多种脂肪酸，这些脂肪酸的主要区别体现在烃链的长度、不饱和度（碳-碳双键的数目）和双键的位置上。表6.1列举了自然界中常见的一些脂肪酸，大多数脂肪酸都有一个处于4.5～5.0范围内的p*K*值，所以它们在生理pH下可以离子化。

表6.1　自然界中常见的一些脂肪酸（阴离子形式）

碳原子数	双键个数	俗名	IUPAC命名	熔点/℃	分子式
12	0	月桂酸	正十二烷酸	44.2	$CH_3(CH_2)_{10}COO^-$
14	0	肉(豆蔻酸)(肉)豆蔻酸类	正十四烷酸	53.9	$CH_3(CH_2)_{12}COO^-$
16	0	棕榈酸(软脂酸)	正十六烷酸	63.9	$CH_3(CH_2)_{14}COO^-$
18	0	硬脂酸	正十八烷酸	69.6	$CH_3(CH_2)_{16}COO^-$
20	0	花生酸	正二十烷酸	76.5	$CH_3(CH_2)_{18}COO^-$
22	0	山嵛酸	正二十二烷酸	81.5	$CH_3(CH_2)_{20}COO^-$
24	0	木蜡酸	正二十四烷酸	84.0	$CH_3(CH_2)_{22}COO^-$
16	1	棕榈油酸	*cis*-Δ^9-十六碳烯酸	−0.5	$CH_3(CH_2)_5CH{=}CH(CH_2)_7COO^-$
18	1	油酸	*cis*-Δ^9-十八碳烯酸	13.4	$CH_3(CH_2)_7CH{=}CH(CH_2)_7COO^-$
18	2	亚油酸	*cis*-$\Delta^{9,12}$-十八碳二烯酸	−5.0	$CH_3(CH_2)_4(CH{=}CHCH_2)_2(CH_2)_6COO^-$
18	3	亚麻酸	*cis*-$\Delta^{9,12,15}$-十八碳三烯酸	−11.0	$CH_3CH_2(CH{=}CHCH_2)_3(CH_2)_6COO^-$
20	4	花生四烯酸	*cis*-$\Delta^{5,8,11,14}$-二十碳四烯酸	−49.0	$CH_3(CH_2)_4(CH{=}CHCH_2)_4(CH_2)_2COO^-$

大多数含量高的脂肪酸的碳原子数通常为12～20，几乎都是偶数。根据国际理论与应用化学联合会（International Union of Pure and Applied Chemistry，IUPAC）的标准命名，羧基碳被指定为C-1，其余的碳依次编号。但在通常的命名中，常使用希腊字母标记碳原子，与羧基毗邻的碳（IUPAC标准命名中的C-2）被指定为*α*-碳，其余的碳依次用β、γ、δ和ε等字母表示。希腊字母*ω*常用于特指离羧基最远的碳原子，即无论烃链有多长，它总是代表脂肪酸的末端碳（图6.2）。

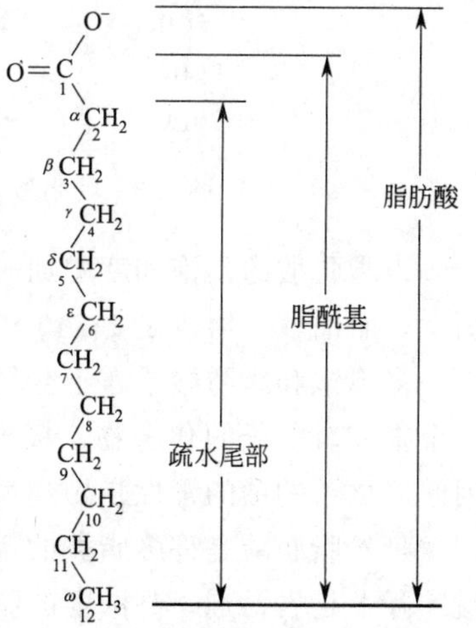

图6.2　脂肪酸的基本结构

脂肪酸又分为饱和与不饱和脂肪酸，它们的物理特性有很大的差别。饱和脂肪酸是烃链中不含双键的羧酸，在室温（22℃）下为固态。不饱和脂肪酸指的是在烃链中含一个或多个C═C双键的脂肪酸，具有顺式（*cis*）构型或反式（*trans*）构型。不饱和脂肪酸的双键构型一般都是*cis*构型，只含有一个双键的不饱和脂肪酸称为单不饱和脂肪酸，带有两个以上双键的不饱和脂肪酸被称为多不饱和脂肪酸。

在IUPAC标准命名中，双键位置用符号Δ^N表示，上标*N*表示每个双键的最低编号碳原子。多不饱和脂肪酸中双键之间隔有一个亚甲基，所以不是共轭双键。常用“：”

隔开的两个数字表示一个脂肪酸，第一个数字是脂肪酸的碳数，第二个数字指的是碳-碳双键数。十六碳软脂酸（棕榈酸）可以表示为16∶0，十八碳油酸可表示为18∶1，二十碳花生四烯酸可表示为20∶4。若指示双键位置，花生四烯酸可表示为20∶4 $\Delta^{5,8,11,14}$。

脂肪酸烃链长度和不饱和度对脂肪酸熔点影响很大。比较表6.1中饱和脂肪酸月桂酸（12∶0）、豆蔻酸（14∶0）和软脂酸（16∶0）的熔点，可以看出随着烃链长度增加，饱和脂肪酸熔点也随之增高。这是由于当烃链长度增加时，相邻烃链之间的范德华力相互作用也增强，所以熔化时就需要更多的能量去破坏范德华力相互作用。

比较硬脂酸（18∶0）、油酸（18∶1）和亚麻酸（18∶3）结构（图6.3），可以看出，虽然三种碳数相同的脂肪酸都是用伸展构象表示的，但硬脂酸饱和烃链分子中每个碳原子都可自由旋转；而含有双键的油酸和亚麻酸的烃链却表现出明显的弯曲形状，这是因为围绕双键的旋转受到阻碍。这种弯曲妨碍了分子之间紧密接触和有序结晶的形成，减少了烃链间范德华力相互作用，所以 *cis* 不饱和脂肪酸的熔点比相同链长饱和脂肪酸的熔点低。

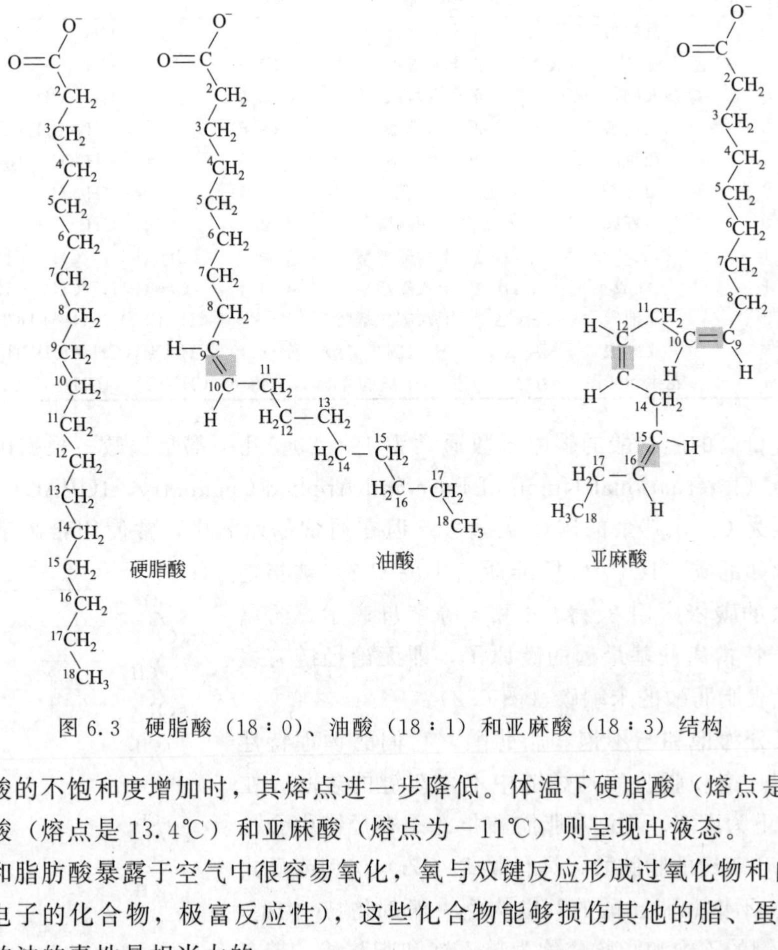

图6.3 硬脂酸（18∶0）、油酸（18∶1）和亚麻酸（18∶3）结构

当脂肪酸的不饱和度增加时，其熔点进一步降低。体温下硬脂酸（熔点是69.6℃）呈固态，而油酸（熔点是13.4℃）和亚麻酸（熔点为−11℃）则呈现出液态。

多不饱和脂肪酸暴露于空气中很容易氧化，氧与双键反应形成过氧化物和自由基（带有一个未配对电子的化合物，极富反应性），这些化合物能够损伤其他的脂、蛋白质和核酸，因此氧化了的油的毒性是相当大的。

虽然脂肪酸是许多脂类的重要成分，但细胞中存在的游离脂肪酸是很微量的。游离脂肪酸实际上是去污剂，高浓度的脂肪酸会破坏膜结构。有些脂肪酸与血液中的血清蛋白结合在一起，但大多数脂肪酸都被酯化形成更复杂的脂类。动物中含量最丰富的脂肪酸是油酸、软脂酸和硬脂酸，另外动物还需要从饮食中摄入一些自己不能合成的称为**必需脂肪酸**的多不饱和脂肪酸，例如亚油酸（18∶2）和亚麻酸（18∶3）等。

相关话题

反式脂肪酸

植物油易氧化变质，有股“哈喇”味。为防止不饱和脂肪酸氧化，又便于运输，经氢化处理使它变硬。但氢化产物包括饱和脂肪酸和反式脂肪酸（图 6.4）。

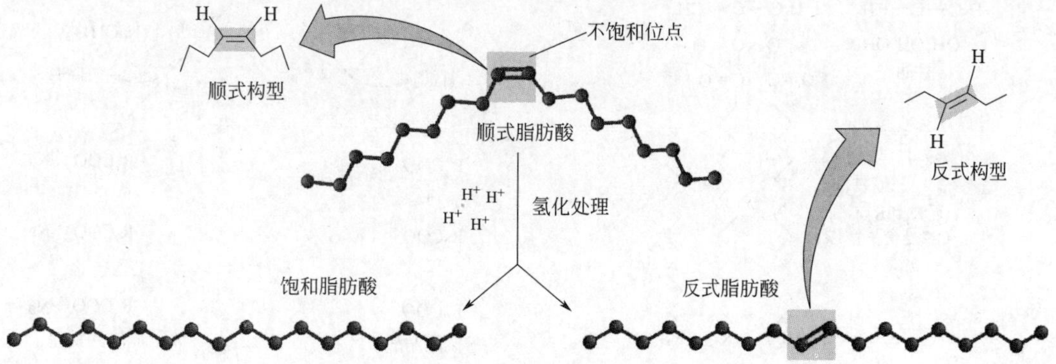

图 6.4 反式脂肪酸的生成

一旦油类被氢化后，就会失去不饱和的性质，也就失去了所具有的对人体健康的益处。大多数人造奶油及所有的松糕油实际上都是由氢化过的脂肪酸制造的。

美式快餐、炸土豆片、烘烤食品及其他一些经过加工的食物中约含有 50% 的反式脂肪酸。反式脂肪酸对心脏和动脉的不利影响的严重程度类似饱和脂肪酸，可能增加低密度脂蛋白（LDL）中的胆固醇含量，所以食用人造奶油（反式脂肪酸的来源）与心血管疾病的增加可能有一定的相关性。

6.2 三酰甘油

脂肪酸通常都是以中性脂**三酰甘油**（triacylglycerol）形式储存的，就像三酰甘油名称表示的那样，它是由三个脂酰基与甘油形成的酯，也称为**甘油三酯**（triglyceride）（图 6.5）。三酰甘油是中性（非离子化）、非极性（疏水）脂。脂肪酸作为代谢中燃料分子氧化获得的能量（约 37kJ/g）比蛋白质或糖氧化产生的能量（约 16kJ/g）高得多。

动植物体内的脂肪和油大部分都是三酰甘油的混合物，三酰甘油混合物呈固态（脂肪）还是液态（油）取决于它的脂肪酸成分和温度。如含饱和脂肪酸多的动物脂肪中，在体温下倾向于固态，而含不饱和脂肪酸多的植物油，通常呈液态，尤其是多不饱和脂肪酸含量高的色拉油、花生油、葵花籽油和橄榄油等常见植物油在很低温度下也仍呈液态。

三酰甘油经脂肪酶催化可以生成脂肪酸和甘油，但当脂肪与像氢氧化钠（或氢氧化钾）那样的碱反应时，生成的不是游离脂肪酸，而是脂肪酸盐，该反应称为**皂化**（saponification）（图 6.6）。例如三硬脂酰甘油酯与氢氧化钠反应可以生成三分子硬脂酸钠和一分子甘油。

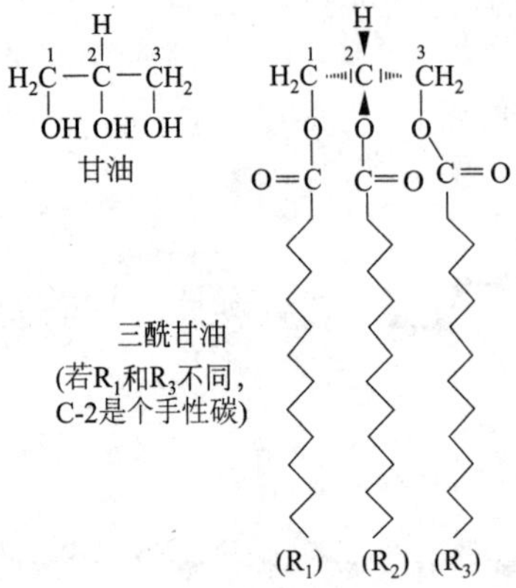

图中 R_1、R_2 和 R_3 三个烃链都为饱和烃链，也可以是不饱和烃链或两者的混合

图 6.5 甘油和三酰甘油结构

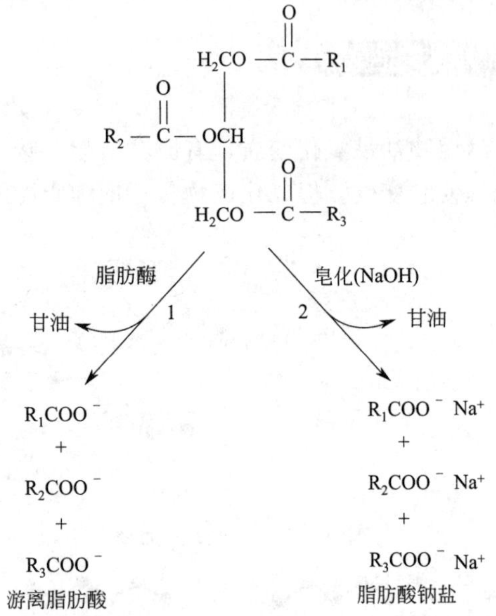

1. 脂肪酶水解反应，三酰甘油经脂肪酶降解生成一分子甘油和三个游离脂肪酸；2. 皂化反应，三酰甘油与氢氧化钠（或氢氧化钾）反应，生成一分子甘油和相应的三分子脂肪酸钠（或钾）

图 6.6 三酰甘油酶水解和皂化反应

通常人们将脂肪酸钠盐称为硬肥皂，而将脂肪酸钾盐称为软肥皂。利用已知的脂肪和碱的量可以进行皂化分析。皂化后通过用标准酸滴定，可以测定未反应的碱量，计算出对给定的脂肪进行皂化所需要的碱量，通常用皂化数表示。皂化数被定义为使 1g 脂肪皂化所需要的 KOH 的质量（mg）。

6.3 甘油磷脂

三酰甘油是哺乳动物中含量最丰富的脂类，但三酰甘油不是生物膜的结构成分，因为它不是两性脂类，所以不能形成脂双层膜。膜中最丰富的脂是**甘油磷脂**（glycerophosphatide），这类脂类都含有甘油骨架，因此甘油磷脂可以看作是 *L*-甘油-3-磷酸的衍生物。

甘油磷脂是两性分子，有一个极性头部和长的、非极性尾部，极性头部指的是磷脂分子中磷酸和与磷酸相连接的其他带电荷基团，非极性尾部指的是两个长链脂酰基。最简单的甘油磷脂是**磷脂酸**（phosphatic acid），由甘油-3-磷酸与在 C-1 和 C-2 处成酯的两个脂酰基组成。游离的磷脂酸很少，它仅作为中间代谢物出现在生物合成甘油磷脂中，如磷脂酸结合胆碱生成的磷脂酰胆碱（phosphatidylcholine）（图 6.7）。

表 6.2 给出了一些常见的甘油磷脂的结构。其中磷脂酰胆碱、**磷脂酰乙醇胺**（phosphatidylethanolamine）和**磷脂酰丝氨酸**（phosphatidylserine）3 种甘油磷脂是生物膜脂的最主要成员。

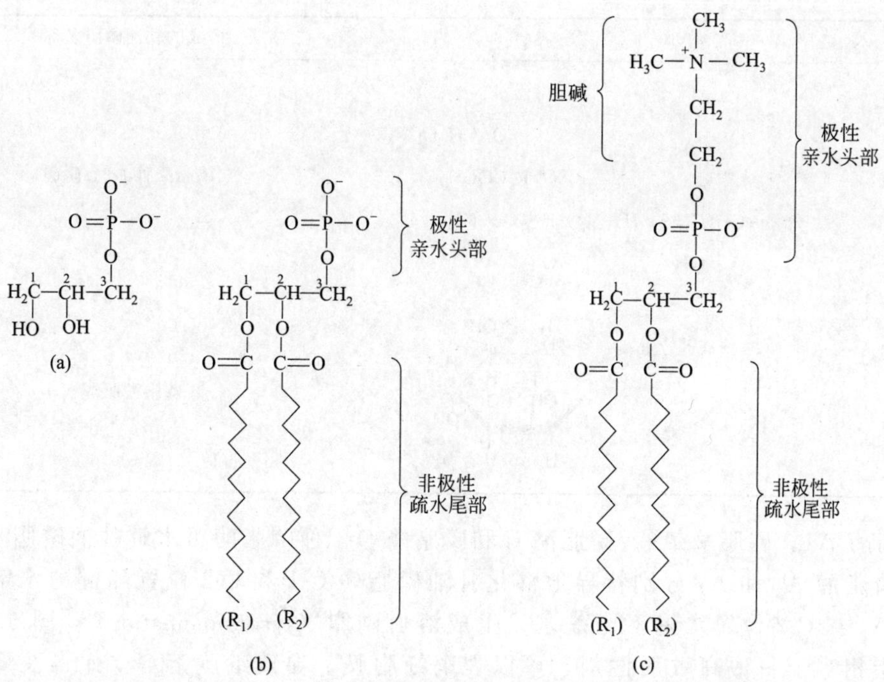

（a）甘油-3-磷酸；（b）磷脂酸，含有一个极性头部磷酸、一个非极性的疏水尾部两个脂酰基；（c）磷脂酰胆碱（或称为卵磷脂），极性头部除了磷酸外，还包括胆碱

图 6.7　磷脂酰胆碱

表 6.2 中的每一种甘油磷脂都不是单一的一种化合物，而是具有同样极性头部和不同脂酰基的一族化合物。例如已知人红细胞膜至少含有 21 种不同的磷脂酰胆碱，它们的主要区别在甘油骨架的 C-1 和 C-2 处连接的脂酰基上。通常 C-1 连接的是饱和的脂肪酸，而 C-2 连接的是不饱和脂肪酸。

表 6.2　一些常见的甘油磷脂的结构

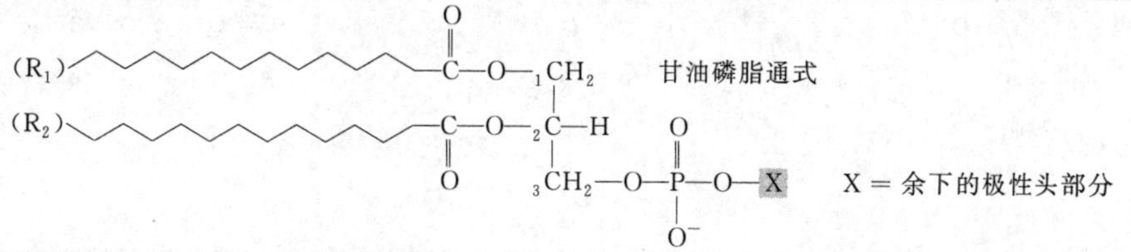

HO—X	X	形成的甘油磷脂名称
水	$-H$	磷脂酸
胆碱	$-CH_2CH_2\overset{+}{N}(CH_3)_3$	磷脂酰胆碱(卵磷脂)
乙醇胺	$-CH_2CH_2\overset{+}{N}H_3$	磷脂酰乙醇胺
丝氨酸	$-CH_2-CH(\overset{+}{N}H_3)(COO^-)$	磷脂酰丝氨酸
甘油	$-CH_2CH(OH)-CH_2OH$	磷脂酰甘油

续表

HO—X	X	形成的甘油磷脂名称
磷脂酰甘油	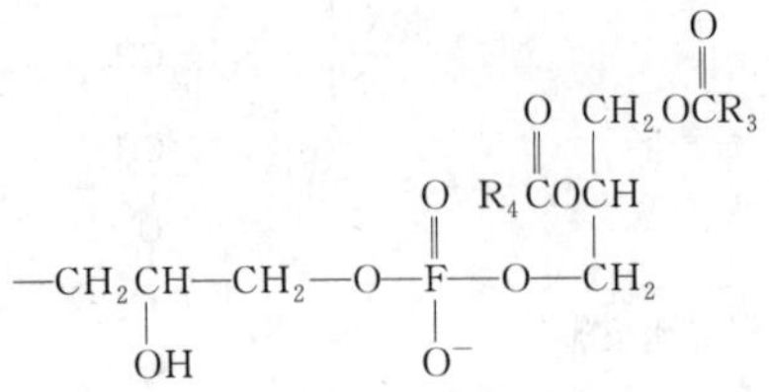	二磷脂酰甘油（心磷脂）
肌醇	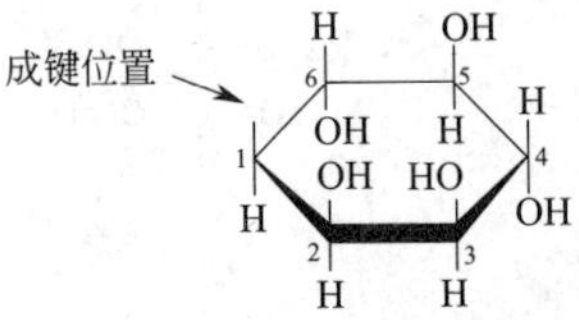	磷脂酰肌醇

磷脂酶 A1、磷脂酶 A2、磷脂酶 C 和磷脂酶 D 4 种磷脂酶可水解甘油磷脂［图 6.8(a)］。磷脂酶 A_1 和 A_2 分别特异地催化甘油磷脂中 C-1 和 C-2 位置酯键的水解，例如磷脂酶 A_2 在 C-2 位置水解下脂酰基，生成**溶血磷脂**（lysophosphatide）［图 6.8(b)］。溶血磷脂相当于一种高效活性剂，可以裂解细胞膜，导致细胞溶解。蛇毒及蜂毒是磷脂酶 A_2 的最好来源，因此被毒蛇咬或毒蜂蜇后，会导致溶血（红细胞裂解），危及生命。

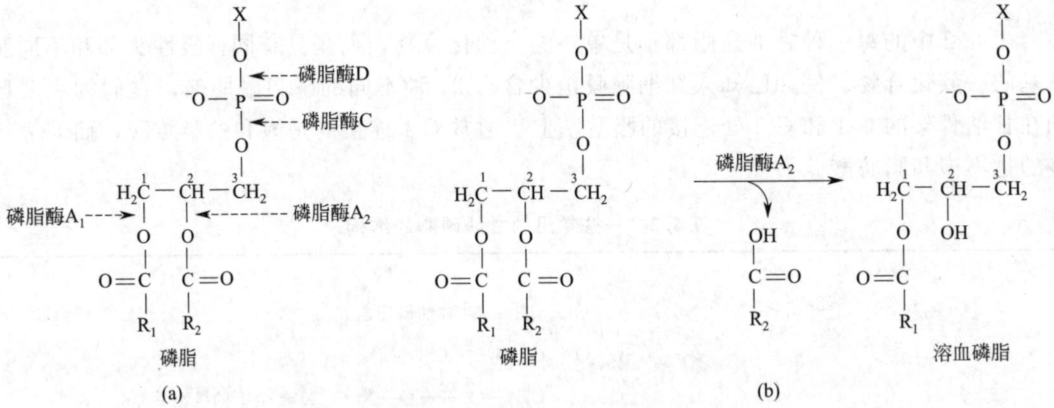

(a) 4 种磷脂酶作用于甘油磷脂的位置；(b) 磷脂酶 A_2 催化甘油磷脂生成溶血磷脂和脂肪酸

X 为其他基团

图 6.8　4 种磷脂酶的作用部位

大多数甘油磷脂中的脂肪酸都是通过酯键与甘油连接的，但**缩醛磷脂**（plasmalogen）中有一个烃链是通过乙烯醚键与甘油的 C-1 连接的［图 6.9(a)］，属于醚甘油磷脂。缩醛磷脂中常见的头部基团是乙醇胺、胆碱和丝氨酸。缩醛磷脂约占人中枢神经系统中甘油磷脂的 23%，同时发现在外周神经和肌肉组织中也存在着缩醛磷脂。

另外血小板活化因子（platelet activating factor，PAF）也属于醚甘油磷脂，但结构比较特殊，分子中的甘油骨架 C-1 处连有烷醚基（含有一个醚键），C-2 处连有乙酰基［图 6.9

(b)]。很低浓度（0.1nmol/L）的 PAF 就可引起血小板凝聚并形成血栓，PAF 对平滑肌的收缩也有作用。

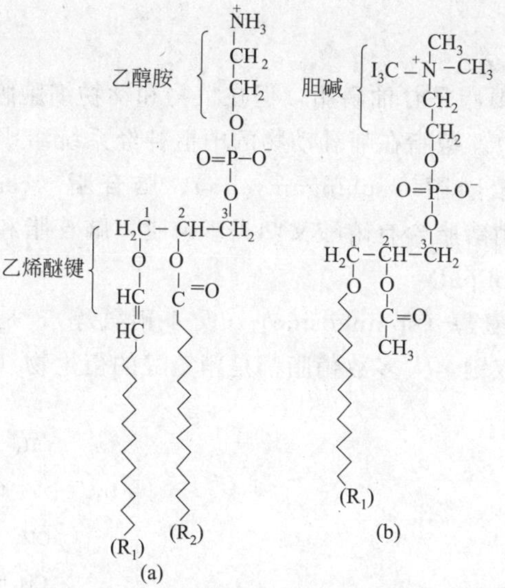

(a) 乙醇胺缩醛磷脂；(b) 血小板激活因子（PAF）

图 6.9 缩醛磷脂

磷脂酰肌醇（phosphatidylinositol，PI）是磷脂酸与肌醇酯化的产物，其衍生物包括**磷脂酰肌醇-4-磷酸**（phosphatidylinositol-4-phosphate，PIP）和**磷脂酰肌醇-4,5-二磷酸**（phosphatidylinositol-4,5-bisphosphate，PIP_2）（图 6.10）。磷脂酰肌醇 4,5-二磷酸参与跨质膜的信号转导，例如当神经递质乙酰胆碱结合到中枢神经末端的相应受体时会激活磷脂酶 C，该酶催化 PIP_2 降解生成二酰甘油和肌醇 1,4,5-三磷酸，这两种化合物在细胞内又作为第二信使去激活一个蛋白激酶，启动钙离子的释放，引出各种不同的细胞代谢

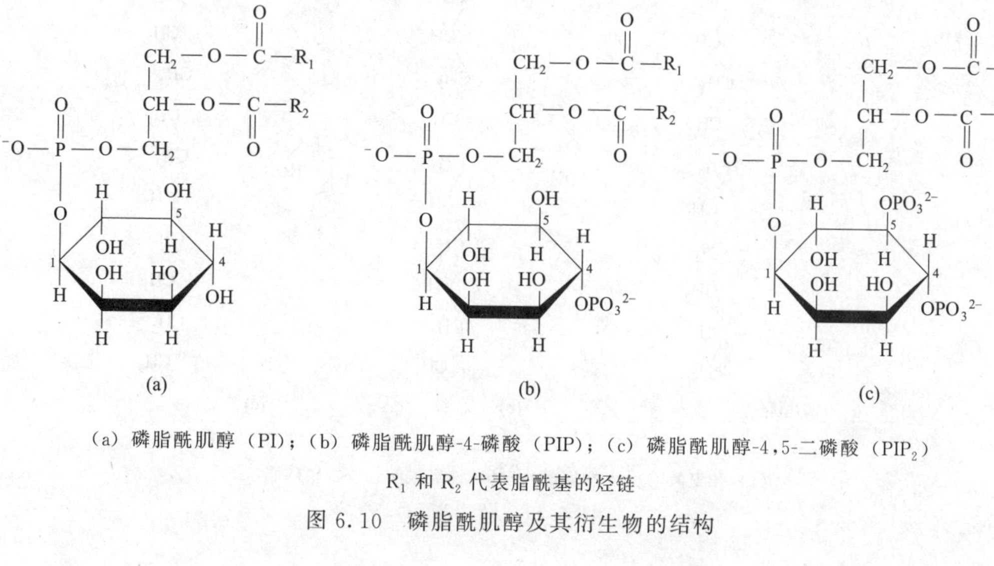

(a) 磷脂酰肌醇（PI）；(b) 磷脂酰肌醇-4-磷酸（PIP）；(c) 磷脂酰肌醇-4,5-二磷酸（PIP_2）

R_1 和 R_2 代表脂酰基的烃链

图 6.10 磷脂酰肌醇及其衍生物的结构

响应。

6.4 鞘脂

大多数膜系统中的主要脂是甘油磷脂，但在植物和动物细胞膜中还存在着另外一种两性脂——**鞘脂**（sphingolipid）。鞘脂在哺乳动物的中枢神经系统组织中含量特别丰富。鞘脂家族中的三个主要成员是**鞘磷脂**（sphingomyelin）、**脑苷脂**（cerebroside）和**神经节苷脂**（ganglioside）。其中由于鞘磷脂含有磷酸又归类于磷脂，脑苷脂和神经节苷脂含有糖残基归类于**鞘糖脂**（glycosphingolipid）。

鞘脂的结构骨架是**鞘氨醇**（sphingosine）（反-4-鞘氨醇），是一个无分支的 C_{18} 醇，在 C-4 和 C-5 之间有一反式双键，大多数鞘脂都是鞘氨醇的衍生物（图 6.11）。

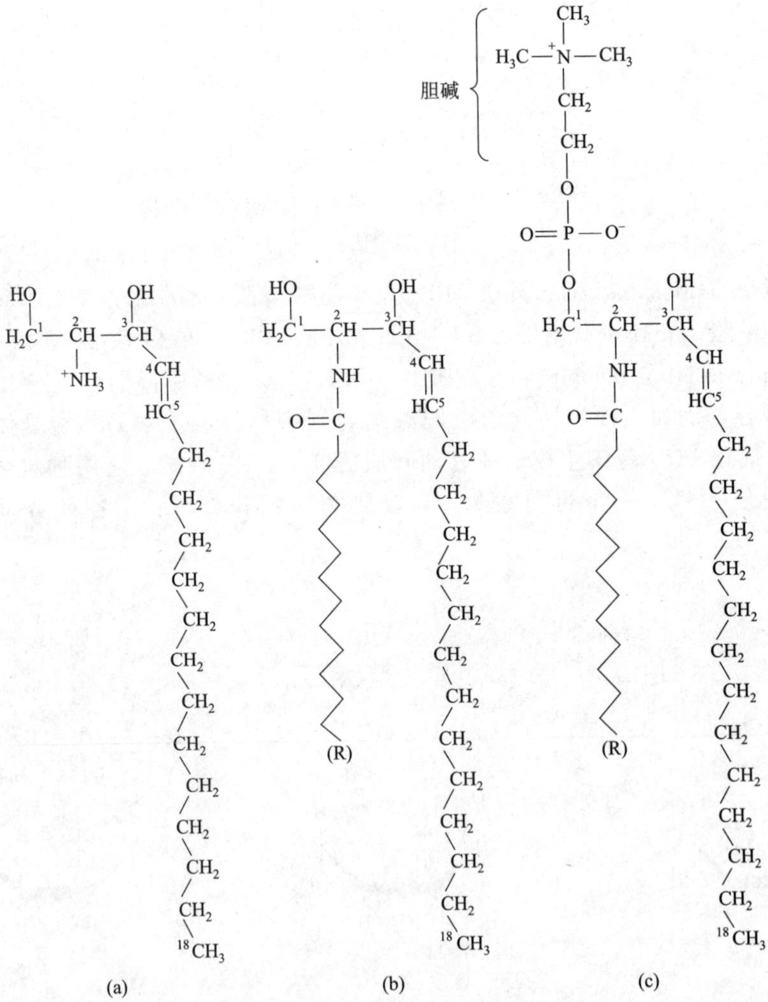

（a）鞘氨醇（反-4-鞘氨醇）；（b）神经酰胺；（c）鞘磷脂

图 6.11　鞘磷脂

如果鞘氨醇的 C-2 氨基通过酰胺键结合一个脂肪酸，可生成鞘氨醇的 *N*-酰基衍生物——**神经酰胺**（ceramide），神经酰胺是很多鞘脂的前体。

6.4.1 鞘磷脂

鞘磷脂是常见的鞘脂，由神经酰胺连接一个磷酸胆碱或磷酸乙醇胺构成。可以看出鞘磷脂是两性分子，与磷脂酰胆碱或磷脂酰乙醇胺很相似，二者都含有胆碱或乙醇胺、磷酸和两个长的疏水尾巴。鞘磷脂存在于大多数哺乳动物细胞的质膜内，是包围着某些神经细胞髓鞘的主要成分，也可归类于神经鞘磷脂。

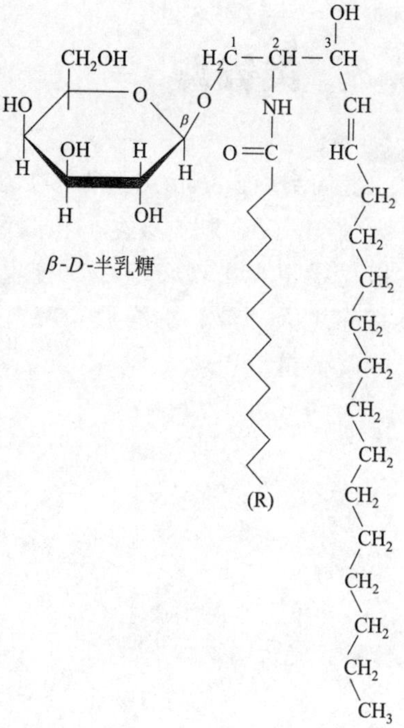

图 6.12　半乳糖脑苷脂

6.4.2 脑苷脂

脑苷脂是含有一个单糖残基的鞘糖脂，单糖通过 β-糖苷键与神经酰胺连接。半乳糖脑苷脂也称为半乳糖神经酰胺，是极性头部为 β-D-半乳糖残基的脑苷脂（图 6.12）。半乳糖脑苷脂在神经组织中很丰富，约占髓鞘中脂的 15%。有些哺乳动物的组织还含有葡糖脑苷脂，分子中的糖残基是葡萄糖。

6.4.3 神经节苷脂

神经节苷脂是最复杂的鞘糖脂，含有 *N*-乙酰神经氨酸残基的寡糖链连接在神经酰胺上（图 6.13）。*N*-乙酰神经氨酸是复杂的九碳氨基糖的乙酰衍生物，是唾液酸家族中的一员。糖残基提供了一个大的极性头部，由于存在着 *N*-乙酰神经氨酸的羧基，所以在生理条件下

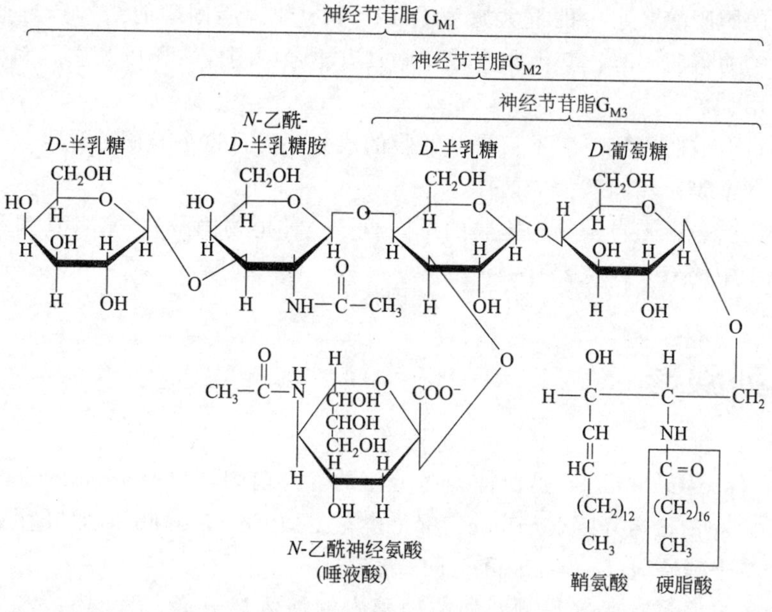

图 6.13　神经节苷脂 G_{M1}、G_{M2} 和 G_{M3} 结构

神经节苷脂以阴离子形式存在。神经节苷脂主要位于细胞膜表面，极性头部伸出膜表面，可以特异地接受来自垂体激素的信号，激发细胞内很多重要的生理功能。

6.5 类固醇

类固醇（steroid）是大多数真核生物中常见的膜脂，是环戊烷多氢菲的衍生物。图6.14给出了环戊烷多氢菲和几种类固醇的结构。胆固醇是动物质膜的一个重要成分，在植物中很少出现，而在原核生物中还未发现过。胆固醇分子中C-3处有一个羟基，这也是称之为“醇”的缘故，另外分子中C-10和C-13处都连有甲基，在C-17处连有一个8碳侧链。

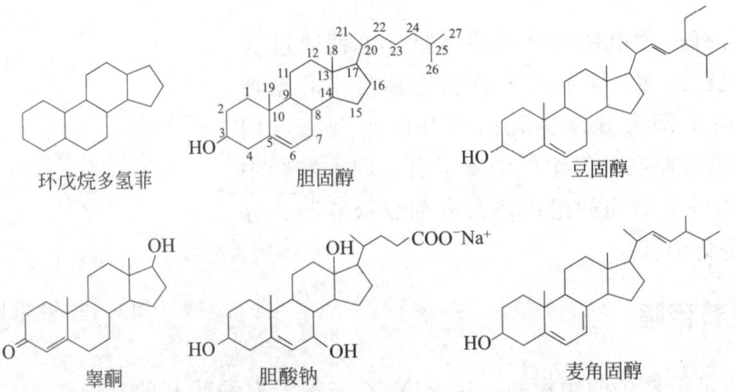

图 6.14 环戊烷多氢菲和几种类固醇的结构

胆固醇疏水性要比甘油磷脂和鞘脂强得多，因为胆固醇中C-3的羟基是分子中唯一的极性成分，游离的胆固醇在水中的最大浓度是 10^{-8} mol/L。胆固醇的结构是近似平面的稠环结构，稠环结构使得胆固醇比其他大多数磷脂具有更强的刚性，所以膜中胆固醇有调节细胞膜流动性的作用。

哺乳动物可合成胆固醇，它不仅是某些膜的成分，而且也是类固醇激素（睾酮、肾上腺皮质激素、雌激素等）和胆酸盐的前体。

其他的类固醇包括来自植物细胞膜的豆固醇（一种植物固醇），来自真菌和酵母的麦角固醇，这些分子中的C-3处也带有一个羟基。

6.6 前列腺素

前列腺素（prostaglandin）是由前列腺分泌的，与**前列环素**（prostacyclin）、**凝血噁烷**（thromboxane）和**白三烯**（leukotriene）都是**类花生酸**（eicosanoid），是花生四烯酸的衍生物，也称为**类二十碳烷酸**（eicosanoid）（图6.15）。

类花生酸参与很多生理过程，例如前列腺素能使体温升高（发热）、产生疼痛，凝血噁烷刺激血管收缩和血小板凝集或血栓的形成，而前列环素的作用则刚好与凝血噁烷作用相

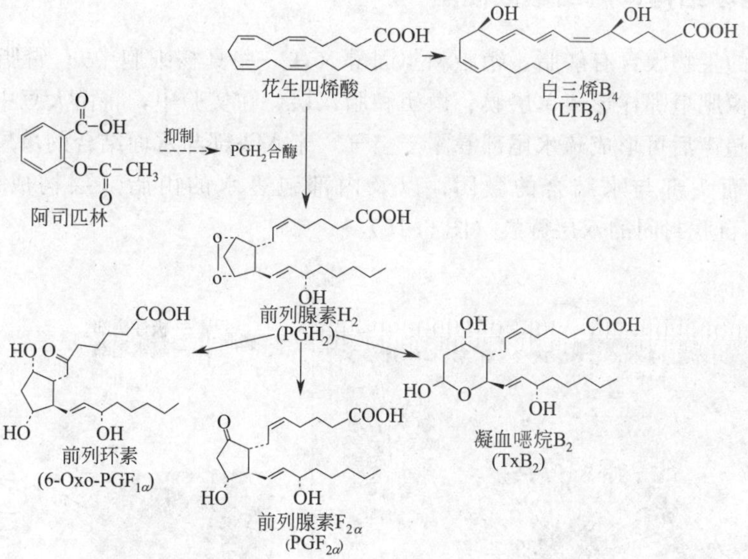

每种衍生物只给出了一个例子，实际上存在很多种生理上非常重要的衍生物

图 6.15　花生四烯酸衍生物

反。白三烯调节平滑肌收缩，也会引起哮喘病中见到的支气管狭窄。这类化合物的产生有组织特异性，如前列腺合成前列腺素，血小板基本上只产生凝血噁烷，位于血管壁上的内皮细胞主要合成前列环素。而且这些化合物直接在产生它们的细胞附近起作用，一般在几秒钟或几分钟之内就被降解了。

阿司匹林（aspirin）又名**乙酰水杨酸**（acetylsalicylic acid），是众所周知的解热、镇痛、消肿和抗感染药，其作用是通过抑制前列腺素 H_2（PGH_2）合酶，抑制由花生四烯酸合成前列腺素、前列环素和凝血噁烷的反应，起到解热、镇痛和抗炎的作用。布洛芬（ibuprofen）和对乙酰氨基酚（acetaminophen）与 PGH_2 合酶非共价结合，也具有类似阿司匹林的功效。

除了上面讨论的脂以外，还有一些生物学上重要的脂，其中包括蜡、脂类（脂溶性）维生素。蜡是长链单羟基醇和长链脂肪酸形成的酯，例如一种称为三十烷基软脂酸酯的蜡，就是软脂酸与三十烷醇形成的酯，是蜂蜡的主要成分。蜡广泛分布于自然界中，它在植物的叶子和果实以及动物的皮肤、羽毛和外骨骼上形成保护的防水包被。

6.7 生物膜

前面已经讨论过生物体内的脂肪酸很少以游离的形式存在，通常与其他分子，例如甘油、鞘氨醇、磷酸、胆碱及糖等形成三酰甘油、甘油磷脂、鞘磷脂和神经节苷脂等。其中的甘油磷脂、鞘磷脂等磷脂与其他脂类不同，是具有极性头部和疏水尾部的两亲性分子，是细胞膜的主要成分。本节主要讨论由磷脂构成的生物膜的结构及其特性。

6.7.1 膜基本结构：流动镶嵌模型

一个典型的生物膜含有磷脂、鞘脂和胆固醇（在一些真核细胞中）。磷脂和鞘脂在一定的条件下可以像肥皂那样形成单层膜、微团和脂双层。在实验中，将由大豆中提取的卵磷脂放到水中，经超声后可形成疏水尾部暴露于空气，亲水头部与水面结合的单层膜；疏水尾部聚集在内部，而头部与水结合的微团；以及内部包裹水的由脂双层构成的称为**脂质体**（liposome）的自我封闭的双层微囊（图 6.16）。

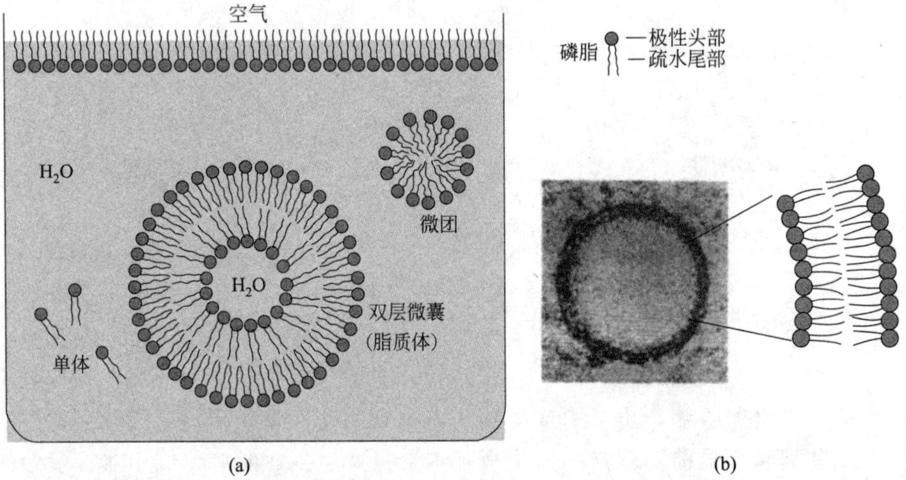

（a）卵磷脂在水中经超声形成单层膜、微团和脂质体等各种形态；（b）脂质体的电镜照片

图 6.16 脂质体

（来源：Walther 1974）

典型脂双层的厚度为 5～6nm，脂双层内的磷脂分子的疏水尾部指向双层内部，提供了一个疏水内部环境，而亲水头部与每一面的水相接触，磷脂中带正电荷和负电荷的头部基团为脂双层提供了两层离子表面。脂质体对许多物质是不通透的，由于脂质体内部是一个水相空间，可以用来包裹药物分子，所以利用带有“标签”的脂质体将药物带到体内特定组织的研究也曾引起人们的极大关注。

脂双层形成了所有生物膜的基础，并赋予了这些生物膜很多的物理特性。在生物膜中，不能形成脂双层的胆固醇和其他脂（大约占整个膜脂的 30%）可以稳定地排列在其余 70% 磷脂组成的脂双层中。生物膜的另一个必要成分是蛋白质，蛋白质镶嵌在膜中或与膜表面结合，典型的含有蛋白质的生物膜的厚度是 6～10nm。膜蛋白直接参与跨膜的分子转运、信号转导及质膜和细胞骨架之间的相互作用。

1972 年 S. Jonathan Singer 和 Garth L. Nicolson 提出了生物膜的**流动镶嵌模型**（fluid mosaic model）[图 6.17(a)]。根据这一模型的描述：磷脂构成脂双层，膜蛋白或横跨，或镶嵌在脂双层中，或附着在脂双层表面。生物膜是一个动态结构，其组成成分膜脂和膜蛋白处于不断的运动之中。

图 6.17(b) 给出了当前具有代表性的细胞质膜模型，可以看出基本组织结构与流动镶嵌模型基本相同。

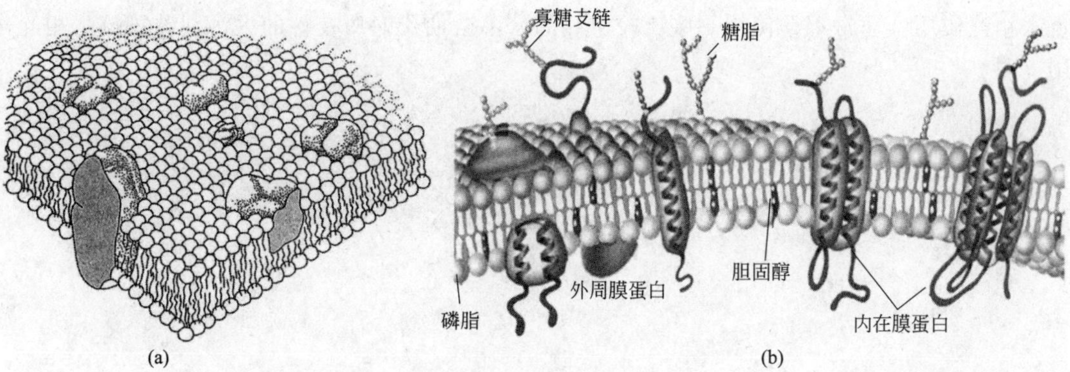

(a) Singer 和 Nicolson 提出的流动镶嵌模型；(b) 典型的真核细胞质膜结构示意图

图 6.17 生物膜结构

6.7.2 膜蛋白

从图 6.17(b) 可看到，生物膜主要是膜蛋白与由磷脂形成的脂双层构成的，此外还有一些胆固醇插入脂双层中。根据膜蛋白与脂双层结合的方式又可将膜蛋白分为**内在膜蛋白**(integral membrane protein)、**外周膜蛋白**（peripheral membrane protein）和**脂锚定膜蛋白**(lipid-anchored membrane protein)［又称脂连接膜蛋白（lipid-linked membrane protein)］。

6.7.2.1 内在膜蛋白

内在膜蛋白也称为内嵌膜蛋白，插入或跨越脂双层，含有嵌入脂双层疏水部位的疏水区。很多内在跨膜蛋白都含有一个或多个跨膜 α-螺旋肽段（图 6.18)。内在膜蛋白占膜蛋白的 70%～80%。

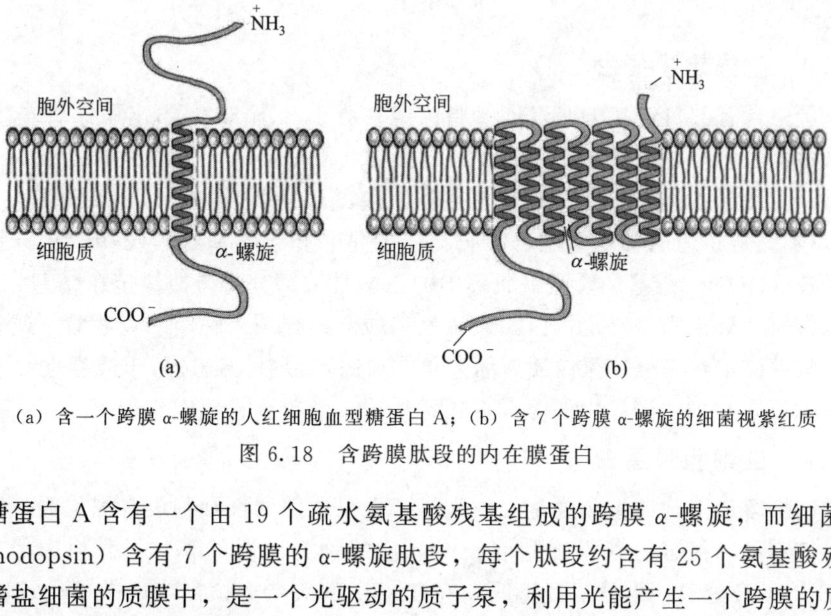

(a) 含一个跨膜 α-螺旋的人红细胞血型糖蛋白 A；(b) 含 7 个跨膜 α-螺旋的细菌视紫红质

图 6.18 含跨膜肽段的内在膜蛋白

血型糖蛋白 A 含有一个由 19 个疏水氨基酸残基组成的跨膜 α-螺旋，而细菌视紫红质(bacteriorhodopsin) 含有 7 个跨膜的 α-螺旋肽段，每个肽段约含有 25 个氨基酸残基。视紫红质位于嗜盐细菌的质膜中，是一个光驱动的质子泵，利用光能产生一个跨膜的质子浓度梯度，提供驱动 ATP 合成的能量。

由于内在膜蛋白嵌入在膜脂双层中，所以这类膜蛋白的分离需要破坏蛋白和膜脂之间的疏水相互作用。通常都是使用一些比较温和的，不会使蛋白质变性的去污剂破坏疏水相互作用（图6.19）。

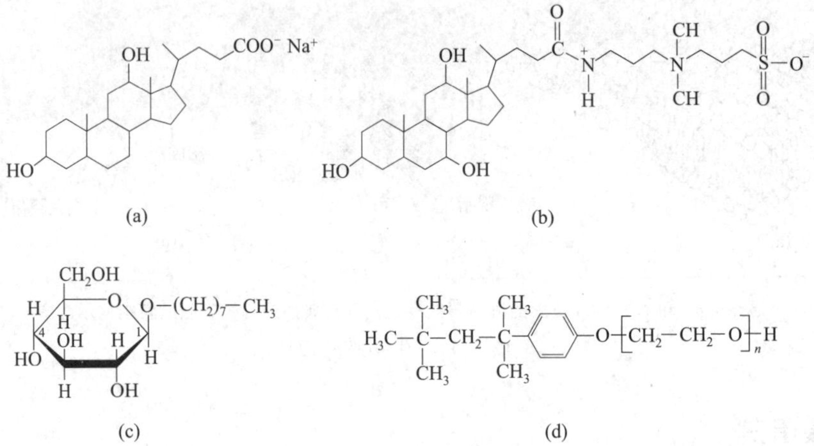

（a）脱氧胆酸钠盐；（b）CHAPS[3-(3胆酰胺丙基二乙胺)-1-丙磺酸]；
（c）辛基-β-葡糖苷；（d）Triton X-100（辛基苯基聚乙氧乙醇X-100）

图6.19 溶解膜蛋白的去污剂

6.7.2.2 外周膜蛋白

外周膜蛋白与内在膜蛋白不同，它们与膜的作用弱得多，通常都是通过离子键和氢键与膜脂的极性头部或与内在膜蛋白伸出膜表面的部位结合。由于外周膜蛋白既没有共价连接在膜脂上，也没有嵌入脂双层中，所以不需要切断共价键或破坏膜，只要改变离子强度或pH，就可很容易地将外周膜蛋白从膜上分离出来。例如将在电子传递和氧化磷酸化一章中讲到的细胞色素*c*就是一个外周膜蛋白，它与线粒体内膜的外表面结合。外周膜蛋白占膜蛋白的20%～30%。

6.7.2.3 脂锚定膜蛋白

有些膜蛋白含有共价连接的脂，通过脂锚定在膜上。图6.20给出了3种类型的脂锚定蛋白质。图中蛋白质a是糖基磷脂酰肌醇锚定蛋白[glycosylphosphatidylinositol (GPI)-anchored protein]，蛋白部分与磷酰乙醇胺连接，磷酰乙醇胺再与一个聚糖相连。聚糖组成（都是己糖）不固定，但通常与磷酰乙醇胺相连的是甘露糖（Man）残基，而与肌醇磷酸相连的是葡糖胺（GlcN）残基。磷脂酰肌醇中的二酰甘油部分将蛋白锚定在膜上。

图中蛋白质b称为脂酰锚定蛋白，通过氨基酸侧链与插入膜中的豆蔻酸（或软脂酸）形成酯键或酰胺键锚定在膜上。蛋白质c称为异戊烯锚定蛋白，通过位于或靠近C末端的半胱氨酸残基的S原子与插入到膜中的类异戊二烯法尼基共价连接锚定在膜上。

6.7.2.4 红细胞膜蛋白

目前人们了解最清楚的生物膜是红细胞膜，由于成熟的红细胞没有细胞器，所以通过低渗液处理红细胞可以很容易获得细胞溶胶渗漏后的称为血影的膜粒子。血影经1%SDS溶解，用SDS-PAGE分离，电泳后经考马斯亮蓝或高碘酸希夫试剂（periodic acid-Schiff reagent，PAS）（染糖类）染色，可获得人红细胞膜蛋白的电泳图谱（图6.21）。

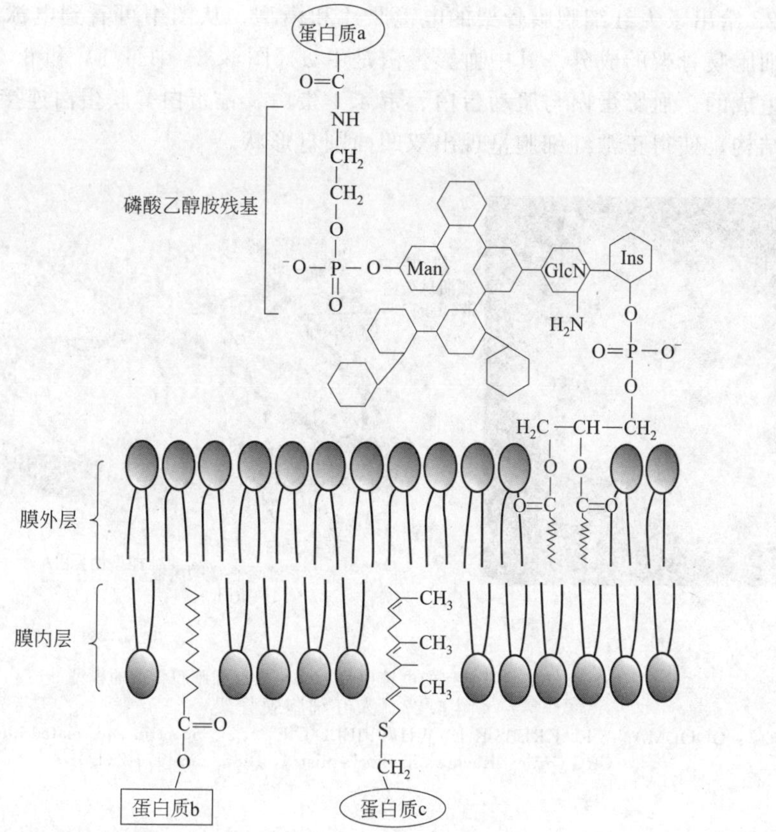

蛋白质 a：糖基磷脂酰肌醇锚定蛋白；蛋白质 b：脂酰锚定蛋白；蛋白质 c：异戊烯锚定膜蛋白

图 6.20 几种类型的脂连膜蛋白

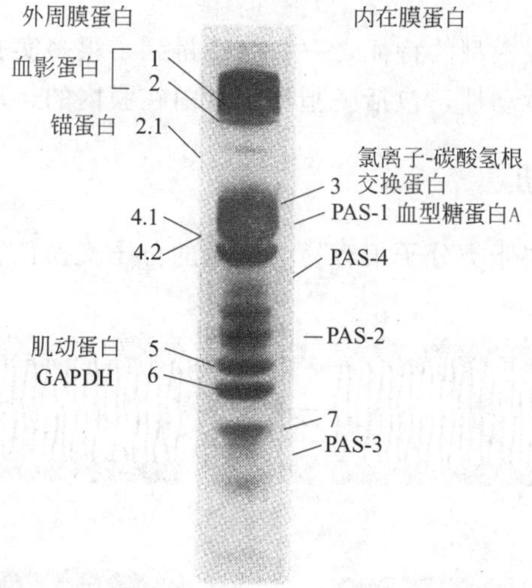

GAPDH 是甘油醛-3-磷酸脱氢酶，PAS-1～PAS-4 为 PAS 染色的糖蛋白

图 6.21 人红细胞膜蛋白的电泳图谱

图 6.21 中带 1、2、2.1、4.1、4.2、5、6 代表的蛋白由于通过改变离子强度或 pH，容易从膜里提取，所以都归属于外周膜蛋白，它们都位于朝向细胞溶胶的膜内侧。而标在内在膜蛋白下面的那些带代表的蛋白都需要用去污剂或有机溶剂从膜中提取。

图 6.22 给出了人红细胞膜骨架的电镜照片和模型，从图中可看到电泳图谱中的各个蛋白大都是细胞膜骨架的成分。其中血影蛋白是由 α（图 6.21 中带 1）和 β（图 6.21 中带 2）两个肽链组成的。血影蛋白与肌动蛋白、带 4.1 蛋白、锚蛋白等膜蛋白连接锚定在膜上形成一个网状结构，使得正常红细胞呈现出双凹面圆盘形状。

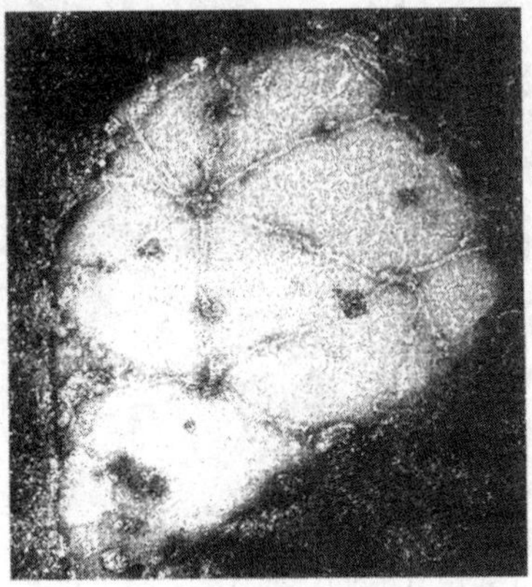

(a)

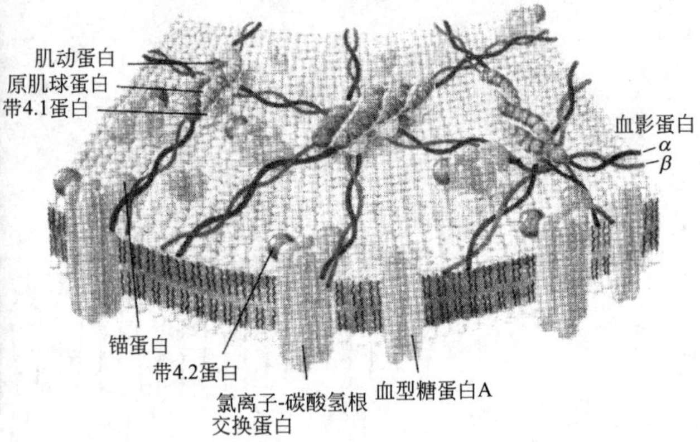

(b)

（a）人红细胞膜骨架的电镜照片；（b）人红细胞膜骨架的模型

图 6.22　人红细胞膜骨架

（来源：GOODMAN S R，KREBS K E，WHITFIELD C F，et al. Spectrin and related molecules [J]. CRC Critical Reviews in Biochemistry，1988. 23：171-234.）

6.8　膜的流动性

膜的流动性是流动镶嵌模型的特征之一，已经得到了很多实验的证明和支持。膜的流动性指的是生物膜内分子的运动性，包括膜脂和膜蛋白在膜内的运动。

6.8.1　膜脂的侧向运动

实验证实膜中的同一层脂类分子很容易与邻近的分子交换位置，这样的运动称为侧向运

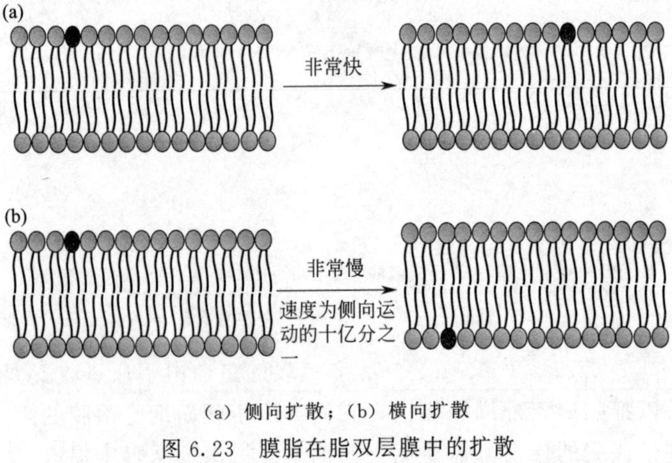

（a）侧向扩散；（b）横向扩散

图 6.23　膜脂在脂双层膜中的扩散

动或侧向扩散（图 6.23）。膜脂的侧向运动速度非常快，在一个约 2μm 长的细菌细胞中，一个磷脂分子在 37℃下从一端扩散到另一端只需约 1s。

与侧向运动相反，横向运动（也称为翻转），即脂双层中的某一层内的脂过渡到另一层是非常慢的，速度约为同一层内的任何两个脂交换的 $1/10^9$，因为实现这一过程需要很大的激活能。但哺乳动物细胞中含有的一种翻转酶（flippase）或转位酶（translocase）能够将特定的磷脂从脂双层的一层转移到另一层。

6.8.2　相变温度

膜流动性也取决于膜脂组成和结构，由单一类型磷脂合成的脂双层在低温时处于一种有序的凝胶相，但当被加热时，发生了类似于晶体熔解的相变，形成液晶相。由于由凝胶相转变为液晶相，脂双层厚度约减少了 15%［图 6.24(a)］。

相变可以运用**差式扫描量热法**（differential scanning calorimetry，DSC）监测。将少量的膜样品和作为空白的参比同时平行加热，量热计可以测量两个样品之间吸收能量的差别，获得差热吸收率随温度变化的曲线［图 6.24(b)］。

从图 6.24(b) 中可看出由单一类型磷脂做成的脂双层的热吸收曲线有一很陡的峰，峰顶对应的温度称为**相变温度**（phase-transition temperature），或称为熔点（T_m）。而含有 80%磷脂和 20%胆固醇的脂双层，虽然相变温度没变，但峰比单纯磷脂双层的峰宽，而且平缓。这是由于胆固醇加入处于凝胶相的脂双层中，打乱了伸展的脂酰链的有序组装，增加了膜的流动性，使脂双层在较低温度下就开始相变，但热吸收曲线呈丘陵状，而不是一个陡峰。生物膜由于是不同脂的集合体，其吸收曲线比上述两种情况还要复杂些。

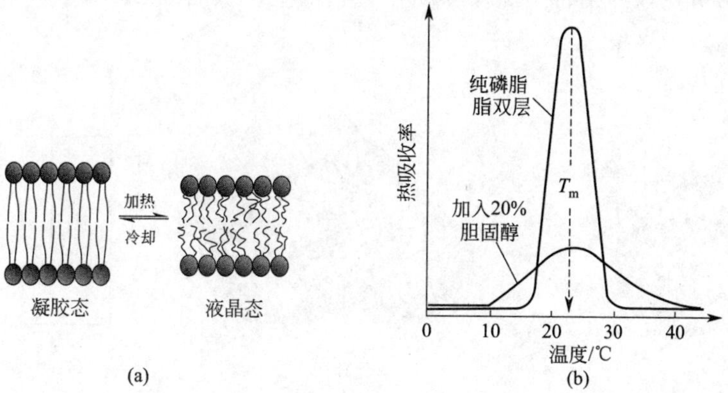

（a）相变；（b）有无胆固醇时的相变曲线

图 6.24　合成的脂双层中凝胶-液晶相变

另外实验表明磷脂中不饱和程度和脂酰链的长度对膜脂的流动性影响都很大。顺式双键的存在会增加脂双层流动性，就是说不饱和度程度高会增加膜的流动性，降低相变温度。而脂酰基链越长凝胶相越稳定，脂双层流动性就越低，导致相变温度就越高。

对于许多生物来说，膜的流动性是相对恒定的。维持膜流动性恒定很重要，因为流动性的变化会影响膜蛋白的催化功能。通过改变膜脂中不饱和与饱和脂肪酸残基比例可以调节膜的流动性，例如当细菌在低温下生长时，就会通过增加不饱和脂酰基来维持膜的流动性。大多数温血生物都维持着恒定体温，膜中不饱和与饱和脂酰基的比例变化很小。

6.8.3 膜蛋白的侧向扩散

L. D. Frye 和 Michael A. 设计了一个用来验证内在膜蛋白可以在脂双层中侧向扩散的实验。他们用红色荧光标记的抗人细胞质膜某个膜蛋白的抗体标记人细胞，而用绿色荧光标记的抗小鼠细胞质膜某个膜蛋白的抗体标记小鼠细胞。然后将两种分别标记的细胞进行融合，通过免疫荧光显微镜观察两种荧光标记的细胞融合后细胞膜上内在膜蛋白的变化。

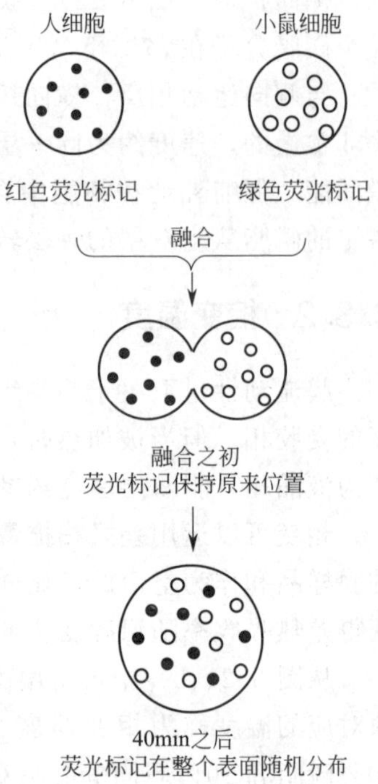

图 6.25 人和小鼠细胞的融合

当两种细胞融合后，开始一半为红色，一半为绿色，约在融合后 40min，就观察到红、绿荧光点混杂，表明两种细胞中标记的膜蛋白混在一起了（图 6.25）。这一实验表明，至少某些膜蛋白可以在生物膜内自由扩散。

膜蛋白在膜中的扩散可通过光漂白荧光恢复技术（fluorescence recovery after photobleaching，FRAP）观察到，首先用荧光染料标记培养细胞的内在膜蛋白，或是用荧光标记的抗特定膜蛋白的抗体标记膜蛋白。将标记的细胞在显微镜下用强荧光脉冲束照射被固定的细胞的某一部分，处于这部分的荧光分子会发生不可逆的漂白，结果在该照射部分留下了一个漂白的空斑（图 6.26）。

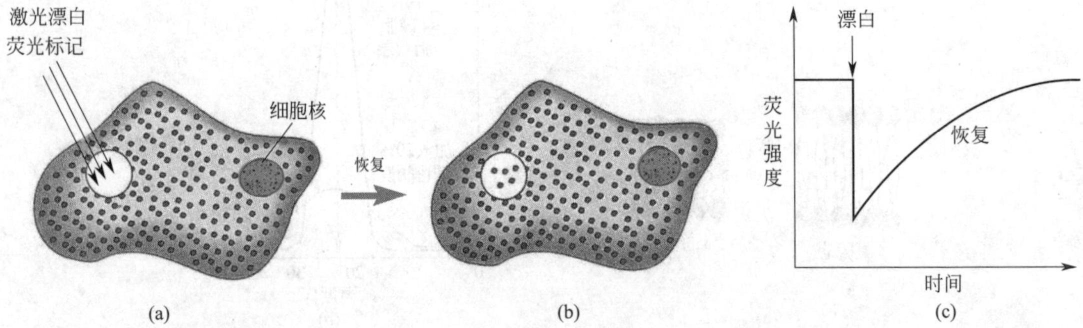

（a）强激光漂白荧光染料标记的固定细胞的一个区域；（b）被漂白分子扩散出漂白区，而周围未受激光照射的荧光分子扩散进入漂白区，漂白区荧光恢复；（c）荧光恢复速率取决于荧光标记膜蛋白的扩散速率

图 6.26 光漂白荧光恢复技术测量膜蛋白扩散速度

就像由图 6.26 中（b）所看到的那样，漂白区中荧光又慢慢地恢复了，唯一的解释就是被漂白的荧光标记膜蛋白分子扩散出漂白区，而周围未受激光照射的荧光标记分子扩散进入漂白区，使得漂白区荧光恢复。很显然，荧光恢复速率依赖于荧光标记的膜蛋白的扩散速率。实验证明膜蛋白能够侧向运动，实验也提供了一个直接测量膜蛋白扩散速率的方法。

6.9 跨膜转运

每个活细胞都必须从细胞外环境中吸收用于生物合成和产生能量的原材料以及营养物质等，而将细胞新陈代谢的产物（例如激素、某些降解酶和毒素等）及一些废物（例如二氧化碳和尿素等）释放到环境中。但细胞质膜是细胞与外界的屏障，虽然一些疏水的、小的非极性分子可以自由地扩散通过细胞膜，但对大多数带电的和极性的分子来说，脂双层是几乎不可逾越的壁垒，所以这些物质进出质膜必须要通过膜的一些转运途径来完成。

物质跨膜转运的基本运输方式主要有被动转运和需要能量支持的主动转运，这两种运输方式都属于介导性运输，即需借助于膜蛋白等来实现。

转运蛋白对转运的分子是特异的，最简单的一类转运蛋白执行单向转运（uniport）[图 6.27(a)]，即它们只携带一种类型的溶质跨膜转运。而许多转运蛋白可进行两种溶质的协同转运（cotransport），即两种溶质同向转运（symport）［图 6.27(b)］或反向转运（antiport）[图 6.27(c)]。

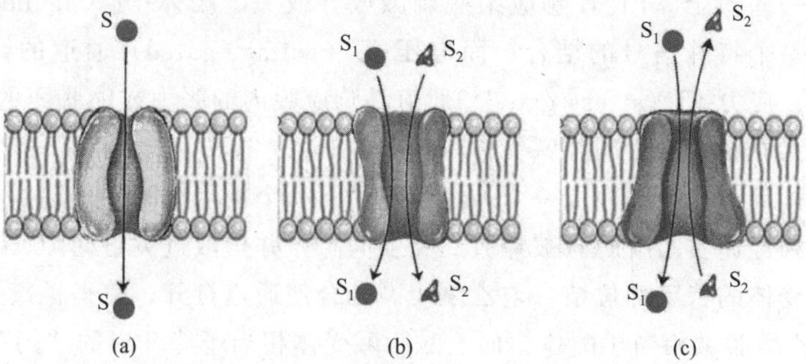

（a）单向转运；（b）S_1 和 S_2 同向转运；（c）S_1 和 S_2 反向转运

图 6.27 常见的 3 种转运类型

6.9.1 被动转运（易化扩散）

被动转运不需要能量驱动，也称为**易化扩散**（facilitated diffusion）。在这种运输方式中，特定的小分子或离子从高浓度流向低浓度，但它们要借助于各种各样的载体，例如膜孔蛋白、通道蛋白、载体蛋白及离子载体等。

6.9.1.1 膜孔蛋白和通道蛋白

膜孔蛋白和**通道蛋白**是带有中央亲水通道的跨膜蛋白，术语孔（pore）常用于细菌，而通道（channel）常用于动物。大小、电荷和几何形状都合适的溶质可以沿着由高到低的浓度梯度经通道快速地扩散。在线粒体的外膜中也发现了类似的膜孔蛋白。

革兰氏阴性菌的外膜富含膜孔蛋白，能够使细胞外的离子和许多小的极性溶质进入细胞内。现在的研究结果表明，膜孔蛋白或是单体，或是由相同亚基组成的三聚体，每个亚基由16～18 股反向平行 β-折叠片构成一个反平行 β-桶，桶中间为一个小的极性溶质可通行的通道（图 6.28）。

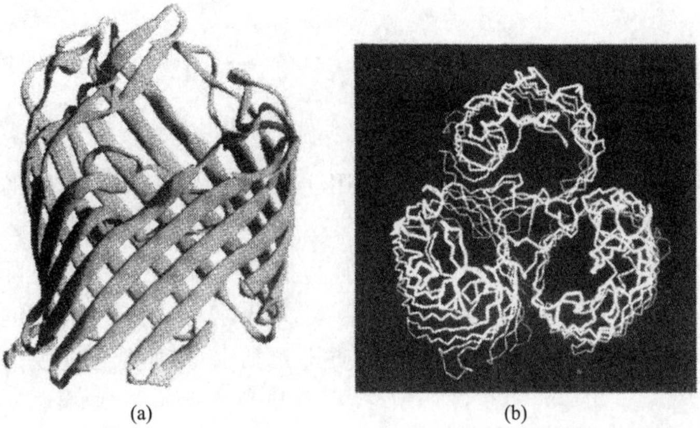

(a) 反平行 β-桶结构的示意图；(b) 从与三重对称轴成 30°方向观察到的三聚体主链图，
可看到每个亚基都形成一个通道

图 6.28 大肠埃希菌 OmpC 膜孔蛋白的示意图

（来源：BASLÉA，RUMMEL G，STORICI P，et al. Crystal structure of osmoporin OmpC from *E. coli* at 2.0 A [J]. Journal of Molecular Biology，2006.，362：933-942.）

与细菌相反，在动物细胞中含有许多通道蛋白，它们对某些离子高度特异。某些通道连续开放，而另外一些像个“门”，响应某些刺激或开或关。**配体-门**（ligand-gated）离子通道的开放是响应一个特殊信号的结合；而**电压-门**（voltage-gated）通道的开或关是响应膜的电特性的变化；**应力-门**（stress-gated）通道是响应膜内的张力或膨胀压的变化。

存在于神经元质膜中的乙酰胆碱受体（acetylcholine receptor）就是一个配体-门离子通道。乙酰胆碱受体参与神经脉冲从一个神经细胞到下一个神经细胞的传递。当电脉冲到达前突触神经元时，神经递质乙酰胆碱被释放到突触间隙，并扩散过突触间隙，与后突触神经元质膜中乙酰胆碱受体的特定部位结合，乙酰胆碱结合使通道打开，使得钠离子沿浓度梯度扩散（图 6.29）。乙酰胆碱相当于配体，而乙酰胆碱受体相当于待开启的“门”。

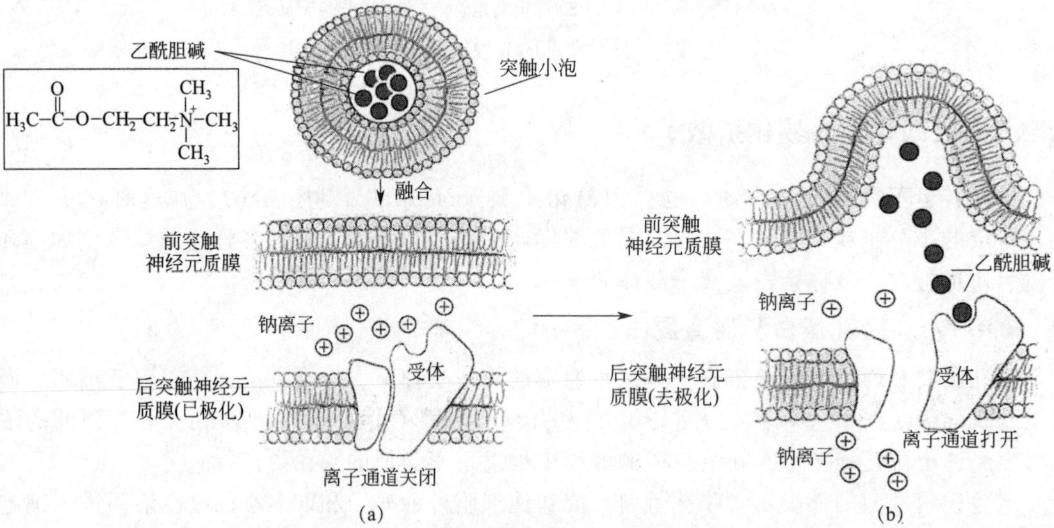

(a) 在静止状态，通道关闭，后突触神经元的外侧带有更多的正电荷，而内侧比外侧带有更多的负电荷，
形成一个膜电位；(b) 从前突触神经元释放的乙酰胆碱与后突触神经元的受体结合，
使得离子通道打开，钠离子进入，当离子进入细胞后，膜去极化

图 6.29 乙酰胆碱离子受体通道

6.9.1.2　载体蛋白

载体蛋白是另一类转运蛋白，是跨膜蛋白分子，与特定分子结合，通过改变自身构象使这些分子通过膜。图 6.30 是红细胞葡糖转运蛋白转运葡萄糖过程的示意图。从图中可看到，葡糖转运蛋白存在两种构象：一种是朝向细胞外表面的有一个高亲和性的葡萄糖结合位点的构象；另一种是朝向细胞内表面的有一个低亲和性的葡萄糖结合位点的构象。

当构象朝向细胞外表面时结合葡萄糖时，引发了构象变化，转换为朝向内表面的构象，使得葡萄糖从转运蛋白上释放出来，然后构象再转换为朝外的构象，为转运下一个葡萄糖分子做准备。

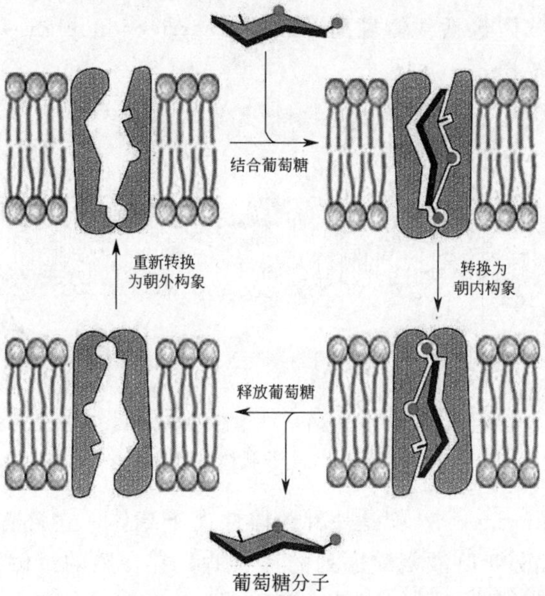

图 6.30　红细胞葡糖转运蛋白转运葡萄糖的示意图

（来源：BALDWIN S A，LIENHARD G E. Glucose transport across plasma membranes：facilitated diffusion systems［J］. Trends in Biochemical Sciences，1981，6：208-211.）

被动转运蛋白的另一个例子是人红细胞膜的氯离子-碳酸氢根离子交换蛋白（chloride-icarbonate exchanger），也称为阴离子交换蛋白（anion exchange protein）。为了通过血液转运废物 CO_2，CO_2 首先扩散进入红细胞，然后在碳酸酐酶催化下转换为溶解性更高的 HCO_3^- 形式［图 6.31(a)］。再经位于细胞膜的阴离子交换蛋白转运，HCO_3^- 排出红细胞，血液的 Cl^- 进入细胞

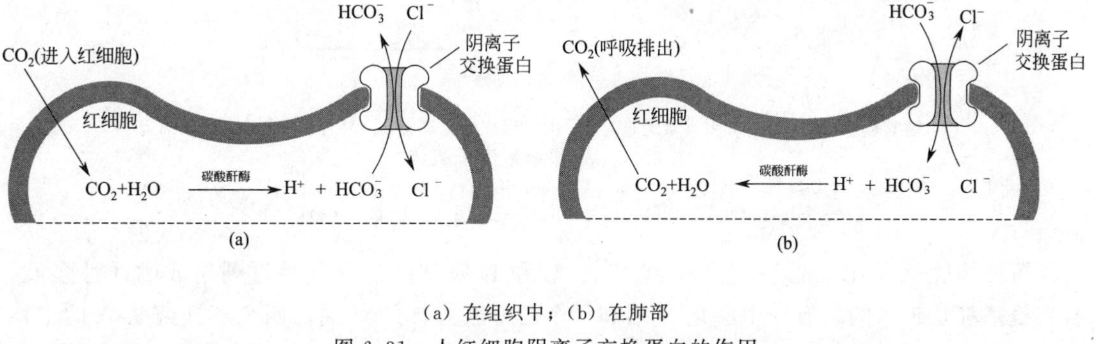

（a）在组织中；（b）在肺部

图 6.31　人红细胞阴离子交换蛋白的作用

内，这是一种典型的反向转运例子。

当 HCO_3^- 溶解在血液中到达肺时，发生了与上述相反的过程，HCO_3^- 经阴离子交换蛋白重新进入红细胞，而在交换中 Cl^- 从红细胞中排出。HCO_3^- 在碳酸酐酶催化下重新生成 CO_2，扩散出红细胞，进入血液，最终经肺排放掉［图 6.31(b)］。阴离子交换蛋白使得 HCO_3^- 和 Cl^- 的交换非常快。

6.9.1.3 离子载体

离子载体（ionophore）也是按照被动转运方式转运离子的，但它不同于载体蛋白。离子载体是小的疏水性分子，可溶于膜脂双层中。大部分离子载体是微生物合成的，其中有些已被用作抗生素。离子载体包括**载体性离子载体**（carrier ionophore）和**通道形成性离子载体**（channel-forming ionophore）（图 6.32）。

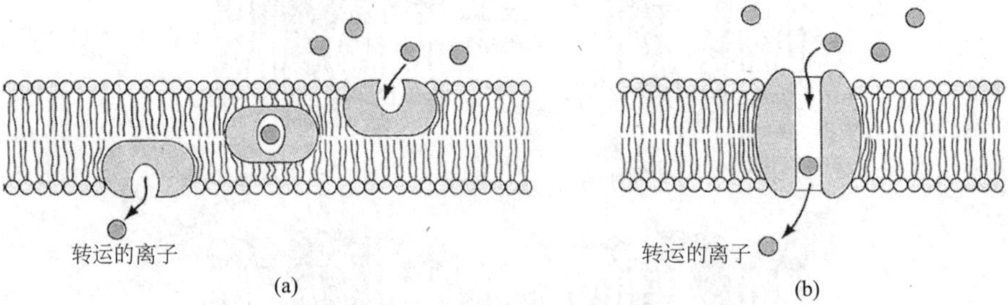

（a）载体性离子载体通过脂双层扩散转运离子；（b）通道形成性离子载体通过跨膜通道转运离子

图 6.32 离子载体的作用

例如缬氨霉素（valinomycin）就是一种载体性离子载体，它含有重复三次的 *D*-羟基异戊酸、*D*-缬氨酸、*L*-乳酸和 *L*-缬氨酸序列的环状肽，它在膜的一侧结合 K^+，然后顺着电化学梯度通过脂双层，到了膜的另一侧释放 K^+（图 6.33）。

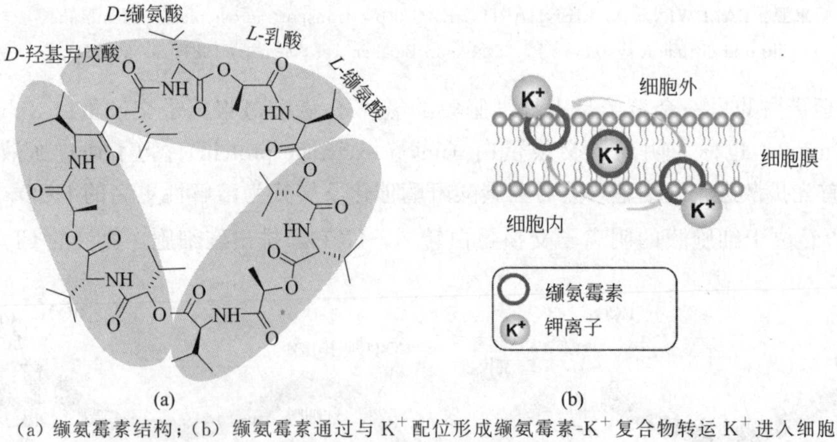

（a）缬氨霉素结构；（b）缬氨霉素通过与 K^+ 配位形成缬氨霉素-K^+ 复合物转运 K^+ 进入细胞

图 6.33 缬氨霉素离子载体

［来源：HUANG S，LIU Y，LIU W Q，et al. The nonribosomal peptide valinomycin：from discovery to bioactivity and biosynthesis［J］. Microorganisms，2021，9（4）：780.］

短杆菌肽 A（gramicidin A）是由 15 个 L 和 D 氨基酸残基交替排列组成的线性多肽，所有残基都是疏水的，有一甲酰化 N 端和一个乙醇胺修饰的 C 端，两个短杆菌肽 A 的二聚体就是一种通道形成性离子载体。二聚体是以头对头方式（N 端对 N 端）即通过它们的 N-

甲酰端间的氢键形成外表为非极性的左手螺旋，而中间为可通过 K^+、Na^+ 和 H^+ 等离子的跨膜通道（图 6.34）。

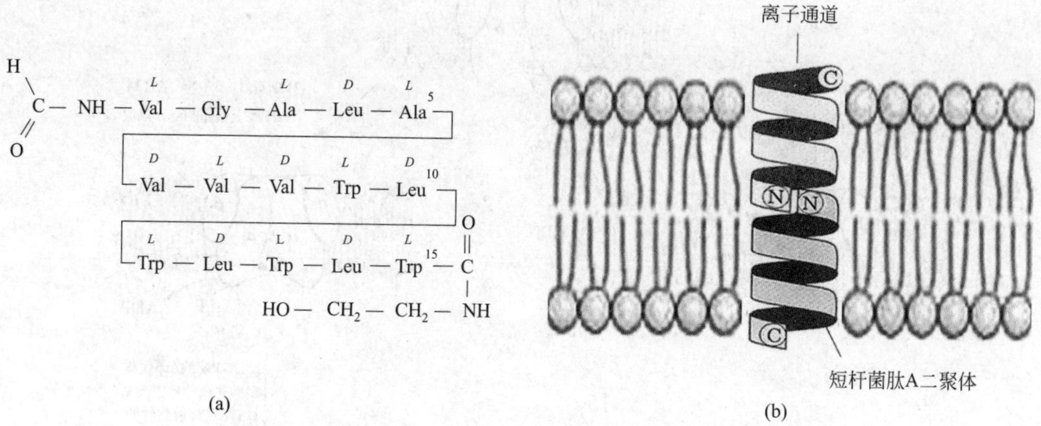

（a）短杆菌肽 A 氨基酸序列，*L* 和 *D* 分别表示下面的氨基酸残基为 *L*-和 *D*-型氨基酸残基；（b）短杆菌肽 A 形成的二聚体离子通道

图 6.34　两个短杆菌肽 A 形成跨膜的离子通道

6.9.2 主动转运

被动转运是溶质沿着浓度梯度降低方向的转运，不需要能量；与被动转运相反，**主动转运**可以逆浓度梯度转运，但需要能量。

下面以 Na^+-K^+ ATP 酶为例，说明 ATP 驱动的主动转运过程。在多细胞动物中，当细胞外 K^+ 浓度约为 5mmol/L 时，大多数细胞能维持细胞内的 K^+ 浓度约为 140mmol/L，而 Na^+ 浓度为 5～15mmol/L（细胞外 Na^+ 浓度约为 145mmol/L）。

维持这些离子浓度梯度的泵是 Na^+-K^+ ATP 酶，它是 ATP 驱动的反向转运系统。该系统每水解一分子 ATP，就将两个 K^+ 泵入细胞内，而将 3 个 Na^+ 弹出（图 6.35）。每个 Na^+-K^+ ATP 酶在最适细胞条件下，每分钟可以催化约 100 分子的 ATP 水解，约占一个典型的动物细胞消耗的总能量的 1/3。通过 Na^+-K^+ ATP 酶制造的 Na^+ 梯度是用于动物细胞中包括葡萄糖转运在内的第二级主动转运的主要能源。

Na^+-K^+ ATP 酶是由 α 和 β 两种类型亚基组成的内在膜蛋白（$\alpha_2\beta_2$）。α 亚基（M_r＝110000）催化 ATP 水解，含有一个面向细胞溶胶的 Na^+ 结合部位和面向细胞外的 K^+ 结合部位；*β* 亚基（M_r＝55000）是糖蛋白，但其功能还不清楚。

强毒性化合物乌本苷（ouabain）和毛地黄毒苷配基（digitoxigenin）是 Na^+-K^+ ATP 酶的强抑制剂（图 6.36）。这些分子被称为强心类固醇，与 Na^+-K^+ ATP 酶伸向细胞外的结构域结合。毛地黄（digitalis）是含有这两种化合物的提取物，小剂量的毛地黄常用作心脏的兴奋剂，它能增加心肌中细胞内的钠离子水平，转而激活 Na^+-Ca^{2+} 反向转运系统，该转运蛋白输出 Na^+ 和输入 Ca^{2+}，高水平 Ca^{2+} 能增加心肌收缩的强度。

另一种类型的主动转运称为次级主动转运（secondary active transport），一个被广泛研究的次级主动转运例子是细菌中的半乳糖通透酶（galactoside permease）转运系统，该转运

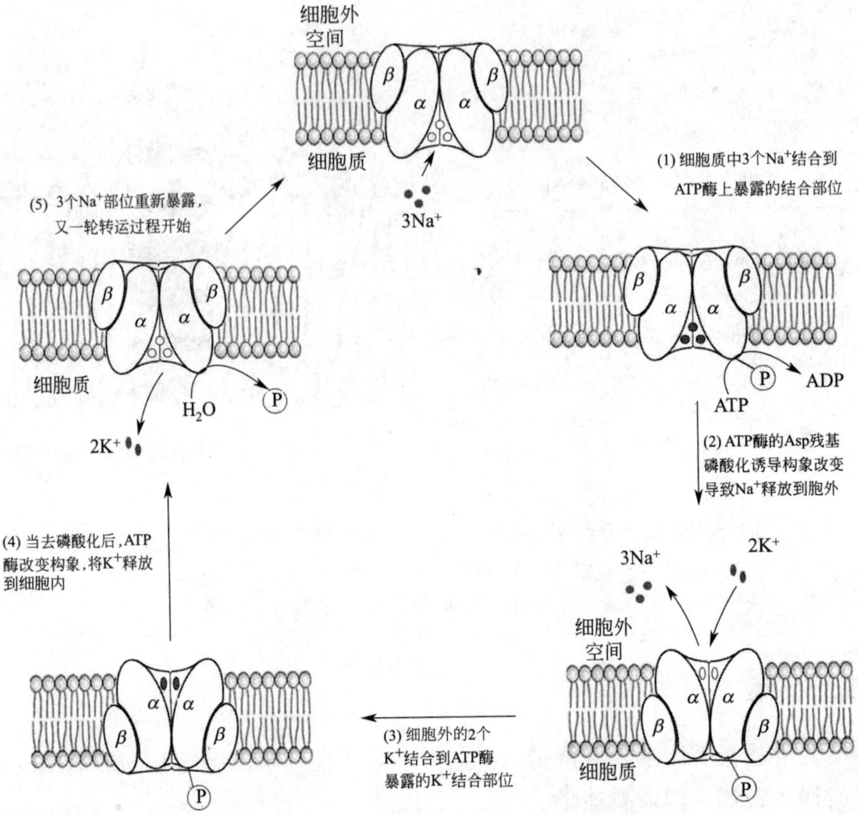

（图中 ATP 酶为 Na^+-K^+ ATP 酶）

图 6.35　通过 Na^+-K^+ ATP 酶进行的 Na^+ 和 K^+ 转运机制

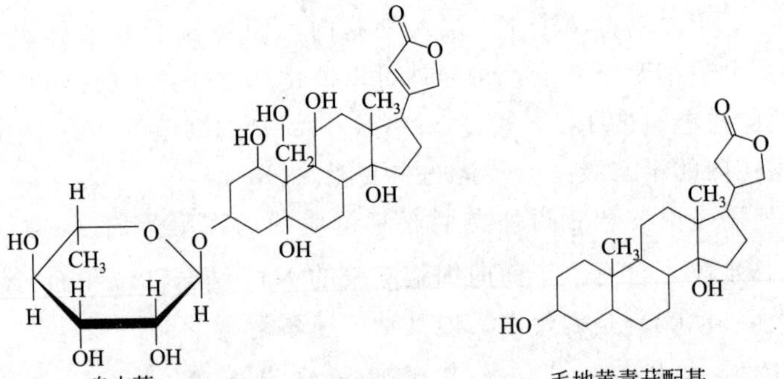

图 6.36　Na^+-K^+ ATP 酶抑制剂乌本苷和毛地黄毒苷配基的结构

系统利用跨膜的质子梯度协同转运乳糖和质子（图 6.37）。

实际上细菌细胞内的乳糖浓度比细胞外浓度高，显然要将细胞外乳糖移动到细胞内是个逆乳糖浓度的转运，所以需要能量来驱动。但是半乳糖通透酶并不是直接水解 ATP，而是通过使质子沿着浓度梯度通过酶本身进入细胞内来获取能量，利用获得的能量驱动细胞外乳糖进入细胞内。

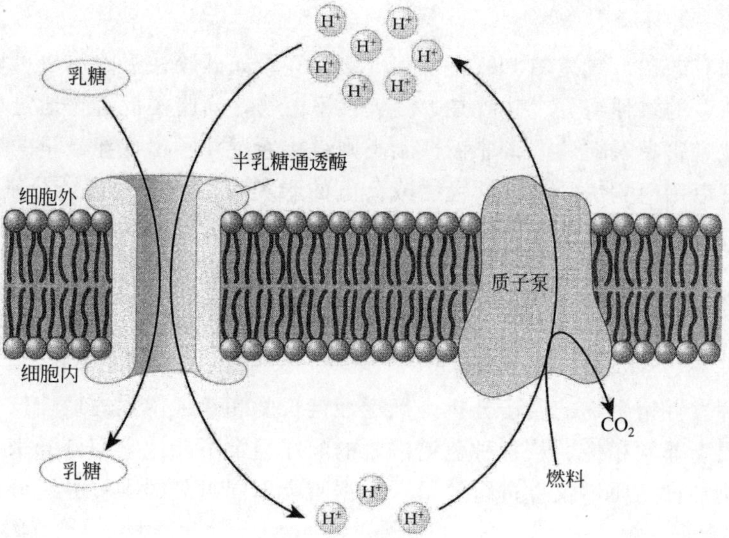

图 6.37 半乳糖通透酶转运系统

为了维持细胞外高的质子浓度，就需要其它初级主动转运（primary active transport）系统建立质子梯度。这样的主动转运系统常称为质子泵（proton pump），驱动质子泵的能量主要是由燃料（例如糖、脂肪和蛋白质等）氧化提供的。

6.10 脂类的提取、分离和分析

由于脂类不溶于水的特性，它们的提取、分离都必须使用有机溶剂和特殊的技术。分离的一般原则如下：复杂的脂类混合物分离根据它们在非极性溶剂中的极性或溶解度差别来进行；含酯键或者酰胺键连接脂肪酸的脂类可以用酸、碱或高度专一的水解酶处理，使之成为可用于分析的成分。

6.10.1 脂类的提取

脂类提取主要依据脂类的种类、理化性质、在细胞中存在的状态来选择提取的溶剂和操作条件。选择提取溶剂时，疏水结合的脂类（如三酰甘油、蜡、色素等），一般用非极性溶剂提取，如乙醚、氯仿、苯等，这些溶剂不至于使脂类因为疏水作用而聚集在一起。与生物膜相结合的脂类（如磷脂、糖脂等），要用相对极性较强的溶剂提取，如乙醇、甲醇等，这些试剂能断开蛋白质分子与脂类化合物分子之间的氢键或静电力，同时能降低脂类分子的疏水作用。共价结合的脂类不能用溶剂直接提取，要先用酸或碱水解，使脂类分子从复合物中分裂出来再提取。

6.10.2 脂类的分离和纯化

脂类混合物的分离是依据单个脂类组分的相对极性而进行的，是由分子中极性基团的数量和类型所决定的，也受分子中的非极性基团的数量和类型的影响。吸附层析是分离脂类混合物常用的有效方法，它是通过极性和离子力，还有分子间引力，把各种化合物结合到固体吸附剂上。

常用吸附剂有硅酸、氧化铝、氧化镁和硅酸镁等。如硅胶柱吸附层析可以把脂类分成极性、非极性和荷电的多种组分。硅胶是一种极性不溶物，当脂类混合物通过硅胶柱时，极性和荷电的脂类被紧密吸附在柱上，非极性脂类则直接通过柱子出现在最早的流出液中；不荷电的极性脂类可以用丙酮洗脱，极性大的或荷电的脂类可用甲醇洗脱。分别收集各个组分，再在不同的系统中层析，从而分离纯化单个脂类组分。此外，高效液相色谱（HPLC）和薄层层析（TLC）方法也是目前应用较多、分辨率较高的脂类分离方法。

6.10.3　脂类的分析

脂类或其挥发性衍生物的质谱分析是确定烃链长度和双键位置的最佳技术。相似的脂类在物理化学性质上非常相像，从各种色谱洗脱的顺序经常不能把它们分开来。当把从色谱柱上流出的洗脱物加样到质谱仪上进行分析，根据脂类不同组分的唯一分级分离谱就能分离和鉴定单个脂类。

随着分析技术的不断提高，2003年科学家提出了脂质组（lipidomics）的概念，即对脂类分子种属及其生物学功能进行全面描述，主要研究与蛋白质表达相关的脂类代谢及其功能。目前，脂质组学已成为代谢组学最重要的分支之一，在动物、植物、人类疾病上均应用广泛。脂质组学的基本工作流程如图6.38所示，一般分为三步：①明确生物学问题；②脂质组学分析，包括取样和样品制备、分离鉴定和数据处理；③结果解析，获得脂类化合物相关的代谢通路，筛选生物标志物。其中非常重要的部分是脂质组学分析，它为最终研究结果提供关键的数据。

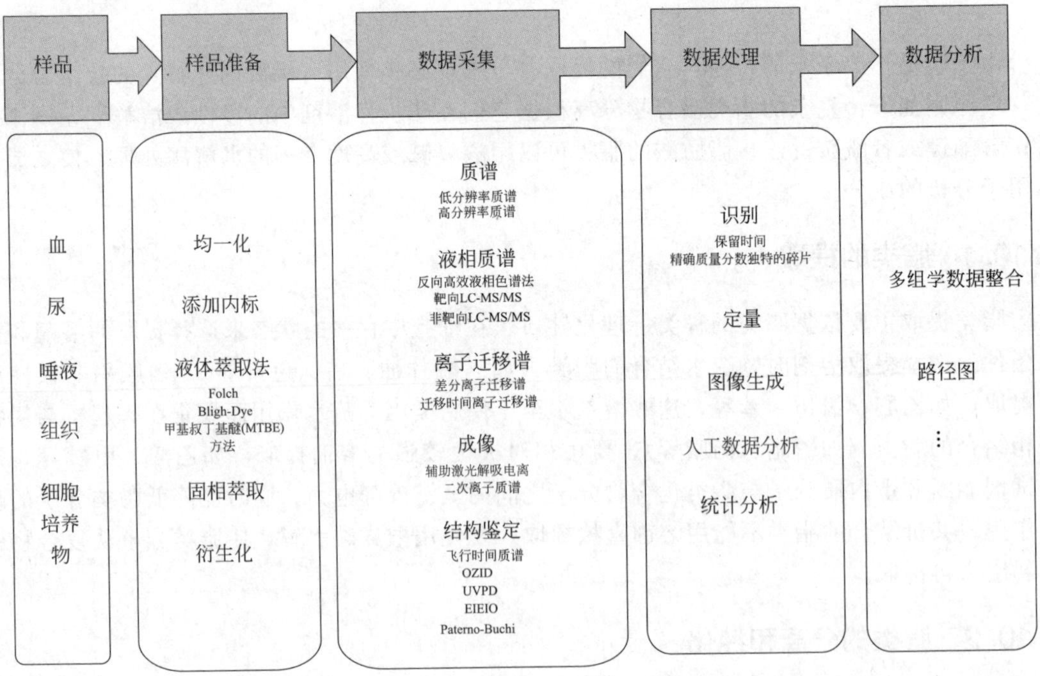

图6.38　脂质组学基本工作流程图

小结

脂肪酸是长链单羧酸，常见的脂肪酸大都是碳数在 12～20 个范围的偶数碳脂肪酸。脂肪酸分为饱和脂肪酸、单不饱和脂肪酸和多不饱和脂肪酸。不饱和脂肪酸中的双键大多数是顺式构型。

三个脂肪酸分子与一分子甘油酯化形成三酰甘油。三酰甘油是生物体内的高能量燃料。甘油磷脂含有一个极性头部和一个与甘油骨架结合的非极性的脂酰尾巴。鞘氨醇是鞘脂的骨架，主要的鞘脂有鞘磷脂、脑苷脂和神经节苷脂。

所有生物膜的基础结构是脂双层，膜中含有像甘油磷脂那样的两亲性脂类和鞘脂，有时还含有胆固醇。膜脂在双层膜中的侧向扩散很快。

生物膜含有蛋白质，它们镶嵌在脂双层基质或与脂双层松散结合。膜蛋白可以在膜内侧向扩散。大多数内在蛋白横跨双层膜的疏水内部，而外周膜蛋白只是很松散地与膜表面结合。脂锚定膜蛋白与脂双层中的脂类共价结合。

某些小分子或疏水分子能够扩散过脂双层。通道蛋白、膜孔蛋白和被动及主动转运蛋白参与离子和极性分子的跨膜转运。被动转运是顺着浓度梯度转运分子，不需要能量；主动转运是逆浓度梯度转运底物，需要供给能量。脂质的提取、分离都必须使用有机溶剂和特殊的技术。

习题

1. 使用 20mL 0.2mol/L KOH 可以使 1.2g 相对分子质量为 600 的脂酰甘油精确地完全皂化。这个脂酰甘油是单酰甘油、二酰甘油，还是三酰甘油？

2. 沙拉油（蛋黄酱）是将蛋黄掺在熔化的黄油（或牛奶）与水中搅拌制成的。制成的沙拉油稳定，这与蛋黄中的稳定剂有关，该稳定剂是什么？这样做的道理是什么？

3. 跨越一个脂双层（～30Å 宽）需要多少圈的 α-螺旋？需要的最少残基数是多少？

4. 当把在 20℃下生长的细菌加热到 30℃时，它们最有可能合成含有饱和的或不饱和脂肪酸和短链或长链的脂肪酸的膜脂是什么？请解释。

5. 一个红细胞的表面积约为 $100\mu m^2$，从 4.7×10^9 个红细胞分离出的膜在水中形成面积为 $0.89m^2$ 的单层膜。就细胞膜的构成而言，从这个实验能得出什么结论？

7 核酸

核酸（nucleic acid）主要参与生物体遗传信息的储存、传递及破译过程，在所有生物中都普遍存在。核酸分为**核糖核酸**（ribonucleic acid，RNA）和**脱氧核糖核酸**（deoxyribonucleic acid，DNA）。核酸是由多个核苷酸形成的线性共价聚合物，它的基本结构单位是核苷酸（nucleotide）。

7.1 核苷酸和核酸的一级结构

核苷酸由核苷和磷酸基团组成。核苷可分解为一个弱碱性的含氮碱基和一个戊糖（图7.1）。核苷中的戊糖分为两类：*D*-核糖（*D*-ribose）和 *D*-2-脱氧核糖（*D*-2-deoxyribose）。

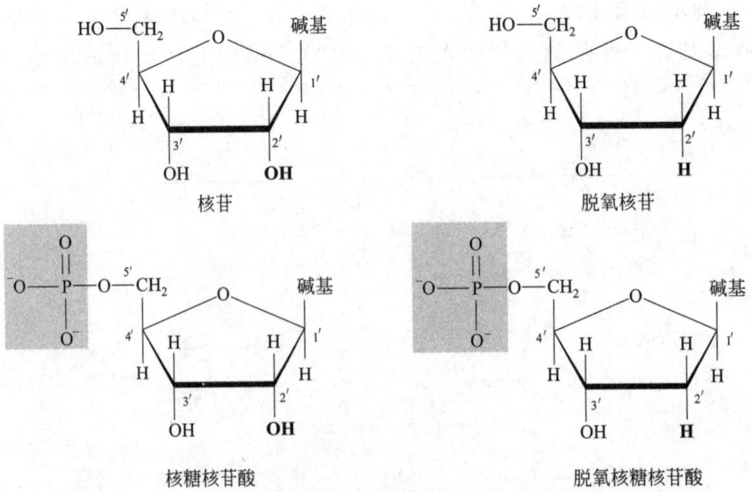

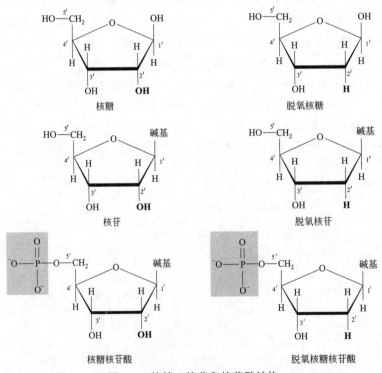

图 7.1　核糖、核苷和核苷酸结构

根据所含戊糖的不同，核苷酸分为核糖核苷酸（ribonucleotide）和脱氧核糖核苷酸（deoxyribonucleotide）。

7.1.1 碱基

核酸中的碱基（base）分为嘌呤（purine）和嘧啶（pyrimidine）两大类。嘌呤碱基主要包括**腺嘌呤**（adenine,A）和**鸟嘌呤**（guanine,G）。嘧啶碱基主要包括**胞嘧啶**（cytosine,C）、**尿嘧啶**（uracil,U）和**胸腺嘧啶**（thymine,T）。胸腺嘧啶是在尿嘧啶的第5位碳原子发生甲基化形成的，所以也被称为5-甲基尿嘧啶。腺嘌呤、鸟嘌呤和胞嘧啶既出现在DNA中，也出现在RNA中；而胸腺嘧啶主要出现在DNA中，尿嘧啶则主要出现在RNA中。五种碱基的结构见图7.2。

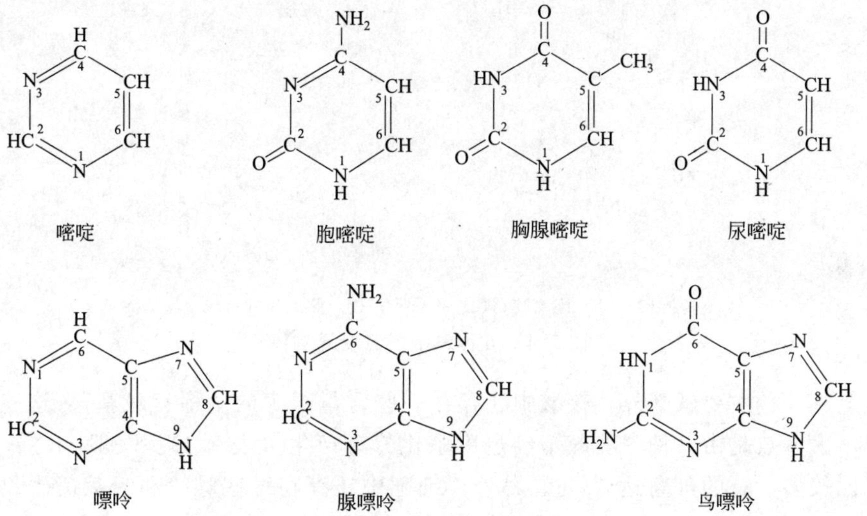

图7.2 主要的嘌呤和嘧啶碱基

由于嘌呤碱基和嘧啶碱基都含有共轭双键，这一特性使得嘌呤环和嘧啶环呈平面，具有紫外吸收特性，其最大吸收峰大都出现在260nm左右（图7.3）。

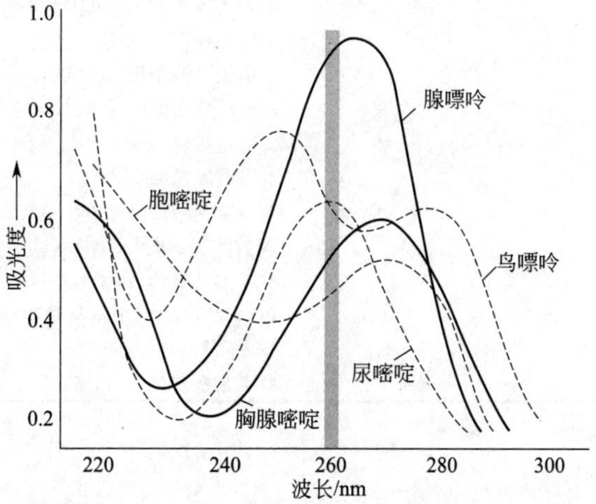

图7.3 pH 7.0条件下嘌呤和嘧啶碱基的紫外吸收光谱

嘌呤和嘧啶虽然呈弱碱性，但在生理 pH 下难溶于水。不过在细胞内，大多数嘌呤和嘧啶碱基都是以核苷酸和多核苷酸化合物的形式出现，而这些化合物在水中有很高的溶解度。

通常每种碱基存在两种互变异构形式。腺嘌呤和胞嘧啶以胺式或亚胺式存在；而鸟嘌呤、尿嘧啶和胸腺嘧啶则以酮式或烯醇式存在（图 7.4）。在大多数细胞内，主要以较为稳定的胺式或酮式存在。

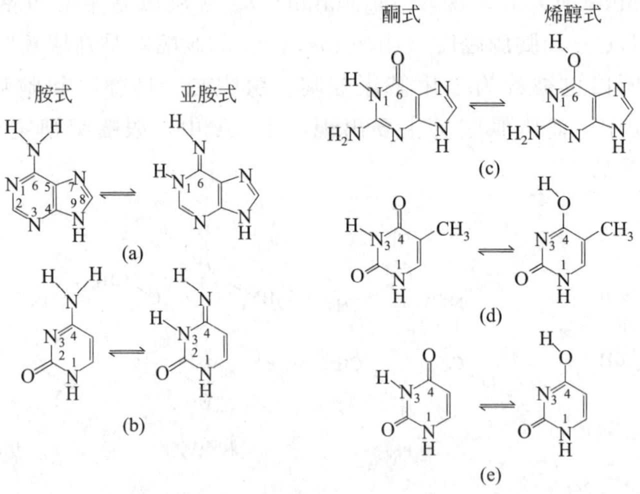

（a）腺嘌呤；（b）胞嘧啶；（c）鸟嘌呤；（d）胸腺嘧啶；（e）尿嘧啶

图 7.4　五种碱基的互变异构体

除了上述 5 种主要碱基外，核酸中还存在一些含量很少的“稀有碱基”。这些稀有碱基种类多样，大多数是由 5 种主要碱基经过甲基化修饰产生（表 7.1）。一般 tRNA 中含有的稀有碱基比较多，有的可高达 10%。另外，细胞中还存在一些嘌呤和嘧啶衍生物，如黄嘌呤、次黄嘌呤等。

表 7.1　核酸中部分稀有碱基及缩写

DNA	RNA
尿嘧啶(U)	5-甲基尿嘧啶,即胸腺嘧啶(T)
5-羟甲基尿嘧啶(hm^5U)	5,6-二氢尿嘧啶(DHU)
5-甲基胞嘧啶(m^5C)	4-硫尿嘧啶(s^4U)
5-羟甲基胞嘧啶(hm^5C)	5-甲氧基尿嘧啶(mo^5U)
N^6-甲基腺嘌呤(m^6A)	N^4-乙酰基胞嘧啶(ac^4C)
	2-硫胞嘧啶(s^2C)
	1-甲基腺嘌呤(m^1A)
	N^6-异戊烯基腺嘌呤(i^6A)
	N^6,N^6-二甲基腺嘌呤(m_2^6A)
	1-甲基鸟嘌呤(m^1G)
	N^2,N^2,N^7-三甲基鸟嘌呤($m_3^{2,2,7}G$)
	次黄嘌呤(I)
	1-甲基次黄嘌呤(m^1I)

7.1.2　核苷

核苷是戊糖与碱基形成的 N-糖苷，二者以糖苷键相连。糖苷键是由戊糖第一位的碳原子（C-1）与嘧啶环的第一位氮原子（N-1）或与嘌呤环的第九位氮原子（N-9）之间形成 C-N 键，称为 β-*N*-糖苷键（图 7.5）。戊糖中碳原子编号都带有“ ′ ”以区别碱基中的碳原子编号。

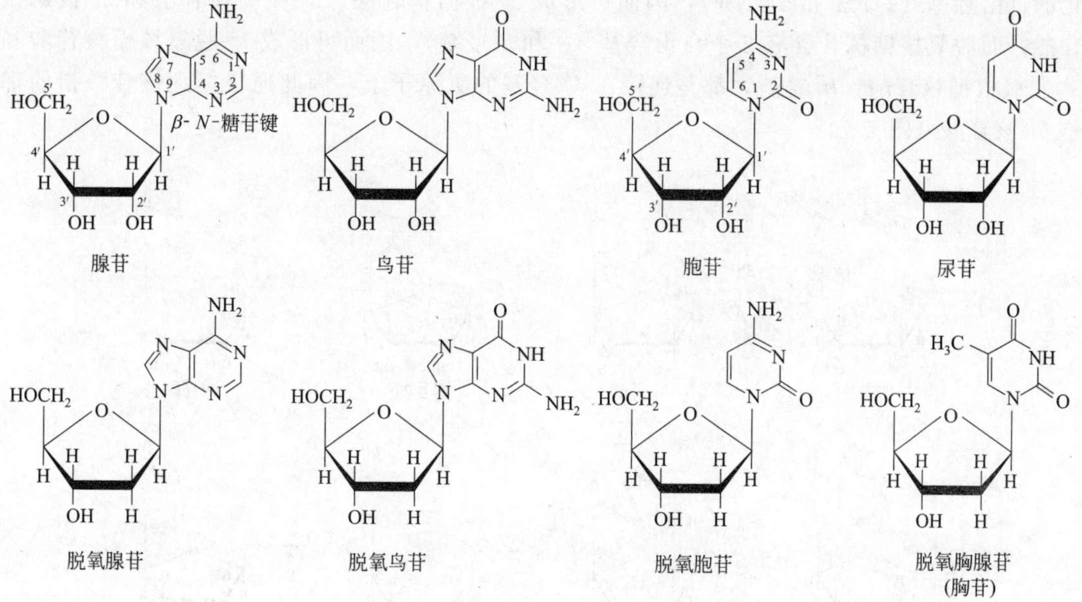

图 7.5 核苷和脱氧核苷的结构

根据所含戊糖的不同，核苷分为核糖核苷（ribonucleoside）和脱氧核糖核苷（deoxyribonucleoside）。核苷名称都是根据它们所含的碱基而命名。含有腺嘌呤、鸟嘌呤、胞嘧啶和尿嘧啶的核糖核苷分别称为腺嘌呤核苷、鸟嘌呤核苷、胞嘧啶核苷和尿嘧啶核苷，分别简称为腺苷、鸟苷、胞苷和尿苷。同样，含有腺嘌呤、鸟嘌呤、胞嘧啶和胸腺嘧啶的脱氧核糖核苷分别称为脱氧腺苷、脱氧鸟苷、脱氧胞苷和脱氧胸腺苷。由于胸腺嘧啶很少出现在核糖核苷中，所以脱氧胸腺嘧啶核苷常简称为胸苷。

核苷中的两种戊糖，*D*-核糖和 *D*-2-脱氧核糖均为呋喃型环状结构。X 射线衍射实验表明，核苷中的碱基与糖环平面相垂直。核苷中的碱基可以绕 β-*N*-糖苷键自由旋转，可呈现顺式和反式构象，在核酸中以反式构象占优势（图 7.6）。

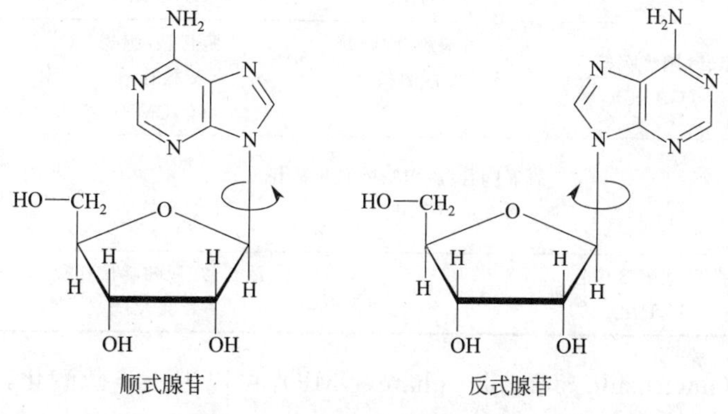

图 7.6 腺苷的顺式和反式构象

7.1.3 核苷酸

核苷酸是由核苷中的戊糖羟基被磷酸酯化所形成。由于核糖核苷含有 3 个可以被磷酸酯化的自由羟基（2′、3′和 5′羟基），因而可形成 2′-核糖核苷酸、3′-核糖核苷酸和 5′-核糖核苷酸；而脱氧核糖核苷含有 2 个自由羟基（3′和 5′羟基），因而可形成 3′-脱氧核糖核苷酸和 5′-脱氧核糖核苷酸。磷酰基大都是连接在 5′-羟基的氧原子上，因此通常提到核苷酸指的都是 5′-核苷酸（图 7.7）。

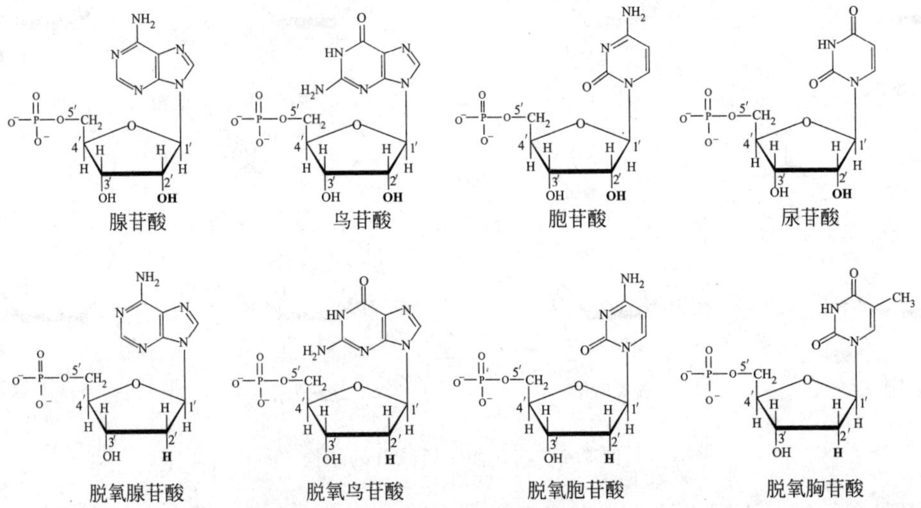

图 7.7 脱氧核糖核苷酸和核糖核苷酸

表 7.2 给出了碱基、核苷和核苷酸的名称和缩写。

表 7.2 碱基、核苷和核苷酸的名称和缩写

碱基	核糖核苷	脱氧核糖核苷	核糖核苷酸	脱氧核糖核苷酸
腺嘌呤（A,Ade）	腺苷/腺嘌呤核苷（A,Ado）	脱氧腺苷/腺嘌呤脱氧核苷（A,dA）	腺苷酸/腺嘌呤核苷酸（A,AMP）	脱氧腺苷酸/腺嘌呤脱氧核苷酸（A,dA,dAMP）
鸟嘌呤（G,Gua）	鸟苷/鸟嘌呤核苷（G,Guo）	脱氧鸟苷/鸟嘌呤脱氧核苷（G,dG）	鸟苷酸/鸟嘌呤核苷酸（G,GMP）	脱氧鸟苷酸/鸟嘌呤脱氧核苷酸（G,dG,dGMP）
胞嘧啶（C,Cyt）	胞苷/胞嘧啶核苷（C,Cyd）	脱氧胞苷/胞嘧啶脱氧核苷（C,dC）	胞苷酸/胞嘧啶核苷酸（C,CMP）	脱氧胞苷酸/胞嘧啶脱氧核苷酸（C,dC,dCMP）
胸腺嘧啶（T,Thy）	—	脱氧胸苷/胸腺嘧啶脱氧核苷（T,dT）	—	脱氧胸苷酸/胸苷酸/胸腺嘧啶脱氧核苷酸（T,dT,dTMP）
尿嘧啶（U,Ura）	尿苷/尿嘧啶核苷（U,Urd）	—	尿苷酸/尿嘧啶核苷酸（U,UMP）	—

核苷一磷酸（nucleoside monophosphate,NMP）可以进一步磷酸化，形成核苷二磷酸（nucleoside diphosphate,NDP）和核苷三磷酸（nucleoside triphosphate,NTP）。图 7.8 给出了腺苷一磷酸（adenosine monophosphate,AMP）、腺苷二磷酸（adenosine diphosphate,

ADP）和腺苷三磷酸（adenosine triphosphate，ATP）的化学反应式。ATP是生物体内能量利用的主要形式，参与许多重要的生物化学反应。

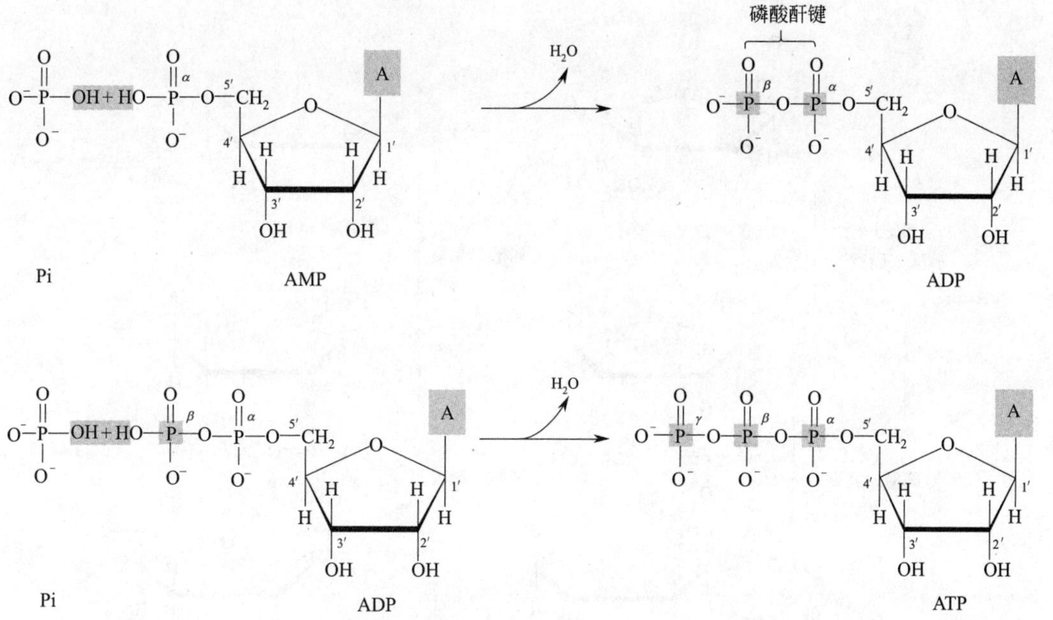

图 7.8 AMP、ADP 和 ATP 结构

生物体内还存在一些重要的环化磷酸核苷酸，如 ATP 在**腺苷酸环化酶**（adenylate cyclase）催化下生成**3′,5′-环腺苷酸**（3′,5′-cyclic adenosine monophosphate，cAMP），GTP 在鸟苷酸环化酶催化下生成**3′,5′-环鸟苷酸**（3′,5′-cyclic guanosine monophosphate，cGMP）（图 7.9）。cAMP 和 cGMP 作为第二信使，在调节物质代谢过程中发挥重要作用。

另外，还有一些核苷酸的衍生物在新陈代谢过程中发挥重要作用，如烟酰胺腺嘌呤二核苷酸（NAD^+）、黄素腺嘌呤二核苷酸（FAD）和辅酶 A 等，详见第 4 章。

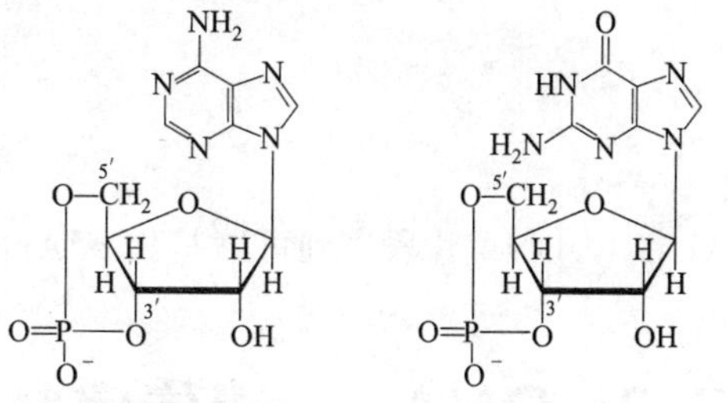

cAMP　　cGMP

图 7.9 cAMP 和 cGMP 结构

7.1.4 核酸的一级结构

核酸是由核苷酸聚合形成，核苷酸中的戊糖和磷酸基团交替形成多核苷酸链的共价骨架。核糖核苷三磷酸 ATP、GTP、CTP 和 UTP 聚合形成 RNA，而脱氧核糖核苷三磷酸 dATP、dGTP、dCTP 和 dTTP 聚合形成 DNA。每种核酸中的两个核苷酸残基间都是通过一个核苷酸的 3′-羟基与相邻核苷酸的 5′-磷酸基形成的**3′,5′-磷酸二酯键**连接（图 7.10）。

核酸的一级结构是由不同核苷酸经 3′,5′-磷酸二酯键连接而成的核苷酸序列。无论是 RNA 还是 DNA 片段都含有两个末端，一端是含有游离磷酸基的 5′ 端，另一端为含有游离羟基的 3′ 端，核苷酸序列都是按照 5′→3′ 方向读写。书写时磷酸用 p 表示，p 写在碱基的左边和右边分别表示与 5′-羟基和 3′-羟基相连。如 5′-腺苷酸表示为 pA，脱氧腺苷-3′-磷酸表示为 dAp，以此类推。图 7.10 中的 RNA 片段序列可缩写为 pApUpGpC，简化为

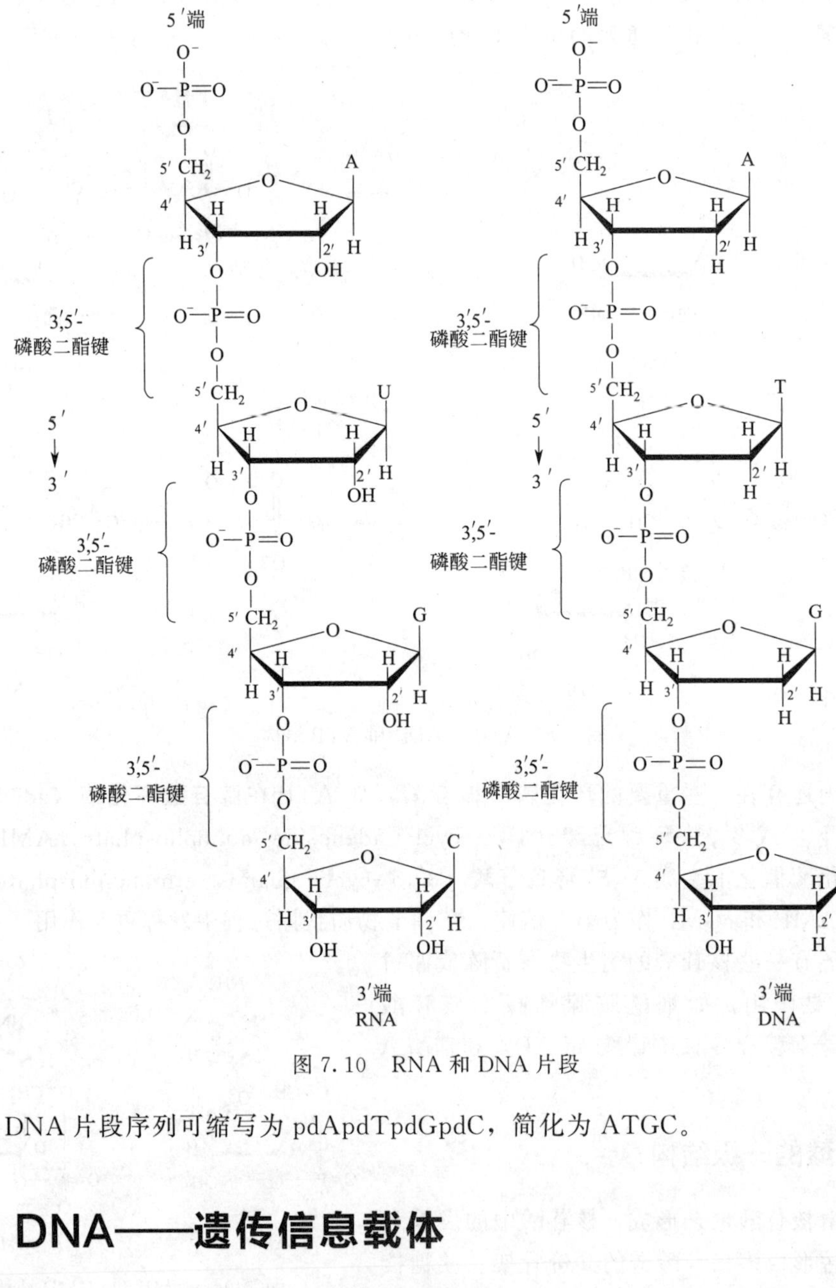

图 7.10 RNA 和 DNA 片段

AUGC；DNA 片段序列可缩写为 pdApdTpdGpdC，简化为 ATGC。

7.2 DNA——遗传信息载体

1868 年，Friedrich Miescher 首次分离了核酸并研究了它的性质，但当时没有提供核酸作为遗传物质的直接证据。1944 年 O. T. Avery 等通过肺炎球菌转化实验，将肺炎球菌致病株中分离的 DNA 转入非致病株使后者转化成致病株，从而证明 DNA 是携带遗传信息的分子。但当时很少有科学家相信这一结论，因为怀疑提取的 DNA 中可能混有蛋白质。后来将从致病株中分离的 DNA 提取物分别用蛋白酶、RNA 酶和 DNA 酶处理，发现只有用 DNA 酶将 DNA 水解后的提取物丧失了这种转化能力。这个实验第一次证明了 DNA 是遗传物质。

第二个重要证据来自噬菌体感染实验。1952 年，A. D. Hershey 和 M. Chase 用 ^{32}P 和 ^{35}S 分别标记噬菌体的 DNA 和蛋白质外壳（DNA 中不含有 S 原子，而蛋白质中不含有 P 原子)，然后将两组噬菌体分别感染大肠埃希菌。经短期保温后噬菌体就附着在细菌上并部分侵染到细菌中。通过搅拌将噬菌体与大肠埃希菌分开，再经离心使细菌沉淀，分析沉淀和上清液的放射性。结果表明大多数^{32}P标记的噬菌体DNA进入了细菌中，而^{35}S标记的蛋白质外壳留在了上清液。进而对被感染的细菌进行培养，发现有的细菌含有^{32}P标记的子代噬菌体的DNA。这个实验再次证实DNA是遗传物质。

7.3 DNA碱基组成——Chargaff法则

20世纪40年代后期，Erwin Chargaff等对来自不同种属的原核生物和真核生物的DNA样品水解产物进行分析，发现DNA样品中的碱基组成存在某些规律，并得出了如下结论。

(1) DNA的碱基组成具有种属的特异性，例如来自人、猪、羊、牛、细菌和酵母的DNA的碱基数量和相对比例很不相同。

(2) 来自同一种生物体的不同组织的DNA样品具有相同的碱基组成，即碱基组成没有组织和器官的特异性。

(3) 一个生物体DNA的碱基组成，不会随着其年龄、营养状态和环境条件变化而改变。

(4) 不同生物体的DNA中，腺嘌呤数总是等于胸腺嘧啶数（nA=nT），鸟嘌呤数总是等于胞嘧啶数（nG=nC），并进一步推算出嘌呤数总是等于嘧啶数（nA+nG=nT+nC）。

DNA中碱基组成的这些数量关系被称为Chargaff法则，它揭示了DNA中[A]=[T]，[G]=[C]的碱基配对规律。根据这个规律，只要知道DNA中任何一个碱基的含量，就可以计算出各个碱基的比例关系。Chargaff法则对于提出DNA双螺旋模型具有重要意义。

7.4 DNA的二级结构——双螺旋结构

7.4.1 DNA双螺旋结构模型

1951年Rosalind Franklin和Maurice Wilkins获得了DNA纤维的X射线晶体衍射图（图7.11）。从这幅衍射图可以推测出，DNA是由两条链构成的双螺旋结构分子。

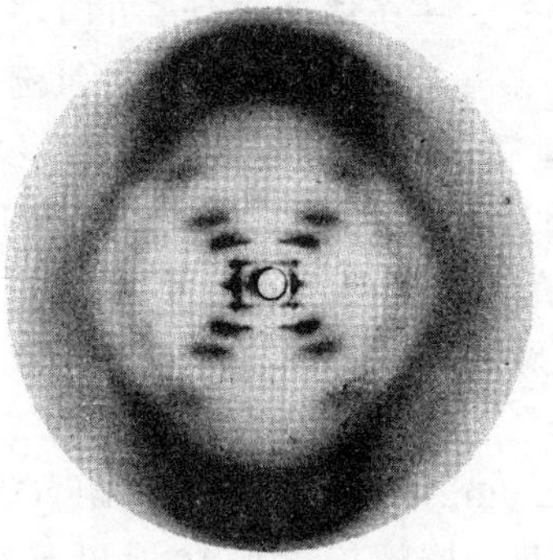

X形的中心表示一个螺旋，图上部和下部的黑色弧表示螺旋的重复部分

图7.11 垂直方向的DNA晶体X射线衍射照片

1953 年 James Watson 和 Francis Crick 依据 DNA 纤维 X 射线衍射数据和 Chargaff 法则等 DNA 研究成果，建立了一个 DNA 分子的三维模型，称为 DNA 双螺旋结构模型（图 7.12）。

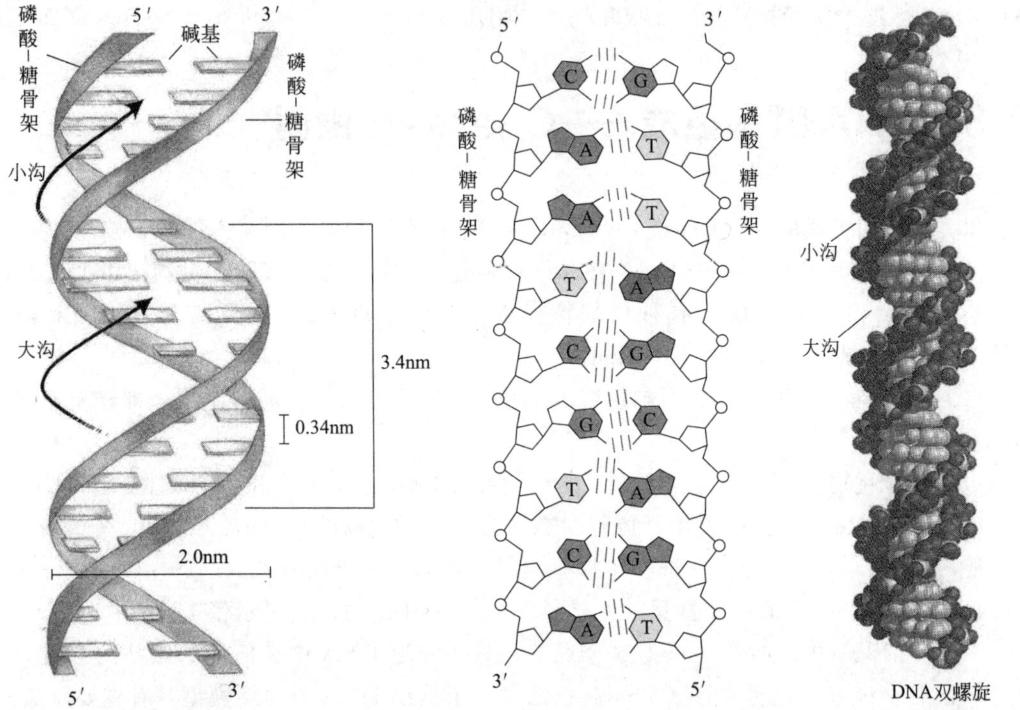

DNA双螺旋示意图　　DNA双螺旋中的双链互补　　DNA双螺旋空间填充模型

示意图中显示相邻碱基对之间距离为 0.34nm，螺旋每一圈含 10 个碱基对，螺距为 3.4nm，螺旋直径为 2.0nm。磷酸-糖骨架位于螺旋外侧，碱基堆积在螺旋内。

DNA 双螺旋中双链碱基互补。填充模型更清楚表示碱基堆积在螺旋内

图 7.12　DNA 双螺旋

DNA 双螺旋结构模型的要点包括：

(1) 两条多核苷酸链围绕同一假想的中心轴形成一个右手双螺旋。

(2) 两条多核苷酸链反向平行，一条链是 5′→3′方向，另一条链是 3′→5′方向。

(3) 一条链上的碱基与另一条互补链上的碱基通过氢键形成碱基对，G 与 C 配对形成 3 个氢键，A 与 T 配对形成 2 个氢键（图 7.13）。

(4) 脱氧核糖和磷酸基团通过 3′,5′-磷酸二酯键连接构成的骨架位于双螺旋的外侧，而碱基堆积在双螺旋内部。双螺旋表面有两条宽度不等的沟：大沟（major groove）和小沟（minor groove）。大沟和小沟使碱基外漏，能容纳蛋白质分子，因而对于 DNA 和蛋白质的互作非常重要。

(5) 双螺旋的平均直径为 2.0nm。每个螺旋的轴距（螺距）为 3.4nm，相邻碱基对之间的轴向距离为 0.34nm，因而每一圈螺旋含有 10 个碱基对。后来由于实验条件改变，测量发现实际螺距为 3.6nm，每一圈螺旋含有 10.5 个碱基对。

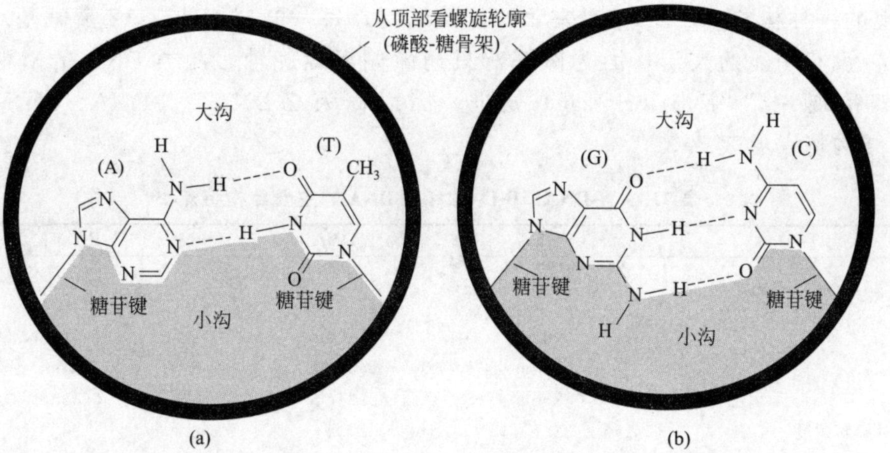

(a) A-T 碱基对，形成两个氢键；(b) G-C 碱基对，形成三个氢键，在双螺旋表面形成了大沟(圆圈内白色区)和小沟(圆圈内阴影区)

图 7.13 Watson-Crick 碱基对

7.4.2 稳定 DNA 双螺旋结构的作用力

稳定 DNA 双螺旋结构的作用力主要包括：

(1) DNA 两条链互补碱基对之间形成的氢键。

(2) 碱基堆积力（主要为范德华力）：疏水的嘌呤和嘧啶碱基埋于双螺旋内部产生的碱基堆积力，这是维持双螺旋稳定性的主要作用力。

(3) 电荷间的相互作用也影响 DNA 双螺旋的稳定性。带负电荷的磷酸基团产生的静电排斥力可能造成 DNA 双螺旋的不稳定，但介质中的阳离子（特别是 Mg^{2+}）或含碱性氨基酸较多的蛋白质等通过与磷酸基团相互作用可以降低排斥力从而增加稳定性。

7.4.3 DNA 双螺旋的构象

DNA 结构受环境条件（如湿度、盐浓度等）影响而改变，因而其双螺旋结构存在多种构象形式，其中最主要的是 A 型、B 型和 Z 型 DNA（A-DNA、B-DNA、Z-DNA）（图 7.14）。Watson 和 Crick 提出的 DNA 双螺旋模型是在相对湿度为 92% 条件下制备的 DNA 钠盐纤维的晶体结构，属于经典的 B-DNA，是生理条件下最稳定的构象。在相对湿度为 75% 条件下制备的 DNA 钠盐纤维的晶体结构，属于 A-DNA。A-DNA 也是右手双螺旋，A-DNA 中的碱基相对于螺旋轴约倾斜 19°，每一圈螺旋约含 11 个碱基对。Z-DNA 是 A. Rich 等在研究人工合成的脱氧六核苷酸（dCGCGCG）的结

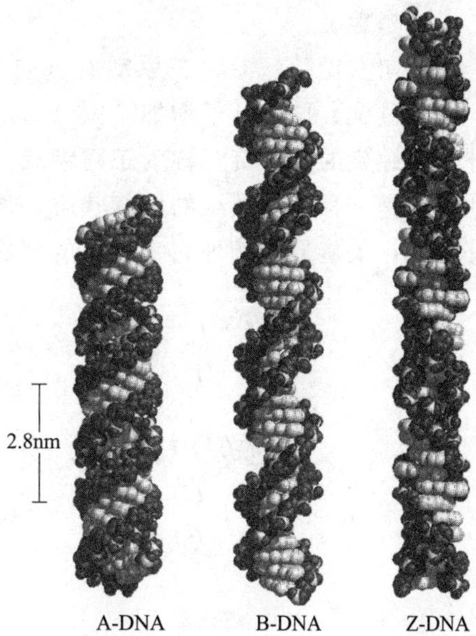

图 7.14 A-DNA、B-DNA、Z-DNA 双螺旋模型
（来源：DICKERSON R E, DREW H R, CONNER B N, et al. The anatomy of A-, B-, and Z-DNA [J]. Science, 1982, 216: 475-485.）

构时发现的一种构象。Z-DNA是左手双螺旋结构，每一圈螺旋约含12个碱基对，螺距4.56nm，没有明显的大沟，因为碱基对只稍微偏离螺旋轴。此类DNA的磷酸和核糖组成骨架呈现“Z”字形（zig-zag）走向，因而称为Z-DNA。A-DNA、B-DNA和Z-DNA的结构特点见表7.3。

表7.3 A-DNA、B-DNA和Z-DNA的主要结构特点

项目	A-DNA	B-DNA	Z-DNA
螺旋方向	右手	右手	左手
每圈碱基数	约11	约10.5	约12
螺距	2.8nm	3.40nm	4.56nm
螺旋直径	2.55nm	2.37nm	1.84nm
碱基轴升	0.23nm	0.34nm	0.38nm
每一碱基对旋转角度	32.7°	34.6°	30°
碱基倾角	19°	1.2°	9°
糖环折叠	C3内式	C2内式	嘌呤C3内式，嘧啶C2内式
糖苷键构象	反式	反式	嘌呤顺式，嘧啶反式
大沟	很窄，很深	很宽，较深	平坦
小沟	很宽，浅	窄，深	较窄，很深

7.5 DNA的三级结构——超螺旋

在二级结构（双螺旋）的基础上，DNA分子通过进一步扭曲和折叠形成特定的超螺旋（supercoil）构象，称为DNA的三级结构。

一个DNA双螺旋分子以呈自由构象的双链环状形式存在时，处于能量最低的状态，称为松弛型DNA。假设将环状双链DNA中一个位置固定，而在另外某一位置捻动双螺旋，就会形成超螺旋。

假如向右捻动（沿原右手螺旋方向）双螺旋，相对于松弛型是一种旋转增加的紧旋状态，称为过旋，这给分子增加了额外的扭转张力，为消除这种张力，过旋DNA会自动形成额外左手螺旋的超螺旋，称为**正超螺旋**（positive supercoil）。如果向左捻动双螺旋，相对于松弛状态是一种旋转减少的解旋状态，称为**欠旋**。为了消除欠旋给双螺旋DNA分子增加的额外张力，欠旋形成额外右手螺旋的螺旋，称为**负超螺旋**（negative supercoil）（图7.15）。

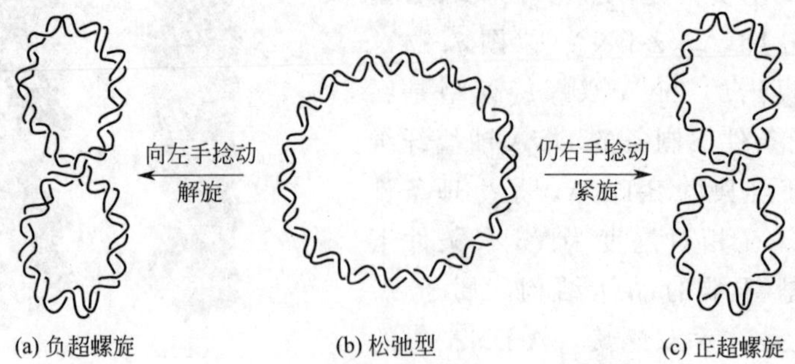

图7.15 超螺旋DNA的形成

生物体内大多数环状DNA分子都处于超螺旋状态。典型的细菌染色体每1000个碱基

对就含有5个超螺旋，而真核生物的DNA含有的超螺旋更多。在正常生理条件下，自然界发现的DNA大都以负超螺旋形式存在。

原核细胞和真核细胞中都含有可以改变DNA超螺旋状态的酶，由于该酶能够改变DNA的拓扑特性，所以被称为**拓扑异构酶**（topoisomerase）。细胞内有两种类型的拓扑异构酶，拓扑异构酶Ⅰ通过切断DNA的一条链减少负超螺旋；而拓扑异构酶Ⅱ催化DNA双链断裂，引入负超螺旋。两种拓扑异构酶在DNA复制、转录和重组中发挥重要作用。

7.6 核小体和染色质

1879年Walter Flemming通过显微镜观察到染色的真核细胞核内存在着“念珠”状物质，称之为染色质（chromatin）。现在染色质特指真核细胞核内主要由DNA和蛋白质组成的复合物。

人的细胞核中含有46条这样的染色质纤维，被高度浓缩后称为染色体（chromosome）。平均每条染色体含有1.3×10^{8}个碱基对，如果以B构象（螺距3.4nm）伸展开，一条染色体DNA分子长约5cm，46个双链DNA分子总长在2m以上。2m多长的分子是如何被包装在直径5μm的细胞核内的呢？以展开长度约为8.2cm（含2.4×10^{8}碱基对）的最大染色体为例，在细胞分裂中期，实际观察到的长度仅为10μm左右，大约是以B构象伸展开长度的1/8000。DNA分子是如何被压缩了8000倍呢？

当染色质被低离子强度的溶液处理后，在电子显微镜下观察像是一条“绳”上串了许多“珠子”的“念珠”。每个“珠子”和连接下一个“珠子”之间的“绳”组成染色质的基本结构单位，称为**核小体**（nucleosome）。核小体中的“珠子”是核小体的核心颗粒，包括一段双螺旋DNA和由四种组蛋白H2A、H2B、H3和H4各以两分子组成的八聚体。146个DNA碱基对缠绕在组蛋白八聚体的外面，缠绕约1.75圈，形成一个核小体核心颗粒。连接两个核心颗粒之间的“绳”称为连接DNA，不同物种中长度不同，平均长度为54个碱基对。组蛋白H1既与连接DNA结合，又和核小体核心颗粒结合（图7.16）。

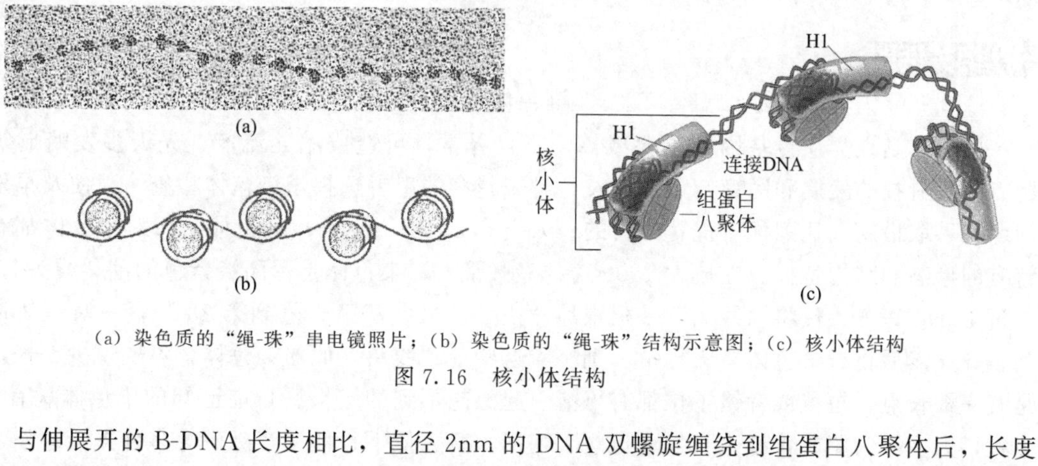

（a）染色质的“绳-珠”串电镜照片；（b）染色质的“绳-珠”结构示意图；（c）核小体结构

图7.16 核小体结构

与伸展开的B-DNA长度相比，直径2nm的DNA双螺旋缠绕到组蛋白八聚体后，长度被压缩了近10倍，形成一个直径10nm的核小体。核小体再进一步缠绕成螺线圈，每圈包含6个核小体，形成直径为30nm染色质纤维。更高级别的染色质压缩机理还不清楚，但有的染色质纤维可形成大的DNA突环（loop），在人类大染色体上大约存在着多达2000个环，它可以附着在中央纤维蛋白支架上，所以这种染色质纤维就像环状DNA那样可形成超螺旋，超螺旋还可形成额外的超螺旋，使得DNA一步一步地被压缩，最后形成高度浓缩的中期染色体（图7.17）。

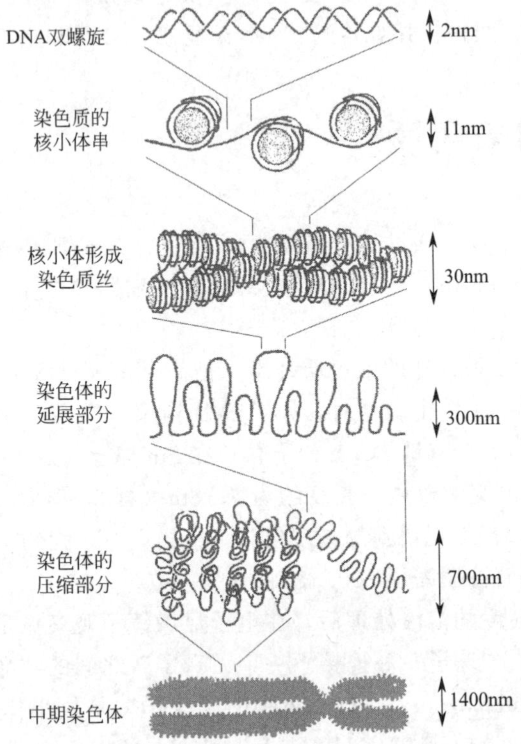

图7.17 染色体DNA不同层次组装示意图

原核生物中没有组蛋白，其DNA的包装也与类似组蛋白功能的强碱性蛋白质有关。HU蛋白是细菌中一种丰富的蛋白，它可以结合DNA，形成像核小体那样的结构，还有类似于组蛋白的H-NS蛋白也参与DNA的包装。

相关话题

染色体检查

染色体是人类遗传基因的重要载体，一旦异常，可造成胎儿流产、先天多发畸形等问题。随着科技的发展和医疗知识的普及，越来越多的患者选择了染色体检查，以便及早发现问题并采取措施，达到优生优育的目的。人类有23对（46条）染色体，每对染色体都有其特有的形态和结构特征。在放大1000倍的显微镜下，染色体是一团淡紫色的乱“线头”，长不过1cm。医务人员将“线头”一根根地“挑”出来，从第1号到第23号，一对一对地排列整齐，然后检查染色体有无异常。别小看这些乱“线头”似的染色体，不要说少一根，就是有一根长点、短点或者错了位都有可能引起意想不到的结果。目前已知的染色体病有300余种，大多数为胎儿伴有生长发育迟缓、畸形、智力低下、性发育障碍等多种先天缺陷，不同的染色体异常会导致不同的孕产结局。研究表明，随着产龄女性年龄的增大，其染色体异常引起胎儿发育异常的比例也有所增加。染色体检查作为孕期的一项重要检查，能及早发现是否有影响生育的染色体异常或遗传疾病，预测生育患有染色体病后代的风险，以采取积极有效的干预措施。

7.7 几种类型的 RNA

RNA 主要参与遗传信息的表达。大多数天然的 RNA 分子是以一条单链形式存在的，但在某些生理条件下，许多单链多核苷酸可自身发生回折，按照 A-U、G-C 配对原则形成局部双螺旋形式的茎-环或发夹结构，与 A-DNA 的结构类似（图 7.18）。细胞中的 RNA 根据其功能的不同，主要分为四种类型：核糖体 RNA（ribosome RNA，rRNA）、转移 RNA（transfer RNA，tRNA）、信使 RNA（messenger RNA，mRNA）和小分子 RNA。

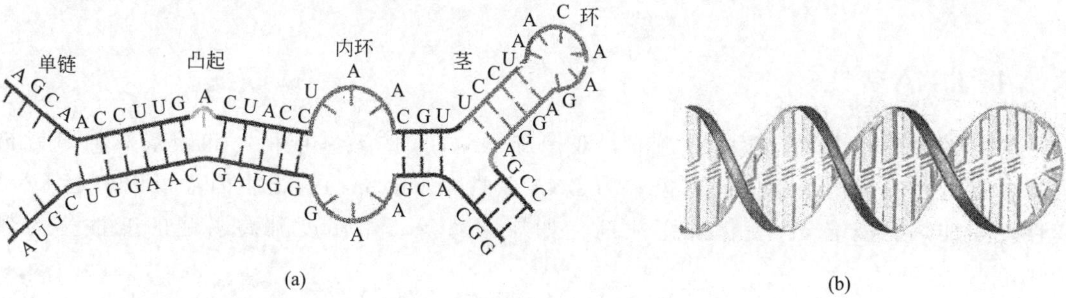

（a）二级结构常出现茎-环（发卡）、内环、凸起结构；（b）发卡结构双螺旋，类似于 A-DNA 右手螺旋

图 7.18　RNA 的二级结构

7.7.1 rRNA

rRNA 在细胞内含量丰富，约占细胞总 RNA 的 80%，是核糖体的主要组成成分。核糖体是蛋白质合成的场所，包含约 60% rRNA 和 40%蛋白质。整个核糖体由大、小两个亚基组成。在细菌中，核糖体为 70S（S 为超速离心时的沉降系数），包含 50S 大亚基和 30S 小亚基；其中 50S 大亚基包含 5S 和 23S 两种 rRNA，而 30S 小亚基包含 16S rRNA。在真核生物中，核糖体为 80S，包含 60S 大亚基和 40S 小亚基；其中 60S 大亚基包含 5S、5.8S 和 28S 三种 rRNA，而 40S 小亚基包含 18S rRNA。

7.7.2 tRNA

tRNA 约占细胞总 RNA 的 15%，其主要功能是在蛋白质生物合成过程中负责转运氨基酸。tRNA 能结合特定的氨基酸，将其转运到与核糖体结合的 mRNA 上，识别 mRNA 上该氨基酸对应的密码子，从而将氨基酸掺入到合成的肽链中。tRNA，一般是由 73～95 个核苷酸组成。tRNA 的二级结构为三叶草形，将在“蛋白质合成”（第 10 章）详细描述。

7.7.3 mRNA

mRNA 约占细胞总 RNA 的 3%，是细胞内最不稳定的一类 RNA。mRNA 作为“信使”载有来自 DNA 的遗传信息，在蛋白质合成场所——核糖体，作为蛋白质合成的模板指导蛋白质的合成。mRNA 的结构将在“RNA 合成与加工”（第九章）中详细介绍。

7.7.4 小分子 RNA

除了上述三种 RNA 外，在真核细胞中还存在一些分散在不同部位的小分子 RNA。存在于细胞核的称为核内小 RNA（small nuclear RNA，snRNA），存在于细胞质的称为胞质内小 RNA（small cytoplasmic RNA，scRNA），在自然状态下，它们都以核糖体核蛋白颗粒（ribonucleoprotein particles,RNPs）的形式存在。还有一类小分子 RNA 位于核仁，称为核仁小 RNA（small nucleolar RNA，snoRNA），在 rRNA 的加工中发挥作用。许多小分子 RNA 参与 RNA 合成后的修饰、加工过程，还有一些参与基因的表达调控。

7.8 核酸变性、复性和杂交

7.8.1 DNA 变性

在某些物理或化学因素的影响下，双螺旋 DNA 间的碱基堆积力和碱基对的氢键被破坏，双链解旋成两条单链的现象称为**DNA 变性**（denature）。很多因素可以引起 DNA 变性，如加热、极端 pH 变化或变性剂（如尿素）等。由温度升高引起的变性称为热变性。

多聚核苷酸在 260nm 的紫外光下有一个特征性吸收峰。在 DNA 双螺旋分子中，由于碱基的堆积，双链 DNA 比单链或游离核苷酸的吸收峰要显著降低，这种现象称为**减色效应**（hypochromic effect）。与之相反，在 DNA 变性过程中，DNA 双链变成单链引起吸光值增加的现象，称为**增色效应**（hyperchromic effect）。等量的游离核苷酸的紫外吸收比单链 DNA 的吸收还要强，说明单链 DNA 还维持着某些碱基堆积的相互作用。在 220～300nm 波长范围内，双螺旋 DNA（25℃）和热变性后的单链 DNA（82℃）的紫外吸收光谱变化如图 7.19 所示。

通过测量核酸在 260nm 的紫外吸收值可以判断 DNA 变性的程度。以 260nm 波长的紫外吸收值对 DNA 溶液温度作图，得到的曲线称为 DNA 熔解曲线（图 7.20）。

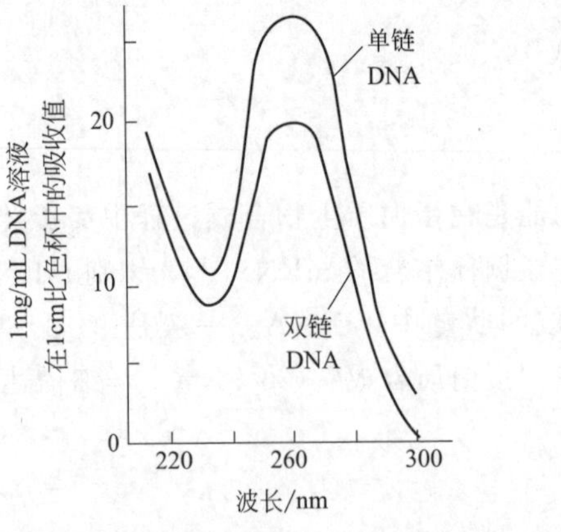

图 7.19　双链 DNA 和解离单链 DNA 的吸收光谱

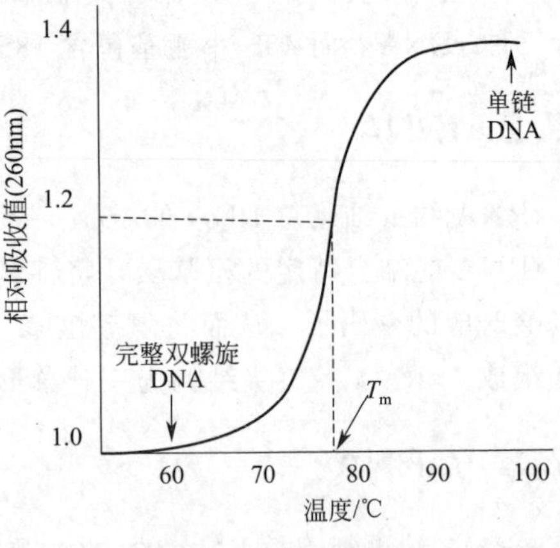

图 7.20　DNA 熔解曲线

DNA 热变性过程中，随着温度升高，碱基对之间的氢键被破坏，碱基对被拆开，最后双链完全分开形成两条单链。如图 7.20 所示，由 DNA 双链变成单链状态之间的陡变区中点对应的温度称为熔点或**熔解温度**（T_m）。当处于 T_m 时，有一半的双链 DNA 变成了单链 DNA。

T_m 值与 DNA 中的碱基组成有关，也决定了不同的物种 DNA 含有不同的 T_m 值。

因为 A-T 碱基对之间存在两个氢键，而 G-C 碱基对之间存在三个氢键，所以含有 G-C 碱基对多的 DNA 更稳定，其 T_m 值更高。

DNA 的 T_m 除了与 G-C 碱基对含量有关系外，还与 DNA 溶液中的离子强度有关，一般来说，离子强度较低，T_m 也较低，且曲线较缓；反之离子强度高时，T_m 高，曲线陡。

7.8.2 DNA 复性

在一定条件下，DNA 分开的两条单链由于碱基对的互补重新形成双螺旋 DNA，称为 DNA **复性**，是变性的可逆过程。通过将温度缓慢降低到 T_m 值以下，变性的 DNA 可以复性，此过程称为“退火（annealing）”。复性是一个缓慢的过程，如将变性的 DNA 在低温下迅速冷却，可以阻止 DNA 复性。复性过程一般分为两个阶段：第一阶段为成核（nucleation）过程，在溶液中互补的单链首先必须找到对方，然后通过碱基配对形成一定长度的短的序列，这个阶段的复性速度通常较慢；第二阶段为“拉链式（zippering）”阶段，以一段短的双螺旋 DNA 为基础，其余的 DNA 通过像拉锁那样的**紧扣机制**可以快速复性，这是一个快速的复性过程（图 7.21）。

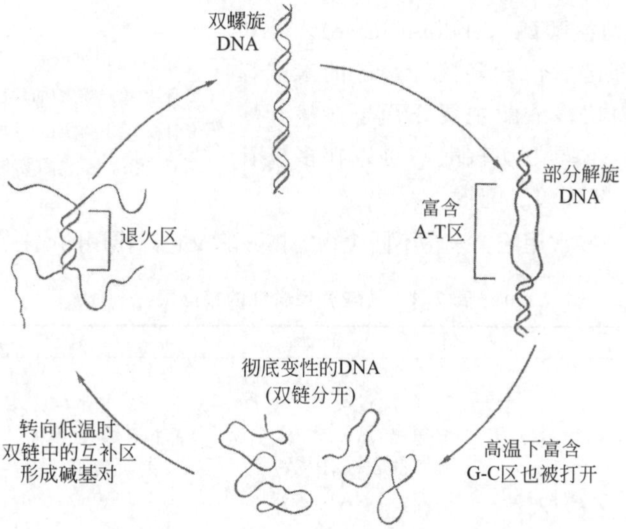

图 7.21 DNA 的变性与复性

由两条 RNA 链构成的双链 RNA 和具有局部双螺旋的单链 RNA 也可以像双链 DNA 那样变性和复性。

7.8.3 杂交

将不同来源的 DNA 放在同一溶液中，在变性后的复性过程中，除了形成原有的 DNA 双链外，不同来源的 DNA 之间有可能**杂交**（hybridization）形成杂交体。除了 DNA 之间可以形成杂交体之外，DNA 与 RNA 之间只要是存在互补碱基对，也能形成 DNA-RNA 杂交双链。以此为基础发展出了**分子杂交**技术，广泛应用于基因工程和分子生物学等研究中。

7.9 核酸酶

核酸易受到酸、碱或酶的水解，其水解反应主要发生在戊糖与碱基形成的 N-糖苷键及两个核苷酸残基间形成的 3′,5′-磷酸二酯键。

催化核酸中磷酸二酯键水解的酶统称为**核酸酶**(nuclease)，属于磷酸二酯酶（phosphodiesterase）。核酸酶水解时既可以在 3′,5′-磷酸二酯键的 3′ 酯键处（图 7.22 中 A 处），也可以在 5′ 酯键处（图 7.22 中 B 处）切断磷酸二酯键。细胞内存在多种不同的核酸酶，根据底物专一性的不同，作用于 RNA 的称为**核糖核酸酶**（ribonuclease，RNase），而作用于 DNA 的称为**脱氧核糖核酸酶**（deoxyribonuclease，DNase）。有些核酸酶既催化 RNA 水解，也可催化 DNA 水解。

根据作用部位的不同，核酸酶分为**外切核酸酶**(exonuclease) 和**内切核酸酶**（endonuclease）。外切核酸酶水解磷酸二酯键后，从多核苷酸链的末端释放核苷酸残基；而内切核酸酶主要作用于多核苷酸链的内部序列，并且不同内切核酸酶可以在多核苷酸链内的不同位置水解磷酸二酯键。

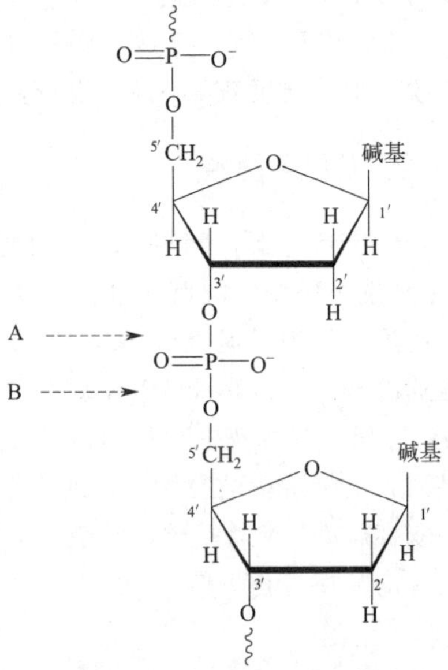

在 A 点切可形成一个带有 3′羟基的片段和带有游离 5′-磷酸的片段，在 B 点切可形成一个带有游离 3′-磷酸的片段和 5′带有羟基的片段

图 7.22 核酸酶切断磷酸二酯键的位置

表 7.4 中列出了一些常用的、来自不同生物的核酸酶及它们作用的底物和生成的产物。

表 7.4 某些有代表性的核酸酶

酶名称	底物	产物
外切核酸酶(5′→3′)		
枯草芽孢杆菌外切核酸酶	单链 DNA	核苷 3′-磷酸(也可从 3′端切)
外切核酸酶Ⅶ(*E. coli*)	单链 DNA	寡核苷酸(也可从 3′端切)
粗糙脉孢菌外切核酸酶	单链 DNA,RNA	核苷 5′-磷酸
外切核酸酶Ⅵ或 DNA 聚合酶Ⅰ(*E. coli*)	双链 DNA	核苷 5′-磷酸
外切核酸酶(3′→5′)		
外切核酸酶Ⅰ(*E. coli*)	单链 DNA	核苷 5′-磷酸
DNA 聚合酶Ⅰ(*E. coli*)	单链 DNA	核苷 5′-磷酸
外切核酸酶Ⅲ(*E. coli*)	单链 DNA	核苷 5′-磷酸
枯草芽孢杆菌外切核酸酶	双链 DNA,RNA	核苷 3′-磷酸、寡核苷酸
内切核酸酶		
粗糙脉孢菌内切核酸酶	单链 DNA,RNA	带有 5′-磷酸末端的多核苷酸
内切酶Ⅰ(*E. coli*)	单链或双链 DNA	带有 5′-磷酸末端的多核苷酸
DNA 酶Ⅰ(牛胰腺)	单链或双链 DNA	带有 5′-磷酸末端的多核苷酸
DNA 酶Ⅱ(小牛胸腺)	单链或双链 DNA	带有 3′-磷酸末端的多核苷酸
RNA 酶 A(牛胰腺)	RNA	带有 3′-磷酸末端的多核苷酸

7.10 限制酶

限制性内切核酸酶（restriction endonuclease）是一类能识别双链DNA上的特定序列并使其被切割的内切核酸酶，也称为限制性内切酶，常简称为**限制酶**。限制酶大都是从细菌中分离来的，其作用主要是特异地降解入侵的病毒DNA，限制外源DNA在宿主中的表达。为防止宿主本身的DNA被限制酶切割，宿主将自身DNA中可被限制酶识别的某些碱基进行了化学修饰，如甲基化修饰。通常经化学修饰后的DNA就不能被限制酶切割了，也有一些能够识别和切割被化学修饰后的限制酶。

从不同的细菌中分离了很多种限制酶，根据其结构和性质主要分为Ⅰ、Ⅱ和Ⅲ三种类型。Ⅰ型和Ⅲ型通常由多个亚基组成，既具有内切酶的活性，也具有甲基化酶的活性；两种类型限制酶的识别部位和酶切部位是分开的，而且反应时需要ATP。Ⅱ型限制酶的识别序列和酶切序列是同一部位，反应不需要ATP。

大部分Ⅱ型限制酶的作用序列是由4～8个碱基对组成的**回文**（palindrome）序列。回文，如英文单词level或refer，正读和反读是一样的意思，即DNA两条链上5′→3′方向序列是一样的。

如图7.23所示，一些限制酶识别和酶切回文序列后，在双链DNA上形成切口错开的两个末端，两端都留下2～4个未配对的核苷酸，这样的末端称为**黏性末端**（sticky end），切割后在5′端和3′端分别留有未配对的核苷酸的序列分别被称为5′-黏性末端和3′-黏性末端。也有些限制酶在识别序列两条链的上下相对的同一位置处切割，产物末端没有未配对的核苷酸，这样的末端称为**平末端**（blunt end）。

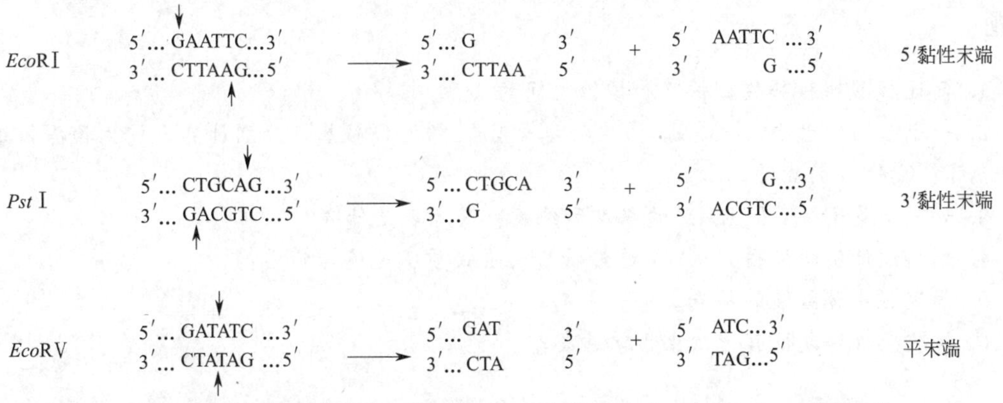

1. 箭头表示限制酶切割的磷酸二酯键位置；2. 限制酶命名，如*Eco*RⅠ，由3字母缩写的细菌名称*Eco*（*Escherichia coli*，大肠埃希菌）、R（菌株）和Ⅰ（酶编号）组成

图7.23　常用Ⅱ型限制酶产生的三种切割类型

一个生物体的DNA分子通过限制酶酶切后，产生大小不同的DNA片段可通过凝胶电泳分离开，通过比较这些片段与已知大小片段的迁移率，能够判定这些未知片段的大小。利用电泳结果（经鉴定和排序后）可以确定这些片段在原DNA分子中的物理位置，从而绘制该生物体的物理图谱，亦称为**限制性图谱**（restriction map）。限制性图谱现在已被应用到包

括亲子鉴定、诊断医学、刑事诉讼和人类基因组测序等领域。限制酶的发现也极大地促进了DNA重组技术的发展。

小结

核酸的基本结构单位是核苷酸。核苷酸由含氮碱基（嘌呤和嘧啶）、戊糖和磷酸基团组成。核苷酸残基之间通过3′,5′-磷酸二酯键连接。

核酸分为核糖核酸（RNA）和脱氧核糖核酸（DNA）。RNA中的核苷酸含有核糖，碱基为腺嘌呤、鸟嘌呤、胞嘧啶和尿嘧啶；而DNA中的核苷酸含有脱氧核糖，碱基为腺嘌呤、鸟嘌呤、胞嘧啶和胸腺嘧啶。

DNA是携带遗传信息的载体。DNA双螺旋模型是两条反向平行的多核苷酸链形成一个右手的双螺旋结构。A与T之间形成两个氢键配对，G与C之间通过形成三个氢键配对。

稳定DNA双螺旋的主要作用力包括碱基之间形成的氢键、碱基堆积形成的疏水作用和范德华力（碱基堆积力）以及静电作用。

生物体内大多数DNA的分子构象为B-DNA，此外还有A-DNA和Z-DNA构象。

核小体是组成染色质的基本结构单位。核小体的核心颗粒包括一段双螺旋DNA和由四种组蛋白H2A、H2B、H3和H4各以两分子组成的八聚体。

生物体内存在着四类主要RNA：rRNA、tRNA、mRNA和小的RNA分子。RNA分子通常都是单链的，但也存在二级结构。

加热或极端pH条件下可以使双链DNA解旋变性。变性分开的两条单链DNA经退火作用可重新复性形成双链DNA。

核酸酶可水解核酸中的3′,5′-磷酸二酯键，分为外切核酸酶和内切核酸酶。限制酶通常作用于DNA中的特殊回文序列，可形成黏性末端和平末端。

习题

1. 简述核酸、核苷酸、核苷和核糖之间的关系。
2. 一个基因组大小为230Mb的生物体含有28%的C碱基，分别计算出该生物基因组中的A、T、C和G的数量。
3. 如何测量DNA和RNA的浓度和纯度？其原理是什么？
4. 如何设计实验证明DNA是遗传物质而蛋白质不是遗传物质？
5. 简述核小体组装的特点。
6. 核酸变性和复性有什么生物学意义？

8 DNA 复制

除了部分病毒之外，几乎所有生物物种的遗传信息是由 DNA 分子承载的。生物体内 DNA 分子的核苷酸排列顺序决定了该生物体的遗传特征。细胞分裂过程中，亲代细胞在分裂之前，细胞中的 DNA 分子能够根据碱基互补配对原则，忠实地复制出一个拷贝。在细胞分裂时，两套相同的 DNA 分子会分别进入子代细胞中。亲代通过复制 DNA 分子把自身的遗传信息传递至子代，进而使子代表现出与亲代一致的遗传性状。

DNA 复制（DNA replication）是由 DNA 聚合酶催化的对整个基因组分子进行复制的脱氧核苷酸聚合反应。在原核生物和真核生物中，DNA 聚合反应以解旋的单链 DNA 为模板，以 4 种三磷酸脱氧核苷（dNTP：dATP、dGTP、dCTP、dTTP）为底物，合成一条互补的、反平行链（图 8.1）。由于整个聚合反应过程需要以单链 DNA 作为模板，催化这个反应的酶叫做依赖于 DNA 的 DNA 聚合酶（DNA-dependent DNA polymerase），简称为 DNA 聚合酶（DNA polymerase）。

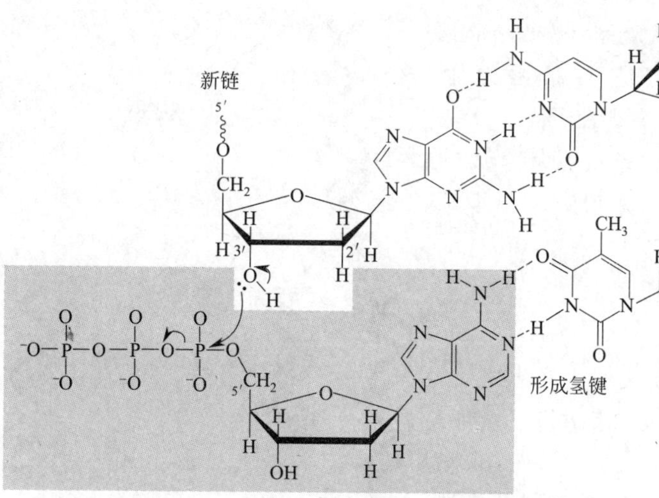

图 8.1

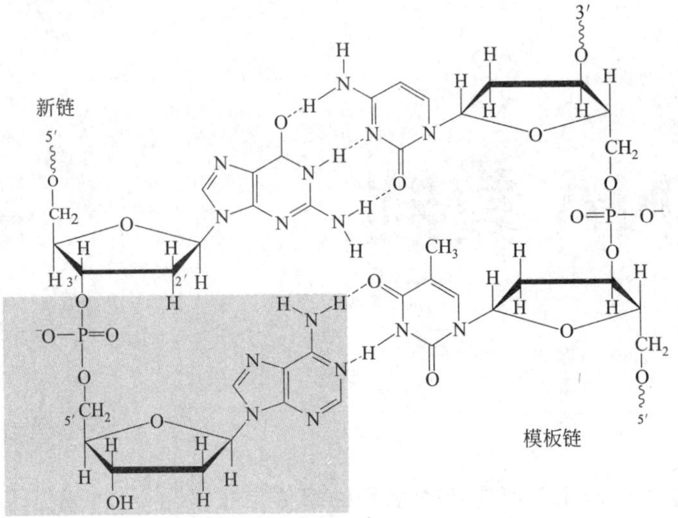

图 8.1 DNA 聚合酶催化的聚合反应

DNA 聚合酶催化 DNA 链 3′端脱氧核糖上游离的 3′-OH 与三磷酸脱氧核苷（dNTP）的 α-磷酸形成磷酸二酯键，同时释放出焦磷酸。驱动聚合反应所需的能量由焦磷酸被焦磷酸水解酶水解所释放，最终在 DNA 链的 3′末端加上了一个新的脱氧核苷酸。这种聚合反应被称为 DNA 的 5′→3′方向生长，即 DNA 链的延伸方向由 5′端到 3′端。

8.1 DNA复制概述

历史上曾提出过两种解释一个亲代 DNA 分子被复制生成两个子代 DNA 分子。一种假说认为一个子代 DNA 分子完全由两条新合成的 DNA 链组成，而另一个子代 DNA 分子完全由两条母链组成，即全保留复制（conservative replication）；另一种假说是半保留复制(semiconservative replication)，即在子代的 DNA 中，一条链来自亲代，另一条链是新合成的(图 8.2)。它是 Watson 和 Crick 根据 DNA 双螺旋结构模型提出来的。

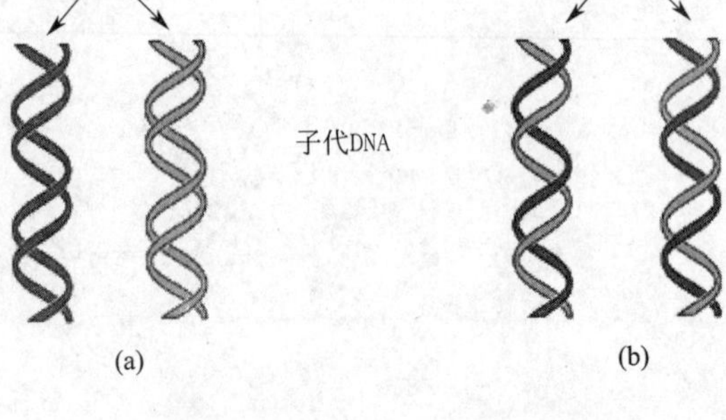

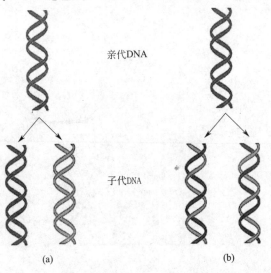

(a) 全保留复制假说；(b) 半保留复制假说

图 8.2 DNA 的两种可能的复制假说

8.1.1 半保留复制

上述两种 DNA 复制模式假说提出之后，很多科学工作者从实验上对二者进行了验证。1975 年，Matthew Meselson 和 Franklin Stahl 通过巧妙的实验发现 DNA 复制模式是半保留复制模式（图 8.3）。

首先将大肠埃希菌（*E. coli*）在以 $^{15}NH_4Cl$（^{15}N 同位素标记）为唯一氮源

的培养基中培养12代以上，然后将其转移以$^{14}NH_4Cl$为唯一氮源的培养基中培养2代。分别收集在^{15}N氮源培养的菌体、在^{14}N氮源继续培养第一代和第二代的菌体，提取DNA，并进行氯化铯密度梯度离心，离心后3种DNA样品在离心管中的分布如图8.3(a)所示。

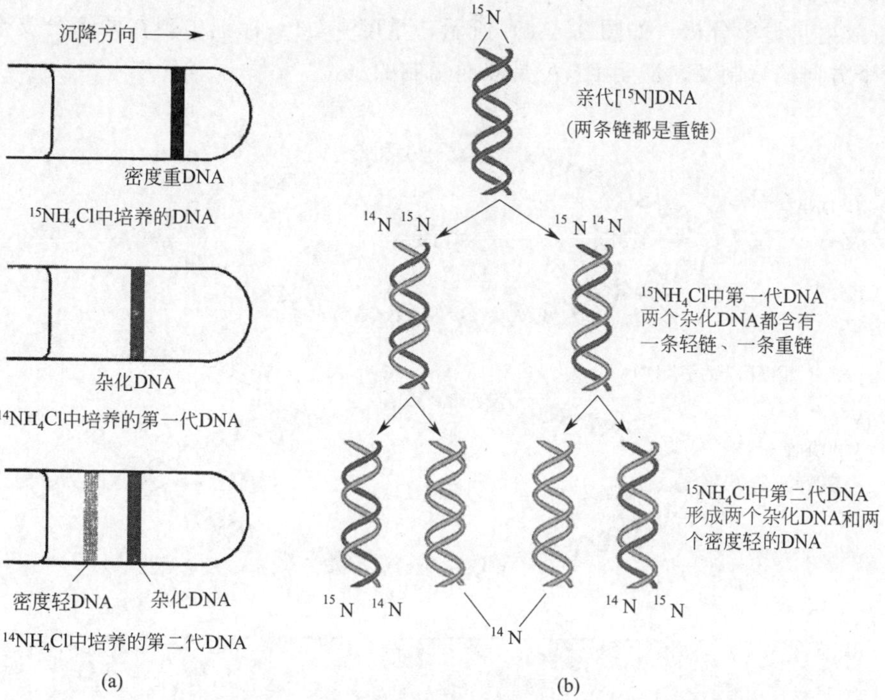

(a) 密度梯度离心后的DNA带；(b) 对(a)中的DNA带的解释

图8.3 Meselson-Stahl实验

3种菌体样品的DNA复制情况如图8.3(b)所示。大肠埃希菌在^{15}N氮源培养基中经12代培养，菌体的DNA都是^{15}N标记的$^{15}N,^{15}N$-DNA，密度最大，位于管底部。当菌体转移到^{14}N氮源培养一代后形成了杂化的$^{15}N,^{14}N$-DNA（一条^{15}N-DNA链和一条^{14}N-DNA链)，密度小于$^{15}N,^{15}N$-DNA，位于管中部。^{14}N氮源培养第二代除了形成了$^{15}N,^{14}N$-DNA外，进一步复制形成下一代$^{14}N,^{14}N$-DNA，密度最小，位于管顶部。

上述实验结果显示，DNA复制时亲代分子双链分别作为模板合成子代新链，子代的DNA中，一条链来自亲代，另一条链是新合成的。实验证明了DNA复制模式是半保留复制。

后续的研究进一步证实了真核生物的DNA复制模式与原核生物一样，也是半保留复制。

8.1.2 双向复制

由上述实验已知DNA是半保留模式复制，那么DNA的复制有可能是像图8.4(a)那样单方向进行，也有可能像图8.4(b)那样双方向进行，需要进一步的实验验证DNA复制方向。DNA分子复制开始时，亲代DNA双链解旋，新链合成部位像一个“叉子”，称为复制叉（replication fork)。如果是单向复制，只存在一个复制叉；而如果是双向复制就应当存在两个反向的复制叉。

John Cairns 等利用放射性同位素^{3}H 标记的胸腺嘧啶（T）追踪大肠埃希菌细胞分裂时的 DNA 的复制方向。首先在［^{3}H］胸腺嘧啶轻度标记的培养基中培养大肠埃希菌，培养几代后，通过放射自显影图观察，发现所有大肠埃希菌 DNA 都被标记了。接着在提取 DNA 之前再将大量的［^{3}H］胸腺嘧啶加入培养基中培养几秒钟，然后提取 DNA，对提取的 DNA 进行放射自显影分析。如图 8.4(c) 所示，重度［^{3}H］标记出现在两个分支点处，说明存在两个方向的复制叉，证明 DNA 是双向复制的。

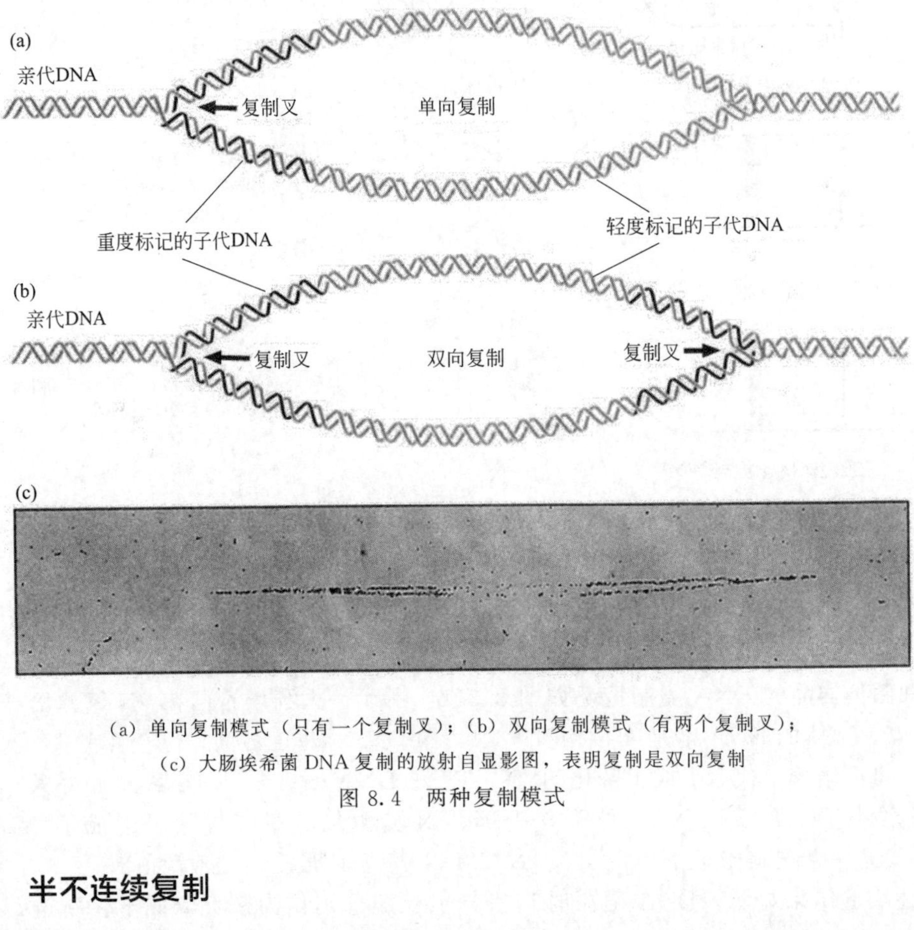

(a) 单向复制模式（只有一个复制叉）；(b) 双向复制模式（有两个复制叉）；
(c) 大肠埃希菌 DNA 复制的放射自显影图，表明复制是双向复制

图 8.4 两种复制模式

8.1.3 半不连续复制

DNA 分子两条链是反向平行的双螺旋结构，一条链为 5′→3′方向，另一条链为 3′→5′方向。而 DNA 聚合酶只能以 3′→5′链为模板，催化 5′→3′方向的聚合反应，那么这两条链同时作为模板合成子代 DNA 是如何实现的呢？

DNA 聚合酶能够以与复制叉移动方向一致的 3′→5′链为模板，进行 5′→3′方向连续合成与母代链互补的子代 DNA 链，这与 DNA 聚合酶催化合成的方向一致。但是以与复制叉移动方向相反的 3′→5′链为模板合成另一条子代 DNA 链的方向与 DNA 聚合酶催化合成方向相反，该方向的 DNA 分子复制机制一定是特殊的。1968 年，冈崎（Okazaki）等在含有［^{3}H］胸腺嘧啶脱氧核苷酸的培养基培养大肠埃希菌几秒钟后，杀死细菌，提取 DNA，测定被放射性核素标记的新合成的 DNA 的位置。他发现被标记的放射性信号出现在不连续的 1000～2000 个核苷酸长度的片段上，因此这样的不连续 DNA 片段称为冈崎片段（Okazaki fragment）（真核生物的冈崎片段长度与大肠埃希菌略有不同，长度为

100～200 个核苷酸残基)。如果大肠埃希菌在含有 [^{3}H] 胸腺嘧啶脱氧核苷酸的培养基上的培养时间延长至 1min 以上，DNA 分子上的放射性标记信号则会呈现在连续的片段，而不是不连续的片段。

根据上述实验结果，冈崎提出了 DNA 分子的两条链的半不连续复制模型。与复制叉移动方向一致的 3′→5′模板链，以 5′→3′方向连续合成子代链，该子代链称为连续链或前导链 (leading strand)；与复制叉移动方向相反的 5′→3′模板链，先以 5′→3′方向合成许多不连续的冈崎片段，再由 DNA 连接酶连接成一条连续的子代链，称为不连续链或后随链 (lagging strand)(图 8.5)。

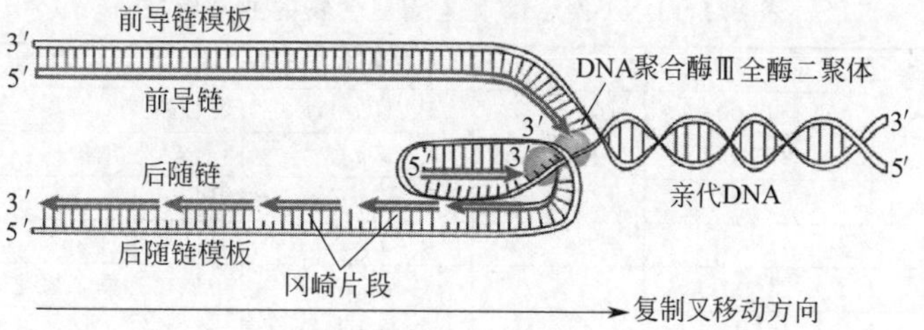

两条子代链都是沿照 5′→3′方向合成，前导链被连续合成，后随链被不连续合成

图 8.5 一个 DNA 复制叉处的半不连续复制模式

在大肠埃希菌的 DNA 复制过程中，前导链和后随链都由一个不对称的 DNA 聚合酶Ⅲ二聚体催化合成。DNA 聚合酶Ⅲ不对称的构造使后随链所在的 DNA 发生结构弯曲，这样两个发生聚合反应的位点在空间结构上能够靠近。图 8.5 中后随链模板环绕成环，在空间上两条链合成方向与复制叉移动的方向一致，如同 DNA 聚合酶Ⅲ二聚体同时延伸两条新链。实际上因为后随链的空间结构的原因，前导链先于后随链的合成。

8.2 原核生物 DNA 的复制

目前从分子水平了解的有关 DNA 复制的绝大多数的信息是通过对细菌和病毒 DNA 复制机制的研究获得。因为对原核生物 DNA 复制机制的研究比真核生物更深入透彻，而且原核生物的 DNA 复制与真核生物有非常多相似之处，所以很多细菌 DNA 复制机制的相关信息可以借鉴到真核生物 DNA 复制机制的探索中。

8.2.1 大肠埃希菌 DNA 聚合酶

1955 年，Arthur Kornberg 首先从大肠埃希菌中分离并纯化了 DNA 聚合酶 Ⅰ (DNA pol Ⅰ)；20 世纪 70 年代，陆续有报道在大肠埃希菌中发现了 DNA 聚合酶Ⅱ (DNA pol Ⅱ) 和 DNA 聚合酶Ⅲ (DNA pol Ⅲ)；1999 年，人们又发现了 DNA 聚合酶Ⅳ (DNA pol Ⅳ) 和 DNA 聚合酶Ⅴ (DNA pol Ⅴ)。DNA pol Ⅰ主要在后随链的合成和 DNA 修复中起作用，它不是复制中起主要作用的酶；DNA pol Ⅱ也是一个主要参与 DNA 修复过程的酶；主要催化 DNA 链的延伸 (复制) 的是 DNA pol Ⅲ。

DNA pol Ⅲ是大肠埃希菌的 3 种 DNA 聚合酶中最大和最复杂的复合体，它由 10 种亚基 (表 8.1) 募集组装而成，有活性的 DNA pol Ⅲ全酶的结构是不对称的二聚体 (图

8.6)。其中 α 亚基具有聚合酶功能，ε 亚基具有 $3'\to5'$ 外切酶功能。α、ε 和 θ 三个亚基结合形成两个核心复合体，具有聚合酶活性，称为核心酶，但该复合体的连续合成能力较低。β 亚基起到提高核心酶连续合成能力的作用。4 个 β 亚基两两组合形成两个滑箍，在复制叉处分别夹住两条已解旋的 DNA 单链中的一条链，并沿着 DNA 链滑动。β 亚基形成的滑箍不仅可以防止 DNA pol Ⅲ在复制过程中意外从 DNA 分子上脱离，还能够大大提高核心酶的连续合成能力。其余的大多数亚基可被招募组成一个书夹状的六聚体，称为 γ 复合物或"滑箍载体"，主要作用是在连续聚合反应中参与复制体的组装和保持核心酶与 DNA 亲代链的结合状态。

表 8.1　DNA 聚合酶Ⅲ全酶复合物的亚基组成

亚基	亚基数目	相对分子质量		结构基因	功　能
α	2	130000	核心酶	*PolC*(*dnaE*)	聚合酶
ε	2	27500		*dnaQ*	$3'\to5'$ 外切酶
θ	2	8600		*holE*	组装 α、ε
β	4	41000		*dnaN*	形成滑箍
τ	2	71000		*dnaX*	增强核心酶二聚化，ATP 酶
γ	2	47500	γ 复合物	*dnaX*(*Z*)	增强复制的连续性，帮助复制体组装
δ	1	39000		*holA*	
δ'	1	37000		*holB*	
χ	1	17000		*holC*	
ψ	1	15000		*holD*	

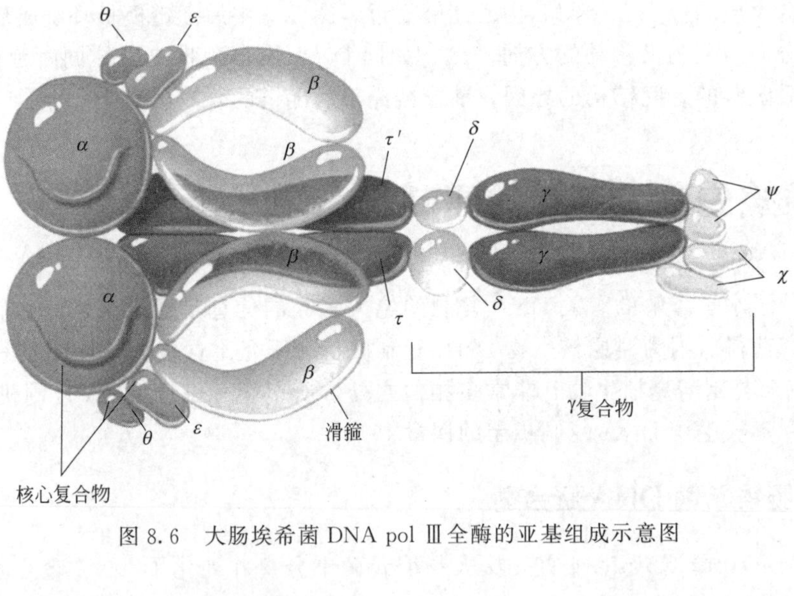

图 8.6　大肠埃希菌 DNA pol Ⅲ全酶的亚基组成示意图

8.2.2　大肠埃希菌 DNA 的复制

大肠埃希菌的 DNA 分子复制可以分为 3 步：复制起始，子代 DNA 片段的合成及延伸，复制终止。在复制过程中，除了 DNA 聚合酶以外，还需要多种酶和辅助因子的参与。

大肠埃希菌 DNA 的复制起始于一个高度保守的序列 *ori*C，该序列片段由 245 个碱基对构成，富含 A-T 碱基对。一个由 20 个 DnaA 蛋白分子聚合而成的专一复合物与 *ori*C 结合引起该位点 DNA 两链分离，DnaB 蛋白（解旋酶）在 DnaC 蛋白的协助下结合在复制起点处，DNA pol Ⅲ的 τ 亚基能够水解 ATP。依赖于 ATP 水解供能，从复制起点向两个方向使模板 DNA 分子的双螺旋解旋，两个复制叉形成。双链的 DNA 分子解旋成单链之后立刻被单链 DNA 结合蛋白（single-stranded binding protein，SSB）结合，从而防止已被解旋的两条单链 DNA 重新碱基互补形成双螺旋。

DNA 双链由解旋酶 DnaB 解旋时，解旋作用会使被解旋的 DNA 分子产生正超螺旋。正超螺旋在一定程度上可被原有的负超螺旋抵消，但在复制叉处的连续解旋会导致正超螺旋持续增强，积累扭转张力。此时 DNA 拓扑异构酶能产生额外的负超螺旋，从而抵消连续解旋导致的额外正超螺旋。

大肠埃希菌 DNA 复制涉及的主要蛋白因子如表 8.2 所示，图 8.7 为大肠埃希菌 DNA 的一个复制叉处的复制示意图。

表 8.2 大肠埃希菌中 DNA 复制涉及的蛋白质

名　称	功　能
DNA 回旋酶（拓扑异构酶Ⅱ）	引入负超螺旋；使 DNA 解旋
SSB（单链结合蛋白）	结合单链 DNA
DnaA	起始因子；结合起点的蛋白
DnaB	5′→3′解旋酶（使双螺旋 DNA 解旋）
DnaC	帮助 DnaB 结合在起点
DnaT	协助 DnaC
引物合成酶（DnaG）	合成 RNA 引物
DNA pol Ⅲ全酶	链延伸（DNA 合成）
DNA 聚合酶Ⅰ	切去 RNA 引物，填充 DNA 片段
DNA 连接酶	连接冈崎片段
Tus	终止

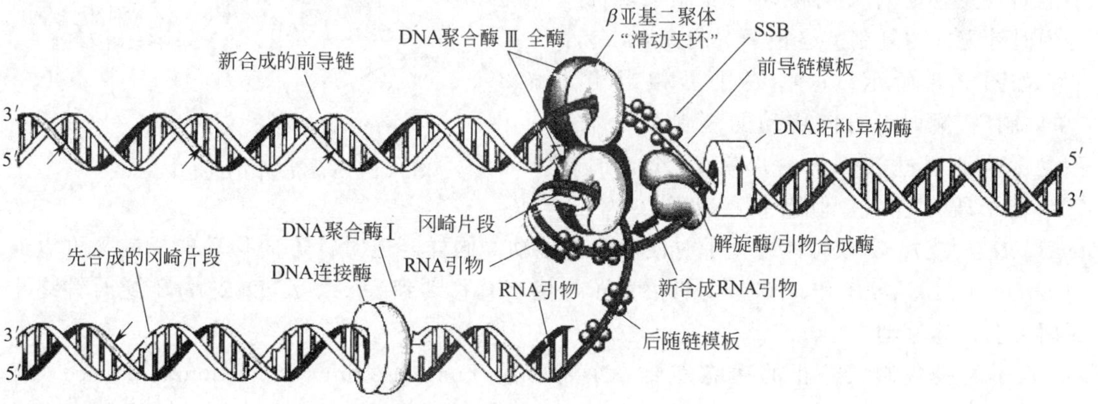

图 8.7 复制叉处 DNA 复制

如图 8.7 所示，DNA 拓扑异构酶和解旋酶 DnaB 使 DNA 双链解旋，SSB 与被解旋的 DNA 单链结合维持单链状态。此时虽然作为复制模板的 DNA 单链已经暴露出来，但仍然不能直接合成新的互补 DNA 链。因为 DNA pol Ⅲ全酶不能从头合成 DNA，所以无论是合成前导链还是后随链都需要一段 RNA 引物。此处的 RNA 引物含有 3′-OH，是由［DNA 引发酶（DNA primase)］以亲代DNA为模板合成的。以RNA引物作为引导，DNA pol Ⅲ全酶得以开始以亲代DNA链为模板合成新的DNA链。

在DNA复制过程中，前导链合成一次RNA引物，DNA pol Ⅲ全酶就可以以亲代DNA 3′→5′链作为模板连续合成新的5′→3′子代链。但后随链的模板是与前导链模板反向互补的另一条3′→5′链，所以后随链的合成方向与复制叉移动方向是相反的。复制叉每移动一段核苷酸序列，后随链就需要合成一个5′→3′的RNA引物，然后5′→3′的方向合成冈崎片段。因此后随链合成需要很多RNA引物，由这些RNA引物为引导，先合成多个冈崎片段，再将这些冈崎片段连接成完整的DNA链，即后随链。

后随链合成时产生众多的冈崎片段，这些片段在DNA聚合酶Ⅰ和DNA连接酶的共同作用下形成后随链。冈崎片段合成完成后，DNA pol Ⅰ切除冈崎片段5′端的RNA引物，并合成DNA片段补齐切除的RNA引物片段，这个过程称为切口平移（nick translation)。切口平移后，相邻的冈崎片段之间通过DNA连接酶（DNA ligase）催化形成磷酸二酯键而连接起来。DNA连接酶的催化过程中，需要NAD^+水解产生AMP作为激活基团的来源。

大肠埃希菌DNA复制过程在两个复制叉相遇时终止，该终止事件发生于环状染色体*ori*C位点对面的终止区（terminus，*ter*）内。*ter*内含有一些特异性的DNA短序列：*ter*A、*ter*D、*ter*E、*ter*C、*ter*B、*ter*F和*ter*G，它们都含有相同的核心序列5′-GTGTGTTGT-3′，起终止复制的作用，称为终止子。为了确保两个反向复制叉在*ter*相遇，从而完成整个环状DNA分子的复制，上述终止子被分为两组，一组由*ter*C、*ter*B、*ter*F和*ter*G构成的终止子能够终止顺时针方向移动的复制叉，称为顺时针方向的复制叉终止子；另一组由*ter*A、*ter*D和*ter*E构成的终止子能够终止逆时针方向移动的复制叉，称为逆时针方向的复制叉终止子（图8.8）。

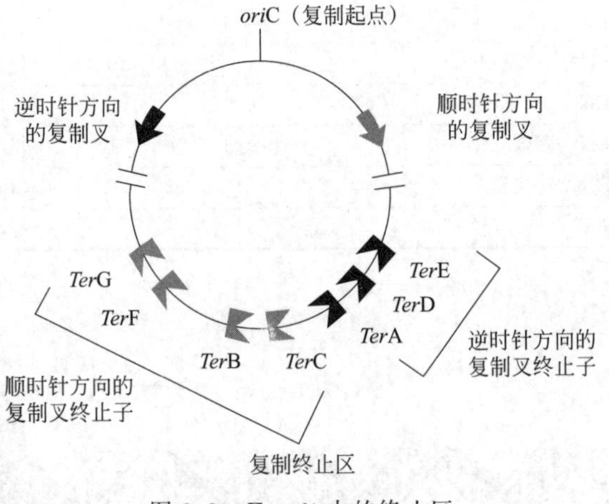

图8.8 *E. coli*中的终止区

如图8.8所示，这些终止子相当于“单向阀”，顺时针方向移动的复制叉可以不受影响地通过*terE*、*terD*和*terA*逆时针终止子所在位点，但当其移动到*terC*、*terB*、*terF*或*terG*顺时针终止子时便会停止移动。同样，逆时针方向移动的复制叉可以通过*terG*、*terF*、*terB*和*terC*顺时针终止子，但当其移动到*terA*、*terD*或*terE*逆时针终止子时便会停止移动。

*Ter*行使复制叉停止的功能需要一个特殊的Tus［terminus utilization substance（终止利用物质)］蛋白辅助。Tus能够特异地结合在*ter*位点。Tus是一种抗解旋酶，通过抑制依赖于水解ATP供能的解旋酶DnaB的活性，阻断DNA双螺旋解旋，从而阻止复制叉继续移动。当复制叉在移动中遇到Tus-*ter*复合物时移动受阻，复制停止。另一个方向的复制叉移动至已停止的复制叉时复制也随之停止。最终完成整个环状DNA分子的复制。

整个染色体分子复制完成后，两个环状的双链DNA分子从拓扑学上看是像连环一样相互嵌套在一起的，再经 DNA 拓扑异构酶Ⅳ催化分开成独立的两个环状染色体，在细胞分裂时分别进入两个子代细胞。

8.3 真核生物 DNA 的复制

真核生物的基因组体量普遍比原核生物的大，所以真核生物的染色体也远比原核生物的大。例如，*E. coli* 基因组大小为 4.6×10^3 kb，组成单一染色体，果蝇（*Drosophila melanogaster*）的基因组是 1.65×10^5 kb，哺乳动物基因组的平均体量为 3×10^6 kb（单倍体 DNA 含量）。另外真核生物基因组通常含有一个以上的染色体，染色体数取决于物种。例如，果蝇基因组包含有 4 对染色体（3 对大染色体，1 对小染色体），而哺乳动物基因组含有的染色体数一般在 20～30 对之间。

相较于原核生物，真核生物染色体数目的增加使得基因组更复杂，但所有生物的 DNA 复制机制是类似的。例如，真核生物 DNA 复制的前导链的合成是连续的，而后随链的合成是不连续的，后随链合成过程中的 RNA 引物合成、冈崎片段合成、RNA 引物水解后填充与模板链互补的核苷酸（切口平移）等都与细菌中的类似。

根据目前对真核生物 DNA 复制机制的研究，与原核生物 DNA 复制机制相对比，真核生物 DNA 复制机制还有以下一些与原核生物不同的特点。

8.3.1 真核生物 DNA 聚合酶

和原核生物类似，真核生物中已发现了多达 5 种的 DNA 聚合酶（表 8.3），命名为 DNA 聚合酶 α、β、γ、δ 和 ε。其中一些 DNA 聚合酶还参与了线粒体或叶绿体 DNA 复制的过程。DNA 聚合酶 α、δ 和 ε 三种 DNA 聚合酶共同参与了染色体 DNA 的复制过程。

表 8.3 真核生物 DNA 聚合酶

名称	活性	作用
聚合酶 α	聚合酶 引物酶 3′→5′外切酶	引物合成 修复
聚合酶 β	聚合酶	修复
聚合酶 γ	聚合酶 3′→5′外切酶	线粒体 DNA 复制
聚合酶 δ	聚合酶 3′→5′外切酶	后随链合成 修复
聚合酶 ε	聚合酶 3′→5′外切酶 5′→3′外切酶	修复 填充后随链上缺口

DNA 聚合酶 α 是一个由多个亚基组装而成的复合体蛋白，其中一个亚基具有引物合成酶活性，另一个最大的亚基具有聚合酶活性，在核 DNA 的复制中具有合成起始功能。人们广泛地认为 DNA 聚合酶 α 仅能合成后随链上的短引物，这个短引物由 10 个核苷酸长度的 RNA 引物和后随延伸合成的 20～30 个脱氧核苷酸长度的 DNA 共同组成，随后该引物被 DNA 聚合酶 δ 所延伸。

真核生物中DNA复制的主要聚合酶是DNA聚合酶δ，一种与大肠埃希菌DNA pol Ⅲ的β亚基功能相似的增殖细胞核抗原（proliferating cell nuclear antigen，PCNA）蛋白，能与DNA聚合酶δ结合，进而使DNA聚合酶δ能够具有高效率、持续合成DNA的活性。PCNA的功能类似于大肠埃希菌DNA pol Ⅲ全酶中的β亚基，但不是如大肠埃希菌中β亚基那样形成二聚体滑箍，而是形成PCNA同源三聚体环绕着双链DNA分子，形成一个环状的夹子形态（图8.9）。

DNA聚合酶ε是一个大的多聚体蛋白质，其中最大的多肽链具有聚合酶活性和3′→5′校正外切酶活性。它在DNA修复中取代了DNA聚合酶δ，还可能除去后随链上冈崎片段的引物。

DNA聚合酶γ是线粒体DNA的复制酶，而DNA聚合酶β主要功能是参与DNA的修复。

除了PCNA蛋白能够提高聚合酶效能，在真核生物的DNA复制进程中，还有两个其他的重要蛋白质复合物。复制蛋白A（replication protein A，RPA）是一个真核生物单链DNA结合蛋白质，功能和大肠埃希菌的SSB蛋白相同。复制因子C（replication factor C，RFC）类似于大肠埃希菌DNA Ⅲ全酶的γ复合物，复制搬运PCNA的复制夹，以组装活性复制复合物。

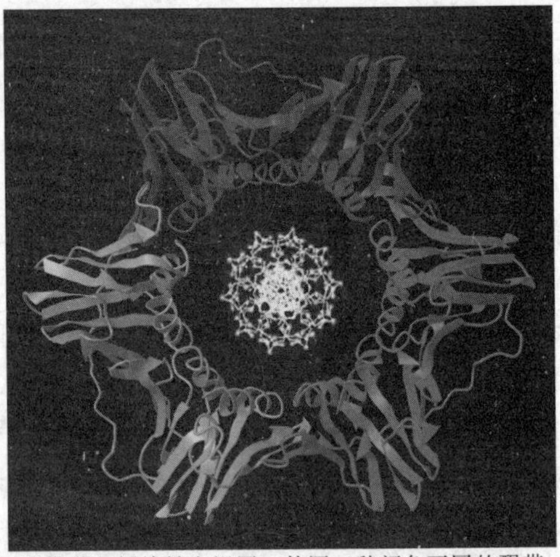

飘带型双螺旋轴向视图，外围三种颜色不同的飘带代表三个PCNA单体，而中心为双螺旋DNA

图8.9 围绕双螺旋DNA的PCNA同源三聚体（来源：KRISHNA T S，KONG X P，GARY S，et al. Crystal structure of the eukaryotic DNA polymerase processivity factor PCNA[J]. Cell，1994，79:1233-1243.）

8.3.2 复制起始机制

与原核生物一样，真核生物的DNA复制也是双向进行的。但原核生物的复制速度比真核生物快20～50倍。真核生物染色体体量远大于原核生物，含有比原核生物多约60倍的DNA，如果像原核生物那样从唯一的一个复制起点进行双向复制，完成一次全基因组DNA的复制所需要的时间可能需要1个月以上。通过对复制过程中的DNA分子的电镜观察和放射自显影实验，人们证实真核生物染色体能够同时存在多个复制起点，从每个起点进行双向复制。从电镜照片（图8.10）中可见多个“眼”状结构，这是正在复制的染色体各个双向复制叉进行复制时形成的“复制眼”。这样的复制模式决定了染色体DNA不是被连续复制，而是一段一段同时被复制的，每一段被复制的DNA称为复制子（replicon）。

目前的研究结果表明，真核生物在不同物种和组织的复制起点数量和间隔有所差异，每3～300kb就有一个复制起点，普遍可以在几小时内完成整个染色体DNA的复制，复制过程消耗的时间与原核生物单一复制起点的复制模式在同一数量级内。但原核生物DNA复制时，可以在整个染色体DNA还没有复制完成之前就再从起始位点开始下一次的连续复制，而真核生物染色体DNA在全部复制完成之前，不会从起始位点重新开始下一次复制。

本书以酵母为例，阐述真核细胞DNA复制起始的机制。酵母细胞DNA的复制起点称为自主复制序列（autonomously replicating sequence，ARS）或复制原点，酵母ARS是一

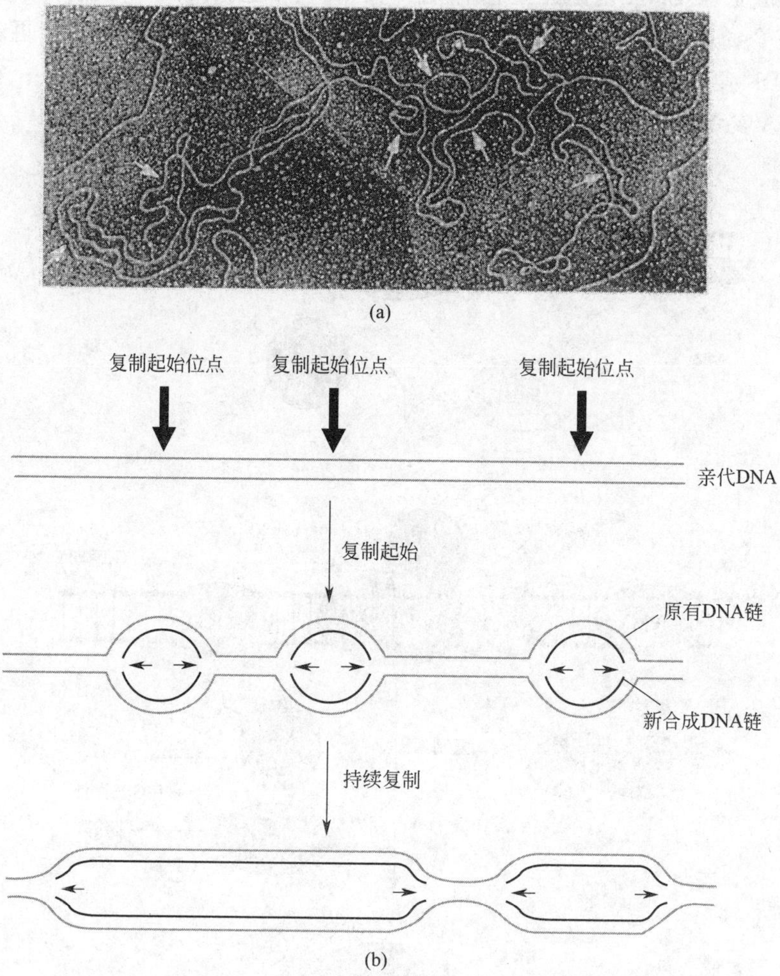

(a) 正在复制的果蝇 DNA 的电镜照片，箭头所指为复制眼；
(b) 真核生物 DNA 复制的示意图，箭头所指为复制叉移动方向

图 8.10　真核生物的 DNA 复制

段 150 个碱基对的 DNA 片段，其中包含多个重要的保守序列。一个酵母细胞单倍基因组的 17 条染色体上大约分布有 400 个复制起点。

在真核生物的 DNA 复制起始中，一个多亚基的蛋白质起始点识别复合物（origin recognition complex，ORC）是必需的。它首先与 ARS 中的 11bp 保守序列结合，然后依次结合复制激活蛋白（replication activator protein，RAP）Cdc6p 和微染色体维持蛋白（minichromosome maintenance protein，MCM），形成预复制复合物（pre-replication complex，pre-RC）（图 8.11）。MCM 蛋白是必需的复制起始因子，也称为复制许可因子（replication licensing factor，RLF），酵母至少含有 6 个不同的 RLFs。

pre-RC 形成后，尚不能起始复制。起始复制还需要其他蛋白因子和激酶的参与，其中一个重要的蛋白因子是在 S 期之前丰度水平刚好达到顶点的细胞周期蛋白（cyclin）。细胞周期蛋白可以与细胞周期蛋白依赖性激酶（cyclin-dependent kinase，CDK）结合形成 Cyclin-CDK 复合物，该复合物可以磷酸化 Cdc6p、MCM 和 ORC，进而引发 DNA 复制起始，对上

述蛋白的磷酸化起着 DNA 复制开关的作用。pre-RC 中的蛋白因子一旦被磷酸化，随即就会被降解，该复合物就进入到复制后复合物（post-RC）状态，该状态已不能再起始 DNA 复制。Cyclin-CDK 复合物阻断了在复制起始后另一个 pre-RC 的形成，以确保一个细胞周期只进行一次 DNA 复制。

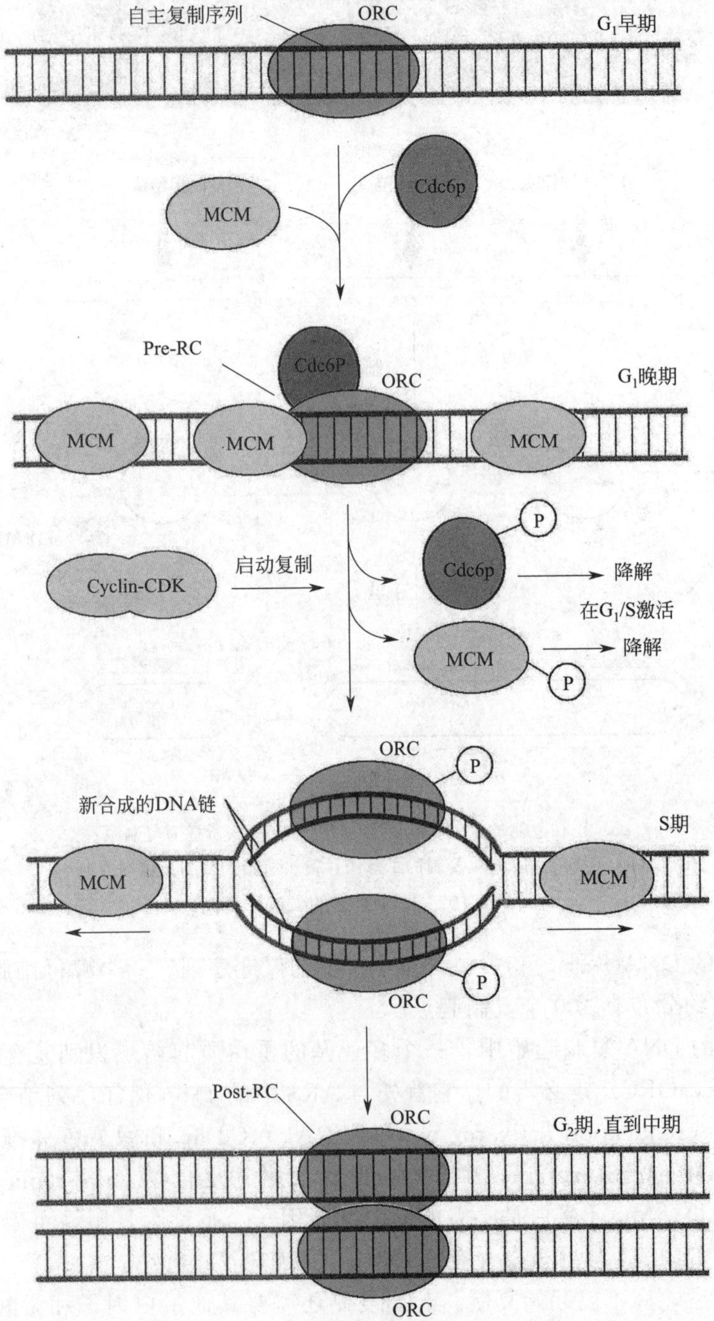

图 8.11　真核细胞 DNA 复制起始模式

8.3.3 端粒与端粒酶

真核生物的染色体DNA是线状的，它与原核生物染色体DNA的环状形态不同，每一条染色体DNA都是双链分子，每一端都由一段特殊序列片段组成，称为端粒（telomere）。与环状DNA不存在末端不同，线状DNA的末端在复制上出现一个原核生物DNA复制机制不能解决的问题，即5′末端的合成问题（图8.12）。

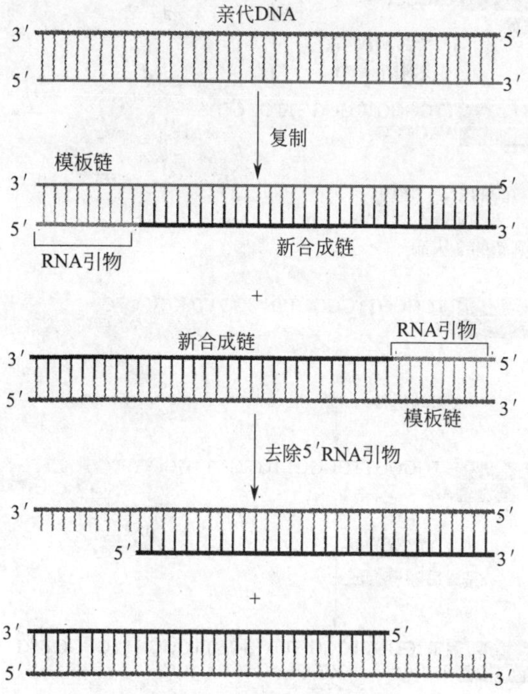

染色体DNA复制时，新合成链的5′端含有一段RNA引物，当去除RNA引物后，每一轮新合成DNA的5′末端相对于前一代都缩短一段RNA引物长度

图8.12 线状平端染色体DNA的复制问题

如图8.12所示，新合成的DNA 5′末端还存在一段与亲代DNA模板链的3′末端配对的RNA引物，当RNA引物被去除之后不能被置换为DNA，因为DNA聚合酶只能催化5′→3′方向的聚合反应，而且只能在已存在的与模板链互补的RNA引物后进行延伸。如果不能置换末端RNA引物，后果是每进行一轮复制，新合成的子代DNA链必将在两端缩短一个RNA引物的长度，最终会导致染色体DNA末端的遗传信息的缺失。

Elizabeth H. Blackburn、Carol W. Greider和Jack W. Szostak 1984年发现了含有RNA链的端粒酶（telomerase），证明了端粒是由端粒酶合成的，解决了染色体5′末端DNA复制问题。他们获得了2009年的诺贝尔生理学或医学奖。

端粒酶也是一种DNA聚合酶，但它是一种依赖于RNA的DNA聚合酶（RNA dependent DNA polymerase），即一种以RNA为模板合成DNA的逆转录酶。以四膜虫端粒酶为例，阐述端粒酶合成端粒DNA的机制（图8.13）。在四膜虫端粒DNA的3′末端含有重复500次以上的序列TTGGGG（人的端粒为TTAGGG）。端粒酶首先通过本身携带的 RNA 与端粒重复序列互补结合到端粒 DNA 上，然后以 RNA 为模板使端粒 DNA 3′末端延伸，在合成一段 DNA 后，端粒酶再移动到新延伸的 DNA 3′末端，再重复上述的延伸反应。由于端粒酶可以不断移位、延伸，所以能够添加许多端粒重复序列。

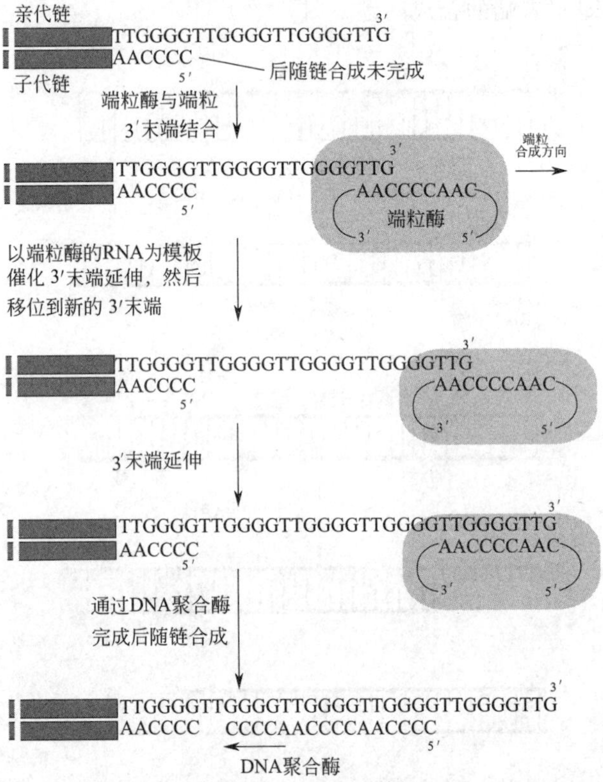

图 8.13　四膜虫端粒酶合成端粒 DNA 的机制

8.4　其它复制方式

真核生物和原核生物经典的 DNA 复制的方式是从复制起始点开始，复制叉沿着两个相反方向移动，以某一单链 DNA 为模板，分别以碱基配对的形式进行半保留复制。除了这种经典的复制机制外，还存在着其他的 DNA 复制方式。

8.4.1　滚环复制

滚环复制（rolling circle replication）是很多病毒、细菌因子以及真核生物中基因放大的基础。λ、Φx174、T4 等噬菌体及爪蟾卵母细胞的 rRNA 等的环状 DNA 都是以这种方式进行复制。本章以 Φx174 噬菌体的复制方式为例，阐述滚环复制的机制（图 8.14）。

Φx174 噬菌体 DNA 分子为单链环状 DNA。当噬菌体 DNA（称为（＋）链）进入宿主细菌的细胞内，以（＋）链为模板，合成与其反向互补的环状链［称为（－）链］，形成一个双链的环状 DNA 分子。这种双链环状 DNA 分子是 Φx174 的复制型（replicative form，RF）。再由病毒基因组编码的内切酶在（＋）链的特定位置进行单链切断，产生一个切口，3′端和 5′端游离出来。以（－）链为模板，（＋）链 3′-OH 端为引物和新链的生长端，由 DNA 聚合酶Ⅲ催化聚合延伸。随着新链的不断延伸，复制不断进行，不断取代原有的（＋）链，被取代的（＋）链从（－）链上剥离。复制过程中（－）链如同在滚动，（＋）链 5′端形成越来越长的“尾巴”。而后复制出的（＋）链在特定位置被上述的内切酶切开，连接形成新的环状 DNA′分子。这些环状的（＋）链分子既可以组装形成新的噬菌体颗粒，也可以形成新的 RF 继而进行下一轮复制。

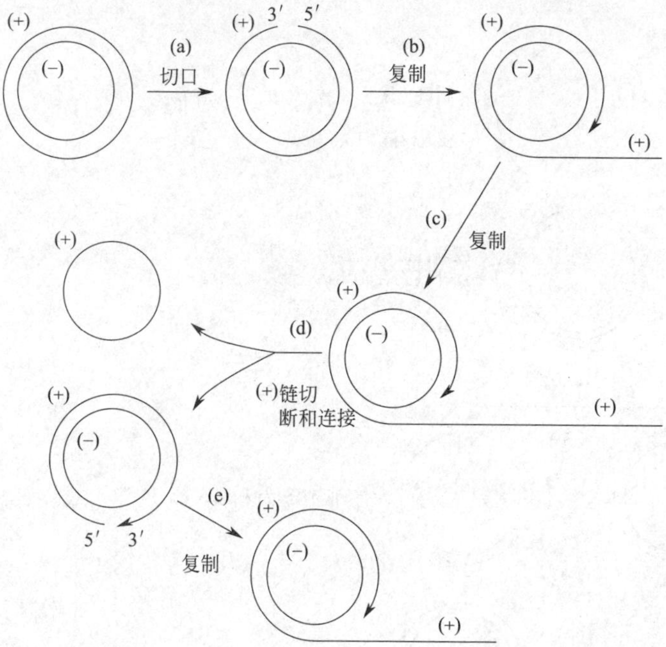

（a）一种核酸内切酶在复制双链 DNA 的（＋）链产生一个切口；（b）切口的 3′端成为（＋）链延伸的引物，而（＋）链的另一端不断被取代，（－）链作为模板；（c）复制进一步发展，（＋）链接近两倍；（d）（＋）链被内切酶切断；（e）复制继续进行，用（－）链模板合成新的（＋）链。过程继续重复，可获得许多环状单链（＋）DNA

图 8.14　滚环复制产生单链环状子代分子的模式

8.4.2　D 环复制

线粒体和叶绿体自身的 DNA 是双链环状 DNA。线粒体 DNA 在复制时，复制叉呈现出 D 形。当复制起始时，双链环状的 DNA 分子在特定的复制起始位点双链解链，形成一个复制泡（replicative bubble）。DNA 聚合酶以复制泡中亲代分子的（－）链为模板，合成一条新链，置换出亲代分子的（＋）链，复制形成的新（＋）链与亲代（－）链形成部分双链。这样就出现了由一条双链和一条单链组成的三元泡结构，称为置换环（displacement loop）或 D 环。

随着更长的（＋）链被新链置换，D 环也随之膨大。当 D 环达到线粒体 DNA 分子全环

2/3 时，另一个复制起始位点的位置会以单链的形态置换出来。DNA 聚合酶以此位置为起点，以（+）链为模板合成另一条新链。两条新链合成方向相反，合成起始时间不同，所以这是一种不对称的复制模式（图 8.15）。

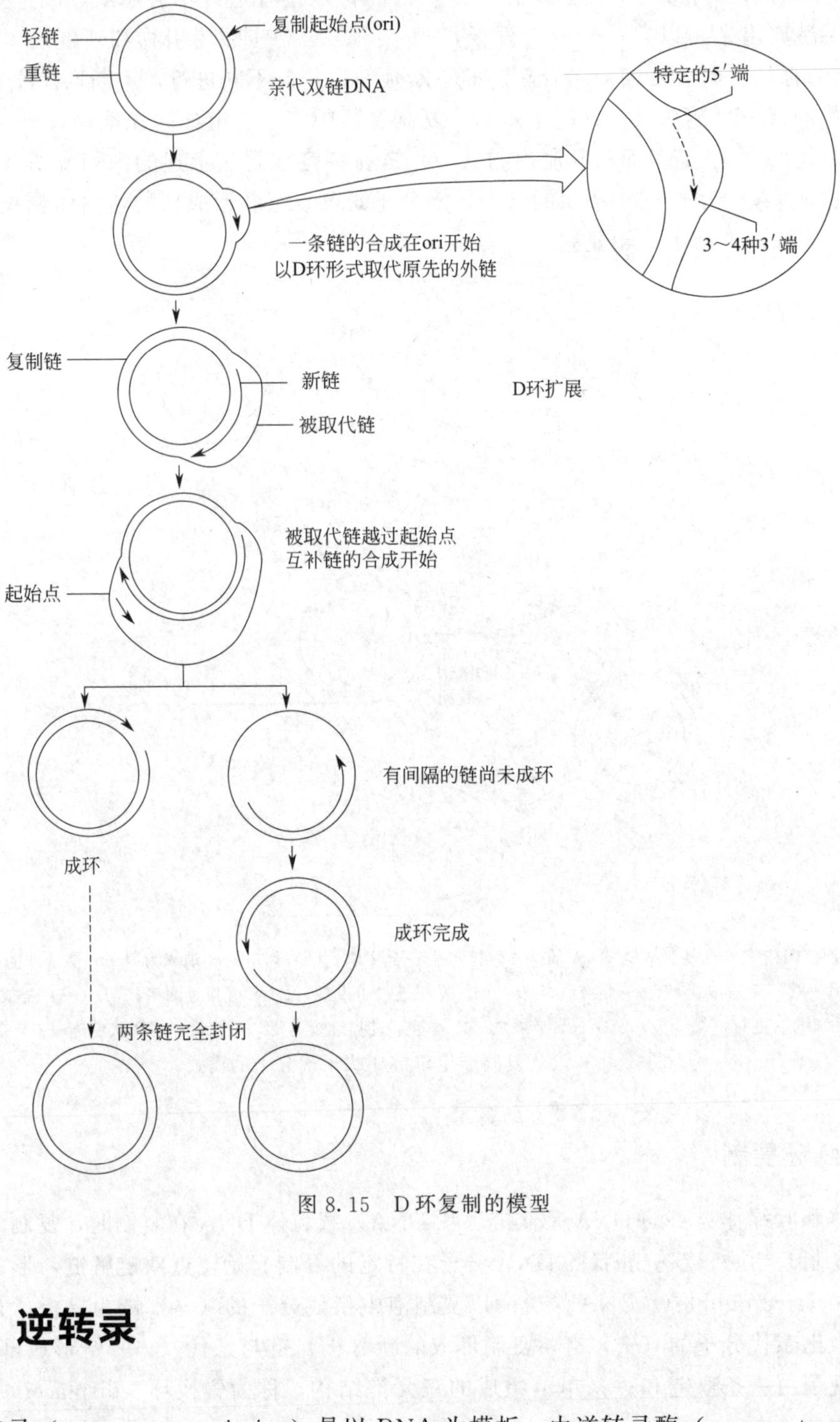

图 8.15 D 环复制的模型

8.5 逆转录

逆转录（reverse transcription）是以 RNA 为模板，由逆转录酶（reverse transcriptase）催化合成 DNA 的过程。这个过程与以 DNA 为模板由 RNA 聚合酶催化合成 RNA 的转录过程相反。

一部分正链 RNA 病毒（plus strand RNA virus）自身基因组能够编码逆转录酶，它们的复制依赖于逆转录过程，这类病毒被统称为逆转录病毒（retrovirus）。人类免疫缺陷病毒（HIV）就是一种逆转录病毒。逆转录酶是一种特殊的核酸聚合酶，具有三种功能，分别是：依赖于 RNA 的 DNA 聚合酶，核糖核酸酶 H（RNase H）和依赖于 DNA 的 DNA 聚合酶。逆转录酶在病毒 RNA 分子进入宿主细胞后，以病毒 RNA 分子为模板逆转录为双链 DNA 分子，再整合进宿主的染色质 DNA 分子中。与 DNA 聚合酶类似，逆转录酶在逆转录起始时需要一个引物。该引物一般是来源于前一次感染的宿主细胞中的 tRNA，其 3′端的 DNA 合成起始部位与病毒基因组 RNA 模板上的序列配对，以 tRNA 的 3′-OH 作为 DNA 合成的起点。

逆转录酶在基因工程中是一种非常重要的工具酶。可以在体外利用逆转录酶以 mRNA 为模板合成互补 DNA（complementary DNA，cDNA），进而以 cDNA 为模板 PCR 扩增获得目的基因的编码区序列片段。实验室中使用的逆转录酶以特定生物组织中提取的 mRNA 为模板，以与 poly（A）配对的 poly（T）作为引物，合成与 mRNA 互补的 DNA 分子，此时形成一个 RNA-DNA 杂合双链分子。下一步 RNase H 降解杂合双链分子中的 RNA，接下来依赖于 DNA 的 DNA 聚合酶以未被降解的 DNA 单链作为模板，以 3′端作为引物合成与其互补的 DNA 链，形成双链 DNA 分子，最后由核酸酶 S1 切割生成 cDNA（图 8.16）。

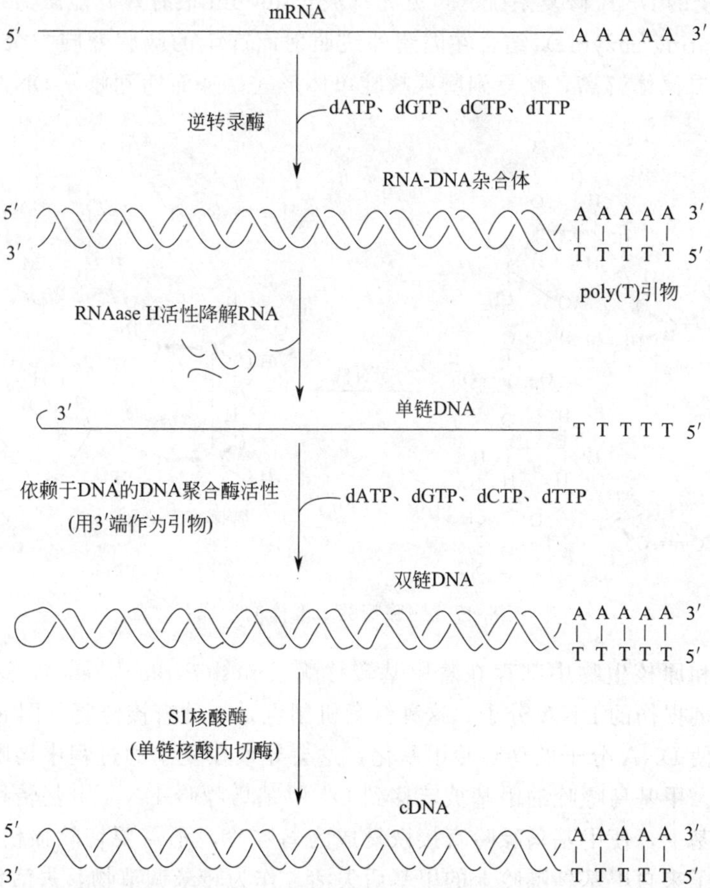

图 8.16　mRNA 逆转录为 cDNA 的过程

8.6 DNA 修复

任何可产生偏差的事件被导入正常的 DNA 双螺旋分子中，对细胞的遗传物质的稳定都是一个威胁。细胞的 DNA 损伤修复系统可以把对 DNA 的损伤降低到最小限度。DNA 的修复机制与复制机制本身一样复杂，表明这两者对于细胞的存活是相当重要的。

修复系统往往能识别一段 DNA 分子中的结构扭曲，以此作为行动起始的信号。细胞有多种用于应对 DNA 损伤的修复系统。对于 DNA 修复机制的了解大多数来自对 *E. coli* 的研究结果。近年来对真核生物 DNA 修复系统的研究表明在这些生物中也存在类似的 DNA 修复机制。

下面简单介绍 *E. coli* 中存在的 5 种基本的 DNA 修复系统：直接修复、核苷酸切除修复、碱基切除修复、错配修复和重组修复。

8.6.1 直接修复

直接修复（direct repair）非常罕见，并且一般涉及共价键逆转或简单的损伤去除。其中一个典型的例子是 *E. coli* 的光复活系统，它是一种不切断 DNA 分子或碱基，直接对受损的位点进行修复的 DNA 修复系统。可见光（波长 400nm 最有效）能激活细胞内的光复活酶（photoreactivating enzyme）结合在因紫外线照射而产生的胸腺嘧啶二聚体（TT）部位（图 8.17），催化二聚体解离，恢复到胸腺嘧啶单体形式，从而达到修复 DNA 损伤的目的。

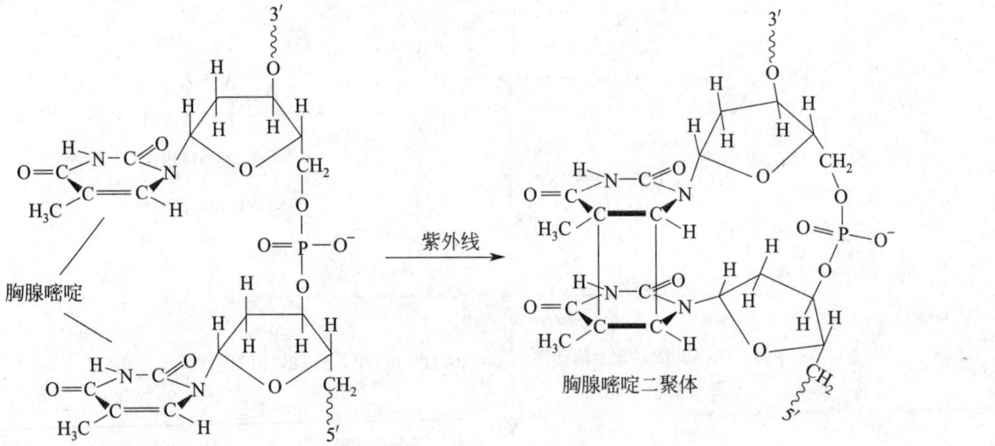

图 8.17 胸腺嘧啶二聚体的形成

在真核生物和原核生物中都存在着甲基转移酶（methyltransferase）。这种转移酶的功能是修复被烷化剂损伤的 DNA 分子。这种修复机制也是一种直接修复（图 8.18）。

烷化剂能够使 DNA 分子的鸟嘌呤甲基化，这会导致在复制的过程中鸟嘌呤被胸腺嘧啶替代并传到子代。甲基鸟嘌呤的甲基被转移到 O^6-甲基鸟嘌呤-DNA 甲基转移酶上的一个半胱氨酸残基的巯基上，使甲基鸟嘌呤直接恢复成为鸟嘌呤，不需要切除损伤位点的核苷酸。甲基转移酶接受了来自甲基鸟嘌呤上的甲基后失活。作为转录调节物，失活的甲基转移酶能够促进编码自身蛋白的基因表达，根据需要产生更多的转移酶参与修复。

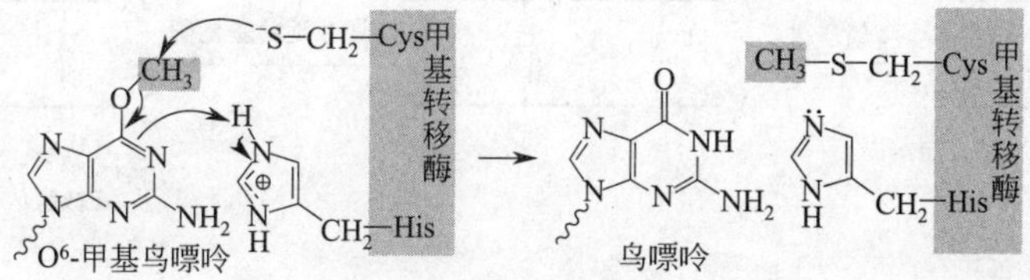

图 8.18 直接修复

8.6.2 核苷酸切除修复

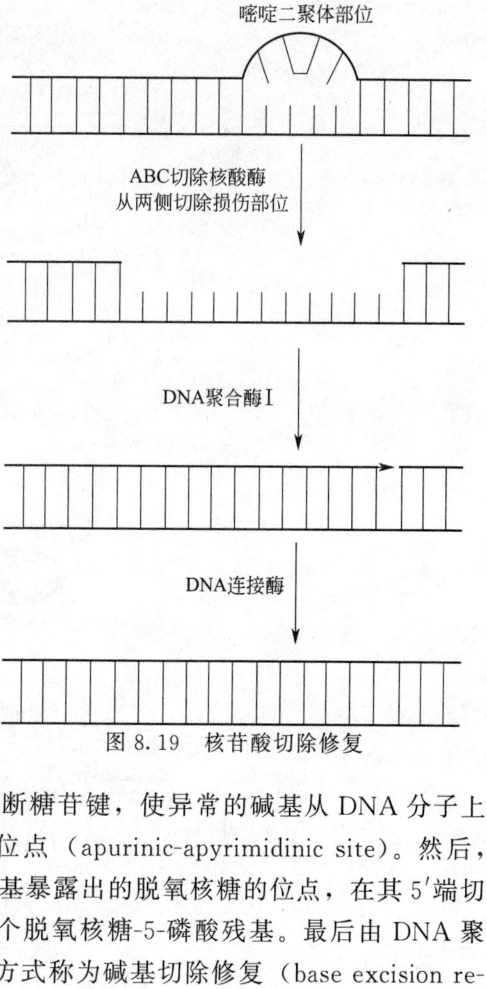

图 8.19 核苷酸切除修复

上述因紫外线照射而产生胸腺嘧啶二聚体的DNA分子损伤也可通过核苷酸切除修复（nucleotide excision repair）系统修复。该修复系统中关键的酶复合体由uvrA、uvrB和uvrC三个亚基组合而成，称为ABC切除核酸酶（ABC excision nuclease）。ABC切除核酸酶可以在胸腺嘧啶二聚体上游第7个和下游第4个磷酸二酯键处切开DNA单链，除去含有二聚体的这一段单链DNA片段，形成一个缺口。再在DNA聚合酶Ⅰ的催化下以互补链为模板由5′端到3′端填补缺口，最后在3′端由DNA连接酶完成新片段与原有DNA分子的连接，完成修复（图8.19）。

8.6.3 碱基切除修复

DNA糖苷酶（glycosylase）只识别异常的碱基，如胞嘧啶脱氢形成的尿嘧啶，腺嘌呤脱氢形成的次黄嘌呤，鸟嘌呤脱氢形成的黄嘌呤，并水解除去。这个过程分为三步：首先，由糖苷酶切断糖苷键，使异常的碱基从DNA分子上脱落，出现一个无嘌呤或无嘧啶位点，称为AP位点（apurinic-apyrimidinic site）。然后，AP核酸内切酶（AP endonuclease）识别该丢失碱基暴露出的脱氧核糖的位点，在其5′端切断DNA分子的磷酸二酯键，由磷酸二酯酶切除这个脱氧核糖-5-磷酸残基。最后由DNA聚合酶和连接酶将缺口修复（图8.20）。这样的修复方式称为碱基切除修复（base excision repair）。

8.6.4 错配修复

DNA复制过程中偶然发生的错误会导致合成的新链与模板链之间出现个别碱基的错误配对。*E. coli* 编码的3个蛋白MutS、MutH和MutL，通过与错配的DNA分子发生一系列生物学过程，能够校正这样的错误，这样的修复系统称为错配修复（mismatch repair）。这种修复系统只能校正新合成的DNA，由于新合成链中的GATC序列中的A未被甲基化，修复酶由此识别子代链和亲代模板，确定两个核苷酸中哪一个是错配的。

MutS、MutH和MutL 3个蛋白校正新合成DNA中的错配碱基过程如图8.21所示。

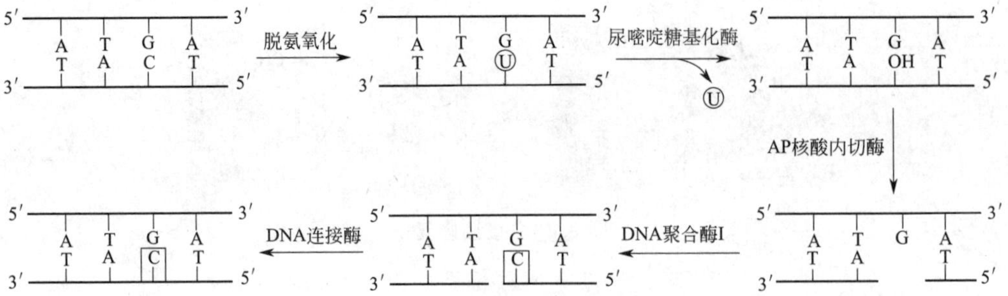

图 8.20　碱基切除修复

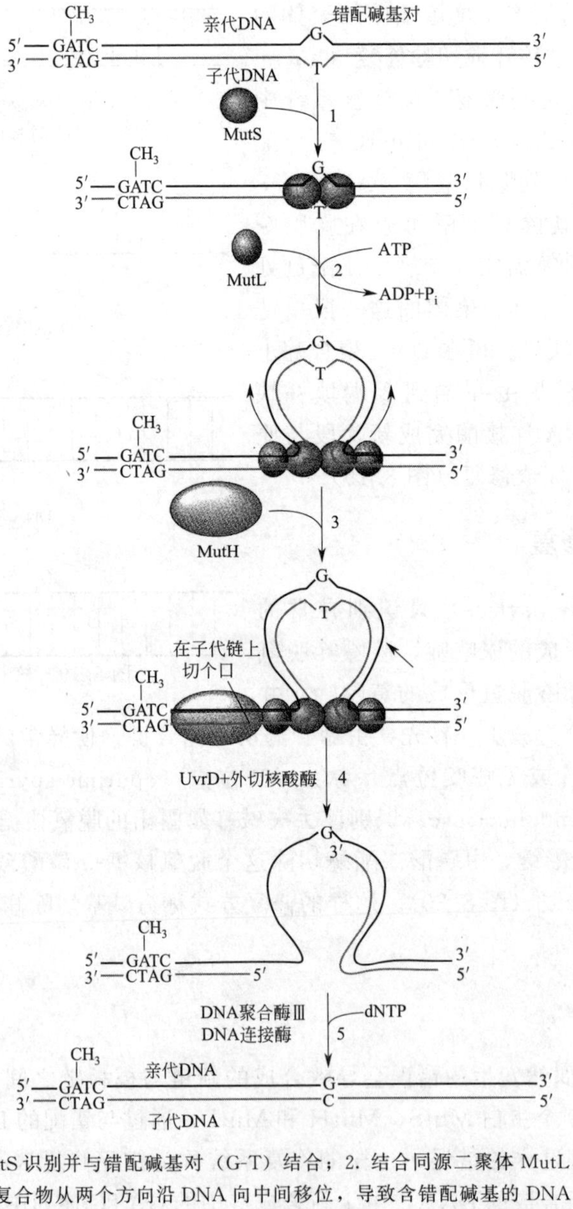

1. 同源二聚体 MutS 识别并与错配碱基对（G-T）结合；2. 结合同源二聚体 MutL，依赖于 ATP 使得 $MutS_2MutL_2$ 复合物从两个方向沿 DNA 向中间移位，导致含错配碱基的 DNA 片段突出成环；3. 结合内切酶 MutH，MutH 在子代链上切一个口；4. 解旋酶 UvrD 解旋，外切核酸酶切去包括错配碱基 T 在内的一段 DNA 序列；5. 在聚合酶Ⅲ催化下合成正确互补链，再经 DNA 连接酶连接，完成错配修复

图 8.21　错配碱基修复

首先 MutS 二聚体识别错配的碱基对（G-T）并与其结合，接着募集 MutL 二聚体，形成 MutS2MutL2 复合体，同时消耗 1 分子 ATP，驱动复合体延 DNA 向两个方向移动，使双链 DNA 形成一个突出的环状结构。内切酶 MutH 在错误的子代链上切开一个切口，解旋酶 UvrD 使该部位 DNA 分子的双螺旋结构解旋，继而外切核酸酶切去包括错配碱基 T 在内的一段子代链片段，最后由 DNA 聚合酶Ⅲ与 DNA 连接酶对缺口进行填补和连接，完成修复过程。

8.6.5 重组修复

前述胸腺嘧啶二聚体导致的 DNA 损伤影响 DNA 复制，可以由光复活酶直接修复，或直接切除核苷酸修复。当上述两种修复系统失效时，*E. coli* 还可以通过重组修复系统修复受损的 DNA 分子。当亲代链含有 TT 二聚体损伤位点时，DNA 聚合酶接近损伤位点会停止合成受损位点的子代链，这会使新合成的子代链在亲代链受损位点对应位置出现缺口，重组修复系统可以很好地修复此类损伤造成的缺口。

如图 8.22 给出了 *E. coli* 中重组修复缺口的过程。在复制叉停止时，上部是正常复制的含有一条正常亲代链和新合成子代链的双链 DNA 分子，下部是带有 TT 二聚体损伤位点的亲代链和新合成至损伤位点的子代链。在重组作用蛋白 RecA（DNA 链转移蛋白）的催化下，两条同源双链启动交换过程，将两条亲代链在损伤位点后重新形成双链。此过程除了 RecA 之外，还有 RecF、RecO 和 RecR 及单链结合蛋白（SSB）参与其中。DNA 链转移后，未损伤链可由子代链为模板合成填补缺口，复制可继续进行。损伤链的受损位点可由后续的切除修复系统来修复。

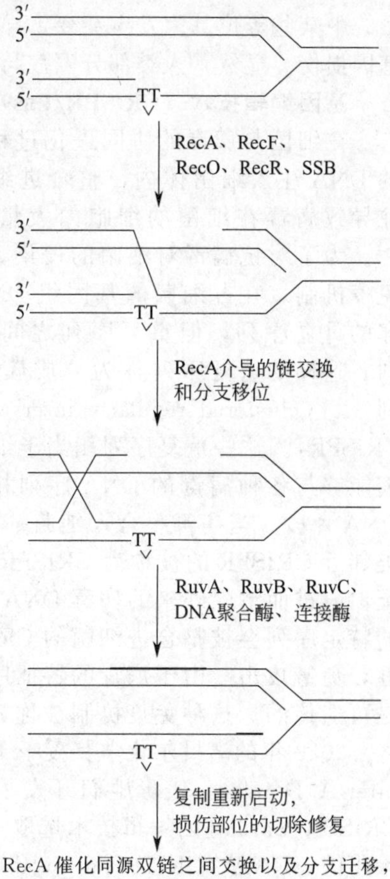

RecA 催化同源双链之间交换以及分支迁移，未损伤 DNA 母链转移到子链中 DNA 聚合酶不能复制而形成的缺口部位，在 DNA 聚合酶和连接酶作用下填补缺口

图 8.22 子链缺口的重组修复

相关话题

着色性干皮病

着色性干皮病（xeroderma pigmentosum，XP）是一种隐性遗传病。XP 患者对光十分敏感，其受阳光照射的皮肤部位会出现大量的黑色斑点（图 8.23），易患皮肤癌。研究结果表明，这是 DNA 修复系统出现损伤的结果。

前面讲到紫外线和离子辐射会诱导同一条链上相邻胸腺嘧啶之间形成胸腺嘧啶二聚体，造成 DNA 损伤，影响复制和转录。细菌可通过自身的光复活酶使胸腺嘧啶二聚体解离，修复损伤部位。人没有光复活酶，但人体内存在核苷酸切除修复系统，该修复系统是修复因紫外线照射形成的胸腺嘧啶二聚体的唯一途径。然而由于 XP 患者体内缺少核苷酸切除修复系统，不能修复紫外线照射损伤的 DNA 片段，所以患致命性皮肤癌的风险就比常人高得多。

当然常人如果过度暴露于阳光之下，即使有健全的 DNA 修复系统，也会有部分损伤不能完全修复，因此紫外线导致的 DNA 损伤仍有导致皮肤癌的风险。除了因核苷酸切除修复缺失所致的皮肤癌之外，另一个比较普遍的例子是结肠癌。据统计约有15%的结肠癌是由于编码参与错配修复的蛋白质的基因发生突变引起的。另外遗传性非息肉性克隆癌（HNPCC）也是因错配修复缺陷引起的，多发生于幼年；运动失调毛细血管扩张症（又称Louis-Bar综合征）是一种罕见的、预后不佳的常染色体隐性遗传疾病，由第14对染色体易位导致DNA修复缺陷所引起；Cockayne综合征（Cockayne syndrome，CS）是由于DNA修复系统中某些等位基因发生突变，导致无法修复紫外线照射引起的基因损伤。显然，人类部分癌症与DNA修复系统异常有关。

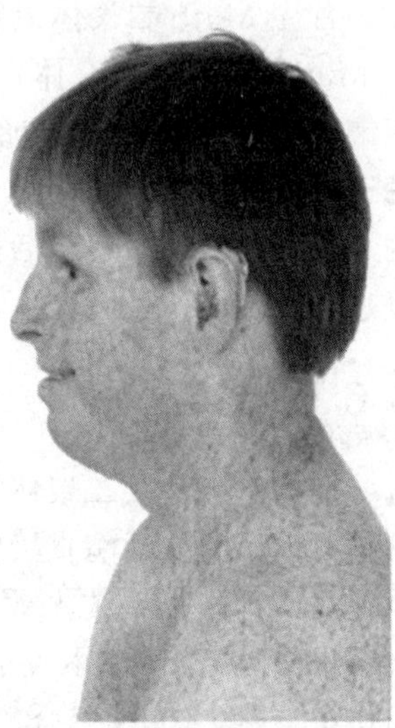

图8.23 着色性干皮病
（来源：DIGIOVANNA J J，KRAEME K H. Shining a light on xeroderma pigmentosum [J]. Journal of Investigative Dermatology，2012，132：785-796.）

基因编辑技术（CRISPR/Cas9）

在细菌与病毒的协同进化过程中，病毒攻击细菌，把自身的DNA注入细菌体内，整合进细菌的染色体进行复制，这往往导致病毒在细菌的细胞内大量复制增殖，最终导致细菌死亡。为了对抗病毒对细菌的侵染，细菌进化出一种与之对应的免疫机制。在古细菌的基因组DNA中存在大量物种间非常保守的重复序列，但重复序列之间又插入了不同的非保守的序列，这样的重复序列称为“成簇的规则间隔的短回文重复序列”（clustered regularly interspaced short palindromic repeat，CRISPR）。这些重复序列相当于细菌的病毒序列“资料库”，它们能够与各种病毒的DNA序列相匹配，从而识别外来的病毒DNA片段。当病毒整合入细菌基因组DNA中的片段被CRISPR识别之后，细菌细胞内一类邻近CRISPR的被称为CRISPR相关（CRISPR associated，Cas）基因会开始编码相应的蛋白，进而清除外来的病毒DNA片段。在细菌被某种病毒初次侵染后，该病毒基因组中的特定序列会被整合进细菌的CRISPR，而同种病毒再次侵染细菌时，细菌就会对其有抗性，免遭攻击。由于病毒的特征序列被整合进细菌的CRISPR，所以细菌对该病毒的抗性是可遗传的。这种免疫机制被称为CRISPR/Cas系统。

2020年的诺贝尔化学奖授予了法国科学家Emmanuelle Charpentier和美国科学家Jennifer A. Doudna，表彰她们开发了一种基因组编辑方法——CRISPR/Cas9基因编辑技术。CRISPR/Cas9基因编辑技术选取了CRISPR/Cas系统中的一种免疫机制。从CRISPR中转录出的crRNA（CRISPR-derived RNA）通过碱基配对与tracrRNA（trans-activating RNA）结合形成双链RNA，此双链RNA指导Cas基因中Cas9所编码的蛋白（具有DNA内切酶活性）在crRNA引导序列的靶标位点剪切双链DNA分子。

人们设计了一段单链引导RNA（single guide RNA，sgRNA），将它导入细胞中。CRISPR的靶向特异性由sgRNA和靶标DNA的碱基配对及Cas9蛋白和一个靶标DNA片段3′末端的一个DNA短序列片段的结合所决定。这个短序列片段被称为前间区序列邻近基序（protospacer adjacent motif，PAM）。

如图8.24所示，sgRNA与靶标DNA片段结合，招募Cas9蛋白形成复合物。Cas9蛋白切割靶点位置DNA双链，导致DNA分子在此位点断裂。当真核生物细胞识别DNA双链断裂之后会启动两种DNA修复机制对断裂位点的DNA分子进行修复，分别是非同源末端连接（non-homologous end joining，NHEJ）修复和同源定向修复（homology directed repair，HDR）。NHEJ机制直接将双链断裂末端的ssDNA拉近，DNA连接酶将断裂的ssDNA重新接合。在修复过程中很容易发生碱基插入或缺失，造成移码突变，导致靶标DNA所在基因的开放阅读框（open reading frame，ORF）改变，造成蛋白翻译中止或失去功能，从而达到基因敲除（knock-out）的目的。

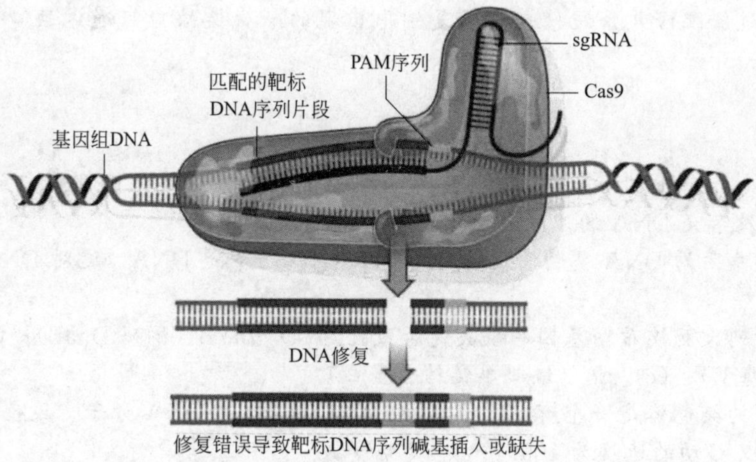

图 8.24 CRISPR/Cas9 技术原理

小结

DNA 复制是亲代向子代传递遗传信息的核心过程。DNA 的复制模式是每一条链各自作为合成一条新的子链的模板的半保留复制模式。

DNA 复制是双向进行的，存在两个同时移动的复制叉，相对于模板链子代链合成总是按 $5'\rightarrow3'$ 方向进行。

DNA 合成中的错配碱基可通过 DNA 聚合酶的 $3'\rightarrow5'$ 外切酶活性除去。有些 DNA 聚合酶还具有 $5'\rightarrow3'$ 外切酶活性。

DNA 合成是半不连续的，其中前导链合成是连续进行的，而后随链的合成是不连续的。前导链和冈崎片段的合成都开始于 RNA 引物，在大肠埃希菌中 RNA 引物被 DNA 聚合酶Ⅰ除去，并置换成相应的 DNA 片段，DNA 连接酶再将后随链分开的片段连接起来，而真核生物的 RNA 引物则由 DNA 聚合酶 ε 切除。

DNA 聚合酶Ⅲ全酶是大肠埃希菌 DNA 复制的主要复制酶，它是一个多亚基复合体。两个 DNA 聚合酶Ⅲ全酶形成一个 DNA 聚合酶Ⅲ全酶复合物，负责前导链和后随链的合成。此外 DNA 复制还需要 DNA 拓扑异构酶、SSB、DnaA 系列蛋白、DNA 聚合酶Ⅰ和 DNA 连接酶等蛋白质。

在大肠埃希菌中 DNA 复制起点位于 *ori*C 区，*ori*C 区含有 DnaA 蛋白质的多亚基结合部位。DnaA 结合 *ori*C 容易使双螺旋解旋，导致双向复制叉的形成。复制终点处于特殊的 *ter* 区，可保证两个相反复制叉在该区内会合。

真核生物 DNA 复制类似于原核生物 DNA 复制，但真核生物含有多个复制起点，冈崎片段也比原核生物小些。相比较而言，真核生物中 DNA 复制还是比原核生物慢，因为真核生物的基因组要比原核生物大得多。真核生物的染色体 DNA 是线状的，端粒的存在解决了 DNA 复制过程中末端核酸片段丢失的问题。

逆转录是以 RNA 为模板在逆转录酶催化下合成 cDNA 的过程。逆转录酶具有依赖于 RNA 的 DNA 聚合酶、核酸酶 H 和依赖于 DNA 的 DNA 聚合酶的活性。逆转录首先形成 RNA-DNA 杂化双链，然后降解掉 RNA 链，再以保留下来的 DNA 链合成其互补链，最后形成 cDNA。

由于辐射或其他原因导致的DNA损伤可以通过直接修复系统修复。复制过程中出现的碱基错配可通过错配修复系统修复，而复制中出现的子代链缺口可通过缺口重组修复系统修复。

习题

1. 在Meselson-Stahl DNA复制实验中，经过4个世代后，双链都是“重的”，双链都是“轻的”以及杂交DNA的比率是多少？

2. 大肠埃希菌的DNA复制使用的引物是RNA，而不是DNA，这对DNA复制的忠实性有什么影响？

3. 预测下列大肠埃希菌基因的缺失是否致死？(a) *dna*B（编码DnaB）；(b) *pol*A（编码DNA聚合酶Ⅰ）；(c) *ssb*（编码单链结合蛋白）。

4. 某细菌的染色体是一个有5.2×10^6 bp的环状、双链DNA分子。染色体含有一个复制起点，复制叉移动的速度为1000个核苷酸/秒。

(a) 计算复制该染色体需要的时间。

(b) 实际上该细菌在最适条件下繁殖一代可缩短至25 min。请解释。

5. 果蝇的整个基因组由1.65×10^8 bp组成。如果单个复制叉复制的速度为30 bp/s，计算在下列起始条件下，复制整个基因组所需的时间。

(a) 唯一一个双向起点。

(b) 2000个双向起点。

(c) 在早期胚胎阶段速度最快，只需约5 min，此时必需的起始点至少要多少个？

6. 如果端粒酶活性丧失将会对DNA合成有什么影响？

7. 大肠埃希菌染色体含有4.6×10^6 bp，如果按照冈崎片段长度为1000～2000 bp计算，染色体复制中大约要合成多少个冈崎片段？

8. (a) 体外DNA合成反应中加入SSB（单链结合蛋白）通常会增加DNA产率，请解释原因。

(b) 合成反应一般在体外65℃条件下进行，通常采用从高温环境下生长的细菌中分离出的DNA聚合酶，这有何好处？

9. 甲磺酸乙酯（EMS）是一个活性烷化剂，它可使DNA中鸟嘌呤残基O^6乙基化。如果这一修饰的G没有被切除和用正常的G取代，那么一轮DNA复制的结果是什么？

10. 给出用于修复*E. coli*中嘧啶二聚体的两种方法。

11. 为什么高突变率常出现在含5-甲基胞嘧啶的DNA区域？

12. 为什么聚合酶链反应（PCR）中要严格控制温度，而且要使用耐高温的DNA聚合酶呢？

13. 描述下列情况下链终止测序的结果：

(a) 加的dNTP量过少；(b) 加的dNTP过多；

(c) 加的引物过少；(d) 加的引物过多。

14. DNA是怎样保持复制的高度忠实性的？

15. 原核生物与真核生物DNA复制的共同点有哪些？

9 RNA 合成与加工

生物细胞包含三种主要的 **RNA**——信使 RNA、核糖体 RNA 和转移 RNA，所有这些 RNA 都参与蛋白质合成。此外，所有的 RNA 都是 DNA 模板由依赖 DNA 的 RNA 聚合酶合成的，这一过程被称为**转录**（transcription）或 RNA 合成。然而，只有信使 RNA 指挥蛋白质的合成。蛋白质的合成是通过翻译的过程进行的，其中编码在 mRNA 碱基序列中的指令被核糖体翻译成一个特定的氨基酸序列，核糖体是多肽合成的“工厂”。转录在所有细胞中都受到严格的调控。在原核生物中，只有 3%左右的基因在任何时候都在转录。细胞的代谢状况和生长状况决定了在什么时候需要哪些基因产物。同样，分化后的真核细胞在实现其生物学功能时只表达一小部分基因，而不是染色体中编码的全部遗传潜能。

转录以 DNA 为模板，但模板只是双链 DNA 中的某一条链。能作为模板的这条链称为**模板链**（template strand），也称为反义链（antisense strand），而与此链互补的链叫作**编码链**（coding strand），也称为有义链（sense strand）。由于有义链不能作为模板进行转录，所以转录是不对称转录（图 9.1）。

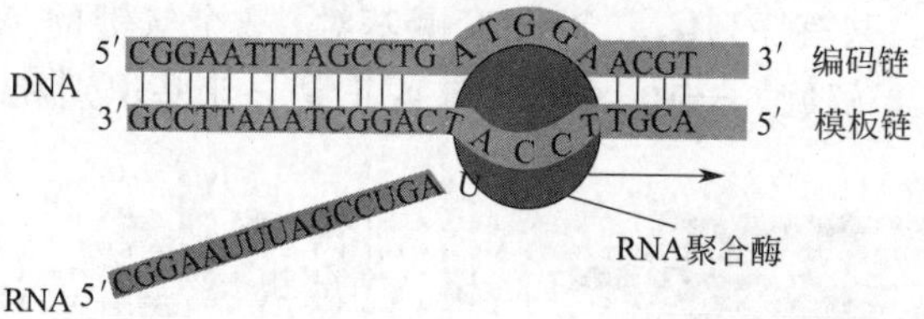

图 9.1 转录（RNA 合成）

RNA 合成与 DNA 复制非常类似，也需要一个聚合酶执行转录任务，但该聚合酶是以 DNA 为模板合成 RNA 的聚合酶，所以称为依赖于 **DNA 的 RNA 聚合酶**。在整个转录期间，合成的 RNA 链的延伸方向也是 5′→3′。但 DNA 和 RNA 合成之间存在几个重要的差别：①RNA 是由核糖核苷酸合成的，而不是脱氧核糖核苷酸；②在 RNA 合成中，尿嘧啶取代胸腺嘧啶碱基与腺嘌呤碱基配对；③RNA 合成不需要一个预先存在的引物；④RNA 合成的选择性非常强，只有基因中很小的一部分被转录。

9.1　原核生物的转录

原核生物的转录包括四个阶段：RNA 聚合酶全酶结合启动子结合位点、聚合的起始、链的延伸和链的终止。

9.1.1　RNA 聚合酶和启动子

大肠埃希菌 RNA 聚合酶全酶（RNA polymerase holoenzyme）是由两分子的 α（α_2）、一分子的 β、β'、σ 和 ω 组成，α_2 与 β、β'、ω 构成核心酶（core enzyme），其中的 α 亚基是装配核心酶所必需的，而 β 和 β′亚基则组成酶的催化中心，ω 似乎起作用，但不是至关重要的（表 9.1）。核心酶本身可无选择性地随机结合在 DNA 上，具有催化由 DNA 合成 RNA 的活性。σ 是特异因子，具有识别控制启动子特异序列的能力，所以当核心酶结合了 σ 亚基后形成全酶就可通过特异识别启动子与转录起始位点结合开始转录了。表 9.1 列出了 RNA 聚合酶全酶的亚基组成。

表 9.1　*E. coli* RNA 聚合酶全酶亚基组成

亚基	分子量/kDa	功能
α	40	参与酶聚合;启动子识别;结合一些激活剂
β	155	组成催化中心
β'	160	组成催化中心
σ	32～90	识别启动子
ω	11	非必要,可能起调节作用

启动子（promoter）是 DNA 分子上控制基因转录的一段特定序列，它能被 RNA 聚合酶识别、结合而启动转录。原核生物的启动子包括两个区域，位于转录起始位点上游的－10 区（也称为 Pribnow box）和－35 区。比较大肠埃希菌启动子的这两个区域，发现含有许多相同的核苷酸，每个短序列在不同启动子中都很保守，－10 区的共有序列是 TATAAT，而－35 区的是 TTGACA。共有序列区富含 A-T 碱基对，2 个氢键的 A-T 碱基对与 3 个氢键的 G-C 碱基对相比更易于解旋。－10 区和－35 区正是 σ 亚基识别和 RNA 聚合酶结合启动

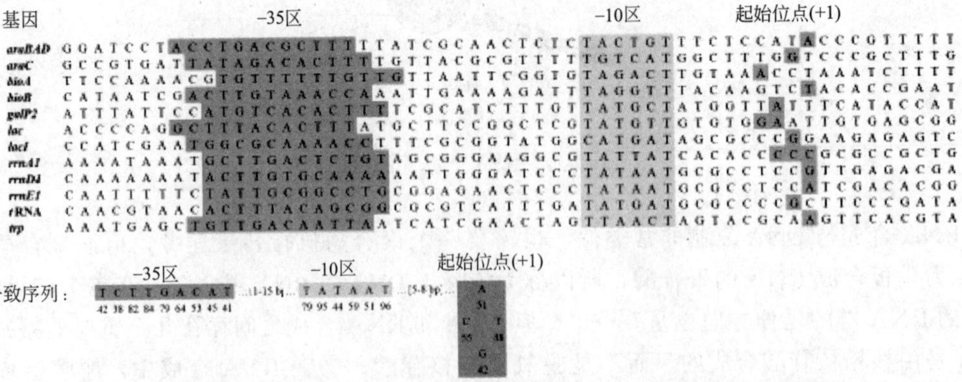

起始位点（＋）的上游－10 左右和－35 左右的 6 个碱基对序列都是保守的，

最底端是大肠埃希菌启动子的共有序列，核苷酸下方的数字是它们出现的百分比

图 9.2　大肠埃希菌中一些代表性的启动子的－10 区和－35 区序列（编码链）

（来源：GARRETT H R，GRISHAM M G. Biochemistry［M］. 6th ed. Boston：Cengage Learning，2016.）

子的序列。一般来说，这两个区域离得越近，启动子的活力会越强。图 9.2 给出了一些大肠埃希菌启动子的序列。RNA 聚合酶结合特异的保护－70 到＋20 的核苷酸序列，在那里＋1 位置处的核苷酸被定义为转录起始位点，位于起始位点上游的核苷酸都按负号（－）排序。

相关话题

DNA 酶足迹法

DNA 酶足迹法（DNAase footprinting）是一种广泛用于确定结合特定蛋白质的 DNA 序列的技术，例如前述 RNA 聚合酶全酶结合的启动子－10 区和－35 区序列就是通过该技术确定的。

首先将特定蛋白质与在一端做了放射性标记的确信含有蛋白结合序列的 DNA 溶液温育，然后将切割 DNA 试剂，例如 DNase Ⅰ 加到 DNA-蛋白质复合物溶液中，DNase Ⅰ 酶切没有蛋白质结合的暴露出的 DNA 骨架，对照溶液样品中除了不加特定蛋白质外，其他条件与测试样品一样，即也是加一端做了放射性标记的确信含有蛋白结合序列的 DNA 和 DNase Ⅰ。DNase Ⅰ 降解产物都是带有 5′-磷酸末端的片段。

然后将经 DNase Ⅰ 降解的两个样品的降解产物通过凝胶电泳分析，可以看出来自 DNA-蛋白质复合物的一套标记片段和来自裸 DNA 的一套片段的明显差别，DNA-蛋白质复合物的 DNAase Ⅰ 降解片段与裸 DNA 片段相比，缺少了某些片段。缺少片段区域正是特定蛋白质结合 DNA 的核苷酸序列区域（图 9.3）。蛋白结合的准确位置和序列可以通过直接测定含足迹的同一凝胶上的序列带获得。

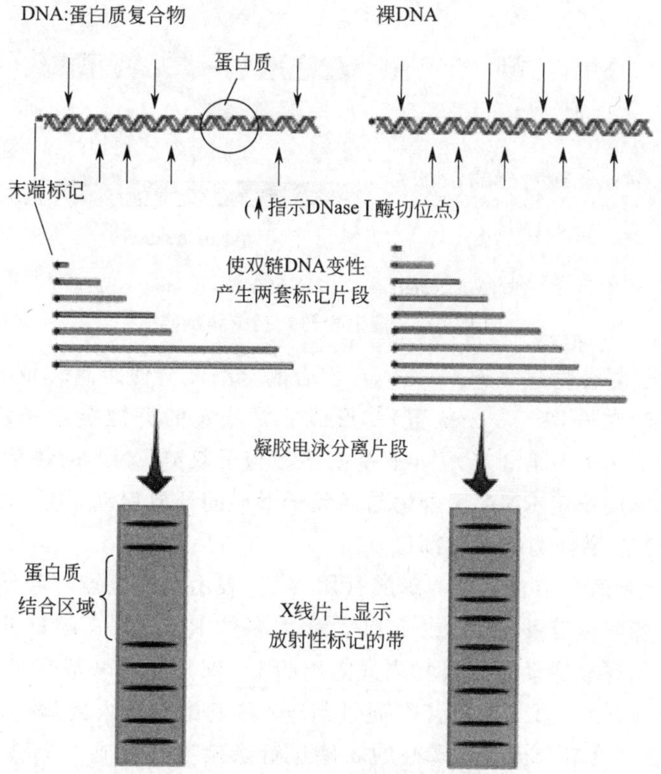

双链 DNA 中的一条链（非模板链）进行放射性标记

图 9.3　DNA 酶足迹法

（来源：RHODS D，FAIRALL L. Protein function：a practical approach［M］. 2nd ed. Oxford：IRL Press，1997）

9.1.2 转录起始和延伸

原核生物转录的起始开始于 RNA 聚合酶全酶的 σ 亚基识别启动子序列，RNA 聚合酶全酶与启动子形成**闭合启动子复合物**（closed promoter complex），转录过程就开始了（图 9.4 中第 2 步）。在这个阶段，双链 DNA 还没被打开，以致于 RNA 聚合酶能读到 DNA 模板链的碱基序列，并转录成互补的 RNA 序列。

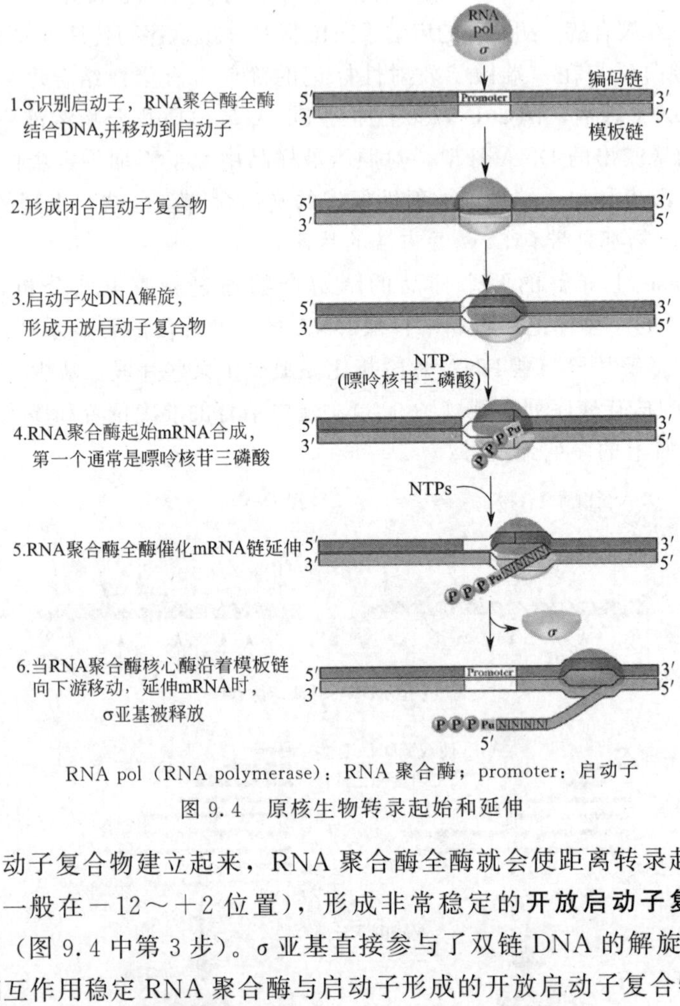
RNA pol
σ
编码链
1.σ识别启动子，RNA聚合酶全酶结合DNA,并移动到启动子
5′
3′
Promoter
3′
5′
模板链
2.形成闭合启动子复合物
3.启动子处DNA解旋，形成开放启动子复合物
NTP
(嘌呤核苷三磷酸)
4.RNA聚合酶起始mRNA合成，第一个通常是嘌呤核苷三磷酸
P P P Pu
NTPs
5.RNA聚合酶全酶催化mRNA链延伸
σ
6.当RNA聚合酶核心酶沿着模板链向下游移动，延伸mRNA时，σ亚基被释放

RNA pol（RNA polymerase）：RNA 聚合酶；promoter：启动子

图 9.4 原核生物转录起始和延伸

一旦闭合启动子复合物建立起来，RNA 聚合酶全酶就会使距离转录起始位点的大约 14 个碱基对解旋（一般在 −12～+2 位置），形成非常稳定的**开放启动子复合物**（open promoter complex）（图 9.4 中第 3 步）。σ 亚基直接参与了双链 DNA 的解旋，σ 亚基与非模板链（编码链）相互作用稳定 RNA 聚合酶与启动子形成的开放启动子复合物，并使得模板链上的碱基进入到 RNA 聚合酶的催化部位。

RNA 聚合酶含有两个结合核苷三磷酸（用 NTP 表示）的位点：起始位点和延伸位点。起始部位优先结合嘌呤核苷酸 ATP 或 GTP，而大多数 RNA 的 5′端都开始于嘌呤核苷酸。第一个核苷酸通过与开放启动子复合物内暴露出的 +1 碱基进行碱基配对结合到酶中的起始部位（图 9.4 中第 4 步）。第二个核苷酸通过与 +2 碱基配对进入到酶中的延伸部位。然后第一个核苷酸 3′-氧对第二个核苷三磷酸的 α-磷进行亲核攻击形成一个磷酸酯键，两个核苷酸连接起来，并释放出焦磷酸，焦磷酸水解为无机磷酸并释放能量，保证反应进行。要注意合成的 RNA 5′末端是一个核苷三磷酸。RNA 聚合酶沿着模板链移动到下一个碱基处，准备加下一个核苷酸（图 9.4 中第 5 步）。一旦合成的寡核苷酸长度达到 9～12 个残基后，σ

从 RNA 聚合酶上脱离，标志着起始完成（图 9.4 中第 6 步）。

σ 从 RNA 聚合酶上脱离后，RNA 聚合酶核心酶沿着 5′→3′方向进行 RNA 的延伸反应。在开放启动子复合物延伸着的 RNA 链与 DNA 模板链进行碱基配对，链延伸所需的下一个核苷三磷酸经 RNA 聚合酶核心酶验证，与模板链上相应的未配对碱基正确地形成氢键，然后 RNA 聚合酶核心酶催化，将新进来的核苷酸连接到延伸的 RNA 链的 3′端。转录过程中会出现错误，大约每 10^4 个核苷酸就会出现一个错误碱基的插入。由于每个基因可制造出许多转录产物，而且大多数转录产物都小于 10kb，所以这样的错误率是可以接受的。

9.1.3 转录终止

在大肠埃希菌中存在着两种转录终止机制：一种是受终止位点特殊序列控制的内在终止机制（intrinsic termination）；另一种是依赖 ρ 终止因子（rho termination factor）的终止机制。

内在终止是由 DNA 中称为终止位点的特定序列决定的。这些位点不是由显示转录停止位置的特殊碱基表示的。相反，这些位点由三个结构特征组成：在该段序列中存在富含 G—C 碱基对的反向重复序列，同时含有一组连续的 A—T 碱基对，A 处于模板链上。反向重复序列经 RNA 聚合酶转录生成的 RNA 转录物通过碱基配对形成茎环结构（发卡结构），同时在发卡的 3′末端带有一串 U 序列。发卡结构形成导致 RNA 聚合酶停止移动，模板链和 RNA 转录物之间的比较弱的 A—U 碱基对被更稳定的模板链和编码链之间形成的 A—T 碱基对取代，结果导致新合成的 RNA 转录物从 DNA 上自动脱落，转录终止（图 9.5）。

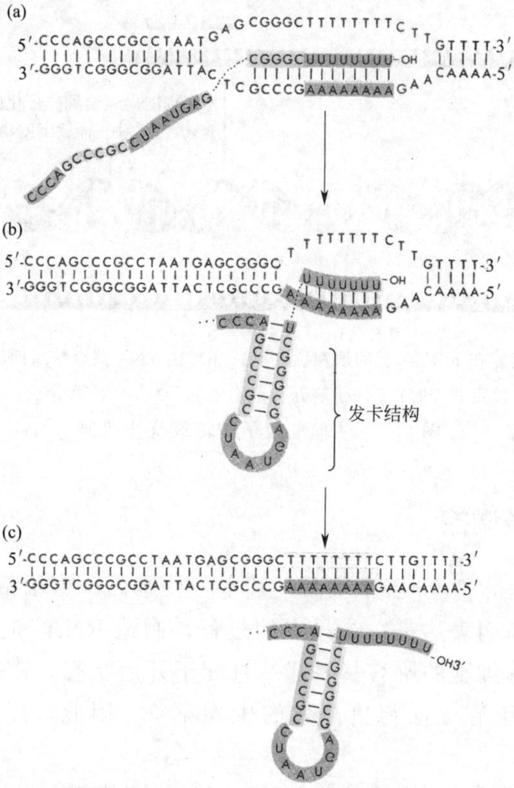

（a）模板链中富含 A 的片段被转录成富含 U 的 RNA 片段；（b）RNA 转录物形成发卡结构，转录物与模板链通过许多 U—A 碱基对维持；（c）RNA 转录物从 DNA 上自动脱落

图 9.5　内在转录终止机制

依赖 ρ 终止因子的终止机制不常见，并且比较复杂。ρ 因子是个六聚体的 ATP 依赖的解旋酶，分子量大约 50kDa，催化 RNA：DNA 杂合双链（或 RNA：RNA 双链）解旋。首先 ρ 因子识别 RNA 转录物中富含 C 的识别位点，并与该位点结合，一旦结合，ρ 因子就快速地沿着 5′→3′方向移动，直至遇到停在转录终止位点的 RNA 聚合酶。ρ 因子催化 RNA 转录物与模板链解旋，释放出新合成的 RNA 转录物（图 9.6）。

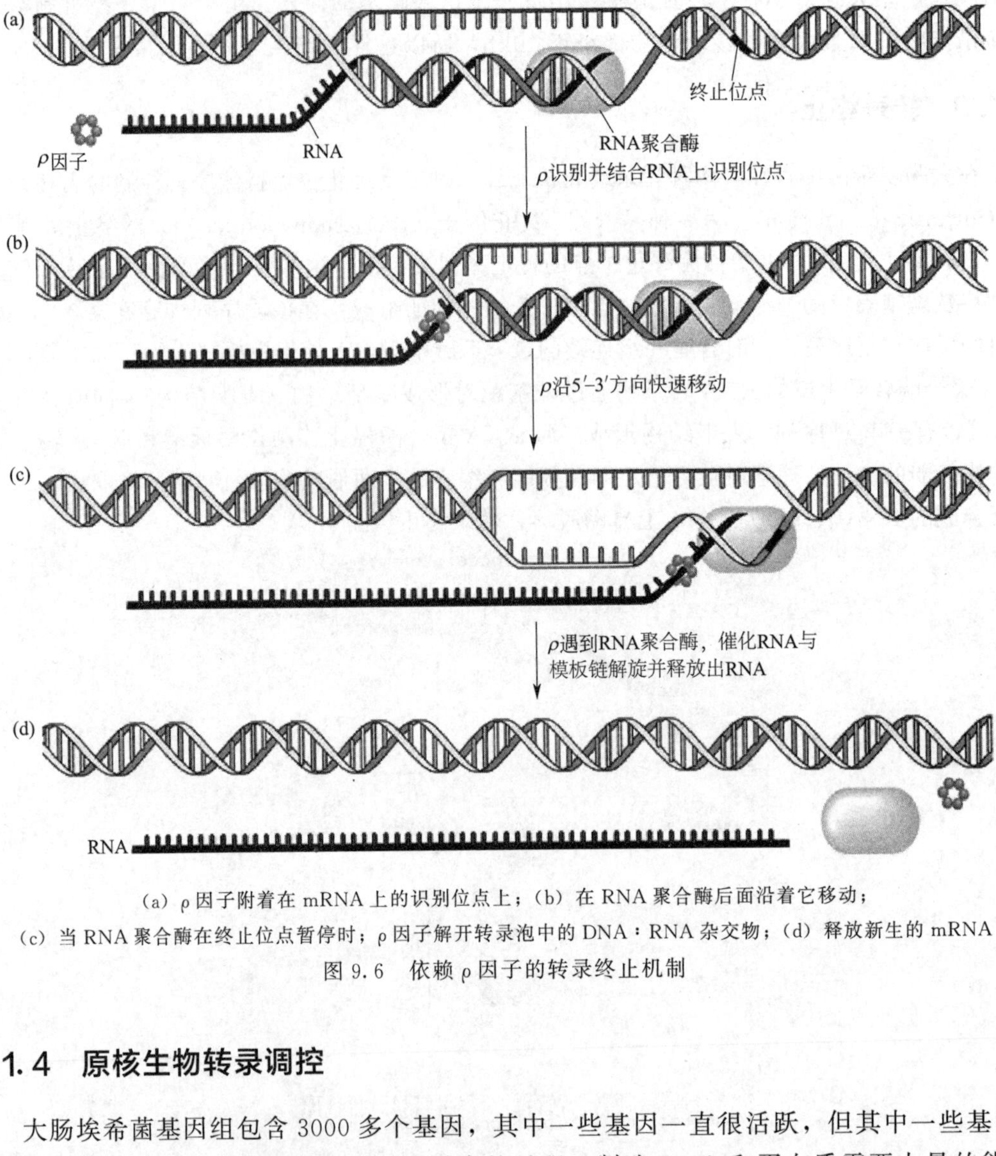

（a）ρ 因子附着在 mRNA 上的识别位点上；（b）在 RNA 聚合酶后面沿着它移动；（c）当 RNA 聚合酶在终止位点暂停时；ρ 因子解开转录泡中的 DNA：RNA 杂交物；（d）释放新生的 mRNA

图 9.6 依赖 ρ 因子的转录终止机制

9.1.4 原核生物转录调控

大肠埃希菌基因组包含 3000 多个基因，其中一些基因一直很活跃，但其中一些基因大部分时间都是关闭的。基因表达是一个昂贵的过程，制造 RNA 和蛋白质需要大量的能量。事实上，如果大肠埃希菌细胞的所有基因都一直处于开启状态，RNA 和蛋白质的产生就会消耗掉大量的能量以至于它无法与更高效的生物竞争。因此，控制基因表达对生命至关重要。

大肠埃希菌用来控制其基因表达的一种策略叫操纵子模型。操纵子指的是在原核生物基因组中一些功能相关串联排列在一起的基因[称为结构基因(structural gene)]，由同一转录调控区调控一起被转录在同一条 mRNA 链上的遗传单位。图 9.7 给出了 *lac* 操纵子的构成示意图。转录生成的 mRNA 称为**多顺反子 mRNA**（polycistronic mRNA），顺反子（cistronic）是基因（gene）的同义词。操纵子概念不适合真核生物，因为在真核生物转录只生成**单顺反子 mRNA**（monocistronic mRNA）。

本节主要以大肠埃希菌乳糖操纵子（*lac* operon，*lac* 操纵子）为例，描述原核生物调控基因转录的阻遏作用和分解代谢物抑制作用，并介绍发生在色氨酸操纵子转录调控中的弱化作用。

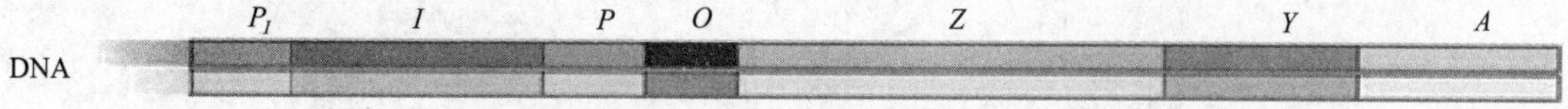

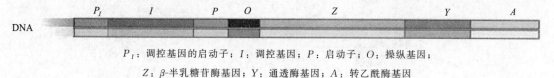

P_I：调控基因的启动子；I：调控基因；P：启动子；O：操纵基因；

Z：β-半乳糖苷酶基因；Y：通透酶基因；A：转乙酰酶基因

图 9.7 *lac* 操纵子

9.1.4.1 阻遏作用

lac 操纵子由两个转录单元组成，其中一个单元由分别编码 β-半乳糖苷酶（lacZ）、半乳糖苷渗透酶（lacY）、半乳糖苷转乙酰酶（lacA）的结构基因以及调控它们转录的启动子（P）和操纵基因（O）组成。另一个转录单元由上游的调控基因（I）和它自己的启动子（P_I）构成。I 编码可形成四聚体的（实际上是两个二聚体聚合形成的）阻遏蛋白（也称为阻遏物），阻遏蛋白与操纵基因结合，可阻止结构基因的转录。在没有诱导物的情况下，阻遏物通过与 lac 结构基因上游的操纵子 DNA 位点结合来阻断 *lac* 基因的表达。像阻遏蛋白那样，通过与操纵基因结合使转录系统关闭的作用称为负调节（negative regulation）（图 9.8），而阻遏蛋白也称为负调节物。

当适当的 β-半乳糖苷占据 lac 阻遏物上的诱导位点，导致蛋白质构象改变，降低阻遏物与操纵子 DNA 的亲和力时，就会发生 *lac* 操纵子的去抑制。作为四聚体，乳糖操纵子的阻遏蛋白有 4 个诱导剂结合位点，它对诱导剂的反应表现为协同变构效应。因此，作为“诱导剂”诱导的构象变化的结果，诱导剂：lac 抑制物复合体从 DNA 上解离，RNA 聚合酶转录结构基因。

诱导物可以是乳糖的代谢物 1,6-别乳糖及人工合成的异丙基硫代半乳糖苷（isopropyl thiogalactoside，IPTG）（图 9.9）。1,6-别乳糖是乳糖经 β-半乳糖苷酶催化偶尔转糖基作用生成的，也可以说乳糖是 *lac* 操纵子转录的诱导物。1,6-别乳糖可经 β-半乳糖苷酶催化快速转换为葡萄糖和半乳糖。β-半乳糖苷酶通常直接催化乳糖生成葡萄糖和半乳糖，但 β-半乳糖苷酶不能水解 IPTG。实验室中常用 IPTG 诱导含有 lac 启动子的质粒载体在细菌中的重组蛋白的表达。

9.1.4.2 分解代谢物抑制作用

阻遏蛋白与 *lac* 操纵子的操纵基因结合关闭转录，乳糖代谢物 1，6-别乳糖等与阻遏蛋白结合阻止阻遏蛋白与操纵基因结合，因而启动转录，阻遏蛋白、诱导物和操纵基因这种相互作用给出了一个直观的转录开/关模型。除乳糖外，还存在其他影响乳糖代谢酶系统表达的因素，例如当培养基中同时含有葡萄糖和乳糖时，由于细菌生长优先利用葡萄糖，*lac* 操纵子的表达就会被葡萄糖抑制，这种抑制现象称为**分解代谢物抑制**（catabolite repression）。这种抑制作用是一种随着细胞的生理状态变化而使基因同步表达的作用，即只要存在可利用的葡萄糖，大肠埃希菌就优先代谢葡萄糖。分解代谢物抑制可确保在葡萄糖耗尽之前那些可

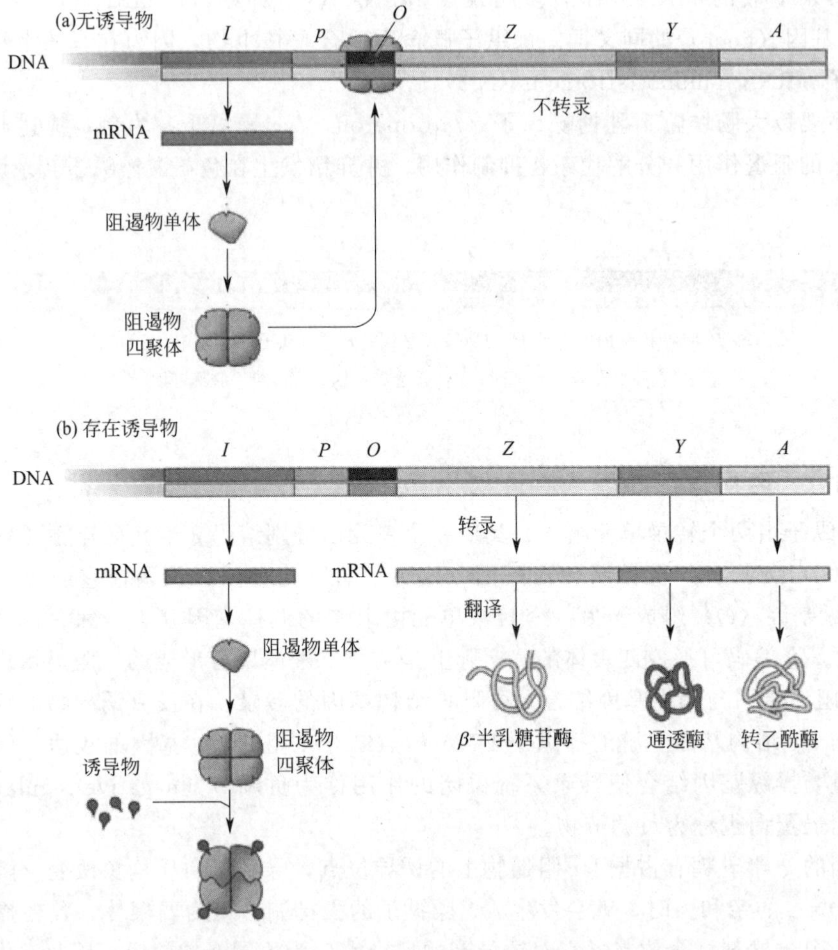

（a）在没有诱导物时，阻遏蛋白与操纵子的操纵基因结合，阻止转录；

（b）当存在诱导物时，由于阻遏蛋白与诱导物结合后不能再与操纵基因结合，结构基因得以转录和翻译

图 9.8　*lac* 操纵子的表达

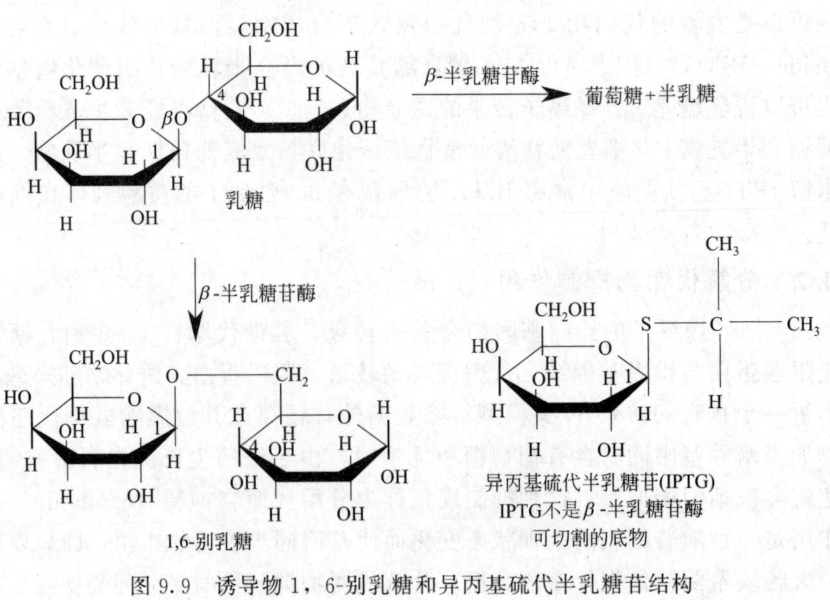

图 9.9　诱导物 1，6-别乳糖和异丙基硫代半乳糖苷结构

替代能源，例如乳糖代谢所必需的 *lac* 操纵子维持在被抑制的状态。分解代谢物抑制可消除可能存在的任何诱导物的影响，防止乳糖等能源酶系统的浪费。

添加到细菌中的 cAMP 可以克服乳糖操纵子和许多其他操纵子的分解代谢抑制，包括半乳糖和阿拉伯糖操纵子，两种糖分别控制半乳糖和阿拉伯糖的代谢。换句话说，即使在葡萄糖存在的情况下，cAMP 也能使这些基因活跃。分解代谢物抑制作用涉及到启动子，启动子上存在两个结合位点，一个是结合 RNA 聚合酶的部位，另一个是结合**分解代谢物基因激活蛋白**（catabolite activator protein，CAP）的部位。CAP 与启动子的结合取决于是否存在 cAMP，cAMP 的结合会增强 CAP 对启动子的亲和性，所以 CAP 也称为 **cAMP 受体蛋白**（cAMP receptor protein，CRP）。

当细胞缺乏葡萄糖时导致腺苷环化酶激活，细胞的 cAMP 水平提高。CAP 与 cAMP 形成 CAP-cAMP 复合物并结合到启动子的 CAP 位点，结果使得 RNA 聚合酶能够结合到启动子上，启动 *lac* 操纵子转录。由于 CAP 增强转录，所以通过 CAP 的转录调控类型也称为**正调节**（图 9.10）。

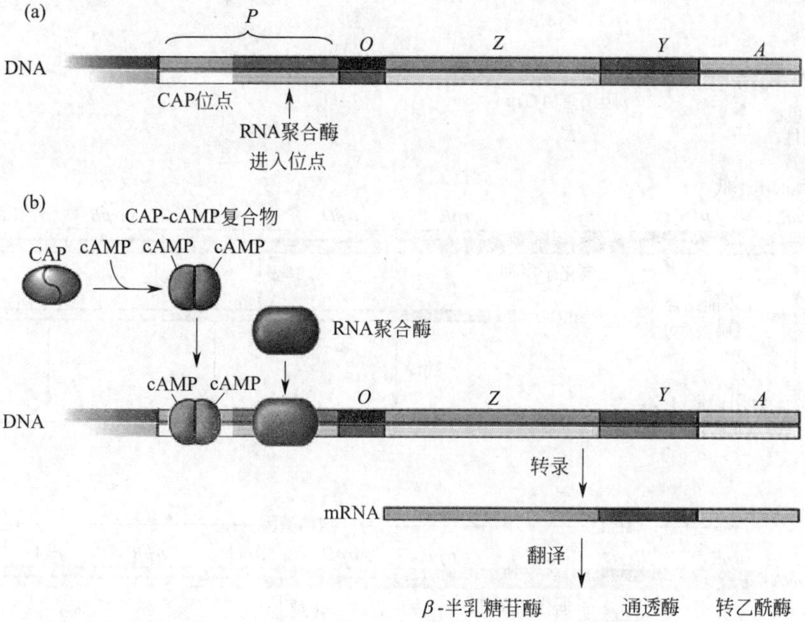

（a）*lac* 操纵子的调控位点，CAP-cAMP 复合物结合 CAP 位点；（b）当缺少葡萄糖时，CAP 与 cAMP 形成 CAP-cAMP 复合物，然后与 CAP 位点结合，使得 RNA 聚合酶结合到启动子上，启动转录

图 9.10　分解代谢物抑制作用

9.1.4.3　弱化作用

大肠埃希菌的色氨酸操纵子含有细菌合成色氨酸所需的酶的基因。像乳糖操纵子一样，它也受到阻遏物的负调控。然而，有一个根本的区别，乳糖操纵子编码分解代谢酶，即分解物质的酶。色氨酸操纵子是编码合成代谢酶，合成代谢酶是一种合成物质的酶。这种操纵子通常被那种所合成的物质关闭。当色氨酸浓度高时，就不再需要色氨酸操纵子的产物了，进而色氨酸操纵子会被抑制。色氨酸操纵子还表现出另外一种调控，称为弱化作用，这在乳糖操纵子中是看不到的。

大肠埃希菌的色氨酸操纵子（tryptophan operon，*trp* 操纵子）是由一个启动子、一个操纵基因和一个编码 5 个多肽的结构基因组成，编码五种多肽（trpE 至 trpA），它们组装成三种催化分支酸合成色氨酸的酶。其中 *trp*E 和 *trp*D 分别编码**邻氨基苯甲酸合成酶**（anthranilate synthase）的 ε 和 δ 链；*trp*C 编码**吲哚甘油磷酸合成酶**（indole glycerol phosphate synthase）；*trp*B 和 *trp*A 分别编码**色氨酸合成酶**（tryptophan synthetase）的 β 和 α 链。*trp* 阻遏蛋白是个同源二聚体，每个亚基可结合一个色氨酸。在有高浓度色氨酸存在时，色氨酸与 *trp* 阻遏蛋白结合，色氨酸起着一个**辅阻遏物**（corepressor）的作用，使 *trp* 阻遏蛋白活化并结合 *trp* 操纵基因，关闭转录[图 9.11(a)]。当色氨酸水平低时，缺少色氨酸的 *trp* 阻遏蛋白以一种非活性形式存在，不能结合 *trp* 操纵基因，RNA 聚合酶启动 *trp* 操纵子转录，同时色氨酸生物合成途径被激活[图 9.11(b)]。

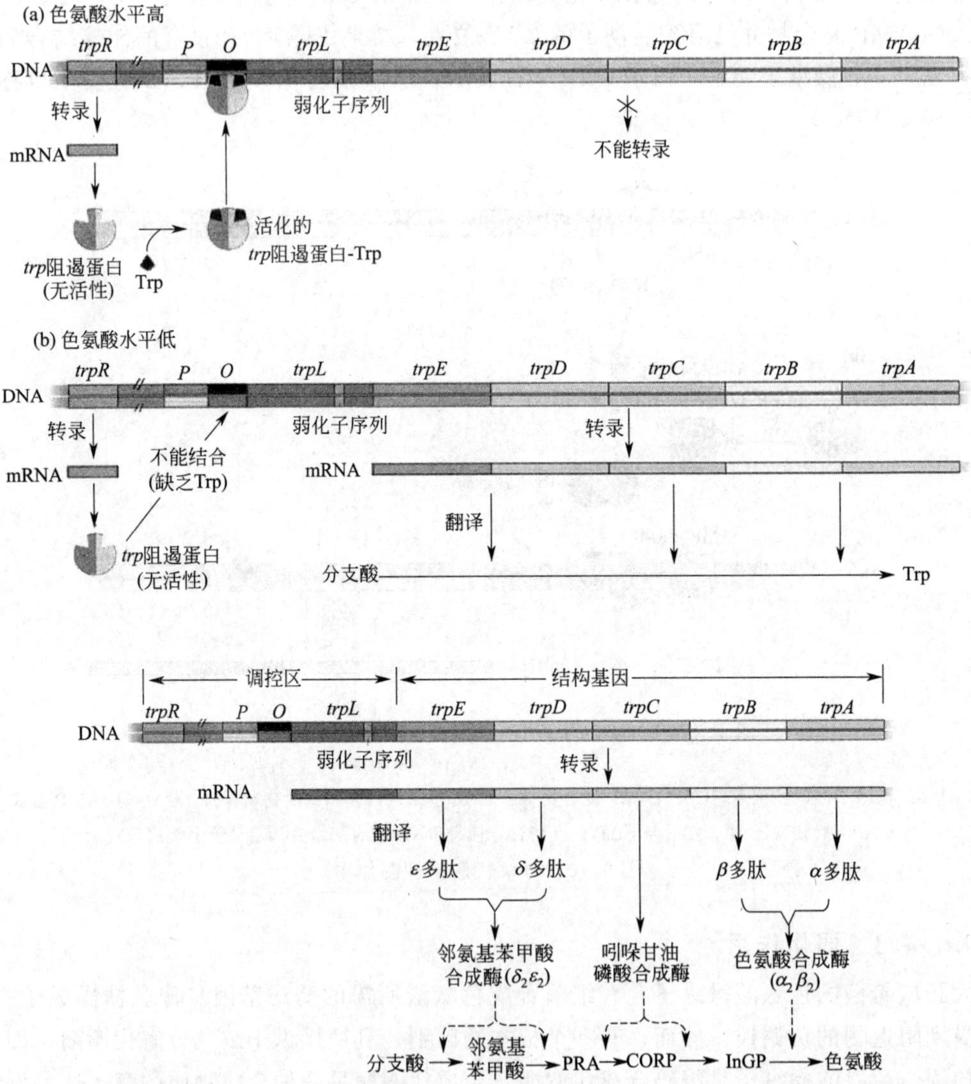

(a) 当色氨酸浓度高时，Trp 与 *trp* 阻遏蛋白结合，使 *trp* 阻遏蛋白活化，然后与 *trpO* 结合，关闭转录；(b) 当色氨酸浓度低时，*trp* 阻遏蛋白以非活性形式存在，不能与 *trpO* 结合，*trp* 操纵子被转录并被翻译成参与色氨酸合成的 3 个酶，可以由分支酸合成色氨酸。PRA：*N*-5′-磷酸核糖邻苯氨基甲酸；CORP：*N*-5′-磷酸-1′-脱氧核酮糖邻氨基苯甲酸；InGP：吲哚甘油磷酸酯

图 9.11　*trp* 操纵子的转录调控

除 *trp* 阻遏蛋白的阻遏作用之外，Charles Yanofsky 等人发现 *trp* 操纵子的 *trpO* 与 *trpE* 之间一段序列缺失突变可以使 *trp* 操纵子的表达提高 6 倍，而且这种现象与阻遏作用无关，因为无论是阻遏还是去阻遏，转录水平都增强了，表明还存在着第二种调控机制。Charles Yanofsky 等提出了称为**弱化作用**（attenuation）的调控机制，这种弱化作用会在色氨酸丰富时使 *trp* 操纵子转录提前终止。

弱化作用利用的是 *trp* 操纵子前导序列（leader sequence，*trpL*）中的弱化子序列。由 162 个核苷酸组成的 *trpL* 转录产物 mRNA 中包含 1、2、3 和 4 四个特殊序列。序列 1 含有可被翻译成带有连续两个 Trp 的 14 个残基的多肽（称为前导肽）的序列，而且序列 1 与 2 之间，3 与 4 之间以及 3 与 2 之间都有通过碱基配对形成发卡结构的可能性（图 9.12）。但究竟 3 与 4 还是 3 与 2 形成发卡结构取决于色氨酸水平高低。

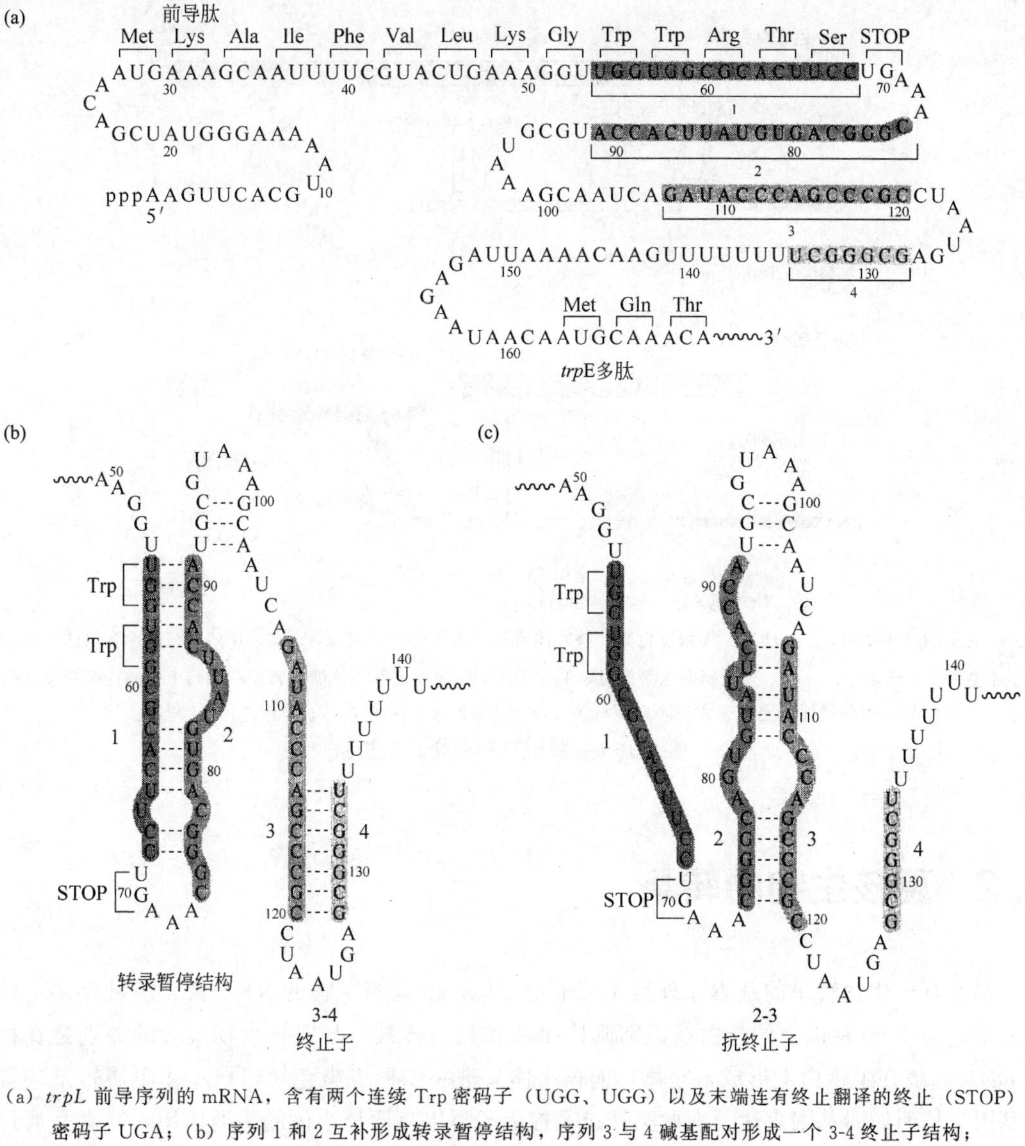

（a）*trpL* 前导序列的 mRNA，含有两个连续 Trp 密码子（UGG、UGG）以及末端连有终止翻译的终止（STOP）密码子 UGA；（b）序列 1 和 2 互补形成转录暂停结构，序列 3 与 4 碱基配对形成一个 3-4 终止子结构；（c）序列 2 与 3 互补，形成一个 2-3 抗终止子结构

图 9.12　*trpL* 前导序列

由于原核生物的转录与翻译是耦联在一起的，所以在 *trpL* 转录起始后，核糖体就结合到 mRNA 上进行前导肽翻译。当色氨酸水平高时，负载色氨酸的 $Trp\text{-}tRNA^{Trp}$（提供肽链合成的色氨酸）水平也很高时，翻译可快速通过两个 Trp 密码子，进入序列 2，由于序列 2 被核糖体覆盖，当转录出序列 3 后，序列 3 不能与序列 2 配对，导致末端带有 8 个连续 U 的 3−4 终止子结构的形成，结果还未进行结构基因（*trpE*～*trpA*）之前转录就被提前终止，这就是一种转录弱化作用[图 9.13(a)]。

当色氨酸水平低时，$Trp\text{-}tRNA^{Trp}$ 浓度也低，核糖体就停留在序列 1 中连续的两个色氨酸密码子处。当序列 3 合成后就与处于没有配对的序列配对，形成了一个抗终止子，后合成的序列 4 就不会再与 3 形成终止子了，使得核糖体通过序列 4，继续转录，直至完成 *trp* 操纵子结构基因部分的转录[图 9.13(b)]。总之，弱化子可以根据色氨酸供应情况调控 *trp* 操纵子的转录。

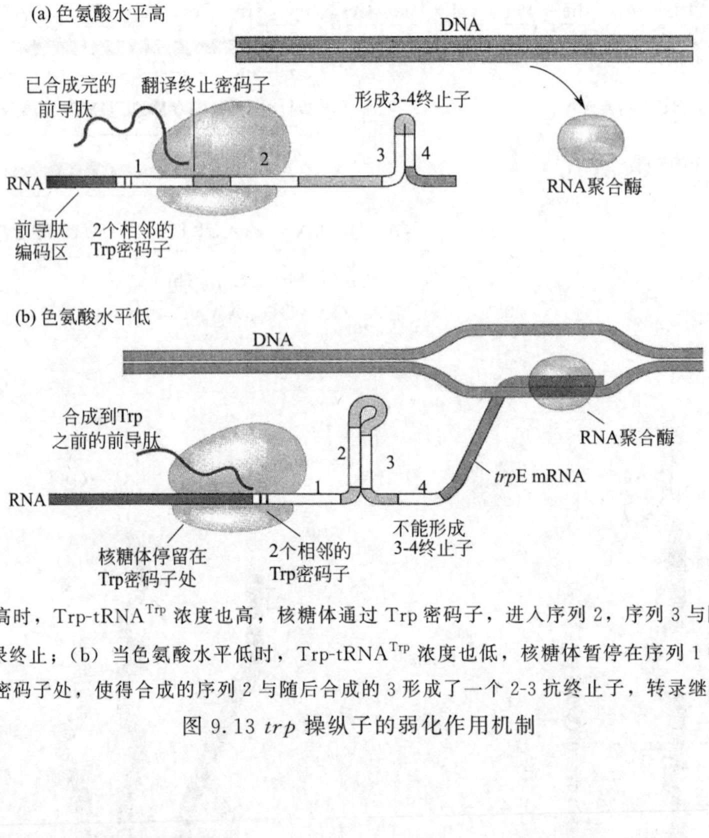

(a) 色氨酸水平高时，$Trp\text{-}tRNA^{Trp}$ 浓度也高，核糖体通过 Trp 密码子，进入序列 2，序列 3 与随后合成的 4 形成 3-4 终止子，转录终止；(b) 当色氨酸水平低时，$Trp\text{-}tRNA^{Trp}$ 浓度也低，核糖体暂停在序列 1 中的连续两个 Trp 密码子处，使得合成的序列 2 与随后合成的 3 形成了一个 2-3 抗终止子，转录继续

图 9.13 *trp* 操纵子的弱化作用机制

9.2 真核生物的转录

虽然真核生物转录的基本原理与原核生物相似，但真核生物的 RNA 聚合酶种类多，转录更复杂，需要 50 种以上的蛋白质识别调控序列和起始转录。与原核生物最大的差别是真核生物 DNA 缠绕在组蛋白上形成核小体，而核小体又进一步形成染色质，核小体阻碍转录装置接近基因，从而妨碍基因表达。有两类转录调控因子可以克服核小体的阻遏作用：一类是通过共价修饰核小体组蛋白，使组蛋白与 DNA 的相互作用减弱的酶；另一类是依赖于 ATP 的重塑染色质复合物。然而基因激活不仅取决于基因从核小体释放出来，而且也取决于 RNA 聚合酶与

启动子之间的相互作用。只有那些被特殊的正调控机制激活的基因才能被转录。

9.2.1 转录起始

9.2.1.1 真核生物的 RNA 聚合酶

大多数真核生物存在 RNA 聚合酶Ⅰ(RNA pol Ⅰ)、RNA 聚合酶Ⅱ(RNA pol Ⅱ)和 RNA 聚合酶Ⅲ(RNA pol Ⅲ)3 种 RNA 聚合酶，开花植物中有额外的两个 RNA 聚合酶Ⅳ和 RNA 聚合酶Ⅴ(实际与其它真核生物中的 RNA 聚合酶Ⅱ有类似的功能，并且这两个聚合酶的最大的亚基与其它真核生物 RNA 聚合酶Ⅱ的最大亚基在进化上非常相似)。所有聚合酶都是大的、多聚体蛋白质，由 10 种以上类型的亚基组成。3 类 RNA 聚合酶都分布于细胞核，其中 RNA 聚合酶Ⅰ位于核仁，转录大多数 rRNA 基因。RNA 聚合酶Ⅱ转录编码蛋白质的基因，就是负责 mRNA 的合成。RNA 聚合酶 Ⅲ转录 tRNA 基因、编码 5S rRNA、其他小的核 RNA(snRNA) 以及参与 mRNA 加工和蛋白质转运的核糖体基因。

9.2.1.2 真核生物中的基因调控序列

RNA 聚合酶Ⅱ启动子通常由两种不同的序列特征组成：核心启动子和位置较远的调控元件，即增强子或沉默子。核心启动子是一个 50～100bp 的 DNA 序列，转录起始位点(TSS) 位于其中。核心启动子是转录复合物组装的平台，转录复合物由 RNA 聚合酶Ⅱ、通用转录因子(GTFs)和其它因子组成。组装的复合物大小超过 1MDa，在转录起始位点周围占据了 100bp 以上。远处定位的增强子和沉默子被特定的 DNA 结合蛋白识别，这些蛋白激活高于基础水平的转录(增强子结合转录激活子)或抑制转录(沉默子结合抑制子)。

真核生物基因编码蛋白质的启动子可能非常复杂和可变，但它们通常包含短的保守序列模块，如 TATA 盒、CAAT 盒和 GC 盒。TATA 盒一般位于转录起始位点的-25 区。CAAT 盒的存在，通常位于相对于转录起始位点-80 左右，是强启动子的标志。增强子协助起始。增强子与启动子在两个基本方面有所不同。首先，增强子相对于转录起始位点的位置是不固定的。增强子可能距离启动子几千个核苷酸，即使位于基因下游，它们也能增强转录起始。其次，增强子序列是双向的，因为它们在任意方向上发挥作用。也就是说，增强子可以被移除，然后在不损害其功能的情况下以相反的顺序重新插入。像启动子一样，增强子具有一致的序列模块。增强子是“混杂的”，因为它们刺激附近任何启动子的转录。然而，增强子的功能依赖于特定转录因子的识别。一个结合在增强子元件上的特定转录因子通过与位于启动子附近的 RNA 聚合酶Ⅱ相互作用来刺激转录。有增强转录的，当然也就有削弱转录的序列，这样的序列称为**沉默子**(silencer)。

可以按照对特定代谢因素的响应将某些转录调控元件进行分类，响应这些因子的增强子被称为**应答元件**，例如**热激应答元件**(heat-shock response element，HSE)、**糖皮质激素应答元件**(glucocorticoid-response element，GRE)、**金属应答元件**(metal-response element，MRE)和 **cAMP 应答元件**(cAMP-response element，CRE)。这些应答元件都与在一定细胞条件下产生的转录因子结合，并激活几个相关的基因。例如温度升高导致特异的热激转录因子生成，HSE 与之结合使相关基因激活。糖皮质激素经扩散通过脂双层，与胞质溶胶中的糖皮质激素受体结合，受体构象发生变化变成转录因子，经转运进入细胞核与 DNA 上特定的 GRE 结合激活基因转录。当细胞中 cAMP 水平升高时，使依赖于 cAMP 的蛋白激酶活化，该激酶再将细胞内 cAMP 应答元件结合蛋白(cAMP response-element binding protein，

CREB）磷酸化，CREB结合CRE并激活相关的基因。

9.2.1.3 真核生物的转录过程

作用于三组不同基因的三类RNA聚合酶的存在意味着至少存在三类启动子来维持这种特异性。真核启动子与原核启动子有很大的不同。所有三种真核RNA聚合酶都通过转录因子（DNA结合蛋白）与它们的启动子相互作用，这些转录因子识别并准确地启动特定启动子序列的转录。本节以RNA聚合酶Ⅱ负责编码mRNA的基因的转录为例，描述真核生物的转录起始。

所有真核生物mRNA前体都是由RNA聚合酶Ⅱ转录的。RNA聚合酶Ⅱ由12个不同的亚基组成，从酵母到人都是非常保守的。真核生物的转录起始是通过启动子DNA上的转录起始前复合物PIC(preinitiation complex）组装完成的。PIC由RNA聚合酶Ⅱ和一组通用转录因子（TFⅡA、TFⅡB、TFⅡD、TFⅡE、TFⅡF、TFⅡH和TFⅡS）组成（表9.2）。TFⅡD由直接识别核心启动子内TATA box的TATA结合蛋白（TBP）和一组TBP相关因子（TAFs）组成。TBP是TATA box结合蛋白，它识别启动子核心，与DNA小沟接触并将DNA弯曲，使TATA box的上游和下游序列更接近。TFⅡA通过稳定TFⅡD和TATA盒的相互作用来刺激转录。TFⅡB将PIC招募到启动子上，将RNA聚合酶活性位点定位在启动子上。TFⅡE和TFⅡF增强了启动子：PIC相互作用的各个方面。TFⅡH解旋酶的活性有助于转录泡的形成。当TFⅡB打开启动子，DNA模板链进入聚合酶Ⅱ活性位点间隙时，PIC位于启动子上方的状态（“关闭的”起始复合物）发生转变。RNA聚合酶Ⅱ和其他蛋白质在启动子处的组合现在被称为起始复合物。然而，真核生物的转录起始也需要中间体（mediator），这是一个1.5MDa的蛋白质复合物，在人类中由26个亚基组成。在转录起始之前，中间物为PIC在启动子上的组装提供了支架。中间体显然是RNA聚合酶Ⅱ进入启动子的通道。

表9.2 通用转录因子

转录因子	亚基数	功能
TFⅡD		
TBP	1	专一识别TATA框
TAFs	13	识别非TATA元件,具有正和负调节功能,组蛋白乙酰转移酶活性
TFⅡA	2	稳定TBP结合,稳定TAF-DNA相互作用
TFⅡB	1	募集RNA聚合酶Ⅱ-TFⅡF,用于RNA聚合酶Ⅱ的起始位点选择
TFⅡF	2	RNA聚合酶Ⅱ定位于启动子,阻止RNA聚合酶Ⅱ与非专一DNA序列结合
TFⅡE	2	募集TFⅡH,TFⅡH解旋酶的调控,ATP酶活性,激酶活性
TFⅡH	10	解旋酶活性,通过使CTD磷酸化使RNA聚合酶Ⅱ脱离启动子

图9.14给出了几种真核生物结构基因的启动子序列，在位于转录起点位点（+1）的上游−25～−30核苷酸处，有一段类似于原核生物启动子−10区TATAAT序列的富含AT的TATA框，因基因不同，它的位置和各部位核苷酸有些变化。TATA框是转录因子识别及与RNA聚合酶Ⅱ一起组装成前起始复合物的位点。另外围绕转录起始位点+1左右的序列称为起始子（initiator，Inr），DNA在起始子解旋。

转录必须先组装前起始复合物，组装的第一步是属于TFⅡD一个亚基的**TATA结合蛋白**（TATA-binding protein，TBP）识别TATA框，并通过它的C末端结构域最后的180个氨基酸与TATA框处的DNA小沟结合。TBP像个马鞍作用在TATA框上，使得小沟被打开，DNA被弯曲成80°角。一旦TFⅡD结合上，紧接着依次结合TFⅡA、TFⅡB及TFⅡF、RNA聚合酶Ⅱ、TFⅡE和TFⅡH，形成前起始复合物（图9.15）。

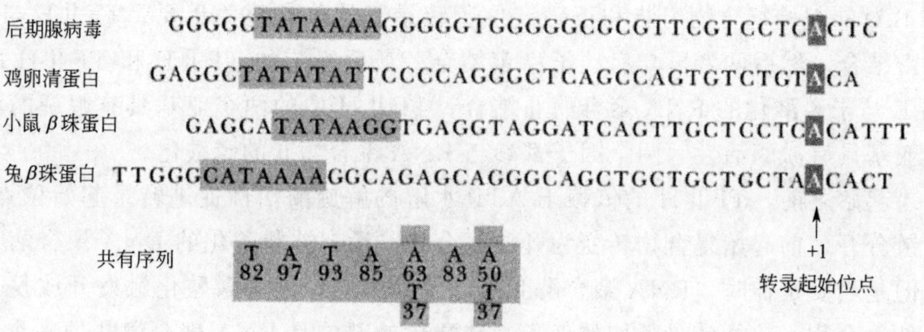

图下面一行序列表示一些启动子的共有序列，序列下面数字表示不同碱基在给出的位置出现的百分率

图 9.14 几种真核生物结构基因的启动子序列

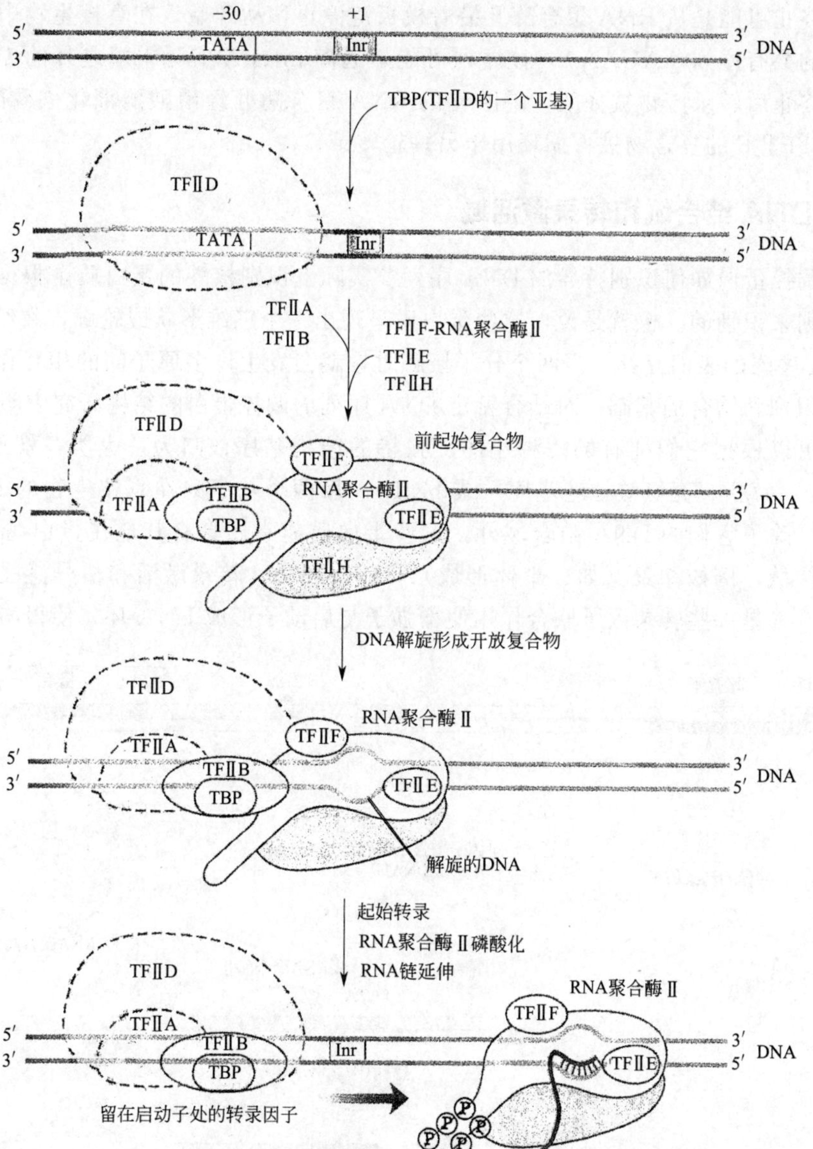

图 9.15 RNA 聚合酶Ⅱ的前起始复合物组装、起始转录和 RNA 链的延伸

TFⅡB对前起始复合物组装和正确定位于转录起始位点至关重要。TFⅡF与RNA聚合酶Ⅱ紧密结合，然后两者再与启动子稳定结合。最后组装的TFⅡE和TFⅡH两个因子中，TFⅡE与未磷酸化的RNA聚合酶Ⅱ结合，TFⅡH中的两个亚基具有解旋酶活性，另外有一个亚基具有激酶活性，两个因子都参与RNA聚合酶Ⅱ的磷酸化。

在转录起始之前，TFⅡH的依赖于ATP水解的解旋酶活性促进转录起始位点的DNA解旋，双链分开，前起始复合物转变为开放复合物，没有被磷酸化的RNA聚合酶Ⅱ可以起始转录。但是当要延伸时，RNA聚合酶Ⅱ必须要磷酸化，因为磷酸化触发开放复合物转变成一个延伸复合物，执行转录延伸的任务。磷酸化的部位是RNA聚合酶Ⅱ的一个大亚基**C末端结构域**（C-terminal domain，CTD）的重复的YSPTSPS序列（酵母重复27次），该重复序列中的Y(Tyr)、S(Ser)和T(Thr)的侧链OH可被激酶磷酸化。

转录终止可能是从RNA聚合酶Ⅱ沿着模板链停止移动开始，在真核生物中存在着一个用于终止的共有序列AAUAAA，该序列可能是远离mRNA实际末端之外的100～1000碱基。转录终止后转录产物被释放，磷酸化的RNA聚合酶Ⅱ经磷酸酶催化去磷酸，RNA聚合酶Ⅱ和TFⅡF的复合物被再循环用于另一轮转录。

9.2.2 DNA结合域和转录激活域

基因调控蛋白如何识别特异的DNA序列？实际上识别核酸的蛋白质是根据大分子识别的基本规则来识别的。也就是说，这些蛋白质呈现出一个三维形状或轮廓，在结构上和化学上与DNA序列的表面互补。当两个分子接触时，就会发生许多原子间的相互作用，这些相互作用是识别和结合的基础。对结合特定DNA序列的调控蛋白的结构研究表明，约80%的这类蛋白可以根据它们拥有的三种小的、独特的结构基序，归为三大类：螺旋-转角-螺旋（或HTH）、锌指、亮氨酸拉链基序（或bZIP）。后两个基序只在真核生物的DNA结合蛋白中发现。除了它们的DNA结合域外，这些蛋白质通常还具有其他在蛋白-蛋白识别中起作用的结构域，例如寡聚（如二聚体形成）、DNA环化、转录激活和信号感受（如效应结合）。图9.16是一些转录因子联合作用使增强子与启动子形成DNA环，使得与增强子特异

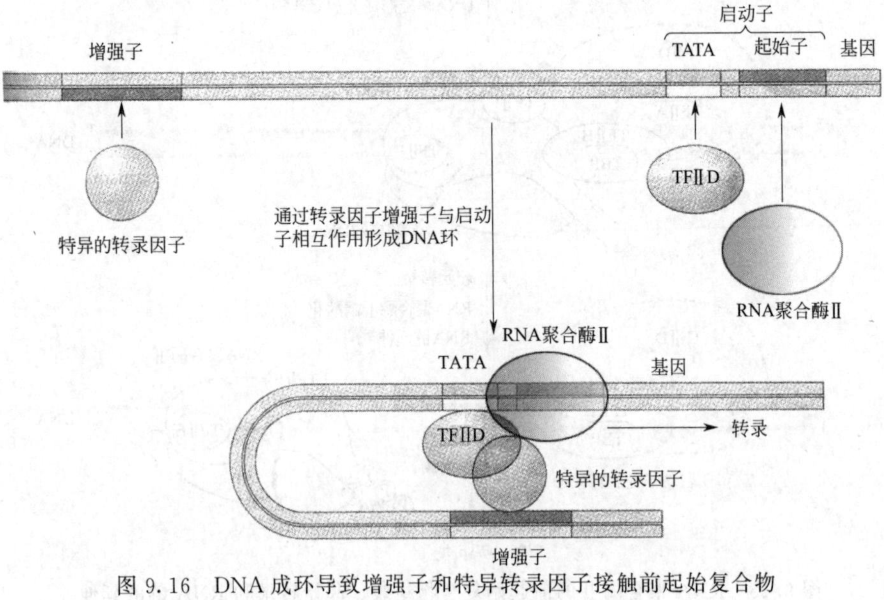

图9.16 DNA成环导致增强子和特异转录因子接触前起始复合物

结合的转录因子与 RNA 聚合酶Ⅱ接触，两者之间的相互作用激活转录。

转录因子通过类似于前面蛋白质和酶结构中的氢键、静电引力和疏水作用与 DNA 相互作用。激活或抑制 RNA 聚合酶Ⅱ转录的大多数转录因子都含有两个功能域，一个是 **DNA 结合域**，也称为 **DNA 结合基序**，另一个是**转录激活域**（transcription-activation domain）。

9.2.2.1 DNA 结合域

DNA 结合域分为**螺旋-转角-螺旋**（helix-turn-helix，HTH）、**锌指**（zinc finger）和**亮氨酸拉链**（leucine zipper）3 种主要基序类型，这些结构域通常都是与 DNA 双螺旋的大沟作用。

（1）螺旋-转角-螺旋：螺旋-转角-螺旋基序由两个 α-螺旋和一个 β-转角组成（图 9.17）。羧基端的 α-螺旋识别螺旋，与 B-型 DNA 的大沟特异结合。识别螺旋的氨基酸残基侧链可以与 DNA 形成疏水键、氢键和发生静电相互作用。另一个 α-螺旋中的氨基酸残基和 DNA 中的磷酸戊糖骨架发生非特异性结合。

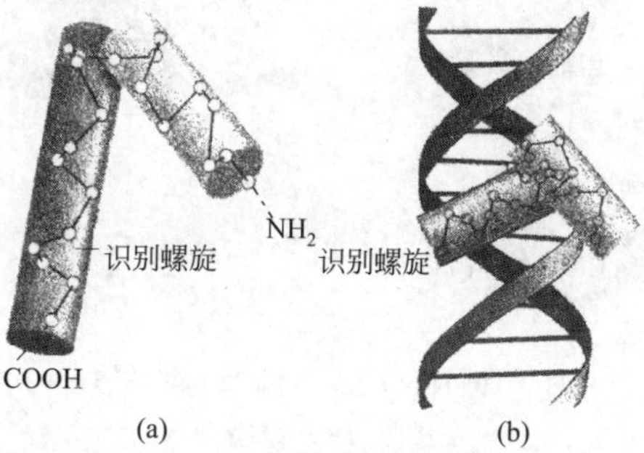

（a）螺旋-转角-螺旋基序结构；（b）HTH 与 DNA 双螺旋大沟作用

图 9.17 螺旋-转角-螺旋基序

（2）锌指：1985 年在非洲爪蟾的转录因子 TFⅡA 中的氨基酸序列分析时发现了 9 个重复的 30 个氨基酸残基序列，每个序列都含有一个由两个 Cys 和两个 His 通过配位键与 Zn^{+2} 结合形成的四面体结构，由于配位使得 Cys20 和 His33 之间的 12 个氨基酸残基突出成环，像个手指，所以这样的 DNA 结合域形象地被称为锌指[图 9.18(a)]。

目前已在多种蛋白中发现了多种多样的锌指序列，不同转录因子的锌指数目可从 2 个变化到 30 个以上，组成锌指串联的结构域。由两个 Cys 和两个 His 与 Zn^{2+} 配位的锌指也称为 C_2H_2 型锌指。还有一种 C_2C_2 型锌指，是 4 个 Cys 与 Zn^{2+} 配位。

单个锌指的二级结构含有一个 α-螺旋和一个 β 折叠片[图 9.18(b)]。含锌指结构的 DNA 结合蛋白都是通过锌指的 α-螺旋与 DNA 双螺旋大沟作用来影响转录[图 9.18(c)]。

（3）亮氨酸拉链：第三类 DNA 结合域是亮氨酸拉链基序，该结构基序是一个两亲性的由两个 α-螺旋形成的卷曲螺旋型 α-螺旋（coiled coil α-helix），许多转录因子都含有这种基序。亮氨酸拉链基序的最大特点是在 30～40 个氨基酸残基中每隔 6 个残基就出现一个 Leu。由于 α-螺旋中每一转含有 3.6 个氨基酸残基，所以第 7 个残基基本上是处于 α-螺旋的同一侧[图 9.19(a)]。

位于两个 α-螺旋上的 Leu 相互靠近，通过疏水键相互作用使两个 α-螺旋缠绕在一起形成左手螺旋结构，一个 α-螺旋上的 Leu 压在另一个相邻 α-螺旋 Leu 的上面，像拉链那样交

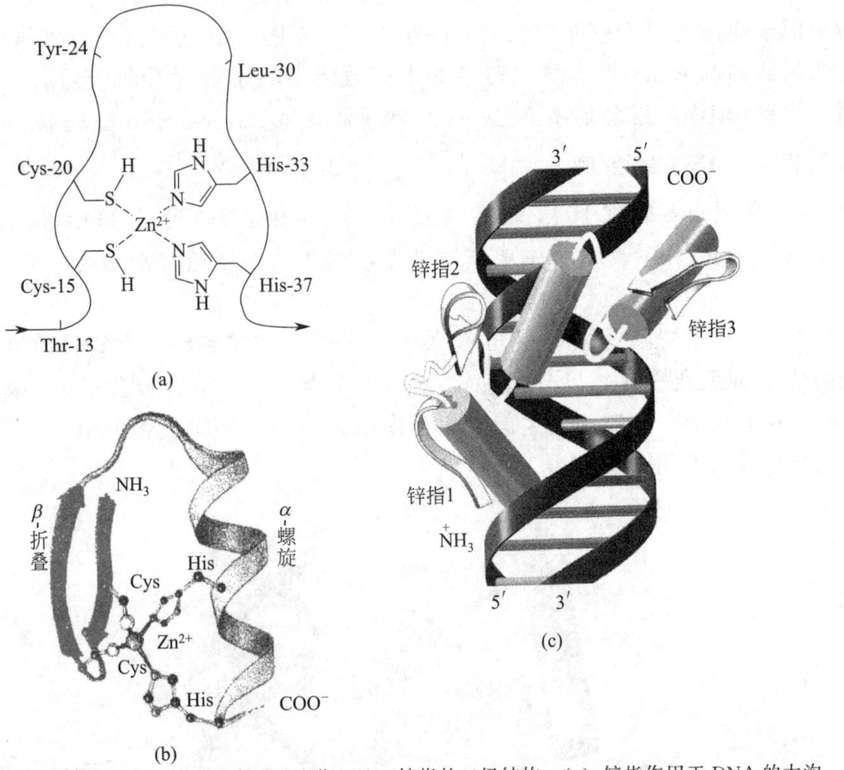

(a) 锌指中 Zn^{2+} 与两个 Cys 和两个 His 配位；(b) 锌指的二级结构；(c) 锌指作用于 DNA 的大沟

图 9.18 锌指

织在一起形成一个二聚体，这样的结构形象地称之为亮氨酸拉链。带有亮氨酸拉链的转录因子通常都是以二聚体存在，二聚体除了富含 Leu 形成卷曲螺旋的部分外，还含有富含 Lys、Arg 和 His 碱性氨基酸的亲水区。二聚体通过亲水区与 DNA 的糖-磷酸之间的静电相互作用与 DNA 的大沟结合影响转录[图 9.19(b)]。

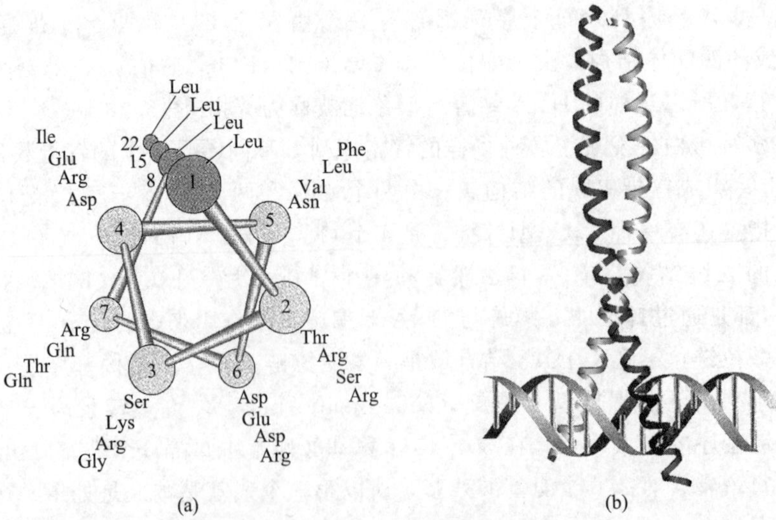

(a) 亮氨酸拉链中一条 α-螺旋轮结构的俯视图，Leu 出现在 α-螺旋的第 1、8、15、22 位置上，排列在螺旋一侧，形成一个疏水“脊”；(b) 亮氨酸拉链通过亲水区与 DNA 的大沟结合

图 9.19 亮氨酸拉链基序

9.2.2.2 转录激活域

前述三种 DNA 结合域是直接参与转录因子对 DNA 的结合，但并不是所有转录因子都直接结合 DNA，其中有些是与其他转录因子结合，并不与 DNA 接触。例如 CBP（CREB 结合蛋白）就是起着 CREB 和 RNA 聚合酶Ⅱ起始复合物之间桥梁的作用。这些转录因子所依靠的识别其他蛋白的基序分为 3 类。

（1）富含酸性氨基酸的酸性结构域：例如 Gal4 蛋白含有一个由 49 个氨基酸组成的结构域，其中 11 个是酸性氨基酸。Gal4 蛋白是酵母中一个激活参与代谢半乳糖的基因的转录因子。

（2）富含谷氨酰胺的结构域：例如 SpⅠ含有两个富含谷氨酰胺的结构域，其中由 143 个氨基酸残基组成的结构域中就含有 39 个谷氨酰胺。该转录因子靠近 C 端有 3 个锌指，借助于锌指与共有序列为 GGGGCGG 的 GC 框的 DNA 结合位点结合，激活转录。SpⅠ是一种作用于高等真核生物很多基因的结合 DNA 的反式激活因子。

（3）富含脯氨酸的结构域：例如转录因子 CTF-Ⅰ有一个由 84 个氨基酸组成的结构域，其中就含有 19 个脯氨酸。CTF-Ⅰ是一类识别 CCAAT 框并与之结合的一个转录因子，它的 N 端结构域有调控某些基因转录的功能，而 C 端结构域通过脯氨酸重复区与组蛋白结合，参与组蛋白的乙酰化。

9.3 RNA 初级转录物的加工

高等真核生物中的大多数基因被分成编码区和非编码区，称为**外显子**(exon) 和**内含子**(intron)。虽然外显子这个术语通常用来指中断或分裂的基因的蛋白质编码区，但更精确的定义应该是将外显子指定为存在于成熟 RNA 分子中的序列。这个定义不仅包括编码蛋白质的基因，还包括各种 RNA（如 tRNA 或 rRNA）的基因，为了产生成熟的基因产物，必须从这些 RNA 中去掉中间序列。内含子是当初级转录本被加工成成熟的 RNA 时，从初级转录本中移除的中间核苷酸序列。真核细胞中的基因表达不仅需要转录，还需要对初级转录本进行加工，以产生成熟的 RNA 分子，我们将其分为 mRNAs、tRNAs、rRNAs 等。

9.3.1 剪接

新合成的 RNA 称为**初级转录物**（primary transcript），转录物中包含着目的基因序列，但序列中还分散着一些非基因或称为不能表达的区域，显然初级转录物序列长度要比实际的成熟 RNA 长得多。真核生物的基因属于**断裂基因**（split gene）。非洲爪蟾的两个卵黄蛋白基因都分布在超过 21kb 的 DNA 中，它们的主要转录本仅由 6kb 的信息组成，由 33 个内含子打断。鸡胶原蛋白基因长度约为 40 kbp，编码区仅占 5kb，分布在初级转录本的 51 个外显子上。图 9.20 是哺乳动物 DHFR 基因在三个代表性物种中的组装。我们可以观察到外显子比内含子短得多，外显子模式比内含子模式更为保守。外显子非常小，大小为 45～249bp。显然，去除内含子和拼接多个外显子以生成连续的、可翻译的 mRNA 的机制必须既精确又复杂。在剪接过程中，如果一个碱基过多或过少被切除，mRNA 中的编码序列就会被破坏。

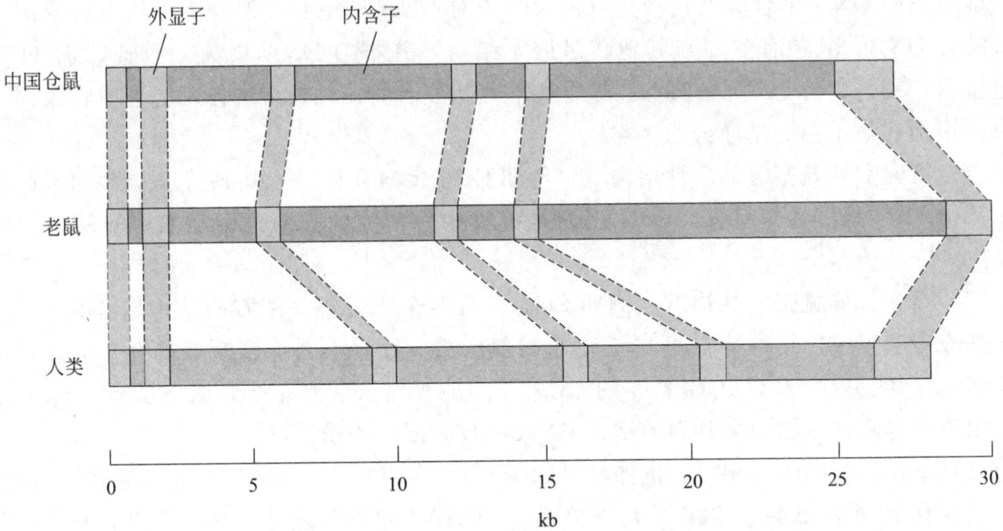

图 9.20　三种代表性哺乳动物 DHFR 基因外显子、内含子组装

到目前为止，发现的内含子有 4 种剪接类型，其中称为Ⅰ型和Ⅱ型的 2 种内含子可自我剪接，不需要高能化合物（如 ATP），没有类似酶那样的蛋白质参与。第 3 种类型内含子主要出现在核内 mRNA 初级转录物中，剪接时需要一些蛋白质的参与，通过 RNA-蛋白质相互作用实施剪接。第 4 种类型内含子存在于 tRNA 中，剪接时需要 ATP 和内切核酸酶。由于第 3 种和第 4 种类型内含子剪接时需要能量，所以都属于非自我剪接类型的内含子。表 9.3 给出了 4 种主要类型内含子的分布、剪接需要的辅助因子以及切出的内含子结构特征。

表 9.3　4 种类型内含子特征

项目	自我剪接类型		非自我剪接类型	
	Ⅰ型内含子	Ⅱ型内含子	第Ⅲ种内含子	第Ⅳ种内含子
分布	细胞核、线粒体和叶绿体中 rRNA、mRNA 和 tRNA 的初级转录物	真菌、藻类和植物线粒体和叶绿体 mRNA 的初级转录物	真核生物 mRNA 初级转录物	真核和原核生物 tRNA 初级转录物
剪接需要的辅助因子	游离鸟苷酸(或鸟苷)		ATP、snRNP	ATP、内切核酸酶
切除的内含子结构特征	环化内含子	套索结构	套索结构	

rRNA 初级转录物的剪接除了自我剪接类型外，还包括利用核酸酶进行剪接的类型。例如大肠埃希菌中的 rRNA 初级转录物编码 23S、16S rRNA 和小的 5S rRNA，同时还编码几种 tRNA，通过特殊的核酸酶除去内含子，就可完成 rRNA 初级转录物的剪接。下面主要介绍Ⅰ型和Ⅱ型的 2 种内含子可自我剪接，后面分别介绍两种内含子剪接在各种类型 RNA 加工过程中的作用。

9.3.1.1 Ⅰ型内含子的剪接

Ⅰ型内含子的剪接实际上是通过两次转酯基反应完成的。Ⅰ型内含子的剪接需要额外一个游离的鸟苷酸（或鸟苷），鸟苷酸的 3′-OH 在剪接中起到一个亲核作用。首先鸟苷酸的 3′-OH 攻击内含子 5′端的磷酸，与内含子 5′-磷酸形成一个新的磷酸二酯键。同时释放出上游外显子的 3′末端 OH。然后释放出的上游外显子 3′末端 OH 作为一个亲核体攻击下游外显子 5′端磷酸，形成另一个磷酸二酯键，将两个外显子连接起来。鸟苷酸作为反应中的一个辅助因子，并没有掺入到外显子中。

是什么酶催化上述Ⅰ型内含子剪接反应的呢？研究结果并没有发现其他的酶或蛋白质参与剪接反应，难道是内含子自我剪接？谜底终于在 1982 被 Thomas Cech 与他的同事们揭开了。他们在研究原生动物四膜虫（tetrahymena）的 rRNA 基因剪接时发现将分离出的四膜虫 rRNA 初级转录物与游离的鸟苷酸（或鸟苷）温育，在没有蛋白质参与下就可将由 413 个核苷酸组成的内含子切下来并将外显子连接起来。这等于说 rRNA 初级转录物不需要一般的核酸酶等蛋白类酶，就可自我剪接（图 9.21）。rRNA 初级转录物的自我剪接是Ⅰ型内含子的典型代表例子，Cech 将这种具有催化功能的 RNA 称为**核酶**。

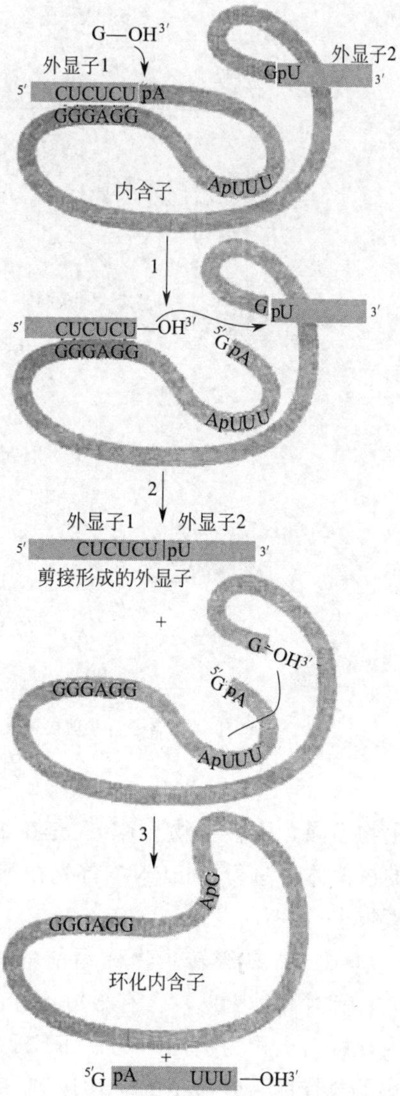

1、2 步反应与上述介绍的两步转酯基反应类似，第 3 步反应是内含子 3′末端 OH 攻击从 5′末端开始的第 15 位核苷酸的磷酸，形成磷酸二酯键，内含子环化并释放出 5′端片段

图 9.21 四膜虫 rRNA 初级转录物的自我剪接

9.3.1.2 Ⅱ型内含子的剪接

与Ⅰ型内含子的自我剪接最大的差别是Ⅱ型内含子剪接不需要额外的游离鸟苷酸（或鸟苷），而是利用了内含子本身的腺苷酸残基，剪接过程与Ⅰ型内含子剪接类似。内含子内的腺苷酸 2′-OH（不是 3′-OH）攻击内含子 5′端的磷酸，与内含子 5′末端核苷酸之间形成一个不常见的 2′,5′-磷酸二酯键，呈现出一个带有外显子 2 的套索（lariat）结构，并使外显子 1 的 3′-OH 游离出。然后，外显子 1 的 3′末端 OH 攻击外显子 2 的 5′末端磷酸，将两个外显子连接起来（图 9.22）。套索中的 2′,5′-磷酸二酯键位于分支点的部位，这个部位形成了一个带有 3 个磷酸二酯键的结构，即腺苷酸残基与内含子的其余部分是通过标准的 3′,5′-磷酸二酯键连接的。

9.3.2 真核生物 mRNA 初级转录物的加工

在原核生物中，大多数 mRNA 初级转录物都不需要加工（或称为修饰），直接就作为模板进行翻译了，事实上蛋白质合成在转录还没有结束时就已经开始了。但真核生物与原核

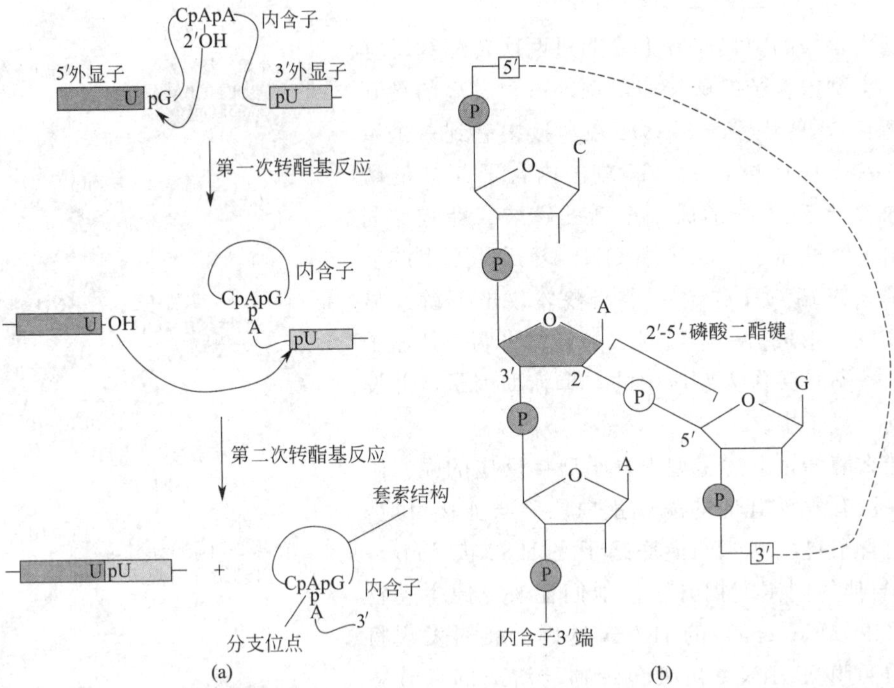

(a) Ⅱ型内含子自我剪接过程；(b) 内含子分支位点（A）处形成的3个磷酸二酯键结构

图9.22　Ⅱ型内含子自我剪接

生物不同，真核生物mRNA是在细胞核中合成的，而合成蛋白质（翻译过程）却是在胞质的核糖体上进行，mRNA首先在细胞核内加工成为成熟的mRNA后再被运输到细胞质作为模板进行翻译。

mRNA初级转录物称为前信使mRNA（pre-mRNA），由于初级转录物相对分子质量大，有时高达80S，含有50000个核苷酸，核苷酸序列组成多样，同时又都出现在细胞核内，所以也称为核内不均一RNA（heterogeneous nuclear RNA，hnRNA）。初级转录物中除了含有称为**外显子**的表达序列（expressed sequence）之外，还在表达序列中分散着称为**内含子**的非表达插入序列（intervening sequence）。图9.23给出了一个mRNA的加工过程的示意图。加工过程通常包括在5′端戴“帽子”、3′端加“尾巴”和剪接过程。下面一一介绍：

9.3.2.1　戴“帽子”

在初级mRNA合成起始后不久（大约延伸到20个核苷酸），以GTP作为底物，在核内鸟苷酰基转移酶（guanyl transferase）和甲基转移酶（methyltransferase）催化下，将一个称为“帽子”结构的稀有的7-甲基鸟嘌呤加到5′端核苷酸前，两者之间通过一个少有的5′—5′三磷酸键连接（图9.24）。mRNA上的5′帽子对于蛋白质合成的起始很重要，同时它可保护转录出的mRNA不被5′-核酸外切酶降解。

9.3.2.2　加“尾巴”

在成熟的mRNA的3′末端都附着100～200个腺苷酸残基的聚（A）尾巴，这些残基并不是由DNA编码的，而是转录后被**聚腺苷酸聚合酶**[poly(A)polymerase，PAP]加上的。

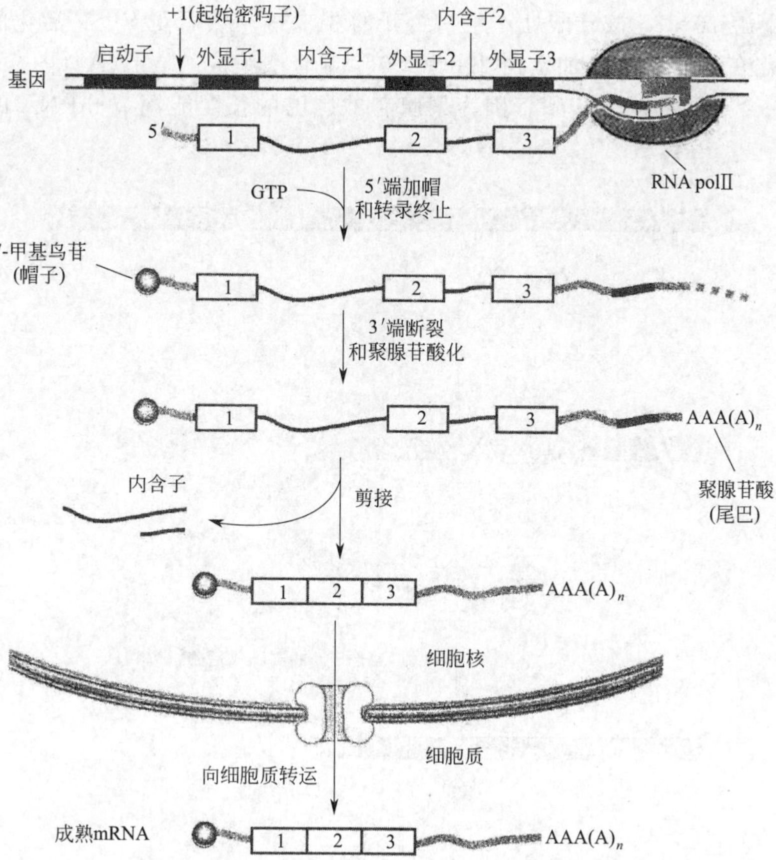

图 9.23 初级 mRNA 加工成为成熟 mRNA 的过程

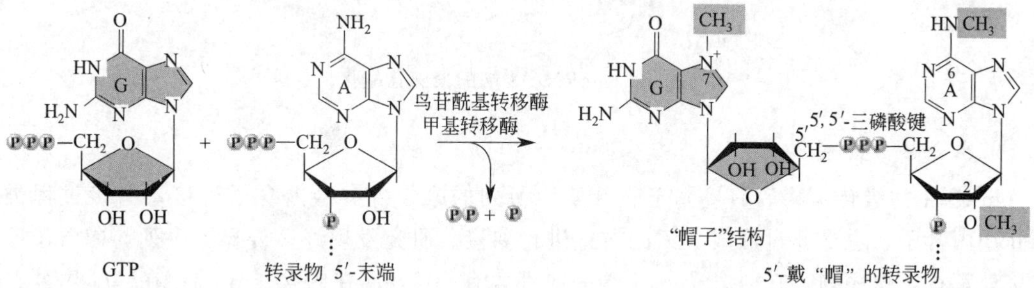

"帽子"结构为 7-甲基鸟苷；与帽子相邻的第一个核苷酸为腺苷酸，其中 2′处甲基化，嘌呤 N^6 甲基化；含有 P 的圆圈代表磷酸基团

图 9.24 pre-mRNA 的 5′端戴"帽子"

pre-mRNA 中 mRNA 的 3′末端带有一个称为聚腺苷酸化信号（polyadenylylation signal）的 AAUAA 共有序列，在此序列后还有一个富含 G/U 序列。

当 RNA 聚合酶Ⅱ转录出 AAUAA 后，一个称为**切割和聚腺苷酸化特异因子**（cleavage-polyadenylation specificity factor，CPSF）识别并结合到共有序列，并通过与富含 G/U

序列相互作用，使转录物成环。另一个称为**切割因子**（cleavage factor，CF）结合并切割，在 AAUAA 下游 10～35 核苷酸处产生一个新的 3′末端。然后受 CPSF 活化的不依赖于模板的 PAP 催化在新的 3′末端加上由 200～250 个腺苷酸组成的 poly(A)（图 9.25）。聚腺苷酸化反应是一个重要的调节步骤，因为聚腺苷酸尾巴的长度能调节 mRNA 的稳定性和翻译效率。

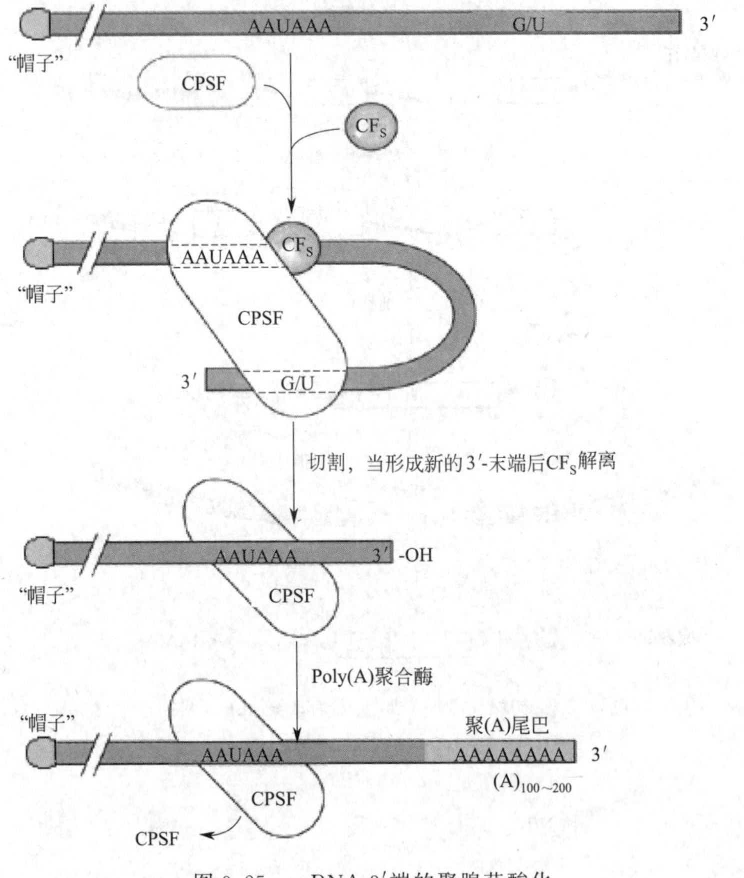

图 9.25 mRNA 3′端的聚腺苷酸化

9.3.2.3 剪接

mRNA 初级转录物的剪接属于表 9.4 中所列的第 3 种类型内含子剪接，剪接过程类似于Ⅱ型内含子，也是通过形成套索的方式进行剪接。研究发现许多外显子序列与内含子序列连接处都有类似序列，在内含子的 5′端一般都含有 GU，而在内含子 3′端存在 AG 序列，剪接正是利用外显子和内含子交界处的特殊序列，通过两次转酯反应完成的（图 9.26）。

虽然剪接过程类似Ⅱ型内含子剪接，但需要一种特殊的称为**核内小核糖核蛋白**（small nuclear nucleoprotein，snRNP）的 RNA-蛋白质复合物参与。snRNP 是由**核内小 RNA**（small nuclear RNA，snRNA）和相关蛋白质组成的。存在 5 种 snRNP：U1 snRNP、U2 snRNP、U5 snRNP 和 U4-U6 snRNP（U4 和 U6snRNA 通过碱基配对结合在一起）。

首先 U1 snRNP 与 5′剪接部位碱基配对，U2 snRNP 与分支部位的碱基配对，结果使分支点腺苷酸残基（A）靠近 5′剪接部位的 G。然后结合 U5 snRNP 和 U4-U6 snRNP 组装成**剪接体**（spliceosome），紧接着发生第一次转酯基反应，U4-U6 snRNP 复合物解离，释放

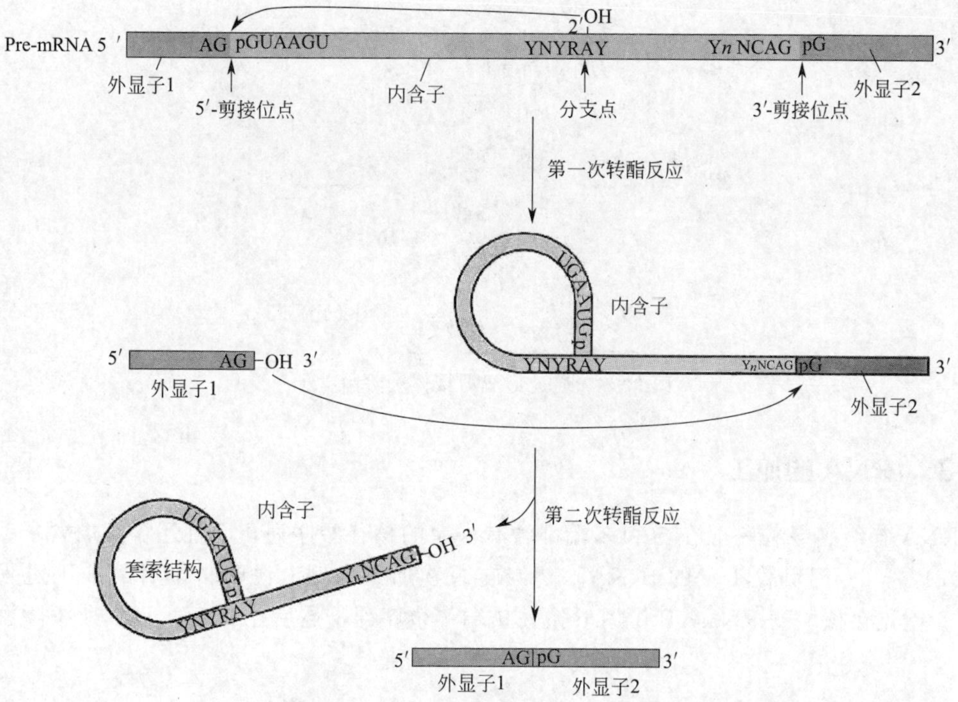

R 和 Y 分别代表嘌呤和嘧啶核苷酸残基，N 代表任一核苷酸残基

图 9.26 两步转酯基反应的剪接过程

出 U4 snRNP，形成套索结构。再经第二次转酯基反应后，内含子被切除，两个外显子拼接在一起，剪接体解体（图 9.27）。

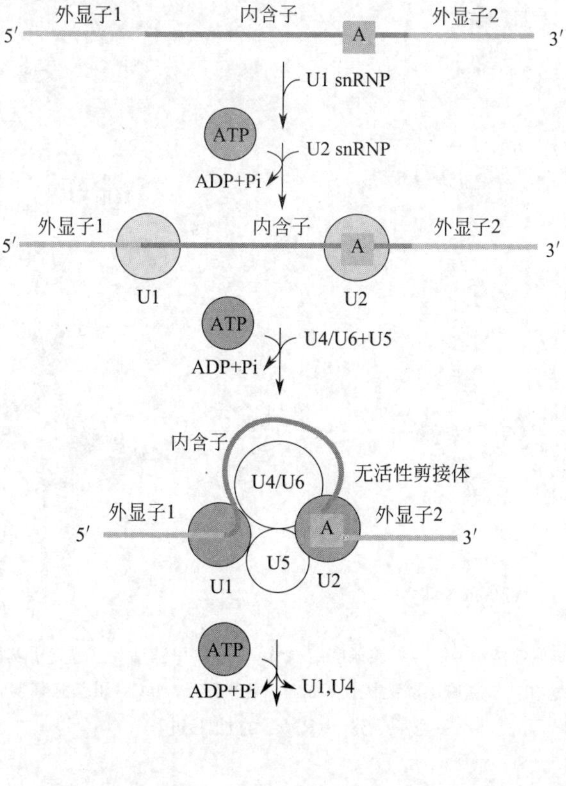

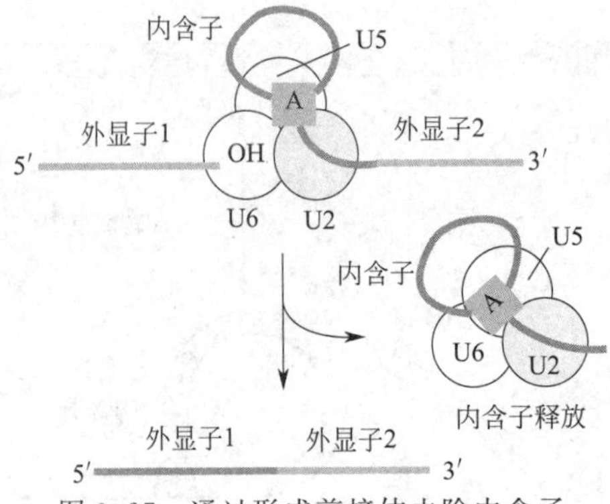

图 9.27　通过形成剪接体去除内含子

9.3.3　tRNA的加工

tRNA初级转录物一般在5′和3′端都含有多余的核苷酸序列，而且还含有内含子。以酵母 $tRNA^{Tyr}$（专门负载Tyr的tRNA）初级转录物加工为例，说明转录后的加工过程（图9.28）。首先在核酸酶RNase P作用下除去5′端多余序列，然后在RNase D催化下除去3′端

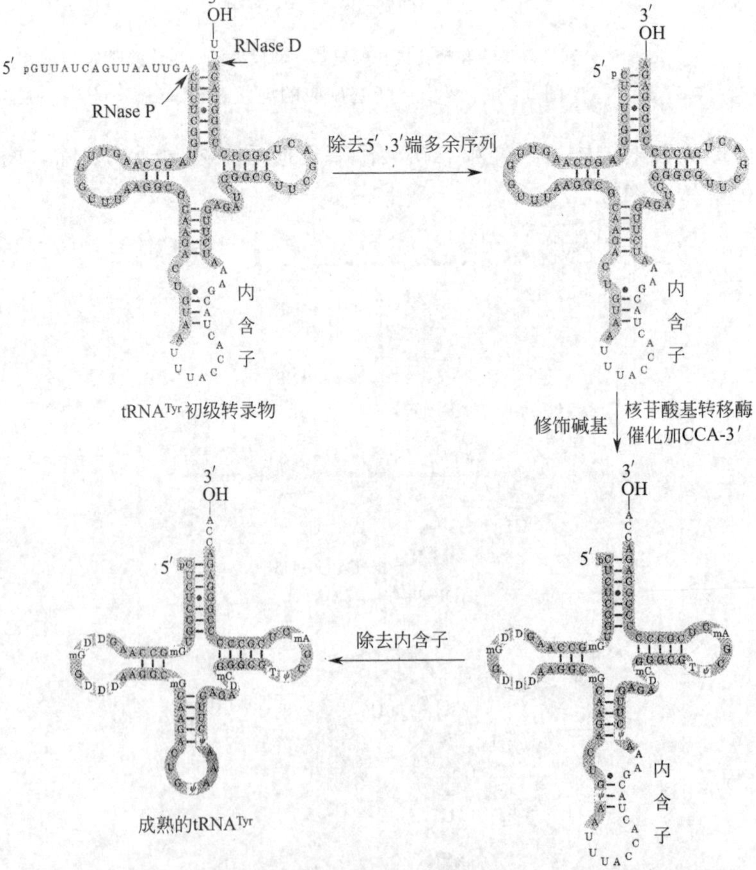

D：二氢尿嘧啶核苷；Ψ：假尿嘧啶核苷；mG：甲基鸟苷（或二甲基鸟苷）；

T：核糖胸腺嘧啶核苷；mA：甲基腺苷；mC：甲基胞苷

图 9.28　tRNA的加工过程

多余序列。接下来在 tRNA 核苷酸转移酶催化下依次将 C、C 和 A 加到 tRNA 的 3′末端，同时通过还原、甲基化和脱氨反应对 tRNA 的一些特定碱基进行修饰，最后通过核酸内切酶、激酶、连接酶和磷酸酯酶作用除去内含子，形成成熟的 $tRNA^{Tyr}$。这种内含子的剪接属于第 4 种内含子的剪接方式。

9.4 RNA 编辑

RNA 编辑（RNA editing）是一个通过脱胺碱基改变 RNA 转录本中的一个或多个核苷酸的过程，要么是 A 变成 I（通过嘌呤环上 6 位脱胺变成肌苷），要么是 C 变成 U（通过嘧啶环上 4 位脱胺变成尿嘧啶）。这些变化改变了转录本的编码可能性，因为 I 与 G 配对（不像 A 那样与 U 配对），而 U 将与 A 配对（不像 C 那样与 G 配对）。RNA 编辑有可能通过改变氨基酸编码的可能性，引入过早终止密码子或改变转录本中的剪接位点来增加蛋白质的多样性。如果 RNA 剪接是剪切和粘贴，那么这些单碱基的变化被恰当地称为 RNA 编辑。

A 变成 I 编辑是通过作用于 RNA 的腺苷脱氨酶（ADAR RNA 编辑酶家族）进行的。ADAR 仅作用于 RNA 的双链区域。通常情况下，当外显子区域包含一个需要编辑的 A 碱基对和内含子中的互补碱基序列时，就会形成这样的区域，称为编辑位点互补序列（editing-site complementary sequence，ECS）。动物的神经系统中含有丰富的 ADAR。RNA 编辑的一个突出例子发生在编码哺乳动物谷氨酸受体（GluRs）。GluR-B 基因转录本的脱氨作用将谷氨酰胺密码子 CAG 改变为 CIG，该密码子被翻译解读为精氨酸密码子（CGG），与未经编辑的转录本产生的受体相比，显著改变了由编辑的转录本产生的膜受体的电导特性。

C 变成 I 的编辑发生在转录本的单链区域，是通过胞嘧啶脱氨酶和适配器蛋白（将胞嘧啶脱氨酶与转录本链接在一起）所组成的编辑体核心结构完成的。一个突出的 C 到 I 编辑例子是针对 14kb 转录本中的单个 C 残基，编码 4536 残基载脂蛋白 ApoB100。ApoB RNA 编辑将密码子 2153（一个 CAA 谷氨酰胺密码子）改变为一个 UAA 终止密码子，这导致一个缩短的蛋白质产物 ApoB48 产生，此产物只是占 ApoB100 的 N 端的 48%。在人类中，ApoB100 产生于肝脏，并在肝脏衍生的 VLDL 血清脂蛋白复合物中发现。相比之下，ApoB48 在肠细胞中产生，并在肠源性脂质复合物中发现。

RNA 编辑为分子多样性的产生和基因调控提供了丰富的资源。RNA 编辑研究的主要优势在于 RNA 编辑已经被整合到基因表达、调控途径和基因组进化的生物网络中。RNA 编辑研究的主要缺陷包括：①RNA 编辑活动如何受到整体调控尚不清楚；②人类转录组中仍有许多编辑位点有待发现；③在体内监测 RNA 编辑的整体活性尚属罕见。因为大多数的编码位点只被修改到不到百分之几的水平，识别这种类型的编辑并澄清其生物学相关性代表着 RNA 编辑中的一种挑战。因此，今后编辑研究面临的主要挑战是：①识别肿瘤、神经组织和大脑中特定编辑事件的生理意义；②监测体内 RNA 编辑的整体活性，作为疾病患者有用的早期生物标志物；③RNA 编辑如何通过改变氨基酸密码子、剪接模式、蛋白质编码转录本的稳定性或定位、调节 RNA 的生物发生和功能来影响许多基因的表达或功能的分子机制。

9.5 转录抑制剂

许多化合物都能够抑制原核生物和真核生物的转录，这类化合物统称为转录抑制剂，其中有的抑制剂抑制转录起始，有的抑制转录延伸。

9.5.1 放线菌素 D

放线菌素 D（actinomycin D）来自链霉菌，带有一个吩嗪酮稠环（phenoxazone）和两个五环肽[*L*-甲基缬氨酸(*L*-meVal)、肌氨酸(sarcosine)、*L*-Pro、*D*-Val 和 *L*-Thr](图 9.29)。放线菌素 D 中的吩嗪酮稠环平面可以插入相邻的 G-C 碱基对之间，使双螺旋变形，结构中的两个五环肽占据 DNA 双螺旋空间，阻塞转录的延伸。在很低的浓度下放线菌素 D 都能有效地抑制原核生物和真核生物转录的延伸过程。

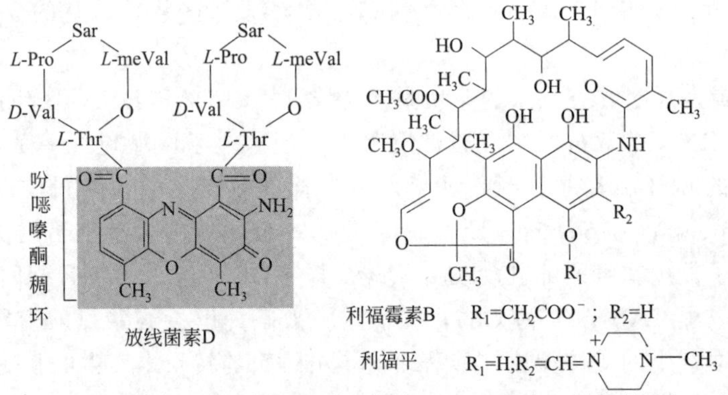

其中放线菌素 D 分子中的 Sar 为肌氨酸，*L*-meVal 为 *L*-甲基缬氨酸

图 9.29 放线菌素 D、利福霉素和利福平

由于放线菌素 D 能与 DNA 双螺旋紧密结合有效地抑制转录，所以放线菌素 D 是个非常有用的抗肿瘤剂。

9.5.2 利福霉素

利福霉素（rifamycin）是另一个非常有用的抗生素，也是从链霉菌分离出来的。利福霉素通过直接与细菌中的 RNA 聚合酶的 β 亚基结合来抑制 RNA 合成，特异地抑制第一个磷酸二酯键的形成，即抑制转录的起始。一旦 RNA 链起始反应后，利福霉素就不能影响 RNA 链的延伸了。由于利福霉素不抑制真核生物的 RNA 聚合酶，所以合成的利福霉素衍生物**利福平**（rifampicin）已用作为临床的抗结核菌药（图 9.30）。

9.5.3 鹅膏蕈碱

来自于一种称为鬼笔鹅蕈（*Amanita phalloides*）的毒蕈（蘑菇）含有包括鹅膏毒素在内的多种有毒物质，其中作为鹅膏毒素成员之一的 **α-鹅膏蕈碱**（amanitin）是 RNA 聚合酶Ⅱ和 RNA 聚合酶Ⅲ的抑制剂，特异抑制转录的延伸过程，从而破坏动物细胞中 mRNA 的形成（图 9.30）。但 RNA 聚合酶 I 以及线粒体、叶绿体和原核生物 RNA 聚合酶对 α-鹅膏蕈碱不敏感。

要注意的是虽然鹅膏毒素毒性很强，但作用缓慢，因吃毒蘑中毒的人几天后才会死亡。

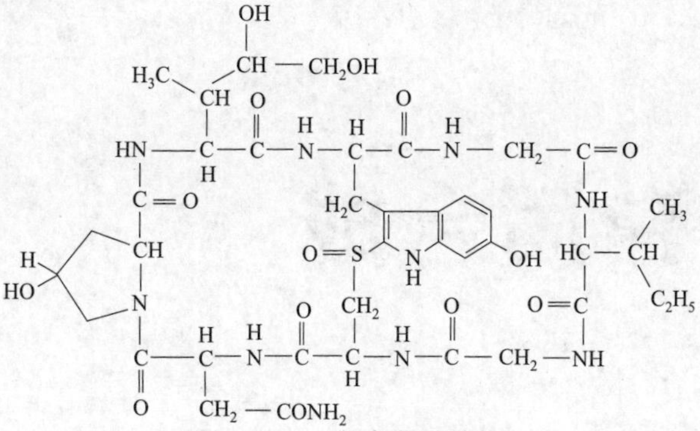

图 9.30 α-鹅膏蕈碱结构

小结

DNA 指导的 RNA 合成，也称为转录，是由依赖于 DNA 的 RNA 聚合酶全酶催化的。RNA 聚合酶以一条 DNA 链（模板链）为模板，核苷三磷酸作为底物合成多核苷酸链。

转录开始于启动子序列，按照 5′→3′方向进行。大肠埃希菌 RNA 聚合酶的 σ 亚基在转录起始时识别启动子，并使 RNA 聚合酶的核心酶结合启动子。在由起始开始延伸后，σ 亚基解离。转录终止存在着蛋白质依赖性终止机制，需要终止蛋白（ρ）介导，以及蛋白质非依赖性终止机制，这种终止机制涉及一个茎-环结构的形成。

在原核生物中由一个或多个相关基因以及调控它们转录的操纵基因和启动子组成的基因表达单位称为操纵子，研究比较透彻的操纵子是乳糖操纵子。转录调控包括阻遏作用、分解代谢物抑制作用和弱化作用。

在真核生物中，几种不同的 RNA 聚合酶参与转录，转录因子与启动子作用起始转录。转录因子可结合增强子或沉默子调控基因表达，转录因子中 DNA 结合结构域包括螺旋-转角-螺旋、锌指、亮氨酸拉链等主要类型。

大多数真核生物的初级转录 mRNA 都需要进一步加工，加工包括 5′戴帽、3′多腺苷酸化及剪接等。通过剪接将内含子除去，而将外显子拼接在一起。一些真核生物的初级转录 rRNA 可自我剪接，典型的 rRNA 自我剪接是来自四膜虫的 rRNA，具有催化能力的 RNA 分子的核酸称为核酶。

习题

1. 简述 mRNA 转录后的加工过程。

2. 3′-脱氧腺苷-5′-三磷酸是 ATP 的类似物，假设它相似到不能被 RNA 聚合酶识别。如果在 RNA 转录时细胞中存在少量的该物质，会有什么现象？

3. 设计一个用于纯化真核细胞裂解液中成熟 mRNA 的寡核苷酸亲和层析系统。

4. 比较真核生物与原核生物的转录。

10 蛋白质合成

蛋白质是大多数信息通路的终产物，在任意特定时刻，每个典型细胞都需要成千上万的蛋白质来维持功能。作为最复杂的生物合成过程，了解蛋白质合成是生物化学所面临的巨大挑战之一。每个原核细胞和真核细胞中的蛋白质和 RNA 都有成千上万的拷贝。蛋白质的合成系统是极为精密和高效率的：一个大肠埃希菌（37℃）合成 100 个残基的多肽仅需 5s，真核细胞的蛋白质合成涉及了 12 种以上的辅酶和蛋白因子及 40 多种 tRNA 和 rRNA，更有 70 多种核糖体蛋白参与其中。

蛋白质合成位置主要集中在拥有复杂三维结构的核糖体中，蛋白质合成是蛋白质因子和 RNA 分子之间精细而复杂相互作用的过程。为了阐明这一过程，本章将首先介绍有关遗传密码问题以及参与蛋白质合成的 RNA，然后依次叙述蛋白质合成的步骤、蛋白质肽链合成与合成后的加工修饰及定位，最后简要介绍蛋白质合成的抑制物。

10.1 遗传密码

基因组通过核苷酸序列排布记录了一个生物体所携带的遗传信息。核苷酸序列与氨基酸之间的对应关系即为遗传密码（genetic code）。遗传密码是生物用于将 DNA 或 mRNA 序列中编码的遗传物质信息翻译为蛋白质的一整套规则。20 世纪中期，通过人工合成 mRNA 破译了遗传密码，这是生物化学和分子生物学研究所取得的最卓越的成果之一。

20 世纪中叶，人们就已经发现 DNA 是遗传信息的携带分子，并通过 RNA 控制蛋白质的合成。从此科学家开始将注意力集中到核苷酸信息指导氨基酸排列顺序的相关研究上。

1961 年，Francis Crick 及其同事为三联体密码子学说提供了关键证据。他们在研究 T 噬菌体 γⅡ 位点 A 和 B 两个基因（顺反子）变异的过程中，发现这两个基因与噬菌体能否感染大肠埃希菌 κ 株有关。吖啶类染料是扁平的杂环分子，可插入 DNA 内部两碱基对之间，引起 DNA 丢失或插入核苷酸。他们在研究中发现，在上述位点缺失一个或者插入一个任何核苷酸产生的突变体，与两个核苷酸缺失或者两个核苷酸插入的突变体得到的重组体，均无法感染大肠埃希菌 κ 株，具有严重的缺陷。如果一次性缺失三个核苷酸或者插入三个核苷酸，若这些核苷酸彼此非常靠近，形成的突变体也能表现对大肠埃希菌 κ 株的感染。他们还发现，当缺失或者插入四个核苷酸时，虽然彼此非常接近，但是其突变体和插入或者缺失一个核苷酸产生的突变体表现相似，均是功能严重缺陷的。

Francis Crick 等通过大量实验证明，氨基酸密码子是独立非重叠的，连续编码并且无标点间隔，因为序列任意位置插入或者缺失一个核苷酸都会改变三联体密码的阅读框架，从而发生移码突变。但是如果插入或者删除三个核苷酸，或者插入一个核苷酸后又删除一个核苷酸，三联体密码的阅读框架整体却可以维持不变，虽然会影响部分氨基酸，但是原来编码的信息依旧能够在变异位点之后照旧表现出来（图 10.1）。

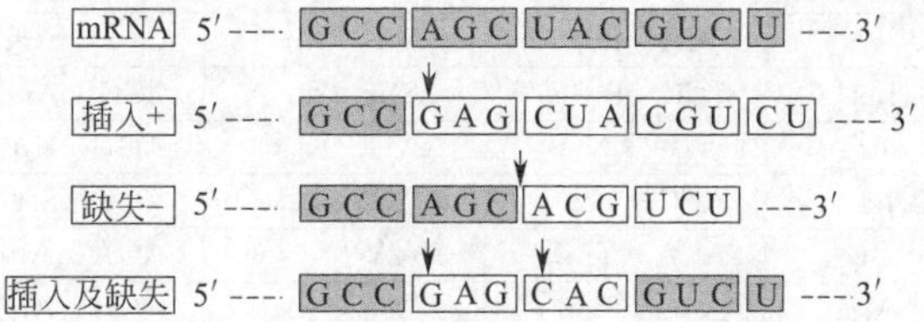

图 10.1 三联体密码子的阅读框架

基于以上实验，科学家们做出了进一步推论。由于组成核酸分子的常见碱基有 4 种，要为 20 种氨基酸进行编码，不可能是一一对应的关系；若两个碱基决定一个氨基酸也只能编码 16 种氨基酸；如果由三个碱基来决定的话，$4^3=64$，就足以编码 20 种氨基酸。这是编码氨基酸所需碱基的最低数目，故**密码子**（codon）应该是**三联体**（triplet）。

在 Crick 等提出遗传信息是在核酸分子上以非重叠、无标点、三联体的方式编码的同时，一个关键的问题就自然产生了，既然氨基酸是由核苷酸决定的，那么每种密码子所代表的氨基酸是什么？

Marshall Nirenberg 和 Heinrich Matthaei 首次报道了这方面的突破。他们把合成的多聚尿苷酸（polyU）和大肠埃希菌提取物、GTP、ATP 混合物孵育，分别在 20 个试管中加入 20 种放射性标记的氨基酸，发现只在其中一管中合成了放射性多肽，即由放射性苯丙氨酸得到的多肽。因此，Nirenberg 和 Matthaei 得出结论：尿苷酸三联体（UUU）是苯丙氨酸的密码子。采用同样的方法，他们验证了赖氨酸的密码子是多聚腺苷酸（AAA），脯氨酸的密码子是多聚胞苷酸（CCC）。

1964 年，Nirenberg 获得了另一个实验的突破。通过对大肠埃希菌进行破碎，离心除去细胞碎片，保留含有蛋白质合成所需各种成分的上清液，包括 DNA、mRNA、tRNA、核糖体、氨酰-tRNA 合成酶及蛋白质合成必需因子。利用与核糖体结合的 tRNA 不能通过硝酸纤维素膜，而游离的 tRNA 可以通过的现象，他们分析了滞留的 tRNA 上负载的氨基酸。结果发现，核糖体能够结合约 50 种氨酰-tRNA，研究也进一步确定了与已知核苷酸三聚体结合的 tRNA 上连接的是哪一种氨基酸。该实验对于几种密码编码同一个氨基酸提供了直接的证据。

对遗传密码做出重要贡献的还有 Khorana，他化学合成了已知的重复的核苷酸序列，例如 UCUCUCUC…，然后加入无细胞翻译体系，生成 Ser-Leu-Ser-Leu-…。确认 UCU 编码 Ser，而 CUC 编码 Leu。Khorana 通过类似实验确认了许多密码子，并填补了 Nirenberg 等遗漏的密码子。最终在 1966 年，所有三联体密码子的涵义最终都被确立并通过了实验验证，对 RNA 中氨基酸密码撰写的“字典”也是 20 世纪生物学领域最重要的科研发现之一（表 10.1）。

表 10.1 大肠埃希菌中用于蛋白质合成的遗传密码子

第1位(5′末端)	第2位				第3位(3′末端)
	U	C	A	G	
U	UUU Phe	UCU Ser	UAU Tyr	UGU Cys	U
	UUC Phe	UCC Ser	UAC Tyr	UGC Cys	C
	UUA Leu	UCA Ser	UAA Stop	UGA Stop	A
	UUG Leu	UCG Ser	UAG Stop	UGG Trp	G
C	CUU Leu	CCU Pro	CAU His	CGU Arg	U
	CUC Leu	CCC Pro	CAC His	CGC Arg	C
	CUA Leu	CCA Pro	CAA Gln	CGA Arg	A
	CUG Leu	CCG Pro	CAG Gln	CGG Arg	G
A	AUU Ile	ACU Thr	AAU Asn	AGU Ser	U
	AUC Ile	ACC Thr	AAC Asn	AGC Ser	C
	AUA Ile	ACA Thr	AAA Lys	AGA Arg	A
	AUG Met	ACG Thr	AAG Lys	AGG Arg	G
G	GUU Val	GCU Ala	GAU Asp	GGU Gly	U
	GUC Val	GCC Ala	GAC Asp	GGC Gly	C
	GUA Val	GCA Ala	GAA Glu	GGA Gly	A
	GUG Val	GCG Ala	GAG Glu	GGG Gly	G

注:stop 为终止密码子。

从表 10.1 可知，密码子通常指的是 mRNA 中的碱基三联体，或者是用 T 代替 U 的 DNA 中非模板链（编码链）中的碱基三联体，遗传信息由 mRNA 上核苷酸排列顺序决定。遗传密码通常具有以下特点：

（1）所有密码子都是有意义的：每三个核苷酸组成一个密码子来编码一个氨基酸，共有 64 个密码子，其中 61 个密码子可编码氨基酸，AUG 为甲硫氨酸（亦称作蛋氨酸）兼**起始密码子**（initiation codon）、64 个密码子中的 61 个编码对应的氨基酸，余下的 UAA、UGA 和 UAG 三个密码子没有编码任何一种氨基酸，称为**无义密码子**（nonsense codon）。无义密码子并不是没有意义，它们是一种表示蛋白质合成到达终点的终止信号，被称为**终止密码子**(termination codons)。

编码蛋氨酸的 AUG 密码子还常担当蛋白质合成的起始密码子，有时编码 Val 的 GUG 密码子也可充当起始密码子。

（2）密码子存在简并性：除了 Trp 和 Met 各只有一个密码子之外，其他的氨基酸都存在一个以上的密码子。例如丝氨酸（Ser）、精氨酸（Arg）和亮氨酸（Leu）都各有 6 个密码子，甘氨酸（Gly）有 4 个密码子，而赖氨酸（Lys）也有 2 个密码子。同一种氨基酸存在几个密码子的现象称为**简并性**（degenerate）（表 10.2）。编码同一个氨基酸的不同密码子称为**同义密码子**（synonymous codon）。密码子的简并性可以减少碱基突变而造成的危害，因为单个碱基变化后仍是编码同一种氨基酸的另一个密码子。

表 10.2 氨基酸的密码子数

氨基酸	密码子数	氨基酸	密码子数
Ala	4	Leu	6
Arg	6	Lys	2
Asn	2	Met	1
Asp	2	Phe	2

续表

氨基酸	密码子数	氨基酸	密码子数
Cys	2	Pro	4
Gln	2	Ser	6
Glu	2	Thr	4
Gly	4	Trp	1
His	2	Tyr	2
Ile	3	Val	4

(3) 序列类似的密码子往往表示化学性质相同或相似的氨基酸：当几个不同的密码子代表同一个氨基酸时，它们的差异常常是在第三位碱基。例如编码 Gly 的密码子的 GGU、GGC、GGA 和 GGG 也可以表示为 GGX，X 为 4 种碱基中的任一种，与之类似，UCX 可指定编码丝氨酸（Ser），这一特征称为密码子**第三碱基简并性**（third-base degeneracy）。

另外，第 2 位带有嘧啶碱基的密码子有可能是编码带有疏水侧链的氨基酸，而第 2 位为嘌呤的密码子可能特指极性或带电荷的氨基酸。例如，两个带负电荷的天冬氨酸（Asp）和谷氨酸（Glu）的密码子都可用 GAX 表示，当 X 为嘧啶碱基时是天冬氨酸密码子，当 X 为嘌呤时则是谷氨酸密码子。

很多年以来，人们认为表 10.1 列出的遗传密码是通用的“标准”密码，这种共识是基于在基因工程中一种原核生物大肠埃希菌可以准确翻译人类基因的现象，可以说不管遗传密码来源于细菌、酵母、蘑菇还是人类，同样密码子指导同样氨基酸的合成。不过后来的研究表明，密码子的通用性还是有个别例外：在人线粒体中，UGA 编码色氨酸（Trp），而不是终止密码子；AUA 编码甲硫氨酸（Met），而不是异亮氨酸（Ile）；AGA 和 AGG 是终止密码子，而不再是编码精氨酸（Arg）的密码子。

(4) 密码子的阅读具有连续性和方向性。在密码子表中，密码子是以三联体形式书写的，但在 mRNA 中是没有标点符号的，即 mRNA 核苷酸序列中的两个密码子之间没有任何间隔，所以必须按正确的**读框**（reading frame）从一个正确的起点开始，一个不漏地按照 5′→3′方向翻译，直至碰到**终止密码子**。如果插入或删除一个核苷酸残基，就会使该残基以后的读码发生错误，称为移码。移码引起的突变可导致后续的阅读框架产生整体性的变化，称为**移码突变**（frameshift mutation）。

遗传密码一般不重叠。例如对于给出的一段 mRNA 上的核苷酸序列：

AUGCAUGCAUGC

如果按不重叠读码，在没有给定读框时，可有以下 3 种读码方式。

从第1个核苷酸读起 5′------ AUG CAU GCA UGC ------3′

从第2个核苷酸读起 5′------ A UGC AUG CAU GC ------3′

从第3个核苷酸读起 5′------ AU GCA UGC AUG C ------3′

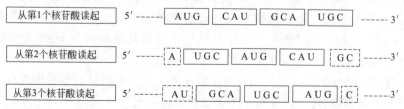

已证明在绝大多数生物中读码规则是不重叠的，但在少数大肠埃希菌和噬菌体的 RNA 基因组中，密码子有重叠。

(5) 遗体密码具有通用性。随着 20 世纪 60 年代起遗传密码的破译及 70 年代之后基因测序的发展，越来越多的生物遗传信息被破译。通过对各种物种的比较分析发现，整个自然界的生物有着同一套遗传密码，生物对蛋白质合成这一生理过程是十分保守的，因为这涉及蛋白质和 RNA 之间精细而复杂的互作。当然，遗传密码的通用性也并非绝对，某些低等生物和真核生物的部分细胞器基因中，个别蛋白质编码信息会有所改变。例如，脊椎动物线粒体 DNA 中只需要 22 种 tRNA 就可以识别所有氨基酸密码子，而不是正常翻译所必需的 32 种 tRNA；在支原体中，UGA 也可以表示色氨酸（Trp），甚至某些原核生物的起始密码子不仅是 AUG，缬氨酸密码子 GUG 和亮氨酸密码子 UUG 在特定情况下也可以作为翻译起始密码子。

10.2 tRNA

在蛋白质生物合成过程中，有一类 RNA 因为起着转运氨基酸的作用被命名为转运 RNA（transfer RNA）。氨基酸本身不能识别 mRNA 上的密码子，它需要特定的 tRNA 分子携带至核糖体上，并由 tRNA 去识别在 mRNA 上的密码子。因此 tRNA 分子在蛋白质的合成中充当的是遗传密码的翻译载体，既能识别 mRNA 上的密码子，也能负载正确的氨基酸。tRNA 分子中识别并与密码子配对的三联体核苷酸序列称为**反密码子**（anticodon），图 10.2 就反映了密码子和反密码子配对的情况。

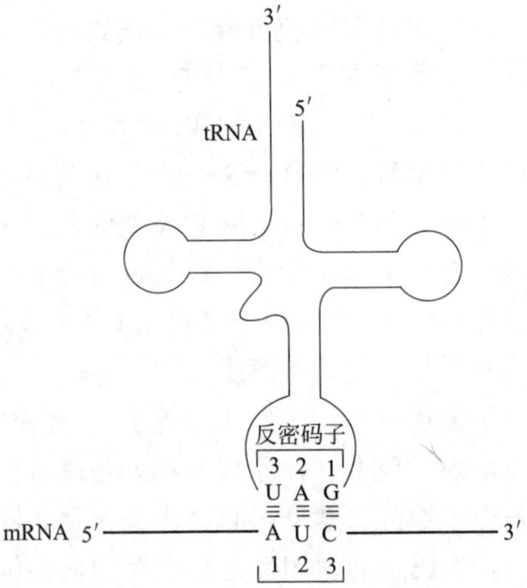

图 10.2 密码子和反密码子配对

10.2.1 tRNA 的三维结构

为了详尽了解 tRNA 是如何将核苷酸序列翻译成蛋白质序列的，我们必须首先了解它的结构。

所有种类的 tRNA 都有极其类似的二级结构和三级结构。tRNA 的二级结构呈“三叶草”形（图 10.3）。茎环结构的突环区域好像是三叶草的三片小叶子，双螺旋的茎构成叶柄，共有 5 个部分组成：tRNA 分子 5′端和 3′端附近的碱基配对，形成 tRNA 分子的**受体臂**（acceptor arm）或**氨基酸臂**（amino acid arm）。tRNA 携带的相应氨基酸通过共价键结合在 3′末端核苷酸残基的 3′或 2′羟基上；氨基酸臂含有七对碱基，5′端为磷酸臂，3′端为 CCA-OH，可接受活化的氨基酸。氨基酸臂对面是**反密码子臂**（anticodon arm），带有一个**反密码子环**（anticodon loop），环中含有由 3 个连续核苷酸残基组成的与 mRNA 中相应密码子配对的**反密码子**（anticodon），反密码子除了包含 A、U、G、C 四种碱基外，还经常在 5′末端第一位出现次黄嘌呤 I（inosine）。tRNA 分子的另外两个臂是根据臂中含有修饰的核苷酸而命名的：一个是 **TΨC 臂**，因带有一个含有核糖胸腺嘧啶（T）（在 tRNA 分子中较为罕见）、假尿嘧啶（pseudouridine，Ψ）和胞嘧啶（C）碱基组成的 TΨC 环而得此名。另一个臂是 **D 臂**（D arm），因带有一个含 2～3 个稀有碱基二氢尿嘧啶（dihydrouridine，D）的 D 环而得名，不同 tRNA 的 D 臂稍有不同。TΨC 臂和 D 臂对于整个 tRNA 分子的折叠起着重要的作用。在反密码子臂和 TΨC 臂之间，还存在一个大约由 3～21 个核苷酸残基组成的可变环，也称为额外环（extra loop）。另外，所有 tRNA 分子的 5′端核苷酸都带有磷酸基团，而且 5′末端的核苷酸残基大多为鸟苷酸（pG）。

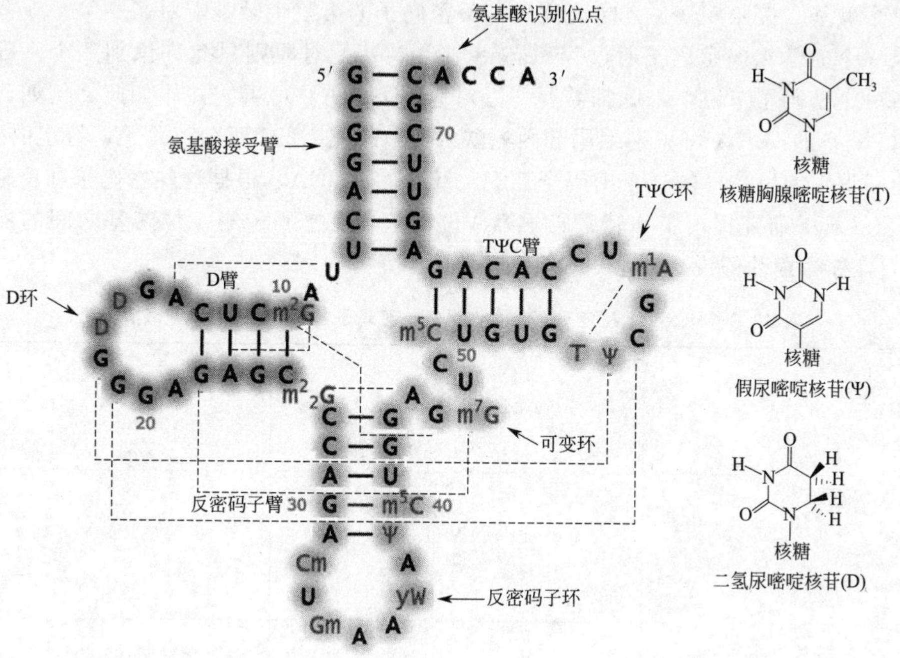

D：二氢尿嘧啶核苷；Ψ：假尿嘧啶核苷；I：次黄嘌呤核苷；mG：甲基鸟苷；m_2G：二甲基鸟苷；mI：甲基次黄嘌呤核苷，T：核糖胸腺嘧啶核苷

图 10.3　tRNA 的“三叶草式”二级结构和稀有核糖核苷结构式

通过高分辨率 X 射线衍射仪测定酵母苯丙氨酸的 tRNA，结果发现 tRNA 具有倒 L 型的三级结构，氨基酸臂位于 L 型分子的一端，反密码子臂则处于相反的一端（图 10.4）。tRNA 分子中的大多数核苷酸都处于两个成直角的、堆积的螺旋中。碱基之间的堆积与相互作用对 tRNA 的稳定性具有重要的意义。

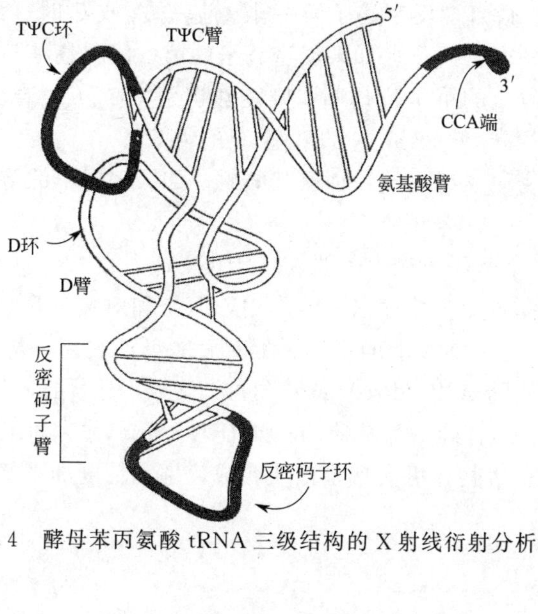

图 10.4　酵母苯丙氨酸 tRNA 三级结构的 X 射线衍射分析结果

10.2.2 “摆动”假说

tRNA 借助反密码子和 mRNA 上的密码子通过碱基反向互补的方式配对。mRNA 密码子的第一个碱基（按照 5′→3′方向阅读）与反密码子的第三个碱基配对。

如果一个 tRNA 反密码子通过 Watson-Crick 碱基配对原则只允许识别一个密码子，那么对于每一个密码子来说，细胞都需要一一对应的 tRNA。可事实并非如此，例如，携带苯丙氨酸（Phe）的 tRNA 可识别编码苯丙氨酸的 UUU 或 UUC 两个密码子，特定的酵母 $tRNA^{Ala}$ 能够识别编码 Ala 的 3 个密码子 GCU、GCC 和 GCA。根据这些密码子和反密码子的配对情况，Crick 研究提出了一套密码子第 3 位碱基与反密码子第 1 位碱基之间的配对原则（表 10.3），称为**摆动假说**（wobble hypothesis）。

表 10.3　tRNA 上反密码子和 mRNA 上密码子的碱基配对和摆动情况

1. 识别一个密码子		
反密码子	(3′) X-Y-C (5′)	(3′) X-Y-A (5′)
密码子	(5′)Y-X-G(3′)	(5′) Y-X-U (3′)
2. 识别两个密码子		
反密码子	(3′) X-Y-U (5′)	(3′) X-Y-G (5′)
密码子	(5′) Y-X-$\genfrac{}{}{0pt}{}{A}{G}$ (3′)	(5′) Y-X-$\genfrac{}{}{0pt}{}{C}{U}$ (3′)
3. 识别三个密码子		
反密码子	(3′) X-Y-I (5′)	
密码子	(5′) Y-X-$\begin{matrix}A\\U\\C\end{matrix}$(3′)	

（1）当 tRNA 上的反密码子在与 mRNA 上的**密码子**反向配对时，密码子的第一位和第二位碱基是严格配对的，并且赋予大部分密码专一性。

（2）反密码子的第一个碱基（以 5′→3′方向，与密码子的第三个碱基配对）决定一个 tRNA 所能解读的密码子数目。反密码子第一个碱基是 A 或 C 时，那么 tRNA 的碱基配对就是专一的，仅能识别一个密码子；如果反密码子的第 1 位碱基是 U，则可以识别密码子第 3 位的 A 或 G；若反密码子的第 1 位是 G，则能够识别 U 或 C；若反密码子的第 1 位是 I，则可识别密码子的第 3 位是 U，C 或 A 的碱基（图 10.5）。

（3）当几个不同的密码子编码同一种氨基酸时，如果密码子的前两个碱基的任何一个是不同的，便需要不同的 tRNA 来识别。

（4）翻译所有的 61 个密码子最少需要 32 个 tRNA。

密码子的第三位碱基对专一性存在一定作用，但是和对应的反密码子的碱基配对较弱，这意味着 tRNA 在完成和 mRNA 上的密码子配对后能迅速脱离，从而加快蛋白质的合成效率。摆动规则也预示着像脯氨酸（Pro）或苏氨酸（Thr）那样拥有 4 个密码子的家族至少需要两个不同的 tRNA。结合同一氨基酸的不同 tRNA 分子称为**同工 tRNA**（isoacceptor tRNA）。在这样的机制下，生物体可实现蛋白质合成速率和精度的平衡。

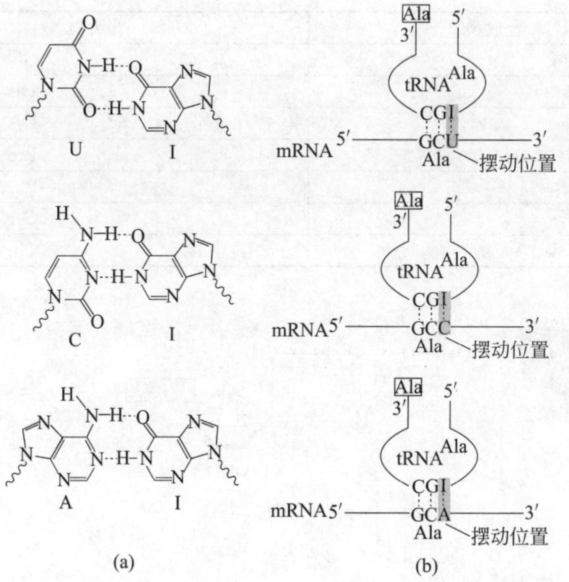

图 10.5 丙氨酸密码子和反密码子在摆动位置的碱基配对情况

10.3 氨酰-tRNA 的合成

在蛋白质合成的第一步反应中，20 种不同的氨基酸需要经过氨酰-tRNA 合成酶酯化之后，才能被 tRNA 携带至核糖体上合成多肽链，该过程在细胞质中完成。合成蛋白质的氨基酸共有 20 种，所对应的氨酰-tRNA 合成酶也有 20 种。每一种酶只能够催化特定的一种氨基酸及其对应的一种 tRNA 或同工受体 tRNA。

在氨酰-tRNA 合成酶的催化下，通过氨基酸羧基与 tRNA 分子 3′端腺苷酸的 2′或 3′羟基之间形成酯键，将氨基酸连接到 tRNA 分子上。总的反应方程如下：

$$氨基酸 + tRNA + ATP \rightarrow 氨酰\text{-}tRNA + AMP + PP_i$$

反应可分为氨基酸的激活和氨酰-tRNA 的生成，且两步反应由同一种氨酰-tRNA 合成酶完成（图 10.6）。

首先在氨酰-tRNA 合成酶催化下，氨基酸和 ATP 生成氨酰-腺苷酸和 PP_i（焦磷酸），伴随着 PP_i 的水解，反应向有利于氨酰-AMP 的合成方向进行。然后，氨酰-AMP 与 tRNA 反应，不同类型氨酰-tRNA 酶可以将氨酰基转移到 tRNA 上的 3′-OH 上或先连到 2′-OH 上再转移到 3′端。根据酰基转移位置的不同，氨酰-tRNA 可以被分成两类（表 10.4）。Ⅰ类氨酰-tRNA 合成酶催化下首先生成 2′-氨酰-tRNA，然后经过转酯反应再生成 3′-氨酰-tRNA；Ⅱ类氨酰-tRNA 合成酶催化下可直接生成 3′-氨酰-tRNA。

表 10.4 大肠埃希菌中两类氨酰-tRNA 合成酶

Ⅰ类氨酰-tRNA 合成酶	Ⅱ类氨酰-tRNA 合成酶
Arg	Ala
Cys	Asn
Gln	Asp

续表

Ⅰ类氨酰-tRNA 合成酶	Ⅱ类氨酰-tRNA 合成酶
Glu	Gly
Ile	His
Leu	Lys
Met	Pro
Trp	Phe
Tyr	Ser
Val	Thr

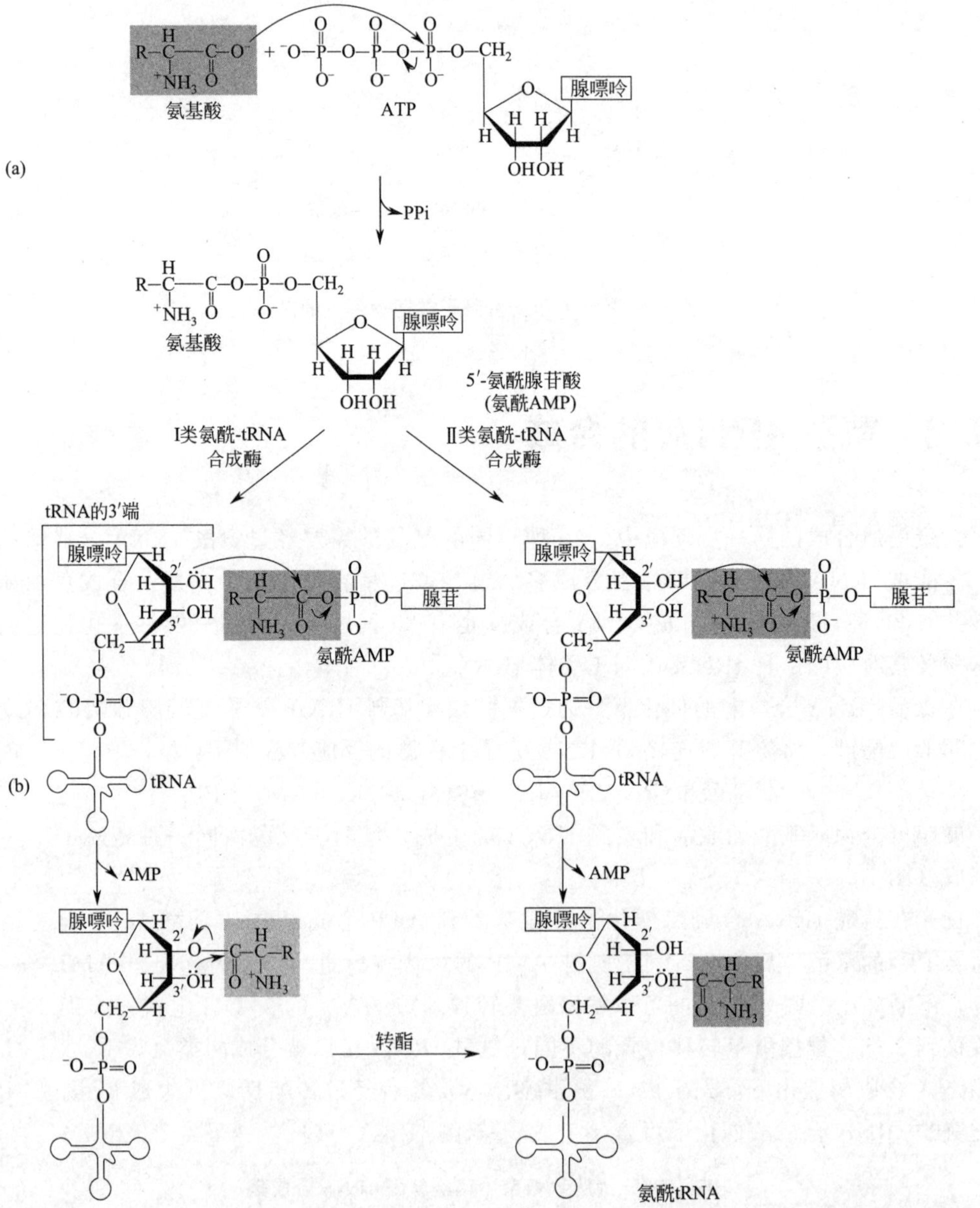

(a) 氨基酸与 ATP 反应生成氨酰-AMP；(b) 在Ⅰ类氨酰－tRNA 合成酶催化下，氨酰-AMP 与 tRNA 反应生成 2′氨酰-tRNA，然后经转酯生成 3′氨酰-tRNA；或在Ⅱ类氨酰-tRNA 合成酶催化下，氨酰-AMP 与 tRNA 反应直接生成 3′氨酰-tRNA

图 10.6　氨酰-tRNA 合成反应

氨酰-tRNA 合成酶可以特异性识别氨基酸和相关 tRNA，与通常酶对底物的识别相比，氨酰-tRNA 合成酶可以极为精确地区分结构相似的氨基酸，例如异亮氨酸（Ile）和缬氨酸（Val）处于相同的浓度下，Ile-tRNA 合成酶能转移约 50000 个 Ile 给 $tRNA^{Ile}$，只转移一个 Val 给 $tRNA^{Ile}$，精确度高得惊人。实际上 Val 和 Ile 结构上只相差一个亚甲基，理论上 Val 应该很容易与 Ile-tRNA 合成酶的 Ile 结合位点结合，但该酶选择的却是多一个甲基的 Ile。

另外，每一种氨酰-tRNA 合成酶都有识别负载此氨基酸的同工 tRNA，每一种 tRNA 分子都存在着氨酰-tRNA 合成酶识别的特征元件。它们大都由 tRNA 上反密码子环和氨基酸臂两个区域的核苷酸构成，并且以空间结构形式进行编码，并通过合成酶与 *L* 型 tRNA 接触位点的结构组成了由空间结构决定的第二套遗传密码。

10.4　核糖体

在细胞内主要有三类 RNA 参与蛋白质合成：**信使 RNA**（messager RNA，mRNA）、**转运 RNA**（transfer RNA，tRNA）和**核糖体 RNA**（ribosomal RNA，rRNA）。

核糖体作为肽链合成的场所，是一种复杂的核糖核酸蛋白颗粒，由大、小两个亚基组成，广泛存在于细菌、古细菌和真核细胞的细胞质、真核细胞的叶绿体和线粒体中，仅一个大肠埃希菌就含有 15000 个以上的核糖体。以原核生物核糖体为例，大肠埃希菌核糖体是一个不规则的椭球，由 65%的 rRNA 和 35%的蛋白质构成，沉降系数为 70S。它有两个亚基，小亚基 30S 由一个 16S rRNA 和 21 个蛋白质组成，大亚基 50S 由一个 5S rRNA 和一个 23S rRNA 及 34 个蛋白质组成。这三种单链 rRNA 每一种都通过碱基配对形成特定的三维结构（图 10.7），核糖体的功能主要由 rRNA 来完成，核糖体蛋白质附着在外部起到辅助作用。

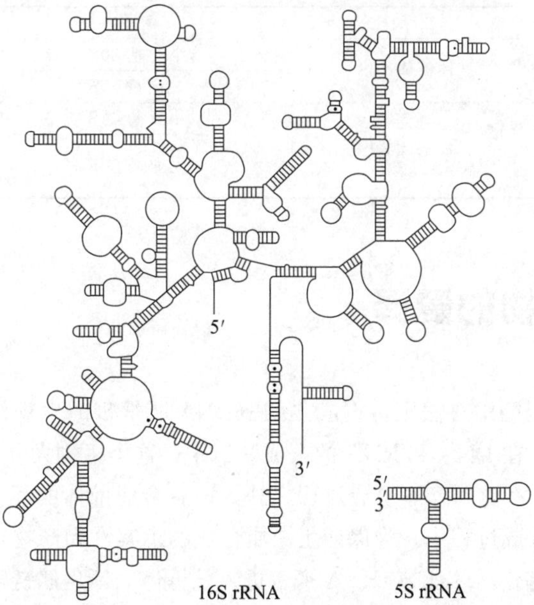

图 10.7　大肠埃希菌 16S rRNA 和 5S rRNA 的二级结构

核糖体的大、小亚基形成特殊的结构作为翻译的场所实现肽链的合成，这种特殊的三维空间结构和功能在进化上是高度保守的。例如，在原核生物蛋白质合成过程中，核糖体的主要功能部位有：①A 位点，**氨酰-tRNA 结合部位**，也称之为受体部位；②P 位点，**肽酰基结合位点**，为延伸中肽酰-tRNA 的结合位点，也是起始氨酰-tRNA 的结合部位；③E 位点，**脱酰 tRNA 离开位点**。A 位和 P 位主要由 30S 亚基和 50S 亚基共同组成，而 E 位主要是由 50S 亚基组成的。图 10.8 给出了蛋白质合成过程中 P 位和 A 位分别结合肽酰-tRNA 和氨酰-tRNA 的情形。

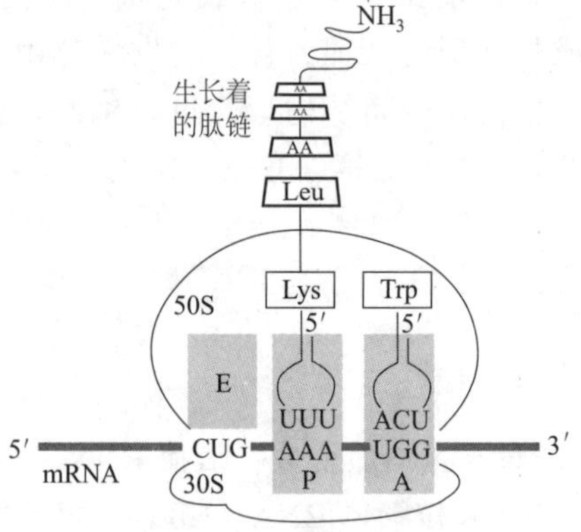

其中 A 位点为氨酰-tRNA 结合部位，P 位点为肽酰基结合部位

图 10.8　大肠埃希菌核糖体结合 tRNA 部位

真核生物的核糖体（80S）由 40S 和 60S 两个亚基组成。40S 的小亚基含有大约 30 种蛋白质和一分子的 18S rRNA。60S 的大亚基含有大约 40 种蛋白质和 3 个 rRNA 分子（5S rRNA、28S rRNA 和 5.8S rRNA）。各类核糖体的三维结构和功能大致相似，但是在各个组分构成上存在差异（表 10.5）。

表 10.5　各类核糖体的组分

生物分类	核糖体	亚基	RNA
原核生物	核糖体 70S	小亚基 30S	16S rRNA
		大亚基 50S	5S rRNA　23S rRNA
真核生物	核糖体 80S	小亚基 40S	18S rRNA
		大亚基 60S	5S rRNA　28S rRNA 5.8S rRNA

10.5　原核生物的翻译

翻译是根据遗传密码的中心法则，将成熟的 mRNA 所携带的生物信息解码，并生成对应的特定氨基酸序列的过程。在 DNA 和 RNA 的合成章节中，这类生物大分子的合成经历了起始、延伸、终止三个主要阶段。在这些基本合成过程之外，还有合成前体的活化和合成分子的后加工过程。与之类似，在肽链合成过程中，为保证蛋白质合成的忠实性和产物功能上的完整性，氨基酸需要氨酰-tRNA 合成酶酯化后才能被 tRNA 携带进入核糖体。新生肽链需要经过一系列折叠与修饰才具有生物活性。为了更好地理解生物是如何将核苷酸信息翻译成蛋白质，我们主要从原核生物的肽链合成起始、肽链合成延伸、肽链合成终止三个方面进行讨论。

10.5.1 肽链合成起始

肽链合成的起始包括翻译起始位点的识别及起始复合物在该处的组装。mRNA 与核糖体小亚基及起始氨酰 tRNA 结合，接着 50S 大亚基结合形成起始复合物。起始氨酰 tRNA 碱基与 mRNA 上的起始密码子 AUG 配对，这一过程需要起始因子启动和 ATP 供能。

10.5.1.1 翻译起始位点

在翻译起始阶段，准确识别起始密码子并确定正确的读框对于遗传信息从 mRNA 精确传递到蛋白质是非常重要的。读框偏移会造成多肽序列改变，导致非功能蛋白质的合成。“遗传密码”一节中提到，几乎所有的翻译起始位点都是 AUG，由于 AUG 除了位于翻译起始位置外还存在于读框内部。因此核糖体需准确区分起始密码子与内部 AUG 密码子，以确保翻译在正确位点起始。

在原核生物中，起始密码子的确定取决于核糖体 30S 亚基对 mRNA 模板特定位置的识别与结合。在 mRNA 起始密码子的上游 3～11 个核苷酸处存在长 4～9 个核苷酸、富含嘌呤碱基的序列，该序列可与核糖体 30S 亚基 16S rRNA 3′ 端的一段富含嘧啶的序列互补配对，使得核糖体能够结合到正确的起始密码子。该序列最早由 John Shine 和 Lynn Dalgarno 在 1974 年发现，被称为 Shine-Dalgarno 序列，或 SD 序列。原核生物翻译由 SD 序列下游第一个 AUG 起始密码子开始（图 10.9）。

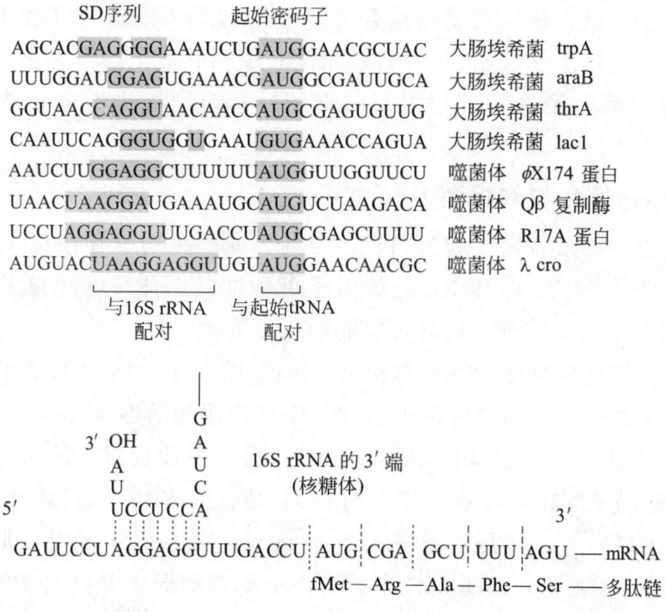

用于编码几种蛋白质的 mRNA 5′端处结合核糖体的 SD 部位（阴影部分）；
以噬菌体 R17A 蛋白合成为例，16S rRNA 的 3′端与 mRNA 的 SD 序列互补，确立正确读框

图 10.9 几种原核生物 mRNA 的 SD 序列

10.5.1.2 起始 tRNA 分子

原核生物蛋白质合成均以甲硫氨酸为起始氨基酸。AUG 即表示起始密码子，也是甲硫氨酸的唯一密码子，起始的甲硫氨酸以 *N*-甲酰甲硫氨酰-$tRNA_f^{Met}$（$fMet\text{-}tRNA^{fMet}$）的形

式参与蛋白质合成。因而原核生物体内的甲硫氨酸至少对应两种 tRNA：一种识别起始密码子参与肽链起始，用 $tRNA_f^{Met}$ 表示；另一种识别内部甲硫氨酸密码子参与肽链延伸，以 $tRNA^{Met}$ 表示。两种 $tRNA^{Met}$ 虽然具有不同的一级结构及功能，但均由同一种 Met-tRNA 合成酶催化氨酰化过程。

$tRNA^{fMet}$ 结合起始甲硫氨酸形成 Met-$tRNA^{fMet}$ 后，经甲酰转移酶催化，将来自 N^{10}-甲酰-四氢叶酸的甲酰基加到 Met 氨基上，从而形成 fMet-$tRNA^{fMet}$。反应式如图 10.10 所示。

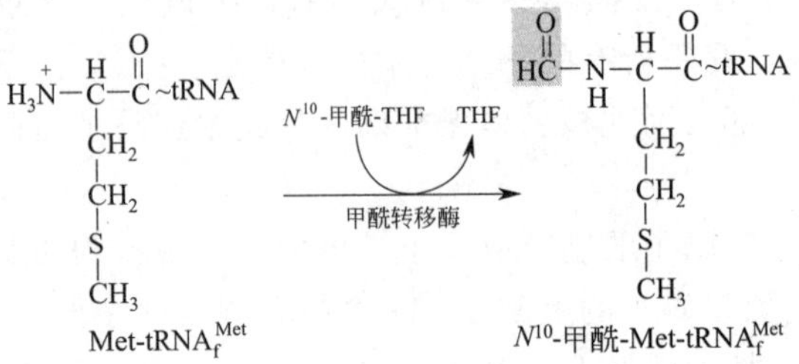

阴影部分为甲酰基。Met-$tRNA_f^{Met}$ 是甲酰转移酶的特异底物，而 Met-$tRNA^{Met}$ 不是该酶底物

图 10.10 甲酰转移酶反应

fMet-$tRNA^{fMet}$ 经甲酰化后氨基被封闭，不能参与肽链延伸过程，可防止起始 tRNA 误读读框内部的密码子。但真核生物蛋白质合成过程中起始 tRNA 可在辅助因子帮助下严格识别起始密码子，故真核生物起始甲硫酰胺-tRNA 并未甲酰化。作为蛋白质合成中的起始氨基酸，甲硫氨酸在翻译后加工过程中有时保留，有时则被去甲酰化或从多肽链中整个除去。

10.5.1.3 起始复合物的组装

蛋白质起始复合物的形成需要起始因子的参与。原核生物中存在 3 个起始因子（initiation factor，IF)：IF-1、IF-2 和 IF-3。起始因子可帮助核糖体 30S 小亚基、mRNA、fMet-$tRNA_f^{Met}$、50S 大亚基依次结合，最终形成起始复合物。

IF-1、IF-3 可分别与核糖体 30S 亚基结合。IF-1 结合于 30S 亚基 A 位点，占位以留待 fMet-$tRNA^{fMet}$ 进入 P 位点，同时可促进 IF-2、IF-3 作用的活性。IF-3 一方面抑制 30S 亚基与 50S 亚基结合，保证核糖体亚基处于解离状态；另一方面促进 30S 亚基与 mRNA 结合，并使 mRNA 起始密码子落在 P 位点。IF-2 与 GTP 结合形成 IF-2-GTP 复合物，该复合物可特异性识别 fMet-$tRNA^{fMet}$，并帮助其进入 P 位点与起始密码子配对，形成 30S 起始复合物。而后 IF-3 离开 30S 亚基，以便 50S 亚基结合于复合物形成完整的 70S 核糖体。IF-1 和 IF-2 随即也离开核糖体，同时结合在 IF-2 上的 GTP 水解成 GDP 和 Pi，产生能量推动核糖体构象改变而成为活化的起始复合物（图 10.11）。

10.5.2 肽链延伸

起始复合物形成后，fMet-$tRNA^{fMet}$ 占据 P 位，A 位准备接收第二个氨酰-tRNA，多肽链合成即进入延伸阶段。肽链延伸由 3 个连续反应重复进行，即进位、转肽、移位，过程中需要延伸因子（elongation factor，EF）的参与。原核生物中存在 3 个延伸因子，分别为

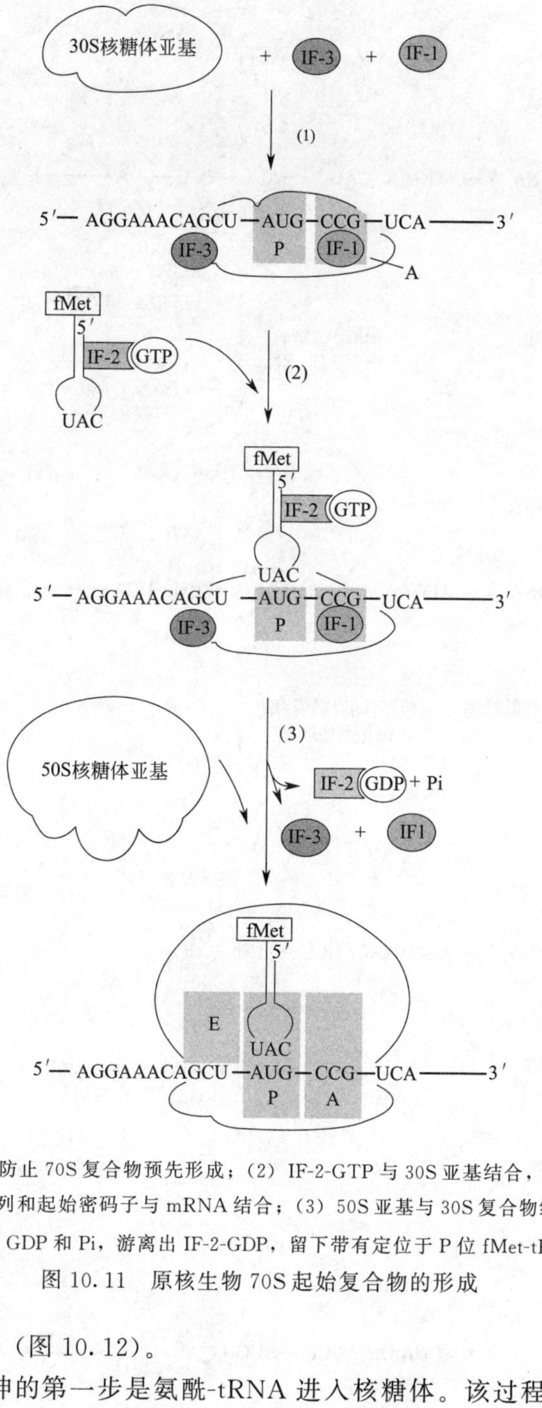

(1) IF-1 和 IF-3 结合 30S 亚基防止 70S 复合物预先形成；(2) IF-2-GTP 与 30S 亚基结合，促进 fMet-tRNA^{fMet} 的结合，30S 复合物通过识别 SD 序列和起始密码子与 mRNA 结合；(3) 50S 亚基与 30S 复合物结合，释放 IF-1 和 IF-3，结合在 IF-2 上的 GTP 水解为 GDP 和 Pi，游离出 IF-2-GDP，留下带有定位于 P 位 fMet-tRNA^{fMet} 的 70S 起始复合物

图 10.11 原核生物 70S 起始复合物的形成

EF-Tu、EF-Ts 和 EF-G（图 10.12）。

（1）进位：肽链延伸的第一步是氨酰-tRNA 进入核糖体。该过程需要延伸因子 EF-Tu 的参与。EF-Tu 与 GTP 结合形成复合物，该复合物可进一步结合除 fMet-tRNA^{fMet} 外的所有氨酰-tRNA，介导它进入核糖体 A 位，并与 mRNA 模板上的密码子配对。在正确的氨酰-tRNA 配对定位在核糖体 A 位后，与 EF-Tu 结合的 GTP 被水解为 GDP 和 Pi，使 EF-Tu-GDP 游离出来，在另一个延伸因子 EF-Ts 催化下，GTP 取代 GDP 重新生成 EF-Tu-GTP，以便能够结合下一个氨酰-tRNA 分子。

（2）转肽：定位在 A 位后，氨酰-tRNA 上氨基酸的氨基对 P 位 fMet-tRNA^{fMet} 或肽酰-

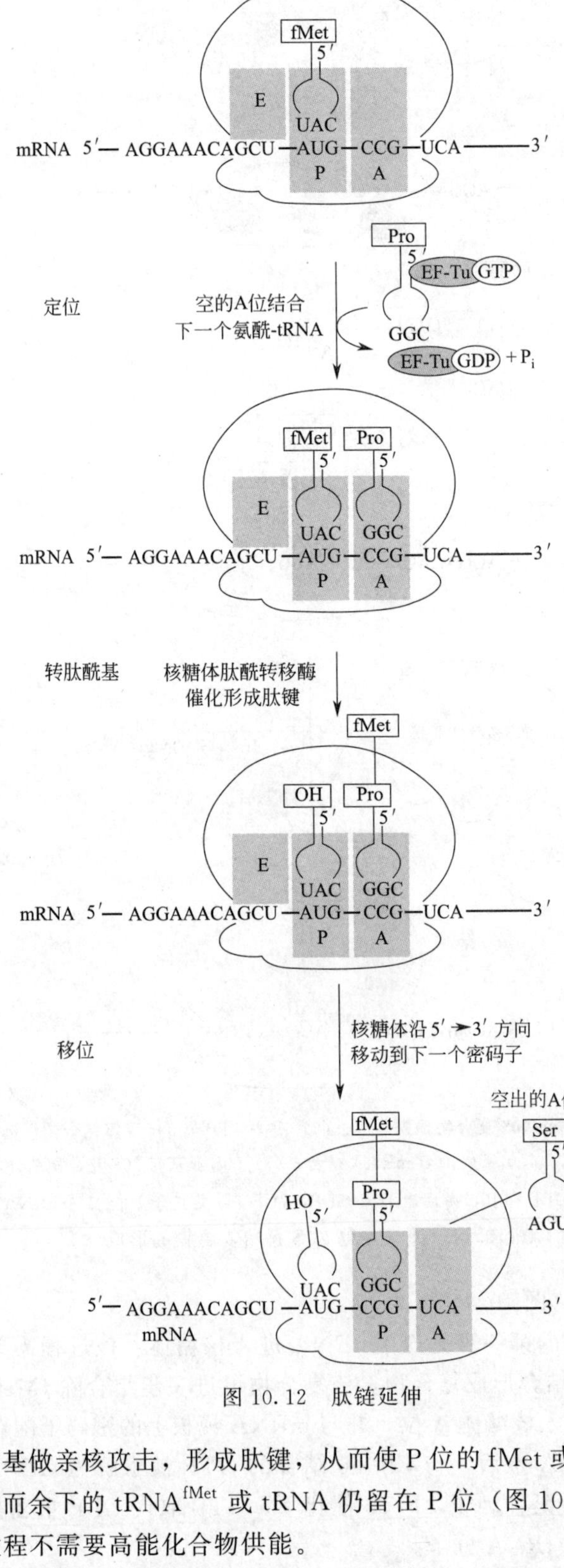

图 10.12　肽链延伸

tRNA 上酯键的羰基做亲核攻击，形成肽键，从而使 P 位的 fMet 或肽酰基转移到 A 位氨酰-tRNA 的氨基上，而余下的 $tRNA^{fMet}$ 或 tRNA 仍留在 P 位（图 10.13）。该转移反应由 23S rRNA 催化，该过程不需要高能化合物供能。

（3）移位：肽键形成后，核糖体向 mRNA 3′端移动一个密码子，使得位于 A 位上的肽酰-tRNA 转移到 P 位，空出 A 位以接收下一个氨酰-tRNA，而原先位于 P 位上的无负载的 tRNA 则脱离核糖体。核糖体移位需要延伸因子 EF-G（又称移位酶）参与，移位所需要的能量由和 EF-G 结合的 GTP 水解提供。每重复一次延伸循环反应，伴随着消耗两个 GTP，多肽链上增加一个氨基酸。

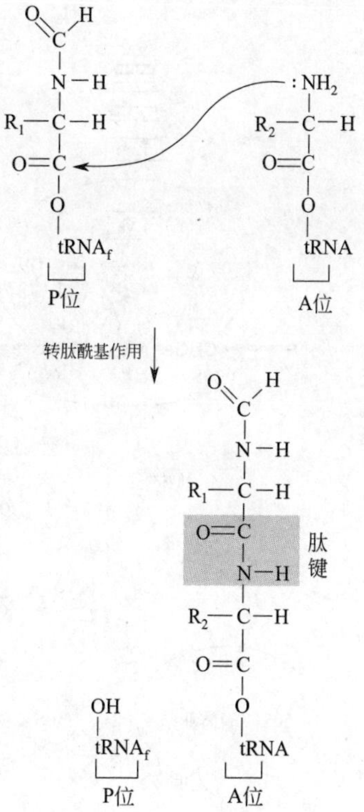

图 10.13　通过氨酰基转移反应形成肽键（阴影部分）

10.5.3　肽链终止

多肽链的终止需要释放因子（release factor，RF）参与。当肽链延伸到终止密码子出现在 A 位时，没有相应的氨酰-tRNA 能够识别，此时由释放因子识别并结合终止密码子。原核生物中存在 3 个与终止有关的释放因子：RF-1、RF-2 和 RF-3。其中 RF-1 识别 UAA 和 UAG，RF-2 识别 UAA 和 UGA，RF-3 不识别任何终止密码子，但可与 GTP 结合促进 RF-1 或 RF-2 的活性。释放因子的结合使核糖体的肽酰转移酶活性转变为酯酶活性，在 P 位切断肽链与 tRNA 之间的酯键，把肽基转移到水分子上。伴随 GTP 的水解，整个 70S 复合物解离，释放出延伸因子、tRNA、mRNA 及 30S 和 50S 亚基（图 10.14）。

蛋白质合成是个耗能的过程，生成氨酰-tRNA 时虽说是消耗了一个 ATP，但实际上是两个高能磷酸酯键水解，移位和延伸时又各消耗了一个 GTP，所以每形成一个肽键都需要四个高能磷酸酯键的水解。

10.5.4　多聚核糖体

在蛋白质合成活跃的真核细胞或者细菌细胞中，可分离出 10～100 个核糖体组成的成串核糖体群，称为**多聚核糖体**（polysome）。在核糖体群中，有发现类似纤维连接这些相邻的核糖体，这种纤维就是单一的 mRNA 分子，它正在被许多彼此相隔很近的核糖体同步翻译。这样，一条 mRNA 就可以在几乎同一时间被多个核糖体利用，同时合成多条肽链。

在细菌内，mRNA 的合成与翻译是按 5′→3′方向进行，转录和翻译紧密耦联，可同时进行。由于细菌的 mRNA 相比于真核生物 mRNA 更容易被降解，为了保证蛋白质合成的高速率，编码特定的或者一组蛋白质的 mRNA 需要连续合成，以保证最大翻译效率；另外，mRNA 短暂的寿命也可以使细胞不需要蛋白质的时候能迅速终止翻译。

在真核生物中，mRNA 在细胞核中合成，经剪接、加工后被转运到细胞质，与游离的核糖体或内质网相连的核糖体结合后才可开始蛋白质合成。真核生物中不存在原核生物那样转录与翻译耦联现象，但真核生物中也存在多个核糖体同时结合在一条成熟 mRNA 上进行翻译的情况。图 10.15 就是真核生物多聚核糖体的电子显微镜图，当核糖体向 mRNA 的 3′末端移动时，新生的多肽链会变得越来越长。

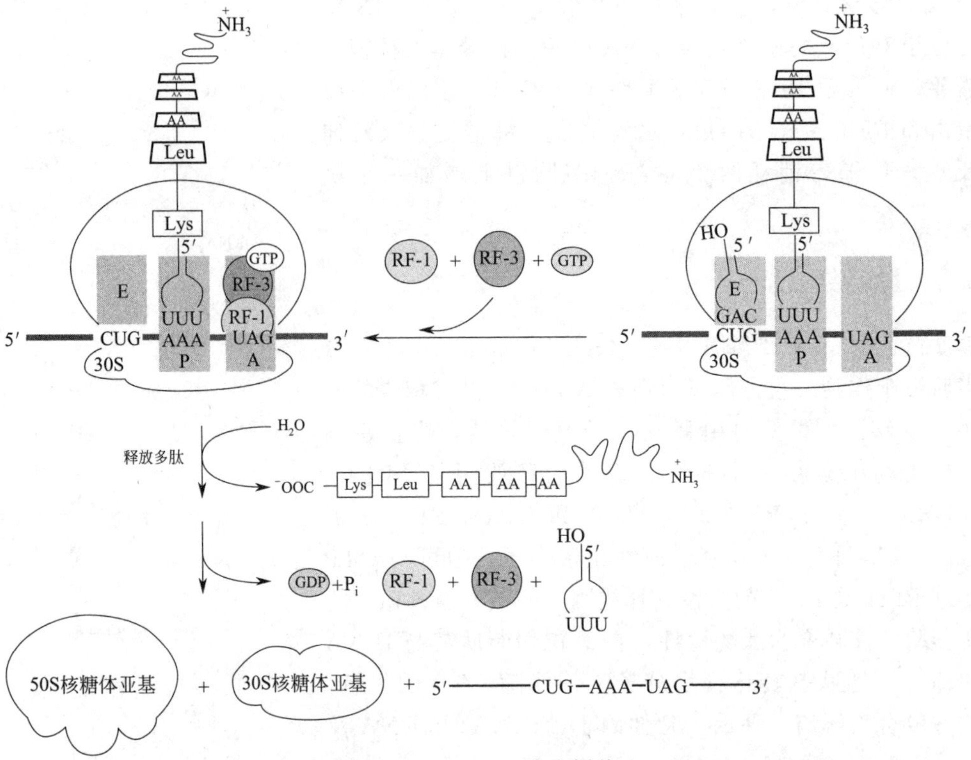

图 10.14　*E. coli* 中翻译终止

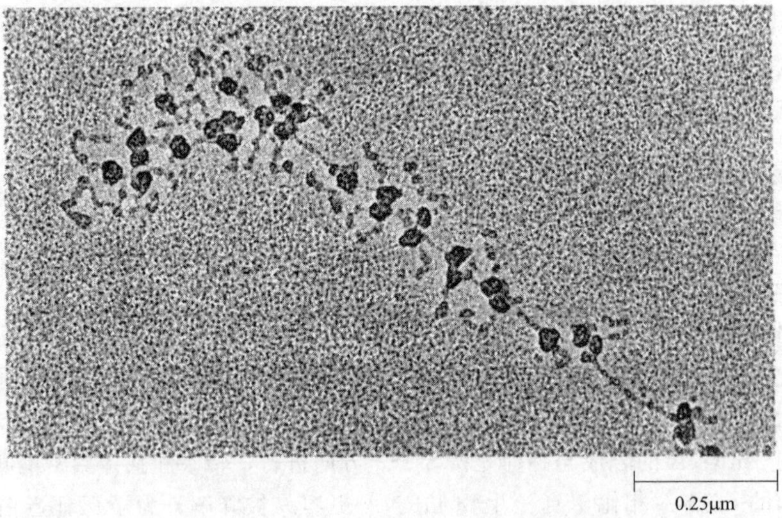

图 10.15 真核细胞多聚核糖体的电子显微镜图

10.6　真核生物的翻译

真核生物的翻译过程与原核生物基本相似，但也有不少区别。具体表现在以下方面：

(1) 核糖体结构类似，但真核生物核糖体体积更大，组成更复杂；

（2）真核生物成熟的 mRNA 结构更为复杂：在 5′端有个“帽”结构，7-甲基鸟苷三磷酸，它与 mRNA 的 5′端核苷酸通过 5′-ppp-5′连接，形成 m^7GpppN 结构，将 mRNA 的 5′端封闭起来，保护 mRNA 不被核酸外切酶水解，还可作为蛋白合成系统的辨认信号，被**帽结合蛋白**（cap binding protein）eIF-4E 识别并结合，推动核糖体小亚基识别进程，进而启动翻译过程；3′端一段 50～200 nt 的多聚 A 尾（poly-A tail）结构，通过长度和组分的不同来调节 mRNA 的稳定性，还能募集多种翻译调节因子，起到在时空上对基因进行表达调控的作用（图 10.16）。

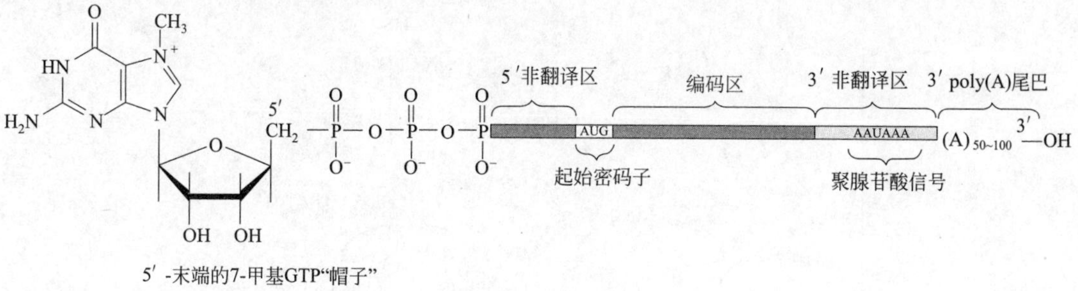

图 10.16 真核生物成熟 mRNA 的结构

（3）真核生物多肽链合成的起始甲硫氨酸不被甲酰化，仅依靠辅助因子来区分起始和阅读框架内部的密码子；

（4）真核生物的起始因子有十多种，而原核生物只有三种，表 10.6 总结了细菌以及真核细胞中翻译起始所需的蛋白因子；

表 10.6 细菌以及真核细胞中翻译起始所需的蛋白因子

细菌的蛋白质合成起始因子	功能
IF-1	防止 tRNA 与 A 位点的提前结合
IF-2	促进 fMet-tRNA^{fMet} 与 30S 核糖体亚基结合
IF-3	与 30S 亚基结合并防止 50S 亚基提前结合，增加 fMet-tRNA^{fMet} 在 P 位点的特异性
真核细胞的蛋白质合成起始因子	**功能**
eIF-2	促进起始 fMet-tRNA^{fMet} 与 40S 核糖体亚基结合
eIF2B	将 eIF2-GDP 转化为 eIF 2-GTP，使得 eIF2-GTP 重新参与翻译起始
eIF3	最大的真核起始因子，可以使 eIF2-GTP-Met-tRNA 三联体复合物稳定地结合到 40S 核糖体亚基上，并促使 43S 前起始复合物的形成
eIF-4A	具有 ATP 水解酶和 RNA 解旋酶活性，可以去除 mRNA 二级结构，允许 mRNA 与 40S 亚基结合，属于 eIF-4F 复合物的一部分
eIF-4B	与 mRNA 结合，促进 mRNA 对位 AUG 密码子
eIF-4E	与 mRNA 的 5′帽结合，属于 eIF-4F 复合物的一部分
eIF-4G	与 eIF-4E 及 polyA 结合蛋白质进行配对，属于 eIF-4F 复合物的一部分
eIF-5	促进部分起始因子从 40S 亚基分离出来，作为与 60S 亚基结合成 80S 起始复合物的导向因子
eIF-6	促进灭活的 80S 核糖体分解成 40S 和 60S 亚基

（5）真核生物核糖体结合位点不依靠 SD 序列，起始密码子附近常见核苷酸为 GCCAGCCAUGG；

（6）与原核生物相反，40S 小亚基需结合 Met-tRNA$_i$ 后，才能与 mRNA 匹配；

（7）真核生物翻译起始阶段不仅需要 GTP，还需要水解 ATP 释放能量来解开 mRNA 的二级结构。

10.6.1 肽链合成起始

真核生物多肽链合成的起始阶段也分三个步骤（图 10.17）：

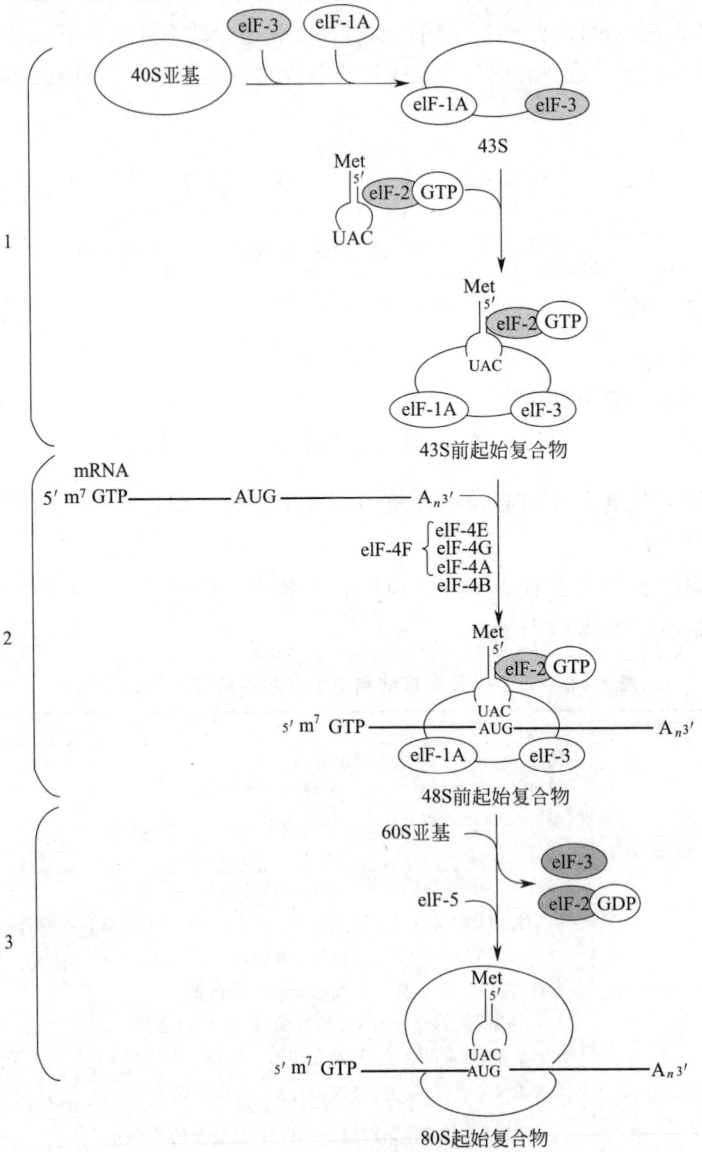

m^7GTP：7-甲基 GTP

图 10.17 真核生物中翻译起始的 3 个步骤

（1）形成 43S 前起始复合物。首先 eIF-2 和 GTP 及起始氨酰-tRNA 形成三元复合物。要注意的是，起始氨酰-tRNA 不是 fMet-$tRNA^{fMet}$，而是 Met-$tRNA_i^{Met}$（i 表示起始 $tRNA^{Met}$），即蛋氨酸未被甲酰化。之后该复合物与已结合了 eIF-1A 和 eIF-3 的核糖体 40S 亚基结合，组装成 43S 前起始复合物。与原核生物肽链起始不同，在这一步中结合第一个氨酰-tRNA（Met-$tRNA_i^{Met}$）时，并没有 mRNA 存在。

（2）募集 mRNA。这一步涉及 43S 前起始复合物与 mRNA 的结合，然后将核糖体正确定位于 AUG。在真核生物中起始密码子前没有 SD 序列，而是由 5′帽子通过 ATP 水解驱动的所谓**扫描机制**（scanning mechanism）将核糖体正确定位于AUG。

43S前起始复合物结合mRNA需要一套称为eIF-4族的蛋白质协助，这些蛋白质识别mRNA的5′帽和3′polyA尾，以及未解旋的任何mRNA的二级结构，并将mRNA转移到43S前起始复合物。eIF-4族包括eIF-4B和eIF-4F，其中eIF-4F是一个由eIF-4A、eIF-4E和eIF-4G组成的三聚体复合物。由于eIF-4G可与一个与polyA片段结合的**polyA-结合蛋白**（polyA-binding protein）作用，所以eIF-4G起着结合5′帽的eIF-4E、mRNA的polyA尾和40S核糖体亚基（通过与eIF-3相互作用）之间的桥梁的作用。5′端m^7GpppN帽和3′端poly A尾之间的相互作用启动40S核糖体亚基进行扫描，搜索AUG密码子。

eIF-40S复合物起初处于起始密码子的上游，然后向3′方向移动，直至遇到**正确序列**（correct context）的第1个AUG。所谓正确序列是由起始密码子AUG周围几个碱基确定的，也称为Kozak序列，其特征是一段共有序列$_{-3}$ACC**AUG**G$_{+4}$。

在步骤（2）中，mRNA与43S前起始复合物形成了一个48S前起始复合物，准备结合60S核糖体。

（3）募集60S核糖体。当48S前起始复合物停在AUG密码子处，eIF-2和GTP以及$Met\text{-}tRNA_i^{Met}$形成三元复合物中的GTP水解，引起起始因子的释放，并导致60S核糖体结合，从而形成80S起始复合物。

10.6.2 肽链延伸和终止

真核生物的肽链延伸反应和原核生物相似，同样经历进位、转肽和移位。两者差别在于真核生物核糖体中eEF-1和eEF-2两个延伸因子在行使功能。eEF-1由eEF-1A和eEF-1B构成，eEF-1A和eEF-1B的功能分别相当于原核生物中的EF-Tu和EF-Ts的功能，eEF-2类似于EF-G的功能。此外，在某些真菌中还有第三种延伸因子eEF-3参与反应，促进空载tRNA从E位释放，从而刺激氨酰-tRNA进入A部位。

真核生物的肽链终止也类似于原核生物，当核糖体移动遇到终止密码子UAG、UAA或UGA时，也是没有一个tRNA分子能够识别。但真核生物中释放因子eRF-1可以与所有3个终止密码子结合，通过模拟tRNA结构，并催化合成的氨基酸C末端与tRNA之间的酯键水解，释放出新合成的氨基酸，核糖体与mRNA也随之解离。

10.7 蛋白质的修饰和定位

在蛋白质合成的最后一个阶段，核糖体新合成的肽链必须经过一系列极为复杂的加工和成熟过程才能够成为具有活性的蛋白质。肽链在合成过程中和合成结束后，借助自身主链和侧链的相互作用，通过氢键、范华德力、离子键及疏水作用力发生折叠，是一种热力学自发过程。只有形成一定的空间结构，蛋白质才能真正发挥生物活性。

此外，蛋白质还通过功能基团或蛋白质的共价添加、亚基调节等方式来增加功能的多样性，进一步促进了从基因组水平到蛋白质组复杂性的增加，这就是**蛋白质翻译后修饰**（protein translational modification，PTM）。

主要的蛋白质翻译后修饰可分为以下几类。

10.7.1 结构的改变

新生多肽链在合成结束到定位具体功能行使部位的过程中，会对氨基酸残基组成和结构进行调整。所有多肽的合成都是从 *N*-甲酰甲硫氨酸残基或者甲硫氨酸残基开始，但大多数情况下甲硫氨酸残基会依靠甲硫氨酸氨基肽酶的作用被断裂下来。如果 N-端的第二位氨基酸残基的回转半径≤1.29Å，如甘氨酸、丙氨酸、丝氨酸、半胱氨酸、苏氨酸、脯氨酸和缬氨酸，那么起始的甲硫氨酸残基将会被切除，如果邻近的 N-末端第二位氨基酸残基的回转半径≥1.43 Å 时，甲硫氨酸残基则不会被切除。另外，蛋白质的拓扑结构也会影响甲硫氨酸氨基肽酶的切除效率。

新生的肽链还具有自剪接现象。**内含肽**（intein）是前体蛋白质中的一段插入序列，它通过催化蛋白质剪接反应将自身从前体蛋白质中剪切出来，并将两侧的蛋白质外显子序列（N-端蛋白质外显子和 C-端蛋白质外显子）以天然肽键连接。

多肽链折叠成天然构象后，链内或链间的半胱氨酸（Cys）残基间有时会产生**二硫键**（disulfide bond）。二硫键普遍存在于真核生物蛋白质中，它可避免蛋白质在分子内外条件改变或凝聚力较低的条件下发生变性，在维持蛋白质空间构象中具有很重要的作用。例如，胰岛素会在建立双硫键后被剪开两次，并移走中间多余的多肽前体，形成包含了两条以双硫键连接的多肽链（图 10.18）。

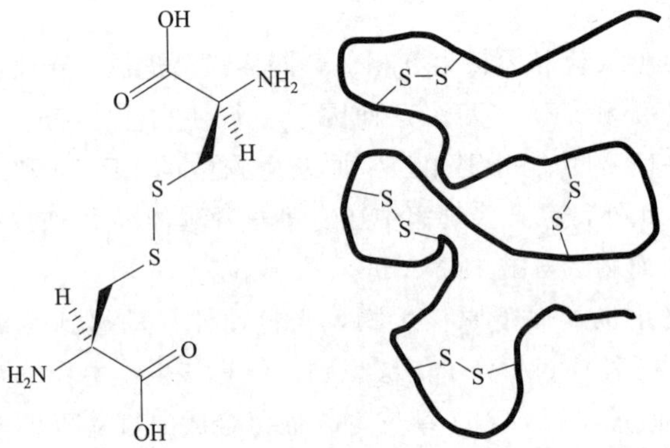

图 10.18 二硫键的分子结构及对蛋白质二级结构的影响

在蛋白质空间构象形成过程中，**分子伴侣**（chaperone）起重要的作用。分子伴侣是一类在序列上没有相关性但有共同功能的蛋白质，它们在细胞内帮助其它含多肽的结构完成正确的组装、折叠和降解，并在执行完毕后与之分离，是维持细胞内蛋白质稳态的重要的蛋白质机器。

10.7.2 加入官能团

10.7.2.1 磷酸化

磷酸化（phosphorylation）在细胞周期、生长、凋亡和信号转导等过程中起着重要的调控作用。有些蛋白质中丝氨酸、苏氨酸、酪氨酸残基上的羟基可被激酶进行磷酸化修饰以调节蛋白自身活性，如乳液中酪蛋白的磷酸化可增加 Ca^{2+} 的结合（图 10.19），有利于幼儿营养，磷酸化-去磷酸化循环作用调节了许多酶和调控蛋白的活性。

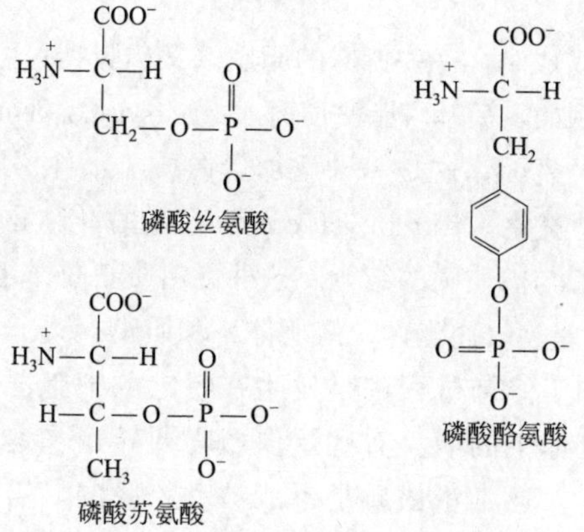

图 10.19 磷酸化氨基酸残基的修饰

10.7.2.2 糖基化

蛋白质糖基化（glycosylation）是蛋白质翻译后的主要修饰之一，对蛋白质的折叠、构象、分布、稳定性和活性都有重要影响。糖基化包含了从核转录因子的简单单糖修饰到细胞表面受体的高度复杂分支多糖变化的蛋白质的糖部分添加的多种选择。以天冬氨酸连接（N-连接）或丝氨酸/苏氨酸连接（O-连接）寡糖形式存在的碳水化合物是许多细胞表面和分泌蛋白的主要结构成分。

10.7.2.3 甲基化

蛋白质甲基化（methylation）是指将甲基取代氨基酸残基的氢原子，通常是赖氨酸或精氨酸，也包括组氨酸、半胱氨酸和天冬酰胺等残基。蛋白质的甲基化是一种普遍的修饰，如赖氨酸残基可以发生单、双或三甲基化修饰。在大鼠肝细胞核的总蛋白提取物中，大约2%的精氨酸残基是二甲基化的。蛋白质甲基化可能影响蛋白质-蛋白质、蛋白质-DNA、蛋白质-RNA 的相互作用，可调控蛋白质稳定、亚细胞定位或酶活性。

10.7.2.4 乙酰化

几乎所有的真核细胞蛋白质都通过不可逆和可逆的机制发生 *N*-乙酰化（*N*-acetylation）。*N*-乙酰化需要 *N*-蛋氨酸被蛋氨酸氨基肽酶裂解，然后 *N*-乙酰基转移酶用乙酰辅酶 A 的乙酰基取代氨基酸。这种类型的乙酰化是共翻译的，因为这种乙酰化是在延伸中的多肽链的 N 端与核糖体相连时进行的。80%～90%的真核细胞蛋白以这种方式乙酰化。

组蛋白 N 末端赖氨酸的 ε-NH_2 乙酰化（简称赖氨酸乙酰化）是调节基因转录的常用方法。赖氨酸残基乙酰化过程受到乙酰转移酶活性的转录因子调控，和组蛋白去乙酰化酶共同调控蛋白乙酰化水平，改变染色体结构密度来调控转录进程。

10.7.2.5 琥珀酰化

蛋白质琥珀酰化（succinylation）修饰是赖氨酸酰化的重要修饰途径之一，琥珀酰化修饰赋予赖氨酸基团 2 个负电荷，能够引发更多蛋白质特性的改变。TCA 循环所产生的**琥珀酰辅酶 A**（succinyl coenzyme A）是琥珀酰化修饰的主要供体来源，并且在糖类合成通路中存在大量的琥珀酰化修饰及其他酰化修饰。琥珀酰化修饰会影响乙酰辅酶 A 的构象稳定性，从而负调控其活性，和乙酰化修饰之间有很强的相关性。

10.7.2.6 脂质化

在翻译的过程中和翻译完成时，一些特殊的脂质（又称脂类）可以和肽链共价结合，影响蛋白质的活性与亚细胞定位。例如，糖基磷脂酰肌醇（glycosylphosphatidyl inositol，GPI）的加入可以将细胞外蛋白锚定到质膜外表面，这是一种增加蛋白质疏水性、增强对膜的亲和能力的修饰。类似的还有溶质蛋白的棕榈酰化（palmitoylation）、豆蔻酰化（myristoylation）或异戊二烯化（prenylation）都可以促进它们与内质膜的结合。这种蛋白质靶向作用常见于细胞器（内质网、高尔基体、线粒体、叶绿体）、囊泡（内涵体、溶酶体）和质膜。

在真核生物中，许多加工修饰过程都是发生在特定的细胞器中。例如蛋白质的糖基化就需要存在于内质网和高尔基体中的酶。有些蛋白质需要转运和定位在细胞中的特定部位，例如内嵌蛋白要定位在质膜中。通常蛋白质是不能被动跨膜的，需要一种机制将蛋白质定位于包括细胞膜在内的不同细胞器。

10.7.3 结合其它肽或蛋白质

10.7.3.1 泛素化

泛素化（ubiquitination）是指泛素（一类低分子量的蛋白质）分子在泛素激活酶（E1）、泛素结合酶（E2）和泛素连接酶（E3）等作用下，对靶蛋白进行特异性修饰的过程。包括了以下一系列步骤（图 10.20）：

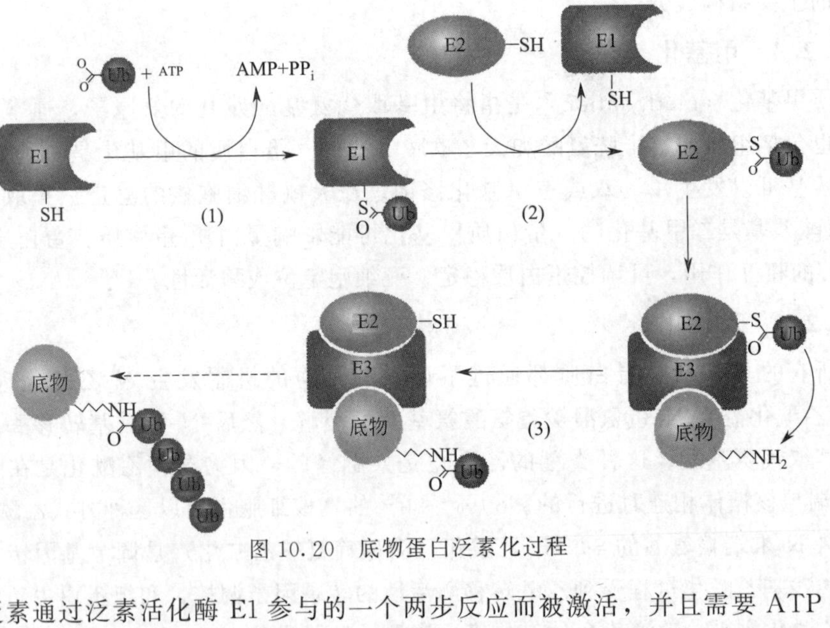

图 10.20 底物蛋白泛素化过程

（1）泛素通过泛素活化酶 E1 参与的一个两步反应而被激活，并且需要 ATP 提供能量。第一步是泛素与 ATP 反应，形成泛素-腺苷酸复合物；第二步是泛素的转移，即泛素与 AMP 分离并转移到 E1 的半胱氨酸残基上，泛素的羧基端与 E1 酶中半胱氨酸的巯基通过硫酯键相连。

（2）E1 将活化后的泛素通过转硫酯化反应转移到泛素结合酶 E2。

（3）泛素连接酶 E3 催化泛素级联反应的最后一步，将结合到 E2 的泛素转移到目标蛋白上，使底物蛋白的一个赖氨酸与泛素的羧基端的一个甘氨酸通过异构肽键连接，通常这个步骤需要 100 多个 E3 连接酶的催化，E3 连接酶具有底物识别作用，并且能够与 E2 和底物相作用，有些 E3 也可以激活 E2 的活性。泛素化在蛋白质的定位、代谢、功能、调节和降解中都起着十分重要的作用。同时，它也参与了细胞周期、信号传递、炎症免疫等多种生命活动的调控。

10.7.3.2 相素化

类泛素蛋白修饰分子（small ubiquitin-like modifier，SUMO）是近年来发现的数种与泛素相类似的蛋白质之一。它可经由类似泛素化的过程与目标蛋白质上特定的赖氨酸支链形成共价键，进而修饰目标蛋白质，这个过程称为 SUMO 化（SUMOylation），也被称为相素化。多种基因转录因子、信号传递分子及病毒蛋白已被证实会被 SUMO 修饰；与泛素化不同的是，SUMO 化不会促进其目标蛋白质的降解。已知的 SUMO 化修饰可以影响蛋白质之间的交互，增加蛋白质之间的稳定性及调控蛋白质运输。在哺乳动物的系统中，有许多参与基因表达的蛋白质如转录激活因子（transcriptional activator）、抑制因子（repressor）、共激活因子（coactivator）、共抑制因子（corepressor）被报道会被 SUMO 修饰，从而抑制相关基因的转录。

每一个需要运输的蛋白质都含有一段特定的氨基酸序列，能引导蛋白质的转运。部分蛋白质 N-末端有 5～30 个残基，将蛋白质引导到细胞含不同膜结构的亚细胞器之后会被切除，我们称之为**信号肽**（signal peptide），也有部分信号肽会产生在蛋白质 C-末端。信号肽多由疏水性氨基酸组成，用于指导蛋白质的跨膜转移或者定位。在真核生物中，许多加工修饰过程都发生在特定的细胞器中，而核糖体一部分以游离的形式在胞浆中合成胞浆蛋白质，还有一部分会在合成新生肽链时受信号肽的引导从而附着在粗面内质网上。

经适当修饰的蛋白质随后要向不同细胞器转移，称为蛋白质定位或**寻靶**（targeting）。大部分经修饰的蛋白质由内质网形成运输泡将蛋白质转运到高尔基体进行进一步加工，如糖基化生成糖蛋白，获得更强的特异性，之后被运输到质膜、分泌到胞外或者保存在溶酶体中。

10.8 蛋白质合成的抑制剂

蛋白质合成作为细胞功能的核心，每一个合成步骤都会受到一种或者几类抗生素的专一性抑制。许多蛋白质合成抑制剂都是抗生素或毒素，其中有些抑制剂常被用于阐明蛋白质合成的机制，表 10.7 给出了几种常见的抗生素。

表 10.7 一些蛋白质合成抑制剂

抑制剂	抑制的细胞	作用方式
抑制起始		
金精三羧酸(aurintricarboxylic acid)	原核细胞	阻止 IF 与 30S 亚基结合
春日霉素(kasugamycin)	原核细胞	抑制 fMet-$tRNA^{fMet}$ 结合
链霉素(streptomycin)	原核细胞	阻止起始复合物形成
抑制延伸中的氨酰-tRNA 结合		
四环素(tetracycline)	原核细胞	抑制氨酰-tRNA 结合在 A 位
链霉素(streptomycin)	原核细胞	导致密码子错读，插入不匹配的氨基酸
摩雪霉素(kirromycin)	原核细胞	与 EF-Tu 结合，阻止由 EF-Tu-GTP 转换为 EF-Tu-GDP
抑制延伸中的肽键形成		
司帕霉素(sparsomycin)	原核细胞	抑制肽酰转移酶

续表

抑制剂	抑制的细胞	作用方式
氯霉素(chloramphenicol)	原核细胞	与50S亚基结合,封住A位,抑制肽酰转移酶活性
克林霉素(clindamycin)	原核细胞	与50S亚基结合,使A和P位重叠,抑制肽酰转移酶活性
红霉素(erythromycin)	原核细胞	封闭50S亚基通道,引起早熟的肽酰-tRNA解离
抑制延伸中的移位		
羧链孢酸(fusidic acid)	原核细胞、真核细胞	抑制EF-Tu-GDP从核糖体上解离
硫链丝菌肽(thiostrepton)	原核细胞	抑制核糖体依赖的EF-Tu和EF-G GTPase活性
白喉毒素(diphtheria toxin)	真核细胞	通过ADP核糖基化作用使eEF-2失活
放线菌酮(cycloheximide)	真核细胞	抑制肽酰-tRNA移位
提前终止		
嘌呤霉素(puromycin)	原核细胞、真核细胞	氨酰-tRNA类似物,结合在A位,起着肽酰基受体的作用,中断肽链延伸
失活核糖体		
蓖麻毒蛋白(ricin)	真核细胞	使28S rRNA的一个特定腺苷去嘌呤,导致真核生物核糖体60S亚基失活

例如嘌呤霉素最初就是用来研究核糖体延伸循环的抗生素，由链霉菌产生。嘌呤霉素的结构和氨酰-tRNA的3′末端很相似，因而能结合核糖体A位，但不参与核糖体的移位和分离，从而过早结束肽链合成，产生抑制效果（图10.21）。另外一些是可抑制原核细胞但不影响真核细胞的蛋白质合成的临床上重要的抗生素，例如称为广谱抗生素的氯霉素和四环素等。

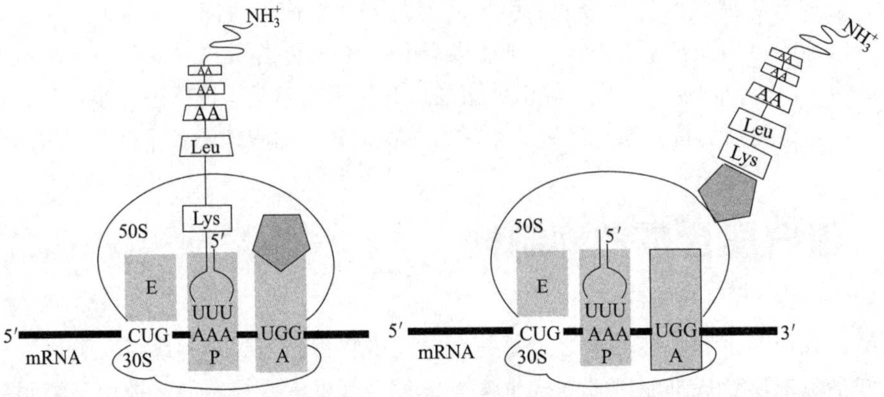

图10.21 嘌呤霉素破坏肽键的形成

相关话题

氨基酸的奥秘

我们知道蛋白质是由多肽链盘曲折叠而成，而多肽链又是由一个个的氨基酶构成的，那氨基酸是如何产生的呢？1952年著名的米勒-尤列实验（Miller-Urey experiment）在探索无机物质生成氨基酸的路上迈出了第一步。实验建立了一个受控型密封系统，模拟地球早期大气层环境，并在装置中引入了氢气、甲烷和氨气，模拟早期大气层无氧气的状况并释放电火花，以此模拟闪电。最终，利用冷凝器将这些气体冷却成液体，收集进行分析。

实验开始一周后，观察发现冷却的液体中存在大量的有机化合物，有10%～15%的碳以有机化合物的形式存在。其中2%属于氨基酸，共形成超过20种不同的氨基酸，其中甘氨酸含量最高。1969年在澳大利亚发现的默奇森陨石（Murchison meteorite）中发现了超过一百种氨基酸，仅有少数几类为天然氨基酸。

蛋白质编码通用 64 种三联体密码子，包括 3 个终止密码子和 61 个编码 20 种标准氨基酸的密码子。合成生物学家们一直在尝试进一步拓展现有的遗传密码框架，主要集中在有义密码子的压缩与创建新的密码子两类，并尝试加入非天然氨基酸构建“半合成生物体”。2011 年，哈佛大学合成生物学家 George Church 团队成功将大肠埃希菌中的 321 个 TAG 终止密码子替换成 TAA，实现了人为减少密码子的冗余性。在此基础上，来自英国剑桥大学医学研究委员会分子生物学实验室（The MRC Laboratory of Molecular Biology，LMB）的 Jason Chin 通过人工合成了全部的 4 Mb 大肠埃希菌基因组，并将其中丝氨酸的密码子 TCG 和 TCA 替换为同义密码子 AGC、AGT，终止密码子 TAG 替换为 TAA，成功构建一株只有 61 个密码子的大肠埃希菌。在创建新的密码子方面，来自美国克里普斯研究所的 Floyd Romesberg 团队扩大了遗传密码字母表：构建出两种新的 DNA 碱基，即 X 和 Y，并成功构建了一个非天然氨基酸系统，其中包括含有新碱基密码子、正交氨酰 tRNA 合成酶（aaRS）、携带新反密码子的 tRNA 和目标非天然氨基酸。验证了非天然核苷酸可以被解码成非天然氨基酸和天然氨基酸，极大拓展了生物体可利用的遗传信息（图 10.22）。

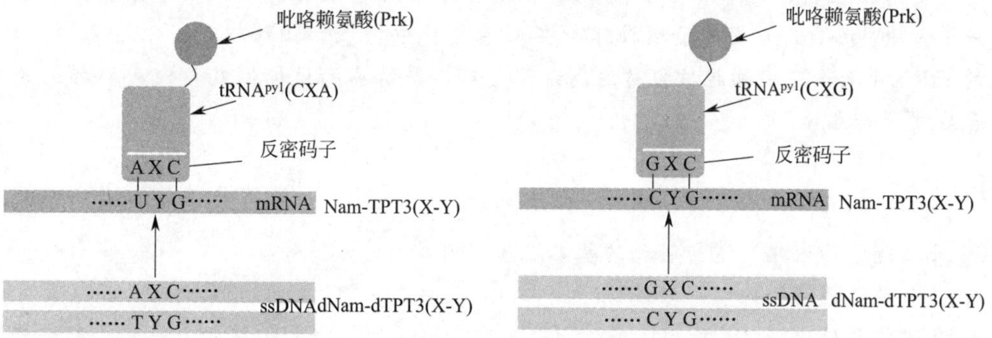

图 10.22 插入吡咯赖氨酸的蛋白质合成系统

合成生物学的目的在于建立人工生物系统，通过设计出不按自然本来的方式发挥作用的有机物质，通过对冗余密码子的缩减，从而创造出空白密码子（生物体内部编码氨基酸的终止密码子或编码氨基酸，但是很少出现的罕用密码子）所对应的合成物质，科学家实现了在中心法则（DNA-RNA-protein）中加入非天然的物质，创造了能够稳定储存的非天然核酸遗传信息并且能够将非天然遗传信息解码成非天然氨基酸、蛋白质的半合成生命。将原来单独的非天然核酸和非天然氨基酸部分统一在一起，极大拓展了生物可以利用的遗传信息。针对非天然氨基酸系统特异性强、对蛋白质结构扰动小及使用灵活等特点，科学家们就可利用它开发和定制大分子药物、生物燃料等一系列产品。

小结

mRNA 携带了 DNA 的遗传信息，是蛋白质合成的模板。遗传信息由 mRNA 上核苷酸排列顺序决定，每三个核苷酸组成一个密码子来编码一个氨基酸，共有 64 个密码子，其中 61 个密码子可编码氨基酸，另有 3 个密码子 UAA、UGA、UAG 为终止密码子。

tRNA 作为一种双功能的接头分子，分别和氨基酸、密码子结合，对 mRNA 进行翻译。tRNA 分子二级结构为三叶草型，tRNA 分子的三级结构为倒 L 型，含有 4 个臂（碱基配对区）和3个环。氨基酸臂共价连接氨基酸残基，反密码子环上的反密码子通过碱基配对与mRNA中的密码子相互作用。反密码子与mRNA中的密码子相互作用过程中，在反密码子的5′位有一定的柔性（摆动性），即在该位置容许非标准碱基配对，结合同一个氨基酸但具有不同反密码子的tRNA（称为同工tRNA）可以与同一个密码子通过碱基配对相互作用。

蛋白质合成的场所是核糖体。原核生物核糖体为70S，由50S和30S大小两个亚基组成；真核生物核糖体为80S，由60S和40S大小两个亚基组成。氨基酸需要经过氨酰-tRNA酶活化之后才能进入核糖体。在核糖体中肽链的合成包括5个阶段：氨酰-tRNA的合成、多肽链合成的起始、多肽链合成的延伸、多肽链合成的终止、多肽链折叠与加工。在原核生物中，首先形成一个包含mRNA、30S亚基、fMet-tRNA^{fMet}和30S亚基的30S起始复合物。16S rRNA和位于mRNA起始密码子上游的互补SD序列之间碱基配对选择起始位点。

在延伸阶段，一个氨酰-tRNA结合在A位，而相邻的P位为肽酰-tRNA位置，经转肽反应形成新的肽酰-tRNA，然后由A位转移到P位。肽链终止发生在特殊的终止密码子处，同时需要释放因子参与。最后进行多肽链的折叠和加工。真核生物翻译类似于原核生物，但有更多蛋白因子参与其中。

无论是原核生物，还是真核生物多肽都是从N端向C端合成的，多个核糖体依次结合在单一mRNA分子上构成多聚核糖体。在原核生物中转录和翻译耦联，但在真核生物中，成熟的mRNA必须先由细胞核被转运到细胞质后，与游离的核糖体或与内质网相连的核糖体结合后才开始翻译。

习题

1. 什么是遗传密码？遗传密码的基本性质有哪些？
2. 什么是遗传密码的“摆动假说”？
3. 在遗传密码中，UUA、UUG、CUU、CUG、CUC、CUA这六个密码子都编码亮氨酸，这反映了密码子的什么特性？请解释这种特性并说明它的生物学意义。
4. 参与蛋白质合成的RNA主要有哪几类？各自起什么作用？
5. 比较真核生物和原核生物mRNA结构的异同。
6. 简述tRNA的结构和功能特点。
7. 核糖体由哪些功能部位组成？
8. 蛋白质的生物合成可以分为哪些步骤？
9. 原核生物参与多肽链合成的起始因子有哪些？它们的作用分别是什么？
10. 原核生物多肽链合成起始需要哪些步骤？
11. 真核生物和原核生物在多肽链合成起始阶段有何异同点？
12. 原核生物和真核生物多肽链合成的延伸过程包括哪些步骤？有哪些合成因子参与反应？
13. 原核生物和真核生物多肽链的合成各有哪些终止因子参与作用？
14. 分子伴侣对蛋白质折叠过程中有什么影响？
15. 蛋白质翻译后主要有哪些的加工修饰过程？
16. 原核生物肽链合成的延伸过程中，每合成一个肽键需要消耗多少能量？
17. 生物是如何保证多肽链合成过程中的翻译忠实性？
18. 在原核生物蛋白质合成过程中，为何mRNA读框中的AUG密码子不会被起始氨酰tRNA误识？

11 代谢导论

前面各章描述了活细胞中主要成分的结构和功能，这些成分包括氨基酸、核苷酸等小分子，也包括蛋白质、核酸等多聚物，还包括膜等聚合体。活细胞不是静止的分子组装体，虽然有些细胞成分是稳定的，但这些成分却在快速地转换，处于不断地合成与降解过程中，不过这些成分在细胞内的浓度却能保持稳定。从本章开始，重点将集中在已经描述过的细胞成分的降解、转化和合成的生物化学活动上。简而言之，我们将从细胞结构的静态观点转移到细胞功能的动态特性方面。

新陈代谢，简称代谢（metabolism），是指发生在活细胞内由酶催化的所有化学反应，是生物体表现生命活动的重要特征之一。这些反应分为**分解代谢反应**（catabolic reaction）和**合成代谢反应**（anabolic reaction）。通过分解代谢，生物大分子被降解成小的构件分子，同时释放出大量能量；活细胞利用释放的能量驱动合成代谢反应，合成代谢反应能够提供维持细胞生长、发育所需的生物分子（图 11.1）。细胞还利用捕获的能量执行其它任务，例如跨膜主动运输和细胞运动等。

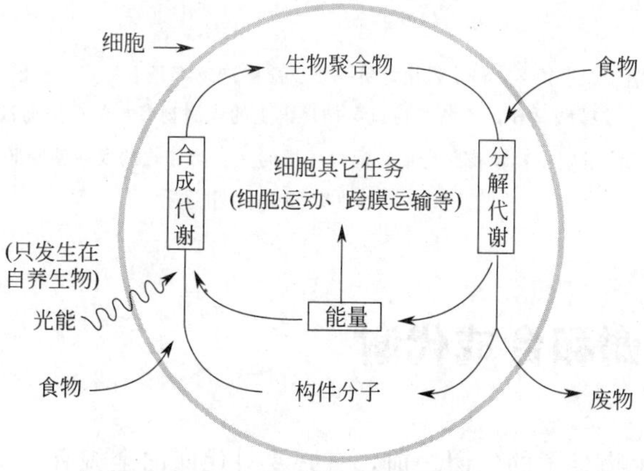

图 11.1　合成和分解代谢

大约有一千万种以上的生物与人类共同生存在地球上，在进化的过程中，大量物种不断消失，同时伴随许多新的生物出现。就多细胞生物而言，在细胞类型或组织上存在着显著的特异性。尽管存在这些差异，但活细胞的生物化学揭示它们不仅在细胞成分的化学组成和结构上，而且在代谢的途径上具有惊人的相似性。

有关细胞功能的共同话题包括以下一些内容：

（1）细胞维持其内部离子、代谢中间物及酶等处于特定的浓度。细胞膜提供了将细胞内的成分与环境隔离开的屏障。

（2）细胞从外部能源吸取能量的行为是驱动耗能反应，能量可以来自太阳能转换成化学能的过程，或者是来自产能化合物的降解过程。

（3）细胞要按照基因编码的蓝图生长和繁殖。

（4）细胞要适应环境的影响，细胞活性应当适应能量的可利用性。当来自环境的能量供给有限时，细胞通过利用内部储存的能量或者是像冬眠和形成种子那样，放慢代谢速率来满足对能量的需求。

由于绝大多数代谢反应在酶的催化下很容易进行，所以代谢的完整描述不仅包括反应物、中间代谢物和反应产物，还包括催化反应的酶的特性的描述。

代谢过程是通过一系列有序的反应即代谢途径来实现的，它可能是一个降解或合成过程。代谢途径主要有两种类型：线性途径和非线性途径，非线性途径包括环形途径和螺旋形途径等。例如，酮体 β-羟丁酸氧化是线性途径，柠檬酸循环是环形途径，脂肪酸生物合成则是螺旋形途径（图 11.2）。

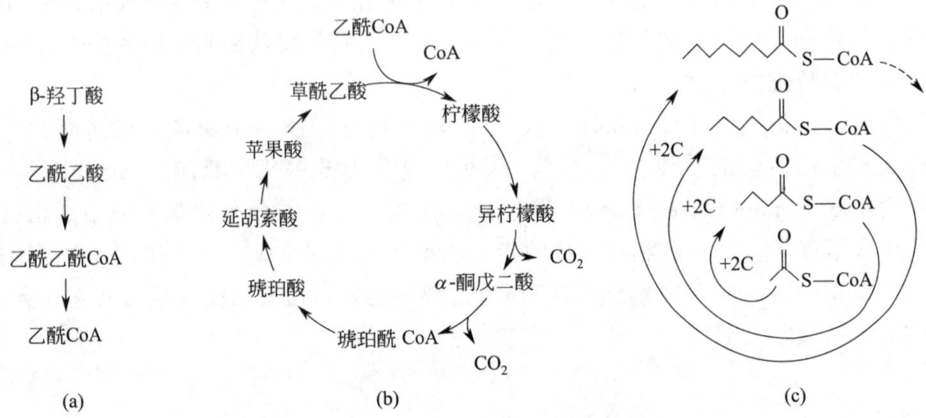

（a）线性代谢途径：酮体氧化，每一步反应的产物都是下一步反应的底物；

（b）环形代谢途径：柠檬酸循环，乙酰基通过可循环再生的代谢物参与的反应而被氧化为两个 CO_2；

（c）螺旋形代谢途径：脂肪酸合成，通过同样的一套酶催化的反应使脂肪酸链延长

图 11.2　几种类型的代谢途径

11.1　分解代谢和合成代谢

在详细讨论各种生物分子的代谢之前，有必要对代谢的全貌有一个大致的了解。细胞中的代谢分为分解代谢和合成代谢，尽管细胞代谢活动中的很大一部分属于生物合成反应，但分解代谢在伴随着物质代谢的同时又能产生大量的可用于生物合成的能量，图 11.3 给出了主要分解代谢途径的轮廓图。

从图 11.3 中看到分解代谢可分为三个阶段。在第一阶段，大分子营养物蛋白质、多糖、脂肪等降解成小的单体——构件分子，例如氨基酸、葡萄糖、甘油和脂肪酸等。在第二阶

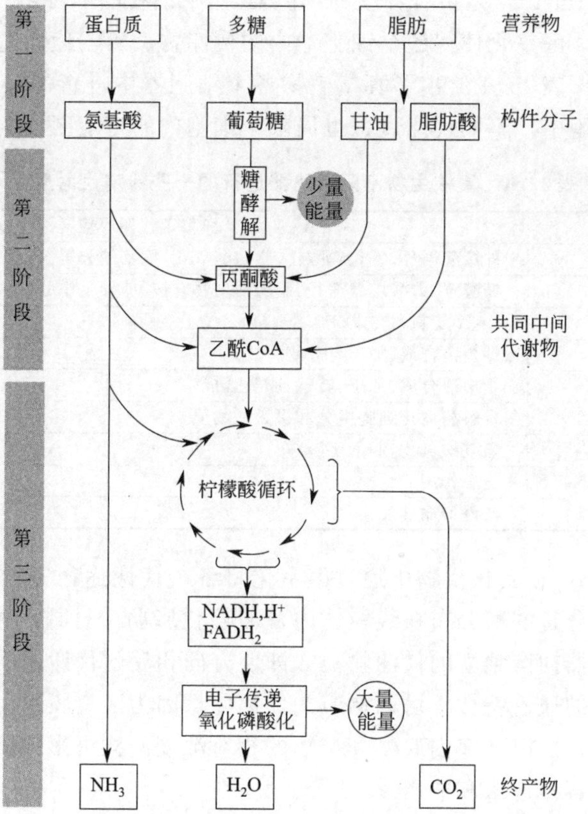

图 11.3　分解代谢轮廓图

段，构件分子进一步代谢生成少数几种分子，其中有两个重要的化合物：丙酮酸和乙酰 CoA。此外，在蛋白质分解代谢中，氨基酸经脱氨作用生成氨。在第三阶段，乙酰 CoA 进入柠檬酸循环，分子中的乙酰基被氧化成 CO_2 和 H_2O。

总体看来，分解代谢只生成三种主要的终产物：CO_2、H_2O 和 NH_3，伴随着物质分解代谢的同时也产生了大量的化学能，这些能量一般都是以核苷三磷酸（例如 ATP 或 GTP）和还原型辅酶（例如 NADH 或 $FADH_2$）形式保存，而还原型辅酶最终经电子传递和氧化磷酸化也转换为能量载体 ATP。

图 11.3 中没有给出核酸的分解代谢途径，核酸是生物信息库，虽然在一定的环境下也在不断地合成和降解，但它对细胞能量的贡献比其他 3 种类型分子产能的贡献小得多。

与分解代谢相反，合成代谢则是由少数几种简单前体生成各式各样的生物大分子。例如由 CO_2、H_2O 和 NH_3 可以合成构件分子氨基酸，由氨基酸可以合成生物学功能各异的各种蛋白质。合成代谢好像是分解代谢的逆过程，但合成代谢途径绝不是分解代谢的简单逆过程。

11.2 代谢途径的区室化

绝大多数代谢途径一般都局限于细胞内的特定区域，这被称为**区室化**（compartmentation)，**区室**（compartment）是指有界膜的细胞器，例如内质网、线粒体、叶绿体、高尔基体、过氧化物酶体等。区室化使得各个细胞器内的代谢物、酶、代谢途径或其他生物分子或系统的分布明显不同。表11.1给出了真核生物各个细胞器中进行的一些重要代谢反应。在缺乏细胞器的原核细胞中，不同代谢过程也局限于细胞内的特定区域。

表11.1 真核生物不同细胞器进行的一些特定代谢反应

细胞器	特定代谢反应
线粒体	柠檬酸循环，氧化磷酸化，脂肪酸氧化，氨基酸分解
胞质溶胶	糖酵解，磷酸戊糖途径，脂肪酸生物合成，糖异生中的许多反应
细胞核	DNA复制和转录，RNA加工
高尔基体	糖蛋白合成、加工与分泌
内质网	蛋白质合成、加工、转运，脂类合成
溶酶体	水解酶消化细胞组分和摄入的物质
过氧化物酶体	氨基酸氧化，胆固醇降解
叶绿体(植物中)	光合作用
乙醛酸循环体(植物中)	乙醛酸循环反应

由表11.1可看出，在真核生物中通过区室化将各个代谢途径完全分隔在特定的细胞器中。例如催化脂肪酸分解的酶分布在线粒体内，而催化脂肪酸合成的酶分布在胞质溶胶中。区室化使得各个细胞器拥有独立的代谢物池，即使方向相反的代谢途径也能同时进行。

区室化通过区室的通透特性也可以调节酶促反应。因为区室膜可有选择地调控底物进入区室和产物输出区室，所以区室内底物和产物的相对浓度同样可影响酶促反应。膜上特殊的运输蛋白使得代谢物容易进入和输出。

此外，区室化与一些激素作用紧密相连，这些激素直接影响代谢物跨细胞膜或细胞器膜的转运，所以维持各个区室内拥有不同代谢物浓度也取决于细胞表面受体和信号转导机制的存在，使得各个细胞能够响应不同的激素或神经信号。

11.3 代谢调控

生物机体的新陈代谢是一个完整统一的体系，机体代谢的协调配合，关键在于它存在精密的调控机制。代谢调控主要从三个水平发挥作用：整体水平、细胞水平和分子水平。

整体水平的调控主要存在于多细胞生物中，主要包括激素的调控和神经的调控。激素（hormone）是生物体内一类化学信息分子，由内分泌腺或一些特殊组织合成并直接分泌到体液（血液、淋巴液等）中。激素的调节方式主要有两种：

(1) 激素与靶细胞表面受体结合，一方面将激素信号传导到细胞内，引发一系列生化反应，产生生物应答，另一方面引发细胞内的酶的活性变化，激发非常迅速的生理反应和生化反应。

(2) 激素直接进入细胞内，与细胞内受体结合。对于非水溶性激素，如固醇类激素和甲状腺激素直接扩散通过靶细胞膜，与细胞质或细胞核内的受体结合，作用于DNA。这类激素在分泌几小时或几天后才产生作用。

细胞水平的调控是由于细胞的特殊结构与酶结合在一起，使酶具有严格的亚细胞定位，使代谢途径得到分隔控制。

分子水平的调控包括反应物和产物的浓度调控以及酶的调控，其中，酶的调控是最基本的代谢调节，包括酶量和酶活性的调控。

酶量和酶活性的调控方式主要有四种：

(1) 别构调控。许多代谢物与酶的结合影响了正常的反应底物与酶的结合，从而对酶的活性加以调控。

(2) 共价修饰调控。酶的磷酸化和去磷酸化或以某些其他方式进行的共价修饰引起的酶活性的改变。磷酸化通常都是由蛋白激酶催化，在酶或蛋白质中的丝氨酸、酪氨酸或苏氨酸残基上加上一个磷酸基团，激活酶或使酶失活。通过磷酸化可以使靶蛋白中的特定构象稳定，也可以阻止底物或其他配体接近该蛋白质的结合部位。已磷酸化的蛋白质通过磷酸酶可去磷酸化，使酶失活或恢复酶活性。

(3) 底物循环。不同酶催化的两个相反方向的非平衡反应，其中一个反应或两个反应的调节可确定底物的流向和水平。

(4) 基因控制。酶浓度（酶量）可以按照代谢需要通过改变蛋白质合成进行调控。

高效的调节作用存在于几乎所有的生物中。例如当有氧可利用时，酵母细胞有能力将葡萄糖完全氧化为二氧化碳；当氧缺乏时，酵母则转变为将葡萄糖进行发酵产生乙醇。通过增加蛋白质合成或降解可以改变特定酶的量，但相对于别构、共价激活或抑制作用，这种调节过程通常都比较慢。

代谢途径的物质流不仅取决于底物的供应和产物的消耗，也取决于催化途径中几个关键反应的酶的活性，这些反应大都是途径中的不可逆反应，所以酶活性的调节主要是催化关键反应的酶活性的调节。

代谢途径经常遇到的代谢调控作用是反馈抑制作用，反馈抑制在酶一章已经讲到。当一个途径的产物（通常是终产物），通过抑制途径前面的一步关键反应（通常是途径中的第一个关键反应）而控制它自己合成的速度时，就发生反馈抑制作用。在生物合成中这样的调节方式的作用是显而易见的。例如，嘧啶核苷酸合成的终产物 CTP 就是通过反馈抑制前面由天冬氨酸转氨甲酰酶催化的关键反应。

11.4 热力学原理

为了理解代谢中的平衡、物质流及能量流，首先要了解热力学的基本原理。代谢中的每一个反应都涉及物质和能量。物质的转运是直观的，可以通过反应物内原子的转移表示，化学反应中的能量转移则是非直观的，有关能量的信息似乎并没有出现在化学方程式中。定性地了解能量转移有助于确定一个反应能否在试管中和在细胞中进行。

生物体内的能量转移遵循两大热力学定理：

热力学第一定律：又称能量守恒定律，一个体系及其周围环境的总能量是一个常数，虽然能量的形式可以转变，但不会消灭。

热力学第二定律：热的传导只能从高温物体传至低温物体，或者说，一个过程只有当其体系和周围环境的熵值总和增加时才能自发进行。

吉布斯自由能（Gibbs free energy，G）是生物化学中主要的热力学函数，表示在恒温恒压下反应中可做功的能量。通过自由能可以推测出反应能否自发进行，是放能反应，还是耗能反应。测定任何过程或物质的实际自由能很困难，一般都是测定自由能的变化（ΔG），ΔG 表示产物和反应物自由能之间的差值。如果 ΔG 为负值（$\Delta G<0$），反应可自发进行，是放能反应；如果 ΔG 为正值（$\Delta G>0$），反应需要外界提供能量才能进行，表明是耗能反应。

自由能变化与另外两个热力学函数——焓（enthalpy，H）和熵（entropy，S）有关，在标准温度和压力下，它们之间的关系可表示为

$$\Delta G=\Delta H-T\Delta S \tag{11.1}$$

其中，ΔH 是焓变，ΔS 是熵变，T 是热力学温度。

自由能变化取决于反应发生的条件。在标准状态下，即在标准温度 298K(25℃)，标准压力 101325Pa(1atm)，底物和产物浓度均为 1.0mol/L 的状态下的自由能变化，用 ΔG°表示。

对于生物化学反应，由于生物学标准态中的氢离子浓度不是 1.0mol/L（pH=0.0），而是 10^{-7} mol/L(pH=7.0)，在生物学标准态下的自由能变化用 $\Delta G^{\circ\prime}$表示。

一个反应的标准自由能变化与反应的平衡常数有如下关系：

$$\Delta G^{\circ\prime}=-RT\ln K_{eq} \tag{11.2}$$

其中，R 为气体常数［8.315J/(K・mol)］，T 为热力学温度，K_{eq} 为一定条件下测得的平衡常数，自由能用 kJ/mol 表示。如果知道 K_{eq}，可以计算出 $\Delta G^{\circ\prime}$值，反之亦然。

然而，并不是所有反应开始时反应物和产物的浓度都是 1.0mol/L，对于反应

$$A+B=C+D$$

实际的自由能变化可以表示为：

$$\Delta G=\Delta G^{\circ\prime}+RT\ln\frac{[C][D]}{[A][B]} \tag{11.3}$$

由于 $\Delta G^{\circ\prime}$在给定反应中是不变的，是常量，所以实际自由能变化（ΔG）是反应物和产物浓度及温度的函数。当反应自发地朝着平衡点进行时，ΔG 总是负值，A 和 B 浓度逐渐减小，而 C 和 D 浓度逐渐上升。随着反应的进行，ΔG 的绝对值逐渐变小，达到平衡点时（$\Delta G=0$），A、B、C 和 D 都达到平衡浓度，此时方程（11.3）变成了如下形式：

$$0=\Delta G^{\circ\prime}+RT\ln\frac{[C]_{平衡}[D]_{平衡}}{[A]_{平衡}[B]_{平衡}}$$

$$\Delta G^{\circ\prime}=-RT\ln K_{eq}=-2.303RT\lg K_{eq} \tag{11.4}$$

评价特定细胞内一个反应的自发性和方向的标准是 ΔG，而不是 $\Delta G^{\circ\prime}$。ΔG 为负值，反应的 $\Delta G^{\circ\prime}$也可能为正值，但方程（11.3）中的 $RT\ln$([产物]/[反应物])项的值为负值，而且其绝对值比 $\Delta G^{\circ\prime}$大。

对活细胞中的所有反应来说，ΔG 值至少应当是稍负的值，而对于不可逆反应，ΔG 不仅是负值，而且其绝对值应当很大。代谢途径中的调控部位一般都是代谢中的不可逆反应，催化这些反应的酶都受到某种方式的调控，代谢中的不可逆反应其作用像是交通中的瓶颈，控制着代谢的进程。

11.5 高能化合物

11.5.1 高能磷酸化合物

在糖代谢中，作为燃料的葡萄糖完全氧化时会产生大量能量，但这些能量首先是以几种

高能化合物的形式保存的，它们水解时可释放大量能量。表 11.2 给出了一些代谢物水解的标准自由能，一般将水解标准自由能 $\Delta G^{\circ\prime}$小于－25kJ/mol 的化合物称为高能化合物，ATP 水解时 $\Delta G^{\circ\prime}$为－30.5kJ/mol，为高能化合物；AMP 的 $\Delta G^{\circ\prime}$为－14.2kJ/mol，为低能化合物；含有磷酸结合的高能化合物称为高能磷酸化合物，如 ATP，体内高能化合物大多数是高能磷酸化合物。表 11.2 中的磷酸烯醇式丙酮酸、1，3-二磷酸甘油酸、乙酰磷酸属于高能磷酸化合物，而葡糖-1-磷酸、葡糖-6-磷酸及甘油-3-磷酸属于低能磷酸化合物。

表 11.2　一些代谢物水解的标准自由能

代谢物	$\Delta G^{\circ\prime}$/(kJ/mol)
磷酸烯醇式丙酮酸	－61.9
1,3-二磷酸甘油酸	－49.3
乙酰磷酸	－43.1
磷酸肌酸	－43.1
焦磷酸(PP_i)	－33.5
磷酸精氨酸	－32.2
$ATP \rightarrow AMP + PP_i$	－32.2
$ATP \rightarrow ADP + P_i$	－30.5
葡糖-1-磷酸	－20.9
葡糖-6-磷酸	－13.8
甘油-3-磷酸	－9.2

从表 11.2 可看出像磷酸烯醇式丙酮酸等一些高能磷酸化合物水解释放的能量比由 Pi 和 ADP 合成 ATP 所需能量高很多，因此从这些高能磷酸化合物将磷酰基团转移给 ADP 可直接生成 ATP（图 11.4）。

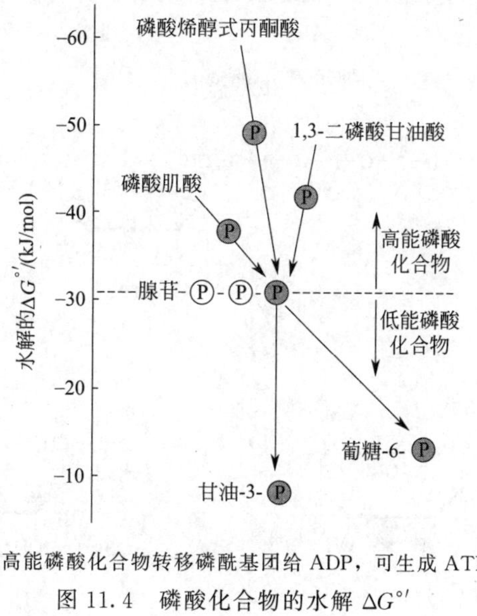

由高能磷酸化合物转移磷酰基团给 ADP，可生成 ATP

图 11.4　磷酸化合物的水解 $\Delta G^{\circ\prime}$

表 11.2 中还给出了称为**磷酸原**（phosphagen）的储备高能磷酸的**磷酸肌酸**（phosphocreatine）和**磷酸精氨酸**（phosphoarginine），在激酶催化下磷酰基团可以从这些磷酸原分子转移到 ADP 上，形成 ATP（图 11.5）。在脊椎动物肌肉中，大量磷酸肌酸是在 ATP 供应充足时生成的。在静止的肌肉中，磷酸肌酸浓度约是 ATP 的 5 倍。当需要 ATP 时，肌酸

激酶催化磷酰基团从磷酸肌酸转移给ADP，快速地补充ATP。而在许多无脊椎动物（如海参）中，磷酸精氨酸是激活的磷酰基团的来源。

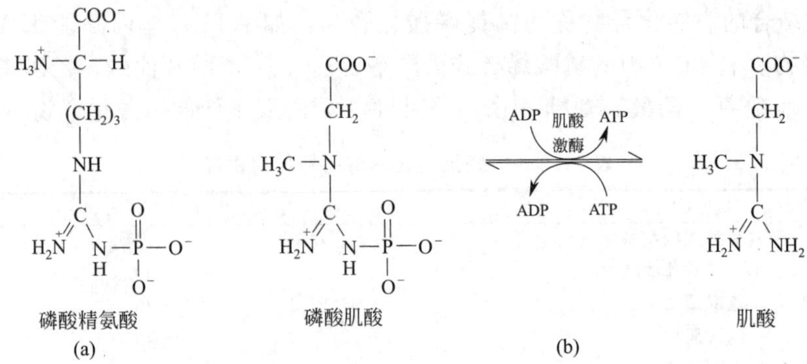

（a）磷酸精氨酸结构；（b）磷酸肌酸结构，肌酸激酶催化磷酸肌酸与肌酸之间转换产生ATP或贮存能量

图 11.5　磷酸精氨酸和磷酸肌酸

ATP和其他的核苷三磷酸化合物UTP、GTP和CTP常被称作富含能量的代谢物。它们几乎具有相同的水解（或形成）标准自由能，核苷酸之间磷酰基团转移的平衡常数接近1.0，所以评估代谢中能量时，消耗的其他核苷三磷酸常用等价的ATP表示。

代谢中燃料氧化产生的能量大都转换成了ATP。ATP是一种核苷三磷酸，含有一个由α-磷酸与核糖5′-O形成的磷酸酯键和两个由磷酸基团α与β之间、β与γ之间形成的磷酸酐键。ATP因水解条件不同，可生成ADP和Pi或AMP和PPi，并释放出大量能量（图11.6）。

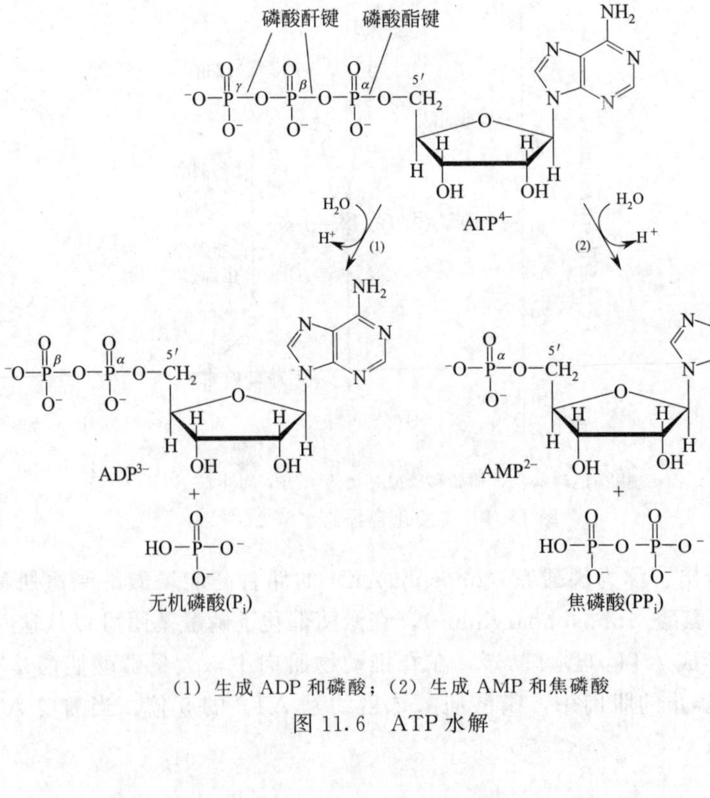

（1）生成ADP和磷酸；（2）生成AMP和焦磷酸

图 11.6　ATP水解

当核苷三磷酸和核苷二磷酸处于胞浆和酶的活性部位时，它们通常都是以与镁离子（Mg^{2+}）络合的复合物形式存在，Mg^{2+}与磷酸基团的氧配位形成六元环。例如Mg^{2+}与ATP可以形成Mg^{2+}ATP的β、γ复合物或Mg^{2+}ATP的α、β复合物，以前者为主（图11.7）。所以对于酶催化反应来说，ATP是以Mg^{2+}ATP形式作为底物参与反应的。

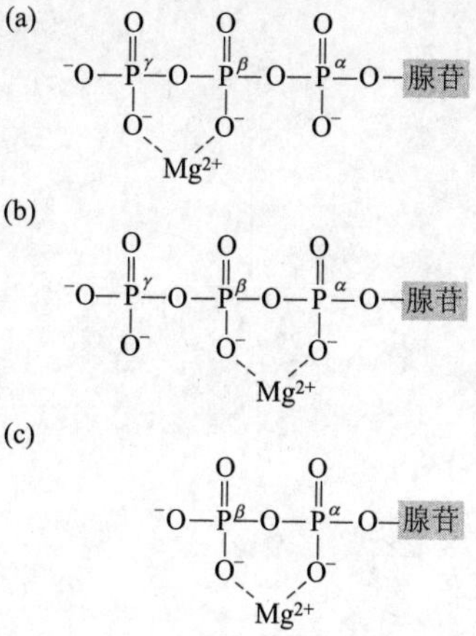

(a) Mg^{2+}ATP的β、γ复合物；(b) Mg^{2+}ATP的α、β复合物；(c) Mg^{2+}ADP的α、β复合物

图11.7　Mg^{2+}与ATP和ADP的复合物

高能磷酸化合物放能反应往往与吸能反应耦联，以驱动吸能反应进行。在很多生化反应中，它是ATP参与的耦联反应。例如，糖酵解中的葡糖在己糖激酶作用下生成葡糖-6-磷酸的反应，就必须要与ATP的水解反应耦联。

	葡萄糖 + Pi ⟶ 葡糖-6-磷酸	$\Delta G^{\circ\prime}=+13.8\text{kJ/mol}$
	ATP ⟶ ADP+Pi	$\Delta G^{\circ\prime}=-30.5\text{kJ/mol}$
总反应：	葡萄糖+ATP ⟶ 葡糖-6-磷酸 + ADP	$\Delta G^{\circ\prime}=-16.7\text{kJ/mol}$

可以看出如果葡萄糖直接磷酸化是个吸能反应，不利于反应进行，但当与ATP水解反应耦联后，总反应的$\Delta G^{\circ\prime}$为负值，反应就能够进行。所以一个热力学上不利的反应可以被热力学上一个有利的反应推动。

在以后代谢章节中还将看到，ATP除了水解释放能量驱动反应进行外，还通过转移磷酰、焦磷酰和腺苷酸基（AMP）驱动反应进行（图11.8）。图11.8中以一种羧酸作为亲核试剂，分别攻击ATP的γ、β和α位P原子，就会导致磷酰基、焦磷酰基和腺苷酸基转移到亲核试剂上。

例如在氨基酸被激活形成氨酰-tRNA时，在反应过程中ATP提供AMP，首先形成氨酰-AMP，然后tRNA取代AMP形成氨酰-tRNA（图11.9）。

11.5.2　硫酯

除了高能磷酸化合物之外，还有一类高能化合物——硫酯，它是一个硫原子和一个酰基共价结合形成的化学物质。

辅酶A（CoA或HS-CoA）是酰基的载体，酰基可以通过硫酯键与辅酶A（CoA）相连形成硫酯酰基CoA。例如丙酮酸经丙酮酸脱氢酶复合物催化可生成乙酰CoA，乙酰CoA就是乙酰基与CoA通过硫酯键形成的硫酯。

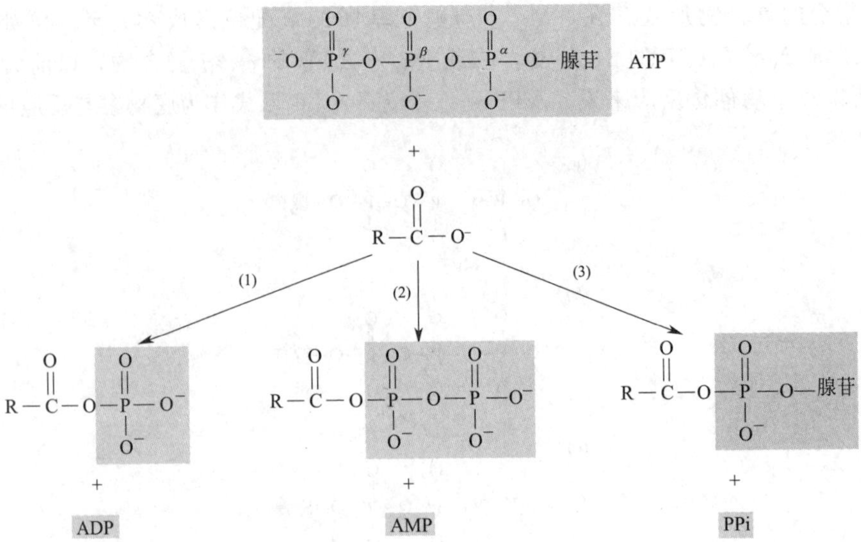

(1) 磷酰基转移反应；(2) 焦磷酰基转移反应；(3) 腺苷酸基转移反应

图 11.8　磷酰、焦磷酰和腺苷酸基转移反应

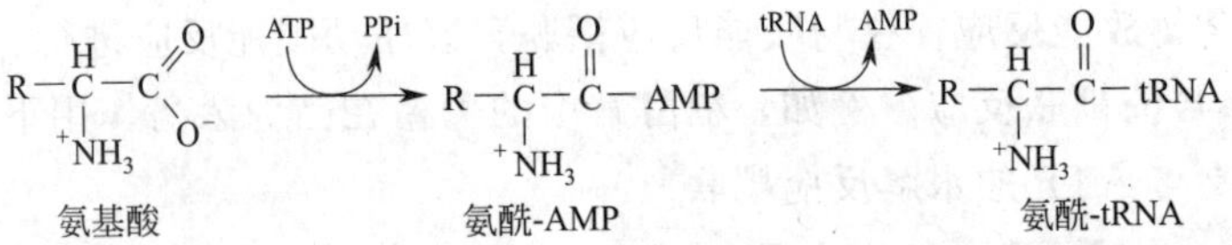

氨基酸与 ATP 水解提供的 AMP 结合生成氨酰-AMP，然后 AMP 再被 tRNA 取代形成氨酰-tRNA

图 11.9　ATP 提供 AMP 介导氨酰-tRNA 的形成

乙酰 CoA 分子水解的标准自由能是－31.4kJ/mol，大约与 ATP 水解相当，所以乙酰 CoA 是一个高能化合物（图 11.10）。有时代谢过程中形成硫酯会使生物燃料氧化的一些自由能储存起来，然后可用于驱动需能反应。例如柠檬酸循环中琥珀酰 CoA 裂解释放的能量就被用来驱动 GDP（或 ADP）和 Pi 合成 GTP（或 ATP）。

HS-CoA 在代谢中常作为酰基的载体参与酰基的转移反应。除了 CoA 之外，在脂代谢中还会看到一种酰基载体蛋白（ACP），蛋白中一个丝氨酸残基也连有一个与 CoA 同样的磷酸泛酰巯基乙胺，酰基通过与巯基乙胺的-SH 形成的硫酯键连接在 ACP 上。

11.5.3　还原型辅酶

按照高能化合物的定义，许多还原型辅酶也是高能化合物，它们的高能量（或称还原力）可贡献于氧化还原反应。由于还原型辅酶的氧化可以与 ATP 的合成耦联，它们的能量以等价 ATP 表示。如：NADH/NADPH 或 $FMNH_2/FADH_2$ 都是水溶性还原型辅酶，可提供还原力，在氧化还原反应中作为电子源提供电子，贡献于氧化还原反应（图 11.11）。

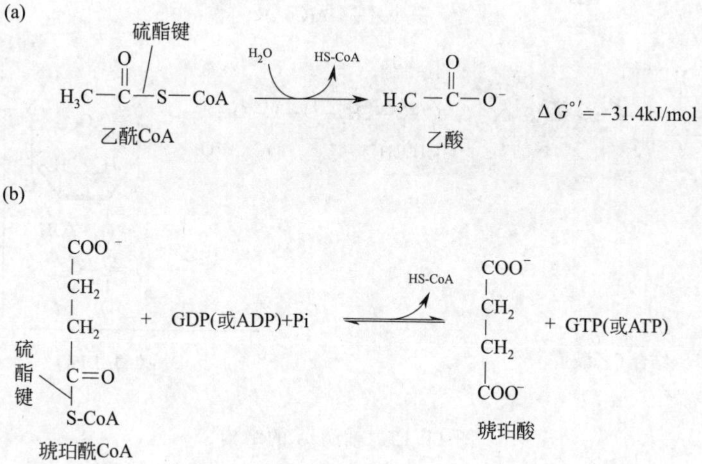

(a) 乙酰 CoA 水解；(b) 琥珀酰 CoA 裂解

图 11.10 硫酯水解和裂解

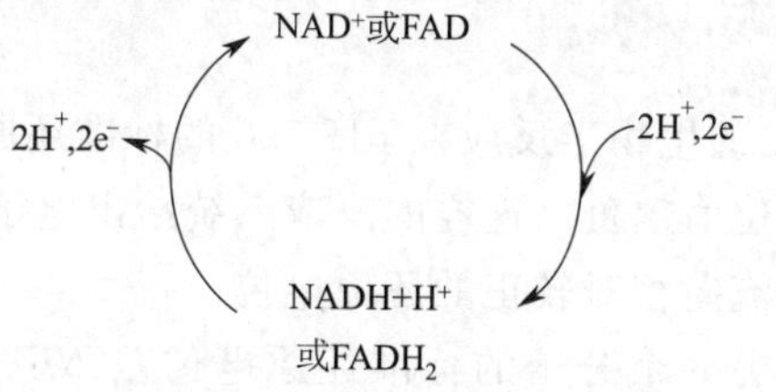

图 11.11 电子通过还原型辅酶进行传递

11.6 代谢中常见的有机反应

11.6.1 基团转移反应

在化学反应中，亲核基团从一个亲电子体转向另一个亲电子体，或亲电子基团从一个亲核体转向另一个亲核体，称为基团转移反应。在生物化学体系中常见的是后者，也称为亲核体的取代反应。常见的转移基团有酰基、磷酰基、葡糖基等。其中酰基转移反应涉及两个载体——辅酶 A（CoA）和酰基载体蛋白（ACP）（图 11.12）。辅酶 A 含有一个游离-SH 的巯基乙胺、一个泛酸单位和一个 3′-羟基被磷酸基团酯化的 ADP。丙酮酸脱氢酶复合物催化丙酮酸脱羧生成乙酰 CoA，此时 CoA 作为乙酰基载体，接受乙酰基生成乙酰 CoA。而酰基载体蛋白（ACP）由 4′-磷酸泛酸巯基乙胺与蛋白质部分的丝氨酸以酯键结合，是脂肪酸合成时的乙酰基载体。

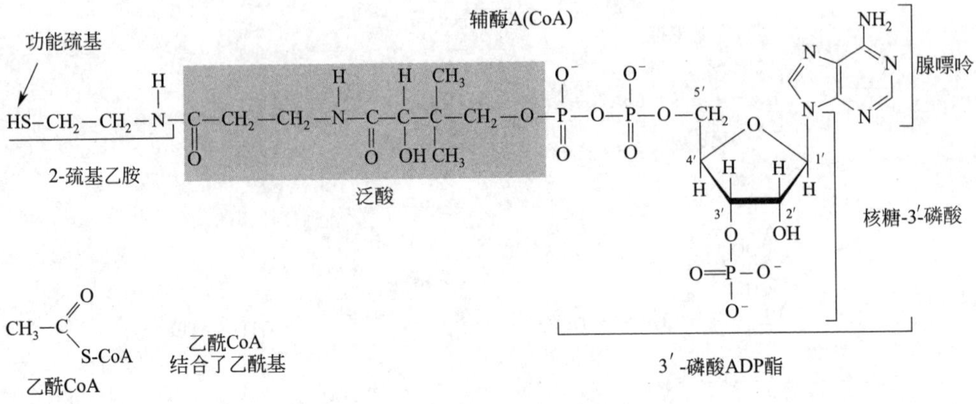

图 11.12　辅酶 A 的结构

11.6.2　氧化-还原反应

氧化-还原反应的实质是电子的得失反应，它与其它类型的基团转移反应类似，转移的是电子，而不是基团。氧化-还原反应可分成两个半反应，即氧化反应和还原反应，也称为氧化还原对。

表 11.3 给出了一些重要的生物半反应在 pH 7.0 的标准还原电位 $E^{\circ\prime}$。还原电位表示一个分子给出电子的能力，电位值越负，这样的反应系统给出电子的倾向越大，因此，电子流会自动地由较负的还原电位流向相对较正的还原电位。

电子从一个分子转移到另一个分子的标准还原电位差 $\Delta E^{\circ\prime}$（$E^{\circ\prime}_{\text{氧化态}} - E^{\circ\prime}_{\text{还原态}}$）与该氧化还原反应的标准自由能 $\Delta G^{\circ\prime}$存在如下关系：

$$\Delta G^{\circ\prime} = -nF\Delta E^{\circ\prime}$$

其中 n 是转移的电子数；F 是法拉第常数（96.485kJ·V^{-1}·mol^{-1}）。

表 11.3　生物化学中一些重要的半反应的标准还原电位

半反应	$E^{\circ\prime}$/V
乙酰 CoA＋CO_2＋H^+＋$2e^-$ ⟶ 丙酮酸＋CoA	−0.48
铁氧还蛋白(spinach)，Fe^{3+}＋e^- ⟶ Fe^{2+}	−0.43
$2H^+$＋$2e^-$ ⟶ H_2	−0.42
α-酮戊二酸＋CO_2＋$2H^+$＋$2e^-$ ⟶ 异柠檬酸	−0.38
硫辛酸脱氢酶(FAD)＋$2H^+$＋$2e^-$ ⟶ 硫辛酸脱氢酶($FADH_2$)	−0.34
$NADP^+$＋$2H^+$＋$2e^-$ ⟶ NADPH＋H^+	−0.32
NAD^+＋$2H^+$＋$2e^-$ ⟶ NADH＋H^+	−0.32
硫辛酸＋$2H^+$＋$2e^-$ ⟶ 二氢硫辛酸	−0.29
谷胱甘肽(氧化型)＋$2H^+$＋$2e^-$ ⟶ 2 谷胱甘肽(还原型)	−0.23
FAD＋$2H^+$＋$2e^-$ ⟶ $FADH_2$	−0.22

续表

半反应	$E^{\circ\prime}$/V
$FMN+2H^++2e^-\longrightarrow FMNH_2$	−0.22
乙醛$+2H^++2e^-\longrightarrow$乙醇	−0.20
丙酮酸$+2H^++2e^-\longrightarrow$乳酸	−0.18
草酰乙酸$+2H^++2e^-\longrightarrow$苹果酸	−0.17
细胞色素 b_5(微粒体),$Fe^{3+}+e^-\longrightarrow Fe^{2+}$	0.02
延胡索酸$+2H^++2e^-\longrightarrow$琥珀酸	0.03
辅酶 Q(Q)$+2H^++2e^-\longrightarrow QH_2$	0.04
细胞色素 b(线粒体),$Fe^{3+}+e^-\longrightarrow Fe^{2+}$	0.08
细胞色素 c_1,$Fe^{3+}+e^-\longrightarrow Fe^{2+}$	0.22
细胞色素 c,$Fe^{3+}+e^-\longrightarrow Fe^{2+}$	0.23
细胞色素 a,$Fe^{3+}+e^-\longrightarrow Fe^{2+}$	0.29
细胞色素 f,$Fe^{3+}+e^-\longrightarrow Fe^{2+}$	0.36
$NO_3^-+e^-\longrightarrow NO_2^-$	0.42
光合作用系统 P700	0.43
$Fe^{3+}+e^-\longrightarrow Fe^{2+}$	0.77
$\frac{1}{2}O_2+2H^++2e^-\longrightarrow H_2O$	0.82

在分解代谢反应中，糖、脂和氨基酸被氧化，一个分子的氧化必须与另一个分子的还原相耦联，接受电子而被还原的分子是氧化剂，失去电子而被氧化的分子是还原剂。在需氧生物中，电子最终传递给氧分子，生成水。

在电子传递过程中，会发生很大的能量转移，这些能量使线粒体基质中的质子转移到线粒体内外膜的膜间隙中，造成跨膜的质子浓度梯度，驱动 ATP 合成。生物体需要的大部分能量是由燃料代谢过程中的氧化还原反应提供的。

在生物体中，经常出现在氧化还原反应中的电子载体是辅酶尼克酰胺腺嘌呤二核苷酸（NAD^+）或尼克酰胺腺嘌呤二核苷酸磷酸（$NADP^+$）以及黄素腺嘌呤二核苷酸（FAD）。NAD^+ 或 $NADP^+$ 接受电子和质子 H^+ 生成 NADH 和 NADPH。NADH 可以通过电子传递链被氧化为 NAD^+，伴随电子传递的氧化磷酸化由 ADP＋Pi 可以生成 ATP，来自 NADH 的电子的最终受体是氧。可以概括为：

$$NADH+\frac{1}{2}O_2+H^+\rightarrow NAD^++H_2O$$

由表 11.3 可知两个半反应的还原电位，所以两个半反应和总反应可表示为：

$$\text{氧化反应：}NADH+H^+\longrightarrow NAD^++2H^++2e^- \qquad E^{\circ\prime}=0.32V$$

$$\text{还原反应：}\frac{1}{2}O_2+2H^++2e^-\longrightarrow H_2O \qquad E^{\circ\prime}=0.82V$$

$$NADH+\frac{1}{2}O_2+H^+\longrightarrow NAD^++H_2O \qquad \Delta E^{\circ\prime}=1.14V$$

由此可以计算出标准自由能的变化：

$$\Delta G^{\circ\prime}=-2\times[96.48kJ/(V\cdot mol)]\times1.14V=-220kJ/mol$$

此时标准自由能的变化为：

$$\Delta G^{\circ\prime} = -220\text{kJ/mol}$$

由 ADP+Pi 生成 ATP 需要 30.5kJ/mol，在细胞条件下 NADH 氧化释放出的能量足可以驱动几个 ATP 分子的形成。

11.6.3 消除、异构化及重排反应

消除反应是指消除掉某个分子的反应。消除掉的分子一般是 H_2O、NH_3、R-OH 或者是 R-NH_2。C=C 双键就是单键饱和中心发生消除反应后形成的。例如图 11.13 中醇的脱水反应就是消除反应。

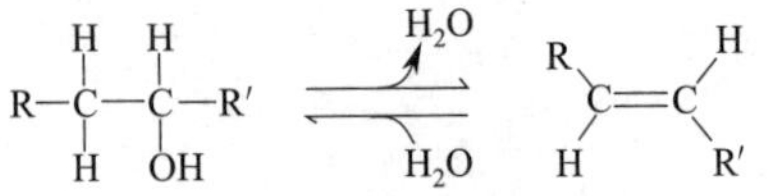

图 11.13 醇的脱水消除反应

异构化反应是指一个氢原子在分子内迁移，即质子从一个碳原子脱离，转移到另一个碳原子上，由此发生了双键位置的改变。在代谢中，存在最多的异构化反应是醛糖-酮糖互变反应。

重排反应是 C—C 键断裂又重新形成的反应，一般由变位酶催化。例如，3-磷酸甘油酸在磷酸甘油酸变位酶的催化下生成 2-磷酸甘油酸（图 11.14）。

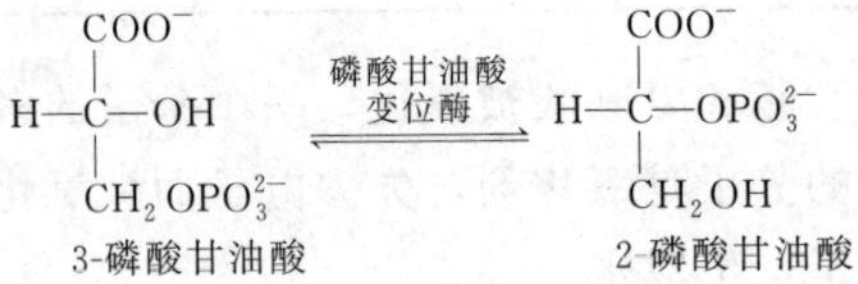

图 11.14 3-磷酸甘油酸的分子内重排反应

11.6.4 碳-碳键的形成与断裂

分解代谢与合成代谢是以碳-碳键的形成与断裂为基础的反应过程。葡萄糖变成 CO_2 经历了 5 次断裂反应，而葡萄糖的生物合成则是碳-碳键形成的反应过程。

在三羧酸循环中，延胡索酸在延胡索酸酶的催化下，水合生成 *L*-苹果酸，涉及碳-碳键的形成（图 11.15）。

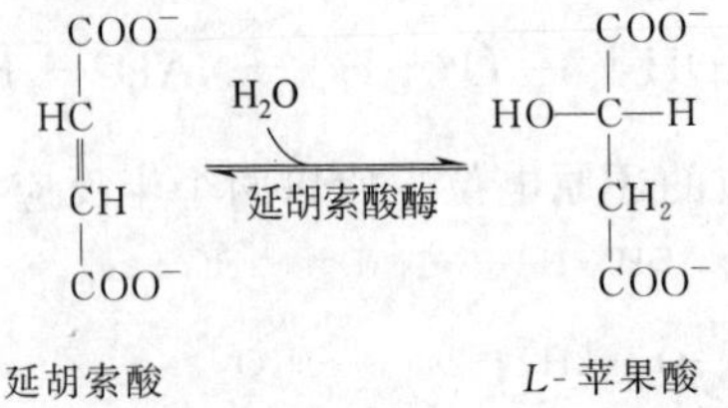

图 11.15 延胡索酸水合生成 *L*-苹果酸

果糖-1,6-二磷酸在醛缩酶的催化下裂解生成二羟丙酮磷酸（dihydroxyacetone phosphate，DHAP）和甘油醛-3-磷酸（glyceraldehyde-3-phosphate，GAP），这个反应是羟醛裂解反应，涉及碳-碳键的断裂（图 11.16）。

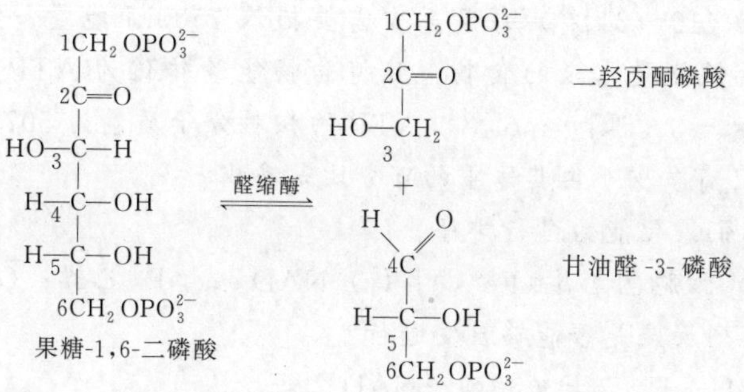

图 11.16 果糖-1，6-二磷酸裂解生成二羟丙酮磷酸和甘油醛-3-磷酸

小结

细胞内的所有化学反应分为分解代谢和合成代谢反应两大类。生物大分子在被降解成构件分子的同时释放出大量能量；活细胞利用释放的能量驱动合成代谢反应，合成代谢能够提供细胞生长发育所需的生物分子。

葡萄糖、脂肪酸和某些氨基酸都可被氧化生成乙酰 CoA，乙酰 CoA 可以进入氧化代谢的共同途径——柠檬酸循环。分解代谢反应中释放的能量以核苷三磷酸和还原型辅酶的形式保存。还原型辅酶通过氧化磷酸化被用来由 ADP 和 Pi 合成 ATP。

绝大多数代谢途径都局限于细胞内的特定区域，即代谢反应途径的区室化。此外代谢反应有着严密的调控机制，包括别构调节和共价修饰在内的酶活性调节。

化学或酶促反应的方向取决于自由能的变化，只有当自由能变化为负值时反应才能自发进行。反应的标准自由能的变化与该反应的平衡常数有关，$\Delta G^{\circ\prime}=-RT\ln K_{eq}$。

代谢中燃料氧化产生的能量大都转换成了 ATP。ATP 水解释放的能量可驱动反应进行，另外 ATP 还通过转移磷酰、焦磷酰和腺苷酸基（AMP）驱动反应进行。除了 ATP 以外，还存在其他一些高能磷酸化合物，例如磷酸肌酸、磷酸精氨酸等，另外硫酯，如酰基 CoA 也是高能化合物。高能化合物可以用于驱动 ATP 的合成，或与吸能反应耦联，驱动这些反应进行。

还原电位表示一个分子给出电子的能力。标准的还原电位与标准的自由能变化有关：$\Delta G^{\circ\prime}=-nF\Delta E^{\circ\prime}$。

许多常见的有机反应参与了代谢过程，例如基团转移反应、氧化还原反应、消除、异构化及重排反应、碳-碳键的形成与断裂。

习题

1. 一个代谢反应为 A ⟶ B。它的标准自由能变化为 7.5kJ/mol。

(a) 计算该反应在 25℃时的平衡常数。

(b) 计算当温度为 37℃，A 浓度为 0.5mmol/L，B 浓度为 0.1mmol/L 时的 ΔG，在这些条件下，反应是否能自发进行？

2. 预测在 25℃，[ATP]=4mmol/L，[ADP]=0.15mmol/L，[磷酸肌酸]=2.5mmol/L 以及[肌酸]=1mmol/L 时，肌酸激酶催化的反应是朝着 ATP 合成方向还是磷酸肌酸合成方向进行？

3. 一个正常的普通人（19～24 岁）每天至少需要摄入 7500kJ 能量。假设一个体重为 68kg 的人仅摄入足够其最低能量需求的食物，且将食物能量转化为 ATP 的效率为 40%。细胞内水解 ATP 的 $\Delta G' = -30.5 \text{kJ} \cdot \text{mol}^{-1}$。ATP 的相对分子质量为 507。试计算这个人每天从食物中获得的 ATP 有多少？占其体重的百分比是多少？

4. 将下列物质按照它们氧化能力进行排序。

(a) α-酮戊二酸；(b) 细胞色素 *b*（Fe^{3+}）；(c) NAD^+；(d) 乙醛；(e) 丙酮酸

5. 在标准条件下，下列反应是否能够自发进行？

(a) 延胡索酸＋NADH＋H^+ $\rightleftharpoons$ 琥珀酸＋NAD^+

(b) 细胞色素 *a*（Fe^{2+}）＋细胞色素 *b*（Fe^{3+}）$\rightleftharpoons$ 细胞色素 *a*（Fe^{3+}）＋细胞色素 *b*（Fe^{2+}）

12 糖代谢

12.1 糖酵解

葡萄糖是个六碳醛糖，虽然是一个部分还原的分子，但含有丰富能量，是大部分有机体的主要燃料分子。葡萄糖在代谢中既可以作为组成分子聚合为储能大分子淀粉或糖原，也可以被彻底氧化为二氧化碳和水，提供代谢所需的大量能量。此外葡萄糖还是多功能起始物，提供许多生物化学反应的代谢中间物，用作氨基酸、核苷酸、辅酶和脂肪酸等生物分子的碳骨架。

在动物和高等植物中，葡萄糖存在着三条主要代谢途径：一是合成淀粉、糖原或蔗糖；二是通过糖酵解被氧化为丙酮酸；三是通过戊糖磷酸途径转化为五碳糖。本章主要叙述糖酵解途径，在后面章节中再讨论另外两条途径。

利用酵母菌发酵葡萄糖酿酒已有悠久的历史，但葡萄糖整个降解途径直到 1940 年才被阐明，这一途径被称为**糖酵解**（glycolysis）［源于希腊语 glykys（糖）和 lysis（裂开）组合］。

12.1.1 糖酵解概述

糖酵解是通过一系列酶促反应将葡萄糖分解成丙酮酸并伴有 ATP 生成的过程。糖酵解是动物、植物及微生物细胞中葡萄糖分解产生能量的共同代谢途径。事实上，在所有的细胞中都存在着糖酵解途径，对于某些细胞，例如红细胞，糖酵解是唯一生成 ATP 的途径。糖酵解途径涉及 10 步酶催化反应，这些酶都位于细胞质中，1 分子葡萄糖被转换成 2 分子丙酮酸（图 12.1）。

糖酵解的 10 步反应可以分为两个阶段，第 1 阶段是①～⑤的 5 步反应，1 分子葡萄糖实质上变为 2 分子甘油醛-3-磷酸阶段，称为投入能量 ATP 阶段；第 2 阶段是⑥～⑩的 5 步反应，2 分子的甘油醛-3-磷酸转换为 2 分子丙酮酸，称为回收能量 ATP 阶段。在第 1 阶段消耗了 2 分子 ATP，而在第 2 阶段，收获了 4 分子 ATP，所以通过糖酵解，1 分子葡萄糖转换为 2 分子丙酮酸和净生成了 2 分子 ATP。

图 12.1 中以反应序号标出的 10 步反应如下：

① 葡萄糖＋ATP→葡糖-6-磷酸＋ADP；

② 葡糖-6-磷酸→果糖-6-磷酸；

③ 果糖-6-磷酸＋ATP→果糖-1,6-二磷酸＋ADP；

④ 果糖-1,6-二磷酸→磷酸二羟丙酮＋甘油醛-3-磷酸；

⑤ 磷酸二羟丙酮→甘油醛-3-磷酸；

⑥ 甘油醛-3-磷酸＋NAD^+＋Pi→1,3-二磷酸甘油酸＋NADH＋H^+；

⑦ 1,3-二磷酸甘油酸＋ADP→3-磷酸甘油酸＋ATP；

⑧ 3-磷酸甘油酸→2-磷酸甘油酸；

⑨ 2-磷酸甘油酸→磷酸烯醇式丙酮酸＋H_2O；

⑩ 磷酸烯醇式丙酮酸＋ADP→丙酮酸＋ATP。

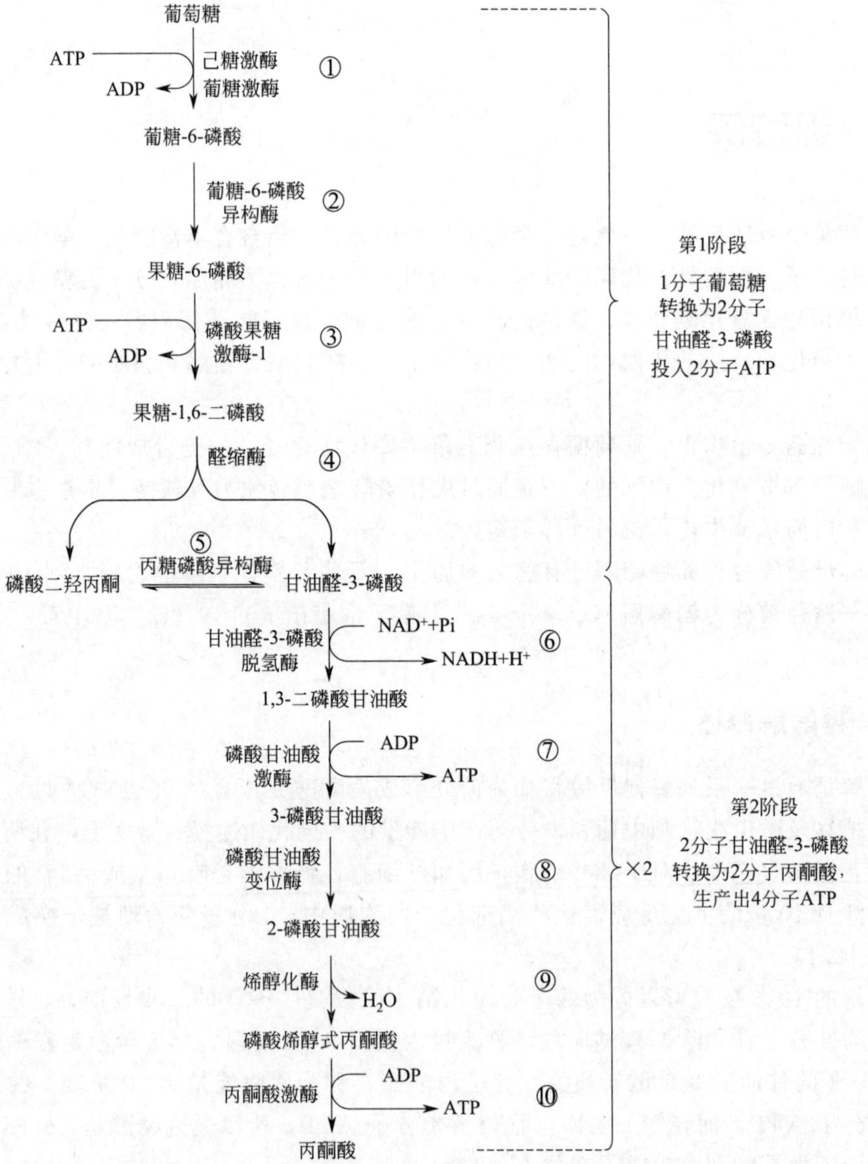

其中，第①、第③和第⑩步反应是不可逆的，其余反应是可逆的。

图 12.1　葡萄糖糖酵解过程

12.1.2 糖酵解的 10 步反应

图 12.1 给出的糖酵解途径是一个概括图，按照图 12.1 中的反应序号依次对每一步反应进行详细的讨论。如图 12.1 所示，每一步反应的产物都是下一步反应的底物。

(1) 己糖激酶催化葡萄糖磷酸化形成葡糖-6-磷酸，投入了第 1 个 ATP。

糖酵解的第一步反应是葡萄糖的 C6 磷酸化形成葡糖-6-磷酸，这一磷酰基团转移反应是由**己糖激酶**（hexokinase）催化的，酶催化反应需要 Mg^{2+} 参与，同时消耗 1 分子 ATP（图 12.2），显然该反应是放能反应（自由能变化为负值），是个不可逆反应。该反应是糖酵解过程中第一个由激酶催化的反应，激酶是指能够催化 ATP 和任何一种底物之间发生磷酰基团转移的酶。

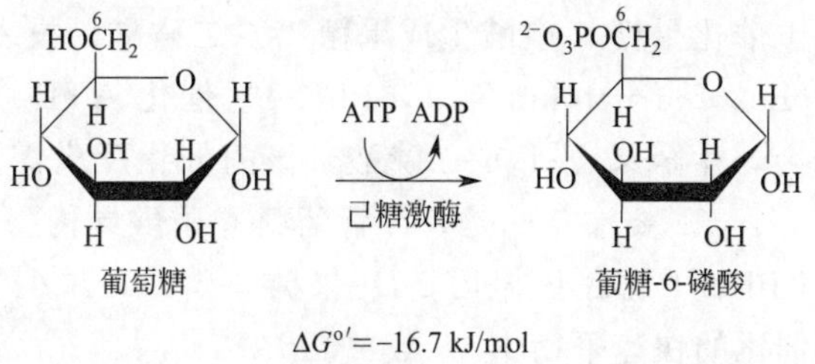

图 12.2 己糖激酶催化的磷酰基转移反应

上述 $\Delta G^{\circ\prime}$ 值是在标准状态下，即除了氢离子浓度以外，其他反应物和产物的浓度都是在 1mol/L 条件下计算所得到的。细胞内实际的 $\Delta G^{\circ\prime}$ 因不同细胞类型及代谢状况不同而有很大差别，例如红细胞中该反应的 ΔG 实际数值是 −33.9kJ/mol，更有利于反应进行。

磷酸化的葡萄糖被限制在细胞内，因为磷酸化的糖含有带负电荷的磷酰基，可防止糖分子再次通过质膜，这是细胞的一种保糖机制。在糖酵解的整个过程中，直至净合成能量之前，可看到中间代谢物都是磷酸化的。

己糖激酶以六碳糖为底物，专一性不强。不同的细胞内存在着不同形式的己糖激酶的同工酶，它们对葡萄糖的 K_m 值是不同的。除了葡萄糖可作为己糖激酶的底物外，它也可催化甘露糖、果糖等己糖的磷酸化。另外，**葡糖激酶**（glucokinase）也可催化葡萄糖的磷酸化反应，但它与己糖激酶对葡萄糖的 K_m 不同。己糖激酶对 *D*-葡萄糖的 K_m 为 0.1mmol/L，而肝葡糖激酶的 K_m 为 10mmol/L，平时细胞内葡萄糖浓度为 5mmol/L，此时己糖激酶的酶促反应已达最大速度，而葡糖激酶并不活跃。只有在进食后，肝细胞内葡萄糖浓度高时，葡糖激酶才起作用，所以葡糖激酶是个诱导酶。

(2) 葡糖-6-磷酸异构酶催化葡糖-6-磷酸转化为果糖-6-磷酸。

在糖酵解的第 2 步反应中，**葡糖-6-磷酸异构酶**（glucose-6-phosphate isomerase）催化葡糖-6-磷酸异构化生成果糖-6-磷酸，这是一个醛糖-酮糖同分异构化反应，反应是可逆的（图 12.3）。葡糖-6-磷酸的 α-异头物首先与葡糖-6-磷酸异构酶结合，在酶的活性部位形成开链式的葡糖-6-磷酸，然后进行醛糖-酮糖转换，葡糖-6-磷酸的醛基还原为羟基，而 C-2 的羟基氧化为羰基，开链式的果糖-6-磷酸再环化形成 α-D-呋喃果糖-6-磷酸。葡糖-6-磷酸异构酶表现出绝对的立体专一性。当反应向相反方向进行时，果糖-6-磷酸（分子中 C-2 不是手性 C）只转换成葡糖-6-磷酸，而不会生成葡糖-6-磷酸的 C2 差向异构体甘露糖-6-磷酸。

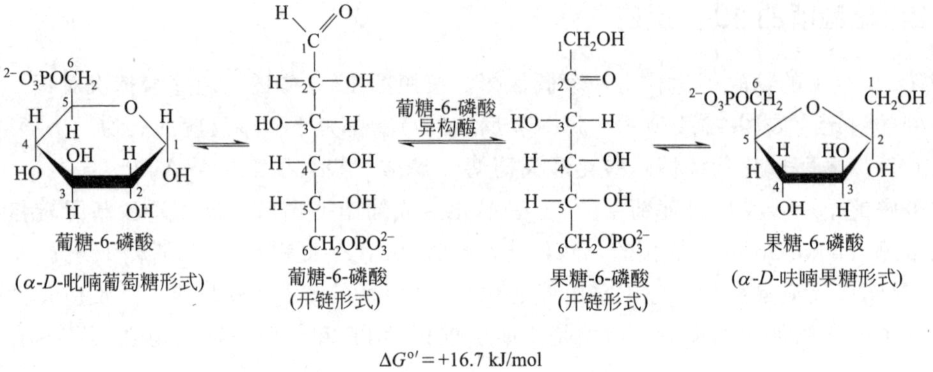

图 12.3　葡糖-6-磷酸转化成果糖-6-磷酸

(3) 磷酸果糖激酶-1 催化果糖-6-磷酸生成果糖-1,6-二磷酸，投入了第 2 个 ATP。

磷酸果糖激酶-1（phosphofructokinase-1，PFK-1）催化 ATP 中的磷酸基团转移到果糖-6-磷酸的 C-1 的羟基上，生成果糖-1,6-二磷酸，该酶催化反应需要 Mg^{2+} 参与，反应放能，为不可逆反应（图 12.4）。要注意的是，尽管葡糖-6-磷酸异构酶催化的反应生成的产物是 *α-D*-果糖-6-磷酸，但 PFK-1 的底物却是 *β-D* -果糖-6-磷酸，果糖-6-磷酸的 *α* 和 *β* 异头物在水溶液中是处于非酶催化的快速平衡中。

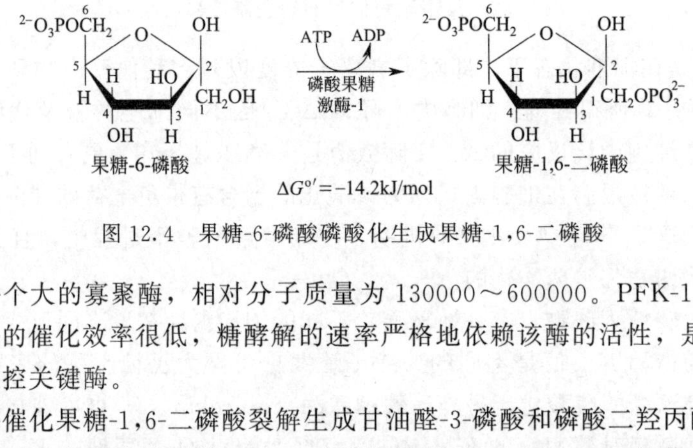

图 12.4　果糖-6-磷酸磷酸化生成果糖-1,6-二磷酸

PFK-1 是一个大的寡聚酶，相对分子质量为 130000～600000。PFK-1 催化的反应是不可逆反应，该酶的催化效率很低，糖酵解的速率严格地依赖该酶的活性，是大多数细胞糖酵解中最重要的调控关键酶。

(4) 醛缩酶催化果糖-1,6-二磷酸裂解生成甘油醛-3-磷酸和磷酸二羟丙酮。

糖酵解前 3 步反应生成的果糖-1,6-二磷酸在**醛缩酶**（aldolase）的作用下，C-3 和 C-4 之间的键断裂，生成磷酸二羟丙酮和甘油醛-3-磷酸（图 12.5）。甘油醛-3-磷酸进一步进行糖酵解反应，而磷酸二羟丙酮可以作为 *α*-甘油磷酸合成的前体，或者是转换成甘油醛-3-磷酸进行糖酵解。高等动植物中的醛缩酶有三种同工酶，分别称为醛缩酶 A、醛缩酶 B 和醛缩酶 C。醛缩酶 A 主要存在于肌肉中，醛缩酶 B 主要存在于肝脏中，醛缩酶 C 主要存在于脑组织中。

该反应的 $\Delta G^{\circ\prime}$为＋23.9kJ/mol，从表面看平衡有利于逆反应方向，即生成果糖-1,6-二磷酸方向。如果再看 ΔG 值（表 12.1），该值为－0.23kJ/mol，表明在生理条件下有利于果糖-1,6-二磷酸的裂解。说明标准条件与实际的生理条件有很大差别，例如当细胞内的果糖-1,6-二磷酸为 0.1mmol/L 时，就有 54%果糖-1,6-二磷酸被裂解。另外生成的甘油醛-3-磷酸不断地转化成丙酮酸，大大地降低了甘油醛-3-磷酸的浓度，也有利于反应向裂解方向进行。

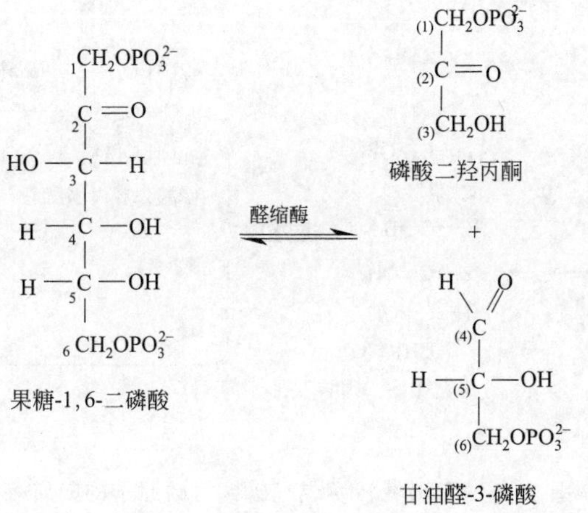

图 12.5 果糖-1,6-二磷酸裂解成甘油醛-3-磷酸和磷酸二羟丙酮

（5）丙糖磷酸异构酶催化甘油醛-3-磷酸和磷酸二羟丙酮的相互转换。

果糖-1,6-二磷酸裂解形成甘油醛-3-磷酸和磷酸二羟丙酮，只有甘油醛-3-磷酸是糖酵解下一步反应的底物，所以磷酸二羟丙酮需要在**丙糖磷酸异构酶**（triosephosphate isomerase）的催化下转化为甘油醛-3-磷酸，才能进一步糖酵解（图12.6），实际上等于1分子的果糖-1,6-二磷酸裂解生成了2分子甘油醛-3-磷酸。

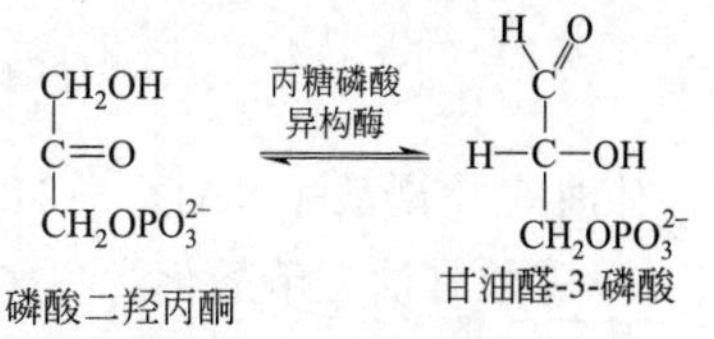

图 12.6 甘油醛-3-磷酸和磷酸二羟丙酮相互转换

反应达到平衡时，磷酸二羟丙酮占 96%，而甘油醛-3-磷酸只占 4%，但由于甘油醛-3-磷酸不断进行糖酵解，所以反应可向生成甘油醛-3-磷酸的方向进行。如果缺少丙糖磷酸异构酶，则只有一半的丙糖磷酸（即甘油醛-3-磷酸）进行糖酵解，磷酸二羟丙酮将堆积。所以这个反应很重要，它使得果糖-1,6-二磷酸全部转换成甘油醛-3-磷酸进行糖酵解。

糖酵解进行到这一步，1分子葡萄糖被裂解成2分子甘油醛-3-磷酸。通过放射性核素追踪实验发现，1分子甘油醛-3-磷酸中的C1、C2和C3分别来自于葡萄糖分子中的C4、C5和C6，而另1分子的甘油醛-3-磷酸（由磷酸二羟丙酮转换来的）的C1、C2和C3则分别来自于葡萄糖分子中的C3、C2和C1（图12.7），就是说，葡萄糖分子中的C4和C3转换成了甘油醛-3-磷酸的C-1；而C5和C2变成了甘油醛-3-磷酸的C2；葡萄糖分子中的C6和C1变成了甘油醛-3-磷酸的C3。

（6）甘油醛-3-磷酸脱氢酶催化甘油醛-3-磷酸氧化为1,3-二磷酸甘油酸。

甘油醛-3-磷酸在有 NAD^+ 和 H_3PO_4 存在下，由**甘油醛-3-磷酸脱氢酶**（glyceraldehyde-3-phosphate dehydrogenase，GAPDH）催化生成1,3-二磷酸甘油酸。NAD^+ 为甘油醛-3-磷酸脱氢酶的辅酶，1分子 NAD^+ 被还原成 NADH，同时在1,3-二磷酸甘油酸中形成一个高能磷酸酐键，这是糖酵解中唯一的一步氧化反应（图12.8）。

实际上该反应是由一个酶催化的脱氢和磷酸化两个相关反应，即：

甘油醛-3-磷酸氧化：

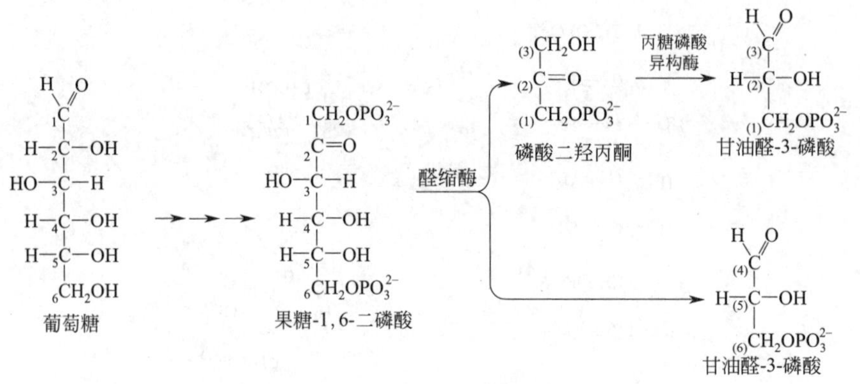

图 12.7 六碳糖转换成三碳糖后碳原子的归属

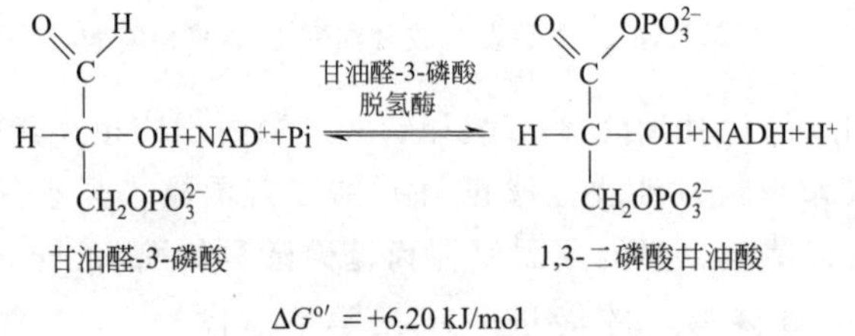

图 12.8 甘油醛-3-磷酸氧化为 1,3-二磷酸甘油酸

甘油醛-3-磷酸＋NAD^+＋H_2O＝3-磷酸甘油酸＋NADH＋H^+　$\Delta G^{o\prime}=-43.1$kJ/mol

3-磷酸甘油酸磷酸化：

3-磷酸甘油酸＋Pi＝1,3-二磷酸甘油酸＋H_2O　$\Delta G^{o\prime}=49.3$kJ/mol

所以，对于一摩尔甘油醛-3-磷酸，总反应的标准自由能变化是氧化和磷酸化反应的总和。

要注意，虽然给出的是 1 分子甘油醛-3-磷酸氧化为 1 分子 1,3-二磷酸甘油酸，但实际上有 2 分子甘油醛-3-磷酸（另 1 分子甘油醛-3-磷酸来自磷酸二羟丙酮）参加反应，所以在这步反应应当生成 2 分子 1,3-二磷酸甘油酸。依此类推，以下反应都应当是 2 分子反应物和 2 分子产物。

砷和磷都属于元素周期表中第Ⅴ族元素，砷酸盐（AsO_4^{3-}）在结构和反应性方面都与磷酸盐相似。无机砷酸可以取代无机磷酸作为甘油醛-3-磷酸脱氢酶的底物，所以砷酸与磷酸竞争甘油醛-3-磷酸脱氢酶的底物结合部位，生成一个不稳定的、类似于 1,3-二磷酸甘油酸的 1-砷酸-3-磷酸甘油酸。该化合物一接触到水自动水解，生成 3-磷酸甘油酸和无机砷酸，这是个非酶催化过程（图 12.9）。

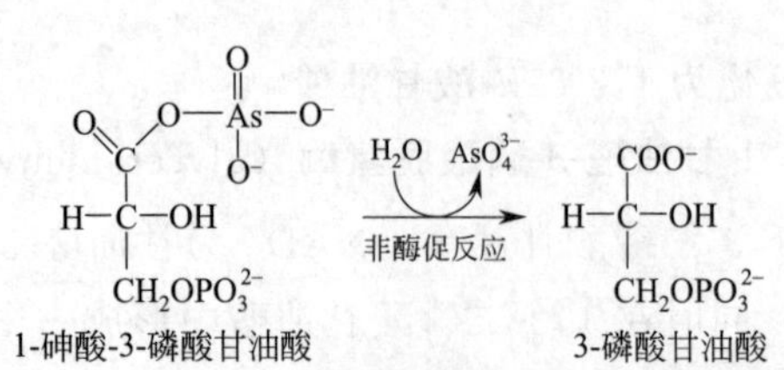

图 12.9 1-砷酸-3-磷酸甘油酸自动水解

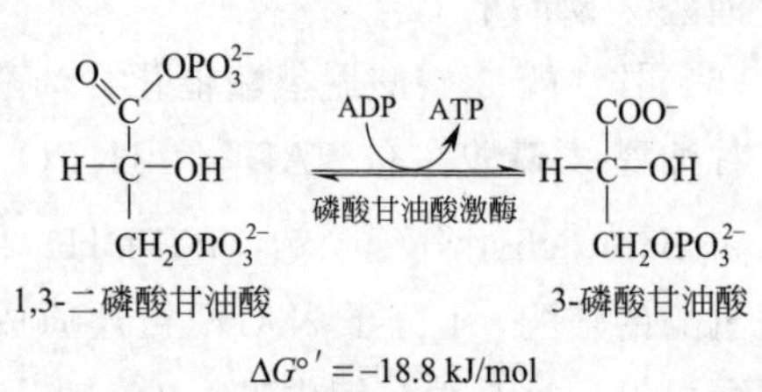

图 12.10 1，3-二磷酸甘油酸转换为 3-磷酸甘油酸

在砷酸存在下，糖酵解可以从3-磷酸甘油酸开始，但1,3-二磷酸甘油酸可产生ATP的反应被破坏了，砷酸起到了解除氧化和磷酸化耦联的作用，使糖酵解中没有净的ATP生成，所以砷酸参与的反应是个潜在的致死反应。在砷酸存在下，反应变成了：

$$\text{甘油醛-3-磷酸} + NAD^+ + H_2O \longrightarrow \text{3-磷酸甘油酸} + NADH + 2H^+$$

（7）磷酸甘油酸激酶催化1,3-二磷酸甘油酸转变为3-磷酸甘油酸，同时生成ATP。

1,3-二磷酸甘油酸在**磷酸甘油酸激酶**（phosphoglycerate kinase，PGK）的作用下，将高能磷酰基从富含能量的酸酐1,3-二磷酸甘油酸转给ADP形成ATP和3-磷酸甘油酸（图12.10）。

1,3-二磷酸甘油酸水解标准自由能变化为－49.3kJ/mol，由ADP生成ATP的反应为＋30.5kJ/mol，所以总反应的标准自由能变化为－18.8kJ/mol。

反应（6）和反应（7）构成能量耦联，1,3-二磷酸甘油酸是两个反应的共同中间物，虽然反应（6）是吸能反应，但由于反应（7）是个强放能反应，所以两步反应的总和变成：

$$\text{甘油醛-3-磷酸} + Pi + NAD^+ + ADP \rightleftharpoons \text{3-磷酸甘油酸} + NADH + H^+ + ATP$$

$$\Delta G^{\circ\prime} = -12.6\text{kJ/mol}$$

两个反应的总标准自由能变化值为－12.6kJ/mol表明总的反应是自发进行的。

从一个高能化合物（如1,3-二磷酸甘油酸）将磷酰基转移给ADP形成ATP的过程称为**底物水平磷酸化**（substrate-level phosphorylation）。底物水平磷酸化不需要氧，是糖酵解中形成ATP的机制。这步反应是糖酵解中第1次产生ATP的反应，反应是可逆的。另外要注意，实际上是有2分子1,3-二磷酸甘油酸参加反应，所以在这步反应中应当生成2分子ATP。在前面由葡萄糖转换为果糖-1,6-二磷酸时投入了2分子ATP，而在这一步反应中回收了2分子ATP，投入的ATP和产出ATP刚好平衡。以下反应还会生成出另外2分子ATP，则是葡萄糖分子经糖酵解途径净生成的2分子ATP。

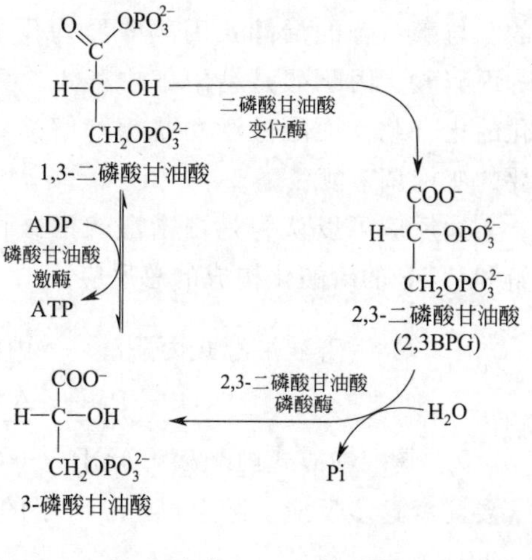

图12.11　红细胞中2,3-二磷酸甘油酸的形成

在红细胞中，1,3-二磷酸甘油酸除了转变为3-磷酸甘油酸外，还可转换为**2,3-二磷酸甘油酸**（2,3-bisphosphoglycerate，2,3-BPG）（图12.11），这是红细胞中糖酵解的一个重要功能。2,3-BPG是血红蛋白氧合作用的别构抑制剂。红细胞中含有二磷酸甘油酸变位酶，它催化1,3-二磷酸甘油酸中C1的磷酰基转移到C2上，形成2,3-BPG。而2,3-BPG又可在2,3-BPG磷酸酶的催化下水解生成3-磷酸甘油酸，重新进入糖酵解途径，转化为丙酮酸。

（8）磷酸甘油酸变位酶催化3-磷酸甘油酸转换为2-磷酸甘油酸。

磷酸甘油酸变位酶（phosphoglycerate mutase）催化磷酸基团由3-磷酸甘油酸的C3位转移到C2位，生成2-磷酸甘油酸（图12.12），为下一步反应做准备。

(9) 烯醇化酶催化2-磷酸甘油酸形成磷酸烯醇式丙酮酸。

在**烯醇化酶**(enolase)(需要Mg^{2+}作为辅助因子)催化下,从2-磷酸甘油酸中的α,β位脱去1分子水形成磷酸烯醇式丙酮酸,反应是可逆的(图12.13)。氟化物是烯醇化酶的抑制剂,氟与镁和无机磷酸形成的复合物可以取代天然状态下酶分子上的镁离子位置,使酶失活。

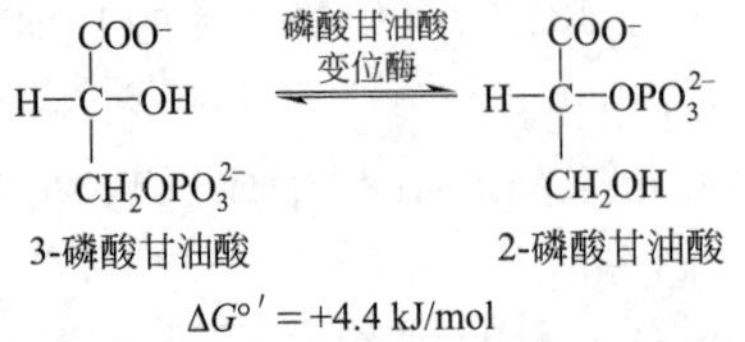

图12.12 3-磷酸甘油酸转换为2-磷酸甘油酸

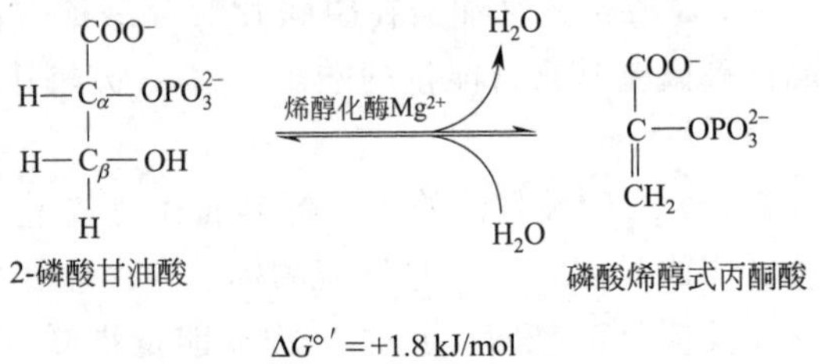

图12.13 2-磷酸甘油酸脱水形成磷酸烯醇式丙酮酸

这步反应虽然标准自由能变化很小,但在烯醇化酶催化下2-磷酸甘油酸脱去1分子水,使分子内能量重新排布,生成了一个超高能化合物磷酸烯醇式丙酮酸,导致磷酸基团水解的标准自由能达到−61.9kJ/mol(2-磷酸甘油酸的为−17.6kJ/mol)。

(10) 丙酮酸激酶催化磷酰基从磷酸烯醇式丙酮酸转移给ADP,生成丙酮酸和ATP。

这是糖酵解中第2个底物水平磷酸化反应,由**丙酮酸激酶**(pyruvate kinase)催化,反应需要K^+和Mg^{2+}作为辅助因子(图12.14)。磷酰基从磷酸烯醇式丙酮酸转移到ADP的β-磷酸基团上,形成ATP和烯醇式丙酮酸,反应是不可逆的。与酶结合的烯醇式丙酮酸异构化形成更稳定的丙酮酸。丙酮酸是糖酵解中第1个不再被磷酸化的化合物。丙酮酸激酶是糖酵解途径中一个重要的变构调节酶。

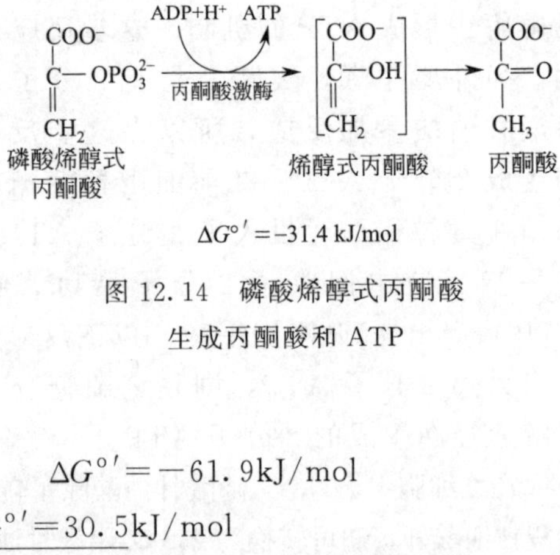

图12.14 磷酸烯醇式丙酮酸生成丙酮酸和ATP

上述反应可以认为是由磷酸烯醇式丙酮酸的水解和ADP的磷酸化构成的总反应。

$$\text{磷酸烯醇式丙酮酸} \longrightarrow \text{丙酮酸} + \text{Pi} \qquad \Delta G^{\circ\prime} = -61.9\text{kJ/mol}$$

$$\underline{\text{ADP} + \text{P}_i \longrightarrow \text{ATP} \qquad \Delta G^{\circ\prime} = 30.5\text{kJ/mol}}$$

$$\text{磷酸烯醇式丙酮酸} + \text{ADP} \longrightarrow \text{丙酮酸} + \text{ATP} \qquad \Delta G^{\circ\prime} = -31.4\text{kJ/mol}$$

要注意这步反应实际上也是2分子的磷酸烯醇式丙酮酸参加反应,所以应当生成2分子的ATP。

至此由1分子葡萄糖经糖酵解途径生成2分子丙酮酸的总反应可表示为:

$$\text{葡萄糖} + 2\text{ADP} + 2\text{NAD}^+ + 2\text{Pi} \longrightarrow 2\,\text{丙酮酸} + 2\text{ATP} + 2\text{NADH} + 2\text{H}^+ + 2\text{H}_2\text{O}$$

反应中净生成了2分子ATP,此外还使得2分子的NAD^+还原为2分子NADH。在有氧条件下,由细胞质生成的这两个NADH分子将会通过线粒体上的呼吸链将电子最终转移给O_2,而重新氧化为NAD^+。电子转移过程中会产生大量能量,这些内容将在下面章节描述。

红细胞中糖酵解各步反应及相应的标准自由能变化如表12.1所示。

表 12.1 红细胞中糖酵解各步反应及相应的标准自由能变化

	反应	酶	$\Delta G^{o\prime *}$ /(kJ/mol)	ΔG^{**} /(kJ/mol)
1	葡萄糖＋ATP ⟶ 葡糖-6-磷酸＋ADP	己糖激酶	−16.74	−33.9
2	葡糖-6-磷酸 ⇌ 果糖-6-磷酸	葡糖-6-磷酸异构酶	＋1.67	−2.92
3	果糖-6-磷酸＋ATP ⟶ 果糖-1,6-二磷酸＋ADP	磷酸果糖激酶-1	−14.2	−18.8
4	果糖-1,6-二磷酸 ⇌ 磷酸二羟丙酮＋甘油醛-3-磷酸	醛缩酶	＋23.9	−0.23
5	磷酸二羟丙酮 ⇌ 甘油醛-3-磷酸	丙糖磷酸异构酶	＋7.56	＋2.41
6	甘油醛-3-磷酸＋NAD^+＋P_i ⇌ 1,3-二磷酸甘油酸＋NADH＋H^+	甘油醛-3-磷酸脱氢酶	2 (＋6.20)	2 (−1.29)
7	1,3-二磷酸甘油酸＋ADP ⇌ 3-磷酸甘油酸＋ATP	磷酸甘油酸激酶	2 (−18.8)	2 (＋0.1)
8	3-磷酸甘油酸 ⇌ 2-磷酸甘油酸	磷酸甘油酸变位酶	2 (＋4.4)	2 (＋0.83)
9	2-磷酸甘油酸 ⇌ 磷酸烯醇式丙酮酸＋H_2O	烯醇化酶	2 (＋1.8)	2 (＋1.1)
10	磷酸烯醇式丙酮酸＋ADP ⟶ 丙酮酸＋ATP	丙酮酸激酶	2 (−31.4)	2 (−23.0)

注：$\Delta G^{o\prime *}$ 值是假设在 25℃和 37℃下都一样，于标准条件下的计算值（反应物和产物浓度都为 1mol/L，pH7.0）；ΔG^{**} 值是利用于 37℃（310K）下红细胞中各个代谢物平衡浓度计算得到的值。

12.1.3 丙酮酸的代谢

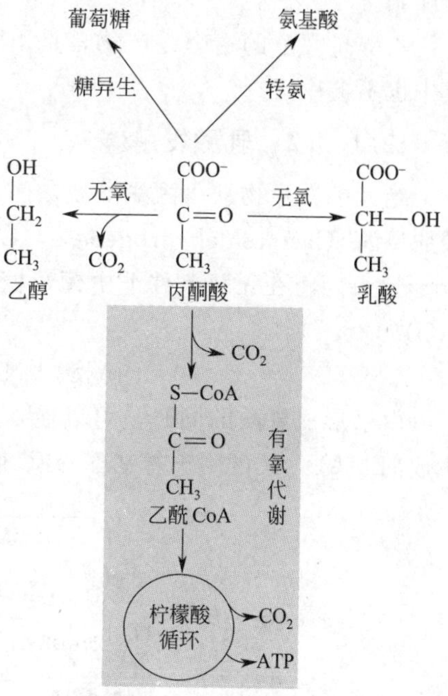

图 12.15 丙酮酸的代谢

糖酵解过程葡萄糖转换成丙酮酸，不仅产生 ATP，同时在甘油醛-3-磷酸脱氢酶催化的反应中还使氧化型的 NAD^+ 还原为 NADH。为了使糖酵解能连续进行，细胞就应当有办法供给氧化型的 NAD^+，如果生成的 NADH 不能及时地被氧化成 NAD^+，所有的氧化型的 NAD^+ 将全部以还原型的 NADH 积累，糖酵解过程将终止。

在有氧条件下，NADH 的氧化伴随着氧化磷酸化过程，反应需要分子氧；而在厌氧条件下，丙酮酸转化为乙醇或乳酸的过程中，消耗 NADH，生成 NAD^+，从而使得糖酵解继续进行（图 12.15）。

丙酮酸有氧条件下可以经柠檬酸循环氧化为 CO_2，无氧条件下可以还原为乳酸，或经酒精发酵途径生成乙醇。此外丙酮酸还可以经糖异生途径重新生成葡萄糖，或经转氨生成氨基酸。

12.1.3.1 酒精发酵

在厌氧状态下，酵母细胞将丙酮酸转化为乙醇（酒精）和 CO_2，同时 NADH 被氧化为 NAD^+，由葡萄糖转化为乙醇的过程称为**酒精发酵**（alcoholic fermentation）（图 12.16）。这一过程涉及两个反应：首先在**丙酮酸脱羧酶**（pyruvate decarboxylase）催化下，丙酮酸脱羧生成乙醛，然后乙醛在**乙醇脱氢酶**（alcohol dehydrogenase）催化下还原为乙醇的同时，NADH 被氧化为 NAD^+。NAD^+ 又可返回参与甘油醛-3-磷酸脱氢酶催化的反应，可以使由葡萄糖发酵生产乙醇的过程连续进行下去。丙酮酸脱羧酶需要硫胺素焦磷酸（TPP）作为辅酶参与反应。

$$丙酮酸 \longrightarrow 乙醛 + CO_2$$

$$乙醛 + NADH + H^+ \longrightarrow 乙醇 + NAD^+$$

所以1分子葡萄糖经乙醇发酵途径转化为乙醇的总反应为：

$$葡萄糖 + 2Pi + 2ADP \longrightarrow 2\ 乙醇 + 2CO_2 + 2ATP + 2H_2O$$

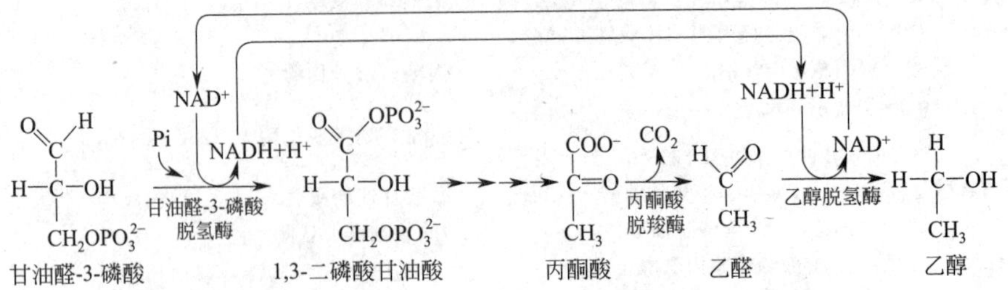

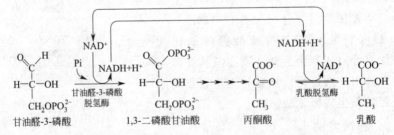

图 12.16　厌氧条件下酵母中丙酮酸转化为乙醇

上述反应在酿造啤酒和制造面包时起重要的作用。在啤酒厂，当丙酮酸转换成乙醇时，产生许多 CO_2 气体，CO_2 气体被罐装于啤酒中用于产生气泡；在烤面包时，CO_2 能使生面团膨胀。

乙醇是发酵的一个终产物，是由酵母分泌的中性化合物，所以即使酵母处于高浓度的乙醇中也不会中毒。

12.1.3.2　乳酸发酵

绝大多数生物缺少丙酮酸脱羧酶，不能像酵母那样将丙酮酸转化成乙醇，但可以通过**乳酸脱氢酶**（lactate dehydrogenase，LDH）催化的一个可逆反应使丙酮酸还原为**乳酸**（lactate）。人们将在无氧条件下由葡萄糖转化为乳酸的过程称之为**乳酸发酵**（lactate fermentation）。

$$丙酮酸 + NADH + H^+ \longrightarrow 乳酸 + NAD^+$$

由于形成乳酸的同时，可以使 NADH 氧化成 NAD^+，这样糖酵解途径就完整了，因为生成的 NAD^+ 又可用于甘油醛-3-磷酸脱氢酶催化的反应（图 12.17）。

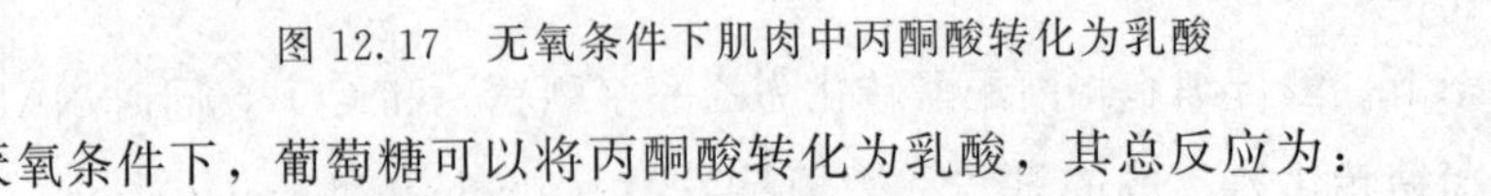

图 12.17　无氧条件下肌肉中丙酮酸转化为乳酸

因此在厌氧条件下，葡萄糖可以将丙酮酸转化为乳酸，其总反应为：

$$葡萄糖 + 2Pi + 2ADP \longrightarrow 2\ 乳酸 + 2ATP + 2H_2O$$

哺乳动物体内有5种乳酸脱氢酶的同工酶，这些同工酶在机体血液中的比例是比较恒定的。这为临床上将血液中乳酸脱氢酶同工酶的比例关系作为诊断心脏、肝脏等疾病的重要指标提供了理论依据。

乳酸脱氢酶是一类 NAD 依赖性激酶，有 LDHA、LDHB、LDHC 三种亚型，可构成 6

种四聚体同工酶。其中，LDHA 与肿瘤的发生最为密切，可通过多种机制与癌症的恶性生物学特性密切相关，如能促进癌细胞增殖，维持细胞存活；有助于癌细胞的侵袭和转移；还可以触发血管生成；可协助癌细胞免疫逃逸（图 12.18）。

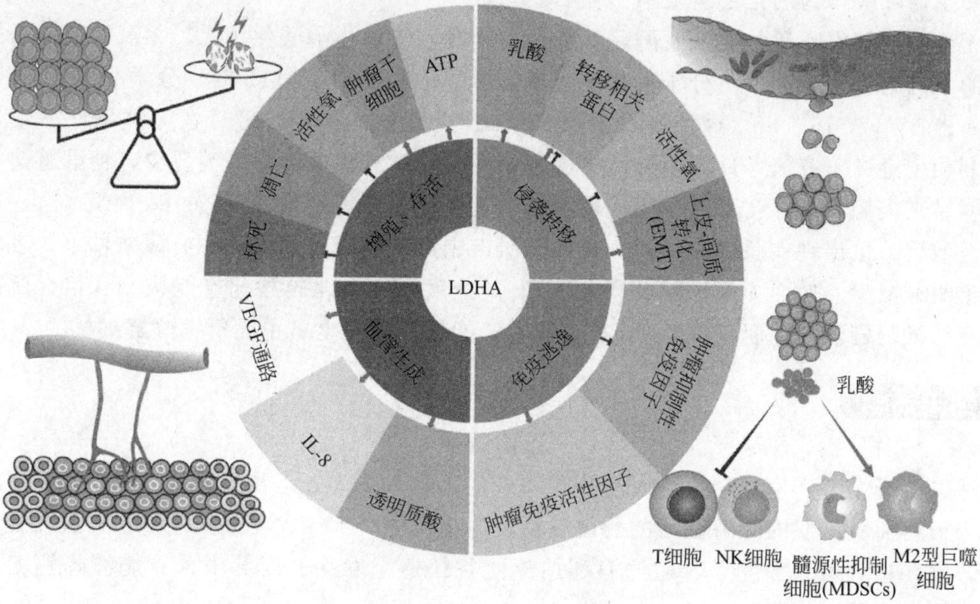

图 12.18　乳酸脱氢酶 A（LDHA）在癌症发生中的作用

1 分子葡萄糖经无氧代谢（乳酸发酵）至乳酸净生成 2 分子 ATP。厌氧糖酵解不仅对厌氧生物是非常必要的，而且对需氧的多细胞生物也是必要的。需氧生物，例如人不能在完全缺氧的环境中生存，但能够耐受短暂的供氧不足。剧烈运动（例如百米跑）会快速消耗氧，而由于呼吸急促暂时缺氧，在这样的缺氧条件下，运动需要的能量主要靠无氧糖酵解途径供给。此时肌肉细胞可以通过将葡萄糖转变为乳酸而大量利用葡萄糖，为机体剧烈运动快速提供能量。但无氧糖酵解会造成乳酸堆积，乳酸堆积会使肌肉“酸痛”。不过酸痛在剧烈运动过后一段时间内会消除，这主要得益于体内的 Cori 循环（图 12.19）。

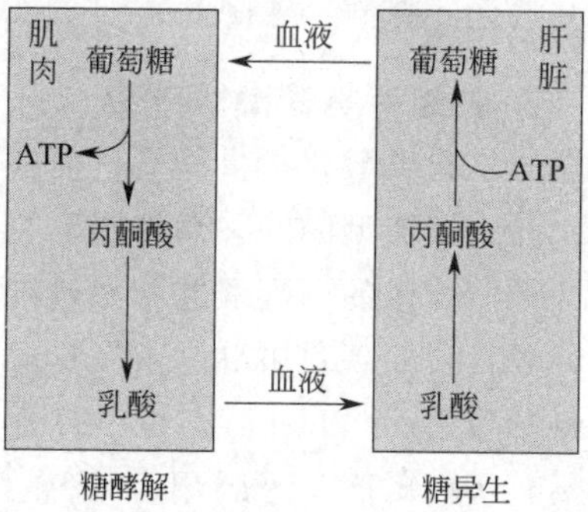

肌肉糖酵解将葡萄糖转化为乳酸，血液将乳酸转运到肝脏。在肝脏，乳酸又重新被氧化为丙酮酸，经糖异生途径转化为葡萄糖。生成的葡萄糖经血液又转运到肌肉

图 12.19　Cori 循环

Cori 循环涉及肌肉、肝脏和血液。从图 12.19 中可以看到无氧条件下葡萄糖经糖酵解转化为乳酸，堆积的乳酸扩散到血液中，经血液转运到肝脏。在肝脏中，乳酸重新氧化为丙

酮酸，然后丙酮酸经糖异生生成葡萄糖，葡萄糖又经血液转运回肌肉组织。Cori 循环在剧烈运动期间非常活跃，肝脏处理堆积乳酸需要的额外能量 ATP 应当由有氧代谢供给（后面讲到的氧化磷酸化）。增加的有氧代谢需要额外的氧，大概每个人都有体会，剧烈运动过后往往要急促呼吸，为的是还“氧债”。

无论是乙醇发酵还是乳酸发酵，从能量角度看，与氧化磷酸化相比，无氧发酵都是极其浪费的，因为有氧条件下 1 分子葡萄糖经氧化磷酸化可生成 30（或 32）分子 ATP，要比糖酵解高出 15（或 16）倍。这种现象正像 Pasteur 观察到的那样，酵母在无氧条件下生长消耗的葡萄糖远高于有氧条件下生长所需的葡萄糖。显然有氧条件下糖消耗少，糖酵解速度慢得多。后来人们将氧存在下糖酵解速度降低的现象称为**巴斯德效应**（Pasteur effect）。

类似现象也出现在肌肉中，缺氧条件下肌肉中出现乳酸堆积，但在有氧条件下，乳酸堆积现象明显减少。然而无氧糖酵解产生 ATP 的速度要比氧化磷酸化产能快 100 倍，所以像跑百米那样的剧烈活动肌肉消耗 ATP 很快时，能量几乎完全是由无氧糖酵解提供的。

相关话题

酿造啤酒

糖经酵母发酵产生酒精，所以酿造啤酒最普通的方法首先是在酶的作用下使谷物中淀粉转化为糖，而所需要的降解淀粉的酶由谷物发芽过程中产生。大麦或其他谷物籽粒在控制下发芽，发芽达到要求程度后，通过温和加热使谷粒停止发芽。麦芽中含有能够降解淀粉的 α-和 β-淀粉酶等一些酶类。

接下来将麦芽和水混合后捣碎制备麦芽汁，再与煮过捣碎的粮食（小麦、大麦、大米和玉米等）混合，使酶将淀粉转化为糖。过滤后的液体状麦芽汁和提供香味与苦味的啤酒花（有的还加蛇麻草）一起煮沸，冷却后转入开口发酵罐中。

将酵母加入到装有啤酒花麦芽汁的发酵罐内，发酵时再转入密闭发酵罐中。开始酵母利用溶解在麦芽汁中的氧气进行有氧代谢，通过柠檬酸循环使糖酵解产生的丙酮酸彻底氧化为二氧化碳和水，同时释放出大量能量，酵母利用这些能量快速生长和繁殖，这个过程没有酒精产生。当密闭发酵罐中氧气消耗完后，酵母细胞转变为无氧代谢，由此开始发酵，由糖类产生酒精和二氧化碳。发酵结束后，过滤掉酵母细胞后的得到的酒就是所谓的“生”啤酒。生啤酒再经杀菌处理就是市场上常见的啤酒（熟啤酒）。

肿瘤有氧糖酵解效应

正常的细胞主要依赖于线粒体氧化磷酸化提供能量，而在正常的细胞转化为肿瘤细胞的过程中伴随着代谢途径的重塑，其中最典型的是肿瘤细胞在有氧的条件下仍主要以糖酵解途径提供能量，肿瘤细胞摄取葡萄糖所产生的丙酮酸并不经过线粒体氧化磷酸化，而是在胞质中经糖酵解形成大量乳酸，这种异常代谢现象被称为有氧糖酵解（aerobic glycolysis）。肿瘤细胞有氧糖酵解现象是由德国科学家 Otto Warburg 在 1924 年发现的，因此这一现象也被称为瓦博格效应（Warburg effect）。临床上广泛应用葡萄糖类似物示踪剂 ^{18}F 脱氧葡萄糖（^{18}FdG）的正电子发射断层显像技术（positron emission tomography，PET），证明糖酵解表型在大多数人类癌症中可以观察到。

临床上已经针对肿瘤糖酵解表型的特征，研发糖酵解的药物抑制剂，可能通过耗尽肿瘤的 ATP 供应来靶向和杀死肿瘤。数千例肿瘤患者的 FdG PET 成像明确显示，大多数原发和转移性人类癌症显示葡萄糖摄取显著增加，如图 12.20 所示。

肿瘤细胞为什么选择产能低效的有氧糖酵解（1 分子葡萄糖产生 2 分子 ATP），而不是利用产能高效的线粒体氧化磷酸化（1 分子葡萄糖产生 30 或 32 分子 ATP）的代谢方式？一种可能的解释是肿瘤细胞有超出 ATP 以外的重要代谢需求。糖酵解途径可以为快速分裂增殖的肿瘤细胞的合成代谢提供大量的中间产物，如葡糖-6-磷酸和果糖-6-磷酸可用于糖原及磷酸戊糖的合成、磷酸二羟丙酮可用于甘油及磷脂的合成，而线粒体氧化磷酸化途径将所有葡萄糖转化为 CO_2 以最大化产生 ATP，却不能为肿瘤细胞提供大量必需的合成原料，因此肿瘤细胞更倾向于使用糖酵解途径。这至少部分解释了肿瘤有氧糖酵解效应。

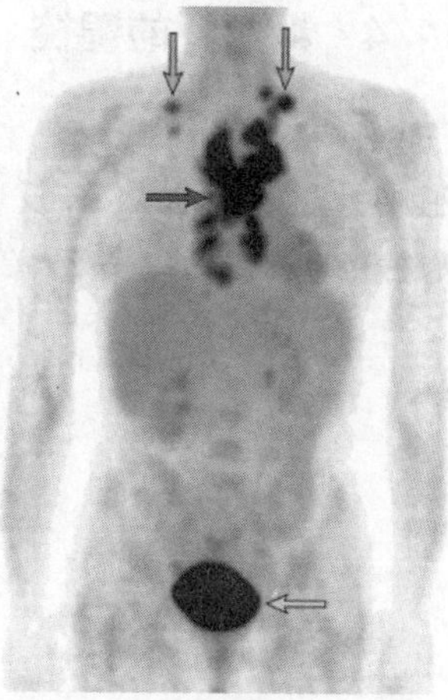

图 12.20　淋巴瘤患者 ^{18}F 脱氧葡萄糖正电子发射断层显像

肿瘤有氧糖酵解效应受到多种致癌信号通路和肿瘤相关因子的调控。PI3K/AKT 通路的激活能提高有氧糖酵解途径中各种限速酶（如葡萄糖转运蛋白、己糖激酶和磷酸果糖激酶-1）的活性和含量，进而促进肿瘤有氧糖酵解。LKB1-AMPK 通过调控磷酸果糖激酶-1 影响肿瘤糖酵解进程。肿瘤促进因子 MYC 可以直接转录激活糖酵解基因（如葡萄糖转运蛋白、己糖激酶、磷酸果糖激酶-1、烯醇化酶）的表达促进糖酵解。肿瘤抑制因子 p53 通过上调 TIGAR（TP53-induced glycolysis and apoptosis regulator）的表达，降低细胞内果糖-2,6-二磷酸的含量，进而抑制糖酵解。所以，细胞癌变过程的各种基因的改变会引发肿瘤有氧糖酵解效应，使肿瘤细胞发生代谢重编程。目前，糖代谢的异常改变已成为肿瘤的十大特征之一，为临床肿瘤的诊断和治疗提供了新的依据（图 12.21）。

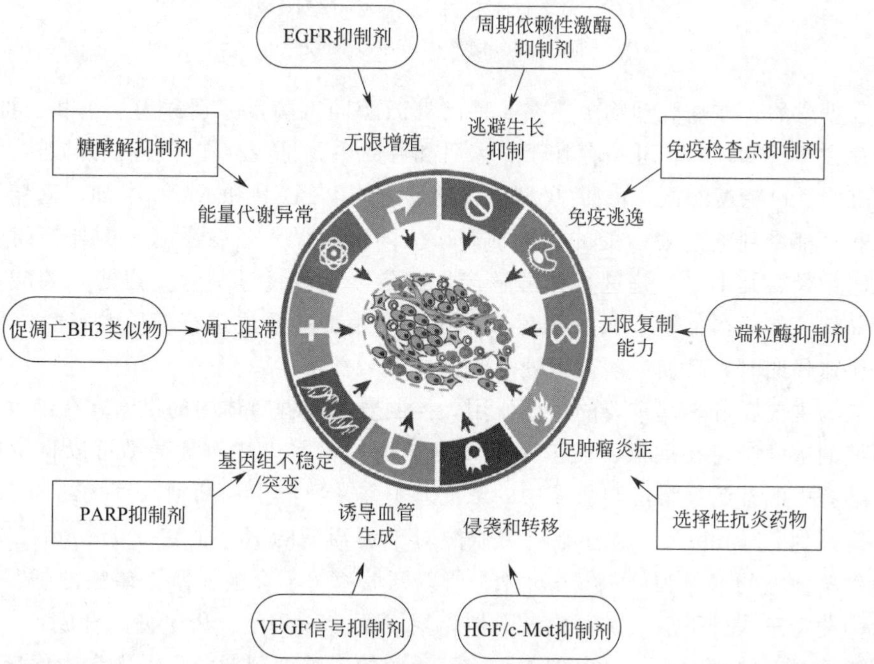

图 12.21　癌症特征的靶向治疗

12.1.4　糖酵解的调控

从表12.1可看到，在生理条件下，红细胞中的糖酵解只有己糖激酶、磷酸果糖激酶-1和丙酮酸激酶催化的3步反应有很大的负自由能变化，都是不可逆反应，所以这3个酶是糖酵解途径的调控酶（图12.22）。

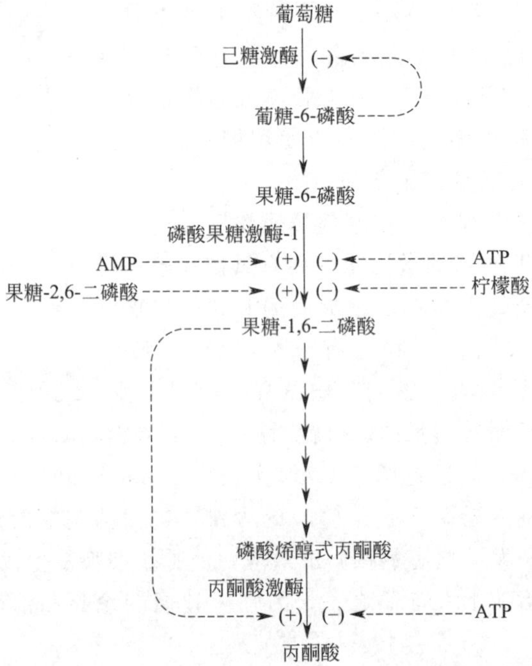

（＋）表示促进反应；（－）表示抑制反应

图12.22　糖酵解的主要调控点

（1）己糖激酶：在哺乳动物中存在4种己糖激酶同工酶，分别称为Ⅰ、Ⅱ、Ⅲ和Ⅳ型。Ⅰ型主要存在于脑和肾中，Ⅱ型存在于骨骼肌和心肌中，Ⅲ型存在于肝脏和肺脏中，Ⅳ型只存在于肝脏中。己糖激酶同工酶Ⅰ-Ⅳ型催化的反应均需ATP和Mg^{2+}参加。己糖激酶同工酶Ⅰ、Ⅱ和Ⅲ都受到葡糖-6-磷酸的别构抑制，但同工酶Ⅳ（葡糖激酶）例外。葡糖-6-磷酸有几种代谢途径，其中之一是进行糖酵解产生能量，当能量过剩时，葡糖-6-磷酸可作为糖原合成的前体。然而当葡糖-6-磷酸积累和不再需要生产能量或进行糖原贮存时，即葡糖-6-磷酸不能快速代谢时，己糖激酶被葡糖-6-磷酸抑制。

葡糖激酶主要在肝中起重要的生理作用，控制着葡萄糖对体内的供给。在绝大多数细胞中，葡萄糖的浓度维持在远低于血液中葡萄糖浓度的水平。然而葡萄糖可以自由地进入肝脏，使肝细胞中的葡萄糖浓度与血液中的浓度差不多。血液中葡萄糖浓度大约为5mmol/L，进食后可升高到10mmol/L。大多数己糖激酶对于葡萄糖的K_m值在0.1mmol/L以下，而葡糖激酶对葡萄糖的K_m为2～5mmol/L，所以葡糖激酶不会被葡糖-6-磷酸抑制。因此当血液中过量葡萄糖进入肝脏后会被葡糖激酶催化生成葡糖-6-磷酸，用于糖原合成。

己糖激酶2对肿瘤的生长至关重要。己糖激酶的三种抑制剂已显示出作为化疗药物的前景：2-脱氧葡萄糖、氯尼达明和3-溴丙酮酸。

(2) 磷酸果糖激酶-1：磷酸果糖激酶-1（PFK-1）催化的果糖-6-磷酸磷酸化为果糖-1,6-二磷酸反应是糖酵解途径的第二个调节部位，该酶是一个别构调节酶。PFK-1是个寡聚酶，分子量很大（130kD～160kD)，细菌和哺乳动物的PFK-1都是四聚体，酵母的PFK-1是八聚体酶。在人体内，PFK-1存在三种不同的亚型，由于它们分别在肌肉、肝脏和血小板中高表达，故分别称为PFK-M、PFK-L和PFK-P。这些同工酶的表达水平具有组织特异性。其中，骨骼肌只表达PFK-M，而其他组织则会表达三种同工酶，但表达水平不同。

ATP既是PFK-1的底物，又是该酶的别构抑制剂，ATP可以使得该酶对底物果糖-6-磷酸的亲和性降低，即对果糖-6-磷酸的 K_m 增加。ATP对PFK-1的别构效应是由于ATP可以结合到该酶的一个特殊调节部位上，调节部位不同于催化部位。在哺乳动物细胞中，AMP是别构激活剂，可以缓解ATP对PFK-1的抑制作用。柠檬酸（柠檬酸循环的中间产物）是PFK-1的另一个重要的抑制剂，因为柠檬酸循环是与丙酮酸的进一步氧化联系在一起的，柠檬酸水平的升高，表明有充足底物进入了柠檬酸循环，所以柠檬酸对PFK-1的调节是一种反馈抑制，它调节丙酮酸向柠檬酸循环的供给。

果糖-6-磷酸是PFK-1的激活剂。另外，1980年发现分布于哺乳动物、真菌和植物中的果糖-2,6-二磷酸也是PFK-1的激活剂。果糖-2,6-二磷酸是在**磷酸果糖激酶-2**（phosphofructokinase-2，PFK-2）催化下，由果糖-6-磷酸磷酸化生成的（图12.23）。PFK-2和PFK-1是两种具有不同催化机制的酶。令人惊奇的是，在哺乳动物的肝脏中同一个PFK-2的不同活性部位催化果糖-2,6-二磷酸的去磷酸化反应，重新生成果糖-6-磷酸，酶的这一活性称为**果糖-2,6-二磷酸磷酸酶**（fructose-2,6-bisphosphatase）活性。PFK-2的双重活性控制着果糖-2,6-二磷酸的稳态浓度。

PFKFP3作为PFK1变构激活因子F2,6BP主要提供者，在糖酵解开关中发挥了重要作用，3-(3-吡啶基)-1-(4-吡啶基)-2-丙烯-1-酮(3PO)是目前为止发现的唯一的PFKBP3特异性抑制剂。据报道，3PO可降低肿瘤细胞系中F2，6BP的浓度，导致肿瘤的葡萄糖摄取量减少和生长抑制。

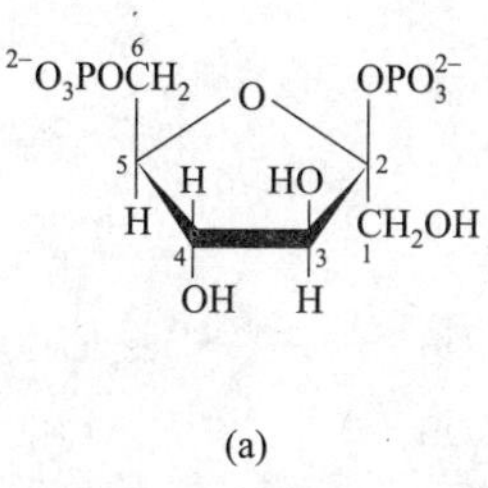

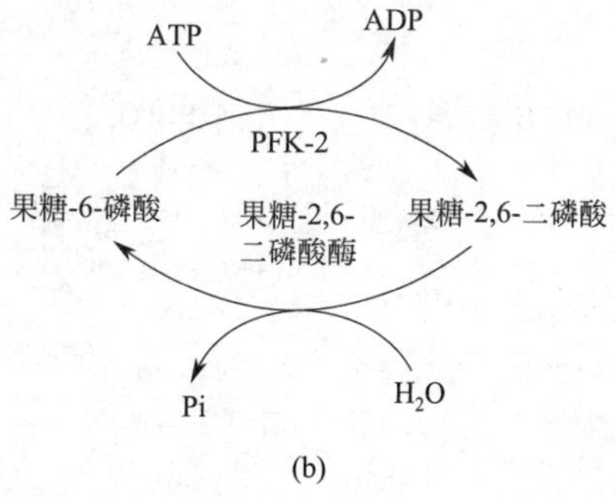

(a) 果糖-2,6-二磷酸结构；(b) PFK-2的双重活性：催化果糖-6-磷酸生成果糖-2,6-二磷酸，又催化果糖-2,6-二磷酸去磷酸重新生成果糖-6-磷酸

图12.23 果糖-2,6-二磷酸的生成和去磷酸

(3) 丙酮酸激酶：在哺乳动物组织中存在着4种丙酮酸激酶同工酶，这些同工酶受到磷酸烯醇式丙酮酸和果糖-1,6-二磷酸的激活，丙氨酸和ATP的抑制。由于果糖-1,6-二磷酸既是丙酮酸激酶的别构激活剂，又是PFK-1催化反应的产物，所以PFK-1的激活自然会引起丙酮酸激酶的激活，这种类型的调控方式称为**前馈激活**（feed-forward activation）。

12.1.5 三种单糖代谢

除了最丰富的葡萄糖作为能源外，其他的糖，例如果糖、半乳糖以及甘露糖也可以被吸收和用作能源。

12.1.5.1 果糖

果糖和含有果糖的二糖蔗糖是许多食物和饮料的甜味剂，是人饮食中糖来源的一部分。吸收的果糖几乎都是通过肝脏代谢的，不过果糖并不是任何一种己糖激酶同工酶的最适底物，因为己糖激酶对果糖的 K_m 值要比对葡萄糖高得多。

在肝脏中，特异的**果糖激酶**（fructokinase）催化果糖磷酸化生成果糖-1-磷酸，此过程消耗1分子ATP。然后，**果糖-1-磷酸醛缩酶**（fructose-1-phosphate aldolase）催化果糖-1-磷酸裂解生成磷酸二羟丙酮和甘油醛，磷酸二羟丙酮经丙糖磷酸异构酶催化转换为甘油醛-3-磷酸，而甘油醛则是在**丙糖激酶**（triose kinase）的作用下，消耗1分子ATP后生成甘油醛-3-磷酸。总的转化结果是1分子果糖转化为二分子甘油醛-3-磷酸，同时消耗了2分子ATP（图12.24）。

生成的2分子甘油醛-3-磷酸正好是糖酵解的中间代谢物，经糖酵解进一步代谢。1分子果糖转化为2分子丙酮酸，可以净合成2分子ATP和2分子NADH，这一收率与葡萄糖转化为丙酮酸的结果一样，不过果糖代谢途径绕过了磷酸果糖激酶-1和与之相关的调节。富含果糖或蔗糖的饮食由于丙酮酸的过量生成可能会导致脂肪肝，因为丙酮酸是脂肪和胆固醇生物合成的前体。果糖-1-磷酸醛缩酶也称为醛缩酶B，存在于肝脏中。患有果糖不耐受症（fructose intolerance）（不能正常代谢果糖）的患者是因为缺乏果糖-1-磷酸醛缩酶。该类型患者不能正常代谢食入的果糖，引起果糖-1-磷酸积累，造成肝脏中无机磷酸大量消耗，使ATP浓度降低，加速糖酵解进程进而产生大量乳酸。临床上不能给患者输入果糖，因为血中果糖浓度过高超出肝脏中醛缩酶B的正常功能范围也会造成果糖-1-磷酸积累，引起一系列和果糖不耐受症同样的症状。

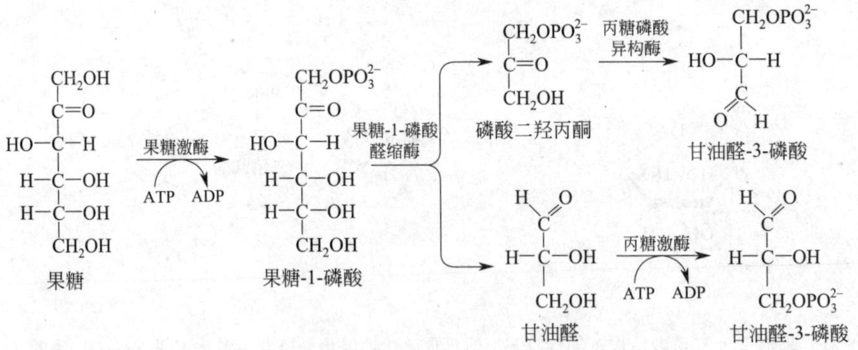

图12.24 1分子果糖转化为2分子甘油醛-3-磷酸

12.1.5.2 半乳糖

乳糖是二糖，主要存在于奶中，它是包括人在内的哺乳动物婴幼儿的主要能源。几乎所有的婴幼儿都能够在小肠乳糖酶的作用下代谢乳糖，**乳糖酶**（lactase）催化乳糖水解为1分子的葡萄糖和1分子的半乳糖，这2种糖都可被小肠吸收和通过循环系统转运。图12.25给出了半乳糖转换为葡糖-6-磷酸的过程。半乳糖是葡萄糖的C-4差向异构体，可以通过尿苷二磷酸葡糖（UDP-葡糖）再循环途径转化为葡糖-1-磷酸。

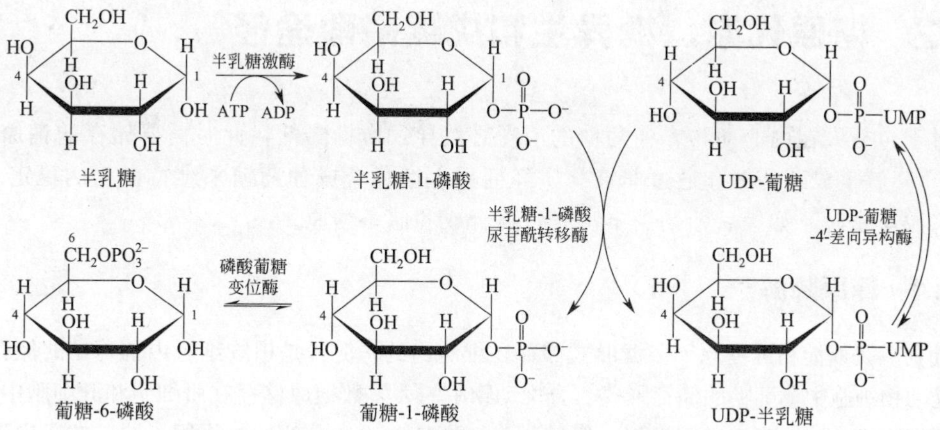

图 12.25 半乳糖转换为葡糖-6-磷酸

在肝脏中，半乳糖在**半乳糖激酶**（galactokinase）的作用下磷酸化，生成半乳糖-1-磷酸，反应消耗 1 分子 ATP。然后半乳糖-1-磷酸与 UDP-葡糖中的葡糖-1-磷酸交换，形成游离的葡糖-1-磷酸和 UDP-半乳糖。交换反应是在**半乳糖-1-磷酸尿苷酰转移酶**（galactose-1-phosphate uridylyltransferase）的作用下，通过切断 UDP-葡糖的焦磷酸键实现的。葡糖-1-磷酸在磷酸葡糖变位酶（phosphoglucomutase）作用下转换为葡糖-6-磷酸后，进入糖酵解途径。UDP-半乳糖在 **UDP-葡糖-4′-差向异构酶**（UDP-glucose-4′-epimerase）的作用下再循环重新生成 UDP-葡糖。UDP-葡糖-4′-差向异构酶的辅酶为 NAD^+。

1 分子半乳糖转化为 2 分子丙酮酸，可以净合成 2 分子 ATP 和 2 分子 NADH，这一收率与葡萄糖以及果糖转化为丙酮酸的结果一样。

喂食奶制品的婴幼儿依赖于半乳糖代谢途径。患有**半乳糖血症**（galactosemia）（不能正常代谢半乳糖）的婴幼儿都是缺乏半乳糖-1-磷酸尿苷酰转移酶。缺少这种酶会造成细胞内半乳糖-1-磷酸的堆积，有可能损害肝脏的功能，这可通过使皮肤发黄的黄疸的出现来确认。血中半乳糖的积累会进一步造成眼睛晶状体半乳糖含量的升高，半乳糖可还原为半乳糖醇，最后造成晶状体混浊引起白内障。另外，还可能损伤中枢神经系统。在婴儿出生时，通过检测脐带红细胞中的半乳糖-1-磷酸尿苷酰转移酶，可以确定是否患有半乳糖血症。如果在饮食中去掉乳糖可以避免这种遗传病带来的严重后果。

12.1.5.3 甘露糖

甘露糖主要来自糖蛋白和某些多糖，甘露糖在己糖激酶的作用下，转化为甘露糖-6-磷酸。为了进入糖酵解途径，在**磷酸甘露糖异构酶**（phosphomannose isomerase）的作用下，甘露糖-6-磷酸异构化生成果糖-6-磷酸（图 12.26）。

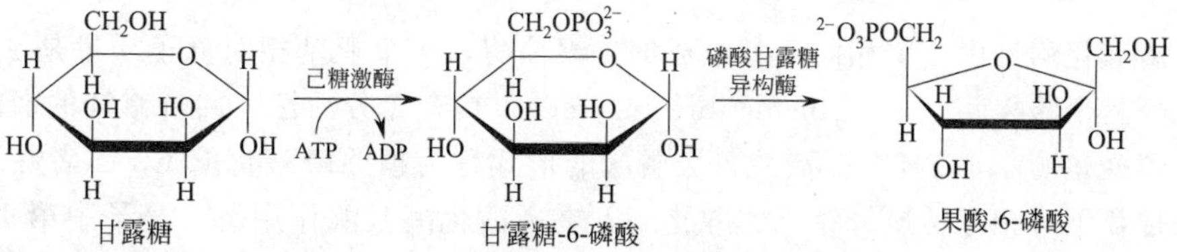

图 12.26 甘露糖转化为果糖-6-磷酸

12.2　糖原代谢、糖异生和戊糖磷酸途径

对于包括人在内的动物，葡萄糖的消耗必然导致血糖降低，此时需要储存的**糖原**（glycogen）降解生成葡萄糖和通过非糖物质经糖异生途径合成葡萄糖来维持血糖的稳定。当葡萄糖来源丰富时，如饭后葡萄糖丰富时，再合成和储备糖原。

12.2.1　糖原降解

葡萄糖是以淀粉或糖原等多糖形式储存在细胞内的，淀粉是植物细胞内葡萄糖的储存形式，糖原是动物细胞中葡萄糖的储存形式。脊椎动物中的大多数糖原储存在肌细胞和肝细胞中。肌细胞和肝细胞中的糖原降解过程类似，但糖原降解途径在这 2 个部位的作用不同。在肌肉组织中，糖原降解形成葡糖-6-磷酸，然后通过糖酵解和柠檬酸循环代谢。在肝脏中，大多数葡糖-6-磷酸都转换为葡萄糖，然后通过血液输送给其他细胞，例如脑细胞、红细胞和脂肪细胞等。

糖原降解从非还原端开始，假设糖原含有 n 个葡萄糖残基，**糖原磷酸化酶**（glycogen phosphorylase，PYG）催化糖原**磷酸解**（phosphorolysis），生成了含 $n-1$ 个葡萄糖残基的糖原和 1 分子 α-D-葡糖-1-磷酸（图 12.27）。磷酸解是通过将基团转移到磷酸的氧原子使键断开，形成磷酸酯的一种化学反应（水解是将基团转移到水分子上）。糖原磷酸化酶催化的位点是糖原的非还原性末端葡萄糖残基的 α-1，4 糖苷键。糖原的葡萄糖残基磷酸解形成 α-D-葡糖-1-磷酸所消耗的底物只有糖原分子的残基和无机磷酸，没有消耗任何 ATP 分子。

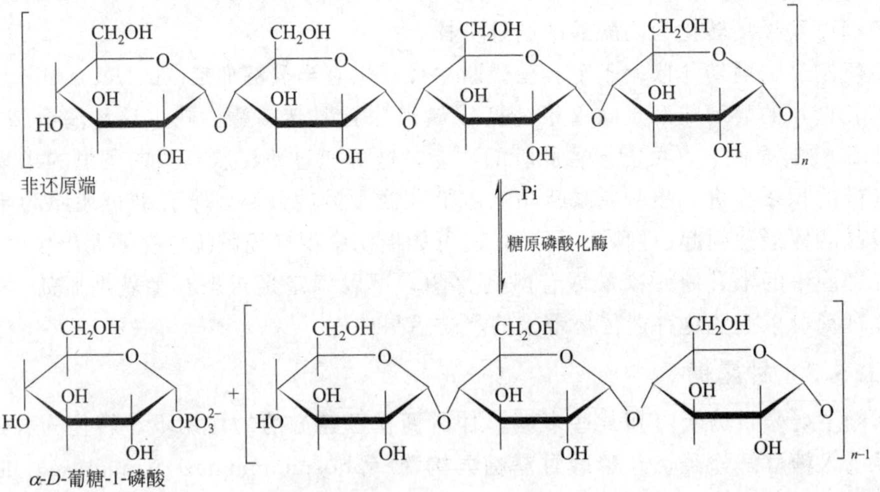

图 12.27　糖原的磷酸解

糖原磷酸化酶是由 2 个相同亚基组成的二聚体酶，每个亚基相对分子质量是 97000。糖原磷酸化酶是个**转换酶**（interconvertible enzyme），具有充分活性、共价修饰的磷酸化形式称为糖原磷酸化酶 a；而具有低活性、去磷酸的形式称为糖原磷酸化酶 b，二者在相应激酶和磷酸酶催化下可相互转换。糖原磷酸化酶 b 在磷酸化酶激酶作用下，分子中第 14 位丝氨酸被磷酸化就变为有活性的糖原磷酸化酶 a；糖原磷酸化酶 a 的第 14 位丝氨酸上的磷酸基团可以被特殊的磷酸酶水解为无活性的糖原磷酸化酶 b。

$$糖原(n\ 个残基)+HPO_4^{2-} \rightleftharpoons \alpha\text{-}D\text{-}葡糖\text{-}1\text{-}磷酸+糖原(n-1\ 个残基)$$

生成的葡糖-1-磷酸在**磷酸葡糖变位酶**（phosphoglucomutase）的作用下可以转换为葡糖-6-磷酸，反应是可逆的（图 12.28）。

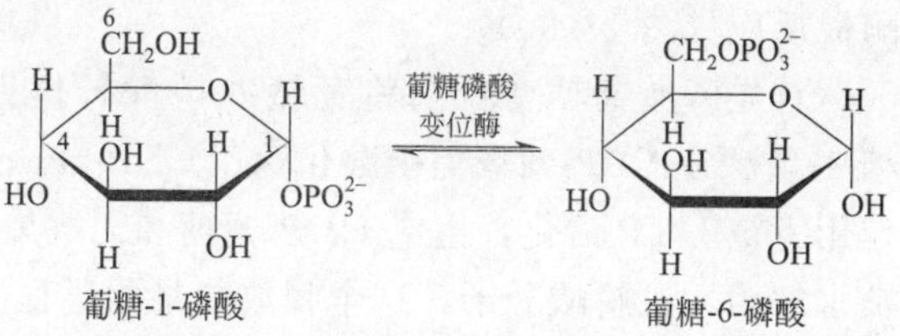

图 12.28 葡糖-1-磷酸转换为葡糖-6-磷酸

糖原磷酸化酶可以从糖原的非还原端连续地进行磷酸解，磷酸解直至距 α-1，6 糖苷键的分支点还剩下 4 个葡萄糖单位的部位停止，剩下的底物称为**极限糊精**（limit dextrin)，然后通过**糖原去分支酶**（glycogen debranching enzyme）进一步降解。去分支酶具有**葡聚糖转移酶**（glucantransferase）和**淀粉-1,6-葡糖苷酶**（amylo-1,6-glucosidase）两种催化活性。葡聚糖转移酶催化支链上的 3 个葡萄糖残基转移到糖原分子的 1 个游离末端上，形成一个新的 α-1，4 糖苷键。而淀粉-1,6-葡糖苷酶催化剩下的通过 α-1，6 糖苷键连接的一个葡萄糖残基水解，释放出 1 分子葡萄糖。因此，糖原完全降解时，糖原聚合物中每个分支点都可释放出 1 分子葡萄糖（图 12.29）。在肝脏，**葡糖-6-磷酸酶**催化葡糖-6-磷酸去磷酸生成糖原降解的最终产物葡萄糖，葡糖-6-磷酸酶催化的水解反应不可逆。当血糖浓度降低时，肝脏中的葡糖-6-磷酸酶能将进入内质网腔的葡糖-6-磷酸水解为游离的葡萄糖，游离的葡萄糖进一步扩散出肝细胞进入血流，维持血糖的相对稳定。

从糖酵解中我们了解到，如果以葡萄糖作为底物，可以净生成 2 分子 ATP，而糖原完全降解生成的大约 90%葡萄糖残基是糖原通过糖原磷酸化酶磷酸解生成的，并经磷酸葡糖变位酶转换为葡糖-6-磷酸，所以这些葡萄糖残基经糖酵解降解至丙酮酸时可以获得 3 分子 ATP。很显然糖原中绝大部分葡萄糖残基生成的能量高，这是因为在葡萄糖磷酸化中少消耗了 1 分子 ATP。

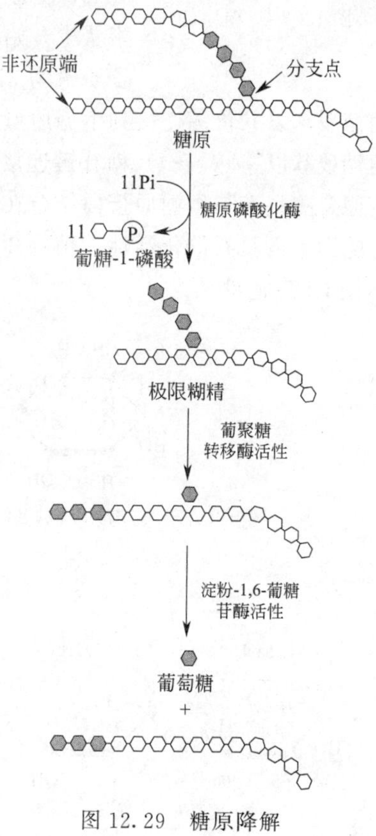

图 12.29 糖原降解

12.2.2 糖原合成

饮食中的葡萄糖被吸收后，一部分被转化为储存多糖糖原。根据体外的研究结果，在 20 世纪 50 年代以前，人们一直认为糖原磷酸化酶既降解糖原，又催化糖原的合成。随着体内反应物和产物测定越来越可靠，人们发现糖原降解的反应是不可逆的，即糖原的生物合成走的是另外一条途径，糖原合成需要能量，能量是由腺嘌呤核苷三磷酸（ATP）和尿嘧啶核苷三磷酸（UTP）提供的，而且糖原合成的底物不是葡萄糖，而是 UDP-葡糖。

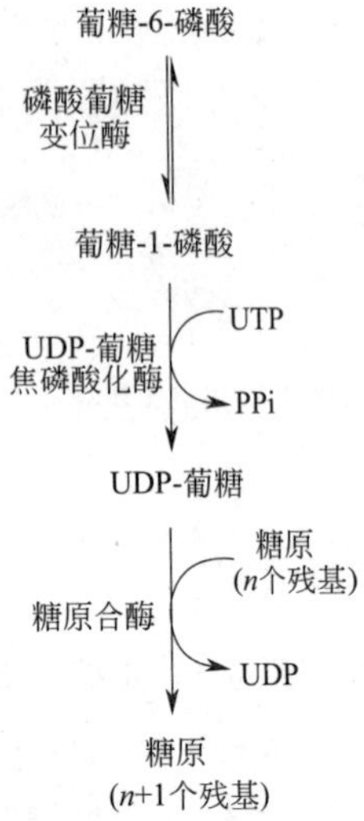

图 12.30　糖原的生物合成

葡萄糖通过血液运输进入肝细胞，在己糖激酶或葡糖激酶催化下磷酸化生成葡糖-6-磷酸。而将一个葡糖-6-磷酸中的葡糖基通过 α-（1→4）糖苷键结合到已有糖原分子上（糖原的延伸）还需要进行 3 步酶促反应（图 12.30）。

首先磷酸葡糖变位酶将葡糖-6-磷酸转换为葡糖-1-磷酸，然后葡糖-1-磷酸在 **UDP-葡糖焦磷酸化酶**（UDP-glucose pyrophosphorylase）作用下被 UTP 活化，生成 UDP-葡糖和无机焦磷酸（PP_i）。PP_i 迅速被水解为无机磷酸分子，这个释放能量的过程使整个反应不可逆。

$$葡糖\text{-}1\text{-}磷酸 + UTP \longrightarrow UDP\text{-}葡糖 + PP_i$$

最后，UDP-葡糖在**糖原合酶**（glycogen synthase）催化下，UDP-葡糖中的葡糖基通过 α-（1→4）糖苷键结合在已合成糖原（相当于合成的引物）的非还原端（图 12.31）。所以糖原的合成方式又称为尾部合成方式，糖原合成需要一个至少含有 4 个葡糖基的引物，而不能由糖原合酶从零开始将两个葡萄糖分子相连在一起。引物的形成是由一种相对分子质量为 37000 的生糖原蛋白（glycogenin）催化的。糖原的第 1 个葡萄糖残基以共价键连接到生糖原蛋白的专一酪氨酸残基的酚羟基上。生糖原蛋白可逐个催化葡萄糖残基以 α-（1→4）糖苷键连接成链，形成糖原分子的核心。单糖基的供体也是 UDP-葡糖。糖原合酶只有与生糖原蛋白结合在一起时，才能有效地发挥其催化作用，一旦二者分离，糖原合酶即不再具有催化活性。植物和某些细菌合成淀粉或糖原时，使用的底物是 ADP-葡糖，而不是 UDP-葡糖。

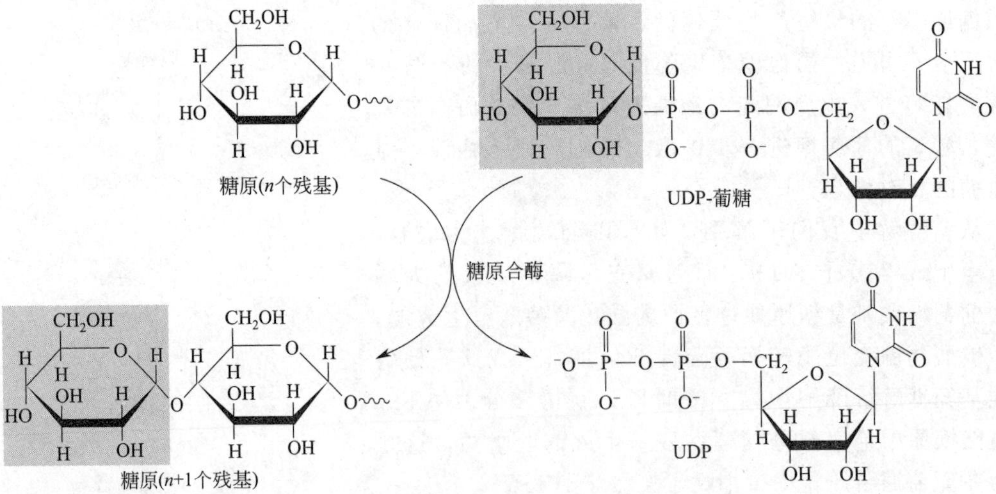

图 12.31　葡糖基加到糖原非还原端

合成糖原还需要另一种(1,4→1,6)-转葡糖苷酶（(1,4→1,6)-transglycosylase），又称为**分支酶**（branching enzyme），催化糖原支链的形成。分支酶的作用包括断开 α-（1→4）糖苷键和形成 α-（1→6）糖苷键。分支酶从延伸的葡糖链的非还原端除去至少含有 6 个葡糖残基的寡糖链，转移到新的分支点葡糖基的位置，并催化形成 α-（1→6）糖苷键（图 12.32）。由分支酶催化断裂 α-（1→4）糖苷键的直链至少已经有 11 个葡糖残基。新的分支点至少离开最近分支点 4 个葡糖残基以上。

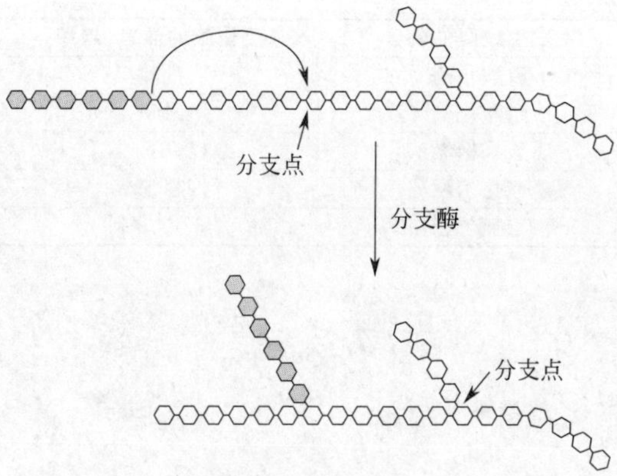

图 12.32 分支酶在糖原合成中的作用

糖原的多分支既增加了糖原的可溶性，也增加了非还原性末端的数目，提供了糖原合酶和糖原磷酸化酶的作用位点，从而极大提高了糖原的合成和降解的效率。

现有研究已经发现多种肿瘤中含有糖原，且其含量与肿瘤增殖速率具有相关性。

RAB25 是一种参与内体循环的小 GTP 酶，其在多种肿瘤中表达上调，是细胞能量与细胞自噬的关键调节因子。RAB25 能够通过结合并激活 AKT，进而促进葡萄糖摄取，同时其还能通过抑制糖原合酶激酶-3（glycogen synthase kinase-3，GSK3）进而促进表皮肿瘤中糖原的积累。葡萄糖摄取及糖原合成的增强能够维持营养应激条件下细胞内 ATP 的水平，进而维持细胞存活。

缺氧条件下，肿瘤细胞会增强葡萄糖摄取及糖原的存储。研究发现，缺氧条件下，缺氧诱导因子 1α（hypoxia-inducible factor 1α，HIF-1α）能够识别并结合蛋白磷酸酶调节亚基 3C（protein phosphatase 1 regulatory subunit 3C，PPP1R3C）启动子中的缺氧应答元件，进而诱导 PPP1R3C 的表达。PPP1R3C 能够激活糖原合酶，进而促进细胞中糖原的积累，使得肿瘤细胞能够适应缺氧环境。贝伐单抗（bevacizumab）是一种人源化的抗血管内皮细胞生长因子的单克隆抗体，能够抑制肿瘤血管生成。Favaro 等人通过用贝伐单抗处理 U87 荷瘤小鼠在肿瘤中营造缺氧环境，发现缺氧能够诱导多种促进糖原合成基因的表达，这其中包括糖原代谢酶（如 GAA、GBE 和 PYG）及调节蛋白（例如 PPP1R3B 和 PPP1R3C）。敲低 PYG 会导致细胞中活性氧（reactive oxygen species，ROS）的积累并且激活 p53 介导的细胞周期停滞，导致细胞增殖速率降低且能诱导细胞衰老。上述研究表明，在葡萄糖存在的情况下，缺氧能够诱导细胞合成糖原，这些糖原会作为储备被用于营养应激的情况下。

糖原贮积病（glycogen storage disease，GSD）是一类罕见的遗传病（图 12.33、图 12.34），由于患者体内糖原合成或分解发生障碍，导致糖原代谢出现异常（表 12.2）。糖原贮积病多为常染色体隐性遗传，磷酸化酶激酶缺乏型则是 X-性连锁遗传。

表 12.2 糖原贮积病

类型	发生缺陷的酶	受影响的器官、组织	糖原改变
GSD-0	糖原合酶	肝脏	糖原含量降低
GSD-Ⅰ(图 12.33)	葡糖-6-磷酸酶	肝脏、肾脏	糖原含量增加
GSD-Ⅱ	α-1,4-糖苷酶	所有器官	糖原含量增加
GSD-Ⅲ	淀粉-1,6-葡萄糖苷酶	肌肉、肝脏	糖原含量增加；糖原支链异常
GSD-Ⅳ（图 12.34）	糖原分支酶	肝脏、脾脏	糖原支链异常

续表

类型	发生缺陷的酶	受影响的器官、组织	糖原改变
GSD-Ⅴ	磷酸化酶	肌肉	糖原含量增加
GSD-Ⅵ	磷酸化酶	肝脏	糖原含量增加
GSD-Ⅶ	磷酸果糖激酶	肌肉	糖原含量增加
GSD-Ⅷ	磷酸化酶激酶	肝脏	糖原含量增加
GSD-Ⅸ	葡萄糖转运体2	肝脏、肾脏	糖原含量增加

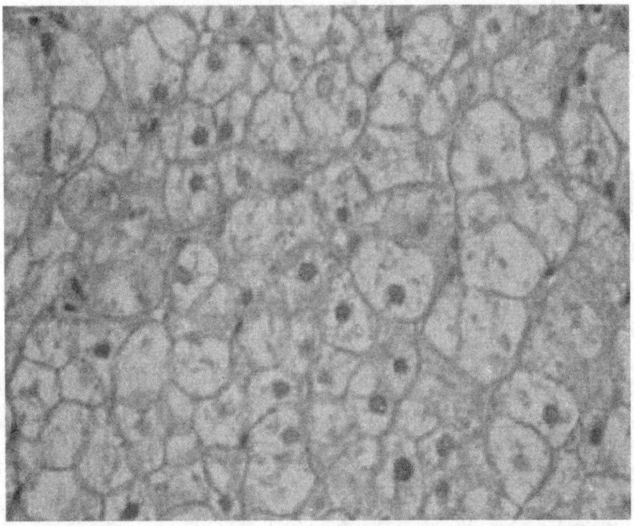

图 12.33　Ⅰ型糖原贮积病。肝脏活检显示突出的细胞膜和罕见的细胞核高糖原化（HE染色）

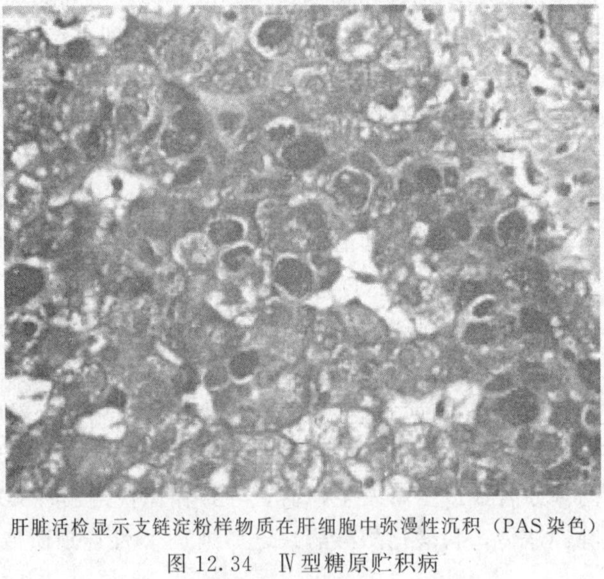

肝脏活检显示支链淀粉样物质在肝细胞中弥漫性沉积（PAS染色）

图 12.34　Ⅳ型糖原贮积病

12.2.3　糖异生

由于外部供给的和细胞内储存的糖的利用是有限的，大多数生物都有一个生物合成葡萄糖的途径。微生物可以将许多营养物质转化为葡萄糖的磷酸酯和糖原。哺乳动物的某些组织，主要是肝脏、肾脏可以由非糖前体物质，如由乳酸和丙酮酸从头合成葡萄糖。由非糖前体物质合成葡萄糖的过程称为**糖异生**（gluconeogenesis）。图 12.35 比较了由丙酮酸合成葡萄糖的糖异生与葡萄糖降解至丙酮酸的糖酵解途径。

从图 12.35 中可以看出，糖异生和糖酵解 2 个途径中的许多中间代谢物是相同的，一些反应及催化反应的酶也是一样的。糖酵解途径中的 7 步可逆反应只要改变反应的方向就变成了糖异生中的反应了。但糖异生并非糖酵解的逆转，其中由丙酮酸激酶、磷酸果糖激酶-1 和己糖激酶催化的 3 个高放能反应就是不可逆转的，需要消耗能量走另外途径，或由其他的酶催化来克服这 3 个不可逆反应带来的能障。

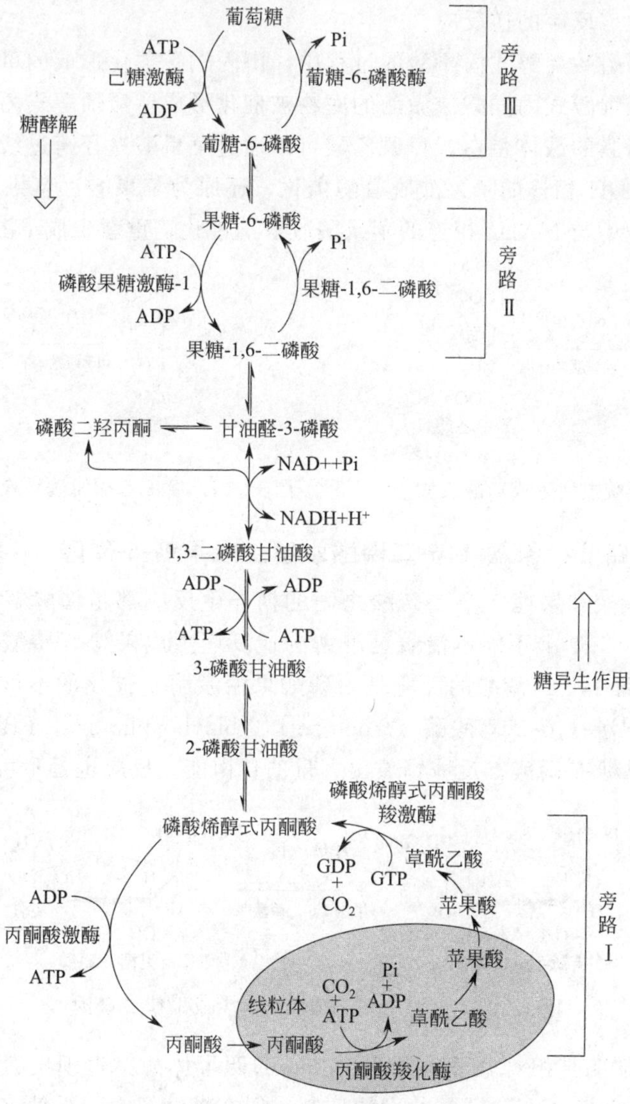

图 12.35　糖异生与糖酵解途径的比较

下面以丙酮酸转化为葡萄糖为例，说明糖异生途径中与糖酵解途径不同的 4 个主要反应步骤。

12.2.3.1　旁路Ⅰ：丙酮酸转化为磷酸烯醇式丙酮酸

(1) 丙酮酸羧化生成草酰乙酸：在丙酮酸羧化酶（生物素作为辅基）的催化下，进入到线粒体的丙酮酸羧化生成草酰乙酸，消耗 1 分子 ATP，反应为不可逆反应，受乙酰 CoA 别构激活（图 12.36）。丙酮酸羧化酶是一种存在于线粒体基质的酶，其相对分子质量为 520000，由四个相同的亚基组成，每个亚基的 1 个赖氨酸残基共价连接 1 个生物素辅基，生物素是丙酮酸羧化所必需的。

（2）草酰乙酸转化为磷酸烯醇式丙酮酸：丙酮酸羧化生成的草酰乙酸经**磷酸烯醇式丙酮酸羧激酶**（phosphoenolpyruvate carboxykinase，PEPCK）催化生成磷酸烯醇式丙酮酸（图 12.37）。这个脱羧反应用 GTP 作为高能磷酰基的供体。磷酸烯醇式丙酮酸羧激酶是单体酶，相对分子质量为 70000。在体内该反应是不可逆的，但在体外，分离的磷酸烯醇式丙酮酸羧激酶却可以催化该反应的逆反应。

在丙酮酸转化为磷酸烯醇式丙酮酸的过程中，由丙酮酸羧化形成的草酰乙酸必须穿过线粒体膜才能作为磷酸烯醇式丙酮酸羧激酶的底物被催化形成磷酸烯醇式丙酮酸。细胞内不存在直接使草酰乙酸跨膜的载体蛋白，草酰乙酸可以通过苹果酸途径跨过线粒体膜。草酰乙酸在线粒体中由与 NADH 相连的苹果酸脱氢酶催化，还原为苹果酸；苹果酸可从线粒体转运至胞液中，再由胞液中与 NAD^+ 相连的苹果酸脱氢酶催化，重新生成草酰乙酸。

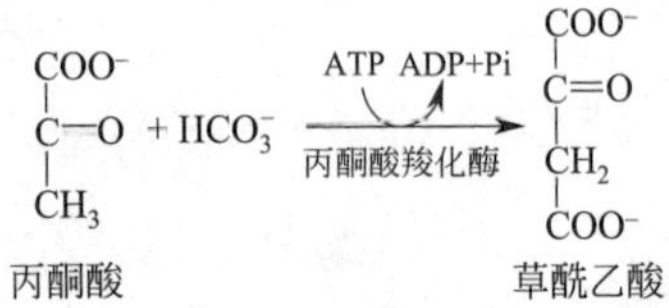

图 12.36 丙酮酸羧化生成草酰乙酸

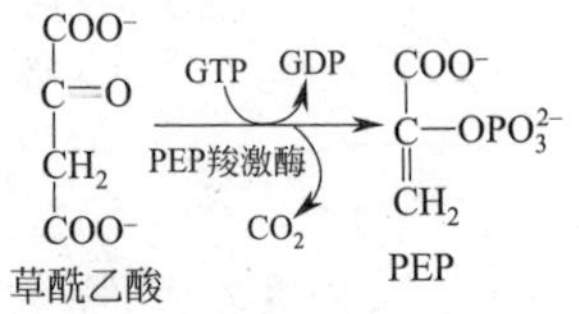

图 12.37 草酰乙酸脱羧转换为磷酸烯醇式丙酮酸

12.2.3.2 旁路Ⅱ：果糖-1,6-二磷酸水解生成果糖-6-磷酸

磷酸烯醇式丙酮酸和果糖-1,6-二磷酸之间的糖异生反应都是糖酵解途径中相应反应的逆反应，但果糖-1,6-二磷酸不能再沿着糖酵解的逆反应生成果糖-6-磷酸，因为糖酵解中由果糖-6-磷酸生成果糖-1,6-二磷酸的反应是由磷酸果糖激酶-1 催化的不可逆反应。所以糖异生途径使用另一个**果糖-1,6-二磷酸酶**（fructose-1,6-bisphosphatase，FBPase）催化果糖-1,6-二磷酸水解生成果糖-6-磷酸，反应释放出大量的自由能，反应也是不可逆的（图 12.38）。

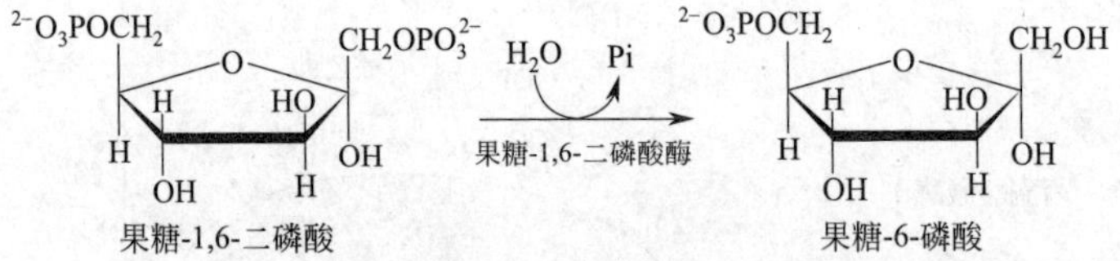

图 12.38 果糖-1,6-二磷酸水解生成果糖-6-磷酸

果糖-1,6-二磷酸酶是相对分子质量为 15000 的四聚体酶，表现出 S 型动力学曲线，受 AMP 以及调节分子果糖-2,6-二磷酸的别构抑制。但在糖酵解中，果糖-2,6-二磷酸是磷酸果糖激酶-1 的激活剂，所以催化果糖-6-磷酸和果糖-1,6-二磷酸相互转换的 2 个酶受到果糖-2,6-二磷酸相反的调节。果糖-1,6-二磷酸酶被认为是一个重要的肿瘤抑制因子，具有逆转肿瘤有氧糖酵解的作用，果糖-1,6-二磷酸酶的缺失促进肿瘤的生长。

12.2.3.3 旁路Ⅲ：葡糖-6-磷酸水解生成葡萄糖

果糖-6-磷酸沿糖酵解的逆反应异构化生成葡糖-6-磷酸，但在糖异生途径中，葡糖-6-磷酸水解为葡萄糖和无机磷酸则需要另一个**葡糖-6-磷酸酶**（glucose-6-phosphatase，G6Pase），葡糖-6-磷酸水解反应是不可逆的（图 12.39）。

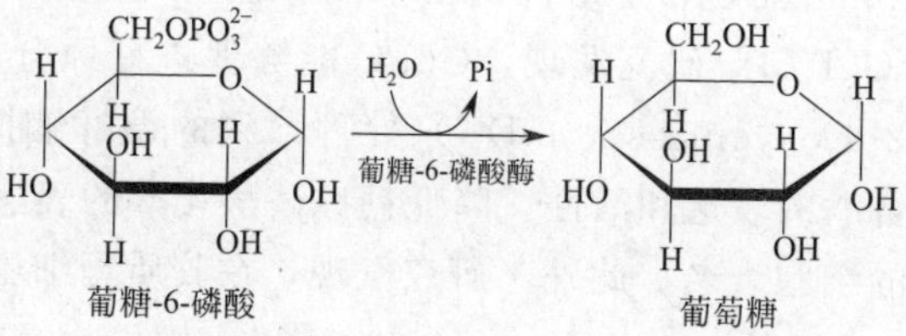

图 12.39 葡糖-6-磷酸水解生成葡萄糖

葡糖-6-磷酸酶位于内质网，所以需要一个转运系统将葡糖-6-磷酸从胞液转运到内质网，水解反应后，还需要转运系统将葡萄糖和磷酸基团再转运回胞液。现在已分离出来磷酸基团的转运蛋白。葡糖-6-磷酸酶主要存在于肝脏和肾脏中，脑和肌肉中不存在葡糖-6-磷酸酶，因此脑和肌肉细胞不能利用葡糖-6-磷酸酶生成葡萄糖。

从以上过程可以看出糖异生是个需能过程，由 2 分子丙酮酸合成 1 分子葡萄糖需要 4 分子 ATP 和 2 分子 GTP，同时还需要 2 分子 NADH，糖异生总反应为

$$2\text{丙酮酸}+4ATP+2GTP+2NADH+2H^{+}+6H_2O \longrightarrow \text{葡萄糖}+4ADP+2GDP+6Pi+2NAD^{+}$$

糖异生等于用了 2 分子 ATP 和 2 分子 GTP 克服由 2 分子丙酮酸形成 2 分子高能磷酸烯醇式丙酮酸的能障，用了 2 分子 ATP 进行磷酸甘油酸激酶催化反应的可逆反应。1 分子葡萄糖经糖酵解转化为 2 分子丙酮酸净生成 2 分子 ATP，而由 2 分子丙酮酸经糖异生途径合成 1 分子葡萄糖却消耗了 4 分子 ATP 和 2 分子 GTP，糖异生比糖酵解净消耗了 2 分子 ATP 和 2 分子 GTP。

但糖异生具有重要的生理意义，在饥饿、剧烈运动造成糖原储备下降，血糖浓度降低后，糖异生可使糖酵解产生的乳酸、脂肪分解的甘油及大部分氨基酸等代谢中间物重新生成糖。这对于维持血糖浓度、满足组织（特别是脑和红细胞）对糖的需要是十分重要的。

由于糖异生作用会一定程度上拮抗糖酵解，因此糖异生在部分肿瘤中被抑制。然而，一些肿瘤拥有不完全的糖异生作用，以此满足其生物合成需求。

PEPCK 介导草酰乙酸转化为磷酸烯醇式丙酮酸。研究发现，PEPCK 能够通过移除代谢中间物及回收琥珀酰 CoA 合酶产生的 GTP 进而促进 TCA 循环。PEPCK 也参与葡萄糖饥饿条件下丙酮酸的循环。研究发现，在葡萄糖饥饿情况下，PEPCK 介导草酰乙酸生成丙酮酸，以供给乙酰 CoA，用于 TCA 循环中的柠檬酸合酶反应。此外，由于其在促进谷氨酰胺分解和糖酵解方面的作用，PEPCK 能够在营养应激条件下保护细胞免受谷氨酰胺缺失或葡萄糖剥夺的影响。研究发现，敲低 PEPCK1 或 PEPCK2 会降低肿瘤增殖速率。

人类拥有两种 FBPase 亚型：FBP1（L-FBP）及 FBP2（M-FBP）。其中，FBP1 广泛存在于各种组织中，并且是肝脏和肾脏中糖异生的关键酶；FBP2 则存在于肌肉组织中。研究发现，FBP1 通过与 HIF-1α 的抑制结构域结合抑制 HIF-1α 活性，进而抑制 HIF-1α 靶基因的转录。因为缺氧条件下 HIF-1α 能够调节多种促进糖酵解的基因，因此 FBP1 能够显著减低葡萄糖摄取以及糖酵解。此外，FBP1 通过抑制 HIF-1α 靶基因丙酮酸脱氢酶激酶 1（pyruvate dehydrogenase kinase 1，PDK1）进而增强氧化磷酸化（oxidative phosphorylation，OXPHOS）。并且，FBP1 能够上调线粒体转录因子 B1M（mitochondrial transcription factor B1M，TFB1M）进而激活线粒体电子传递复合物 I（mitochondrial electron transport complex I），并促进氧化磷酸化。

催化葡糖-6-磷酸水解为葡萄糖和无机磷酸的葡糖-6-磷酸酶复合体包含葡糖-6-磷酸酶催化亚基（glucose-6-phosphatase catalytic subunit，G6PC）和葡糖-6-磷酸转位酶（glucose-6-phosphate translocase，G6PT）。研究发现，G6PC 能够促进糖原分解进而帮助胶质母细胞瘤逃避 2-脱氧葡萄糖（2-deoxyglucose，2-DG）处理导致的糖酵解抑制。在卵巢癌细胞中，敲低 G6PC 会增强糖原合酶的表达和活性，降低糖原磷酸化酶的表达和活性，进而导致细胞内糖原积累及糖原诱导的细胞衰老。此外，研究发现，在胶质母细胞瘤中 G6PT 能够与膜 1 型基质金属蛋白酶（membrane type 1 matrix metalloproteinase，MT1-MMP）相互作用以介导 ERK 磷酸化和钙离子动员。抑制 MT1-MMP/G6PT 信号轴则会阻断 MAPK 信号通路并降低肿瘤侵袭能力。

12.2.3.4 底物循环

许多哺乳动物组织含有的糖异生途径的酶不完全，例如肌肉就是这样的组织，不能进行糖异生，但一些肌肉细胞含有高活性的果糖-1,6-二磷酸酶，当果糖-6-磷酸经磷酸化生成果糖-1,6-二磷酸后又被水解重新生成果糖-6-磷酸，净结果是 ATP 水解为 ADP 和 Pi，进行着一种看似浪费的**底物循环**（substrate cycle）反应（图 12.40）。

$$
\begin{array}{c}
\text{果糖-6-磷酸} + \text{ATP} \longrightarrow \text{果糖-1,6-二磷酸} + \text{ADP} \\
\underline{\text{果糖-1,6-二磷酸} + \text{H}_2\text{O} \longrightarrow \text{果糖-6-磷酸} + \text{Pi}} \\
\text{ATP} + \text{H}_2\text{O} \longrightarrow \text{ADP} + \text{Pi}
\end{array}
$$

由于底物循环的结果是 ATP 水解，似乎没有收获，所以底物循环也称为**“无效循环”**（futile cycle）。但实际上催化两条途径中间产物之间的循环反应为代谢提供了一个灵敏的调节部位，因为在大多数细胞中磷酸果糖激酶-1 和果糖-1,6-二磷酸酶受到相反的别构调控，如果糖-2,6-二磷酸激活磷酸果糖激酶-1，而抑制果糖-1,6-二磷酸酶，有利于糖酵解，所以这 2 个酶一般不会同时具有高活性。其中一个反应或 2 个反应的调节可以确定底物的流向和水平，在细胞代谢的调控中起重要的作用。

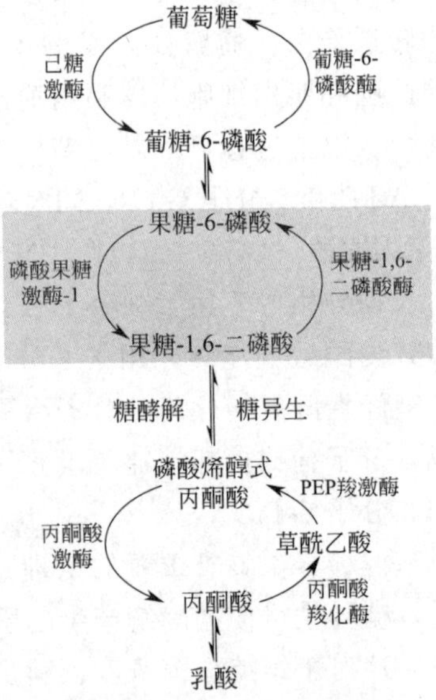

底物循环反应主要指的是阴影部分的循环反应，糖异生途径有 3 处通过旁路绕过相应的糖酵解反应，原则上另外 2 个旁路也可进行底物循环反应

图 12.40 底物循环反应

另外由于底物循环结果可以产热，提高机体温度，所以对于维持体温有重要作用，这可能是底物循环的另一个重要生物学作用。例如野蜂在飞行时能够将胸部温度维持在 30℃以上，就是由于它的飞行肌中磷酸果糖激酶-1 和果糖-1,6-二磷酸酶同时具有很高的活性，是通过底物循环反应实现的。

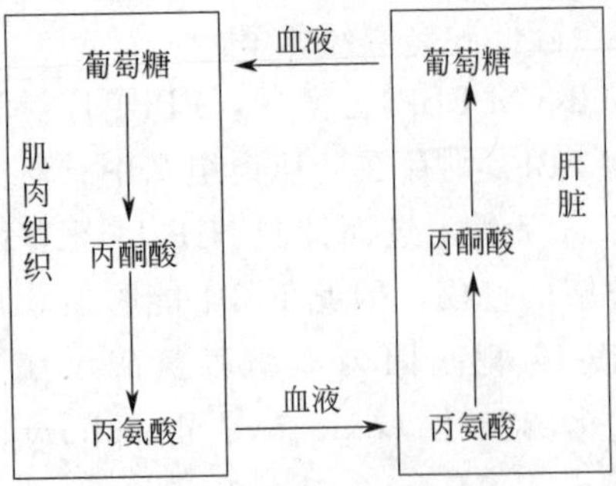

图 12.41 葡糖-丙氨酸循环

12.2.3.5 葡糖-丙氨酸循环

肝脏中经糖异生途径合成葡萄糖，需要供给非糖物质。有 2 个重要的循环为肝脏供给合适的糖异生底物：Cori 循环（在糖酵解中已讨论过）和**葡糖-丙氨酸循环**（glucose-alanine cycle）（图 12.41）。

葡糖-丙氨酸循环涉及肌肉组织、肝脏及血液。葡萄糖在肌肉组织中经糖酵解途径转化为丙酮酸，经转氨反应转换为丙氨酸。丙氨酸通过血液转运到肝脏，再经转氨反应重新生成丙酮酸，作为糖异生底物经糖异生途径合成的葡萄糖又由血液转运回到肌肉。丙氨酸携带的氨基又可用于尿素的合成（氨基酸代谢中将讨论的尿素循环），所以葡糖-丙氨酸循环又是一种将氨由肌肉组织转运到肝脏的途径。

葡糖-丙氨酸循环和 Cori 循环的主要区别是由肌肉向肝脏转运的三碳化合物不同，在 Cori 循环中血液转运的是乳酸，而在葡糖-丙氨酸循环中血液转运的是丙氨酸。

12.2.4 戊糖磷酸途径

葡萄糖除了经糖酵解和柠檬酸循环降解之外，还存在一个**戊糖磷酸途径**（pentose phosphate pathway），也称为**己糖磷酸支路**（hexose monophosphate shunt，HMP）（图 12.42）。该途径是从研究糖酵解过程的观察中开始的。在向用于糖酵解研究的组织匀浆中添加糖酵解抑制剂，如碘乙酸或氟化物，葡萄糖仍然可以继续被利用，表明还存在其他的糖代谢途径，促进了戊糖磷酸途径的发现。这个途径的主要用途是提供重要代谢物核糖-5-磷酸和 NADPH，产生的核糖-5-磷酸主要用于核酸的生物合成；而 NADPH 是以还原力形式存在的化学能载体，主要用于需要还原力的生物合成中。所以戊糖磷酸途径在生物合成脂肪酸、胆固醇的组织，例如在乳腺、肝脏、肾上腺、脂肪等中最活跃。催化戊糖磷酸途径的所有酶都存在于胞液中，因为胞液是许多需要 NADPH 的生物合成反应的场所。

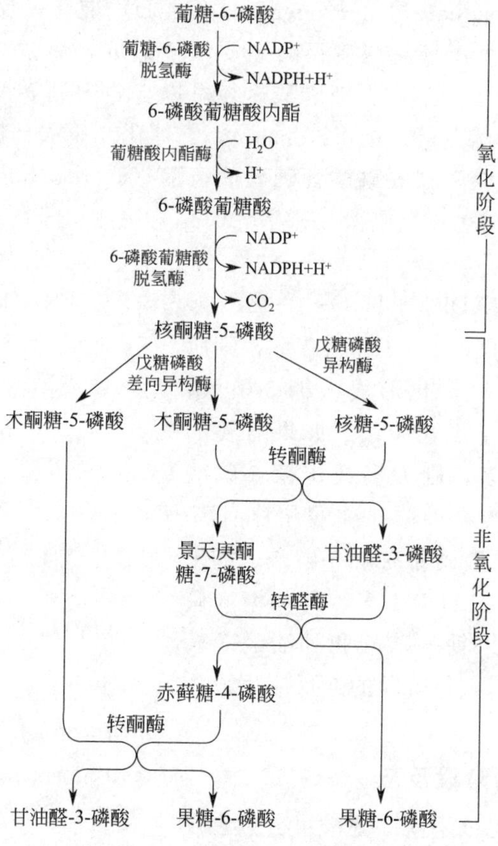

图 12.42 戊糖磷酸途径

12.2.4.1 氧化阶段反应

戊糖磷酸途径可以分为氧化阶段和非氧化阶段。氧化阶段共包括 3 步反应，均为不可逆反应。图 12.43 给出了氧化阶段的具体反应过程。

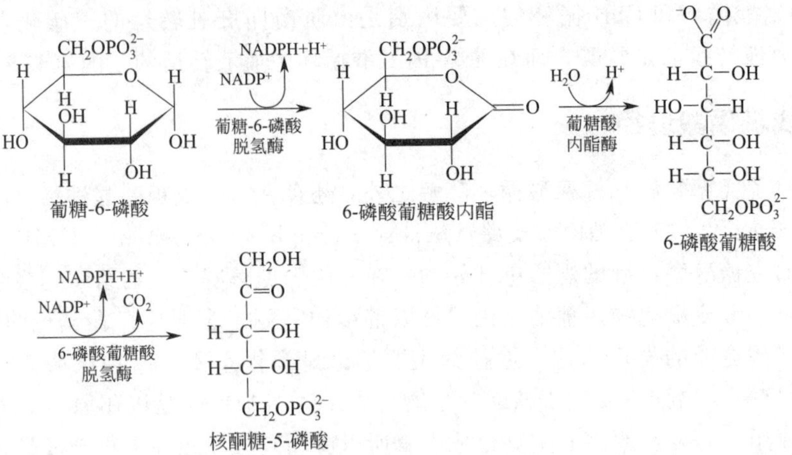

图 12.43 戊糖磷酸途径氧化阶段的反应

氧化阶段的第一个反应是葡糖-6-磷酸脱氢转化成 6-磷酸葡糖酸内酯，反应由**葡糖-6-磷酸脱氢酶**（glucose-6-phosphate dehydrogenase，G6PD）催化，反应中 $NADP^+$ 被还原为 NADPH。这步反应是整个戊糖磷酸途径的主要调节部位，葡糖-6-磷酸脱氢酶受 NADPH 的别构抑制，通过这一简单调节，戊糖磷酸途径可以自我限制 NADPH 的生产。氧化阶段的第二个酶是**葡糖酸内酯酶**（gluconolactonase），它催化 6-磷酸葡糖酸内酯水解生成 6-磷酸葡糖酸，最后，6-磷酸葡糖酸在 **6-磷酸葡糖酸脱氢酶**（6-phosphogluconate dehydrogenase，6PGD）的作用下氧化脱羧生成核酮糖-5-磷酸、CO_2 和另 1 分子的 NADPH。氧化反应阶段的总反应为：

$$\text{葡糖-6-磷酸}+2NADP^{+}+H_2O \longrightarrow \text{核酮糖-5-磷酸}+2NADPH+2H^{+}+CO_2$$

如果细胞需要大量的 NADPH 和核苷酸，则所有的核酮糖-5-磷酸都可异构化形成核糖-5-磷酸，戊糖磷酸途径就会终止于氧化阶段。如果需要的 NADPH 比核糖-5-磷酸多，则大多数核糖-5-磷酸都转换为糖酵解的中间产物果糖-6-磷酸和甘油醛-3-磷酸，再经糖异生途径形成葡萄糖-6-磷酸。如果需要的核糖-5-磷酸要比 NADPH 多，则葡糖-6-磷酸经糖酵解途径转变为果糖-6-磷酸和甘油醛-3-磷酸，再由戊糖磷酸途径非氧化阶段的逆反应生成核糖-5-磷酸。

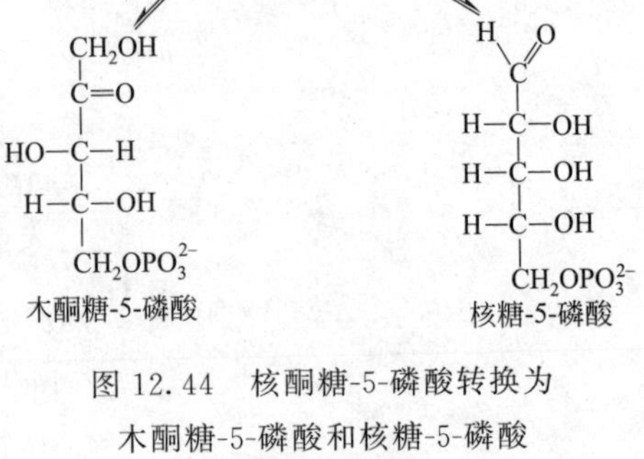

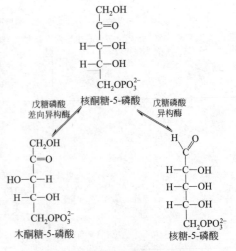

图 12.44 核酮糖-5-磷酸转换为木酮糖-5-磷酸和核糖-5-磷酸

12.2.4.2 非氧化阶段反应

在非氧化阶段，首先核酮糖-5-磷酸可分别在戊糖磷酸差向异构酶和戊糖磷酸异构酶的催化下，转换为木酮糖-5-磷酸和核糖-5-磷酸（图 12.44）。

然后，木酮糖-5-磷酸和核糖-5-磷酸经**转酮酶**（transketolase，TKT）催化形成七碳产物景天庚酮糖-7-磷酸和三碳产物甘油醛-3-磷酸［图 12.45（a）］。这两种产物再经**转醛酶**（transaldolase）催化转换为果糖-6-磷酸和赤藓糖-4-磷酸［图 12.45（b）］。生成的赤藓糖-4-磷酸再与另 1 分子的木酮糖-5-磷酸经转酮酶催化生成果糖-6-磷酸和甘油醛-3-磷酸。生成的果糖-6-磷酸和甘油醛-3-磷酸都是糖酵解的中间产物，可以进行分解代谢，也可以经糖异生途径生成葡萄糖。

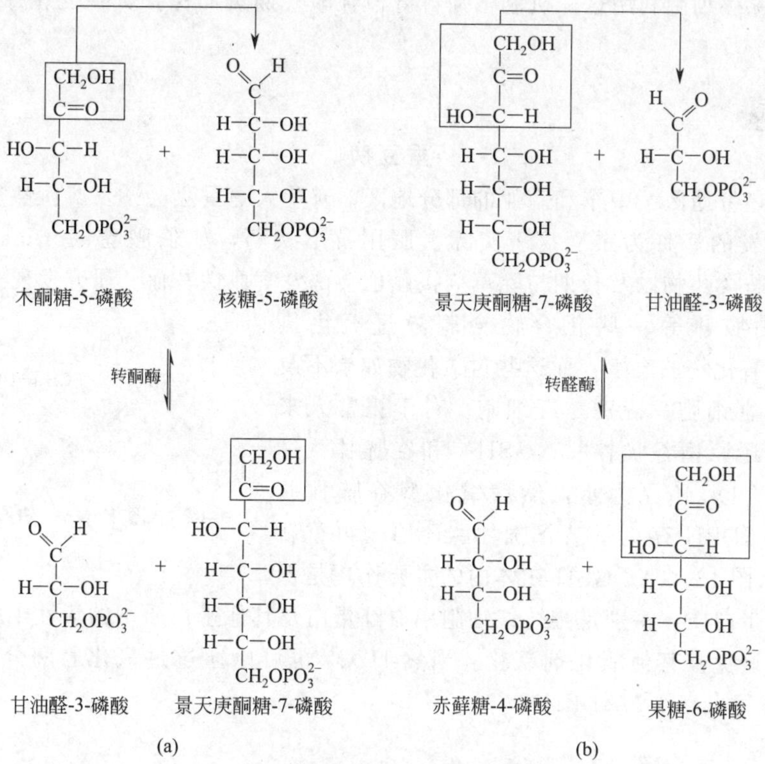

（a）转酮反应；（b）转醛反应

图 12.45 转酮反应和转醛反应

果糖-6-磷酸可以在葡糖-6-磷酸异构酶催化下转变为葡糖-6-磷酸。若 6 个葡糖-6-磷酸分子通过戊糖磷酸途径反应后，又生成 5 个葡糖-6-磷酸分子，并产生 6 分子 CO_2 和 12 分子 NADPH。全部反应阶段的总反应为：

$$6\ \text{葡糖-6-磷酸} + 12NADP^+ + 7H_2O \longrightarrow 5\ \text{葡糖-6-磷酸} + 6CO_2 + 12NADPH + Pi + 12H^+$$

在戊糖磷酸途径的非氧化阶段，全部反应都是可逆反应，这保证了细胞能以极大的灵活性满足其对糖代谢中间产物和大量还原力的需求。

戊糖磷酸途径对肿瘤细胞的生长具有重要作用，该途径不仅可以为肿瘤细胞提供核糖-5-磷酸用于核苷酸的合成，还能提供 NADPH 用于脂肪酸、胆固醇、类固醇激素的生物合成。同时，NADPH 可以抵抗肿瘤细胞内高氧自由基环境引起的细胞凋亡。肿瘤细胞内戊糖磷酸途径的代谢速率受到多种因素的调控。已知 AKT 能磷酸化转酮酶，提高转酮酶的酶活性，促进肿瘤细胞核糖-5-磷酸的合成；KRAS 致癌因子通过调控核糖-5-磷酸异构酶和核糖-5-磷酸-3-表异构酶，使得糖酵解的中间产物能通过戊糖磷酸途径的非氧化途径生成核糖-5-磷酸。参与氧化阶段的葡糖-6-磷酸脱氢酶和 6 磷酸葡糖酸脱氢酶也能够被肿瘤相关因子进行调控。葡糖-6-磷酸脱氢酶可以被肿瘤促进因子 TAp73 转录激活，并受到肿瘤抑制因子

p53 的结合抑制，影响 NADPH 和核糖-5-磷酸的生成；6-磷酸葡糖酸脱氢酶的赖氨酸乙酰化修饰和酪氨酸磷酸化修饰能促进该酶产生更多的 NADPH 和核糖-5-磷酸，满足肿瘤细胞快速增殖的需要。研究发现，p53 可以与 G6PD 直接结合，并且抑制 G6PD 活性二聚体的产生，进而抑制 PPP 通路。通过上述机制，p53 能够抑制肿瘤细胞中葡萄糖消耗及 NADPH 合成，进而发挥抑癌作用。然而，突变型 p53 则不具备上述能力。此外，近期一项研究发现，Rac1 会激活醛缩酶 A（aldolase A）和 ERK 信号通路进而促进糖酵解及非氧化型 PPP 信号通路。乳腺癌细胞利用这一机制增强自身核苷酸代谢进而保护其免受化疗导致的 DNA 损伤。

相关话题

蚕豆病

在非洲的热带地区、中东和南亚的部分地区，有些人吃蚕豆会诱发溶血性贫血，人们将这种由蚕豆引发的病称为蚕豆病。实际上服用抗疟疾药，如**伯胺喹**（primaquine）（图 12.46），或磺胺类药物以及长期与除草剂接触也会诱发溶血性贫血。研究发现蚕豆中的少量有毒糖苷及伯胺喹等一些化合物会刺激过氧化氢（H_2O_2）和超氧化物的产生，而这些过氧化物如果不及时清除就会伤害细胞，特别是红细胞。对于正常人来说，可以通过还原型谷胱甘肽（GSH）和谷胱甘肽过氧化物酶将 H_2O_2 还原为水，然后氧化型谷胱甘肽（GSSG）在 NADPH 存在下被谷胱甘肽还原酶再重新还原为 GSH（图 12.47）。GSH 在体内的主要作用是保护含有巯基的蛋白质，特别是维持红细胞中血红蛋白及其他蛋白质中的活性半胱氨酸残基处于还原状态，避免被其他氧化剂氧化。当然 H_2O_2 也可以通过过氧化氢酶分解为 H_2O 和 O_2，但分解过程也需要 NADPH。

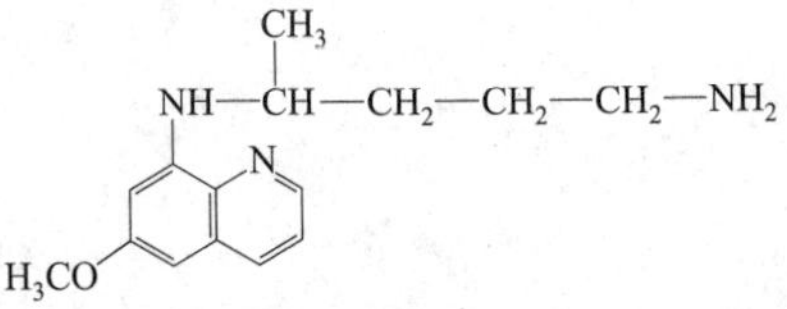

图 12.46 伯胺喹

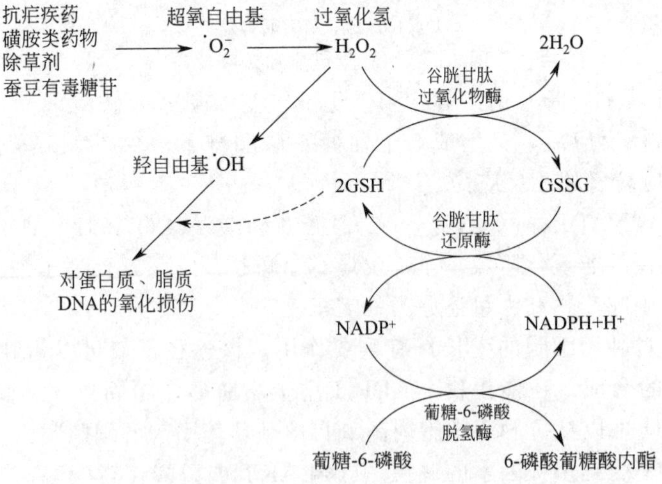

GSH 通过破坏 H_2O_2 和 $\cdot O_2^-$ 保护细胞，本身被氧化为 GSSG。

GSSG 在 NADPH 存在下由谷胱甘肽还原酶催化重新生成 GSH

图 12.47 戊糖磷酸途径提供 NADPH

无论哪一解毒过程都需要 NADPH，而红细胞中 NADPH 的唯一来源是戊糖磷酸途径，对于正常人来说保证 NADPH 的供给是没有问题的。但患蚕豆病的人恰恰是红细胞中缺少葡糖-6-磷酸脱氢酶，结果导致 NADPH 供给不足，对氧化性损伤特别敏感，所以才会出现吃蚕豆诱发溶血性贫血的病例。

12.2.5 葡糖醛酸途径

葡糖醛酸途径（glucuronate pathway）是葡萄糖氧化的另一条次要途径，葡萄糖通过这条途径可以转换为 2 个特殊的产物：***D*-葡糖醛酸**（glucuronate）和 *L*-抗坏血酸（维生素 C）。葡糖醛酸在外来有机化合物的解毒和排泄中起着重要的作用，而 *L*-抗坏血酸更是人和许多动物不可缺少的营养物质。

图 12.48 给出了葡糖醛酸途径。*D*-葡糖-1-磷酸首先与 UTP 反应生成 UDP-葡糖，然后 UDP-葡糖在 UDP-葡糖脱氢酶（UDP-glucose 6-dehydrogenase，UGDH）作用下脱氢形成 UDP-*D*-葡糖醛酸。UDP-*D*-葡糖醛酸有三条路径：一是用作透明质酸和硫酸软骨素的组成成分；二是用作解毒剂，使药物和毒素葡糖醛酸化，并排出体外，增强人体对药物和毒素的抗性（图 12.49）；三是用于合成 *L*-抗坏血酸。

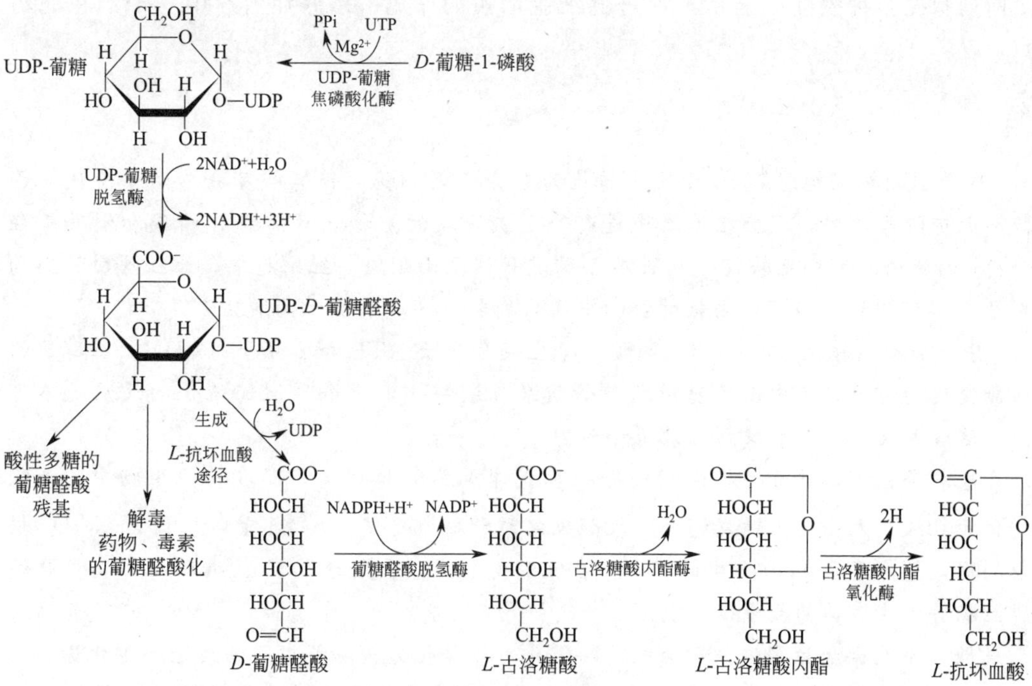

图 12.48 葡糖醛酸途径

合成 *L*-抗坏血酸，首先 UDP-葡糖醛酸要水解生成 *D*-葡糖醛酸，并经 NADPH 还原生成 *L*-古洛糖酸。然后 *L*-古洛糖酸在**古洛糖酸内酯酶**（gulonolactonase）的作用下形成 *L*-古洛糖酸内酯，*L*-古洛糖酸内酯经**古洛糖酸内酯氧化酶**（gulonolactone oxidase）催化脱氢生成 *L*-抗坏血酸。包括人在内的某些动物，如豚鼠、猴、一些鸟和一些鱼等，由于缺少古洛糖酸内酯氧化酶，不能生物合成抗坏血酸，所以必须从食物中摄取。人如果不能获得足够的维生素 C，将患上坏血病。

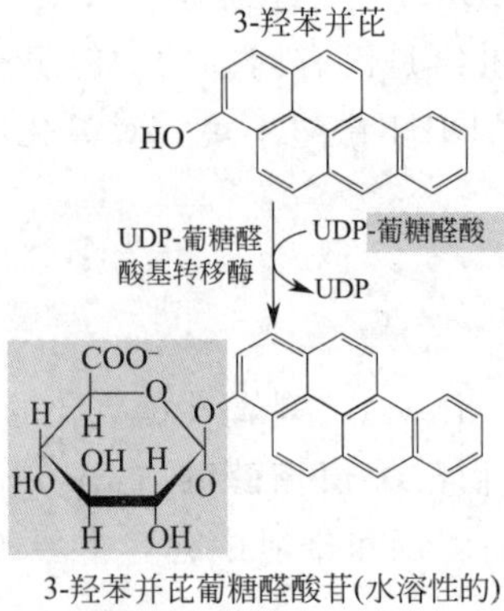

烟草烟雾中的有毒成分之一 3-羟苯并芘经与 UDP-葡糖醛酸反应，转化为更容易通过肾脏排出的极性化合物

图 12.49 UDP-葡糖醛酸的解毒作用

UDP-葡糖脱氢酶是葡糖醛酸途径的限速酶，NAD^+ 为该酶的辅酶，2 分子 NAD^+ 被还原为 2 分子 NADH。在表皮生长因子受体 EGFR 激活的条件下，UDP-葡糖脱氢酶会发生酪氨酸磷酸化修饰，使其具有促进癌症转移的作用。UDP-葡糖脱氢酶在肺癌、乳腺癌、卵巢癌、前列腺癌多种癌症中显示了促进癌细胞增殖的作用，是癌症治疗中一个潜在的药物靶点。

小结

1 分子葡萄糖经糖酵解 10 步反应转化为 2 分子丙酮酸。糖酵解可分为两个阶段：己糖阶段和丙糖阶段，全部反应在胞液中进行。己糖阶段的产物是甘油醛-3-磷酸和磷酸二羟丙酮；2 个丙糖磷酸可相互转换，甘油醛-3-磷酸代谢至丙酮酸。红细胞中，血红蛋白的别构调节剂 2,3-二磷酸甘油酸可以由糖酵解的中间代谢物 1,3-二磷酸甘油酸生成。

1 分子葡萄糖转化为 2 分子丙酮酸，净生成 2 分子 ATP 和 2 分子 NADH。糖酵解的总自由能变化为负值，其中由己糖激酶、磷酸果糖激酶-1 和丙酮酸激酶催化的反应是不可逆反应，这 3 步反应也是糖酵解的调节部位。

在厌氧条件下，酵母可将丙酮酸进一步代谢至乙醇和 CO_2，而在其他生物中，丙酮酸可转化为乳酸。无论是酒精发酵还是乳酸发酵过程，都可使 NADH 重新氧化为 NAD^+ 供糖酵解利用，解决了 NAD^+ 再生的问题。在乳酸发酵中，乳酸通过 Cori 循环经血液被转运到肝脏经糖异生生成葡萄糖重新被利用。

果糖、半乳糖和甘露糖分别经相应酶催化可以转化为糖酵解中间物质进一步代谢。

糖原经糖原磷酸化酶催化生成葡糖-1-磷酸，经磷酸葡糖变位酶作用转换为葡糖-6-磷酸进入糖酵解。糖原合成涉及葡糖-1-磷酸与 UTP 反应被活化形成 UDP-葡糖，然后糖原合酶将葡萄糖单位加到已有糖链的非还原末端。

糖异生是由非糖物质，例如乳酸和丙酮酸，合成葡萄糖的途径。糖异生可利用糖酵解反应中的 7 步逆反应，但还需要丙酮酸羧化酶和磷酸烯醇式丙酮酸羧激酶催化的反应（旁路Ⅰ）、果糖-1,6-二磷酸酶催化的反应（旁路Ⅱ）、葡糖-6-磷酸酶催化的反应（旁路Ⅲ）。

在戊糖磷酸途径中，1 分子葡糖-6-磷酸被氧化脱羧生成核酮糖-5-磷酸、CO_2 和 2 分子 NADPH。核酮糖-5-磷酸异构化可生成核糖-5-磷酸，用于核苷酸合成；或者转化为糖酵解和糖异生的中间产物果糖-6-磷酸和甘油醛-3-磷酸。

葡糖醛酸途径是葡萄糖氧化的另一条次要途径，葡萄糖通过这个途径可以转换为*D*-葡糖醛酸和*L*-抗坏血酸（维生素C）。葡糖醛酸有解毒作用，而维生素C是人和许多动物必需营养素。但包括人在内的一些动物由于缺少古洛糖酸内酯氧化酶，不能合成维生素C，必须从食物中摄取。

习题

1. 糖酵解10步反应中的哪些反应是磷酸化反应（a）、异构化反应（b）、氧化还原反应（c）、脱水反应（d）、碳碳键断裂反应（e）？

2. 把C1位用^{14}C标记的葡萄糖与能进行糖酵解的无细胞提取物共同温育，标记物出现在丙酮酸的什么位置？

3. 利用酿酒酵母萃取物进行葡萄糖发酵生成乙醇和CO_2时，发现：①无机磷酸是发酵所必需的，当所供应的磷酸用尽时，投入的葡萄糖还未消耗完发酵就停止了，会造成果糖-1,6-二磷酸堆积；②当使用砷酸取代磷酸时，不会造成果糖-1,6-二磷酸的堆积，发酵会继续进行，直到所有葡萄糖都转化为乙醇和二氧化碳。

（a）为什么所供应的磷酸用尽时，发酵作用会停止？

（b）为什么以砷酸取代磷酸后会阻止果糖-1,6-二磷酸的堆积，而且葡萄糖发酵转化为乙醇和二氧化碳的反应继续进行，直到葡萄糖消耗完为止？

4. 在肌细胞中葡萄糖转换为乳酸释放出的自由能只相当于它完全氧化为CO_2和H_2O释放的自由能的7%。这是否意味着肌肉中的无氧糖酵解是葡萄糖的一种浪费呢？

5. 指出下列反应释放的能量或消耗的能量（等价ATP）。

（a）糖原（3个葡萄糖残基）→6丙酮酸

（b）3葡萄糖→6丙酮酸

（c）6丙酮酸→3葡萄糖

6. $H^{14}CO_3^-$加入到具有糖异生活性的肝脏匀浆中会有什么样的变化？

7. 鸡蛋清中的抗生物素蛋白对生物素的亲和力极高，如果将该蛋白加到肝脏提取液中，对丙酮酸经糖异生转化为葡萄糖有什么影响？

8. 能够进行所有正常代谢反应的肝脏提取液与下列^{14}C标记的前体物质分别温育。

（a）$HO\text{-}^{14}COO^-$（^{14}C-碳酸盐）

（b）$CH_3\text{-}CO^{14}COO^-$（$^{14}C_1$-丙酮酸）

指出^{14}C在最终产物葡萄糖中的位置。

9. 比较3分子葡萄糖进入糖酵解降解为丙酮酸和3分子葡萄糖经戊糖磷酸途径生成2分子果糖-6-磷酸和甘油醛-3-磷酸进入糖酵解同样降解为丙酮酸产生的ATP数。

13 柠檬酸循环

葡萄糖是大多数有机体最重要、最快捷的能量分子，经糖酵解生成丙酮酸，丙酮酸在无氧条件下经过发酵生成酒精或乳酸。对于在有氧条件下生存的绝大多数真核细胞和许多细菌来说，只需少量有机燃料氧化就可获得满足生存的能量。这些燃料经糖酵解过程后，生成的丙酮酸不被还原为乳酸或乙醇，而是被氧化成 CO_2 和水，这个需氧的完整分解代谢过程称为细胞呼吸（cellular respiration），糖酵解只是其中的一个阶段（图 13.1）。

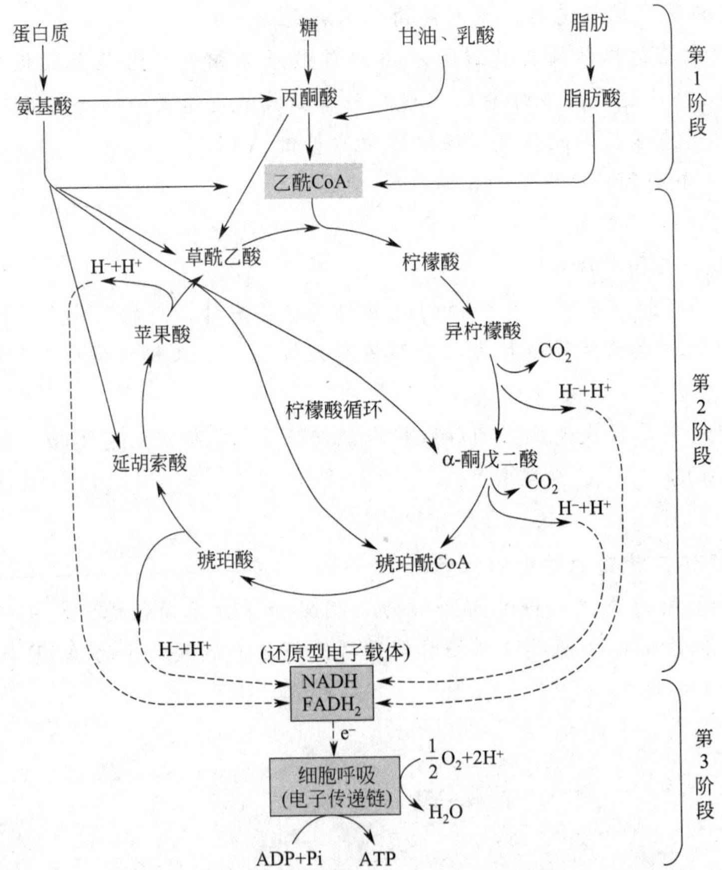

第 1 阶段：乙酰 CoA 生成；第 2 阶段：乙酰 CoA 氧化；第 3 阶段：电子传递和氧化磷酸化

图 13.1 柠檬酸循环在分解代谢中的作用

细胞呼吸分为3个阶段：在第1阶段，产能燃料如蛋白质、糖和脂肪等氧化生成乙酰CoA；在第2阶段，乙酰CoA经柠檬酸循环发生脱羧和氧化，脱下的羧基生成CO_2，氧化释放的能量以还原型电子载体NADH和$FADH_2$形式储存；在第3阶段，NADH和$FADH_2$被氧化，释放的电子经电子传递链传递给O_2，生成水，传递过程中释放的能量经氧化磷酸化过程生成ATP（图13.1）。

柠檬酸循环为一个由多个酶促反应组成的循环式生物反应系统，因其第一个产物为柠檬酸（citric acid），所以称为柠檬酸循环（citric acid cycle），因柠檬酸含有三个羧基，所以又称为三羧酸循环（tricarboxylic acid cycle，简称TCA循环），该循环是由H. A. Krebs首先正式提出的（他获得1953年诺贝尔生理学或医学奖），又称为Krebs循环。本章先介绍丙酮酸转化为乙酰CoA的过程，即柠檬酸循环的准备阶段，再介绍整个柠檬酸循环过程。

13.1 乙酰CoA的合成

原核生物中参与柠檬酸循环的酶分布在细胞质中，真核生物中参与柠檬酸循环的酶分布在细胞的线粒体中。在真核细胞中，葡萄糖经糖酵解降解为2分子丙酮酸发生在细胞质中，而丙酮酸经柠檬酸循环彻底氧化为CO_2和水需要在线粒体内完成，所以在进行柠檬酸循环之前首先要将丙酮酸转运到线粒体内，转运过程由丙酮酸转运酶催化完成（图13.2）。

无论是在原核细胞，还是在真核细胞，丙酮酸转化为乙酰CoA和CO_2的反应，都是由丙酮酸脱氢酶复合物（pyruvate dehydrogenase complex）催化完成的，总反应式如图13.3所示。

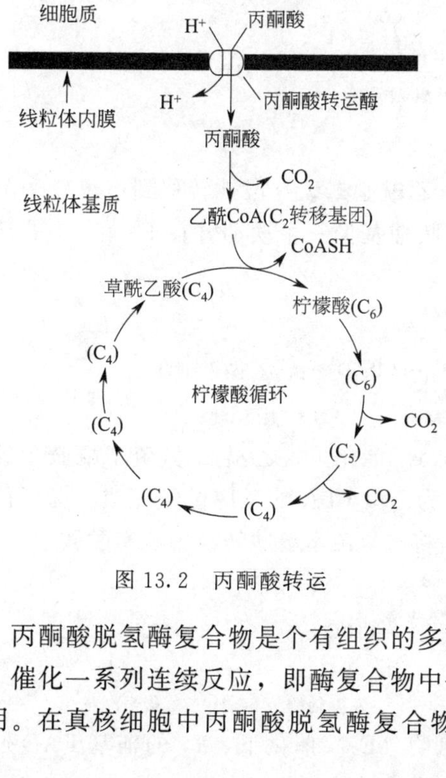

图13.2 丙酮酸转运

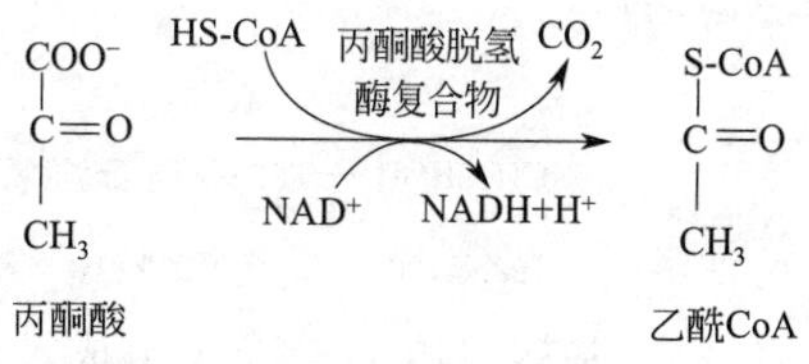

图13.3 丙酮酸转化为乙酰CoA

丙酮酸脱氢酶复合物是个有组织的多酶集合体，复合物中酶分子通过非共价键联系在一起，催化一系列连续反应，即酶复合物中一个酶反应中形成的产物立刻被复合物中下一个酶作用。在真核细胞中丙酮酸脱氢酶复合物位于线粒体基质中，由丙酮酸脱氢酶（pyruvate dehydrogenase）（E_1）、二氢硫辛酰胺转乙酰基酶（dihydrolipoamide acetyltransferase）（E_2）和二氢硫辛酰胺脱氢酶（dihydrolipoamide dehydrogenase）（E_3）3 种酶及 TPP（焦磷酸硫胺素）、HS-CoA、硫辛酸、FAD、NAD^+ 和 Mg^{2+} 6 种辅助因子组成。图 13.4 给出了丙酮酸脱氢酶复合物催化丙酮酸转化为乙酰 CoA 和 CO_2 的反应过程。

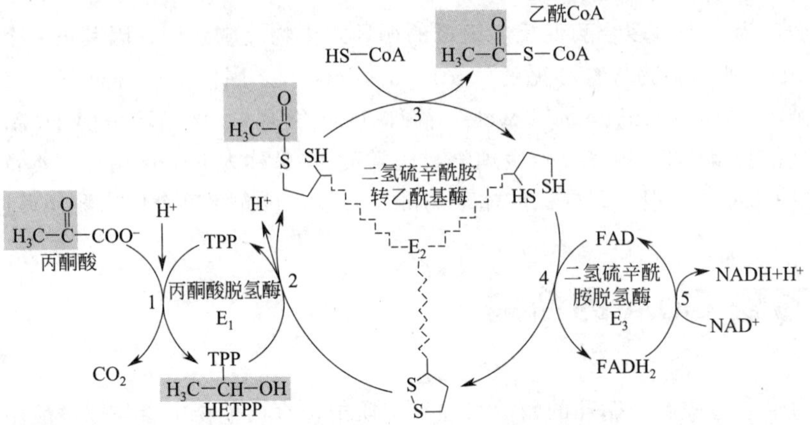

连接在 E_2 的硫辛酰胺像摆臂一样，将负载的来自丙酮酸脱氢酶活性位点的二碳单位转移给二氢硫辛酰胺转乙酰基酶，然后将携带的氢原子转移给二氢硫辛酰胺脱氢酶，图中 1～5 代表 5 步反应

图 13.4　丙酮酸脱氢酶复合物催化的反应

如图 13.4 所示，由丙酮酸脱氢酶复合物催化的丙酮酸氧化脱羧过程涉及 5 步反应。

（1）丙酮酸脱羧反应。在丙酮酸脱氢酶（E_1）催化下，辅酶焦磷酸硫胺素（TPP）与丙酮酸反应，生成羟乙基焦磷酸硫胺素（HETPP），释放 CO_2。

$$\underset{\text{丙酮酸}}{\begin{array}{c}COO^-\\|\\C=O\\|\\CH_3\end{array}} + TPP \xrightarrow{Mg^{2+}} \underset{\text{中间产物}}{\begin{array}{c}COO^-\\|\\HO-C-TPP\\|\\CH_3\end{array}} \xrightarrow[\text{丙酮酸脱氢酶}]{CO_2} \underset{\text{羟乙基TPP}}{\begin{array}{c}H\\|\\HO-C-TPP\\|\\CH_3\end{array}}$$

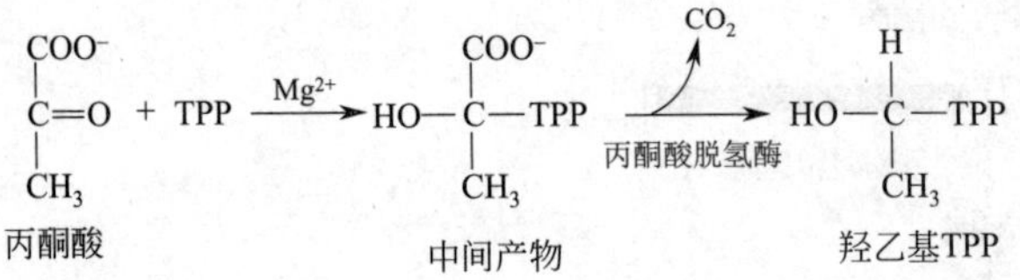

（2）羟乙基氧化为乙酰基。也是在 E_1 催化下，乙酰基二碳片段被转移到二氢硫辛酰胺转乙酰基酶（E_2）的组成成分硫辛酰胺上，硫辛酰胺辅基像一个摆动臂在 E_1 和 E_3 的活性部位之间运动。

$$\underset{\text{羟乙基TPP}}{CH_2CHOH-TPP} + \underset{\text{氧化型硫辛酰胺}}{\text{硫辛酰胺(氧化型)}} \xrightarrow[\substack{\text{二氢硫辛酰胺}\\\text{转乙酰基酶}}]{TPP} \underset{\text{还原型乙酰硫辛酰胺}}{CH_3CO-\text{硫辛酰胺(还原型)}}$$

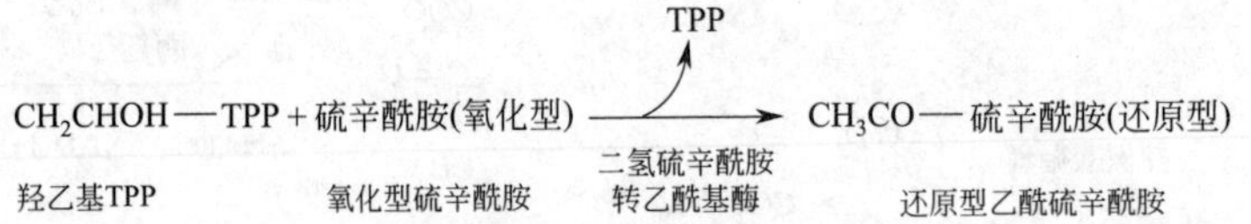

（3）乙酰基转移给 HS-CoA 生成乙酰 CoA。在 E_2 催化下，乙酰-二氢硫辛酰胺中的乙酰基转移给辅酶 A（HS-CoA）。至此，丙酮酸转换为乙酰 CoA 的反应已经完成。为了能够进行下一轮的丙酮酸转换为乙酰 CoA 的反应，必须将二氢硫辛酰胺转换为硫辛酰胺。

$$\underset{\text{还原型乙酰硫辛酰胺}}{CH_3CO-\text{硫辛酰胺(还原型)}} + \underset{\text{辅酶 A}}{HS-CoA} \xrightarrow{\text{二氢硫辛酰胺转乙酰基酶}} \underset{\text{乙酰辅酶 A}}{CH_3CO-SCoA} + \underset{\text{二氢硫辛酰胺}}{\begin{array}{c}SH\\|\\\\|\\SH\end{array}}$$

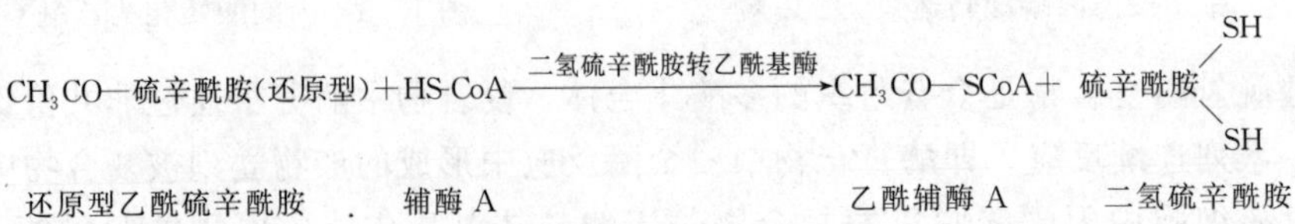

（4）重新生成硫辛酰胺。在二氢硫辛酰胺脱氢酶（E_3）催化下，E_3 的辅基 FAD 使二

氢硫辛酰胺氧化重新生成为硫辛酰胺，并生成 $FADH_2$。带有硫辛酰胺的二氢硫辛酰胺转乙酰基酶再参与下一轮反应。

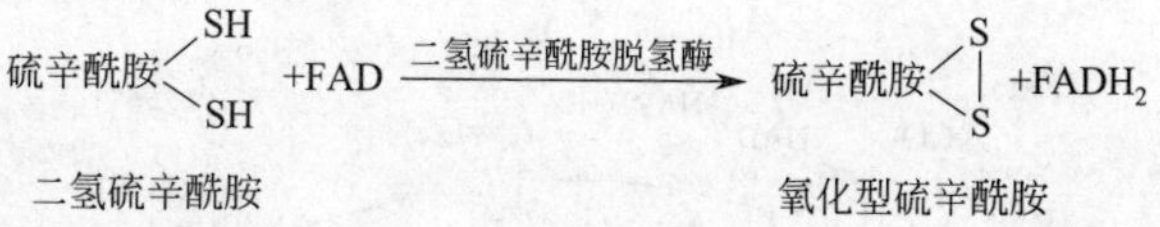

（5）重新生成氧化状态的 E_3。最后，还是在 E_3 催化下，NAD^+ 被 $FADH_2$ 还原为 NADH（H^+），同时生成 E_3-FAD。

$$NAD^+ + FADH_2 \xrightarrow{\text{二氢硫辛酰胺脱氢酶}} NADH + FAD$$

亚砷酸盐（AsO_3^{3-}，砒霜的主要成分）和有机砷化物易与巯基化合物特别是二巯基化合物发生反应，生成二配位加合物，如可与丙酮酸脱氢酶复合物的辅基硫辛酰胺共价结合形成稳定复合物，使 E_1-E_2-E_3 多酶复合物失活。另外，柠檬酸循环中的 α-酮戊二酸脱氢酶复合物也含有硫辛酰胺辅基，也会受到亚砷酸盐和有机砷化物的抑制，进而细胞的呼吸作用受到强烈抑制（图 13.5）。

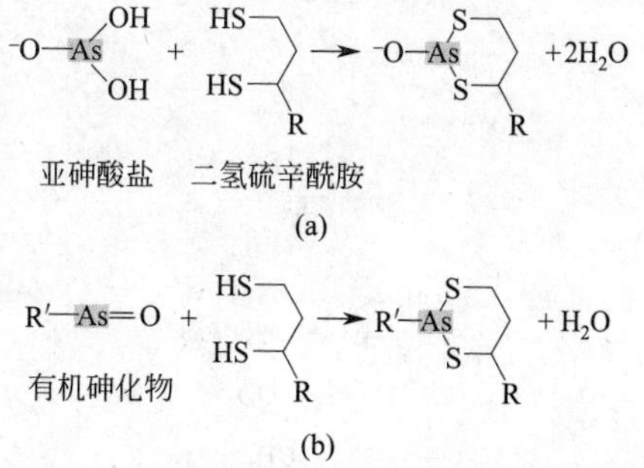

（a）亚砷酸盐与酶中辅基二氢硫辛酰胺的反应；
（b）有机砷化物与酶中辅基二氢硫辛酰胺的反应
图 13.5　砷中毒机制

13.2　柠檬酸循环的反应机制

乙酰 CoA 经柠檬酸循环进行氧化脱羧，脱下的羧基生成 CO_2，氧化释放的能量以还原型电子载体 NADH 和 $FADH_2$ 形式储存。柠檬酸循环的 8 步酶促反应如图 13.6 所示。

1）乙酰 CoA 与草酰乙酸缩合形成柠檬酸

这是柠檬酸循环的第一个反应，乙酰 CoA 与草酰乙酸缩合生成柠檬酸和 HS-CoA，反应由柠檬酸合酶（citrate synthase）催化（图 13.7），反应不需要直接输入 ATP，乙酰 CoA 中的硫酯键为高能键，水解释放的能量驱动反应进行。

2）柠檬酸异构化生成异柠檬酸

在顺乌头酸酶（aconitase）催化下，经过一个中间体顺乌头酸（*cis*-aconitate），柠檬酸转换为异柠檬酸（isocitrate）（图 13.8）。

柠檬酸由顺乌头酸酶催化脱水形成含有 C=C 双键的顺乌头酸，顺乌头酸仍保留在酶活性部位。还是在顺乌头酸酶催化下，以立体特异方式将 OH^- 和 H^+ 添加到顺乌头酸的 C=C 双键上，只生成图 13.8 所示的特异性立体异构体形式的异柠檬酸。

从化学结构看，柠檬酸为对称分子，酶不能区分上半部分和下半部分的—CH_2COO^-，所以 OH^- 也可以加到来自乙酰基的—CH_2—的 C 上，但经放射性标记实验验证，产物中只有图 13.8 中所示的特异性异柠檬酸异构体形式。后来 Alexander Ogston 对此进行了比较清晰的解释，他认为，柠檬酸虽然不存在手性中心，但顺乌头酸酶的不对称活性部位能够识别柠檬酸两端的—CH_2COO^-，结果发生了不对称性的反应。为此他提出了柠檬酸像图 13.9 那样的通过三点附着方式与顺乌头酸酶发生不对称相互作用的模式，在这种模式中，2 个—CH_2COO^- 基团中只有一个与活性部位结合，即下半部分的—CH_2COO^- 基团参加反应，生

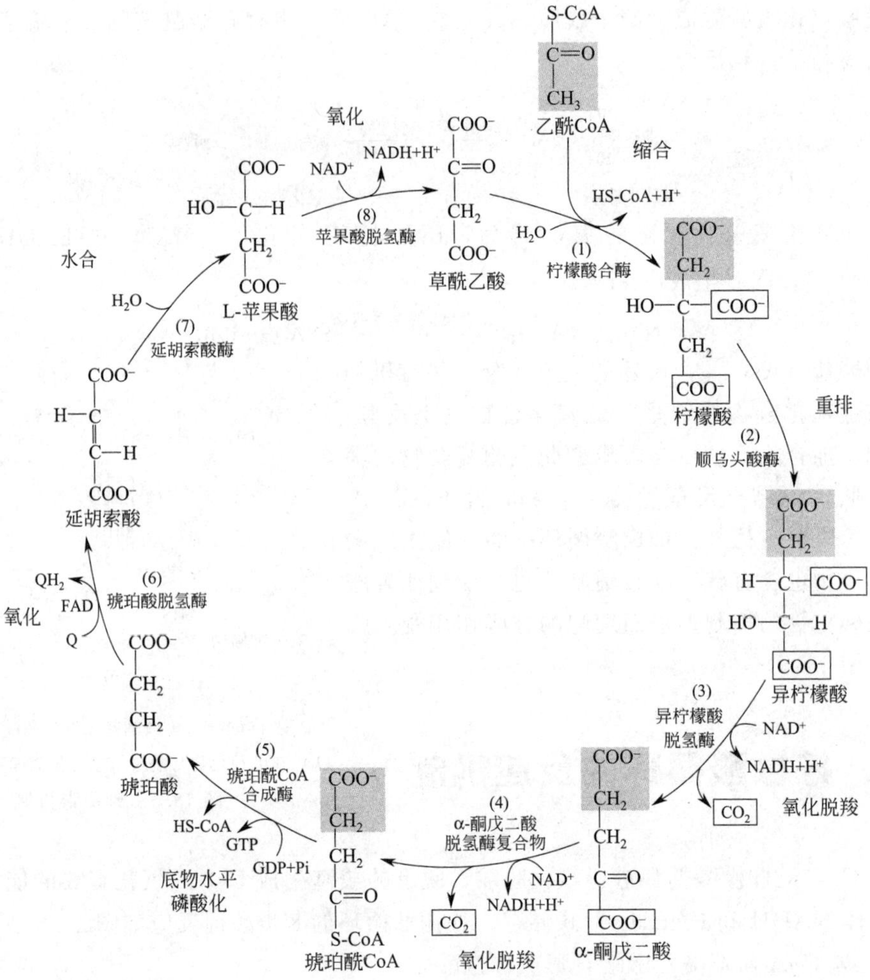

图 13.6 柠檬酸循环

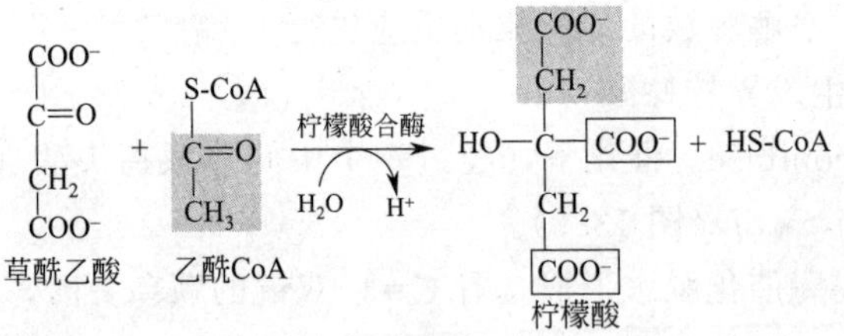

柠檬酸阴影覆盖部分为来自乙酰 CoA 的乙酰基，方框中的 2 个—COO^-来自草酰乙酸

图 13.7 乙酰 CoA 与草酰乙酸缩合形成柠檬酸

成异柠檬酸。

像柠檬酸那样虽然不含有手性中心，但具有与酶进行不对称反应的有机分子称为前手性(prochiral) 分子。

顺乌头酸酶催化的反应是可逆反应，虽然平衡时异柠檬酸只在柠檬酸和异柠檬酸混合物中占 10%，但由于异柠檬酸很快作为下一步反应的底物被消耗掉，所以反应仍可向生成异柠檬酸方向进行。

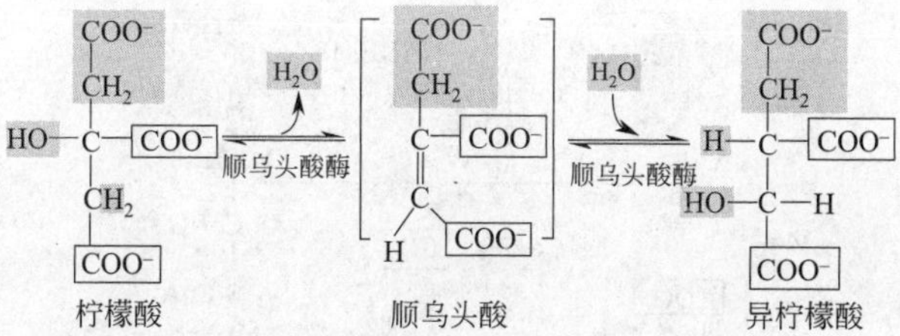

图 13.8 柠檬酸异构化生成异柠檬酸

剧毒物氟乙酸在细胞内可以转化为氟乙酰 CoA，氟乙酰 CoA 在柠檬酸合酶的催化下又可与草酰乙酸缩合生成氟柠檬酸。氟柠檬酸类似于柠檬酸，是顺乌头酸酶的一个很强的抑制剂，所以氟乙酸会终止经柠檬酸循环的有氧代谢（图 13.10）。以前人们常利用氟乙酸的这一致死特性来制作灭鼠药。

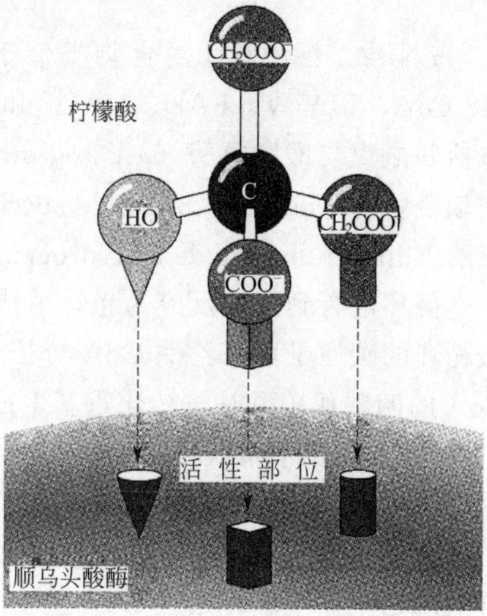

图 13.9 柠檬酸通过三点附着方式与酶结合

3）异柠檬酸氧化脱羧生成 α-酮戊二酸和 CO_2

这一步反应是柠檬酸循环中第 1 个氧化还原反应，由异柠檬酸脱氢酶（isocitrate dehydrogenase）催化，NAD^+ 为辅酶。异柠檬酸脱氢使 NAD^+ 还原为 NADH $+H^+$ 的同时，生成一个不稳定的 β-酮酸——草酰琥珀酸，草酰琥珀酸经非酶催化的 β-脱羧作用脱去 CO_2，生成 α-酮戊二酸，该反应是不可逆的（图 13.11）。

4）α-酮戊二酸氧化脱羧生成琥珀酰 CoA

像丙酮酸一样，α-酮戊二酸也是一个酮酸，氧化脱羧反应非常类似丙酮酸脱氢酶复合物催化的反应。反应由 α-酮戊二酸脱氢酶复合物（α-ketoglutarate dehydrogenase complex）催化，产物琥珀酰 CoA 同样是一个高能的硫酯，这一步反应是柠檬酸循环中第 2 个氧化还原反应（图 13.12）。

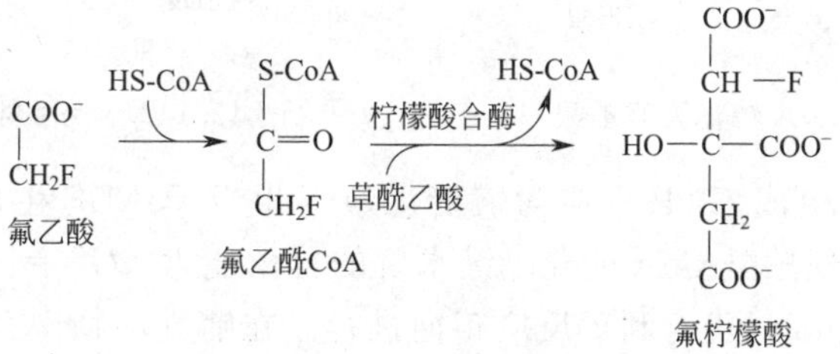

图 13.10 氟柠檬酸的合成

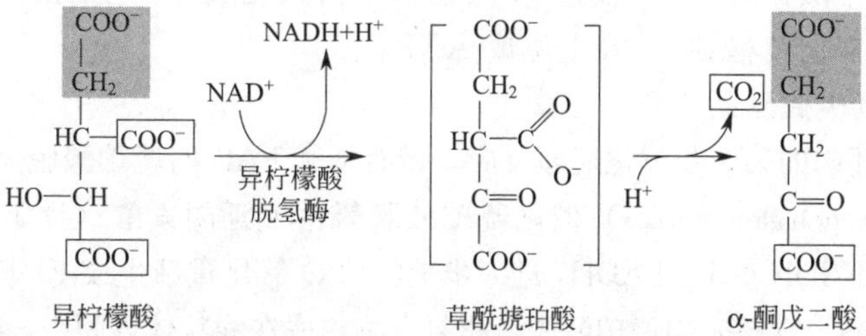

图 13.11 异柠檬酸氧化脱羧反应

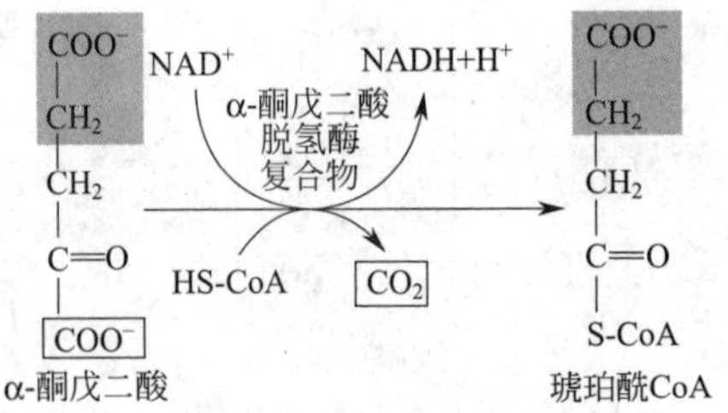

图 13.12 α-酮戊二酸氧化脱羧生成琥珀酰 CoA

α-酮戊二酸脱氢酶复合物类似于丙酮酸脱氢酶复合物，涉及同样的辅助因子（TPP、HS-CoA、硫辛酸、FAD、NAD^+ 和 Mg^{2+}），反应机制也很类似。α-酮戊二酸脱氢酶复合物包括 α-酮戊二酸脱氢酶（α-ketoglutarate dehydrogenase，E_1，含有 TPP）、二氢硫辛酰胺转琥珀酰基酶（dihydrolipoamide succinyltransferase，E_2，含有硫辛酰胺）和二氢硫辛酰胺脱氢酶（dihydrolipoamide dehydrogenase，E_3，含有黄素蛋白）。

循环进行到这步反应为止，生成 2 分子 CO_2，被氧化的碳原子数目刚好等于进入柠檬酸循环的碳原子数（乙酰 CoA 分子中乙酰基的 2 个碳）。在循环的后 4 个反应中，琥珀酰 CoA 的四碳琥珀酰基被转化重新生成草酰乙酸。

5）底物水平磷酸化

琥珀酰 CoA 合成酶（succinyl-CoA synthetase，或称琥珀酸硫激酶）催化琥珀酰 CoA 的硫酯键水解生成琥珀酸和 HS-CoA，同时 GDP 磷酸化生成 GTP（图 13.13）。琥珀酰 CoA 合成酶是根据生成琥珀酰 CoA 逆反应命名的。

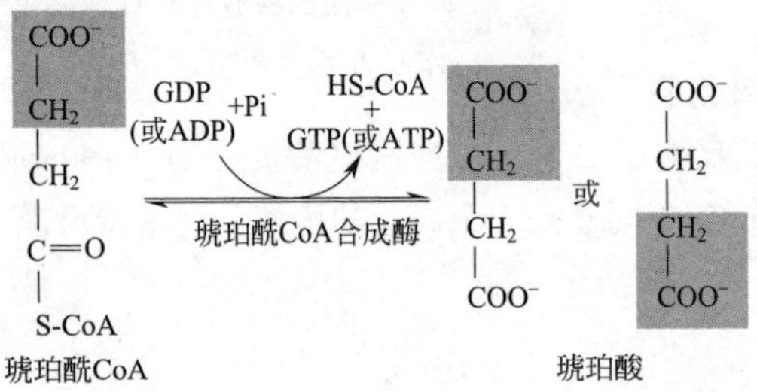

图 13.13 琥珀酰 CoA 转化为琥珀酸

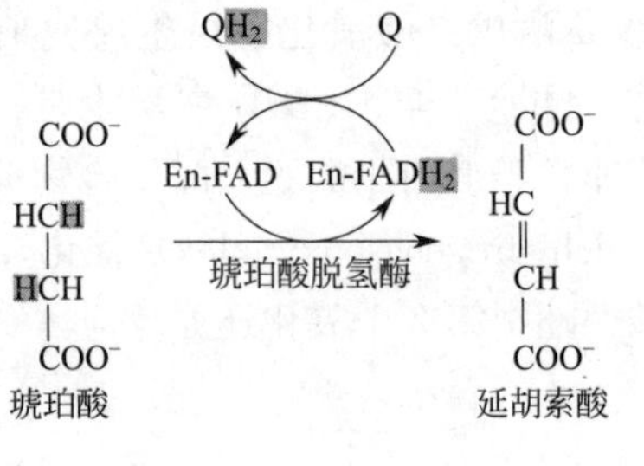

图 13.14 琥珀酸脱氢转化为延胡索酸

虽然 GDP 磷酸化生成 GTP 反应为需能反应（相当于 ADP 生成 ATP 反应，$\Delta G^{\circ\prime}=30.5\text{kJ/mol}$），但由于琥珀酰 CoA 的硫酯键水解的自由能为 $\Delta G^{\circ\prime}=-33.4\text{kJ/mol}$，所以总反应 $\Delta G^{\circ\prime}=-3.3\text{kJ/mol}$，仍有利于反应正向进行。在哺乳动物中合成的是 GTP，而在植物和一些细菌中合成的是 ATP。这个反应类似于糖酵解中的磷酸甘油酸激酶和丙酮酸激酶催化的反应，是柠檬酸循环中唯一的一步底物水平磷酸化反应。生成的 GTP 的 γ-磷酰基通过核苷二磷酸激酶催化转移到 ADP 上生成 ATP。

6）琥珀酸脱氢生成延胡索酸

这是柠檬酸循环中的第 3 步氧化还原反应，带有辅基 FAD 的琥珀酸脱氢酶（En-FAD）复合物（succinate dehydrogenase complex）催化琥珀酸脱氢生成延胡索酸（反丁烯二酸），同时，使 En-FAD 还原为 $En\text{-}FADH_2$。$En\text{-}FADH_2$ 进一步被辅酶 Q 氧化重新生成 En-FAD，辅酶 Q 则被还原为 QH_2（图 13.14）。真核生物琥珀酸脱氢酶复合物内嵌在线粒体内膜中，柠檬酸循环中其他酶都位于线粒体基质中。在原核生物中，该酶内嵌在质膜中，其他酶位于细胞质中。

琥珀酸底物类似物丙二酸是琥珀酸脱氢酶的竞争性抑制剂，可以与琥珀酸脱氢酶的活性部位的碱性氨基酸残基结合，但由于丙二酸不能被氧化，使得反应不能继续进行。在分离的线粒体或细胞匀浆液中加入丙二酸后，会引起琥珀酸、α-酮戊二酸和柠檬酸的堆积，这是研究柠檬酸循环反应顺序的早期证据。

7）延胡索酸水合生成 *L*-苹果酸

延胡索酸酶（fumarase）也称为延胡索酸水合酶（fumarate hydratase），催化延胡索酸反式双键水合，生成 *L*-苹果酸。此反应为可逆反应（图 13.15）。

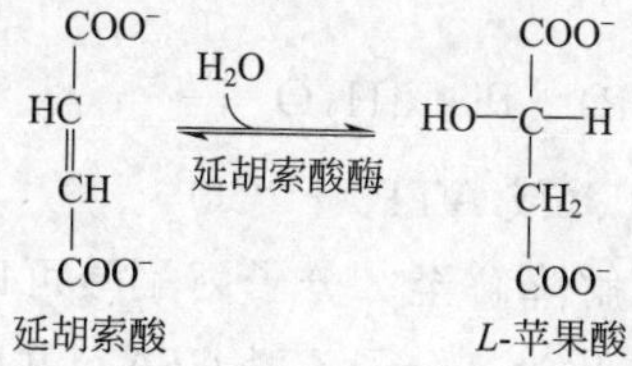

图 13.15　延胡索酸水合生成 *L*-苹果酸

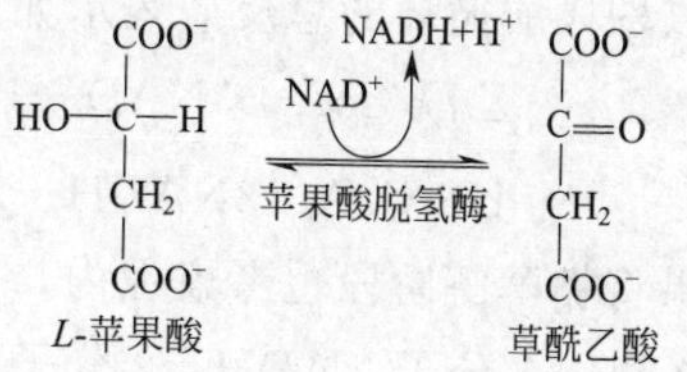

图 13.16　苹果酸氧化生成草酰乙酸

8）草酰乙酸再生

这是柠檬酸循环最后一个反应，也是循环中第 4 步氧化还原反应。*L*-苹果酸在以 NAD^+ 为辅酶的苹果酸脱氢酶（malate dehydrogenase）催化下氧化生成草酰乙酸，同时 NAD^+ 被还原成 NADH，反应是可逆的（图 13.16）。

由于草酰乙酸可以再生，所以柠檬酸循环中的中间产物都可以看作是催化多步反应的催化剂。从碳平衡来看，来自乙酰 CoA 中乙酰基的 2 个碳进入柠檬酸循环，一轮循环过后释放出两分子 CO_2，碳代谢达到平衡。但释放的 2 个碳并不是来自乙酰基的 2 个碳，而是来自草酰乙酸中的 2 个碳原子。乙酰基的 2 个碳转化为新生成的琥珀酸中的 2 个碳，但琥珀酸为对称性分子，上下两部分碳原子从化学上看是等价的，所以可认为来自乙酰 CoA 的 2 个碳均匀地分布于琥珀酸分子中（图 13.17）。

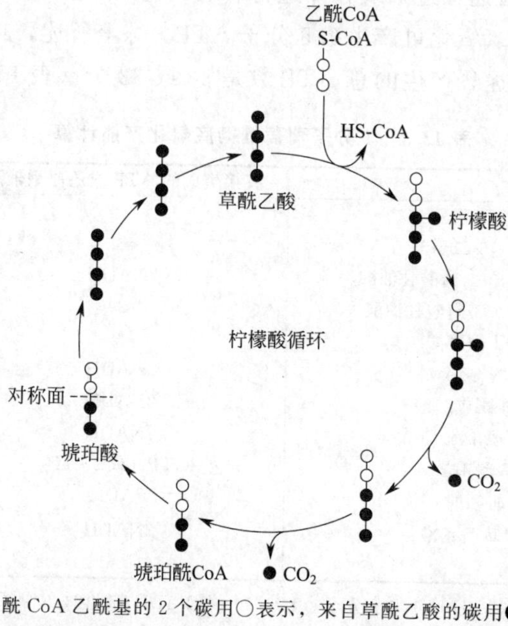

来自乙酰 CoA 乙酰基的 2 个碳用○表示，来自草酰乙酸的碳用●表示

图 13.17　经一轮柠檬酸循环后来自乙酰 CoA 和草酰乙酸的碳原子去向

13.3 柠檬酸循环产生的能量

柠檬酸循环从二碳片段乙酰 CoA 与四碳受体草酰乙酸缩合生成六碳化合物柠檬酸开始，经过两次脱羧反应、4 次氧化还原反应、一次底物水平磷酸化反应，产生 2 分子 CO_2、3 分子 NADH、1 分子 $FADH_2$ 和 1 分子 GTP（或 ATP），循环中其他反应物浓度并没有发生变化，所以柠檬酸循环的总反应表示如下：

$$\text{乙酰 CoA} + 3NAD^+ + FAD + GDP(\text{或 } ADP) + Pi + 2H_2O \longrightarrow$$
$$HS\text{-}CoA + 3NADH + 3H^+ + FADH_2 + GTP(\text{或 } ATP) + 2CO_2$$

如果将糖酵解阶段也考虑在内，1 分子葡萄糖经糖酵解降解至 2 分子丙酮酸可以净产生 2 分子 ATP、2 分子 NADH。2 分子丙酮酸进入线粒体转化为 2 分子乙酰 CoA，并生成 2 分子 NADH；2 分子乙酰 CoA 进入柠檬酸循环被彻底氧化生成 6 分子 NADH、2 分子 FADH2 和 2 分子 GTP（或 ATP）。则葡萄糖经糖酵解和柠檬酸循环的分解代谢的总反应式可表示为：

$$\text{葡萄糖} + 10NAD^+ + 2FAD + 2GDP(\text{或 } ADP) + 2ADP + Pi + 2H_2O \longrightarrow$$
$$10NADH + 10H^+ + 2FADH_2 + 2GTP(\text{或 } ATP) + 2ATP + 6CO_2$$

每 1 分子 NADH 通过呼吸链被氧化为 NAD^+ 时释放的能量可生成 2.5 分子 ATP；而 1 分子 $FADH_2$ 被氧化为 FAD 时释放的能量可产生 1.5 分子 ATP，所以 1 分子乙酰 CoA 经柠檬酸循环和氧化磷酸化彻底氧化可产生 10 分子 ATP。

糖酵解过程中，甘油醛脱氢酶催化甘油醛-3-磷酸生成 1,3-二磷酸甘油酸时生成 2 分子 NADH。这 2 分子 NADH 可以通过苹果酸穿梭途径或甘油磷酸穿梭途径进入线粒体。1 分子 NADH 经甘油磷酸穿梭途径进入线粒体进行有氧氧化可产生 1.5 分子 ATP，经苹果酸穿梭途径进入线粒体进行有氧氧化可产生 2.5 分子 ATP。综上所述，1 分子葡萄糖经过糖酵解和柠檬酸循环的有氧代谢途径产生的总 ATP 数是 30 或 32 个（表 13.1）。

表 13.1　1 分子葡萄糖彻底氧化产能计算

化学反应	直接生成的 ATP 或还原型辅酶	最终生成的 ATP 数
葡萄糖→葡糖-6-磷酸	−1	−1
果糖-6-磷酸→果糖-1,6-二磷酸	−1	−1
2×甘油醛-3-磷酸→2× 1,3-二磷酸甘油酸	2NADH	3（或 5）
2×1,3-二磷酸甘油酸→2×3-磷酸甘油酸	2	2
2 烯醇式丙酮酸→2 丙酮酸	2	2
2 丙酮酸→2 乙酰 CoA	2NADH	5
2×异柠檬酸→2×α-酮戊二酸	2NADH	5
2×α-酮戊二酸→2×琥珀酰 CoA	2NADH	5
2 琥珀酰 CoA→2 琥珀酸	2GTP（或 2ATP）	2
2 琥珀酸→2 延胡索酸	$2FADH_2$	3
2×*L*-苹果酸→2×草酰乙酸	2NADH	5
总计		30（或 32）

注：表中 ATP 数按 1 分子 NADH 产生 2.5 分子 ATP，1 分子 $FADH_2$ 产生 1.5 分子 ATP 计算，负值表示需要消耗的 ATP 数。

13.4 柠檬酸循环的调控

柠檬酸循环在细胞代谢中占据着中心位置，因此受到严密而精确的调控。柠檬酸循环的调控包括丙酮酸转化为乙酰 CoA 的调控以及柠檬酸循环本身的几个关键酶的调控（图 13.18）。

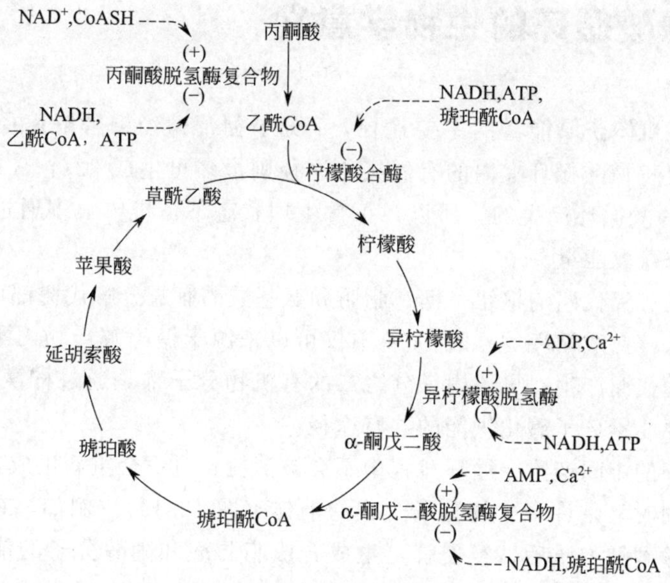

图 13.18　柠檬酸循环的调控

1）丙酮酸脱氢酶复合物的调控

丙酮酸脱氢酶复合物催化的反应并不真正属于柠檬酸循环，但对于葡萄糖的氧化分解代谢来说，该反应却是进入柠檬酸循环的必经之路。丙酮酸脱氢酶复合物存在别构调节和共价修饰两种调控机制。乙酰 CoA、NADH 以及 ATP 是丙酮酸脱氢酶复合物的强烈别构抑制剂，NAD^+ 和 HSCoA 则是丙酮酸脱氢酶复合物的别构激活剂。丙酮酸脱氢酶激酶催化复合物中的丙酮酸脱氢酶（E_1）磷酸化，导致该酶复合物失去活性，而丙酮酸脱氢酶磷酸酶催化 E_1 去磷酸，激活丙酮酸脱氢酶复合物。

2）柠檬酸循环的调控

在柠檬酸循环中存在着 3 个不可逆反应：由柠檬酸合酶、异柠檬酸脱氢酶和 α-酮戊二酸脱氢酶复合物分别催化的反应，在一定条件下都可能成为循环的限速步骤。在由柠檬酸合酶催化的反应中，体外实验表明该反应会受到 NADH、ATP 和琥珀酰 CoA 的抑制，但体内的抑制机制还不确定。

哺乳动物体内的异柠檬酸脱氢酶受到 ADP 和 Ca^{2+} 的别构激活，受到 NADH 和 ATP 的抑制，所以高比率的 NAD^+/NADH 和 ADP/ATP 会刺激异柠檬酸脱氢酶的活性，促进柠檬酸循环的进行。在原核生物中，大肠杆菌中的异柠檬酸脱氢酶受到共价修饰调节，二聚体酶的每个亚基上的 Ser 残基被一种蛋白激酶磷酸化后，导致异柠檬酸脱氢酶失活。有趣的是，同一蛋白激酶分子中的另一个具有磷酸酶活性的结构域则可以催化磷酸化的 Ser 发生去磷酸化，恢复异柠檬酸脱氢酶的活性。

α-酮戊二酸脱氢酶复合物催化的反应类似于丙酮酸脱氢酶复合物催化的反应，但它们的调节特征却完全不同。α-酮戊二酸脱氢酶复合物的调节与激酶和磷酸酶没有关系。其主要激活剂是 Ca^{2+}，Ca^{2+} 与复合物中 E_1 结合，降低了酶对 α-酮戊二酸的 K_m 值，导致琥珀酰 CoA 生成速度加快。在体外实验中，NADH 和琥珀酰 CoA 是 α-酮戊二酸脱氢酶复合物的抑制剂，但是否在活细胞内具有同样的调节作用还不确定。

13.5 柠檬酸循环的生物学意义

柠檬酸循环是机体获取能量的主要途径，1 分子葡萄糖经糖酵解途径仅可净生成 2 个 ATP，而经过包括柠檬酸循环在内的有氧氧化途径则最多可生成 32 个 ATP，其中的 25 个 ATP 都是通过柠檬酸循环产生的。所以，正常生理状态下，机体大多通过葡萄糖的有氧氧化这条高效途径来获取能量。

柠檬酸循环是有氧代谢的枢纽，糖、脂肪和氨基酸的有氧分解代谢都可汇集在柠檬酸循环的反应中。进入柠檬酸循环的乙酰 CoA 不仅可以来源于糖酵解产物丙酮酸，还可以通过脂肪酸或氨基酸的代谢产生，机体内三分之二的有机物分子都是通过柠檬酸循环被分解的。柠檬酸循环是主要能量分子氧化供能的共有途径。

柠檬酸循环中的中间产物在循环过程中不会被消耗，也不会重新生成，但柠檬酸循环的某些中间代谢物同时又是许多生物分子合成的前体（图 13.19）。例如，在脂肪组织中，柠檬酸由线粒体运输到细胞质后，经裂解可生成合成脂肪酸和固醇分子的前体乙酰 CoA。丙酮酸经转氨作用可生成 Ala。α-酮戊二酸可以转换成 Glu，Glu 又是合成其他氨基酸或嘌呤

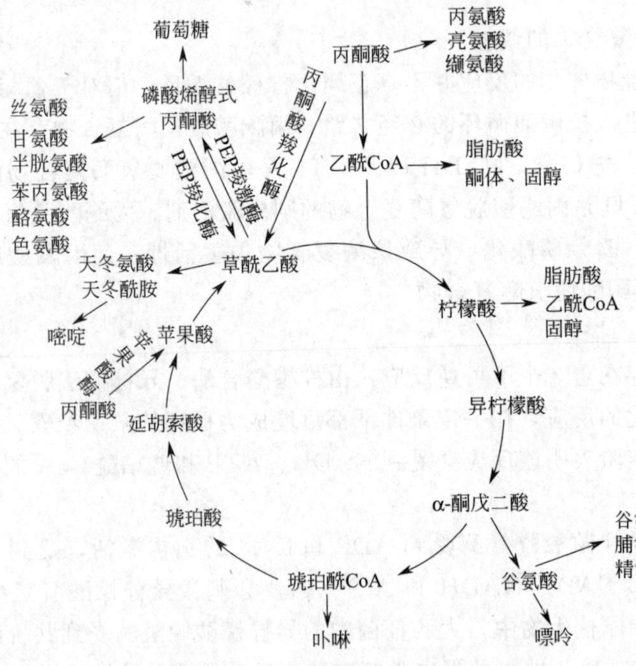

图 13.19 柠檬酸循环的两用代谢功能

的前体。琥珀酰 CoA 可以与 Gly 缩合生成卟啉。草酰乙酸可以脱羧生成磷酸烯醇式丙酮酸，后者既可作为糖合成的前体，又可衍生成其他氨基酸。草酰乙酸还可经转氨作用生成 Asp，用于嘧啶、尿素等化合物的合成。因此柠檬酸循环既是分解代谢途径，又是合成代谢途径，可以说是分解、合成两用代谢途径。

柠檬酸循环的中间代谢物被用于其他生物分子的合成，势必减少它们在循环中的浓度，影响循环的正常进行，所以要通过添补反应（anaplerotic reaction）来补充。由于代谢是以循环形式进行，所以补充循环内的任意一个中间代谢物都会使循环中所有其他中间代谢物的浓度增大。

柠檬酸循环有 3 个主要的添补反应：第 1 个是由丙酮酸羧化酶（pyruvate carboxylase，生物素作辅基）催化的丙酮酸羧化生成草酰乙酸的反应；第 2 个是发生在许多植物、酵母和细菌中，由磷酸烯醇式丙酮酸羧化酶（PEP 羧化酶，生物素作辅基）催化的磷酸烯醇式丙酮酸生成草酰乙酸的反应；第 3 个是广泛存在于原核生物和真核生物中由苹果酸酶催化的丙酮酸生成苹果酸的反应（图 13.20）。

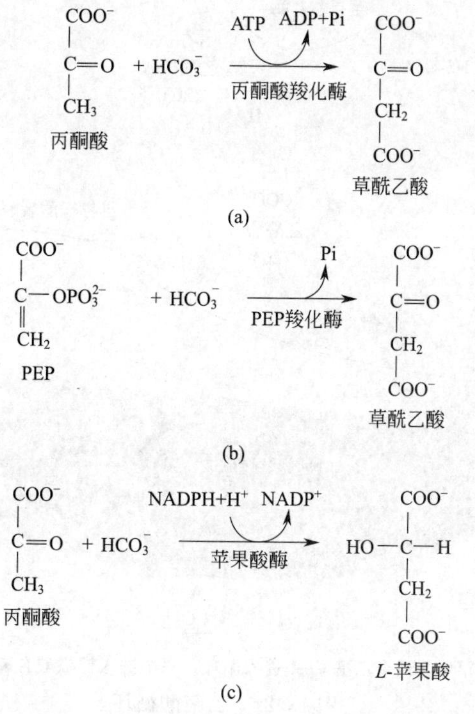

（a）丙酮酸羧化反应；（b）PEP 羧化反应；（c）丙酮酸生成苹果酸的反应

图 13.20 添补反应

13.6 乙醛酸循环

乙醛酸循环（glyoxylate cycle）是植物、微生物和酵母细胞中存在的一条可以由二碳化合物生成糖的生物合成途径（图 13.21）。乙醛酸循环常被看作是柠檬酸循环的一条支路，循环中有两个特有的反应：一个是异柠檬酸裂解酶（isocitrate lyase）催化的异柠檬酸裂解生成乙醛酸和琥珀酸的反应；另一个是苹果酸合酶（malate synthase）催化的乙醛酸和另一分子乙酰 CoA 缩合生成苹果酸的反应（图 13.22）。

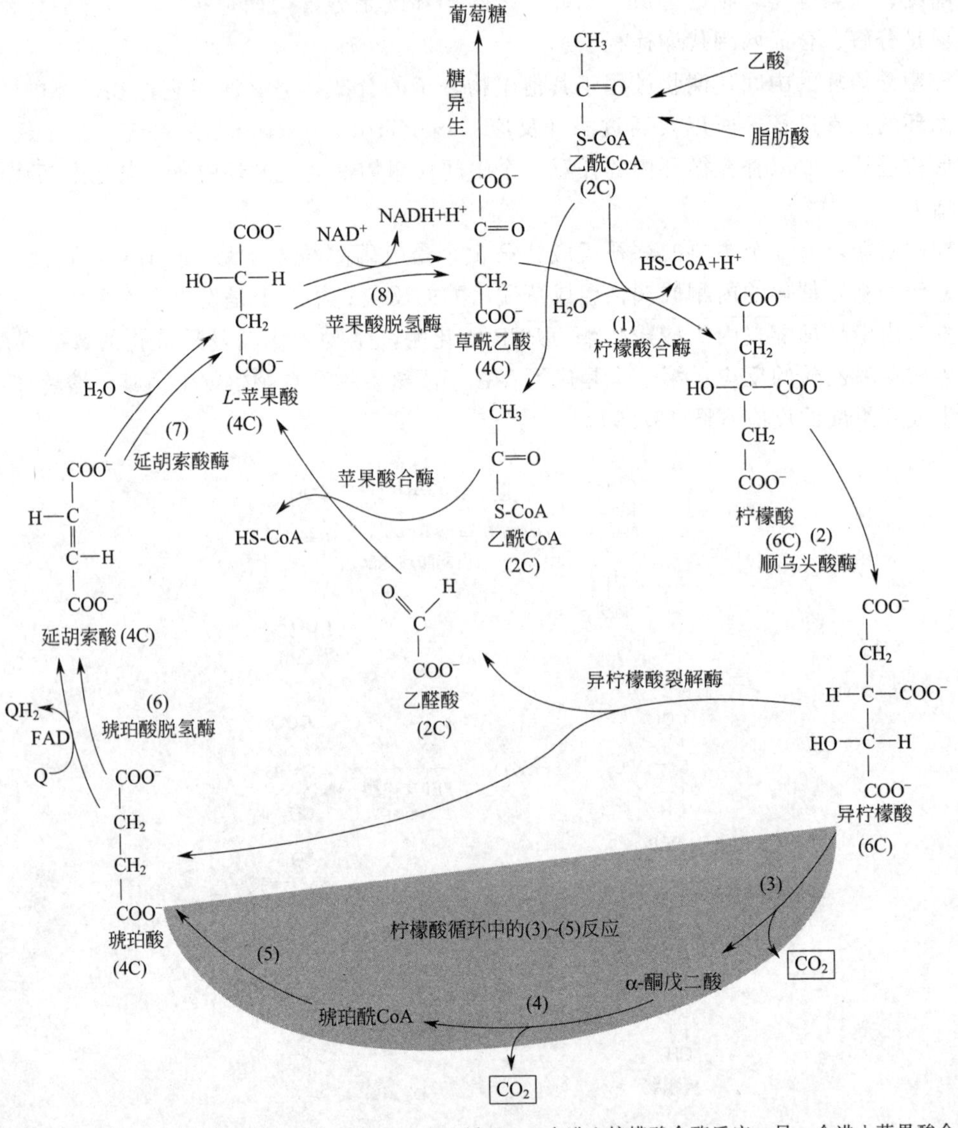

在乙醛酸循环（阴影以外的部分）中，两个乙酰 CoA 进入循环，一个进入柠檬酸合酶反应，另一个进入苹果酸合酶反应

图 13.21　乙醛酸循环

乙醛酸循环通过两个特有反应组成的一个旁路绕过了柠檬酸循环产生 2 分子 CO_2 的 3 步反应，所以在乙醛酸循环中，乙酰 CoA 中乙酰基的 2 个碳原子没有以 CO_2 形式释放掉。2 分子乙酰 CoA 净生成了 1 分子四碳的草酰乙酸，草酰乙酸作为前体可通过糖异生途径合成葡萄糖。乙醛酸循环生成的琥珀酸经柠檬酸循环被氧化为苹果酸和草酰乙酸，可以维持柠檬酸循环所需的代谢中间物。

乙醛酸循环途径首先是在细菌中发现的，后来在植物、真菌、藻类和原生动物中也发现存在乙醛酸循环。例如，*E. Coli* 及许多真菌和原生动物都含有催化乙醛酸和柠檬酸循环的全套酶，这些生物可以在以乙酸为唯一碳源的环境中生长。这些细胞在乙酸激酶催化下可以由乙酸合成乙酰 CoA。乙酰 CoA 既可以经柠檬酸循环用于产生能量，也可以经乙醛酸循环

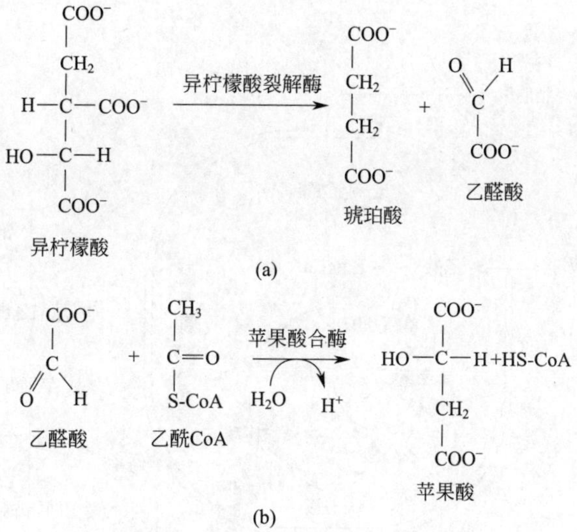

（a）异柠檬酸裂解反应（b）生成苹果酸的反应

图 13.22 乙醛酸循环的两个特有反应

途径用于糖异生前体的合成。

$$乙酸 + HS\text{-}CoA + ATP \longrightarrow 乙酰\ CoA + AMP + PPi$$

在植物体中，乙醛酸循环的酶都位于称为乙醛酸循环体（glyoxysome）的细胞器内，在富含脂质的植物种子中，还含有降解种子中储存的脂肪和脂肪酸的酶，因为油料作物种子要利用种子内的脂肪降解生成的乙酰 CoA 合成发芽所需要的葡萄糖。但乙醛酸循环体中没有琥珀酸脱氢酶和延胡索酸酶，需要借助线粒体中的柠檬酸循环中的酶，所以在发芽的种子中由脂肪降解生成的乙酰 CoA 中的二碳单位净合成葡萄糖的过程涉及 3 个部位：乙醛酸循环体、线粒体和细胞质（图 13.23）。

由图 13.23 可见，两个乙酰基进入乙醛酸循环，一轮循环后生成草酰乙酸维持循环进行。实际上乙醛酸循环净生成的产物是琥珀酸。琥珀酸经胞质溶胶转运至线粒体，借助线粒体中的柠檬酸循环酶生成苹果酸，苹果酸经转运进入胞质溶胶。进入胞质溶胶中的苹果酸经苹果酸脱氢酶同工酶催化生成草酰乙酸，草酰乙酸经糖异生途径可生成葡萄糖。

所以乙醛酸循环的总反应式可写成：

$$2\ 乙酰\ CoA + 2NAD^{+} + 2H_2O \longrightarrow 琥珀酸 + 2HS\text{-}CoA + 2NADH + 2H^{+}$$

乙醛酸循环涉及细胞的 2 个部位——乙醛酸循环体和线粒体。乙醛酸循环中有些反应与柠檬酸循环是共同的，例如从乙酰 CoA 与草酰乙酸缩合生成柠檬酸，并进一步转化成异柠檬酸的反应。但生成的异柠檬酸则不沿着柠檬酸循环继续进行代谢，而是在异柠檬酸裂解酶的催化下裂解生成乙醛酸和琥珀酸（图 13.22）。

然后生成的乙醛酸在苹果酸合酶（malate synthase）的催化下与乙酰 CoA 缩合生成四碳分子苹果酸（图 13.23）。苹果酸被转移到细胞质后，进一步转化为草酰乙酸，经糖异生途径合成葡萄糖。

裂解生成的琥珀酸由乙醛酸循环体经细胞质进入线粒体，经过一部分柠檬酸循环反应，即琥珀酸氧化生成延胡索酸，转换成苹果酸，然后转换为草酰乙酸，然后经转氨反应生成 Asp。Asp 经转运系统再回到乙醛酸循环体，重新生成草酰乙酸。

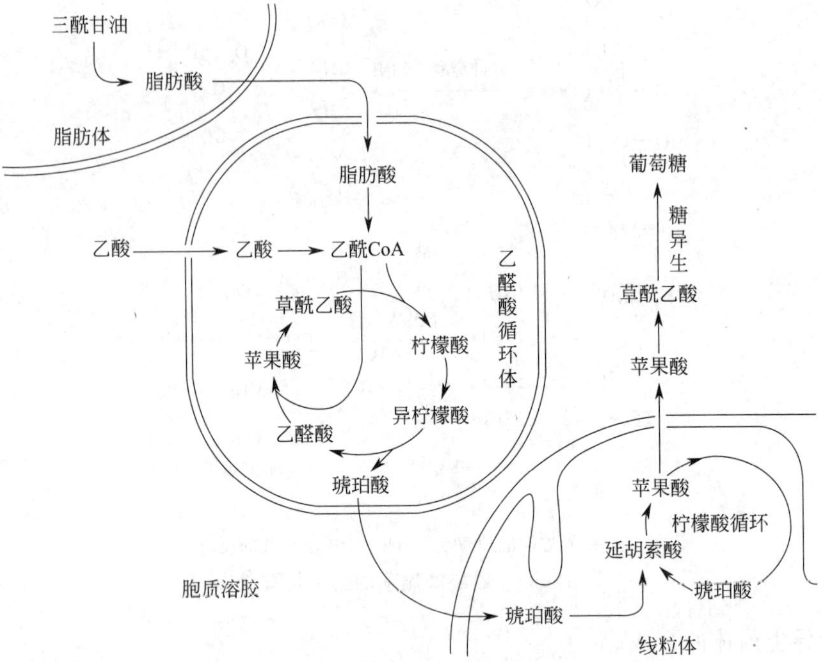

13.23　植物中的乙醛酸循环

所以乙醛酸循环的总反应式可写成：

$$2\text{乙酰 CoA}+2NAD^{+}+FAD \longrightarrow \text{草酰乙酸}+2CoASH+2NADH+FADH_2+2H^{+}$$

相关话题

砷中毒

在糖酵解一章中了解到，砷酸盐（五价砷化物，$HAsO_4^{2-}$）可以取代磷酸盐形成1-砷酸-3-磷酸甘油酸，该化合物自发水解生成甘油-3-磷酸，减少了ATP生成，造成对人体的伤害。亚砷酸盐（三价砷化物，AsO_3^{3-}）和有机砷也都是剧毒物，它们的中毒机理与砷酸盐不同，它们是通过与硫辛酰胺共价结合形成稳定复合物，从而引起以硫辛酰胺为辅基的酶的失活，严重影响机体ATP的生成。

亚砷酸盐和有机砷对丙酮酸脱氢酶复合物、α-酮戊二酸脱氢酶复合物都可以发挥这样的抑制作用。

有机砷化物对微生物的毒性比对人的毒性要大，20世纪早期曾经用有机砷化物作为抗生素治疗梅毒和锥虫病。

柠檬酸循环与减肥

当今社会，减肥是热门话题，减肥的方法也是千差万别：节食、改变饮食结构、减肥药、锻炼等。那么，到底哪种减肥方法更科学、更有效呢？

从代谢角度看，作为主要能量来源的糖类和蛋白质，都可以通过代谢转化为脂肪，但脂肪却不能净生成糖，因为脂肪要想转化成糖，首先要以乙酰CoA的形式进入柠檬酸循环，然后以草酰乙酸的形式用于糖异生。但是，研究表明，进入柠檬酸循环的两个碳在随后的脱羧反应中又以CO_2形式出去了。虽然这两个碳不是刚进入循环的那两个碳，但总的效果是没有净生成草酰乙酸，也就是，脂肪并不能转化为糖。

人体对血糖浓度非常敏感，尤其是像脑细胞这样优选葡萄糖作为能源的部位。如果摄入的糖分过量，则会转化为脂肪。适当减少糖分的摄入，体内储存的脂肪降解产生的乙酰CoA会为柠檬酸循环提供较稳定的能量。所以，通过减少能量物质如糖类的摄入，可以减去一些体重。但是，当体内储存的糖原用完后，则会导致血糖降低，并由此引发抑郁、焦虑、暴躁等情绪和精神问题。如果此时继续节食，要想维持血糖，就只能利用体内的蛋白质作为能源物质了，蛋白质降解为氨基酸，最终转化为丙酮酸或柠檬酸循环中间物，用于糖异生转化为糖。

所以，不吃糖或过度节食，虽然可以消耗一些体内的脂肪，但同时也会失去体内很多的蛋白质，如肌肉等。时间久了，势必会影响身体新陈代谢的平衡和稳定。

根据生物化学知识，理想的健康减肥方式是：在合理、均衡饮食的前提下，适当增加体育锻炼。在体育锻炼的能量消耗与机体能量的摄入达到一个平衡状态时，既可以消耗体内储存的脂肪，又可以维持正常的血糖浓度和糖分在体内的适当储备，同时又不会消耗掉体内的蛋白质。如果能长期坚持，便可以达到健康减肥的效果。

小结

丙酮酸脱氢酶复合物催化丙酮酸氧化形成乙酰CoA和CO_2。每1分子乙酰CoA经柠檬酸循环氧化生成2分子CO_2，3分子NAD^+被还原为NADH，1分子辅酶Q被还原为QH_2，以及由GDP和Pi生成1分子GTP（或因生物种类不同由ADP和Pi生成ATP）。柠檬酸循环中8步酶催化的反应起着多步催化剂的作用。在真核细胞中，作为丙酮酸脱氢酶复合物底物的丙酮酸需要通过特殊的转运蛋白由细胞质转运到线粒体内。每1分子乙酰CoA进入柠檬酸循环产生的还原型辅酶氧化可产生约10分子ATP，如果考虑糖酵解途径生成的还原型辅酶和ATP数量，1分子葡萄糖完全氧化约生成30（或32）分子ATP。丙酮酸经乙酰CoA被彻底氧化过程中，由丙酮酸脱氢酶复合物、异柠檬酸脱氢酶和α-酮戊二酸脱氢酶复合物催化的反应步骤受到调控。除了在氧化分解代谢中的作用外，柠檬酸循环还提供生物合成的前体物质。添补反应可以补充柠檬酸循环的中间代谢物。

乙醛酸循环涉及柠檬酸循环中几种酶和特有的异柠檬酸裂解酶和苹果酸合酶。植物和某些微生物通过该循环可利用乙酰CoA生成四碳中间物，并可进一步生成糖。

习题

1. 什么是柠檬酸循环？柠檬酸循环的生物学意义是什么？

2. 以下^{14}C标记的哪一种葡萄糖分子在糖酵解和丙酮酸脱氢酶反应后会产生$^{14}CO_2$？

(a) 1-[^{14}C]-葡萄糖；

(b) 3-[^{14}C]-葡萄糖；

(c) 4-[^{14}C]-葡萄糖；

(d) 6-[^{14}C]-葡萄糖。

3. 休克中的患者体内组织输送O_2的能力减弱，丙酮酸脱氢酶复合物活性降低，无氧代谢增强。过多的丙酮酸被转化为乳酸，并积累在血液和组织中，导致乳酸中毒。

(a) 既然O_2不是柠檬酸循环的产物和反应物，为什么低水平的O_2会降低丙酮酸脱氢酶复合物的活性呢？

(b) 为减轻乳酸中毒症，有时对休克患者使用可以抑制丙酮酸脱氢酶激酶的二氯乙酸，为什么这样治疗会影响丙酮酸脱氢酶复合物的活性？

4. 如果将乙酰 CoA 乙酰基上的 2 个 C 原子用 ^{14}C 标记进行柠檬酸循环研究。请问经过第一轮、第二轮和第三轮柠檬酸循环后，释放出来的 $^{14}CO_2$ 放射性强度比率如何？（假设在第二轮和第三轮循环中加入的乙酰 CoA 不带任何放射性）

5. 饮食中缺乏维生素 B_1（硫胺素）会引起脚气病，该病除了出现神经和心脏方面的症状以外，还会导致血液中丙酮酸和 α-酮戊二酸水平的升高，请解释其中的原因。

6. 计算在下列柠檬酸循环的净反应中生成的 ATP 分子数量。假设所有的 NADH 和 $FADH_2$ 都被氧化生成 ATP，丙酮酸都被转化成乙酰 CoA。

(a) 柠檬酸→草酰乙酸＋$2CO_2$；(b) 1 丙酮酸→$3CO_2$。

7. 以下各种操作会对柠檬酸循环有什么影响？

(a) 增加 NAD^+ 浓度；(b) 降低 ATP 浓度；(c) 增加异柠檬酸浓度。

8. (a) 柠檬酸循环可以将 1 分子柠檬酸转化为 1 分子草酰乙酸，使循环继续进行。如果其他循环中间代谢物被作为氨基酸合成的前体物质而耗尽的话，草酰乙酸能通过柠檬酸循环中的酶由乙酰 CoA 净合成吗？为什么？

(b) 当草酰乙酸不足时，还能使柠檬酸循环继续进行吗？为什么？

9. (a) 当 2 分子的乙酰 CoA 通过柠檬酸循环转化为 4 分子 CO_2 时，最终能生成多少分子 ATP（假定 1 分子 NADH 最终生成 2.5 分子 ATP，1 分子 QH_2 最终生成 1.5 分子 ATP）？当 2 分子乙酰 CoA 通过乙醛酸循环被转化为草酰乙酸时，能生成多少分子 ATP？

(b) 生成 ATP 是这两条途径的主要功能吗？

14 电子传递和氧化磷酸化

生物体活动所需能量主要来自糖类、脂类、蛋白质等营养物质的氧化降解。这些营养物质经过生物氧化，生成大量的还原型辅酶 NADH 和 $FADH_2$。这些携带着氢离子和电子的还原型辅酶经过一系列电子传递体的传递，最终将氢离子和电子传递给分子氧，同时生成大量可供生物体利用的能量分子 ATP。此过程涉及还原型辅酶 NADH 和 $FADH_2$ 的氧化过程和 ADP 磷酸化生成 ATP 的过程，故称为氧化磷酸化。

真核生物电子传递和氧化磷酸化过程主要发生在线粒体中，而原核生物的电子传递和氧化磷酸化过程则主要发生在细胞质和细胞膜中。本章主要讨论发生在线粒体中的电子传递和氧化磷酸化过程。

14.1 电子传递和氧化磷酸化概述

糖类、脂类、蛋白质等营养物质在生物体内经过氧化降解生成 CO_2 和水，同时释放出大量能量的过程，称为生物氧化。生物氧化是需氧生物呼吸过程中细胞内发生的一系列氧化还原反应的总称，所以又称为细胞呼吸。生物氧化过程即为电子传递和氧化磷酸化的过程，所以电子传递链又称为呼吸链。电子在呼吸链传递的过程中所形成的跨膜电化学梯度驱动 ADP 磷酸化生成 ATP。氧化磷酸化是需氧生物细胞内生成 ATP 的主要途径。

真核生物细胞电子传递和氧化磷酸化过程发生在线粒体中，柠檬酸循环、脂肪酸氧化以及氨基酸降解等发生在线粒体中的代谢反应所产生的还原型辅酶可直接进入电子传递和氧化磷酸化过程（图 14.1），而细胞质中产生的还原型辅酶则需经转运系统的协助才能进入线粒体内的电子传递和氧化磷酸化过程。

从图 14.1 可以看到，电子传递和氧化磷酸化是 2 个紧密耦联的过程，主要有以下 2 个特征。

1）NADH 和 $FADH_2$ 通过电子传递链被氧化，重新生成 NAD^+ 和 FAD

电子传递链（electron transport chain）也称为呼吸链（respiratory electron transport chain），由一系列作为电子传递体而嵌入到线粒体内膜的复合物Ⅰ、Ⅱ、Ⅲ和Ⅳ组成。电子从还原型辅酶 NADH 和 $FADH_2$ 传递到有氧代谢的最终电子受体——分子氧（O_2），并生成 H_2O。其中，来自 NADH 的电子经复合物Ⅰ、Ⅲ和Ⅳ传递给 O_2，而来自 $FADH_2$ 的电子经复合物Ⅱ、Ⅲ和Ⅳ传递给 O_2。

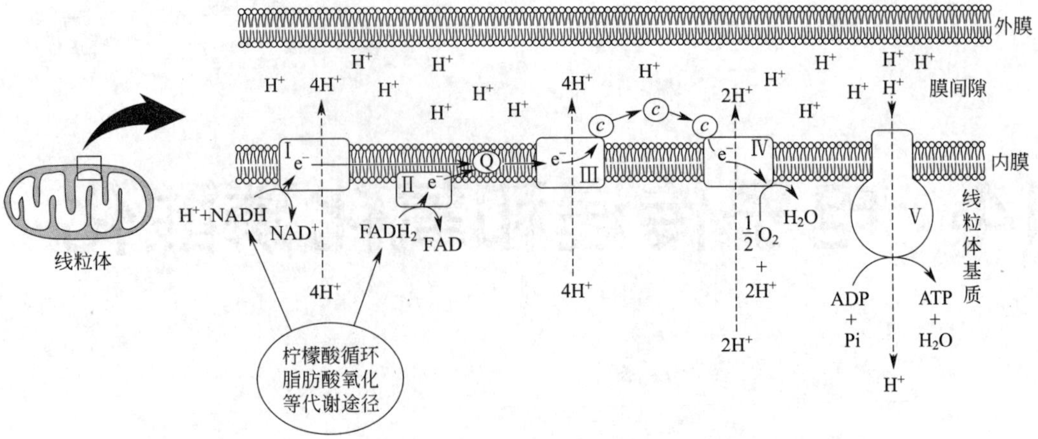

复合物Ⅰ、Ⅱ、Ⅲ和Ⅳ构成电子传递链，复合物Ⅴ是由 H^+ 驱动的 ATP 合成部位

Q 代表辅酶 Q（CoQ），也称为泛醌，c 代表细胞色素 c

图 14.1　电子传递和氧化磷酸化过程示意图

电子通过复合物进行传递时，产生的能量用来将线粒体基质内的质子（H^+）转移到膜间隙（intermembrane space），产生跨线粒体内膜的质子浓度梯度。

2）质子浓度梯度作为自由能库，驱动 ADP 磷酸化生成 ATP

被转移到膜间隙的质子通过复合物 V——ATP 合酶通道，顺质子浓度梯度返回线粒体基质，同时驱动 ATP 合酶催化 ADP 磷酸化生成 ATP。

对于任何一个带电分子跨膜转运过程的自由能变化都应当考虑到化学（浓度）和电（电荷）两种效应的影响。因此，转运过程的自由能变化（ΔG）应表示为：

$$\Delta G_{转运}=zF\Delta\psi+2.303RT\lg([A]_{内}/[A]_{外})$$

上式中，$zF\Delta\psi$ 表示由跨膜电位差引起的自由能变化，$2.303RT\lg([A]_{内}/[A]_{外})$ 为膜两侧浓度梯度引起的自由能变化。对于跨膜转运的质子，每分子的电荷数为 1.0（$z=1$），因此，该质子梯度的整体自由能变化为：

$$\begin{aligned}\Delta G&=F\Delta\psi+2.303RT\lg([H^+]_{基质}/[H^+]_{膜间隙})\\&=F\Delta\psi+2.303RT(pH_{基质}-pH_{膜间隙})\\&=F\Delta\psi+2.303RT\,\Delta pH\end{aligned}$$

利用以上方程，可以计算出跨线粒体内膜的质子梯度和电位差所产生的质子势（proton motive force，PMF）。显然，质子动力势就是由富含能量的质子梯度所形成的总电化学电位，等于膜两侧质子浓度梯度与电位差产生的自由能变化之和。肝线粒体中膜电位差（$\Delta\psi$）为 -0.17V（基质为负值），而 ΔpH 等于 -0.5，代入方程中得到：

$$\begin{aligned}\Delta G&=[96485\times(-0.17)]J/mol+[2.303\times8.315\times310\times(-0.5)]J/mol\\&=-16402J/mol-2968J/mol\\&=-19.4kJ/mol\end{aligned}$$

由以上计算结果可以发现，1mol 质子跨膜返回线粒体基质伴随着 -19.4kJ 的自由能变化，其中 85%的自由能变化来源于跨膜的电位差[$(-16.4)/(-19.4)=85\%$]，只有 15%是由质子浓度梯度产生的[$(-3)/(-19.4)=15\%$]。

已知合成 1 分子 ATP 需要的标准自由能变化约为 32kJ/mol，而实际上约需 -48kJ/

mol。因此，为了驱动1分子 ATP 合成至少应当将3个质子转运到线粒体基质中[3×(−19.4kJ/mol)=−58.2kJ/mol]。

14.2 线粒体

线粒体是真核细胞中的重要细胞器，是生物分子有氧氧化最后阶段氧化磷酸化和 ATP 生成的场所，被称为细胞的“动力工厂”。不同细胞中或同种细胞不同生理状态下线粒体的数量、大小和形状都可能有很大差别。

细胞中线粒体数量与细胞的能量需求有关，某些真菌只含有1个线粒体，而哺乳动物1个肝细胞含有的线粒体就多达5000个。相对来说，白肌组织细胞中含有的线粒体数量较少，所需能量主要依赖于糖酵解。鳄鱼颌肌快速收缩和迅速松懈就是白肌的典型例子，鳄鱼可以用令人惊讶的速度和力量开合它的颌部，但这种动作却不能连续重复多次。红肌组织细胞中含有的线粒体则较多，候鸟的飞行肌就是非常好的例子，这样可以保证候鸟长途迁徙所需要的充足和稳定的能量供给。

典型哺乳动物细胞线粒体为球棒状，宽为0.2～0.8μm，长度为0.5～1.5μm，大小近似大肠埃希菌细胞（图14.2）。线粒体由具有明显不同特性的内、外两层膜包裹，外膜含蛋白质相对较少，和脂质含量接近，嵌在外膜上的蛋白质通常是跨膜的可形成1个通道的膜孔蛋白，允许相对分子质量小于4000～5000的离子和水溶性代谢物跨膜扩散；内膜是质子的壁垒，只容许不带电荷的分子（如水、O_2 和 CO_2）通过，较大的极性分子和离子不能通过，为了使这些物质穿过内膜，需要通过特殊的跨膜转运蛋白进行转运。

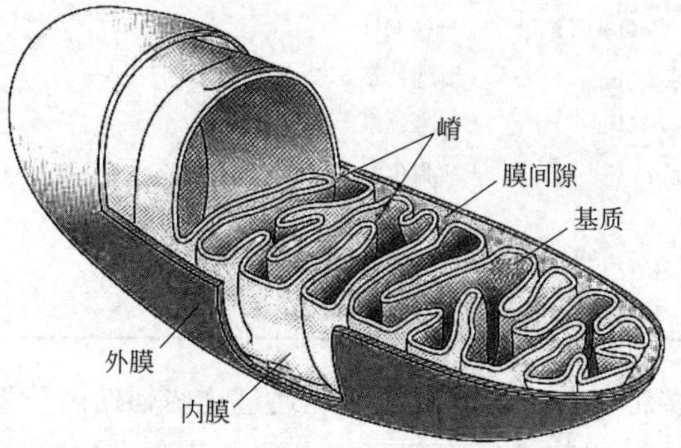

图 14.2 线粒体结构示意图

（来源：WOLFE S L. Biology of the cell [M]. 2nd ed. Belmont：Wadsworth Publishing Company，1981.）

线粒体内膜中含有丰富的蛋白质，蛋白质与脂质的质量比可达4∶1。内膜具有朝向线粒体基质并高度皱褶的膜，这使得内膜的表面积大大增加，这些皱褶称为“嵴”，嵴的数量和形状与细胞的生理状态和生理功能有关。执行电子传递和氧化磷酸化氧化反应的复合物及 ATP 合酶复合物大多嵌在内膜中，ATP 合酶复合物的某些亚基会暴露于线粒体基质中。线粒体内膜和外膜之间的空隙称为膜间隙，膜间隙中含有许多可溶性酶、底物和一些辅助因子。

线粒体基质中含有丙酮酸脱氢酶复合物和除琥珀酸脱氢酶（该酶嵌在内膜中）以外的柠

檬酸循环中的其他酶，以及催化脂肪酸氧化的大多数酶。由于基质中的蛋白浓度非常高，大约为500mg/mL，所以基质类似于胶状。

线粒体除了含有电子传递和氧化磷酸化相关的结构和成分外，还参与细胞的信号转导、衰老、离子跨膜转运等代谢活动，甚至还含有线粒体特有的一套完整的转录和翻译体系，为细胞中的半自主细胞器。

14.3 电子传递

电子传递是将来自还原型辅酶NADH（或 $FADH_2$）的电子通过电子传递链传递给 O_2 的过程。电子传递链由上述的复合物Ⅰ（NADH-CoQ 氧化还原酶）、复合物Ⅱ（琥珀酸-CoQ 氧化还原酶）、复合物Ⅲ（CoQ-细胞色素 *c* 氧化还原酶）和复合物Ⅳ（细胞色素 *c* 氧化酶）组成。这些复合物中的电子载体排序基本上是按照它们标准还原电位逐渐增大，即对电子亲和力逐渐增大的顺序排列的（表14.1）。

表14.1　生物体中某些氧化-还原反应体系的标准氧化还原电位

氧化还原反应	标准氧化还原电位
$NAD^+ + 2H^+ + 2e^- \rightarrow NADH$	−0.32
$FMN + 2H^+ + 2e^- \rightarrow FMNH_2$	−0.30
Fe-S簇，$Fe^{3+} + e^- \rightarrow Fe^{2+}$	−0.25～0.05
$FAD + 2H^+ + 2e^- \rightarrow FADH_2$	−0.22
Fe-S簇，$Fe^{3+} + e^- \rightarrow Fe^{2+}$	−0.26～0.00
延胡索酸 $+ 2H^+ + 2e^- \rightarrow$ 琥珀酸	0.03
$CoQ + 2H^+ + 2e^- \rightarrow CoQH_2$	0.05
细胞色素 $b(Fe^{3+}) + e^- \rightarrow$ 细胞色素 $b(Fe^{2+})$	0.08
细胞色素 $c_1(Fe^{3+}) + e^- \rightarrow$ 细胞色素 $c_1(Fe^{2+})$	0.22
细胞色素 $c(Fe^{3+}) + e^- \rightarrow$ 细胞色素 $c(Fe^{2+})$	0.25
细胞色素 $a(Fe^{3+}) + e^- \rightarrow$ 细胞色素 $a(Fe^{2+})$	0.29
细胞色素 $a_3(Fe^{3+}) + e^- \rightarrow$ 细胞色素 $a_3(Fe^{2+})$	0.35
$1/2O_2 + 2H^+ + 2e^- \rightarrow H_2O$	0.82

电子传递链中含有多种氧化还原辅助因子，通过这些辅助因子发生的氧化和还原反应产生电子流，流动方向是从还原剂到氧化剂。传递链中各个成分的还原电位都落在强还原剂NADH和最终的氧化剂 O_2 之间，CoQ和细胞色素 *c* 像位于电子传递链复合物之间的纽带。CoQ将电子由复合物Ⅰ或Ⅱ转移至复合物Ⅲ，细胞色素 *c* 连接复合物Ⅲ和Ⅳ，复合物Ⅳ利用电子催化 O_2 还原，结合质子生成水。图14.3为线粒体中的电子传递次序。

由图14.3可知，复合物Ⅰ将来自NADH的电子传递给CoQ：

$$NADH + CoQ \longrightarrow NAD^+ + CoQH_2$$

$$\Delta E^{\circ\prime} = 0.360V, \Delta G^{\circ\prime} = -69.5kJ/mol$$

复合物Ⅲ将来自 $CoQ\ H_2$ 的电子传递给细胞色素 *c*：

$$CoQ\ H_2 + 细胞色素\ c(Fe^{3+}) \longrightarrow CoQ + 细胞色素\ c(Fe^{2+})$$

$$\Delta E^{\circ\prime} = 0.190V, \Delta G^{\circ\prime} = -36.7kJ/mol$$

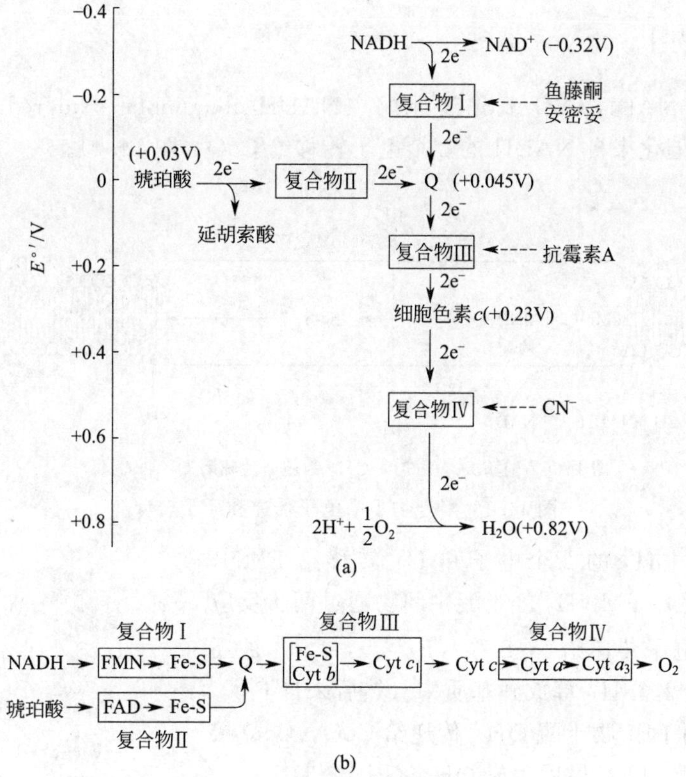

图 14.3 线粒体中电子传递顺序

复合物Ⅳ将来自细胞色素 c（Fe^{2+}）的电子传递给 O_2：

$$细胞色素\ c(Fe^{2+})+\frac{1}{2}O_2 \longrightarrow 细胞色素\ c(Fe^{3+})+H_2O$$

$$\Delta E^{\circ\prime}=0.59V,\Delta G^{\circ\prime}=-113.8kJ/mol$$

图 14.3 中电子传递链还存在另一个“入口”，即复合物Ⅱ将来自经琥珀酸脱氢酶催化琥珀酸脱氢反应生成的 $FADH_2$ 的电子传递给 CoQ：

$$FADH_2+CoQ \longrightarrow FAD+CoQH_2$$

$$\Delta E^{\circ\prime}=0.085V,\Delta G^{\circ\prime}=-16.4kJ/mol$$

复合物Ⅰ、Ⅲ和Ⅳ催化的每一步反应释放的能量足以驱动 1 分子 ATP 合成，这是由于这三步反应释放的能量使得线粒体基质内的质子跨膜转移到膜间隙，形成的质子梯度可以驱动 ATP 合成。复合物Ⅱ是出现在柠檬酸循环中的琥珀酸脱氢酶复合物，它对于质子浓度梯度的形成没有贡献，因为释放的能量太少，其作用是将电子由琥珀酸转移到 CoQ，形成电子传递链的一个支路。

另外，由图 14.3 还可以了解到几种可阻断电子传递的化合物及其阻断的位置。将这些化合物加到线粒体悬浮液中，在阻断部位以前的电子传递体将处于还原状态，而处于阻断部位以后的电子传递体则处于氧化状态，通过分析各电子传递体的氧化还原状态即可得知各阻断剂的阻断部位。利用这个方法，证实了鱼藤酮或安密妥、抗霉素、氰化物 CN^- 可分别阻断电子在复合物Ⅰ、复合物Ⅲ和复合物Ⅳ中的传递。抑制剂阻断法是研究电子传递链中各传递体顺序的主要方法，另外，光谱分析、线粒体复合物提取分析和重组以及电化学分析等方法在电子传递链的研究中也发挥了重要作用。

14.3.1 复合物Ⅰ

复合物Ⅰ是 NADH-CoQ 氧化还原酶（NADH-ubiquinone oxidoreductase），也称为 NADH 脱氢酶，催化来自 NADH 的 2 个电子转移给 CoQ（图 14.4）。

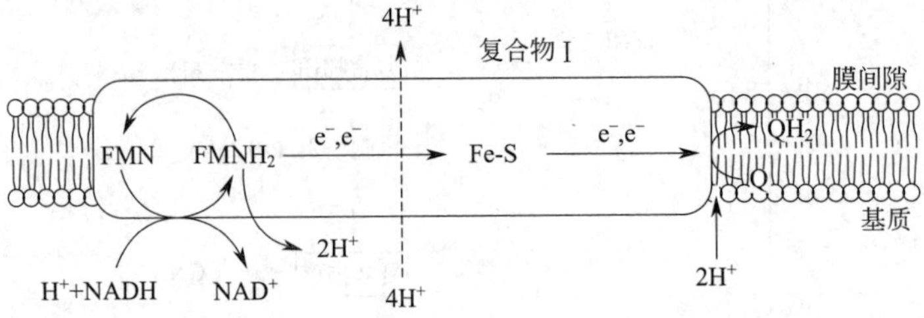

图中 Q 为辅酶 Q（CoQ），QH_2 为还原性辅酶 Q（$CoQH_2$）

图 14.4 复合物Ⅰ中电子传递和质子转移

来自 NADH＋H^+ 的 2 个电子和 H^+ 转移给 FMN，生成 $FMNH_2$，然后 $FMNH_2$ 经半醌中间物通过两步反应被氧化，将 2 个电子传递给 Fe-S 簇（Fe^{3+}），Fe^{3+} 被还原为 Fe^{2+}，同时 2 个 H^+ 释放到基质中。然后来自 Fe^{2+} 的电子经过 1 个中间产物半醌 $QH^{\cdot}$ 传递给 CoQ，CoQ 接受来自基质的 2 个 H^+，最后生成 QH_2（图 14.5）。

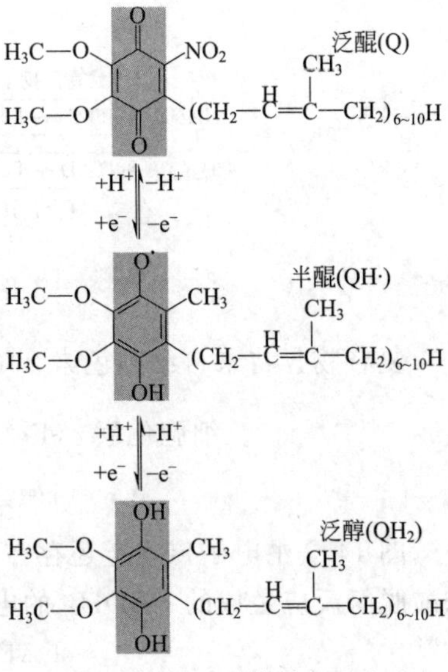

图 14.5 CoQ 接受电子和 H^+ 生成 $CoQH_2$

Fe-S 簇是 Fe-S 蛋白的辅基，主要有［2Fe-2S］和［4Fe-4S］两种类型，不仅复合物Ⅰ中含有，复合物Ⅱ和复合物Ⅲ中也含有（图 14.6）。Fe-S 簇中的铁和无机硫化物（S^{2+}）与 Fe-S 蛋白中半胱氨酸残基（Cys）的巯基螯合。Fe-S 簇中的三价铁离子（Fe^{3+}）和二价铁离子（Fe^{2+}）之间进行还原和氧化转换时，每个 Fe-S 簇一次能够转移 1 个电子。

在电子通过复合物Ⅰ传递时，释放的能量将 H^+ 从线粒体基质转移到膜间隙。研究表明每从 NADH 转移一对电子给 CoQ，就将有 4 个质子被转移到膜间隙。

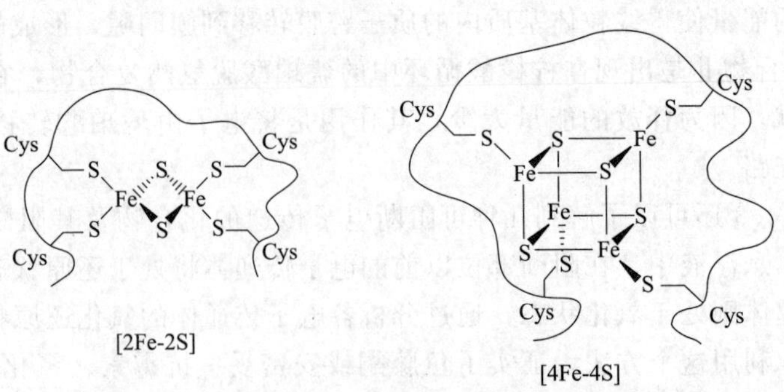

图 14.6 ［2Fe-2S］和［4Fe-4S］两种类型 Fe-S 簇

14.3.2 复合物Ⅱ

复合物Ⅱ是琥珀酸-CoQ氧化还原酶（succinate-ubiquinone oxidoreductase），也称为琥珀酸脱氢酶复合物（succinate dehydrogenase complex），复合物Ⅱ接受来自琥珀酸的电子，同时也像复合物Ⅰ一样催化CoQ还原为$CoQH_2$。哺乳动物的复合物Ⅱ由4个亚基组成，2个大亚基构成琥珀酸脱氢酶（参与柠檬酸循环），它含有FAD辅基和3个Fe-S簇，另外2个亚基是将琥珀酸脱氢酶结合到膜上及使电子转移到受体Q所需要的。

来自琥珀酸的2个电子首先转移给FAD，生成$FADH_2$，然后经Fe-S簇传递给CoQ，生成$CoQH_2$（图14.7）。由于电子在复合物Ⅱ中传递释放的自由能很少，所以该复合物对跨线粒体膜的质子浓度梯度基本没有贡献，它的主要作用是将来自琥珀酸氧化的电子引入电子传递链中。CoQ既可以接受来自复合物Ⅰ的电子，也可以接受来自复合物Ⅱ的电子，然后再将电子传递给复合物Ⅲ。

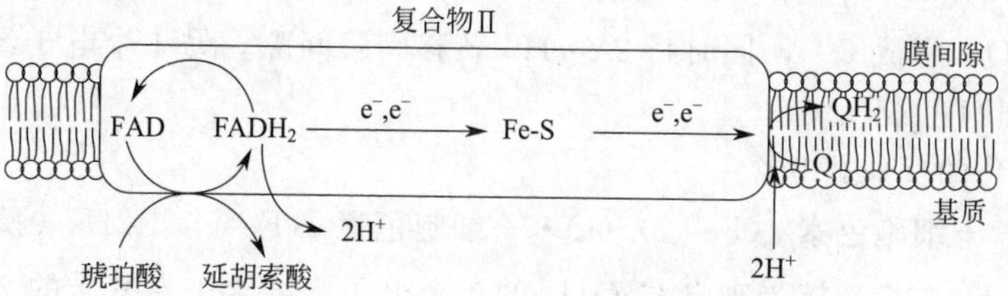

图中Q为辅酶Q（CoQ），QH_2为还原性辅酶Q（$CoQH_2$）

图14.7 通过复合物Ⅱ的电子传递

14.3.3 复合物Ⅲ

复合物Ⅲ是CoQ-细胞色素c氧化还原酶（ubiquinol-cytochrome c oxidoreductase），也称为细胞色素bc_1复合物。牛心脏线粒体中复合物Ⅲ是二聚体，每个单体由11个不同的亚基组成，其中包括带有［2Fe-2S］的Fe-S蛋白、带有血红素b_L、b_H的细胞色素b和细胞色素c_1。复合物Ⅲ将电子从QH_2传递给细胞色素c，同时利用电子传递产生的能量将4个H^+转移到膜间隙中，其中2个质子来自QH_2，另外2个来自线粒体基质（图14.8）。电子被单电子载体细胞色素c接受，细胞色素c沿着线粒体内膜的外表面一侧移动并将电子转移给复合物Ⅳ。

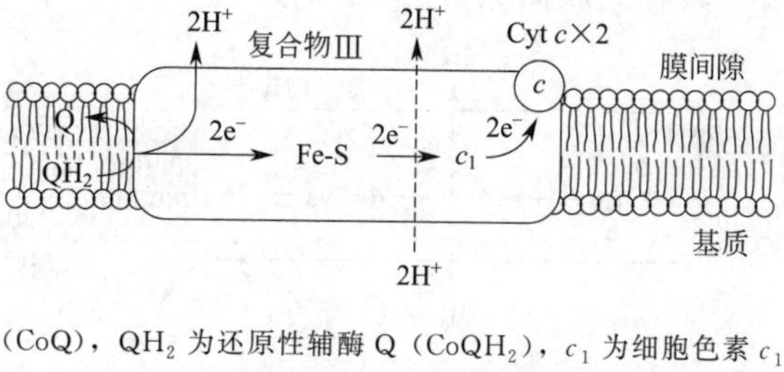

图中Q为辅酶Q（CoQ），QH_2为还原性辅酶Q（$CoQH_2$），c_1为细胞色素c_1，c为细胞色素c

图14.8 复合物Ⅲ中电子传递和质子转移

电子从$CoQH_2$经复合物Ⅲ传递到细胞色素c过程是通过一个称为Q循环的电子传递和H^+转移模型实现的（图14.9）。

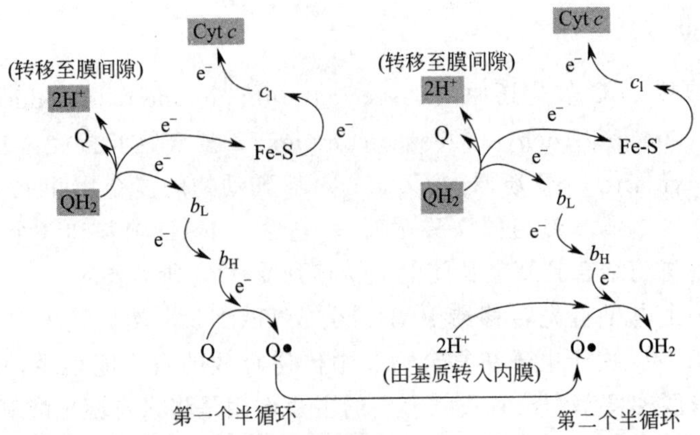

图 14.9　Q 循环

Q 循环分两个半循环。第一个半循环，双电子载体 $CoQH_2$ 将其中 1 个电子经血红素 b_L、b_H 传给 CoQ，生成 $Q^{\cdot}$，同时将 2 个 H^+ 转移到膜间隙，另 1 个电子经 Fe-S 簇、细胞色素 c_1 传递给细胞色素 c。

第一个半循环的反应式为：

$$CoQH_2 + \text{细胞色素 } c(Fe^{3+}) \rightarrow Q\cdot + \text{细胞色素 } c(Fe^{2+}) + 2H^+(\text{膜间隙})$$

第二个半循环，$Q^{\cdot}$ 又接受来自 $CoQH_2$ 的 1 个电子，结合来自基质的 2 个 H^+ 生成 $CoQH_2$，另 1 个电子仍然经 Fe-S 簇、细胞色素 c_1 传递给细胞色素 c。

$$CoQH_2 + Q\cdot + \text{细胞色素 } c(Fe^{3+}) \longrightarrow$$
$$CoQ + CoQH_2 + \text{细胞色素 } c(Fe^{2+}) + 2H^+(\text{膜间隙})$$

经过以上两个反应，完成一个完整的 Q 循环，2 分子 $CoQH_2$ 被氧化为 2 分子 CoQ，每 1 分子 $CoQH_2$ 传递 1 个电子给细胞色素 c，重新生成了 1 个 $CoQH_2$。但 Q 循环的净结果是 1 分子 $CoQH_2$ 被氧化为 CoQ 的同时，有 2 分子细胞色素 c 被还原，同时有 4 个 H^+ 被转移到了膜间隙。

14.3.4　复合物Ⅳ

复合物Ⅳ是细胞色素 c 氧化酶（cytochrome c oxidase），是电子传递链的最后 1 个组分，将来自细胞色素 c 的电子传递给分子氧（O_2），O_2 与来自线粒体基质中的 2 个 H^+ 生成 H_2O，并将基质中 2 个 H^+ 转移到膜间隙（图 14.10）。

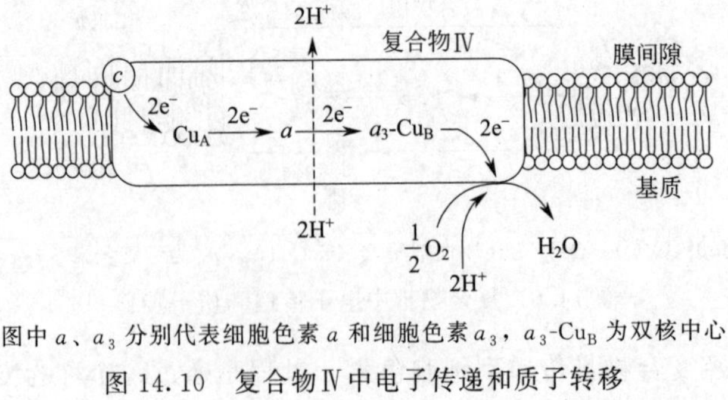

图中 a、a_3 分别代表细胞色素 a 和细胞色素 a_3，a_3-Cu_B 为双核中心

图 14.10　复合物Ⅳ中电子传递和质子转移

哺乳动物中的复合物Ⅳ是二聚体，含有13条多肽链，总相对分子质量约为400000。复合物Ⅳ中含有称为Cu_A中心的1对铜原子、细胞色素a、细胞色素a_3及与细胞色素a_3相邻的Cu_B原子4个氧化还原中心。铜原子参与电子传递时，在Cu^{2+}和Cu^+离子状态之间变换。

O_2的还原反应发生在酶的1个催化中心上，该中心包括细胞色素a_3的血红素铁原子和相邻的铜原子Cu_B（Fe-Cu_B称为双核中心）。电子从还原型细胞色素c传递给Cu_A中心，然后细胞色素a中的Fe^{3+}被还原型Cu_A还原为Fe^{2+}，Fe^{2+}再将电子传递给a_3-Cu_B，还原型双核中心a_3-Cu_B将位于活性中心的O_2还原。这个由Fe^{2+}和Cu_B^+组成的双核中心可以结合有毒的配体，例如氰化物和CO，此时电子传递将被阻断。

14.4　氧化磷酸化

从上述电子传递过程可知，来自NADH的2个电子传递到O_2是一个放能反应，

$$NADH+\frac{1}{2}O_2+H^+\longrightarrow NAD^+ +H_2O$$

$$\Delta E^{\circ\prime}=1.14V,\Delta G^{\circ\prime}=-2\times[96.48kJ/(V\cdot mol)]\times 1.14V=-220kJ/mol$$

而ATP合成是个需能反应，

$$ADP+Pi+H^+\longrightarrow ATP$$

$$\Delta G^{\circ\prime}=+30.5kJ/mol$$

电子传递过程中释放的能量可以将线粒体基质中的H^+转移到膜间隙，产生一个相对于线粒体基质的由高到低的质子浓度梯度，此质子浓度梯度便是驱动ATP合成的直接动力。研究发现，这个过程的实现还需要复合物V的参与（图14.11），H^+通过复合物V的质子通道进入线粒体基质的同时驱动ATP合成。

复合物V即ATP合酶（ATP synthase），也称为F_0F_1-ATP合酶或F_0F_1复合物，是一个多亚基的跨膜蛋白，主要由F_1和F_0两个部分组成，整个酶的空间结构呈球-柄状，F_1是“球”，与F_1相连的F_0是嵌在内膜中的柄［图14.11（a）］。

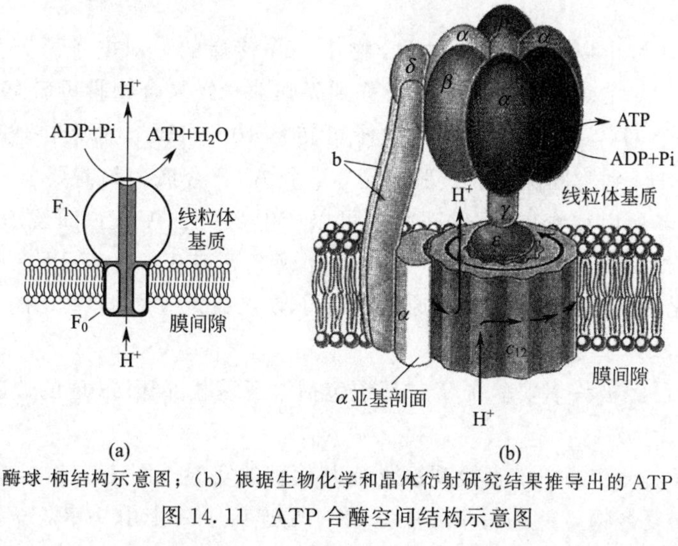

（a）ATP合酶球-柄结构示意图；（b）根据生物化学和晶体衍射研究结果推导出的ATP合酶结构模型

图14.11　ATP合酶空间结构示意图

图 14.11（b）是根据生物化学和晶体衍射研究结果推导出的大肠埃希菌 ATP 合酶的 F_1F_0 结构模型。F_1 由 α、β、γ、δ 和 ε 五种类型的 9 个亚基组成：$\alpha_3\beta_3\gamma\delta\varepsilon$。α 和 β 亚基围绕 γ 亚基形成的类似中心轴呈交替排列，共同组成球状头部，β 亚基催化 ATP 合成反应。当 F_1 与 F_0 解离后，可溶性的 F_1 不再具有合成 ATP 的活性，而具有水解 ATP 的活性（称为 ATP 酶）。F_0 由 a、b 和 c 三种类型的 15 个亚基组成：1a：2b：12c。12 个 c 亚基组成的圆柱状结构镶嵌在膜中，F_1 的 ε 和 γ 亚基形成的轴穿过圆柱。a 亚基含有跨膜转运的质子通道。2 个 b 亚基与 δ 亚基协同作用起到稳定 α 亚基和 β 亚基空间结构和相对位置的作用。

关于 H^+ 通过 ATP 合酶进入线粒体基质以驱动 ATP 合成的机制，被普遍认可的是 1979 年 Paul Boyer 提出的结合变构机制（binding-change mechanism）。首先膜间隙中的 H^+ 流从 a 亚基和 c 亚基的交界面进入，并与 a 亚基结合后被排入 c 亚基环，H^+ 流驱动 c 亚基环旋转，同时引起 γ 轴反方向旋转。γ 亚基像偏心轴，大约每旋转 120°，就与 $\alpha_3\beta_3$ 形成的球体中的 1 个 β 催化亚基接触，每次接触都会使 β 亚基构象发生变化。

根据结合变构机制，ATP 合酶 $\alpha_3\beta_3$ 球中的 3 个 β 亚基虽然组成一样，但在任意给定时间点，由于 γ 与 $\alpha_3\beta_3$ 球体接触部分具有高度不对称性，γ 亚基的不同部分会分别与不同的亚基相互作用，使每个 β 亚基具有不同的构象，或处于开放（open，O）构象，或处于松弛（loose，L）构象，或处于紧密（tight，T）构象。所以 γ 亚基每旋转一周，每个 β 亚基都要依次经历上述三种构象变化（T→O→L，图 14.12）。三种构象功能各不相同，开放构象对 ATP 亲和力最低，释放 ATP 并准备结合 ADP 和 Pi；松弛构象结合 ADP 和 Pi；紧密构象催化 ADP 和 Pi 合成 ATP。

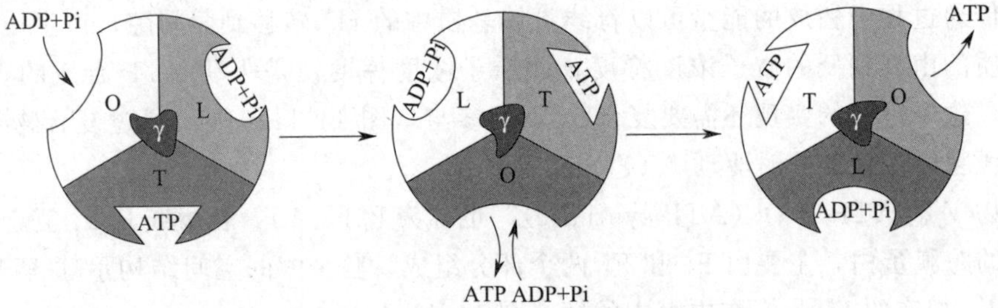

图 14.12 ATP 合成的结合变构机制

根据转移的质子数可以计算出通过复合物Ⅰ～Ⅳ传递的一对电子所产生的 ATP 总数。通过复合物Ⅰ传递一对电子可将 4 个 H^+ 转移到膜间隙，经复合物Ⅲ可转移 4 个 H^+，经复合物Ⅳ又可转移 2 个 H^+，所以传递一对电子可转移 10 个 H^+。而来自琥珀酸的一对电子的传递可转移 6 个 H^+ 到膜间隙。经实验测定，1 个 ATP 合成大约需要 4 个 H^+ 经 ATP 合酶进入线粒体基质，所以线粒体 NADH 氧化可以产生 2.5 个 ATP，而琥珀酸氧化可以产生 1.5 个 ATP。换言之，每消耗 1 个氧原子可以合成 2.5 或 1.5 个 ATP，所以常用磷氧比（P/O）代表磷酸化的 ATP 分子数与还原氧的原子数之比。NADH 氧化的 P/O 为 2.5，而 $FADH_2$ 氧化的 P/O 为 1.5。

结合变构机制已经被许多实验证实，其中包括 γ 亚基相对于 αβ 球的旋转，以及 F_0 的 c 环旋转实验（图 14.13）。

M. Yoshida 等人设计了一个直接观察 γ 亚基旋转的实验［图 14.13（a）］，他们制备了 ATP 合酶的 $\alpha_3\beta_3\gamma$ 复合物，并在每个 β 亚基的 N 端连接了一个由一串 His 构成的 His 尾巴

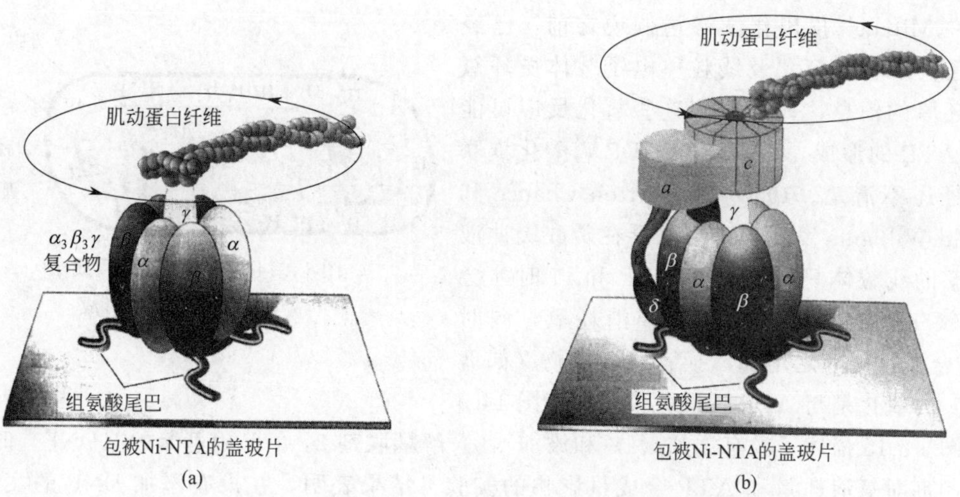

(a) F1 的 γ 亚基旋转的直接观察实验；(b) F_0 的 c 环旋转的直接观察实验

图 14.13 γ 亚基旋转和 c 环旋转实验

(来源：NOJI H，YASUDA R，YOSHIDA M，et al. Direct observation of the rotation of F1-ATPase [J]. Nature，1997，386：299-302.)

(His-tag)。利用 His 侧链对包被了 Ni-NTA 的盖玻片的高亲和性，将 $\alpha_3\beta_3\gamma$ 复合物的头部固定在盖玻片上。然后将一条短的带有荧光标记的肌动蛋白纤维连接在 γ 亚基的末端。当将上述制备的样品与 ATP 一起温育时，在显微镜下观察可看到肌动蛋白纤维在旋转，推动旋转的能量来自 β 亚基催化 ATP 水解释放的能量。

利用证明 γ 亚基旋转的类似方法，也可以直接观察到 F_0 的 c 环旋转（图 14.13（b））。首先将完整的 ATP 合酶（F_0F_1）固定在盖玻片上，然后将肌动蛋白纤维与 c 亚基环连接，与 ATP 一起温育时，在显微镜下也可观察到连接在 c 环上的肌动蛋白纤维在旋转。

14.5 化学渗透假说

1961 年 Peter Mitchell 提出了电子传递与 ATP 合成相耦联的化学渗透假说（chemiosmotic hypothesis)，这也是迄今为止被普遍认可的氧化磷酸化过程的机理。假说主要包括以下内容：

（1）耦联需要一个完整的线粒体内膜。内膜对 H^+、OH^-、K^+ 以及 Cl^- 等一些带电溶质是不通透的，否则质子浓度梯度将不能维持。

（2）电子通过电子传递链传递导致 H^+ 被转移至膜间隙，产生一个跨线粒体内膜的质子浓度梯度。

（3）由膜间隙向线粒体基质的质子跨膜回流驱动跨膜的 ATP 合酶催化 ADP 磷酸化。某些增加膜通透性的被称为解耦联剂的物质可使底物（NADH 和琥珀酸）氧化继续进行，但抑制 ATP 合成。人为增加线粒体内膜外侧的酸性（增加 H^+ 浓度）可以刺激 ATP 的合成。

按照该假说，电子通过电子传递链传递导致质子由线粒体基质泵到膜间隙，线粒体基质中质子浓度变低，形成一个带负电的电场（图 14.14）。所以质子转移带来了两种效应：在线粒体内膜内外产生了质子浓度差，电场导致膜电位出现。经这两种效应，每摩尔质子大约可产生 21.8kJ 的能量，质子跨膜产生的这些动力通过 ATP 合酶驱动了 ATP 的合成。

在 Mitchell 提出化学渗透假说之前，已经积累了许多物质氧化及线粒体电子载体循环氧化和还原的信息，人们推测这些氧化反应可能驱动 ATP 的形成，但氧化与 ADP 磷酸化耦联的途径还不清楚。1956 年，Britton Chance 和 Ronald Williams 发现，一个悬浮在磷酸缓冲液的完整的线粒体只有当加入 ADP 和 P_i 时才会快速氧化底物（如琥珀酸）和消耗氧，同时 ATP 合成量也随之增加，换言之，底物（如琥珀酸）的氧化是与 ADP 磷酸化耦联的（图 14.15）。

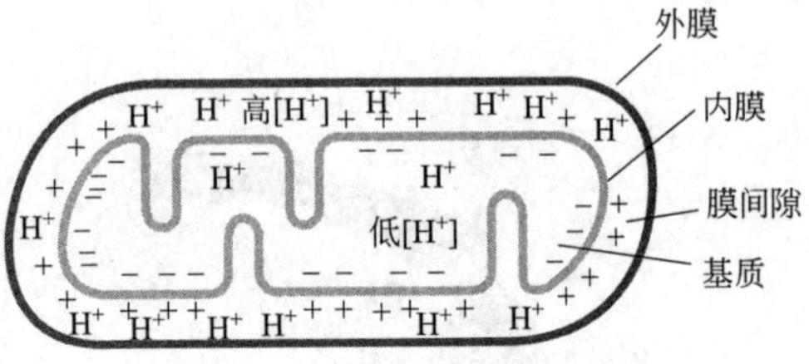

图 14.14 电子传递导致质子浓度梯度和膜电位形成

图 14.15 描述了没有添加（a）和添加（b）解耦联剂 2，4-二硝基苯酚（DNP）时呼吸链抑制剂对氧消耗量和 ATP 合成量影响的实验。结果表明，在没有添加 DNP 的实验中，添加氰化物或寡霉素后，呼吸和 ATP 合成都被抑制。在添加 DNP 的实验中，呼吸仍能继续进行，但 ATP 合成被抑制。表明在底物氧化过程中并没有发生 ADP 磷酸化，即电子传递和磷酸化两个过程的耦联关系被破坏，这种现象称为解耦联（uncoupling），而 DNP 被称为解耦联剂（uncoupler）。

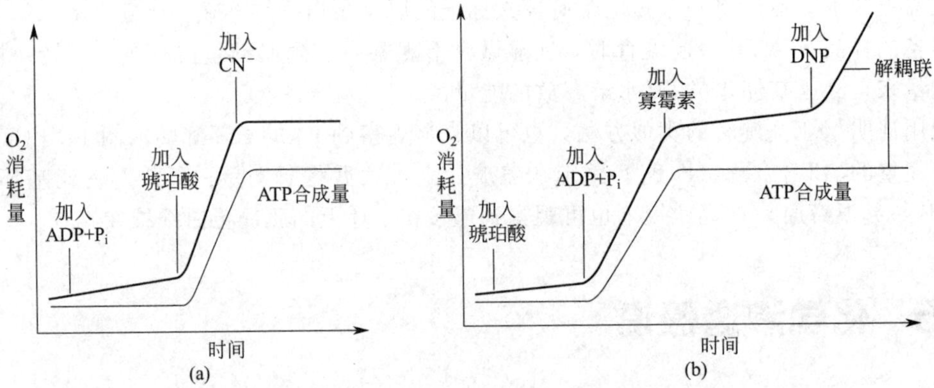

（a）没有添加解耦联剂 DNP 时，呼吸链抑制剂氰化物 CN^- 对氧消耗量和 ATP 合成量的影响；

（b）添加解耦联剂 DNP 对氧消耗量和 ATP 合成量的影响。

图 14.15 电子传递与 ATP 合成耦联

解耦联剂大多数是脂溶性的弱酸，可结合质子跨过线粒体内膜进入基质（图 14.16），破坏电子传递产生的质子梯度，使得驱动 ATP 合成的动力消失。这也进一步证明了 Mitchell 的质子浓度梯度驱动 ATP 合成的化学渗透假说的合理性。

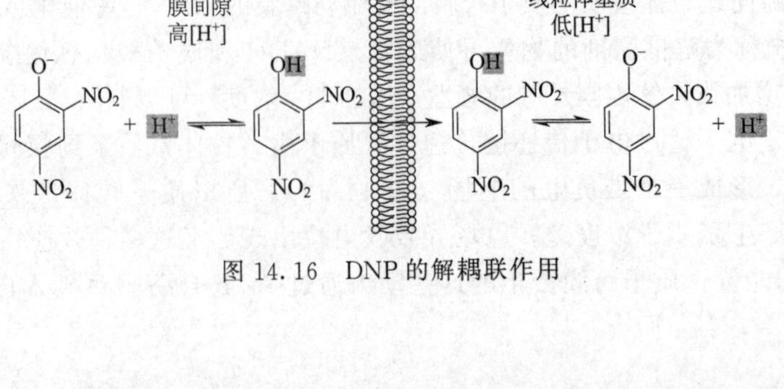

图 14.16 DNP 的解耦联作用

14.6 穿梭途径

柠檬酸循环、脂肪酸氧化及氨基酸降解等发生在线粒体中的代谢反应所产生的还原型辅酶可直接进入电子传递和氧化磷酸化途径（图 14.1）。而像糖酵解等发生在细胞质中的代谢过程所产生的还原型辅酶则需经过特定的转运系统进入线粒体，才能进行正常的电子传递和氧化磷酸化途径。

NADH 和 NAD^+ 都不能通过自由扩散穿过线粒体内膜，需要在跨膜转运系统的帮助下经过特定的穿梭途径才能被转运到线粒体基质。生物体内主要存在两种穿梭途径：甘油磷酸穿梭途径和苹果酸-天冬氨酸穿梭途径。

14.6.1 甘油磷酸穿梭途径

昆虫飞行肌中的穿梭途径主要是甘油磷酸穿梭（glycerol phosphate shuttle）途径，这一途径能维持高效快速的氧化磷酸化，以满足昆虫飞行过程中所需的持续、大量的能量需求。该系统也出现在大多数的哺乳动物细胞中，但所占比重较小。

甘油磷酸穿梭途径的两个关键酶是位于细胞质中的依赖于 NAD^+ 的甘油-3-磷酸脱氢酶和嵌于线粒体内膜的甘油-3-磷酸脱氢酶复合物（glycerol-3-phosphate dehydrogenase complex），甘油-3-磷酸脱氢酶复合物含有 1 个 FAD 辅基和 1 个位于线粒体内膜外表面的底物结合部位。在甘油-3-磷酸脱氢酶催化下，细胞质中的 NADH 将磷酸二羟丙酮还原生成甘油-3-磷酸，然后甘油-3-磷酸被嵌膜的甘油-3-磷酸脱氢酶复合物重新转化为磷酸二羟丙酮（图 14.17）。在此转化过程中，2 个电子被转移到嵌膜酶的 FAD 辅基上生成 $FADH_2$。$FADH_2$ 将 2 个电子传给可移动的电子载体 CoQ，然后再传给 CoQ-细胞色素 *c* 氧化还原酶（复合物Ⅲ），进入电子传递链。

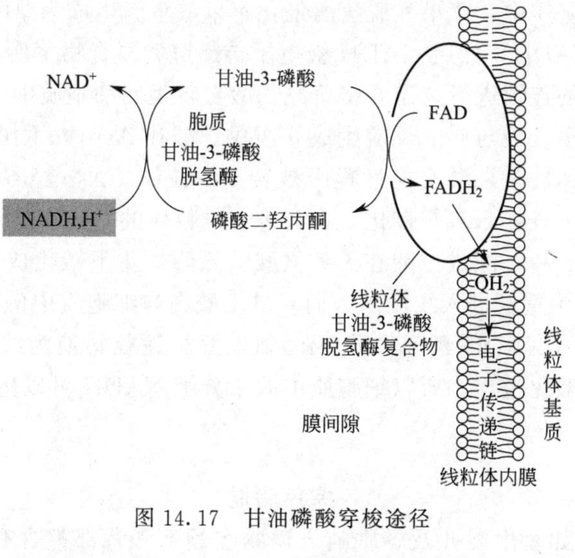

图 14.17 甘油磷酸穿梭途径

从总体来看，甘油磷酸穿梭途径使细胞质中的 NADH 发生氧化，并在线粒体内膜中生成 $CoQH_2$。细胞质中的 NADH 通过这一途径转换成 $CoQH_2$ 后，再进一步被氧化所产生的能量（1.5 个 ATP）比线粒体内 NADH 氧化产生的能量（2.5 个 ATP）少。

14.6.2 苹果酸-天冬氨酸穿梭途径

在哺乳动物的肝脏和其他一些组织中，存在着活跃的苹果酸-天冬氨酸穿梭（malate-aspartate shuttle）途径（图 14.18）。这一穿梭途径的关键酶是细胞质和线粒体基质中都存在的苹果酸脱氢酶和天冬氨酸转氨酶，以及线粒体内膜中的移位酶（translocase）。

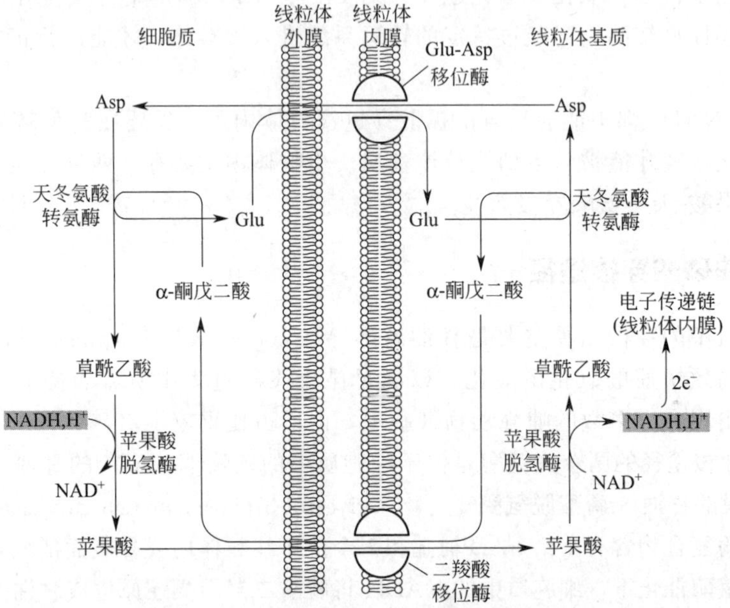

图 14.18 苹果酸-天冬氨酸穿梭途径

在细胞质中的苹果酸脱氢酶的催化下，NADH 将草酰乙酸还原为苹果酸，苹果酸经二羧酸移位酶（dicarboxylate translocase）的催化，在与 α-酮戊二酸交换羧基的过程中进入线粒体基质。在线粒体基质中，苹果酸脱氢酶催化苹果酸重新生成为草酰乙酸，同时使线粒体内的 NAD^+ 还原为 NADH，然后 NADH 被电子传递链的复合物 Ⅰ 所氧化。

要保证穿梭过程的连续进行，需要将草酰乙酸再转运回细胞质中。在线粒体基质中，天冬氨酸转氨酶催化草酰乙酸与 Glu 反应生成 α-酮戊二酸和 Asp，α-酮戊二酸经二羧酸移位酶作用，在与进入线粒体的苹果酸交换过程中被转出线粒体。Asp 经谷氨酸-天冬氨酸移位酶（glutamate-aspartate translocase）催化，在与进入线粒体的 Glu 交换过程中被转出线粒体。

在细胞质中，Asp 和 α-酮戊二酸在天冬氨酸转氨酶催化下转化成 Glu 和草酰乙酸，Glu 在与 Asp 的交换过程中重新进入线粒体，而草酰乙酸则与细胞质中的另 1 分子 NADH 发生反应。由于细胞质中的 NADH 经苹果酸-天冬氨酸穿梭途径转换为线粒体中的 NADH，再经电子传递和氧化磷酸化过程，所以细胞质中的 1 分子 NADH 可以生成 2.5 个 ATP。

相关话题

棕色脂肪

新生的哺乳动物如新生婴儿及冬眠哺乳动物在颈部和背部都含有丰富的棕色脂肪组织（brown adipose tissue，BAT），这种脂肪与典型的脂肪组织（白色）最大的区别是细胞中含有丰富的线粒体，线粒体中的细胞色素使得脂肪呈棕色。棕色脂肪最大特点是可进行非震颤产热（nonshivering thermogenesis）。与非震颤相对应的就是常见的通过震颤或其他运动使肌肉收缩，ATP 水解产热。

棕色脂肪组织产热的机制与氧化磷酸化的解耦联有关，因为棕色脂肪细胞的线粒体内膜中含有一种其他组织所没有的产热蛋白（thermogenin），也称为解耦联蛋白（uncoupling protein，UCP），这种蛋白本身提供了一条不需经过 F_0F_1 的质子通道。质子经此通道返回线粒体基质的结果是电子传递释放的能量没能用于 ATP 生产，而是都以热能的形式释放出来。这种非震颤产热作用对于新生婴儿保持体温，以及动物适应寒冷环境都具有重要意义。

小结

由蛋白质和辅助因子组成的复合物Ⅰ～Ⅳ构成电子传递链，这些复合物在线粒体内膜中基本上按照还原电位大小排列，即按照结合电子能力越来越强的次序进行排列。

来自 NADH 的电子经复合物Ⅰ传给 CoQ，来自琥珀酸的电子则通过复合物Ⅱ传给 CoQ，并生成 $CoQH_2$。复合物Ⅲ将电子从 $CoQH_2$ 转移到细胞色素 *c*。复合物Ⅳ将电子从细胞色素 *c* 转移给 O_2，与基质中的质子反应生成 H_2O。在电子传递的同时，基质中的质子被转移到膜间隙。

电子传递过程中所转移的质子形成跨膜质子梯度，当质子重新通过 ATP 合酶通道进入线粒体基质时驱动 ATP 合酶催化合成 ATP。化学渗透假说解释了电子传递与氧化磷酸化如何进行耦联。解耦联剂可以破坏质子梯度，其结果是虽然电子传递（底物氧化）可继续进行，但没有 ATP 生成。

常用 P/O 代表磷酸化的 ATP 分子数与还原态氧的原子数之比，也可以说是经复合物Ⅰ至复合物Ⅳ传递的每对电子产生的 ATP 数取决于转移的质子数。线粒体中一对电子经 NADH 氧化可产生 2.5 分子 ATP，而经琥珀酸氧化只能产生 1.5 分子 ATP。

来自细胞质的 1 分子 NADH 经甘油磷酸穿梭途径转换为线粒体中的 $CoQH_2$，再经电子传递和氧化磷酸化可生成 1.5 分子 ATP，经苹果酸-天冬氨酸穿梭途径转换后，可生成 2.5 分子 ATP。

习题

1. 计算游离的 $FADH_2$ 被 O_2 氧化时的 $\Delta G^{\circ\prime}$。假设处于标准状态，能量 100%得到利用，最多能够合成多少 ATP?

2. 超声处理产生的线粒体内膜碎片，内面朝外重新闭合形成称为亚线粒体颗粒的球状膜泡。这些颗粒能够在 NADH 或 $CoQH_2$ 这样的电子源存在时合成 ATP。画图显示在这些颗粒中从 NADH 开始的电子传递、质子转运和磷酸化过程。假定氧化磷酸化的底物过量，当悬浮亚线粒体颗粒的悬浮液 pH 上升时，ATP 合成是增加还是减少？

3. 含有过量 ADP 和 Pi 的线粒体悬浮液的耗氧曲线如图 14.19 所示（纵坐标为氧浓度，横坐标为时间）。

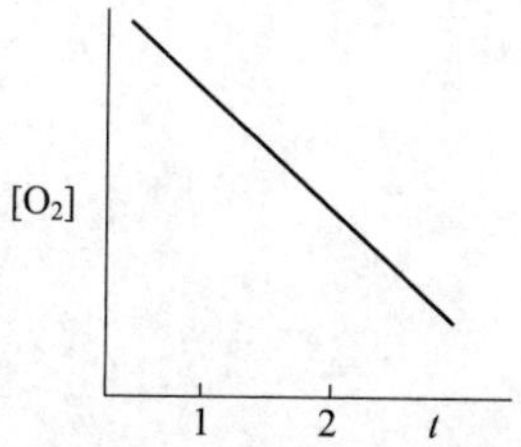

图 14.19 耗氧曲线

画出下列条件时的各个耗 O_2 曲线：

(a) 当 t 为 1 时加入安密妥；

(b) 当 t 为 1 时加入安密妥；t 达到 2 时加入琥珀酸；

(c) 当 t 为 1 时加入 CN^-；t 达到 2 时加入琥珀酸；

(d) 当 t 为 1 时加入寡霉素；t 达到 2 时加入 DNP。

4. 描述从厌氧向有氧的转换中的 [NADH] / [NAD^+] 和 [ATP] / [ADP] 的变化。这些比率将如何影响糖酵解和柠檬酸循环？

5. 在正常的线粒体内，电子转移速度与 ATP 需求紧密联系在一起：ATP 的利用率低，电子转移速度也低；ATP 的利用率高，电子转移就加快。在正常情况下，当 NADH 作为电子供体时，每消耗 1 个氧原子产生的 ATP 数大约为 2.5（P/O=2.5）。

(a) 解耦联剂的浓度相对来说较低和较高时对电子转移和 P/O 比率有什么影响？

(b) 摄入解耦联剂会大量出汗和体温升高。解释这一现象并说明 P/O 比有什么变化？

(c) DNP 曾被用作减肥药，其原理是什么？但现在已不再使用了，因为服用它有时会引起生命危险，这又是为什么？

15 光合作用

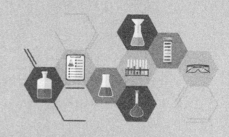

糖通过糖酵解、柠檬酸循环以及氧化磷酸化过程完全氧化为二氧化碳和水，同时生成大量 ATP，为生物体提供能量。那么，生物体中的糖从何而来？来自植物和光合藻类的光合作用（photosynthesis）。

光合作用是植物与光合藻类利用太阳能将大气中的二氧化碳和水合成为糖，并释放出氧气的过程。光合作用使得地球上的碳构成碳循环，即非光养生物通过氧化糖获得能量，并释放出二氧化碳，而光养生物捕获二氧化碳并使其还原为糖。除了推动碳循环以外，光合作用也为动物等需氧生物提供生存所需的氧气。

光合作用包括**光反应**（light reaction）和**暗反应**（dark reaction）两个阶段（图 15.1）。

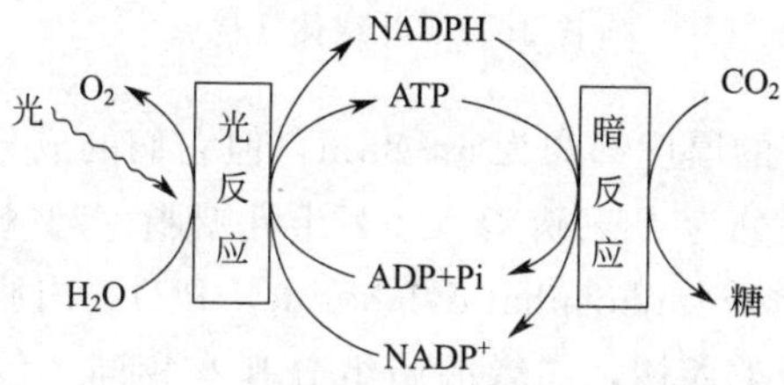

图 15.1　光合作用两个阶段示意图

光合作用的两个阶段可用以下反应式描述：

光反应：　$H_2O + ADP + P_i + NADP^+ \longrightarrow O_2 + ATP + NADPH + H^+$

暗反应：$CO_2 + ATP + NADPH + H^+ \longrightarrow (CH_2O) + ADP + Pi + NADP^+$

总反应：　$CO_2 + H_2O \longrightarrow (CH_2O) + O_2$

其中（CH_2O）代表糖。

光合作用的第一个阶段是光反应，也称为光合电子传递反应（photosynthetic electron-transfer reaction）。其特征为依赖光的水分子裂解，生成氧气。来自于水的质子用于由 ADP 和 Pi 合成 ATP 的过程中，而来自水相介质的氢阴离子用于 $NADP^+$ 还原为 NADPH 的过程中。光反应阶段的产物是能量分子 ATP 和电子载体 NADPH。

光合作用的第二个阶段是暗反应，也称为碳反应、碳同化反应（carbon-fixation reaction），是利用光反应生成的 NADPH（还原力）和 ATP（能量）进行碳的同化作用，将二氧化碳还原为糖。由于这个阶段的反应及其中间产物不需要光化学步骤，故称为暗反应。暗反应发生在叶绿体基质中。

15.1 叶绿体和光合色素

植物和藻类的光合作用发生在称为叶绿体的细胞器中（图 15.2）。高等植物的叶片中，每个叶肉细胞约有 100 个叶绿体。叶绿体共有三层膜结构：叶绿体膜（envelope）由外膜（outer membrane）和内膜（inner membrane）构成，而叶绿体基质内还有一层高度折叠的内膜系统，称为类囊体（thylakoid）。根据线粒体和叶绿体起源的内共生学说，叶绿体外膜来自真核细胞，而内膜与类囊体继承自叶绿体的祖先——光合蓝细菌。

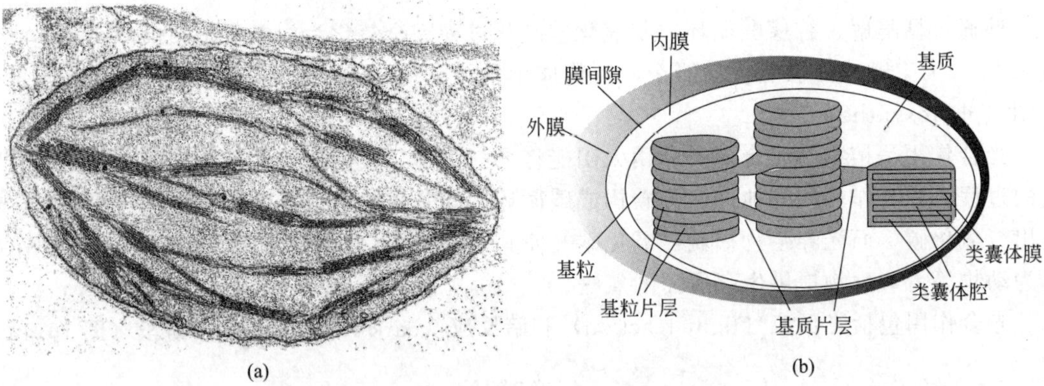

（a）菠菜叶绿体电镜照片；（b）叶绿体结构示意图

图 15.2 叶绿体结构

外膜、内膜、类囊体膜的厚度都约为 6～8nm，但它们的成分、密度、通透性不同。

菠菜叶绿体外膜的脂组分为 48％磷脂、46％半乳糖脂、7％硫脂。只有外膜包含真核生物特有的磷脂——磷脂酰胆碱（phosphatidylcholine，PC）。内膜是叶绿体脂合成的主要场所，合成的脂类直接输送给类囊体，二者的脂组分基本相同，包含 16％磷脂、79％半乳糖脂、5％硫脂。外膜的脂：蛋白的比例在植物细胞的内膜系统中是最高的，可达 2.5～3mg 脂：1mg 蛋白，因而密度很低，为 1.08g/cm^3。内膜的脂：蛋白比例为 1～1.2mg 脂：1mg 蛋白，密度为 1.13g/cm^3。类囊体膜是光合电子传递的场所，富含光系统等大型蛋白复合体，蛋白含量在三种膜中最高，脂：蛋白比例为 1mg 脂：2.5mg 蛋白。

叶绿体的外膜对二氧化碳、离子、代谢物等具有高通透性，而内膜几乎不通透，由镶嵌在其中的转运蛋白（transporter）控制物质进出。外膜与内膜之间存在膜间隙。内膜包围着水相的叶绿体基质（stroma）。

基质是二氧化碳还原为糖的部位，富含暗反应的各种酶，以及叶绿体基因组、RNA 和核糖体。光合作用的产物淀粉以淀粉粒的形态存在于叶绿体基质中。基质的 pH 为 7.8。

基质中悬浮着称为类囊体的连续膜网络结构。类囊体由单层膜囊堆叠成的基粒（基粒片层）（grana；grana stack，通常 5～20 层，直径 400～600nm）及围绕基粒的非堆叠状态的基质片层（stroma lamella）组成。光反应发生在**类囊体膜**（thylakoid membrane）上。被类囊体膜包围的单一、联通的水相空间称为类囊体腔。类囊体腔的 pH 为 5。基质片层的边缘经常连有单个或相连的，由单层膜结构构成的质体小球（plastoglobulus），它们是脂合成与代谢的主要场所，富含质体醌、维生素 E、类胡萝卜素、叶绿素等脂分子。

类囊体膜含有多种色素，主要色素是**叶绿素**（chlorophyll）。这些色素可以捕获用于光合作用的光能，故称为捕光色素。在光合自养生物中主要存在着 4 种类型的叶绿素（图 15.3），其中**叶绿素 a**（chlorophyll a，Chl a）和**叶绿素 b**（chlorophyll b，Chl b）是绿色植物中发现的两种叶绿素，Chl a 比 Chl b 含量更丰富。光合细菌中的主要色素是**细菌叶绿素 a**（bacteriochlorophyll a，BChl a）和**细菌叶绿素 b**（bacteriochlorophyll b，BChl b）。这些色素结构上的主要区别表现在分子中取代基团的不同。

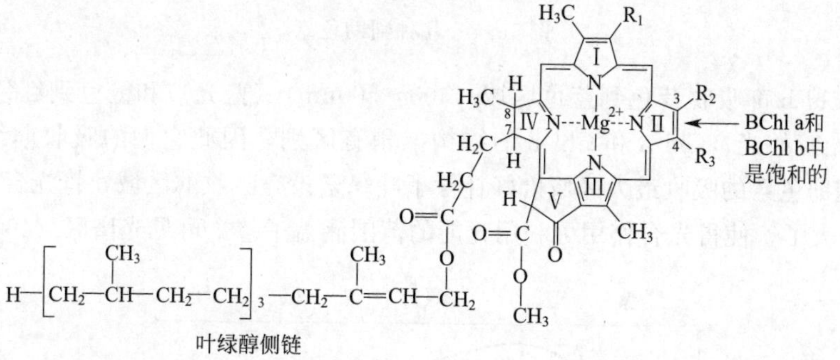

Chl 种类	R_1	R_2	R_3
Chl a	$-CH{=}CH_2$	$-CH_3$	$-CH_2-CH_3$
Chl b	$-CH{=}CH_2$	$-\overset{\overset{\displaystyle O}{\|}}{C}-H$	$-CH_2-CH_3$
BChl a	$-\overset{\overset{\displaystyle O}{\|}}{C}-CH_3$	$-CH_3$	$-CH_2-CH_3$
BChl b	$-\overset{\overset{\displaystyle O}{\|}}{C}-CH_3$	$-CH_3$	$-CH{=}CH_2$

图 15.3　叶绿素和细菌叶绿素

叶绿素分子通过共价和非共价键与称为光系统的膜蛋白复合体结合，按特定的取向排列于进行光合作用的类囊体膜上。叶绿素是一类镁卟啉化合物，其共同特征是含有以 Mg^{2+} 为中心离子（配位键）的卟啉环，以及由双萜构成的叶绿醇侧链。卟啉是一类大分子杂环化合物，由四个吡咯环的 α-碳原子通过次甲基桥（═CH—）互联形成，以其高度共轭的体系吸收光。叶绿醇包含 4 个异戊二烯单位，其亲脂性有助于叶绿素锚定在膜中，同时也决定了叶绿素的脂溶性。

叶绿素与血红素（见于血红蛋白、肌红蛋白和细胞色素）都是含有卟啉环的天然产物，叶绿素卟啉环的中心离子为 Mg^{2+}，而血红素的中心离子为 Fe^{2+}。

除叶绿素之外，类囊体膜上还存在几种辅助色素。其中有存在于所有光养生物的类胡萝卜素（黄色到棕色）和存在于某些藻类和蓝细菌的藻胆色素（phycobilin），包括**藻红蛋白**（phycoerythrin）（红色）和**藻蓝蛋白**（phycocyanin）（蓝色）。这些色素也像叶绿素一样含有较长的，或线性、或环状的共轭体系，这使得它们都具有吸收光的特性，能够参与能量传递（图 15.4）。

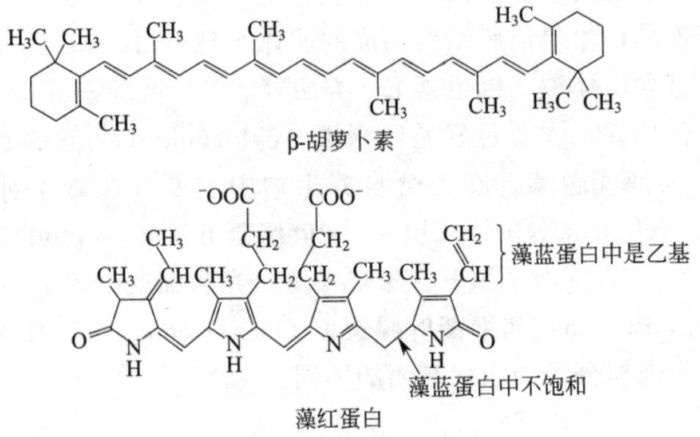

图 15.4 几种辅助色素

Chl a 和 Chl b 都吸收紫色到蓝色区域（400～500nm）（蓝光）和橙色到红色区域（650～700nm）（红光）的光。Chl a 和 Chl b 的结构上稍有区别，因此它们的吸收曲线也略有不同（图 15.5）。辅助色素的吸收最大区域恰好补偿了叶绿素没有吸收的区域，将光合自养生物吸收的光能范围扩大了，使得光合作用可利用光能的范围涵盖了整个可见光谱区（400～700nm）。

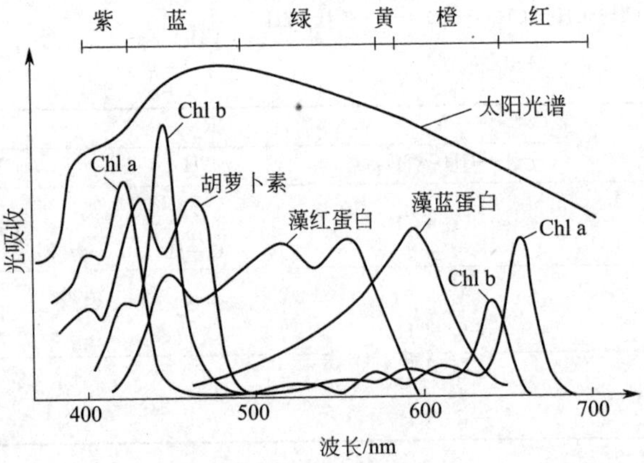

图 15.5 主要光合色素的吸收光谱

15.2 光系统

光合作用的反应大都在位于类囊体膜的称为**光系统**（photosystem）的功能单位内进行。光系统是一种内嵌在类囊体膜中的多亚基膜蛋白-色素复合体。光系统由核心复合体（反应中心）与外周的捕光复合体（light-harvesting complex，LHC）组成。不同物种的核心复合体相对保守，而捕光复合体差异较大。每个光系统中大约含有 200 个叶绿素（叶绿素 a 与叶绿素 b 的比例通常为 3∶1）和 50 个类胡萝卜素分子，以及一个由蛋白质复合体和一对特殊的 Chl a 分子（细菌中为 BChl a 或 BChl b）组成的核心复合体（反应中心）。

光系统中的绝大多数色素分子并不直接参与光化学反应，而只是作为集光“天线”收集光能，故称为天线色素。天线色素与蛋白质共同形成天线色素复合体，称为集光复合体/捕光复合体。天线色素将吸收的光子能量从一个分子传给另一个分子，一直传给**反应中心**

(reaction center) 的叶绿素 a 分子，只有这个特殊的叶绿素分子直接参与光能转换为化学能的过程，即通过这个特殊叶绿素 a 分子吸收的光能启动电子在电子传递链中的传递，使得光能转换为化学能（图 15.6）。

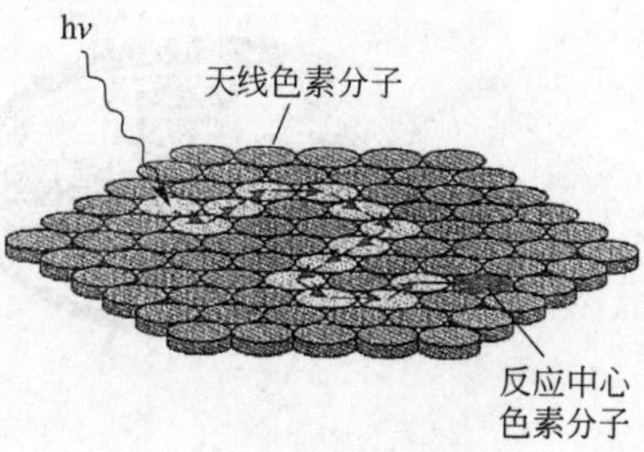

图 15.6 天线色素吸收光并传给反应中心色素

叶绿素 a 与叶绿素 b 的吸收光谱不同（图 15.5）：叶绿素 a 更容易被长波（即低能量的光子）激发，因此光能通常从高能级的叶绿素 b 传向低能级的叶绿素 a。越靠近反应中心，叶绿素 a 的相对含量越高，通过这种方式将激发光能引导向反应中心。反应中心的叶绿素 a 的激发光能比天线分子中的叶绿素 a 更低，这也保证了激发光能向反应中心的传递。

高等植物的类囊体膜有两套光系统：**光系统Ⅰ**（photosystem Ⅰ，PSⅠ）和**光系统Ⅱ**（photosystem Ⅱ，PSⅡ），二者通过电子传递链相连，并先后发挥作用。首先，PSI 的反应中心的初级电荷分离过程使反应中心的叶绿素 a 分子通过电子传递链向 $NADP^+$ 释放电子，生成光反应的产物 NADPH。然后，PSⅡ的初级电荷分离过程产生的电子通过电子传递链转移给 PSⅠ，并将 PSⅠ反应中心的叶绿素 a 分子重新还原。随后，PSⅡ反应中心的水裂解复合物裂解水分子，释放电子，这部分电子将 PSⅡ反应中心的叶绿素 a 分子重新还原。

PSⅠ主要分布于类囊体膜（基质片层和基粒片层）的非垛叠部分，暴露于叶绿体基质；PSⅡ主要位于基粒片层中，远离基质。位于 PSⅠ反应中心的，被激发的最适波长（最大吸收峰）为 700nm 的特殊 Chl a 分子常被称为 **P700**，而位于 PSⅡ反应中心的，最适激发波长为 680nm 的特殊 Chl a 分子也常被称为 **P680**。尽管两个跨膜的光系统位于类囊体膜的不同区域，但它们通过一系列特殊的电子载体联系在一起。PSⅠ和 PSⅡ在空间上的分离（至少相距数百纳米）是为了防止两个光系统之间的激发能的自发转移，以确保 PSⅠ和 PSⅡ只通过电子传递联系。

除了光系统和 LHC 之外，其他一些镶嵌在类囊体膜或是与它相连接的成分也参与光合作用，其中包括**放氧复合物**（oxygen-evolving complex，OEC），也称为**水裂解酶**（water-splitting enzyme）或**水裂解复合物**（water-splitting complex）、**细胞色素 b_6f 复合物**（cytochrome b_6f complex）和**叶绿体 ATP 合酶**（chloroplast ATP synthase）（图 15.7）。光系统和电子传递链的组成成分都是不对称复合物，它们横跨类囊体膜，在类囊体膜的基质侧发生还原反应（吸收质子），在类囊体腔侧发生氧化反应（释放质子），由此将质子从基质跨膜转运到内腔，建立跨膜质子浓度梯度和电势差，驱动 ATP 合成。

图 15.7 为在光能驱动下电子在类囊体膜传递和质子转移，进行光反应的过程。在放氧复合物作用下，H_2O 裂解产生的电子经 PSⅡ、质体醌库（plastoquinone pool，PQ pool）、细胞色素 b_6f、质体蓝素（plastocyanin，PC）等中间载体，传递给 PSⅠ，由 PSⅠ传递给铁氧还蛋白（ferrodoxin，Fd），最后传递给 $NADP^+$，将其还原为 NADPH；而一部分质子在电子传递过程中被从基质转移到类囊体腔内，与 H_2O 裂解生成的质子在腔内外形成质子浓度梯度。腔内质子经 ATP 合酶的质子通道重新回流到基质，同时驱动 ATP 的合成。光反应中产生的 NADPH 和 ATP 为暗反应提供还原力和能量，将 CO_2 固定为生物可利用的糖类。O_2 为光反应的副产物。

$$H_2O + NADP^+ \longrightarrow NADPH + H^+ + \frac{1}{2}O_2$$

$$ADP + P_i \longrightarrow ATP$$

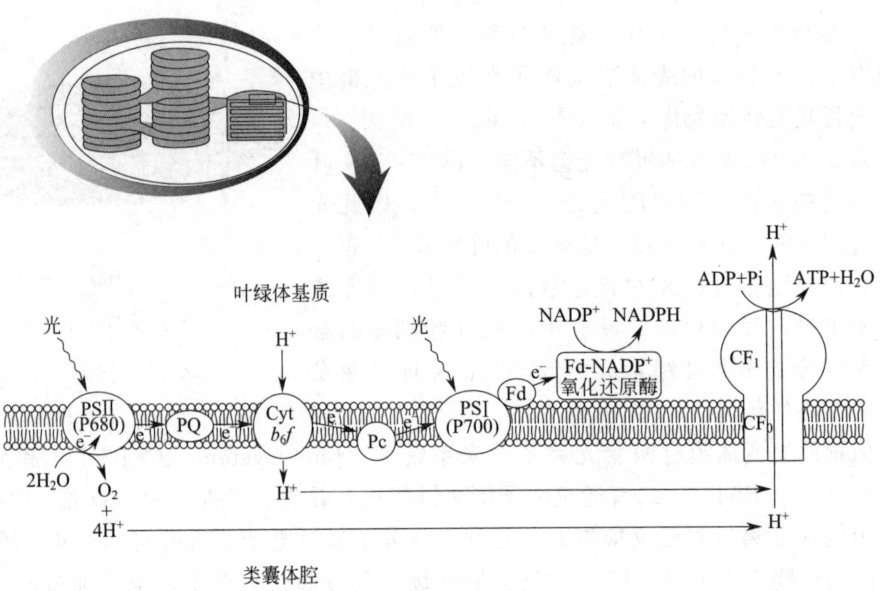

电子传递系统主要由 PSⅡ、细胞色素 b_6f（Cyt b_6f）复合物和 PSI 组成，它们之间通过 PQ 和 Pc 相连

图 15.7　类囊体膜中的光合作用成分

15.3　光反应

光反应包括电子传递生成 NADPH 和光合磷酸化生成 ATP 的过程。光照引起的电子传递有两条途径：一条是电子由一系列与膜结合的载体传递，涉及光系统Ⅱ和光系统Ⅰ两个系统，最终转移给 $NADP^+$，这是一条非循环的传递途径，途径像个 Z 字（图 15.8），因此被称为“Z 形图”（Z-scheme）；另外电子也可以通过许多与上述途径中相同的载体进行循环式传递，电子并不转移给 $NADP^+$，而是经图 15.8 中虚线返回到 Cyt b_6f，再传递到 PSI 进行循环。在非循环、循环电子传递过程中，都有质子从基质被跨膜转运到类囊体腔中，产生质子浓度梯度，以驱动 ATP 的合成。

15.3.1　光系统Ⅱ：裂解水

非循环的电子传递过程分为两个过程，首先是在 PSⅡ 中水被裂解产生氧和电子，电子在 PSⅡ 中的传递；然后是电子在 PSⅠ 中传递，最终传递给 $NADP^+$ 生成 NADPH 的过程。

从图 15.8 可看到，首先在光照下生氧复合物催化 2 分子水裂解生成 1 分子 O_2、4 个 H^+ 和 4 个电子。O_2 通过扩散释放到大气中，4 个 H^+ 释放到类囊体腔内，4 个电子进入电子传递系统。

$$2H_2O \longrightarrow O_2 + 4H^+ + 4e^-$$

Mn 复合物与位于基粒片层中的 PSⅡ 相连，由与反应中心蛋白相连的外周蛋白和直接与外周蛋白结合的锰离子簇组成。每 4 个锰离子组成一个锰离子簇 Mn_4O_5Ca，传递来自 2 分子水裂解产生的 4 个电子，每次传递一个电子，首先转移给 PSⅡ 反应中心的 D1 蛋白上的

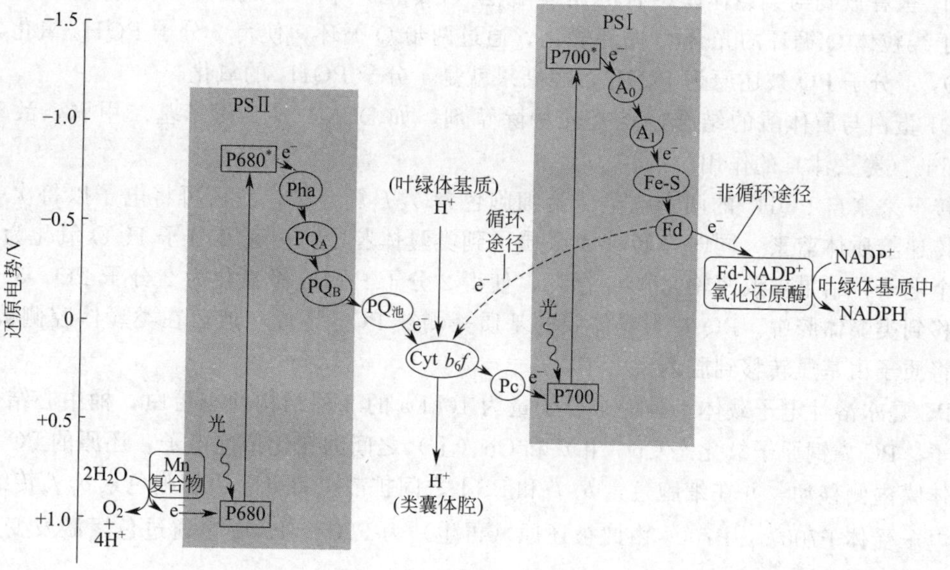

虚线为循环式电子传递途径，电子经 Z 字形传递链传递到 Fd 后，返回到 Cyt b_6f，再传递给 PSI 进行循环传递

图 15.8　Z 字形电子传递

一个 Tyr 残基（Tyr-Z），再经 Tyr-Z 转移给非常强的氧化剂 $P680^+$（叶绿素 P680 的氧化形式），$P680^+$ 被还原为 P680。

锰离子可以以 5 种不同的氧化态存在，可容纳 0～4 个电子。锰离子簇的存在可避免电子从水中连续转移到 P680 时产生的活性氧（氧自由基）对叶绿体产生损伤，起到“电缓冲液”的作用。

PSⅡ反应中心的 D1 蛋白是 PSⅡ中对活性氧最敏感、在光照下周转最快的亚基，其半衰期约为 1h。它由叶绿体基因 PsbA 编码，在基质中合成。高光照会诱导光合电子传递链的过度还原，造成活性氧爆发，使 D1 蛋白被氧化损伤。我国科学家研究发现，提高 D1 蛋白合成的效率，可有效提高光合效率、碳同化速率、生物量与产量。

P680 在光激发下变成激发态 $P680^*$，然后 $P680^*$ 将电子传给脱镁叶绿素（pheophytin，Ph a）。Ph a 的结构与叶绿素 a（Chl a）类似，只是 Chl a 中的镁离子被两个质子取代。接下来还原的 Ph a 将电子传给一个与 PSII 反应中心的 D2 蛋白紧密结合的**质体醌**（plastoquinone，PQ）A 分子。PQ 是对苯醌的衍生物，在醌环的一侧连有两个甲基，另一侧连有由异戊二烯单位构成的侧链。植物中有几种不同的 PQ，区别在于侧链异戊二烯单位数目的差别。PQ 结构类似于线粒体的 CoQ，是脂溶性分子，能够在膜中扩散，其作用也是转移电子和质子（图 15.9）。

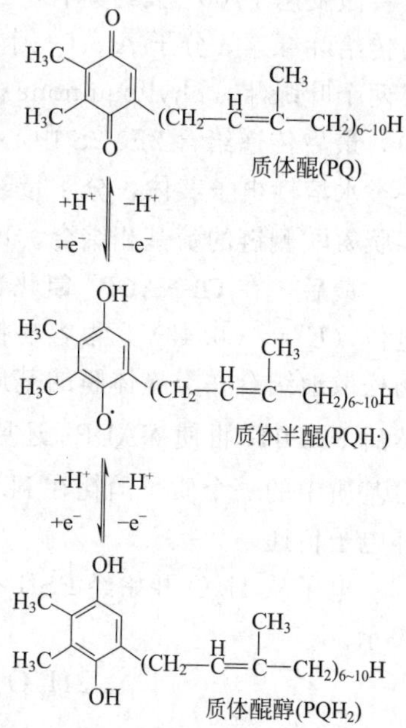

图 15.9　质体醌还原为质体醌醇

PQ_A 将两个电子依次传递给与 D1 蛋白松散结合的第二个质体醌分子 PQ_B，质子化的**质体醌醇**（plastoquinol）

PQ_BH_2 被释放到与类囊体膜结合的质体醌池（PQ 池）中，形成 PQH_2，然后 PQH_2 通过类似于线粒体 Q 循环的光合 Q 循环氧化。通过两步 Q 循环，使得 2 分子 PQH_2 氧化为 2 分子 PQ，1 分子 PQ 被还原为 PQH_2，净结果就是 1 分子 PQH_2 的氧化。

D1 蛋白与质体醌的结合位点是几种除草剂，如 DCMU（二氯苯基二甲脲，敌草隆）、Atrazine（莠去津）的作用位点。

接下来来自 PQH_2 的两个电子传给细胞色素 b_6f 复合物，然后再将电子以每次一个的方式传递给质体蓝素，同时净转移 4 个质子到类囊体腔中。由于 2 分子 H_2O 氧化为 O_2 产生 4 个电子，结果导致两轮完整 Q 循环，使得 2 分子 PQH_2 净氧化为 2 分子 PQ，8 个质子被转移到类囊体腔中。PQ 在类囊体膜的基质一侧被 PQ_A 还原，然后在类囊体腔侧被氧化，由此将质子由基质转移到腔内。

PC 是水溶性电子载体，是一个分子量为 10kDa 的 β-桶结构的小蛋白，桶中心结合一个铜原子。PC 靠铜原子氧化态 Cu（Ⅱ）和 Cu（Ⅰ）之间的变化传递电子，还原的 PC 可以在类囊体膜内侧移动，并在细胞色素 b_6f 和 PSⅠ之间扩散，将电子由细胞色素 b_6f 传给 PSⅠ中的电子受体 $P700^+$。$P700^+$ 由此被还原（再生）为 P700。P700 再通过色素激发变成能量高的激发态 $P700^*$。

近期研究发现 PC 正是负责在定位于基粒片层的 PSⅡ与定位于非垛叠类囊体膜的 PSⅠ之间长距离（约数百纳米）传递电子的电子载体。

15.3.2 光系统Ⅰ：生成 NADPH

光系统Ⅰ与光系统Ⅱ相似，也由反应中心与外周的捕光复合体组成，但没有与放氧相关的锰离子簇和外周蛋白。光系统Ⅰ的反应中心中，叶绿素 a 也组成特殊的分子对，原初电子供体为 P700。

激发态 $P700^*$ 大约具有－1.3V 的还原电位，是个很强的还原剂。$P700^*$ 中的电子很容易传给叶绿素 a 分子 A_O（一个或多个叶绿素 a 分子），还原型 A_O 再将电子传给 A_1（一个或两个叶绿醌，phylloquinone）。电子再从 A_1 传递给一个含 4Fe-4S 中心的铁硫蛋白（Fe-S），最后传递给含 2Fe-2S 中心的，称为**铁氧还蛋白**（ferredoxin，Fd）的铁硫蛋白。Fd 是一类水溶性电子载体，分子量约 6～24kDa，含有铁原子与无机硫化物，铁原子与无机硫与半胱氨酸侧链的巯基相结合。Fd 是光系统Ⅰ的最终电子受体。

最后，在 **Fd-NADP⁺ 氧化还原酶**（Fd-$NADP^+$ oxidoreductase）的催化下，Fd 的低还原电位（$E^\circ=-0.43V$）很容易使 $NADP^+$ 还原为 NADPH（$E^\circ=-0.32V$）。这个氧化还原酶松散地结合在类囊体膜的基质侧。辅酶 FAD（核黄素-5′-腺苷二磷酸）被还原为 $FADH_2$，然后 $FADH_2$ 再使 $NADP^+$ 还原。这一还原过程使得跨类囊体膜的 pH 差值增加了，因为来自基质中的一个质子消耗在 $NADP^+$ 转换为 NADPH 上。至此，NADPH 的形成完成了非循环电子传递。

电子从 H_2O 开始经 PSII 和 PSI 传递给 $NADP^+$ 生成 NADPH 的净反应可用下面方程式表示。

$$2H_2O+2NADP^+ \longrightarrow 2NADPH+2H^+ +O_2$$

15.3.3 循环电子传递

除了上述涉及到两个光系统的电子传递外，还存在另一种只涉及 PSI，不涉及 O_2 和

PSⅡ的电子传递方式，即循环电子传递。该循环与 ATP 生成耦联，没有 NADPH 生成。通常情况下，非循环电子传递途径每转移两个电子可以使 1 分子的 $NADP^+$ 还原为 NADPH，同时产生的跨类囊体膜的质子驱动力可以合成 1.5 分子 ATP，一般来说，通过非循环的电子传递产生的 ATP 和 NADPH 的比例是 3∶2。

在循环电子传递中，可溶性的铁氧还蛋白将电子返还到细胞色素 b_6f 复合物（图 15.8 中的虚线所示），经 Fc 又进入 PSI。循环电子传递途径中电子不再转移给 $NADP^+$ 生成 NADPH，但可通过电子循环使得细胞色素 b_6f 复合物将基质中的质子泵入腔内，进一步增加质子浓度梯度，伴随着质子梯度的形成，使 ADP 磷酸化生成 ATP。所以电子的循环传递补充了在非循环电子传递中产生的质子驱动力，可以增加 ATP 的生成。一般来说，循环和非循环电子传递的相对速率受 NADPH 和 $NADP^+$ 的相对含量的影响，当基质中 NADPH/$NADP^+$ 比例高时，非循环电子传递的速率受到限制，循环电子传递活跃。

15.3.4 光合磷酸化

在线粒体中讨论了电子传递和氧化磷酸化耦联，电子传递导致的质子浓度梯度驱动 ATP 合成。光合作用中的电子传递与光合磷酸化耦联也可以用化学渗透假说解释，即叶绿体可以由 ADP 和 Pi 合成 ATP，并已经得到充分证明。

质子浓度梯度驱动 ATP 合成可以通过一个简单实验证明。将分离到的叶绿体类囊体悬浮于 pH4 的缓冲液中，平衡几个小时，使类囊体内部的 pH 也达到 4。然后将类囊体快速转移到 pH8 的缓冲液中，同时添加 ADP 和 Pi，就会观察到 ATP 的大量产生（图 15.10）。此时 ATP 的产生并不需要光，因为 pH 差产生的质子梯度提供了 ADP 磷酸化生成 ATP 的驱动力。

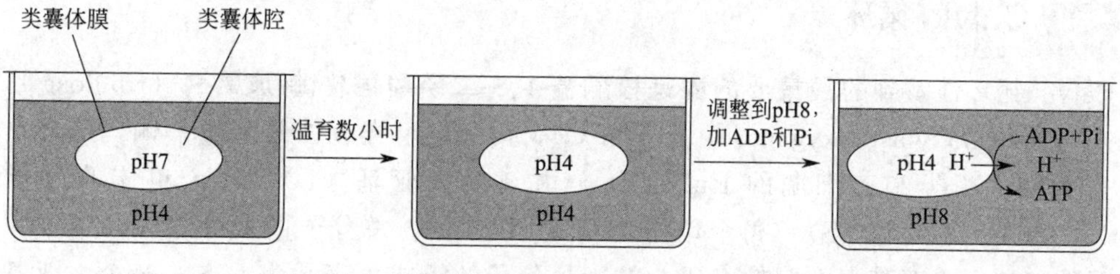

非光照条件下，通过改变类囊体内外 pH 产生质子梯度，在有 ADP 和 Pi 存在下合成 ATP

图 15.10 质子浓度梯度驱动 ATP 合成

在从 PSⅡ至 PSⅠ的电子传递中有 3 处改变了基质和腔之间的质子分布：一是来自于水的质子通过生氧复合物释放到腔中；二是当 PQH_2 经细胞色素 b_6f 复合物氧化时，产生于基质中的质子被转移到腔内；三是由于 $NADP^+$ 氧化消耗了质子，使得基质中的质子浓度降低。

此外，循环电子传递途径中电子不再转移给 $NADP^+$ 生成 NADPH，通过电子循环使得细胞色素 b_6f 复合物将基质中的质子泵入腔内，也可进一步增加质子浓度梯度。

由于跨类囊体膜质子梯度的存在，跨膜的 ATP 合酶催化 ADP 和 P_i 合成 ATP。因为这个过程是依赖于光的过程，所以光合 ATP 的形成称为**光合磷酸化**（photophosphorylation）。叶绿体的 ATP 合酶是类似于线粒体 ATP 合酶的多蛋白复合物，由 CF_0 和 CF_1 两个主要部分组成，跨越类囊体膜形成一个质子通道，伸向基质，催化 ADP 和 P_i 形成 ATP。

15.4 暗反应

光合作用的第二个阶段是使 CO_2 还原转化为糖的暗反应阶段，反应不直接依赖于光，而是消耗光反应中产生的 ATP 和 NADPH。糖是在叶绿体的基质中通过酶催化的循环反应生成的。整个暗反应包括 3 个主要阶段：一是 CO_2 受体固定大气中的 CO_2，也称为 CO_2 受体分子的羧化（carboxylation），由 CO_2、H_2O 和 5C 受体分子（核酮糖 1,5-二磷酸）生成 2 分子 3C 中间产物（3-磷酸甘油酸）；二是将固定的 CO_2 还原为糖，也称为 3-磷酸甘油酸的还原（reduction）：在光合产物 ATP 和 NADPH 驱动下，3-磷酸甘油酸经两步反应被还原为 3C 糖（甘油醛-3-磷酸与磷酸二羟丙酮）；三是 CO_2 受体分子核酮糖 1,5-二磷酸的再生（regeneration），包括十步酶促反应，消耗 1 个 ATP。CO_2 还原生成糖的途径称为**还原性戊糖磷酸循环**（reductive pentose phosphate cycle，RPP cycle），或 C_3 途径（途径中的第一个中间产物，3-磷酸甘油酸，是一个三碳分子）。由于该循环由 Melvin Calvin、Andrew Benson、James Bassham 于 1950 年通过 ^{14}C 标记方法建立，所以也称为 **Calvin 循环或 Calvin-Benson 循环、Calvin-Benson-Bassham 循环**。Calvin 因此获得了 1961 年诺贝尔化学奖。

Calvin 循环的底物是 CO_2，CO_2 可以通过扩散进入光合作用的细胞。在维管植物中，CO_2 主要从叶片表面的气孔进入。在稳定状态下，CO_2 输入量等于磷酸三糖输出量。磷酸三糖或作为叶绿体中淀粉合成的前体，或转运到细胞质合成蔗糖。蔗糖被装载到维管中，通过韧皮部运输供应给非光合器官（库）。

15.4.1 Calvin 循环

Calvin 循环涉及到的最重要的酶是**核酮糖-1,5-二磷酸羧化酶-加氧酶**（ribulose-1,5-disphosphate carboxylase-oxygenase，RuBisCO），该酶位于类囊体膜基质一侧，是自然界中最丰富的酶。藻类和蓝细菌的 RuBisCO 是由 8 个大亚基（L）（每个单体的分子量为 56KDa）和 8 个小亚基（S）（每个单体 14kDa）组成的，总分子量大约为 560kDa。大亚基由叶绿体编码，小亚基由细胞核编码。整个酶分子的组成可表示为 L_8S_8。8 个大亚基联合形成酶分子的核（L_8），而在 L_8 核的每一端存在着 4 个小亚基。光合细菌中的 RuBisCO 最简单，只有大亚基。

Calvin 循环分为两个阶段：第一阶段是产物甘油醛-3-磷酸生成阶段，为了方便说明，使 3 分子核酮糖-1,5-二磷酸与 3 分子 CO_2 反应生成 6 分子甘油醛-3-磷酸。这一阶段相当于由 3 分子 CO_2 合成了 1 分子甘油醛-3-磷酸，甘油醛-3-磷酸作为基本碳骨架可以用于合成葡萄糖或其他有机物。第二阶段是 CO_2 载体核酮糖-1,5-二磷酸再生，第一阶段生成的其余 5 分子甘油醛-3-磷酸经一系列碳的重新组合生成 3 分子核酮糖-1,5-二磷酸。图 15.11 给出了 Calvin 循环的所有反应。

图 15.11 中的反应可归纳如下：

第一阶段：生成甘油醛-3-磷酸。

$3CO_2$ + 3 核酮糖-1,5-二磷酸 + $3H_2O$ ⟶ 6×3-磷酸甘油酸 + $6H^+$

6×3-磷酸甘油酸 + 6ATP ⟶ 6×1,3-二磷酸甘油酸 + 6ADP

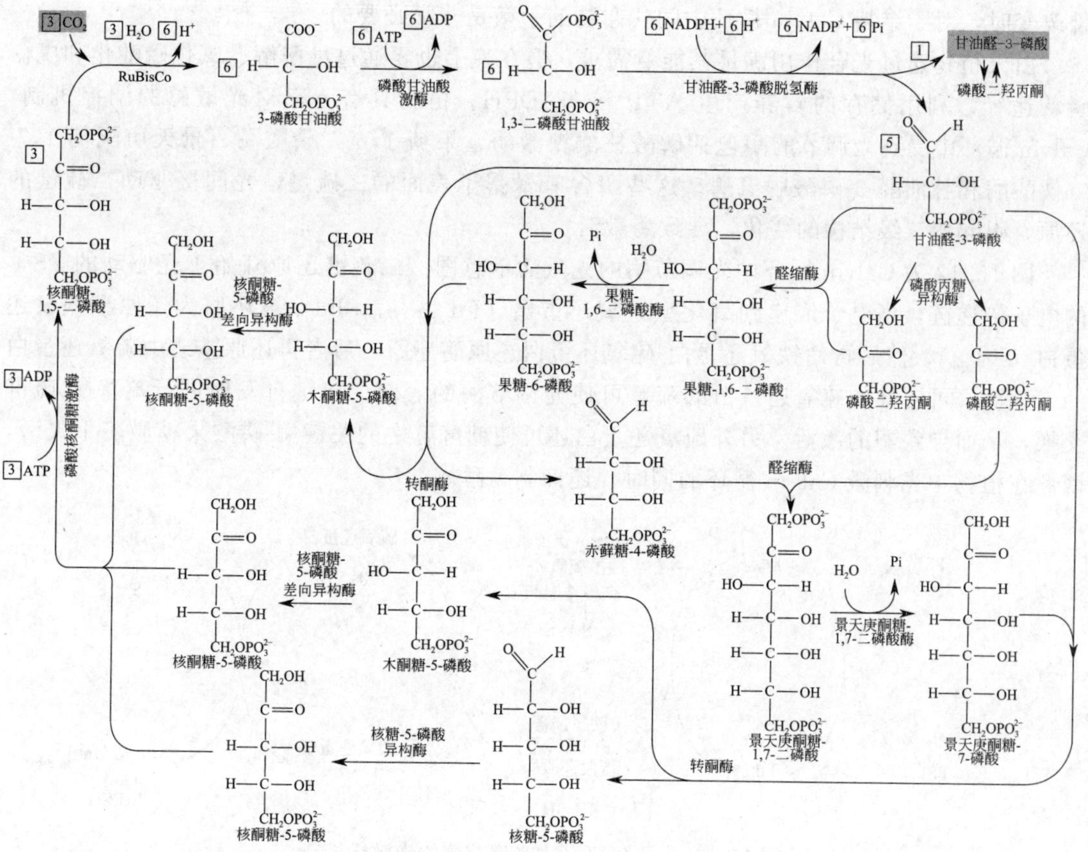

图 15.11 Calvin 循环

6×1,3-二磷酸甘油酸＋6NADPH＋6H^+ ⟶ 6 甘油醛-3-磷酸＋6$NADP^+$＋6Pi

第二阶段：核酮糖-1,5-二磷酸再生。

甘油醛-3-磷酸＋磷酸二羟丙酮 ⟶ 果糖-1,6-二磷酸

果糖-1,6-二磷酸 ⟶ 果糖-6-磷酸＋Pi

果糖-6-磷酸＋甘油醛-3-磷酸 ⟶ 木酮糖-5-磷酸＋赤藓糖-4-磷酸

赤藓糖-4-磷酸＋磷酸二羟丙酮 ⟶ 景天庚酮糖-1,7-二磷酸

景天庚酮糖-1,7-二磷酸 ⟶ 景天庚酮糖-7-磷酸＋Pi

景天庚酮糖-7-磷酸＋甘油醛-3-磷酸 ⟶ 木酮糖-5-磷酸＋核糖-5-磷酸

核糖-5-磷酸 ⟶ 核酮糖-5-磷酸

2 木酮糖-5-磷酸 ⟶ 2 核酮糖-5-磷酸

3 核酮糖-5-磷酸＋3ATP ⟶ 3 核酮糖-1,5-二磷酸＋3ADP＋3H^+

经过两个阶段的暗反应后，净反应可写成如下形式。

$3CO_2+9ATP+6NADPH+6H^++5H_2O \longrightarrow 9ADP+8Pi+6NADP^+$＋甘油醛-3-磷酸

15.4.2 Calvin 循环的调控

从上面介绍的光反应和暗反应可以看出，只有当光合作用生成 ATP 和 NADPH 时才能保证 Calvin 循环的运转。Calvin 循环与 ATP 和 NADPH 合成之间存在着协同性，协同性取决于光、基质 Mg^{2+} 和基质 pH 对 Calvin 循环中几个酶的调节。这一协同性在当光合作用条件改变时，对于维持 Calvin 循环中间代谢物的平衡是非常必要的。

白天植物通过光合作用满足其能量需求，但在晚上也要通过糖酵解、氧化磷酸化和戊糖磷酸途径，利用储存的营养产生 ATP 和 NADPH。植物具有一套对光敏感的调控机制，Calvin 循环中受到光调节的酶包括磷酸核酮糖激酶、果糖-1,6-二磷酸酶、景天庚酮糖-1,7-二磷酸酶和甘油醛-3-磷酸脱氢酶。这些酶含有暴露于表面的二硫键，光间接驱动二硫键的还原，引起酶三级结构的变化，导致酶激活。

图 15.12 为 Calvin 循环中光调节酶的光激活示意图。二硫键还原开始于光驱动的 PSⅠ的电子传递链，当电子传递到氧化型铁氧还蛋白（Fd_{ox}）后，Fd_{ox} 被还原为还原型铁氧还蛋白（Fd_{red}），然后再使铁氧还蛋白-硫氧还蛋白还原酶还原，后者再还原基质中硫氧还蛋白的二硫键。可溶性的硫氧还蛋白的巯基可使光调节酶的表面二硫键自发地进行巯基-二硫键交换，从而导致酶的激活。另外硫氧还蛋白还可使糖酵解中的关键酶-磷酸果糖激酶Ⅰ失活，因此在植物中光刺激 Calvin 循环的同时，还抑制糖酵解。

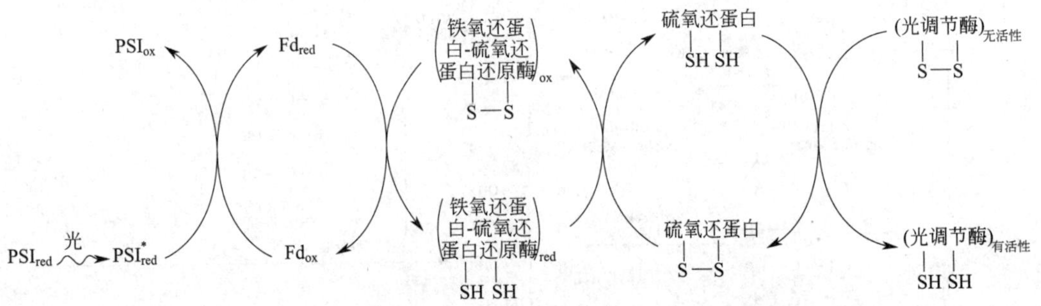

图 15.12　Calvin 循环中光调节酶的光激活机制

因此，所谓“暗反应”不能发生在黑暗中。称其为“暗反应”是为了与由光驱动生成 NADPH 和 ATP 的反应区分开，故将“暗反应”称为碳同化反应更为恰当。

在光照条件下，由于质子被泵入类囊体腔，基质中 pH 从约 7.0 上升到约 8.0，正是 RuBisCO 的最适 pH。另外，光照引起质子流入类囊体腔的同时，Mg^{2+} 流出到基质，Mg^{2+} 激活 RuBisCO。景天庚酮糖-1,7-二磷酸酶、果糖-1,6-二磷酸酶也都因 pH 和 Mg^{2+} 浓度的升高而被激活。

15.5 光呼吸

RuBisCO 就像它的全名（核酮糖-1,5-二磷酸羧化酶-加氧酶）表示的那样，它不仅催化核酮糖-1,5-二磷酸的羧化，而且也催化核酮糖-1,5-二磷酸的氧合，这两个反应是竞争性反应，CO_2 和 O_2 竞争 RuBisCO 的活性位点。RuBisCO 对 CO_2 的亲和性明显比对 O_2 的亲和性高得多。氧合反应达到最大反应速率一半所需的 O_2 浓度为 535μmol/L，而羧化反应所需 CO_2 浓度为 9μmol/L，仅为氧合反应的 1/60。大气中 O_2（21%）的浓度要比 CO_2（0.03%）高得多，而 CO_2 比 O_2 更容易溶解于水相基质中，最终叶绿体中 O_2 的浓度为 250μmol/L，CO_2 为 8μmol/L，两个反应的竞争使得它们对于体内的核酮糖-1,5-二磷酸的消耗都有重要的贡献。在正常条件下，羧化对氧合的比例是 3∶1～4∶1。

RuBisCO 氧合反应的产物是 1 分子的 3-磷酸甘油酸和 1 分子的 2-磷酸乙醇酸（图 15.13）。3-磷酸甘油酸直接进入 Calvin 循环，而磷酸乙醇酸代谢最终生成 1 分子 CO_2 和 1 分子可进入 Calvin 循环的 3-磷酸甘油酸。上述这种依赖于光，吸收 O_2 和释放 CO_2 的过程称为**光呼吸**（photorespiration）。光呼吸途径中每一个 RuBP 氧化和再生消耗 3.5 个 ATP 和 2 个 NADPH，但不会产生糖。

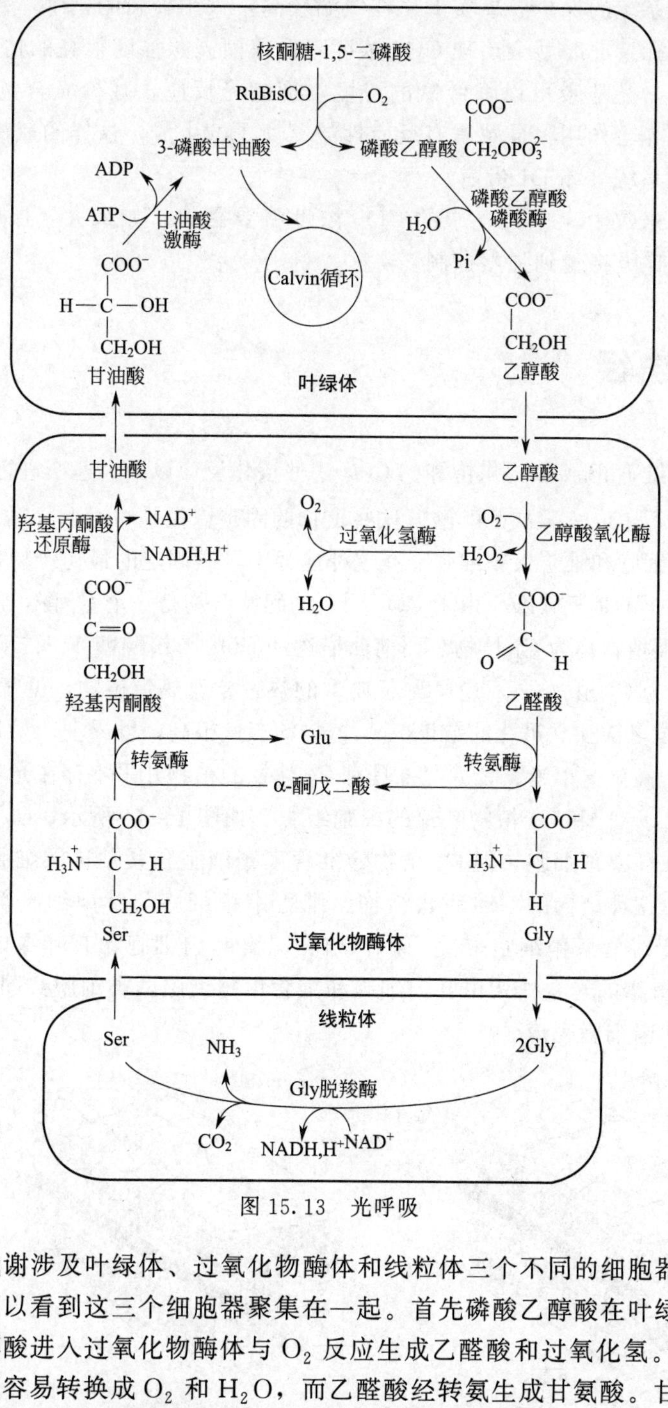

图 15.13　光呼吸

磷酸乙醇酸代谢涉及叶绿体、过氧化物酶体和线粒体三个不同的细胞器。在进行光呼吸的细胞中，经常可以看到这三个细胞器聚集在一起。首先磷酸乙醇酸在叶绿体中脱磷酸生成乙醇酸，然后乙醇酸进入过氧化物酶体与 O_2 反应生成乙醛酸和过氧化氢。过氧化氢在过氧化氢酶的催化下很容易转换成 O_2 和 H_2O，而乙醛酸经转氨生成甘氨酸。甘氨酸从过氧化物酶体进入线粒体，在甘氨酸脱羧酶的作用下两个甘氨酸缩合生成丝氨酸，并释放出 CO_2 和

NH_3。CO_2 可以经光合作用被固定，或是从叶片释放出去。而 NH_3 可用于形成谷氨酸。丝氨酸由线粒体进入过氧化物酶体，经脱氨形成羟基丙酮酸，羟基丙酮酸被还原为甘油酸后，进入叶绿体，被 ATP 磷酸化生成 3-磷酸甘油酸进入 Calvin 循环。

从以上叙述可看出，光呼吸循环是一个消耗 ATP 和 NADPH 的途径，但到目前为止，测定的光合生物中的 RuBisCO 都是兼有羧化和加氧酶活性。光呼吸的重要生理作用可能在于对光合色素和光系统的保护。事实上，在气温较高、太阳直射的正午，植物为了减少水分的蒸腾，会关闭气孔，此时就会出现 CO_2 浓度降低，而光照强度很高的情况。当 CO_2 浓度低，而光强很高时，光呼吸可以降低氧的浓度，抑制光反应，减少光合色素和光系统的损伤。否则，连续的光合作用将导致富有反应性的氧离子的生成，这样的氧离子（活性氧）会破坏光合色素和光系统（如 D1 蛋白）。

根据预测，未来数十年中大气中的 CO_2 浓度将要翻倍。如果大气层中 CO_2 浓度达到 500～600ppm，光呼吸将受到强烈抑制。

15.6　C_4 途径

一些植物通过给 RuBisCO 提供饱和的 CO_2 来使羧化反应以最大速率进行，防止氧化反应，因此没有光呼吸，不生成 2-磷酸乙醇酸。这些植物的固碳途径是与 Calvin 循环耦联的第二条固碳途径，涉及叶肉细胞和维管束鞘细胞。在这种途径中，碳固定的最初产物是苹果酸或天冬氨酸等四碳二羧酸，而不是三碳酸。由于 CO_2 固定的起始产物是一个 C_4 酸，所以这个代谢途径称为 C_4 途径，这类植物称为 C_4 植物。而前面描述的 CO_2 与核酮糖-1,5-二磷酸结合生成 3-磷酸甘油酸的植物称为 C_3 植物。C_4 途径见于典型的热带、亚热带植物，见于高等植物的 18 个科，目前认为 C_4 是多次独立进化的结果。C_4 植物的产量很高，世界上产量最高的农作物都是 C_4 植物，如玉米、高粱、小米、甘蔗等。具有 C_4 途径的植物几乎不存在光呼吸。

图 15.14 给出了 C_3 和 C_4 植物叶片的细胞组织。如图 15.14 所示，C_3 与 C_4 叶片虽然都含有叶肉细胞和维管束鞘细胞，但 C_4 植物的维管束鞘细胞和紧贴这层细胞的一圈叶肉细胞共同构成一个称为花环结构的双层环状结构，维管束鞘细胞与叶肉细胞都含有叶绿体（但 RuBisCO 仅存在于维管束鞘细胞中）。而 C_3 植物只有叶肉细胞含有叶绿体，维管束鞘细胞不含叶绿体。C_4 植物的光合作用由叶肉细胞和维管束鞘细胞两类细胞共同完成，而 C_3 植物的光合作用仅由叶肉细胞完成。

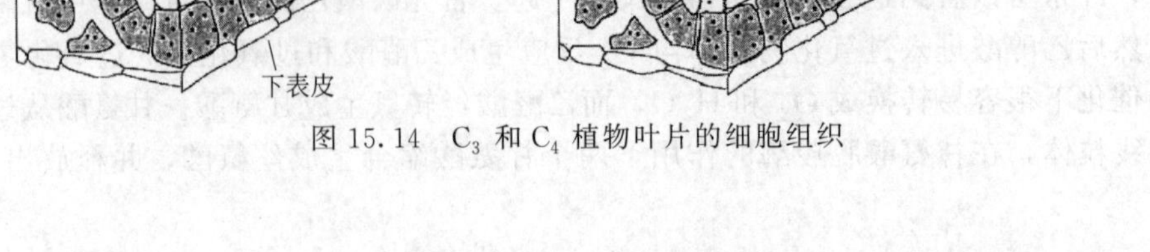

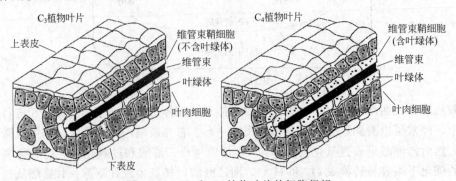

图 15.14　C_3 和 C_4 植物叶片的细胞组织

图 15.15 给出了在叶肉细胞和维管束鞘细胞中进行的 C_4 途径反应。C_4 途径分为羧化和脱羧两个阶段。在起始阶段，CO_2 在外层叶肉细胞被固定，形成 C_4 酸。第二阶段，C_4 酸进入维管束鞘细胞，在维管束鞘细胞中脱羧，释放出的 CO_2 再被 RuBisCO 固定，进入 Calvin 循环。生成的 C_3 再次回到外层叶肉细胞，在下一轮循环中行使 CO_2 受体功能。

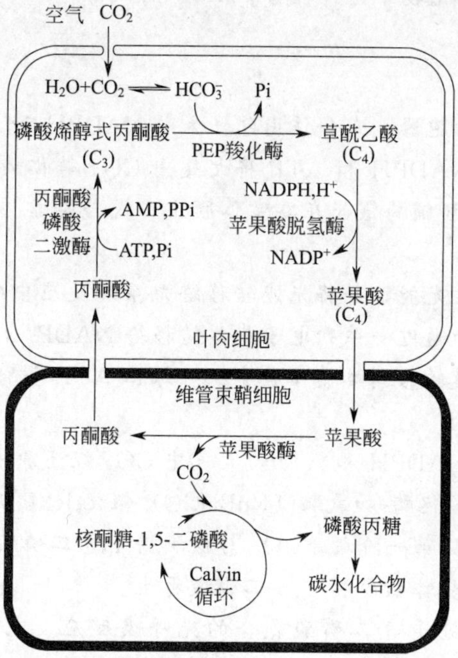

图 15.15　在叶肉细胞和维管束鞘细胞中进行的 C4 途径反应

首先在叶肉细胞的磷酸烯醇式丙酮酸羧化酶（PEP 羧化酶）催化下，CO_2（以 HCO_3^- 形式）与磷酸烯醇式丙酮酸进行羧化反应生成草酰乙酸（C_4 酸）。PEP 羧化酶与 RuBisCO 不同，不能使用 O_2 作为底物。由于叶肉细胞中不含 RuBisCO，所以生成的草酰乙酸在苹果酸脱氢酶催化下形成苹果酸，然后苹果酸经叶肉细胞与维管束鞘细胞中间的细胞壁上大量存在的胞间连丝被转运到相邻的含有 RuBisCO 的维管束鞘细胞中进行 Calvin 循环反应。

进入维管束鞘细胞的苹果酸经 NADP-苹果酸酶催化，氧化脱羧生成丙酮酸和 CO_2。释放的 CO_2（就是在叶肉细胞中固定的那个 CO_2）在 RuBisCO 催化下与核酮糖-1,5-二磷酸反应，进入 Calvin 循环。而生成的丙酮酸被转运回叶肉细胞，经丙酮酸磷酸二激酶催化重新生成磷酸烯醇式丙酮酸。

由于叶肉细胞中的羧化反应对 CO_2 的亲和性很高，而维管束鞘细胞的细胞壁很厚，在有些物种中还栓质化，对 CO_2 不通透，又不断由 C_4 酸脱羧产生 CO_2，所以这一循环像一个 CO_2 泵，在维管束鞘细胞中浓缩 CO_2。维管束鞘细胞中 CO_2 浓度约 70μmol/L，远高于 C_3 叶片叶肉细胞中的 CO_2 浓度（约 8μmol/L）。同时，高 CO_2 浓度使得维管束鞘细胞内的 CO_2 对 O_2 的比例也显著升高，使得 RuBisCO 的加氧活性弱化，因此 C_4 植物基本上不进行光呼吸。当然，未来如果大气层 CO_2 浓度翻倍，C_4 植物相对于 C_3 的这一优势就可能降低。

许多生活在干旱环境中的植物存在着一个改进的 C_4 途径，能够在光合作用期间大大减少水分的丢失。该途径的最大特征是将吸收 CO_2 与进行 Calvin 循环在时间上错开，在夜间吸收 CO_2，利用 C_4 途径的反应以苹果酸形式储存 CO_2。当在白天，光反应形成 ATP 和

NADPH 时，储存的苹果酸脱羧产生的 CO_2 进入 Calvin 循环，以完成 CO_2 的再固定。在苹果酸脱羧期间，气孔是关闭的，以避免水分和 CO_2 从叶片中逃逸。

由于与夜间苹果酸积累有关的反应过程最初是在**景天科**（Crassulaceae）植物中发现的，所以这一过程称为**景天酸代谢**（crassulacean acid metabolism，CAM）。除了景天以外，仙人掌、凤梨科植物和兰花等植物中也存在着 CAM。

小结

叶绿体是光合作用的细胞器，光合作用包括生成 NADPH 和 ATP 的依赖于光的电子传递过程（光反应）和利用 NADPH 和 ATP 将大气中 CO_2 转化为糖的过程（暗反应，碳同化反应）。催化光反应的酶和辅酶镶嵌在类囊体膜上，或与类囊体膜相连。糖的合成在水相基质中进行。

叶绿素和辅助色素吸收光能，并将光能转移给光系统反应中心的一对特殊叶绿素分子。光能驱动来自水裂解的电子通过一系列电子载体转移给 $NADP^+$，使其还原为 NADPH。在电子传递的同时质子被跨膜转移到类囊体腔中。叶绿体 ATP 合酶利用质子浓度梯度的能量催化 ADP 和 Pi 转换为 ATP。

利用光反应中生成的 NADPH 和 ATP，大气中 CO_2 经还原性戊糖磷酸循环（RPP）合成糖。核酮糖-1,5-二磷酸羧化酶-加氧酶（RuBisCO）催化 RPP 循环的第一个反应——固定 CO_2 的反应。在 Calvin 循环第一阶段，CO_2 与核酮糖-1,5-二磷酸反应最终生成甘油醛-3-磷酸。第二阶段是使 CO_2 的受体核酮糖-1,5-二磷酸再生。

RuBisCO 还催化核酮糖-1,5-二磷酸氧合的光呼吸反应。光呼吸是利用光反应生成的 ATP 和 NADPH，消耗 O_2 释放 CO_2 的过程。C_4 植物由于可浓缩 CO_2，降低 RuBisCO 酶的氧合作用，因而可提高固定 CO_2 的效率。

习题

1. 光合作用总反应 $CO_2+H_2O \longrightarrow (CH_2O)+O_2$ 中，产物 O_2 的氧原子来自哪个分子？H_2O，CO_2，还是二者兼有？如何用实验证明你的结论？

2. 预测解耦联剂（如二硝基苯酚）在叶绿体中对产物 ATP、NADPH 的作用。

3. (a) 悬浮在 pH4.0 溶液中的类囊体，当外部溶液的 pH 值迅速提高到 8.0 并添加 ADP 和 Pi 时，为何会爆发 ATP 合成？(b) 如果存在充足的 ADP 和 Pi，为什么 ATP 合成仍会在几秒钟后停止？

4. 氧气压力增加对光合作用暗反应有什么影响？

5. 叶绿体接受光照直到 Calvin 循环的中间物水平达到稳态，然后关闭光源。光源关闭之后，核酮糖-1,5-二磷酸和甘油醛-3-磷酸的水平将会怎样变化？

6. 若将正在进行光合作用的植物置于 $^{14}CO_2$ 中，它所产生的葡萄糖每一个碳原子都将会是 ^{14}C 标记的吗？请解释原因。

7. 研究发现沙漠中一些植物的叶子，在早晨有些酸味，但随着白天的到来，酸味逐渐变为无味，白天过后又有些苦味，你能解释这种现象吗？

16 脂类代谢

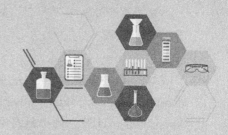

脂类包括脂肪（三酰甘油）、磷脂和胆固醇等，本章重点介绍脂肪的代谢。由于脂类的主要成分是脂肪酸，所以脂类代谢实际上是脂肪酸的分解代谢和生物合成。

16.1 脂肪的消化、吸收及转运

饮食性脂肪消化始于胃中的胃脂肪酶（gastric lipase），彻底的消化是进入小肠后先被胆囊喷入小肠的胆汁盐乳化成微团（图 16.1），然后被胰脂肪酶（pancreatic lipase）降解，生成脂肪酸和 2-单酰甘油。然后这些降解的产物被小肠上皮黏膜吸收，随后在黏膜细胞重新生成三酰甘油，并被包装成称为**乳糜微粒**（chylomicron）的脂蛋白颗粒，经淋巴系统进入血液，最后被转运到其它组织。

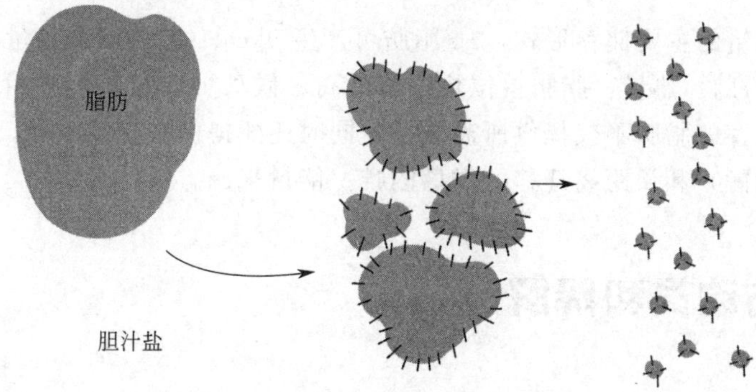

图 16.1　胆汁盐乳化脂肪作用

乳糜微粒经血液运输到达外周组织的毛细血管后，附着在肌肉和脂肪组织毛细血管内壁，三酰甘油在胞间酶**脂蛋白脂酶**（lipoprotein lipase）的作用下水解生成脂肪酸，在肌肉组织中吸收的脂肪酸被氧化，提供大量能量，而在脂肪组织中吸收的脂肪酸重新酯化形成三酰甘油储存起来。当三酰甘油被逐渐水解后，乳糜微粒收缩成富含胆固醇的乳糜微粒残余物，该残余物脱离毛细血管重新进入循环系统被肝脏吸收（图 16.2 左侧）。内源性（体内合成的）三酰甘油和胆固醇经体内肝脏生产的**极低密度脂蛋白**（very low density lipoprotein，

VLDL)、**中密度脂蛋白**(intermediate density lipoprotein，IDL)和**低密度脂蛋白**(low density lipoprotein，LDL)由肝脏转运至肌肉和脂肪等组织，而**高密度脂蛋白**(high density lipoprotein，HDL)则将胆固醇等其他脂类转运回肝脏处理(图 16.2 右侧)。

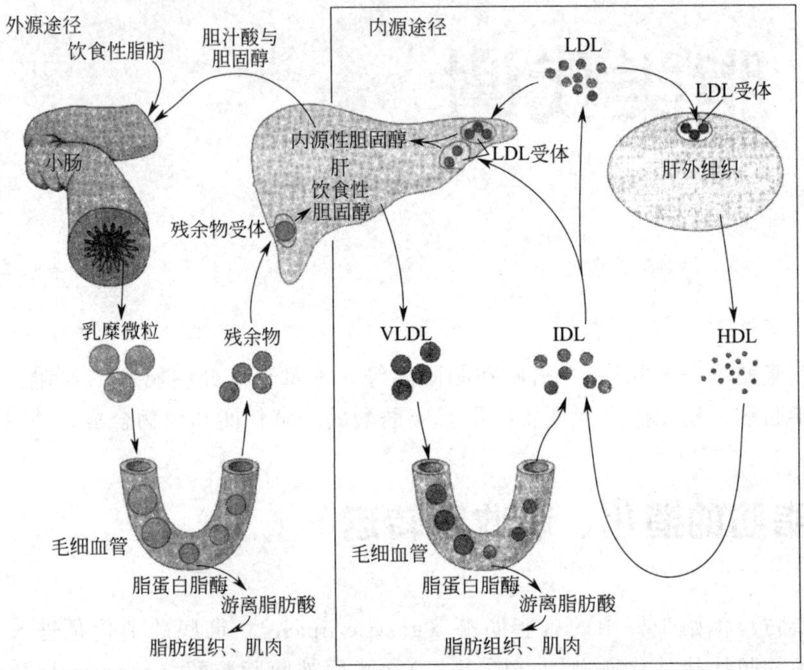

左侧为外源三酰甘油和胆固醇转运途径，右侧方框内为内源途径

图 16.2 饮食性和内源性三酰甘油和胆固醇的转运

(来源：BROWN M S，GOLDSTEIN J L. Lipoprotein receptors in the liver. control signals for plasma cholesterol traffic [J]. The Journal of Clinical Investigation，1983，72：743-747.)

脂肪是动物能量的主要储存形式，1g 脂肪可产生 9kcal (37.6kJ) 热量，1g 糖或蛋白质只产生 4kcal (16.7kJ) 热量，脂肪单位热量值最高。候鸟可以长时间飞行，依靠的燃料就是储存的脂肪，储存的脂肪不仅提供所需能量，同时还能提供必要的水分。储存的脂肪也是那些冬眠动物(如熊)和长距离迁移的候鸟的唯一能量来源。

16.2 脂肪动员和降解

脂肪细胞内含有大量脂肪颗粒，主要成分是三酰甘油。脂代谢受激素调控，抑制或激活脂肪酸释放取决于代谢的需要。三酰甘油的降解(或称脂解)受胰岛素的抑制，当血液中的胰岛素水平降低时，脂解速率增加；当血液中的肾上腺素水平升高时(例如在禁食或运动时)，脂解进一步受到激活。

图 16.3 给出了肾上腺素(epinephrine 或 adrenaline)调节的三酰甘油的降解途径。肾上腺素与脂肪细胞的 β-肾上腺素受体结合激活腺苷酸环化酶，活化的酶催化 ATP 生成 cAMP。细胞内 cAMP 浓度升高激活蛋白激酶 A，然后蛋白激酶 A 催化**激素敏感性脂肪酶**(hormone sensitive lipase)磷酸化，被激活、磷酸化的脂酶不仅能使三酰甘油转化为游离脂

肪酸和单酰甘油，还可催化单酰甘油转化为游离脂肪酸和甘油。不过脂肪细胞内含有的单酰甘油脂酶催化单酰甘油的转化更特异，活性更高。此外，胰高血糖素（glucagon）在脂肪酸分解代谢中也起到非常重要的作用。

甘油和游离的脂肪酸通过质膜扩散进入血液，绝大部分甘油在肝中经糖异生途径转化为葡萄糖，而脂肪酸难溶于水溶液，主要是与血清白蛋白结合后通过血液转运到心脏、骨骼肌和肝脏等其他组织中，在这些组织中的线粒体内被氧化释放出大量能量。

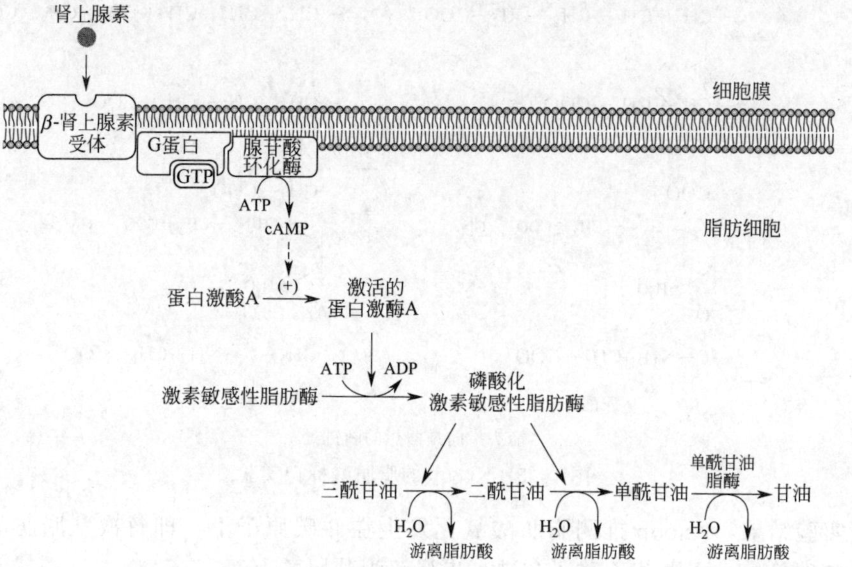

图 16.3　激素调节的三酰甘油降解

甘油降解发生在肝细胞的胞质溶胶中，可转化为糖酵解的中间产物。首先**甘油激酶**（glycerokinase）催化甘油磷酸化生成甘油-3-磷酸，然后甘油-3-磷酸脱氢酶催化甘油-3-磷酸氧化生成磷酸二羟丙酮（图 16.4），该反应是前面电子传递和氧化磷酸化一章中提到的甘油磷酸穿梭途径的一部分。

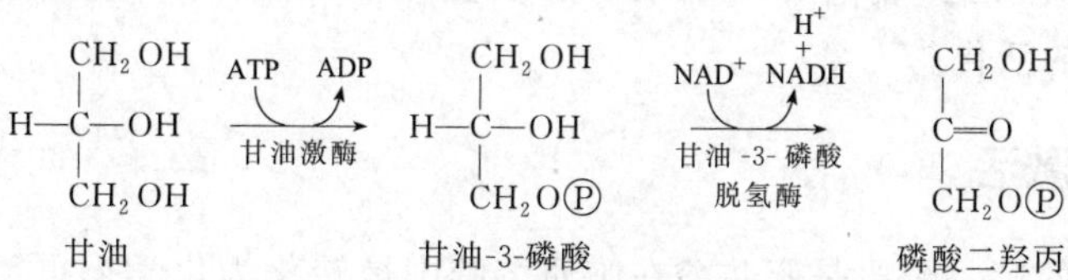

图 16.4　甘油生成磷酸二羟丙酮

磷酸二羟丙酮可转化为甘油醛-3-磷酸，所以磷酸二羟丙酮既可以作为糖酵解的中间代谢物生成丙酮酸进一步降解，也可以作为糖异生的前体生成葡萄糖。

甘油降解可以提供一定的能量，因为转化为甘油醛-3-磷酸后经脱氢生成的 NADH 经穿梭途径可以进入电子传递系统被氧化为 NAD^+，产生一定的能量，另外沿着糖酵解途径转化为丙酮酸，进而降解生成乙酰 CoA 进入柠檬酸循环还可以生成一些能量。

16.3 脂肪酸 β-氧化

1904 年 Franz Knoop 做了一个经典的生物化学实验，阐明了脂肪酸降解的途径。

Knoop 将末端碳（ω 碳）连有苯基（体内不能降解）的一些脂肪酸衍生物给狗进食，然后分离狗尿中的苯化合物。Knoop 发现，当饲以苯基标记的奇数碳脂肪酸时，尿中排出的是苯甲酸结合了甘氨酸后的产物 *N*-苯甲酰-甘氨酸（hippuric acid）（马尿酸）；如果饲以苯基标记的偶数碳脂肪酸时，则尿中排出的是苯乙酸结合了甘氨酸后的产物 *N*-苯乙酰-甘氨酸（phenylaceturic acid）（苯乙尿酸）（图 16.5）。

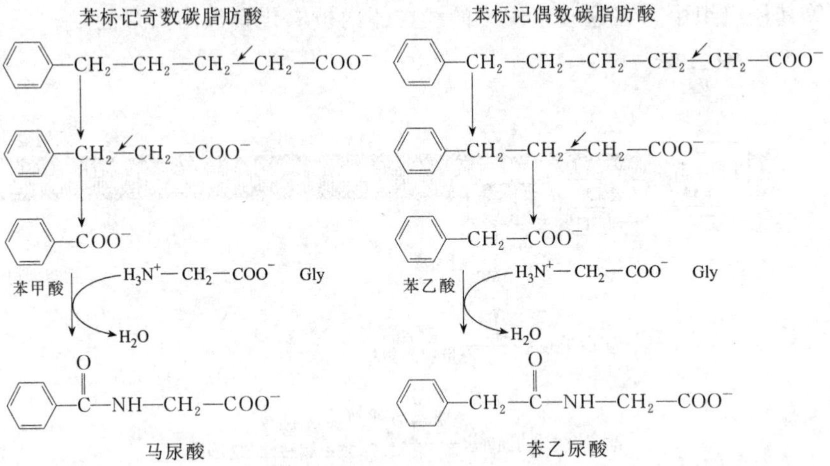

箭头指向是假想的断键处

图 16.5　Knoop 的脂肪酸标记实验

根据实验结果，Knoop 推测脂肪酸氧化发生在 β-碳原子上，即每次从脂肪酸链上降解下来的是二碳单位，否则苯乙酸还会进一步降解为苯甲酸。

Knoop 的脂肪酸 *β* 氧化学说于 1949 年被 Eugene Kennedy 和 Albert Lehninger 证实。现时的观点与 Knoop 的假说有三点差异如下：①降解的起始需要 ATP 的水解；②切掉的两个碳原子单元是乙酰-CoA，而不是乙酸分子；③反应系列中的中间产物全部结合在辅酶 A 上。

脂肪酸 *β*-氧化发生在线粒体内，共有五个步骤，即活化（activation）、氧化（oxidation）、水合（hydration）、氧化（oxidation）、断裂（cleavage）。一般常说 *β*-氧化是四个步骤，即不计脂肪酸的活化。

16.3.1　脂肪酸激活

脂肪酸 *β*-氧化的第一阶段是脂肪酸在胞质溶胶中被转化为化学上更富有反应性的形式，所以该阶段被称为脂肪酸激活，反应由**酰基 CoA 合成酶**（acyl CoA synthetase）（或称为**硫激酶**（thiokinase））催化，此酶存在于线粒体外膜，反应需要 ATP，脂肪酸和辅酶 A（HS-CoA）生成酰基 CoA（图 16.6）。

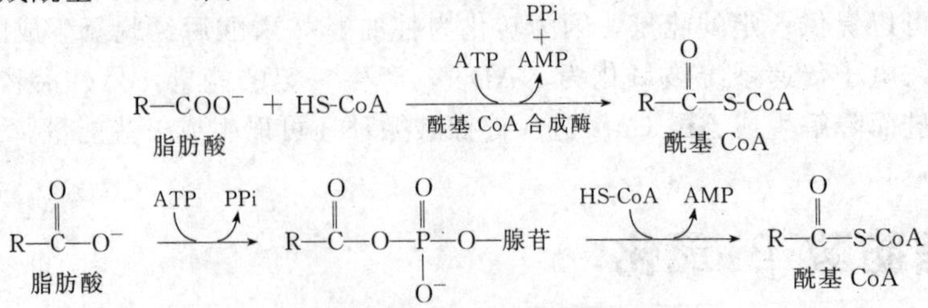

图上部为生成酰基 CoA 总反应，图下部为分步反应

图 16.6　脂肪酸激活

在上述反应中，由于产物焦磷酸在无机磷酸酶作用下进一步被水解，因此生成酰基CoA实际上是消耗了两个高能磷酸键，此反应是不可逆的。细胞中发现了4种不同的酰基CoA合成酶，它们分别对带有短的（<C6）、中等长度的（C6～12）、长的（>C12）和更长的（>C16）碳链的脂肪酸具有催化的特异性。这些酶与内质网或线粒体外膜相连。

脂肪酸的活化是形成酰基CoA，它与乙酰CoA同样是高能化合物。当它被水解成脂肪酸和CoA时，产生很大的负的标准自由能变化；而酰基CoA的形成，是靠ATP的两个高能键的水解。因为若把脂肪酸和CoA相连，需吸收能量；但当把酰基CoA的形成与ATP的水解相耦联，则酰基CoA的形成便成为释放能量的过程。

16.3.2 酰基CoA转运

脂肪酸氧化在线粒体内进行，短或中长链的酰基CoA分子（10个碳原子以下）可容易地渗透通过线粒体内膜，但是更长链的酰基CoA就不能自由通过线粒体内膜进入线粒体基质，需要肉碱穿梭系统将线粒体外脂肪酸转运到线粒体基质（图16.7）。

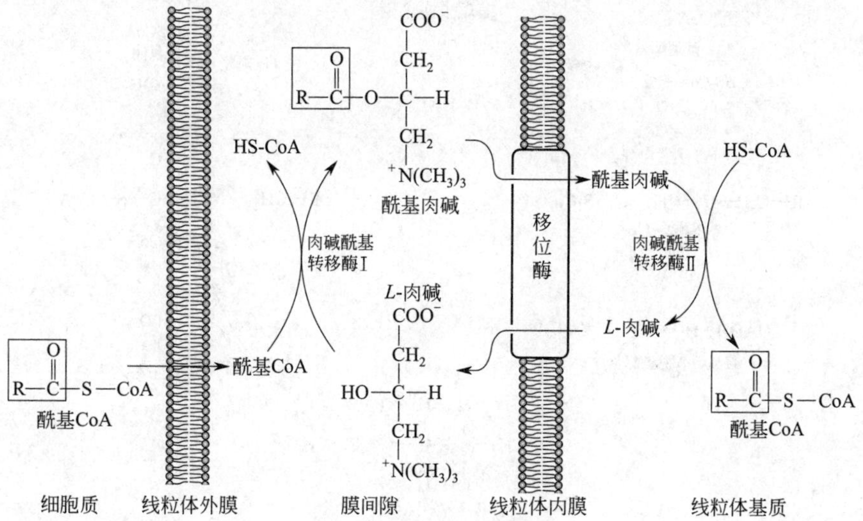

图16.7 肉碱穿梭系统

首先在位于线粒体内膜外侧的**肉碱酰基转移酶Ⅰ**（carnitine acyltransferase Ⅰ，CATⅠ）的催化下，酰基CoA中酰基转移到***L*-肉碱**（carnitine）上，形成酰基肉碱。然后，酰基肉碱经一个特殊的转运蛋白——**肉碱移位酶**（carnitine translocase）进入线粒体基质。在线粒体基质中，酰基肉碱在与线粒体内膜内侧结合的**肉碱酰基转移酶Ⅱ**（CATⅡ是CATⅠ的同工酶）的催化下，重新生成酰基CoA和*L*-肉碱。***L*-肉碱在植物和动物体内均存在。**

总体上看，穿梭系统是将胞质溶胶中的酰基转运到了线粒体基质中。它按以下4个步骤穿越线粒体内膜进入线粒体基质：

（1）胞质溶胶中的酰基CoA转移到*L*-肉碱上，释放CoA到胞质溶胶中；

（2）经传送系统，上述产物酰基肉碱被送到线粒体基质；

（3）在这里，酰基转移到来自线粒体的CoA分子上；

（4）同时释放出的***L*-肉碱又回到胞质溶胶中。**

这使细胞得以维持分别在**胞质溶胶和线粒体基质内的** CoA 库。线粒体的 CoA 库除对脂肪酸氧化起作用外，还在丙酮酸和某些氨基酸的氧化降解中起作用，而胞质溶胶中的 CoA 库则满足脂肪酸生物合成的需要。细胞同样地维持着分别在胞质溶胶和线粒体基质中的 ATP 和 NAD^+ 库。

16.3.3 脂肪酸 β-氧化

酰基 CoA 的 *β*-氧化涉及 4 个基本反应：第一次氧化反应、水合反应、第二次氧化反应和硫解反应（图 16.8）。

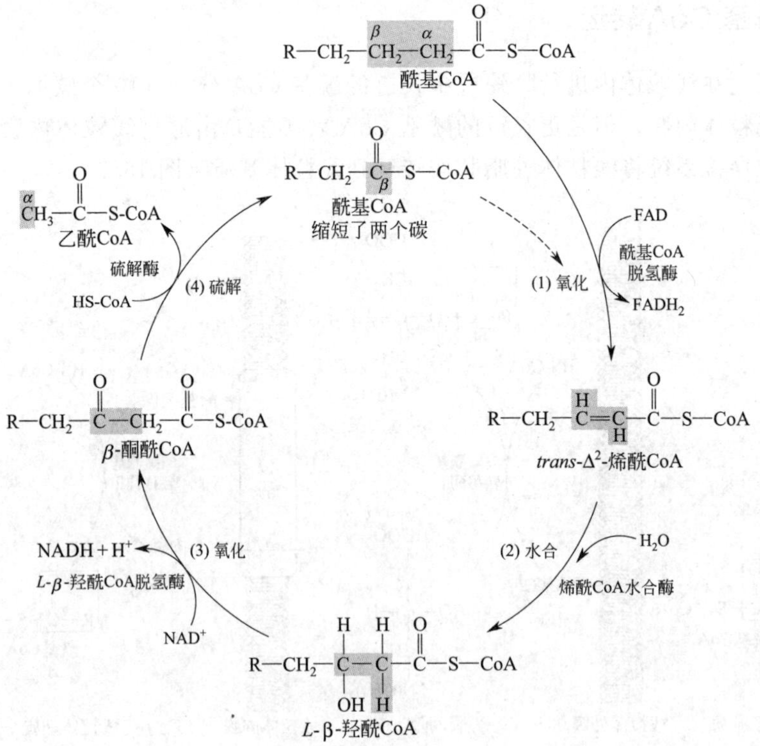

一轮 *β*-氧化后，生成缩短了两个碳的酰基 CoA 和 1 分子乙酰 CoA，

同时分别生成 1 分子 $FADH_2$ 和 1 分子 $NADH+H^+$

图 16.8 脂肪酸 *β*-氧化

以下按照图 16.8 中标注的反应序号对各步反应进行说明。

16.3.3.1 第一次氧化

在**酰基 CoA 脱氢酶**（acyl CoA dehydrogenase）（FAD 作为辅基）的催化下酰基 CoA 脱氢，在 α 和 β 碳之间形成一个双键，生成反-Δ^2-烯酰 CoA，同时使酶的辅基 FAD 还原为 $FADH_2$。

酰基 CoA 脱氢酶缺陷症：新生儿一夜之间突然死亡，称为**婴儿猝死综合征（sudden infant syndrome，SID）**，此类婴儿至少 10% 表现为中长链酰基 CoA 脱氢酶的缺陷，在摄取食物后，葡萄糖为主要的能量代谢产物，当葡萄糖浓度水平降低，脂肪酸氧化的速度逐渐增高，新生儿的猝死可能是因为中长链的酰基脱氢酶欠缺，导致葡萄糖和脂肪酸氧化不平衡而产生的后果。

16.3.3.2　水合

反-Δ^2-烯酰 CoA 在**烯酰 CoA 水合酶**（enoyl CoA hydratase）的催化下，在 α 和 β 碳之间双键处加水，但由于该酶催化的立体特异性，所以只生成 *L*-异构体，即 *L*-*β*-羟酰 CoA。

16.3.3.3　第二次氧化

L-*β*-羟酰 CoA 在 ***L*-*β*-羟酰 CoA 脱氢酶**（L-β-hydroxyacyl CoA dehydrogenase）（NAD^+ 作为辅酶）的催化下，*L*-*β*-羟酰 CoA 的 *β* 碳上的两个氢被脱去，生成 *β*-酮酰 CoA，NAD^+ 被还原为 NADH 和 H^+。

16.3.3.4　硫解

β-氧化的最后一步反应是在 *β*-酮酰 CoA 硫解酶，简称**硫解酶**（thiolase）的催化下，切断 *β*-酮酰 CoA 的 *β* 碳右侧键，生成 1 分子乙酰 CoA 和比起始的酰基 CoA 少了两个 C 的酰基 CoA。该反应步骤称为硫解是因为有巯基参与，反应类似于水参与的水解反应及磷酸参与的磷酸解反应。

通过上述反应，脂肪酸的 *β* 碳由亚甲基（CH_2）的还原型碳变成了羰基（CO）中的氧化型碳，这也是将脂肪酸氧化称之为 *β* 氧化的缘故。缩短了两个 C 的酰基 CoA 再作为底物重复上述（1）～（4）反应，直至整个酰基 CoA 都降解为乙酰 CoA。表 16.1 归纳了偶数碳脂肪酸一轮 β-氧化反应和所用酶。

表 16.1　偶数碳脂肪酸一轮 *β*-氧化反应和所用酶

反应	酶
(1)氧化 酰基 CoA＋FAD → 反-Δ^2-烯酰 CoA＋$FADH_2$	酰基 CoA 脱氢酶
(2)水合 反-Δ^2-烯酰 CoA＋H_2O → *L*-*β*-羟酰 CoA	烯酰 CoA 水合酶
(3)氧化 *L*-*β*-羟酰 CoA＋NAD^+ → *β*-酮酰 CoA＋NADH＋H^+	*L*-*β*-羟酰 CoA 脱氢酶
(4)硫解 *β*-酮酰 CoA＋HS-CoA → 乙酰 CoA＋酰基 CoA(缩短 2 个 C)	*β*-酮酰 CoA 硫解酶

脂肪酸 *β*-氧化的头三个反应与柠檬酸循环中从琥珀酸氧化生成延胡索酸反应（FAD 作为辅基）、延胡索酸水合生成 *L*-苹果酸反应及 *L*-苹果酸氧化生成草酰乙酸反应（NAD^+ 为辅酶）从化学角度上看是类似的，都是依次进行氧化、水合和氧化反应。所以通过对比很容易记忆这些反应。

如果以十六碳软脂酸为例，经 *β*-氧化后的总反应为：

$$\text{软脂酰 CoA}+7FAD+7NAD^+ +7H_2O+7CoASH \longrightarrow 8\text{ 乙酰 CoA}+7FADH_2+7NADH+7H^+$$

生成的乙酰 CoA 都进入柠檬酸循环，而且 *β*-氧化和柠檬酸循环生成的所有 NADH 和 $FADH_2$ 都经呼吸链氧化（图 16.9）。

从图 16.9 可以清楚地看出脂肪酸彻底氧化为 CO_2 和 H_2O 经历的三个阶段：第一阶段，长链脂肪酸经 β-氧化。以 16 碳的软脂酸为例，经过一系列氧化，每一轮切下两个碳原子单元乙酰基（乙酰 CoA）。经过 7 轮之后，软脂酸只残留两个碳原子，即乙酰 CoA。每一个乙酰 CoA 的形成需要失去 4 个氢原子和两对电子，每步都是在脂酰 CoA 脱氢酶的作用下发生的。第二阶段，乙酰基经柠檬酸循环氧化为 CO_2。柠檬酸循环也是在线粒体中发生的，换言之，脂肪酸氧化先是经过它们独特途径 β-氧化，最后进入生物分子（包括糖、氨基酸等）的一般氧化途径柠檬酸循环。第三阶段，前面两个阶段产生的 NADH 和 $FADH_2$ 中的电子经呼吸链传递给 O_2，传递中产生的能量经氧化磷酸化合成 ATP。

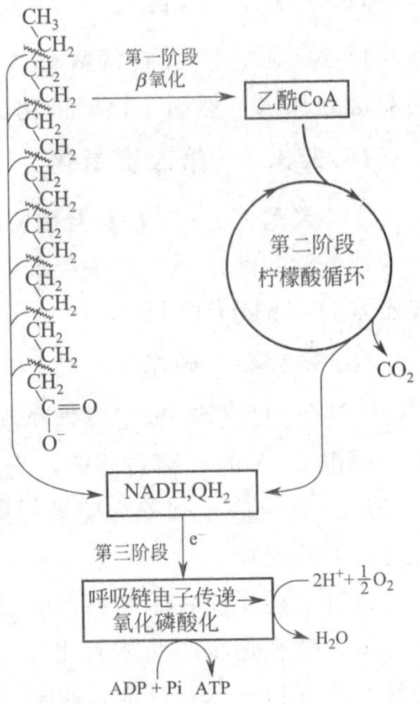

图 16.9 脂肪酸彻底氧化为 CO_2 和 H_2O 的三个阶段

16.3.4 脂肪酸氧化产生的能量

脂肪酸氧化的功能无疑是产生代谢能。以软脂酸为例，看看 1 分子软脂酸经过 β-氧化、柠檬酸循环和电子传递氧化磷酸化三个阶段共产生多少能量。1 分子软脂酰 CoA 经 β-氧化共生成 8 个乙酰 CoA、7 分子 $FADH_2$ 和 7 分子 NADH 与 H^+。由于 β-氧化发生在线粒体内，还原型辅酶可以直接进入电子传递链。经电子传递和氧化磷酸化 1 分子的 NADH 与 H^+ 氧化生成 2.5 分子 ATP，1 分子 $FADH_2$ 氧化产生 1.5 分子 ATP。

另外每个乙酰 CoA 经柠檬酸循环、电子传递和氧化磷酸化可以生成 10ATP（3 分子 NADH 与 H^+、1 分子 $FADH_2$、1 分子 GTP）。所以 1 分子的软脂酰 CoA 经 β-氧化、柠檬酸循环、电子传递完全氧化产生的能量为：

$7FADH_2$	7×1.5 ＝10.5ATP
$7NADH+H^+$	7×2.5 ＝17.5ATP
8 乙酰 CoA	8×10＝80ATP
	108ATP

软酰基 CoA 经 β-氧化、柠檬酸循环和电子传递氧化磷酸彻底氧化为 CO_2 和 H_2O 的总反应可写成：

$$\text{软脂酰 CoA} + 23O_2 + 108Pi + 108ADP \longrightarrow CoASH + 16CO_2 + 23H_2O + 108\ ATP$$

假如要计算胞质溶胶中 1 分子软脂酸经 β-氧化生成的 ATP，还应考虑脂肪酸活化时消耗的两个高能磷酸键，即相当于消耗 2 个 ATP，所以 1 分子软脂酸完全氧化可净生成 106 个 ATP。

将葡萄糖氧化与脂肪酸氧化产生的能量做一比较，1 分子葡萄糖氧化成 CO_2 和水可以产生 30（或 32）分子 ATP，不过 1 个葡萄糖分子只含有 6 个碳，如果是 16 个碳应当生成 (16/6)×30(或 32)＝80(85.3)ATP，产生的 ATP 只是 16 碳软脂酸经 β-氧化生成能量的 74%（或 78%）。所以脂肪酸中的 1 个碳的氧化要比糖中的 1 个碳提供更多的能量，这主要是因为糖中的碳已经被部分氧化了。更为重要的是作为燃料分子，脂肪的疏水性使得它能够大量被储存，而不需要像糖那样结合大量水（为了储存 1g 糖原，至少要带上 1g 水）。无水储存使得单位质量中储存的能量更多。

当以脂肪作为能源时，生物体还能获得大量的水，因为脂肪氧化时可以生成许多水。骆驼的驼峰是个储存脂的“仓库”，它既可以提供能量，又能够提供骆驼所需要的水，所以骆驼即使一段时间内不饮水也能走很长距离的路。

既然以脂的形式储存能量有显著的优越性，人们不禁要问，为什么还要以糖原的形式储存能量呢？这主要由于糖和脂肪酸的代谢之间有很大的差别，最重要的一点是脂肪酸氧化时需要氧才能产生可利用的能量，在缺氧条件下，不能提供任何能量。而糖是唯一能在缺氧条件下产生能量的化合物。由于膜的特殊性，中枢神经系统不能拥有大量的脂肪酸，也就是说，不能利用这些底物生产大量的能量。因此，在通常环境下，尽管中枢神经系统不是厌氧组织，而是亲氧组织，但它还是依赖葡萄糖的氧化提供能量。

16.4 奇数碳脂肪酸的氧化

自然界中发现的大多数脂肪酸是偶数碳脂肪酸，但在许多植物、海洋生物、石油酵母等生物体内还存在很多奇数碳脂肪酸。奇数碳脂肪酸也像偶数碳脂肪酸一样进行 *β*-氧化，但最后一轮 *β*-氧化的硫解反应产物中除了乙酰 CoA 外，还有丙酰 CoA。另外，异亮氨酸、缬氨酸和蛋氨酸氧化降解时也会产生丙酰 CoA。在哺乳动物的肝脏中，通过三个酶的催化反应可以将丙酰 CoA 转化为琥珀酰 CoA（图 16.10）。

首先丙酰 CoA 在**丙酰 CoA 羧化酶**（propionyl-CoA carboxylase）（生物素作为辅基）的催化下结合 HCO_3^- 形成 *D*-甲基丙二酸单酰 CoA，**甲基丙二酸单酰 CoA 消旋酶**（methylmalonyl-CoA racemase）催化 *D*-甲基丙二酸单酰 CoA 转化为它的 *L*-异构体，最后在**甲基丙二酸单酰 CoA 变位酶**（methylmalonyl-CoA mutase）（腺苷钴胺素为辅助因子）催化下形成琥珀酰 CoA。生成的琥珀酰 CoA 又可转换成草酰乙酸，由于草酰乙酸可用作糖异生的底物，因此来自奇数碳脂肪酸的丙酰基可以净转化为葡萄糖。

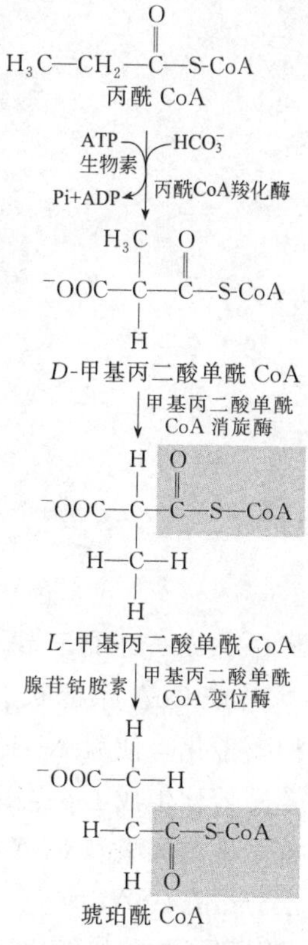

图 16.10 丙酰 CoA 转化为琥珀酰 CoA

在没有乙醛酸循环的生物体中，糖可以转化为脂肪酸，但脂肪酸是不能转化为糖的，就是说脂肪酸氧化生成的乙酰 CoA 不能净合成糖，而以丙酰 CoA 作为起始物质的糖异生却是个例外。

16.5 不饱和脂肪酸的氧化

前文描述的饱和偶数碳脂肪酸的 *β*-氧化是典型的脂肪酸氧化过程，然而在动物和植物内的三酰甘油及磷脂中的很多脂肪酸都是不饱和脂肪酸，即分子中含有一个或多个双键，这些双键都是顺式（*cis*）构型，不能被烯酰 CoA 水合酶作用，因为该酶催化的是β-氧化中的烯酰 CoA 反式（*trans*）构型双键的加水反应，所以催化这类反应还需要另外的酶。

不饱和脂肪酸氧化除了需要偶数碳饱和脂肪酸β-氧化反应的酶之外，还需要另外3个酶，即烯酰 CoA 异构酶、二烯酰 CoA 还原酶和3，2-烯酰 CoA 异构酶，下面我们以两个例子来说明。

首先讨论单不饱和脂肪酸油酸的氧化过程，油酸是十八碳一烯酸，双键位于 C9 与 C10 之间（Δ^9）。胞质溶胶中的油酸同样需要先激活生成油酰 CoA，经肉碱转运系统再转换成线粒体基质中的油酰 CoA，然后再开始氧化（图 16.11）。

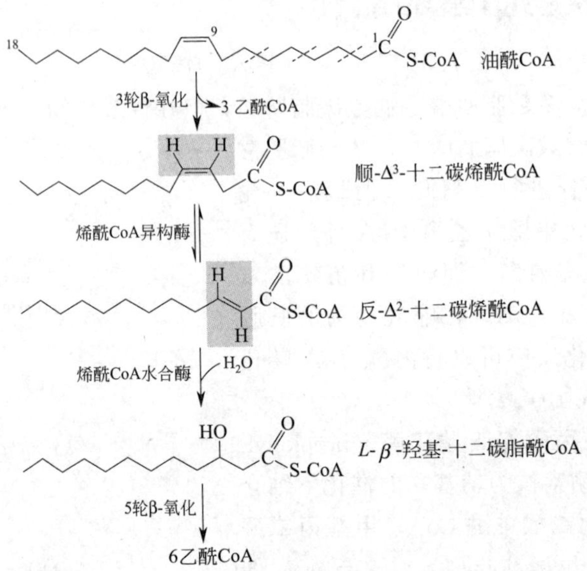

图 16.11 油酰 CoA 的氧化过程

油酰 CoA 首先进行三轮β-氧化，生成3分子乙酰 CoA 和顺-Δ^3-十二碳烯酰 CoA。顺-Δ^3-十二碳烯酰 CoA 不能被β-氧化过程中的下一个烯酰 CoA 水合酶作用，此时需要烯酰 CoA 异构酶催化，使顺-Δ^3-烯酰基 CoA 异构化为反-Δ^2-烯酰 CoA。反-Δ^2-烯酰 CoA 经烯酰 CoA 水合酶催化生成 L-β-羟酰 CoA，然后经 β-氧化过程中下面的酶作用生成乙酰 CoA 和癸酰 CoA（十碳饱和酰基 CoA），癸酰 CoA 再进行四轮 β-氧化过程。最后1分子油酰 CoA 转化为9分子乙酰 CoA。

多不饱和脂肪酸的氧化还需要另外一个特殊的还原酶。以亚油酸为例，亚油酸是十八碳二烯酸（含有两个双键），具有顺-Δ^9，顺-Δ^{12} 构型。亚油酸首先在胞质溶胶中激活形成亚油酰 CoA，然后经肉碱转运系统转运到线粒体内被氧化（图 16.12）。

首先进行三轮β-氧化过程，生成3分子乙酰 CoA 和顺-Δ^3，顺-Δ^6-十二烯酰 CoA，后者经烯酰 CoA 异构酶催化生成反-Δ^2，顺-Δ^6-十二烯酰 CoA。经一轮β-氧化后生成顺-Δ^4-十烯酰 CoA，然后经过酰基 CoA 脱氢酶催化生成反-Δ^2，顺-Δ^4-十烯酰 CoA，然后在特殊的还原酶 **2,4-二烯酰 CoA 还原酶**（2,4-dienoyl CoA reductase）催化下生成反-Δ^3-十烯酰 CoA，再经3,2-二烯酰 CoA 异构酶作用，重新进入正常的β-氧化过程，生成6分子乙酰 CoA。结果1分子亚油酰 CoA 降解为9分子乙酰 CoA。

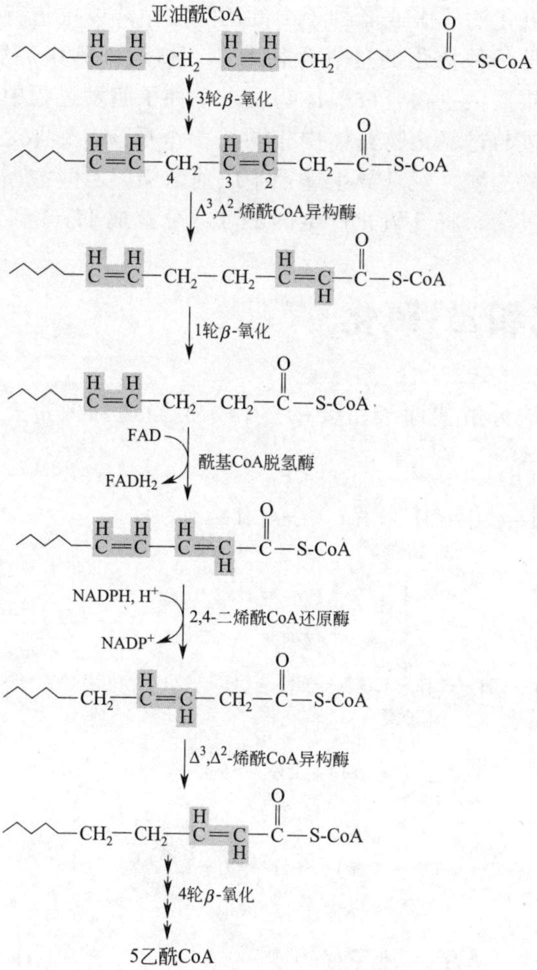

图 16.12 亚油酰 CoA 的氧化过程

16.6 过氧化物酶体中脂肪酸 β-氧化

线粒体是动物细胞内脂肪酸氧化的主要场所。除线粒体外，脂肪酸氧化也在过氧化物酶体中进行。动植物中的过氧化物酶体是由单层膜包被的细胞器，含有氧化酶、过氧化物酶和过氧化氢酶。过氧化物酶体中脂肪酸 β-氧化与在线粒体中的反应过程相同，包括 4 个步骤：①引入双键（反式-Δ^2）的氧化反应；②水被加合到双键上；③β-羟脂酰 CoA 被氧化成 β-酮脂酰 CoA；④β-酮脂酰 CoA 发生硫解。

过氧化物酶体与线粒体中所发生的脂肪酸氧化有不同之处。第一步反应中生成的 $FADH_2$ 中的电子被传递给 O_2，产生具有潜在细胞毒性的氧化物 H_2O_2，后者被过氧化氢酶水解成 H_2O 和 O_2。由此可见，在过氧化物酶体中，脂肪酸氧化释放的能量并没有以 ATP 储存起来，而是以热的形式释放而浪费。动物肝脏细胞中的过氧化物酶体参与脂肪酸氧化，它不含催化柠檬酸循环的酶，因此乙酰 CoA 不能被氧化，需要从过氧化物酶体转运出去。过氧化物酶体催化超长链脂肪酸分解为中长链、短链脂肪酸，再被转运至线粒体中进一步氧化。植物的线粒体因为不含脂肪酸 β-氧化所需要的酶，所以植物中的脂肪酸氧化不在线粒体中进行，而在叶片过氧化酶体中或者种子中的乙醛酸循环体中进行。乙醛酸循环体仅在种子萌发时形成，被认为是一种特化的过氧化物酶体。植物细胞中脂肪酸 β-氧化的作用不是供能，而是利用储存脂质提供生物合成前体物质。在种子萌发过程中，三酰甘油在脂肪酶的作用下生成脂肪酸，经过与过氧化物酶体中相同的 4 个反应，形成乙酰 CoA。乙酰 CoA 通过乙醛酸循环转化为草酰乙酸，经糖异生途径生成葡萄糖。乙醛酸循环体与过氧化物酶体类似，含高浓度的过氧化氢酶，将 β 氧化产生的 H_2O_2 分解成 H_2O 和 O_2。

16.7 α-氧化和 ω-氧化

β-氧化途径是脂肪酸分解代谢最主要的途径，但当遇到像带有支链的**植醇**（phytol），

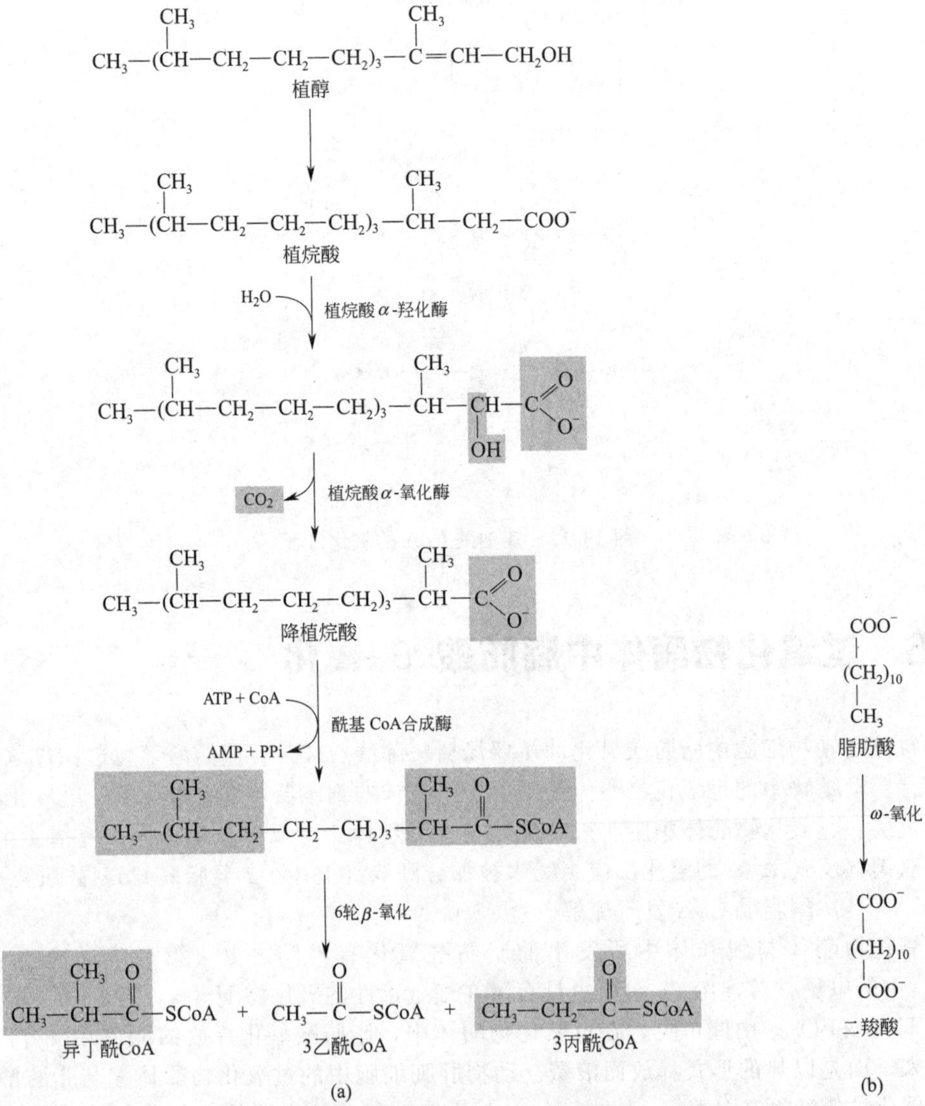

（a）α-氧化，植烷酸氧化后的产物降植烷酸可进行正常的 β-氧化，但也需要进行激活转换为酰基 CoA 的形式。（b）ω-氧化

图 16.13 脂肪酸 α-氧化和 ω-氧化

也称为叶绿醇那样的底物时，β-氧化就不能有效进行了，此时需要另外一条替代途径 α-氧化途径。植醇是叶绿素降解产物，存在于羊和牛等反刍动物的脂肪及奶制品中。反刍动物可以将植醇氧化成**植烷酸**（phytanic acid）。人们日常膳食离不开牛奶和奶制品，所以奶制品中的植烷酸的降解就是一个重要的膳食问题了。好在人体内存在 α-氧化途径，可以处理支链脂肪酸（图 16.13）。

如图 16.13(a) 所示，植烷酸首先在植烷酸 α-羟化酶催化下在 α 碳上加－OH，然后植烷酸 α-氧化酶再催化脱羧反应生成降植烷酸。降植烷酸经酰基 CoA 合成酶催化形成降植烷酰 CoA 后，就可进行常规的 β-氧化。终产物异丁酰 CoA 和丙酰 CoA 可以转换为琥珀酰 CoA。

如果缺乏 α-氧化系统，食用奶制品就会导致体内植烷酸积累，引发外周神经炎类型的运动失调和视网膜炎等。

ω-氧化是另一种有别于 β-氧化的脂肪酸分解代谢途径，主要存在于真核细胞的内质网中［图 16.12(b)］。在依赖于细胞色素 P_{450} 的**单加氧酶**（monooxygenase）（NADPH 为辅酶）催化下，在脂肪酸的 ω 碳（末端碳）加上—OH，然后经醇脱氢酶和醛脱氢酶依次催化生成一个两端都带有羧基的二羧酸，每一端接上 CoA 后再进入线粒体，可按照常规的 β-氧化途径进行氧化。

ω-氧化的底物为长链和中长链脂肪酸，加快了脂肪酸降解速度。

16.8　酮体

脂肪酸氧化产生的乙酰 CoA 大部分进入柠檬酸循环，然而还有一部分乙酰 CoA 在肝脏线粒体中经**生酮作用**（ketogenesis）被转化为**酮体**（ketone body）。“酮体”指的是 β-羟丁酸、乙酰乙酸和丙酮，β-羟丁酸和乙酰乙酸是酮体的主要成分，它们在血液和尿液中是可溶性的，而丙酮的含量最少，是一种挥发性的物质。

酮体是燃料分子，作为“水溶性脂”在有些器官，例如心脏和肾脏中比脂肪酸氧化得更快。尤其是在饥饿期间，酮体在肝脏中大量生成，使血液中酮体量大大增加，除作为其它组织的燃料外，还取代葡萄糖作为脑细胞的主要燃料（正常情况下，脂肪酸不能透过血脑屏障）。

16.8.1　酮体合成

在哺乳动物中，酮体是在肝细胞线粒体的基质中合成的（图 16.14）。首先，两分子乙酰 CoA 经硫解酶（也称为乙酰 CoA 酰基转移酶）催化缩合形成乙酰乙酰 CoA，然后乙酰乙酰 CoA 再与第三个乙酰 CoA 分子结合，形成 **3-羟基-3-甲基戊二酸单酰 CoA**（3-hydroxy-3-methylglutrylCoA，HMG-CoA），反应由 **HMG-CoA 合酶**（HMG-CoA synthase）催化。

接下来 HMG-CoA 被 **HMG-CoA 裂解酶**（HMG-CoA lyase）裂解，生成乙酰乙酸和乙酰 CoA。乙酰乙酸在 ***β*-羟丁酸脱氢酶**（β-hydroxybutyrate dehydrogenase）催化下生成 β-羟丁酸，反应是可逆的。乙酰乙酸和 β-羟丁酸都可以被转运出线粒体膜和肝胞质溶胶膜，进入血液流入肝外组织，在那里被氧化，经柠檬酸循环提供更多能量给骨、心肌和肾皮质等组织使用。脑组织一般只用葡萄糖作为燃料，但当饥饿时，葡萄糖供应不足，它可以接受乙酰乙酸和**β-羟丁酸**。酮体中丙酮的生成量相当小，生成后即被吸收。

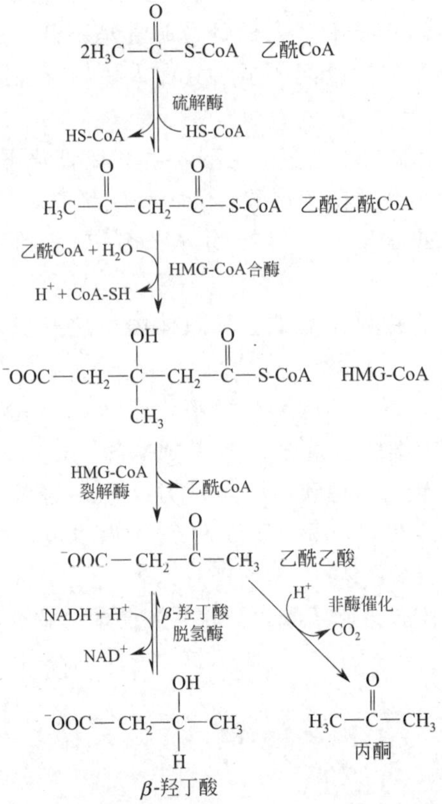

图 16.14 β-羟丁酸、乙酰乙酸和丙酮酸的生物合成

16.8.2 酮体氧化

在以β-羟丁酸和乙酰乙酸为燃料的细胞中，这两种分子都可以进入线粒体。在线粒体中，*D*-β-羟丁酸在**β-羟丁酸脱氢酶**催化下形成乙酰乙酸。乙酰乙酸在**琥珀酰 CoA 转移酶**（succinyl CoA transferase）催化下与琥珀酰 CoA 反应形成乙酰乙酰 CoA（图 16.15）。然后乙酰乙酰 CoA 在硫解酶的作用下被转化为 2 分子乙酰 CoA，生成的乙酰 CoA 经柠檬酸循环氧化。

酮体是很多组织的重要能源，包括中枢神经系统，但肝脏和红细胞除外，因为红细胞中没有线粒体，而肝脏中缺少激活酮体的酶。心肌和肾脏优先利用乙酰乙酸。脑在正常代谢时主要以葡萄糖为燃料，但在饥饿和患糖尿病时，脑也不得不利用乙酰乙酸，长期饥饿时，脑需要的燃料中有 75％是乙酰乙酸。

酮体是正常的、有用的代谢物。但当酮体的浓度过量时，会产生比较严重的后果。长期饥饿或患糖尿病的人，血液中的酮体水平是正常时的 40 多倍，这时血液中出现大量的丙酮，它是有毒的，丙酮具有挥发性和特殊气味，常可从患者气息中嗅到，可借此对疾病作出诊断。酮体浓度高，称为**酮症**（ketosis），会引起体内一系列生理变化。由于乙酰乙酸、*D*-β-羟丁酸都是酸，可使体内血液中 pH 降低，导致酸碱平衡紊乱，出现**酮酸中毒**（ketoacidosis）。

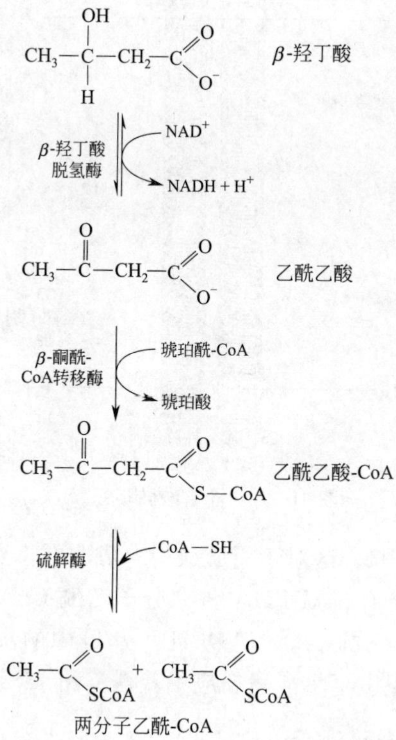

图 16.15 *D*-*β*-羟丁酸或乙酰乙酸转化为 2 分子乙酰 CoA

16.9 脂肪酸的生物合成

哺乳动物中脂肪酸合成主要发生在肝脏和脂肪组织，但在特殊条件下，特殊细胞内也可以合成少量的脂肪酸，例如泌乳期的乳腺细胞就可合成脂肪酸。真核生物中的脂肪酸生物合成发生在胞质溶胶中，包括三个阶段：乙酰 CoA 由线粒体转运到胞质溶胶；乙酰 CoA 羧化生成丙二酸单酰 CoA；脂肪酸合酶复合物催化脂肪酸合成。

16.9.1 乙酰 CoA 的转运

脂肪酸合成开始于乙酰 CoA，需要的乙酰 CoA 经**柠檬酸转运系统**（citrate transport system）由线粒体转运到胞质溶胶（图 16.16）。

首先线粒体中的乙酰 CoA 和草酰乙酸在柠檬酸合酶催化下缩合形成柠檬酸，柠檬酸经三羧酸载体由线粒体转运到胞质溶胶。进入胞质溶胶的柠檬酸经**柠檬酸裂解酶**（citrate lyase）催化重新生成乙酰 CoA 和草酰乙酸，裂解反应消耗 ATP，并需要 CoA-SH。

裂解生成的草酰乙酸需要返回线粒体，胞质溶胶中苹果酸脱氢酶催化草酰乙酸还原为苹果酸，同时 NADH 氧化为 NAD^+，然后苹果酸在**苹果酸酶**（malic enzyme）催化下脱羧生成丙酮酸，同时 $NADP^+$ 还原为 NADPH。新生成的丙酮酸经**丙酮酸转运酶**（pyruvate translocase）转运进入线粒体，羧化形成草酰乙酸开始下一轮穿梭转运循环。

柠檬酸转运系统不只是将乙酰 CoA 由线粒体转运到胞质溶胶，而且还将 NADH 转换成

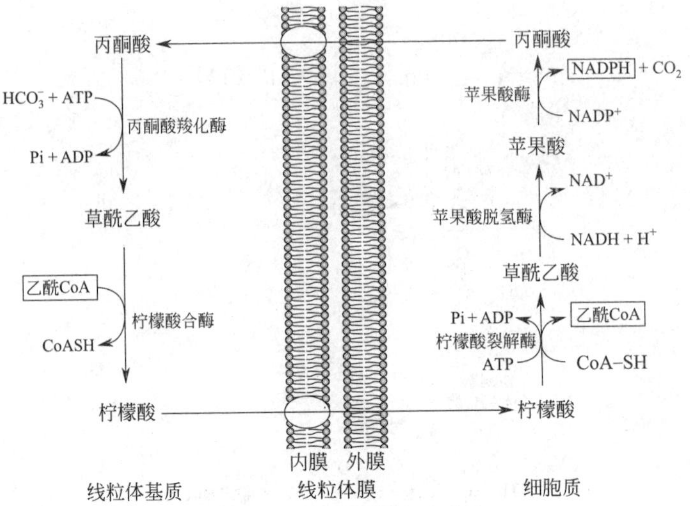

图 16.16　柠檬酸转运系统

了可用于脂肪酸合成的 NADPH，这对于脂肪酸的合成非常重要，例如，合成 1 分子软脂酸需要 8 分子乙酰-CoA 和 14 分子 NADPH，将 8 分子乙酰-CoA 自线粒体运送到胞质溶胶的同时产生 8 分子 NADPH，余下的 6 个 NADPH 可从肝中的戊糖磷酸途径（pentose phosphate pathway）或从脂肪组织中苹果酸酶反应中获得（图 16.16）。

16.9.2　丙二酸单酰 CoA 的合成

由线粒体转运到胞质溶胶的乙酰 CoA 在**乙酰 CoA 羧化酶**（acetyl CoA carboxylase，ACC）催化下羧化形成丙二酸单酰 CoA。乙酰 CoA 羧化酶的辅基是生物素，其反应机制类似丙酮酸羧化酶。首先，HCO_3^- 在 ATP 参与下与生物素形成羧基生物素。然后，激活的 CO_2 被转移给乙酰 CoA，形成丙二酸单酰 CoA（图 16.17）。

在 *E. coli* 中乙酰 CoA 羧化酶由称为生物素载体蛋白、生物素羧化酶和转羧酶的三个不同亚基组成；而在动物和酵母中，单一的一条多肽链中包含着这三个活性部位。

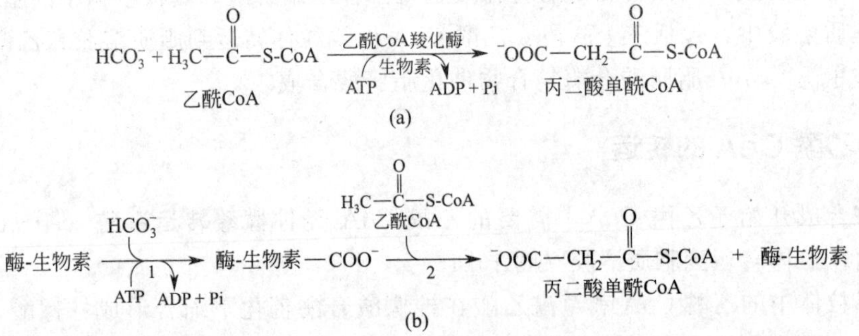

(a) 乙酰 CoA 羧化酶催化的总反应；(b) 乙酰 CoA 羧化酶催化的反应机制，1. 生物素羧化酶，2. 转羧酶

图 16.17　丙二酸单酰 CoA 的合成

16.9.3　脂肪酸合成

脂肪酸合成也需要酰基载体，但这个载体不是 CoA，而是一个也带有辅基磷酸泛酰巯基乙胺的**酰基载体蛋白**（acyl carrier protein，ACP）。ACP 是一个相对分子质量低的蛋白质，它在脂肪酸合成的作用犹如辅酶 A 在脂肪酸降解中的作用（图 16.18）。

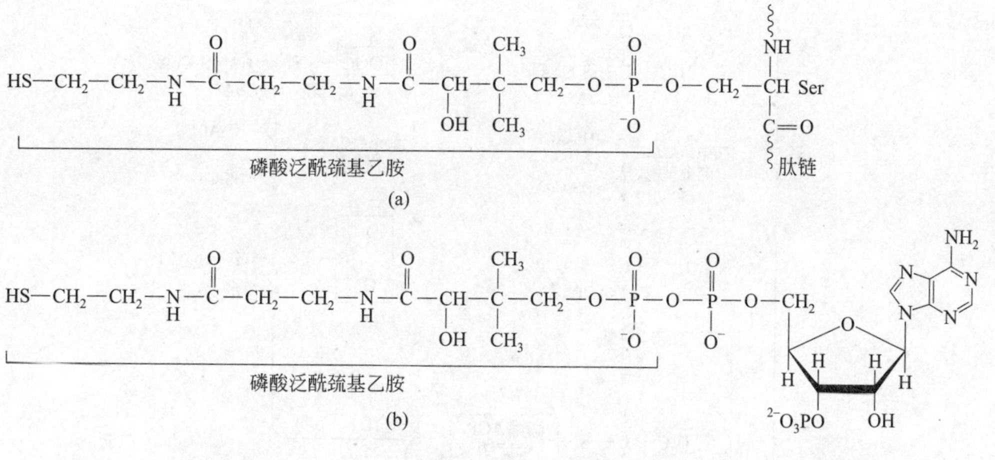

(a) ACP；(b) CoA。脂肪酸通过磷酸泛酰巯基乙胺的巯基与 ACP 和 CoA 相连

图 16.18 ACP 和 CoA

E. coli 中脂肪酸合成除了需要上述 ACP 以外，还需要由 7 个独立的酶组成的**脂肪酸合酶复合物**（fatty acid synthase complex）。而在哺乳动物中，一条多肽链包含了脂肪酸合成所需要的所有酶的催化活性，以二聚体形式存在，是一种多功能蛋白质。虽然脂肪酸合酶结构不同，但哺乳动物中脂肪酸合成过程与 *E. coli* 中脂肪酸合成的过程非常相似。

E. coli 中脂肪酸合成包括 5 个反应步骤：负载、缩合、还原、脱水和还原。整个反应过程和次序如图 16.19 所示。重复上述缩合、还原、脱水和还原反应过程，直至长链脂肪酸合成完成。

下面按照图 16.19 所示的反应次序进一步加以说明：

（1）负载。

在**乙酰 CoA-ACP 转酰基酶**（acetyl-CoA-ACP transacylase）催化下乙酰 CoA 中的乙酰基被转移到 ACP 上，生成乙酰-ACP，然后乙酰-ACP 中的乙酰基再转移到 *β*-酮酰-ACP 合酶上。在**丙二酸单酰 CoA-ACP 转酰基酶**（malonyl-CoA-ACP transacylase）催化下，丙二酸单酰基被转移到 ACP 上，生成丙二酸单酰-ACP。

（2）缩合。

在 ***β*-酮酰-ACP 合酶**（*β*-ketoacyl-ACP synthase）催化下，连接在 *β*-酮酰-ACP 合酶上的乙酰基转移到丙二酸单酰-ACP 上，形成乙酰乙酰-ACP，并释放出 1 分子 CO_2。核素实验证明，脱下的 CO_2 来自前面丙二酸单酰 CoA 合成时的底物 HCO_3^-。

（3）还原。

在 ***β*-酮酰-ACP 还原酶**（*β*-ketoacyl-ACP reductase）催化下，乙酰乙酰-ACP 的 *β*-羰基被还原为 *β*-羟基，形成 *D*-*β*-羟丁酰-ACP，NADPH 作为该酶的辅酶。

（4）脱水。

在 ***β*-羟丁酰-ACP 脱水酶**（*β*-ketoacyl-ACP dehydratase）催化下，*D*-*β*-羟丁酰-ACP 脱水生成带有双键的反式丁烯酰-ACP。

（5）还原。

在 ***β*-烯酰-ACP 还原酶**（*β*-enoy-ACP reductase）催化下，反式丁烯酰-ACP 被还原为丁酰-ACP，NADPH 为酶的辅酶。至此，由 1 分子乙酰-ACP 接上一个二碳单位，生成了一个四碳的丁酰-ACP。

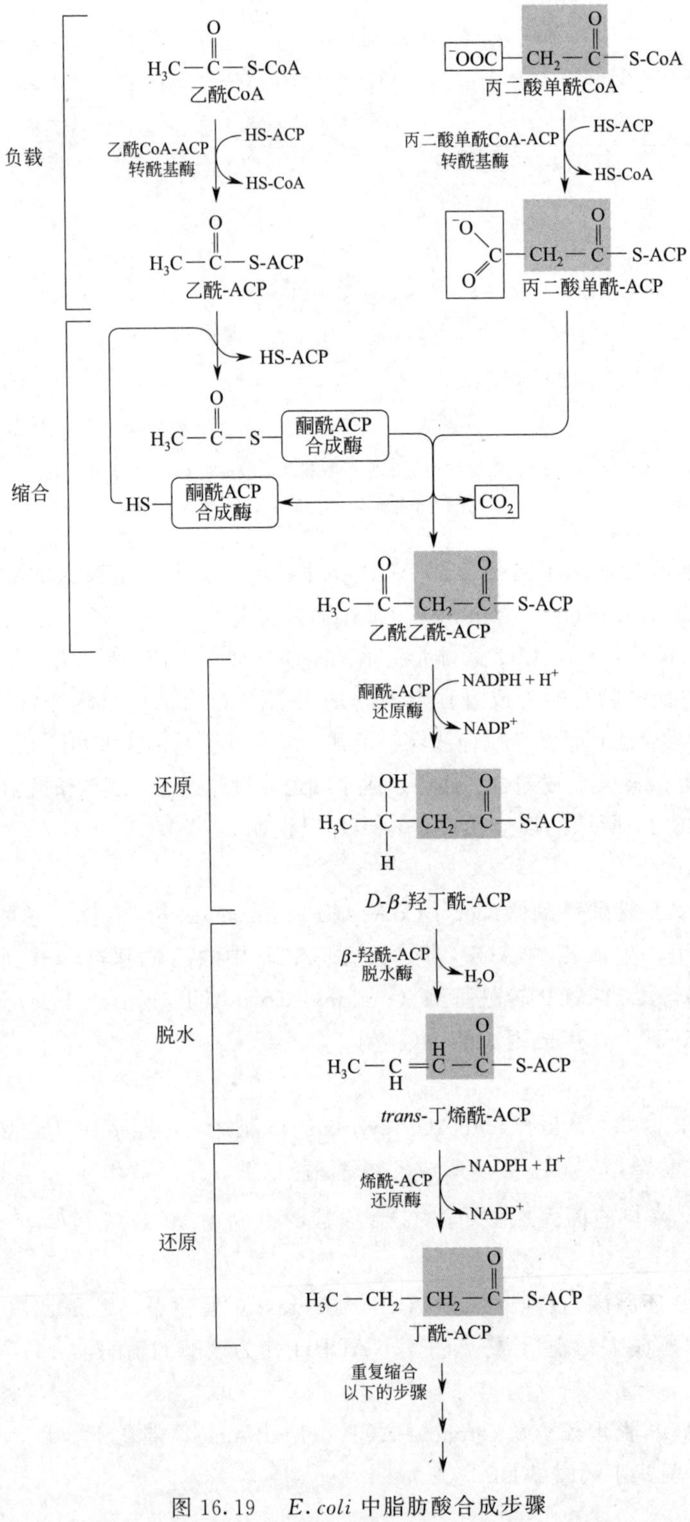

图 16.19　*E. coli* 中脂肪酸合成步骤

重复上述(2)～(5) 的合成过程，但起始底物是已经加长了两个碳的酰基-ACP，如丁酰-ACP，而不是乙酰-ACP，每一轮都有一个新的丙二酸单酰 CoA 分子参与合成（图 16.20）。

但要注意的是，在第一轮缩合反应中，乙酰 CoA 贡献的两个碳变成了生长着的酰基分

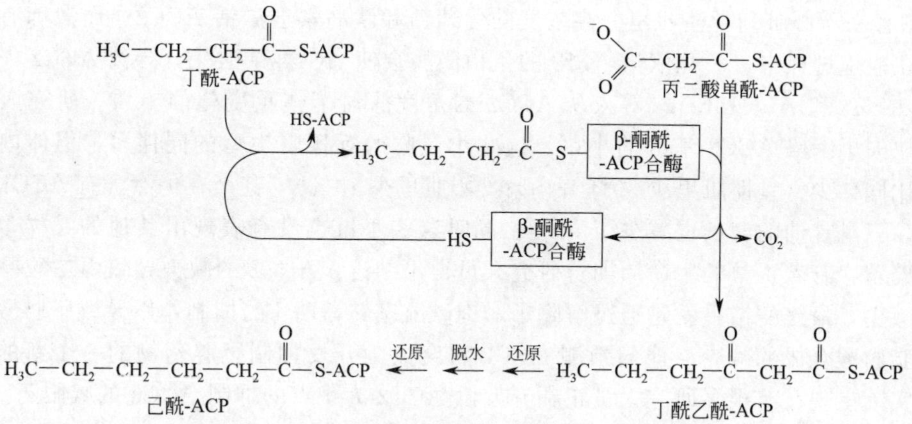

图 16.20　脂肪酸合成第二轮的缩合反应

子的末端的两个碳，但从第二轮起，只有丙二酸单酰-CoA 贡献二碳单位。依次重复进行缩合、还原、脱水、还原，直至持续到生成软脂酰-ACP。软脂酰-ACP 在**硫酯酶**（thioesterase）催化下生成软脂酸和 HS-ACP：

$$\text{软脂酰-ACP} \xrightarrow[\text{硫酯酶}]{H_2O} \text{软脂酸} + \text{HS-ACP}$$

由乙酰 CoA 和丙二酸单酰 CoA 合成软脂酸的总反应可表示为：

$$\text{乙酰 CoA} + 7\ \text{丙二酸单酰 CoA} + 14NADPH + 14H^+ \longrightarrow \text{软脂酸} + 7CO_2 + 14NADP^+ + 8CoASH + 6H_2O$$

从上述脂肪酸合成途径可以看出，脂肪酸合成和降解是通过完全不同的两条途径进行的。表 16.2 归纳了脂肪酸 β-氧化和合成的主要区别。

表 16.2　大肠埃希菌脂肪酸 β-氧化与脂肪酸合成主要区别

序号	脂肪酸 β-氧化	脂肪酸合成
1	发生在线粒体	发生在胞质溶胶
2	开始于羧基端	开始于甲基端
3	脂肪酸与 CoA 形成硫酯	脂肪酸与 ACP 形成硫酯
4	产物是乙酰 CoA	前体是乙酰 CoA
5	氧化过程，需要 NAD^+ 和 FAD，并产生 ATP	还原过程，需要 NADPH 和 ATP
6	β-羟酰 CoA 构型为 L 构型	β-羟酰-ACP 构型为 D 构型
7	没有涉及丙二酸单酰 CoA，不需要生物素	丙二酸单酰 CoA 是 2 碳单位来源，需要生物素

相关话题

抑制肥胖的新靶点——乙酰 CoA 羧化酶

丙二酸单酰 CoA 除了在脂肪酸生物合成中作为脂肪酸链延长的二碳片段供体之外，还有另外一个强烈抑制肉碱酰基转移酶Ⅰ的重要调节功能。肉碱酰基转移酶Ⅰ被抑制就等于抑制了脂肪酸的氧化，显然有利于脂肪酸的合成和储存。但细胞氧化还是储存脂肪还取决于胞质溶胶里丙二酸单酰 CoA 的水平，它的水平高抑制脂肪酸氧化，水平低不仅限制了脂肪酸合成，而且也解除了对肉碱酰基转移酶Ⅰ的抑制，有利于脂肪酸氧化。如果能够将丙二酸单酰 CoA 的水平控制在很低的水平上，就等于促进了脂肪酸氧化，这也正是降低体内脂肪的一个理想目标。

从前文已了解到丙二酸单酰 CoA 是在乙酰 CoA 羧化酶（ACC）催化下由乙酰 CoA 羧化生成的。ACC 有两个同工酶 ACC1 和 ACC2，ACC1 主要分布在肝脏和脂肪组织，而

ACC2 则存在于心脏和骨骼肌里。高浓度的葡萄糖和胰岛素会激活 ACC2，而锻炼有相反的作用。在锻炼过程中，一种依赖 AMP 的蛋白激酶会使 ACC2 磷酸化，导致 ACC2 失活。

Ruderma 和 Abu-Elheiga 等人从 ACC2 的角度探讨了体重变化的本质。研究人员获得了一种缺失了编码 ACC2 基因的小鼠。这些小鼠吃的远比野生型的同伴多，但体内储存的脂肪却比同伴少（骨骼肌里少 30%～40%，心肌里少 10%），甚至在仍然含有 ACC1 的脂肪组织里，三酰甘油的含量也减少了 50%。同时这些小鼠也没有表现出其他的异样，正常地生长和繁殖，有着正常的生命周期。研究人员得出结论：ACC2 的缺失导致丙二酸单酰 CoA 生成量减少，最终的结果就是通过解除了对肉碱酰基转移酶 I 的抑制作用导致脂肪酸 β-氧化增加和脂肪酸合成的减少。他们预测 ACC2 将会成为开发抑制肥胖药物的一个新的很好的靶点。实际上现在有很多研究人员正在开发以 ACC2 为靶点的抑制 ACC2 的减肥药。

16.10　脂肪酸链的延长和去饱和

脂肪酸合成的最常见产物是软脂酸（16∶0），当要合成比软脂酸更长的脂肪酸（>16）时，对于哺乳动物而言，需要到线粒体和内质网膜中去完成。

线粒体中脂肪酸延长反应是独立于脂肪酸合成之外的过程，它是乙酰单元的加成和还原，恰恰是脂肪酸降解的逆过程，其中间代谢物是酰基 CoA，而不是酰基 ACP，使用的碳源是乙酰 CoA，而不是丙二酸单酰 CoA，在最后一步的还原反应中使用的辅酶是 NADPH（图 16.21）。

在内质网中进行延长反应时，碳链的延长更为活跃，使用丙二酸单酰 CoA 作为碳源，可以由软脂酸延长生成硬脂酸。反应过程类似于在胞质溶胶中的脂肪酸合成，唯一区别是使用的载体是 CoA，而不是 ACP。首先软脂酰 CoA 与丙二酸单酰 CoA 缩合，也要经过还原、脱水、再还原过程，最后生成硬脂酰 CoA。

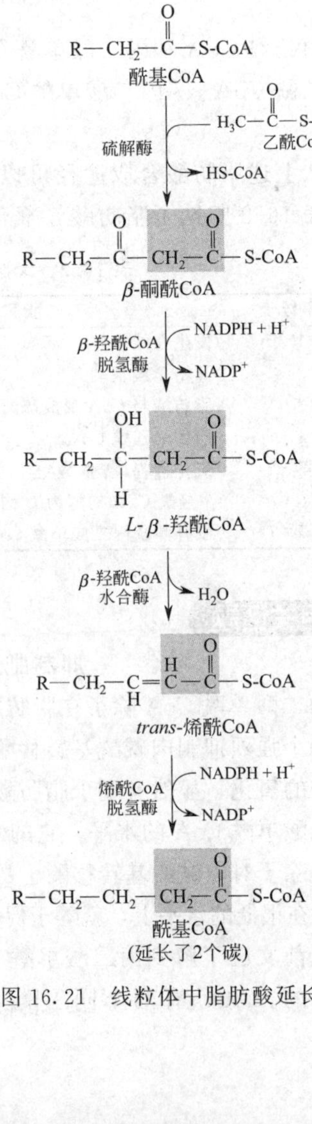

图 16.21　线粒体中脂肪酸延长反应

脂肪酸的去饱和，即在脂肪酸中引入双键反应主要发生在内质网，是由称为**去饱和酶**（desaturase）的一种特殊的**混合功能氧化酶**（mixed-function oxidase）[需要 O_2 和 NAD（P）H] 催化的氧化反应。动物细胞中去饱和酶可催化远离脂肪酸羧基端的第 9 个碳的去饱和，动物组织中棕榈油酸（十六碳一烯酸，16∶1，Δ^9）和油酸（十八碳一烯酸，18∶1，Δ^9）是两种常见的不饱和脂肪酸，图 16.22 给出了硬脂酰 CoA 去饱和生成油酰 CoA 的电子转移过程。但 9 碳以上的去饱和则只有植物中的去饱和酶能催化，例如亚油酸（18∶2 $\Delta^{9,12}$）是动物所需要的脂肪酸，但动物不能合成，所以是一种必须由食物供给的必需脂肪酸。

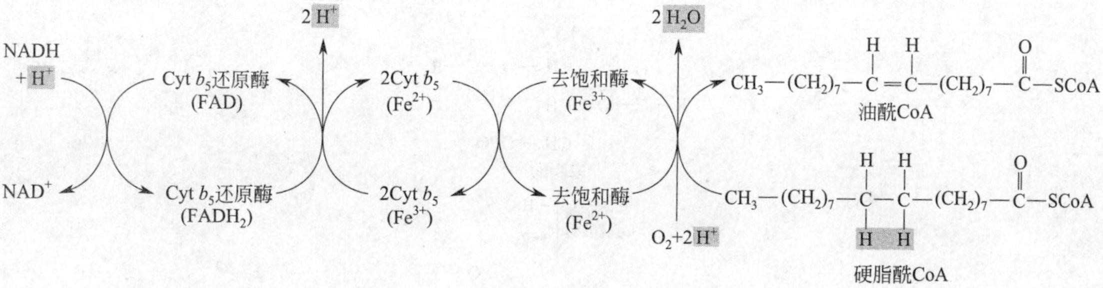

真核生物中硬脂酰 CoA 在硬脂酰 CoA 去饱和酶催化下转换为油酰 CoA。细胞色素 b_5（Cyt b_5）和细胞色素 b_5 还原酶参与转换的系列反应，两个电子来自 NADH，也可以来自脂肪酸底物

图 16.22　脂肪酸去饱和

16.11　其它脂类的生物合成

细胞内以游离形式存在的脂肪酸很少，主要以酯化形式，例如三酰甘油或磷脂等形式存在。这两种类型的脂的生物合成主要发生在肝细胞和脂肪细胞的内质网。

16.11.1　三酰甘油和磷脂的合成

三酰甘油和磷脂的合成在生成磷脂酸之前的途径是相同的(图 16.23)。首先糖酵解生成的磷酸二羟丙酮在甘油-3-磷酸脱氢酶催化下还原为甘油-3-磷酸，甘油在甘油激酶催化下也可以生成甘油-3-磷酸。然后在**酰基转移酶**（acyltransferase）催化下，甘油-3-磷酸依次与提供酰基的酰基 CoA 分子反应，生成在生理 pH 下带净负电荷的磷脂酸。

然后磷脂酸在**磷脂酸磷酸酶**（phosphatidate phosphatase）催化下去磷酸，生成 1,2-二酰甘油，再经酰基转移酶催化与第 3 个酰基 CoA 反应生成三酰甘油。在磷酸胆碱转移酶催化下，1,2-二酰甘油与 CDP-胆碱生成磷脂酰胆碱；在磷酸乙醇胺转移酶催化下 1,2-二脂酰甘油与 CDP-乙醇胺反应生成磷脂酰乙醇胺(图 16.24)。

磷脂是组成生物膜的主要成分，分为甘油磷脂与鞘磷脂两大类。磷脂具有着两亲性的结构，极性部分喜欢水性环境，非极性的部分则是亲脂性的，其结果磷脂分子形成双层结构，这种双层结构是绝大多数膜优势选择的结构特征。

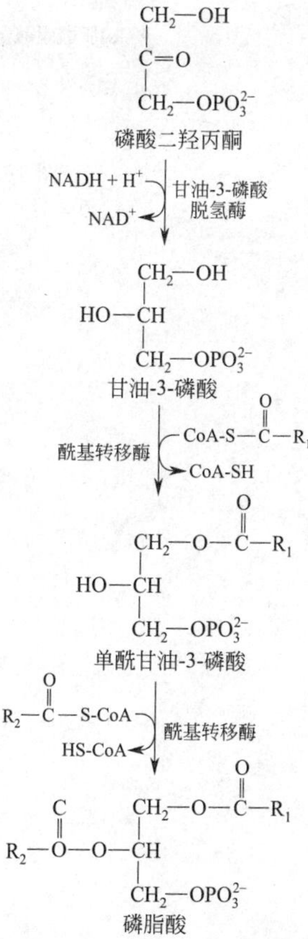

图 16.23　磷脂酸合成

16.11.2　鞘脂的合成

所有鞘脂的一般结构都有一个长的脂肪链、一个二级胺和一个醇羟基部分，它的代表为鞘氨醇。就像图 16.25 表示的那样，首先丝氨酸与软脂酰 CoA 缩合形成 3-酮二氢鞘氨醇，

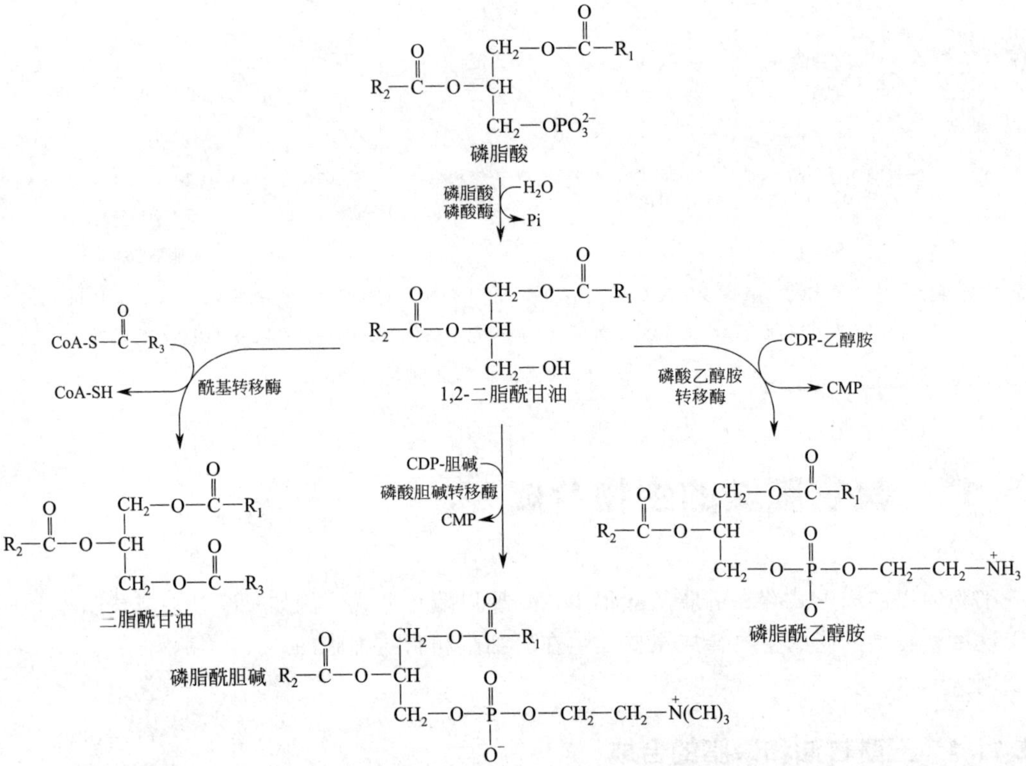

图 16.24　三酰甘油、磷脂酰胆碱和磷脂酰乙醇胺的合成

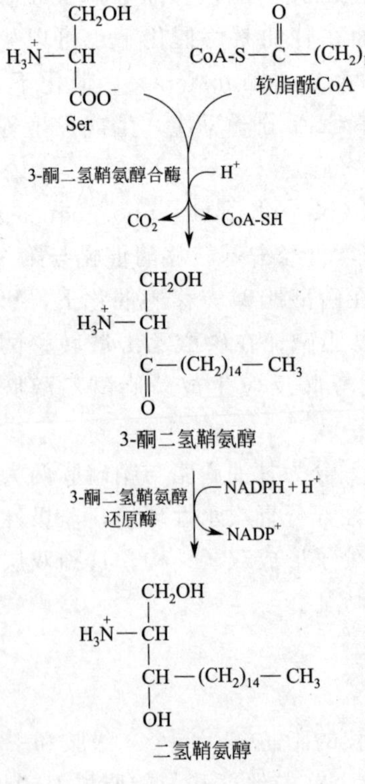

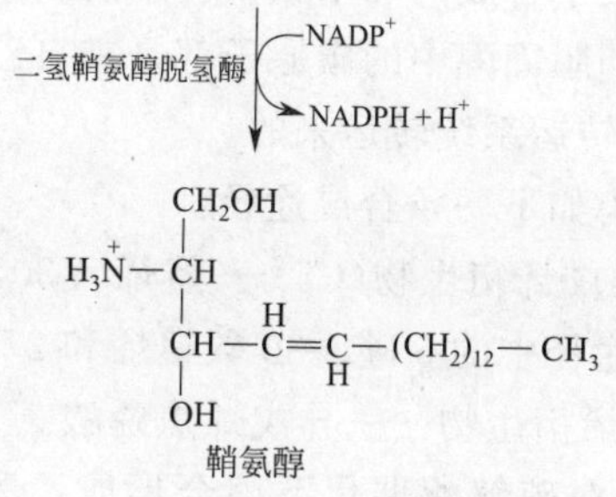

图 16.25　鞘氨醇的合成

然后 3-酮二氢鞘氨醇被还原生成二氢鞘氨醇，最后二氢鞘氨醇去饱和形成鞘氨醇。

当鞘氨醇酰化生成神经酰胺后，神经酰胺可以与 CDP-胆碱或磷脂酰胆碱形成鞘磷脂，也可以与 UDP-半乳糖反应生成半乳糖脑苷脂（图 16.26）。

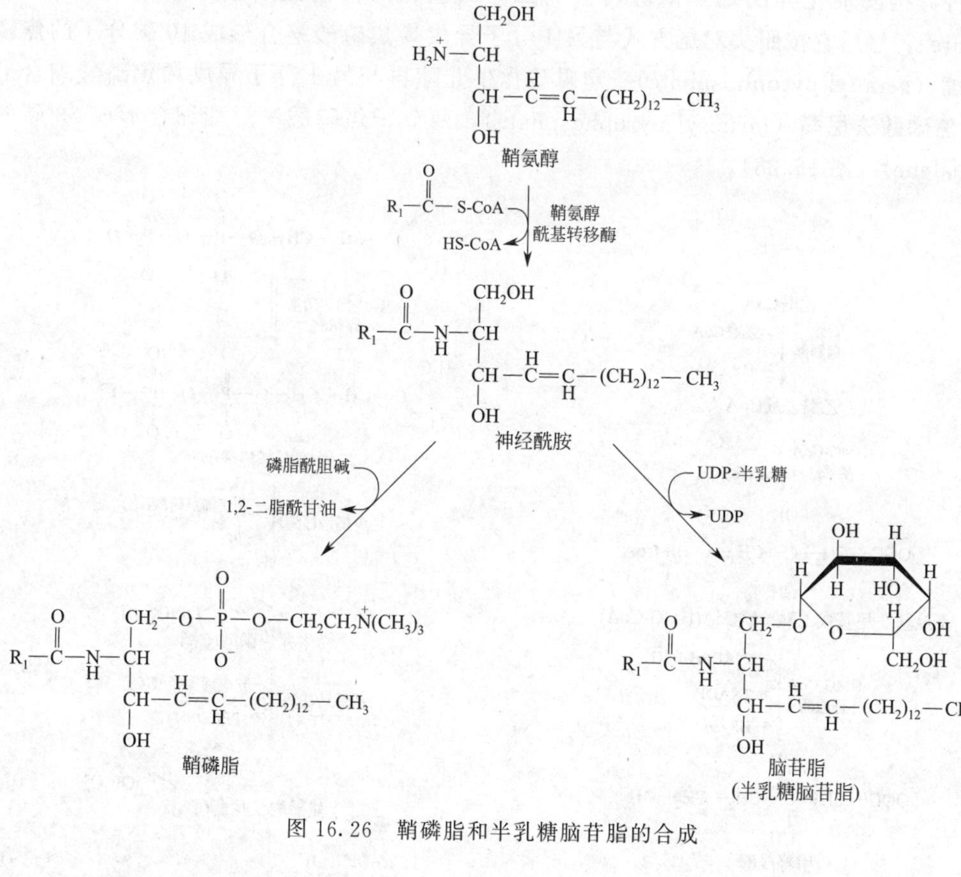

图 16.26　鞘磷脂和半乳糖脑苷脂的合成

16.11.3　胆固醇的合成

胆固醇（cholesterol）是类固醇（steroid）家族中最突出的成员，它是真核生物膜的一个重要组成部分，此外它还是另外两类重要的类固醇［类固醇激素（steroid hormone）和胆汁酸（bile acid）］的前体。胆固醇是哺乳动物体内含量最丰富的甾醇类化合物，是人体的主要脂质物质之一。几乎大多数哺乳动物细胞都有合成胆固醇的能力，合成胆固醇最活跃的地方是肝细胞，在肝细胞胞质溶胶中合成的和来自饮食中的胆固醇通过脂蛋白运输到身体的其它细胞。同位素标记实验表明，胆固醇中的碳原子都是来自乙酰 CoA 中的 2 碳单位乙酰基。乙酰 CoA 是从线粒体经柠檬酸转运系统转运来的。

胆固醇的生物合成可归纳为如下一条合成途径：

乙酰基(C2)→ 异戊烯衍生物(C5)→ 鲨烯(C30)→ 胆固醇(C27)

以下重点说明胆固醇合成途径中的 5 碳、30 碳鲨烯和 27 碳合成阶段。

(1) 由乙酰 CoA 合成异戊烯衍生物——异戊烯焦磷酸。

首先是 2 分子的乙酰 CoA 在硫解酶催化下缩合形成乙酰乙酰 CoA，乙酰乙酰 CoA 经 HMG-CoA 合酶催化与另 1 分子乙酰 CoA 缩合生成 3-羟基-3-甲基戊二酸单酰 CoA（HMG-CoA）。然后，HMG-CoA 还原酶催化 HMG-CoA 转化为甲羟戊酸（mevalonate）。甲羟戊酸经三步酶促反应转化为**异戊烯焦磷酸**（isopentenyl pyrophosphate）（图 16.27）。

(2) 由异戊烯焦磷酸形成鲨烯。

一种异构酶催化异戊烯焦磷酸转换为**二甲（基）烯丙基焦磷酸**（dimethylallyl pyrophosphate），然后它按照头对尾方式与另 1 分子异戊烯焦磷酸缩合形成 10 碳分子的**焦磷酸牻牛儿酯**（geranyl pyrophosphate）。焦磷酸牻牛儿酯再与另 1 分子异戊烯焦磷酸缩合形成 15 碳的**焦磷酸法尼酯**（farnesyl pyrophosphate），两分子焦磷酸法尼酯缩合形成 30 碳的**鲨烯**（squalene）（图 16.28）。

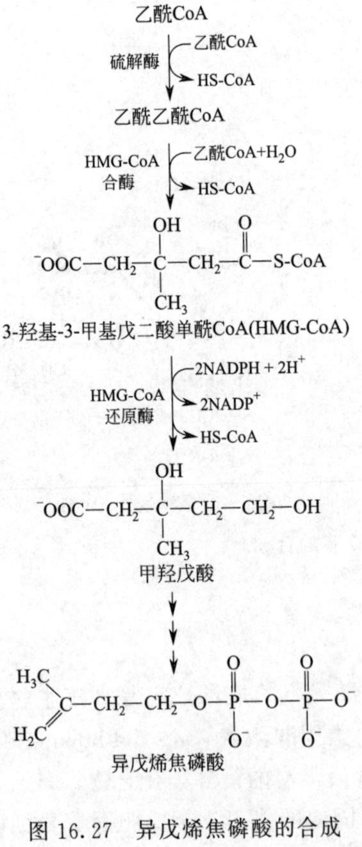

图 16.27 异戊烯焦磷酸的合成

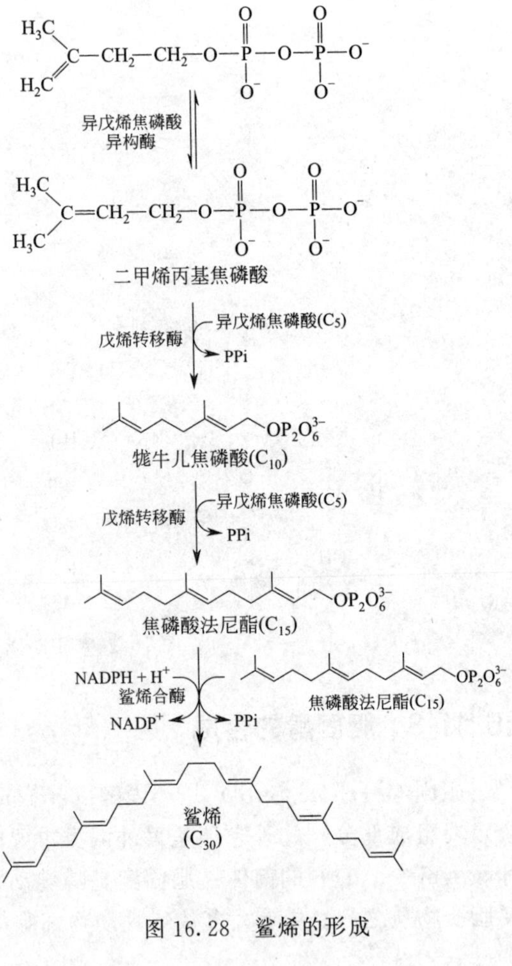

图 16.28 鲨烯的形成

(3) 由鲨烯形成胆固醇

鲨烯转换成胆固醇的过程很复杂，图 16.29 给出了鲨烯到胆固醇的简单途径，其中只给出了一个中间产物羊毛固醇（lanosterol），实际上从鲨烯到羊毛固醇，涉及加氧、环化，形成由四个环组成的胆固醇核的反应。而由羊毛固醇转换为胆固醇还要经过甲基的转移、氧化及脱羧等过程。

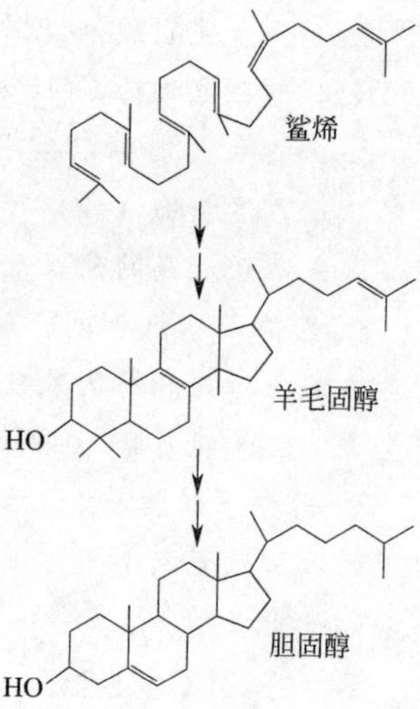

图 16.29 鲨烯转换为胆固醇

胆固醇的合成是一个复杂的耗能过程，过量的胆固醇不能作为能源，因此，严格调控胆固醇的合成以补充食物中摄取胆固醇对生物体而言是有利的。在哺乳动物中，胆固醇的合成受细胞内胆固醇含量、ATP 供应及激素（胰岛素和胰高血糖素）调控，限速步骤为 HMG-CoA 还原酶催化反应（图 16.27），HMG-CoA 还原酶是一个非常复杂的调控酶。

很长时期，人们认识到血浆中的高胆固醇与心血管疾病有关联。绝大多数的血浆胆固醇发生在肝脏中，因此设想有药物特异性地对胆固醇生物合成进行作用。也就是设想使 HMG-CoA 还原酶失活或钝化的药物出现，因为这个酶是调节胆固醇合成途径的关键酶。人们从真菌中分离出一些代谢物，它们对 HMG-CoA 还原酶有竞争性抑制作用，其中最有效的是 lovastatin。以狗为实验对象，狗服用小剂量的这种药（8mg/kg 体重）可以降低胆固醇在血浆中浓度的 30%，此药已被批准用于高胆固醇血症（hypercholesterolemia）患者。

小结

饮食脂肪在小肠被水解成脂肪酸和单酰甘油后被吸收。血液中脂蛋白负责运输脂，在脂肪细胞中脂肪酸酯化以三酰甘油形式储存。内源性脂肪在激素敏感性脂肪酶的作用下降解，释放出脂肪酸。

在胞质溶胶，脂肪酸被激活形成酰基 CoA，然后经肉碱穿梭系统转移至线粒体基质中。脂肪酸通过重复依次进行的氧化、水合、氧化和硫解的 β-氧化反应，每次除去二碳片段（生成乙酰 CoA），直至被降解至乙酰 CoA。

奇数碳脂肪酸在 β-氧化降解可生成乙酰 CoA 和 1 分子丙酰 CoA，丙酰 CoA 然后转换为琥珀酰 CoA。不饱和脂肪酸氧化还需要异构酶和特殊还原酶。在肝脏中合成酮体，其他组织用这些酮体作为燃料。

脂肪酸合成发生在胞质溶胶内，原料乙酰 CoA 通过柠檬酸转运系统由线粒体转运到胞质溶胶。乙酰 CoA 羧化生成丙二酸单酰 CoA，丙二酸单酰 CoA 和乙酰 CoA 负载到 ACP。脂肪酸合成涉及缩合、还原、脱水和还原反应过程。

1,2-二酰甘油酰化生成三酰甘油，1,2-二酰甘油分别经磷酸胆碱转移酶和磷酸乙醇胺转移酶催化可生成磷脂酰胆碱和磷脂酰乙醇胺。鞘氨醇酰化形成神经酰胺，神经酰胺加上磷脂可以形成鞘磷脂，加上一个糖成分可形成脑苷脂。胆固醇合成的原料是乙酰 CoA。

习题

1. 解释为什么肉碱酰基转移酶Ⅱ先天遗传缺陷的个体会发生肌无力现象？而在饥饿期

间这些症状会更严重？

2. 1分子硬脂酸（18个C）经β-氧化生成多少乙酰CoA？生成多少$FADH_2$？生成多少NADH？彻底氧化为CO_2和H_2O时净生成多少ATP？

3. 一些细菌能够以碳水化合物作为其唯一的营养物质，即作为碳源和能源，而且通过氧化，碳氢化合物（烃）可转换为相应的羧酸，例如辛烷可被氧化为辛酸。这样的细菌是否可以用来清理泄漏的油，原因为何？

4. 黑熊在冬眠期间，每天约消耗能量2.5×10^4kJ，冬眠最长达7个月，维持生命的能量主要来自体内脂肪的氧化。7个月以后，大约黑熊要失去多少体重（假设每克脂肪氧化可产生37.63kJ能量）？在冬眠期间黑熊很少发生酮症，其中的原因是什么？

5. 当把下列物质加入到肝脏匀浆液中进行软脂酸合成时，标记的碳原子出现在软脂酸分子的什么位置？

(a) $H^{14}CO_3^-$；

(b) $H_3{}^{14}CCO\text{-}SCoA$。

17 蛋白质降解和氨基酸代谢

17.1 蛋白质的降解

人和动物一方面从食物中摄取蛋白质，在消化道内被多种蛋白酶水解成氨基酸，经小肠吸收，进入血液；另一方面，体内的蛋白质也不断地降解成氨基酸，这些分布于血液和各个组织内的全部游离氨基酸称为氨基酸代谢库。

17.1.1 食物蛋白质的摄取与水解

在人体中，胃肠道将摄入的蛋白质降解为氨基酸。膳食蛋白质进入胃刺激胃黏膜分泌激素胃泌素，进而刺激胃腺壁细胞分泌盐酸和胃黏膜主细胞分泌胃蛋白酶原。酸性胃液（pH为1.0～2.5）既是杀菌剂，能杀死大多数细菌和其他外来细胞，也是变性剂，能使球状蛋白质展开，使其内部的肽键更容易被酶水解。胃蛋白酶原是一种失活的前体或酶原，通过只在低pH下发生的自催化裂解（由胃蛋白酶原本身介导的裂解）而转化为活性胃蛋白酶。在胃中，胃蛋白酶水解摄入的蛋白在苯丙氨酸（Phe)、色氨酸（Trp）和酪氨酸（Tyr）残基的氨基端肽键上，将长肽链切割成更小的肽链的混合物。当酸性胃内容物进入小肠时，低pH值触发了分泌素（分泌激素）进入血液。分泌素刺激胰腺分泌碳酸氢盐到小肠中和胃液中的盐酸，迅速将pH提高到7左右（所有的胰腺分泌物都通过胰管进入小肠)，蛋白质在小肠中消化成氨基酸。

17.1.2 细胞内蛋白质的降解

细胞为了维持适当的蛋白质稳态，必须不断监测蛋白质的质量和数量，严格控制蛋白质降解系统。错误折叠、损伤或不必要的蛋白质将继续分解，使细胞内蛋白质毒性应激降到最低。蛋白质降解过程中产生的氨基酸可以循环利用，并与新的蛋白质结合完成体内蛋白质循环。在真核细胞中，调节蛋白质降解的两个主要途径是泛素-蛋白酶体途径和自噬溶酶体途径。通常，泛素-蛋白酶体途径（ubiquitinproteasome system，UPS）被用来降解短寿命蛋白，自噬溶酶体系统被用来降解长寿命蛋白。

17.1.2.1 泛素-蛋白酶体系统

泛素-蛋白酶体系统是真核细胞中蛋白质选择性降解的主要途径。UPS由泛素（Ub)、

E_1 泛素活化酶、E_2 泛素结合酶、E_3 泛素连接酶、去泛素化酶、26S蛋白酶体及其底物构成。泛素是一类小分子量的单体蛋白，含有76个氨基酸残基，保守性很强，因广泛存在于真核细胞而得名。泛素活化酶 E_1 是催化泛素分子与底物蛋白结合的关键酶。泛素甘氨酸端的羧基连接到泛素活化酶 E_1 的半胱氨酸残基，需要ATP作为能量，最终形成一个泛素和泛素活化酶 E_1 之间的硫酯键。泛素结合酶 E_2 是催化泛素分子与底物蛋白结合所需要的另一种关键酶，E_1 将活化后的泛素通过交酯化过程交给泛素结合酶 E_2，泛素连接酶 E_3 将结合 E_2 的泛素连接到目标蛋白上并释放 E_2，形成特定的泛素化蛋白质。泛素化的蛋白质被特定的蛋白酶体识别并结合，最终在蛋白酶的催化下分解为短肽或氨基酸。蛋白质的泛素化与去泛素化是一个可逆的过程，因此也需要去泛素化酶发挥作用，去泛素化酶可以将已发生泛素化的蛋白上的泛素链切除，并参与泛素原的激活。

泛素系统以正常的短寿命蛋白和错误折叠蛋白或异常蛋白为靶标，并进行降解。虽然泛素系统的成分在胞质中，但已知的系统靶点不仅包括可溶性胞质蛋白和核蛋白，还包括膜蛋白甚至内质网蛋白。一些错误折叠的内质网蛋白被逆转运到细胞质中被泛素化，然后被蛋白酶体降解。

17.1.2.2 自噬-溶酶体系统

自噬是一个在真核生物中高度保守的过程，它发生在细胞质中，细胞内过多或异常的细胞器被运输到溶酶体中被降解。在细胞内主要有3种类型的自噬，即分子伴侣介导的自噬(chaperon-mediated autophagy)、巨自噬（macroautophagy）和微自噬（microautophagy）。这些自噬过程都有一个共同点，即都是在溶酶体中实现蛋白质的降解。微自噬是溶酶体直接通过溶酶体膜的突出、隔膜或/和内陷来直接吞噬细胞质。而巨自噬则是细胞内过多或异常的细胞器及其周围的蛋白质和部分细胞质被双层膜所包裹形成自噬体，随后自噬体与溶酶体融合并且降解其所包裹的内容物。分子伴侣介导的自噬是具有高度选择性的，并且只能降解一些特定蛋白而不能降解细胞器，这些能够被降解的蛋白都含有特定的氨基酸序列且能被分子伴侣或其复合物所识别并结合，随后底物蛋白和分子伴侣复合物能被直接运送到溶酶体内，底物则在溶酶体内降解。

17.2 氨基酸的分解代谢

体内氨基酸主要来源于摄入蛋白质的降解及细胞中蛋白质的正常分解（循环）。氨基酸的主要用途是作为构件分子用于蛋白质的合成，另外还作为氮源用于其它含氮化合物（例如核苷酸碱基等）的合成。与脂肪酸和葡萄糖不同，超过合成所需的氨基酸，即过量的游离氨基酸不能储存，也不能直接排泄，但可以作为代谢的燃料通过降解提供能量。人类从氨基酸的分解代谢中获得一小部分氧化能量。

氨基酸分解代谢的途径在大多数生物体中都非常相似，本章的重点是脊椎动物的氨基酸分解代谢途径。就像碳水化合物和脂肪酸的分解代谢一样，氨基酸的降解过程集中在中心的分解代谢途径上，大多数氨基酸的碳骨架都会进入柠檬酸循环。在某些情况下，氨基酸分解的反应途径与脂肪酸分解代谢的步骤非常平行。氨基酸降解与其他分解代谢过程有一个重要的区别：每个氨基酸都含有一个氨基基团，因此，氨基酸降解的途径包括一个关键步骤，即 α-氨基从碳骨架中分离出来，分流到氨基代谢途径（图17.1）。本章首先介绍氨基新陈代谢和氮的排泄，然后研究氨基酸衍生的碳骨架的命运，在此过程中，我们可以看到这些途径是如何相互联系的。

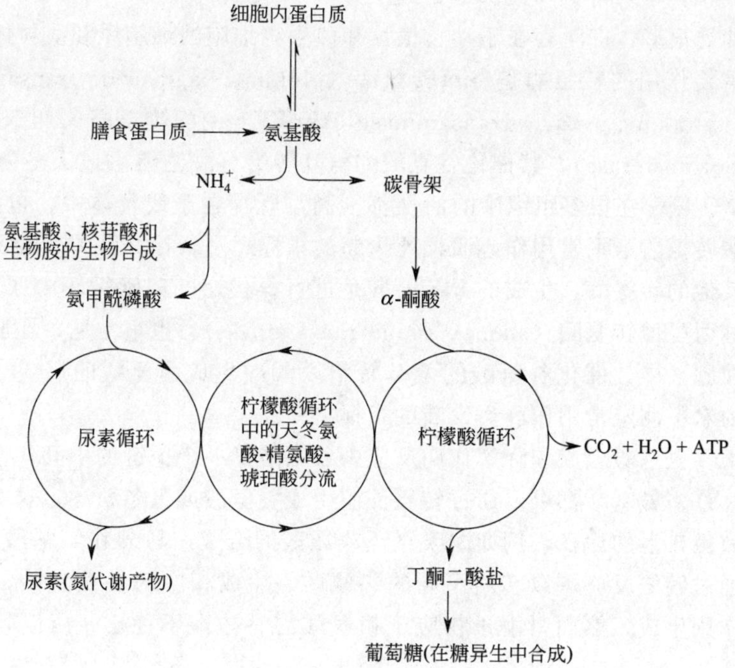

图 17.1　氨基酸的分解代谢一览图

17.2.1 氨基酸的转氨基作用

生物体内许多氨基酸的脱氨都是在**转氨酶**（transaminase）的催化下进行的。在这些转氨反应中，α-氨基转移到 α-酮戊二酸的碳原子上，留下相应氨基酸的 α-酮酸类似物（图 17.2）。

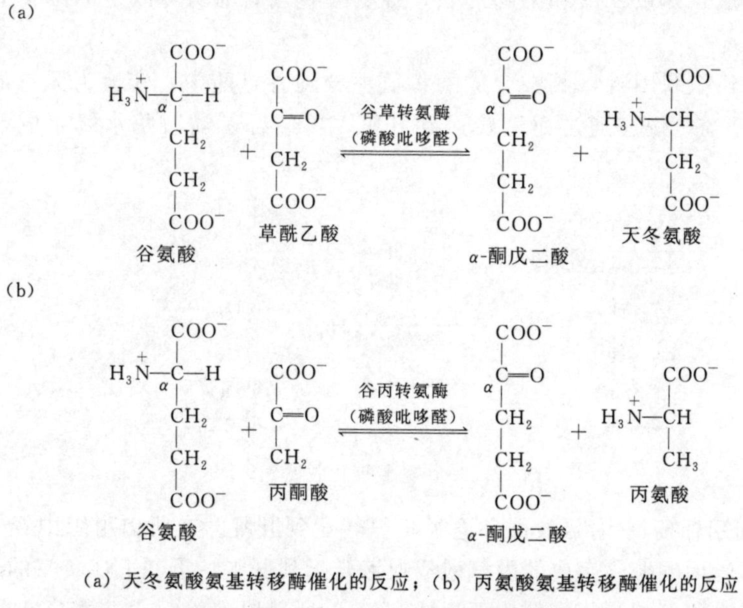

(a) 天冬氨酸氨基转移酶催化的反应；(b) 丙氨酸氨基转移酶催化的反应

图 17.2　两个主要的转氨反应

所有转氨酶具有相同的辅基和相同的反应机制。磷酸吡哆醛是转氨酶的辅基，它作为氨基转移酶活性部位的中间载体，在醛型磷酸吡哆醛和胺化型磷酸吡哆胺之间进行可逆转化，前者可以接受氨基，后者可以将氨基提供给 α-酮酸。

转氨酶的种类很多，广泛存在于动、植物和微生物细胞的细胞质和线粒体内。在各种转氨酶中，起着重要作用的转氨酶是**谷草转氨酶**（glutamic-oxaloacetic transaminase，GOT）和**谷丙转氨酶**（glutamic-pyruvic transaminase，GPT）。谷草转氨酶又叫**天冬氨酸转氨酶**（aspartate aminotransferase），其催化谷氨酸的氨基转给草酰乙酸生成天冬氨酸的反应［图 17.2(a)］。谷草转氨酶在很多组织中的活性都很高，既存在于线粒体中，也存在于胞液中。血清中天冬氨酸转氨酶水平常用作心肌梗死诊断的指标之一。在肝脏中，天冬氨酸转氨酶的活性远远高于其他的转氨酶，生成的天冬氨酸是进行氨代谢的尿素循环中尿素的前体物质。谷丙转氨酶又称**丙氨酸转氨酶**（alanine aminotransaminase），也很常见，在肝脏中的活性最高，主要分布在胞液中，催化谷氨酸的氨基转给丙酮酸生成丙氨酸的反应［图 17.2(b)］。丙氨酸转氨酶的水平测定常用作肝炎诊断的指标之一。

实际上在很多氨基酸合成和降解代谢反应中谷氨酸是一个关键的中间代谢物。在氨基酸的分解代谢中，许多氨基酸都可以通过转氨反应生成谷氨酸或天冬氨酸，这 2 个氨基酸的氨基可以进入导致氮排泄的途径，例如尿素循环或尿酸的合成。另外在氨基酸的生物合成中，谷氨酸的氨基通过转氨反应可以转给不同的 α-酮酸，生成相应的 α-氨基酸，很多氨基酸都可以通过转氨作用生成。然而，由于相应于赖氨酸的 α-酮酸不稳定，所以赖氨酸不能通过转氨作用生成。

17.2.2 氧化脱氨

许多氨基酸通过转氨作用可以将氨基转移给 α-酮戊二酸，生成了谷氨酸，但转氨作用并没有真正使氨基酸脱去氨基，所以必须先脱去氨基才能开始氨基酸降解。最主要的脱氨方式是发生在肝脏线粒体内的氧化脱氨。在**谷氨酸脱氢酶**（glutamate dehydrogenase）催化下，谷氨酸脱氨生成 α-酮戊二酸和游离的氨，谷氨酸脱氢酶辅酶可以是 NAD^+，也可以是 $NADP^+$（图 17.3）。

肌肉和大多数组织利用谷氨酰胺合成酶将氨整合到谷氨酸中，转换为无毒的谷氨酰胺［图 17.4(a)］，然后谷氨酰胺通过血液转运到肝脏，再经谷氨酰胺酶水解生成谷氨酸和氨［图 17.4(b)］。

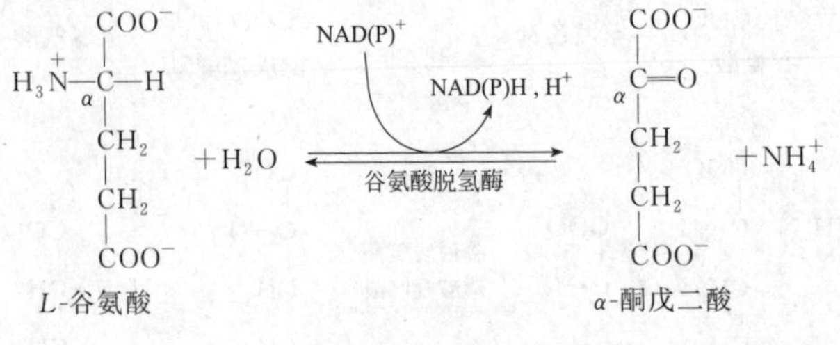

图 17.3　谷氨酸氧化脱氨

肌肉组织还利用葡萄糖-丙氨酸循环途径将氨转运到肝脏。在肌肉组织中经转氨反应将谷氨酸的氨基转移给丙酮酸，生成的丙氨酸经血液转运到肝脏，再经上述转氨的逆反应重新生成谷氨酸，随后在谷氨酸脱氢酶催化下生成 NH_3，所以肌肉组织通过葡萄糖-丙氨酸循环既排除了有毒的氨，又能将丙酮酸转运到肝脏用于糖异生。

另外食物中蛋白质和细胞内蛋白质降解生成的氨基酸，经转氨反应都可生成谷氨酸，再经谷氨酸脱氢酶催化生成 NH_3。

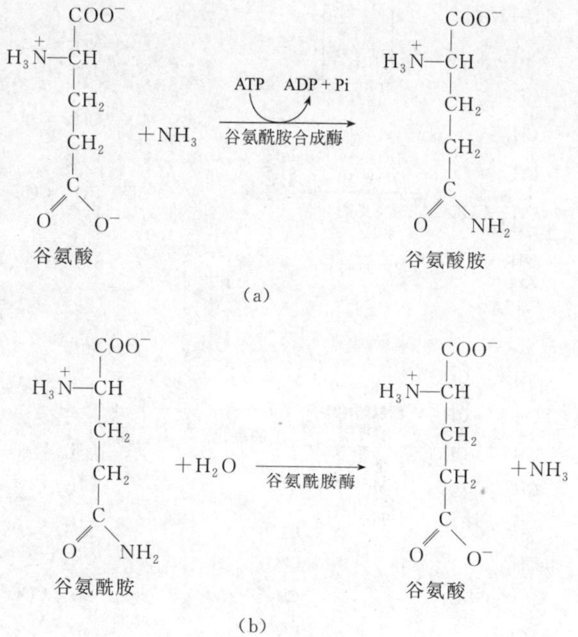

(a) 谷氨酸与氨合成谷氨酰胺；(b) 谷氨酰胺水解生成谷氨酸和氨

图 17.4 谷氨酰胺合成和水解反应

17.2.3 尿素循环

在生理条件下，代谢中生成的大多数氨以质子化形式 $-NH_4^+$ 存在，少数生成的氨以非质子化形式——NH_3 存在。由于氨能渗透许多生物膜，对细胞来说，氨是毒性很强的物质，所以通常细胞内氨的浓度都维持在很低的水平。过量的 NH_4^+ 因生物种类不同而以不同代谢产物排泄：许多水生动物，例如鱼可以通过鳃组织的细胞膜直接排氨；生活在陆地上的大多数脊椎动物可以将氨转化为毒性很小的不带电荷的、水溶性的化合物尿素，通过血液转运到肾脏，作为尿的主要成分被排泄掉；鸟和许多爬行动物可以将过量的氨转化为尿酸排泄掉，尿酸也是鸟、爬行动物和灵长类动物嘌呤核苷酸降解的产物。

这里重点介绍由氨变为尿素的反应途径——**尿素循环**（urea cycle）（图 17.5），也称为**鸟氨酸循环**（ornithine cycle）。尿素循环是 Hans Krebs 和 Kurt Henseleit 于 1932 年阐明的，又称为 Krebs 尿素循环。尿素循环途径包括 5 步反应，其中前 2 步反应发生在线粒体内，其余 3 步反应发生在胞质溶液中。尿素中的 2 个氮原子前体是氨和天冬氨酸，而尿素中的碳原子来自于碳酸氢盐。

第一步：氨甲酰磷酸的合成。

在肝细胞线粒体内**氨甲酰磷酸合成酶Ⅰ（carbamyl phosphate synthetase Ⅰ，CPSⅠ）**催化下，氨、碳酸氢盐和 ATP 合成氨甲酰磷酸（图 17.6）。CPSⅠ是肝细胞线粒体中最丰富的酶之一，占线粒体基质内总蛋白质的 20%以上。

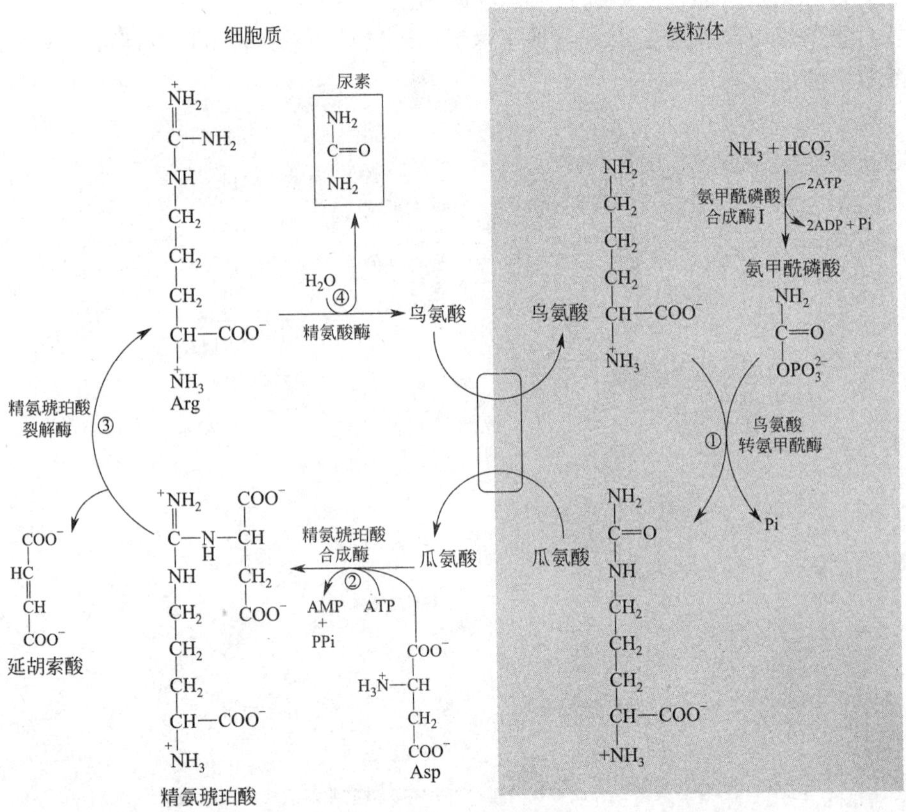

图 17.5　尿素循环

$$HCO_3^- + NH_3 + 2ATP \longrightarrow 氨甲酰磷酸 + 2ADP + Pi$$

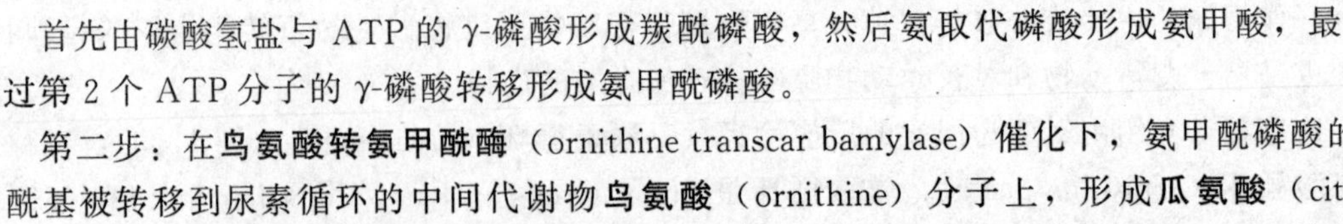

图 17.6　氨甲酰磷酸的合成

首先由碳酸氢盐与 ATP 的 γ-磷酸形成羰酰磷酸，然后氨取代磷酸形成氨甲酸，最后，通过第 2 个 ATP 分子的 γ-磷酸转移形成氨甲酰磷酸。

第二步：在**鸟氨酸转氨甲酰酶**（ornithine transcar bamylase）催化下，氨甲酰磷酸的氨甲酰基被转移到尿素循环的中间代谢物**鸟氨酸**（ornithine）分子上，形成**瓜氨酸**（citrulline）。然后，瓜氨酸通过特定的转运体被转运出线粒体，同时鸟氨酸被转运到线粒体内。

第三步：进入胞质的瓜氨酸与天冬氨酸缩合形成**精氨琥珀酸**（argininosuccinate），这个需要 ATP 的反应由**精氨琥珀酸合成酶**（argininosuccinate synthetase）催化。通过这步反应，将用于尿素合成的第二个氮原子整合到了尿素的前体分子中。

第四步：精氨琥珀酸在**精氨琥珀酸裂解酶**（argininosuccinate lyase）的催化下裂解为精氨酸和延胡索酸，生成的延胡索酸可以转换为葡萄糖。

第五步：在尿素循环的最后一步反应中，**精氨酸酶**（arginase）催化精氨酸水解生成鸟氨酸和尿素。生成的鸟氨酸又被转运到线粒体内，与氨甲酰磷酸缩合，开始另一轮尿素循环。

经五步反应后，尿素合成的总反应可表示如下：

NH_3＋HCO_3^-＋天冬氨酸＋3ATP →尿素＋延胡索酸＋2ADP＋2Pi＋AMP＋PPi

焦磷酸快速水解也需要消耗1个ATP，因此合成1分子尿素共消耗了4个等价的ATP，即在生成氨甲酰磷酸时消耗了2个ATP，在合成精氨琥珀酸时消耗了2个等价ATP。来自肝脏的尿素通过血液输送到肾脏，然后在肾脏以尿的成分排出。形成1分子尿素可清除2分子氨和1分子CO_2。尿素是中性无毒物质，所以它不仅可消除氨的毒性，还可减少CO_2溶于血液所产生的酸性。

在尿素循环中生成的延胡索酸很重要，通过延胡索酸可以将尿素循环与柠檬酸循环连接起来。研究发现胞质溶胶中含有延胡索酸酶和苹果酸脱氢酶的同工酶，所以延胡索酸可以转化为苹果酸，然后再转化为草酰乙酸。草酰乙酸可进一步代谢，如经转氨生成天冬氨酸；经糖异生途径合成葡萄糖，或转运到线粒体内参与柠檬酸循环等反应。

相关话题

肝昏迷（氨中毒）

据1988年《新观察》第十六期报道：1945年6月，法西斯德国宣布无条件投降后，被关押在一个集中营里的230多名盟军官兵获救了，新建立的地方政权用丰盛酒席庆祝反法西斯战士重获自由。然而酒席过后，这些官兵们接二连三地死去，但陪同进餐的人却安然无恙。

什么原因造成官兵死亡？是法西斯残余分子在食物中投毒，还是其它原因致死？由侦探和专门医生组成的专案组立刻展开调查。专案组的调查很快有了结果，这些官兵是氨中毒而死，而非他杀。因为长期饥肠辘辘的人暴饮暴食高蛋白食物后，血液中氨剧增，产生中毒现象：视力模糊、语言紊乱、机体震颤、昏迷甚至死亡。

虽然氨中毒的机制现在还没有完全研究清楚，但普遍的解释是肝脏排氨是保持体内处于低氨水平的关键，当肝脏受到严重损伤后，不能合成尿素，血氨浓度急剧增高。高浓度氨进入脑内，与α-酮戊二酸结合，导致柠檬酸循环中的“催化剂”α-酮戊二酸减少，削弱了柠檬酸循环，使ATP量减少，引起大脑功能障碍，发生昏迷，这就是常说的“肝昏迷”。

17.2.4 氨基酸碳骨架的降解

蛋白质的20种常见氨基酸在碳骨架方面是不同的，每种氨基酸都需要自己独特的降解途径。20种常见α-氨基酸的碳骨架降解只集中在7种代谢中间产物：丙酮酸、α-酮戊二酸、琥珀酰CoA、延胡索酸、草酰乙酸、乙酰CoA和乙酰乙酰CoA（图17.7）。因为琥珀酰辅酶A、丙酮酸、α-酮戊二酸、延胡索酸和草酰乙酸可以作为葡萄糖合成的前体，所以产生这些中间产物的氨基酸被称为**生糖氨基酸**（glucogenic amino acid）。那些降解产生乙酰辅酶A或乙酰乙酸的物质被称为**生酮氨基酸**（ketogenic amino acid），因为这些物质可以用来合成脂肪酸或酮体。有些氨基酸既生糖又生酮，例如苯丙氨酸和色氨酸等。只有亮氨酸和赖氨酸是纯粹生酮氨基酸。

丙氨酸、丝氨酸和半胱氨酸的碳骨架都降解成丙酮酸。丙氨酸转氨得到丙酮酸，丝氨酸被丝氨酸脱水酶脱氨也产生丙酮酸。半胱氨酸通过多种途径转化为丙酮酸。另外三种氨基酸

甘氨酸、色氨酸、苏氨酸的碳骨架也会变成丙酮酸。**谷氨酰胺、脯氨酸、精氨酸和组氨酸**通过谷氨酸转化为α-酮戊二酸，五碳柠檬酸循环的中间产物α-酮戊二酸总是谷氨酸转氨反应的产物。**天冬氨酸和天冬酰胺**转氨成为草酰乙酸。**亮氨酸被降解为**乙酰辅酶A和乙酰乙酸。**缬氨酸、亮氨酸和异亮氨酸**是具有分支脂肪族侧链的三种氨基酸，这三种氨基酸都是必需氨基酸，降解成琥珀酰辅酶A。**苯丙氨酸和酪氨酸**降解产生延胡索酸和乙酰乙酸。

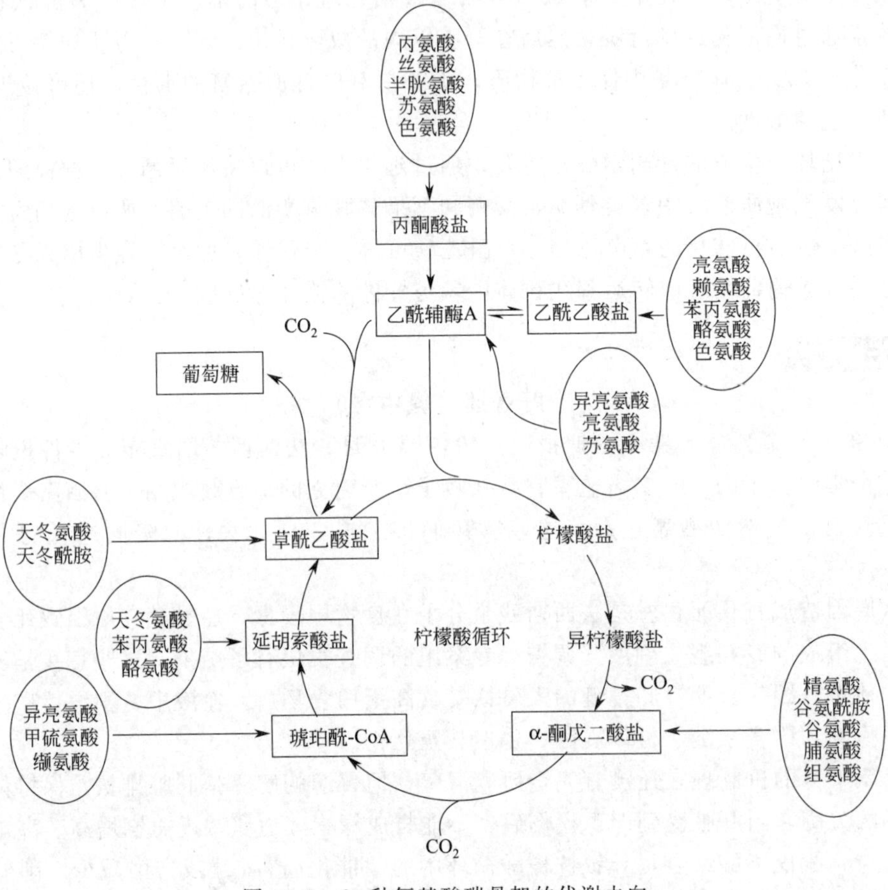

图 17.7　20 种氨基酸碳骨架的代谢去向

下面仅以典型氨基酸——苯丙氨酸的降解途径为例来说明氨基酸的代谢（图 17.8）。苯丙氨酸首先在**苯丙氨酸羟化酶**（phenylalanine hydroxylase）催化下转化为酪氨酸。因此，这两种氨基酸都有共同的降解途径。酪氨酸经转氨脱氨、氧化、开环和水解等过程生成乙酰乙酸和延胡索酸。延胡索酸可以经糖异生生成葡萄糖，而乙酰乙酸是个酮体，所以酪氨酸和苯丙氨酸都是既生糖又生酮的氨基酸。

尿黑酸尿症和苯丙酮尿症是由苯丙氨酸降解过程中的特定酶缺陷引起的两种人类遗传病。尿黑酸尿症是由于缺少尿黑酸双加氧酶造成**尿黑酸**（homogentisate）大量堆积，随尿排出，尿液在空气中放置时，由于尿黑酸转化为色素，尿液逐渐变黑。这种疾病携带者在晚年有关节炎的倾向。苯丙酮尿症就是由于缺少苯丙氨酸羟化酶造成的，由于缺少这个羟化酶造成苯丙氨酸堆积，导致血液中苯丙氨酸浓度升高（高苯丙氨酸血症）。过量的苯丙氨酸会经转氨酶催化生成苯丙酮酸，然而苯丙酮酸也不能在体内进一步代谢，造成苯丙酮酸堆积。苯丙酮尿症患者的尿中含有过量的苯丙酮酸，如果缺陷在出生后没有立即被发现，他们很可

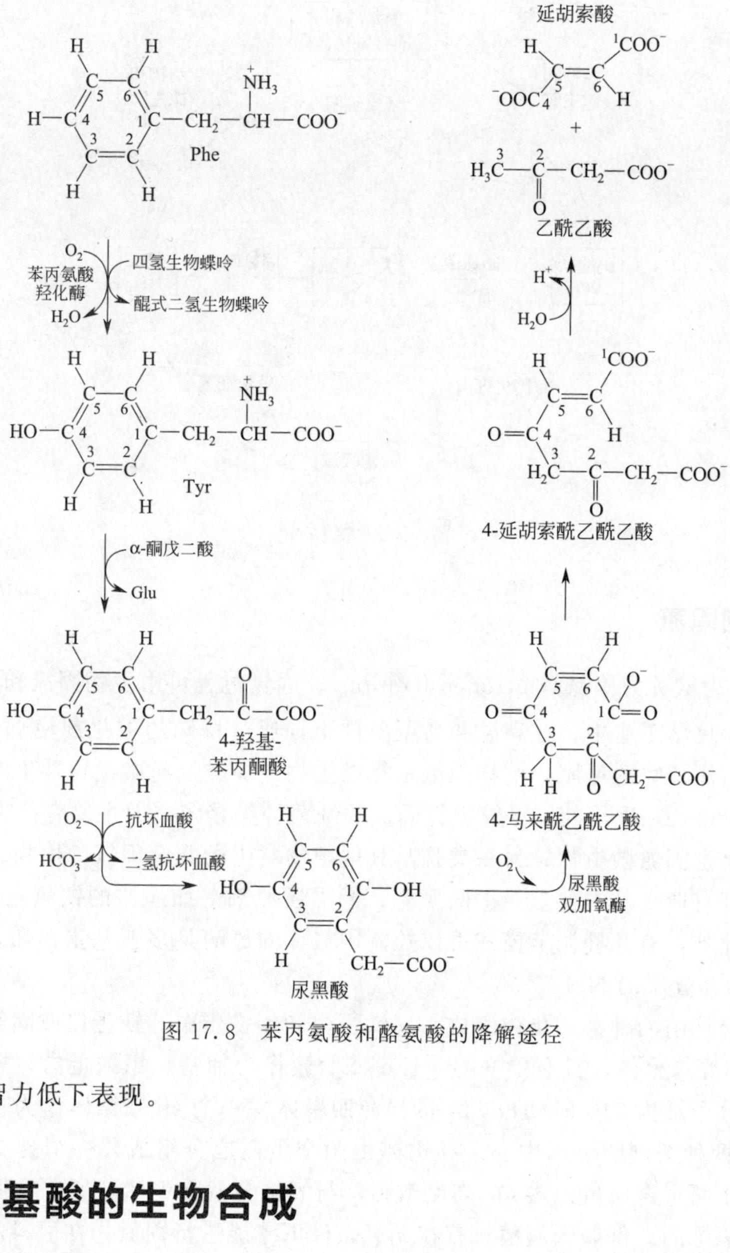

图 17.8 苯丙氨酸和酪氨酸的降解途径

能会有严重的智力低下表现。

17.3 氨基酸的生物合成

由于氨基酸含有氨基，是个含氮化合物，所以讨论氨基酸生物合成首先遇到的问题就是氮的来源。生物系统中氮的最初来源是来自占大气 80%的气体 N_2。N_2 化学性质稳定，大多数生物不能直接把氮转化为有机形式，将氮整合到氨基酸或其它代谢衍生物中需要一个非常特殊的、复杂的系统。

图 17.9 是生物圈中含氮的主要化学物质相互转化的示意图。N_2 在氮氧化物、氨、含氮的生物分子之间的生物循环和返回到 N_2 的过程称为**氮循环**（nitrogen cycle）。通过氮循环，氮气被转化为可利用的形式，整合到简单的有机化合物中，然后再将氮转移到不同的低分子量的代谢物中，最终进入生物大分子中。

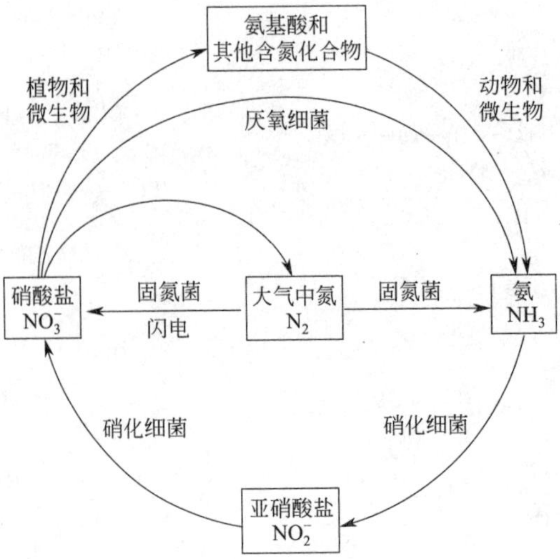

图 17.9 氮循环

17.3.1 生物固氮

将 N_2 还原为氨称为**固氮**（nitrogen fixation）。固氮过程可由生物固氮和工业固氮完成。工业固氮是指在化学工业中，在高温和高压条件下，通过特殊的催化剂使 N_2 被 H_2 还原为氨，固定的氮用作植物的氮肥。生物固氮是靠微生物、藻类及与微生物共生的高等植物通过**固氮酶**（nitrogenase）进行的。尽管进行固氮的细菌种类繁多，但主要有两大类：一类是能够独立生存的自生固氮微生物；另一类是与其他植物共生的共生固氮微生物。所有的固氮系统几乎相同，都有四个基本要求：①固氮酶；②强还原剂，如还原的铁氧还蛋白；③ATP；④无氧条件。此外，有几种调节模式可以控制固氮。固氮酶是多亚基蛋白质，它可以催化 1 分子 N_2 转化为 2 分子的 NH_3。

固氮酶复合体由两种金属蛋白组成——铁蛋白和钼铁蛋白。铁蛋白或固氮酶还原酶，是一种 60kD 的同源二聚体，具有单一的［4Fe-4S］簇作为辅基。钼铁蛋白，另一个名字是固氮酶，是一种分子量为 240 kD 的 $a_2\ b_2$ 的异源四聚体。一个 ab 二聚体作为功能单元，每个 ab 二聚体包含两种类型的金属中心。异构体由两个蛋白成分组成，一个含有铁，另一个含有铁和钼。由于两个金属蛋白对 O_2 高度敏感，与氧接触就会失活，所以在固氮生物内，固氮酶都是与氧隔绝的。例如厌氧菌只有在无氧条件下才能进行固氮，在豆科的根瘤内，豆血红蛋白结合氧并使氧浓度在根瘤菌固氮酶直接作用的环境下保持在非常低的水平。

在固氮酶的作用下，N_2 还原为 NH_3，同时 H^+ 也被还原为 H_2：

$$N_2 + 8H^+ + 8e^- + 16ATP \longrightarrow 2NH_3 + H_2 + 16ADP + 16Pi$$

在体外通过固氮酶每转移 1 个电子就有 2 分子的 ATP 转化为 ADP 和 Pi，因此 1 分子 N_2 的 6 个电子（加上 $2H^+$ 的 2 个电子还原）还原就要消耗 16 个 ATP。为了获得固氮所需要的还原力和 ATP，共生固氮微生物依赖于与之共生的植物的光合作用。

一般认为固氮过程分为 3 步反应，每一步反应都有 2 个电子被转移，而且二亚胺和肼可能是维持与酶结合的反应中间物（图 17.10）。

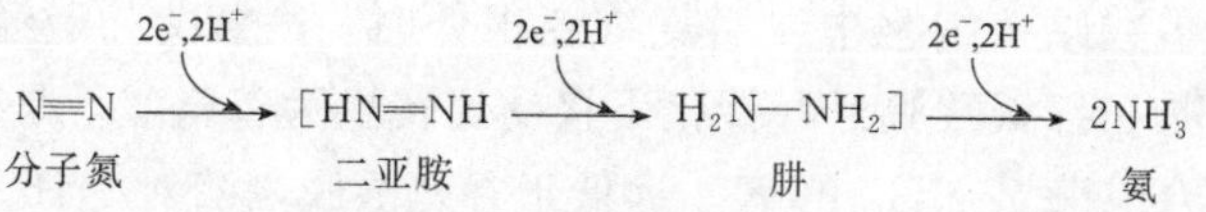

图 17.10　固氮反应过程

17.3.2　硝酸盐同化

在闪电时，高压放电催化 N_2 的氧化，N_2 与大气中的 O_2 反应生成生物可利用的硝酸盐和亚硝酸盐，同时随雨水进入土壤。硝酸盐和亚硝酸盐的其它来源是通过微生物（例如 nitrosomonas 和 nitrobacter）进行的 NH_3 氧化。大多数植物和微生物含有**硝酸盐还原酶**（nitrate reductase）和**亚硝酸盐还原酶**（nitrite reductase），它们催化氮氧化物还原为氨。在高等植物中，在光合作用的光反应中形成的还原型铁氧还蛋白可以将它的还原力转给 NAD^+ 或 $NADP^+$，生成 NADH 或 NADPH。在硝酸盐还原酶的催化下，NADH 或 NADPH 可以将硝酸盐转化为亚硝酸盐（图 17.11）。

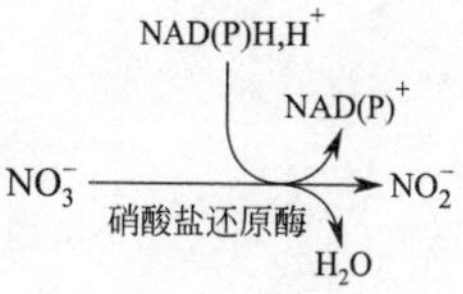

图 17.11　硝酸盐转化为亚硝酸盐

然后，在亚硝酸盐还原酶的催化下，亚硝酸盐被还原为 NH_3，但反应的中间代谢物很难分离。反应的过程可能是

$$NO_2^- \longrightarrow [NO^- \longrightarrow NH_2OH] \longrightarrow NH_3$$

某些细菌可以将氨转化为亚硝酸盐，另外一些细菌可以将亚硝酸盐转化为硝酸盐。硝酸盐的形成称为**硝化作用**（nitrification）。也还有一些细菌可以将硝酸盐还原为亚硝酸盐或 N_2 [**去硝化作用**（denitrification）]。

17.3.3　氨载体——谷氨酸和谷氨酰胺

由 N_2 或氮氧化物生物合成形成的氨可以整合到一些低相对分子质量的代谢物中。将无机氨掺入生物分子称为**氨的同化**。在将氨引入氨基酸分子时，多以谷氨酸和谷氨酰胺为载体完成。谷氨酸脱氢酶和谷氨酰胺合成酶负责大部分被同化成碳化合物的铵。第三种是氨基甲酰-磷酸合成酶 I，是一种参与尿素循环的线粒体酶。在植物和动物中，α-酮戊二酸经谷氨酸脱氢酶催化可以接受氨基生成谷氨酸，就是前面提到的氧化脱氨的逆反应。

$$\alpha\text{-酮戊二酸} + NH_4^+ + NAD(P)H + H^+ \longrightarrow \text{谷氨酸} + NAD(P)^+$$

另一个氨的重要载体是谷氨酰胺，经**谷氨酰胺合成酶**（glutamine synthetase）催化氨整合到谷氨酸形成谷氨酰胺。

$$\text{谷氨酸} + NH_3 + ATP \longrightarrow \text{谷氨酰胺} + ADP + Pi$$

在许多生物合成反应中，谷氨酰胺是氮的供体，例如谷氨酰胺的酰胺氮就是核苷酸嘌呤和嘧啶环的几个氮原子的前体。哺乳动物中谷氨酰胺主要是在肌肉中合成，然后被转运到其它组织，例如肝脏和肾脏。

在原核生物和植物中，谷氨酰胺的酰胺氮通过**谷氨酸合酶**（glutamate synthase）催化可转移到 α-酮戊二酸生成 2 分子谷氨酸，反应需要还原型辅酶 NAD（P）H（图 17.12）。

原核生物在氨浓度低时常利用谷氨酰胺合成酶和谷氨酸合酶的耦联反应将氨整合到谷氨酸中。图 17.13 给出了 2 个酶联合作用，再经转氨反应可以将氨转移到不同的 α-酮酸，生成相应的氨基酸。在大多数原核细胞中，当氨浓度很低时，α-酮戊二酸经谷氨酰胺合成酶-谷氨酸合酶途径，而不是在谷氨酸脱氢酶催化下接受氨转换为谷氨酸，是因为在这种氨浓度低的情况下，谷氨酰胺合成酶对 NH_3 的 K_m 远低于谷氨酸脱氢酶对 NH_4^+ 的 K_m。

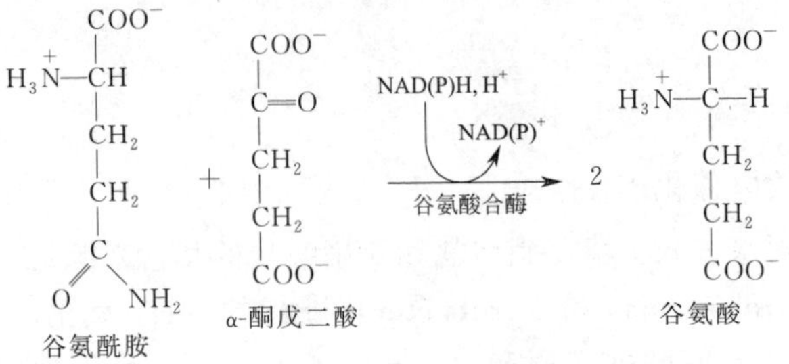

图 17.12　谷氨酸合酶催化的反应

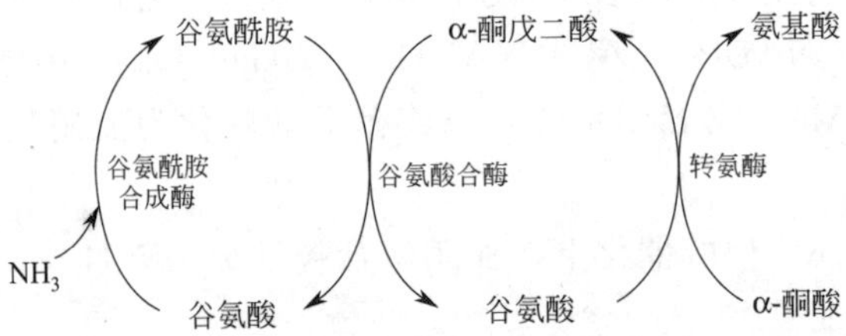

图 17.13　谷氨酰胺合成酶和谷氨酸合酶联合作用

17.3.4　氨基酸的生物合成

生物体在合成蛋白质共有的 20 种氨基酸的能力上表现出很大的差异。通常植物和微生物可以从无机形态的氮（如 NH_4^+ 和 NO_3^-）形成所有的含氮代谢产物，包括所有的氨基酸。但哺乳动物只能合成一些非必需氨基酸。然而它们都有重要的共同特点：在这些生物体中，所有氨基酸的 α-氨基都来自谷氨酸，碳骨架来自糖酵解、三羧酸循环、磷酸戊糖途径的中间产物。也就是说氨基酸的生物合成就是先有合适的 α-酮酸碳骨架，然后由其对应的 α-酮酸与谷氨酸发生转氨基作用形成。

按照生物合成途径将氨基酸生物合成分为 6 组：谷氨酸组、天冬氨酸组、丝氨酸组、丙酮酸组、芳香族氨基酸组和组氨酸组（图 17.14）。例如谷氨酸（Glu）、谷氨酰胺（Gln）、脯氨酸（Pro）和精氨酸（Arg）及在某些情况下的赖氨酸（Lys）属于谷氨酸组，因为它们都来自柠檬酸循环中间体 α-酮戊二酸。来自草酰乙酸的天冬氨酸组成员包括天冬氨酸（Asp）、天冬酰胺（Asn）、赖氨酸（通过二氨基戊二酸途径）、甲硫氨酸（Met）、苏氨酸（Thr）和异亮氨酸（Ile）。丙酮酸家族的氨基酸包括丙氨酸（Ala）、缬氨酸（Val）和亮氨酸（Leu）。以谷氨酸为氨基供体，丙酮酸通过转氨反应产生丙氨酸，然而这些转氨反应很容易逆转，丙氨酸的降解通过相反的路线发生，以 α-酮戊二酸作为氨基受体生成谷氨酸。丝氨酸、甘氨酸和半胱氨酸来源于糖酵解中间体 3-磷酸甘油。糖酵解中的 3-PG 的转移是通过 3-磷酸甘油脱氢酶实现的。芳香族氨基酸苯丙氨酸、酪氨酸和色氨酸来源于以分支酸为关键中间体的共同途径。

有三种氨基酸可以通过一步转氨反应合成，其中谷氨酸可以在谷氨酸脱氢酶催化下由 α-酮戊二酸和氨直接合成或由 α-酮戊二酸与其它氨基酸通过转氨反应而生成；另外丙氨酸和天冬氨酸分别可由丙酮酸和草酰乙酸通过转氨反应生成。

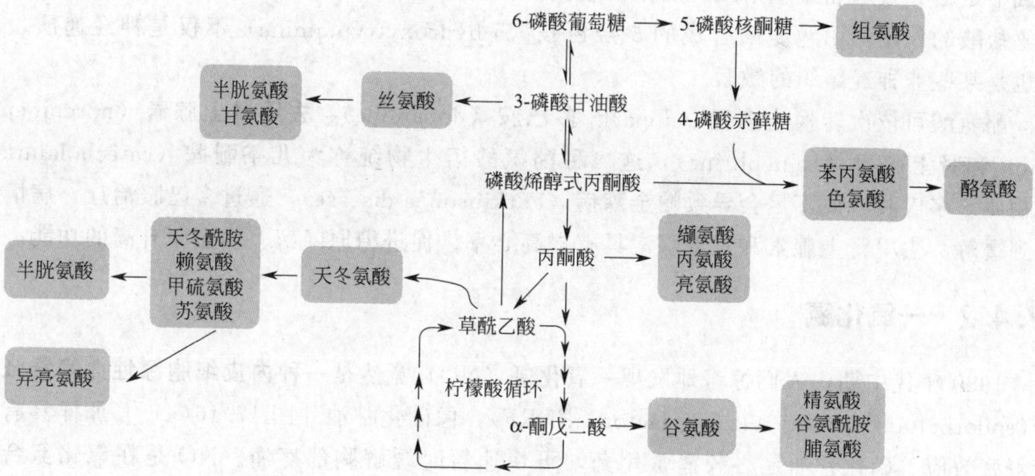

(a) 谷氨酸组；(b) 丝氨酸组；(c) 丙酮酸组；(d) 组氨酸组；(e) 天冬氨酸组；(f) 芳香族氨基酸组

图 17.14　按照生物合成途径，氨基酸合成分为 6 个组别

17.4　生理活性胺和一氧化氮

氨基酸除了作为蛋白质的构件分子以外，还是许多特殊生物分子的前体，例如激素、辅酶、核苷酸、卟啉、一些胺类分子和一氧化氮（NO）。本节简单介绍几种由氨基酸衍生的生理活性胺和一氧化氮。

17.4.1　生理活性胺

一些氨基酸脱羧可以合成一些重要的神经递质和激素（图 17.15）。在脑中，谷氨酸脱羧生成的 **γ-氨基丁酸**（γ-aminobutyric acid，GABA），是一种抑制性的神经递质，GABA

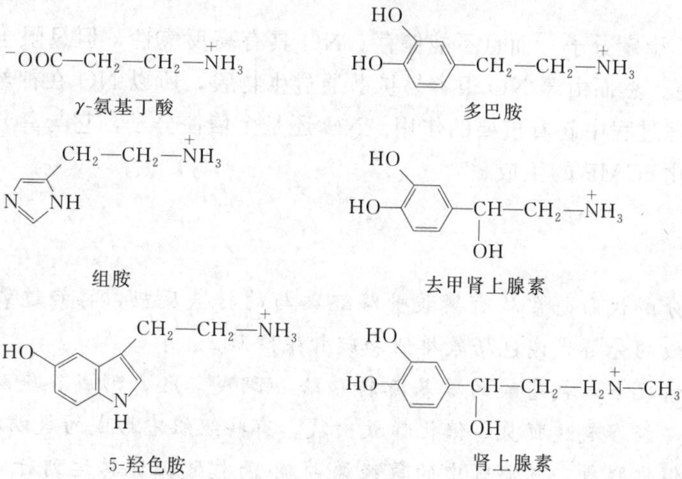

图 17.15　几种生物胺和激素

合成不足会导致癫痫（羊角风）发作；组氨酸脱羧生成组胺，组胺具有控制血管的收缩及胃分泌盐酸的作用；由色氨酸合成的**5-羟色胺**（5-hydroxytryptamine）不仅是神经递质，而且也是某些非神经组织的激素。

酪氨酸可依次转换为**多巴**（dopa）、**多巴胺**（dopamine）、**去甲肾上腺素**（norepinephrine）和**肾上腺素**（epinephrine），这4种酪氨酸衍生物统称为**儿茶酚胺**（catecholamine）类物质。多巴胺合成不足会导致**帕金森病**（Parkinson's disease），通过多巴胺治疗，病情可得到缓解。去甲肾上腺素和肾上腺素具有提高心率、促进糖原降解、使血糖升高的功能。

17.4.2 一氧化氮

1980年代中期，人们惊奇地发现一氧化氮（NO）竟然是一种**内皮细胞源性血管舒张因子**（endothelium-derived relaxing factor，EDRF），像硝化甘油［图17.16(a)］那样具有血管舒张效应。硝化甘油是心绞痛常用药，可快速暂时缓解胸部疼痛。NO是在**氧化氮合酶**（nitric oxide synthase，NOS）催化下由精氨酸生成的［图17.16（b）］。氧化氮合酶是胞质溶胶酶，与Ca^{2+}-钙调蛋白相互作用会促进NO的生成。

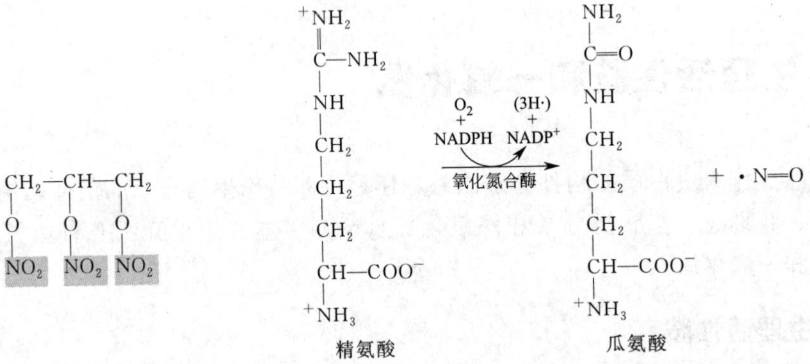

(a)　　(b)

(a) 硝化甘油；(b) NO的生物合成

图17.16　NO的生物合成

NO是个不稳定分子，而且不能储存。NO具有高反应性，但只限于NO合成部位周围约1mm范围内。然而由于NO很容易扩散通过生物膜，所以NO在神经传导、血液凝固和血压调控等生理过程中起着重要的作用。NO还是个信使分子，它与鸟苷酸环化酶结合并使它激活，可催化cGMP的生成。

小结

氨基酸的分解代谢通常从有磷酸吡哆醛参与的转氨反应，再经过氧化脱氨除去氨基开始，所以氨基酸的分解代谢包括氨排泄和碳骨架降解。

在大多数情况下，氨基酸的氨基都转移给α-酮戊二酸，形成谷氨酸。谷氨酸被转运到肝脏线粒体中，经谷氨酸脱氢酶催化释放出氨。有些组织中形成的氨以谷氨酰胺形式转运到肝脏，再经酶催化脱氨。骨骼肌中的氨经葡萄糖-丙氨酸循环转运到肝脏，再经转氨生成谷氨酸释放出氨。

在哺乳动物中，氨主要以尿素形式排泄。尿素是在肝脏中通过尿素循环合成的。首先在肝脏线粒体中由氨、CO_2 和 ATP 形成氨甲酰磷酸，再与鸟氨酸缩合形成瓜氨酸，然后在胞质溶胶中瓜氨酸与天冬氨酸形成精氨琥珀酸，经酶裂解生成精氨酸，最后精氨酸水解生成尿素和再生鸟氨酸。

氨基酸脱氨余下的碳骨架进一步降解，生成能够进入柠檬酸循环最终被氧化为 CO_2 和 H_2O 的化合物。凡是可降解为葡萄糖合成前体物质（包括丙酮酸、α-酮戊二酸、草酰乙酸、延胡索酸和琥珀酰 CoA）的氨基酸称为生糖氨基酸；凡是可降解为酮体或乙酰 CoA 的氨基酸称为生酮氨基酸。也有些氨基酸既可转变为酮体，也可转变为葡萄糖合成前体。

所有氨基酸的 α-氨基都来自谷氨酸，碳骨架来自糖酵解、三羧酸循环、磷酸戊糖途径的中间产物。也就是说，氨基酸的生物合成是先有合适的 α-酮酸碳骨架，然后由其对应的 α-酮酸与谷氨酸发生转氨基作用形成的。按照生物合成途径将氨基酸生物合成分为 6 组：谷氨酸组、天冬氨酸组、丝氨酸组、丙酮酸组、芳香族氨基酸组和组氨酸组。

习题

1. 催化尿素循环中反应的酶产量可以根据有机体代谢的需要增加或减少，这些酶的高水平与高蛋白饮食和饥饿都相关。请解释这种似乎矛盾的现象。
2. 氨基酸的分解代谢是如何进入能量产生途径的？
3. 什么样的新陈代谢途径允许有机体依靠无机形式的氮生存？
4. 生物体是如何合成氨基酸的？
5. 小儿恶性营养不良症是由饮食中蛋白质缺少引起的疾病，症状之一是皮肤和头发褪色。请解释这种症状的生化基础。

18 核苷酸代谢

核苷酸是组成核酸的基本结构单位，通常植物、动物或微生物都能合成各类核苷酸。核苷酸代谢几乎参与所有的细胞生化过程。例如：核苷酸是合成核酸的前体；ATP 是细胞通用的能量分子；腺苷酸是辅酶 NAD^+、FAD、辅酶 A 的组成成分；UDP-葡糖和 CDP-二酯酰甘油分别是合成糖原和磷酸甘油酯的中间体；S-腺苷甲硫氨酸是活性甲基的载体；cAMP 和 cGMP 是许多激素调控的胞内信使等。核苷酸生物合成存在两条途径，即**从头合成途径**（de novo synthesis pathway）和**补救途径**（salvage pathway）。从头合成途径是由简单的前体分子（例如氨基酸、CO_2 和 NH_3 等）生物合成核苷酸的杂环碱基的途径；补救途径是一条省能、简单的核苷酸生物合成途径，碱基不用从头合成，而是直接利用细胞内或饮食中核苷酸降解生成的完整嘌呤和嘧啶碱基，实际上是核苷酸降解产物重新形成核苷酸的过程。

从头合成途径和补救途径在细胞代谢中都很重要。核苷酸的降解主要是嘌呤和嘧啶碱基的降解过程，嘌呤降解生成可以排泄的、有潜在毒性的化合物，而嘧啶降解生成容易代谢的产物。

18.1 嘌呤核苷酸的合成

核苷酸的生物合成都是先合成单磷酸核苷酸，各种嘌呤类核苷酸的前体是**次黄嘌呤核苷酸**（inosine monophosphate，IMP），或称为肌苷一磷酸；而各种嘧啶核苷酸则是从尿嘧啶核苷酸（UMP）衍生来的。IMP 和 UMP 的从头合成实际上是次黄嘌呤碱基和尿嘧啶碱基的合成。

IMP 是在核糖-5-磷酸基础上合成次黄嘌呤环结构，而 UMP 则是先合成尿嘧啶碱基，然后再连接核糖-5-磷酸。但无论哪种连接方式，使用的都是核糖-5-磷酸的活化形式 **5-磷酸核糖-α-焦磷酸**（5-phosphoribosyl-α-pyrophosphate，PRPP）。PRPP 是在**核糖-5-磷酸焦磷酸激酶**（ribose-5-phosphate pyrophokinase）催化下由核糖-5-磷酸和 ATP 合成的（图 18.1）。

嘌呤核苷酸的合成首先要了解的是嘌呤环上原子的来源。1948 年，John M. Buchanan 等人在鸽子的食物中掺入一些简单的同位素标记化合物，如 $^{13}CO_2$、$H^{13}COO^-$（甲酸）和 $^+H_3N—CH_2—^{13}COO^-$（甘氨酸），然后从鸽子的粪便中分离和化学降解鸽子排泄的尿酸，追踪标记的碳和氮原子在尿酸分子中的位置，发现来自 $^{13}CO_2$ 的碳原子整合在尿酸的 C-6

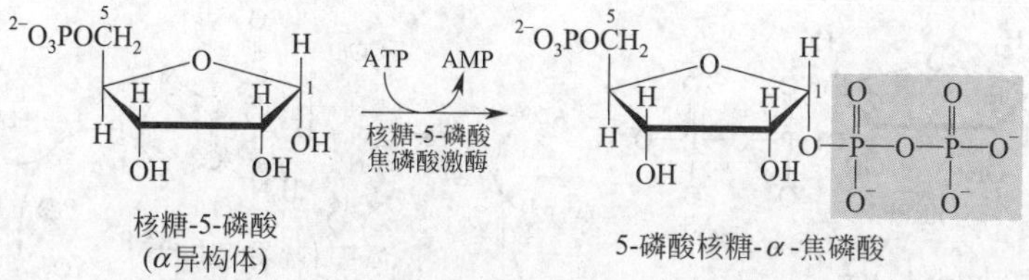

图 18.1　5-磷酸核糖-α-焦磷酸（PRPP）的合成

位，而来自甲酸的碳占据 C-2 和 C-8 位，由此获得了嘌呤核苷酸合成的第一个线索。

通过同位素标记示踪实验，最后嘌呤环上原子的来源都被确定下来（图 18.2）：N-1 来自天冬氨酸；C-2 和 C-8 来自甲酸（通过 10-甲酰四氢叶酸）；N-3 和 N-9 来自谷氨酰胺的酰胺基；C-4、C-5 和 N-7 都来自甘氨酸；C-6 来自 CO_2。

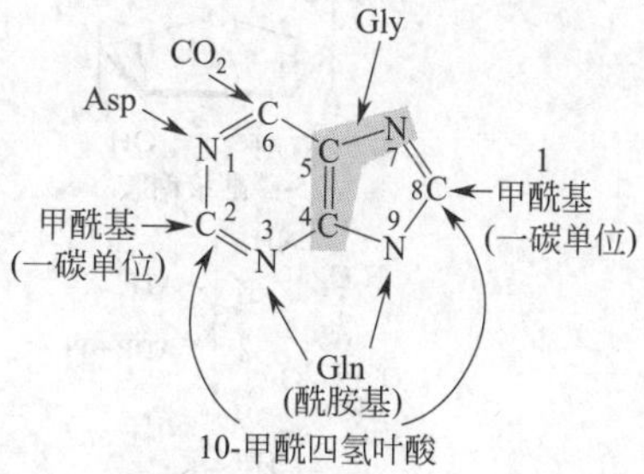

图 18.2　嘌呤环上各个原子的来源

18.1.1　从头合成——IMP 的合成

Buchanan 和 Greenberg 使用从鸽子和鸡的肝脏中纯化的酶，证实嘌呤核苷酸从头合成开始于 PRPP，产物是次黄嘌呤核苷酸，其他各种嘌呤核苷酸都是次黄嘌呤核苷酸的衍生物。

图 18.3 给出了次黄嘌呤核苷酸从头合成的途径，反应所用的酶都存在于胞质溶胶中，共涉及 10 步反应。

下面按照图 18.3 中给出的反应序号，对各步反应进行简单说明。

① **合成嘌呤 N-9**：PRPP 接受来自 Gln 提供的酰胺氮生成 β-5-磷酸核糖胺，获得嘌呤 N-9 原子。值得注意的是，核糖的异头碳构型在亲核取代过程中由 α 构型转换成了 β 构型，形成的是 β 构型的 5-磷酸核糖胺。这种 β 构型一直保留在合成的嘌呤核苷酸中。

② **合成嘌呤 C-4、C-5 和 N-7**：β-5-磷酸核糖胺与甘氨酸形成甘氨酰胺核苷酸，获得嘌呤 C-4、C-5 和 N-7 原子。反应与 ATP 水解反应耦联，此步反应是可逆的。

③ **合成嘌呤 C8**：一个甲酰基从 10-甲酰四氢叶酸转移到甘氨酰胺核苷酸的氨基上，形成甲酰甘氨酰胺核苷酸，获得嘌呤 C8 原子。细胞内 10-甲酰四氢叶酸的甲酰基可由甲酸供给，甲酸在酶的催化下经 ATP 活化并以甲酰基形式转移给四氢叶酸生成 10-甲酰四氢叶酸。

④ **合成嘌呤 N3**：甲酰甘氨酰胺核苷酸接受来自谷氨酰胺的酰胺生成甲酰甘氨脒核苷酸，获得**嘌呤 N3**。反应与 ATP 水解反应耦联。

⑤ **形成嘌呤咪唑环**：甲酰甘氨脒核苷酸发生闭环反应，形成一个咪唑衍生物——甘氨咪唑核苷酸，形成嘌呤咪唑环。反应与 ATP 水解反应耦联。

⑥ **合成嘌呤 C6**：氨基咪唑核苷酸以 HCO_3^- 形式接受 CO_2，生成氨基咪唑羧酸核苷酸，获得**嘌呤 C-6 原子**。此步反应是可逆的。

⑦ **合成嘌呤 N1**：氨基咪唑羧酸核苷酸与天冬氨酸缩合生成氨基咪唑琥珀酰基氨甲酰核苷酸，获得嘌呤 N-1 原子。反应与 ATP 水解反应耦联。此步反应是可逆的。

⑧**生成氨基咪唑氨甲酰核苷酸**：氨基咪唑琥珀酰基氨甲酰核苷酸释放出延胡索酸，生成氨基咪唑氨甲酰核苷酸。此步反应是可逆的。催化该反应的酶具有分解腺苷酸基琥珀酸的能力，因此，该酶被称为腺苷酸基琥珀酸裂解酶（adenylosuccinate lyase，ADSL）。

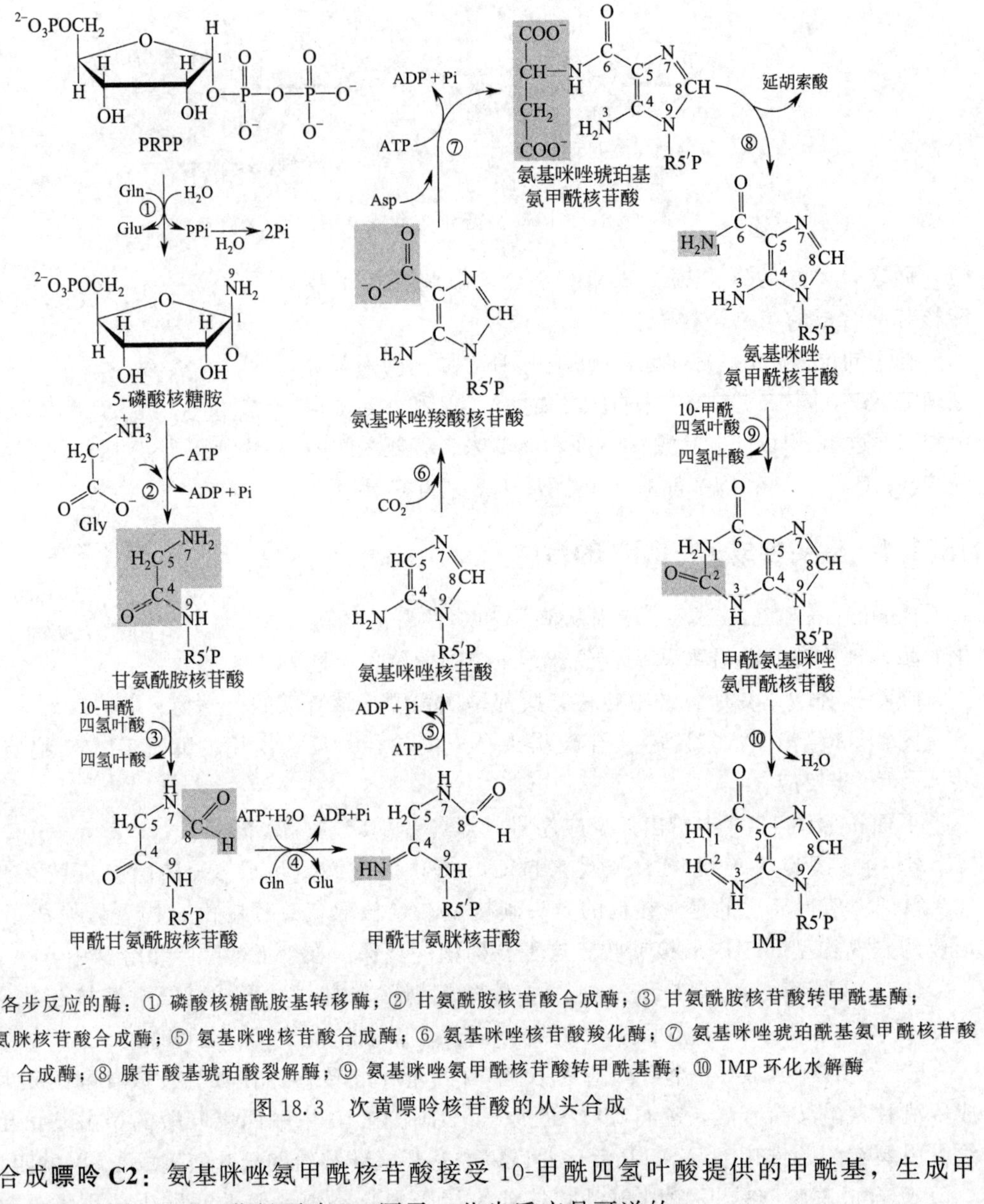

催化各步反应的酶：① 磷酸核糖酰胺基转移酶；② 甘氨酰胺核苷酸合成酶；③ 甘氨酰胺核苷酸转甲酰基酶；④ 甲酰甘氨脒核苷酸合成酶；⑤ 氨基咪唑核苷酸合成酶；⑥ 氨基咪唑核苷酸羧化酶；⑦ 氨基咪唑琥珀酰基氨甲酰核苷酸合成酶；⑧ 腺苷酸基琥珀酸裂解酶；⑨ 氨基咪唑氨甲酰核苷酸转甲酰基酶；⑩ IMP 环化水解酶

图 18.3　次黄嘌呤核苷酸的从头合成

⑨ **合成嘌呤 C2：** 氨基咪唑氨甲酰核苷酸接受 10-甲酰四氢叶酸提供的甲酰基，生成甲酰氨基咪唑氨甲酰核苷酸，获得嘌呤 C2 原子。此步反应是可逆的。

⑩ **生成 IMP：** 甲酰氨基咪唑氨甲酰核苷酸环化生成 IMP。至此，完成了 IMP 整个嘌呤环的合成。此步反应是可逆的。

IMP 的从头合成消耗了大量的能量。在合成 PRPP 时，ATP 转换为 AMP，第②、④、⑤和⑦步反应也是通过 ATP 转换为 ADP 驱动的，另外由谷氨酸和氨合成谷氨酰胺也需要 ATP。

18.1.2　AMP 和 GMP 的合成

合成的 IMP 可以转换成主要的嘌呤核苷酸 AMP 或 GMP（图 18.4）。每个转换途径都需要两步酶促反应。

在由 IMP 生成 AMP 的过程中，首先是天冬氨酸的氨基与 IMP 中的羰基缩合形成腺苷酸基琥珀酸，反应的能量来自 GTP，由**腺苷酸基琥珀酸合成酶**（adenylosuccinate synthetase，ADSS）催化。然后腺苷酸基琥珀酸在**腺苷酸基琥珀酸裂解酶**的作用下除去延胡索酸，生成 AMP。

在由 IMP 转换成 GMP 的过程中，首先在**次黄嘌呤核苷酸脱氢酶**（IMP dehydrogenase，IMPDH）催化下，IMP 的 C-2 与 N-3 之间双键加水，该水化产物被 NAD^+ 氧化，生成**黄嘌呤核苷酸**（xanthosine monophosphate，XMP）。然后在**鸟嘌呤核苷酸合成酶**（GMP synthetase，GMPS）催化下，谷氨酰胺的酰胺氮取代 XMP 中 C-2 位的氧生成 GMP，ATP 水解为 AMP 和焦磷酸驱动反应进行。反应是不可逆的，一旦形成 GMP，GMP 就不能转换成 IMP 或 AMP。

IMP 转换为 GMP 是 IMP 利用的一个重要的关卡。由 IMP 合成 AMP 消耗的是 GTP，而由 IMP 合成 GMP 消耗的是 ATP，这有助于平衡两种产物的生成。AMP 和 GMP 不能直接相互转换。

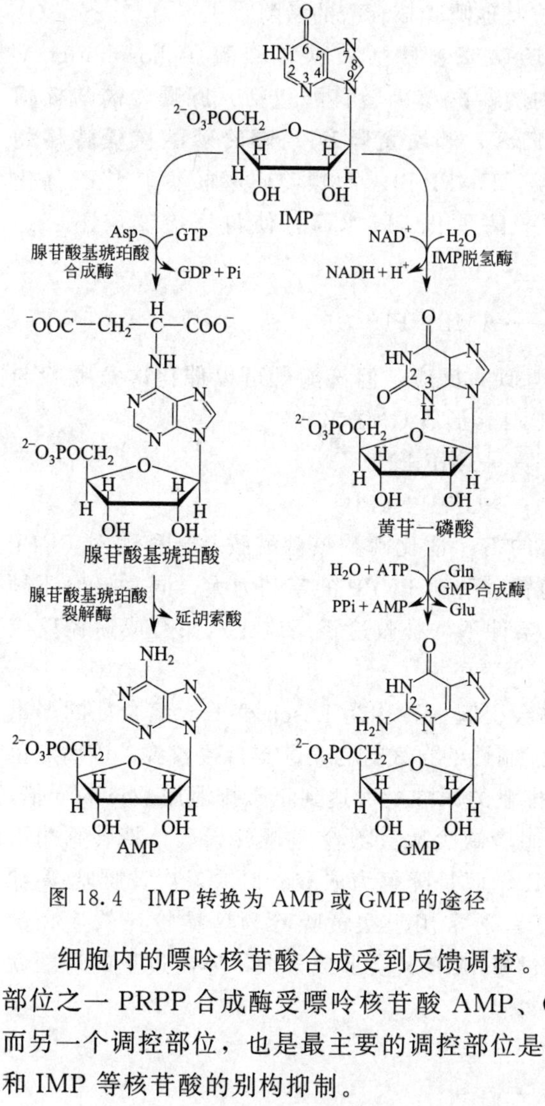

图 18.4　IMP 转换为 AMP 或 GMP 的途径

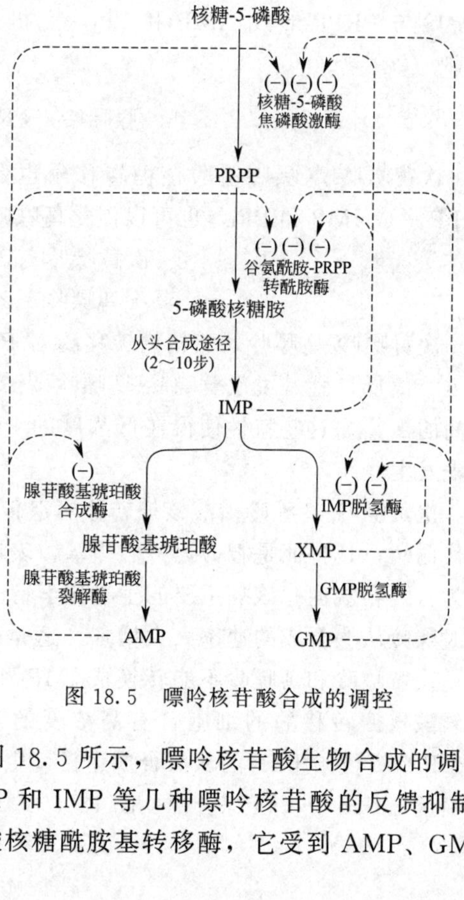

图 18.5　嘌呤核苷酸合成的调控

细胞内的嘌呤核苷酸合成受到反馈调控。如图 18.5 所示，嘌呤核苷酸生物合成的调控部位之一 PRPP 合成酶受嘌呤核苷酸 AMP、GMP 和 IMP 等几种嘌呤核苷酸的反馈抑制。而另一个调控部位，也是最主要的调控部位是磷酸核糖酰胺基转移酶，它受到 AMP、GMP 和 IMP 等核苷酸的别构抑制。

IMP形成AMP或GMP也受到AMP或GMP的反馈抑制。腺苷酸基琥珀酸合成酶在体外实验中受到AMP的抑制，IMP脱氢酶受到黄嘌呤核苷酸和GMP的抑制。

18.1.3 补救途径

在细胞代谢和食物消化过程中，核酸可降解为核苷酸、核苷和碱基。降解形成的一部分嘌呤可以进一步降解生成尿酸或其他排泄产物，但大部分嘌呤可通过直接转换为嘌呤核苷酸中的嘌呤而被回收，这种核苷酸合成途径称为**补救途径**（salvage pathway），补救途径是条节省能量的途径。在特异的核苷磷酸化酶作用下，细胞能利用各种现成的碱基与1-磷酸核糖反应生成核苷和磷酸，该反应是可逆的。

$$\text{碱基}+\text{1-磷酸核糖}\longleftrightarrow\text{核苷}+\text{Pi}$$

生成的核苷在磷酸激酶的催化下生成相应的核苷酸：

$$\text{腺苷}+\text{ATP}\longrightarrow\text{核苷酸}+\text{ADP}$$

但是，生物体内只含有腺苷激酶，缺乏合成其他嘌呤核苷酸的激酶。

另一条更重要的补救途径是PRPP与嘌呤碱基在磷酸核糖转移酶（phosphoribosyl transferase）催化下形成嘌呤核苷酸。生物体内的磷酸核糖转移酶包括：**腺嘌呤磷酸核糖转移酶**（adenine phosphoribosyl-transferase，APRT）和**次黄嘌呤-鸟嘌呤磷酸核糖转移酶**（hypoxanthine-guanine phosphoribosyl-transferase，HGPRT）。腺嘌呤磷酸核糖转移酶催化腺嘌呤与PRPP形成AMP和PPi，无机焦磷酸酶催化PPi水解，使得反应变成不可逆反应。

$$\text{腺嘌呤}+\text{PRPP}\longrightarrow\text{AMP}+\text{PPi}$$

次黄嘌呤-鸟嘌呤磷酸核糖转移酶也催化类似的反应，但该酶既可以催化次黄嘌呤与PRPP形成IMP和PPi，也可以催化鸟嘌呤与PRPP形成GMP和PPi。

$$\text{次黄嘌呤}+\text{PRPP}\longrightarrow\text{IMP}+\text{PPi}$$

$$\text{鸟嘌呤}+\text{PRPP}\longrightarrow\text{GMP}+\text{PPi}$$

次黄嘌呤-鸟嘌呤磷酸核糖转移酶对PRPP的K_m值比磷酸核糖酰胺基转移酶对PRPP的K_m值低，就是说次黄嘌呤-鸟嘌呤磷酸核糖转移酶对PRPP的亲和力大，同时该酶还具有高的K_{cat}。这些特性使得在低浓度的PRPP条件下，补救途径反应比从头合成途径反应优先发生。

次黄嘌呤-鸟嘌呤磷酸核糖转移酶遗传缺陷会引起一种称为Lesch-Nyhan综合征的严重的代谢病，其特征是智力迟钝、痉挛，表现出强制性的自残行为，甚至自毁容貌，该病症也称为自毁容貌症。该病主要的生物化学特征是排泄的尿酸量可达到正常排泄尿酸量的6倍，同时嘌呤从头合成的速率大大增加。这是由于患者缺少次黄嘌呤-鸟嘌呤磷酸核糖转移酶活性，次黄嘌呤和鸟嘌呤不能转换成IMP和GMP，而是降解为尿酸。但缺乏次黄嘌呤-鸟嘌呤磷酸核糖转移酶的细胞含有高浓度的PRPP，通常用于次黄嘌呤和鸟嘌呤补救途径的PRPP都提供给IMP的从头合成途径，生成的过量IMP又会形成尿酸，体内过量的尿酸就会引起Lesch-Nyhan综合征（图18.6）。

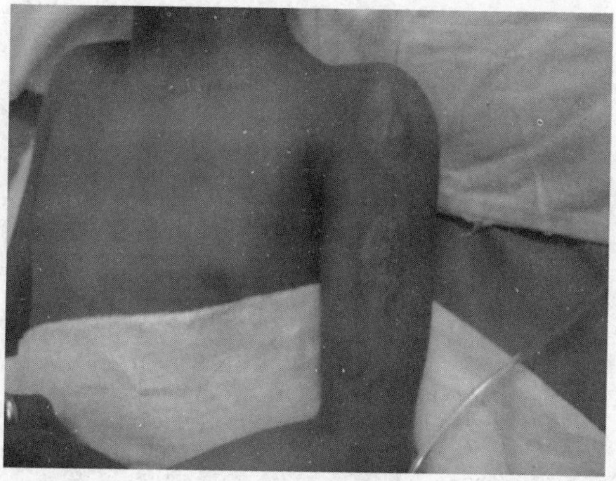

图 18.6 Lesch-Nyhan 综合征患者左臂上自咬留下的疤痕

（来源：JEONG T S，LEE J H，KIM S，et al. A preventive approach to oral self-mutilation in Lesch-Nyhan syndrome：a case report [J]. Pediatric Dentistry，2006，28：341-344.）

18.2 嘧啶核苷酸的合成

嘧啶核苷酸也有两种合成途径：从头合成途径和补救合成途径。嘧啶核苷酸的从头合成途径比嘌呤从头合成途径简单，并且消耗的 ATP 少。同位素实验表明嘧啶环中的原子来自三个前体（图 18.7）：① C-2 来自 HCO_3^-；②N-3 来自谷氨酰胺的酰胺基团；③其余原子都来自天冬氨酸。嘧啶核苷酸的从头合成途径首先生成的是尿嘧啶核苷酸（uridine monophosphate，UMP），其他嘧啶核苷酸由尿嘧啶核苷酸经过酶促反应进一步生成。

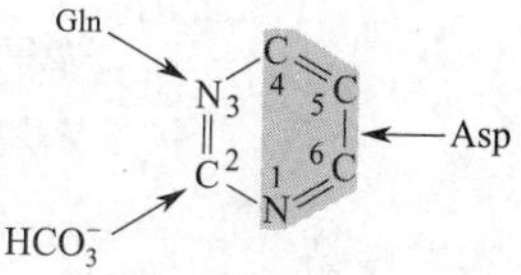

图 18.7 从头合成的嘧啶环中原子的来源

18.2.1 UMP 的从头合成

尿嘧啶核苷酸从头合成途径也需要 PRPP，但并不像嘌呤核苷酸合成那样以 PRPP 作为嘌呤核苷酸合成的基础第一步反应就需要它，而是首先合成嘧啶环，然后带有嘧啶环的化合物乳清酸再与 PRPP 反应形成乳清苷-5′-一磷酸，脱羧后形成尿嘧啶核苷酸。整个尿嘧啶核苷酸的从头合成途径共涉及 6 步反应（图 18.8），在催化 UMP 从头合成反应的酶中，二氢乳清酸脱氢酶（dihydroorotate dehydrogenase）位于线粒体内，其余的酶存在于胞质溶胶中。

下面按照图 18.8 给出的反应序号，对各步反应进行简单说明。

① **合成氨甲酰磷酸**：在**氨甲酰磷酸合成酶Ⅱ**（carbamoyl phosphate synthetase II）催化下，由谷氨酰胺的酰胺氮、HCO_3^- 和 ATP 的磷酰基团生成氨甲酰磷酸。反应需要两分子 ATP。在尿素循环中也有氨甲酰磷酸合成，它发生在线粒体中，由氨甲酰磷酸合成酶 I 催化。

② **合成氨甲酰天冬氨酸**：在**天冬氨酸转氨甲酰酶**（ATCase）催化下，激活的氨甲酰磷酸的氨甲酰基被转移给天冬氨酸生成氨甲酰天冬氨酸。ATCase 是个别构酶，在酶一章中已

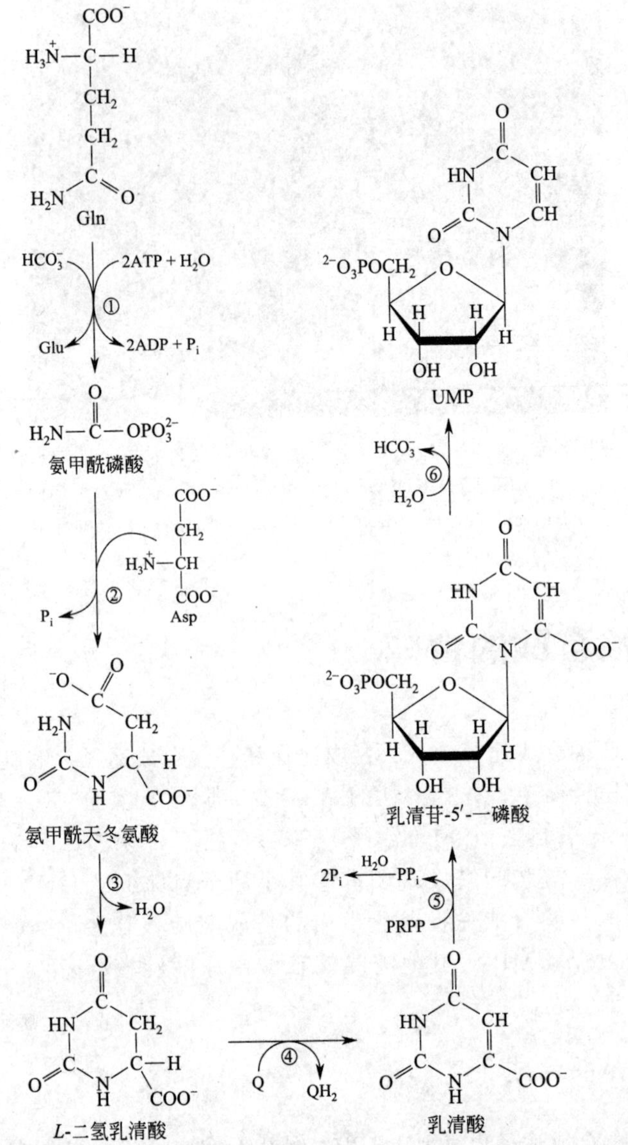

催化各步反应的酶：① 氨甲酰磷酸合成酶Ⅱ；② 天冬氨酸转氨甲酰酶；③ 二氢乳清酸酶；④ 二氢乳清酸脱氢酶；⑤ 乳清酸磷酸核糖转移酶；⑥ 乳清苷-5′-一磷酸脱羧酶

图 18.8　尿嘧啶核苷酸的从头合成途径

经介绍过。

③ **闭环生成二氢乳清酸**：在**二氢乳清酸酶**（dihydroorotase）催化下，氨甲酰天冬氨酸环化生成 *L*-二氢乳清酸。

④ **乳清酸氧化**：在二氢乳清酸脱氢酶催化下，*L*-二氢乳清酸经氧化生成乳清酸，辅助因子为辅酶 Q。至此，**嘧啶环已经形成**。二氢乳清酸脱氢酶是一种含铁的黄素酶，位于线粒体内膜的外侧面。

⑤ **获得 PRPP**：在乳清酸磷酸核糖转移酶（orotate phosphoribosyl transferase）催化下，乳清酸与 PRPP 反应生成乳清苷-5′-一磷酸。Mg^{2+}可以活化此步反应。

⑥ **生成尿嘧啶核苷酸（UMP）**：在乳清苷-5′-一磷酸脱羧酶（orotidine-5′-monophosphate decarboxylase）催化下，乳清苷-5′-一磷酸脱羧生成 **UMP**。

在细菌中，UMP 合成涉及 6 种独立的酶；而在动物中催化①、②和③步反应的酶是一条具有氨甲酰磷酸合成酶Ⅱ、ATCase 和二氢乳清酸酶活性的多功能肽链，催化④步反应的酶是二氢乳清酸脱氢酶，催化⑤和⑥步反应的酶是一条具有乳清酸磷酸核糖转移酶和乳清苷-5′-一磷酸脱羧酶活性的多功能肽链。

18.2.2 CTP 的合成

由 UMP 可以合成 CTP，涉及三步反应。首先**尿苷酸激酶**（uridylate kinase）催化 ATP 的 γ-磷酸转移给 UMP 形成 UDP。然后，**核苷二磷酸激酶**（nucleoside diphosphate kinase）催化第二个 ATP 的 γ-磷酸转移给 UDP 形成 UTP。尿嘧啶、尿嘧啶核苷和尿嘧啶核苷酸都不能氨基化变成相应的胞嘧啶化合物。在细菌中，UTP 可以与氨直接作用生成 CTP；在动物组织中，由 **CTP 合成酶**（CTP synthetase）催化来自谷氨酰胺的酰胺氮转移至 UTP 的 C4，形成 CTP，该反应需要 ATP 提供能量（图 18.9）。

细胞内的嘧啶核苷酸从头合成受到反馈调控。第一个调控部位是氨甲酰磷酸合成酶 II，它受 UMP 的反馈抑制。第二个调控部位是天冬氨酸转氨甲酰酶，它受 CTP 的反馈抑制。第三个调控部位是 CTP 合成酶，它受反应产物 CTP 的别构抑制和 GTP 的别构激活。

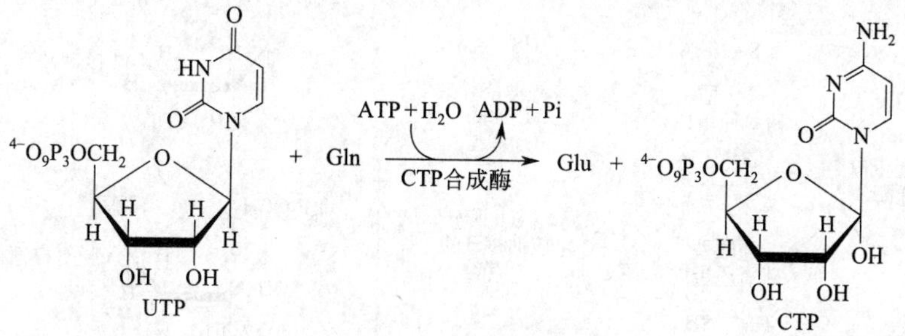

图 18.9　UTP 转换成 CTP

18.2.3 嘧啶核苷酸的补救合成

生物体可以利用外源的或核苷酸代谢产生的嘧啶碱和嘧啶核苷生成嘧啶核苷酸，该合成途径称为嘧啶核苷酸的补救合成途径。

尿嘧啶转变为尿嘧啶核苷酸可以通过两种方式进行：

① 尿嘧啶与 PRPP 在尿嘧啶磷酸核糖转移酶催化下生成尿嘧啶核苷酸。

$$\text{尿嘧啶} + \text{PRPP} \longrightarrow \text{尿嘧啶核苷酸} + \text{PPi}$$

② 尿嘧啶与 1-磷酸核糖在尿苷磷酸化酶催化下生成尿嘧啶核苷，后者在尿苷激酶催化下形成尿嘧啶核苷酸。

$$\text{尿嘧啶} + \text{1-磷酸核糖} \longrightarrow \text{尿嘧啶核苷} + \text{Pi}$$
$$\text{尿嘧啶核苷} + \text{ATP} \longrightarrow \text{尿嘧啶核苷酸} + \text{ADP}$$

胞嘧啶不能与 PRPP 直接反应生成胞嘧啶核苷酸，但是尿苷激酶也能催化胞嘧啶核苷生成胞嘧啶核苷酸。

胞嘧啶核苷＋ATP ⟶ 胞嘧啶核苷酸＋ADP

18.3 脱氧核糖核苷酸的合成

2′-脱氧核糖核苷酸是DNA的构件分子，它是通过核糖核苷酸还原生成的，而非从脱氧核糖从头合成。在大多数生物中，脱氧还原反应发生在核苷二磷酸水平。所有ADP、GDP、CDP和UDP四种核苷二磷酸都可以在**核糖核苷酸还原酶**（ribonucleotide reductase）催化下生成相应的脱氧核苷二磷酸dADP、dGDP、dCDP和dUDP。形成的脱氧核苷二磷酸可以在核苷二磷酸激酶的作用下磷酸化生成脱氧核苷三磷酸dATP、dGTP、dCTP和dUTP。

图18.10给出了核糖核苷二磷酸还原生成脱氧核糖核苷二磷酸的反应。NADPH作为脱氧核糖核苷二磷酸合成的还原力，催化作用需要Mg^{2+}激活。在硫氧还蛋白还原酶（NADPH作为辅酶）催化下，使得氧化型硫氧还蛋白转换为还原型硫氧还蛋白，后者再使氧化型核糖核苷酸还原酶转换为有活性的还原型核糖核苷酸还原酶。在还原型核糖核苷酸还原酶催化下，核糖核苷二磷酸转换为脱氧核糖核苷二磷酸。

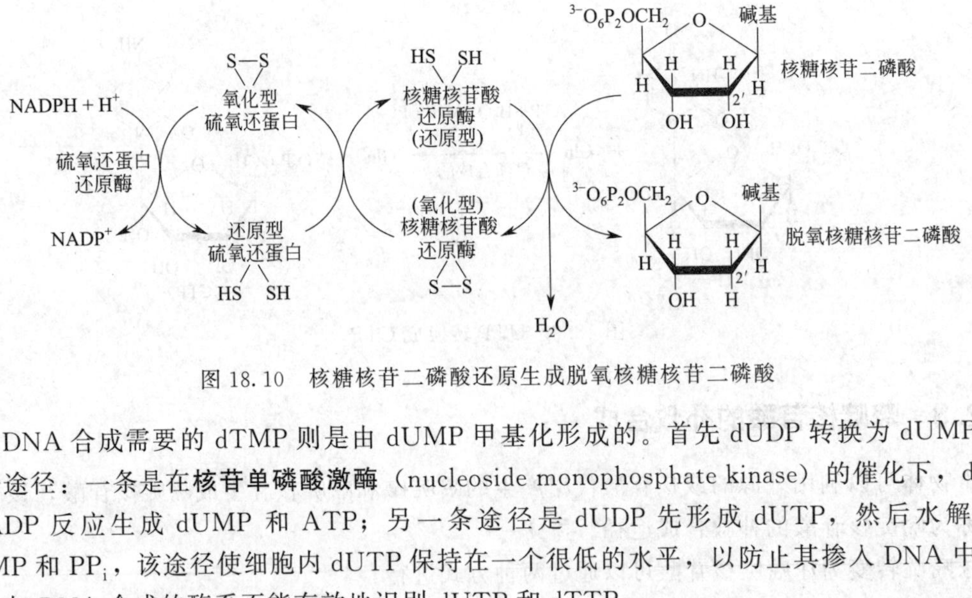

图18.10　核糖核苷二磷酸还原生成脱氧核糖核苷二磷酸

DNA合成需要的dTMP则是由dUMP甲基化形成的。首先dUDP转换为dUMP，有两条途径：一条是在**核苷单磷酸激酶**（nucleoside monophosphate kinase）的催化下，dUDP与ADP反应生成dUMP和ATP；另一条途径是dUDP先形成dUTP，然后水解生成dUMP和PP_i，该途径使细胞内dUTP保持在一个很低的水平，以防止其掺入DNA中，因为参与DNA合成的酶系不能有效地识别dUTP和dTTP。

在胸苷酸合酶（thymidylate synthase）催化下，dUMP接受5,10-亚甲基四氢叶酸提供的-CH_3生成dTMP（图18.11）。5,10-亚甲基四氢叶酸给出-CH_3后变成7,8-二氢叶酸，失去一碳单位的二氢叶酸经二氢叶酸还原酶还原变成四氢叶酸，再接收丝氨酸提供的一碳单位可以重新形成5,10-亚甲基四氢叶酸。在激酶的作用下，dTMP逐步磷酸化可以形成dTDP和dTTP。

5-氟尿嘧啶和氨甲蝶呤已经被证明在某些类型癌症的治疗中是有效的（图18.12）。5-氟尿嘧啶抑制胸苷酸合酶，5-氟尿嘧啶本身并不是抑制剂，其抑制作用是当它经细胞内的嘧啶补救合成途径转换成脱氧5-氟尿嘧啶核苷酸后，脱氧5-氟尿嘧啶核苷酸与胸苷酸合酶紧密结合，抑制该酶的活性，使得由 dUMP 合成 dTMP 的反应停止。

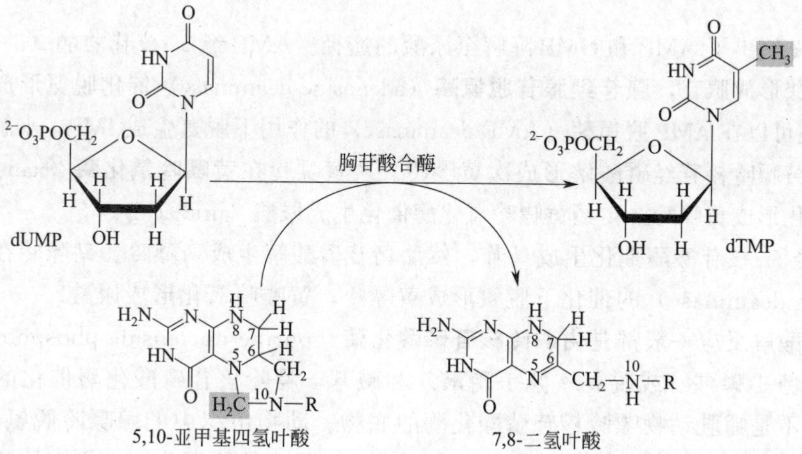

图 18.11　由 dUMP 合成 dTMP

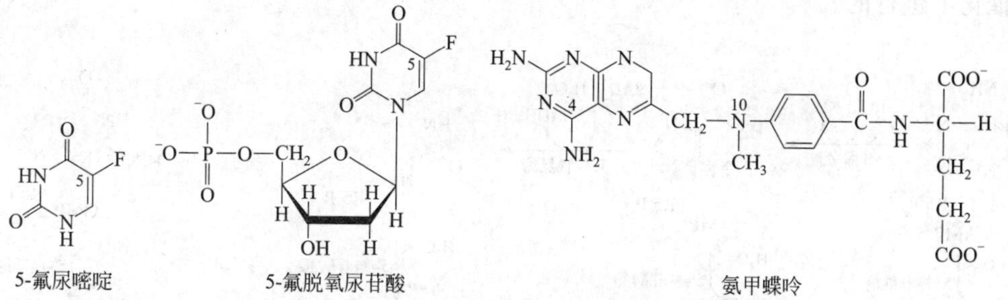

图 18.12　5-氟尿嘧啶、5-氟脱氧尿苷酸和氨甲蝶呤结构

氨甲蝶呤是另一个常用的癌症化疗制剂。当用氨基取代叶酸中的 C-4 位上的氧，然后在 N-10 连接一个甲基后就合成了氨甲蝶呤，氨甲蝶呤的结构类似于亚甲基四氢叶酸，是二氢叶酸还原酶的竞争性抑制剂。氨甲蝶呤通过非共价键与二氢叶酸还原酶紧密结合，阻止了 5,10-亚甲基四氢叶酸的生成，使 dUMP 不能利用一碳单位甲基化，大大减少了 dTMP 的形成。大多数正常细胞的细胞分裂要比癌细胞慢得多，所以正常细胞对氨甲蝶呤的敏感性低。

脱氧核糖核苷酸也能利用体内现有的核苷和碱基生成，脱氧核糖核苷可由碱基和脱氧核糖-1-磷酸在嘌呤或嘧啶核苷磷酸化酶的催化下形成。四种脱氧核糖核苷可以分别在特异的脱氧核糖核苷激酶和 ATP 的作用下，被磷酸化而形成相应的脱氧核糖核苷酸。

18.4　嘌呤核苷酸的降解

尽管细胞内大多数的嘌呤和嘧啶碱基可以通过补救途径合成相应的核苷酸，也就是说可以回收，但还是有些碱基被降解。这些碱基来自过量消化的核苷酸或来自细胞内正常的核酸降解。

18.4.1 AMP和GMP的降解

图18.13给出了AMP和GMP降解至尿酸的途径。AMP经5′-核苷酸酶（5′-nucleotidase）水解除去磷酸形成腺苷，腺苷经**腺苷脱氨酶**（adenosine deaminase）催化脱氨形成次黄嘌呤核苷。AMP也可以在**AMP脱氨酶**（AMP deaminase）的作用下脱氨生成IMP，水解生成次黄嘌呤核苷。次黄嘌呤核苷经磷酸解形成次黄嘌呤。次黄嘌呤在**黄嘌呤氧化酶**（xanthine oxidase）催化下被氧化形成黄嘌呤，再经黄嘌呤氧化酶催化生成尿酸（uric acid）。

GMP经5′-核苷酸酶催化生成鸟苷，然后鸟苷磷酸解生成鸟嘌呤。鸟嘌呤在**鸟嘌呤脱氨酶**（guanine deaminase）的催化下脱氨形成黄嘌呤，黄嘌呤氧化形成尿酸。

核苷磷酸解反应一般都是由**嘌呤核苷磷酸化酶**（purine nucleoside phosphorylase）催化的，生成核糖-1-磷酸（或脱氧核糖-1-磷酸）和碱基，嘌呤核苷磷酸化酶催化的反应是可逆的，但腺苷不是哺乳动物嘌呤核苷磷酸化酶的底物。动物组织中的腺嘌呤脱氨酶含量很少，而腺苷脱氨酶和AMP脱氨酶的活性很高，因此，腺嘌呤的脱氨分解主要在腺嘌呤核苷和腺嘌呤核苷酸水平上发生。鸟嘌呤脱氨酶在动物组织中的分布广泛，鸟嘌呤的脱氨主要是在该酶的催化下进行的。

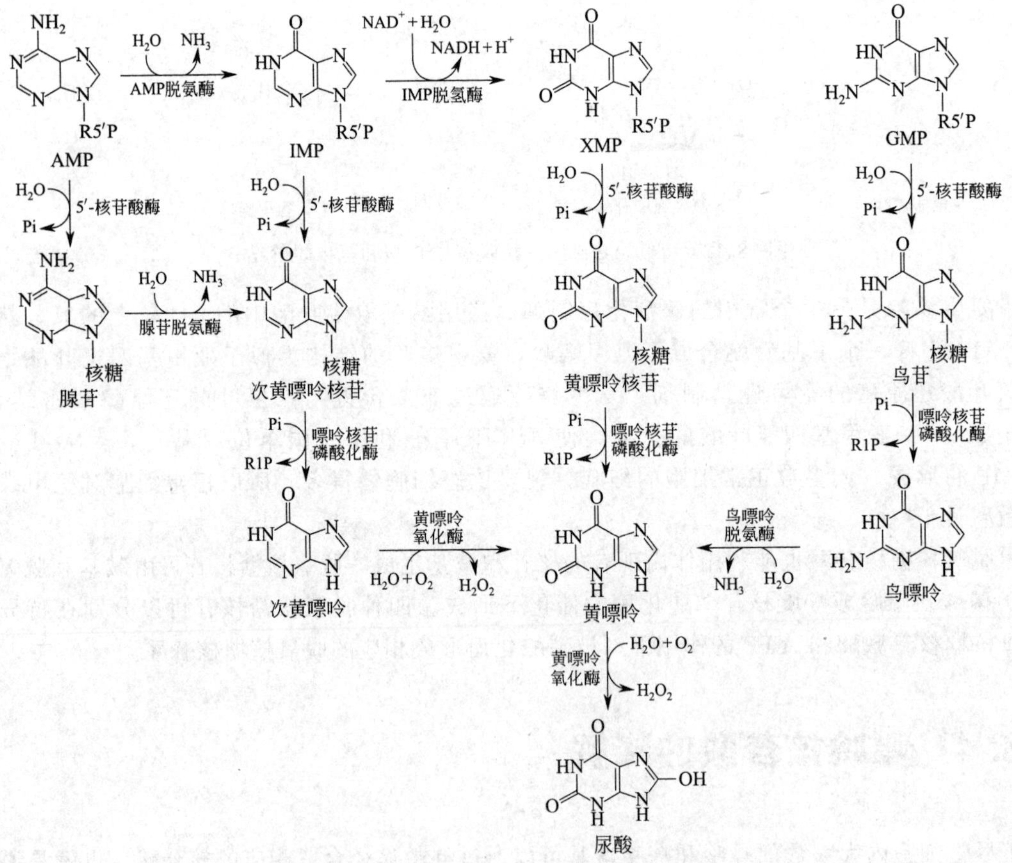

动物的嘌呤核苷酸和脱氧嘌呤核苷酸都被降解为尿酸

图18.13 动物中嘌呤核苷酸降解至尿酸的主要途径

包括人在内的灵长类动物，嘌呤降解的最终产物是可随尿排出的尿酸，鸟类、爬行动物和昆虫也排出尿酸，不过这些动物不能排尿素，但它们可通过嘌呤合成途径将过量的氨基酸氮合成嘌呤，再降解至尿酸。尿酸只是微溶于水，排泄尿酸时只有少量水一同排出，粪便为尿酸晶体糊状物，所以这一排氮途径可保存水分。

很多动物还可以进一步降解尿酸（图 18.14），尿酸在尿酸氧化酶（urate oxidase）催化下形成尿囊素（allantoin）、H_2O_2 和 CO_2。尿囊素是大多数哺乳动物（不包括人在内的灵长类动物）中嘌呤降解的主要终产物。海龟和某些昆虫也排泄尿囊素。

某些硬骨鱼含有尿囊素酶（allantoinase），还可以将尿囊素转化为尿囊酸（allantoate）。但这些鱼类不能再降解尿囊酸，而是以尿囊酸作为嘌呤降解的终产物排泄。

大多数鱼、两栖类动物及淡水软体动物可以进一步降解尿囊酸。这些动物含有尿囊酸酶（allantoicase），该酶催化尿囊酸水解生成一分子的乙醛酸和两分子尿素。所以在这些动物中嘌呤降解的终产物是尿素。

许多生物，包括植物、海洋甲壳类动物和一些海洋无脊椎动物都能够水解尿素，脲酶催化尿素水解生成 CO_2 和 NH_3。氨对这些生物是没有毒害的，例如植物通过谷氨酰胺合成酶的作用，氨可以快速地被同化；海洋生物是在表面器官（例如鳃）产生这些有毒的氨，所以氨很容易被冲洗掉。

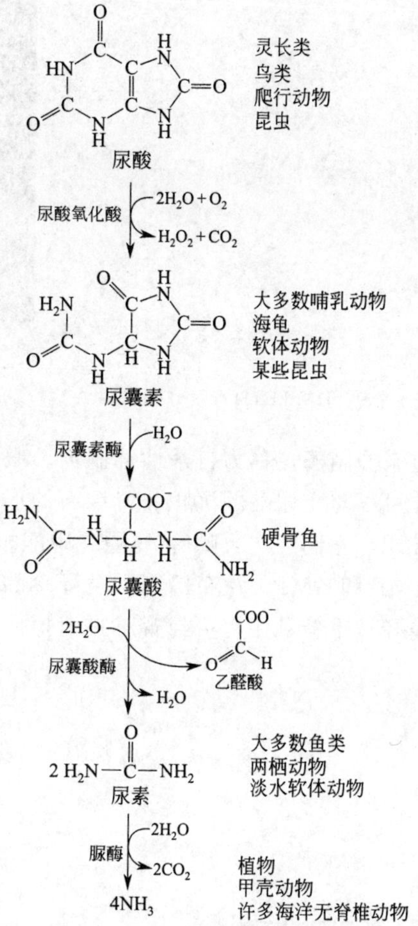

不同动物将尿酸降解终止在不同产物，然后排出体外

图 18.14　尿酸降解至氨的途径

相关话题

痛风

痛风（gout）是由尿酸生产过量或尿酸排泄不充分造成堆积引起的一种疾病，常见的症状是突发的极为痛苦的关节炎。血液中的尿酸钠的溶解度很小，当尿酸钠浓度高时，它可在软骨和软组织，特别是在肾脏以及舌和关节处形成结晶（有时与尿酸一起）（图 18.15）。在关节处的沉积会引起剧烈的疼痛。引起痛风有几个原因，其中包括次黄嘌呤-鸟嘌呤磷酸核糖转移酶活性的部分缺陷，结果导致嘌呤回收下降，使得嘌呤分解生成更多的尿酸；痛风也可能是由于嘌呤生物合成调控的缺陷引起的。

治疗痛风的常用药物之一是与次黄嘌呤结构非常类似的别嘌呤醇（allopurinol），次黄嘌呤的 N-7 和 C-8 换个位置就变成了别嘌呤醇（图 18.16）。在细胞内别嘌呤醇在黄嘌呤氧化酶催化下转换为别黄嘌呤（alloxanthine），别黄嘌呤是黄嘌呤氧化酶的一个很强的抑制剂，与酶紧密结合使酶失活，防止尿酸形成。像别嘌呤醇这样的酶底物类似物经酶作用后反

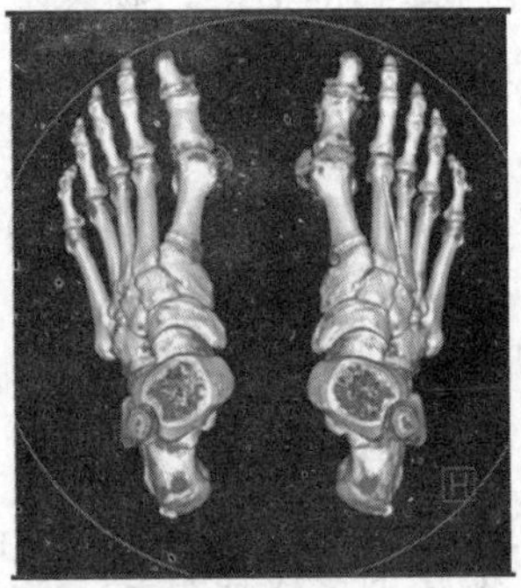

图 18.15　痛风患者的双能量 CT，绿色显示尿酸钠晶体沉积

［来源：DALBETH N，GOSLING A L，GAFFO A，et al. Gout［J］. Lancet，2021，397（10287）：1843-1855.］

过来抑制酶，称为自杀性抑制剂。服用别嘌呤醇可以防止非正常的高水平的尿酸的形成，因此可以防止尿酸的沉积和肾结石的形成。在用别嘌呤醇治疗期间，次黄嘌呤和黄嘌呤都不会堆积，它们经次黄嘌呤-鸟嘌呤磷酸核糖转移酶催化转换为 IMP 和黄嘌呤核苷酸，然后形成 AMP 和 GMP。次黄嘌呤和黄嘌呤的溶解度比尿酸钠和尿酸大得多，如果它们不能通过补救途径被重新利用也可经肾脏排泄掉。

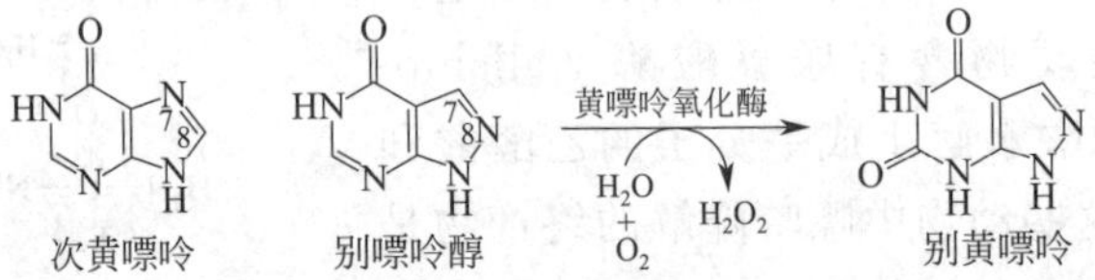

图 18.16　别嘌呤醇和别黄嘌呤

相关话题

腺苷脱氨酶缺陷型重症联合免疫缺陷

腺苷脱氨酶缺陷是一种严重联合免疫缺陷疾病（severe combined immunodeficiency，SCID），约占 SCID 的 20%。SCID 是一种罕见的、最严重的原发性免疫缺陷疾病，其特点是功能性 T 细胞和 B 细胞发育紊乱，免疫系统高度受损，甚至完全丧失功能。若不及时治疗，不进行无菌隔离，患者通常会在 1 年内因严重而反复的感染夭折。因此，这种疾病也被称为泡泡男孩病，因为其中一些患者，如大卫·维特，只能生活在无菌环境中（图 18.17）。

图 18.17　无菌保护泡泡里的大卫·维特

腺苷脱氨酶缺陷的发病机制是多方面的。一方面，在没有腺苷脱氨酶活性的情况下，脱氧腺苷积累并被脱氧胞苷激酶转化为 dATP，dATP 能够造成 DNA 链断裂，抑制核糖核苷酸还原酶，从而抑制 DNA 的合成和修复，诱导发育中的胸腺细胞凋亡。另一方面，脱氧腺苷使高半胱氨酸水解酶失活，导致腺苷同型半胱氨酸积累，抑制淋巴细胞有效激活所必需的转甲基化反应。因此，腺苷脱氨酶缺陷和底物

积累严重破坏了胸腺组织，从而导致淋巴细胞减少。目前已有多种治疗方式能够恢复腺苷脱氨酶活性，重建保护性免疫力，包括酶替代疗法、异体造血干细胞移植和用自体基因纠正的造血干细胞进行基因治疗。

18.4.2 嘌呤核苷酸循环

肌肉组织中存在一种**嘌呤核苷酸循环**（purine nucleotide cycle），AMP 在 AMP 脱氨酶催化下脱氨生成 IMP，然后在腺苷酸基琥珀酸合成酶催化下 IMP 与天冬氨酸缩合生成腺苷酸基琥珀酸，最后在腺苷酸基琥珀酸裂解酶催化下腺苷酸基琥珀酸除去延胡索酸重新形成 AMP（图 18.18）。每一轮循环的净反应为：

$$天冬氨酸+GTP+H_2O \longrightarrow 延胡索酸+GDP+Pi+NH_4^+$$

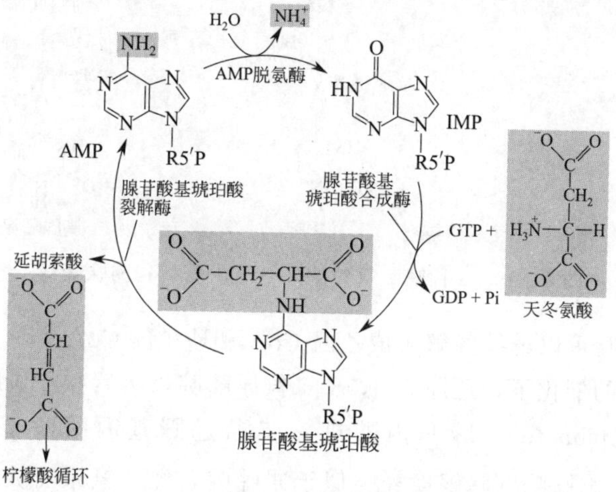

图 18.18 嘌呤核苷酸循环

R5′P 代表核糖-5-磷酸

氨供体天冬氨酸实际上来自谷氨酸，因为其它的氨基酸经转氨反应可以形成谷氨酸，然后谷氨酸经转氨作用与草酰乙酸再形成天冬氨酸。当嘌呤核苷酸循环活跃时，形成的延胡索酸实际上添补了柠檬酸循环所需的中间物，将增加柠檬酸循环氧化乙酰 CoA 的能力，为肌肉活动提供所需要的能量。嘌呤核苷酸循环对于骨骼肌代谢很重要，因为肌肉中缺乏其它组织催化添补柠檬酸循环中间物的添补反应的大部分酶，所以作为替代，肌肉组织就利用嘌呤核苷酸循环产生的延胡索酸来补充柠檬酸循环的中间物。

肌肉中 AMP 脱氨酶缺乏会在锻炼后出现肌肉疲劳和痉挛现象，但带有这种酶缺陷的个体在锻炼期间不会积累氨或 IMP，只是觉得很不舒服，但不至于危及生命。

18.5 嘧啶核苷酸的降解

图 18.19 给出了 3 种嘧啶核苷酸降解至尿嘧啶和胸腺嘧啶的过程。嘧啶核苷酸的降解是从水解生成相应的核苷和 Pi 开始的，反应由 **5′-核苷酸酶**催化。然后胞苷经胞苷脱氨酶催化脱氨

形成尿苷。尿苷经**尿苷磷酸化酶**（uridine phosphorylase）催化生成尿嘧啶和核糖-1-磷酸。而脱氧胸苷经**胸苷磷酸化酶**（thymidine phosphorylase）催化生成胸腺嘧啶和脱氧核糖-1-磷酸。

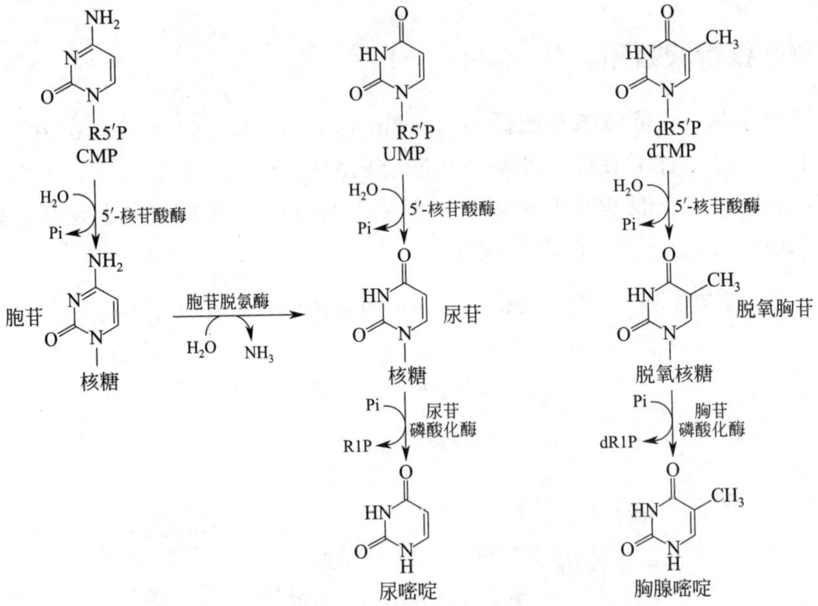

图 18.19　3 种嘧啶核苷酸降解至尿嘧啶和胸腺嘧啶

尿嘧啶和胸腺嘧啶可以继续降解生成乙酰 CoA 和琥珀酰 CoA（图 18.20）。尿嘧啶首先在二氢尿嘧啶脱氢酶的催化下，还原为 5，6-二氢尿嘧啶，然后在二氢嘧啶酶的催化下生成脲基丙酸（ureidopropionate），脲基丙酸进一步通过脲基丙酸酶催化水解生成 NH_4^+、HCO_3^- 和 β-丙氨酸。胸腺嘧啶降解途径类似于尿嘧啶，经二氢尿嘧啶脱氢酶催化首先生成二氢胸腺嘧啶，然后在二氢嘧啶酶的催化下生成脲基异丁酸（ureidoisobutyrate），再由脲基异丁酸进一步通过脲基丙酸酶催化水解生成 NH_4^+、HCO_3^- 和 β-氨基异丁酸。

β-丙氨酸可以转换为乙酰 CoA，β-氨基异丁酸可以转换成琥珀酰 CoA，它们都可以进入柠檬酸循环进一步代谢。

相关话题

肿瘤细胞的核苷酸代谢

核苷酸是 DNA 复制、RNA 合成的原料和细胞分裂的物质基础，快速增殖的肿瘤细胞有超出正常细胞的核苷酸合成需求。一些促癌因子的激活或抑癌因子的失活能刺激核苷酸代谢相关酶的表达，使肿瘤细胞发生核苷酸代谢的重塑。例如，mTOR 的激活能提高叶酸代谢酶 MTHFD2 的表达水平，为嘌呤核苷酸的从头合成提供一碳单位，同时激活的 mTOR 还能通过 S6K 提高嘧啶从头合成酶 CAD（哺乳动物中一个含有氨甲酰基磷酸合成酶Ⅱ、天冬氨酸转氨甲酰酶和二氢乳清酸酶的多功能酶）的酶活性，促进嘧啶核苷酸的从头合成，进而提高肿瘤核苷酸的合成代谢水平。在 ERK2 激活的肿瘤细胞中，嘌呤从头合成酶甲酰甘氨脒核苷酸合成酶（phosphoribosylformylglycinamidine synthase，PFAS）和嘧啶从头合成酶 CAD 被 ERK2 磷酸化和激活，核苷酸的合成代谢加速。致癌因子 MYC 具有激活核糖-5-磷酸焦磷酸激酶的作用，为嘌呤核苷酸和嘧啶核苷酸的从头合成提供大量 PRPP，加速肿瘤

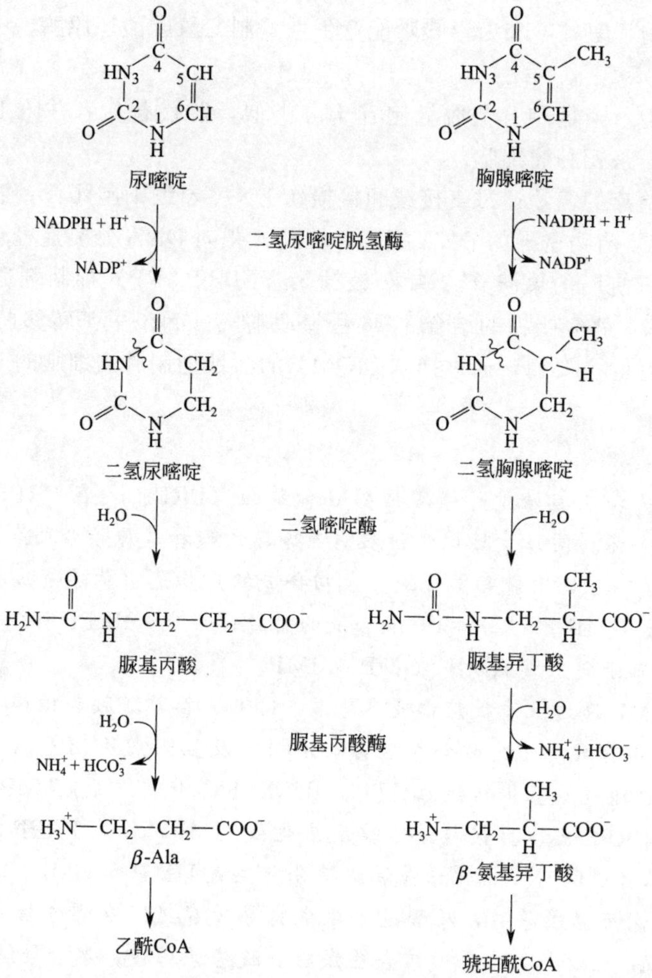

图 18.20 尿嘧啶和胸腺嘧啶分别降解至乙酰 CoA 和琥珀酰 CoA

核苷酸的合成代谢。此外，肿瘤抑制因子 p53 的缺失能解除对 MTHFD2 的转录抑制，通过提高一碳代谢促进肿瘤嘌呤核苷酸的生成。除了在肿瘤细胞增殖中的作用，嘧啶代谢也能够影响肿瘤转移。例如，在一些实体瘤（如三阴性乳腺癌和肝细胞癌）中，嘧啶的降解维持了由上皮间质转化驱动的间质状态，促进肿瘤细胞的转移。核苷酸代谢途径基因也可作为肿瘤生物标志物，例如，核苷酸还原酶（RRM2）在多种癌症中既是一种预后生物标志物，也是一种诊断生物标志物。因此，肿瘤核苷酸代谢异常是肿瘤细胞的一个典型特征。

针对肿瘤核苷酸代谢使用的核苷酸的抗代谢物在临床上具有抗肿瘤作用。这些抗代谢物是一些嘌呤、嘧啶、氨基酸、叶酸和核苷的类似物，它们主要以竞争性抑制方式干扰核苷酸的从头合成。常用的具有抗肿瘤作用的核苷酸的抗代谢物有以下五类。

（1）嘌呤类似物：6-巯基嘌呤、8-氮杂鸟嘌呤是次黄嘌呤的类似物，可以阻断嘌呤核苷酸的从头合成。

（2）嘧啶类似物：5-氟尿嘧啶是胸腺嘧啶的类似物，5-氟尿嘧啶抑制胸苷酸合酶的活性，使 dTMP 的合成受阻。

（3）氨基酸类似物：氮杂丝氨酸、6-重氮-5-氧正亮氨酸是谷氨酰胺的类似物，可以干扰谷氨酰胺在核苷酸合成中的作用。

(4) 叶酸类似物：氨蝶呤和氨甲喋呤能竞争性抑制二氢叶酸还原酶，干扰叶酸代谢，影响核苷酸的生成。

(5) 核苷类似物：阿糖胞苷与脱氧胞苷十分类似，能代替后者并入 DNA，使得 DNA 无法继续复制，进而杀死肿瘤细胞。

许多用于癌症治疗的药物通过直接或间接损伤 DNA 导致细胞死亡，癌细胞会激活各种 DNA 修复途径，修复药物诱导的 DNA 损伤，因此，靶向 DNA 修复途径也是治疗癌症的方法之一。例如，临床使用的聚腺苷二磷酸-核糖聚合酶（PARP）抑制剂通过与其催化位点结合，抑制其与 DNA 修复蛋白的结合。O6-甲基鸟嘌呤-DNA-甲基转移酶（MGMT）是细胞用于切除受损碱基的主要酶，通过抑制 MGMT 的活性抑制肿瘤细胞的 DNA 损伤修复。

小结

嘌呤核苷酸从头合成起始于 5-磷酸核糖-α-焦磷酸（PRPP），在 PRPP 贡献的核糖-5-磷酸上依次构建起嘌呤环。同位素标记实验表明嘌呤环的碳和氮原子分别来自甘氨酸、谷氨酰胺、天冬氨酸、CO_2 和 10-甲酰四氢叶酸。最初合成的产物是次黄嘌呤核苷酸（IMP）。IMP 可以转换为 AMP 或 GMP。在嘌呤核苷酸合成的补救途径中，PRPP 可以直接与腺嘌呤、鸟嘌呤或次黄嘌呤反应分别生成 AMP、GMP 或 IMP。

嘧啶核苷酸 UMP 通过 6 步反应由天冬氨酸、CO_2、谷氨酰胺和核糖-5-磷酸合成。但与嘌呤核苷酸从头合成不同，嘧啶环合成后再与 PRPP 反应形成 UMP。UMP 通过磷酸化可转换为 UTP，UTP 通过氨基化转换为 CTP。dUMP 甲基化可合成 dTMP。在嘧啶核苷酸合成的补救途径中，PRPP 可以直接与尿嘧啶反应生成 UMP，但是 PRPP 不能直接与胞嘧啶反应生成 CMP，尿苷激酶可以催化尿苷和胞苷分别生成 UMP 和 CMP。

嘌呤核苷酸代谢可生成尿酸，尿酸过量生成将导致痛风。在嘌呤核苷酸循环中，AMP 脱氨生成 IMP，IMP 可以与天冬氨酸缩合生成腺苷酸基琥珀酸，然后裂解生成 AMP 和延胡索酸。所以在肌肉中嘌呤核苷酸循环产生氨和延胡索酸。

习题

1. 计算从头合成（a）IMP、（b）AMP、（c）CTP 消耗的能量（用 ATP 表示）。假设所有的底物（例如核糖-5-磷酸和谷氨酰胺）和辅助因子都是充足的。

2. 别嘌呤醇是黄嘌呤氧化酶的抑制剂，它可用来治疗慢性痛风。请说明这种治疗方法的生化基础。

3. 假设在嘌呤合成中使用了 ^{15}N 标记的天冬氨酸，新合成的 GTP 和 ATP 分子中哪一个位置会出现标记？

4. 正常的细胞会死于含有胸苷和氨甲蝶呤的培养基中，而缺失胸苷酸合酶的突变细胞能够存活并生长。请解释。

5. 核苷酸在细胞中可以起不同作用，给出在下面的各个作用或过程中起作用的一个核苷酸例子。

(a) 第二信使；(b) 磷酸基团转移；(c) 糖激活；(d) 乙酰基的激活，

(e) 电子转移；(f) DNA 测序；(g) 癌症的化疗；(h) 别构效应。

19 生物化学技术

19.1 蛋白质相关技术

19.1.1 蛋白质纯化与分析

研究一种特定蛋白质，必须将它从蛋白质混合物中纯化出来。蛋白质纯化通常是一个多步骤的过程，利用目标蛋白的生物化学和生物物理特性，包括来源、相对浓度、溶解度、电荷和疏水性等，以最大回收率获得最小活性损失的目标蛋白，同时最大限度地去除其它污染蛋白质。蛋白质的来源一般为组织、细胞或微生物，经匀浆裂解后得到蛋白质粗提液；根据蛋白质的等电点、pH 稳定性和电荷密度等性质，针对目标蛋白设计合适的纯化策略，最终稳定得到高纯度、高活性和高产量的目标蛋白。

经典纯化策略包括：①盐析—凝胶层析分离—离子交换色谱分离；②盐析—疏水作用色谱分离—离子交换色谱分离—反相色谱；③亲和层析—盐析—凝胶层析分离；④有机试剂萃取—亲和层析；⑤离子交换色谱分离—疏水作用色谱分离—亲和层析—凝胶层析分离。离子交换色谱具有极佳的分辨率，可起到浓缩目标蛋白的作用，常被用于从蛋白粗提液中以可溶形式提取目标蛋白，然后通过高浓度的盐溶液洗脱；在离子交换色谱后进行疏水相互作用色谱的分离，可避免脱盐步骤；最后可利用亲和色谱进行进一步纯化。当所需目标蛋白纯度不需要太高时，可通过亲和色谱分离一步完成。纯化方案的最后一步通常是凝胶层析，除有助于提高目标蛋白纯度外，还可得到目标蛋白的斯托克斯半径，作为蛋白质分子量的近似值，并可调整或改变缓冲液，将蛋白质转移至与预期用途相适应的溶液中。

19.1.1.1 柱层析

层析（chromatography）即色谱，是基于样品在流动相和固定相之间的分配进行分离的技术。层析一词 1906 年由俄国植物学家茨威特（Mikhail Semenovich Tsvett）提出，他使用碳酸钙作为固定相从绿叶中分离颜料，用“层析”一词描述在固定相中移动的有色区。之后英国学者提出了分配层析的概念。**柱层析**（column chromatography）是将不溶性基质作为固定相填充到柱子中，待分离溶液样品流过固定相，样品中各成分与固定相进行不同程度的相互作用，从而使固定相中的迁移率产生差别，达到分离目标物的目的。柱层析技术几乎适用于生物研究中的任何分离问题，包括从皮摩尔级别的目标蛋白的测定到千克级别的目标蛋白的纯化。

目前主要有四种适用于蛋白质分离纯化的柱层析技术：凝胶层析（gel chromatography）、离子交换层析（ion-exchange chromatography）、疏水作用色谱法（hydrophobic interaction chromatography）和亲和层析（affinity chromatography）。所有层析技术均可通过色谱设备适当地启动、监测和控制分离过程，实现自动化，获得最好的分离效果。

1）凝胶层析

凝胶层析又被称为分子筛、凝胶过滤层析（gel-filtration chromatography）或尺寸排阻色谱（size exclusion chromatography），按照蛋白质大小实现目标蛋白的快速分离。填充在凝胶层析柱中的凝胶是珠状的，组成开放的、交联的三维分子孔网络，小于孔径的分子可以通过（图 19.1）。凝胶珠内部孔径限制使得一些大分子无法进入，小分子可以穿透所有的孔，因此大分子移动得快，最早被洗脱下来，小分子运动路径长，较晚被洗脱下来。可见，蛋白质的分离取决于不同蛋白质进入这些孔的能力不同。不同类型凝胶的孔径大小不同，适用于不同分子量范围的蛋白的分离，即具有固定的分离范围，一般在前三分之二的分离范围内实现目标，一般在该范围内实现目标蛋白的分离。例如，Sephadex G-75 凝胶是分离范围为 3000～70000 的葡聚糖凝胶，排阻极限是 70000，分子量大于 70000Da 的分了不能扩散进入凝胶珠微孔实现分离。

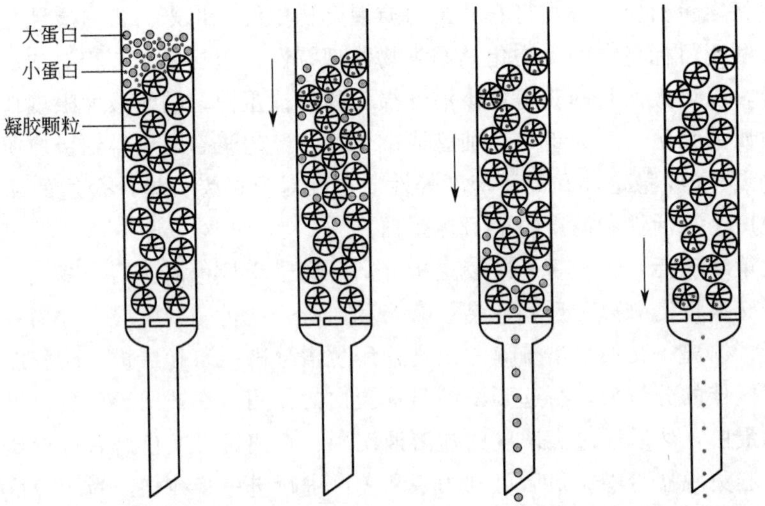

图 19.1 凝胶层析的原理

目前常用的凝胶类型包括交联葡聚糖、琼脂糖和聚丙烯酰胺凝胶，部分凝胶还有直径粗细的等级区别。细颗粒比粗颗粒的分辨率更高，但流速更低，在选择凝胶类型时需要根据实验目的进行选择。如需要高分辨率时，应使用超细或细颗粒；需要实现高流速脱盐，则应选择中等或粗颗粒。在一定条件下，被分离的蛋白质的相对分子质量的对数与其洗脱体积成比例，所以利用分子量已知的一组蛋白质生成分子量-洗脱体积标准曲线，然后利用同一柱子进行未知蛋白质的层析，获得该蛋白质的洗脱体积，就可利用标准曲线求出未知蛋白质的相对分子质量。

2）离子交换层析

作为最常用的纯化蛋白质的色谱方法，离子交换层析是一种用离子交换树脂作为固定相的层析法，利用了蛋白质的两性特征，即在低 pH 缓冲液中带正电荷，在高 pH 缓冲液中带负电荷，实现蛋白质的分离。在离子交换层析中，蛋白质表面的氨基酸分布和净电荷决定了蛋白质与固定相表面带电基团的相互作用。阳离子交换树脂含有酸性基团如-SO_3H 或-COOH，可解离出 H^+ 离子，当流动相中含有其它阳离子时，可以和 H^+ 发生交换，从而结合在树脂上；相反，阴离子交换树脂含有的碱性基团如 N^+ （C_2H_5）可解离出 OH^- 离子，当流动相中含有其它阴离子时，可以和 OH^- 发生交换而结合在树脂上。这些酸性基团和碱性基团被称为离子交换剂，蛋白质和离子交换剂的电荷必须相反才能发生交换作用，与离子交换剂相互作用较弱的蛋白质在树脂上的保留作用较弱，保留时间较短；与离子交换剂发生强相互作用的蛋白质的保留时间则较长。

离子交换层析的蛋白洗脱可通过增加缓冲液的离子强度，缓冲液中与目标蛋白带相同电荷的盐离子与蛋白相互竞争吸附离子交换剂，高浓度的盐离子取代蛋白质分子吸附在离子交换树脂上。在混合物中，每个组分带有不同的净电荷，需要特定的离子强度将其从柱上洗脱下来。当使用浓度递增的盐梯度时，目标蛋白在一定的盐浓度下被洗脱，有效地实现混合物的分离。另一种分离方式是通过改变 pH 值进行蛋白质的洗脱，当 pH 值接近蛋白质的等电点时，蛋白质失去电荷并从离子交换剂上洗脱。因此，缓冲液的 pH 值、组成和变化梯度，为离子交换层析的分离优化提供了多种选择。

3）疏水作用色谱

疏水作用色谱是以表面耦连弱疏水性基团（疏水性配基）的吸附剂为固定相，根据蛋白质与疏水性吸附剂之间的疏水性相互作用进行蛋白质分离的技术。疏水作用色谱的固定相具有丰富的疏水性结合位点，流动相通常为盐离子，盐离子的存在可减少溶液中可用的水分子，破坏蛋白质表面的水化层，将蛋白质的疏水基团暴露在外，增加了蛋白质表面的疏水相互作用，因此蛋白质将优先结合到基质上。蛋白质通常在高离子强度如 4mol/L 氯化钠和 1mol/L 硫酸铵条件下吸附到基质上，由于硫酸铵不会改变大部分蛋白质的活性，保留了蛋白质的原有结构，最常被用于疏水作用色谱的流动相。根据霍夫迈斯特次序（Hofmeister series），阴离子和阳离子从左到右使蛋白质变性的能力依次增加，导致蛋白质与基质之间的疏水相互作用强度降低（图 19.2）。通过降低流动相中的盐浓度，蛋白质可以选择性地解吸附。另外，温度、pH 和离子强度的变化均会影响蛋白质在疏水作用色谱中的分离。

4）亲和层析

亲和层析是一种选择性最高的柱层析方法，根据蛋白质与其配体之间的相互作用进行分离。亲和层析通常只需要一步处理，即可将目标蛋白从复杂的混合物中分离出来，并且纯度很高。亲和层析的基本原理是将目标蛋白的特异性配体共价连接在琼脂糖等固定相表面的功能基团上，通常配体和多糖固定相之间会被插入一段长度适当的连接臂，使配体与固定相之间保持足够的距离，避免因空间位阻影响目标蛋白与配体的结合。当蛋白混合物进入亲和固定相的层析柱中，目标蛋白被吸附在耦连有配体的固定

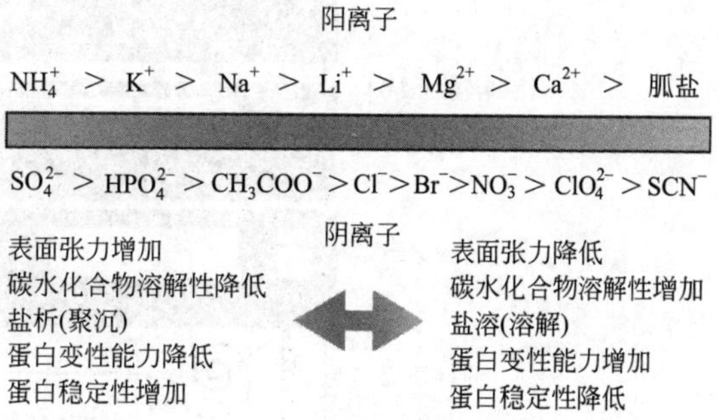

图 19.2 霍夫迈斯特次序

相颗粒表面，其它蛋白则因不含特异性结合部位不被吸附，通过洗涤即可除去，最后用含有与配体亲和力更强的配基溶液将目标蛋白从固定相上洗脱下来（图 19.3）。包含镍柱在内的金属螯合层析、凝集素亲和层析、免疫亲和层析等均属于亲和层析。

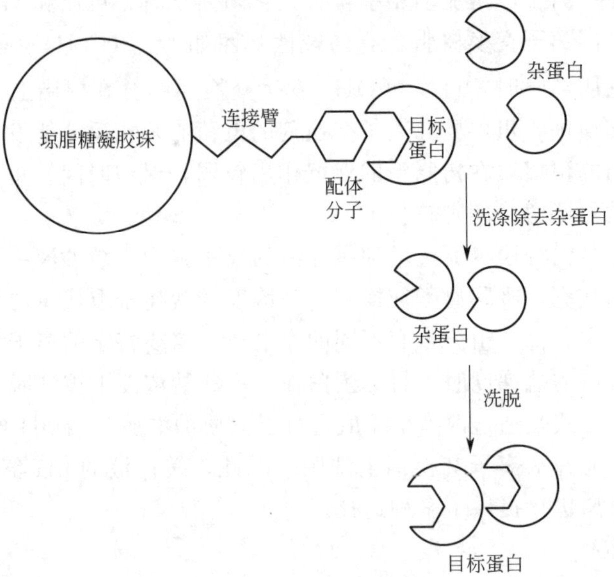

图 19.3　亲和层析原理

19.1.1.2　HPLC

高效液相色谱也被称为高压或高速液相色谱（high performance liquid chromatography, HPLC），它与传统液相色谱的区别在于使用了精密的仪器和高效的色谱柱（图 19.4）。HPLC 色谱柱使用非常均匀的小颗粒，具有更好的化学和物理稳定性及重现性，并且分离更快；但同时小颗粒固定相对流动相产生更高的阻力，因此设备在较高的压力下运行。

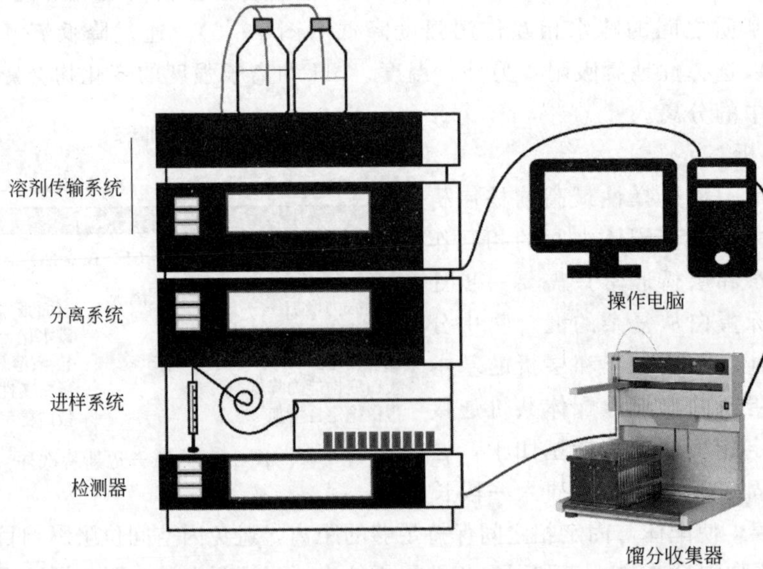

图 19.4　HPLC 构造图

HPLC 设备包含以下组件：溶剂输送系统（脱气机、高压泵等），进样系统（定量泵、六通阀、定量环、进样针等），分离系统（色谱柱、柱温箱等），检测器，馏分收集器以及操作电脑。相比于传统液相色谱法，HPLC 的优点是速度更快，分辨率更高，灵敏度更高，通常样品回收率更高，重现性更好；但其缺点是 HPLC 设备造价较高，需要专业人员进行运行和维护。多种类型的柱层析，例如离子交换层析、凝胶层析和亲和层析等，都可用 HPLC 代替，用于蛋白质及其它生物分子的分析和制备。

反相 HPLC 被广泛用于非极性化合物和蛋白质的分离纯化。反相 HPLC 中固定相是非极性的，常为连接了丁基 C4、辛基 C8 和十八烷基 C18 硅烷等的硅胶；流动相是相对极性的，常为水或缓冲液、甲醇、乙腈等的混合物。反相 HPLC 通过加入盐离子、改变 pH 或者有机溶剂的比例，调节分离特性。

19.1.1.3 LC-MS

液相色谱-质谱法（liquid chromatography mass spectrometry，LC-MS），是目前最常用的一种分离检测技术，指以液相色谱作为分离系统，质谱作为检测系统，对物质进行分离后的检测分析。质谱一般由以下部件组成：进样系统、离子源、质量分析器、检测器、真空系统、电子系统和数据处理系统（图 19.5）。它是将进样系统传输过来的样品离子化后，通过质量分析器和检测器测定样品中离子及碎片的质荷比，最终确定样品中各成分的相对分子质量或分子结构的方法。

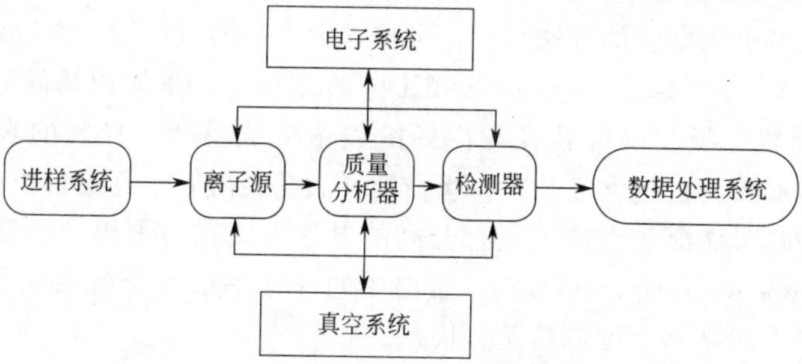

图 19.5　质谱构造图

气相色谱与质谱的联合使用是在 20 世纪 50 年代实现的，20 世纪 70 年代商品化气相色谱-质谱［联用］仪被投入市场，被广泛用于临床和生物化学实验室，可快速精准地进行临床样本中药物或代谢产物的筛查。质谱与液相色谱的结合由于受到质谱离子源与连续液相流的相对不兼容性的影响，发展一直受到限制。20 世纪 80 年代，John Fenn 发展了电喷雾离子源，推动了液相色谱-质谱［联用］仪在蛋白质和多肽领域中的应用。液相色谱-质谱［联用］仪结合了色谱和质谱的优势，既具有色谱对复杂样品的高分离能力，又具有质谱的高选择性、高灵敏度等优点，广泛应用于蛋白质和代谢物分析、药物分析、食品分析和环境监测等领域。

液相色谱-质谱［联用］仪具有多种分类体系，按照液相色谱支持的流速范围可分为纳升液相色谱-质谱［联用］仪和微升液相色谱-质谱［联用］仪；按照质谱的离子源类型可分为电喷雾离子源（electrospray ionization source）、大气压化学电离源（atmospheric pressure chemical ionization source）、大气压光电离源（atmospheric pressure photoionization）等；按照质量分析器可分为四级杆质谱、离子阱质谱、飞行时间质谱、轨道阱（orbitrap）

质谱和傅里叶变化质谱等。液相色谱-质谱［联用］仪具有以下优势：①分析范围广，几乎可以检测所有化合物和大分子如蛋白质、核酸、小分子代谢产物等，并可分析热不稳定化合物；②分辨能力强，即使被分析的混合物在色谱上没有被完全分离，也可通过质谱检测离子质量进行区分；③定性分析结果可靠，可对样本中多种蛋白进行鉴定和定量分析，并对蛋白上的修饰位点进行检测分析；④检测灵敏度高，还可通过靶向检测方式［如多重反应监测（multiple reaction monitoring，MRM）、选定反应监测（selected reaction monitoring，SRM）、平行反应监测（parallel reaction monitoring，PRM）等采集模式］提高质谱的检测灵敏度；⑤分析时间快，自动化程度高。

19.1.1.4 电泳

电泳是指带电颗粒在电场作用下，向与其电性相反的电极方向移动的现象。利用带电粒子在电场作用下迁移速率不同而达到分离目的的技术被称为电泳技术。1937年瑞典学者设计制造了移动界面电泳仪，从马血清中分离了血清蛋白、白蛋白、α球蛋白、β球蛋白和γ球蛋白，之后电泳技术一直是生物医学研究中最重要的技术手段之一。蛋白质电泳通常是在聚丙烯酰胺凝胶（polyacrylamide gel）中进行的，凝胶介质的pH被维持在碱性条件，从而大多数蛋白质都带负电，向阳极迁移。蛋白质的迁移速率与蛋白质的质量和电荷数目有关。使用电泳分离后的蛋白凝胶可用于蛋白质分子量测定、蛋白质纯度测定、翻译后修饰检测、亚基结构分析、酶活性测定、蛋白质剪切和氨基酸序列分析等。

1）SDS聚丙烯酰胺凝胶电泳

丙烯酰胺是制备电泳凝胶的首选材料，可根据大小分离蛋白质。在过硫酸铵（APS）聚合剂和*N*,*N*,*N'*,*N'*-四甲基乙二胺（TEMED）的作用下，单体丙烯酰胺与甲叉双丙烯酰胺聚合交联形成网络。凝胶网络孔径与丙烯酰胺浓度成反比，10%的聚丙烯酰胺凝胶比15%的聚丙烯酰胺凝胶具有更大的孔径。蛋白质在大孔径凝胶中迁移得更快。蛋白质未经变性处理直接在聚丙烯酰胺凝胶介质上进行分离的电泳方法称为聚丙烯酰胺凝胶电泳（polyacrylamide gel electrophoresis，PAGE），蛋白质的迁移率取决于蛋白质所带的净电荷、分子大小和形状，蛋白质基本上维持其天然状态。

SDS聚丙烯酰胺凝胶电泳（SDS-PAGE）是在聚丙烯酰胺凝胶电泳的基础上，使用含有表面活性剂SDS（sodium dodecyl sulfate，十二烷基硫酸钠）和还原剂（通常为巯基乙醇）的上样缓冲液对蛋白质样品进行高温加热处理，通过添加还原剂打断蛋白的二硫键，加热和SDS使蛋白质变性。如果蛋白质有两个或多个多肽链，将解离为游离的多肽链。由于SDS在电泳条件下是带有负电荷的分子，同时它有一个长的疏水尾巴（图19.6a），SDS通过疏水尾巴与肽链中氨基酸残基的疏水侧链结合，一个蛋白质分子中每两个氨基酸残基约结合一分子SDS。多肽链结合大量SDS后，被覆盖上相同密度的负电荷。由于负电荷量很大，掩盖了不同蛋白质（多肽链）间自身所带电荷的差别，使得不同的SDS-蛋白质复合物具有几乎相同的荷质比（电荷/多肽链质量）。并且，结合SDS后蛋白质发生变性，呈现相似的长椭圆棒状。在电泳分离时，SDS-蛋白质复合物在凝胶中的迁移率不再受蛋白质原有电荷和形状的影响，而主要取决于多肽链相对分子质量，所以SDS-PAGE常被用来分析蛋白质的纯度和大致测定蛋白质的相对分子质量（图19.6b）。

在一定凝胶浓度的SDS-PAGE中，蛋白质（实际上是多肽链）相对分子质量的对数与多肽链的迁移率呈线性关系，依据标准蛋白质相对分子质量对数与迁移率的标准曲线，由未知蛋白质迁移率就可求出未知蛋白质的相对分子质量（图19.6c）。

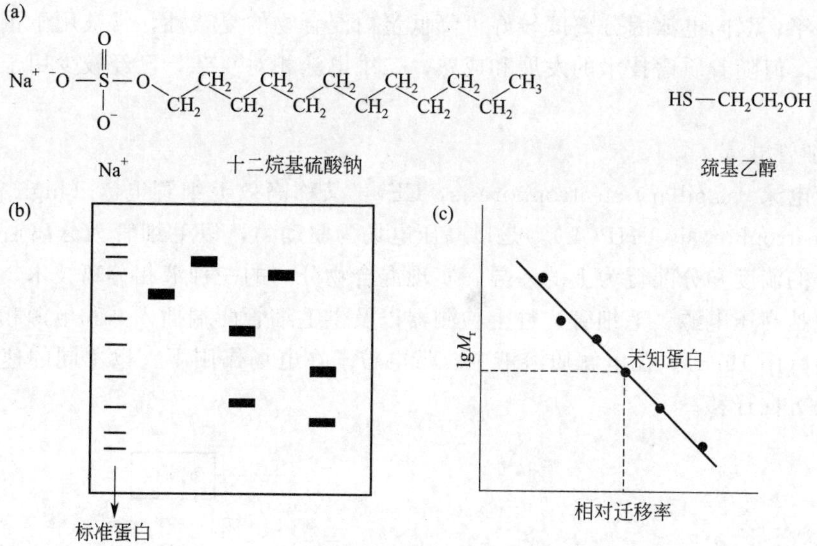

(a) 十二烷基硫酸钠和巯基乙醇分子结构；(b) 电泳后凝胶经染色显示出蛋白质的电泳图；
(c) 利用同一块胶上标准蛋白做标准曲线，计算未知蛋白相对分子质量

图 19.6 SDS-PAGE

2) 双向电泳

双向电泳（two-dimensional electrophoresis）是将等电聚焦电泳（isoelectric focusing electrophoresis，IFE）与 SDS-PAGE 结合的一种分辨率更高的电泳（图 19.7）。

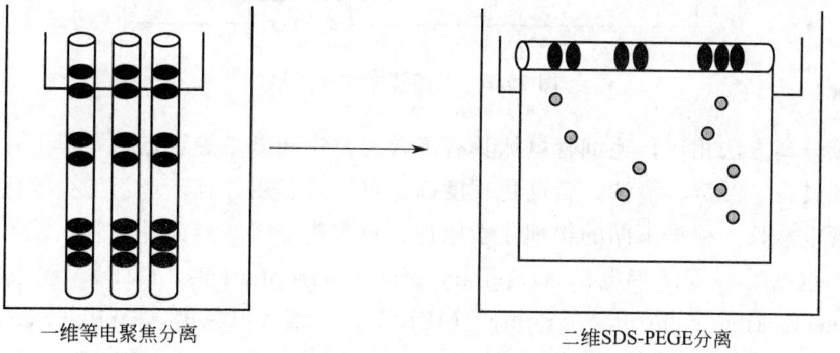

图 19.7 双向电泳图解

等电聚焦电泳是指在电场作用下两性电解质溶液在凝胶中沿电场方向形成 pH 梯度，蛋白混合物依靠蛋白等电点的区别实现分离的电泳技术。两性电解质是一组低分子量的脂肪族多胺基、多羧基化合物的混合物，它们的等电点各不相同。当蛋白质样品在等电聚焦电泳的凝胶上进行电泳分离时，蛋白质将迁移至与其等电点相同的 pH 处停止，实现蛋白混合物的分离。

双向电泳首先进行等电聚焦电泳分离，然后将凝胶平放至 SDS-PAGE 的顶端，进行第二维的分离。双向电泳凝胶经染色后，蛋白呈现二维分布图，水平方向反映了蛋白的等电点差异，垂直方向反映了蛋白的相对分子质量差别。所以双向电泳可以依靠相对分子质量和等

电点两个因素，将蛋白混合物分开，相较于 SDS-PAGE，双相电泳具有更高的分离度。在过去的二十年，双向电泳因分离度较好可降低蛋白混合物的复杂性，常被用于蛋白质组学的研究和分析。但随着质谱技术的发展和成熟，二维电泳相对复杂，已经较少用于蛋白质组学的研究。

3）毛细管电泳

毛细管电泳（capillary electrophoresis，CE），又称高效毛细管电泳（high performance capillary electrophoresis，HPCE），是以高压电场为驱动力，以毛细管为分离通道，依据样品中各组分的淌度和分配行为上的差异，实现混合物分离的一种液相分离技术。毛细管电泳仪器装置包括高压电源、毛细管、柱上检测器以及供毛细管两端插入并和电源相连的两个缓冲液储液瓶（图 19.8）。在电解质溶液中，带电粒子在电场作用下，以不同的速度向其所带电荷的相反方向迁移。

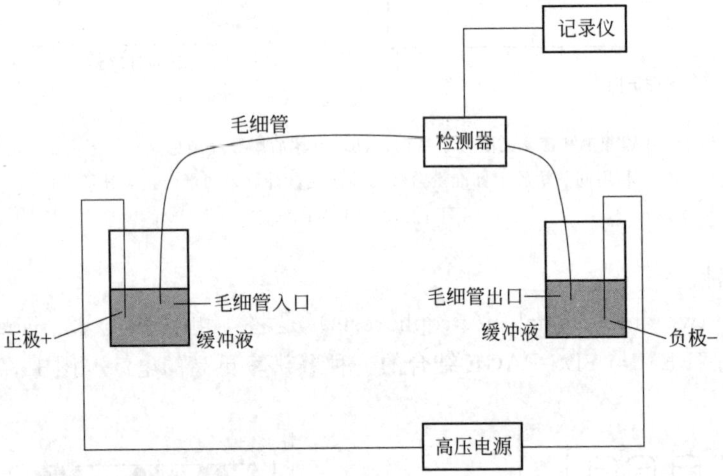

图 19.8　毛细管电泳仪图解

与传统分离方法相比，毛细管电泳具有高效、快速和微量等特点，一般上样量只需要几微升；它还具备了经济、清洁、自动化程度高、可一机多用并且环境污染少等优点。使用相同的毛细管电泳仪，根据不同的物理化学原理，只需改变缓冲液或毛细管，就可以实现多种分离模式，包括毛细管区带电泳（capillary zone electrophoresis，CZE）、胶束电动色谱法（micellar electrokinetic chromatography，MEKC）、毛细管电色谱（capillary electrochromatography，CEC）、毛细管等电聚焦（capillary isoelectric focusing，CIEF）、毛细管凝胶电泳（capillary gel electrophoresis，CGE）和毛细管等速电泳（capillary isotachophoresis，CITP）等。其中，毛细管等电聚焦能快速、精确、定量地分析样品，适用于单克隆抗体、融合蛋白、糖基化蛋白、抗体偶联药物、病毒等样品的分析，在多肽、蛋白类药物的质量控制和新药研发中起着重要作用。

19.1.2　蛋白质的鉴定和定量分析

在蛋白质分离纯化过程中，经常需要测定蛋白质的含量，并对目标蛋白进行鉴定及定量分析。这些分析工作包括：测定纯化的蛋白质的总量，对蛋白混合物或纯化蛋白进行鉴定和定量分析等。

19.1.2.1 蛋白质含量的测定

测定蛋白质总量的常用方法包括凯氏定氮法、双缩脲法、紫外吸收法、酚试剂法和考马斯亮蓝法等。

凯氏定氮法被用于测定有机物的含氮量，如果已知蛋白质的含氮量，则可用凯氏定氮法测定蛋白质的含量。它是测定蛋白质含量的经典方法，但现在很少使用。当蛋白质与浓硫酸共同加热孵育时，在硫酸铜的催化下，蛋白质中的碳、氢元素被氧化成二氧化碳和水，而氮则转变成氨，并与硫酸反应生成硫酸铵，此过程通常被称为"消化"。通过浓碱分解硫酸铵，使用盐酸测定蒸馏出来的氨，计算待测物中的总氮量。例如，蛋白质的含氮量为16%，即1克氮来源于6.25克蛋白质，用凯氏定氮法测出的含氮量乘以6.25，即可得到样品中蛋白质的含量。

双缩脲是两个分子脲经180℃加热，放出一个分子氨后得到的产物。在强碱性溶液中，双缩脲与 $CuSO_4$ 形成紫色络合物，称为双缩脲反应。具有两个酰胺基或两个肽键的化合物都有双缩脲反应。紫色络合物颜色的深浅与蛋白质含量成正比，与蛋白质分子量和氨基酸组成无关，故可用来测定蛋白质含量。

紫外吸收法是利用大多数蛋白质分子中含有的芳香族氨基酸（酪氨酸和色氨酸）残基会在280nm的紫外光区产生最大吸收，并且这一波长范围内的吸光度与蛋白质浓度成正比的原理，进行蛋白质含量的测定。

酚试剂法即Lowry法，在碱性溶液中，蛋白质的肽键与 Cu^{2+} 螯合形成蛋白质-铜复合物，可还原酚试剂的磷钼酸，产生蓝色化合物，蓝色深浅与蛋白质浓度呈线性关系。BCA法（bicinchoninic acid method）是基于Lowry法进行改进的检测蛋白浓度的方法。蛋白质中的肽键可将硫酸铜中的 Cu^{2+} 还原成 Cu^{+}，其中减少的 Cu^{2+} 的量与溶液中存在的蛋白质的量成比例，每个 Cu^{+} 离子都与两分子的BCA螯合物形成紫色复合物，在562nm处具有强吸收值，吸光度与蛋白质的浓度成正比。

考马斯亮蓝法的原理是考马斯染料和蛋白质通过范德华力结合，在一定蛋白质浓度范围内，蛋白质和染料结合符合比尔定律（Beer's law）。此染料与蛋白质结合后，最大光吸收由465nm变成595nm，通过测定595nm处光吸收的增加量可计算与染料结合蛋白质的量。

19.1.2.2 蛋白质的鉴定

蛋白分离纯化的最后一步，通常需要确定得到的蛋白是目标蛋白。随着技术的不断发展和进步，尤其是质谱技术的普及，目前蛋白质的鉴定主要有两种方式，即免疫印迹法和质谱鉴定法。此外，蛋白质序列分析还可通过埃德曼降解法进行，原理是利用化学试剂从蛋白质N端逐步降解至C端，通过检测紫外吸光度依次确定被降解下来的氨基酸种类。但埃德曼降解法分析蛋白质序列对蛋白质的纯度要求较高，现在常被用于蛋白质的N端分析。

1）免疫印迹法

免疫印迹法是基于抗体-抗原相互作用的生化分析方法，针对蛋白质的抗体具有高度特异性，因此免疫印迹法是最常用的鉴定蛋白质方法。在免疫印迹法中，针对蛋白质的抗体分为多克隆抗体和单克隆抗体。多克隆抗体（polyclonal antibody）是向动物（如小鼠或兔子）注射目标蛋白后，由B细胞产生的针对目标蛋白抗原上不同的抗原决定簇的抗体混合物。单克隆抗体是指针对目标蛋白抗原的一个抗原表位产生的单一种类抗体。近年来，纳米抗体因为分子量小且具有极高的特异性和亲和力，也逐渐被用于免疫印迹法鉴定蛋白。纳米抗体是由羊驼产生的一种天然缺失轻链的抗体，只包含一个重链可变区和两个常规的 CH_2 与 CH_3 区，具有与原重链抗体相当的结构稳定性及与抗原的结合活性，晶体结构只有 2.5nm，是已知的可结合目标抗原的最小单位。

免疫印迹法的基本操作是通过 SDS-PAGE 将蛋白溶液中的蛋白混合物分离，然后通过电泳转移，将凝胶上的蛋白条带转移到固相载体（如硝酸纤维素膜等）上。固相载体以非共价键形式结合蛋白。以固相载体上的蛋白或多肽作为抗原，与对应的抗体起免疫反应，再通过酶或同位素连接的第二抗体处理，利用底物反应或放射自显影检测电泳分离的目标蛋白，该方法也常用于检测目标蛋白的表达水平。目前常用的底物反应是辣根过氧化物酶和其色原底物如邻苯二胺、四甲基联苯胺、杂环吖嗪等。

2）质谱鉴定法

利用质谱对蛋白质进行鉴定，主要有两种方法：**bottom-up**（自下而上法）和 **top-down**（自上而下法）（图 19.9）。

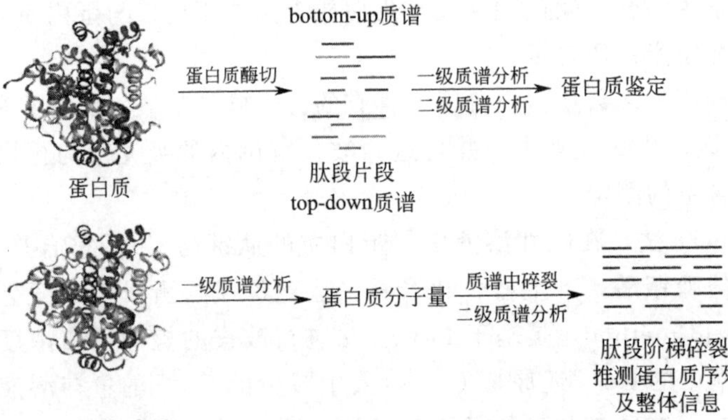

图 19.9　基于质谱的蛋白质鉴定方法图示

bottom-up 法，也称为鸟枪法（shotgun），是蛋白质组学研究中最广泛使用的且较为成熟的质谱技术。bottom-up 法是通过质谱检测蛋白质混合物被蛋白酶或化合物水解消化产生的肽段，通过与蛋白质序列数据库中理论酶切的肽段进行匹配，分析原始混合物中存在的蛋白质种类。目标蛋白质的特有肽段序列的匹配，可以证明该蛋白质存在于原始混合物中。bottom-up 分析依赖于串联质谱（mass spectrometry/mass spectrometry，MS/MS），肽段被电离生成前体离子，在一级质谱（MS1）中根据肽段的质荷比（m/z）进行分析和分离；然后前体离子通过与带有能量的气体分子碰撞后解离，碎片离子被分离并在二级质谱（MS2）中进行分析。一条肽段产生多个碎片离子，在具有足够高质量的二级谱图和足够数量的碎片离子时，测量出的各碎片离子的质荷比能够反映肽段的氨基酸组成，因此可直接确定肽段的序列，被称为从头肽段测序分析（de novo peptide sequencing）。但实际上，对于复杂的蛋白混合物，几乎不可能直接对所有多肽进行测序，这种劳动密集型的方法只被用于较为简单的样品体系，或基因组信息有限、缺乏蛋白质数据库的生物的样本分析。bottom-up 可以对蛋白进行鉴定，并给出样本中所含蛋白种类的信息；同时能对蛋白上的修饰类型和位点、突变位点等进行分析，并对蛋白进行定量，给出不同样本中蛋白的相对含量信息；常用于目标蛋白的鉴定和定量分析、蛋白修饰的确定和蛋白质组学分析等。常用的蛋白酶有胰蛋白酶、胃蛋白酶、糜蛋白酶、GluC、AspN 等，质谱一般为液相色谱-质谱［联用］仪，可将酶切后肽段混合物分离后进行检测。

自上而下法则是直接对完整的蛋白质进行分析，包括翻译后修饰蛋白质和其它大片段蛋白质，可以得到不同的蛋白质变体（proteoform）信息，包括蛋白质完整性、蛋白质异形体(isoform)、蛋白质修饰程度、修饰种类及修饰组合等。但目前，这种方法只能应用于简单样本。但这种方法的优点是直接分析蛋白质，而不是使用鸟枪法方法从肽端序列的识别而推断。这为表征由单个基因产生的蛋白质变体的表达谱提供了可能性，并系统分析蛋白质加工、选择性剪接或翻译后修饰中的动态变化，这是 bottom-up 方法无法实现的。虽然目前还不能进行蛋白质组规模的 top-down 分析，但自动化仪器和数据分析方法的进一步发展，增加了未来 top-down 大规模应用的可行性。然而，大多数生物蛋白质组学实验的目标是测量细胞状态的动态变化，除了蛋白质鉴定外，还需要定量。采用 top-down 方法进行定量研究的应用尚处于早期开发阶段，缺乏 bottom-up 方法的稳健性。

19.1.2.3 蛋白质定量分析

蛋白质定量的方法主要有两种：基于抗体-抗原相互作用的酶联免疫吸附测定（ELISA）和基于质谱的蛋白定量。

1）酶联免疫吸附测定

该方法可以快速筛查和定量样品中的目标蛋白，具有操作简便、易于重复和灵敏度高等特点，已被广泛用于分子生物学和临床的常规检测。该方法的原理与免疫印迹法相同，都是以待测抗原（或抗体）和酶标抗体（或抗原）的特异结合反应为基础，通过酶反应测定抗原或抗体含量。ELISA 的基本步骤是：待测样本被吸附到惰性表面，如 96 孔的聚苯乙烯塑料板上，然后用针对目标蛋白的抗体（称为一抗）处理样品板，洗去未结合的抗体，用针对一抗的抗体（即二抗，一般共价连接了辣根过氧化物酶）处理，最后加入酶的底物，检测最大吸收波长处的吸光度。有色产物的形成与样本中待测的抗原（或抗体）含量成正比，通过目标蛋白标准品绘制目标蛋白含量和吸光度的标准曲线，根据测定的样本的吸光度推算样本中目标蛋白的含量。

2）基于质谱的蛋白质定量

基于质谱的蛋白质定量可针对单个蛋白或样品中的所有蛋白甚至蛋白质组进行，分为蛋白相对定量和蛋白绝对定量两种。蛋白相对定量是指得到同一种蛋白在不同样本中的相对含量比值；绝对定量是指对目标蛋白在样本中的绝对浓度或含量进行定量分析。基于质谱的蛋白相对定量分析主要有 SILAC 标记、TMT/iTRAQ 标记或非标记定量等，此外 ^{15}N 标记也常用于植物、微生物等的蛋白组相对定量分析。基于标记的相对定量虽然可以给出单个蛋白在不同样本中的相对定量，但更常用于多种蛋白或蛋白组层面的相对定量。

细胞培养中氨基酸稳定同位素标记（stable isotope labeling with amino acids in cell culture，SILAC)，是 2002 年 Matthias Mann 实验室发展的一种定量蛋白质组学技术。SILAC 定量蛋白质组学分析需要在细胞培养时掺入同位素标记的赖氨酸（lysine，K）和精氨酸(arginine，R)，常用的赖氨酸的同位素标记为 4,4,5,5-D_4（即 K4）、$^{13}C_6$（即 K6）、$^{13}C_6{}^{15}N_2$（即 K8）；精氨酸的同位素标记为 4,4,5,5-D_4（即 R4）、$^{13}C_6$（即 R6）、$^{13}C_6{}^{15}N_4$（即 R10）；通过这两种氨基酸不同同位素标记状态的搭配，SILAC 定量最多可以实现三组样品之间的比较，赖氨酸和精氨酸的搭配分别为 K0R0（轻标）、K4R6、K8R10（图 19.10a）。基于 SILAC 定量蛋白质组学分析不仅可以提供不同条件（如基因编辑、药物刺激等）下细胞、线虫或小鼠的蛋白质组学的变化，还能对蛋白合成速率进行定量分析，将正常培养的细胞的培养基更换成稳定同位素氨基酸的培养基，新合成的蛋白和已有的蛋白分别为重标氨基酸和轻标氨基酸标记的蛋白，通过测定各时间点的含重标氨基酸的蛋白质和轻标氨基酸的蛋白质的比例，得到每种蛋白质的合成速率。此外，SILAC 标记的定量蛋白质组学还常被用于免疫沉淀实验中与目标蛋白质互作的蛋白网络分析。

基于 TMT/iTRAQ 标记的相对定量分析，以 TMT 标记为例，TMT 试剂由一个与伯铵反应的琥珀酰亚胺酯（反应基团）、一个中间连接臂（平衡基团）、一个二级质谱报告离子（报告基团）组成，可以和肽段 N 端以及赖氨酸侧链的伯铵基团反应，标记不同 TMT 分子的肽段在一级谱图上分子量完全相同，经过 HCD（high collision dissociation）碎裂后，在二级质谱图上实现同一个肽段在不同样品中的相对定量（图 19.10b）。相比起 SILAC，基于 TMT 标记相对定量蛋白质组学适用范围非常广，可以对细胞、组织、血清、血浆、尿液或其它各种类型的蛋白组进行分析，并且可以同时对最多 16 个样本进行相对定量分析。

非标记相对定量蛋白质组学分析一般是基于肽段在质谱上的响应强度，对不同样品中的同个蛋白进行相对定量分析。该定量方法样品前处理步骤比较简单，可实现对多个样品进行相对定量分析，但受样品前处理和仪器状态的影响比较大，结果重复性和平行性不如同位素标记的定量分析。非标记相对定量蛋白质组学常被用于免疫沉淀中互作蛋白的分析，也可用于组织、血液、细胞等样品中蛋白组的相对定量分析。

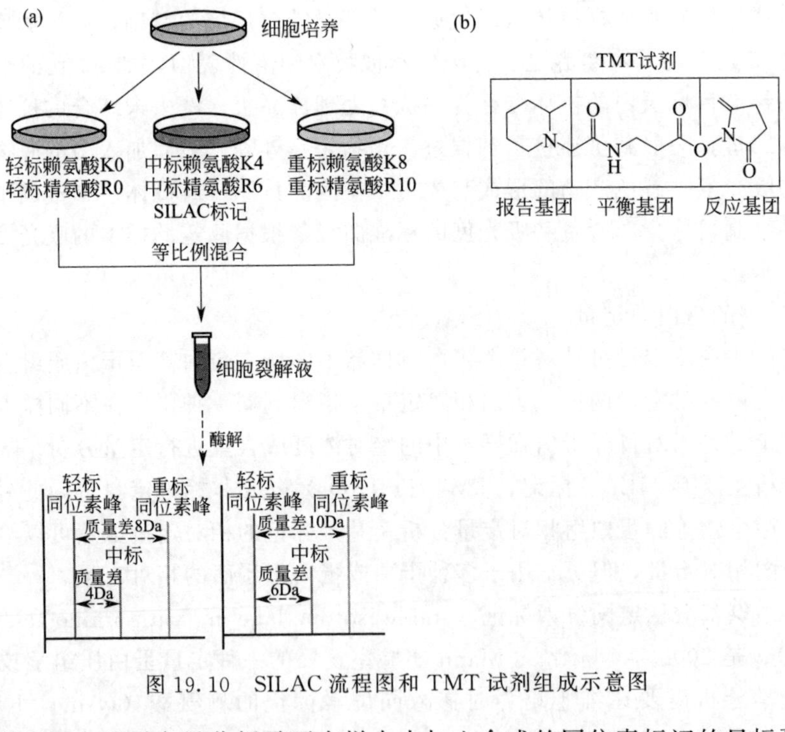

图 19.10 SILAC 流程图和 TMT 试剂组成示意图

基于质谱的蛋白绝对定量分析需要在样本中加入合成的同位素标记的目标蛋白或标准蛋白、肽段，通过质谱的 SRM（single reaction monitoring）、MRM（multiple reactions monitoring）或者 PRM（parallel reaction monitoring）采集模式，靶向检测目标肽段的响应，通过内参计算得到目标蛋白的绝对量。

19.1.2.4 蛋白质翻译后修饰分析

蛋白质翻译后修饰（post-translational modification，PTM）是指蛋白在翻译中或翻译后经历的共价加工过程，对一个或几个氨基酸残基加上修饰基团或通过酶去掉修饰基团的过程。蛋白质翻译后修饰在生物体中具有重要的作用，既增加了蛋白质的复杂性，又精细调节蛋白功能，使蛋白的作用更加专一。常见的蛋白翻译后修饰包括蛋白N端甲酰化修饰或未修饰甲硫氨酸的切除，二硫键形成，各类基团修饰及蛋白剪切。目前已发现300多种不同的翻译后修饰，主要包括磷酸化、糖基化、乙酰化、泛素化、ADP核糖基化（ADP-ribosylation）以及二硫键等，影响蛋白的结构和功能。下面我们就几种常见的蛋白修饰类型（包括磷酸化、糖基化、乙酰化的分析）进行阐述。

1）蛋白磷酸化修饰的分析

蛋白质的磷酸化修饰是指蛋白激酶将ATP上的磷酸基团转移至蛋白底物的氨基酸残基（如丝氨酸、酪氨酸、苏氨酸和组氨酸等）上，是生物体内普遍存在的一种调节方式，在细胞信号传递过程中发挥重要作用。蛋白的磷酸化分析可通过抗体免疫印迹法进行，将目标蛋白分离后，通过抗磷酸化抗体检测目标蛋白是否被磷酸化。^{32}P 放射性同位素标记法是另一种检测蛋白磷酸化的方法，基本步骤是在培养细胞时进行 ^{32}P 的ATP标记，提取蛋白后使用凝胶分离或二维电泳分离，利用放射自显影检测磷酸化程度。

但目前为止，质谱是检测蛋白磷酸化的最佳手段，简单无污染，既能对磷酸化进行鉴定和定量分析，又能提供准确的磷酸化位点信息，适用于单个蛋白或蛋白质组层面的磷酸化修饰的分析。利用质谱分析单个蛋白的磷酸化修饰，一般通过bottom-up法进行的，通过不同肽段离子的二级谱图鉴定磷酸化修饰的位点。磷酸化修饰的肽段在二级碎裂时，常会发生β消除反应，产生丢失 HPO_3 或 H_3PO_4 的峰，可作为磷酸化修饰的质谱特征峰进行分析确定。由于磷酸化蛋白占总蛋白的比例较低，在磷酸化修饰的蛋白质组分析时，一般需要对磷酸化蛋白或肽段进行富集。目前富集磷酸化肽段的方法包括：①固相金属亲和色谱法，通过带正电的金属离子如 Fe^{3+}、Cu^{2+} 等静电作用结合带负电的磷酸基团，对磷酸化肽段进行富集；②金属氧化物/氢氧化物亲和色谱法，即 TiO_2 等，TiO_2 是一种两性物质，在酸性条件下带正电，可与阴离子结合，其中与磷酸根的结合作用最强；③离子交换色谱，利用磷酸化肽段在低pH下仍带负电的特性进行分离和富集；④利用针对磷酸化修饰的抗体进行磷酸化肽段的富集，常用于含磷酸化酪氨酸的肽段的富集。

2）蛋白糖基化修饰的分析

蛋白糖基化修饰是指糖链共价连接在蛋白上，连接方式包括*N*-糖苷键型、*O*-糖苷键型、*S*-糖苷键型和酯糖苷键型。质谱是鉴定蛋白糖基化修饰的主要方法，包括糖基化类型、位点及比例。单个蛋白的糖基化修饰可通过糖苷内切酶将糖链切除，将反应前后的蛋白进行bottom-up质谱分析，确定修饰类型、位点和比例；可将 ^{3}H、^{14}C 标记的糖加入到细胞培养基中，利用放射自显影检测糖蛋白的比例；荧光染色显色法是另一种检测糖蛋白的方法，例如利用丹磺酰肼检测SDS-PAGE分离的蛋白的糖基化；另外，还可使用凝集素代替抗体，检测硝酸纤维素膜上的糖蛋白的分布。

针对糖基化蛋白质组的分析，一般也需要进行富集，富集方法主要有凝集素亲和技术、肼化学富集法、亲水作用色谱等。多种凝集素已经被用于富集带有不同糖链的糖蛋白和肽段，半乳糖苷结合凝集素（galectin）可富集包含*N*-乙酰乳糖胺（lacNAc）的*N*-连接的和*O*-连接的糖链；伴刀豆凝集素（ConA）可富集*N*-连接的糖链；花生凝集素（PNA）可富集包含T抗原（$Gal_{\alpha 1\text{-}3}$GalNAc结构）的*O*-连接的糖链；橙黄网孢盘菌凝集素（AAL）对含有L-岩藻糖的糖链具有特异性；麦胚凝集素（WGA）可识别含*N*-乙酰葡萄糖胺（GlcNAc）基团或唾液酸的糖蛋白。肼化学富集法是利用高氯酸盐等将糖蛋白氧化成醛，通过连接在树脂上的肼富集带有被氧化的醛基的肽段。

3）蛋白乙酰化修饰的分析

乙酰化修饰是在蛋白质上连接乙酰基分子，可由乙酰化蛋白酶催化，也可自发形成，最常见于蛋白质的 N 端和赖氨酸的侧链氨基上。蛋白的乙酰化修饰可通过乙酰化抗体进行检测，但同其它修饰一样，如需要鉴定蛋白准确的乙酰化修饰位点，只能通过质谱进行检测。乙酰化蛋白质组学一般通过抗乙酰化的抗体进行富集后，利用液相色谱-质谱［联用］仪进行分析鉴定，确定乙酰化的位点和不同样品中乙酰化修饰的相对量。

19.2 核酸相关技术

19.2.1 聚合酶链式反应

聚合酶链式反应（polymerase chain reaction，PCR）是指在引物存在的情况下，在体外以 DNA 为模板，由 DNA 聚合酶对特定目的基因进行体外扩增的反应。PCR 技术的基本反应原理是基于 DNA 的天然复制，经历高温变性、低温退火、中温延伸三个基本反应完成：①模板 DNA 双链的变性。模板双链 DNA 分子在 95℃ 温度下加热分离成两条 DNA 单链，由于引物的设计是基于扩增区段两端序列彼此互补原理，因此解离形成的 DNA 单链可以与引物结合，从而进入下轮反应。②模板 DNA 与引物的复性。当模板 DNA 双链加热解螺旋形成单链之后，把温度降低到 60℃左右，引物将会与模板 DNA 互补配对结合。③72℃条件下引物的延伸。在 DNA 聚合酶的作用下，利用加入的四种脱氧核苷三磷酸（dNTPs）为原料，依据碱基互补配对原则合成新的 DNA 互补链（图 19.11）。

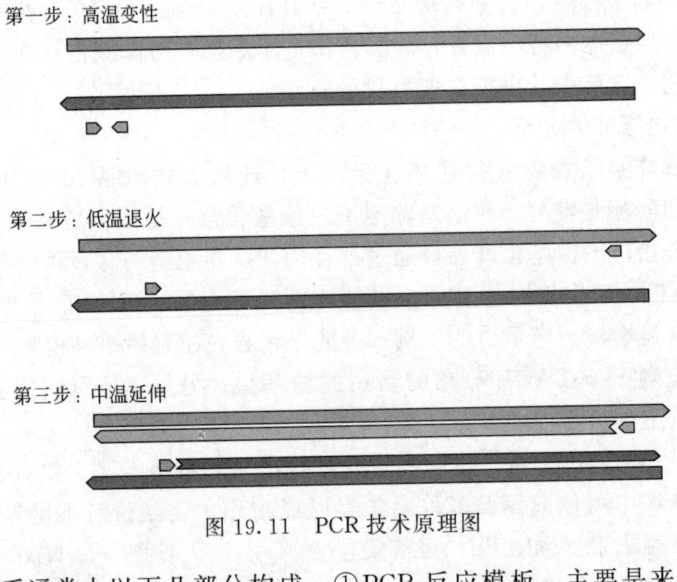

图 19.11　PCR 技术原理图

PCR 反应体系通常由以下几部分构成：①PCR 反应模板，主要是来源于动物、植物、细菌或者病毒的单链或者双链 DNA，其中细胞中总 RNA 反转录形成的 cDNA 常用作 PCR 反应体系的模板；②四种脱氧核苷三磷酸（dNTPs）；③DNA 聚合酶，常用的是 Taq DNA

聚合酶，应注意加入 Taq 酶的浓度，防止浓度过高导致非特异性结合，或者浓度过低导致扩增速率过慢；④PCR 反应引物，引物设计要注意能够与靶基因特异结合且不与其它目的 DNA 结合，长度一般在 18～30 个核苷酸，GC 含量为 40%～60%，碱基要随机分布；⑤PCR 反应的缓冲液，缓冲液成分常为 Tris-HCl，可将 pH 维持在偏碱性条件。

19.2.2 DNA 核苷酸序列测定

DNA 序列测定是分子生物学研究中的一项非常重要的内容。在基因的分离、定位、结构与功能、基因工程中载体的组建、基因表达与调控、基因片段的合成和探针的制备、基因与疾病的关系等研究中，都要求对 DNA 的序列有详细了解。1975 年，Sanger 和 Coulson 发明了“加减法”测定 DNA 序列。1977 年，Sanger 在引入双脱氧核苷三磷酸（ddNTP）后，形成了双脱氧链终止法，使得 DNA 序列测定的效率和准确性大大提高。1977 年，Maxam 和 Gilbert 报道了化学降解法测定 DNA 的序列。DNA 测序技术主要经历了三次革命性的发展，分别被称为第一代 DNA 测序技术、第二代 DNA 测序技术和第三代 DNA 测序技术。

19.2.2.1 第一代 DNA 测序技术

第一代 DNA 测序技术包括化学降解法、双脱氧链终止法、荧光自动测序技术和杂交测序技术。

1）化学降解法

利用特异的选择性试剂，将 DNA 随机断裂为不同长短的片段。根据试剂的选择性及片段在高分辨率的聚丙烯酰胺凝胶电泳上的区带位置，以判断 DNA 片段末端核苷酸的种类，从而测定出 DNA 的序列。化学降解法刚应用时，准确性较高，易被大多数研究人员掌握，因此应用较广泛。化学降解较其它测序技术，具有一个明显的优点，即所测序列来自原 DNA 分子而不是酶促合成产生的拷贝，排除了合成时造成的错误。但化学降解法操作过程较麻烦，且需要放射性物质，逐渐被简便快速的双脱氧链终止法所代替。

2）双脱氧链终止法

双脱氧链终止法，又被称为 Sanger 法。该测序方法的原理是：利用 DNA 聚合酶，以待测单链 DNA 为模板，以 dNTP 为底物，设立四种相互独立的 DNA 测序反应体系，在每个反应体系中加入不同的双脱氧核苷三磷酸（dideoxyribonucleoside triphosphate，ddNTP）作为链延伸的终止剂。在测序引物的指引下，按照碱基配对的原则，每个反应体系中合成一系列长短不一的引物延伸链，之后通过高分辨率的聚丙烯酰胺凝胶电泳进行分离，放射自显影检测后，从凝胶底部到顶部按 5′→3′方向读出新合成链的序列，由此可推知待测模板链的序列。Sanger 法操作简便，因而得到广泛地应用。后来在此基础上发展出多种 DNA 测序技术，其中最重要的是荧光自动测序技术（图 19.12）。

3）荧光自动测序技术

荧光自动测序技术的原理是基于 Sanger 测序原理，利用荧光标记代替同位素标记，并用成像系统进行自动检测，从而极大地提高了 DNA 测序的速度和准确性。例如，应用生物系统公司的 ABI3730XL 测序仪拥有 96 道毛细管，4 种双脱氧核苷酸的碱基分别用不同的荧光标记，在通过毛细管时不同长度的 DNA 片段上的 4 种荧光基团被激光激发，发出不同颜色的荧光，被检测系统识别，并直接翻译成 DNA 序列。

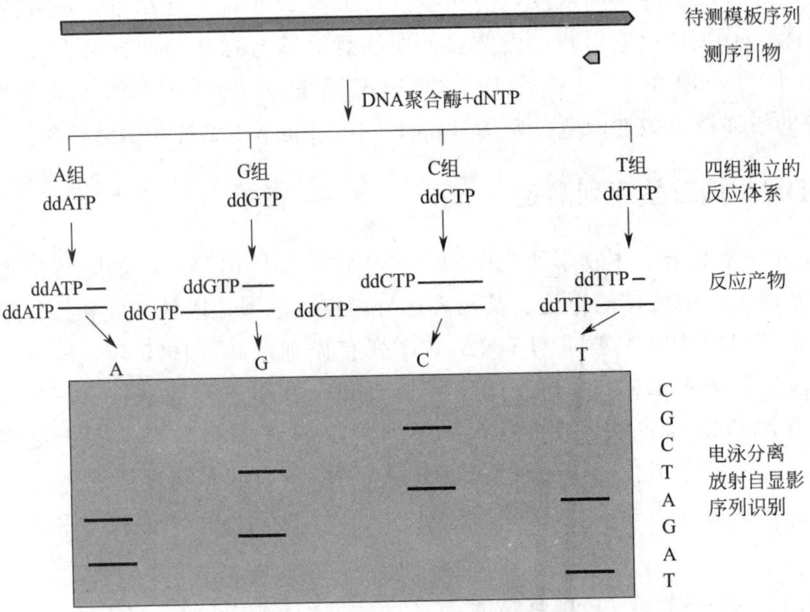

图 19.12　双脱氧链终止法测序原理

4）杂交测序技术

该方法与化学降解法和 Sanger 法的原理不同，主要是利用 DNA 杂交原理，将一系列已知序列的单链寡核苷酸片段固定在固相基片上，把变性后的待测 DNA 样品与其杂交，根据杂交情况得出样品的序列信息。杂交测序技术的检测速度快，采用标准化的高密度寡核苷酸芯片可较大程度降低检测成本，已经具有部分第二代测序技术的特点。但是该测序方法的误差较大，而且不能进行重复测定。

19.2.2.2　第二代测序技术

第二代 DNA 测序技术最为显著的特征是高通量，一次能对几十万到几百万条 DNA 分子进行序列测定，使得对一个物种的转录组测序或基因组测序变得简便易行。第二代测序技术是将片段化的 DNA 两侧连上测序接头，之后用不同的方法产生几百万个空间固定的 PCR 克隆阵列。每个克隆由单个文库片段的多个拷贝组成。最后进行引物杂交和 DNA 聚合酶介导的链延伸反应。由于所有的克隆都在同一平面上，这些反应得以大规模平行进行，每个延伸反应成像检测也能同时进行。DNA 序列延伸和成像检测不断重复，最后经过计算机分析就可以获得完整的 DNA 序列信息。第二代测序技术包括 454 测序技术、Solexa 测序技术和 SOLiD 测序技术。

1）454 测序技术

该测序技术的基本原理是在 DNA 聚合酶、ATP 硫酸化酶、荧光素酶和双磷酸酶的作用下，将每一个 dNTP 的聚合与一次化学发光信号的释放偶联起来，通过检测化学发光信号的有无和强度，达到实时检测 DNA 序列的目的。

2）Solexa 测序技术

该技术将基因组 DNA 的随机片段附着到光学透明的玻璃表面，这些 DNA 片段经过延伸和桥式扩增后，在玻璃表面上形成了数以亿计扩增团簇，每个扩增团簇为具有数千份相同模板的单分子簇。然后再利用带荧光基团的四种特殊脱氧核糖核苷酸，通过可逆性终止的

SBS（边合成边测序）技术对待测模板 DNA 序列进行测定。

3）SOLiD 测序技术

SOLiD 测序的基本原理是以四色荧光标记的寡核苷酸进行多次连接合成，以取代传统的聚合酶连接反应。具体的步骤包括文库准备、扩增、微珠与玻片连接以及连接测序。SOLiD 系统突出的特点是超高通量。

19.2.2.3 第三代 DNA 测序技术

第三代测序技术是以单分子序列测定为特点的测序技术。目前，发展迅速的是纳米孔单分子测序技术。英国牛津纳米公司成功研制出了基于纳米孔的单分子测序技术，该技术读取数据的速度更快，而且成本会大大降低。在该测序技术平台中，DNA 分子以每次一个碱基的模式依次通过纳米小孔，利用核酸外切酶的特性来识别出不同的 DNA 碱基，同时还能检测出碱基是否被甲基化等相关的重要信息。

19.2.3 重组 DNA 技术

重组 DNA 技术是指利用人工手段将一种生物体的基因与载体在体外进行拼接重组之后导入受体细胞中，并进行持续稳定的繁殖与表达，是基因工程技术的核心。重组 DNA 技术主要有以下 4 个步骤：①获得目的基因，目前常用的方法主要有化学方法合成 DNA 片段，利用反转录酶促反应法从 mRNA 获得 cDNA 以及 PCR 反应扩增特定的基因片段等。②与克隆载体连接，目前的方法主要是黏性末端连接、平整末端连接、同聚末端连接以及人工接头分子连接等。③将重组 DNA 转入受体细胞中使其稳定增殖表达。其中质粒作为载体通常使用转化技术；噬菌体 DNA 作为载体使用转导技术；如果宿主是比较大的动植物细胞则可以使用注射方法将重组 DNA 分子导入。(4) 通过遗传学方法、免疫学方法或者分子杂交方法筛选出含有重组体的受菌体（图 19.13）。

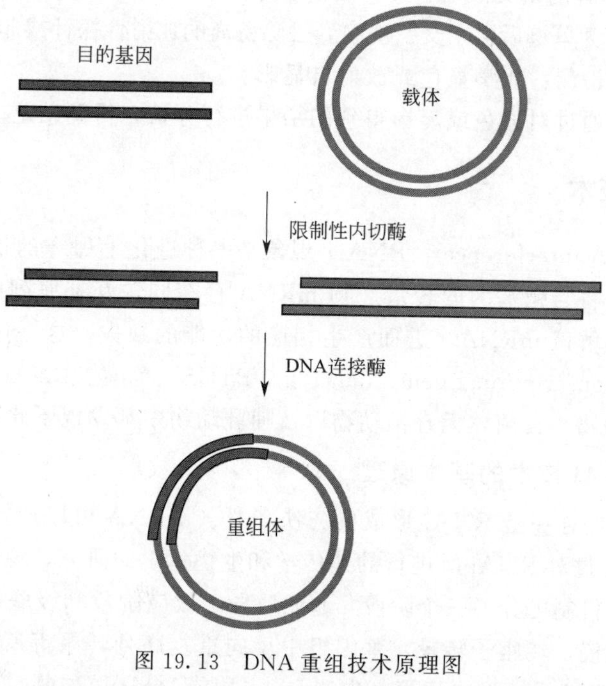

图 19.13 DNA 重组技术原理图

重组DNA技术主要应用于发酵工业，例如胰岛素、人的生长激素以及乙型肝炎病毒抗原等都可以使用大肠杆菌进行发酵生产，为大规模工业发酵奠定了基础。农业领域目前也是基因工程技术应用最为广泛的领域之一，我们可以通过重组DNA技术增强作物抗逆性以提高农作物产量，并且可以改善作物口感、营养成分等不同品质性状来满足人们的需求。此外重组DNA技术也大量应用于医学领域，例如关于疾病基因的发现、基因工程疫苗、DNA诊断以及基因治疗等都离不开重组DNA技术。

19.2.4 DNA印迹法

DNA印迹（Southern blotting）又称为DNA印迹杂交，是将经过琼脂糖凝胶电泳分离的DNA片段，先经碱变性成为单链DNA，然后转移到硝酸纤维再用同位素标记的DNA或RNA探针进行杂交定位的一种技术。该技术由E. M. Southern于1875年首创，故称为Southern blotting。该技术广泛应用于基因组DNA的定性和定量分析基因诊断、分子克隆以及法医学等方面。Southern bloting的主要步骤如下所述。

（1）待测DNA样品的制备、酶切：首先提取细胞的DNA，然后用一种或多种限制性内切酶将DNA切成多片段。

（2）待测DNA样品的电泳分离：将上述DNA酶切片段加入琼脂糖凝胶中进行电泳，使各个DNA片段按照相对分子质量大小进行分离。

（3）凝胶中DNA的变性：凝胶置于NaOH溶液中使DNA变性断裂为较短的单链DNA，然后用中和缓冲液浸泡凝胶片至中性。

（4）Southern转膜（印迹）：待测定核酸分子通过一定的方法转移并结合到固相支持物（如纤维素膜）上，即印迹。转移的方法主要有毛细管虹吸印迹法、电转印法以及真空转移法。

（5）Southern杂交（预杂交、杂交、洗膜）：预杂交：封闭膜上能与DNA结合的位点，预杂交液为不含DNA探针的杂交液；杂交：液相中的DNA探针与膜上的待测DNA杂交，双链DNA探针需加热变性为单链后再杂交；洗膜：去除游离的放射性探针或非特异结合的DNA。

（6）杂交结果的检测：化学显色或放射自显影。

（7）结果分析：通过对显色或显影得到的结果进行分析，得到结论。

19.2.5 RNAi技术

RNA干扰（RNA interference ，RNAi）现象是一种进化上保守的抵御转基因或外来病毒侵犯的防御机制。将与靶基因的转录产物mRNA存在同源互补序列的双链RNA导入细胞后，能特异性地降解该mRNA，进而产生相应的功能的缺失，这一过程属于转录后的基因沉默机制（ posttranscriptional gene silencing ，PTGS）范畴。RNAi广泛存在于生物界，在低等原核生物到植物，真菌，无脊椎动物以及哺乳动物中都发现了此现象。

19.2.5.1 RNAi技术的基本原理

细胞中dsRNA的存在是RNAi形成的先决条件。dsRNA可以通过多种途径在细胞核或细胞质中产生。通过对RNAi所进行的遗传学和生物化学的研究，现已初步阐明了其作用机制。RNAi的作用机制可分为三个阶段：起始阶段、效应阶段和级联放大阶段。①起始阶段：由RNA病毒入侵，转座子转录，基因组中反向重复序列转录等所产生的dsRNA分子在细胞内被一双链RNA酶I型内切酶（也叫Dicer酶或Dicer核酸酶）同源物剪成21～23nt siRNA，3′端带有 2 个碱基突出的黏性末端，5′为磷酸基团，此结构对于 siRNA 行使其功能非常关键。剪切位点一般在 U 处，具特异性。②效应阶段：RNAi 特异性的核酸外切酶、核酸内切酶、解旋酶、辅助识别同源序列蛋白和其它一些蛋白与 siRNA 结合成 RNA 诱导沉默复合体 RISC（RNA inducing silence complex，RISC）识别靶 mRNA，其中的反义链与靶 mRNA 互补结合，正义链则被置换出来。继而，RISC 复合物中的 RNase（可能是 Dicer）在靶 mRNA 与 siRNA 结合区域的中间将其切断。③级联放大：在 RNA 依赖性 RNA 聚合酶的作用下，以 mRNA 为模板，siRNA 为引物，扩增产生足够数量的 dsRNA 作为底物提供给 Dicer 酶，产生更多的 siRNA，从而使效应阶段反复发生，一个完整的 mRNA 被降解成多个 21～23 nt 的小片段，从而导致相应的基因表达沉默（图 19.14）。

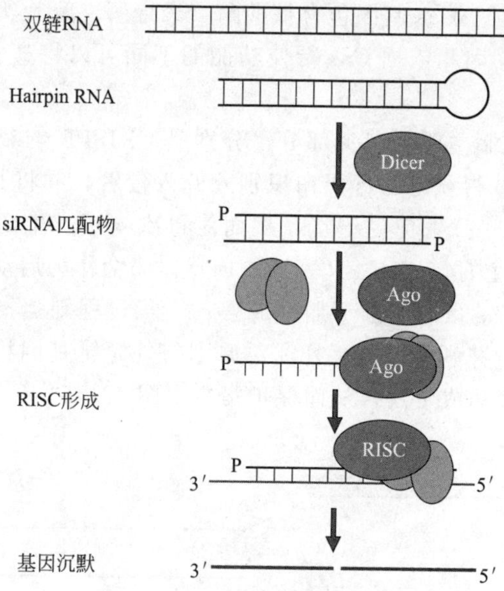

图 19.14　RNAi 技术的主要过程

19.2.5.2　RNAi 技术的广泛应用

RNAi 在基因沉默（gene silencing）方面具有高效性和简单性，所以是基因功能研究的重要工具。大多数药物属于靶标基因（或疾病基因）的抑制剂，因此 RNAi 模拟了药物的作用，功能丢失（loss of function，LOF）的研究方法比传统的功能获得（gain of function，GOF）方法更具优势。因此，RNAi 在今天的制药产业中是药物靶标确认的一个重要工具。同时，那些在靶标实验中证明有效的 siRNA/shRNA 本身还可以被进一步开发成为 RNAi 药物。在药物标靶发现和确认方面，RNAi 技术已获得了广泛的应用。生物技术公司或制药公司通常利用建立好的 RNAi 文库来引入细胞，然后通过观察细胞的表型变化来发现具有功能的基因。如可通过 RNAi 文库介导的肿瘤细胞生长来发现能抑制肿瘤的基因。一旦所发现的基因属于可用药的靶标（如表达的蛋白在细胞膜上或被分泌出细胞外），就可以针对此靶标进行大规模的药物筛选。

此外，被发现的靶标还可用 RNAi 技术在细胞水平或动物体内进一步确认。在疾病治疗方面，双链小分子 RNA 或 siRNA 已被用于临床测试，用于几种疾病治疗，如老年视黄斑退化、肌肉萎缩性侧索硬化症、类风湿性关节炎、肥胖症等。在抗病毒治疗方面，帕金森病等神经系统疾病已经开始采用 RNA 干扰疗法。在肿瘤治疗方面，也已经取得了一些成果。

19.2.6 CRISPR/Cas9 技术

CRISPR/Cas 技术又称为基因编辑技术，主要是指对植物、动物或者微生物的特定位点进行定向编辑的技术，由于 CRISPR/Cas9 系统具有结构简单、效率高、成本低等优点，因而被广泛应用。

CRISPR 最初是由日本科学家在大肠杆菌中发现，后经细菌全基因组测序完成之后，发现这段序列广泛存在于细菌与古细菌中。CRISPR/Cas9 结构在古细菌和细菌基因组中主要是为抵御病毒与噬菌体而长期进化形成的适应性免疫系统。CRISPR 是一种特殊的 DNA 重复序列，这些高度保守的重复序列被"间隔区"序列相隔开，此外，位于 CRISPR 序列最前端位置是富含 AT 的前导区。Cas 基因包含核酸酶、聚合酶、解旋酶以及核糖核酸结合的结构域。Cas 基因种类繁多，因此依据 Cas 行使功能的不同可以将其分为六种类型和 17 种亚型。

CRISPR/Cas9 系统的机制主要有三个部分，分别是 CRISPR 的获得，表达成熟以及干扰。具体来说，CRISPR 的获得就是 Cas 蛋白识别外源入侵者，并将其一小段 DNA 片段整合到宿主 CRISPR 序列中，并产生免疫记忆，从而对再次入侵产生防御；在表达阶段，当质粒或者噬菌体再次入侵宿主时，CRISPR 序列的前导区将会作为启动子，转录生成它的前体 CRISPR RNA，之后在 Cas 蛋白切割下加工成熟；干扰过程则是指 Cas 蛋白与加工成熟的 crRNA 结合形成复合物，并利用碱基互补配对原则与外源靶基因检测匹配，从而将外源 DNA 进行切割，使它无法表达成蛋白，从而保护宿主（图 19.15）。

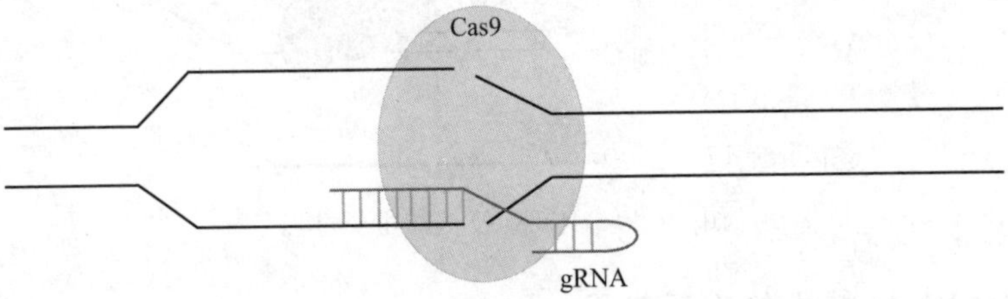

图 19.15　CRISPR/Cas9 技术原理

CRISPR/Cas9 技术的应用主要基于它对特定靶位点切割的能力，从而实现对基因组特定位点的编辑。在研究人类疾病的发病机理以及药物筛选中，可以利用 CRISPR/Cas9 技术快速构建基因突变细胞或者动物模型，从而更好地研究其致病机理以及发病过程等；此外，在农业生产方面，CRISPR/Cas9 技术也可以应用于植物基因编辑，从而可以对作物进行改良，提高作物品质以及产量。CRISPR/Cas9 技术是新兴生物技术的代表，发展潜力巨大，也是目前应用最为广泛的基因编辑技术。

19.2.7 蛋白质-蛋白质相互作用技术

蛋白质并非孤立的生物分子，其功能的发挥依赖于与其它蛋白质间的相互作用。因此，研究蛋白质间相互作用及蛋白质网络的空间结构，对于理解不同生理或病理条件下蛋白的功能具有关键作用。目前，研究蛋白质-蛋白质相互作用的方法主要有酵母双杂交（yeast two-hybrid）、双分子荧光互补技术（BiFC）、免疫共沉淀（Co-IP）和邻近蛋白标记等体内方法，以及表面等离子共振（SPR）、融合蛋白沉降技术（GST pull down）和噬菌体展示技术等体外方法。

酵母双杂交系统是建立在真核转录调控的基础上，将目标蛋白分别融合到转录激活因子（如 Gal4 等）的独立 DNA 结合域和转录激活结构域，如果两个蛋白有相互作用，即可重组成一个具有功能的转录激活因子，诱导报告基因的表达。其中，酵母激活因子 Gal4 的 DNA 结合域位于 Gal4 的 N 端，由 147 个氨基酸组成；转录激活域则位于 C 端，由 113 个氨基酸组成。Gal4 分子的 DNA 结合域可与报告基因的上游激活序列 UAS 结合，转录激活域可激活 UAS 下游的报告基因的转录。酵母双杂交技术可以分析已知蛋白间的相互作用，或筛选与目标蛋白互作的未知蛋白，但具有较高的假阳性（图 19.16）。

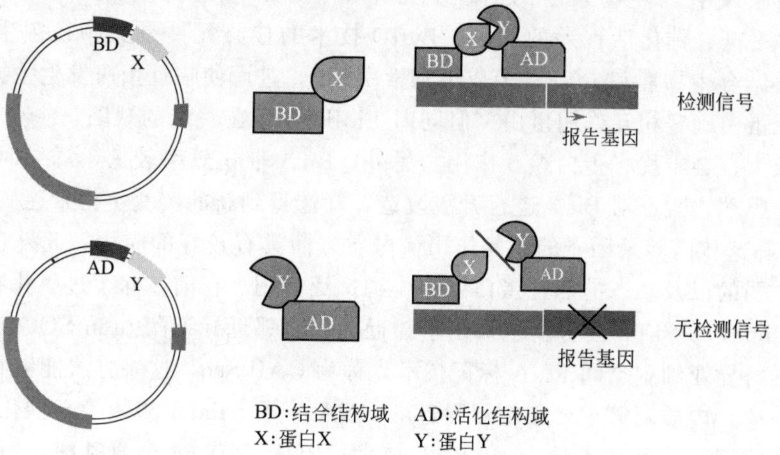

图 19.16　酵母双杂实验

双分子荧光互补技术（BiFC）是基于蛋白质互补技术发展而来的，可直观快速地判断目标蛋白在活细胞中的定位和相互作用。荧光蛋白家族的两个 β 片层之间的环状结构中，存在许多特异性位点，可插入外源蛋白并且不影响蛋白的荧光活性。BiFC 技术即利用荧光蛋白的这一特性，将荧光蛋白分割成两个不具有荧光活性的片段，分别与目标蛋白连接，若诱饵蛋白和捕获蛋白可发生相互作用，两个片段靠近后形成具有活性的荧光蛋白，发出荧光。BiFC 技术的优势在于可在活细胞中通过荧光显微镜直接进行观察，排除了因细胞裂解产生的假阳性（图 19.17）。

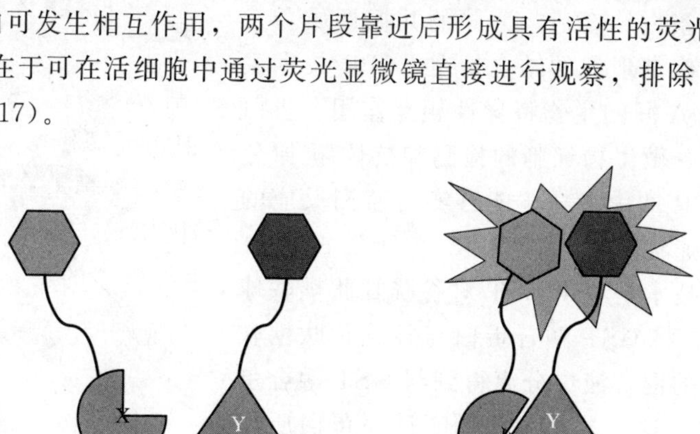

图 19.17　BiFC 技术原理

免疫共沉淀（Co-IP）是基于抗体与抗原间的特异性结合，在不破坏蛋白间相互作用的条件下裂解细胞，加入针对诱饵蛋白的抗体孵育，利用蛋白 A/G 的琼脂糖凝珠捕获抗原抗体复合物，最后通过免疫印迹或质谱鉴定与诱饵蛋白互作的蛋白。免疫共沉淀实验的优势在于能够反应天然状态下蛋白的互作网络，结果更加真实可靠。

邻近蛋白标记技术主要依赖于具有邻近标记功能的工具酶，包括过氧化氢酶（APEX、HRP）和生物素连接酶（BioID、TurboID）等，在活细胞水平对邻近生物分子进行生物素标记。HRP即辣根过氧化物酶，HRP是一种分子量达44000的糖蛋白，由无色的酶蛋白和深棕色的铁卟啉结合而成，主要用于显色反应，也是目前ELISA中应用最为广泛的标记用酶。APEX是一种经过工程改造的抗坏血酸过氧物酶，经开发可用于邻近蛋白质的生物素化，APEX技术的出现使邻近标记技术应用更为广泛，但同时也由于APEX灵敏度较低，当它低表达时会使它与生物素酚的活性变得不可检测；应运开发的APEX2技术解决了APEX表达水平低、催化活性差的问题。BioID技术的核心元件是大肠杆菌生物素连接酶BirA，它能够结合生物素和ATP，形成生物素-AMP，进而使临近蛋白发生生物素化，通过鉴定生物素化蛋白确定相互作用蛋白。但同时BioID也存在一定的缺陷，主要在于BirA相对分子质量较大，会干扰靶蛋白相互作用。另外，BirA催化效率较低，诱导时间大于16h。为了解决以上弊端，现已对BirA进行升级改造，筛选得到新的突变生物素连接酶TurboID。BioID技术在筛选核内转录因子的相互作用蛋白质方面具有较好的应用，此外也在活细胞内鉴定瞬时的、弱的以及动态的邻近蛋白组而得到广泛应用。目前，除了过氧化物酶与生物素连接酶外，miniSOG和PafA等酶也被用于邻近标记。邻近标记酶mini-SOG是一种基于光敏化学反应的特异亚细胞空间RNA标记技术，称为CAP-Seq，这一方法能够在细胞天然环境下标记线粒体、内质网等重要细胞器附近的RNA分子。PafA酶依赖于催化蛋白PUP进行邻近的蛋白标记，这种技术称为PUP-IT技术；PUP含有64个氨基酸，PafA酶能够使其C端Gln脱氨基为Glu并磷酸化，之后可以与赖氨酸残基结合从而实现标记。邻近标记技术不需要裂解细胞分离组分，并能够捕捉到传统方法无法检测到的微弱或短暂的细胞分子之间的相互作用，极大推动了蛋白质、DNA和RNA的亚细胞定位及相互作用研究。

表面等离子共振（surface plasmon resonance，SPR）技术是基于生物传感芯片发展而来的，其原理是利用一种纳米级的薄膜吸附诱饵蛋白，当待测蛋白与诱饵蛋白结合后，薄膜的共振性质会发生改变，经过检测确定蛋白的结合情况。SPR技术主要应用在DNA-DNA间的生物特异性相互作用、蛋白质折叠机制的研究、微生物细胞的检测和抗体-抗原分子亲和力测定。SPR的优势在于能够实时监测反应的动态过程，测定快速且安全（图19.18）。

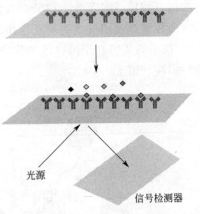

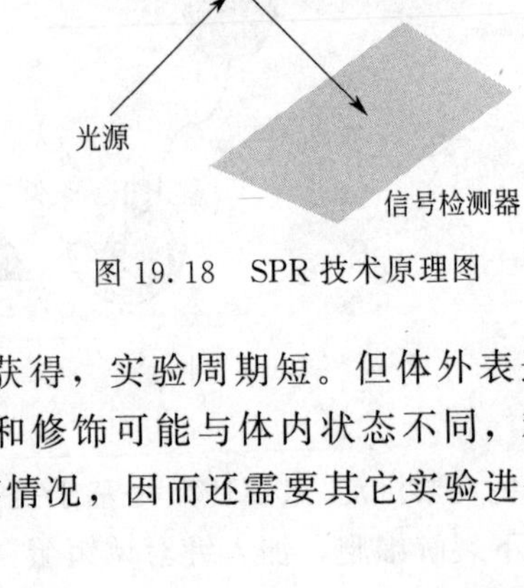

图19.18 SPR技术原理图

融合蛋白沉降技术是利用GST对谷胱甘肽耦联球珠GSH的亲和性，将GST融合蛋白与谷胱甘肽耦联球珠结合，从蛋白的混合液中分离得到与GST融合蛋白相互作用的蛋白。这一技术主要用于证明蛋白质间的直接相互作用，并可用于检测细胞内与目标蛋白结合的未知蛋白，其优势在于灵敏度高且实验材料易于获得，实验周期短。但体外表达的GST融合蛋白，尤其是在大肠埃希菌中，蛋白的折叠和修饰可能与体内状态不同，利用GST融合蛋白检测到的蛋白互作也不能反应体内的真实情况，因而还需要其它实验进一步验证。

相关话题

亲子鉴定

从古代的滴血认亲到现代的DNA分析技术，“亲子鉴定”随着时代推移和技术发展被人们所熟知。目前亲子鉴定的应用领域更加广泛，包括未婚生育子女的亲缘关系确认，被拐、遗失、遗弃孩童的身份确认以及领养孩子所需的证明材料等，也可用于某些刑事案件的侦破等。

目前，DNA分析法的核心是短串联重复序列（short tandem repeat，STR）位点和单核苷酸多态性（single nucleotide polymorphism，SNP）位点检测。STR是指基因组上的一些短的DNA碱基序列的简单连续重复，这种重复的次数从几次到几十次不等，不同的重复次数导致这一区域DNA碱基长度上的不同。整个基因组中STR数量可能超过100万，占人类基因组序列的3%。对于一个特定的个体，染色体上某个特定位置的重复序列的重复次数是固定的，而不同个体在同一位置处的重复次数可能不同，构成了人群中这些重复序列的多态性，检测重复序列的多态性可用于确定亲缘关系。STR的多态性程度高并且等位基因多，因此基于STR的DNA分析法的检测能力强且灵敏度高，适用于陈旧样品和微量样品的检测。

SNP指由于单个核苷酸碱基的改变而导致的核酸序列的多态性。SNP是指在不同个体的同一条染色体或同一位点的核苷酸序列中，绝大多数核苷酸序列一致而只有一个碱基不同的现象。在遗传学分析中，SNP最主要的特点就是密度高、富有代表性且遗传稳定。

作为一项精确且成熟的技术，在我们生活中亲子鉴定已得到了广泛应用。但随着人们法律意识的增强、社会经济的发展和生活观念的转变，亲子鉴定的结果有时可能会带来一些负面的社会问题，需要加强法律的约束性与人们的道德标准，使得这一技术得以更好地应用。

小结

蛋白质纯化与分析是蛋白质研究中的重要过程。柱层析是最常用的一类蛋白质纯化技术，包括通过分子量实现纯化的凝胶层析，通过蛋白质的带电特性进行蛋白质纯化的离子交换层析，通过蛋白质疏水性进行蛋白质纯化的疏水作用色谱，以及利用蛋白质与其配体的相互作用进行纯化的亲和层析等。电泳是蛋白质分析的重要手段，其中SDS-PAGE是利用蛋白质的分子量实现蛋白质的分离；在SDS-PAGE的基础上结合等电聚焦电泳，即双向电泳，是一种分辨率更高的电泳；毛细管电泳是根据各组分的淌度和分配行为上的差异以实现微量蛋白的分离。

纯化后的蛋白可通过凯氏定氮法、双缩脲法、紫外吸收法、酚试剂法和考马斯亮蓝法等方法进行蛋白质总量的测定，然后通过免疫印迹法或质谱鉴定纯化的蛋白是否为目标蛋白。蛋白表达常伴随有各种翻译后修饰，如磷酸化、糖基化、乙酰化等，均可通过质谱进行修饰类型和修饰位点的确定。

聚合酶链式反应是分子生物学中最重要的技术，其原理是基于DNA的天然复制，包括高温变性、低温退火、中温延伸三个基本反应。DNA测序技术实现了DNA核苷酸序列的测定，该技术经历了三次发展，包括以化学降解法、双脱氧链终止法、荧光自动测序技术和杂交测序技术为代表的第一代测序技术，以454测序技术、Solexa测序技术和SOLiD测序技术为代表的第二代测序技术，以单分子序列测定为特点的第三代测序技术。

重组DNA技术、RNAi技术和CRISPR/Cas9技术是目前最常用的基因编辑技术，可实现目标基因的稳定表达、基因沉默或基因敲除。基于基因编辑技术、酵母双杂交、双分子荧光互补技术、免疫共沉淀和邻近蛋白标记等体内方法，以及表面等离子共振、融合蛋白沉降技术和噬菌体展示技术等体外方法，已被用于研究蛋白-蛋白间的相互作用。

习题

1. 为什么SDS-PAGE与凝胶层析的基本原理都是按照蛋白的相对分子量大小分析，而分离顺序是相反的？为什么SDS-PAGE中小分子走在前面，而凝胶层析中小分子则在后面？

2. 离子交换色谱和疏水作用色谱都是依靠不同浓度的盐溶液对蛋白进行分离，简述二者的区别。

3. 已知一个蛋白会发生乙酰化和磷酸化修饰，如何鉴别两种修饰分别发生在哪些位点上，是否同时发生？

4. 请设计一个实验流程，用于鉴定一个已知的人源蛋白在体内的相互作用蛋白。

5. RNAi技术和CRISPR/Cas9技术在蛋白表达层面产生的结果有什么不同？请阐述造成这种不同的原因。

习题答案

1　生物化学与细胞

1. 细胞膜能与外界环境进行物质交换，如水分子、葡萄糖、蛋白质和盐离子等；细胞膜能与外界进行能量转换，有些原核生物负责呼吸作用和光合作用的酶分布在细胞膜上，从而进行能量代谢；细胞膜能与外界进行信息传递，细胞膜外表面常分布一些糖蛋白，它们是感知外界环境的受体，向细胞内传递信号。因此细胞膜并非将细胞质与外界环境隔离的绝对屏障。
2. 原核细胞与真核细胞的本质区别是是否含具有核膜包被的细胞核。原核细胞没有由内膜系统分隔开的细胞器。真核细胞存在由核膜包被的细胞核以及由复杂内膜系统组成的各类细胞器。
3. 真核细胞的细胞核存在核膜，将遗传物质与胞质分隔开，不易发生变异；真核细胞存在多种多样的细胞器，如线粒体、叶绿体、内质网和高尔基体等，可以行使细胞内多种活动等。
4. 植物细胞有细胞壁；植物细胞有负责光合作用的叶绿体；植物细胞有液泡，动物细胞中为溶酶体；植物细胞之间通过细胞壁上的胞间连丝将细胞联系起来，动物细胞靠细胞膜变形将相邻的细胞紧贴在一起。

2　氨基酸及蛋白质

1. 不正确。一种氨基酸的可解离基团以带电或中性状态存在取决于它的 pK 值和溶液的 pH。丙氨酸的氨基 pK 值是 9.69，在 pH7 时，以带电状态存在，即 NH_3^+。而丙氨酸的羧基 pK 值是 2.34，在 pH7 时，以带电状态存在，即 COO^-。因此，在 pH7 下的丙氨酸结构式中，氨基画成 NH_3^+，羧基画成 COO^- 形式。
2. pH 1 时，组氨酸的可解离基团，氨基是 NH_3^+，羧基是 COOH，咪唑基是带正电荷（NH^+）形式。因此，组氨酸的净电荷是+2，电场中向阴极迁移。

   pH 4 时，组氨酸的可解离基团，氨基是 NH_3^+，羧基是 COO^-，咪唑基是带正电荷（NH^+）形式。因此，组氨酸的净电荷是+1，电场中向阴极迁移。

   pH 8 时，组氨酸的可解离基团，氨基是 NH_3^+，羧基是 COO^-，咪唑基是不带电荷

(NH)形式。因此，组氨酸的净电荷是0，电场中不迁移。

pH 12时，组氨酸的可解离基团，氨基是 NH_2，羧基是 COO^-，咪唑基是不带电荷(NH)形式。因此，组氨酸的净电荷是−1，电场中向阳极迁移。

3. $pI=(pK_x+pK_y)/2$，对于赖氨酸、组氨酸和精氨酸碱性氨基酸 pK_x 和 pK_y 为它的 pK_2 和 pK_R。同样地，$pI=(pK_x+pK_y)/2$，如天冬氨酸和谷氨酸酸性氨基酸，pK_x 和 pK_y 是它的 pK_1 和 pK_R。因此，组氨酸等电点7.59。天冬氨酸等电点2.77。
4. α-螺旋的方向为右手螺旋，每3.6个氨基酸旋转一周，螺距为0.54nm，每个氨基酸残基的高度0.15nm。以头发每年的生长长度为20cm计算，一年按 3.15×10^7 秒，20cm是 20×10^7 nm，假设每秒合成 X 个氨基酸，可列式为：3.15×10^7 秒 $\times X$ 个氨基酸 $\times$ 0.15nm $=20\times10^7$ nm。计算 X 为43。即每秒合成43个氨基酸。
5. 胶原蛋白一级结构具有重复的-Gly-X-Y-序列，其中 X 常常是Pro残基，而 Y 是4-羟脯氨酸（hydroxyproline，Hyp）残基或5-羟赖氨酸（hydroxylysine，Hyl）残基。由于重复出现Pro和Hyp，胶原不可能形成α-螺旋，另外Gly过多也不利于α-螺旋形成，但这样重复序列却促成了每圈约3个残基的特殊的左手螺旋构象，而且3条这样的肽链再按右手卷曲缠绕，形成了右手三螺旋构象。在胶原蛋白氨基酸组成中，含有几种不常见氨基酸，4-羟脯氨酸，5-赖氨酸等。这些不常见氨基酸都是在胶原蛋白多肽链合成后，再由常见的Pro和Lys修饰而成，不是在核糖体中直接合成的。因此，用 ^{14}C 标记的4-羟脯氨酸不会被检测到。
6. (a) Ala和Phe两者都是疏水的氨基酸，Val侧链含有支链的3碳，Ala侧链是一个甲基，而Phe侧链有一个苯环，比较大。结构性质上，Val与Ala更相似。Phe最有可能破坏蛋白质的结构。
   (b) Asp和Arg两者都是带电荷的氨基酸，Lys带负电荷，Asp带正电荷，Arg带负电荷。结构性质上，Lys和Arg更相似。Asp最有可能破坏蛋白质的结构。
   (c) Gln和Asn两者都是酰胺类的氨基酸，结构性质方面相似。而Glu是带电荷的酸性氨基酸，结构性质方面与Gln差别大。Glu最有可能破坏蛋白质的结构。
   (d) Pro有一个环形的饱和烃侧链，结构形状类似于侧链极小的Gly，而His带有一个大的侧链咪唑环。结构性质上，Pro和Gly更相似。His最有可能破坏蛋白质的结构。
7. (a) 血液中的pH由7.4下降到7.2，pH降低能够提高血红蛋白亚基的协同效应，降低血红蛋白对氧气的亲和力。
   (b) 肺部 CO_2 分压由6kPa（屏息）减少到2kPa（正常），CO_2 水平低，氧很容易被血红蛋白占有，提高血红蛋白对氧气的亲和力。
   (c) 2,3-BPG水平由5mmol/L（平原）增加到8mmol/L（高原），红细胞中的2,3-BPG实质上是降低了血红蛋白对氧的亲和性，使得血红蛋白在组织中氧分压低的情况下可以将氧释放出来。2,3-BPG浓度增加，降低血红蛋白对氧气的亲和力。

3 酶

1. Asp-101和Arg-114与底物分子可形成氢键。Ala不能与底物分子形成这些氢键，所以替换后的酶的活性很低。
2. 当pH接近 pK_R 时，His残基逐渐去质子化，作为酸催化剂的能力逐渐减弱。当 $pH=pK_R$ 时，50%的His残基处于去质子化状态，酶也处于半活化状态。当pH大大超过

pK_R 时，几乎所有的 His 残基去质子化，酶失活。

3.

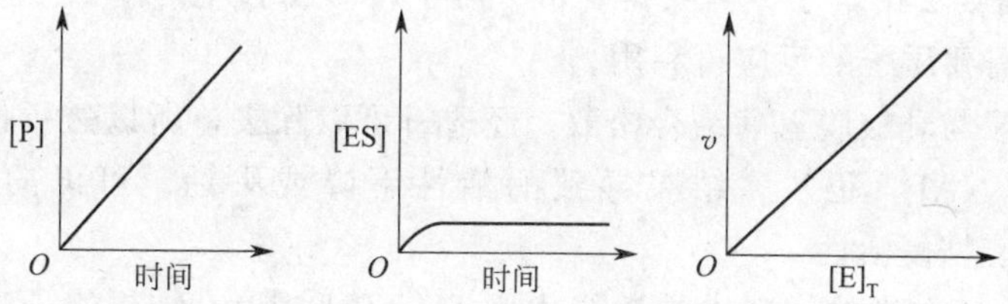

图 3.34　变量关系图

4. 在底物浓度高时初速度接近一个恒定值，所以可以认为 $V_{max}=70$mmol/min。由于 K_m 等于达到最大速度一半（35mmol/min）时的底物浓度，所以 $K_m=0.01$mmol。
5. 由于 $V_{max}=k_2E_T$，如果 E_T（酶总浓度）增加，V_{max} 将增加。$K_m=(k_{-1}+k_2)/k_1$，即 K_m 与底物浓度无关。所以图 3.35(b) 是题目条件所描述的曲线。
6. 产物 P 会更多些，因为酶 A 比酶 B 有较低的 K_m。由于酶 A 与酶 B 的 V_{max} 大致一样，酶的相对效率主要取决于它们的 K_m。
7. (a) 反应遵循乒乓机制，会出现 A^*，因为只有双置换反应才可能在缺少 B 的情况下使同位素由 P 交换回到 A。A=P−X，表示 X 为底物 A 的功能基团，当与酶反应时，生成产物 P 和 E-X。(b) 在遵循有序机制的反应中，A 将不会变成核素标记的。
8. 当 [S]=100μmol/L 时，$[S]\gg K_m$，因此 $V_0=V_{max}=0.1\mu$mol/min。
   (a) 对于浓度大于 100μmol/L 的任一个底物，$V_0=V_{max}=0.1\mu$mol/min。
   (b) 当$[S]=K_m$，$V_0=V_{max}/2=0.05\mu$mol/min。
   (c) 由于 K_m 和 V_{max} 已知，可以运用米氏方程计算任一底物浓度下的 V_0。对于 [S]=2μmol/L，$V_0=V_{max}[S]/(K_m+[S])=(0.1\mu\text{mol/min})(2\mu\text{mol/L})/(1\mu\text{mol/L}+2\mu\text{mol/L})=0.067\mu\text{mol/min}$。
9. pH 5.13，因为如果要使组氨酸侧链的咪唑基质子化，即带正电荷，酶所处的 pH 环境必须小于其 pK_R，但同时又要保证谷氨酸残基侧链 γ-羧基解离，带负电荷，所以最合适的 pH 就是两个基团 pK 的平均值，即 5.13。
10. (a) 确定酶总浓度，然后计算 V_{max}。$[E]_总=0.2\text{g/L}\times(1\text{mol}/21500\text{g})=9.3\times10^{-6}$ mol/L，
    $V_{max}=k_{cat}[E]_总=1000/\text{s}\times(9.3\times10^{-6}\text{ mol})=9.3\times10^{-3}$ mol/s
    (b) 抑制剂存在下，V_{max} 不变，属于竞争性抑制作用类型。因为抑制剂非常类似于七肽底物，通过结合酶的活性部位抑制酶活性。
11. 酶原是在一个器官里产生，然后到另一器官里起作用的消化酶的前体。如果这种酶一产生就具有活性，它会消化其他有用的细胞蛋白，造成伤害，如急性胰腺炎等疾病。通过酶原形式产生，酶可以安全运输到它发挥作用的消化器官，如胃，小肠等。
12. 由于热变性使催化糖转化为淀粉的酶的活性丧失。

4　辅酶和维生素

1. (a) NAD^+、$NADP^+$、FAD、FMN 和细胞色素；(b) 辅酶 A 和硫辛酰胺；(c) 四氢叶酸、甲钴胺素和 S-腺苷蛋氨酸；(d) 磷酸吡哆醛；(e) 生物素、硫胺素焦磷酸和维生素 K。

2. 色氨酸是烟酸（尼克酸）合成的前体，而玉米中色氨酸含量很低，所以烟酸缺乏导致癞皮病流行。牛奶和肉类中色氨酸含量丰富。
3. 不能。NAD^+需要2个电子，但只需要1个质子，形成NADH，第2个H^+被释放到溶液中，被其他需要质子的反应再利用。
4. 由于辅酶NAD^+与乳酸脱氢酶结合松散，经透析可以除去，所以透析使辅酶游离到透析袋以外，酶中NAD^+很少，结果导致酶活性下降或失活。可以向失活的酶中添加NAD^+，有可能恢复活性。
5. 因为这种只含有精白米的饲料中缺乏维生素B_1（硫胺素），结果鸽子患上类似于人脚气病的多发性神经炎。由于米糠中含有硫胺素，所以鸽子很快就会恢复常态。
6. 维生素B_6可转换为吡哆醛磷酸，吡哆醛磷酸除了参与转氨反应之外，还参与分别由色氨酸和酪氨酸生成5-羟色胺和去甲肾上腺素的脱羧反应。维生素B_6缺乏导致吡哆醛磷酸水平降低，势必减少神经递质的合成。
7. 脱氧胸苷酸（dTMP）的合成需要四氢叶酸（来自叶酸）衍生物。叶酸缺乏使得用于DNA合成的dTMP量减少，在红细胞前体中DNA合成减少导致细胞分裂慢，生成巨红细胞。由于破裂，细胞数量减少引起贫血。
8. (a) 维生素D_3；因为D_3经肾小管上皮细胞线粒体内D_3羟化酶催化可生成具有高生物活性的1,25-二羟胆钙化醇，它调节人体内Ca^{2+}的利用；(b) 受损的肾脏妨碍维生素D_3完全羟化形成1,25-二羟胆钙化醇。
9. 两种来源的同一维生素分子结构是相同的，区别仅仅是含的杂质有所不同。身体无法区别不同来源的同一种维生素。
10. 在水相中会发现水溶性维生素B_6和维生素C，在有机相中会发现脂溶性的维生素A和维生素D。

5 糖

1. 吡喃葡萄糖有5个手性碳，因此可能有25或32个立体异构体，其中16个是*D*型糖，16个是*L*型糖。果糖有4个手性碳，因此可能有2^4或16个立体异构体，其中8个为*D*型，8个为*L*型糖。
2. 葡萄糖的α异构体溶解度比β异构体差，因此更容易从溶液中析出来。结晶时，随着α-葡萄糖的析出，溶液中的β-葡萄糖要转换为α-葡萄糖，以维持$36\%\alpha$对$63\%\beta$的平衡比例。因此，α异构体才能不断产生，并以晶体形式沉淀出来。
3. 葡萄糖的α异头物和β异头物处于快速平衡中，当β-*D*-葡萄糖经葡萄糖氧化酶反应消耗时，会有更多的α异头物转换为β异头物，直至所有的葡萄糖都转换为*D*-葡糖酸内酯。
4. 加热会使最甜的β-*D*-吡喃型果糖转化为甜度差但却最稳定的β-*D*-呋喃型果糖。不只是高温下放置，即使是常温下放置时间过长，由于β-*D*-呋喃型果糖比例增大，蜂蜜的甜度也会逐渐减弱。
5. 因为葡萄糖是还原糖，有可反应醛基，富有反应性，而蔗糖是非还原糖，不存在可反应醛基。
6. 乳糖不耐受症指的是有些人在喝奶或食用奶制品时，不能分解和吸收奶中的乳糖，而导致腹痛、腹胀、腹泻和产气增多等症状，主要原因是这些人的小肠黏膜缺乏分解乳糖的乳糖酶。不能喝鲜奶的人可选择喝酸奶，因为酸奶中乳酸杆菌、嗜热链球菌含有的乳糖酶可以分解奶中的乳糖。

7. 据实验观察，若要显现直链淀粉-碘复合物的特征蓝色，直链淀粉的长度最少要 6 个螺旋长，一个螺旋需要 6 个葡萄糖残基，共需要 36 个葡萄糖残基，所以所需的直链淀粉的最小相对分子质量应当为 180×36＝6480。
8. (a) 每个糖原分子只有一个还原末端，而非还原末端就是糖原的分支数或 α-1,6-糖苷键数；(b) 由于糖原分子中的非还原末端数远远超过还原末端数，糖原的降解和合成都发生在非还原末端，可使糖原降解和合成以最大速度进行。
9. 一般来说高纤维饮食脂肪含量较低，尤其是饱和脂肪低；纤维可以吸附胆固醇及很多可能有毒的物质，防止它们被身体吸收；纤维可减少食物在小肠中停留的时间，由于食物中毒素在体内停留时间变短，被身体吸收或者造成其他问题的几率减少。
10. 纸是由纤维素构成的，而 β-葡萄糖苷酶可以将纤维素降解为葡萄糖。如果你服用了 1 粒药丸后吃这本书，味道将仍然像咀嚼纸一样。那是因为你的味蕾位于口中，而酶在胃中。如果你将书浸到酶溶液中后再享用，那味道要甜得多。
11. 硫酸软骨素分子表面在生理条件下带有许多负电荷，这些电荷彼此排斥，使整个分子形成延展的构象。由于硫酸软骨素是个极性分子，可吸引许多水分子，因此使分子体积增大了。

6 脂类和生物膜

1. 二酰甘油。$0.2\text{mol/L}\times 0.02\text{L}=\dfrac{1.2\text{g}}{600\text{g/mol}}\times n, n=2$。
2. 蛋黄中的卵磷脂（磷脂酰胆碱）是稳定剂。因为卵磷脂是一种具有亲水和疏水特性的两性化合物，是一种乳化剂，容易使奶油溶解。
3. (a) 3nm/0.54nm≈5.6　(b) (3nm/0.54nm)×3.6＝20（个氨基酸残基）
4. (a) 饱和脂肪酸；(b) 长链脂肪酸。因为在较高的生长温度下，细菌必须合成具有更高 T_m（低流动性）的饱和脂肪酸或长的脂肪酸链恢复膜的流动性。
5. 由题可算出一个红细胞的膜铺成的单层面积：$0.89\times 10^{12}\mu\text{m}^2/(4.7\times 10^9)\approx 188\mu\text{m}^2$。由于一个红细胞的表面积仅为 $100\mu\text{m}^2$，188/100≈2，所以覆盖红细胞表面积的脂是双层的，也就是说，红细胞膜是由双层脂构成的。

7 核酸

1. 核酸（nucleic acid）主要参与生物体遗传信息的贮存、传递以及破译过程，在所有生物中都普遍存在。核酸分为核糖核酸（RNA）和脱氧核糖核酸（DNA）。核酸是由多个核苷酸形成的线性共价聚合物，它的基本结构单位是核苷酸（nucleotide）。核苷酸由核苷和磷酸基团组成。核苷可分解为一个弱碱性的含氮碱基和一个戊糖。核苷中的戊糖分为两类：*D*-核糖（*D*-ribose）和 *D*-2-脱氧核糖（*D*-2-deoxyribose）。根据所含戊糖的不同，核苷酸分为核糖核苷酸（ribonucleotide）和脱氧核糖核苷酸（deoxyribonucleotide）。
2. Chargaff 法则揭示了 DNA 中[A]=[T]，[G]=[C] 的碱基配对规律。根据这个规律，只要知道 DNA 中任何一个碱基的含量，就可以计算出各个碱基的比例关系。已知该基因组大小为 230 Mb 的生物体含有 28%的 C 碱基，则可知 G 碱基数量比例也是 28%，同时 A、T 碱基数量比例应都为：(100－28%×2)/2＝22%。由此可分别得 A、T、C 和 G 的数量：

【A】＝【T】＝230Mb×22%＝50.6Mb

【C】＝【G】＝230Mb×28%＝64.4Mb

3. 通过紫外分光光度法可测量DNA和RNA的浓度和纯度。其原理如下：

由于组成DNA和RNA的主要嘌呤碱基和嘧啶碱基都含有共轭双键，这一特性使得嘌呤环和嘧啶环呈平面，具有紫外吸收特性，其最大吸收峰大都出现在260nm左右。因此认为多聚核苷酸在260nm的紫外光下有一个特征性吸收峰，而蛋白质的最大吸收峰在280nm处，盐及小分子则集中在230nm处。

用260nm波长的吸光度测定DNA或RNA样品浓度时，其吸收强度通常与DNA或RNA浓度呈正比。若样品中含蛋白质或其他污染物时会影响吸光度值，所以一般情况下需要同时检测样品光密度OD_{260}、OD_{280}、OD_{230}，通过计算比值来分析样品的纯度。在pH为7.0-8.5条件下，较高纯度的DNA和RNA的OD_{260}/OD_{280}比值分别约为1.8和2.0，若比值低则说明存在蛋白质或酚类物质的污染。

4. 可以通过噬菌体侵染大肠杆菌实验来证实这一结论。T2噬菌体仅由头部DNA和蛋白质组成，且头部DNA中不含有蛋白质。由于DNA中不含有S原子，而蛋白质中不含有P原子，因而可以设计两组实验，一组用^{32}P标记噬菌体的DNA，另一种用^{35}S标记噬菌体的蛋白质外壳。将两组噬菌体分别感染大肠杆菌，经短期保温后噬菌体就附着在细菌上并部分侵染到细菌中。通过搅拌将噬菌体与大肠杆菌分开，再经离心使细菌沉淀，分析沉淀和上清液的放射性。如果大多数^{32}P标记的噬菌体DNA进入了沉淀的细菌中，而^{35}S标记的蛋白质外壳留在了上清液，则初步说明DNA是遗传物质而蛋白质不是遗传物质。对被感染的细菌进行进一步培养，如果有的细菌含有^{32}P标记的子代噬菌体的DNA，这就进一步证实了DNA是遗传物质而蛋白质不是遗传物质。

5. 核小体是染色质的基本结构单位，其核心颗粒包括一段双螺旋DNA和由四种组蛋白H2A、H2B、H3和H4各以两分子组成的八聚体。146个DNA碱基对在组蛋白八聚体的外面缠绕1.75圈形成核小体核心颗粒，它们之间通过平均长度为54bp的连接DNA相连。组蛋白H1既与连接DNA结合，又和核小体核心颗粒结合，锁住核小体DNA的进出端，起稳定核小体的作用。实验发现核小体一般可以自组装成高阶染色质结构，从而进一步压缩生物体的基因组。

与伸展开的B-DNA长度相比，直径2nm的DNA双螺旋缠绕到组蛋白八聚体后，长度被压缩了近10倍，形成一个直径10nm的核小体。核小体再进一步缠绕成螺线圈，每圈包含6个核小体，形成直径为30nm染色质纤维。有的染色质纤维可形成大的DNA突环，可以附着在中央纤维蛋白支架上，所以这种染色质纤维就像环状DNA那样可形成超螺旋，超螺旋还可形成额外的超螺旋，使得DNA一步一步地被压缩，最后形成高度浓缩的中期染色体。

6. 核酸变性是指在某些物理或化学因素的影响下，双螺旋DNA间的碱基堆积力和碱基对的氢键被破坏，双链解旋成两条单链的现象。很多因素可以引起DNA变性，如加热、极端pH值变化或变性剂（如尿素）等。核酸复性是指在一定条件下，DNA分开的两条单链由于碱基对的互补重新形成双螺旋DNA，是变性的可逆过程。由两条RNA链构成的双链RNA和具有局部双螺旋的单链RNA也可以像双链DNA那样变性和复性。

将不同来源的DNA放在同一溶液中，在变性后的复性过程中，只要两种单链分子之间存在着一定程度的碱基配对关系，在适宜的条件（温度及离子强度）下，就可以在不同的分子间发生杂交形成杂交体。这种杂交双链可以在不同的DNA与DNA之间形成，也可以在DNA和RNA分子间或者RNA与RNA分子间形成。以此为基础，发展了分子杂交技术，广泛应用于基因工程和分子生物学等研究中。

8 DNA复制

1. 双链都是"重的"DNA：无；双链都是"轻的"DNA：14/16（87.5%）；杂交DNA：2/16（12.5%）
2. 大肠埃希菌中参与DNA复制的DNA pol Ⅲ全酶不能自主地发动DNA复制，所以无论是前导链，还是后随链合成都需要一段RNA引物。以RNA引物作为引导，DNA pol Ⅲ全酶得以开始以亲代DNA链为模板合成新的DNA链。

   在DNA复制过程中，前导链合成一次RNA引物，DNA pol III全酶就可以以亲代DNA $3'\rightarrow5'$链作为模板连续合成新的$5'\rightarrow3'$子代链，随后再通过DNA聚合酶Ⅰ进行切除，RNA引物的合成与切除提高了DNA复制的准确性。
3. (a) 致死。因*dna*B编码DnaB解旋酶蛋白，于原核生物DNA复制过程中，在Dna C的帮助下与解链区结合，解开DNA双链。缺失该基因会影响大肠杆菌的DNA复制过程，因此会致死。

   (b) 致死。缺失DNA聚合酶Ⅰ会妨碍RNA引物的切除，无法合成DNA片段以补齐切除的RNA引物片段。故缺失*polA*会致死。

   (c) 致死。*ssb*编码单链结合蛋白，SSB蛋白可以避免解旋的单链又恢复双螺旋状态。缺失SSB蛋白会影响DNA复制，且无其他蛋白能弥补这一功能，故*ssb*的缺失会导致大肠杆菌致死。
4. (a) 在一个复制起点形成两个复制叉，因此每个复制叉复制2.6×10^6 bp，复制完成需要2600秒。

   (b) 尽管只存在一个复制起点，但在前一个复制叉完成复制前，新的复制叉开始了复制，因此间隔时间明显缩短。
5. (a) $(1.65\times10^8\ \text{bp})\div(2\times30\ \text{bp/s})=2.75\times10^6\ \text{s}\approx31.8\ \text{d}$

   (b) $(1.65\times10^8\ \text{bp})\div(2000\times2\times30\ \text{bp/s})=1375\ \text{s}$　$1375\div60\approx23\ \text{min}$

   (c) $(1.65\times10^8\ \text{bp})\div300\ \text{s}\div(2\times30\ \text{bp/s})=9170$ 个
6. 端粒是位于真核细胞染色体末端的一小段蛋白质-DNA复合体，能够保持染色体完整性，控制细胞分裂周期，细胞每分裂一次，染色体上的端粒便会变短一些。端粒酶的存在，使得端粒不会在细胞分裂过程中有所损耗，分裂的次数增加。当正常细胞分化成熟后，端粒酶的活性就会逐渐消失，从而使得细胞不会无限分裂；而在肿瘤细胞中端粒酶的活性被重新激活，因此能够不停增殖。
7. 大肠埃希菌染色体复制需要2300到4600个冈崎片段。
8. (a) 用于DNA体外合成的单链DNA模板可能形成茎环等二级结构，SSB通过结合单链模板阻止了双链结构的形成，使得DNA作为底物的效率得到了提高。

   (b) 高温条件下体外合成DNA的产量增加，65℃可以阻止二级结构的形成但不会使新合成的DNA双链变性。高温环境下细菌分离出的DNA聚合酶可以较好地在上述温度条件下保持活性。
9. 乙基化的鸟嘌呤不与胞嘧啶配对而与胸腺嘧啶互补配对，若用正常鸟嘌呤取代，则鸟嘌呤仍与胞嘧啶配对。
10. 光复活作用：细菌受致死量的照射后，3小时内若再以可见光照射，则部分细菌又能恢复其活力。

切除修复：分为碱基切除修复和核苷酸切除修复，通过多功能酶复合物除去系统损伤，产生一个能被DNA聚合酶和DNA连接酶修复的缺口。

重组修复：DNA复制时，双链DNA中的一条发生损伤将产生缺口，随后通过互补链的对应部位切除相应的部分将缺口填满，从而产生完整无损的子代DNA的修复现象。

11. 脱氨基作用可能发生于鸟嘌呤、腺嘌呤和胞嘧啶环中的氨基位点。这一脱氨基作用分别产生黄嘌呤、次黄嘌呤和尿嘧啶，而这些通过脱氨基作用产生的碱基对于正常DNA来说都是外来的，因此能被识别并被DNA修复酶去除。5-甲基胞嘧啶是甲基化的胞嘧啶，通过自发脱氨基作用能以更高的频率产生胸腺嘧啶。由于胸腺嘧啶是一般DNA的组成碱基之一，因此更容易逃避监视系统而免于被DNA修复酶清除，由此更易形成C-T点突变。

12. PCR，全称polymerase chain reaction，中文名即聚合酶链式反应。其本质是，在体外环境中，以DNA为模板，以脱氧核苷三磷酸（dNTP）为原料，在含有镁离子的缓冲体系中，利用DNA聚合酶特异性的扩增特定的DNA，主要包含变性、退火、延伸三个过程。

    PCR中要严格控制温度的原因：DNA的扩增在体内环境中进行复制，是由多种酶参与的。由于DNA在体内呈双螺旋状态甚至还有超螺旋形式的三级结构，因此DNA在体内复制时首先需要DNA拓扑异构酶解开超螺旋，再由DNA解旋酶解开双螺旋结构，而后DNA聚合酶等识别并结合启动复制。而在体外环境中，双螺旋DNA具有一种特殊的物理性质，即变性复性。随环境温度升高，双螺旋DNA会自主解开自身双螺旋结构成为两条单链，这个过程成为变性；而后温度下降也会再次结合恢复成双螺旋结构。这个特性使得DNA的体外扩增的实现有了可能。

    要使用耐高温的DNA聚合酶的原因：大部分酶随温度的增加其活性也随之增加，但到了一定的高温，酶的蛋白质结构受到影响，不可逆的失活，因此常规的DNA聚合酶无法撑过体外的DNA变性升温过程。科学家们在一处火山地带的生物群中发现一种细菌，即水生栖热菌 *Thermus aquaticus*（Taq），从中分离出的具有热稳定性的DNA聚合酶，即Taq酶。这种酶因为具有热稳定性，可以撑过95℃的DNA变性区间，恢复到55～60℃的退火以及70℃左右的延伸仍然具有DNA聚合酶活性。

13. （a）由于加入的dNTP太少，可能影响链延伸的长度，导致测序不完全。
    （b）加入dNTP过多会降低ddNTP的含量，导致链延伸长度长于预期，测序不完全。
    （c）由于加入的引物过少，导致合成的子链数目受限，影响测序长度，测序不完全。
    （d）引物加入过多则易延伸过多较短的子链，导致延伸不完全，进而影响测序长度，测序不完全。

14. DNA复制的忠实性，是指DNA的复制是一个高度精确的过程，即在进行复制的过程中可以合成与模板链完全互补配对的新链。DNA复制的高度忠实性，保证了生物遗传的稳定性。保证DNA复制忠实性的主要原因有四点：
    （1）DNA聚合酶的专一性。DNA聚合酶的5′-3′聚合活性部位对底物的选择，模板链碱基与进入的dNTP之间必须正确匹配。
    （2）DNA聚合酶的校正作用。DNA聚合酶的3′-5′外切酶活性具有校对功能，可以及时切除掺入新链3′末端的错误碱基。DNA聚合酶Ⅰ在缺口处掺入正确的核苷酸，最后由连接酶把切口补好。

(3) 借助RNA引物。DNA复制最初进行碱基配对时，易出现非Waston-Crick的错误配对。DNA合成之初利用RNA作为引物，合成之后切除RNA引物，这避免了易产生的错误。

(4) DNA修复系统。细菌细胞中还存在一系列修复酶，可以修复DNA复制中的错误以及损伤的DNA。如：通过甲基化的程度，系统区别DNA分子的母链和新合成的子链并优先纠正新合成子链中的错配碱基。

15. (1) DNA复制所需成分：亲代DNA分子为模板，四种脱氧三磷酸核苷（dNTP）为底物，多种酶及蛋白质：DNA拓扑异构酶、DNA解链酶、单链结合蛋白、引物酶、DNA聚合酶、RNA酶以及DNA连接酶等；

(2) DNA复制过程都分为起始、延伸、终止三个过程；

(3) 新链聚合方向都为5′→3′；

(4) 化学键：3′,5′-磷酸二酯键；

(5) 遵从碱基互补配对规律；

(6) 一般均为双向复制、半保留复制、半不连续复制。

9 RNA合成与加工

1. 原核生物中没有核模，所以转录与翻译是连续进行的，往往转录还未完成，翻译已经开始了，因此原核生物中转录生成的mRNA没有特殊的转录后加工修饰过程。真核生物的mRNA转录后加工过程主要包括一下几个方面：

5′-端戴“帽子”：在初级mRNA合成起始后不久（大约延伸到20个核苷酸），将一个称为“帽子”结构的稀有的7-甲基鸟嘌呤加到5′-端核苷酸前，两者之间通过一个少有的5′-5′三磷酸键连接。mRNA上的5′帽子对于蛋白质合成的起始很重要，同时它可保护转录出的mRNA不被5′-核酸外切酶降解。

3′-端加polyA尾巴：在成熟的mRNA的3′-末端都附着100～200个腺苷酸残基的多聚（A）尾巴，这些残基并不是由DNA编码的，而是转录后被多聚腺苷聚合酶（poly (A) polymerase，PAP）加上的。polyA尾巴具有保护mRNA的3′末端不会被核酸酶降解，并且有助于mRNA从细胞核向细胞质中转移的功能。

外显子剪接：mRNA初级转录物的剪接属于第3种类型内含子剪接，剪接过程类似于Ⅱ型内含子，也是通过形成套索的方式进行剪接。研究发现许多外显子序列与内含子序列连接处都有类似序列，在内含子的5′端一般都含有GU，而在内含子3′端存在AG序列，剪接正是利用外显子和内含子交界处的特殊序列，通过两次转酯反应完成的。

2. 如果3′-脱氧腺苷-5′-三磷酸被RNA聚合酶错当成ATP，它将会进入到生长中的RNA链，然而因为3′-脱氧腺苷-5′-三磷酸缺少一个3′-羟基基团，在聚合反应中它不能与下一个核苷三磷酸反应，因而在转录过程中将3′-脱氧腺苷-5′-三磷酸引入会导致提前链终止，如果3′-脱氧腺苷-5′-三磷酸大量存在，会导致细胞死亡。

3. 大多数真核细胞mRNA的3′端的具有poly A的结构，此poly A结构为mRNA的提取提供了有效的途径。人们利用碱基配对原理，采用寡聚T结构作为亲和柱材料，当含mRNA的总RNA样品流经寡聚T柱时，mRNA即被特异性地结合到柱上，从而可与其它RNA相分开，这就是寡聚（dT）纤维素或寡聚（U）琼脂糖亲和柱分离mRNA的原理。

4. 原核生物和真核生物的转录过程是以DNA为模板的RNA合成过程，但是原核和真核生物的转录又有所不同：①在原核生物中，只有一种RNA聚合酶，负责合成所有的mRNA、tRNA和rRNA。真核生物中有3种RNA聚合酶，即RNA聚合酶Ⅰ、Ⅱ、Ⅲ，分别分布在核内的不同区域，完成不同的RNA的合成。②与原核生物相比，真核生物三种聚合酶都必须在蛋白质转录因子的协助下才能进行RNA的转录。③真核生物mRNA一般为单顺反子结构，但其基因的原初转录产物（转录物）通常是由编码序列（外显子）和非编码序列（内含子）间插排列组成；原核生物为多顺反子。④与原核生物mRNA不同，真核生物最初的mRNA转录物必须经过依次拼接除去内含子，再将有编码意义的各相邻外显子首尾相接，并进行修饰才能成为成熟的mRNA。⑤与原核生物相比，真核生物mRNA转录后需要加工，如5′末端“戴帽”（capping），3′末端加尾，内含子剪接以及链内某些核苷酸的甲基化。

10　蛋白质合成

1. 遗传密码是指核苷酸序列和氨基酸序列之间的对应关系，是生物用于将DNA或mRNA序列中编码的遗传物质信息翻译为蛋白质的一整套规则。遗传密码的基本性质有：①所有密码子都是有意义的。每三个核苷酸组成一个密码子来编码一个氨基酸，共有64个密码子，其中61个密码子可编码氨基酸，AUG为甲硫氨酸（亦称作蛋氨酸）兼起始密码子（initiation codon）。余下的UAA、UGA和UAG三个密码子没有编码任何一种氨基酸，它们是一种表示蛋白质合成到达终点的终止信号，被称为终止密码子（termination codons）。②密码子存在简并性。除了Trp（色氨酸）和Met（甲硫氨酸）各只有一个密码子之外，其他的氨基酸都存在一个以上的密码子。③序列类似的密码子往往表示同样的或化学性质类似的氨基酸。当几个不同的密码子代表同一个氨基酸时，它们的差异常常是在第三位碱基。例如编码Gly的密码子的GGU、GGC、GGA和GGG也可以表示为GGX，X为4种碱基中的任一种，与之类似，UCX可指定编码丝氨酸（Ser），这一特征称为密码子第三碱基简并性（third-base degeneracy）。④连续性和方向性。mRNA的读码方向是从5′端至3′端方向，两个密码子之间是连续的。mRNA链上碱基的插入、缺失和重叠，均造成移码突变。
2. 遗传密码的“摆动假说”是Crick在1966年提出，用于解释密码子简并性的学说。mRNA上密码子的头两个碱基与相应tRNA上反密码子的第2个和第3个碱基互补配对，而且是严格配对的，赋予大部分密码专一性。而密码子的第3个碱基（3′端）与反密码子5′端碱基的配对专一性相对较差，被称为摆动配对。反密码子的第一个碱基（以5′→3′方向，与密码子的第三个碱基配对）决定一个tRNA所能解读的密码子数目。反密码子第一个碱基是A或C时，那么tRNA的碱基配对就是专一的，仅能识别一个密码子；如果反密码子的第1位碱基是U，则可以识别密码子第3位的A或G；若反密码子的第1位是G，则能够识别U或C；若反密码子的第1位是I，则可识别密码子的第3位是U，C或A的碱基。
3. 这反映了密码子的简并性。密码子简并性具有重要的生物学意义，它可以减少有害突变。若每种氨基酸只有一个密码子，61个密码子中只有20个是有意义的，各对应于一种氨基酸。剩下41个密码子都无氨基酸所对应，将导致肽链合成终止。由基因突变而引起肽链合成终止的概率也会大大增加。简并性使得那些即使密码子中碱基被改变，仍然能编码原来氨基酸的可能性大为提高。密码的简并也使 DNA 分子上碱基组成有较大余地的变动，在物种的稳定上起着重要的作用。

4. 在细胞内主要有三类 RNA 参与蛋白质合成：信使 RNA（messenger RNA，mRNA）、转运 RNA（transfer RNA，tRNA）和核糖体 RNA（ribosomal RNA，rRNA）。mRNA 的功能就是把 DNA 上的遗传信息精确无误地转录下来，然后再由 mRNA 的碱基顺序决定蛋白质的氨基酸顺序，完成基因表达过程中的遗传信息传递过程。tRNA 分子在蛋白质的合成中充当的是遗传密码的翻译载体，既能识别 mRNA 上的密码子，也能负载正确的氨基酸，把氨基酸搬运到核糖体上，tRNA 能根据 mRNA 的遗传密码依次准确地将它携带的氨基酸连结起来形成多肽链。rRNA 是核糖体的组成成分，是蛋白质合成的工作场所。
5. ①原核生物 mRNA 常以多顺反子的形式存在；真核生物 mRNA 一般以单顺反子的形式存在。②真核生物 mRNA 由 5′端帽子结构、5′端非翻译区、翻译区、3′端非翻译区和 3′端聚腺苷酸尾巴组成；原核生物 mRNA 无 5′端帽子结构和 3′端聚腺苷酸尾巴。
6. 结构特点：①tRNA 的二级结构呈“三叶草”形，三级结构呈现倒 L 形。②tRNA 分子含有稀有碱基：稀有碱基是指除 A、G、C、U 外的一些碱基，包括双氢嘧啶（DHU），假尿嘧啶（ψ）和甲基化的嘌呤（mG，mA）等。③tRNA 序列中有反密码子：每个 tRNA 分子中都有 3 个碱基与 mRNA 上编码相应氨基酸的密码子具有碱基反向互补关系，可以配对结合，这 3 个碱基被成为反密码子。④不同的 tRNA 尽管核苷酸组分和排列顺序各异，但其 3′端都含有 CCA 序列，是所有 tRNA 接受氨基酸的特定位置。

   功能特点：tRNA 的功能是在蛋白质合成过程中作为各种氨基酸的载体，将氨基酸转呈给 mRNA。
7. 核糖体是一种复杂的核糖核酸蛋白颗粒，由大、小两个亚基组成，在原核生物蛋白质合成过程中，核糖体的主要功能部位有：①A 位点，氨酰-tRNA 结合部位，也称之为受体部位；②P 位点，肽酰基结合位点，为延伸中肽酰-tRNA 的结合位点，也是起始氨酰-tRNA 的结合部位；③E 位点，脱负荷 tRNA 离开位点。A 位和 P 位主要由 30S 亚基和 50S 亚基共同组成，而 E 位主要是由 50S 亚基组成的。
8. 蛋白质生物合成过程可分为五个阶段：氨基酸的活化、多肽链合成的起始、肽链的延长、肽链的终止和释放、蛋白质合成后的加工修饰。
9. 原核生物中存在 3 个起始因子（initiation factor，IF）：IF-1、IF-2 和 IF-3。起始因子可帮助核糖体 30S 小亚基、mRNA、fMet-$tRNA^{fMet}$、50S 大亚基依次结合，最终形成起始复合物。F-1、IF-3 可分别与核糖体 30S 亚基结合。IF-1 结合于 30S 亚基 A 位点，占位以留待 fMet-$tRNA^{fMet}$ 进入 P 位点，同时可促进 IF-2、IF-3 作用的活性。IF-3 一方面抑制 30S 亚基与 50S 亚基结合，保证核糖体亚基处于解离状态；另一方面促进 30S 亚基与 mRNA 结合，并使 mRNA 起始密码子落在 P 位点。IF-2 与 GTP 结合形成 IF-2-GTP 复合物，该复合物可特异性识别 fMet-$tRNA^{fMet}$，并帮助其进入 P 位点与起始密码子配对，形成 30S 起始复合物。
10. 起始过程可分为 4 个步骤：①核糖体大小亚基的分离。翻译起始时，IF-3 结合到核糖体 30S 亚基靠近 50S 亚基的边界，使大、小亚基分离。IF-1 协助 IF-3 结合，单独的 30S 亚基易于与 mRNA 及起始 tRNA 结合。②mRNA 在核糖体小亚基上就位。mRNA 与核糖体小亚基的结合是靠前者的 SD 序列与后者的 16S rRNA 互补及 rps-1 与其识别序列的相互辨认。③fmet-tRNA 的结合。fmet-tRNA 结合 mRNA 及核糖体，需要 IF-2 参与。IF-2 先与 CTP 结合，再结合 fmet-tRNA，生成 fmet-tRNA-IF2-GTP 复合物。这一复合物的就位，还可推动 mRNA 在 30S 亚基上前移，使起始 tRNA 到达 P 位。这是一个消耗能的过程，IF-1 也促进这一结合作用。④核糖体大亚基的结合。mRNA 和起始 tRNA 都与 30S 亚基结合后，IF-3 先脱落，接着 IF-2 和 IF-1 相继脱落，在已有 mRNA 和起始 tRNA 的 30S 亚基上加入核糖体的大亚基，形成以 70S 核糖体为主体的翻译起始复合物。

11. （1）相同之处：①都需要生成翻译起始复合物；②起始复合物的形成都需要多种起始因子参加；③翻译起始的第一步都需核糖体的大、小亚基先分开；④都需要 mRNA 和氨酰-tRNA 结合到核糖体的小亚基上；⑤mRNA 在小亚基上就位都需要一定的结构成分协助；⑥小亚基结合 mRNA 和起始 tRNA 后，才能与大亚基结合。⑦都需要消耗能量。

（2）不同之处：①原核生物的起始 tRNA 是 fMet-$tRNA^{fMet}$，经甲酰化后防止起始 tRNA 误读读框内部的密码子。真核生物的起始 tRNA 是 Met-$tRNA_i^{Met}$（i 表示起始 $tRNA^{Met}$），不被甲酰化，仅依靠辅助因子来区分起始和阅读框架内部的密码子。②原核生物的起始因子是 IF-1、IF-2 和 IF-3，真核生物的起始因子有十多种。③原核生物 mRNA 上有能与 16S rRNA 配对的 SD 序列。真核生物中存在扫描机制，核糖体结合位点不依靠 SD 序列，起始密码子附近常见核苷酸为 GCCAGCCAUGG；其帽结构能够推动起始反应。④在原核生物起始复合物的形成过程中，30S 亚基先与起始因子 IF-1、IF-3 结合，通过 SD 序列与 mRNA 模板相结合，再与 fMet-$tRNA^{fMet}$ 结合，最后与 50S 大亚基结合。真核生物的 40S 小亚基需结合 Met-$tRNA_i$ 后，才能与 mRNA 匹配。⑤真核生物翻译起始阶段不仅需要 GTP，还需要水解 ATP 释放能量来解开 mRNA 的二级结构。

12. 原核生物的延伸：进位、转肽和移位。
真核生物的肽链延伸反应和原核生物相似，同样经历进位、转肽和移位。
两者差别在于：真核生物核糖体中 eEF-1 和 eEF-2 两个延伸因子在行使功能。
原核生物中的延伸因子为 EF-Tu、EF-Ts 以及 EF-G。
真核生物中的延伸因子分别为 EF1、EF2。

13. 原核生物中存在 3 个终止因子：RF-1、RF-2 和 RF-3。其中 RF-1 识别 UAA 和 UAG，RF-2 识别 UAA 和 UGA，RF-3 不识别任何终止密码子，但可与 GTP 结合促进 RF-1 或 RF-2 的活性。真核生物终止因子 eRF-1 可以与所有 3 个终止密码子结合，通过模拟 tRNA 结构，并催化合成的氨基酸 C 末端与 tRNA 之间的酯键水解，释放出新合成的氨基酸，核糖体与 mRNA 也随之解离。

14. 在蛋白质空间构象形成过程中分子伴侣（chaperone）起到了重要的作用。分子伴侣是一类在序列上没有相关性但有共同功能的蛋白质，它们在细胞内帮助其他含多肽的结构完成正确的组装、折叠和降解，并在执行完毕后与之分离，是维持细胞内蛋白质稳态的重要的蛋白质机器。

15. ①结构的改变：新生多肽链在合成结束到定位具体功能行使部位的过程中，会对氨基酸残基组成和结构进行调整。新生的肽链还具有自剪接现象。多肽链折叠成天然构象后，链内或链间的半胱氨酸（Cys）残基间有时会产生二硫键（disulfide bond）。分子伴侣在细胞内帮助其他含多肽的结构完成正确组装、折叠和降解，并在执行完毕后与之分离。②加入官能团，如磷酸化、糖基化、甲基化、乙酰化、琥珀酰化、脂质化。③结合肽或其他蛋白质，如泛素化、相素化。

16. 4 分子高能磷酸酯键。

17. 在肽链合成过程中，为保证蛋白质合成的忠实性和产物功能上的完整性，氨基酸需要氨酰-tRNA 合成酶酯化后才能被 tRNA 携带进入核糖体。

18. 原核生物体内的甲硫氨酸至少对应两种 tRNA：一种识别起始密码子参与肽链起始，用 $tRNA^{fMet}$ 表示；另一种识别内部甲硫氨酸密码子参与肽链延伸，以 $tRNA^{Met}$ 表示。$tRNA^{fMet}$ 结合起始甲硫氨酸形成 Met-$tRNA^{fMet}$ 后，经甲酰转移酶催化，将来自 N^{10}-甲酰-四氢叶酸的甲酰基加到 Met 氨基上，从而形成 fMet-$tRNA^{fMet}$。fMet-$tRNA^{fMet}$ 经甲酰化后氨基被封闭，不能参与肽链延伸过程，可防止起始 tRNA 误读读框内部的密码子。

11 代谢导论

1. (a) 根据 $\Delta G^{\circ\prime}=-RT\ln K_{eq}$

$7.5\text{kJ}\cdot\text{mol}^{-1}=-8.315\text{J}/(\text{K}\cdot\text{mol})\times 298\text{K}\times\ln K_{eq}$

$K_{eq}=0.048$

(b) 根据 $\Delta G=\Delta G^{\circ\prime}+RT\ln\frac{[B]}{[A]}$

$$\Delta G=7.5\text{kJ}\cdot\text{mol}^{-1}+8.315\text{J}/(\text{K}\cdot\text{mol})\times 310\text{K}\times\ln\frac{0.1\text{mmol/L}}{0.5\text{mmol/L}}=3.35\text{kJ}\cdot\text{mol}^{-1}$$

ΔG 为正值，反应不能自发进行。

2. 磷酸肌酸＋ADP ⟶ 肌酸＋ATP

根据 $\Delta G=\Delta G^{\circ\prime}+RT\ln\frac{[C][D]}{[A][B]}$

$$\Delta G=-43.1\text{kJ}\cdot\text{mol}^{-1}+8.315\text{J}/(\text{K}\cdot\text{mol})\times 298\text{K}\times\ln\frac{1\text{mmol/L}\times 4\text{mmol/L}}{2.5\text{mmol/L}\times 0.15\text{mmol/L}}=-37.23\text{kJ}\cdot\text{mol}^{-1}$$

反应朝着 ATP 合成方向进行。

3. $(7500\text{kJ}\times 40\%)/(30.5\text{kJ}\cdot\text{mol}^{-1})=98.36\text{mol}$

这个人每天从食物中获得 98.36mol 的 ATP。

占此人体重的比率为 $(98.36\text{mol}\times 507\text{g})/\text{mol}/68\text{kg}\times 100\%=73\%$

4. 氧化能力排序：细胞色素 b(Fe^{3+})＞丙酮酸＞乙醛＞NAD^+＞α-酮戊二酸

5. (a) 将该反应拆分为两个半反应：

氧化反应：$NADH+H^+\longrightarrow NAD^++2H^++2e^-$　　$E^{\circ\prime}=0.32\text{V}$

还原反应：延胡索酸$+2H^++2e^-\longrightarrow$琥珀酸　　$E^{\circ\prime}=0.03\text{V}$

延胡索酸$+NADH+H^+\rightleftharpoons$琥珀酸$+NAD^+$　　$\Delta E^{\circ\prime}=0.35\text{V}$

根据 $\Delta G^{\circ\prime}=-nF\Delta E^{\circ\prime}$，可以计算出标准自由能的变化：

$$\Delta G^{\circ\prime}=-2\times[96.48\text{kJ}/(\text{V}\cdot\text{mol})]\times 0.35\text{V}=-68\text{kJ/mol}$$

此时标准自由能的变化为：$\Delta G^{\circ\prime}=-68\text{kJ/mol}$

反应可自发进行。

(b) 将该反应拆分为两个半反应：

氧化反应：细胞色素 $a(Fe^{2+})\longrightarrow$细胞色素 $a(Fe^{3+})+e^-$ $\quad E^{\circ\prime}=-0.29\text{V}$

还原反应：细胞色素 $b(Fe^{3+})+e^-\longrightarrow$细胞色素 $b(Fe^{2+})$ $\quad E^{\circ\prime}=0.08\text{V}$

细胞色素 $a(Fe^{2+})+$细胞色素 $b(Fe^{3+})\rightleftharpoons$细胞色素 $a(Fe^{3+})+$细胞色素 $b(Fe^{2+})$

$\Delta E^{\circ\prime}=-0.21\text{V}$

根据 $\Delta G^{\circ\prime}=-nF\Delta E^{\circ\prime}$，可以计算出标准自由能的变化：

$$\Delta G^{\circ\prime}=-1\times[96.48\text{kJ/(V}\cdot\text{mol)}]\times(-0.21\text{V})=20\text{kJ/mol}$$

此时标准自由能的变化为：$\Delta G^{\circ\prime}=20\text{kJ/mol}$

反应不能自发进行。

12 糖代谢

1. (a) 磷酸化反应

己糖激酶催化葡萄糖磷酸化形成葡糖-6-磷酸

磷酸果糖激酶-1 催化果糖-6-磷酸生成果糖-1,6-二磷酸

磷酸甘油酸激酶催化 1,3-二磷酸甘油酸转变为 3-磷酸甘油酸

丙酮酸激酶催化磷酰基从磷酸烯醇式丙酮酸转移给 ADP，生成丙酮酸和 ATP

(b) 异构化反应

葡糖-6-磷酸异构酶催化葡糖-6-磷酸转化为果糖-6-磷酸

丙糖磷酸异构酶催化甘油醛-3-磷酸和磷酸二羟丙酮的相互转换

磷酸甘油酸变位酶催化 3-磷酸甘油酸转换为 2-磷酸甘油酸

(c) 氧化还原反应

甘油醛-3-磷酸脱氢酶催化甘油醛-3-磷酸氧化为 1,3-二磷酸甘油酸

(d) 脱水反应

烯醇化酶催化 2-磷酸甘油酸形成磷酸烯醇式丙酮酸

(e) 碳碳键断裂反应

醛缩酶催化果糖-1,6-二磷酸裂解生成甘油醛-3-磷酸和磷酸二羟丙酮

2. 丙酮酸的甲基。被标记的葡萄糖通过葡萄糖-6-磷酸进入糖酵解反应后，经过一系列转变为甘油醛-3-磷酸，最终^{14}C 出现在丙酮酸的甲基上。

3. (a) 因为在乙醇发酵过程中，1mol 的葡萄糖需要 2mol 的磷酸。

(b) 砷酸在甘油醛-3-磷酸脱氢酶的催化下会生成 1-砷酸-3-磷酸甘油酸，该产物不稳定，会很快水解，生成 3-磷酸甘油酸。虽然没有净 ATP 的合成，但代谢可继续进行。

4. ①只有在肌肉细胞处于缺氧和在此情况下提供生成 ATP 的手段时，葡萄糖才转换为乳酸。②由于乳酸还可以转换回丙酮酸，所以当氧气充足时，丙酮酸可以通过有氧反应被进一步氧化，此外，乳酸可以通过 Cori 循环转换为丙酮酸重新生成葡萄糖。所以葡萄糖没有浪费。

5. (以下均不考虑 NADH)

(a) 糖原(3 个葡萄糖残基)→6 丙酮酸，生成 9 分子 ATP

(b) 3 葡萄糖→6 丙酮酸，生成 6 分子 ATP

(c) 6 丙酮酸→3 葡萄糖，消耗 12 分子 ATP 和 6 分子 GTP

6. $H^{14}CO_3^-$ 中被标记的碳原子先被整合进入草酰乙酸中，但同一个碳原子在磷酸烯醇式丙酮酸羧激酶的催化下又以 CO_2 的形式释放掉了，没有进入后续的糖异生产物中。

7. 会阻断丙酮酸经糖异生转化为葡萄糖的过程。因为生物素是催化丙酮酸羧化生成草酰乙酸反应的丙酮酸羧化酶的辅基，加入的抗生物素蛋白对生物素的亲和力高，使得反应缺乏生物素而中断。

8. (a) 在丙酮酸羧化酶催化的反应中，CO_2 加到了丙酮酸分子上，但在随后的磷酸烯醇式丙酮酸羧激酶催化的反应中，该 CO_2 又从分子中除去了，所以最初的 ^{14}C 没有掺入到葡萄糖分子中；

(b) 3,4-^{14}C-葡萄糖。

9. 3 分子葡萄糖进入糖酵解降解为丙酮酸，产生 6 个 ATP；3 分子葡萄糖经磷酸戊糖途径生成 2 分子 6-磷酸葡萄糖和 1 分子 3-磷酸甘油醛进入糖酵解同样降解为丙酮酸产生 5 个 ATP。

13 柠檬酸循环

1. 乙酰 CoA 经氧化脱羧生成 CO_2，氧化过程中释放的能量以还原型电子载体 NADH 和 $FADH_2$ 形式得以贮存的过程，称为柠檬酸循环，因其第一个反应产物为柠檬酸而得名，又称为三羧酸循环或 Krebs 循环。

柠檬酸循环是主要能量分子氧化供能的共有途径，糖、脂肪和氨基酸的有氧分解代谢都可汇集在柠檬酸循环的反应中；柠檬酸循环的某些中间代谢物同时又是许多生物分子合成的前体。因此，柠檬酸循环既是分解代谢途径，又是合成代谢途径，是分解、合成两用代谢途径。

2. (b)、(c)。

3. (a) 柠檬酸循环氧化反应产生的 NADH 必须重新形成丙酮酸脱氢酶复合物催化反应所需要的 NAD^+ 形式。当 O_2 水平降低时，只有很少 NADH 被 O_2 氧化（经氧化磷酸化），NAD^+ 减少导致丙酮酸脱氢酶复合物的活性降低。

(b) 丙酮酸脱氢酶激酶催化丙酮酸脱氢酶复合物磷酸化而使其失活，加入二氯乙酸抑制其激酶活性后，便可使更多的丙酮酸脱氢酶处于活性形式，进而催化丙酮酸转化为乙酰 CoA，而不再进行乳酸发酵反应，从而可减少乳酸中毒症。

4. 第一轮：0；第二轮：原始强度的 1/2；第三轮：原始强度的 1/4

5. 硫胺素（维生素 B_1）是辅酶焦磷酸硫胺素的前体，而焦磷酸硫胺素是丙酮酸脱氢酶复合物和 α-酮戊二酸脱氢酶复合物的辅助因子，缺乏维生素 B_1 将使这两类酶的活性丧失，丙酮酸转化为乙酰 CoA 以及 α-酮戊二酸转化为琥珀酰 CoA 的速率都将会降低，从而导致丙酮酸和 α-酮戊二酸水平的升高。

6. (a) 10 个。其中 7.5 个 ATP 来源于 3 个 NADH 的氧化，1.5 个 ATP 来源于 $FADH_2$ 的氧化，1 个 ATP 来源于由 CoA 合成酶催化的底物水平磷酸化。

(b) 12.5 个。其中 10 个 ATP 来源于乙酰 CoA 经柠檬酸循环的氧化，2.5 个 ATP 来源于丙酮酸脱氢酶复合物催化反应生成的 NADH 的氧化。

7. (a) 促进柠檬酸循环的进行，主要通过激活丙酮酸脱氢酶和异柠檬酸脱氢酶实现；

(b) 促进柠檬酸循环的进行，ATP 本身可以抑制柠檬酸循环中丙酮酸脱氢酶、柠檬酸合酶、异柠檬酸脱氢酶的活性，所以降低 ATP 浓度将会促进柠檬酸循环的进行；

(c) 促进柠檬酸循环的进行，因为异柠檬酸为柠檬酸循环的中间产物，增加其浓度将促进循环的进行。

8. (a) 不能。因为进入柠檬酸循环的乙酰基中的两个 C 在异柠檬酸脱氢酶和 α-酮戊二酸脱氢酶复合物催化的反应中又以 2 个 CO_2 形式释放出去了。

(b) 能。可以通过由丙酮酸羧化酶催化的添补反应得到补充。

9. (a) 2 分子乙酰 CoA 经柠檬酸循环产生 20 分子 ATP，而经乙醛酸循环转化为草酰乙酸可生成 6.5 分子 ATP（由 2 分子 NADH 和 1 分子 $FADH_2$ 氧化产生）。

(b) 柠檬酸循环的最主要功能是氧化乙酰 CoA，生成 ATP 和富含能量的还原型辅酶 NADH 和 $CoQH_2$，而乙醛酸循环的主要功能是将乙酰基转化为能够用于生成葡萄糖的四碳分子草酰乙酸。

14　电子传递和氧化磷酸化

1. 根据生物化学中一些重要半反应的标准还原电位（表 14-1）可知：

$FAD + 2H^+ + 2e^- \longrightarrow FADH_2$　　　$\Delta E^{\circ\prime} = -0.22V$

$\frac{1}{2}O_2 + 2H^+ + 2e^- \longrightarrow H_2O$　　　$\Delta E^{\circ\prime} = 0.82V$

两式的总反应式为：

$\frac{1}{2}O_2 + FADH_2 \longrightarrow H_2O + FAD$　　　$\Delta E^{\circ\prime} = 0.82 - (-0.22) = 1.04V$

因 $\Delta G^{\circ\prime} = -nF\Delta E^{\circ\prime}$

$\Delta G^{\circ\prime} = -2 \times (96.485 kJ \cdot V^{-1} \cdot mol^{-1}) \times 1.04V = -200 kJ \cdot mol^{-1}$

所以，在标准状态下，1mol $FADH_2$ 被 O_2 氧化能够生成 ATP 的最大数值为：

$[200 kJ \cdot mol^{-1}]/[30.5 kJ \cdot mol^{-1}] = 6.6$

2. 电子传递链中的蛋白镶嵌于线粒体的内膜，当膜的内侧被置于外侧时，氧化还原酶的质子泵将泡外 H^+ 运送到亚线粒体泡内（内部的 pH 值下降），同时将电子传递给 O_2，此时，ATP 合酶的 F_1 组分定位于小泡外侧，由于存在质子浓度梯度，H^+ 通过 F_0 通道转移到小泡的外侧，于是在小泡外侧可合成 ATP。当悬浮液 pH 上升时，ATP 的合成也将增加。

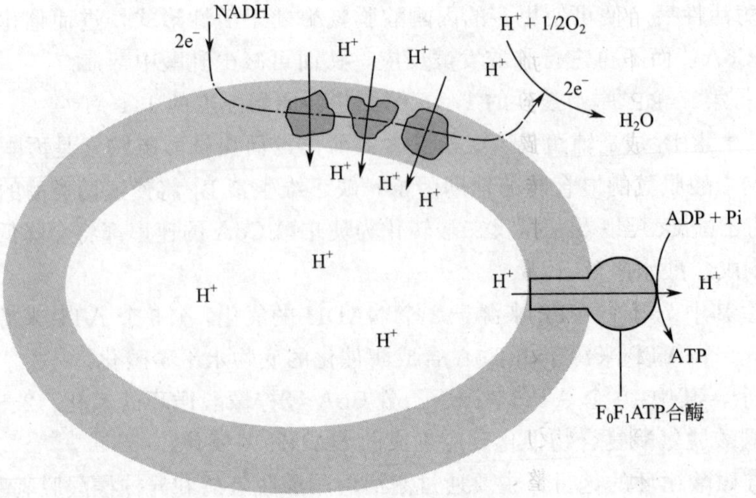

图 14.20　亚线粒体颗粒示意图

3.（a）O_2 消耗停止，因为安密妥抑制了复合物Ⅰ中的电子传递（图 14-21）。

（b）来自琥珀酸的电子可以绕过安密妥的阻碍，通过复合物Ⅱ的电子传递链进行传递，进而可以恢复经由复合物Ⅲ和Ⅳ的电子传递（图 14-21）。

（c）CN^- 抑制复合物Ⅳ的电子传递发生在电子由琥珀酸进入电子传递链之后（图 14-21）。

（d）寡霉素可以抑制氧化磷酸化，也就阻止了 O_2 的消耗，而 DNP 使电子传递和氧化磷酸化发生解耦联，因此可以重新开始 O_2 的消耗（图 14-21）。

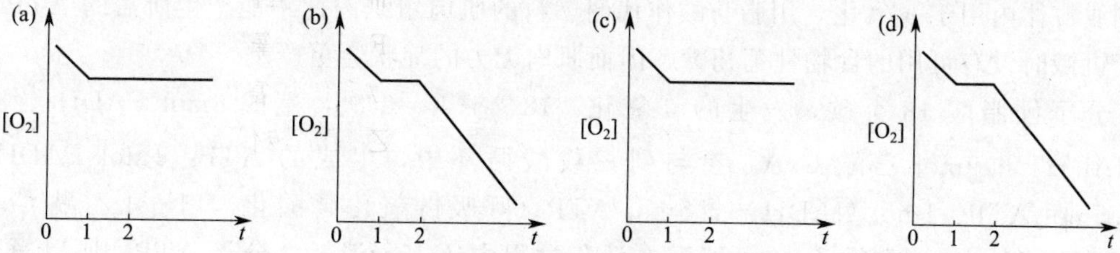

图 14.21　不同情况下的耗氧曲线

4. 转换到有氧代谢后，ATP 可通过氧化磷酸化产生。ADP 磷酸化增加了［ATP］/［ADP］的比率，进而也增加了［NADH］/［NAD^+］的比率，减缓了电子传递。［ATP］和［NADH］的增加抑制了它们在糖酵解和柠檬酸循环中的靶酶，从而使整个过程减缓。

5.（a）电子传递速度需要满足 ATP 的需求，无论解耦联剂浓度低还是高都会影响电子转移的效率，因此 P/O 比降低。高浓度的解耦联剂可使 P/O 比接近于零。

（b）在解耦联剂存在下，由于 P/O 比降低，生成同样量的 ATP 就需要氧化更多的燃料。氧化过程释放出的大量额外的热量，将使体温升高。

（c）在解耦联剂存在下，提高呼吸链的效率就需要更多额外燃料的降解。生成同样数量的 ATP，就要消耗包括脂肪在内的大量的燃料，这样就可以达到减肥的目的。当 P/O 比接近零时，将有生命危险。

15　光合作用

1. O_2 是光反应的产物，两个氧原子均来自 H_2O。可以分别用 $H_2^{18}O$ 和 $C^{14}O_2$ 同位素示踪法追踪 O_2 中氧原子的来源。

2. 未伴随磷酸化的电子传递称为解耦联。解耦联剂即解除电子传递链与 ATP 生成之间的耦联的试剂。（a）ATP 合成受到抑制，因为来自光合电子传递链的质子不再传递给 ATP 合酶，维持 ATP 生成所需的跨膜电化学势质子梯度消失。（b）NADPH 仍可生成，因为从水到 NADPH 生成的电子转移不受解耦联影响。

3.（a）当外部 pH 值升至 8.0 时，由于类囊体膜对质子的渗透性相对较低，类囊体腔仍然维持较低的 pH。此时，跨类囊体膜的 pH 梯度，即质子动力势，可驱动 ATP 合成。（b）当跨类囊体膜的 pH 梯度消失时，ATP 合成就停止了。

4. RuBisCO 的羧化反应和氧化反应发生在同一活性位点，因此氧气浓度提高会抑制光合作用碳反应。

5. 二者均少量增加，待来自光反应的 ATP 和 NADPH 耗尽，就不再增加。

6. 不会。因为只有 1 分子 CO_2 整合到每分子核酮糖-1，5-二磷酸中，后者随后产生糖。

7. 沙漠中这些景天酸代谢的植物夜间开放气孔，摄取 CO_2，同时分解叶绿体中的淀粉，最终将草酰乙酸还原为苹果酸，积累于液泡，即早晨的酸味。白天气孔关闭，苹果酸通过暗反应转化为丙酮酸和CO_2，生成淀粉，因此酸味减弱变为无味。到了傍晚，所有的苹果酸都被消耗了，叶子呈弱碱性而有苦味。

16 脂类代谢

1. 脂肪酸氧化分解为身体供能。肉碱酰基转移酶Ⅱ的缺乏阻止了被活化的脂肪酸正常转运到线粒体内用于β-氧化，用脂肪酸作代谢燃料的肌肉组织因此不能产生所需的ATP。由于饥饿时没有可用的食物性葡萄糖，因而肌肉无力的症状会更严重。
2. 1分子硬脂酸18个碳，发生的β氧化：$18/2-1=8$次，生成8mol $FADH_2$、8mol $NADH^+$和9mol 乙酰CoA。参与到三羧酸循环中，生成的ATP：1mol $FADH_2$～1.5mol ATP、1mol NADH～2.5mol ATP（呼吸链氧化磷酸化），1mol 乙酰CoA～10molATP（三羧酸循环）。硬脂酸在活化过程中还需要消耗2分子ATP，所以净生成ATP共：$8\times(1.5+2.5)+9\times10-2=32+90-2=120$mol
3. 由于这类细菌能够利用直链碳氢化合物作为它们的能源和碳源，把碳氢化合物氧化成相应的羧酸，羧酸可被其他生物利用，将其氧化成CO_2（经β-氧化和柠檬酸循环）最终结果是，碳氢化合物最后完全氧化成CO_2和H_2O。因此，原则上这些细菌应能清除石油污染。
4. 黑熊每天减少体重$=2.5\times10^4$kJ$\div37.63$kJ$\div1000\approx0.664$(kg)。
   黑熊7个月内体重减少：0.664kg$\times7\times30=139.44$kg。
   黑熊在冬眠期间之所以很少发生酮血症，其原因是它可通过降解体内非必需蛋白质，提供氨基酸骨架用于合成葡萄糖，从而减少了酮体的积累。
5. (a) 没有出现在软脂酸分子中，因为被标记的碳原子始终位于$H^{14}CO_3^-$中，没有标记物进入十六烷酸中，尽管$H^{14}CO_3^-$曾被整合入丙二酸单酰CoA中，但同一个碳原子在酮酰基-ACP合成酶催化的每一轮循环的缩合反应中又以CO_2的形式释放掉了；(b) 所有的偶数碳原子都会有标记的碳原子出现，因为被标记的乙酰CoA被羧基化生成被标记的丙二酸单酰CoA，在缩合步骤中，乙酰-ACP的乙酰基团与丙二酸单酰-ACP经过一次缩合反应，生成含有两个标记碳原子的一个4-碳分子和一分子CO_2，随后的每一轮合成都加入了一个带有标记的乙酰基团，所以在最终产物中（十六烷酸），所有的偶数碳原子都会有标记的碳原子出现。

17 蛋白质降解和氨基酸代谢

1. 消耗高蛋白食物的人用氨基酸作为代谢燃料。因为氨基酸碳骨架可以转化成生酮或生糖化合物，氨基要以尿素形式被处理掉，必然导致尿素循环流量增加。在饥饿时，蛋白质(主要来自于肌肉）降解提供用于糖异生的前体。来自于蛋白质降解生成的氨基酸的氮必须要消除，这也需要一个高活性水平的尿素循环。
2. 氨基酸的分解代谢通常从有磷酸吡哆醛参与的转氨反应，再经过氧化脱氨除去氨基，氨基酸脱氨余下的碳骨架进一步降解，生成能够进入柠檬酸循环最终被氧化为CO_2和H_2O的化合物。氨基酸分解所生成的α-酮酸可以转变成糖、脂类或再合成某些非必需氨基酸，也可以经过三羧酸循环氧化成二氧化碳和水，并放出能量。

3. 主要通过生物固氮和氮的同化。生物固氮是靠微生物、藻类和与微生物共生的高等植物通过固氮酶（nitrogenase）进行的。尽管进行固氮的细菌种类繁多，但主要有两大类：一类是能够独立生存的自生固氮微生物；另一类是与其它植物共生的共生固氮微生物。所有的固氮系统几乎是相同的，都有四个基本要求：①固氮酶；②强还原剂，如还原的铁还蛋白；③ATP；④无氧条件。固氮酶是多亚基蛋白质，它可以催化 1 分子 N_2 转化为 2 分子的 NH_3。由 N_2 或氮氧化物生物合成形成的氨可以整合到一些低相对分子质量的代谢物中。将无机氨掺入生物分子称为氨的同化。在将氨引入氨基酸分子时，多以谷氨酸和谷氨酰胺为载体完成。
4. 通常植物和微生物可以从无机形态的氮（如 NH_4^+ 和 NO_3^-）中形成所有的含氮代谢产物，包括所有的氨基酸。但哺乳动物只能合成一些非必需氨基酸。然而它们都有重要的共同特点：在这些生物体中，所有氨基酸的 α-氨基都来自谷氨酸，碳骨架来自糖酵解、三羧酸循环、磷酸戊糖途径的中间产物。也就是说氨基酸的生物合成就是先有合适的 α-酮酸碳骨架，然后由其对应的 α-酮酸与谷氨酸发生转氨基作用形成的。按照生物合成途径将氨基酸生物合成分为 6 组：谷氨酸组、天冬氨酸组、丝氨酸组、丙酮酸组、芳香族氨基酸组和组氨酸组。氨基酸合成的公共途径有还原性氨基化作用、氨基转移作用、氨基酸的相互转化作用。
5. 由于饮食中缺乏氨基酸，导致氨基酸代谢异常，引起的苯丙酮尿症等疾病会导致色素减退。角蛋白是头发的重要部分，如果身体缺乏蛋白质，就会使头发受到损伤，出现长白头发、脱发的情况。

18 核苷酸代谢

1. (a) 从头合成 1 个 IMP 需要消耗的能量为 6 个 ATP。合成磷酸核糖焦磷酸（PRPP）需要将一个焦磷酸基团从 ATP 转移到核糖-5-磷酸上去，在合成 IMP 途径的步骤 1 中，该焦磷酸基团以 PPi 的形式释放出来并且被水解为 2Pi，因而合计相当于消耗 2 个 ATP。在步骤 2、4、5 和 7 中消耗 4 个 ATP 分子，在上述步骤中，ATP 转化为 ADP 和 Pi。
   (b) 从头合成 1 个 AMP 需要消耗的能量为 7 个 ATP。首先，从头合成 1 分子 IMP 需要消耗的能量为 6 个 ATP。然后，在 IMP 转化为 AMP 时，由腺苷琥珀酸合成酶催化的反应又另外消耗 1 个 GTP。
   (c) 从头合成 1 个 CTP 需要消耗的能量为 7 个 ATP。
2. 在细胞内，别嘌呤醇在黄嘌呤氧化酶催化下转换为别黄嘌呤，别黄嘌呤是黄嘌呤氧化酶的强抑制剂，与酶紧密结合使酶失活，次黄嘌呤转化为尿酸以及鸟嘌呤转化为尿酸的途径被阻断，从而治疗由于尿酸堆积引起的痛风。
3. ^{15}N 标记会出现在新合成的 GTP 和 ATP 分子中 N-1 位置。
4. 在正常细胞中，氨甲蝶呤是叶酸类似物，是二氢叶酸还原酶的竞争性抑制剂，使叶酸不能转变为四氢叶酸；因此，影响了核苷酸合成所需要的一碳单位的转移，胸苷酸因没有甲基供体使核苷酸合成的速度降低甚至终止，正常细胞会因胸腺核苷酸的缺乏而死亡。胸苷可以类比 ATP 中的腺苷，胸苷就是由胸腺嘧啶和脱氧核糖或核糖构成，它与构成 DNA 的基本单位——脱氧核苷酸相比缺少了磷酸基团，所以在 DNA 复制时无法正常形成磷酸二酯键，进而抑制了 DNA 的复制。DNA 无法正常复制，细胞就停留在了分裂间期。而在胸苷酸合酶突变的细胞株因有其他合成胸腺嘧啶的途径。

5. (a) cAMP; (b) ATP; (c) UDP一葡萄糖; (d) 乙酰 CoA; (e) NAD^+、FAD; (f) 双脱氧核苷酸; (g) 5-氟尿嘧啶; (h) CTP 抑制 ATPase。

19 生物化学技术

1. SDS-PAGE 是通过丙烯酰胺与双丙烯酰胺混合形成的交联网络对蛋白进行分离的，凝胶中形成的孔径与丙烯酰胺浓度成反比，10%的聚丙烯酰胺凝胶比 15%的聚丙烯酰胺凝胶有更大的孔径，因此蛋白质在大孔径凝胶中迁移得更快。凝胶层析中，填充在凝胶层析柱中的凝胶是珠状的，由一个开放的、交联的三维分子孔网络组成，小于最大孔径的分子可以渗透进去，因此小分子可以穿透所有的孔，因此大分子移动得快，最早被洗脱下来，小分子走的路径较长，较晚被洗脱下来。
2. 在离子交换层析中，蛋白质表面的分布和净电荷决定了蛋白质与填料表面带电基团的相互作用。阳离子交换树脂含有酸性基团如-SO_3H 或-COOH，可解离出 H^+ 离子，当流动相中含有其它阳离子时，可以和 H^+ 发生交换从而结合在树脂上；阴离子交换树脂含有的碱性基团如 N^+ (C2H5) 可解离出 OH^- 离子，当流动相中含有其它阴离子时，可以和 OH^- 发生交换而结合在树脂上。疏水作用色谱是利用表面耦连弱疏水性基团（疏水性配基）的疏水性吸附剂为固定相，根据蛋白质与疏水性吸附剂之间的弱疏水性相互作用的差别进行蛋白质分离的技术，离子的疏水相互作用能力遵循霍夫梅斯特序列。
3. 可对该蛋白质进行纯化后，利用 top-down 质谱鉴定蛋白的修饰发生情况以及修饰的组合情况。对于修饰发生位点的判断，还可通过 bottom-up 质谱进行鉴定。
4. 利用免疫共沉淀技术：细胞裂解后，使用目标蛋白的抗体对目标蛋白及其互作蛋白进行免疫共沉淀，之后使用 bottom-up 质谱进行互作蛋白的鉴定。利用邻近蛋白标记技术：通过重组 DNA 技术在目标蛋白的一端添加生物素连接酶，将这段重组的 DNA 导入细胞内，补加生物素促进生物素连接酶对互作蛋白进行修饰，利用链和亲霉素填料将生物素修饰的蛋白拖下来，利用 bottom-up 质谱进行互作蛋白的鉴定。
5. 对目标基因进行 RNAi 沉默，目标基因的蛋白表达会降低但不会完全消失，因为 RNAi 技术是利用与目标基因的转录产物 mRNA 存在同源互补序列的双链 RNA，特异性地降解目标基因转录出来的 mRNA；对目标基因进行 CRISPR/Cas9 技术敲除，如敲除了目标基因的所有等位基因，则会造成目标基因完全不表达成蛋白，因为 CRISPR/Cas9 技术是对目标基因在特定位点上进行切割，直接造成 DNA 突变或移码，从而最终无法表达成具有活性的目标蛋白。

参考文献

[1] ABBADI S. RODARTE J J，ABUTALEB A，et al. Glucose-6-phosphatase is a key metabolic regulator of glioblastoma invasion [J]. Molecular Cancer Research，2014，12：1547-1559.

[2] BELKAID A，CURRIE J C，DESGANÈS J，et al. The chemopreventive properties of chlorogenic acid reveal a potential new role for the microsomal glucose-6-phosphate translocase in brain tumor progression [J]. Cancer Cell International，2006，6：7.

[3] BEN-HAIM S，ELL P. ^{18}F-FDG PET and PET/CT in the evaluation of cancer treatment response [J]. Journal of Nuclear Medicine，2009，50：88-99.

[4] BENSAAD K，TSURUTA A，SELAK M A，et al. TIGAR，a p53-inducible regulator of glycolysis and apoptosis [J]. Cell，2006，126：107-120.

[5] CHENG K W，AGARWAL R，MITRA S，et al. Rab25 increases cellular ATP and glycogen stores protecting cancer cells from bioenergetic stress [J]. EMBO Molecular Medicine，2012，4：125-141.

[6] DALBETH N，GOSLING A L，GAFFO A，et al. Gout [J]. Lancet，2021，397：1843-1855.

[7] DEBERARDINIS R J，LUM J J，HATZIVASSILIOU G，et al. The biology of cancer：metabolic reprogramming fuels cell growth and proliferation [J]. Cell Metabolism，2008，7：11-20.

[8] DONG C，YUAN T，WU T，et al. Loss of FBP1 by snail-mediated repression provides metabolic advantages in basal-like breast cancer [J]. Cancer Cell，2013，23：316-331.

[9] FAVARO E，BENSAAD K，CHONG M G，et al. Glucose utilization via glycogen phosphorylase sustains proliferation and prevents premature senescence in cancer cells [J]. Cell Metabolism，2012，16：751-764.

[10] FENG Y，XIONG Y，QIAO T，et al. Lactate dehydrogenase A：a key player in carcinogenesis and potential target in cancer therapy [J]. Cancer Med，2018，7：6124-6136.

[11] FORTIER S，LABELLE D，SINA A，et al. Silencing of the MT1-MMP/ G6PT axis suppresses calcium mobilization by sphingosine-1-phosphate in glioblastoma cells [J]. FEBS Letters，2008，582：799-804.

[12] GUO T，CHEN T，GU C，et al. Genetic and molecular analyses reveal G6PC as a key element connecting glucose metabolism and cell cycle control in ovarian cancer [J]. Tumour biology，2015，36：7649-7658.

[13] HANAHAN D，WEINBERG R A. Hallmarks of cancer：the next generation [J]. Cell，2011，144：646-674.

[14] HIRATA H，SUGIMA CHI K，KOMATSU H，et al. Decreased expression of fructose-1，6-bisphosphatase associates with glucose metabolism and tumor progression in hepatocellular carcinoma [J]. Cancer Research，2016，76：3265-3276.

[15] HUANG S，LIU Y，LIU W Q，et al. The nonribosomal peptide valinomycin：from discovery to bioactivity and biosynthesis [J]. Microorganisms，2021，9 (4)：780.

[16] JEONG T S，LEE J H，KIM S，et al. A preventive approach to oral self-mutilation in Lesch-Nyhan syndrome：a case report [J]. Pediatr Dent，2006，28：341-344.

[17] JIANG P，DU W，WANG X，et al. p53 regulates biosynthesis through direct inactivation of glucose-6-phosphate dehydrogenase [J]. Nature Cell Biology，2011，13：310-316.

[18] LI B，QIU B，LEE D S，et al. Fructose-1，6-bisphosphatase opposes renal carcinoma progression [J]. Nature，2014，513：251-255.

[19] LI Q，QIN T，BI Z，et al. Rac1 activates non-oxidative pentose phosphate pathway to induce chemoresistance of breast cancer [J]. Nature Communications，2020，11：1456.

[20] LI Y，LUO S，MA R，et al. Upregulation of cytosolic phosphoenolpyruvate carboxykinase is a critical metabolic event in melanoma cells that repopulate tumors [J]. Cancer Research，2015，75：1191-1196.

[21] MÉNDEZ-LUCAS A，HYROŠŠOVÁ P，NOVELLASDEMUNT L，et al. Mitochondrial phosphoenolpyruvate carboxykinase (PEPCK-M) is a pro-survival，endoplasmic reticulum (ER) stress response gene involved in tumor cell adaptation to nutrient availability [J]. The Journal of Biological Chemistry，2014，289：22090-22102.

[22] MONTAL E D，DEWI R，BHALLA K，et al. PEPCK coordinates the regulation of central carbon metabolism to promote cancer cell growth [J]. Molecular Cell，2015，60：571-583.

[23] NELSON D L, COX M M. Lehninger principles of biochemistry [M]. 6th edition. NewYork: W. H. Freeman and Company, 2013.

[24] OSTHUS R C, SHIM H, KIM S, et al. Deregulation of glucose transporter 1 and glycolytic gene expression by c-Myc [J]. The Journal of Biological Chemistry, 2000, 275: 21797-21800.

[25] OZEN H. Glycogen storage diseases: new perspectives [J]. World Journal of Gastroenterology, 2007, 13: 2541-2553.

[26] PELLETIER J, BELLOT G, GOUNON P, et al. Glycogen synthesis is induced in hypoxia by the hypoxia-inducible factor and promotes cancer cell survival [J]. Frontiers in Oncology, 2012, 2: 18.

[27] ROUSSET M, ZWEIBAUM A, FOGH J. Presence of glycogen and growth-related variations in 58 cultured human tumor cell lines of various tissue origins [J]. Cancer research, 1981, 41: 1165-1170.

[28] SHEN G M, ZHANG F L, LIU X L, et al. Hypoxia-inducible factor 1-mediated regulation of PPP1R3C promotes glycogen accumulation in human MCF-7 cells under hypoxia [J]. FEBS Letters, 2010, 584: 4366-4372.

[29] VANDER HEIDEN, M G CANTLEY, L C THOMPSON C B. Understanding the Warburg effect: the metabolic requirements of cell proliferation [J]. Science, 2009, 324: 1029-1033.

[30] VINCENT E E, ŠERGUSHICHE U A, GRISS T, et al. Mitochondrial phosphoenolpyruvate carboxykinase regulates, metabolic adaptation and enables glucose-independent tumor growth [J]. Molecular Cell. 2015, 60: 195-207.

[31] WARBURG O, POSENER K., NEGELEIN E. The metabolism of cancer cells [J]. Biochemische Zeitschrift, 1924, 152: 319-344.